Bernhard Hassenstein
Verhaltensbiologie des Kindes

Bernhard Hassenstein

Verhaltens-
biologie
des Kindes

In Zusammenarbeit mit
Helma Hassenstein

Vierte, überarbeitete und
erweiterte Auflage

Piper
München Zürich

ISBN 3-492-02942-6
4., überarbeitete und erweiterte Auflage, 26.–32. Tausend 1987
© R. Piper GmbH & Co. KG, München 1987
Gesamtherstellung: Clausen & Bosse, Leck
Printed in Germany

Inhalt

An den Leser

Sie, meine Leser, sind Eltern, Ärzte, Lehrer, Richter, Sozialpädagogen, Politiker, Geistliche, und Sie sind mitverantwortlich für das Aufwachsen und das Schicksal von Kindern. Sie wollen dazu beitragen, daß unsere Kinder gluckliche Erwachsene werden. Sie hoffen auch, unsere Kinder mögen später das Leben in der Gesellschaft so gestalten, daß alle, Kinder, Erwachsene und alte Menschen, darin ein sinnvolles Dasein führen können. Die verschiedenen Wissenschaften vom Kind enthalten manche Kenntnisse, die Sie brauchen können, um auf Ihrem Platz für dieses Ziel zu wirken. Solche Kenntnisse möchte ich Ihnen zugänglich machen.

Dieses Buch beschreibt vorwiegend die *naturgegebenen* Anteile des kindlichen Verhaltens und deren Bedeutung für die Entwicklung der Persönlichkeit. Es verwertet dazu die Ergebnisse sehr verschiedener biologischer und psychologischer Wissensrichtungen. Darstellung und Gedankenführung sind darauf zugeschnitten, einen zuvor noch nicht informierten Leser in das Gebiet einzuführen. Dabei verwende ich bewußt unsere Alltagssprache. Besondere Fachausdrücke werden nur dort eingeführt, wo die Alltagssprache kein gleichbedeutendes Wort zur Verfügung stellt.

In gesonderten Abschnitten gebe ich für wichtige Grundbegriffe auch *formalisierte Definitionen*. Das ist für Leser gedacht, die an der wissenschaftlichen Basis der Darlegungen interessiert sind. Formalisierte Definitionen dienen auch zur Verständigung zwischen solchen Denkrichtungen, die unterschiedliche theoretische Grundsätze vertreten und abweichende Begriffssysteme entwickelt haben; dies gilt im Umfeld der Verhaltenslehre des Kindes insbesondere für die vergleichende Verhaltensforschung (Ethologie), die Lerntheorie (Behaviorismus) und die Tiefenpsychologie (Psychoanalyse).

Der Hauptteil des Buches beschreibt Tatbestände und Wirkungszusammenhänge, insbesondere: die Stufen der Verhaltensentwicklung des Kindes, die Erscheinungsformen und vermutlichen Ursachen von Verhaltensstörungen sowie die allgemeinen Grundlagen der Verhaltensbiologie. Bestimmte Abschnitte, vor allem das Schlußkapitel, fordern Maßnahmen von einzelnen und von der Gesellschaft, um Kinder künftig vor vermeidbaren Verhaltensstörungen zu bewahren.

Weil in mehreren Kapiteln von kindlichen Verhaltensstörungen die Rede ist, könnten manche Leser einen Wunsch an das Buch herantragen, den es nicht erfüllen kann: Es vermittelt nicht das Wissen und das Können, um von bestimmten Wesenszügen einzelner Kinder oder Erwachsener auf Störungen oder Schäden aus ihrer Vergangenheit zu schließen oder um gestörten Kindern durch eine Therapie praktisch zu helfen. Beides kann nur der Fachmann; er muß dazu die Symptome und die Vorgeschichte genau studieren. Doch jeder kann dazu beitragen, *bei Kindern das Entstehen von Verhaltensstörungen zu verhüten*.

Einführungsbücher in Wissensgebiete sollen Ansprüchen genügen, die nicht leicht zu vereinigen sind. Die Darstellung soll gedanklich einfach und klar verständlich sein. Gleichwohl dürfen nirgends Abstriche von der wissenschaftlichen Richtigkeit gemacht werden; kein Satz soll, auch außerhalb des Zusammenhanges gelesen, Mißverständnisse zulassen. Sicherlich bin ich diesen Forderungen nicht überall gerecht geworden. Daher bitte ich meine Leser, mir dabei zu helfen, das Buch für eventuelle weitere Auflagen zu vervollkommnen: Ich bitte um die Mitteilung von Beobachtungen, um Bestätigungen und, falls nötig, um Widerspruch sowie um Hinweise auf schwer verständliche oder mißverständliche Textstellen. Auch kurze, einzelne Mitteilungen sind willkommen.

Aus Mathematik, Physik, Chemie und auch aus manchen Bereichen der Biologie sind wir es gewohnt, daß die Ergebnisse mit dem Fortschritt der Wissenschaften immer schwerer verständlich, immer unanschaulicher und immer lebensferner werden. In der Verhaltensbiologie des Kindes ist es anders: Deren Aussagen bestätigen in zunehmendem Maße das ohne Wissenschaft entstandene Wissen der gut beobachtenden lebens- und liebevollen Mütter und Väter.

Das Buch erlebte zunächst drei Auflagen, deren Text gleichblieb. Zur neubearbeiteten (vierten) Auflage habe ich ein *Nachwort* verfaßt (S. 629).

Hinweise

Beim Lesen des Buches kann man mit jedem Kapitel beginnen, je nach dem Hauptinteresse. Wer innerhalb des Buches an irgendeiner Stelle unsicher wird, ob die *gedanklichen Grundlagen* auch wirklich tragend sind, der möge zunächst unterbrechen und sich das Kapitel IV »Dynamische Zusammenhänge im Verhalten: Einmaleins der allgemeinen Verhaltensbiologie« vornehmen; denn dort werden die Grundsätze aufgezeigt, von denen sich die Denkweise dieses Buches herleitet.

Wer auf ein Wort trifft, dessen Bedeutung ihm nicht klar ist, der suche im Register nach: Dort wird durch die jeweils an *erster* Stelle genannten Seitenzahlen auf die Stellen verwiesen, wo der Ausdruck erklärt wird.

Das *Literaturverzeichnis* ist nicht in erster Linie als Quellennachweis gedacht, sondern es soll dem Leser den *nächsten weiterführenden Literaturhinweis* geben, sei es auf ein Lehrbuch oder auf eine Einzelveröffentlichung. Die Hinweiszahlen[1, 2, 3] im Text verweisen auf das Literaturverzeichnis; dort findet man die Hinweise nach der *Seitenzahl* und pro Seite nach der Reihenfolge der Hinweiszahlen. Bei Aussagen, die schon in die führenden Lehrbücher eingegangen sind, wird im allgemeinen nicht mehr auf die Originalarbeiten verwiesen.

Für die meisten in diesem Buch berührten Fachgebiete gibt es ausführliche, auch dem Nichtfachmann verständliche Darstellungen. Auf diese sei hier ausdrücklich zur Vertiefung hingewiesen. Einige dieser Bücher über die Verhaltensentwicklung, über Verhaltensstörungen und über die rechtliche Stellung der Kinder[1] sowie über das Verhalten von Tieren[2] sind zu Beginn des Literaturverzeichnisses (S. 646f.) aufgeführt.

Der Autor dankt

Kein Autor könnte sich – schon aus Zeitgründen – alle Methoden und Denkrichtungen erarbeiten, die zum Wissen über die Verhaltensbiologie des Kindes beitragen. Er ist auf Fachkenner angewiesen, die ihm Einblick in ihren Erfahrensbereich gewähren.

Die Anregung, theoretische Konzepte der Verhaltensbiologie auf Verhaltensstörungen von Kindern anzuwenden, verdanke ich der Psychagogin Chr. MEVES, Uelzen. Einige Gedankengänge und Formulierungen habe ich von ihr übernommen, so den Vergleich zwischen der sexuellen Prägung und der Beeindruckbarkeit des 4- bis 6jährigen Kindes hinsichtlich seines späteren geschlechtsspezifischen Verhaltens (Abschnitt II G 2). Frau MEVES war auch an der Konzeption der 1. Auflage dieses Buches beteiligt; sie schrieb die erste Textfassung des Schlußkapitels, dessen weitere Bearbeitung dann nach einer ausführlichen Erörterung mit ihr erfolgte. Frau MEVES hat ihre Erfahrungen und ihre eigenen theoretischen Konzepte in einer Reihe von Veröffentlichungen niedergelegt (siehe Literaturverzeichnis[1]).

Mit den Grundlagen und dem derzeitigen Forschungsstand des in den USA entstandenen *Neobehaviorismus* (»Lerntheorie«) machte mich Herr Prof. Dr. Klaus GROSSMANN, Regensburg, bekannt. Frau Karin GROSSMANN, M. A., unterstützte mich durch das Sammeln und Aufarbeiten von Literatur.

Die Kinderpsychiater Frau Dr. A. SCHÖNKE†, Freiburg, Prof. Dr. P. STRUNK, Freiburg, und Dr. K. J. EHRHARDT, Nürnberg, sowie der Biologe Prof. Dr. G. OSCHE, Freiburg, lasen das Manuskript und gaben konstruktive Kritik und wichtige gedankliche Beiträge. Herr Dipl. phys. C. MAMBLONA, Seewiesen, erteilte mir den Rat, die durch funktionelle Zusammenhänge definierten Prinzipien des *Lernens* in mathematischer Schreibweise darzustellen; Herr Prof. Dr. H. HERMES, Freiburg, machte mich mit dem anzuwendenden Formalismus vertraut. Herr Medizinaldirektor Dr. G. HAFEMANN und der

12

Leiter des Jugendamtes Salzgitter, Herr Verwaltungsrat RÜDIGER, ermöglichten mir den Einblick in die Praxis der Versorgung elternloser Kinder innerhalb eines Verwaltungsbezirks der Bundesrepublik.

Bei der Arbeit an den Abschnitten, die für die 4. Auflage neu geschrieben oder grundlegend neu bearbeitet wurden, unterstützten mich besonders Frau Dr. med. Jutta PETERS, Frankfurt/Main; Frau Dipl. biol. Heidrun SIESS, Freiburg; Frau Dr. Gabriele HAUG-SCHNABEL, Freiburg, und Herr Walter UHLMANN, Loßburg-Sulzbach. Die Abschnitte VIII C 8 und C 9 über das Umgangsrecht mit Kindern geschiedener Eltern und mit Pflegekindern verdanke ich zum großen Teil Herrn Richter R. W. KLUSSMANN, Bad Iburg.

Soweit ich in diesem Buch eine anschauliche, klare und vorsichtige Gedankenführung durchhalten konnte, verdanke ich das weitgehend der Mitarbeit *meiner Frau*, die unermüdlich jeden Abschnitt des Manuskripts durchdachte und in fast allen Kapiteln wesentlich zu Form und Inhalt beitrug.

Frau U. BOCK und Frau M. KLINGE schrieben das Manuskript und fertigten die Zeichnungen an. *Meine Mutter* stellte das Register zusammen. Die WERNER-REIMERS-Stiftung für anthropogenetische Forschung gewährte mir die finanziellen Mittel, die zum Einarbeiten in das für mich neue Arbeitsgebiet der Verhaltensbiologie des Kindes notwendig waren. Allen Genannten und vielen ungenannt bleibenden Helfern danke ich herzlich.

Institut für Biologie I   *Bernhard Hassenstein*
der Universität Freiburg i. Br.
August 1973 und April 1987

I. Weder verklärt noch unterschätzt: Der Mensch

Der folgende Abschnitt skizziert das *Menschenbild*, das diesem Buch zugrunde liegt.

A. Ein Grundgesetz der menschlichen Verhaltenssteuerung

Der Mensch ist kein reines Geistwesen. Mit seinem Körper gehört er dem Reich der lebenden Natur an. Auch sein Verhalten ist biologisch mitbedingt, besonders deutlich im Bereich von Angst, Wut, Hunger, Durst, Kinderbetreuung und Sexualität. Diese Feststellung steht im Einklang mit den Aussagen aller anthropologischen Wissenschaften und mit den Selbsterfahrungen jedes einzelnen Menschen.

Trotzdem gehört es unabdingbar zum Selbstverständnis des Menschen, *prinzipiell* willensfrei und verantwortlich handeln zu können, in entscheidenden Augenblicken also keinem naturbedingten Antriebsdiktat zu unterliegen. Wären wir in allem, was wir tun, durch die Umstände und durch Naturgesetze gezwungen – es gäbe keine Schuld und kein Verdienst, keine Selbstbestimmung und keine Mündigkeit. Nur wenn ich frei etwas will und es durchführe, kann ich als Mensch dafür einstehen; nur dann geht es auf mein Konto und nicht auf das der mich zwingenden Umstände.

Aber das Handeln nach freiem Entschluß fällt uns bisweilen nicht in den Schoß; man hat es manchmal nicht nur gegen äußere, sondern auch gegen innere Widerstände – Antriebe und Bedürfnisse – durchzusetzen. Ein Autofahrer sitzt am Steuer seines Wagens und kämpft, um wachzubleiben, gegen die biologische Gewalt der Schläfrigkeit. Ein Schuljunge hat es sich in den Kopf gesetzt, zum ersten Mal vom Fünfmeterbrett ins Wasser zu springen, aber es gelingt ihm nicht; die Angst bleibt stärker. Freier Entschluß und biologisch bedingte Verhaltenstendenzen können beim Menschen um die Führung des Verhaltens ringen.

Je stärker nun irgendwelche biologisch bedingte verhaltensbestimmende Tendenzen sind, desto eher setzen sie sich beim Einzelmenschen durch, und desto weitergehend bestimmen sie auch, wenn sie viele Menschen erfassen, die Verhaltensrichtungen des Kollektivs. Dies ist ein Grundgesetz der menschlichen Verhaltenssteuerung. Es gilt für gesunde biologische Tendenzen (z. B. Hunger, Durst, Schläfrigkeit, Furcht vor realer Gefahr) genauso wie für krankhafte (z. B. Sucht, grundlose Ängste). Wohlverstanden: Das Gesetz sagt nicht, der Mensch sei den biologisch bedingten Verhaltenstendenzen widerstandslos unterworfen; sondern: Die biologisch bedingten Verhaltenstendenzen *setzen sich um so eher durch,* je stärker sie sind. Niemand streitet das im Ernst ab. Allein Heilige und Märtyrer könnten die volle und immerwährende Meisterschaft über ihre Natur erringen oder erringen wollen.

Das eben formulierte Grundgesetz kennzeichnet den Menschen, ohne ihn zu verklären oder zu unterschätzen. Der Mensch ist zum Teil Naturwesen; er *kann* aber auch entscheidungsfrei und verantwortlich handeln. Dieser zweifachen Bedingtheit des menschlichen Verhaltens (Natur und Entscheidungsfreiheit) ist in der Geistesgeschichte tausendfältig Ausdruck verliehen worden: »Alles Tierliche steckt im Menschen, aber nicht alles Menschliche steckt im Tier«, sagt ein chinesisches Sprichwort. – Der Mensch sei »ni ange ni bête«, also weder Engel noch Tier, so drückte es der Philosoph Blaise Pascal (1623–1662) aus. Und von nichts anderem spricht Shakespeare in »Viel Lärm um nichts«, wenn er sagt:

> Denn noch bis jetzt gab's keinen Philosophen,
> der mit Geduld das Zahnweh konnt' ertragen,
> ob er der Götter Sprache auch geredet
> und Schmerz und Zufall als ein Nichts geachtet.

B. Was die Verhaltensbiologie des Menschen beurteilen kann und was nicht

Der Mensch kann seine biologisch bedingten Verhaltenstendenzen kontrollieren und damit seine Entscheidungsfreiheit ins Spiel bringen. Die Verhaltensbiologie kann die *biologisch bedingten* Verhaltenstendenzen beurteilen; die Inhalte und Ziele der freien Entscheidungen des Menschen sind Gegenstand anderer Wissenschaftsrichtungen, etwa der Ethik. Die Verhaltensbiologie befaßt sich also

– wenn man das oben formulierte Grundgesetz der menschlichen Verhaltenssteuerung ins Auge faßt – mit Verhalten*tendenzen*, die sich im Handeln des Menschen durchsetzen können, aber nicht müssen, und die sich um so eher durchsetzen, je stärker sie sind. Die Verhaltensbiologie befaßt sich bei den *Tieren* mit *allem* Verhalten, beim *Menschen* nur mit *einem Teil* seiner Verhalten*tendenzen*, dem biologisch bedingten Teil.

Nicht nur die Verhalten*tendenzen* des Menschen, auch sein *Verhalten* kann biologisch bedingt sein, nämlich wenn er den biologischen Tendenzen mit seinem Verhalten *folgt*. Das geschieht z. B., wenn er von ihnen überwältigt wird wie in panischer Angst. Es geschieht auch, wenn er »sich gehenläßt«, weil er aus Bequemlichkeit der Stimme der freien Entscheidung nicht gehorcht. Man kann aber in vielen Lebenslagen auch nach bewußter freier Entscheidung *dasselbe* wollen wie »die Stimme der Natur«. Dann ist man hinsichtlich dieser Tendenzen »mit sich selbst im Einklang«.

Aus all dem folgt, daß man den Menschen nur zum Teil versteht, wenn man die Verhaltensbiologie vernachlässigt; denn diese beschäftigt sich mit biologisch bedingten Verhaltenstendenzen, die tatsächlich einen Teil des menschlichen Individual- und Sozialverhaltens steuern. Pädagogische, soziologische und politologische Wissenschaftsrichtungen, die davon keine Notiz nehmen, behalten weiße Flecke auf ihrer Landkarte.

Es sollte wohl deutlich geworden sein, daß die Verhaltensbiologie durch ihren wissenschaftlichen Ansatz den Menschen nicht herabwürdigt. Der Mensch ist Natur- und Kulturwesen. Die Verhaltensbiologie beschäftigt sich mit dem ersten der beiden Anteile.

Dadurch trägt sie nicht nur zur Erkenntnis, sondern auch zur Humanität des Menschen bei: Sie wird dem Menschen gerechter als Denkrichtungen, die ihn als unbegrenzt formbar durch geistige Kräfte ansehen und seine Verwurzelung im Natürlichen ignorieren. Politische und pädagogische Programme, die blind für die menschliche *Natur* sind, können den Menschen fortwährend überfordern und dadurch sehr unmenschlich werden. Wer die Menschen nur als Geistwesen oder nur als gesellschaftlich und politisch bedingte Individuen sieht, ist in der Gefahr, sie bald – weil sie diesen Idealbildern so gar nicht entsprechen – zu verachten.

C. Die vergleichende Verhaltensbiologie trägt zum Verständnis des Menschen bei

Mit seinem Körper gehört der Mensch dem Reich der lebenden Natur an, zusammen mit Tieren, Pflanzen, Bakterien. Die Verwandtschaft zwischen den Lebensvorgängen im menschlichen Körper und denen im Organismus von Tieren ist sehr eng. Zahlreiche Heilmittel für den Menschen ließen sich mit Hilfe von Tierversuchen erarbeiten, weil sie auf die Lebensfunktionen von Tieren ähnlich wirken wie auf die des Menschen und weil man sie deshalb auch an Tieren studieren und testen kann.

Ist auch bei der *Verhaltenssteuerung* mit Übereinstimmungen zwischen Tieren und Menschen zu rechnen? Fassen wir das Grundgesetz der menschlichen Verhaltenssteuerung von Abschnitt I A ins Auge, so muß die Frage so gestellt werden: Gibt es beim Menschen biologisch bedingte Verhaltens*tendenzen* (die sich, wie oben gesagt, durchsetzen können, aber nicht müssen), die den *Ursachen von Verhaltensweisen* von Tieren entsprechen? Mit dem Stellen der Frage ist sie sogleich bejaht: Hunger und Durst bei Nahrungs- und Wassermangel, der Drang zum Atmen, der Tagesgang des Wachens und Schlafens, das Erschrecken und Fliehen vor sehr starken Reizen und vieles andere sind zumindest vergleichbar. Wie weit, das ist eine Frage an die Forschung. Wir werden im biologischen Bereich der Verhaltenssteuerung sowohl Übereinstimmungen zwischen Menschen und Tieren als auch Unterschiede zu erwarten haben. Es gibt ja auch kaum zwei Tierarten, deren Angehörige sich *total* verschieden oder *genau* gleich verhalten.

Als Ursache für die biologisch bedingten Verhaltens*tendenzen* des Menschen kommen also funktionelle Zusammenhänge in Frage, die auch bei anderen Lebewesen vorkommen. Wenn es gilt, diese Verhaltenstendenzen aufzudecken, muß man über das bloße Nebeneinanderstellen (Analogsetzen) ähnlicher Verhaltenselemente bei Tieren und Menschen hinauskommen. Denn wenn man bereits aus Ähnlichkeiten Schlüsse ziehen will, so bleiben diese unter dem Gesichtspunkt »Der Mensch ist kein Tier« immer bestreitbar. Statt dessen ist es geboten, *zunächst* die bei Tieren beobachteten Zusammenhänge in einer allgemeinen neutralen Sprache zu formulieren, d. h. mit Hilfe von Begriffen, die gleichermaßen für Tier und Mensch gelten. Das Ideal einer solchen Darstellung ist die mathematische Formelschrift bzw. das ihr entsprechende *Funktionsschaltbild*. Ist in dieser allgemeinen Sprache ein an Tieren entdeckter Wirkungszusammenhang formuliert worden, so kann man in einem *zweiten, unabhängigen* Schritt untersuchen, ob er zum Verständnis der menschlichen Verhaltenssteuerung beitragen könnte.

Falls ein noch unbekannter verhaltenssteuernder Teilmechanismus des Menschen auch bei bestimmten Tieren vorkommt, so ist er dort mit einer gewissen Wahrscheinlichkeit *leichter erkennbar*; denn das Gefüge der Verhaltenssteuerung ist beim Menschen vielfach weit verwickelter, und elementare funktionelle Zusammenhänge fallen daher mitunter bei ihm weniger leicht ins Auge als im einfacher strukturierten Verhalten von Tieren.

Wo Übereinstimmungen zwischen Menschen und anderen Lebewesen bestehen, können Beobachtungen an den anderen Organismen auch zu neuen Aussagen über den Menschen führen. Dies ist vor allem dort wichtig, wo Untersuchungen am Menschen aus ethischen oder aus technischen Gründen kaum oder gar nicht durchführbar sind. Dabei liefern Tierbeobachtungen manchmal neue Denkmöglichkeiten für Erklärungen, auf die man durch reines Nachdenken noch nicht gekommen war. Doch wird die angestrebte Sicherheit einer wissenschaftlichen Aussage über den Menschen erst erreicht, wenn sie auch am Menschen selbst nachgeprüft wurde.

D. Anwendbarkeit in der Gesellschaftspolitik

Die Politik setzt sich Ziele und ist bestrebt, solche Mittel zu verwenden, die zum Erreichen der Ziele taugen. Die Wissenschaften werden darüber befragt, welche Mittel hierzu geeignet oder ungeeignet erscheinen. Mathematik, Physik und Technik sind in viel höherem Ausmaß dazu fähig, zuverlässige Aussagen über die Beziehungen zwischen Zielen und Mitteln zu deren Erreichung zu machen (z. B. in der Frage nach der besten Konstruktion einer Brücke), als dies heute den Wissenschaften vom Menschen möglich ist. Aussagen von Humanwissenschaftlern haben meistenteils einen geringeren Sicherheitsgrad als die von Physikern und Technikern; es ist ein unerfüllbares Ansinnen, wenn Politiker, bevor sie die Aussagen von Humanwissenschaftlern ernst nehmen, unbestreitbare Beweise für zwingende Wirkungszusammenhänge verlangen. So etwas gibt es kaum je im Zusammenhang mit menschlicher Entwicklung und menschlichem Handeln.

Der Wert der Humanwissenschaften liegt vielmehr darin, daß sie auf *Gefahren* aufmerksam machen können. Die Gesellschaftspolitik ist gehalten, nicht erst auf Schadensgewißheiten zu reagieren, sondern schon auf begründete Warnungen, und zwar um so eher, je höher das gefährdete humane (Rechts-)Gut einzuschätzen ist. Der Kapitän eines Ozeandampfers muß wegen der Höhe des Risikos bereits auf die *Gefahr* eines Eisberges reagieren und den Kurs ändern, der Veterinär muß die *volle Ausmerzung* tuberkulöser Kühe wegen der Ansteckungsgefahr verlangen – auch wenn die Risiko*wahrscheinlichkeit* für ein Unglück nur wenige Prozent beträgt.

Das *Gewicht* einer Warnung errechnet sich aus dem *mathematischen Produkt* aus der Schwere des Risikos und der Wahrscheinlichkeit des Eintretens des Unglücksfalles. In dieser Abschätzung kann die *Schwere des Risikos* beliebig hohe Werte annehmen. Für die *Wahrscheinlichkeit* liegen die möglichen Zahlenwerte zwischen 0 und 1. Doch gibt es auch *ungewisse Wahrscheinlichkeiten*, vor allem unter zwei Bedingungen: falls für das Eintreten des möglichen (nicht völlig auszuschließenden) Ereignisses
– nicht alle Ursachen bekannt sind oder wenn
– »menschliches Versagen« als Ursache nicht völlig auszuschließen ist.
In solchen Fällen wird dann die *Höhe des Risikos* zum ausschlaggebenden Entscheidungsgesichtspunkt.

Im Bereich der Betreuungs- und Erziehungsbedingungen für Kinder – vom Säuglings- bis zum beginnenden Erwachsenenalter – wiegen die *Risiken*, die durch Fehlverhalten und Fehlentscheidungen des Erwachsenen im kleinen wie im großen Rahmen auftreten können, besonders schwer, weil hier die spätere Lebenserfüllung der betreffenden Menschen oder ganzen Menschengruppen auf dem Spiel steht.

E. Jedes Kind – ein Eigenwesen

Viele Kinder unterscheiden sich in ihrem Aussehen oder in ihrem Wesen *völlig* von *beiden* Eltern. Andere scheinen einem ihrer Elternteile »wie aus dem Gesicht geschnitten«; womöglich sind sie dem ihnen im Aussehen ähnlichen Elternteil dann auch im Wesen verwandt, aber das Gegenteil – Wesens*verschiedenheit* bei *ähnlichem* Aussehen – kommt gleichfalls vor. Bei manchen Kindern wieder scheint im Aussehen oder im Wesen ein Großvater oder eine Großmutter »durchzuschlagen«. Die Vielfalt der Möglichkeiten von Übereinstimmungen und Unterschieden zwischen Kindern und ihren leiblichen Vorfahren ist unübersehbar. Wie läßt sich das erklären?

Gründe für Kind-Eltern-Unterschiede. Für jede vom Erbgut mitge-prägte Eigenschaft besitzt das Kind *zwei* Anlagen; eine kommt von der Mutter und eine vom Vater. In der Wirksamkeit überwiegt einmal die eine, einmal die andere; oder beide sind wirksam, dann liegt das Merkmal des Kindes – z. B. die Augen- oder Haarfarbe – *zwischen* denen der Eltern. Trotzdem ist kein Kind als *Kombination* aus müt-terlichen oder väterlichen *Eigenschaften* zu verstehen. Das hat zwei Ursachen; diese sollte man kennen, weil Eltern mitunter rätseln, wo-her die eine oder andere Eigenschaft ihres Kindes stammen könnte, die sonst in der Familie oder Verwandtschaft noch niemals in Erschei-nung trat.

Der *erste* mögliche Grund für Eltern-Kind-*Unterschiede* liegt darin, daß mit jeder Keimzelle eine *andere Auswahl* aus dem eigenen Erbgut an das Kind weitergegeben wird. Diese Auswahl kann ebensogut solche Erbanlagen, die in der elterlichen Persönlichkeit zur Wirkung kamen, wie auch solche enthalten, die dort unwirksam (»latent«) blieben, weil ihre Wirkung von anderen Anlagen über-deckt wurde. Das Kind kann also auch solche Anlagen erben und durch sie geprägt werden, die das Aussehen und die Veranlagungen seiner Eltern gar nicht mitbestimmt hatten – eine erste Ursache für Eltern-Kind-Unterschiede.

Der zweite Grund ist weitreichender und liegt tiefer. Er betrifft zwei oder mehr Gene, die miteinander in *Wechselwirkung* treten. Wenn zwei oder mehr Erbanlagen zusammenwirken, so bestehen für ihre Beziehung nicht nur die beiden schon genannten Möglichkeiten der *Überlagerung der einen durch die andere* und der *Mischung*, son-dern aus der Kombination kann auch etwas Drittes, *ganz Anders-artiges* hervorgehen. Besonders deutlich springt das in die Augen, wo in einer Geschwisterschar unvermittelt ein Genie auftritt, obgleich zuvor nirgends in der Vorfahrenschaft ein Anhaltspunkt für eine der-artige Aussicht zu bemerken war. Hier hatten also die *Kombination* und die *Wechselwirkung* zwischen elterlichen Anlagen etwas *einzig-artig Neues* hervorgebracht.

Das Entstehen von Neuem durch Kombination steht mit den Naturgesetzen nicht im Widerspruch; es kommt auch außerhalb der Lebenserscheinungen vor. Dies beweist schon unser *Kochsalz:* Seine farblosen, durchsichtigen, wasserlös-lichen Kristalle schmecken salzig; seine *Bestandteile* sind jedoch ein gelbliches, stechend riechendes Gas (Chlor) und ein brennbares, silbrig glänzendes Leicht-metall (Natrium). Von den Charakterzügen seiner beiden Bestandteile ist am Kochsalz nichts, aber auch gar nichts zu bemerken. Die *Kombination* schafft aus ihnen etwas *völlig Neues*. – Was beim toten Stoff vorkommt, ist erst recht beim Menschen möglich: Aus *Kombinationen* von Erbanlagen kann *Neues* hervorgehen, das in keinem Vorfahren existierte und das man darum im voraus nicht ahnen konnte.

Aus diesen Zusammenhängen können Eltern lernen: Auch wenn sie ihr Kind gezeugt haben und es darum nur von ihnen stammende Erbanlagen besitzt, so ist doch die *Kombination* des Erbguts neu und ganz anders als bei ihnen selbst. Daraus kann eine Persönlichkeit von *völlig anderem Wesen* hervorgehen, von *jedem* Elternteil grundverschieden. Daraus folgt: Ihr Kind, obgleich ihr eigen Fleisch und Blut, ist für Eltern ein unvorauszusehendes, unbekanntes Wesen; sie müssen alle Aufmerksamkeit daransetzen, es kennenzulernen und als eigenständige Persönlichkeit zu begreifen. Erst dann werden sie ihm gerecht werden können.

Kinder verstehen. Alle Erwachsenen sind selbst einmal Kind gewesen; trotzdem fällt es ihnen oft nicht leicht, sich in Kinder hineinzudenken. Doch sollten sie sich darum bemühen; denn durch Einfühlung in die Kinder und durch Beobachten, wie sie sich verhalten, können Erwachsene bisweilen mehr für die Betreuung und Erziehung lernen als durch Ratschläge oder aus Büchern. Von den Kindern zu lernen ist wichtig, weil jedes als eigene Persönlichkeit besondere Fähigkeiten und Bedürfnisse, Stärken und Schwächen besitzt. Daher braucht jedes Kind andersartige Hilfe. Und: Was sich für das eine Kind günstig und segensreich auswirkt, kann für ein anderes nachteilig und belastend sein.

F. Zusammenfassung

1. Das Verhalten des Menschen kann durch biologisch bedingte Verhaltenstendenzen (Hunger, Schlafbedürfnis) sowie durch freie, verantwortliche Willensentschlüsse gesteuert werden (A).

2. Je stärker irgendwelche biologisch bedingte verhaltensbestimmende Tendenzen sind, desto eher setzen sie sich beim Einzelmenschen durch, und desto weitergehend bestimmen sie, wenn sie zugleich viele Menschen erfassen, auch die Verhaltensrichtungen des Kollektivs (A).

3. Die Verhaltensbiologie erforscht die biologisch bedingten Verhaltens*tendenzen* (denen der Mensch folgen *kann*, aber nicht *muß*) und vergleicht sie mit den Ursachen der *Verhaltensweisen* der Tiere;

Tierbeobachtungen werden dadurch indirekt zu einem Anteil der Erfahrungsbasis für die Verhaltensbiologie des Menschen (B,C).

4. Die (gesellschafts)politische Bedeutung der Verhaltenswissenschaften liegt im wesentlichen darin, auf mögliche Gefahren aufmerksam zu machen. Das Gewicht einer Warnung errechnet sich aus dem mathematischen Produkt aus der Schwere des Risikos und der Wahrscheinlichkeit des Eintretens des Unglücksfalles (D).

5. Bei jedem Kind sind die von Mutter- und von Vaterseite her stammenden Erbanlagen andere. Darum ist jedes Kind hinsichtlich seiner Anlagen-*Kombination* etwas Neues: eine unvoraussagbare Eigenpersönlichkeit (E).

II. Verhaltensentwicklung des Kindes

Beim Menschenkind sind von Geburt an zwei Verhaltensbereiche voll entwickelt: die Nahrungsaufnahme und das frühkindliche Kontaktbedürfnis. Später folgen zunächst die individuelle Bindung an die Eltern, dann der Verhaltensbereich Erkunden/Wißbegierde/Spielen/Nachahmen sowie schließlich die sexuelle Reifung. Die jeweils neuen Verhaltensweisen erscheinen nicht plötzlich; und sie lösen keine vorangegangenen ab, die dann verschwinden. Aus diesem Grunde wird eine Einteilung der Verhaltensentwicklung in *aufeinanderfolgende Phasen* den Tatsachen nur unvollkommen gerecht. Die Abb. 1 gibt statt dessen ein Abbild der Verhaltensentwicklung nach Art einer *fünfzeiligen Partitur*: Jede Zeile versinnbildlicht, wenn man links beginnt und nach rechts vorrückt, die fortschreitende Entwick-

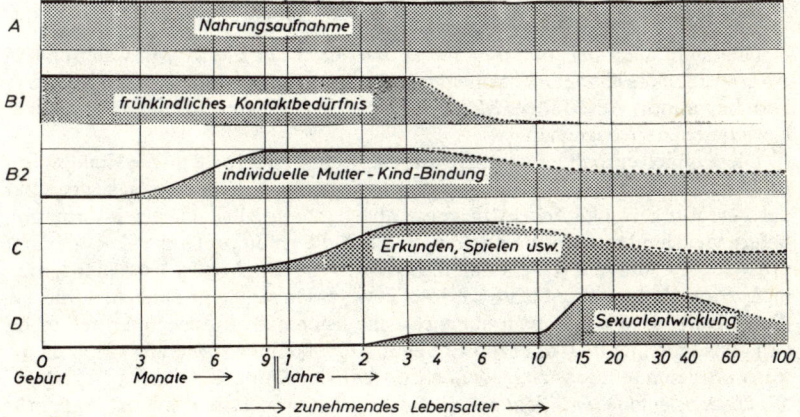

Abb. 1   Stark vereinfachtes Schema der Entwicklung einiger wichtiger Verhaltensbereiche im Leben des Kindes.

lung eines der fünf Verhaltensbereiche: in der obersten Zeile die Nahrungsaufnahme, darunter das frühkindliche Kontaktbedürfnis, in der dritten die Entwicklung der individuellen Kind-Mutter-Bindung usf. So wird veranschaulicht, daß sich – mit zunehmendem Lebensalter – ein Verhaltensbereich nach dem anderen zu den schon vorhandenen *neu hinzugesellt*, das Gesamtverhalten also mit der Zeit vielfältiger und reicher wird.

Abb. 1 soll die Epochen der Zunahme bis zur Funktionsreife, die Zeiten der *vollen Funktionsreife* sowie die Phasen der Verminderung der Funktionen zum Ausdruck bringen; den jeweils gerade erreichten absoluten (Ordinaten-)Werten, solange sie zwischen 0 und 1 liegen, ist jedoch keine definierte Bedeutung zuzumessen. Die Zeitskala ist mit wachsendem Lebensalter logarithmisch fließend verkürzt, so daß jeweils die Zeiträume des ersten, des zweiten bis neunten und des zehnten bis hundertsten Jahres gleich lang gezeichnet sind.

Tatsachen und Empfehlungen. Innerhalb der *Teilkapitel* bringen jeweils die *ersten* Abschnitte Aussagen über die *Tatsachen* der Verhaltensentwicklung; die *folgenden* leiten daraus für die Betreuung und Erziehung *Empfehlungen* ab. Nun gilt zwar in aller Strenge der Satz: Aus dem, was *ist*, geht nicht hervor, was *sein soll* – es sei denn, im Zusammenhang mit einem *vorgegebenen Ziel*. Ein solches Ziel bildet in der Tat den Hintergrund für alle Ratschläge und Forderungen dieses Buches: Den Kindern sollen *vermeidbare Verhaltensstörungen* erspart bleiben, die ihnen Leiden bringen und sie in ihrer freien Entfaltung behindern.

Dies steht allerdings *nur zum Teil* in der Macht der Eltern: Mit wachsendem Alter werden die Kinder mehr und mehr von geheimen und öffentlichen Miterziehern beeinflußt, von Moden, Medien, Ideologien und von einzelnen Persönlichkeiten, denen sie begegnen.

Dieses Buch enthält keine *vollständige* Erziehungslehre; denn die Erziehungsproblematik wird, wie eingangs gesagt, vorwiegend nur unter dem Gesichtspunkt der *Vorsorge gegen Verhaltensstörungen* abgehandelt. Allgemeinere Information liefern viele hervorragende Erziehungsbücher, die schon vor langer Zeit oder erst in den letzten Jahren erschienen sind. Das Buch von Chr. MEVES »Erziehen lernen in tiefenpsychologischer Sicht«[1] verfolgt in vieler Hinsicht eine ähnliche Linie wie dieses Buch. Es enthält auch übersichtliche listenmäßige Zusammenstellungen von günstigen und bedenklichen Erziehungsmaßnahmen sowie von empfehlenswerten Spielen für die verschiedenen Epochen der Kindheit.

»Bezugsperson« und *»Mutter«*. In der Regel verwende ich das Wort *Mutter* für denjenigen Menschen, der ein Kind auf die Dauer hauptsächlich betreut und an den sich das Kind individuell gebunden hat; das bewahrt mich vor der Notwendigkeit, statt dessen immer das neutrale Wort »Bezugsperson« zu verwenden. Einge-

schlossen in den Begriff der *Mutter* sind auch die *faktischen* Mütter (siehe Abschnitt VIII C 3), also die Adoptivmutter, die Pflegemutter und die bleibende Pflegerin eines Kindes in einem Heim mit Familienstruktur, die Kinderdorfmutter, ferner gegebenenfalls dasjenige Familienmitglied (Großmutter, Tante), das ein Kind auf die Dauer bei sich aufwachsen läßt. Hauptbezugsperson kann auch der *Vater* sein, falls er die entscheidenden Betreuungsaufgaben für ein Kind übernimmt und erfüllt. *Mutter* bedeutet also im folgenden: liebevolle *Hauptbezugsperson*, die dem Kind auf die Dauer erhalten bleibt.

A. Nahrungsaufnahme des Säuglings

A 1. *Natürliche Grundlagen*

Schon bald nach der Geburt ist der Säugling zum Trinken an der mütterlichen Brust bereit. Das Trinken ist für ihn nichts völlig Neues; denn solange er im Mutterleib noch von Fruchtwasser umgeben war, hat er reichlich davon zu sich genommen.

Saugen und Schlucken. Der Säugling erfaßt die Brustwarze mit den Lippen und zieht sie so tief in den Mund hinein, daß sie weit hinter der Zungenspitze auf dem Zungen*rücken* aufliegt. Dadurch wird auch ein Teil des Warzenhofes – unter entsprechender Formveränderung – mit eingezogen und befindet sich daraufhin vorn im Mund über der Zunge des Babys. Während der Säugling trinkt, kann man beobachten, wie sich sein Unterkiefer bewegt: Bei jeder *Aufwärts*bewegung drückt er die ganze Zunge nach oben gegen das Munddach und übt dadurch einen Druck auf den dazwischen liegenden verformten Warzenhof und die Brustwarze aus; hierdurch wird aus deren Milchgängen die Milch herausgedrückt und gelangt frei in den hinteren Teil der Mundhöhle. Bei der nun folgenden *Abwärts*bewegung des Unterkiefers werden der Warzenhof und die Brustwarze von dem Druck der Zunge entlastet, und neue Milch gelangt aus der Brustdrüse in die Milchgänge. Diese Milch wird dann bei der *nächsten* Schließbewegung herausgedrückt und so fort. Im hinteren Teil der Mundhöhle sammeln sich auf diese Weise die kleineren Milchmengen von *mehreren* der eben beschriebenen Kiefer-Zungen-Bewegungen, bis ein *Schluck* erfolgt. Durch ihn gelangt die Milch aus der Mundhöhle zuerst in die Speiseröhre und von dort in den Magen.

Trinken und Atmen. Der Säugling braucht – anders als Kinder und Erwachsene – während des *Schluckens* nicht das *Atmen* zu unterbrechen: Während des Trinkens besteht keine offene Verbindung zwischen dem Atemweg und dem Weg der Nahrung. Die Milch fließt beim Schlucken beiderseits um den luftführenden Verbindungsgang zwischen dem Nasenrachenraum und der Luftröhre herum.

Die Trinkbewegungen sind angeboren. Der Säugling braucht sie nicht zu lernen. Für alle Einzelbewegungen und deren Zusammenwirken haben sich schon vor der Geburt die Sinnesorgane, die Ausführungsorgane und die zugehörigen Nervenverbindungen so entwickelt, daß sie dem neugeborenen Säugling funktionstüchtig zur Verfügung stehen. Allerdings erfassen manche Säuglinge nicht sogleich die Brustwarze, wenn sie sie zum ersten Mal mit den Lippen berühren; in der Regel lassen sie sich aber leicht dazu anregen, indem man die Berührung geduldig wiederholt oder auch – wie empfohlen wird – durch Drücken einen Tropfen Milch austreten läßt. Es gibt ausgezeichnete Bücher und Taschenbücher, die vielfältige Ratschläge für alle solche kleinen und größeren Fragen und Probleme beim Stillen enthalten[1].

Auch die *vorbereitenden* Verhaltensweisen des Säuglings vor dem Trinken sind *instinktiver* Natur, brauchen also nicht gelernt zu werden: Der hungrige Säugling bewegt suchend sein Köpfchen. Fühlt er mit seiner Wange eine Berührung, z. B. warme Haut, so dreht er den Kopf dorthin, wo er die Berührung gespürt hatte. Finden dabei seine Lippen die Brustwarze, so fassen sie zu, und sofort beginnt das Trinken.

Vorgänge im Körper der Mutter. Während der Schwangerschaft vergrößert und entwickelt sich das Milchdrüsengewebe in den Brüsten – angeregt durch zwei Hormone, das Schwangerschaftshormon (*Progesteron*) und das Milchbildungshormon (*Prolaktin*). Etwa im 4. Schwangerschaftsmonat beginnt langsam die Bildung von Milch (Vormilch, Erstmilch, Kolostrum; siehe Abschnitt II A 2, S. 35). Zum Zeitpunkt der Geburt ist in der Regel genug von dieser besonders hochwertigen Milch vorhanden, um das Kind zu ernähren. Mit der Geburt hört die Bildung des Schwangerschaftshormons Progesteron schlagartig auf; das Milchbildungshormon Prolaktin entsteht weiterhin.

Milchspende- und Milchbildungsreflex. Wenn der Säugling, um die Milch zu erlangen, die Haut der Brustwarze mit seinen Lippen und seiner Zunge berührt, so registrieren dies die Sinneszellen der Brustwarze, und sie senden Signale an das Zwischenhirn. Dieses veranlaßt daraufhin die zentrale Hormondrüse, die Hypophyse, zwei Hormone – das noch nicht erwähnte *Oxytocin* und das eben schon genannte *Prolaktin* – in die Blutbahn abzugeben. Diese Hormone gelangen dann auf dem Blutweg in das Gewebe der Milchdrüsen. Dort wirken beide Hormone unterschiedlich: Das *Oxytocin* veranlaßt schon eine bis drei Minuten nach Trinkbeginn die Drüsenbläschen (Alveolen) der Brust, sich zusammenzuziehen und dadurch die zuvor gebildete Milch in die Milchgänge zu drücken, von wo sie dann das Baby auf die beschriebene Weise erlangen kann. Die damit beschriebene Wirkungskette vom Sinnesreiz an der Brustwarze bis zum Austreten der Milch ist der Milchfluß- oder *Milchspendereflex*. Das zugleich gebildete *Prolaktin* ist dagegen verantwortlich für die Milch*bildung*: Es beeinflußt *in den nächsten Stunden* das Drüsengewebe und regt dort die Milchproduktion für die *nächsten* Mahlzeiten des Säuglings an. Dies ist der *Milchbildungsreflex*.

Regulierung der Milchbildung. Wie im vorletzten Absatz dargetan, wird das Milchbildungshormon Prolaktin schon während der Schwangerschaft gebildet; diese vom *Inneren* des mütterlichen Körpers ausgehende Steuerung zieht sich auch bis in die ersten Tage und Wochen nach der Geburt hin. Mit der Geburt beginnend aber wird die Prolaktinausschüttung und damit die Milchbildung schrittweise mehr und mehr vom *Trinkverhalten des Säuglings* abhängig – vermittels des eben beschriebenen Milch*bildungs*reflexes. Hat dieser Reflex schließlich nach ein paar Wochen allein die Regie übernommen, so unterliegt die Mengen-Regulierung der Muttermilch einem *physiologischen Regelkreis*: Das Kind trinkt, soviel sein Körper braucht, und ist dann satt; die mütterliche Brust bildet aufgrund der vom Trinken des Babys ausgelösten Hormonwirkung (Prolaktin) etwa so viel Milch neu, wie getrunken wurde, für die nächsten Mahlzeiten. Mutter und Säugling bilden somit eine Wirkungseinheit, die von Natur aus die zuträgliche Ernährung des Säuglings gewährleistet.

Zur dauernden Aufrechterhaltung der Milchbildung ist also das Saugen des Babys an der Brust notwendig. Vielleicht wirkt aber darüber hinaus auf die Mutter auch das langdauernde Wahrnehmen des Säuglings mit *allen* Sinnen: Hautgefühl, Geruch, Hören der Lautäußerungen, Anblick. Womöglich liegt in einem Zuwenig solcher Wahrnehmungen eine Ursache dafür, daß manche Mütter zwar ihr Baby stillen wollen, aber die Milchbildung aus unbekanntem Grunde trotz genügend häufigen Anlegens des Kindes und trotz besten Willens nicht in Gang kommen will oder früher als gewollt wieder abnimmt. (Weitere Gründe dafür können u. a. sein: innere Unruhe, seelische Verspannungen, unzureichende Flüssigkeitsaufnahme.)

Sättigung. Stillen des Hungers durch Aufnehmen von Nahrung heißt letzten Endes: den Bedarf des Körpers an Aufbaustoffen und an Stoffwechselenergie zu befriedigen. Nach der Mahlzeit, die von Kind zu Kind sehr verschieden lange dauert – in den ersten Lebenswochen länger als später –, schiebt das Kind die Brustwarze mit der Zunge hinaus oder dreht den Kopf zur Seite; so zeigt es, daß es satt ist. Zu dieser Zeit sind die aufgenommenen *Nährstoffe* allerdings erst zum kleinen Teil verdaut und noch längst nicht an ihren Bestimmungsorten im ganzen Körper angekommen, sondern sie befinden sich größtenteils noch im Magen und Darm. Der Säugling hat *getrunken*, aber noch wenig *verdaut*. Trotzdem hat er keinen Saugdrang mehr.

Der Saugdrang des Säuglings wird also schon durch den Ablauf des Trinkens gestillt. Die endgültige Sättigung durch das Decken des Nährstoffbedarfs des Körpers erfolgt viel später (dies wird im Kapitel IV A 7 und A 8, S. 254 ff. näher erklärt). Ein aus medizinischen Gründen mit der Sonde ernährter Säugling kann darum gleich nach der Mahlzeit noch eine Zeitlang »unzufrieden sein«, weil das *Verhalten* des Nahrungsaufnehmens ausgefallen und darum der Saugdrang nicht befriedigt ist.

Aufwachrhythmus. Hat ein Säugling eine Mahlzeit erhalten, ist er zufrieden eingeschlafen und wird von seiner Mutter nicht geweckt, so erwacht er in der Regel von sich aus (»spontan«) nach 3 bis 4½ Stunden. Er »meldet sich« mit leisen oder kräftigen Lautäußerungen oder, indem er sich lebhafter bewegt. Die Mutter deutet dies mit Recht als Hinweis darauf, daß er Hunger hat, und der Säugling bestätigt es: Er trinkt begierig und bleibt dann noch eine Weile wach – je älter er ist, um so länger. Nach dem anschließenden »Bäuerchen«, dem Wickeln und nach liebevoll heiteren Spielminuten sinkt er wieder in Schlaf. Füttert eine Mutter den Säugling regelmäßig »nach Bedarf«, also immer, wenn er es selbst will, so folgen die Mahlzeiten bei manchen Babys ohne erkennbare Regelmäßigkeit aufeinander, bei anderen aber in regelmäßigen Abständen von 3 bis 4½ Stunden.

Innere Uhr. Hier liegt die Deutung nahe: »Hunger und Sättigung zerlegen das Leben des jungen Säuglings in mehr oder weniger regelmäßige Zeitabschnitte.«[1] Doch die Vorstellung, Hunger und Sättigung seien bei Säuglingen, die einen regelmäßigen Aufwachrhythmus zeigen, die inneren Zeitgeber, hat sich in neuerer Zeit als unrichtig erwiesen[2]: Zwar kann starker Hunger einen Säugling wecken; aber bei ausreichender Ernährung hängt das Aufwachen der Säuglinge nicht in jedem Einzelfall vom ansteigenden Hunger ab, sondern vom Gang einer inneren *biologischen Uhr.* Diese besitzt eine Periodendauer zwischen 3 und 4½ Stunden. Im Regelfall weckt *diese innere Uhr* den Säugling. Wieviel der Säugling dann trinkt, bestimmt sein jeweiliger Nährstoffbedarf. Die bei manchen Säuglingen den Aufwachrhythmus bestimmende innere Uhr (= der »ultradiane« Eigenrhythmus) ist etwas Ähnliches wie die etwa sechsmal langsamere 24-Stunden-Tag-Nacht-Rhythmik des Menschen (Abschnitt IV A 1, S. 238). Diese steuert das Schlafen und Wachen sowie viele andere Körpervorgänge. Sie stellt sich bei Rhythmuswechseln, z. B. nach weiten Flügen zwischen Ost und West, nur langsam – im Laufe von Tagen – auf neue Zeiten um. – Beim Säugling macht sich dieser innere Zeitgeber der 24-Stunden-Tag-Nacht-Periodik erstmalig im 2. bis 3. Lebensmonat bemerkbar, und zwar durch das Auftreten einer *Nachtpause* im Rhythmus des Nahrungsverlangens.

Nachtpause. Der unregelmäßige oder regelmäßige Aufwachrhythmus ist *in den ersten Lebenswochen durchlaufend*; der Säugling verlangt seine Mahlzeiten *auch in der Nacht.* Früher oder später aber (nach einem bis mehreren Monaten) beginnt er *von selbst* mit einer längeren Nachtpause. Dieser Übergang vollzieht sich mitunter nicht in kleinen Schritten, also nicht durch allmähliches Längerwerden derjenigen Pausen, die gerade in die Nacht fallen, sondern in einem großen Sprung durch das *Auslassen* einer Mahlzeit – meist derjenigen, die gerade in die Nacht fällt. Dadurch entsteht dann gegebenenfalls *auf einen Schritt* eine freiwillige mehrstündige Pause, z. B. von acht Stunden Dauer. – Einige Säuglinge lassen mehrere Wochen später sogar noch eine zweite Nachtmahlzeit aus, so daß sich die *aus eigenem Antrieb* eingehaltene Nachtpause beispielsweise von etwa 8 auf 12 Stunden verlängert[1].

Ursprung der Nachtpause. Das *Entstehen* der Nachtpause ist ein eigengesetzlicher biologischer *Reifungs*vorgang. Man täuscht sich, wenn man meint, erst durch das Vorenthalten von Nachtmahlzeiten würde man die Säuglinge »lernen« lassen, schließlich freiwillig eine Nachtpause einzuhalten[1]; sie beginnen damit von sich aus zur rechten Zeit. Jede Art von endogener Periodik gehört auch sonst zu denjenigen physiologischen Funktionen, die etwaigen Einflüssen des Lernens am allerwenigsten zugänglich sind.

Wesen der ultradianen Periodik. In einem besonders günstig verlaufenen und sorgfältig registrierten Einzelbeispiel[1] lag die durchschnittliche Pause zwischen zwei Mahlzeiten vom 5. bis 12. Lebenstag bei 4 Stunden und 20 Minuten und in den folgenden 4 Wochen (13. bis 40. Tag) bei 4 Stunden und 8 Minuten. Die *Uhrzeiten* der Mahlzeiten verschoben sich deswegen von Tag zu Tag, und zwar in den an zweiter Stelle genannten 4 Wochen durchschnittlich pro Tag um $6 \times 8 = 48$ Minuten, also beispielsweise von 12 Uhr an einem Tag auf 12.48 Uhr am nächsten Tag. Im Laufe dieser 4 Wochen stellte sich nun bei dem Kind auch die *Nachtpause* ein: Der Säugling ließ diejenige Mahlzeit aus, die in die Zeit zwischen 2 und 6 Uhr nachts fiel. Wegen der sich verschiebenden Fütterungs-Uhrzeiten (Aufwachperiodik 4 Std 8 min) verspätete sich auch der ausgelassene »theoretische« Mahlzeitentermin täglich um durchschnittlich 48 Minuten. Daher wanderte er schließlich nach ein paar Tagen aus der Nachtpausenzeit heraus und wurde zum Termin der Frühmahlzeit, während der bisherige Mitternachts-Trinktermin in die Nachtpausenzeit hineinwanderte und folglich zum »ausgelassenen Termin« wurde. Die Periodik des Nahrungsverlangens (»ultradian«) kann sich also gegen den (»circadianen«) Tag-Nacht-Rhythmus, der den Zeitpunkt der Nachtpause bestimmt, verschieben. Sie ist also *freilaufend* und braucht nicht, wie ursprünglich vermutet worden war, von vornherein mit dem Tag-Nacht-Rhythmus gekoppelt zu sein, ist daher auch nicht als dessen abhängige »Unterperiodik« anzusehen, sondern sie folgt einem im Ursprung *unabhängigen* biologischen Zeitgeber. – Am 41. Tag jedoch verkoppelten sich bei dem beobachteten Säugling die beiden Rhythmen, und die vom Kind selbst gewählten Stilltermine spielten sich ein auf 7, 11, 15, 19 und 23 Uhr. Vom 81. Lebenstag an fiel auch der 23-Uhr-Termin aus, und die Mahlzeiten erfolgten von nun an um 7, 11, 15 und 19 Uhr.

Der Mund und die Händchen als Ausdrucksmittel. Als Ausdruck des Hungers stülpen manche Säuglinge die Lippen vor, als wollten sie den Vokal O formen: Sie machen einen »O-Mund«[2]. – Bei vielen Säuglingen sind, während sie trinken, nicht nur der Mund und die Kehle tätig – auch ihr Händchen faßt fest zu. Hat ein Säugling beispielsweise einen Finger der Mutter erfaßt, so kann diese den Hunger des Kindes am Druck seines Händchens spüren; mit zunehmender Sättigung läßt die Anspannung nach. – Es gehörte früher und gehört vielleicht auch heute noch zum Wissen erfahrener Hebammen: Manche schlecht trinkende Säuglinge (z. B. manche zu früh geborene) trinken besser, wenn man ihnen ein Fell zum Anfassen in die Hände gibt.

Wie sonstige Instinkthandlungen ist auch das Trinken und Saugen des Säuglings durch *Ersatzobjekte* auszulösen. *Künstliche* Ersatzobjekte sind der Flaschensauger und der Schnuller. Beim Fingerlutschen ist das Ersatzobjekt ein Teil des eigenen Körpers.

Nahrungsaufnahme und individuelle Bindung. Die Nahrungsaufnahme des Säuglings trägt in der Umgangssprache den Namen »Stillen«. Das besagt nicht nur: Der Hunger wird befriedigt, sondern allgemein: Der unruhige, vielleicht weinende Säugling »wird still« durch das, was mit dem Stillen einhergeht: die Befriedigung der seelischen Bedürfnisse nach Nähe, Zugehörigkeit und Liebe durch das Fühlen, das Anblicken des Gesichts der Mutter und das Hören ihrer Stimme. Die vier Anteile: Befriedigung des Saugdrangs, ausreichende Nahrungsmenge, körperlicher und seelischer Kontakt, gehören also zusammen. Beim Trinken hat der Säugling mitunter seine Augen geöffnet; oft richtet er dann den Blick auf das mütterliche Gesicht. Seine Augen suchen nicht nach der Brust oder nach der Flasche. Auch als man Heimsäuglinge noch mit der Flasche im Flaschenhalter anstatt im Arm der Pflegerin fütterte und sie dabei kaum für mehr als einige Sekunden ein menschliches Gesicht sahen, entstand keine Bindung an die Flasche, obwohl diese ihnen die Nahrung spendete. Die Tendenz zum Hinsehen auf menschliche Gesichter ist angeboren, nicht angelernt. Der Säugling prägt sich das Gesicht, das er, während er betreut wird, immer wieder sieht, im Laufe der Zeit ein. Dadurch entsteht seine Bindung an die individuelle betreuende Bezugsperson (siehe Abschnitt II B 2, S. 52).

A 2. *Die Muttermilch*

Vormilch. Die Bildung von Muttermilch beginnt ganz allmählich im Verlauf der zweiten Schwangerschaftshälfte mit der *Vormilch* (Erstmilch, Kolostrum). Zum Geburtstermin steht sie dem Neugeborenen zur Verfügung. Sie ist eine durchscheinend trübe, gelbliche, sehr eiweißreiche Flüssigkeit mit einem besonders hohen Gehalt an Immunsubstanzen. Sie ist deshalb für das Neugeborene von besonderem Wert und kann industriell bisher auch nicht annähernd nachgeahmt werden. Wenn das Kind – wie es natürlich ist – Nahrung bekommt, wann es will, kann die Erstmilch in der Regel auch mengenmäßig die Ernährung des Neugeborenen in seinen ersten Lebenstagen voll gewährleisten. Ihr Kaloriengehalt übertrifft den der nachfolgenden Milch bei weitem. Die Kinder brauchen deshalb bis zum zweiten oder dritten Tag auch nur kleinere Mahlzeiten. Es trifft also nicht zu, daß in den ersten Tagen nach der Geburt »noch keine Milch da sei«, wie man es häufig hört; im Gegenteil, mit der Erstmilch steht eine für das Kind besonders wertvolle Nahrung zur Verfügung. Durch den Irrtum, noch keine Milch sei vorhanden, kommt das Kind mitunter auch heute noch nicht in den Genuß der Erstmilch und wird statt dessen mit künstlicher Nahrung aus der Flasche ernährt.

Übergangsmilch. Zwischen dem zweiten und vierten Tag nach der Geburt beginnt in der Brust die Bildung von »Übergangsmilch«. Sie ist gelblich und sieht kremig, fast sahnig aus. Bei vielen Frauen ist diese Umstellung mit einer deutlichen Schwellung und Spannung der Brüste verbunden: Man spricht vom »Einschießen der Milch«.

Hierdurch kann es für den Säugling vorübergehend schwieriger werden, die Warze und den Warzenhof hinreichend weit in den Mund hineinzuziehen; man muß ihm dabei gegebenenfalls Hilfe leisten. Wenn das gelingt und wenn das Kind nach Bedarf gestillt wird, verschwindet die Spannung in der Brust in der Regel bald wieder. – Manche Frauen aber spüren das »Einschießen der Milch« so gut wie gar nicht; und ihre Brüste schwellen nicht oder nur geringfügig an. Das bedeutet jedoch keineswegs, daß hier zu wenig Milch gebildet wird. – Einige Zeit später, meist 4 bis 6 Wochen nach der Geburt, nimmt die Brust dann eine geringere Größe an, die sie bis zum Ende des Stillens beibehält.

Reife Muttermilch. Etwa am sechzehnten Tag nach der Geburt verändert sich die Zusammensetzung und das Aussehen der Muttermilch noch einmal: Von nun an wird *reife Muttermilch* gebildet. Sie sieht rein weiß, beinahe etwas bläulich aus und erinnert daher ein wenig an fettarme Kuhmilch. Reife Muttermilch ist die vollwertige Ernährung des Säuglings. Sie stellt *alle* für die Entwicklung des Kindes notwendigen Nährstoffe und Vitamine in ausreichender Menge bereit.

Eigenschaften der Muttermilch. Die Muttermilch enthält als Grundbestandteile Wasser, Eiweiß, Fette, Kohlehydrate, Mineralien und Vitamine. Das Muttermilcheiweiß ist so zusammengesetzt, daß es vom Kind so gut wie vollständig verwertet werden kann. Die Belastung der Verdauungsorgane und des Stoffwechsels ist minimal. Die Muttermilch enthält etwa 150 verschiedene Fettarten, von denen viele noch in ihrer Struktur und Funktion unbekannt sind. Die Fette der Muttermilch werden besser vom Darm des Kindes aufgenommen als die der Kuhmilch. Brustkinder scheiden so gut wie kein Fett mit dem Stuhl aus. Auch die anderen Bestandteile der Muttermilch sind biologisch an die Bedürfnisse des Säuglings angepaßt. Ist die Milchmenge einmal knapp, so verdaut der Säugling fast alles und hat unter Umständen bis zu einer Woche lang gar keinen Stuhlgang; nur der Harn fließt regelmäßig und reichlich. Verstopfung kommt bei Brustkindern so gut wie niemals vor.

Infektionsschutz durch Muttermilch. Die im Absatz über die Vormilch erwähnten Immunsubstanzen schützen den Säugling vor Infektionen. Die Antikörper der Milch werden im Unterschied zu anderen Eiweißen vom Magen- und Darmsaft nicht unwirksam gemacht. Ein Teil der Antikörper übt seine Wirkung direkt im Darm aus, ein ande-

rer Teil wird in den Körper des Kindes aufgenommen und trägt dort
zur Infektionsabwehr bei. Auch manche *Fette* der Muttermilch sind
an der Abwehr von Infektionen beteiligt. Darüber hinaus enthält die
Muttermilch *lebende Zellen*, darunter pro Kubikmillimeter mehrere
tausend eigenbewegliche Makrophagen (Bakterienfresser), sowie
Substanzen, die nur bestimmte Bakterienarten im Magen und Darm
des Säuglings zulassen und dadurch gegen infektiös bedingte Verdauungsstörungen Schutz bieten. Dies kann bedeutungsvoll sein, weil
bestimmte Darmerkrankungen des Säuglings die Entwicklung seines
noch unfertigen Immunsystems unter Umständen schwer beeinträchtigen und in manchen Fällen sogar eine lebenslang anhaltende
Schwäche seiner Infektionsabwehr nach sich ziehen[1].

Nach der Beschreibung der biologischen Grundlagen (Abschnitt II A 1 und
A 2) werden nun in Abschnitt A 3 daraus praktische Folgerungen für die Säuglings-
ernährung gezogen. Die eventuelle Belastung der Muttermilch mit Schadstoffen
wird im übernächsten Abschnitt A 4 behandelt.

A 3. *Stillen und Füttern*

Beginn des Stillens. Es entspricht den natürlichen Gegebenheiten
beim Kind und der Mutter, dem Neugeborenen nach der Geburt das
Trinken zu ermöglichen, sobald es dazu bereit ist, vor allem wenn es
schon von sich aus Suchbewegungen macht. Obwohl die erste Milch
noch durchscheinend trübe, also eigentlich noch gar nicht wie richtige
Milch aussieht, so enthält sie doch alles, was das Kind in den ersten
Tagen an Nahrung, Flüssigkeit und an Immunschutz braucht. Sie
heißt zwar »Vormilch«, ist aber trotzdem keine Vorstufe zur Milch,
sondern eine *richtige* erste Milch und verdient daher den Namen *Erstmilch*. Es gibt keinen vernünftigen Grund, sie dem Säugling vorzuenthalten. Der Ausdruck vom »Einschießen der Milch« (zwei bis vier
Tage nach der Entbindung) hat früher sicherlich manchmal zu der
Vorstellung beigetragen, erst jetzt entstehe »richtige« Milch; man hat
dem Säugling sogar jahrzehntelang in den ersten Tagen nur Flüssigkeit ohne Nährstoffe zugeführt. In Wirklichkeit wird aber beim »Einschießen der Milch« nur die schon vorhandene *erste* Milchart durch
die *zweite* Milchart (»Übergangsmilch«, *Zweitmilch*) abgelöst, der
dann später die *dritte* Milchart (»reife Muttermilch«) folgt. Es gilt
also heute – soweit noch nicht geschehen – die *Erstmilch*, das Kolostrum, *aufzuwerten* und das Wissen zu verbreiten, daß es die bestgeeignete erste Säuglingsnahrung ist.

Für einen möglichst baldigen Beginn des Stillens sprechen auch einige physiologische und immunologische Argumente: Durch die Sinnesreize an der Mamilla (Brustwarze) wird im mütterlichen Körper der Milchspende-Reflex ausgelöst, und zwar vermittels der Ausschüttung des Hormons Oxytocin; dies aber fördert zugleich auch die Rückbildung der Gebärmutter. Es gehört oder gehörte in diesem Sinne zum Fachwissen der Hebammen, daß man das Neugeborene vor allem dann unbedingt anlegen soll, falls es gilt, eine nachgeburtliche Blutung zu stillen (dies ist jedoch nur eine unter mehreren Maßnahmen, die in diesem Fall ergriffen werden).

In *immunologischer* Sicht ist es günstig, wenn sich auf der Haut und in den Verdauungsorganen des Neugeborenen solche Bakterienstämme ausbreiten, mit denen bereits der Organismus der Mutter im Gleichgewicht steht. Gegen diese bekommt das Kind vor der Geburt durch die Plazenta und später mit der Muttermilch bereits die Immunabwehr geliefert. Anderenfalls wird das Neugeborene eher mit Bakterienstämmen aus der Klinik besiedelt, gegen die es womöglich nur viel schwächere oder gar keine Immunreaktionen mobilisieren kann. Hiermit steht die schon erwähnte angeborene Verhaltensdisposition des Neugeborenen im Einklang: Bald nach der Geburt ist es bereit, langdauernd die Mamilla der Mutter zu belecken; dadurch übernimmt es deren Bakterienflora.

Das Stillen in der Nacht muß für den neugeborenen Säugling und für seine Mutter als *naturgegebenes Bedürfnis* gelten. Der Säugling verlangt in den ersten Wochen nach der Geburt seine Mahlzeiten auch in der Nacht. Wenn man ihm statt einer der Brustmahlzeiten nur Tee gibt, so mag das für ein robustes Baby unschädlich bleiben; dafür, daß das Auslassen der Nachtmahlzeit für den Säugling nützlich sein sollte, gibt es kein überzeugendes Argument. Und wie wirkt dieses Nicht-Befriedigen eines biologischen Bedürfnisses auf zartere Kinder? Der nachweisbar vorhandene Hunger wird ja nicht gestillt, wenn der Säugling gar nichts bekommt; er wird *scheinbar* gestillt, wenn der Säugling Tee erhält, wodurch zwar der *Saugdrang* befriedigt, aber der *Stoffwechselbedarf* ungedeckt bleibt. Damit wird der biologischen Ernährungssteuerung gleich in den ersten Lebenstagen zuwidergehandelt. Gibt man dem Säugling in der Nacht künstliche Milch oder abgepumpte Muttermilch, dann ist zu fragen, warum man dann nicht gleich das Stillen selbst mit seinen sonstigen Vorteilen und Befriedigungen vorzieht.

Die Stunden nach der Geburt. Viele Mütter sind nach der Geburt

ihres Kindes etwa 12 Stunden lang hellwach und voll darauf eingestellt, den Säugling in allem, was er tut, kennen-, bewachen und betreuen zu lernen. Diese vermutlich biologisch begründete innere Disposition und der Wunsch der Mutter, mit dem Säugling zusammen-
zusein, sind als etwas *Natürliches* zu betrachten. War die Geburt allerdings schwer und belastend und wünscht die Mutter von sich aus,
nachts ohne das Baby zu sein, so muß man in der Regel davon ausgehen, daß sie in der Tat erholungsbedürftig ist und die Nacht nach der
Geburt durchschlafen sollte.

Stillen in den folgenden Nächten. Beim Abwägen der Vor- und
Nachteile des nächtlichen Stillens, sobald der Säugling Nahrung verlangt, sind folgende Gesichtspunkte in die Waagschale zu werfen:

– Für viele Mütter ist es unangenehm, wenn die Brust in der Nacht
nicht entleert wird; die Milchbildung ist zu dieser Zeit nachts nicht
verlangsamt.

– Das Bewußtsein, die Bedürfnisse des Säuglings seiner Natur-
anlage gemäß zu stillen, hat für eine Mutter, der das Wohl des Säuglings existentiell am Herzen liegt, meist ein größeres Gewicht als ihr
eigenes nächtliches Durchschlafen.

– Es ist nicht auszuschließen, daß manche Mutter beunruhigt und
besorgt ist, ihr Kind könnte im Säuglingszimmer schreien und unbe-
treut bleiben, und daß sie ohne die Gegenwart des Kindes gar nicht
erholsam schlafen kann.

– Wenn der Säugling in der Entbindungsstation auch nachts bei
der Mutter bleibt, erfährt sie schon dort und gewöhnt sich daran, daß
ihr Kind nachts Nahrung verlangt und der Betreuung bedarf; sie wird
damit nicht erst nach der Heimkehr konfrontiert.

– Ein etwaiges Schlafdefizit der Mutter durch nächtliches Stillen
läßt sich, solange sie in der Klinik ist, durch Schlafen am Tage ausgleichen; durch Abänderung der zeitgebundenen Routine in der Entbindungsstation läßt es sich organisatorisch durchaus ermöglichen, die
Mütter in dieser für sie wichtigen Ruhezeit nicht zu stören.

– Zentralnervös bedingte Ernährungsschwierigkeiten des Säuglings, die durch das Erzwingen der Nachtpause entstehen können,
belasten die Mutter, nachdem sie nach Hause zurückgekehrt ist, besonders schwer.

Nächtliches Stillen ist keine Verwöhnung, sondern hat mit der inneren Uhr des Säuglings zu tun, die in der Regel einige Wochen
braucht, bis sich die Nachtpause einspielt. Jede Maßnahme im Widerspruch zu einem endogenen physiologischen Rhythmus *kann*

aber ein gesundheitliches Risiko herbeiführen. Diese allgemeine Aussage gilt für *alle* Lebensalter des Menschen.

Unphysiologisches wird von vielen oder gar den meisten Kindern ohne sofort erkennbare Störung ertragen. Bei manchen aber, vor allem bei empfindsamen und schwächlichen Neugeborenen, kann eine Bedingung, die als solche nur in geringem Maße unphysiologisch ist, doch die Schwelle zum Pathologischen überschreiten. Hier besteht die Rolle verhaltensbiologischer Erwägungen darin, aufzuzeigen, was *seiner Natur nach* unphysiologisch ist und damit *der Möglichkeit nach* pathogen sein könnte.

Stillen nach Bedarf. Unphysiologisch und vom Standpunkt des Säuglings aus durch nichts zu vertreten ist es auch, *jedem* Neugeborenen in den ersten Lebenstagen von vorneherein *dieselbe* starre 4-Stunden-Periodik der Nahrungsaufnahme aufzuzwingen; denn es ist denkbar, daß dadurch für manche Säuglinge alle Mahlzeiten *in Beziehung zu ihrem eigenen zentralnervösen Rhythmus jeweils zu früh oder zu spät kommen*, daß also zur Fütterungszeit die Trinkbereitschaft noch zu gering oder schon wieder abgesunken ist. Im ersten Fall wird der Säugling aus dem Schlaf gerissen, um zu trinken; im zweiten hat er womöglich vor der Mahlzeit längere Zeit geschrien, befand sich also in einem Streß-Zustand. Daher ist das *Stillen nach Bedarf* zu empfehlen. Es hat sich in Entbindungsstationen als gangbarer Weg erwiesen. Es führt nicht – wie mitunter gefürchtet wird – zu einer unangemessenen Anspruchshaltung des Kindes. Wie die Erfahrung zeigt, halten Säuglinge, die in den ersten Lebenswochen nach Bedarf gefüttert wurden, bald von sich aus und ohne lange Schreiintervalle einen bestimmten Rhythmus ein, manchmal einen Vierstundenrhythmus. Die Stillzeiten lassen sich später behutsam an feste Uhrzeiten angleichen – »synchronisieren«.

Man sollte hinsichtlich des Ernährungsplans nichts zu *erzwingen* versuchen: weder durch Herausreißen des Babys aus festem Schlaf noch durch Schreienlassen, bis eine Normzeit gekommen ist. Besser ist es, den Säugling aufmerksam zu beobachten und dann denjenigen Rhythmus ausfindig zu machen, der seinen Bedürfnissen am besten entspricht, und *diesen* in der Folge einhalten.

Trinkmenge nach Plan. Läßt man die Nahrungs*menge* nicht durch den Hunger des Säuglings, also nicht durch dessen Stoffwechselbedürfnis steuern, so ersetzt man – kybernetisch ausgedrückt – eine Selbst-Regulation durch eine »Programmsteuerung«. Die Trinkmengen-Normen wurden für den *Durchschnitts*säugling ausgearbeitet, aber sie sind, soweit in ihnen die Forderung nach *strenger Befolgung* steckt, nicht genügend anpassungsfähig. Wird die Trinkmenge nach *formalen Regeln* festgelegt, so beschwört das eine Gefahr herauf: Falls verschiedene Säuglinge unterschiedlichen Nahrungsbedarf haben, was wahrhaftig nicht auszuschließen ist, hält man manche chronisch in einem Hungerzustand und bei dauerndem erhöhtem Antriebsdruck fest, und andere überfüttert man.

Wiegen des Säuglings nach jeder Mahlzeit? Das Wiegen nach *jeder* Mahlzeit veranlaßt manche Mütter dazu, *jedesmal* die getrunkene Menge mit dem Wert einer Tabelle zu vergleichen, die den *durchschnittlichen* Trinkbedarf von Säuglingen verschiedenen Alters widerspiegelt. Je gewissenhafter nun eine Mutter ist, desto eher wird sie *jede* Abweichung vom Tabellen-Sollwert mit Unruhe betrachten, auch wenn der Grund in einer natürlichen Schwankung des Bedarfs oder in der individuellen Natur ihres Kindes liegt. Hatte das Kind weniger getrunken, als die Tabelle angibt, wird sie dazu neigen, »zuzufüttern«. Daraufhin ist der Hunger bei der *nächsten* Mahlzeit natürlich geringer, als er ohne das *vorherige* Zufüttern gewesen wäre; so wird der Säugling dann weniger trinken und *weniger* stark saugen. Dies kann die Milchbildung in der Brust ungünstig beeinflussen: Die daraufhin *noch* geringere Milchmenge gibt zu *weiter vermehrtem* Zufüttern Anlaß. So steigert sich ein Wechselgeschehen mit der Tendenz, das Saugen des Kindes und die Milchbildung zu verringern. Ein vorzeitiges Versiegen der Milchbildung kann die Folge sein und den Übergang vom Stillen zur Flasche erzwingen. Kybernetisch betrachtet, setzt das jedesmalige Ausgleichen von Unterschreitungen des Tabellensollwerts durch Zufüttern den Rückwirkungszweig des Ernährungs-Regelkreises, nämlich die Beziehung zwischen dem Hunger des Säuglings und dessen Signalwirkung auf die mütterliche Milchbildung, außer Kraft. – Daraus folgt die Empfehlung: Das Gewicht des Säuglings sollte wohl kontrolliert werden, aber, falls der Arzt es nicht ausdrücklich anders verordnet, nicht nach *jeder* Mahlzeit, sondern zunächst einmal täglich, später einmal wöchentlich. Das genügt, um festzustellen, ob das Kind langfristig zunimmt.

Hiermit wurde einer der möglichen Anlässe für *unnötiges* Zufüttern besprochen, der im Bereich der Verhaltensbiologie liegt. Es gibt jedoch mitunter auch triftige Gründe dafür, daß Zufüttern notwendig ist, für die aber auf die schon genannten Spezialbücher verwiesen werden soll.

Künstliche Babynahrung soll der Muttermilch soweit als möglich nahekommen. Hier hat die Forschung große Fortschritte gemacht. Falls eine Mutter ihr Kind nicht stillen kann oder will, braucht sie sich heutzutage hinsichtlich der Güte der Nahrung weniger Sorgen zu machen als in früheren Zeiten. Allerdings ist die Biochemie noch längst nicht so weit, daß man sagen könnte, sie kenne die Muttermilch in allen Hinsichten. Besonders diejenigen Bestandteile, die dem Baby einen Teil seiner Immunität gegen Infektionen verleihen, sind nur unvollkommen bekannt und deshalb in der künstlichen Babymilch auch nicht enthalten. Bis heute ist daher käufliche Babynahrung biologisch gesehen stets nur ein Ersatz, wenn auch vielfach ein hochwertiger. Über Schadstoffe (z. B. Insektizide) in der Muttermilch siehe Abschnitt II A 4.

Beim *Füttern mit der Flasche* ist nicht nur die Nahrung eine andere – auch die Verhaltensbedingungen sind für den Säugling verändert. Zunächst ist der *Flaschensauger* bis heute nur eine unvollkommene Nachbildung der Saugwarze der mütterlichen Brust. Weiterhin ist der Widerstand, gegen den der Säugling die Milch saugt, künstlich abgeändert: Bei der Brusternährung ist er zu Beginn des Stillens gering und wird im Verlauf der Mahlzeit immer größer; bei der Flaschenernährung bleibt er vom Anfang bis zum Ende gleich.

Dauer der Saugtätigkeit. Im allgemeinen fordert das Stillen vom Säugling so langdauernde Anstrengung, daß diese ihm die volle Befriedigung seines Saugdrangs gewährt. Wird ein Kind jedoch mit der Flasche ernährt, so hängt das Verhältnis zwischen der Trinkdauer und der getrunkenen Milchmenge von der Größe des Loches im Flaschensauger ab. Manche Mütter kamen früher auf die Idee, die Löcher im Flaschensauger zu erweitern, damit ihr Säugling schneller trinken und in kürzerer Zeit mit dem Trinken fertig sein sollte. Dies war jedoch ein Eingriff in das Gleichgewicht seiner Verhaltenssteuerung; denn der Säugling braucht dreierlei: die *Befriedigung seines Nahrungsbedarfs, genügend Saugtätigkeit* und *hinreichende Kontaktzeit mit der Mutter*. Geht das Trinken wegen eines zu weiten Loches schneller, als es der Brusternährung entspräche, so verschiebt sich das Verhältnis zwischen diesen Anteilen der Antriebsverminderung: Der Säugling kann noch weitertrinken wollen, obgleich sich schon genug Milch im Magen befindet, weil sein Saugdrang noch nicht voll befriedigt ist. Füttert man dann weiter, so überlädt man den Magen, und der Säugling erbricht sich. Tut man nichts, so dauert der Saugdrang fort und mit ihm die Nervosität, die ein wiederholt ungestilltes

Bedürfnis hervorrufen kann. Aus all diesen Gründen sollte die Öffnung des Flaschensaugers nicht zu weit sein.

Außer der Nahrung und der Saugtätigkeit sollte jede Mahlzeit dem Säugling ein Verhaltens-Wechselspiel voller Zugewandtheit mit der Mutter gewähren, das zur beiderseitigen Bindung beiträgt. Bei der Flaschenernährung ist nicht immer gewährleistet, daß der Säugling von der Mutter im Arm gehalten und daß er stets von der gleichen Person betreut wird; denn das Füttern mit der Flasche kann delegiert werden. Es gibt jedoch viele Möglichkeiten, die Veränderung so gering wie möglich zu halten: den Säugling beim Trinkenlassen stets in den Arm zu nehmen, ihm dabei soviel Hautkontakt wie möglich zu geben und vor allem ihn dabei freundlich anzusprechen, anzusehen und sich von ihm anblicken zu lassen – kurz, sich beim Füttern liebevoll und in Ruhe auf das Kind zu konzentrieren.

Wird der Säugling in den ersten Lebensmonaten von mehreren oder vielen verschiedenen Personen gefüttert, so kann ihn dies ängstigen und verwirren: Jeder Betreuer hält das Kind und die Flasche anders, spricht anders zu ihm, zeigt andere Formen der Zärtlichkeit und sieht anders aus. Dies bringt ungewohnte, störende Reize in die Situationen der Nahrungsaufnahme hinein. Dieser Nachteil läßt sich einschränken, wenn die Hauptbezugsperson nicht zu häufig anderen Personen das Füttern überläßt und dabei den Kreis dieser Personen möglichst auf eine oder zwei beschränkt, etwa den Vater und die Großmutter oder ein älteres Geschwisterkind, also auf Menschen, die dem Säugling auch weiterhin auf die Dauer erhalten bleiben.

Weinen in der Nacht etwa 4 Stunden nach der letzten Mahlzeit ist oft ein Signal des Säuglings, daß er zur Nahrungsaufnahme bereit ist (Abschnitt II C 1). Dann ist das Verabfolgen einer Mahlzeit geboten; sie ist hier gleichsam »das einzige sinnvolle Schlafmittel«[1]. Die meisten oder alle anderen Mittel, um das Durchschlafen des Säuglings in seinen *ersten Lebenswochen* zu *erzwingen*, sind erfolglos (z. B. andere Nahrung abends) oder, wie schon oben gesagt, als gesundheitsgefährdend abzulehnen.

Weinen nach der Mahlzeit. Gelegentlich schläft ein Kind nach der Mahlzeit nicht befriedigt ein, sondern weint. Das kann die verschiedensten Gründe haben:

– daß das Kind nicht satt wurde und noch mehr gefüttert werden muß;

– daß der Saugdrang nicht ausreichend abgesättigt wurde, weil die

Brust »zu leicht geht«; hier hilft es mitunter, das Kind noch einmal kurz an die Brust zu nehmen oder den Schnuller anzubieten;
– Bauchschmerzen wegen Luftschluckens (darum: nach der Mahlzeit auf den Arm nehmen und aufstoßen lassen!);
– Kontaktwunsch.
Nicht jedes Weinen des Kindes zeigt also Hunger an. Nicht jedes Weinen sollte deshalb mit neuem Nahrungsangebot beantwortet werden. Falls der Grund für das Weinen unbefriedigtes Kontaktbedürfnis ist, so zeigt sich dies daran, daß das Kind zu weinen aufhört, wenn es auf den Arm genommen wird und liebevolle Zuwendung empfängt.

A 4. *Belastung der Muttermilch mit Schadstoffen*

Die zunehmende Belastung der Umwelt mit Substanzen aus der chemischen Schädlingsbekämpfung und sonstigen Umweltgiften hat dazu geführt, daß auch die Muttermilch solche Stoffe enthält. Unter den Fachleuten bestehen tiefgehende Meinungsverschiedenheiten: Die einen berufen sich darauf, daß bisher noch keine gesundheitlichen Schäden bei Säuglingen durch Schadstoffe in der Muttermilch bekanntgeworden sind, sehen daher keine Gefahren für den Säugling und empfehlen weiterhin das Stillen mindestens 3 oder 6 Monate lang; andere warnen vor Gefahren, raten von jedem Stillen ab und empfehlen für den Säugling grundsätzlich nur solche Nahrungsmittel, die auf Fremdsubstanzen geprüft sind.

Hiermit wird jeder einzelnen Mutter eine unzumutbare Entscheidung aufgebürdet: Wenn reine Luft zum Atmen und unverseuchtes Wasser zum Trinken zu den unverzichtbaren Lebensrechten zählen, wenn andererseits die Brunnenvergiftung mit Recht als sprachliches Sinnbild für ein besonders unmenschliches Verbrechen gilt, dann ist es für jede Mutter ein Menschenrecht, ihrem Kind giftfreie Milch spenden zu können. Dieses Recht ist sogar besonders tief gegründet, weil seine Erfüllung einem Säugling, also einem *heranwachsenden* Menschen zugute kommt. Daß die Schadstoffbelastung der Muttermilch bei den Verantwortlichen noch nicht als Alarmzeichen höchster Gefahrenstufe gilt und noch nicht die größten, ja opfervollen Bemühungen um Abhilfe auslöst, sondern daß man dieses Problem in seiner Dringlichkeit vielen anderen unterordnet, ist unerträglich – ein schlimmes Zeichen für die Rangordnung der entscheidungswirksamen Wertmaßstäbe in dieser Zeit.

Erforderlich wären:

– drastisch erhöhte Anstrengungen zur Verminderung chemischer Umweltbelastungen mit Schwermetallen, Pflanzenschutzmitteln und anderen Stoffen;

– Förderung all derjenigen Anbaumethoden, die bereits heute ohne oder mit ganz wenigen agrarchemischen Hilfsmitteln auskommen;

– vermehrte und öffentlich unterstützte Aufklärung der Verbraucher durch Fernsehen, Flugschriften u. a. über Schadstoffe in der Nahrung und Anregungen zum Kauf, Verzehr und eigenem Anbau von ungespritzten Lebensmitteln;

– Empfehlungen an Mädchen und Frauen, die für die nächsten Jahre der Geburt von Kindern entgegensehen, Schadstoffe in Lebens-, Genußmitteln und Atemluft weitestmöglich zu meiden, insbesondere solche, die der Körper in sein Reservefett einlagert, von wo aus sie dann später (womöglich höher konzentriert) in die Milch übertreten können;

– die Möglichkeit für *jede stillende Mutter*, ihre Milch auf Schadstoffe und Strahlenbelastung untersuchen zu lassen und *ohne Verzug* die Ergebnisse zu erfahren;

– intensive Forschung über die Möglichkeit, stillende Mütter so zu ernähren, daß ihr Körper für das Erzeugen der Milch möglichst die *gerade verzehrte* Nahrung verwendet (die natürlich schadstofffrei sein muß) und möglichst wenig auf körpereigene, ohne eigene Schuld schadstoffbelastete Nährstoffreserven zurückgreift.

B. Frühe Partnerschaft und Bindung zwischen Säugling und Eltern

B 1. *Frühe Partnerschaft zwischen Säugling und Eltern*

Wache Stunde nach der Geburt. Viele Babys öffnen in der ersten Stunde nach der Geburt für längere Zeit ihre Augen, sind lebhafter und schlafen weniger als in den folgenden 24 Stunden. Dies jedenfalls berichten übereinstimmend viele Hebammen, Geburtshelfer und andere erfahrene Beobachter, so daß man wohl vermuten darf: Diese frühe Stunde der Wachheit könnte trotz aller Ausnahmen, die auch vorkommen, eine angeborene Grundlage haben, also zum biologisch bedingten Normalverhalten des Neugeborenen gehören. Wäre dies der Fall, so stände damit eine Bereitschaft der Mütter im Einklang:

Viele Mütter erleben ein überwältigendes Glücksgefühl, wenn sie ihr Baby gleich nach der Geburt in dessen erster Lebensstunde in ihren Armen halten, in seine *offenen Augen* schauen und mit ihm eine erste Zwiesprache führen können. Jede Bewegung des Babys, vor allem auch jeder Blick, ist für Mütter in dieser Stimmung ein mit innerem Jubel empfangenes Geschenk.

Anwesenheitszeichen der Eltern für den Säugling. Der junge Säugling nimmt bestimmte *sehr einfache* Wahrnehmungen als Zeichen dafür, daß er nicht allein und verlassen ist: Das Streicheln der Wangen kann ihn beruhigen, vor allem aber, auf den Arm oder ins Bett genommen zu werden. Auch das Hören des ruhigen Herzschlags der Mutter sowie gleichmäßiges Rauschen kann diese Wirkung haben. Eltern der ganzen Welt wissen auch: Manchen Säugling kann man beruhigen, wenn man ihn auf dem Arm *hin- und herwiegt.* Die Wirkung rhythmischer Bewegung scheint so tief in der Natur des Säuglings verankert zu sein, daß sie auch dann erhalten bleibt, wenn die Bewegung *mechanisch* ausgeführt wird: Die *Wiege* war ein zum Bewegen des Babys erdachtes Bettchen, und auch andere Konstruktionen zum Bewegen schlafender Babys sind weltweit verbreitet. Auch bei Frühgeborenen kann das Bewegtwerden die Gesundheit fördern; man verwendet rhythmisch bewegte Brutkästen. – Eigentlich ist es merkwürdig, daß das *Bewegtwerden* nicht wie andere starke Sinnesreize das Baby stört und es am Schlafen hindert, sondern es beruhigt und einschlafen läßt; der Grund dafür ist vermutlich ein biologischer: Das Bewegtwerden ist im natürlichen Lebenszusammenhang fast ohne Ausnahme ein Zeichen dafür, *getragen zu werden*, also im Schutzbereich der Mutter zu sein. Dies wird im Abschnitt II C 2 (S. 70/71) nochmals zur Sprache kommen.

Beruhigung durch Lippenkontakt. Noch eine andere Sinneswahrnehmung kann Säuglinge beruhigen: wenn ihre Lippen einen Schnuller oder den eigenen Daumen zu fassen bekommen. Diese Tatsache ist uns dermaßen vertraut, daß wir uns kaum klarmachen, wie eigentümlich eine solche Beziehung zwischen dem *Mund* einerseits und *allgemeiner Beruhigung* andererseits eigentlich ist. Dazu paßt eine Beobachtung an Naturvölkern verschiedener Kontinente: Wenn Säuglinge oder Kleinkinder erschrecken, klammern sie sich nicht nur stärker an die Mutter, sondern nehmen auch eine ihrer Brustwarzen in die Lippen; manchmal saugen sie auch etwas Milch. Dies legt folgende biologische Deutung nahe: Das Wahrnehmen der Brustwarze mit den Lippen und die Möglichkeit, daran zu saugen, ist für den

Säugling ein untrügliches Zeichen dafür, im Schutz seiner Mutter zu sein; auf dieser objektiven Grundlage gewann die Wahrnehmung des Lippenkontaktes einst ihren Signalwert als Auslöser für die Befindlichkeit des Geborgenseins. Weil dieser Zusammenhang biologisch verwurzelt ist, läßt er sich auch durch *ähnliche* Wahrnehmungen in Funktion setzen: durch den eigenen Daumen und den Schnuller; beide sind in biologischer Sicht *Ersatzreize* (»Attrappen«) für die Brustwarze.

Reaktionen auf Gefahren aus der Umwelt. Bei jeder Gefahr ist für den Säugling das Wichtigste, was er tun kann, mit seinem *Alarmruf* die schützende und helfende Mutter herbeizurufen; daher weint er bei Schreck und Schmerz. Das *Weinen* des Säuglings ist ein *allgemeines Alarmsignal* und kann bedeuten: Schreck, Schmerz, Kälte oder Hitze, Hunger, volle Windel, aber auch *Verlassenheitsangst*. In jedem Einzelfall muß man den Grund aus der Situation erschließen oder ausprobieren, was den Säugling beruhigt. Handelt es sich um Verlassenheitsangst und hat sich das Kind nicht in allzugroße Verzweiflung oder Erregung hineingesteigert, so verstummt das Weinen, wenn der Säugling die Anwesenheit eines schützenden Erwachsenen spürt, vor allem wenn er auf den Arm oder ins Bett genommen wird.

Signalbedeutung des Weinens. Wenn verschiedene Babys in einem Raum liegen und eines weint, so kann dessen Mutter die Stimme ihres eigenen Kindes sofort von den Stimmen der anderen unterscheiden: *Mein* Kind weint. Demgegenüber möchte man es nicht glauben – es hat sich aber in allen kritischen Untersuchungen bestätigt: Das Säuglingsweinen kann zwar sehr verschieden klingen, manchmal mehr nach Wut, manchmal mehr nach Jammer; aber wenn man es *nur hört* und über die übrigen Umstände nicht Bescheid weiß, läßt es *nicht* erkennen, ob es gerade Schmerz, Schreck, Hunger, Hitze, Kälte oder Verlassenheitsangst anzeigt. Auch Mütter versagen dabei zu ihrer eigenen Überraschung und Enttäuschung, wenn man ihnen verschiedene Arten des Weinens ihres eigenen Säuglings *vom Tonband* vorspielt. Daß die Mütter den Grund des Weinens ihres Kindes *im täglichen Umgang* in der Regel *richtig* deuten, liegt daran, daß sie dann mit *allen* Sinnen die *Gesamt*situation erfassen.

Manche Säuglinge beunruhigen ihre Mutter Tag für Tag, in der Regel am Spätnachmittag, durch ein »*Schreistündchen*«, während dessen man sie auf keine Weise beruhigen kann; diese Erscheinung ist bis heute ungeklärt – unter anderem, weil auch dieses Weinen nichts darüber aussagt, was den Säugling eigentlich bekümmert.

Als biologischer Alarmruf liefert das Weinen – wie ein SOS-Signal – allein die beiden Botschaften: (1) Sofortige Hilfe ist nötig; (2) *wer* den Hilferuf sendet. Als biologisch »vorgesehene« Reaktion hat – wie auf jeden anderen Hilferuf – zu gelten: den Säugling aufzusuchen; zu erkunden, was ihm fehlt; und ihn aus der von ihm empfundenen Hilflosigkeit zu erlösen.

Fünf weitere, vermutlich angeborene Lautsignale des jungen Säuglings. Neben dem Alarmruf »Weinen« verfügt der Säugling nach Beobachtungen des Biologen M. MORATH von Beginn seines Lebens an über fünf weitere klanglich verschiedene angeborene Lautsignale, die folgende Namen tragen: Kontaktlaut, Unmutslaut, Schlaflaut, Trinklaut und Wohligkeitslaut[1]. Diese Laute sind an unterschiedliche Lebenslagen gebunden und auch mit verschiedener Mimik verknüpft[2].

(1) Der erste der angeborenen Babylaute ist ein einzelner *kurzer Kontaktlaut*. Seine Dauer ist etwa 0,1 sec. Nach seiner Frequenzzusammensetzung ist er ein *Geräusch* zumindest bis 8 kHz (Obergrenze der Registrierung). Der Säugling äußert diesen Laut vor allem nach dem Aufwachen aus dem Schlaf, wenn er keine Person wahrnimmt. Der kurze Kontaktlaut dient dazu, einen in Hörweite befindlichen Partner heranzurufen oder zumindest zu einer Antwort, einem stimmlichen *Anwesenheitszeichen* zu veranlassen. Wird der Laut gleich nach dem Aufwachen aus dem Schlaf geäußert, so hat er den Charakter der Frage: Ist jemand hier, oder bin ich allein? Sinngemäß wird dieser Laut *nach* dem Empfang einer Antwort nicht wiederholt, wird aber beim Ausbleiben einer Antwort von dem *Alarmruf* »Weinen« abgelöst. (Eine auf den kurzen Kontaktlaut angesprochene Mutter sagte: »Den Laut kenne ich; falls ich auf ihn nicht antworte, beginnt der Säugling zu weinen.«) Nach allen genannten Kennzeichen handelt es sich also auch in der Sicht der Verhaltensbiologie um einen echten *Kontaktlaut* mit der Funktion, *Stimmfühlung* (besonders nach dem Aufwachen aus dem Schlaf) mit der Betreuerin herzustellen und im Fall fehlender Antwort entsprechend intensiver zu reagieren.

(2) Der zweite Babylaut ist ein (rhythmischer) *Unmutslaut*: eine

Serie aus mehreren sehr kurz dauernden Einzellauten in einer Wiederholungsfrequenz von etwa 14mal pro sec. Die Frequenzzusammensetzung ähnelt der des Kontaktlautes. Der Unmutslaut signalisiert soeben eingetretenes Unbehagen, so etwa beim Putzen der Nase oder Auswischen der Augen durch die Mutter oder durch das Mißlingen eines angestrebten Vorhabens, z. B. sich auf die Ärmchen aufzustützen. Seine Aufgabe besteht darin, dem Partner das eigene Unbehagen zu signalisieren und ihn damit aufzufordern, die Ursache zu beheben oder, falls er selbst die Ursache ist, das betreffende Verhalten zu beenden.

(3) Der dritte genannte Laut, der *Schlaflaut*, dauert rund 0,3 sec. Frequenzzusammensetzung: Geräuschkomponente bis 3 kHz, von einem reinen Ton mit Obertönen bis 3 kHz überlagert. Er wird im Schlaf geäußert, und zwar in unregelmäßigen Abständen in der Größenordnung von 15 min, gewöhnlich gleichzeitig mit einer aktiven Veränderung der Schlaflage. Der »wohlig« klingende Laut signalisiert Wohlergehen und die Abwesenheit von Störungen und ist als entsprechende »Mitteilung« an die Mutter zu deuten.

(4) Am bekanntesten ist Müttern, denen man die Laute vom Tonband vorspielt, der *Trinklaut*. Er ist ein ziemlich reiner Ton im Saugrhythmus des Trinkens, also ziemlich genau 1,2mal pro sec. Zusätzlich hört man mitunter kurz vor jedem Laut ein einmaliges kurzes Geräusch, das sich wie ein Knacklaut anhört; es entsteht durch den Schluckvorgang. Der Trinklaut selbst ist jedoch davon unabhängig und eine echte Lautäußerung. Man hört den Trinklaut selten an der Flasche, viel häufiger an der Brust, und zwar als Signal dafür, daß die Milch in der richtigen Menge nachfließt. Der Inhalt des Lautsignals für die Mutter läßt sich – vielleicht etwas überpointiert – als Appell ausdrücken: Milch fließt gut, bitte Position beibehalten!

(5) Auch der fünfte, der *Wohligkeitslaut*, ist ein fast reiner Ton (mit Obertönen bis 5 kHz). Falls er wiederholt wird, geschieht das in Abständen von etwa 0,5 sec. Dieser Laut ist zu hören, wenn der Säugling satt ist und sich unter Geborgenheit bietenden Umständen befindet, z. B. nach einer Mahlzeit auf dem Schoß der Mutter.

Kindchenschema. Der Säugling verfügt nicht nur über lautliche, sondern auch über mimische Signale. Der Anblick eines Babygesichts wirkt anziehend, und zwar – in bestimmten Grenzen – um so mehr, je ausgeprägter es die Züge des »Kindchenschemas« trägt: hohe, vorgewölbte Stirn, kleine Nase, Pausbacken, weit auseinanderliegende, große Augen.

Am stärksten aber berührt uns sein *Lächeln*: »Es ist einer der schönsten Augenblicke in der Beschäftigung mit unserem Kind, wenn es uns sein Lächeln schenkt.«[1] Sein Lächeln »wärmt uns so recht von innen heraus, und wir sind ihm gut«[2]. Das Lächeln ist ein Signal, mit dem der Säugling einem Erwachsenen oder anderem Kind seine Zugewandtheit kundtut; das Gegenteil davon – keine Zuneigung, sondern Ablehnung oder Furcht – wird durch ein ernstes Gesicht, Wegschauen oder Weinen ausgedrückt. Biologisch gesehen ist das Lächeln eine *angeborene Verhaltensweise* (= eine Erbkoordination); denn auch blind und taub geborene Kinder, die ihre Eltern nie lächeln sehen und sie darum auch nie nachahmen können, lächeln wie jedes andere Kind[3]. Der neugeborene Säugling zeigt zwar mitunter schon die Mimik eines Lächelns – seltsamerweise manchmal einseitig –, doch geschieht das noch ohne Zusammenhang mit dem Wahrnehmen des Gesichts der Eltern oder anderer Menschen. Seine Signalfunktion als Ausdruck der Zugewandtheit bekommt das Lächeln erst nach sechs bis acht Lebenswochen – eine biologische Merkwürdigkeit, über die man sich eigentlich nicht genug wundern kann (siehe Abschnitt II C 3, S. 73).

In der Anfangszeit brauchen die Partner des Kindes noch nicht selbst zu lächeln, um sein Antwortlächeln auszulösen, ja selbst einfache Gesichtsattrappen sowie fremde Gesichter können – manchmal zur Enttäuschung von Eltern, falls sie das noch nicht wissen – diese Wirkung haben. Aber im zweiten Vierteljahr lächelt der Säugling in der Regel nur noch, wenn sich ihm ein bekannter Partner zuwendet – ein Zeichen für die Reifung des Formensehens. Zu dieser Zeit kann er bereits bekannte und fremde Gesichter voneinander unterscheiden. Fremde Personen werden dann nur noch ausnahmsweise mit einem Lächeln begrüßt, ja oft sogar abgelehnt; das Kind »fremdelt« (siehe Abschnitt II B 2, S. 53).

In seinem berühmten Buch »Bindung« (»Attachment«) beschreibt der britische Kinderpsychiater und Psychoanalytiker John BOWLBY auf vielen Druckseiten ausführlich, wie sich das Lächeln im Laufe des ersten Lebensjahres entwickelt, durch welche Wahrnehmungen es in seinen verschiedenen Entwicklungsphasen ausgelöst wird und welche innere Befindlichkeit des Säuglings es anzeigt[4].

Der Säugling im aktiven Wechselspiel mit seiner unbelebten und belebten Umwelt. Durch einfühlsame Beobachtungen und behutsam durchgeführte Versuche gewann das Forscherehepaar Hanus und Mechthild PAPOUŠEK tiefe Einblicke in das Gefüge der Beziehungen zwischen dem Säugling und den Menschen und Gegenständen seiner Umwelt. Darüber berichten die nun folgenden Beschreibungen bis zum Schluß dieses Abschnitts[1].

Erhöhte Aufmerksamkeit für Folgen eigener Handlungen. Zeigt man einem Säugling einen Gegenstand mehrmals, so ist seine Aufmerksamkeit in der Regel durch Gewöhnung bald erschöpft; richtet man es aber so ein, daß das Baby sich irgendeinen Anblick durch *eigene Aktivität* verschaffen kann, z. B. indem man die Bedienungsschnur für ein Mobile an seinem Ärmchen oder Beinchen befestigt, so ist das Kind glücklich, selbst etwas bewirken zu können, und setzt sein Verhalten begeistert fort. Dies geschieht schon im Alter von 4 Monaten. Man kann diesen Zusammenhang auch so deuten: Es ist eine Belohnung für ein Baby, wenn sich ein von ihm selbst in die Wege geleitetes Ereignis »so wie vorausgesehen« abspielt. Schon der Säugling hat in diesen Fällen so etwas wie eine *Erwartung* oder ein *Konzept* für das, was gleich geschehen könnte. Wenn dies dann tatsächlich eintrifft, kann ein Säugling *lächeln* und sich auf sonstige Weise freudig äußern.

Das geschieht erst recht, wenn es nicht Gegenstände, sondern *Menschen* sind, die dem Säugling auf sein Verhalten mit Reaktionen antworten; und in der Tat neigen Erwachsene, besonders die Eltern, dazu, auf bestimmte Verhaltensweisen von Babys sofort mit eigenem Verhalten zu reagieren:
– wenn es zu einer *Blickbegegnung* mit dem Säugling gekommen ist, zu lächeln oder mit einem »Augengruß« (siehe nächster Absatz) zu antworten;
– neu auftauchende, also zum ersten Mal gezeigte Verhaltenselemente und Verhaltensweisen des Säuglings freudig zu *begrüßen*;
– Lautäußerungen und das Mienenspiel des Säuglings *nachzuahmen*. – Dies alles geschieht bei Erwachsenen »intuitiv«, d. h. es entspringt nicht aus Überlegungen und kann unwillkürlich und sogar weitgehend unbewußt sein; vermutlich ist es vorwiegend in der Natur des Menschen verankert und nur zum Teil soziokulturell beeinflußt.

Der »*Augengruß*« besteht im kurzzeitigen Hochziehen der Augenlider und der Augenbrauen; er verstärkt den Ausdruck des Blickkontaktes. Lächeln und Augengruß der Betreuer wirken beim Baby als Belohnung für das, was es gerade tut oder getan hat. Wenn die Erwachsenen *neuerworbenes* Verhalten des Säuglings durch freudige Reaktionen belohnen, so kann der Säugling sein Verhalten wiederholen, und dies kann in ein heiteres Wechselspiel zwischen den Partnern einmünden. All dies fördert – so vermutet man gewiß zu Recht – die Verhaltensentwicklung des Säuglings. Das gilt auch dann, wenn die Reaktion der Erwachsenen darin besteht, das Verhalten des Säuglings *nachzuahmen*. Damit halten sie dem Säugling gleichsam einen Spiegel vor. Das Nachahmen geschieht gelegentlich – wie man beobachten kann – in einer verdeutlichten oder korrigierten Form; wenn dies dann wieder der Säugling, und zwar in der verbesserten Form, nachahmt, so vervollkommnet sich sein Verhalten ohne Anstrengung und in entspannter Situation.

Vormachen und Nachahmen. Will eine Mutter, daß ihr Kind etwas Bestimmtes tut – soll es z. B. beim Füttern für den nächsten Bissen den Mund öffnen –, dann tut die Mutter das, was das Kind tun soll, oft *selbst*, sei es intuitiv oder auch mit der bewußten Absicht, das Kind durch »Vormachen« zum *Nachahmen* zu veranlassen; oft hat das den gewünschten Erfolg.

Sowohl der Erwachsene wie das Kind (schon der Säugling) entwickeln in ihrem Miteinander *Erwartungen* und Konzepte, wie sich der Partner im nächsten Augenblick wohl verhalten wird. Im Eltern-Kind-Verhältnis ist es dann für beide Teile eine Quelle der Befriedigung, wenn sich diese Erwartungen vorwiegend auch erfüllen. Wenn dagegen Säugling und Betreuer schlecht aufeinander eingestimmt sind, also den gegenseitigen Erwartungen überwiegend *nicht* entsprechen und darum gar kein Konzept über das Verhalten des Partners ausbilden können, dann wirkt dies für das gegenseitige Verhältnis als *Belastung*.

B 2. *Bindung und Fremdeln*

Von Beginn ihres Lebens an nehmen die Säuglinge wahr, was um sie herum vorgeht und was mit ihnen geschieht; sie gewöhnen sich dabei an Vorgänge, die sich wiederholen. Ebenso lernen sie die Eigenschaften ihrer Betreuer kennen, zunächst vielleicht mit dem Geruchssinn, bestimmt aber mit dem Berührungs- und dem Gehörsinn. Je mehr dann in den ersten Lebensmonaten allmählich das Sehen und Formenerkennen reift, desto häufiger und länger richten die Säuglinge ihre Blicke, wenn Menschen in ihrem Gesichtskreis sind, bevorzugt auf deren *Antlitz*. Beim heiteren Kontakt ahmt das Baby mitunter die Mimik des mütterlichen Gesichtes nach; es erwidert ihr Lächeln und öffnet den Mund wie sie. Auch die Mutter ahmt Laute und Mimik

ihres Kindes nach. Im Wechselspiel des Aufeinander-Eingehens lernt
sie seine Wesensart immer besser kennen.

Zunächst reagieren die Säuglinge noch auf alle menschlichen Gesichter gleichartig, z. B. indem sie deren Erscheinen mit ihrem *Lächeln* begrüßen. Im Verlauf des zweiten Lebensvierteljahres aber
beginnen sie, auf bekannte und unbekannte Menschen verschieden
zu reagieren; sie beweisen damit, daß sie die bisher häufig gesehenen
Gesichter *wiedererkennen*, diese sich also eingeprägt haben. Bekannte Menschen werden danach weiterhin mit Lächeln begrüßt;
beim Anblick von unbekannten Menschen bleibt dagegen das Gesicht meistens ernst. Befindet sich der Säugling auf dem Arm seiner
Mutter, wendet er das Köpfchen ab und vermeidet den Anblick des
fremden Besuchers. Trotz seines reservierten Verhaltens vom Besucher auf den Arm genommen, beginnt der Säugling zu weinen, dreht
sich seiner Mutter zu und streckt die Ärmchen nach ihr aus. Er »fremdelt«. Das Fremdeln des kleinen Kindes bestätigt der Mutter: Das
Kind kann sie nun von anderen Menschen *unterscheiden*, und es will
bei ihr bleiben. Es zeigt ihr dadurch seine Zugehörigkeit und verpflichtet zugleich die Mutter, auch ihrerseits dem Kind die Treue zu
halten und ihm weiterhin Liebe, Schutz und Geborgenheit zu bieten.
Hierdurch erhält die Beziehung des Kindes zur Mutter das Wesen
einer *persönlichen Bindung*. Das Ablehnen der Annäherung anderer
Personen deutet auf eine besondere Empfindlichkeit (Sensibilität)
gegenüber Eindrücken, die den Bindungsprozeß stören könnten; das
Kind verschließt sich diesen Eindrücken und wehrt sie ab. – Die individuelle Bindung der *Mutter* an ihr neugeborenes Kind beginnt viel
früher: bereits unmittelbar nach der Geburt oder in den Tagen danach[1].

Das Kind lernt im Laufe der Zeit auch die Gesichter anderer nahe-
stehender Menschen kennen und ist diesen zugeneigt. Doch im Falle
von Beunruhigung, Schreck, Angst, Kummer und Schmerz werden –
je schlimmer die Störung ist – Trost und Sicherheit desto mehr bei der
Hauptbezugsperson gesucht; deren Nähe oder körperliche Berührung
beschwichtigt die Angst, dort fühlt das Kind sich geborgen.

Der Bindungsvorgang beginnt in den ersten Lebensmonaten. Zwischen dem 6. und 12. Lebensmonat ist er in seiner eigentlichen kritischen Phase. Unter der Voraussetzung einer ungestörten Beziehung
zwischen dem Kind und seiner Hauptbezugsperson ist der Bindungsvorgang in der Regel etwa mit dem 24. Lebensmonat so weit abgeschlossen, daß – beim weiteren Erhaltenbleiben des entstandenen

Kind-Eltern-Verhältnisses – eine zuverlässige Basis für die künftige seelisch-geistige Entwicklung des Kindes geschaffen ist. – Volles Vertrauen des Kindes zu seinen elterlichen Bezugspersonen bezeichnet man als »Urvertrauen«.

Die *erste* Beziehung entsteht naturgemäß in der Regel zwischen dem neugeborenen Säugling und seiner *Mutter*. Danach kommen als weitere Bezugspersonen der Vater, die Geschwister, die Großeltern und später sonstige Verwandte und auch Freunde der Familie in Betracht. Im folgenden werden jeweils die *Eltern* als die entscheidenden Bindungspartner des Säuglings genannt; dies könnten auch Adoptiveltern und Pflegeeltern sein. Alles Gesagte gilt auch für alleinerziehende Elternteile.

Die mit Urvertrauen einhergehende Bindung zu den Eltern oder den die Elternstelle wahrnehmenden Erwachsenen hat eine einzigartige Besonderheit: Ihr Entstehen und Erhaltenbleiben gehört zu den *Grundbedingungen* dafür, daß sich ein Säugling – auch danach als Kleinkind und älteres Kind – seelisch-geistig gesund und störungslos entwickeln kann (für die spätere Entwicklung müssen weitere Grundbedingungen erfüllt sein; siehe Abschnitt VIII A 1, S. 509). Der Grund für den Zusammenhang zwischen *Bindung* und *seelisch-geistiger Entwicklungsmöglichkeit* ist im Wesen des Kindes fest verankert. Dort besteht eine naturgegebene *Koppelung* zwischen *Bindung* und seelischer *Geborgenheit*. Sobald Säuglinge zwischen »bekannt« und »fremd« zu unterscheiden gelernt haben, fühlen sie sich unter zwei Bedingungen geborgen: wenn sie an ihre Eltern bzw. die Elternstelle einnehmenden Dauerbezugspersonen innerlich gebunden sind *und* wenn diese anwesend oder zumindest zuverlässig erreichbar sind. Ohne eine Bindung an bleibende Bezugspersonen oder getrennt von ihnen fühlt sich ein Kind *ungeborgen*.

Wenn ein Säugling von fortwährend wechselnden Bezugspersonen betreut wird, wie dies früher in Heimen für Säuglinge und Kleinkinder die Regel war, kann sich *kein* Urvertrauen zu irgendeinem Menschen bilden (Abschnitt III B 3, S. 158). Andauernde Ungeborgenheit bringt Unruhe und Angst. Je mehr und je länger diese Unruhe und Angst das Innere eines Kindes erfüllen, um so nachhaltiger unterdrücken sie seine sonstigen Regungen und beeinträchtigen dadurch die Verhaltensentwicklung. Das Ergebnis solcher verhängnisvollen Bedingungen wird in Abschnitt III B 6 (S. 173) beschrieben.

Wenn das Sich-Binden-Können an bleibende, zuverlässige Bezugspersonen für einen Säugling und seine spätere Entwicklung so einflußreich, ja schicksals*mit*bestimmend ist, dann ist es von größtem Interesse zu wissen, *zu wem* ein Säugling die Beziehung knüpft, die sich dann zur *Bindung* entwickelt: Anders als bei der Liebe der Erwachsenen, wo niemand im voraus weiß, wen Amors Pfeil treffen wird, ist es für jeden Säugling so gut wie festgelegt und läßt sich mit Sicherheit voraussehen, an wen er sich mit *seiner* Art von Liebe binden wird: an denjenigen Menschen, der ihn *hauptsächlich betreut.* »Hauptsächlich betreuen« heißt dabei, den Hauptteil seiner Wachzeit in wechselseitigem Aufeinander-Eingehen mit ihm zu verbringen, also ihn zu füttern, zu baden, ihn, falls er weint, zu trösten usw. Durch die Wahl des Menschen, der einen Säugling hauptsächlich betreut, können wir es darum *willentlich steuern*, an wen er sich *individuell bindet.* Dies legt uns für die künftige Entwicklung jedes Kindes eine schicksalhafte *Verantwortung* auf.

Prägungsähnliches Lernen. Wer einen Säugling hauptsächlich betreut, an den knüpft er seine innige persönliche Bindung. In der Sicht der Verhaltensbiologie ist damit die *Bindung* das Ergebnis eines *Lernvorgangs.* Doch ist dieser Vorgang von besonderer Art und wurzelt in viel tieferen Schichten der Persönlichkeit als sonstige Lernvorgänge: Er stiftet die kindliche Liebe zu den Eltern und damit im Unterschied zu anderen Lernprozessen eine *Gefühlsbeziehung*, die mit dem Erlebnis der Geborgenheit und Angstfreiheit einhergeht. Eine zweite Besonderheit des Bindungsvorgangs an die Eltern ist diese: Gewöhnlich gilt für Lernvorgänge, daß sich ihre Ergebnisse nach neuen Erfahrungen durch *Umlernen* auch wieder abändern oder auslöschen lassen. Auf die frühkindliche Bindung trifft das jedoch nicht immer zu: Kinder beispielsweise, die ihre Säuglings- und Kleinkindzeit bei den Großeltern verbrachten, dann aber später zu ihren leiblichen Eltern kommen und dort aufwachsen, empfinden vielfach trotzdem *lebenslang* die Großmutter und den Großvater als ihre eigentlichen Eltern. – Drittens ist der Eltern-Lernvorgang an die erwähnte »sensible Phase« gebunden: Er beginnt in den ersten Lebensmonaten und dauert etwa bis zum Ende des 2. Lebensjahres. Verstreicht diese Zeit ohne die Möglichkeit, eine Bindung an eine bleibende Bezugsperson zu knüpfen, so ist dieser Vorgang später nur mit einem sehr viel größeren Aufwand an Fürsorge nachzuholen. – Im Hinblick auf diese drei Besonderheiten des Bindungsprozesses des Säuglings und Kleinkindes an seine Eltern bezeichnet man den zugrunde liegenden *Lernprozeß* als »*prägungsähnliches Lernen*« (Näheres zu dieser Begriffsbildung siehe Abschnitt VI D, S. 462 f.).

Fremdeln. Einem *fremden* Menschen mißtraut der ältere Säugling und hat vor ihm Angst. Für ein Kind diesen Alters gilt die Verknüpfung »fremd = ängstigend«. Eigentlich ist dies überraschend: Wenn ein *älteres* Kind oder ein *Erwachsener* Furcht empfindet, sei es vor einem anderen Menschen, vor bestimmten Tieren oder vor sonstigen Gegebenheiten, so liegt der Grund in der Regel in entsprechenden schlechten Erfahrungen. Die kleinkindliche Angst vor Fremden, das »Fremdeln«, entwickelt sich dagegen auch ohne jede schlimme Erfahrung: Selbst wenn ein Kind nie von einem Fremden irgend etwas Nachteiliges erleben mußte, beginnt es eines Tages zu fremdeln. Allerdings können entsprechende schlechte Erfahrungen *dazukommen* und die Fremdenangst *verstärken* oder in bestimmte Richtungen lenken; sie sind aber für die Entstehung der Fremdenangst als solcher keine Voraussetzung.

Hauptbezugsperson. In den ersten Lebenswochen spielt für den Säugling in der Regel die Mutter die Hauptrolle, schon wegen des Stillens. Heutzutage beteiligt sich jedoch vielfach auch der Vater schon sehr früh an der Babybetreuung, und die Säuglinge drücken in der Regel durch ihr Verhalten aus, daß sie beide Eltern voll als Betreuer annehmen. Allerdings machen manche Säuglinge durch ihr Verhalten deutlich, daß sie unter den Eltern entweder die Mutter oder den Vater zur *Hauptperson* ihrer Zuneigung erkoren haben; ein Grund dafür läßt sich oft nicht sicher erkennen. Auch ist bis heute ungeklärt (und wird es vielleicht für immer bleiben): Würde ein Säugling eine »Hauptbezugsperson« wählen, falls ihm *zwei* Betreuer *gleich häufig und mit gleicher Zugewandtheit* gegenüberträten?

Anzahl der Bezugspersonen. Nach der Haupt-Bindung an die primäre Bezugsperson, in der Regel die Mutter, erfolgen nach und nach weitere Bindungen an diejenigen Familienmitglieder und -freunde, die sich dem Säugling ebenfalls viel zuwenden. Hier erhebt sich für die verschiedenen Lebensalter die Frage nach *günstigen Anzahlen* von Bezugspersonen, die ein Kind *gern* akzeptiert. Unter welchen Umständen ist dagegen eine *Überforderung* durch zu viele Personen zu fürchten, so daß das Kind verunsichert wird und sich zurückzieht? Auf diese Frage lassen sich kaum allgemeingültige Antworten finden; im Einzelfall gilt es, die Reaktionen des Kindes zu beobachten und aus ihnen zu lernen. Sicherlich spielen hier die Auffassungsgabe, Merkfähigkeit und die Charakterstruktur des Kindes – ob sensibel oder aktiv zupackend – eine Rolle. Das Wichtigste ist dabei, daß die Menschen, zu denen das Kind eine positive Beziehung aufgebaut hat, *weiterhin bei ihm bleiben*. Verlusterlebnisse, z. B. durch wechselnde Partner alleinerziehender Elternteile oder Bezugspersonen in Wohngemeinschaften[1], die vielfach nur vorübergehend dort sind, entmutigen ein Kind und führen nach mehrmaligem Erleben zu Vertrauensverlust und Rückzugstendenzen. Feste, verläßliche, liebevolle Familienbeziehungen bieten einem Kind, das für seine Persönlichkeitsentwicklung viele Jahre benötigt, eine gute Basis, von der aus es seine mitmenschlichen Beziehungen erweitert.

Bindung auch an nicht leiblich verwandte Betreuer. Der Säugling kommt zur Welt mit dem angeborenen Bedürfnis nach der dauerhaften Zugehörigkeit zu betreuenden Menschen, die ihm Nahrung, körperliche Pflege und liebevolle, verläßliche Zuwendung gewähren. Er prägt sich ein, wer ihn betreut, und bindet sich an *diese seine Betreuer* in dem beschriebenen monatelangen Erfahrungs- und Lernprozeß, und zwar unabhängig davon, ob sie auch seine *leiblichen* Eltern sind. Daher ist bei einer *Adoption* (vor allem bei einer frühzeitigen) die Bindung des Kindes an seine Adoptiveltern von gleicher Art, und sie kann genauso fest sein wie an leibliche Eltern. Auch *Pflegeeltern* können für ein Kind durch den beschriebenen Bindungsprozeß zu seinen eigentlichen, seinen wirklichen Eltern werden. Dabei ist es für das Selbstverständnis von Adoptiv- und Pflegeeltern wichtig, sich klarzumachen: Nicht nur Zeugung und Geburt, sondern auch der *Bindungsvorgang* ist ein *naturhaft-biologisches*, zugleich aber auch zum *Wesen des Menschen gehörendes* Geschehen. Auch leibliche Eltern, sosehr sie ihr Kind lieben, werden erst dadurch wirklich zu den Eltern dieses Kindes, daß sie es *selbst betreuen*; nur dies gewährleistet, daß das Kind sich seelisch-geistig an sie bindet.

Die durch prägungsähnliches Lernen entstandene Kind-Eltern-Bindung nennt man auch gewachsene oder vollzogene Elternschaft, soziale, psychische oder psychologische Elternschaft. Besteht eine solche Bindung eines Kindes zu seinen die Elternstelle einnehmenden Betreuern, *ohne* daß diese zugleich auch seine *leiblichen* Eltern sind (z. B. Pflegeeltern), dann spricht man von *faktischer* Elternschaft (siehe Abschnitt VIII C 3, S. 569).

Angeborenes Erkennen der leiblichen Mutter? Angeregt durch die moderne biologische Wissenschaftsrichtung der *Soziobiologie* fragt man zur Zeit mit besonderem Interesse danach, ob neugeborene Säuglinge nicht auch über ein *angeborenes* Erkennen ihrer leiblichen Mutter aufgrund von übereinstimmenden Erbanlagen verfügen könnten. Hier käme nach derzeitigem Urteil zunächst der *Geruch* in Betracht; denn man hat angeborenes geruchliches Erkennen bei bestimmten Tierarten nachgewiesen (Abschnitt IV E 6). Eine Entscheidung für den Menschen ist aber noch nicht gefallen und dürfte auch schwer zu erlangen sein.

Andere Forscher suchen nach Einflüssen *vorgeburtlichen Lernens* auf das Erkennen der leiblichen Mutter. Hinsichtlich des *Erkennens der Stimme der leiblichen Mutter* durch den neugeborenen Säugling kam eine wissenschaftliche Untersuchung zu folgendem Ergebnis: Der noch ungeborene Säugling könne im Uterus bereits hören und, was er hört, auch im Gedächtnis behalten. Wenn man ihn nämlich in der Stunde nach der Geburt die Stimmen mehrerer Frauen hören läßt, die seinen Namen sagen, so zeige er durch seine Reaktionen an, daß er die Stimme seiner Mutter unter den anderen wiedererkenne[1]. Unabhängig davon, ob sich diese Untersuchung bestätigt und wie die Ergebnisse weiterer derartiger Forschungen ausfallen, sind die *vorgeburtlichen* Bedingungen unvergleichlich viel weniger einflußreich als das, was der Säugling *nach* der Geburt an Betreuung, liebevoller Zuwendung und Anregung seitens der Eltern, Adoptiveltern oder Pflegeeltern erfährt. *Diese* Eindrücke bestimmen sowohl das Geschehen der Bindung als auch – im Wechselspiel mit den Veranlagungen des Kindes – die weitere seelisch-geistige Persönlichkeitsbildung.

Nachdem die Abschnitte II B 1 und B 2 von den biologischen *Tatsachen* der frühen Partnerschaft und Bindung zwischen Kind und Eltern berichteten, werden daraus in den folgenden Abschnitten B 3 und B 4 *Empfehlungen* für Eltern hergeleitet.

B 3. *Betreuen und Anregen des Säuglings*

Das neugeborene Kind im Arm zu halten, den Säugling anzuschauen, zu stillen und für sein Wohl zu sorgen, von ihm angelächelt zu werden und seine Entwicklungsfortschritte mitzuerleben, all dies empfinden die meisten Mütter als Glück, desgleichen die meisten Väter (abgesehen vom Stillen, das ihnen nun einmal vorenthalten bleibt, was manche von ihnen durchaus als Mangel erleben). Je inniger sich Eltern an ihren Säugling gebunden fühlen, desto eher empfinden sie das Sorgen für ihn als zusätzliche oder sogar als die wesentliche Sinngebung für ihr Dasein – nicht als Opfer, sondern im Hinblick auf den Persönlichkeitsanteil des Eltern-Seins als Selbstverwirklichung. Vom Säugling, an den sie innerlich gebunden sind, getrennt sein zu müssen (z. B. bei Krankheit) erzeugt tiefen Gram. Schmerzen, Ängste und Nöte des Säuglings werden geradezu als eigene empfunden, so als ob ein Teil der eigenen Persönlichkeit mit der des Säuglings verschmolzen wäre. In dieser Seelenlage der Eltern sind in ihnen *von Natur aus* die Triebfedern dazu aktiviert, alles Erdenkliche für das körperliche und seelische Gedeihen des Säuglings zu tun.

Dagegen sind die naturgegebenen seelischen Kraftquellen, das eigene Dasein ganz auf das Wohl des Säuglings einzustellen, schwächer, wenn das Interesse der Eltern weiterhin vorwiegend auf das Fortführen ihres früheren, befriedigenden Lebens eingestellt bleibt, so wie es sich vor der Geburt des Kindes abspielte: auf die Freude am Beruf; auf bestmögliche Berufsausbildung; auf Geselligkeit und Besuche künstlerischer Veranstaltungen am Abend; auf gemeinsames Reisen – kurz, auf die *individuelle* Selbstverwirklichung des im Leben stehenden Jugendlichen und Erwachsenen. Je weniger die Mutter und der Vater von der im vorigen Absatz beschriebenen innigen Bindung an ihr Kind durchdrungen sind und je weniger sie von der Bedeutung der elterlichen Anwesenheit, Betreuung und Anregung für die Persönlichkeitsbildung des Kindes *wissen*, desto eher erleben sie das Sorgen für das Baby vorwiegend als *auferlegte Pflicht* und als *Opferung* eigener Lebensansprüche. Sie brauchen dauernde *Willensanstrengung*, um aus dieser Seelenlage heraus den außerordentlichen Ansprüchen des Babys an Zeit, Energie, Geduld, Ertragen von Störungen (z. B. nächtliches Weinen) und Verzicht auf eigene bisherige Lebensansprüche gerecht zu werden.

Einige der oben (S. 51) genannten, in der *menschlichen Natur* verankerten Anlagen *erleichtern* es der Mutter und dem Vater, den vielfältigen Ansprüchen gerecht zu werden, die mit dem Betreuen der Kinder verbunden sind: die anziehende Wirkung des »Kindchenschemas« und des kindlichen Lächelns sowie die Neigungen, auf Blickbegegnungen mit eigenem Augengruß zu antworten, zum ersten Mal gezeigte Verhaltenselemente freudig zu begrüßen, Lautäußerungen und das Mienenspiel des Säuglings nachzuahmen. Diese Reaktionen der Betreuer fördern die Verhaltensentwicklung des Säuglings. Als allgemeine Ziele haben darüber hinaus zu gelten: die besonderen Wesenseigenschaften des Säuglings kennenzulernen, um ihn zu verstehen und um sich auf ihn richtig einzustellen; die Betreuungssituationen (Füttern, Baden, Trockenlegen usw.) dazu zu verwenden, dem Säugling durch Zärtlichkeit, vieles Ansprechen und freundliches Mienenspiel möglichst viele lebensvolle Wahrnehmungen und Anregungen zu bieten; und es ihm zu ermöglichen, eine sichere Bindung zur Mutter, zum Vater oder – am besten – zu beiden Eltern zu knüpfen. Die Partnerschaft zum Säugling umfaßt also eine reiche Verhaltensvielfalt. Besonders wichtig ist während der Beschäftigung mit dem Säugling die ungeteilte Aufmerksamkeit, um seine Gebärden- und Lautsprache zu erfassen und die Ansätze des Babys zum Handeln auch unmittelbar und intuitiv zu beantworten. Günstig dabei sind natürlich Geduld und innere Ausgeglichenheit, genügend Zeit sowie die ständige Bereitschaft, sich auf die zunächst nur langsam wachsenden Fähigkeiten des Kindes einzustellen.

Die von Tag zu Tag eingehaltene *Regelmäßigkeit* im Ablauf der wichtigsten Handlungen und Ereignisse ist für den Säugling besser als häufige Umstellungen oder gar ein chaotisches Hin und Her. Es beruhigt den Säugling, wenn er sich auf die jeweils zu erwartenden Ereignisse im voraus einstellen kann, und er empfindet Befriedigung, wenn sich seine Erwartungen erfüllen. Anderenfalls kann er verunsichert und nervös werden.

Vermeiden von Überlastung und innere Ausgeglichenheit wenigstens des einen der beiden Elternteile ermöglicht es diesem, den Bedürfnissen des Kindes, aber auch denen des Ehepartners gerecht zu werden und eventuell nach der Geburt des Kindes aufkommende Schwierigkeiten – womöglich auch in der Partnerbeziehung – zu bewältigen. Dagegen ist die Situation für die junge Familie wie für den Säugling nur schwer günstig zu gestalten, wenn bei *beiden* Eltern die *Grenzen der Leistungsfähigkeit* überschritten werden: Körperliches Abgespanntsein und seelische Überlastung, beispielsweise wegen anstrengender Ausbildungs- oder Berufstätigkeit neben der Elternschaft, können dann bei beiden Eltern Müdigkeit und Gereiztheit zur Folge haben. Besonders ungünstig kann es sein, wenn *Zeitmangel* dazukommt und wenn die gemeinsamen Stunden mit dem Säugling womöglich in den späten Nachmittag fallen; denn zu dieser Tageszeit neigen Säuglinge ohnehin am ehesten dazu, unzufrieden und quengelig zu sein. Falls zusätzlich Ungeduld und Unausgeglichenheit der Eltern den Säugling innerlich beunruhigen und seine Unmutsäußerungen verstärken und vermehren, so kann dies die gegenseitige Abstimmung zwischen Säugling und Eltern noch zusätzlich erschweren. Damit schwindet dann womöglich auch ein Teil der inneren Befriedigung, die beide Teile sonst aus ihrem Miteinander gewinnen können. Wenn sich solche Schwierigkeiten anbahnen, lohnt sich unbedigt die Mühe, die äußeren Lebensumstände neu zu ordnen, und zwar so, daß wenigstens einer der Elternteile (oder beide im regelmäßigen Wechsel), *ohne überlastet zu sein*, sich in innerer Gelassenheit zugleich auf den Säugling und die Pflege der Partnerschaft einstellen kann – auch wenn dies das Verschieben oder Zurückstellen anderer Pläne einschließt.

Der Vater im ersten Lebensjahr des Kindes. Heutzutage übernehmen Väter gern zusammen oder im Wechsel mit der Mutter Teile der Fürsorge für den Säugling, darunter auch solche, die noch zur Zeit ihres eigenen Aufwachsens traditionsgemäß fast nur der Mutter oblagen: Füttern, Baden, Wickeln, Ausfahren. Manche Berufe lassen dies jedoch aus Zeitgründen nur begrenzt zu. In diesem Fall sollten die Eltern *drei* Aufgaben kennen, die der Vater *mindestens* wahrnehmen sollte:

– dem Kind ein *liebevoller Vater* und lustiger *Spielpartner* zu sein;

dann bindet sich das Kind auch an ihn, und er kann für den Säugling und vor allem auch später für das Kleinkind und Schulkind ein eng verbundenes Familienmitglied und anregendes Vorbild sein;

– als *Partner der Mutter* herzliches Einvernehmen mit ihr aufrechtzuerhalten; dies überträgt sich als *Gestimmtheit* auf den Säugling. Streit und Mißstimmung zwischen den Eltern wie auch das Fehlen des Vaters wirkt sich über eine Verunsicherung der Mutter beim Kinde aus. Je *sicherer* aber die Mutter ist, desto freudiger und ungestörter ist die Beziehung zwischen ihr und dem Säugling, und desto weniger Signale von Sorge und Angst beeinflussen ihn;

– sich die Fähigkeit zur *Säuglings- und Kleinkindversorgung* anzueignen (auch in Einzelheiten) und manchmal auszuüben, um die Mutter etwa im Fall eines Krankenhausaufenthaltes oder sonstiger unvermeidbarer Abwesenheit voll vertreten zu können, ohne daß dies für das Baby einem radikalen Wechsel der Lebenssituation gleichkommt; auch kann er dann seiner Frau eine Fortbildung, Geselligkeit, politische Aktivität, Sport oder Musik ermöglichen.

Reagieren auf Weinen. Das Schreien eines Säuglings ist ein Signal, das – biologisch sinnvoll – einen unerwünschten Zustand kundgibt und von Natur aus für die Mutter einen appellierenden Charakter hat. Es ist nicht zu empfehlen, sich durch Selbsterziehung gegen diesen Appell zu verhärten. Die junge Mutter sollte auf alle Fälle nach ihrem weinenden Kind schauen und versuchen, die Ursache für seinen Hilferuf zu ergründen. Genügt eine sanfte oder auch lebhafte Bewegung des Bettchens und begütigendes Sprechen, um das Baby zu beruhigen, so bedeutete das Weinen, daß sich das Kind verlassen fühlte und eine Anwesenheitsbestätigung der Mutter benötigte. Tritt keine Beruhigung ein, so ist zu überprüfen: Ist das Kind zu warm oder zu kühl zugedeckt? Sind die Windeln schmutzig? Hat das Kind Hunger? Ängstigt es die Dunkelheit im Zimmer? Mit wachsender Erfahrung findet die Mutter oft den Grund für das Weinen. Wenn das Kind beispielsweise die Dunkelheit fürchtet, soll man ruhig ein kleines Licht anlassen oder die Tür zum Nebenzimmer einen Spalt breit offenstehen lassen – auch wenn dort Stimmen zu hören sind. Diese können das Baby mitunter besser beruhigen als absolute Stille, die das Kind unter Umständen ängstigt.

Ein großer Fehler ist es dagegen, ein Baby – womöglich stundenlang bis zur nächsten Mahlzeit – in einem entlegenen Raum unterzubringen, so daß man sein Weinen nicht hört. Man beläßt den Säugling damit in der Situation des Verlassenseins, so daß er immer wieder lange Zeit seine gesamte Verhaltenskapazität auf die Beseitigung seiner vermeintlichen Bedrohung zusammenfaßt. Es ist falsch zu meinen, einem Säugling müsse zwar geholfen werden, wenn er aus Hunger weint oder weil die Windeln naß sind – man solle ihn aber ruhig schreien lassen, wenn er »nur Gesellschaft will, weiter gar nichts«. Die hierin deutlich werdende Einschätzung ist aus zwei Gründen unrichtig:

1. Der Säugling kann nicht die gleiche Einsicht in seine gesicherte Lage haben wie die Erwachsenen und wissen, daß er – obwohl allein im Zimmer oder in der Dunkelheit – nicht verlassen ist. Aus diesem Grunde ist für ihn das Fehlen des Anwesenheitssignals der Mutter ein Zeichen für den vermeintlichen Verlust des Kontaktes mit ihr.

2. Die Anwesenheitsbestätigung der Erwachsenen ist für den Säugling eine ebenso wichtige Lebensnotwendigkeit wie das Füttern und das Trockenlegen; das Fehlen des Kontaktes ruft Verlassenheitsangst hervor. Angst ist keineswegs eine »rein subjektive Angelegenheit«, sondern sie geht, wie wir wissen, mit weitreichenden Umschaltungen im Nerven- und Hormonsystem einher; beispielsweise werden die Verdauungsfunktionen weitgehend unterdrückt. Ein in Verlassenheitsangst weinender Säugling ist im Zustand des *Stresses*.

Völlig irrig ist auch die Meinung, Weinen wäre für den Säugling gesund: Es sei ein »Verdauungsspaziergang«, oder es stärke seine Lunge (Abschnitt VIII A 4, S. 522). Bei manchen Naturvölkern sind die Säuglinge ohne Unterbrechung im körperlichen Kontakt mit ihrer Mutter und weinen nur selten.

Manche Betreuer geben weinenden Säuglingen darum keine Anwesenheitszeichen, weil sie fürchten, sie zu *verwöhnen* und daraufhin von ihnen tyrannisiert zu werden. Diese Vorstellung wäre nur dann begründet und richtig, wenn Säuglinge schon Einsicht in räumliche Verhältnisse (»Mutter im Nebenzimmer«) hätten, was aber, wie eben gezeigt, nicht der Fall ist. Das Weinen ist ein Hilferuf an die Mutter aus einer vermeintlichen Notlage heraus.

Wenn eine Mutter den Säugling durch ihre liebevolle Betreuung *absättigt* und *zufriedenstellt*, so ist das kein Sich-Tyrannisieren-Lassen, sondern das Erfüllen einer notwendigen Betreuungsaufgabe. Überdies: Kinder, die zu Beginn ihres Lebens ausgiebig betreut wurden, werden später *schneller* selbständig und unabhängig von der elterlichen Fürsorge, sie werden weniger leicht zu sich anklammernden Problemkindern. Mangelnde Fürsorge im ersten Lebensjahr (wie auch in der Folgezeit) kann dagegen, falls der Mangel nicht alsbald ausgeglichen wird, später zu einem Vielfachen an notwendigem Einsatz der Eltern in den Kleinkindjahren und in der Schulzeit führen.

Was »Verwöhnen« heißt, wird ausführlicher in einem späteren Abschnitt (III C 4) erörtert; Verwöhnen ist bei älteren Kindern ein Erziehungsfehler, den man unbedingt vermeiden sollte. Das volle Befriedigen aller Bedürfnisse des *jungen Säuglings* nach Nahrung und nach liebevoller Anwesenheit der Betreuer ist aber *kein Verwöhnen*. Zu lernen, Wunscherfüllungen hinauszuschieben, gehört erst in die nächste Altersphase, in der das Kind schon die Sprache der Mutter verstehen und sie ihm etwas erklären kann.

Schnuller. Falls alle anderen Mittel versagen, einen Säugling zu beruhigen, oder als Mittel gegen das Daumenlutschen ist gegen den Schnuller nichts einzuwenden. Doch sollte man dem Kind den Schnuller nicht *dauernd* geben. Hat man den Säugling mit dem Schnuller beruhigt, so sollte man baldmöglichst ausprobieren, ob man wieder ohne ihn auskommt. Das beste Verhältnis zum Schnuller gewinnt man, wenn man sich immer wieder klarmacht: Er ist ein Ersatz für die Brustwarze der Mutter und damit ein *Mutterersatz auf primitiver Stufe*. Wenn Baby und Mutter zusammen sind, wenn sie es beispielsweise im Wagen fährt, ist der Schnuller daher als Mutterersatz unnötig, denn dann ist ja *die Mutter selbst da!* Auch kann der Schnuller im Mund zu einer Gewohnheit werden, von der später nur mit besonderer Mühe wieder loszukommen ist. Kurz: Der Schnuller ist nur *als Notbehelf* zu billigen; ohne besonderen Grund sollte man ihn dem Baby ersparen. – Viel problematischer als der Schnuller ist allerdings das langdauernde »Nuckeln« an einer mit Tee gefüllten Flasche. Ist der Tee noch dazu mit Zucker *gesüßt*, so besteht die Gefahr schwerer Schäden an den Milchzähnen.

Die *Umgangsweisen* der Eltern mit dem Säugling beeinflussen seine spätere Persönlichkeitsentwicklung. Je mehr die Eltern den Säugling herzlich anlächeln, ihn ansprechen und kleine Spiele (Hochnehmen, Guck-da) mit ihm machen, desto mehr Signale werden zwischen ihnen ausgetauscht. Wenn eine Mutter die Betreuung ihres Säuglings schnell »erledigt«, um sich dann vermeintlich dringlicheren Arbeiten zuzuwenden, oder wenn eine Pflegerin die Arbeit mit Säuglingen nüchtern als Pflicht durchführt, beispielsweise weil sie – im Säuglingsheim – zu viele von ihnen betreuen muß, so fehlen wichtige Entwicklungsanreize.

Der Kontakt zur Mutter, ihr Spiel und ihre Zärtlichkeit stellen für das Kleinkind wichtige Anregungen dar, um seine Bereitschaft, sich für seine Umwelt zu interessieren, zu aktivieren und zu stillen. Deshalb wirken Kinder, deren Mütter sich bereits in den ersten Lebensmonaten mit ihnen liebevoll beschäftigt haben, vielfach »wacher« und besitzen bessere Voraussetzungen zur geistigen Entfaltung. Anregungen in dieser frühen Phase sind für die geistige Entfaltung eines Kindes vermutlich am wirksamsten, wenn sie in einer ruhigen Umgebung und von nicht zu vielen Personen ausgehen. Auch sollte ein Kind, solange es wach ist, Ausblick auf die Umgebung haben. Es sollte beispielsweise die Mutter bei der Arbeit beobachten können. Es gibt kleine »Babyliegestühle«, in denen das Kind schräg aufrecht liegt und freien Blick hat; sie sind allerdings nur zum kurzzeitigen Aufenthalt geeignet. Wie sehr das *Beobachten von Bewegungen* den Bedürfnissen eines Kindes entspricht, kann man erkennen, wenn man das Kind im Wagen unter vom Winde bewegte Bäume stellt: Seine Augen folgen dann geradezu fasziniert dem Schwingen der Zweige.

B 4. *Sichere Bindung ermöglichen*

Vom Lebensbeginn an, in Notfällen jedoch spätestens mit dem 3. Lebensmonat beginnend, sollte das Kind eine bleibende, liebevolle, ständig verfügbare Dauerbezugsperson haben, an die es sich fest binden kann und die ihm dauernd weiter erhalten bleibt. Zweierlei ist hierbei vermutlich für den Säugling besonders wichtig:

1. daß die Mutter ganz überwiegend *selbst*, höchstens im Wechsel mit dem Vater oder einer dem Kind auf Dauer erhalten bleibenden Bezugsperson, die Betreuung des Säuglings übernimmt, so daß dieser den *Hauptteil seines Wachseins* mit ihr zusammen ist;

2. das *freundliche* mütterliche Gesicht sowie das Sprechen und Scherzen der Mutter, während sie sich mit dem Säugling beschäftigt. Dies dürfte für die Bindung entscheidend wichtig sein. Die angeborene Tendenz des Säuglings zum Anschauen des Antlitzes seiner Betreuer erfüllt aber nur dann ihren Sinn, wenn die Mutter auch ihrerseits während des Zusammenseins das Baby *anblickt*. Auf ein im *Profil* gesehenes Gesicht reagiert der Säugling nicht: Solange eine Mutter etwa die Zeit des Stillens zugleich zum Lesen oder Telefonieren benutzt, ist sie vom Kontakt mit dem Baby abgelenkt. Wird ein Baby mit der Flasche ernährt, so läßt sich die natürliche Stillsituation nachahmen: Die Mutter kann das Kind beim Füttern in den Armen hal-

ten. Häufiges Füttern mit der Flasche *ohne* die Anwesenheit einer Betreuerin (die Flasche mit dem Kissen abgestützt) stellt eine schwere Versagung dar; denn dann haben die Säuglinge gerade in dieser für ihr Sich-Binden besonders wichtigen Lebenssituation keinen Partner.

Mehrtägige Trennung vom kleinen Kind. Jede längerfristige Trennung, vor allem wenn sie einem sensiblen Säugling oder Kleinkind auferlegt wird, stellt eine schwere seelische Belastung dar. Daher sollten sich Eltern keinesfalls mehrtägig von ihrem Säugling trennen, falls es nicht zwingend notwendig ist; gemeinsam ohne Kind in die Ferien reisen zu wollen ist kein hinreichender Grund. Bei *unvermeidlichen* Trennungen kommt es darauf an, daß für das Kind möglichst viel von seiner Gesamtsituation (bekannte Menschen, gegenständliche Umwelt, Tagesablauf) erhalten bleibt. Die Umstellung sollte nicht abrupt, sondern allmählich erfolgen: Gegebenenfalls sollte die vorgesehene Betreuerin schon vor dem Weggang der Mutter im Hause sein, mit dem Kind spielen und sich mit ihm vertraut machen. Keinesfalls sollte man bei längerfristiger Trennung von der Mutter das Kind in eine ihm *nicht vertraute* Wohnung bringen. Wenn irgend möglich, sollte die Großmutter oder die Freundin der Mutter *zum Kind kommen*, nicht umgekehrt. Über das Reagieren von jungen Kleinkindern auf vorübergehende Trennung von der Mutter berichten die Abschnitte III B 1 (S. 147) und III B 2 (S. 153).

Berufsausbildung und Erwerbstätigkeit von Säuglings- und Kleinkindmüttern. Aus den beschriebenen Gründen ist es Müttern von Säuglingen und Kleinkindern nachdrücklich zu empfehlen, keiner ganztägigen Tätigkeit außer Hauses nachzugehen. Sollte es aber für die Mutter eines Säuglings oder Kleinkindes gänzlich unabwendbar sein, ihre Ausbildung oder Berufstätigkeit weiterzuführen, so sollte sie doch *selbst* die *tägliche* Betreuung ihres Kindes *soweit als möglich* übernehmen, d. h. dem Kind alle irgend verfügbare Zeit und liebevolle Zuwendung widmen und *regelmäßig und in Ruhe* bestimmte Tagesereignisse wie das Aufwachen, das Frühstück, möglichst viele weitere Mahlzeiten, eine Kontakt- oder Spielstunde, das Zu-Bett-Bringen und eine Erzählphase mit Lied und Gute-Nacht-Gedicht mit dem Kind teilen. Je weniger man ein Kind in seinen frühesten Lebensphasen durch beunruhigende Wechsel der Lebenssituation verunsichert und verängstigt, desto schneller überwindet es später die Abhängigkeit von den Eltern und wird selbständig.

Längerdauernde Unterbrechung des Eltern-Kind-Kontaktes. Besonders wichtige Entscheidungen treffen Mütter oder Eltern, wenn sie vor der Frage stehen, ob sie ihren Säugling oder ihr Kleinkind längerdauernd in andere Hände geben wollen. Gründe hierfür können darin liegen, daß die Mutter ihre Berufsausbildung noch nicht beendet hat und beispielsweise mehrere ungestörte Wochen für die Vorbereitung auf eine Abschlußprüfung braucht; aber auch der Wunsch, daß beide Eltern durch volle Berufsausübung ihre Existenz verbessern wollen oder müssen, kann eine Rolle spielen.

Bei jeder solchen Entscheidung muß die Kenntnis eine Rolle spielen, daß die *ersten* beiden Lebensjahre die *entscheidende individuelle Bindungsphase* enthalten und daß sich die entstandene Bindung in den folgenden Monaten und Jahren weiter festigt. Daher verzichtet eine Mutter, die ihr Kind in diesen ersten Lebensjahren ganz oder zu erheblichen Teilen in andere Hände gibt, nicht nur auf das genaue Kennenlernen seines Verhaltens, seiner Gesten und seiner Worte, sondern mit großer Wahrscheinlichkeit auch auf die tiefe, existentielle Mutter-Kind-Bindung seitens des Kindes. Auf welcher Ebene dies liegt, bezeugt folgendes Geschehen: Eine Mutter hatte ihr Kind in den ersten Lebensjahren zeitweise außer Hauses gegeben; später litt sie darunter, als ihr 18jähriger Sohn zu ihr sagte: »Für mich bist du nur eine gute Bekannte.«

C. Der Säugling im biologischen Vergleich

Welchem Lebensformtypus ist der menschliche Säugling zuzuordnen, wenn man ihn mit den Jungenformen anderer Lebewesen vergleicht?

C1. *Jungenformen von Tieren: Nesthocker, Nestflüchter, Tragling*

Nesthocker. Der stammesgeschichtlich ursprünglichste Jungentypus der *Säugetiere* ist der des *Nesthockers*; er wird durch neugeborene Katzen und Hunde repräsentiert: Geschlossene Augenlider schützen die zur Zeit der Geburt noch in der Entwicklung begriffenen Augen; auch die Gehörgänge sind noch geschlossen; bei vielen Nesthockerjungen ist zur Zeit der Geburt noch keinerlei Körperbehaarung vorhanden, und die Beine und deren Muskeln lassen noch keine selbständige Fortbewegung zu. Wenn ein Wohnplatz durch Störung unsicher wird, so trägt die Mutter die Jungen an den neuen Ort. Sie faßt dazu das einzelne Junge vorsichtig am Kopf oder an der Nackenhaut; das Junge reagiert seinerseits darauf angeborenermaßen, indem es alle viere von sich streckt oder sich zusammenrollt, jedenfalls aber nicht strampelt oder sich sonstwie loszumachen versucht (»Tragstarre«).

Nestflüchter. Bei vielen Steppenläufern, z. B. Antilopen, Rindern und Pferden, wird das Junge als *Nestflüchter* geboren: Schon das neugeborene Junge kann stehen, laufen und dem Muttertier selbständig folgen, etwa wenn dieses flüchten muß. Die Geburt der Nestflüchterjungen erfolgt, wenn man sie mit der von Nesthockern vergleicht, erst in einem späteren Stadium; Augen, Ohren, Behaarung und die Beine sind bereits voll entwickelt. Typisch für manche Nestflüchterjunge sind verhältnismäßig *lange Beine*; für das neugeborene *Fohlen* ist dies allbekannt. Diese Langbeinigkeit ist biologisch verständlich: Will das Junge bei der Flucht seine Mutter nicht verlieren, dann muß es *im Verhältnis zu seiner Körperlänge* viel schneller laufen als ein erwachsenes Tier. (Zum Vergleich: Das Kleinkind muß *rennen*, um mit dem *Normalschritt* des Erwachsenen mitzuhalten.)

Tragling. Jahrzehntelang unterteilte man die Jungen der Säugetiere in Nesthocker und Nestflüchter. Erst vor einigen Jahren wurde man darauf aufmerksam, daß diese Einteilung unvollständig ist: »Beuteltiere, Fledermäuse und Affen... passen in keine dieser beiden Kategorien; ihre Jungen sind zwar noch unfertig, kommen aber in kein Nest, sondern bleiben am Körper der Mutter oder anderer Erwachsener und werden herumgetragen.«[1] Unter den von der Mutter mit sich getragenen Jungen werden die der Beuteltiere in einem sehr frühen, unfertigen Entwicklungsstadium geboren und wachsen dann im Beutel auf. Andere, wie die Jungen von Affen und Menschenaffen, werden mit offenen Augen und Gehörgängen und mit voller Behaarung geboren und klammern sich mit eigener Kraft an das Muttertier an. Alle diese Jungtiere sind in ihrer ersten Lebensperiode noch unfähig, dem Muttertier aus eigener Kraft zu folgen; sie sind darauf angewiesen, vom Muttertier *getragen* zu werden. Ich nenne die vom Muttertier stets mit sich getragenen Jungen *Traglinge*[2]; auch sonst bezeichnen wir Tierjunge und Menschenkinder nach dem, was sie von Eltern und Betreuern erfahren, und fügen dann die Nachsilbe *-ling* hinzu wie in den Worten Säugling, Schützling, Liebling, Findling usw.

Mit eigener Kraft sich anklammernde *Traglinge* kommen bei verwandtschaftlich einander ganz fernstehenden Säugetieren vor: bei Fledermäusen, beim Koala (baumkletterndes Beuteltier), bei Faultieren; bei manchen Halbaffen gibt es sowohl Nesthocker als auch Traglinge, dazu Übergangsformen zwischen beiden. Der ursprüngliche Typus bei den Säugetieren ist der des Nesthockers. In der Stammesgeschichte entwickelten sich von hier aus bei manchen schnell laufenden und bei schwimmenden Tieren die Nestflüchter, bei fliegenden und vor allem bei großen baumkletternden Arten die Traglinge.

Die meisten Traglingsjungen der Säugetiere (außer Beuteltieren) können sich *gleich von Geburt an* mit eigener Kraft am Haarpelz des Muttertieres festhalten; doch sind die neugeborenen Jungen der *Menschenaffen* bisweilen noch zu schwach oder auch zu ungeschickt dazu. So faßte einmal ein in freier Natur beobachtetes Schimpansenjunges versehentlich mit der Hand an seinen eigenen Hinterfuß anstatt ins Fell der Mutter und verlor dadurch seinen Halt. – Menschenaffenmütter sind um ihr neugeborenes Junges sehr besorgt und unterstützen das Kleine zur Absicherung mit einer Hand – vor allem, wenn sie einmal schnell rennen oder springen müssen.

Hand-, Fuß- und Beinstellung des sich anklammernden Traglings. Vergleicht man ein Affenjunges, das sich rücken-unten mit Händen und Füßen am Leib seiner Mutter anklammert, mit einem laufenden Säugetier, und zwar einem *Sohlengänger* wie einem Bären, so werden folgende Unterschiede deutlich: Wenn beim *Tragling* die Finger und Zehen ins Fell der Mutter fassen, sind die Handflächen bzw. Fußsohlen an den Mutterkörper angelegt und damit zugleich *einander zugekehrt*; dagegen sind die Sohlen des *Läufers* gegen den Boden gerichtet. Die *Oberschenkel* sind beim *Tragling* seitlich abgespreizt, um sich an den Körper des tragenden Muttertieres anzulegen; sie sind beim *Läufer* nach unten gerichtet, um den Körper zu stützen und zu tragen. Diese beiden Feststellungen können später dabei helfen, den menschlichen Säugling in das System der Jungentypen der Säugetiere einzuordnen.

C2. *Der menschliche Säugling: biologisch ein Tragling*

Der neugeborene menschliche Säugling ist *kein Nesthocker*. Ihm fehlen dafür die entscheidenden Kennzeichen: die geschlossenen Augenlider und Gehörgänge. Der menschliche Embryo macht *im Mutterleib* gleichsam ein Nesthockerstadium durch: Vom 3. bis 5. Entwicklungsmonat sind die Augenlider geschlossen, dann öffnen sie sich bereits[1].

Der menschliche Säugling ist auch *kein Nestflüchter*. Es dauert nach der Geburt noch ein Jahr oder mehr, bis er laufen kann, und erst viel später kann er aus eigener Kraft mit den Erwachsenen

Schritt halten. Auch wachsen seine Beine in der letzten Zeit vor der Geburt nicht verhältnismäßig *schnell* (wie bei vielen Nestflüchtern), sondern verhältnismäßig *langsam*. Hiernach erhebt sich die Frage: Ist der menschliche Säugling, biologisch gesehen, ein *Tragling*?

Hierfür spricht an erster Stelle sein *Handgreifreflex*: Legt man in die Handfläche eines Säuglings einen Finger, so greift sein Händchen fest zu. Viele Neugeborene (besonders Frühgeburten) lassen sich, so unentwickelt auch sonst ihre Motorik noch ist, auf diese Weise sogar für ein paar Sekunden freihängend hochheben. Eine solche Reaktion ist unter Tierjungen weder von Nesthockern noch von Nestflüchtern bekannt, sondern nur von sich an der Mutter festhaltenden Tierjungen. Auch daß ein verängstigtes Kind sich an seiner Mutter anzuklammern versucht, entspricht dem Verhalten eines Traglings. – Stände das Menschenkind dem Typus des *Nesthockers* näher, so würde man von ihm nicht den Klammerreflex, sondern eher die beschriebene »Tragstarre« erwarten. Für diese gibt es beim menschlichen Säugling aber keinerlei Anzeichen.

Der Handgreifreflex, so kräftig er bei manchen Neugeborenen auch ist, vermag dennoch das Gewicht des Säuglings nur ganz kurze Zeit und nicht auf die Dauer zu tragen. Auch ist der *Fuß* des Säuglings nur unvollkommen zum Greifen und Festhalten fähig. Wenn nun ein Verhalten wie der Klammerreflex zwar vorhanden ist, aber in der Regel nicht mehr genutzt wird, dann vermutet der Biologe: In einem früheren Stadium der Stammesgeschichte dürfte das Verhalten einen biologischen Sinn gehabt haben.

Wir kennen Bewegungsweisen von Tieren, die in der Gegenwart keinen Sinn mehr haben, jedoch in längst vergangenen Zeitepochen nützlich waren; z. B. können die Feldgrille und der Vogel Strauß, beide flugunfähig, mit ihren Stummelflügeln richtige Flugbewegungen ausführen, obwohl die Flügel nicht mehr zum Fliegen taugen. Die Steuerfunktion für dieses Verhalten ist übriggeblieben aus einer Zeit, in der die Vorfahren der beiden Tiergruppen noch vollausgebildete Flügel hatten, mit denen sie fliegen konnten. Bis auf den heutigen Tag hat sich also – obwohl die zum Fliegen geeigneten Flügel verkümmerten – noch das *Bewegungsmuster* erhalten, das für das Fliegen benötigt wird. Entsprechend könnte beim Säugling der für einen Tragling nötige Festhaltereflex (Klammerreflex) aus Urzeiten rudimentär erhalten geblieben sein, obwohl sich der heutige Säugling damit nicht mehr richtig festhalten kann.

Hieraus kann man schließen: In der Stammesgeschichte der Vorfahren des Menschen gab es eine Periode, in der sich die Jungen noch mit eigener Kraft am Körper der Mutter festklammern konnten. Im Verlauf der Menschwerdung entstand dann der aufrechte Gang, der Kletterfuß formte sich zum Lauffuß um, das Haarkleid verschwand bis auf geringe Reste, und der Säugling verlor die Fähigkeit, sich für längere Zeit mit eigener Kraft ohne Unterstützung festzuhalten.

Sollte diese Aussage richtig sein, so wäre sie für die biologische Natur des Menschenkindes in mehrfacher Hinsicht von Bedeutung. Denn es ist denkbar, daß sich außer dem Klammerreflex noch andere Verhaltenseigenschaften aus der früheren Traglingszeit bis heute erhalten haben, die unter den gegenwärtigen Umständen nicht mehr verständlich sind. Vor allem erhebt sich die Frage: Ist womöglich die *Verhaltenssteuerung* des menschlichen Säuglings noch darauf zugeschnitten, der Mutter stets körperlich nahe zu sein? Für Traglinge in freier Natur liegt eine ganz besondere Gefahr darin, von der Mutter getrennt zu werden; sie allein ist der nährende und schützende Partner. Daher hat dann der verzweifelte Versuch, die Verbindung wiederaufzunehmen, Vorrang vor allen anderen Bedürfnissen. Auch der menschliche Säugling konzentriert in der Situation des Verlassenseins alle verfügbare Energie darauf, durch den Alarmruf des Weinens die Mutter heranzuholen, auch wenn er dies in seiner tatsächlichen Beschütztheit (die er aber nicht erfassen und begreifen kann) eigentlich gar nicht nötig hätte.

Aber auch in anderen Zusammenhängen könnten Verhaltenseigenschaften aus der ursprünglichen Lebensform des *ununterbrochenen* Getragenwerdens noch heute den biologischen Hintergrund für Verhaltenseigentümlichkeiten und angeborene Bedürfnisse des menschlichen Säuglings bilden. Dies gilt besonders für eine schon zuvor besprochene Verhaltensbesonderheit: *Bewegtwerden beruhigt den Säugling* (Abschnitt II B 1, S. 46).

Bewegtwerden heißt, nicht verlassen zu sein. Rhythmisches Bewegen des Säuglings kann Unruhe oder Weinen vermindern oder gar beschwichtigen. Dies hängt allem Anschein nach damit zusammen, daß das Bewegtwerden zur Normalsituation eines *Traglings* gehört, der von seiner Mutter, während sie sich fortbewegt, mit sich getragen wird. Die Wahrnehmung, bewegt zu werden, ist daher für den Tragling gleichbedeutend mit der Information, nicht verlassen zu sein; mit anderen Worten: Bewegtwerden ist ein *Anwesenheitszeichen* seitens des betreuenden Erwachsenen. Daß man früher einen Säugling in die *Wiege* legte, um ihn jederzeit, ohne ihn aufzunehmen, bewegen zu können, war in diesem Sinne eine kluge Maßnahme; man konnte ihm dadurch zu erkennen geben, daß er nicht verlassen war und ruhig schlafen konnte. Hierzu paßt auch eine Beobachtung an Säuglingen, die von ihren Müttern, während diese körperlich arbeiten, auf dem Rücken getragen werden: Sie weinen nicht, auch wenn sie durch die körperliche Arbeit ihrer Mutter heftigsten Bewegungen ausgesetzt sind, ja sie wachen davon nicht einmal auf. Was ruhende *erwachsene* Tiere und Menschen sofort aufweckt und aufs empfindlichste stört, nämlich eine Bewegung ihres Ruheplatzes, gibt also dem Tragling gerade das Gegenteil, nämlich Sicherheit und Beruhigung. Hieran anschließend kann man vielleicht auch verstehen, warum für einen Säugling bzw. Tragling völlige Ruhe ängstigend wirken kann; sie könnte ja bedeuten, von seinem Tragepartner, der allein sein Überleben gewährleistet, getrennt zu sein.

Alle vorgetragenen Argumente sprechen dafür, daß der menschliche Säugling – biologisch gesehen – als *Tragling* gelten muß, also auf das Getragenwerden durch seine Mutter oder den Vater angelegt ist. In vielen Völkern ist dies auch heute noch Brauch. Der Baseler Biologe und Anthropologe Adolf PORTMANN prägte dagegen für den menschlichen Säugling den Begriff des »sekundären Nesthockers«[1]. Zwar ähnelt das Neugeborene trotz seiner offenen Augen und Gehörgänge einem Nesthocker durch seine Unfähigkeit zur selbständigen Fortbewegung. Vor dem Hintergrund der Aussagen über die *Traglings*natur des neugeborenen Säuglings ist es jedoch ein Produkt der *Kulturentwicklung*, wenn wir das Liegen im Bettchen zur Normalhaltung des Säuglings machen und ihn dadurch in die *Existenzform* des Nesthockers verweisen.

Anatomische Hinweise auf die Traglingsnatur des menschlichen Säuglings. Liegt ein junger Säugling entspannt auf dem Rücken, so winkelt er gern die Beine (im Hüftgelenk) an und spreizt sie mehr oder weniger auseinander. Dabei läßt sich erkennen: Das Hüftgelenk, das Kniegelenk, das Fußgelenk und eine deutliche Innenbiegung des Unterschenkels sind gerade so beschaffen, daß die Fußsohlen eher einander zugekehrt als – wie später beim Stehen – vom Körper weggerichtet sind; der Säugling »könnte in die Füße klatschen«. Der Säugling nimmt damit mit seinen Beinen bevorzugt gerade die Haltung ein, die im letzten Absatz des vorangegangenen Abschnitts (C 1) als typisch für solche Traglingsjunge beschrieben wurde, die sich mit Händen *und Füßen* am Körper der Mutter anklammern.

Die eben beschriebene, bei entspannter Rückenlage gern vom Säugling gewählte Beinhaltung entspricht zugleich etwa derjenigen, die er einnimmt, wenn ihn ein Erwachsener *auf der Hüfte trägt*. Vielleicht ist diese Trageweise für den Säugling – nachdem der Mensch den aufrechten Gang erworben hatte – biologisch sogar die *ursprüngliche*, an die er anatomisch am besten angepaßt ist[1].

Allgemein gilt das Getragenwerden am mütterlichen Körper als förderlich für die normale Entwicklung der Hüftgelenke und als Vorsorge gegen die Entstehung einer »angeborenen Hüftgelenksausrenkung« (Hüftgelenksluxation). Werden dagegen die Beinchen des auf dem Rücken liegenden Babys im Hüft- und Kniegelenk zwangsweise gestreckt, so daß sie in ganzer Länge die Unterlage berühren, dann wölbt sich die Wirbelsäule zum Hohlkreuz – ein Zeichen dafür, daß die gestreckte Lage für den Säugling unnatürlich ist[2]. Wird sie einem Säugling trotzdem als Dauerhaltung aufgezwungen (z. B. durch festes Wickeln), so scheint dies bei entsprechender Veranlagung sogar der Ausprägung der Hüftgelenksluxation Vorschub zu leisten. Das Wissen um die Traglingsnatur des Säuglings könnte also in diesem Bereich künftig sogar eine gesundheitsbedeutsame Rolle spielen: Das Getragenwerden auf der Hüfte könnte als Vorsorge gegen die Fehlbildung der Hüftgelenke ebenso in Frage kommen wie die heute verwendeten Spreizhöschen oder Gipsschalen. Es könnte besonders zu empfehlen sein, weil die Hüftgelenke des Kindes dabei nicht fixiert sind, sondern bewegt werden und dadurch Anreize für die Entwicklung erhalten.

C 3. *Das Reifestadium des neugeborenen Säuglings*

Im ersten Vierteljahr (»Trimenon«) seines Lebens zeigt der Säugling einige Merkwürdigkeiten des Verhaltens, die seit Jahrzehnten diskutiert werden, aber noch immer nicht sicher verstanden sind:

– Er kann seinen Kopf noch nicht mit eigener Kraft heben und noch nicht auf allen Vieren vorwärts krabbeln; er ist damit noch nicht so weit entwickelt wie neugeborene Menschenaffen und Affen, die zu beidem fähig sind.

– Der neugeborene Säugling vollführt jedoch regelrechte »Schreitbewegungen«, wenn man ihn in gestreckter Körperhaltung mit lockerem Fußkontakt über eine Unterlage bewegt, und nimmt damit gleichsam eine Fähigkeit vorweg, die erst viel später reift; aber diese Bewegungen verschwinden nach allgemeiner Ansicht binnen einigen

Wochen wieder, und erst nach monatelanger Pause reifen die endgültigen Schreitbewegungen.

– Auf einen Schreck oder das schnelle Hintüberneigen des Kindes oder seines Köpfchens reagiert der neugeborene Säugling durch Ausbreiten der Arme, Spreizen der Finger und Strecken der Beine. Diese nach ihrem Beschreiber »MORO-Reflex« genannte Reaktion verschwindet nach ein paar Lebenswochen.

– Der neugeborene Säugling setzt, wie oben erwähnt, seine Mimik des Lächelns, die erst nach und nach auftritt, in den ersten Lebensmonaten noch gar nicht zum Stiften und Fördern des sozialen Kontaktes mit seinen Bezugspersonen ein, obwohl das zum Lebensbeginn mindestens ebenso wichtig, vielleicht sogar wichtiger wäre als später; er beginnt damit erst in der 6. bis 8. Lebenswoche.

– Auf Abkühlung reagiert der Mensch – wie viele warmblütige Tiere – mit »Kältezittern«, dem Ausdruck von Muskelkontraktionen, durch welche Wärme produziert wird; aber der neugeborene Säugling verfügt über diese Reaktion noch nicht – sie reift erst im Alter von 2 bis 3 Monaten.

Diese merkwürdigen Erscheinungen könnten, wie der Zoologe und Neuropädiater Heinz PRECHTL vermutet, darauf hinweisen, daß sich der ursprüngliche *Geburtstermin* des Menschen-Ahns im Verlauf der Menschwerdung um 2 bis 3 Monate vorverlagert hat, daß aber die *Entwicklung des Verhaltens* den alten Zeitplan beibehielt[1]. Die eben an zweiter und dritter Stelle beschriebenen *»Schreitbewegungen«* und die MORO-*Reaktion* wären dann womöglich gar nicht auf das *nach*geburtliche, sondern auf das *vorgeburtliche* Dasein im Mutterleib gemünzt; *nach* der Geburt wären sie also eigentlich funktionslos: Die »Schreitbewegungen« könnten dem Säugling aktive Lageänderungen in der Gebärmutter erlauben, die MORO-Reaktion – wie wohl als erster W. LANGREDER[2] vermutete – das ungeborene Kind bei schnellen Lageänderungen der Mutter im Uterus »festkeilen« und so seine Position gegen Trägheitsströmungen des Fruchtwassers stabilisieren; dies könnte der Gefahr von Nabelschnur-Umschlingungen vorbeugen. Auch die zuvor an erster, vierter und fünfter Stelle genannten Erscheinungen passen zu dem Gesamtbild: Die Reifung dieser Funktionen und Bewegungen zielt eher auf den 11. bis 12. als auf das Ende des 9. Entwicklungsmonats.

Sollten die eben angedeuteten Zusammenhänge von der Hypothese zur Gewißheit werden, so erhielte damit die Vorstellung von Adolf PORTMANN eine nachträgliche Bestätigung, der neugeborene

Säugling sei eine »physiologische Frühgeburt« (wobei das Wort »physiologisch« hier im Sinn von »normal« verwendet ist); und zwar würde er *zwei bis drei Monate* früher geboren werden, als es dem sonstigen Reifezustand seines Verhaltens entspricht. Die Vorverlegung der Geburt könnte etwas mit dem schnell zunehmenden Kopfumfang des sich entwickelnden Kindes zu tun haben. Um all diese Vermutungen sicher belegen zu können, sind jedoch noch weitere Forschungen erforderlich.

D. Selbständigwerden

Die *Kleinkindjahre*, beginnend mit dem zweiten und endend etwa mit dem sechsten Lebensjahr, stehen unter zwei Themen: Gewinn an *Selbständigkeit* und Hineinwachsen in *mitmenschliche Beziehungen* (= Sozialisation; Abschnitt II E). Beide Entwicklungen sind eng miteinander verflochten.

Anthropologische Vorbemerkung: Vom ersten Tag seines Lebens an ist das Menschenkind *biologisch* gesehen ein Angehöriger der Art Mensch. Seine ersten Fähigkeiten und Verhaltensweisen teilt der Säugling mit anderen Lebewesen: das Atmen, das Trinken, das Erschrecken bei starken Reizen, die oben beschriebene Klammerreaktion und vieles andere. Auch eine individuelle Bindung an die Mutter ist noch nichts »*ausschließlich* Menschliches«; denn bei bestimmten Vögeln und vielen Säugetieren finden sich solche Bindungen ebenfalls, wenn auch mit ganz anderen Ausdrucksformen (siehe Abschnitt IV F 4). In der nun beginnenden *Kleinkindphase* indessen, in der das Kind *sprechen* und *denken* lernt und sein *Ichbewußtsein* entsteht, »überholt« es in seiner Verhaltensentwicklung alle anderen Lebewesen. Damit kommt nun auch *im Verhalten* die Entwicklungsrichtung zum *eigentlich Menschlichen* zum Ausdruck. Dieses hat ein so besonderes Gepräge, daß man zu Recht betont: Was der Mensch als Kulturwesen verwirklichte, bildet im Rahmen des Gegebenen *ein eigenes Reich* neben den Naturreichen der Tiere, der Pflanzen und der anorganischen Welt[1].

Wesen des Kleinkindalters. Wenn wir in das *Lebensalter des Kleinkindes* Einblick nehmen, so überwältigt uns eine Fülle von Erscheinungen: Nie im Leben folgt ein Fortschritt der Fähigkeiten so bald auf den nächsten, und nie wieder ist die Entwicklung so stürmisch, sind die Neuerwerbungen so grundlegend: der aufrechte Gang; das Lernen der ersten Sprache; das Aufkommen des Bestrebens, etwas selbständig zu tun und sich nicht helfen zu lassen; die ersten nicht nur nehmenden, sondern auch gebenden Sozialbeziehungen zum Mitmenschen; das bewußte gedankliche Erfassen der eigenen Existenz;

das Entdecken des Neinsagens als Schritt zur Abhebung des eigenen Willens und der eigenen Persönlichkeit von derjenigen der Mitmenschen; das Entwickeln der Fähigkeiten zum bewußten Zurückstellen eigener Wünsche, zur Selbstbeherrschung, zur Steuerung des eigenen Handelns und zur mitmenschlichen Partnerschaft; das Erfassen der Norm von Recht und Unrecht; die Bildung des Gewissens – all dies stellt einen mitreißenden Prozeß der seelisch-geistigen Menschwerdung dar.

D 1. *Erkunden, Spielen, Nachahmen, schöpferisches Erfinden*

Die einfachsten, in der Natur des Kleinkindes verankerten Triebfedern zum Gewinn von Erfahrungen und Fähigkeiten sind die Antriebe zum Erkunden, zum Spielen und zum Nachahmen.

Erkunden heißt: Wenn gerade *keine* aktuellen biologischen Bedürfnisse wie Hunger oder Furcht vor einer Gefahr bestehen, bleibt das Kind nicht inaktiv, sondern es sucht alles, was es erreichen kann, mit seinen Sinnen zu erforschen, durch Berühren und Anfassen, anfangs auch durch In-den-Mund-Nehmen, aber auch durch Stoßen und Ziehen. Dadurch werden Eigenschaften wie hart und weich, glatt und rauh, warm und kalt, trocken und naß, fest und zerreißbar usw. kennengelernt. Kleinkinder erforschen, welches Geräusch ein heruntergeworfener Gegenstand erzeugt, aber auch, was die Eltern tun, wenn das Herunterwerfen häufig wiederholt wird. Etwas älter geworden, durchstreifen die Kinder eine unbekannte Umgebung; sie kriechen in jeden Winkel und klettern auf Bäume und Mauern.

Gezieltes Erkunden, Wißbegierde. Neues, wenn es in den Gesichtskreis gerät, übt besondere Anziehungskraft aus. Es erweckt Aufmerksamkeit und regt *gezieltes Untersuchen* an. Eigentliches »Wahrnehmenwollen« zeigen Kleinkinder, wenn sie, sobald sie ein Geräusch hören, dort hingehen und allem zuschauen möchten, was sich abspielt. Ein Beispiel für *gezieltes Erkunden* ist folgendes[1]: Ein etwa 2jähriges Kind krabbelte nackt in den Dünen herum. Auf einmal ritzte es sich an einer Stachelpflanze den Fuß und verzog das Gesicht zum Weinen. Als die in der Nähe befindlichen Erwachsenen darauf nicht reagierten, weinte das Kind nicht. Es drehte sich um, betastete vorsichtig die Dornen, kroch zu einer anderen Pflanze und betastete diese; dann krabbelte es zur ersten Pflanze zurück und betastete diese nochmals. – Hier löste also eine Wahrnehmung, der Schmerz am Fuß, weil sie *neu* war, trotz ihres unangenehmen Charakters *gezieltes Erkunden* aus.

Ein etwas älteres Mädchen sah zwei Stühle nebeneinander stehen und legte sich mit dem Rücken darauf; sie ließ den Kopf in den Nakken fallen und über eine Stuhlkante rückwärts herunterhängen. Dabei fiel ihr Blick auf ihre Schwester, die dort stand. Sie zeigte – in ihrer Sicht *nach vorn* – auf die Schwester – und sagte: »Jetzt steht Muse da...« Dann richtete sie sich zum Sitzen auf, wendete sich nach hinten und fuhr fort: »...jetzt da... und nicht da«; wobei sie beim ersten »da« nach rückwärts und beim zweiten »da« nach vorn zeigte. Der scheinbare Positionswechsel der Schwester beim Aufrichten des Körpers schien ihr seltsam vorzukommen; denn sie legte sich langsam wieder hin, drehte aber den Kopf dabei jeweils so, daß sie die Schwester nicht aus den Augen verlor; sie hielt auch den Zeigefinger immer auf die Schwester gerichtet. Als sie wieder wie zu Anfang auf den beiden Stühlen lag, stellte sie fest: »Muse steht doch da!« – In dieser Szene hatte ein Kleinkind nach einer überraschenden Wahrnehmung durch *gezieltes Erkunden* ein Detail seiner Weltsicht geformt: Es hatte eine Wahrnehmungsänderung erlebt, dann aber herausbekommen, daß diese von einem *eigenen Lagewechsel*, nicht von einem Umweltgeschehen herrührte.

Sobald Kinder *sprechen* können, erschließen sich ihnen neue Ziele und Mittel der Erkundung: Sie versuchen zu erfahren, welchen Namen die Dinge tragen – »Was ist das?« –, und wollen Zusammenhänge ergründen: »Wozu die Sterne? Der Mond scheint ja.« »Woher nahm ER das Weltall? Was war vorher?« Dabei verstehen sie die Sprache als *Träger von Information*: Die Kinder empfinden die Antwort der Erwachsenen nicht als Ereignis als solches, sondern als Zeichen für etwas anderes, nämlich als Mitteilung über den erfragten Tatbestand. Sie sind enttäuscht und von ohnmächtigem Zorn erfüllt, wenn sie merken, daß ein Erwachsener sie – und sei es nur zum Spaß – hinters Licht geführt hat. Ernstes Fragen ist Erkundungsverhalten mit dem Mittel der Sprache. Doch gibt es auch Scherzfragen, auf die nur Scherzantworten die erwartete Befriedigung bringen.

Wißbegieriges Untersuchen geht in *Spielen* über, indem mit einem beweglichen Gegenstand oder mit einem Partner *aktiv etwas getan wird*. Kindgemäß sind in den ersten Lebensjahren Verstecken und Wiederfinden, Spiele auf dem Schoß (Reiten, Wiegen), Fingerspiele,

Spiele mit Felltieren, Puppen, Ball, Ring, mit Sand, Wasser, Schlamm, Ton, Plastilin, das Öffnen und Schließen von Türen, Wasserhähnen und Gefäßen, das Ausschütten, Einsammeln und Einfüllen. – Spiele mit Altersangaben der Kinder finden sich in vielen Erziehungsbüchern.

Zum *Spielen* gehört von frühester Kindheit an ausgiebiges *Sich-Bewegen*: Laufen, Springen, Klettern, Balancieren. Manche Bewegungsspiele werden unermüdlich *wiederholt*; andererseits läßt sich hier auch die Lust am *Verändern* der Spielhandlungen beobachten. So sind die Kinder in bestimmten Lebensphasen unerschöpflich im Erfinden von neuen Methoden, sich von der Stelle zu bewegen: durch Springen, Kriechen, Rollen, Sich-Schieben, Kobolzschlagen, und das alles vorwärts, rückwärts und seitwärts in phantasievoller Variation. Alle diese Bewegungsspiele üben die Kraft und die Geschicklichkeit. Auch das Jauchzen, Rufen und Ausprobieren aller stimmlichen Möglichkeiten gehört zum *körperlichen* Spielen.

Jedes Spielen gewinnt sofort an Leidenschaft, wenn das spielerische Tun unerwartete (oder erwartete) *Konsequenzen* hat: Handlungen, auf welche die menschliche und dingliche Umwelt in irgendeiner Form *reagiert*, möchte das Kind *wiederholen*. Ein Beispiel: Ein kleiner Junge stocherte mit einem Stock in einer senkrechten Schneemauer, die ein Räumfahrzeug am Straßenrand gebildet hatte. Unversehens löste sich dadurch ein großer, zusammenhaltender Schneeballen heraus. Als er das sah, jubelte er laut und versuchte sofort, dieses Ereignis *erneut hervorzurufen*. Er hatte gleichsam ein Spiel *erfunden*: Eine »Re-Aktion«, ein »Antwort-Ereignis« in der Umwelt wurde zum Anlaß, es zu wiederholen.

Eines der ersten Spiele, an dem schon Säuglinge Spaß haben, ist das Bu-Kiek-Spiel: Sie jauchzen laut und können gar nicht genug davon bekommen, wenn ihre Spielpartner jeweils kurz, nachdem sie vom Kind gesehen wurden, ihr Gesicht oder die Augen hinter der Hand oder sich selbst hinter einem Möbelstück verbergen und dann erst nach einigen Augenblicken wieder zum Vorschein kommen oder sich vom Kind wiederfinden lassen. Auch andere Kinderspiele, so das wechselweise Übereinanderlegen und Herausziehen der Hände auf der Tischplatte, gewinnen ihre Anziehungskraft aus dem *Reagieren der Spielpartner auf die Spielhandlungen des Kindes*.

Der *Wiederholungsdrang nach Umweltreaktion* hat einen klar erkennbaren Erfahrungsnutzen: Das Kind lernt, die gesetzmäßigen Konsequenzen des eigenen Verhaltens von zufälligem Zusammentreffen zu unterschieden. Auch jede experimentelle Forschung kann nur dann Ursache-Wirkungs-Zusammenhänge ermitteln, wenn die Versuche wiederholt werden und dann jeweils das gleiche Ergebnis haben. Hiernach verstehen wir den »Wiederholungsdrang nach Umweltreaktion« als ein verhaltenssteuerndes Teilsystem, das außerhalb von biologischen Ernst-Situationen Lernprozesse ermöglicht und in Gang setzt. Die Art und Weise, wie die dingliche Umwelt und die Mitmenschen auf die kindliche Eigenaktivität reagieren, ist daher von größter Erfahrungsträchtigkeit für das Kind. Das Nervensystem des Kindes ist nach jeder Eigenaktivität gleichsam im Erwartungszustand für das Wahrnehmen von Antworten und Reaktionen auf das eigene Handeln. Hier macht das Kind wesentliche Erfahrungen über das Wichtigste, was es gibt: Was kann ich durch eigene Aktivität in der personalen und dinglichen Umwelt bewirken?

Besonders lustig und erstrebenswert ist es für Kinder, wenn *regelmäßige Wiederholungsreihen* durch *Ausnahme-Ereignisse* durchbrochen werden, wenn also Erwartungen entstehen, zunächst befriedigt werden, dann aber etwas ganz anderes geschieht – so wie beim Spiel »Hoppe-hoppe-Reiter«. Schon der Säugling kann beim Gefüttertwerden den bereits geöffneten Mund unvermittelt vor dem Löffel wieder zumachen und dieses Necken der Mutter sehr spaßig finden.

Auch das *Nachahmen* gehört zum kindlichen Spiel. Kleine Mädchen oder Jungen, auch wenn sie noch nicht 2 Jahre alt sind, versuchen schon beim Betrachten einer Ballett-Tänzerin im Fernsehen deren Bewegungen zu imitieren. Besonders gern werden die Eltern nachgeahmt: Hausarbeiten, Basteln, Handwerken. Der Sinn dieses Verhaltens besteht darin, Fähigkeiten anderer, vor allem derer, die älter oder schon erwachsen sind, durch *Nachahmen in eigenes Können zu verwandeln*. Die innere Belohnung besteht im Nachahmenkönnen des Vorbilds oder im neuerworbenen Können selbst. Hier liegt eine Triebfeder für den Transfer des Verhaltens von Generation zu Generation, für eine *naturbedingte* Weitergabe *erworbener* Fähigkeiten.

Später werden »Rollen« gespielt: Mutter und Kind, Kaufmann und andere Berufe, Autofahren, ärztliche Untersuchung, Hochzeit. Ein weiterer Schritt wird vollzogen, wenn ein Kind eines Tages damit beginnt, nicht nur *selbst* etwas Gesehenes nachzuahmen, sondern einer Puppe und später den Kasperlefiguren solche Rollen zu übertragen.

Damit bahnt sich wiederum etwas Neues an: *schöpferisches Erfinden, Phantasie.* Zuvor Erlerntes wird spielerisch neu kombiniert, in neuartiges Tun umgesetzt, sei es in phantasievolles Erzählen, in konstruktives Bauen, in das Ersinnen von Spielen und später in bildliches Gestalten. Es gibt kaum ein Kind, das uns nicht dann und wann durch *neue Wortschöpfungen* überrascht. Durch schöpferisches Erfinden erweitern die Kinder aus eigenem Antrieb ihren Erfahrungsbereich in vielen Dimensionen. Das Kleinkind hat seine besten Lehrer in sich selbst: Es wäre hoffnungslos, seine angeborenen Lernstrategien und die dazugehörigen Motivationen durch von außen aufgeprägte Lehrpläne ersetzen zu wollen; solche können im Kleinkindalter nur stören, indem sie die zur Natur des Kindes gehörigen, viel sinnvolleren Lernstrategien verdrängen. *Hier* liegen die entscheidenden wissenschaftlichen Argumente gegen die von der amerikanischen Lerntheorie provozierte Forderung, *lernzielorientiertes* Lehren und Lernen schon in die Welt des kleinen Kindes einzuführen.

Besonders interessant ist in der Sicht der Verhaltensbiologie eine besondere Form des Nachahmens: das Malen oder Modellieren nach einem gesehenen Vorbild. Bei den ersten Malereien des Kindes, die, wie es sagt, etwas Bestimmtes darstellen sollen (z. B. den Vater oder den Hund des Nachbarn), ist die Ähnlichkeit mit dem dargestellten Gegenstand oft noch gering. Doch kommt es auf das Prinzip an, daß das Kind von sich aus durch die Tätigkeit seiner Hände etwas *produziert*, das etwas *Gesehenes* darstellen soll. Dieser Drang des Kindes und seine Fähigkeit dazu ist anthropologisch bedeutsam, weil ein solches *abbildendes Gestalten in formerhaltendem Material* auch bei den höchstentwickelten Tieren nicht vorzukommen scheint (Abschnitt IV B 14, S. 324). Wenn ein Kleinkind zum ersten Mal einen Gegenstand zeichnet, und sei das Bild auch noch so unvollkommen, so ist dies ein Schritt zu einer nur dem Menschen zugänglichen Fertigkeit.

Eine weitere wichtige, ja unentbehrliche Funktion des Nachahmens liegt in folgendem: Durch Nachahmen lernen die Kinder ihre *Muttersprache*, und zwar nicht nur Worte, sondern – ebenso unbewußt – auch Regeln. Hierzu ein Beispiel: Ein 3jähriger Junge hatte intuitiv die Regel erfaßt, daß die Präsens-Ich-Form von Verben mit -e endet (ich laufe, ich esse), wendete sie daraufhin von sich aus aber auch auf Verben wie können, mögen und wollen (sogenannte Praeterito-Praesentia) an und formulierte: ich kanne, ich mage, ich wille. Das konnte er nie durch *Wort*-Nachahmungen erworben haben, sondern nur durch das Wahrnehmen einer *Regel* und durch *deren Anwendung, d. h. nachahmende Übertragung auf andere Fälle.* In solchen Bereichen entwickelt das Kind sein Sprachvermögen, indem es abwechselnd nachahmt, selbständig experimentiert und schon einfache Schlüsse zieht.

Ein anderes Beispiel: Ein kleiner Junge hatte, noch bevor er das Wort »zwei« aussprechen konnte – er sagte »wei« –, den Begriff »2« erfaßt (abstrahiert) und zeigte jubelnd und »wei« rufend auf alle in Zweizahl sichtbar werdenden Gegenstände, gleich ob es Autos, Menschen oder Spielsachen waren. – Das anregende Motiv war hier vermutlich: Bekanntes in neuen Zusammenhängen wiederzufinden.

Ein weiterer einzigartiger Fortschritt des Kindes im Spielalter besteht in der Entwicklung des *Ich-Bewußtseins.* Dieser Entwicklungsschritt ist spätestens dann vollzogen, wenn das Kind von sich selbst mit »ich« spricht und die Ich-Form auch im Sprechen anderer Menschen richtig versteht, obwohl ja das Wort »ich« dabei verschiedene Personen, nämlich den jeweils selbst Sprechenden, bezeichnet.

Alle genannten Verhaltensfortschritte vergrößern die Lebenstüchtigkeit und damit die *Selbständigkeit* des Kleinkindes. Dieses Ziel wird vom Kleinkind auch ganz direkt und unmißverständlich angesteuert: Ließ das Kind sich im 1. Lebensjahr füttern, so möchte es jetzt selbständig essen; lief es geschützt an der Hand der Mutter, so will es jetzt allein laufen; es möchte sich selbst seine Mütze aufsetzen, allein seine Schuhe anziehen, sich waschen usw. Mit Energie und Ausdauer übt es die neuerworbenen Handgriffe und Verrichtungen. Was es gelernt hat, möchte es nun auch selbst tun und wehrt sogar elterliche Hilfsangebote heftig ab. Diese unter Umständen durchaus aggressive Abwehr ist ernster, nicht spielerischer Natur. Der innere Drang, sich die Möglichkeit zu selbständigem Handeln zu verschaffen, gehört zu den bedeutsamsten Triebfedern der kindlichen Entwicklung.

Ungestört *allein zu spielen*, fördert die Fähigkeit zur Konzentration und zum phantasievollen Gestalten. Von gleicher Bedeutung sind *gemeinschaftliche Spiele* mit Erwachsenen und mit anderen Kindern. Sie entwickeln die Fähigkeit, Handlungen zu planen, Spielregeln einzuhalten, die Spielpartner zu beobachten und sich auf das Verhalten von Mitmenschen einzustellen.

Unterdrückbarkeit durch Angst. Der gesamte zur Lebenstüchtigkeit und Selbständigkeit beitragende Verhaltenskomplex Erkunden/Spielen/Nachahmen/schöpferisches Erfinden hat nun noch eine bedeutsame biologisch begründete Eigenschaft: Er entfaltet sich nur im Zustand der inneren Gelöstheit. Für das Spielen wird dies in der Psychologie so formuliert: »Spielen erfolgt nur im entspannten Feld.«

Allgemein gilt es für alle eben erwähnten Verhaltenstendenzen: Sie sind empfindlich gegen ängstliche Beunruhigung, d. h. sie sind durch Angst leicht zu unterdrücken. Beispielsweise kann etwas Neues, das aus angstfreier Situation heraus Wißbegierde erwecken würde, bei gesteigerter allgemeiner Ängstlichkeit statt dessen Furcht auslösen. Anstatt seiner Wißbegierde zu folgen, versteckt sich das Kind vor dem Neuen hinter seiner Mutter. Zum biologischen Sinn des Angewiesenseins des Spielens auf Angstfreiheit siehe Abschnitt IV C 3 (S. 334) und C 4 (S. 336).

Sich-Gruseln. Zum Thema »Spielen und Angst« gehört aber auch dies: Viele Kinder *gruseln* sich gerne. Freiwillige Gruselspiele haben auf Kinder in der Regel eine heilsame Wirkung: Sie steigern ihre Fähigkeit zum *Überwinden der Angst.* – In diesem Bereich kann also etwas Unangenehmes, nämlich Furcht und Grauen, in einer *vom Ernstbezug befreiten Form* – als »Sich-Gruseln« – vom Kind *angestrebt* werden. Dabei erlebt das Kind Grausiges gleichsam in abgeschwächter Form und übt die Bewältigung angstgetönter Situationen; es macht äußere und innere Erfahrungen, die ihm in späteren Ernstfällen nützen können.

Die *spielerische* Angst, die hier gesucht wird, kann allerdings in *echte* Angst übergehen, deren Ursache dann *gemieden* wird. Beispielsweise wollen manche Kinder grausame Stellen in Märchen nicht hören, sondern verlangen, diese beim Vorlesen zu überspringen.

D 2. *Selbständigkeit und kindliche Bindung*

Zunehmende *Selbständigkeit* im Kleinkindalter könnte man bei oberflächlicher Betrachtung als *Gegenspieler der Bindung* ansehen und dieser Entwicklung darum die Eigenschaft zuschreiben, die Bindung des Kindes an die Mutter oder die Eltern zu *schwächen.* Der Gegensatz zur Bindung ist aber Bindungslosigkeit; Selbständigkeit liegt in einer anderen Dimension. Selbständigkeit und Bindung sind einander nicht nur nicht entgegengesetzt, sondern sie wirken zusammen: *Sichere Bindung* an die Eltern *ermöglicht* und *fördert* das Selbständigwerden; geschwächte oder fehlende Bindung verzögert oder verhindert es.

Wenn ein kleines Kind die Umgebung erkunden, spielerisch herumlaufen oder klettern will oder wenn es zu seinen Spielsachen gelangen möchte, dann versucht es, sich von seiner Mutter, falls sie es gerade auf dem Schoß hat oder an der Hand führt, loszumachen. Trotzdem bleibt die *Nähe und Erreichbarkeit* eines Elternteils die *Voraussetzung* dafür, daß das Kind erkundet, herumläuft und spielt; das gilt vor allem in fremder Umgebung (auch das vertraute Zuhause kann einem Kind Sicherheit verleihen). Es ist kennzeichnend, daß spielende Kleinkinder in beinahe regelmäßigen Abständen zur Mutter oder dem Vater zurückkehren, um sich ihrer Anwesenheit zu versichern. Je *sicherer* aber die Bindung und je weniger ängstlich das Kind gerade selbst ist, desto *weniger* Rückversicherungsbesuche sind notwendig. Bemerkt das Kleinkind aber unerwarteterweise die gleichzeitige Abwesenheit beider Eltern, so hört sofort *jedes Spielen* auf; das Kind setzt jetzt zuallererst alles daran, den Kontakt mit den Eltern wiederzufinden. – So manifestieren sich im aktuellen Kindverhalten die Sätze: *Sichere Bindung ermöglicht und fördert die Selbständigkeit des Kindes; Angst unterdrückt die Verhaltensweisen des Gewinnens von Können und Erfahrungen.*

Die sichere Bindung an ihre Eltern oder ihre die Elternstelle einnehmenden Betreuer verleiht den Kleinkindern die innere Sicherheit nicht nur für das Erkunden, Spielen, für das Sammeln von Erfahrungen und Gewinnen an Selbständigkeit, sondern auch für das Aufnehmen von weiteren vertrauensvollen Beziehungen zu Erwachsenen und anderen Kindern. Dies ist leicht verständlich: Ein nur schwächer und damit unsicherer gebundenes Kind verwendet naturgemäß mehr Zeit und Energie darauf, seiner Bezugsperson stets nahe zu sein, um sie nicht zu verlieren. Immer erneut bewahrheitet sich der Satz[1]: *Je sicherer die Bindung eines Kindes zu seinen Haupt-Betreuern, desto bereiter und fähiger ist es zum Aufnehmen und Pflegen weiterer Beziehungen.*

Verlustangst. Ein Kind, das die Gegenwart seiner Mutter oder sonst einer betreuenden Person keinen Augenblick entbehren kann und ihr ohne Unterlaß »am Schürzenzipfel hängt«, offenbart damit zu ihr nicht unbedingt eine *starke Bindung.* Oft ist das Gegenteil der Fall: Gerade *unsichere* Bindung ist mit der dauernden Angst verknüpft, den Betreuer zu verlieren; die *Verlustangst* ist es dann, die das

Kind dazu veranlaßt, seine Betreuerin nicht aus den Augen zu lassen. Je sicherer dagegen ein Kind an seine Betreuer gebunden ist, desto eher kann es zeitweise deren Gegenwart entbehren, ohne sich zu ängstigen.

Anhänglichkeit an einen Erwachsenen kann also bei einem Kind auf zwei grundverschiedenen Ursachen beruhen:
– auf sicherer Bindung;
– auf schwacher, unsicherer Bindung, verbunden mit Verlustangst.
Auf keinen Fall darf man beides verwechseln. Je nach Ursache ist für die Bezugspersonen ganz unterschiedliches Verhalten angezeigt.

Wenn beispielsweise ein zuvor durch Bindungsabbrüche erschüttertes Kleinkind, aus Unsicherheit und von Verlustangst getrieben, seiner Betreuerin nicht von der Seite weicht, macht man den größten Fehler, wenn man daraus statt auf Verlustangst auf eine »zu starke Bindung« an sie schließt. Diese falsche Diagnose würde sogar zu Ratschlägen führen, die die Lage verschlimmern müssen, anstatt sie zu verbessern, so etwa: Die als »zu stark« angesehene Bindung müsse man zu lockern versuchen; man müsse das Kind lehren, allein bleiben zu können, und sein Anhänglichkeits- und Zärtlichkeitsbedürfnis sei auf das »normale Maß« zurückzuführen. Aber das von Verlustängsten erfüllte Kind braucht gerade das Gegenteil: Durch ein *Übermaß* an Zuwendung muß die Betreuerin sich für das Kind als so liebevoll, zuverlässig und vertrauenswürdig erweisen, daß das Kind zu ihr allmählich eine feste Bindung aufbauen kann. Erst diese kann ihm später erlauben, selbständiger und von der Betreuerin unabhängiger zu werden. Das heißt im einzelnen: Die Betreuerin muß ihre Verläßlichkeit beweisen durch ihr Zugegensein, Zeigen von Zuneigung, Konsequenz und Halten von Versprechen, und dies über Monate, möglicherweise Jahre hinweg. Damit können die Unsicherheit und Angst des Kindes allmählich abklingen, und es kann Mut fassen zuerst zu kurzzeitigen, dann zu längeren Phasen selbständigen Spielens, und es kann auch sonst seine innere Unabhängigkeit stärken. So kann die Angst, die aus Bindungsunsicherheit entstand, langsam abklingen und über die feste Bindung die notwendige Selbstsicherheit und Unabhängigkeit entstehen lassen. Diese erst schafft das »entspannte Feld« für die Verhaltensrichtungen Erkunden, Spielen, Nachahmen, schöpferisches Erfinden.

Zwischen echter Bindung und Verlustangst als Grund für Anhänglichkeit zu unterscheiden ist auch wichtig, wenn ein Familienrichter – etwa bei einer Scheidung – zu entscheiden hat, welchem Elternteil er ein Kind zuspricht. Hier muß er sich sehr sorgfältig und mit individueller Einfühlung die *Gesamtsituation* eines solchen Kindes vor Augen führen[1]. Dies wird in den Abschnitten VIII C 8 (S. 587) und VIII C 9 (S. 590) näher ausgeführt werden.

Die ersten beiden Abschnitte des Kapitels D behandelten die biologische Basis der Selbständigkeitsentwicklung des Kleinkindes. Die kommenden Abschnitte D 3 und D 4 zeigen auf, welche Folgerungen für die Eltern daraus zu ziehen sind.

D 3. *Unterstützen des Kleinkindes auf seinem Weg zur Selbständigkeit*

Ein Leitmotiv der Kleinkindzeit heißt für das Kind: Selbständigwerden. Dazu ist wichtig: das Kennenlernen mehrerer Erwachsener und Kinder, das Bekanntwerden und Umgehen mit vielen Dingen und das Entwickeln und Üben der körperlichen Fähigkeiten. Weiterhin gehört dazu: immer längere Zeiten ohne den unmittelbaren Kontakt mit den Eltern auszukommen. Das heißt aber nicht: Lockerung des inneren Bandes zur Mutter und zum Vater. Im Gegenteil: Das Selbständigwerden des Kindes ist das Erschließen neuer Handlungsräume von der Basis aus, die von den bleibenden tragfähigen Bindungen an die Eltern gebildet wird.

Beim Bemühen, die Selbständigkeit der Kinder zu fördern, sind zwei entgegengesetzte Fehler möglich:

– die Kinder gleichsam zur Selbständigkeit *zwingen* zu wollen, indem man sie allzu früh ohne Schutz fremden oder ängstigenden Situationen und Forderungen aussetzt;

– ihnen zu wenig Freiraum zu geben und sie einzuengen.

Dagegen besteht der erfolgreiche Weg darin:

– unter ihrem elterlichen Schutz und mit Einfühlung *die Tendenzen der Kinder zum Selbständigwerden zu unterstützen.*

Das Kleinkind braucht von Monat zu Monat mehr die Möglichkeit, sich in eine räumliche Distanz von der Mutter zu begeben, ohne sie dabei ganz aus dem Blickfeld oder der Rufnähe zu verlieren. Es muß sich gelegentlich der Anwesenheit der Mutter versichern können. Doch ist es falsch, dem Kind diesen Schutz *aufzudrängen*. Ein Behüten auf Schritt und Tritt erweckt im Kind den Eindruck, die Welt sei voller Gefahren; es führt zu Schüchternheit, Ängstlichkeit und Weltfremdheit des heranwachsenden Menschen und später mitunter zum Haß gegen die einengenden Erzieher.

Körperliche Bewegung. Kleine und größere Kinder haben von Natur aus, wie eingangs gesagt, Lust am Herumrennen, Springen, Klettern und wilden Spielen. Es ist eine der wichtigsten Erziehungsaufgaben für die Erwachsenen, den Kindern hierzu ausgiebige Möglichkeiten zu verschaffen. Dabei gehört es aber auch zu den notwendigen Erfahrungen der Kinder, hinzufallen, sich zu klemmen oder vom Regen durchnäßt zu werden. Früher beobachtete man vielfach den Kunstfehler der Erziehung, Kinder ausgerechnet bei Sonntagsausflügen in die freie Natur so gut anzuziehen, daß sie sich nicht schmutzig machen durften. Manche Eltern hindern ihr Kind, sich genügend Bewegung zu machen und herumzutollen; sie lassen es nicht aus den Augen und suchen zu verhindern, daß es schnell rennt, weil sie absolut vermeiden wollen, daß es hinfällt oder sich verletzt. Als trauriges Urbild hierfür kann jene Mutter gelten, die, wenn sie spazierenging, ihren 5jährigen Jungen ins Fahrradkörbchen setzte und ihn so – einen Meter von der gefährlichen Erde entfernt – mit sich führte. Die hierin liegende angstbesetzte *Überbehütung* kann tiefgreifende Verhaltensstörungen bei Kindern hervorrufen (Abschnitt III C 3, S. 195).

Es ist auch falsch, ein Kind zu strafen, wenn es hingefallen ist und weint oder wenn die Kleidung schmutzig oder zerrissen ist. Für Stadtkinder ist es besonders wichtig, daß am Wochenende in der nächsten Umgebung, im Schwimmbad oder auf dem Sportplatz viel Bewegungsmöglichkeit genutzt wird. Sonst erzieht man ängstliche, ungewandte Kinder mit gestautem Bewegungsdrang. Darum ist es für Kinder auch ungünstig, wenn als familiäre Freizeitgestaltung am Wochenende statt guter Bewegung in freier Natur langes Stillsitzen auf Autofahrten oder daheim vor dem Fernseher gewählt wird.

Unterstützen von Verhaltensfortschritten. Es ist ein Fehler, einem Kind Handlungen abzunehmen, die es selbst tun kann und will. Beispielsweise soll man es keine Treppen hinauftragen, die es schon selbst bewältigen kann. Ein Kleinkind braucht Gelegenheit und viel Zeit, mit den täglichen Dingen *selbst* zu hantieren. Hat das Kind dabei Erfolg, sollte der Erwachsene darüber seine Mitfreude äußern. Bei wiederholten und entmutigenden Mißerfolgen sollte er behutsam und unaufdringlich zum Gelingen beitragen. Frühzeitig zu lernen, sich selbst zu waschen, anzuziehen, selbst zu essen und die Essensmenge selbst zu bestimmen, fördert die Unabhängigkeit und Selbständigkeit. Hier müssen die Eltern, um dem Kind die gewünschte selbständige Handlung zu ermöglichen, ihm vor allem auch *genug Zeit gewähren,* bis es z. B. allein die Hände gewaschen und abgetrocknet, selbständig die Schnürsenkel eingefädelt oder die Jacke zugeknöpft hat. *Geduld und Zeit* der Eltern zum Warten auf die Beendigung des kindlichen Tuns und Lob für die gelungene Handlung ermöglichen es dem Kinde, immer selbständiger zu werden.

Förderung des kindlichen Selbst-Tun-Wollens. Auf diesem Wege können Eltern auch der Gefahr der *Überbehütung* ihrer Kinder begegnen, die sich gar zu leicht aus der Art und Weise der Versorgung des Kindes im Säuglingsalter entwickelt. So notwendig das Umsorgen des Säuglings im ersten Lebensjahr ist, so wichtig ist es für das *Kleinkind,* schrittweise immer mehr Tätigkeiten selbst zu übernehmen, und zwar in dem Tempo, das es durch sein Fordern oder Probieren, dies oder jenes *selbst* zu tun, selbst anzeigt. Die Aktivität der Eltern zielt hier auf die Förderung der Eigenständigkeit des Kindes sowie auf das Ermöglichen von vielerlei Erfahrungen.

Auch möchten Kinder nicht nur *spielen*; gern nehmen sie helfend und durch Mittun an den *Tätigkeiten der Erwachsenen* teil. Dies kann sie glücklich machen; sie empfinden es als einen Schritt in Richtung auf das »Groß-Werden«. Wird es dagegen einem Kind oft verwehrt, selbständig etwas zu tun, so wird es mit Recht gegen die Erwachsenen *aggressiv.* Denn auch wenn die Erwachsenen dem Kind in guter Absicht das Selbst-Tun versagen, z. B. weil sie ihm die Mühe abnehmen oder weil sie ihm alles möglichst schön vormachen wollen, hemmen sie damit seinen Drang, Selbständigkeit zu erringen. Wird die darauf folgende berechtigte Aggressivität des Kindes dann noch als Undankbarkeit bestraft, so wird damit ein grundfalscher Wertakzent gelegt, weil das Kind nun womöglich *seinen Drang zum Selbständigwerden* bestraft fühlt. Die Folge besteht dann in dem, was die Erwachsenen am meisten fürchten: Sie erziehen ein unselbständiges, gegen sie aggressives und schließlich undankbares Kind.

Stellung zum Spielen der Kinder. Die Erwachsenen können die Spieltendenzen der Kinder voll bejahen und unterstützen und die Einschränkungen auf das unbedingt notwendige Maß begrenzen. Sie können für Spielkameraden und Spielgelegenheiten sorgen. Sie können die Kinder manchmal unter sich lassen, manchmal aber ihnen auch Anregungen für neue Spiele geben, die dem Kind, entsprechend seinem Alter, Einsichten und Fähigkeiten vermitteln: Malen, Modellieren, Basteln, Sammeln (z. B. Steine, Bilder, später Briefmarken), Pflanzen aus Samen ziehen, Tiere beobachten (Aquarium, Terrarium, Vögel füttern), Sport, Musizieren.

Besonders wichtig ist auch das gemeinsame Bilder-Ansehen, das

Erzählen und Vorlesen. Falls Kleinkinder nicht in eine traditionsreiche Spielgemeinschaft mit etwas älteren Kindern hineinwachsen, sind sie auch darauf angewiesen, daß die Erwachsenen ihnen Spiele und begleitende Kinderverse beibringen, die sie miteinander im Freien spielen können (z. B. Goldene Brücke, Hinkepinke). Lustig und wertvoll ist weiterhin das Spielen mit Handpuppen, das Kasperl-Theater. Hier können die Kinder das Familienleben nachahmen, im Rahmen des Rollenspiels ihre Probleme in Spielhandlungen umsetzen und sich dadurch seelische Entlastung verschaffen. Auch hier sind die Erwachsenen zum Schaffen der äußeren Voraussetzungen und zum kindgemäßen Anleiten und Anregen aufgerufen.

Wenn sich dagegen die Erwachsenen nicht klarmachen, wie wichtig das Spielen für die Entwicklung der Kinder ist, oder wenn sie aus anderen Gründen die beschriebene Partnerschaft zum Kind nicht ausüben, dann können sie das Spielen der Kinder verkümmern lassen oder sogar hemmen: Manche Eltern kümmern sich zu wenig um *altersgemäße* Spielmöglichkeiten und anregendes Spielzeug, das phantasievolles, schöpferisches Handeln ermöglicht. Besondere Spielhindernisse können daraus erwachsen, daß das Ideal der Sauberkeit und Ordnung zu groß geschrieben wird: »Du sollst keine Unordnung machen, du sollst keine Kinder mitbringen, du darfst nicht auf die Straße, du darfst in Ruhe fernsehen.«

Nicht in Spielhandlungen eingreifen. Man muß darauf achten, daß das Kind seine Handlungsabläufe *zum Abschluß bringen kann.* Das gilt besonders, wenn die zunächst ungerichtete Aktivität sich zu konstruktiven Zielvorstellungen zu verdichten beginnt. Wenn das Kind beispielsweise mit seinen Bauklötzen einen Turm oder ein Haus zu bauen versucht, soll man ihm nicht helfen, es sei denn, mehrfache selbständige Versuche wären gescheitert und das Kind bäte selbst darum. Häufiges Unterbrechen des Spielens durch die Erzieher, und sei es noch so gut gemeint, erschwert die Entfaltung der Fähigkeit, konzentriert ein Werk zu planen und selbständig durchzuführen, bis es vollendet ist. Manchmal wehren sich die Kinder auch gegen die Einmischung Erwachsener in ihr Spiel, und sie haben recht damit.

Falls ein Kind aus wichtigen Gründen sein Spiel abbrechen muß, so soll man ihm das *rechtzeitig* sagen, so daß es noch ein Zwischenziel erreichen oder Vorsorge für späteres Weiterspielen treffen kann. Es muß auch etwas Zeit haben, sich klarzumachen, daß es ja morgen weiterspielen darf. Ein halbfertiges Werk sollte stehenbleiben dürfen, um später vollendet zu werden.

Stellung zum Nachahmen der Kinder. Durch Nachahmen erwerben kleine Kinder aus eigenem Antrieb neues Können; sie entwickeln auch den Großteil ihres mitmenschlichen Verhaltens, indem sie die Erwachsenen beobachten und es ihnen gleichtun. Die Erwachsenen sollten sich dieser *Wirkung* auf die Kinder, die sie ausüben, ob sie wollen oder nicht, bewußt sein und sich entsprechend verhalten. Sie können die Kinder bei ihren Arbeiten zusehen lassen und ihr Tun sprachlich begleiten und erklären. Sie können ihnen Gegenstände geben, mit deren Hilfe die Kinder ihr Verhalten nachvollziehen können. Mutter und Vater können ihre Kinder bei vielem helfen lassen (Kuchen backen, Tisch decken, Reparaturen) und ihnen kleine Aufgaben zur selbständigen Erledigung übertragen. Auch die Puppenstube bietet Gelegenheit zum Nachahmen. Die Eltern können die Kinder bei handwerklicher Arbeit zuschauen und helfen lassen, den Kindern Werkzeug im Kleinformat schenken und sie später anleiten, mit richtigem Werkzeug zu arbeiten. Sie können oft mit den Kindern sprechen und ihnen viel vorlesen, um ihr Sprachverständnis und ihre Sprachbeherrschung zu fördern. Für das Nachahmen von manchen Anteilen des mitmenschlichen Verhaltens ist das gemeinsame Gesellschaftsspiel von besonderer Bedeutung: Dort erleben die Kinder das Einhalten von verabredeten Regeln, das Erreichen von Zielen, die Versuchung zum kleinen Betrug (Schummeln) und wie man ihr widersteht. Auch lernen sie zu ertragen, nicht immer der Erste zu sein und Niederlagen zu verschmerzen.

Eigenständigkeit in der Verwendung des erworbenen Könnens. Das Nachahmen bringt einen vielfältigen Zuwachs an Können. Vielfältiges Können liefert die Bausteine für selbständiges Handeln. Eltern können die geistige Selbständigkeit des Kindes als wichtiges Erziehungsziel sehen; dies entspricht auch dem gesellschaftspolitischen Prinzip der *Selbstbestimmung* und *Emanzipation.* Für das Kleinkindalter heißt das: Die Eltern können das Kind zum selbständigen Planen und Entscheiden ermuntern und ihm dazu den Spielraum und die Möglichkeit geben: beispielsweise für das Gestalten von Geburtstagseinladungen, das Erfinden neuer Spiele, für schöpferisches Gestalten, und vor allem: wenn das Kind Phantasie zeigt und selbständig handelt, so können sie dies ausdrücklich anerkennen und ihre Freude darüber äußern. Hierdurch unterstützen sie das Kind auf seinem Weg zur Selbständigkeit.

D 4. *Unterstützen des Sprechenlernens und der allgemeinen seelisch-geistigen Entwicklung*

Entwicklung des Sprechens. Das Sprechen beginnt in verschiedenem Lebensalter, manchmal schon vor dem 1. Geburtstag, bei anderen Kindern mit 18 Monaten oder später. Das muß jede Mutter wissen: Kinder haben ihre individuelle Zeit für den Beginn des Sprechens. Manche Kinder hören und verstehen gut, was die Mutter sagt: Auf Aufforderung bringen sie Gegenstände, aber selbst sprechen sie noch nicht; doch behalten sie das Gehörte im Gedächtnis, und wenn sie dann zu sprechen anfangen, tun sie es gleich sehr vollständig. Jede Mutter sollte daher vertrauensvoll *abwarten* und nicht ungeduldig auf das Kind einzuwirken suchen, sonst verknüpft sich für das Kind womöglich das Sprechen mit Nervosität und Ärgerlichkeit der Mutter, also mit etwas Unangenehmem. Das wirkt hemmend statt fördernd. Jede Mutter sollte statt dessen oft freundlich lächelnd ihr Kind anschauen, ihm einen Gegenstand zeigen und dabei dessen Namen sagen. Die Mutter kann auch ihre eigenen Tätigkeiten mit einfachen Sätzen begleiten: »Mama fegt. Mama wäscht die Hände« usw. Sie kann die Körperteile des Kindes beim Waschen und Abtrocknen benennen: Arm, Händchen usw. Das hilft dem Kind beim Sprechenlernen.

Nicht nur der Zeitpunkt des Beginns des Sprechens, sondern auch die Anzahl der Wörter, die ein Kind in einem bestimmten Alter beherrscht, ist von Kind zu Kind sehr unterschiedlich. Gleich ist bei allen Kindern, daß sie mit dem sogenannten Einwortsatz beginnen; »aua« bedeutet: Ich habe mir weh getan. Es folgen dann Zweiwortsätze, z. B. »Mark ada«: Mark möchte spazierengehen...

Falls eine Mutter besorgt ist, ob ihr Kind in seinem Sprechenlernen vielleicht wegen einer Hörstörung verlangsamt ist, sollte sie rechtzeitig seine Hörfähigkeit ärztlich überprüfen lassen; denn je früher ein schwerhöriges Kind ein Hörgerät erhält, desto geringer ist das Risiko, daß es in seiner künftigen Sprachentwicklung behindert wird.

Eine Hörprüfung, die alle Eltern schon bei ihrem Säugling durchführen können, ist folgende[1]: »Stellen Sie sich hinter Ihr Kind; das Kind darf weder durch Sie noch durch eine andere Person oder einen interessanten Gegenstand abgelenkt sein. Im Raum soll vollkommene Ruhe herrschen. Nun rascheln Sie neben seinem Ohr mit einem Seidenpapier (in Ihrer Hand), das von dem Kind vorher nicht gesehen wurde. Später wiederholen Sie dasselbe neben seinem anderen Ohr. Reagiert das Kind darauf bis zur 26. Woche *nicht* mit eindeutiger Kopfwendung, so fragen Sie Ihren Kinderarzt nach dem Grund.«

Anregungen und Hilfen beim Erlernen des Sprechens. Die lebhaft geäußerte Freude der Mutter über das erste Wort ihres Kindes und dessen Wiederholen durch die Mutter bewirkt oft ein Wiederholen durch das Kind. Sprechen wird besonders im sozialen Bezug gelernt. Das Kind »echot«, wie schon beim Lallen, so auch beim Sprechen. Die Eltern wiederholen ihrerseits, was das Kind sagt. Dabei sollten sie aber *Fehler* der Aussprache oder Grammatik *nicht* wiederholen, sondern wenn z. B. das Kind sagt: »Papa *t*ommt«, so sollte die Mutter bestätigen: »Ja, Papa *k*ommt.« Sie darf nicht das Kind schelten: »Falsch, das heißt nicht *t*ommt, sondern *k*ommt«, sondern soll bestätigen, daß sie verstanden hat, dann aber den Satz selbst *richtig* wiederholen. Soll das Wechselgespräch mit dem Kleinkind zur korrekten Sprachbeherrschung beitragen, so muß der Erzieher beim Benennen der Gegenstände und beim Erklären seiner Tätigkeiten langsam, deutlich und richtig sprechen.

Kinder ahmen leicht andere Kinder nach. Sie lernen gut von älteren Geschwistern oder Freunden, aber übernehmen natürlich auch deren sprachliche Unvollkommenheiten. Lebt ein Kind vornehmlich tagsüber in einer Kindergruppe mit nur geringem sprachlichem Kontakt zu Erwachsenen, so erwirbt es deren beschränkten Wortschatz und deren mitunter zum Teil fehlerhafte Sprechweise. Daher brauchen Kleinkinder unbedingt auch ältere Kinder und besonders Erwachsene, um das differenzierte Sprechen zu erlernen, z. B. großen Wortschatz, die verschiedenen Vergangenheitsformen und den Konjunktiv.

Anregen zum Beobachten. Blätter fallen – es regnet oder schneit – Sterne am Himmel: Mit dem Kind darüber sprechen, *zwanglos* die Gelegenheit wahrnehmen, keinen methodischen Unterricht versuchen. Viele Kinder sind gute Beobachter. Diese Fähigkeit kann man nutzen. Ein Kind beobachtet eine kleine Warze im Gesicht des Besuchers und sagt, indem es darauf zeigt: »Da ist aua.« Der Reiz des Neuen fesselt die Kinder. Beispiel: Beim Bedienen des Lichtschalters beginnt die Lampe zu leuchten. Hier kann der Erwachsene durch Teilnehmen am aufmerksamen Betrachten und durch Benennen des Vorgangs die Aufmerksamkeit fördern und das Erlernen neuer Wörter und Begriffe erleichtern.

Durch *gemeinsames Anschauen* wird die Fähigkeit zum ruhigen Verweilen beim Betrachten gefördert; das Kind kann Eigenschaften eines Gegenstandes beobachten und benennen, z. B. die Flügel und Beine einer Fliege, und Ereignisse auf Bildern erkennen und deuten. Benennen und Beschreiben führen zum Begreifen und Behalten des gesehenen Gegenstandes. Abweisen dagegen hemmt.

Stellung zur Wißbegierde der Kinder. Sieht ein Kind im Spielalter etwas Unbekanntes, so wird dadurch sein Drang geweckt, es näher kennenzulernen. Das Kind möchte es berühren – bei kleinen Kindern auch: in den Mund nehmen –, es möchte hineinschauen, es auseinandernehmen, und das Kind fragt die Erwachsenen nach dem Wie und Warum. Für diese Triebfeder gibt es mehrere Ausdrücke, unter anderem *Wißbegier* und *Neugierde.* Das erste dieser Worte hat einen anerkennenden, das zweite eher einen abwertenden Beiklang. Manche Eltern benutzen fast nur den zweiten Ausdruck, etwa in der häufigen Wendung »sei nicht so neugierig!«, und stellen damit den kindlichen Drang zum Wissenwollen – für das Kind eindeutig – in die Reihe der schlechten Angewohnheiten. Die entgegengesetzte Wertung »schön, daß du so wißbegierig bist!« hört man selten. Einschränkungen sind aber nur notwendig, wo die Wißbegier in die Privatsphäre anderer Menschen eindringt. Hier müssen die Erwachsenen so gut wie möglich zu erklären versuchen, warum ausnahmsweise in dem betreffenden Fall das Fragen nicht angebracht ist. Überall sonst muß die kindliche Wißbegier als wichtiger und wertvoller Motor für die Persönlichkeitsbildung gelten.

Antworten auf Fragen der Kinder. Manche Erwachsene weisen oft das Fragen ihrer Kinder brüsk zurück – »Frag nicht soviel!« So können sie diese für das Kind besonders wichtige Form des Erkundungsverhaltens und Wissenserwerbs weitgehend abdressieren. Sollten hierin in verschiedenen Bevölkerungskreisen unterschiedliche Einstellungen die Regel sein, so könnten dadurch sogar die Bildungswilligkeit und damit die sozialen Chancen ganzer Bevölkerungsteile unterschiedlich werden und bleiben; denn Menschen, denen in ihrer Kindheit *das Fragen verleidet wurde,* tendieren leider dazu, ihren Kindern später *das gleiche anzutun.* – Sowohl vom verhaltensbiologischen als auch vom humanen Standpunkt aus besteht aber keinerlei Grund dazu, den Wissensdurst der Kinder zu blockieren. Dank ihrer Entscheidungsfreiheit können die Erwachsenen denn auch den Entschluß fassen, jede Frage ihrer Kinder ernst zu nehmen, gegebenenfalls das Lexikon oder Bekannte zu befragen und grundsätzlich alles zu versuchen, um die richtige Antwort zu finden. Auf diese Weise stärken sie eine für die Schulzeit und für das ganze spätere Leben der Kinder entscheidende innere Einstellung.

Wenn ein Erwachsener einem Kind in Anwesenheit seiner Eltern Fragen stellt, so sollen die Eltern unbedingt *das Kind* antworten lassen, auch wenn sie es selbst besser und schneller könnten; sonst fühlt sich das Kind mit Recht »be-vor-mundet« und in seiner Selbständigkeit beeinträchtigt.

E. Entwicklung zwischenmenschlicher Beziehungen (Sozialisation)

In den Kleinkindjahren wächst nicht nur die Selbständigkeit; ebenso vielfältig entwickeln sich die Beziehungen zu den Erwachsenen und zu anderen Kindern. Der zunächst folgende Abschnitt E behandelt Beziehungen, in denen die Partner *einander zugeneigt* sind. Abschnitt F befaßt sich dann mit der Rolle von *Gegnerschaft* und *Aggression* im Kindesalter.

E 1. *Eigene Ansätze des Kindes*

Das Kind nimmt schon in den ersten Lebensjahren von sich aus mannigfache Beziehungen zu seinen Mitmenschen auf: durch Anlächeln, durch Nacheifern und Mittun, durch Helfen, durch Abgeben und Schenken, durch Vorzeigen seiner Spielsachen und vieles weitere. Der Psychologe Wolfgang METZGER schrieb dazu: »Ich habe ein Kind von 2 Jahren beobachtet, das seinen Vater hämmern sieht, irgend etwas hat er repariert. Das Kind ist im selben Augenblick da und reicht dem Vater einen Nagel nach dem anderen und findet das wunderbar... und schon für das einjährige Kind ist es ein großes Vergnügen, einmal die Mutter zu füttern... Das Kind freut sich, allmählich in das Gleichgewicht des Gebens und Nehmens hineinzuwachsen.«[1] Kleinkinder bieten anderen Kindern oder Erwachsenen gern ein Stück ihres Besitzes an, sei es ein Spielzeug oder etwas Eßbares. Mitunter leiten sie damit ein Spiel des Gebens und Nehmens ein. Der Adressat des Angebotes geht im Sinne des Kindes auf das Spiel ein, wenn er die Gabe nicht abweist, sondern annimmt; danach muß er ein paar Augenblicke, aber nicht zu lange Zeit, vergehen lassen und dann seinerseits dem Kind den Gegenstand anbieten. Meistens nimmt das Kind die Gabe zurück; manchmal wiederholt sich das Spiel. Dem Kind kommt es dabei weniger auf den Gegenstand an als auf das Geben und Nehmen.

Besitz, Eigenrevier. Das Kleinkind entwickelt auch den Sinn für eigenen Besitz. Die Eltern handeln im Sinne des Kindes, wenn sie die kindlichen Besitzansprüche anerkennen und achten: Dem Kind sollte daher eigene Kleidung zustehen (die nur mit seiner Zustimmung von einem Geschwister angezogen werden darf), eigenes Eßgeschirr (Becher, Löffel, Teller) und eigene Spielsachen. Über *eigenen* Besitz zu verfügen ist eine Voraussetzung dafür, daß das Kind auch Achtung vor *fremdem* Eigentum entwickelt. – Das Kind erstrebt in diesem Alter auch die Verfügung über ein kleines *Eigenrevier*, bestehend aus seinem Bett sowie, soweit möglich, einer Spielecke, einem Kindertisch mit Stuhl und einem Regal oder Schubfach für seine Spielsachen. Die Eltern werden dem naturgegebenen Bedürfnis des Kindes gerecht, wenn sie diesen Freiraum ihres Kindes grundsätzlich achten, nicht unnötig in ihn eingreifen und dem Kind, falls nötig, darin beistehen, ihn gegen uneinsichtig und unnachsichtig störende ältere oder jüngere Geschwister zu verteidigen.

Nachahmen stiftet Sozialverhalten. Sieht ein Kind partnerschaftliches Verhalten zwischen Erwachsenen oder zwischen älteren Kindern, so neigt es in vielen Fällen zur Nachahmung. Mit dem Nachahmen erwirbt es das soziale Verhalten nach dem beobachteten Vorbild. Dies gilt im Guten wie im Bösen: Kinder behandeln beispielsweise ihre Puppen, aber auch jüngere Kinder genauso, wie sie es bei anderen Menschen beobachten oder an sich selbst erlebten. Auf diesem Wege übt jeder Erwachsene und jedes ältere Kind, heute aber besonders auch das Fernsehen einen möglicherweise beträchtlichen günstigen oder nachteiligen Erziehungseinfluß aus.

Identifikation. Ein Kind oder ein Erwachsener übernimmt mitunter von einem anderen Menschen nicht nur einzelne Verhaltensweisen, sondern auch dessen Weise, die Welt zu sehen, seine Wertvorstellungen, seine Hoffnungen sowie seine Forderungen an sich selbst und an seine Umwelt. Hat sich ein Mensch in diesem Sinne mit einem anderen »identifiziert«, so ahmt er vielfach unabsichtlich und, ohne es zu merken, auch viele Verhaltensdetails von ihm nach: Sprechweisen, Lieblingswörter oder Bewegungen. Zwischen bloßem Nachahmen und der vollen Identifikation gibt es Übergänge, beispielsweise die Nachahmung einer Anzahl von zusammenhängenden Verhaltensweisen und die sogenannte Teil-Identifikation, bei der, wie das Wort sagt, nur ein Teil der Lebensprinzipien und Werte eines Vorbildes übernommen wird.

E 2. *Erwachsene als Leitbilder für Kinder*

In den Kindern leben Triebfedern nicht nur zum Erkunden und Spielen; Kinder sind auch von dem inneren Drang erfüllt, ältere Kinder und Erwachsene nachzuahmen und sich, soweit möglich, mit ihnen zu identifizieren. Daher müssen Erwachsene damit rechnen – auch wenn sie es nicht anstreben –, daß sie für bestimmte Kinder zum Nachahmungs-Vorbild werden. Manche Erwachsene scheuen die Rolle des Vorbilds und geben vor, sie wollten die Kinder nicht von sich abhängig machen. Darauf ist dreierlei zu erwidern:

– Wer auf ein Kind als Vorbild wirkt, macht es dadurch nicht von sich abhängig. Zwar bleiben manche Kinder auch später bei den einstmals übernommenen Idealen. In der Regel aber stellen sie in den Jahren nach der Pubertät ihre bisherigen Leitbilder in Frage, auch wenn sie stark an ihnen gehangen hatten. Viele folgen danach wechselnden Überzeugungen, Moden oder Idolen. Später können sie dann zwischen den verschiedenen Lebensauffassungen, die sie durch eigenes Erleben kennengelernt haben, selbständig wählen. Wichtig ist, daß sie im Elternhaus Identifikations-Vorbilder hatten, die als Maßstab für das später Erfahrene dienen können. – Wird ein Kind tatsächlich von Erwachsenen *abhängig,* so geschieht das auf ganz andere Weise, nämlich durch einengende Gehorsamserziehung, durch Überbehütung (Abschnitt III C 3) oder aber durch erotisch getönte Bindung im Sinne des Ödipus-Komplexes (Abschnitt III D 3).

– Wer sich einem Kind als Vorbild vorenthält oder entzieht, verweigert ihm damit eine Voraussetzung zur Persönlichkeitsbildung: Sich als Kind mit einem Erwachsenen identifizieren zu können, entbindet Kraftquellen und Begeisterung zu aktivem Handeln und Planen. Ein Kind anzuregen und zu begeistern vermag aber nur, wer dem Kind etwas *bedeutet,* also zu seinem Vorbild geworden ist. Besonders augenfällig ist das bei verhaltensgestörten Kindern: Ein Therapeut kann diesen erst dann aus ihrer Verstrickung heraushelfen, wenn er ihr Vertrauen und ihre *Achtung als Vorbild* gewonnen hat. Entsprechendes gilt für verhaltensgesunde Kinder, besonders für Jugendliche und Heranwachsende: Am meisten gewinnen und lernen Kinder von einem Erwachsenen, den sie bewundern und von dem sie sagen können: »Der kann was.«

– Wenn sich Eltern oder andere Nahestehende den Kindern als Vorbild verweigern und die Kinder dann in ihrer persönlichen Umgebung keine Vorbilder finden, so schwindet dadurch bei vielen von ihnen der Drang, sich zu identifizieren, keineswegs: Sie suchen sich ihre Leitfiguren dann in anderen Bereichen und können leicht extremen Idolen verfallen, etwa solchen, die sich auf ihre Stärke verlassen und sich mit Brutalität und List gegen Schwächere und weniger Schlaue durchsetzen.

Ein großes Glück für Kinder, Jugendliche und Heranwachsende sind demnach Vorbilder,

– von denen sie sich begeistern lassen;

– nach denen sie während einer Entwicklungsepoche einen mehr oder weniger maßgebenden Teil ihres Verhaltens ausrichten;

– die ihnen durch ihre Wesensart und ihr Handeln Erfahrungs- und Erlebnisbereiche aufschließen, die ihre Persönlichkeit bereichern.

Solche Menschen tragen für Jugendliche dazu bei, daß sie später in geistiger Selbständigkeit durch vergleichende und wertende Prüfung die bedeutsamen Leitbilder und Ideale für ihr Leben auswählen können.

Kinder übernehmen von Erwachsenen aber nicht nur Einstellungen und Interessen, die sie anspornen und beflügeln, sondern sie werden auch durch den *Ausdruck ihrer Abneigungen* beeinflußt. Äußerungen von Erwachsenen wie Angst vor Krankheit, vor bestimmten Tieren oder vor Gewitter, Wählerischsein beim Essen, Wehleidigkeit, Mißachtung bestimmter Menschengruppen, Berufe, Lebensformen können sich im Laufe der Zeit in die Verhaltenssteuerung von Kindern einprägen.

Weil Kinder die Maßstäbe für ihr Verhalten von den Erwachsenen übernehmen, bedeutet das für die Erwachsenen: in Anwesenheit der Kinder alles zu unterlassen, was die Kinder, wenn sie sich danach richten, in ihren mitmenschlichen Beziehungen ungünstig beeinflußt oder benachteiligt. Leider kommt oft genug das Gegenteil vor: Erwachsene gebrauchen in Gegenwart ihrer Kinder Schimpfworte, sprechen abfällig über Mitmenschen, sie verwenden Notlügen und brüsten sich, andere Menschen überlistet oder lächerlich gemacht zu haben. Womöglich entrüsten sie sich aber, wenn die Kinder solches Verhalten zeigen, und merken gar nicht, daß sie selbst als Vorbild dafür gewirkt hatten. Hinsichtlich des menschlichen *Umgangstons* müssen sich Eltern vor Augen halten: Wenn sie zu einem Kind vorwiegend in Anordnungen sprechen, so dürfen sie sich nicht wundern, wenn das Kind sie selbst ebenso anspricht.

Aus dem Nachahmungsbedürfnis der Kinder folgt für Erwachsene noch etwas Weiteres: Ihr Verhalten sollte für Kinder verständlich und einsehbar sein. Dies trifft jedoch nicht zu, wenn die Eltern in ihren Forderungen inkonsequent sind. Viele Eltern machen es sich nicht klar, daß sie ihre Kinder tief verunsichern, wenn sie heute so und morgen anders handeln, wenn sie z. B. für das Kind ohne ersichtlichen Grund ein Verhalten (z. B. Spielen mit Vaters Büchern) an einem Tag gestatten, am anderen verbieten oder bestrafen. Elterliches gutes Vorbild und einsehbare Erziehungsweisen geben dem Kind innere Sicherheit. – Auch Spott, Ironie, Zweideutigkeit usw. kann ein Kleinkind und ein junges Schulkind nicht begreifen, und es wird unsicher.

E 3. *Spiele in Gesellschaft*

Erwachsene können mit Kindern jeden Alters Begebenheiten herbeiführen, in denen sich Hergänge des mitmenschlichen Zusammenlebens widerspiegeln: im gemeinsamen Spiel. Hier können sie die Kinder *erleben* lassen, daß Gemeinsamkeit und Wettstreit, Einhalten von Regeln und höchstes Vergnügen keine Gegensätze sind, sondern sich im Zusammensein der Menschen sogar gegenseitig bedingen. Verschiedene Spielmöglichkeiten stehen zur Verfügung:

Es gibt Spiele *mit Regeln, aber ohne Gewinner und Verlierer:* Versteckspiel; Dritten abschlagen; Blindekuh; Ich sehe was, was du nicht siehst; Drei Fragen hinter der Tür; und viele weitere. Sie machen Spaß, allerdings nur, wenn alle Spieler die Regeln einhalten. Die Kinder erleben den Einklang zwischen freiwilligem Regel-Einhalten und Freude am Spiel.

Bei anderen Spielen geht es zusätzlich um *Gewinnen* oder *Verlieren:* körperliche Wettspiele (Wettlauf, Tischtennis), Geschicklichkeitsspiele (Eierlaufen), Gedächtnisspiele (Memory, Quartett), Brettspiele mit verschiedenem Anteil von Zufallseinfluß und Möglichkeiten überlegter Spieltaktik (besonders gut gemischt in »Fang den Hut«), Kartenspiele usw. Sollen diese Spiele ihren Sinn erfüllen, so müssen sie vor allem Spaß machen. Der Wettkampf-Aspekt darf gerade so stark sein, daß er das Spiel intensiviert, aber die Vergnügtheit auch für den Verlierer nicht beeinträchtigt. Hier können die Erwachsenen in mehrfacher Hinsicht wirksam werden: Sie können solche Spiele wählen und selbst so spielen, daß

– zu kleine oder besonders sensible Kinder nicht entmutigt werden und die Lust verlieren (für sie zunächst lieber Spiele ohne Wettbewerbscharakter!);

– das gute Gedächtnis der Kinder, durch das sie den Erwachsenen oft überlegen sind, ausgiebig ins Spiel kommt (z. B. Memory und Quartett);

– insgesamt eine gute Mischung von Gewinnen und Verlieren vorwaltet;

– Erwachsene zwar nicht immer, aber doch manchmal mitspielen;

– verschiedene Chancen infolge von verschiedenem Alter der Mitspieler durch gemeinsam ausgedachte Bedingungen oder Vorgaben für die kleineren Kinder ausgeglichen werden, beispielsweise bei einem Wettlauf: »Du rennst, so schnell du kannst, und ich gehe, so schnell ich kann«;

– die Erwachsenen niemals unausgesprochen oder gar heimlich die Regeln verletzen oder »schummeln«; denn dadurch verkehren sie in viel stärkerem Maße, als sie es ahnen, die hilfreiche Wirkung des Spielens in ihr Gegenteil. Sie beeinträchtigen oder zerstören das Vertrauen der Kinder nicht nur in die Zuverlässigkeit der Eltern, sondern auch in die *aller* Erwachsenen, deren Repräsentanten sie ja im Spiel darstellen.

In Spielen um Gewinnen oder Verlieren kommen »innere Situationen« vor, denen ein Mensch im Erwachsenenleben begegnen kann. Einige von ihnen sind: Anerkennen fremder Überlegenheit ohne Mißgunst und Haß; trotz Mißgeschick nicht verzagen, sondern Krisen durchstehen; am Erfolg Freude haben, ohne hochmütig zu werden; trotz spielerischer Gegnerschaft kooperativer Partner bleiben; in keiner Lage Regeln verletzen und damit das Spiel als solches gefährden; ertragen, daß der Zufall verdiente und erhoffte Erfolge zunichte macht. Alle diese Erlebnisse vermitteln Vorerfahrungen, um in künftigen Lebensschwierigkeiten eine angemessene innere Einstellung und günstige Wege zur Lösung zu finden.

Mitmenschliche Verhaltensregeln zur Anschauung bringen. Viel mit Kindern zu unternehmen, schafft Gelegenheit zu gemeinsamen Erlebnissen und Beobachtungen. Darüber mit den Kindern zu sprechen, hilft ihnen beim Ausbilden ihrer Wertmaßstäbe. Ein großer Schatz von gedanklich aufbereiteten anschaulichen Erfahrungen gehört zum Wertvollsten, was Eltern ihren Kindern mitgeben können. In diesem Sinn ist auch zu fordern, daß die Eltern am *Fernsehen* ihrer Kinder teilnehmen und das Gesehene mit ihnen besprechen. Nur dann können sie entstandene Ängste abbauen und solche Wertmaßstäbe bewußt machen, die in den Sendungen veranschaulicht werden und von den Kindern übernommen werden könnten; beispielsweise muß die Darstellung von Gewalt und List mit den Kindern zu deren Orientierung kritisch besprochen werden.

Lobpreis der Lustigkeit. Lustigkeit läßt sich zwar nicht erzwingen; stellt sie sich aber von selbst ein, so kann man ihr Tür und Tor öffnen, ja man kann sie dann und wann sogar aus Augenblicks-Gelegenheiten hervorzaubern. Lachen wirkt entspannend. Im Lustigen kombinieren sich wie in wenigen anderen Geschehensweisen bildende und erzieherische Werte: Regelhaftes wird aufgezeigt, aber zugleich durchbrochen; Wissensstoff wird mühelos aktiviert und fester ins Gedächtnis eingeschrieben; Aufmerksamkeit, geistige Regsamkeit, mitunter körperliche Geschicklichkeit werden geübt und die Phantasie angeregt; manche Wahrheit läßt sich formulieren, ohne zu verletzen, und all dies wird als Lust, nicht als Last erlebt, darum auch freiwillig angestrebt und von selbst durch innere Kräfte gespeist. Kein Wunder, daß Lustigkeit als Merkmal besonders günstiger und belebender Erziehungsumwelten für Kinder gelten darf.

E 4. *Hilfsbereitschaft und Selbststeuerung*

Das Zusammenleben mit anderen, sei es in der Familie, in der Schule oder in sonstigen Institutionen, verlangt Rücksichtnahme auf Mitmenschen und dabei oft auch den *Verzicht auf die sofortige Befriedigung von Bedürfnissen oder Wünschen.* Je schwerer einem Menschen ein solcher Verzicht fällt, desto weniger ist er zum Zusammenleben mit anderen fähig, desto eher ist er verstimmt, wenn etwas nicht nach Wunsch verläuft, und desto leichter wird er ärgerlich und aggressiv gegen seine Mitmenschen, die ihn dann in der Folge womöglich bald auch ihrerseits ablehnen. Auf welche Weise kann ein Kind die innere Bereitschaft zum Rücksichtnehmen entwickeln und zur Selbststeuerung fähig werden, wozu das Zurückstellenkönnen eigener Bedürfnisse und Wünsche eine der Voraussetzungen ist?

Man kann Kindern die Hilfsbereitschaft am ehesten im Zusammenhang mit dem Ziel nahebringen, sich zunächst in andere Kinder, alte Menschen, aber auch in Tiere und Pflanzen und deren Bedürfnisse *hineinzudenken* und diesen daraufhin etwas Gutes zu tun, gegebenenfalls auch dafür Opfer zu bringen. Wenn ein Kind Wünsche äußert, deren Erfüllung die Ansprüche eines anderen Kindes oder der Eltern verletzen würde, kann man ihm klarzumachen versuchen, daß es in diesem Fall zurückstehen muß. Wollte ein Kleinkind beispielsweise einem Geschwister ein Spielzeug wegnehmen oder verlangte es nach der Mutter, während diese gerade noch beschäftigt ist, so kann das Kind *einsehen,* warum ihm zugemutet wird, auf sein Vorhaben zu verzichten oder auf seine Wunscherfüllung zu warten. Dies gelingt durchaus nicht immer, denn oft wird das Kind von seinen Gefühlen überwältigt. Darum brauchen die Eltern für diese wichtige Erziehungsaufgabe viel Geduld, Liebe und Konsequenz. Auf diese Weise gelingt es dem Kind, den Zeitabstand (»Spannungsbogen«) zwischen dem Auftauchen von Wünschen und deren Erfüllung zu verlängern.

Ein Verzichtenlernen zugunsten anderer Menschen oder im Einsatz für das Wohl von Tieren und Pflanzen gelingt den meisten Kindern – sei es von sich aus, z. B. in Nachahmung des elterlichen Vorbilds, sei es, wenn sie dazu angeleitet werden. Verzichten ist hier ein Mittel, um Gutes zu tun, und dies sehen Kinder gerne ein. Verzichten ist jedoch kein Selbstzweck. Wenn Erzieher dies trotzdem von Kindern fordern, so werden sie kein Verständnis bei ihnen finden und darum mit ihrem Bemühen scheitern.

Durch zwei einander entgegengesetzte Haltungen können es die Erwachsenen so gut wie *verhindern,* daß Kinder zum Aufschub eigener Wunscherfüllung oder zum Verzicht darauf fähig werden: wenn sie das Wünschen und Wollen der Kinder *zu stark unterdrücken* oder aber wenn sie das Gegenteil tun und *sämtliche Wünsche zu erfüllen suchen.* Im ersten Fall entstehen durch Entbehrung und Verzicht sowohl Hemmungen als auch ein chronischer Antriebsdruck, der womöglich überhaupt keinen Aufschub aus *eigenem* Willen mehr zuläßt; im zweiten Fall *verwöhnen* die Erwachsenen die Kinder und trainieren bei ihnen den Anspruch auf Wunscherfüllung, also gerade das Gegenteil der Fähigkeit zum Verzichten, damit aber – in anderen Worten – Anspruchshaltung und Egoismus.

Günstige Bedingungen dafür, daß Kinder die Fähigkeit zur Selbstbeherrschung entwickeln, sind dagegen folgende:
– Die Grundstimmung in der Familie ist bestimmt durch die Erfüllung der grundlegenden kindlichen Bedürfnisse (Hunger, Bewegungsdrang, Wißbegierde, Spielen), durch gegenseitiges liebevolles Bejahen und Geborgenheit, durch Einfühlung in andere Menschen, durch Hilfsbereitschaft und viel gemeinsames fröhliches Erleben.
– Die Kinder erleben immer wieder, daß sich auch die Eltern nicht alle aufkommenden Wünsche nach Genuß und Bequemlichkeit sofort erfüllen, sondern daß sie Beispiele für sinnvollen Aufschub der

Wunschbefriedigung und auch – wenn um höherer Ziele willen notwendig – für einen Verzicht geben, woran sich die Kinder durch Nachahmen oder Sich-Identifizieren halten können (erzieherische Vorbildfunktion).

Beginn der Erziehung zur Beherrschung der eigenen Bedürfnisse. Die Fähigkeit, eigene Antriebe zu steuern, ist beim *Säugling* noch nicht vorhanden und entsteht erst langsam. Der Säugling kann den Inhalt der Sprache noch nicht verstehen, höchstens auf den Tonfall reagieren; er kann noch keine gedanklichen Schlüsse ziehen. Ihn beispielsweise in Verlassenheitsangst schreien zu lassen (etwa um ihn nicht zu verwöhnen) führt daher zu keinerlei wünschenswertem Erziehungsergebnis, sondern höchstens zur Resignation. Erst langsam, nachdem das Sprachverständnis eingesetzt hat, kann *zuerst* ein kurzer Aufschub der Wunscherfüllung, später ein Aufschub von langsam wachsender zeitlicher Dauer und dann erst ein *Verzicht* etwa der Mutter zuliebe eingeübt werden.

Ungeeignet, um das Warten und Verzichten auf Wunscherfüllung einzuführen, ist die Forderung nach der Beherrschung *starker elementarer Antriebe,* so z. B. des Bewegungsdranges der Kleinkinder. Ein Kind von 5 Jahren kann z. B. nicht einsehen, warum es nach dem Essen lange Zeit untätig am Tisch der Erwachsenen still sitzen bleiben soll, ohne daß diese sich mit ihm unterhalten. Es macht daher diese Forderung bestimmt nicht zu seiner eigenen, sondern es fügt sich widerwillig der höheren Gewalt der Erwachsenen. Das ist aber nicht das Ziel der Erziehung.

Wenn im Leben eines Kindes die Wunscherfüllung insgesamt zu kurz kommt und das Verzichten überwiegt, kann das Gegenteil des Erhofften eintreten: nicht Willensstärke und ein Spannungsbogen zwischen Wunsch und Erfüllung, sondern unbeherrschbarer Antriebsstau und Verbitterung. Diese Gefahr besteht bei allzu strenger Erziehung zur Selbstlosigkeit oder auch – tragischerweise –, wenn Eltern sich sehr stark der Betreuung eines behinderten Geschwisterkindes widmen müssen und dahinter die Bedürfnisse des gesunden Kindes nach Bewegung, Spielgefährten, Zeit und Zuwendung zu weit zurückstellen.

Um einem Kind das Zurückstellen eines Wunsches nahezubringen und zu ermöglichen, macht man ihm gelegentlich eine *Zusage:* »Wenn ich vom Einkaufen zurückkomme, lese ich dir etwas vor« oder: »Du kannst jetzt ruhig zu Bett gehen; unser Besuch kommt nachher noch zu dir und sagt dir Gute Nacht.« Wenn derartige Versprechen immer strikt eingehalten werden, verhelfen sie dem Kind zum Vertrauen: Versprechen werden gehalten. Jedes *gebrochene* Versprechen wirkt dagegen wie ein Treubruch. Geschieht das häufig, so schwindet das Vertrauen in den Sinn der Aufgabe, augenblickliche Wunscherfüllung in die Zukunft verschieben zu lernen, und allgemein sogar in die Zuverlässigkeit der Erwachsenen. Wer Kinder achtet, verspricht ihnen daher nur, was er unbedingt einzuhalten gewillt und fähig ist, und hält sich stets auch selbst an das Gesetz: »Was man versprochen hat, muß man halten.«

Die wachsende Fähigkeit zur Selbstbeherrschung und damit zur planvollen, zukunftsorientierten Verhaltenssteuerung ist eine wichtige Voraussetzung zur späteren sinnvollen und zielstrebigen Lebensgestaltung. Das Kind, der junge Mensch, ist dann nicht mehr abhängig von der sofortigen Erfüllung aller aufkommenden Wünsche im materiellen und emotionalen Bereich. Dadurch erweitert sich sein Handlungsspielraum: Er gewinnt den »langen Atem« zum Erwerb von Fertigkeiten und zur Verwirklichung langfristiger Pläne; sein Spielraum zu freier Entscheidung erweitert sich; und er wird fähig, sich verstehend und helfend seinen Mitmenschen zuzuwenden.

Zusammenfassend kann man sagen: Das Kind in mitmenschliche Partnerschaft und in die Selbststeuerung seines Handelns einzuführen gelingt leichter, wenn man vier Warnungen beachtet und vier Appelle befolgt. Die vier *Warnungen* lauten:

– Verzichten nicht als Selbstzweck fordern, sondern im Dienste der Rücksichtnahme, der Hilfsbereitschaft oder sonstiger Werte.

– Keine längerdauernde Beherrschung von Bedürfnissen fordern, die für ein Kind von Natur aus nur kurze Zeit lang willentlich bezähmbar sind (z. B. Bewegungsdrang).

– Nicht zu früh mit der Erziehung zum Aufschieben der Erfüllung von Bedürfnissen und Wünschen anfangen (erst im 2. Lebensjahr) und sie *ganz allmählich* einsetzen lassen.

– Nie mehr Verzichte fordern als Bedürfnisse befriedigen.

Die *Appelle* lauten:

– Aufschub der Befriedigung von Wünschen vornehmlich um solcher Ziele willen verlangen, die auch das Kind anerkennt: anderen Kindern und den Eltern Schaden ersparen; den Mitmenschen, Tieren und Pflanzen Gutes tun.

– Als wichtigstes Ziel anstreben, daß das Kind das Rücksichtnehmen und Helfen *zur eigenen Sache macht* und dadurch einen mitmenschlichen Freiheitsspielraum gewinnt, der ihm sonst verschlossen bleibt.

– Selbst um höherer Ziele willen Mühen auf sich nehmen, also selbst Vorbild sein.

– Freiwilligen Verzicht für das Kind nicht enttäuschend sein lassen, z. B. Versprechungen, aufgrund deren ein Kind Verzicht leistete, sorgfältig einhalten.

F. Aggressivität im Kindes- und Jugendalter

Der folgende Abschnitt befaßt sich mit *Gegnerschaft* und *Aggression,* und zwar sowohl bei Kleinkindern als auch bei älteren Kindern und Jugendlichen. Auch der *Gehorsam* und die *Strafe* werden – obwohl nur zum Teil dem Thema der Aggression zuzuordnen – in diesem Abschnitt (unter F 3) behandelt.

F 1. *Arten der Aggressivität im Kindesalter*

Es gibt beim Kind mehrere verhaltensdynamische Bedingungen für Sozialverhalten *im Gegensatz* zum Partner. Davon werden im folgenden besprochen: spielerische Aggressivität, Aggression auf Frustration und Auskundschaften des sozialen Verhaltensspielraums. (Weitere Aggressionsarten werden im Abschnitt IV E 2, S. 348 ff., behandelt.)

Spielerische Aggressivität. Kämpferische Angriffe können echte *Anteile des Spielverhaltens* sein. So bewirft bereits das 2jährige Kind jubelnd die Mutter und den Vater mit Schnee, ohne dabei feindlich gestimmt zu sein; wenn dann die Angegriffenen Ansätze zur Flucht oder zum spielerischen Gegenangriff machen, kann sich das Kind vor Freude gar nicht lassen. Später sind Kampfspiele ein Teil der kindlichen Gruppenspiele. Man hat dabei den Eindruck, der Motor für das spielerische Angreifen sei der Drang zum Spielen selbst. Das würde mit der Vorstellung übereinstimmen, daß das Spielverhalten in seiner Ausführung dem Ernstverhalten gleichen kann, daß es seine *Impulse* aber nicht von dessen Bereitschaft, sondern von der Spielbereitschaft empfängt (siehe Abschnitt IV C 4, S. 337).

Aggressivität als Antwort auf verhinderte Bedürfnisbefriedigung (Versagung, Frustration). Es ist eine natürliche Reaktion von Erwachsenen wie von Kindern, die Nichterfüllung eines Bedürfnisses oder Wunsches durch Aggressivität bzw. Angriff gegen das Hindernis zu beantworten, um dieses aus dem Weg zu räumen und dadurch vielleicht doch noch zur Erfüllung des Wunsches zu kommen.

Ein nervöser Mensch wird ärgerlich, wenn der Ober das bestellte Essen zu spät bringt oder wenn sich etwas Gesuchtes nicht finden läßt – letzteres auch dann, wenn der Suchende genau weiß, daß für das Nicht-zur-Hand-Sein des gesuchten Gegenstandes nur er selbst verantwortlich sein kann. Auch ein Kind wird »gereizt«, wenn man ihm etwas Begehrtes vorenthält. Dabei sind manche Bedürfnisse der Kinder, beispielsweise zum Beobachten ungewöhnlicher Ereignisse, zum Erkunden, zum Untersuchen (d. h. auch Anfassen!) sowie zum Spielen, weitaus stärker und elementarer, als das für die meisten Erwachsenen einfühlbar ist. Viele Erwachsene merken gar nicht, wie sehr sie diese kindgemäßen Bedürfnisse im täglichen Leben einschränken. Häufige kindliche Aggressionen gegen diese Behinderung sind die natürliche Folge. Sie sind ein zur Natur des Kindes gehöriges Mittel, um – auch gegen Widerstände – die Sättigung elementarer Bedürfnisse durchzusetzen und um den Freiraum für sein Selbständigwerden zu erobern und zu verteidigen. Dabei kommen als Widerpart sowohl die Eltern und andere Erwachsene als auch die Geschwister und Spielkameraden in Frage.

Die Aggressivität kann manchmal für ein Kind auch die Bedeutung haben, sich von den Eltern *abzugrenzen* und zu zeigen, daß es eigenständig ist und eigene Ziele verfolgt. Dies müssen die Eltern achten. Ein Kind soll, wenn es sich im Recht *fühlt,* auch gegen seine Eltern argumentieren dürfen und, wenn es im Recht ist, auch seitens der Eltern recht *bekommen.*

Aggressivität als Mittel zum Auskundschaften des Verhaltensspielraums. Die Reaktion von Kindern auf die Nichterfüllung ihrer Bedürfnisse ist jedoch nicht die einzige Quelle für ihre nichtspielerische Aggressivität gegen andere Kinder und gegen die Erwachsenen. Denn auch bei Erfüllung aller ihrer Bedürfnisse büßen Kinder ihre Aggressivität nicht völlig ein; ja, je mehr man Kindern alles gewährt und alles erlaubt, was sie wollen, desto unleidlicher werden sie manchmal. Vielfach haben die Erwachsenen das Empfinden, die Kinder würden dann »ausprobieren, wie weit sie gehen können«, und damit das Einschreiten der Erwachsenen geradezu provozieren. Das anscheinend motivlose Neinsagen und Bockigsein der Kinder ist so kennzeichnend, daß man von einem »Trotzalter« spricht. Intelligente Kinder, die sich schon selbst beobachten können, fragen dabei manchmal ausdrücklich: »Woher kommt der Bock in mir eigentlich?« Sie merken, daß ihr Handeln durch innere Impulse mitbestimmt wird, die ihrer bewußten Einschätzung der Umstände nicht entsprechen.

Es gibt also bei Kindern eine Art der Aggressivität gegen andere Kinder und gegen Erwachsene, die nicht aus der Behinderung von Wunscherfüllung erklärbar ist. In der Sicht der Verhaltensbiologie ist das nicht überraschend; es wäre eher erstaunlich, wenn es eine solche Form der Aggressivität beim Kind *nicht* gäbe. Theoretisch wäre sie zu deuten als das Auskundschaften der Wesensart und der Reaktionsweisen der anderen Kinder und der Erwachsenen, um die Grenzen des eigenen sozialen Verhaltensspielraums kennenzulernen (»*aggressive soziale Exploration*«) und womöglich zu erweitern. Zugleich handelt es sich um ein Angreifen mit dem Ziel, eine höhere Rangstufe im Sozialverband der Spielgemeinschaft oder der Familie zu erringen, um in Zukunft mehr zu sagen zu haben.

Ein Beispiel, bei dem vielleicht der Beginn der aggressiven sozialen Exploration gegen einen Erwachsenen erfaßt wurde, gibt folgender Bericht von einem kleinen Jungen zu Beginn des »Trotzalters«:

Ein Sohn, bisher »brav und gehorsam« und als ein Prachtexemplar der Erziehung geltend, tritt eines Morgens, völlig überraschend, in den Türrahmen des Zimmers, stemmt beide Arme in die Hüften und erklärt seinem Vater: »So, Vati, jetzt hau ich dir eine runter.« Damit aber nicht genug, er riskierte sogar einen Ringkampf mit dem Vater!

Ein Kind ist von Anfang an Mitglied eines Sozialverbandes. Um die sozialen Verhaltensweisen der anderen Mitglieder und deren Stellung in der Rangordnung und um die Verhaltensregeln und Traditionen der Gruppe kennenzulernen, befolgt es unbewußt eine hierfür allgemeingültige Strategie: Das einzelne Individuum tritt beim Hineinwachsen ins soziale Leben von sich aus an jedes andere Gruppenmitglied auf möglichst verschiedene Weise aktiv heran, um dessen Reaktionen hervorzulocken; dies geschieht sowohl kontaktsuchend als auch aggressiv. Auf diese Weise lassen sich die Wesensart der Gruppengenossen und die Verhaltensnormen der Gruppe erkunden. Das kontaktsuchende und das angreifende soziale Auskundschaften muß sich beim Kind in jeder Altersstufe immer erneut wiederholen, da es körperlich und geistig immer neue Fähigkeiten erwirbt und sich daher sozial immer neu zu orientieren hat.

Die amerikanischen Psychologen der Schule der Lerntheorie (Behaviorismus) haben lange Zeit mit einer solchen Art von Aggressivität nicht gerechnet; konsequenterweise mußten sie daher alle nicht-spielerische kindliche Aggressivität als Antwort auf die Versagung von Triebwünschen betrachten (Frustrations-Aggressions-Theorie); und sie mußten folgern, daß das Erfüllen aller dieser Wünsche, also eine alles gewährende Erziehung, die Aggressivität der Kinder und Jugendlichen weitgehend zum Verschwinden bringen müßte. Diese Theorie hatte und hat noch heute eine starke Auswirkung auf die Erziehungspraxis. Das Ergebnis entsprach und entspricht aber den Erwartungen keineswegs. »Non frustrated children« (= nicht frustrierte Kinder) werden durchaus nicht immer friedlich, ausgeglichen und glücklich, sondern oft aggressiv, unausgeglichen und unzufrieden. Sie werden mitunter zu Gegnern ihrer Mitmenschen, von denen sie, ansprüchlerisch, immer noch mehr verlangen, obwohl es ihnen »eigentlich so gut geht wie niemandem je zuvor«. Besonders rätselhaft mußte es in der Sicht der Frustrations-Aggressions-Hypothese erscheinen, daß die Erfüllung von Wünschen und das Fallenlassen von Beschränkungen, gegen die sich die Angriffe der Kinder und Jugendlichen gerichtet hatten, deren Aggressivität nicht beschwichtigte, sondern vielfach erst recht anstachelte.

Dieser Widerspruch klärt sich, wenn man folgendes bedenkt: Sind alle individuellen Bedürfnisse befriedigt, so sind zwar die Gründe für *Frustration* beseitigt; das beeinflußt aber nicht den Drang zur *aggressiven sozialen Exploration* und zur Verbesserung der Stellung in der Rangordnung. Das gilt nicht nur für kleine, sondern auch für ältere Kinder und Jugendliche. Das aggressive Auskundschaften der Wesensart des Partners und der Regeln des Zusammenlebens hat notwendigerweise ein Ziel eigener Art: Es besteht darin, *daß der Partner auch wirklich reagiert.* Darum kann und darf dem Drang zur sozialen Exploration keine eigene *innere* Begrenzung innewohnen. Das einzige sinnvolle Ziel ist die klärende Antwort des Partners. Sie kann und muß dem Herausforderer eine eindeutige Grenze setzen. Kinder und Jugendliche sind oft überfordert, wenn man von ihnen erwartet oder verlangt, sich selbst verbindliche Grenzen zu setzen.

Hat man sich dies klargemacht, so versteht man auch folgenden, sonst rätselhaften Tatbestand: Wenn Erwachsene gegen aggressive Herausforderungen von Kindern einschreiten und sich durchsetzen und wenn sie dabei gerecht sind und weder das Kind erniedrigen noch elementare Bedürfnisse oder sachlich berechtigte Wünsche unterdrücken, so wird ein solches »reinigendes Gewitter« von den

Kindern vielfach durchaus als gerecht und klärend empfunden und zieht keineswegs neuen Streit, sondern oft sogar besondere Kontaktbereitschaft nach sich. Wäre dagegen jede kindliche Aggressivität eine Verteidigung gegen Frustration, dann könnten Niederlagen gegen die Erwachsenen kaum je eine emotionale Entspannung hervorrufen, sondern würden eher Erbitterung nach sich ziehen. Die Kenntnis der aggressiven sozialen Exploration ist daher für das Verständnis der kindlichen Aggressivität entscheidend wichtig.

Obwohl die meisten Menschen aus eigener Erfahrung und aus der Beobachtung von Kindern das Erlebnis des »reinigenden Gewitters« durchaus kennen, soll hier – wegen der Wichtigkeit dieser Zusammenhänge – ein weiteres anschauliches Beispiel folgen. Es zeigt zunächst ein ernstes – nicht spielerisches – Trotzen eines Kindes und danach die befreiende Wirkung, die ein machtvolles »bis hierher und nicht weiter« seitens des Erwachsenen zeitigte. Dabei soll in diesem Beispiel nicht das Verhalten des beteiligten Erwachsenen zur Debatte stehen, sondern allein die Reaktion des Kindes, die darauf folgte:

Eine Großmutter hatte ihrem auf Besuch befindlichen 4jährigen Enkeljungen ein Versprechen abgenommen: »Sieh mir in die Augen und versprich mir, nicht allein ans Seeufer zu gehen.« Wenig später sah sie ihn, aus dem Küchenfenster schauend, an eben diesem Ort – noch dazu mit der 2jährigen Inge an der Hand. Die Großmutter eilte zu den beiden: »Du hast mir doch versprochen, nicht ans Seeufer zu gehen?!« »Inge hat gesagt, ich soll sie hierher bringen«, war die Antwort. »Du kannst dich nicht auf das kleine Mädchen herausreden. Du bist der ältere, und sie hat mir nichts versprochen«, entgegnete die Großmutter, nahm die beiden – jeden an eine Hand – und ging mit ihnen zum Haus zurück. Als sie nach einigen Schritten zu ihrem Enkel hinunterschaute, waren dessen Augenbrauen und Lippen so weit nach vorn gestülpt, »daß Augen und Nase kaum noch zu sehen waren«; und der Junge stieß hervor: »Jetzt habe ich aber schon eine wahnsinnige Wut!« »Du hast eine Wut? Ich habe eine viel größere«, antwortete die Großmutter und drückte die Hand des Jungen einen Augenblick lang ganz fest zusammen, indem sie sagte: »... und außerdem bin ich viel stärker als du!« Unsicher, was dieser aus dem Augenblick geborene Kraftakt zur Folge haben könnte, sah die Großmutter dem Jungen ins Gesicht und beobachtete staunend: Augenblicklich entspannten und erhellten sich seine Mienen. Der Junge fragte höflich: »Hast du etwas dagegen, Großmama, daß ich den

Hund mitnehme?«, und es folgte ein gemeinsamer Spaziergang von ungetrübter Fröhlichkeit.

F 2. *Reagieren auf kindliche Aggressivität*

Die rein *spielerische Aggressivität* verlangt nach dem *Mitspielen* der erwachsenen Partner, und zwar so, daß das jeweilige kämpferische Spiel oder Wettspiel *sich fortsetzen kann*. Der erwachsene Partner darf also seine überlegenen Fähigkeiten nicht dazu einsetzen, jeden spielerischen Kampf durch sofortigen Sieg zu beenden: Er muß die Rolle des *Wettkampfpartners* zu spielen versuchen.

Die *Aggressivität gegen Hemmnisse der Wunscherfüllung* hat, vom Kind aus gesehen, das Ziel, die Befriedigung seiner Bedürfnisse zu erlangen. Die Erwachsenen können hierauf durch Gewähren oder Versagen antworten: Grundbedürfnisse (nach Essen, Bewegung, Spielen, selbständigem Planen und Handeln usw.) dürfen gewöhnlich befriedigt werden; was Menschen, Tiere, Pflanzen oder Eigentum anderer schädigt, sollte aber nicht erlaubt werden.

Eltern, die ihre Kinder ernst nehmen, sprechen vorwiegend nur solche Verbote aus, die sie nach diesen Gesichtspunkten durchdacht haben, dann aber auch im Fall von Tränen aufrechtzuerhalten gewillt sind und durchzuhalten vermögen. Denn wenn sie sich eher durch Tränen als durch Vernunftgründe beeindrucken lassen, belohnen und fördern sie damit eine Verhaltensweise des Kindes, die sich für beide Partner sehr ungünstig auswirken kann: Für das Kind verknüpft sich dann das *Weinen* mit dem *erfolgreichen Erzwingen der Wunscherfüllung*. Auf diese Weise legen die Erwachsenen die Grundlage dafür, sich vom Kind durch »gezieltes« Weinen tyrannisieren zu lassen. Inkonsequenz in der Erziehung kommt zwar bei Überbelastung der Eltern gelegentlich vor, darf jedoch keinesfalls die Regel bilden.

Die Aggressivität um des *Auskundschaftens des Handlungsspielraums* willen ist von Natur aus darauf ausgerichtet, daß die Kinder ihre sozialen Erfahrungen mit den Mitmenschen machen und ihre eigenen Ansprüche ins Gleichgewicht mit den Lebensbedürfnissen der anderen bringen. Hier tragen die Erwachsenen dem (biologischen) Sinn des Verhaltens Rechnung, wenn sie das Kind als ernsten, Orientierung suchenden Partner behandeln und ihm, wo es begründet und gerecht ist, nachgeben, wo es aber notwendig ist, auch mit Festigkeit Halt gebieten. Wenn sie dies dann den Kindern auch möglichst verständlich begründen, brauchen sie nicht zu befürchten, die Kinder zu »frustrieren«. Man darf nur nicht nachtragend sein und muß gleich nach dem Austrag des Gegensatzes wieder die gute Beziehung zum Kind aufnehmen. Dann bleibt die Auseinandersetzung mit dem Kind die Ausnahme und das selbstverständliche Einvernehmen die Regel.

F 3. *Gehorsam*

Nicht immer können die Erwachsenen bei den Kindern mit Bitten und Erklärungen auskommen. Dann und wann müssen sie den elterlichen Willen gegen den der Kinder *durchsetzen:* Dies ist bisweilen unbedingt notwendig zum eigenen Schutz der Kinder und um zu vermeiden, daß die Kinder Interessen und Rechte von Mitmenschen verletzen. Beispielsweise kann ein kleines Kind nicht verstehen, warum eine Durchgangsstraße so gefährlich sein soll; es muß aber um seiner eigenen Sicherheit willen daran gehindert werden, die Fahrbahn zu betreten, und das ist oft allein durch Maßnahmen möglich, die man bei Tieren als *Dressur* bezeichnen würde. Ein Kind darf auch nicht die Mittagsruhe und die Nachtruhe von Alten und Kranken stören. Es muß lernen, daß man – vor allem beim Besuch in einer fremden Wohnung – ungefragt keine Gegenstände anfassen darf, geschweige denn Schubladen aufziehen oder Schränke öffnen. Schließlich sollte es kein Gemeinschaftseigentum beschädigen, also etwa Hausflurwände mit Farbe beschmieren. Darin steckt zwar an sich nichts Verwerfliches; aber es verletzt die Interessen der Mitmenschen, die zu unnötiger Arbeit gezwungen würden. Schließlich ist der Gehorsam kleiner Kinder die beinahe unumgängliche Voraussetzung dafür, daß die Eltern mit ihnen z. B. auf Reisen gehen oder einen Besuch bei Nachbarn machen können; denn dort treten immer wieder unvorhersehbare Situationen ein, in denen die Kinder den Eltern gehorchen müssen, um nicht sich selbst oder andere zu gefährden oder zu schädigen. Notwendige, begründete Verbote, die so feststehend wie möglich sein sollten, schädigen das Kind auch nicht in seiner Entfaltung, sondern erleichtern ihm die Orientierung. Der Bereich des Erlaubten muß nur weit genug sein; dann gewinnt das Kind, indem es lernt, was es darf und was nicht, die notwendige Sicherheit und Orientierung in seiner kleinen Welt.

Beweggründe für Gehorsam. Ein Kind kann gegenüber Erwachsenen aus verschiedenen Gründen gehorsam sein:

– aus Liebe und Anhänglichkeit (um den betreffenden Erwachsenen nicht zu betrüben);

– in Anerkennung elterlicher Verhaltensnormen aufgrund der bisherigen Erfahrungen;

– aus Einsicht in den vor Augen liegenden Sachverhalt;

– aus Gewohnheit;

– aus Angst vor den Folgen des Ungehorsams.

Erwachsene können durch ihr Verhalten verschiedene Formen des Gehorsams bei den Kindern zu erwecken versuchen. Bei den erstgenannten Motiven des kindlichen Gehorsams sind Erwachsene und Kinder in der Situation des Gehorchens miteinander im Einklang, bei dem letzten stehen sie im Gegensatz zueinander.

Freiwilliges Gehorchen. Dieses ist in vielen Familien das Alltägliche: Die Eltern tragen im allgemeinen freundlich ihre Bitten und Wünsche vor, und die Kinder erfüllen sie meistens ohne inneren Widerstand. Dieser Zustand wird begünstigt, wenn die Eltern nicht viele, aber vorwiegend sinnvolle, erfüllbare und für das Kind einsichtige Forderungen stellen. Dem Kind bedeuten dann die Gehorsamsforderungen nichts Außergewöhnliches; es ist an sie gewöhnt und macht die Erfahrung, daß Gehorsam ihm selbst und den anderen gewöhnlich zum Guten gereicht. Aufgrund solcher Erfahrungen gehorchen dann Kinder oft auch in solchen Fällen, in denen sie den Sinn der Forderung der Eltern einmal *nicht* begreifen; grundsätzliches Vertrauen zu den Eltern erweist sich auch in Ausnahmefällen als tragfähig. Im Fall eines liebevollen Verhältnisses zwischen Kindern und Eltern wollen nicht nur die Eltern den Kindern Gutes tun, sondern es ist auch von vornherein ein Handlungsmotiv der Kinder, sich so zu verhalten, daß sich die Eltern freuen, und sie wollen vermeiden, gegen den Wunsch der Eltern zu handeln. Die Eltern stützen diese Vertrauensbasis, wenn sie Gehorsamsforderungen sofort oder nachträglich, soweit möglich, zu begründen versuchen und wenn sie das Gehorchen auch bisweilen loben und nicht nur als Selbstverständlichkeit ansehen.

Wirkung von Strafen und Strafandrohungen. In den vorangegangenen Abschnitten war mehrmals davon die Rede, daß sich die Erwachsenen unter Umständen gegen den Willen eines Kindes durchsetzen müssen: Dies ist unvermeidlich, wenn das Kind einen Machtkampf von sich aus provoziert oder wenn es zu seinem eigenen Schutz, oder um die Verletzung von berechtigten Ansprüchen anderer zu vermeiden, bestimmte Dinge nicht tun darf, dies aber noch nicht verstehen kann und sich widersetzt. Hier hat der Erwachsene verschiedene Möglichkeiten; um zwischen ihnen entscheiden zu können, muß er deren Wirkung und deren Folgen kennen und in Betracht ziehen. – Das Folgende ist keine vollständige »Psychologie des Strafens«; nur einige ausgewählte Gesichtspunkte sollen zu Wort kommen.

1. Sofortige Strafe. Eine Grundlehre der Menschenkenntnis, angewandt auf Kinder, lautet: Schlechte Erfahrungen und Strafen wirken durch ihr Sofort und nicht durch ihre Härte. Zieht eine Missetat eine Strafe nach sich, so verknüpfen sich beide für das Erleben des Kindes nur dann miteinander, wenn die Strafe *sofort* auf die Tat folgt. Eine sofortige Strafe kann ruhig milde sein und nur aus einem ärgerlichen Wort bestehen; sie ist trotzdem wirksamer als die anderen Formen der Strafe. Wenn ein Kind sofort nach einer schnellen kurzen Strafe noch einmal das tut, was verboten wurde, so ist das meist *kein* Zeichen dafür, daß das Kind die Reaktion der Eltern nicht verstanden hätte; dieses Wiederholen ist vielmehr aus der stark emotionalen Situation, die das Strafen für das Kind darstellt, zu verstehen. Daher hat es *keinen* Sinn, daß nach einem solchen Nacheffekt noch einmal gestraft wird. – Ein weiterer Vorteil der sofortigen Strafe ist der, daß dann die Atmosphäre nicht für längere Zeit gespannt ist oder gar vergiftet wird. *Nach* der sofortigen Strafe kann das gute Verhältnis zum Kind seitens der Eltern gleich wiederhergestellt werden. Dann ist die Verknüpfung zwischen Verfehlung und Strafe für das Erleben des Kindes noch eindeutiger.

2. Nachträgliche Strafe. Nachträgliche Strafen sind meist wirkungslos. Nach den Gesetzen des Lernverhaltens verknüpft sich *erlebnismäßig* nur dasjenige *mit*einander, was *zeitlich unmittelbar aufeinander* folgt. Auch größere und größte Härte von Strafen ändert nichts daran. Nachträgliche Strafen sind für Kinder entweder unabwendbares Mißgeschick, das man eben ertragen muß, oder sie haben den Charakter der *Vergeltung.*

Eltern oder andere Erzieher, die sich von nachträglichen Strafen – womöglich vom abends heimkehrenden Vater ausgeführt – wünschbare Wirkungen versprechen, folgen einer Illusion. Was sie ernten, ist meist nur *allgemeine* Verhärtung und Verbitterung oder *allgemeine* Verängstigung. Wenn Strafen unvermeidbar scheinen und die gewünschte Wirkung haben sollen, müssen sie sofort erfolgen, nicht nachträglich. Das gilt um so mehr, je jünger die Kinder sind. Strafwürdige Taten, auf die keine sofortige Strafe erfolgen konnte, sind am besten nur damit zu beantworten, daß, *wie auch sonst,* etwaiger

Schaden wiedergutgemacht werden muß. Anschließend empfiehlt es sich, daß man die Angelegenheit mit dem Kind bespricht, dann die Sache zu den Akten legt und möglichst die Verhältnisse so ändert, daß sie eine Wiederholung ausschließen oder, falls sie doch erfolgt, dann *sofortige* Reaktion möglich ist.

3. *Körperliche Strafen*. Sie verfehlen die Wirkung, die sich Erwachsene manchmal von ihnen versprechen, völlig. Die *Ohrfeige* wird vom Kind nicht nur als körperlicher Schmerz, sondern auch als gewollte Erniedrigung und Entehrung erlebt. Dies wird als besonders ungerecht empfunden, sofern sich das Kind selbst keiner niedrigen Beweggründe bewußt war. Die »Ohrfeige zur rechten Zeit« wirkt allerhöchstens als *Ausnahmestrafe* für eine unehrenhafte Handlung, die das Kind bedacht oder unbedacht getan hatte. Ist ein Kind an körperliche Strafen gewöhnt, so ist es verhärtet dagegen und empfindet sie lediglich als Ausdruck der Feindseligkeit des körperlich überlegenen Erwachsenen. Körperstrafen führen höchstens zum willenlosen Gehorsam aus Angst.

Als körperliche Strafe ohne unerwünschte Nebenwirkungen kann allerhöchstens die *sofortige* Reaktion mit einem kaum schmerzhaften Klaps gelten, auf den gleich wieder »gutes Wetter« folgt. Zwar ist die tätliche Auseinandersetzung *zwischen* den Kindern gang und gäbe; es ist aber etwas anderes, wenn der körperlich hochüberlegene Erwachsene dieses Mittel anwendet. An sich wirkt der Klaps auch gar nicht durch den Schmerz, den er bereitet, sondern durch seinen Überraschungseffekt und als Ausdruck des Unwillens des Erwachsenen; diesen zum Ausdruck zu bringen, sollte aber in den meisten Fällen auch auf andere Weise möglich sein, etwa durch ein ärgerliches Wort.

4. *Sonstige Strafarten und Strafandrohungen*. Die meisten Strafarten haben den Nachteil, daß sie zeitlich nicht schnell genug auf die kindliche Verfehlung folgen können; und ihre etwaigen Nebenwirkungen sind – vor allem bei sensiblen Kindern – schwer abzuschätzen. Das gilt besonders für angstauslösende Strafen (z. B. Einsperren in dunkle Räume oder in den Keller), ferner für Strafarbeiten, für das Ins-Bett-Gehen als Strafe und für den bewußten Liebesentzug (z. B. Nicht-Sprechen mit dem Kind). Falls das in den Keller gesperrte Kind *wirklich* Angst hat, ist es völlig in deren Bann; ob es die Angst dann mit dem verknüpft, wofür die Strafe gemeint war, ist fraglich. – Bei Strafarbeiten und beim strafweisen Ins-Bett-Gehen muß sich der Erzieher klarmachen, daß das Kind ja an sich *gern* arbeiten und *gern*

zu Bett gehen soll; und er muß sich fragen, ob er nicht eigentlich Verknüpfungen fördert, die er gar nicht wünschen kann, wie »Arbeit ist eine Strafe«, »Ins-Bett-Gehen-Müssen ist etwas Unangenehmes«. – Absichtlicher Liebesentzug schließlich ist als Druckmittel überaus zweischneidig; die *Erhaltung* der guten Beziehung auch in der Strafsituation ist ja der unersetzliche Garant des Erziehungserfolges und darf nie ernstlich durch anhaltende Gleichgültigkeit oder Feindseligkeit ersetzt werden. – *Strafandrohungen* schließlich sind nur wirksam als ganz selten gebrauchtes Erziehungsmittel; wo sie häufiger oder sogar fortwährend angewendet werden, gewöhnen sich die Kinder schnell an deren Unglaubwürdigkeit.

5. *Den Willen brechen.* Das Schlimmste, was in der Erziehung geschehen kann, ist ein so gespanntes Verhältnis, daß der Erwachsene durch harte Strafen den Gehorsam erzwingen und den Willen des Kindes brechen will. Dies kann vorkommen, wenn Erwachsene aus Prinzip eine Gehorsamserziehung für richtig halten (z. B. weil sie selbst eine solche Erziehung durchgemacht haben) oder wenn sie mit allen anderen Methoden gescheitert sind und keinen anderen Ausweg mehr sehen. Was hier entsteht, ist allenfalls ein Gehorsam aus Angst und Einschüchterung. Die häufigen Konsequenzen davon sind Aggressionshemmungen (Abschnitt III C 1 und C 5, S. 189, 198), überhöhte Aggressivität, Zerstörungsdrang, Leistungsversagen, Übergefügigkeit, psychosomatische Erkrankungen. Ist eine solche Situation eingetreten, so sollte unbedingt der Rat des *Fachmannes (Erziehungsberatung)* eingeholt werden.

Unnötige Gehorsamserziehung. Das Gehorchen wird zum Problem und mißlingt, wo an das Kind Forderungen gestellt werden, die es beim besten Willen nicht erfüllen kann. Es ist schlimm für ein Kind, wenn ihm dann böser Wille unterstellt wird und es Bestrafung fürchten muß. Für Eltern und für Kinder ist es leichter, wenn solche Situationen vermieden werden. Zwei Bereiche, in denen eine Erziehung mit Drohungen und Strafen kaum je positive Erfolge hat und nur zu Belastungen für Kinder und Erwachsene führt, sind Zwang beim Essen und bei der Sauberkeitserziehung. Auf diesen Gebieten ist das Verhalten besonders stark von *körperlich* bedingten Bereitschaften abhängig. Durch Angst ist es leicht störbar. Daher machen in diesen Bereichen Strafen und Drohungen das Kind nur unfähiger zum gewünschten Verhalten. Hier ist es am besten, nur »im Guten« zu erziehen, niemals zu drohen oder zu strafen. Dann bewähren sich Geduld und Großzügigkeit sowie das Vertrauen, daß Hunger und

Durst, Vorlieben und *heftige* Abneigungen gegenüber bestimmten Speisen sowie Harn- und Stuhldrang dem Kind selbst am sichersten anzeigen, was sein Körper braucht. Gehorsamskonflikte mit Kindern im Bereich von Essen und Sauberkeitserziehung kann man getrost als überflüssig ansehen. Sie belasten das häufig ohnehin zu stark beanspruchte Konto der Eltern-Kind-Beziehungen zum Schaden für beide Seiten.

Voraussetzungen für sinnvolles Strafen. Für das Bestrafen von Verbrechen Erwachsener gibt es viele Motive (siehe Abschnitt VIII D 6, S. 612), für Strafen bei Kindern nur eines: Sie sollen in Zukunft das bestrafte Verhalten unterlassen. Dieses Bemühen setzt unbedingt voraus, daß die bestrafenden Erwachsenen dabei in zweifacher Hinsicht *gerecht* sind: Sie durfen sich keiner doppelten Moral schuldig machen, indem sie vor den Augen des Kindes oder heimlich dasjenige selbst tun, was sie an den Kindern bestrafen; und sie müssen sich bei den Kindern entschuldigen und es wiedergutmachen, wenn ihnen selbst einmal ein Fehler passiert, beispielsweise ein unberechtigter Vorwurf. Anderenfalls kann das Strafen von der Seite des Kindes aus mit Recht als nichts anderes denn als Machtausübung angesehen werden.

Aggressive Grundstimmung zwischen Kindern und Eltern. Auch wo das freiwillige Gehorchen (S. 109) die Regel ist, können Kinder jeden Lebensalters vorübergehend erneut ausprobieren, wie weit der eigene Wille durchsetzbar ist (»aggressive soziale Exploration«). Das gehört zur kindlichen Entwicklung. Nach den notwendigen Erfahrungen, was zu erreichen ist und was nicht, folgt meist wieder eine Periode der Ruhe. Wenn ein Kind jedoch lange Zeit *vorwiegend* den Wünschen der Eltern widerstrebt, so daß es täglich mehrmals zu Auseinandersetzungen kommt, dann deutet das in der Regel darauf hin, daß das Kind in irgendeiner Hinsicht nicht zu seinem Recht kommt oder ihm Unrecht geschieht. Dann sollten sich die Eltern Gedanken darüber machen, woran das liegen könnte:

– Wird dem Kind die Befriedigung eines Grundbedürfnisses versagt?

– Leben die Eltern in gegenseitiger Spannung, die sich als innere Unruhe auf das Kind überträgt?

– Fordern sie von dem Kind, was sie selbst nicht tun?

– Stellen sie dem Kind zu viele oder zu schwierige Gehorsamsforderungen?

– Sucht das Kind vielleicht durch seine Ungezogenheit nur die Aufmerksamkeit der Eltern, weil es sonst zu wenig Zuwendung erhält?

– Hat das Kind zu wenig Gelegenheit, den Eltern seine eigenen Wünsche zu erklären und berechtigte Wünsche durchzusetzen?

– Sind die Eltern bereit, Argumente des Kindes anzuhören und, soweit sachlich vertretbar, seinen Absichten zu entsprechen?

– Empfängt das Kind, wenn es *freundlich bittet,* weniger Wunscherfüllung, als wenn es *aggressiv fordert*? Haben also die Erwachsenen ungewollt selbst das Aggressivsein des Kindes gezüchtet, indem sie ihm allein unter Druck etwas gewährten?

Aus solchen Überlegungen können Eltern Anregungen gewinnen, um versuchsweise ihr Verhalten abzuändern und dann zu beobachten, ob das Kind ruhiger wird. Dabei ist Geduld vonnöten; denn eingefahrene Verhaltensmuster ändern sich bei Kindern ebenso wie bei Eltern nur nach und nach.

Die Eltern sollten sich die aufgeführten Fragen wirklich stellen, wenn ihnen das Verhalten eines ihrer Kinder Sorgen macht; denn schwieriges Verhalten eines Kindes ist oft ein Notsignal. Es kann aber auch das Zeichen einer besonderen Entwicklungsstufe sein: Das Kind möchte sich als Eigenpersönlichkeit von den Erwachsenen abgrenzen, es möchte demonstrieren: Hier bin ich, und dies sind meine Wünsche, dies ist mein Wollen. In diesem Fall gilt besonders: Eltern sollten nur auf *gerechtfertigten* Forderungen bestehen, sinnvolle Beiträge des Kindes sollten berücksichtigt werden, aber notwendige Grenzen sollten konsequent eingehalten werden.

F 4. *Eltern-Streit vor den Kindern austragen?*

Eltern und Erzieher sollten niemals vor den Ohren der Kinder miteinander streiten – nicht um den Kindern einen Aspekt der Wirklichkeit zu verheimlichen, sondern um sie nicht mit Situationen zu konfrontieren, für deren Verarbeitung ihnen die Grundlagen fehlen. Ebensowenig dürfen sich die Eltern bei den Kindern gegenseitig herabsetzen oder lächerlich machen. Jedes Kind liebt und braucht *beide* Eltern, einen als Leitbild für sich selbst und den anderen als Beispiel für die Vorstellung, die es sich im Laufe der Zeit vom anderen Geschlecht bildet. Streit zwischen den Eltern und gegenseitige Mißachtung stürzen das Kind in innere Konflikte und in eine Orientierungslosigkeit, die einer seelischen Verletzung gleichkommen kann.

Meistens können die Kinder die Argumente, die im Streit ausgetauscht werden, gar nicht werten, ja nicht einmal verstehen. Aber sie entnehmen dem Tonfall und den Reaktionen, daß einer den anderen

– von seinen Emotionen hingerissen – verletzt, herabsetzt oder beschimpft.

Die Situation selbst aber ist für Kinder verstörend und quälend: Was die Eltern einander antun, würde sie selbst zutiefst ängstigen. Die Kinder können weder Partei ergreifen noch helfen, sie fühlen sich ohnmächtig. Dies ist für sie um so unheimlicher, als ja beide Eltern ihr Hort der Sicherheit sind. Was Streit zwischen den Eltern für ein Kind bedeutet, kann man sich vielleicht mit einem Gleichnis nahebringen: Es ist, wie wenn man hilflos vor dem eigenen Haus steht, in dem Feuer ausgebrochen ist und wütet. Streit zwischen den Eltern kann beim Kind Bettnässen in der folgenden Nacht auslösen (Abschnitt III B 9, S. 186).

Auch wird eine *Konfliktlösung* im Streit kaum jemals gefunden – höchstens viel später, nachdem Wut, Zorn und Enttäuschung abgeklungen sind, wobei aber das Kind in der Regel gar nicht mehr dabei ist. Daher können Kinder aus der Beobachtung streitender Eltern auch kaum je etwas über das Konfliktlösen lernen; im Gegenteil, Kinder lernen durch Nachahmen und nehmen hier höchstens Verhaltens- und Sprechweisen auf, die ihnen selbst, wenn sie sie anderen Kindern oder Erwachsenen gegenüber anwenden, nichts als Ablehnung eintragen, weil sie weder helfend noch kooperativ sind.

Alle beschriebenen Nachteile für Kinder wiegen als Risiken und Gefahren so schwer, daß etwaige Vorteile, die man für denkbar halten könnte – z. B. den Kindern einen wichtigen Aspekt der Wirklichkeit nicht vorzuenthalten –, dagegen nicht ins Gewicht fallen. Darum leisten Eltern ihren Kindern einen schlechten Dienst, ja sie setzen sie Ängsten und seelischer Qual aus, wenn sie sich vor ihren Ohren und Augen aggressiv und verletzend streiten. Wenn sie ihren Kindern *grundsätzlich* nichts verheimlichen wollen, können sie ihnen *nach der Beendigung ihres Konfliktes* darüber berichten, welche Ansichten gegeneinanderstanden und wie sie zur Einigkeit zurückgefunden haben.

G. Sexualentwicklung und Liebesfähigkeit

G 1. *Verhaltensbiologische Grundlagen*

Die *Pubertät* ist die Lebensphase der biologischen Reifung der Geschlechtsfunktionen. Doch bereits Jahre zuvor spielt sich in der Sexualentwicklung eine *frühzeitige Teilreifung* ab: Schon in den ersten Lebensmonaten kann der männliche Säugling Erektionen zeigen, und bereits beim kleinen Kind sprechen bestimmte erogene Zonen des Körpers auf Berührungsreize an. Auf der schematischen Darstellung der kindlichen Verhaltensentwicklung auf Seite 27 deutet die unterste der fünf Kurven dementsprechend bereits für die frühe Kindheit einen gewissen, wenn auch nur ganz geringen Grad der Sexualentwicklung an.

Unspezifisch ausgelöste sexuelle Erregung. Reize oder Situationen, die bei Kindern aller Altersstufen sexuelle Erregungen hervorrufen, sind häufig nicht-sexueller Natur. Allgemeine Aufregung und Angst können bei Jungen eine Erektion auslösen. Auch das Sich-Erinnern an eine Phimose-Operation – wiewohl höchst unlustbetont – kann zum selben Ergebnis führen. – Sexuelle Verhaltensanteile können auch im *Übersprung* auftreten. Ein Beispiel, das völlig in den Bereich des Normalen fällt, ist folgendes: Ein kleiner Junge brachte es in einer Badeanstalt trotz besten Willens bei mehrfachen Versuchen nicht über sich, in das Schwimmbecken hineinzuspringen; plötzlich bemerkte er an sich eine Erektion und verkroch sich voll Scham unter einer Bank[1]. Die Ursache hierfür war vermutlich der innere Konflikt zwischen dem Willensimpuls zum Absprung und der Angst, die den Absprung vereitelte. Als Übersprungreaktion (Abschnitt IV A 12) ereignete sich daraufhin ein Teilgeschehen aus einem ganz anderen Verhaltensbereich.

Sexuelle Wißbegierde. In der Sicht der Verhaltensbiologie ist die *Wißbegierde* des Kleinkindes in ihrem Ursprung *von sexuellen Triebfedern unabhängig* (Abschnitt II D 1, S. 75). Doch es gehört auch zu ihren Kennzeichen, daß die Gegenstände des Interesses keiner vorgegebenen Beschränkung unterliegen. Was ein Kleinkind aus dem Bereich der Geschlechtlichkeit und Fortpflanzung wahrnimmt, ist daher von vornherein in den Bereich seines Erkundungsdranges eingeschlossen; es ist nicht zu erwarten, daß die Wißbegierde ausgerechnet vor dem Sexualbereich haltmachen sollte. Wenn ein Kleinkind beispielsweise die körperlichen Unterschiede zwischen Mädchen und

Jungen beobachtet und dann auch sich selbst entsprechend in Augenschein nimmt, so braucht das demnach keineswegs sexuell motiviert zu sein; es kann ebensogut von seiner allgemeinen Wißbegierde angeregt werden. Hier muß man daher in jedem Einzelfall sorgfältig zwischen unterschiedlichen Verhaltensimpulsen unterscheiden und darf nicht unbedacht vom *Gegenstand* des Interesses auf die zugrunde liegende *Motivation* schließen.

Wesensverschiedenheit von kindlicher Liebe und erotischer Anziehung. Ebenso große theoretische Vorsicht ist im Bereich der kindlichen Zuneigung geboten. Ein Beispiel: Ein kleines Mädchen, etwa 3 Jahre und 8 Monate alt, hatte vor kurzem seinen Vater durch den Tod verloren. Es sagte der Mutter, es wolle gern ein Geschwisterchen haben; daraufhin war mit ihr ein Gespräch, ihrem Alter gemäß, über die Liebe zwischen Vater und Mutter geführt worden. Doch das kleine Mädchen fragte anschließend die Mutter, ob *sie beide* denn nicht ein Baby bekommen könnten: »Ich habe dich doch *auch* sooo lieb!« – Es war kindliche und nicht erotisch getönte Liebe, die bei diesen Worten aus dem kleinen Mädchen sprach.

Diese Begebenheit ist ein Beispiel dafür, daß man nicht ohne weiteres auf sexuell getönte Impulse schließen darf, wenn Ehe, Zeugung und Fortpflanzung eine Rolle in der Gedankenwelt eines kleinen Kindes spielen. Dies gilt genauso, wenn ein kleiner Junge die Frage stellt, ob er später seine Mutter (oder ein kleines Mädchen, ob es später seinen Vater) heiraten könne. Ebensowenig darf man vorschnell auf sexuelle Motivierung schließen, wenn spielende Kinder eine Hochzeit darstellen; sie sehen in der Ehe sogar vermutlich *eher* die familiäre (d. h. soziale) als die sexuelle Partnerschaft.

Sexuelle Inhalte der Wißbegierde, des Nachdenkens und des Spielens sagen somit für sich allein noch nichts darüber aus, ob auch sexuelle Motivation beteiligt ist. Diese Mahnung zur theoretischen Vorsicht heißt allerdings auch, nicht in den gegenteiligen Fehler zu verfallen und die Möglichkeit *auszuschließen,* daß frühkindliche sexuell getönte Verhaltensbereitschaften auftreten können; denn dies kommt bestimmt vor und wird weiter unten zur Sprache kommen (Abschnitt III D 1, S. 212).

Schamgefühl. Zwar wird heute vielfach angenommen, Schamgefühl entstehe allein durch prüde Erziehung, sei also ganz und gar anerzogen. Doch entsteht vielfach in einem bestimmten Alter ohne jeden erkennbaren äußeren Anlaß bei Mädchen und Jungen – auch im Kibbuz, wo sie gemeinsam aufwachsen – das Unbehagen und die

Abneigung, sich nackt den Blicken anderer Menschen auszusetzen. Dieser innere Umschwung macht eher den Eindruck eines Reifungs- als eines Lernvorgangs. Eine 1972 veröffentlichte, überaus sorgfältig argumentierende verhaltensbiologische Theorie des Schamgefühls[1] gründet sich darauf, daß die Geschlechtsorgane des Menschen für den *Gesichtssinn* nicht primär anziehend sind; die stärkste *visuelle* sexuelle Auslösefunktion ist mit anderen Eigenschaften des weiblichen und männlichen Körpers verbunden. Das enge Spezialisiertsein der Geschlechtsorgane auf die *Begattungs*funktion geht (außerhalb der Liebessituation) mit einem eher neutralen oder sogar unattraktiven *Aussehen* einher.

»Sexualität« und »Liebe« (Wortbedeutungen). Im gewöhnlichen Sprachgebrauch wird mit dem Wort Sexualität all dasjenige bezeichnet, was unmittelbar mit geschlechtlicher Erregung und Vereinigung zu tun hat, während das Wort Liebe sowohl die körperliche wie die seelisch-geistige Seite der Liebespartnerschaft einschließt. Sigmund FREUD wollte allerdings den Ausdruck Sexualität in demselben umfassenden Sinne verstanden wissen wie das Wort Liebe, vermutlich, um dadurch dem biologischen Anteil der Liebe den gleichen Rang im Wertgefüge der Mitwelt zu sichern wie dem seelischen. Aber wenn man Sexualität und Liebe gleichsetzt, *fehlt* ein Wort für das, was die Umgangssprache als Sexualität bezeichnet. Weder die Umgangssprache noch die Literatur (außerhalb der psychoanalytischen Fachliteratur) haben sich denn auch Sigmund FREUDS verallgemeinerndem Gebrauch des Wortes Sexualität angeschlossen; das Wort Sexualität im Sinne von Liebe ist trotz der Autorität von FREUD ein interner psychoanalytischer Fachausdruck geblieben. Wer zu Nicht-Psychoanalytikern spricht, muß daher das Wort Sexualität im engeren umgangssprachlichen Sinn weiter verwenden, falls er nicht mißverstanden werden oder sich dem Vorwurf aussetzen will, den Unterschied zwischen zwei wesensverschiedenen Gegebenheiten zu verwischen.

G 2. *Sexuelle Prägungen beim Menschen?*

Können bestimmte Eindrücke und Erfahrungen der Kindheit die Folge haben, daß später beim Erwachsenen entsprechende Wahrnehmungen erotisch anziehend oder sexuell erregend wirken? Wäre das der Fall, so entspräche dies dem Betriff der *sexuellen Prägung* (siehe Abschnitt IV B 11, S. 319 ff.).

Die Hypothese, daß tatsächlich beim Menschen eine – dieser Begriffsbestimmung entsprechende – Form der sexuellen Prägung denkbar wäre, lautet in der Formulierung von Chr. MEVES[2]: »Die sogenannte ödipale Phase – sie liegt im 4. bis 6. Lebensjahr des Kindes – könnte eine sensible Phase für die Präformierung des geschlechtlichen Reagierens beim Menschen sein.« Durch Eindrücke und Erlebnisse in dieser Zeitspanne prägen sich nach dieser Auffassung gewisse *allgemeine* Züge des Partnerbildes ein, nach denen sich dann später beim Erwachsenen die partnerschaftliche Anziehung und die Sehnsucht nach Zärtlichkeit und Vereinigung ausrichtet. Die sensible Phase für diesen Prägungsvorgang würde im biologischen Regelfall keine sexuell getönten Bindungstendenzen und auch keine Prägung auf einen *individuellen* Partner einschließen. Diese Form der Prägung ginge im Zusammensein mit den Eltern vor sich, ohne daß dafür neben der kindlichen Bindung erotische Stimulierung eine Rolle spielte oder erforderlich wäre.

Erregungsbedingte Prägung. Neben der eben beschriebenen, vermuteten *allgemeinen* sexuellen Prägung existiert beim Menschen womöglich eine *zweite* Form der sexuellen Prägung. Aufschlußreich ist in diesem Zusammenhang die Erscheinung des *Fetischismus.* Die so Disponierten verspüren sexuelles Verlangen und reagieren mit sexueller Erregung auf den Anblick bestimmter Gegenstände (»Fetische«). Dies ändert sich oft auch dann nicht, wenn sie sich innerlich dagegen wehren und von einer solchen Disposition loskommen wollen. In manchen Fällen glauben die so veranlagten Menschen, mit Sicherheit angeben zu können, welche individuellen Erlebnisse, Erfahrungen oder Milieueinflüsse einstmals die Festlegung ihrer sexuellen Ansprechbarkeit verursacht haben. Als entscheidend erweisen sich dabei vorwiegend *Wahrnehmungen im Zustand starker sexueller Erregung,* die sich unwiderruflich eingeprägt haben und in der Folge an das sexuelle Erleben gekoppelt bleiben[1]. Ein Beispiel: Ein junger Mann empfand eine gewisse sexuelle Befriedigung darin, die Zöpfe von Mädchen abzuschneiden. Als Junge hatte er in der Schule hinter einem Mädchen gesessen, das einen Zopf trug. Er hatte oft diesen Zopf betrachtet, während ihm sein Banknachbar Dinge erzählte, die ihn sexuell erregten (weitere Beispiele Abschnitt III D 2, S. 213 f.).

Daß beim Fetischismus *angeborene* auslösende Schemata wirksam sein sollten, ist nie vermutet worden und wäre auch angesichts der Vielfalt der Gegenstände, auf die sich der Fetischismus richten kann (Zopf, Fuß, Schuh, Wäsche), nicht denkbar. Hier *müssen* daher *prägende Lernvorgänge* mit dem möglichen Ergebnis unabänderlicher Fixierung von *Wahrnehmungen* (des »Fetischs«) an angeborene Verhaltenstendenzen (sexuelle Erregung) angenommen werden, sofern man überhaupt nach einer wissenschaftlichen Erklärung für diese Erscheinungen sucht. Man darf also wohl die *Möglichkeit* für sexuelle

Prägung beim Menschen nicht bestreiten, und man muß fragen, ob die im Fetischismus zutage tretende erregungsbedingte sexuelle Prägung auch in anderen Zusammenhängen eine Rolle spielt.

Zusammenschau beider Prägungsarten. Sollten die *beiden* eben skizzierten Arten prägungsähnlicher Lernvorgänge beim Menschen existieren, so könnten sie im Rahmen der Sexualentwicklung folgende Rollen spielen:

– Die *allgemeine* Richtung der späteren Empfänglichkeit für sexuelle Eindrücke würde in der Kleinkindzeit *ohne sexuelle Erregung gebahnt werden,* also nach dem Prinzip der soeben an erster Stelle beschriebenen Prägungsart. Als prägende Leitbilder kämen vor allem diejenigen Erwachsenen in Frage, die für das Kind Vater- und Mutterstelle einnehmen, vielleicht aber auch andere Bezugspersonen.

– *Spezielle* sexuelle Bindungen würden durch *Wahrnehmungen im Zustand sexueller Erregung* entstehen. Dieser zuvor an zweiter Stelle beschriebene Vorgang wäre zwar im *pathologischen* Kontext besonders auffällig, könnte aber *normalerweise* im Rahmen der Sexualentwicklung die *Bindung an einen individuellen Partner* entstehen lassen, festigen oder sogar bis zur sexuellen Hörigkeit ansteigen lassen. Beim Fetischismus wäre dieser Vorgang durch ungünstige Umweltkonstellationen auf ungewöhnliche Gegebenheiten fixiert. – Es läge im Sinne dieser Vorstellungen, wenn die *erregungsbedingte* Prägung in der Regel *nach* der Erlangung der Geschlechtsreife erfolgte.

G 3. *Kindliche Sexualentwicklung in der Sicht der Psychoanalyse*

Einfluß frühkindlicher Erlebnisse auf späteres sexuelles Verhalten. Es gehört zu unserem sicheren Wissensgut, daß Eindrücke und Erlebnisse aus der Kleinkindzeit einen Einfluß auf das spätere sexuelle Erleben und Verhalten haben können. Sigmund FREUD hat diese Zusammenhänge als erster gesehen; sie wurden für ihn zum Ansatzpunkt für die Begründung und Entwicklung der Psychoanalyse. Beispielsweise können Sexualstörungen (z. B. Impotenz) von Erwachsenen daher rühren, daß sie als Kinder furchterregende Erlebnisse im Zusammenhang mit sexueller Erregung hatten, und *aufgrund von schlechten Erfahrungen* können tiefe und lebenslang haftende Aversionen gegen das männliche oder das weibliche Geschlecht entstehen.

Über die Sexualentwicklung des Kindes hat die Psychoanalyse eine detaillierte Theorie entwickelt. In ihrem Rahmen nimmt der sogenannte *ödipale Konflikt* eine wichtige Stellung ein. Unter diesem Stichwort schreibt das von amtlicher Seite auch zur Lehrerbildung empfohlene Buch von T. BROCHER[1]: »Das Kind wünscht sich mit Beginn der phallischen Phase eine Vereinigung mit dem gegengeschlechtlichen Elternteil. Gleichzeitig wünscht es den gleichgeschlechtlichen Elternteil ›weg‹.« Damit ist gemeint: Als etwa 4jähriges Kind habe der kleine Junge »weitgehend unbewußt, jedoch durchaus sexuelle Regungen gegenüber der Mutter«, das kleine Mädchen gegenüber dem Vater, und der jeweils andere Elternteil werde als Rivale empfunden. Das Aufkommen dieser Wünsche und Vorstellungen wird – so das genannte Buch – »als normale Entwicklungsphase angesehen«. In unserem Sinn hieße das (und wird bisweilen folgerichtig in der psychoanalytischen Literatur so gesehen), es handle sich um »gewissermaßen angeborene, biologische Bedürfnisse«[2]. Mit dem Beginn der Latenzphase (etwa 6. bis 10. oder 11. Lebensjahr) verschwindet nach psychoanalytischer Ansicht die ödipale Ausrichtung der sexuellen Wünsche und Rivalitätsgefühle wieder. Daher kann dann später ein Liebespartner der gleichen Altersstufe an die Stelle von Mutter oder Vater treten. Falls sich aber im Ausnahmefall die ödipalen Bindungen nicht auflösen, bleiben die betreffenden Heranwachsenden an den elterlichen Partner fixiert. Dann wird deutlich, daß durch die Eltern wirklich Valenzen gebunden wurden, die sonst zur Liebesbeziehung mit gleichaltrigen Partnern führen: Denn beim Bestehenbleiben der ödipalen Elternbindung entsteht »die Frau, die Männer ablehnt . . ., aber die Ehrfurcht und die Hochachtung für den Vater behält«, oder im anderen Fall »das frauenfeindliche Muttersöhnchen«[3].

Wortbedeutung des Ausdrucks »ödipal«. Das Wort »ödipal« wird heute in zwei Bedeutungen gebraucht: erstens im Ausdruck »ödipale *Phase*« als bloße Benennung der *Entwicklungsepoche* des Kleinkinds (etwa 4. bis 6. Lebensjahr), in der es für Einflüsse empfindlich ist, die sein späteres Sexualleben beeinflussen *können*; zweitens im Ausdruck »ödipale *Bindung*« als Bezeichnung für eine *tatsächliche* erotisch getönte Beziehung zum gegengeschlechtlichen Elternteil.

Ödipale Bindung: Normales Entwicklungsgeschehen? Vorübergehende sexuelle Impulse oder Bindungen zwischen Angehörigen der Eltern- und der noch nicht geschlechtsreifen Kindergeneration sind – außer beim Menschen – bisher bei keinem Lebewesen bekanntgeworden. Trotzdem läßt sich nach keinem generellen verhaltensbiologischen Prinzip die Frage entscheiden, ob das Entstehen und der spätere Untergang von ödipalen Bindungen im Rahmen der

Sexualentwicklung des Menschen zum Normalgeschehen zu rechnen sei oder nicht. In dieser Frage bestehen schroffe Meinungsunterschiede zwischen den Vertretern verschiedener Fachrichtungen. Die Streitfrage wird sich nur durch *Forschungen* klären lassen. Vor allem müßten *verhaltensgesunde* Menschen untersucht werden, bei denen lebensgeschichtlich weder eine erotisch getönte Mutterbindung noch eine davon hergeleitete Rivalität zum Vater vorgelegen hat und die sich als Erwachsene in ihren Gefühlsbeziehungen ganz unbelastet fühlen. Nur wenn auch bei ihnen eine (ihnen selbst unbewußte) frühere ödipale Bindung nachzuweisen wäre, würde dies eine Stütze für die Theorie sein, daß die vorübergehende ödipale Bindung als »normales Entwicklungsstadium« der menschlichen Sexualentwicklung zu gelten hätte.

Die Gegenthese zu dieser Vorstellung lautet: Die Sexualentwicklung des Menschen besteht aus einer Folge von biologischen Reifungsschritten und der seelisch-geistigen Verarbeitung dieses Geschehens. In diesem Rahmen sind erotisch getönte Wünsche und Bindungen an den gegengeschlechtlichen Elternteil *keine* durch die Natur des Menschen begründete Notwendigkeit. Ödipale Bindungen können vorkommen, sind dann aber eine Entwicklungs-Abweichung, die rückgängig gemacht werden muß, wenn später eine der Natur des Menschen entsprechende Liebesbeziehung mit einem Partner der gleichen Generation erreicht werden soll. Die Ansicht, ödipale Bindungen wären in jedem Lebenslauf nachzuweisen, beruht nach dieser Gegenthese auf einer falschen Verallgemeinerung: Weil der Ödipus-Komplex eine *Störung* darstellt, suchen die betreffenden Menschen häufiger als sonstige Menschen die Hilfe der Psychotherapeuten; deren Patienten sind daher auf das Vorliegen eines Ödipus-Komplexes hin *ausgelesen* und dürfen darum in dieser Hinsicht nicht als repräsentativ für die Bevölkerung gelten.

Als *biologische* Grundlage für das Entstehen ödipaler Bindungen kommt die im vorigen Abschnitt (II G 2) beschriebene *erregungsbedingte sexuelle Prägung* in Betracht. Kinder sind im Sinne der frühzeitigen Teilreifung (Abschnitt II G 1) schon lange Zeit *vor* der Pubertät sexuell erregbar. Falls hiermit auch bereits eine erregungsbedingte sexuelle *Prägbarkeit* einhergeht, könnten auf diesem Wege individuelle sexuelle Bindungen an einen Elternteil entstehen, die auch während und nach der Pubertät erhalten bleiben und dadurch ihre verhängnisvolle Hemmwirkung für neue Liebesbindungen entfalten.

G 4. *Verantwortung der Erwachsenen*

Nicht nur durch Vorgänge der Prägung wirkt sich elterliches Verhalten auf die späteren Partnerbeziehungen der Kinder aus; es geschieht auch durch soziales Lernen, beispielsweise über das Nachahmen der Eltern und durch Identifizierung mit ihnen (Abschnitt II E 2, S. 94). So etwas kommt naturgemäß besonders dann zur Beobachtung, wenn es zu *Abweichungen* vom gewohnten Verhalten und zu *Störungen* und Leiden geführt hat, um derentwillen der Psychotherapeut zu Rate gezogen wird. Über mögliche belastende Einflüsse von *Vätern* auf *Töchter* hat A. DÜHRSSEN[1] aus ihren Beobachtungen folgendes zusammengestellt:

»Die Eigenschaften, die ein Vater an seiner Tochter besonders bevorzugte, pflegte und liebte, wird dieses Mädchen in späterer Kontaktnahme zum anderen Geschlecht bevorzugt und zuerst zeigen. Bevorzugt der Vater bei seiner Tochter jungenhafte Leistung, so führt er die Entwicklung seines Kindes unmerklich in diese Richtung. Teilt er ihr in der Familie die Rolle des dienenden Aschenputtels zu, so wird die später erwachsene Frau eine Fülle unangemessener Nachgiebigkeit und Demutshaltungen aufweisen und daran kranken. Zeigt sich der Vater überhaupt und grundsätzlich unzuverlässig, brutal und gewalttätig, so wird er unter Umständen jeden späteren Wunsch auf Kontaktnahme mit dem anderen Geschlecht abdrosseln... Hat ein Mädchen als Kind in der Umgebung keine Frauen, deren Rolle befriedigend und akzeptabel erscheint, so wird es sich nur schwer mit der eigenen Rolle als Frau positiv auseinandersetzen können. Ist dagegen die Rolle der eigenen Mutter in der Familie übermächtig, weil der Vater der weich nachgebende und weniger talentierte ist, so wird ein solches Mädchen Bereitschaften erwerben, auch im späteren Leben die Rolle der Mutter dem eigenen Partner gegenüber zu übernehmen...«

Verhältnis zum Sexualverhalten Erwachsener. Will man das Verhältnis des kleinen Kindes zur Sexualität der Erwachsenen verstehen, so muß man sich nachdrücklich vergegenwärtigen: Obwohl das Sexualverhalten der Erwachsenen als etwas Natürliches zu gelten hat, können wir keine *naturgegebene* Grundlage für sein *Verständnis* und seine *Bewertung* durch das Kind voraussetzen. Wird ein Kind zufällig Zeuge sexueller Beziehungen, so läßt sich aus keinem biologischen Naturgesetz herleiten und voraussagen, wie es darauf reagieren wird. Wir müssen voraussetzen, daß die Kinder, je nach ihrem

Alter, ihrem seelischen Entwicklungszustand, ihren Vorerfahrungen und ihrem Verhältnis zu den Eltern auf sehr unterschiedliche Weise vom Geschlechtsverkehr Erwachsener beeindruckt werden und daß dabei sogar gegensätzliche Gefühlsrichtungen *zugleich* beteiligt sein und sich in verwickelter Weise kombinieren können: Neugierde, Angst, Mitleid, Schamgefühl, Ekel und auch sexuelle Erregung. Welche von diesen Empfindungen sich beim Kind in solchen womöglich hoch emotionalen Situationen mit denen des sexuellen Bereichs verknüpfen und wie stark solche Assoziationen dann das spätere Verhalten bestimmen, ist nicht in allgemeine Regeln zu fassen. Die Gefahr *verhängnisvoller* Verknüpfungen zwischen sexuellen Gefühlen und z. B. Angst oder Ekel ist aber nicht auszuschließen, wie dies die traumatischen Kindheitserfahrungen vieler bei Psychotherapeuten Ratsuchender beweisen.

Kinder nicht sexuell stimulieren! Wollen die Eltern alles daransetzen, um ihre Kinder vor Fixierungen und frühen Assoziationen der Sexualität mit Angst, Strafe, Aggressivität, Ekel usw. zu bewahren, so besteht der einzige einigermaßen sichere Weg darin, die Kinder weder absichtlich noch unabsichtlich sexuell zu stimulieren. Daher sollten beide Eltern gegenüber den Kindern ihre *elterlich-liebevollen Gefühle von etwa aufkommenden erotischen* Impulsen scharf trennen[1] und von den letzteren die Kinder nichts spüren lassen. Sonst ist nicht auszuschließen, daß die Kinder sich von den Erwachsenen erotisch angezogen fühlen und auf sie fixiert werden, was sie abhängig macht, in Verwirrung stürzt und womöglich ihre spätere Liebesfähigkeit blockiert (Abschnitt III D 3, S. 214). Auch beim Reagieren auf kindliches Erkunden und spielerische Betätigung im Sexualbereich (»Doktorspielen«) und ebenso bei der sexuellen Aufklärung und beim Sexualkundeunterricht sollen die Erwachsenen unbedingt vermeiden, bei den Kindern sexuelle Erregung hervorzurufen. Der Grund für diese Warnung ist – um es zu wiederholen – die Gefahr von *erregungsbedingten Prägungen:* Ein Erwachsener kann in derartigen Situationen niemals kontrollieren, *welche* Assoziationen das Kind mit dem sexuellen Erregtsein verknüpft, und kann daher nicht vermeiden, daß *hemmende* Verknüpfungen entstehen und die spätere Entfaltung dieses Lebensbereichs in verhängnisvoller Weise einschränken.

Kleinkinder im elterlichen Schlafzimmer nehmen – auch im Halbschlaf – schon mehr wahr, als gemeinhin angenommen wird. Sie deuten dann aber womöglich die hörbaren Äußerungen des Liebesaktes, vielleicht noch unbewußt, in falscher Richtung: »Der Vater tut der Mutter weh.« Die begleitenden Emotionen des Kindes können dementsprechend Angst und Ablehnung sein.

Antworten der Eltern auf sexuelle Neugier beim Kind. Die Eltern sollten ihr Kind nicht tadeln oder strafen, aber auch nicht zur Wiederholung ermuntern, wenn sie es bei Erkundungen im Bereich der Geschlechtsorgane beobachten. Mitunter ist die Bestätigung angebracht: »Ja, du hast ein männliches Geschlechtsteil (oder andere Bezeichnung), du bist ein Junge und wirst später ein Papa (oder Mann) so wie unser Papa.« Zum Mädchen wird Entsprechendes gesagt. Ergibt sich ein anschließendes Gespräch, so sollte wahrheitsgemäß, sachlich und mit einfachen Worten beantwortet werden, was das Kind fragt. Das Kind zeigt jeweils durch sein Fragen oder Nicht-Fragen, ob es noch weitere Einzelheiten wissen will oder nicht. Wenn die Eltern das beachten, können sie sich im Bereich dessen halten, was das Kind erfahren möchte und erfassen kann.

Sexualaufklärung. In den Jahrzehnten um die Jahrhundertwende haben sich erziehungsbedingte Aversionen gegen das Sexuelle vielfach als Hindernisse für das Entstehen der umfassenden, die Sexualität einschließenden Liebespartnerschaft erwiesen; diese Hemmungen sollten durch Aufklärung von vornherein am Entstehen gehindert werden. Den jungen Menschen sollte – außer den *Tatsachen* von Zeugung, Schwangerschaft, Geburt, Empfängnisverhütung etc. – auch dies nahegebracht werden:

– die Verantwortung der Partner *füreinander* im Sinne der Verpflichtung, nie einen Menschen als Mittel zur Befriedigung eigener Bedürfnisse zu benutzen;

– die Verantwortung und Pflichten für viele Jahre, die beide Partner zu erfüllen haben, falls *ein Kind* ins Leben gerufen wird.

Die Sexualaufklärung soll den jungen Menschen zu einer Liebespartnerschaft hinführen, die die Gesamtpersönlichkeit des Menschen erfüllt und beansprucht und das körperliche, seelische und geistige Geschehen einbezieht. Anderenfalls besteht die Gefahr, daß die jungen Menschen unbeabsichtigt auf Sexualität *ohne* Liebespartnerschaft, also auf seelenlosen Sexualkonsum, vorbereitet werden.

Entkrampfen des Sexualbereichs. Hilfreich für Jugendliche sind mitunter auch einige Aufklärungen, an die nicht immer gedacht wird. Beispielsweise ist es zur Zeit angebracht, die Sexualität aus vier Arten von Zusammenhängen herauszuhalten, mit denen sie mitunter verquickt wird, was zu Leiden, Depressionen und Ängsten führen kann:

– Sie ist kein Konsumgut; wird sie als solches behandelt, so ist sie vielleicht bald schal und abgenutzt.

– Sie ist keine Maßnahme zur eigenen Gesundheitspflege. Aus dem Mittelalter stammende Irrlehren, Mangel an Geschlechtsverkehr sei für den Mann ungesund oder verringere für später seine Potenz, sind falsch, scheinen aber immer noch manche Heranwachsende zu beunruhigen.

– Sexualität ist auch kein Mittel, um Prestige zu gewinnen. Eine solche Einstellung läuft in der Konsequenz darauf hinaus, den Liebespartner zu einem Mittel zum Zweck zu degradieren und andererseits diejenigen zu demütigen, die von Natur aus auf diesem Gebiet weniger vital als andere veranlagt sind. Aber diese können möglicherweise eine höhere Feinfühligkeit und Hingabe in der Liebespartnerschaft entwickeln als diejenigen, die sich ihrer sexuellen Leistungsfähigkeit rühmen.

– Niemand braucht sexuelle Beziehungen aufzunehmen, nur um die sexuellen Verhaltensweisen zu erlernen oder zu üben. Ein junger Mensch braucht keine Angst zu haben, sich bei seiner ersten Liebesbegegnung zu blamieren, falls er zuvor noch keine sexuellen Erfahrungen gemacht hat. Nach wie vor kann es als sinnvolles Ziel gelten, sexuelle Begegnungen so lange aufzuschieben, bis sich wirklich eine umfassende Liebespartnerschaft anbahnt und beide Partner schrittweise aufeinander zugehen.

Umfassende Liebespartnerschaft. Dem Leitgedanken, das Sexuelle erreiche seine höchste Entwicklung als Anteil einer umfassenden Liebespartnerschaft, entspricht hinsichtlich der »Sexualerziehung« die Forderung: Sie soll so beschaffen sein, daß sie das Kind zur späteren Liebespartnerschaft befähigt, die gleichermaßen das Geistige wie das Sexuelle umfaßt. So gesehen helfen Eltern in ihrer Vorbildfunktion ihren Kindern am besten, wenn sie selbst eine herzenswarme, erfüllte Lebensgemeinschaft erreichen, so daß diese unaufdringlich den selbstverständlichen Unterton des Familienlebens bildet: sichere und vertrauensvolle Bindung; Bemühung, den Partner zu erfreuen, ihn vor Kummer zu bewahren und in der Not zu stützen; Pflege erfüllter Gemeinsamkeit; warmes Bejahen der Eigenart des anderen; Bereitschaft, auch einmal aus Rücksicht eigene Wünsche zurückzustellen; Selbstbeherrschung und Höflichkeit auch im Fall von Gegensätzen; Herzlichkeit und Lustigkeit im gewöhnlichen Umgang miteinander; Gemeinsamkeit im hilfreichen und verantwortungsvollen Einsatz für andere Menschen und in außerfamiliären Anliegen. Bestehen diese Voraussetzungen nicht bei *beiden* Eheleuten, so kann trotzdem die Grundhaltung *eines* erwachsenen Partners in die Rolle des Leitbildes eintreten, sei es ein Elternteil oder auch eine andere Person, die viel mit dem Kind zusammen ist. All dies kann tiefe Wirkungen auf Kinder ausüben und diejenigen Seiten ihrer Persönlichkeit zur Entfaltung bringen, die sie später als junge Erwachsene zu einer umfassenden Liebespartnerschaft fähig und bereit machen. Damit ist auch die Sexualerziehung in einen größeren Zusammenhang eingefügt, innerhalb dessen sie erst ihren sinnvollen Lebensbeitrag liefert.

H. Zusammenfassung

1. Die Nahrungsaufnahme des Säuglings wird von Geburt an durch einige angeborene Verhaltensweisen vorbereitet und gewährleistet: durch Suchbewegungen des Kopfes und der Lippen, Einsaugen der Brustwarze, Saugen und Schlucken der Milch und Herausschieben der Brustwarze mit der Zunge nach der Absättigung des Saugdrangs; hierzu kommen bei der *Mutter* der Milchspende- und der Milchbildungsreflex (A 1).

2. Während der einzelnen Mahlzeit wird zunächst der Saugdrang des Säuglings befriedigt; die eigentliche Sättigung erfolgt später nach der Verdauung durch den Eintritt der Nährstoffe in den Stoffwechsel (A 1).

3. In den ersten Lebenswochen hat der Säugling ein naturgegebenes Bedürfnis nach Nahrung nicht nur am Tag, sondern auch in der Nacht. Später hält der Säugling in der Regel *von sich aus* eine Nachtpause ein (A 1).

4. In der Erstmilch (Kolostrum) steht dem Säugling schon gleich nach der Geburt eine hochwertige Nahrung mit wichtigen Immunstoffen zur Verfügung. Auch die danach folgende Übergangsmilch und die reife Muttermilch dienen sowohl der Ernährung als auch dem Infektionsschutz (A 2).

5. Den naturgegebenen Bedürfnissen des Säuglings kommt es am besten entgegen, wenn er *nach Bedarf* gestillt wird – sowohl was die *Zeitpunkte* des Stillens als auch was die *Trinkmenge* betrifft – und

wenn – im Fall der Flaschenernährung – das Saugloch nicht zu weit bemessen ist, damit auch der *Saugdrang* befriedigt wird (A 3).

6. Das Spenden von chemisch und radioaktiv unbelasteter Muttermilch für den Säugling muß als Menschenrecht gelten, dessen Verwirklichung für alle Mütter auch die größten Opfer der übrigen Bevölkerung rechtfertigen würde (A 4).

7. Der Säugling wird durch Anwesenheitssignale seiner Betreuerin beruhigt, z. B. durch Bewegtwerden, Im-Arm-Gehaltenwerden oder durch Lippenkontakt mit der Brustwarze; der Schnuller ist dafür ein »Ersatzobjekt« (B 1).

8. Das Weinen des Säuglings ist ein Alarmsignal. Die Mutter kann am Weinen ihren eigenen Säugling erkennen. Dagegen läßt sich die *Ursache* für das Weinen eines Säuglings – Schmerz, Schreck, Hunger, Hitze, Kälte oder Verlassenheitsangst – nicht aus der Stimme allein, sondern nur – wenn auch nicht immer mit Sicherheit – aus der Gesamtsituation erkennen (B 1).

9. Das *Lächeln* des Säuglings ist *zunächst* eine angeborene Antwort auf den Anblick *jedes* von vorn gesehenen menschlichen Gesichtes; *später* grenzt sich die Reaktion auf die Gesichter der Personen ein, zu denen eine *individuelle Bindung* geknüpft ist oder die das Kind gut kennt (B 1).

10. Eine besondere *Aufmerksamkeit für Folgen eigener Handlungen* sowie die Bereitschaft zum *Nachahmen* ermöglichen ein Verhaltens-Wechselspiel des Säuglings mit seinen Betreuern, die ihrerseits von Natur aus dazu neigen, den Säugling nachzuahmen und seine Verhaltensweisen mit eigenen Handlungen zu beantworten (B 1).

11. Durch einen prägungsähnlichen Lernprozeß eigener Art, der in tieferen Schichten der Persönlichkeit wurzelt als sonstiges »Lernen aus Erfahrung«, bindet sich der Säugling an denjenigen Menschen, der ihn hauptsächlich betreut (B 2).

12. Hat sich der Säugling an seine bleibende betreuende Bezugsperson – im Regelfall seine leibliche Mutter – gebunden, so ist damit zugleich von Natur aus festgelegt, in wessen Gegenwart er sich geborgen und angstfrei fühlen kann. Unbekannten Personen gegenüber zeigen die meisten Säuglinge die Reaktion des »Fremdelns« (B 2).

13. Der Eltern-Lernvorgang ist an eine *sensible Phase* gebunden: Er beginnt in den ersten Lebensmonaten. Zwischen dem 6. und 12. Lebensmonat ist er in seiner eigentlich kritischen Phase. Etwa mit dem 24. Lebensmonat ist er so weit abgeschlossen, daß – bei weiterem Erhaltenbleiben des entstandenen Kind-Eltern-Verhältnisses –

eine sichere Basis für die künftige seelisch-geistige Entwicklung des Kindes geschaffen ist (B 2).

14. Längere Schreiperioden von Säuglingen sollten vermieden werden. Ein Säugling, dessen Bedürfnis nach Anwesenheitssignalen der Betreuerin langdauernd unbefriedigt bleibt und der deswegen schreit, ist in dem auch für Säuglinge gesundheitlich nicht förderlichen Zustand des Stresses (B 3).

15. Die Mutter oder mütterliche Dauer-Betreuerin soll dem Säugling *selbst* alle Mahlzeiten verabreichen und ausgiebig mit ihm freundliche und zärtliche Zwiesprache und kleine Spiele pflegen, um dem Kind die individuelle Bindung an ihre Person zu ermöglichen. Das Baby soll sich auch an den Vater binden sowie im Laufe der Zeit eine oder einige weitere Personen individuell kennenlernen (B 3).

16. Grundsätzlich kann jede längerdauernde Trennung von der Mutter, vor allem bei sensiblen Säuglingen oder Kleinkindern, die Gefahr einer lange nachwirkenden Belastung in sich bergen. Ist eine Trennung unvermeidlich, so soll sich möglichst wenig am sonstigen Leben des Kindes ändern, und die Umstellung soll nicht abrupt, sondern in möglichst kleinen Schritten erfolgen (B 4).

17. Säuglings- und Kleinkindmüttern ist nachhaltig von ganztägiger außerhäuslicher Berufstätigkeit oder Berufsausbildung abzuraten, weil täglich vielstündige Fremdbetreuung Bindungsunsicherheit hervorrufen kann (B 4).

18. Falls Säuglings- und Kleinkindmütter aus unabwendbaren Gründen ganztägig einer Beschäftigung außer Hauses nachgehen müssen, sollen sie trotzdem dem Kind soviel Zeit und Zuwendung wie möglich widmen und regelmäßig das morgendliche Aufwachen, das Frühstück, möglichst viele Mahlzeiten, eine Spielstunde, das Zu-Bett-Bringen und eine gemütliche Zeitspanne des Erzählens vor dem Einschlafen gemeinsam mit dem Kind verbringen (B 4).

19. Unter den Jungen der Säugetiere gibt es Nesthocker, Nestflüchter und Traglinge, letztere vorwiegend bei baumkletternden und fliegenden Arten. Der menschliche Säugling ist, was seinen *biologischen Typus* angeht, ein Tragling. Dies macht zahlreiche seiner Verhaltenseigentümlichkeiten erklärlich, z. B. seinen Klammerreflex, die Beruhigungswirkung des Bewegtwerdens und die Verlassenheitsreaktionen bei abwesenden Betreuern (C 1, C 2).

20. Manche Verhaltensweisen des Säuglings – so der MORO-Reflex und das späte Einsetzen des Lächelns als Reaktion auf das Sehen eines menschlichen Gesichtes – könnten darauf hinweisen, daß sich

beim Menschenahn der Geburtstermin im Verlauf der biologischen Menschwerdung um 2 bis 3 Monate vorverlegt hat (C 3).

21. Die ursprünglichsten, in der Natur des Kleinkindes verankerten Triebfedern zum Gewinnen von Erfahrungen und Fähigkeiten entstammen dem Antrieb zum Erkunden, Spielen und Nachahmen (D 1).

22. Im Rahmen des Verhaltensbereichs »Erkunden, Wißbegierde, Spielen, Nachahmen« entfalten sich beim Kind auch die schöpferische Phantasie, das Sprechen, das Ich-Bewußtsein, das begriffliche Denken, das abbildende Gestalten (Zeichnen, Modellieren von Gegenständen), ferner Selbständigkeit im Handeln und soziales Zusammenspiel mit Gleichaltrigen (D 1).

23. Der Fortschritt des Kleinkindes im Gewinn von mehr und mehr Selbständigkeit steht nicht im *Gegensatz* zur Bindung an die Eltern, sondern die feste Elternbindung ist die Grundlage für das Erringen innerer Sicherheit. Sie erlaubt es, mit wachsendem Alter zunehmend länger dauernde Abwesenheit der betreuenden Bezugspersonen angstfrei zu überstehen (D 2).

24. Wenn ein Kind seiner Betreuerin nicht von der Seite weicht, so deutet dies – falls keine *Überbehütung* zugrunde liegt – nicht auf eine sichere oder starke Bindung, sondern eher auf *Verlustangst* und *unsichere Bindung*. Hier ist kein künstliches Lockern der Beziehung zur Betreuerin, sondern ein besonders hohes Maß von Zuwendung erforderlich, um erst einmal eine feste Vertrauensbindung aufzubauen, die dem Kind innere Sicherheit gibt und dann später eine größere Unabhängigkeit erlaubt (D 2).

25. Im Spielalter der Kinder können die Erwachsenen die Entwicklung durch Überbehütung, durch abweisende Einstellung zum Fragedrang der Kinder und durch andere bedrückende Einflüsse nachhaltig hemmen. Sie fördern dagegen die Persönlichkeitsentwicklung der Kinder, wenn sie ihnen ausgiebig Gelegenheit, Anregung und Auslauf zum Spielen jeder Art geben, vor allem auch zusammen mit Spielkameraden und in gemeinsamen Gesellschaftsspielen, ferner wenn sie den Wissensdrang der Kinder anerkennen und zu stillen suchen, wenn sie die Kinder an elterlichen Tätigkeiten, die sie nachahmen können, teilnehmen lassen und wenn sie alle Ansätze zu schöpferischem und selbständig geplantem Tun unterstützen (D 3).

26. Das Kleinkind zeigt von sich aus mannigfache Ansätze zum Aufbau zwischenmenschlicher Beziehungen (Sozialisation), z. B. Vorzeigen von Spielsachen, Einleiten des wechselseitigen Gebens und Nehmens, Mittunwollen bei Tätigkeiten von Erwachsenen und ande-

ren Kindern. Auch besteht ein Drang, Vorbilder nachzuahmen und sich mit ihnen zu identifizieren (E 1).

27. Erwachsene, die auf ein Kind als Vorbild wirken, machen es dadurch nicht von sich abhängig. Das Kind lernt am meisten von denjenigen Menschen, die es liebt und zugleich als Vorbild anerkennt. Menschen, die sich den Kindern als Vorbilder bieten, tragen dazu bei, daß später die Jugendlichen in geistiger Selbständigkeit durch vergleichende und wertende Prüfung die bedeutsamen Ideale für ihr künftiges Leben auswählen können (E 2).

28. Jedes soziale Zusammenleben erfordert vom Individuum das zumindest vorübergehende Zurückstellen von eigenen Bedürfnissen. Die Fähigkeit hierzu wird bei den Kindern weder durch das Unterdrücken noch durch das ausnahmslose Erfüllen jeden Begehrens ausgebildet, weil daraus Hemmungen, unbeherrschbarer Triebdruck oder eine unstillbare Anspruchshaltung erwachsen können. Die Erwachsenen ermöglichen einem Kind das Einüben des Verzichtenkönnens, wenn sie dies – auf der Basis der Erfüllung der Grundbedürfnisse und liebevoller Gemeinsamkeit – im Zusammenhang mit dem Anerkennen der Ansprüche und Gefühle anderer einführen. Zum Üben von Verzichten sind zu junge Kinder jedoch noch unfähig, und Kinder jeden Alters sind überfordert und scheitern, wenn das Verzichtenmüssen in seinem Ausmaß die Wunscherfüllung übersteigt (E 4).

29. Kinder zeigen *Aggressivität* unter anderem im Rahmen des Spielverhaltens, als Antwort auf die Versagung von Triebwünschen (»Frustration«) sowie im Dienste des Auskundschaftens ihres Handlungsspielraums gegenüber den Spielkameraden und den Erwachsenen (»soziale Exploration«). In diesen drei Fällen sind die Ziele: das spielerische Kämpfen selbst; das Durchsetzen der jeweiligen Triebwünsche; und das Provozieren von Gegenreaktionen, die die Wesensart und die Stärke des jeweiligen Partners erkennen lassen (F 1).

30. Daß Kinder ihren Eltern und anderen Erwachsenen gehorchen, ist in bestimmten Situationen für ihre eigene Sicherheit und zum Vermeiden der Verletzung von Interessen anderer Menschen notwendig. Kinder können aus sehr verschiedenen Gründen gehorsam sein: um die gewünschte Eintracht mit den Eltern zu erhalten, aus Gewohnheit, aus Einsicht oder aus Angst vor Strafen (F 3).

31. Unter den Strafen ist fast nur eine Art wirksam: die sofortige, kurzdauernde Strafe, z. B. ein ärgerliches Wort, ausnahmsweise auch ein Klaps, wonach schnell wieder gute Atmosphäre einzieht. Ein längerer Zeitabstand zwischen Vergehen und Strafe verhindert, daß

beides in einen erlebnismäßigen Lernzusammenhang gebracht wird. Daran ändert auch größere Strenge der zu spät erteilten Strafe nichts (F 3).

32. Strafen, die Angst auslösen sollen (In-den-Keller-Sperren), die einen entehrenden Aspekt haben (Ohrfeige, entehrende Schimpfworte), die etwas Positives zum Strafmittel machen (Arbeit) oder die ausdrücklich die Liebesbeziehung unterbrechen (Liebesentzug), haben ungewollte Nebenwirkungen: Einschüchterung, Verhärtung, Entwertung von Wertvollem, Beeinträchtigung des Einvernehmens zwischen Kind und Erwachsenen (F 3).

33. In zwei Bereichen ist von Gehorsamsforderungen mit Drohungen oder Strafen nur Ungünstiges zu erwarten, weil das gewünschte Verhalten durch die Strafangst nicht gefördert, sondern auf nervösem Wege sogar gehemmt wird: im Bereich der Sauberkeitserziehung und beim Essen. Hier kann und soll man auf Reifung und Selbstregulierung vertrauen (F 3).

34. Eltern-Streit vor den Augen und Ohren von Kindern auszutragen, quält, belastet und überfordert die Kinder. Wollen die Eltern ihre Kinder an allem, was sie selbst bewegt, teilnehmen lassen und ihnen nichts verheimlichen, so können sie ihnen nach der Beendigung des Konflikts darüber berichten, welche Ansichten gegeneinanderstanden und wie sie zur Einigkeit zurückgefunden haben (F 4).

35. Mehrere Bestandteile des Sexualverhaltens, darunter auch die sexuelle Erregbarkeit als solche, entwickeln sich bereits *vor* der Reifung der Keimdrüsen, also *vor* der Pubertät. Es handelt sich dabei um *frühzeitige Teilreifung,* wie sie auch in anderen Verhaltensbereichen im Rahmen des normalen Entwicklungsgeschehens zu beobachten ist (G 1).

36. Kindliches Interesse an Erscheinungen der Geschlechtlichkeit und Fortpflanzung braucht nicht sexuell motiviert zu sein, sondern kann dem allgemeinen Erkundungsdrang und der Wißbegierde entspringen. Man darf hier also nicht ohne weiteres vom Gegenstand des Interesses auf die zugrunde liegende Motivation schließen (G 1).

37. Beim Menschen scheinen zwei Formen der sexuellen Prägung vorzukommen: Im *4. bis 6. Lebensjahr* empfangene Eindrücke könnten einen Einfluß darauf haben, welche *allgemeinen* Züge später im Bereich der Liebespartnerschaft anziehend wirken. In *Situationen sexueller Erregung* können sich in und nach der Pubertät, ausnahmsweise auch schon früher, erotische Fixierungen an *individuelle* Partner oder *Objekte* ausbilden (G 2).

38. In verhaltensbiologischer Sicht sind ödipale *Bindungen* aufgrund der *zweiten* der eben genannten Prägungsarten denkbar; sie können aber nicht als Bestandteil der *normalen* Verhaltensentwicklung des Kindes und Jugendlichen gelten (G 3).

39. Wollen Eltern bei ihren Kindern die spätere Reifung und Entfaltung von Sexualität und Liebesfähigkeit nicht gefährden, müssen sie darauf achten, daß sich keine frühen Assoziationen der Sexualität mit Angst, Strafe, Aggressivität, Ekel usw. bilden. Keinesfalls darf man Kinder erotisch bzw. sexuell anregen (stimulieren), weil man niemals in der Hand hat, *welche* Assoziationen entstehen. Eltern müssen daher scharf zwischen elterlicher und erotisch getönter Gefühlsbeziehung zu ihren Kindern unterscheiden und letztere um des Wohles der Kinder willen streng vermeiden (G 4).

40. Die Sexualaufklärung darf folgende Gesichtspunkte nicht außer acht lassen, wenn die spätere Liebespartnerschaft auch den geistig-seelischen Bereich einschließen soll: Geschlechtsverkehr darf nicht wie ein Konsumgut zum Lustgewinn degradiert werden; er ist auch nicht zur Gesunderhaltung notwendig; wenn Sexualität als Mittel dient, um Prestige zu gewinnen, degradiert das den Liebespartner; die Angst, sich aus Mangel an Erfahrung bei der ersten Liebesbeziehung zu blamieren, ist unbegründet. Nach wie vor kann es als sinnvolles Ziel gelten, sexuelle Begegnungen aufzuschieben, bis der Partner für eine umfassende Liebespartnerschaft gefunden ist (G 4).

III. Milieubedingte Verhaltensstörungen bei Kindern

Manche Kinder unterscheiden sich in ihrem Verhalten von den anderen in einer solchen Weise, daß sie selbst, ihre Eltern und auch ihre Geschwister und Spielkameraden darunter *leiden*. Einige von diesen abweichenden Verhaltensweisen beginnen oder geschehen im Schlaf: *Nächtliche Angstanfälle* (pavor nocturnus) quälen manches Kind Nacht für Nacht mit schrecklichen Träumen, so daß es laut schreit und die Eltern und Geschwister aufschreckt. Bei *bettnässenden* Kindern versagt während des Schlafs die Regulierung der Blasenentleerung. Andere Kinder bereiten ihren Eltern Sorge, weil ihr Sprechen durch *Stottern* gestört wird. Einzelne Kinder beginnen in einem bestimmten Lebensalter unversehens – anscheinend triebhaft – zu *lügen* oder zu *stehlen;* dabei kommen Merkwürdigkeiten vor wie die, daß ein Kind etwas angeboten bekommt, dies ablehnt, aber es hinterher heimlich entwendet. Es gibt ein *Schulversagen,* das nicht auf einem Mangel an intellektueller Fähigkeit beruht, sondern auf dem Unvermögen, sich zu konzentrieren und störende Gedanken abzuwehren. Manche Kinder hören in einem bestimmten Lebensalter völlig oder fast völlig zu sprechen auf, sie scheinen stumm zu werden (*Mutismus*). Besonders augenfällig sind schließlich Verhaltensstörungen, die bei deprivierten Kindern vorkommen: stereotypes Schaukeln des Kopfes oder des Körpers, leerer Blick, Sich-Anklammern an fremde Erwachsene; solche Kinder können als Heranwachsende und Erwachsene völlig andersartiges Verhalten entwickeln als der Durchschnitt der Bevölkerung (siehe Abschnitt B 6, S. 173).

Alle genannten Verhaltensstörungen – und noch zahlreiche weitere – können bei körperlich ganz gesunden Kindern entstehen, und zwar aufgrund besonderen Verhaltens ihrer Bezugspersonen: durch Vernachlässigung, Einengung, Verwöhnung oder Verführung. Es handelt sich in solchen Fällen um *sozial bedingte* (= milieubedingte) Verhaltensänderungen oder, wie man sich oft ausdrückt, um *psychogene Erkrankungen der Verhaltenssteuerung.* Th. HELLBRÜGGE prägte für sie den Ausdruck »Soziose«[1]. Diese Verhaltensabweichungen, nicht die körperlich bedingten, sind Gegenstand des folgenden Kapitels.

Eine auch nur annähernde Vollständigkeit wird in der folgenden Besprechung von Verhaltensstörungen des Kindes- und Jugendalters nicht angestrebt; hier sei auf das auf diesem Gebiet führende Buch von Annemarie DÜHRSSEN »Psychogene Erkrankungen bei Kindern und Jugendlichen« verwiesen, das 1954 erschienen ist und heute in der 13. Auflage vorliegt.

Die *hier* behandelten Themen wurden nach zwei Gesichtspunkten ausgewählt: nach ihrer Wichtigkeit für das Einzelschicksal und die Gesellschaft sowie nach ihrer Zugänglichkeit für verhaltensbiologische Erörterungen. Die *Reihenfolge* der Besprechung und die *Einteilung* der Verhaltensstörungen richten sich nach dem biologischen Verhaltensbereich, dem die gestörten Verhaltenstendenzen zugehören oder in dem sich die äußere Einwirkung abspielt, welche die Störungen hervorruft. In einigen Fällen (z. B. beim milieubedingten Autismus, Abschnitt C 6) ist die Einordnung vorläufig und wird sich nach weiteren Forschungen vielleicht ändern müssen.

A. Störungen im Verhaltensbereich Nahrungsaufnahme

Eigentlich sollte man meinen, Essen und Trinken wären von Natur aus im Menschen so angelegt, daß keine Störungen zu befürchten seien: Unser Körper meldet mit dem Hunger- und Durstgefühl, wie weit er mit Nahrung oder Wasser versorgt ist. Schon die neugeborenen Kinder beherrschen – wie die Tierkinder – alle Bewegungen der Lippen, der Zunge und des Schlundes, die zum Trinken notwendig sind; dies ist ihnen angeboren. Aber wie die Erfahrung zeigt, ist auch das Verhalten der Nahrungsaufnahme (= der orale Verhaltensbereich) anfällig gegen Verhaltensstörungen.

Es gibt *zwei* orale Bedürfnisse des Säuglings: den *Hunger,* der den Nährstoffbedarf des Körpers anzeigt, und den *Saugdrang.* Als Ursache für tägliche *Hunger*perioden mit der Gefahr nachfolgender oraler Schädigung kommt das Füttern nach streng gehandhabten Zeit- und Mengenplänen in Frage, und zwar bei Säuglingen, die möglicherweise eine kürzere Zeitperiode des Nahrungsverlangens (Abschnitt II A 1, S. 33) oder einen individuell größeren Nahrungsbedarf haben. Auf die Möglichkeit, daß auch das Unbefriedigtbleiben des *Saugdrangs* als Ursache für eine tiefergehende Schädigung des oralen Antriebsbereiches in Verdacht steht, hat Chr. MEVES[2] anhand eindrucksvoller

Beispiele hingewiesen; hier kommen als Ursachen zu weite Saug-
löcher bei der Flaschenernährung und langdauernde Sondenfütte-
rung in Frage.

Das Hauptgewicht der Besprechung von Störungen im Verhaltensbereich Nahrungsaufnahme liegt auf der Wiedergabe der ausführlichen Niederschrift von drei Verhaltensbeobachtungen. An ihnen
zeigt sich, daß gestörtes Eß- und Trinkverhalten mit Beeinträchtigungen auch in anderen Bereichen der Verhaltenssteuerung einhergehen
kann.

A 1. *Drei Schulkinder beim Essen und Trinken*

Drei Kinder wurden in der gleichen sozialen Situation beobachtet:
ein ausgeglichenes, ein auffällig gieriges und ein durch Hemmungen
und innere Spannungen hin und her gerissenes Kind. Die Schilderung
wurde mir von Frau Chr. Meves zur Verfügung gestellt:

»Die Beobachtungssituation war folgende: Drei Kinder – wir nennen sie *Brigitte, Gudrun* und *Anne* – wurden je einzeln für einige
Wochen in die für sie bisher fremde Familie aufgenommen. Die Familie bestand aus fünf Personen: den Eltern und schulpflichtigen Kindern. Die Tischgepflogenheiten entsprachen der Norm unseres Kul-
turkreises, wurden aber locker und ungezwungen gehandhabt: Jeder
durfte von allem, was auf den Tisch kam, essen, soviel er mochte. Die
Erwachsenen nahmen zum Benehmen der Kinder keine Stellung, es
sei denn, daß der Rahmen der Tischgemeinschaft grob gesprengt
wurde: durch Schmieren über den eigenen Platz hinaus, Aufstehen
oder Umher- oder Wegrennen, bevor alle, die am Tisch saßen, fertig
waren.

Die Beobachtungen wurden angestellt, nachdem das jeweilige Kind schon
mindestens zwei Wochen in der Familie gewohnt hatte, also mit deren Gewohnheiten vertraut war.

Brigitte, 11 Jahre: Strebt auf ihren Platz zu, nimmt dabei den Kopf
ein wenig hoch, zieht hörbar Atem durch die Nase, blickt auf den
Tisch: ›Oh, Nudelauflauf, hmmm!‹, befeuchtet die Lippen mit der
Zunge, schluckt, setzt sich. Als sie an der Reihe ist, legt sie sich ein
faustgroßes Stück Pudding auf den Teller, zögert, schaut auf die anderen Teller, dann zurück auf den Pudding, nimmt noch eine zweite,
kleinere Scheibe dazu und reicht die Schüssel weiter. Beim Nehmen
von Soße und Salat verhält sie sich ähnlich. Sie spießt die ersten Stücke

rasch hintereinander auf und schiebt sie in den Mund; die Augen sind zunächst auf das Essen gerichtet, sind weit geöffnet. Nach einigen Schlucken breitet sich auf dem Gesicht eine behagliche Zufriedenheit aus. Der Eßvorgang verlangsamt sich etwas; sie schaut nicht mehr nur auf ihren Teller, sondern hört zu, wenn gesprochen wird, und beteiligt sich am Gespräch. Die Schüssel wird dann noch einmal herumgereicht, und Brigitte senkt einen winzigen Augenblick lang ihren Kopf, so als besinne sie sich. Dann nimmt sie noch ein weiteres, viel kleineres Stück, gibt aber den Salat weiter, ohne von ihm genommen zu haben, und sagt dazu: ›Danke, ich möchte nicht mehr!‹ Nach Tisch fragt sie: ›Darf ich mir noch ein wenig von dem Saft holen, den ich so gerne mag?‹ und läuft aus dem Zimmer, als ihr das gestattet wird.

Gudrun, 9 Jahre: Rennt schnell auf den Tisch zu, stürzt sich auf einen Stuhl, ergreift Messer und Gabel und klopft damit rhythmisch auf den Tisch. Ihr Gesichtsausdruck ist gespannt, die Lippen sind verkrampft nach innen gezogen, die Augen unverwandt auf das Essen gerichtet. Sie zieht, ohne die anderen Menschen zu beachten, den Topf mit Kakao zu sich heran und schenkt – immer noch mit verkrampften Lippen – bis an den obersten Rand des Bechers ein. Hastig hebt sie den Becher dann auf, wobei, weil er zu voll ist, ein Teil auf den Tisch rinnt. Das kümmert Gudrun nicht: Sie beugt sich nur ein wenig weiter vor und schlürft den Kakao in wild-gierigen Schlucken. Sie setzt erst ab, als der Becher zu dreiviertel geleert ist, seufzt, leckt sich mit der Zunge den Mund, läßt den Blick gespannt über den Tisch schweifen, steht ein wenig auf und greift nach dem Brot, das am anderen Ende des Tisches steht. Sie nimmt zwei Stücke auf einmal und macht, als sie auf ihrem Teller liegen, mit beiden Händen eine schützende Gebärde, wobei sie ruckartig einmal nach links und nach rechts schaut, so, als wollte ihr jemand ihren Besitz streitig machen. Dann teilt sie – halb stehend – mit dem Messer eine Menge Butter ab, so daß die Brote schließlich fingerdick belegt sind. Die Marmelade, die sie dazu nimmt, quillt an den Seiten über und rinnt auf den Teller. Gudrun beißt große Stücke ab, kaut flüchtig, wobei die Marmelade ihr allmählich über die Hände läuft. Sie leckt die Hände und verschmiert dabei ihren Mund, den sie schließlich mit dem Handrücken abwischt. Gudrun beachtet zu keinem Zeitpunkt ihre Tischgenossen; ihre Aufmerksamkeit bleibt an den Eßvorgang fixiert. Sie packt noch ein zweites Mal den Kakaotopf mit den Händen, obgleich er einen Henkel hat, und schenkt sich dann nacheinander insgesamt drei Becher voll ein.

Nach dem Essen springt sie auf, rennt in die Küche, öffnet eine neue

Flasche Saft, wobei sie eine bereits angebrochene übersieht, dreht den Wasserhahn so weit auf, daß das in den Becher laufende Wasser überläuft, stürzt den Saft hinunter, ohne abzusetzen, wobei ihre Augen aus dem Kopf zu treten scheinen; danach atmet sie laut und prustend aus. Zum Schluß wirft sie den Becher in die Spüle und rennt fort.

Anne, 12 Jahre: Sie geht zögernd, fast schleppend auf den Tisch zu und bleibt, halb von ihm abgewandt, stehen; sie setzt sich erst, nachdem alle anderen Platz genommen haben. Sie hält den Blick gesenkt und nimmt, als sie an der Reihe ist, nichts von den Speisen, sondern reicht sie zuerst ihrem Nachbarn weiter. Als alle genommen haben, greift sie wie unschlüssig zum Löffel, füllt ihn nur halb und senkt ihn lahm auf ihren Teller. Sie dankt höflich bei Sahne und Streusel und führt das Essen in kleinen, zaghaften Portionen zum Mund. Dabei bleibt ihr Blick gesenkt; aber verstohlen beobachtet sie, wie die Sahne rasch kreisend auf den anderen Tellern verschwindet. Dabei verrät ihr Gesichtsausdruck eine hilflose, neidvolle Traurigkeit. Sie erklärt hartnäckig, daß sie satt sei, als man ihr noch einmal die Speise reicht, wobei in ihrem Tonfall eine Nuance von erstickter Gekränktheit mitschwingt. Nachdem die Tischpartner die Speise unter sich verteilt haben, stülpt sie die Unterlippe vor, wodurch ihr Gesichtsausdruck schmollend wirkt, und beginnt, mit vier Fingern ihrer linken Hand die Unterlippe in rhythmischen Bewegungen auf das Kinn zu ziehen. Sie hilft mit müden, aber angestrengt bemühten Gebärden, den Tisch abzuräumen; als sie sich aber unbeobachtet glaubt, hebt sie plötzlich den Sahneteller an den Mund und schleckt gierig die Reste ab.

Es ist nicht schwer zu erkennen: *Brigitte* war von diesen drei Mädchen die einzige, die sich der Situation entsprechend verhielt: angepaßt und zugleich selbständig. Sie war imstande zu essen, bis sie sich satt fühlte, und berücksichtigte dabei die Bedürfnisse ihrer Tischgenossen. Sie war unbefangen genug, etwas abzulehnen, was sie nicht mochte, und um etwas zu bitten, das sie haben wollte.

Im Gegensatz dazu war das Verhalten von *Gudrun* und *Anne* der Situation nicht angemessen. Beide Kinder hätten ja in den ersten Wochen ihres Besuchs die Erfahrung machen können, daß es in dieser Familie genug zu essen gab und daß bei Tisch kaum einmal geschimpft oder getadelt wurde. Dennoch verhielt sich Gudrun so, als gelte es, Leib und Leben dafür einzusetzen, um ja genug zu bekommen. Sie aß hastig, gierig, schlingend und war in ihrem Trinkbedürfnis schier unersättlich. Nun könnte man meinen, Gudrun stamme aus einer Familie, in der der Brotkorb jahrelang hochgehangen, in der es zudem keine Erziehung zu Tischmanieren gegeben habe. Aber das Gegenteil war der Fall: Gudrun gehörte zu der Familie eines hohen Staatsbeamten, in der auf die Korrektheit des Benehmens betont viel Wert gelegt wurde. Sie hatte zwar eine Reihe von Geschwistern, aber für alle wurde sehr bemüht gekocht und gesorgt. Gudrun konnte auch nicht bitten, sie ergriff von allen Dingen fordernd und in unangemessenen Mengen Besitz.

Auch *Anne* verhielt sich so, als ob nicht genug Essen vorhanden wäre – aber sie verzichtete gewissermaßen bereits im voraus darauf, wobei die Schmollgeste und das Lippenziehen Kennzeichen ihrer Unzufriedenheit waren. Daß sie wirklich nicht in der Lage war, *in angemessener Weise* zuzugreifen und satt zu werden, zeigte der heimliche Zugriff zum Sahneteller. Auch Anne hatte in der Familie, der sie angehörte, keine Not kennengelernt. Sie war die Tochter eines begüterten ausländischen Geschäftsmannes; in der Familie wurde gut und reichlich gegessen – selbst Nachkriegsbeschränkungen hatte sie nie gekannt.

Interessanterweise kam *Brigitte,* die sich situationsgerecht verhielt, aus einer belasteten Familiensituation. Sie hatte einen schwerkranken Vater und eine Mutter, die aus diesem Grunde wieder berufstätig geworden war, als Brigitte 8 Jahre alt war. Brigitte war es gewohnt, gelegentlich selbst ihr Essen bereiten zu müssen und auch schon einmal den kranken Vater zu versorgen.

Verhalten derselben Kinder bei der Schularbeit. Wenn man diese drei Kinder nun in ihrem Arbeitsverhalten beobachtete, ergaben sich interessante und typische Parallelen zu ihrem Eßverhalten.

Brigitte setzt sich kurze Zeit nach dem Mittagessen an ihren Arbeitstisch, holt ihr Aufgabenheft aus der Schultasche und sitzt eine Weile sinnend darüber. Auf Befragen erklärt sie, daß sie sich eine Reihenfolge zurechtlege, in der sie arbeiten wolle. Sie nehme erst die schweren schriftlichen Schularbeiten vor und dann die leichteren, die ihr mehr Spaß machten. Zum Schluß lerne sie die mündlichen Aufgaben und wiederhole sie am Abend noch einmal vor dem Schlafengehen. Sie fängt dann zügig an zu schreiben, ohne sich von Geräuschen und Störungen durch die anderen Kinder, die im Zimmer sind, ablenken zu lassen. Wenn sie eine Aufgabe nicht auf Anhieb lösen kann, probiert sie auf einem Zettel Lösungsmöglichkeiten aus. Gelingt es ihr dennoch nicht, so bittet sie ein älteres Schulkind oder einen Erwachsenen um Hilfe. Sie ist daher meist am frühen Nachmittag mit ihren Schularbeiten fertig, packt mit erleichtertem Seufzer ihre Bücher und Hefte zusammen, ordnet sie für den kommenden Schultag und geht mit Fröhlichkeit und Initiative zu freien und ihr angenehmen Beschäftigungen über.

Auch *Gudrun* begibt sich nach dem Mittagessen ins Arbeitszimmer, läßt sich aber lustlos auf ihren Stuhl fallen und verharrt eine ganze Weile so, wobei sie den Kopf in die rechte Hand stützt und die Schultasche auf ihren Knien mit dem linken Arm lässig umgreift. Sie schaut dabei auf das Treiben der anderen Kinder um sie herum, ohne aber dazu Bezug zu nehmen. Es sieht so aus, als wäre sie von einer stumpfen Passivität beherrscht. Schließlich wendet sie sich seufzend der Tasche zu und kramt darin eine ganze Weile nach ihrem Aufgabenbuch, ohne es zu finden. Schließlich zieht sie mit einem ungeduldigen Ruck ein Buch und ein Heft aus der Tasche und beginnt hastig, etwas abzuschreiben, wobei sie, wie bei Tisch, die Lippen nach innen zieht und die Zähne fest zusammenbeißt. In der ersten Zeile schreibt sie verhältnismäßig gleichmäßig, aber schon in der nächsten beginnt sie zu rasen, so daß sich die Schrift zunehmend verschlechtert. In der dritten Zeile verschreibt sie sich. Sie schimpft laut und stampft mit dem Fuß auf, streicht das Wort kreuzweise und mit wütender Druckstärke durch, aber schon nach wenigen Worten gibt es neues Verschreiben und neue Wut. Die Fehler häufen sich, Gudrun bringt die Arbeit in einem wild-hastigen Geschmier zu Ende und klappt das Heft rasch zu, ohne noch einen Blick darauf geworfen zu haben. Bevor sie die nächste Aufgabe in Angriff nimmt, sitzt sie lange trödelnd herum. Sie spielt mit ihrem Federhalter, lutscht und kaut eine Weile versonnen auf ihm herum; sie starrt durch das Fenster nach draußen und nestelt dabei in ihren Haaren; sie rutscht vom Stuhl herunter und spielt, bäuchlings auf dem Fußboden liegend, mit dem Hund. Dann beschäftigt sie sich mit den Buntstiften ihrer Nachbarin, nimmt sie ihr ungefragt fort und probiert sie aus, wobei sie mehrere abbricht. Als die Besitzerin sich darüber beschwert, macht sie sich schmollend und umständlich daran, sie wieder anzuspitzen. Schließlich wird mit der nächsten Aufgabe angefangen. Als eine Schwierigkeit auftaucht, die nicht auf Anhieb bewältigt werden kann, sagt Gudrun: ›Geht nicht!‹, klappt das Heft zu und stopft es heftig in die Tasche zurück. Über einer mündlichen Aufgabe brütet sie endlos mit stumpfem Gesichtsausdruck, wobei sie den Ellenbogen weit über den Tisch schiebt und den Kopf hineinlegt. Schließlich übt irgendeine Beschäftigung anderer Kinder einen Reiz aus, sie läßt alles stehen und liegen, und erst vor dem Schlafengehen erinnert sie sich daran: ›Ach, ich habe meine Schularbeiten noch gar nicht fertig!‹ Aber zu mehr als einem flüchtigen Aufschlagen der Bücher kommt es auch dann nicht, als sie sie mit ins Bett nimmt. Sie betrachtet nur stumpf und müde die Bilder – und als ein Erwachsener sich anbietet, ihr etwas abzuhören, sagt sie empört: ›Das les ich doch nicht – ja wenn es so rrrttt ginge! Du kannst dich ja hersetzen und mir vorlesen!‹

Anne verhielt sich in der gleichen Situation nicht weniger auffällig. Sie fängt mit den Schularbeiten gar nicht erst an. Sie kauert sich in die Ecke einer Couch und beginnt zu lesen. Anne liest unentwegt – nicht nur an diesem Nachmittag –, wobei sie meist anhaltend an den Fingernägeln kaut. Wird sie gefragt, ob sie mit ihren Schularbeiten schon fertig sei, so sagt sie gedehnt und von oben herab in ihrem fremdländischen Akzent: ›Sie sind mirr ssu duum‹, oder mit einer wegwerfenden Handbewegung: ›Mach ich später gaans fix.‹ Aber aus diesem Versprechen wird meist nichts, jedenfalls nicht zu Hause; das ›ganz fixe‹ Schularbeitenmachen findet vor den einzelnen Schulstunden statt, indem Anne von den Kameraden abschreibt. Fordert man sie zu irgendeiner gemeinsamen Unternehmung auf, so sagt sie hingegen gewichtig: ›Ich haben zu arbeiten!‹ Läßt man sie dann aber zurück, so schmollt sie später in der gleichen Weise, wie ich es schon bei ihrem Eßverhalten beschrieb. Fragt man in solchen Situationen, ob ihr etwas fehle, so antwortet sie hilflos und gequält: ›Ich mich fühlen unpassend‹, wobei ihr Unvermögen, die deutsche Sprache richtig zu beherrschen (denn sie hatte ›unpäßlich‹ sagen wollen), ihren Zustand mit einem treffenden Wort charakterisiert; denn Anne war in der Tat ›ohne Anpassung‹, sie hatte nicht die Möglichkeit, sich *situationsgerecht* zu verhalten. Sie verzichtete und resignierte, wo allein Zupakken und Mitmachen Erfolg versprochen hätten.

Vergleichen wir das Verhalten der drei Kinder bei der Arbeit: *Brigitte* schaffte es, den inneren Widerstand gegen die Forderung zur Anstrengung, wie sie die Schularbeiten für ein Kind darstellen, zu überwinden. Es gelang ihr anzufangen, sie konnte planen, sich konzentrieren und auch dann durchhalten, wenn sich ihr eine zunächst unüberwindlich scheinende Schwierigkeit in den Weg stellte. Sie biß sich andererseits auch nicht fest, wenn sich Schwierigkeiten als nicht lösbar erwiesen, sondern konnte dann auf sinnvolle Weise – nämlich bittend oder auch abwartend – Hilfe gewinnen. Dieses Verhalten, ihre Fähigkeit, sich anzustrengen, nicht vorzeitig zu verzagen, sich gegen Reize von außen abzuschirmen, in einer angemessenen Form fragen und bitten zu können, machten es aus, daß ihr die Arbeit Erfolg brachte, wodurch neue und vermehrte Anstrengungen ihr zunehmend leichter fielen. *Brigitte* war infolgedessen eine gute Schülerin, während *Annes* Schulnoten mäßig, *Gudruns* geradezu katastrophal waren. Und das Erstaunlichste: Testergebnisse dieser Kinder zeigten, daß die Intelligenz sowohl Annes als auch Gudruns beträchtlich größer war als die Brigittes. Die Intelligenz konnte bei beiden Kindern aber nicht hinreichend zum Ausdruck kommen, weil einige Voraussetzungen fehlten: *Gudrun* war bei ihrer Arbeit – genau wie beim Essen – von hastiger Ungeduld. Das führte zur Flüchtigkeit und damit zu einer steigenden Fehlerzahl – zur Vermehrung der Unlust, die bereits den Arbeitsbeginn hinausgezögert hatte. Die sich immer mehr verfestigende Erkenntnis ›*Ich kann das nicht*‹ erschwerte das Fortschreiten der Arbeit und machte neue Anfänge immer schwieriger. Dabei ist es typisch für solche Kinder, daß sie flüchtig, wurstig und faul wirken, sich und anderen ihre Resignation aber nicht eingestehen. Das bringt ihnen neuen Tadel und heftiges Fordern der Erziehenden ein und verschlechtert ihren Zustand im Circulus vitiosus weiter.

Auch *Annes* Einstellung zur Arbeit war im Grunde durch Resignation charakterisiert. Ihr Unvermögen, sich am Unterricht zu beteiligen und mit den Schularbeiten anzufangen, hatte in ihr die Vorstellung entstehen lassen, daß dort für sie ›nicht viel zu holen sei‹. So verzichtete sie – genau wie beim Essen –, ohne hinreichende Versuche gemacht zu haben.

So gibt es auf dieser Ebene gleichsam eine Wiederholung des Eßverhaltens der beiden Kinder: Gudrun stellt mit der im Ton unverschämten Aufforderung zum Vorlesen den Anspruch, sich passiv vollfüllen zu lassen – ähnlich wie beim Kakaotrinken –, während Anne sich nachträglich das aneignet, was sie sich nicht hatte nehmen können, als es situationsgerecht möglich gewesen wäre: Nur schleckt sie hier keine Sahne, sondern sie stiehlt sich die Früchte der Anstrengung von den Kameradinnen, die am Nachmittag zuvor ihre Schularbeiten fertiggestellt hatten.«

A 2. *Leistungshemmung*

Störungen in der Verhaltenssteuerung der Nahrungsaufnahme können, wie die beschriebenen Beispiele zeigen, auch andere Verhaltensrichtungen in Mitleidenschaft ziehen. Das gilt beispielsweise für die *allgemeine Verhaltens-Aktivität*. Oral gestörte Kinder sind manchmal besonders schlecht in der Lage, sich tatkräftig an eine Arbeit (z. B. Schularbeit) zu machen. Auch wenn sie sich durch die Arbeit eine baldige Freizeit verschaffen könnten, folgt ihre Verhaltenssteuerung gleichsam nicht ihren eigentlichen Wünschen, und sie verharren im Nichtstun. Bei solchen Kindern stehen die *Leistungen* nicht im Verhältnis zu den *Fähigkeiten*. Man spricht von Antriebsschwäche oder (neurotischer) *Leistungshemmung* und, falls zugleich die unerfüllt bleibenden Wünsche als übertriebene, durch Leistungen nicht gerechtfertigte Forderungen an die Umwelt herangetragen werden, von »*Riesenansprüchen*«. Dieser Zustand kann durch das Einschalten des Bewußtseins noch schlimmer werden: Der Berg unerledigter Pflichten und das abnehmende Selbstvertrauen lassen die Arbeitskraft weiter abnehmen. Manche Tiefenpsychologen sehen hier eine (psychogene) Entwicklungslinie von früher oraler Verhaltensschädigung zu einer *depressiven Grundstimmung*. Abschnitt A 1 hatte ein Beispiel hierfür geliefert.

Wie die angedeuteten Zusammenhänge zwischen oralen Mangelerlebnissen und späteren Leistungshemmungen, falls sie existieren (was nach allen Beobachtungen sehr wahrscheinlich ist), zu deuten sein könnten, sei abschließend durch zwei (gekürzt wiedergegebene) zusammenfassende Bemerkungen von A. DÜHRSSEN angedeutet[1]:

»Kinder, die niemals sicher sind, daß ihre intensiven Bedürfnisse wirklich gestillt werden, versuchen mit Hast und Ungeduld vom jeweiligen Augenblick das zu erreichen, was sie in der späteren Zukunft nicht mehr erhoffen können. Man sagt, daß solche Kinder einen zu geringen Spannungsbogen haben. Das Kind baut auf zu wenigen Vorerfahrungen auf, die ihm das Gefühl vermitteln: Was ich erhofft habe, kommt schließlich doch! Diese Kinder können nicht warten, vorausschauend planen.« – »Frühe orale Mangelerlebnisse bringen es mit sich, daß dauernde unabgesättigte Bedürfnisspannungen bei einem Kind erhalten bleiben und Ansatzpunkte werden für unangemessene überschießende Neidreaktionen oder für Hast, Gier und Ungeduld oder auch für depressive Resignation.«

B. Störungen in den Beziehungen zu betreuenden Personen

Von seiner Geburt an ist das Kind auf die lebendige Wechselbeziehung zu einfühlsamen und liebevollen Eltern angelegt, also zu Betreuern, die ihm auf die Dauer erhalten bleiben und an die es sich binden kann. Darum trifft es ein Kind hart, wenn es die Betreuer verliert, an die es sich gebunden hatte. Das Reagieren von Kindern auf die vorübergehende Trennung von ihren Hauptbezugspersonen ist Inhalt der Abschnitte B 1 und B 2. Noch viel tiefer ist der Eingriff in das Schicksal eines Kindes, wenn es aufwächst, ohne überhaupt eine feste Bindung knüpfen zu können; darüber berichten die Abschnitte B 3 bis B 8. – Der letzte Abschnitt (B 9) dieses Kapitels behandelt eine psychosomatische Störung, die als Folge von Belastungen im Umgang mit nahestehenden Menschen vorkommt: das seelisch bedingte Bettnässen und weitere Formen des unwillkürlichen Harnabgangs.

B 1. *Ein Familienkind kommt vorübergehend in ein Heim*

Die englische Kinderpsychologin Joyce ROBERTSON, von nun an »Beobachterin« genannt, berichtete über folgendes Geschehen aus dem Jahre 1969[1]:

John war 17 Monate alt, als seine Mutter zur Entbindung in die Frauenklinik ging und dort 9 Tage verweilte. Der Vater, ein junger Akademiker, war an einem kritischen Punkt seiner Ausbildung und konnte daher nicht für John sorgen. Der Hausarzt empfahl das örtliche Kinderheim, eine von den lokalen Behörden benutzte und als Ausbildungsstätte für Kinderschwestern anerkannte Institution. John begleitete seine Eltern, als sie das Kinderheim besichtigten. Die Lebhaftigkeit der Gruppe von fünf Kindern, zu der er gehören sollte, und die Freundlichkeit der jungen Schwestern beruhigten die Eltern. Sie wußten zwar, daß die Trennung John etwas aus dem Gleichgewicht bringen würde, glaubten aber, ihm darüber hinweghelfen zu können. Die Bedeutung dieses vorbereitenden Besuchs verstand John mit seinen 17 Monaten natürlich noch nicht.

John und seine Mutter hatten eine harmonische Beziehung. Er war ein umgängliches, leicht lenkbares Kind, das keine besonderen Ansprüche stellte; die Mutter behandelte ihn angemessen und ohne viel Getue. Das Reinlichkeitstraining hatte noch nicht begonnen. John war ein kräftiger, hübscher Junge, der gut aß und schlief und einige Worte sprechen konnte.

Die Wehen setzten in der Nacht ein, und als die Mutter unterwegs zur Frauenklinik war, wurde John ins Kinderheim gebracht. Er weinte eine halbe Stunde lang, dann schlief er ein. Als er aufwachte, fand er sich in einer fremden Umgebung wieder, einem Raum mit fünf anderen kleinen Betten, in jedem ein Kind so alt wie er, und jedes davon wollte angezogen werden. Er schaute zu, wie sie versorgt wurden, und als die achtzehnjährige Schwester Mary sich ihm mit einem Lächeln näherte, reagierte er darauf freundlich und ließ sich gern von ihr ankleiden. Auch mit Christine, einer anderen jungen Schwester, die ihn beim Frühstück fütterte, war er freundlich und ebenso zu den beiden anderen Schwestern, die tagsüber für ihn zu sorgen hatten. Die jungen Schwestern waren nicht einzelnen Kindern zugeteilt, sondern übernahmen die Pflichten, die sich gerade ergaben.

Die anderen Kinder, seit ihrer Geburt in diesem Heim, waren laut, lärmend, aggressiv, anspruchsvoll und konnten sich durchsetzen. John war von dem Lärm verwirrt und hielt sich manchmal die Ohren zu. Als sein Vater in diese fremde Umgebung kam, schaute John erst ganz erstaunt, bevor er ein Lächeln des Wiedererkennens zeigte. Als der Vater wegging, machte John keine Einwände. Mary, die Schwester, die ihn am Morgen angekleidet hatte, brachte ihn zu Bett. Als sie sich abwandte, um anderen Pflichten nachzugehen, weinte John.

Am zweiten Tag spielte John konstruktiv wie zu Hause. Er versuchte mehrmals, Kontakt mit einer der Schwestern aufzunehmen; doch konnte sich diese ihm immer nur ganz kurze Zeit widmen. John aß gut und weinte erst, als er in sein Bettchen gebracht wurde. Danach erschien sein Vater. Als er seinen Besuch beenden wollte, änderte sich Johns ruhige und klaglose Art, er schrie und wollte unbedingt mit ihm nach Hause. Schwester Mary tröstete John, und bald lächelte er ihr zu. Doch als sie bald danach wieder von seinem Bett weggehen mußte, brach John in langdauerndes Weinen aus.

Am dritten Tag spielte John in einer Ecke und kehrte der Gruppe den Rücken zu; oder aber er stand verloren am Ende des Raumes. Noch immer weinte er nur selten. Doch als sein Vater ihn besuchte, schlug er wütend nach ihm und zerrte an seiner Brille.

Der vierte Tag brachte eine deutliche Verschlimmerung. John weinte lange vor sich hin, was in dem Lärm der anderen Kinder unterging und von den Schwestern nicht beachtet wurde. Er lutschte am Daumen und strich sich oft mit den Fingern über Gesicht und Augen. Er spielte lustlos, aß und trank kaum und ging mit langsamen, unsicheren Schritten umher. Ein paarmal verkroch er sich unter einem Tisch, um allein zu sein und zu weinen.

Am fünften Tag sorgten sich die Schwestern ein wenig wegen seines anhaltenden Elends. Aber sie konnten ihn weder trösten, noch sein Interesse für Spielzeug wecken; den ganzen Tag über aß er *nichts*. Da keine der Schwestern direkt verantwortlich für ihn war, zerstreute sich ihre Besorgnis immer wieder und blieb ohne Wirkung. Johns Gesicht war verzerrt und seine Augen verschwollen. Er weinte in stiller Verzweiflung, wälzte sich oft am Boden und rang die Hände. Manchmal schrie er zornig, ohne sich jedoch an eine bestimmte Person zu wenden; als Schwester Mary sich ihm einmal kurz zuwandte, schlug er ihr ins Gesicht.

Am sechsten Tag war John elend und tat nichts. Als Schwester Mary Dienst hatte, sah man ihr an, daß sie sich seinetwegen Sorgen machte. Aber die Aufgaben der Gruppenbetreuung lenkten sie ab, und ihre Besorgnis ging in dem lärmenden Gewühl der anderen Kleinen unter. Johns Mund zuckte vor verhaltenem Schluchzen. Manchmal nahm ihn eine Schwester kurz auf den Arm, stellte ihn aber wieder ab, wenn andere Kinder ihre Aufmerksamkeit beanspruchten. Er weinte viel. Er hantierte mit einem großen Teddybären und preßte ihn an sich. Als sein Vater kam, kniff und schlug er ihn. Dann hellte sich sein Gesicht auf; voll Hoffnung ging er zur Tür, um ihm wortlos zu verstehen zu geben, daß er mit ihm nach Hause gehen wolle. Er holte seine Ausgehschuhe; und als der Vater sie ihm anzog, um ihn aufzuheitern, flog ein kleines Lächeln über sein Gesicht, als sei dies ein Zeichen, daß es jetzt heimgehe. Als der Vater aber keine entsprechenden Anstalten machte, bewölkte sich Johns Gesicht. Er ging zu Mary und schaute ängstlich zu seinem Vater zurück. Dann wandte er sich auch von Mary ab, setzte sich in eine Ecke und umklammerte seine Kuscheldecke.

Am siebten Tag weinte John den ganzen Tag lang leise vor sich hin. Er spielte nicht, aß nichts, verlangte nichts und reagierte nur für ein paar Sekunden auf die flüchtigen Versuche, ihn aufzuheitern. Er hatte einen stumpfen und leeren Ausdruck; er war nicht mehr der lebhafte Junge, als der er vor einer Woche gekommen war. Es tröstete ihn ein wenig, wenn ihn jemand – ganz gleich wer – auf den Arm nahm. Aber immer wurde er nach kurzer Zeit wieder abgesetzt. Gegen Ende des Tages ging er manchmal auf einen Erwachsenen zu, wandte sich dann aber wieder ab, um in einer Ecke zu weinen, oder er blieb stehen, warf sich mit einer verzweifelten Gebärde auf den Boden, das Gesicht nach unten. Er klammerte sich an den großen Teddybär. Der Vater kam spät, und John schlief schon.

Am achten Tag war er noch elender. Wollte ihn ein anderes Kind von den Knien einer Schwester verdrängen, wurde sein Schluchzen zornig. Er fand jedoch keine Linderung seines Unglücks. Lange Zeit lag er apathisch am Boden, den Kopf an den großen Teddybär gelehnt und blieb teilnahmslos, wenn andere Kinder zu ihm kamen. Noch immer aß er kaum. Als zur Teezeit sein Vater kam und ihm helfen wollte, war John so fassungslos, daß er weder essen noch trinken konnte. Krampfhaft schluchzte er über seiner Tasse. Als der Besuch zu Ende ging, überwältigte ihn der Kummer, niemand konnte ihn trösten, nicht einmal seine Lieblingsschwester Mary. Als sie ihn auf den Schoß nehmen wollte, entwand er sich ihr und kroch auf dem Boden bis zum Teddybären. Dort blieb er liegen, ohne auf die verwirrte junge Schwester zu reagieren.

Am neunten, dem Rückkehrtag der Mutter, weinte John vom Augenblick des Erwachens an, hing über seinem Gitterbettchen und war von Schluchzen geschüttelt. Alle Pflegerinnen hatten gewechselt außer einer, dieser lag er bewegungslos im Schoß, als seine Mutter kam, um ihn heimzuholen. Als er seine Mutter sah, wurde John plötzlich wieder lebendig. Laut schreiend warf er sich herum und nach einem verstohlenen Blick auf seine Mutter sah er wieder weg. Einige Male schaute er sie an, dann wandte er sich mit lautem Schreien und verstörtem Ausdruck von ihr ab. Nach einigen Minuten nahm die Mutter ihn auf den Schoß, aber noch immer schrie er laut und sträubte sich, bog sich so weit zurück, bis er endlich am Boden war. Dann rannte er bitterlich weinend zur Beobachterin. Diese beruhigte ihn, gab ihm etwas zu trinken und reichte ihn wieder seiner Mutter. Er kuschelte sich an die Mutter, umklammerte seine Decke, schaute aber die Mutter nicht an. Bald darauf betrat der Vater den Raum, und John strebte von der Mutter weg in seine Arme. Er hörte auf zu schluchzen und schaute zum ersten Mal direkt seine Mutter an. Es war ein langer, harter Blick. Seine Mutter sagte: »So hat er mich nie vorher angesehen.«

In der ersten Woche nach der Rückkehr zu den Eltern hatte John viele Wutausbrüche. Er lehnte seine Eltern auf allen Ebenen ab, wollte weder Liebe noch Trost annehmen, wollte nicht mit ihnen spielen und distanzierte sich von ihnen, indem er sich in sein Zimmer zurückzog. Er weinte viel und ertrug nicht den kleinsten Aufschub bei der Erfüllung seiner Wünsche. Beim Spielen war er aggressiv und destruktiv. Statt mit seinen Spielsachen sorgsam umzugehen, warf er sie jetzt ärgerlich auf den Boden.

In der zweiten Woche hörten diese Ausbrüche auf, und er war anspruchslos. Meist spielte er friedlich in seinem Zimmer. In der dritten Woche aber gab es eine dramatische Wende. Die Ausbrüche kamen wieder: Er weigerte sich entschieden zu essen, so daß er an Gewicht verlor. Nachts schlief er schlecht, ruhte auch tagsüber nicht und begann, sich an irgend jemanden anzuklammern. Die Eltern waren über diese Verschlimmerung sehr erschrocken, vor allem über den Abgrund, der sich zwischen ihnen und ihrem Kind aufgetan hatte. Sie reorganisierten ihr Familienleben: Zur wichtigsten Aufgabe wurde es jetzt, John beizustehen, ihm ein Maximum an Interesse zu widmen. Sie wollten ihm helfen, zurückzugewinnen, was er verloren hatte.

Einen Monat nach Johns Rückkehr hatte sich seine Beziehung zur Mutter wesentlich gebessert. Aber ein Besuch der Beobachterin warf ihn zurück in den früheren Zustand, wieder wies er Nahrung und alle Pflege seiner Eltern zurück. Innerhalb weniger Tage erholte er sich, doch 3 Wochen später (7 Wochen nach seiner Heimkehr) löste ein neuerlicher Besuch der Beobachterin wiederum eine heftige Störung aus, die diesmal fünf Tage dauerte und einen neuen Zug der Aggressivität gegenüber der Mutter enthielt. Wahrscheinlich rührten die Besuche der Beobachterin die Ängste und Belastungen wieder auf, die der Heimaufenthalt mit sich gebracht hatte. –

Joyce ROBERTSON hat das dramatische und schmerzliche Geschehen von Johns Heimaufenthalt nicht nur niedergeschrieben, sondern auch gefilmt. Dieser Film ist durch die ganze Welt gegangen[1]. Er stellt das grenzenlose Leiden des Kindes noch deutlicher vor die Augen der Betrachter, als es Worte vermögen. Die meisten Betrachter sind stumm vor Erschütterung, und es drängen sich mehrere Fragen auf:

Erste Frage: Wie konnte die Beobachterin es über sich bringen, zu beobachten, zu registrieren, zu filmen, ohne dem schwerst leidenden Kind zu Hilfe zu kommen und ihm wenigstens für diese 9 Tage eine bleibende Betreuerin zu sein? Wie man dies auch beurteilen mag – es war eine von ihr selbst verantwortete Gewissensentscheidung. Allein um der wissenschaftlichen Erkenntnis willen hätte sie sicherlich nicht so gehandelt; aber die Menschheit besitzt nun dieses ergreifende und aufrüttelnde Dokument, dem sich so leicht kein zweites zugesellen dürfte. Je mehr Menschen es zur Kenntnis nehmen, desto eher kann es wirken, zu verhindern, daß gedankenlos weiteren Kindern dieses Schicksal aufgebürdet wird.

Zweite Frage: War Johns Reaktion auf die Trennung und den Heimaufenthalt typisch, oder reagieren andere Kinder des gleichen Alters weniger empfindlich auf Umwelteinflüsse, die den beschriebenen ähneln? Die Antwort lautet: Johns Verhalten war keine Ausnahme; es ist unter den geschilderten Umständen sogar die Regel: Die ersten Reaktionen lassen sich als *Protest* kennzeichnen; dann folgt *Verzweiflung* und schließlich *Abwendung*[1]. Hierbei ist es besonders auffällig und es wirkt auf Eltern und andere Bezugspersonen rätselhaft und unheimlich, daß das Kleinkind beim Wiedersehen mit den ja so bitter entbehrten Eltern diesen nicht selig in die Arme fliegt, sondern ihnen zunächst lange Zeit, und später immer noch wiederkehrend, mit Ablehnung, ja – soweit man das von einem Kleinkind sagen kann – mit Haß begegnet.

Dritte Frage: War das seelische Martyrium, das John erleiden mußte, ein einmaliges unglückliches Verhängnis, oder kommt es auch sonst vor? Leider ist zu antworten, daß das beschriebene Geschehen zumindest damals häufig vorkam: Die Kinderschwestern, die John betreuten, bekundeten der Beobachterin einhellig, »daß sie schon viele Kinder wie John gehabt hätten«. Ein Beispiel aus Deutschland bringt Abschnitt VIII C 7 (S. 586).

Vierte Frage: Welche Belastungen durch die Heimsituation waren für Johns tiefe Verstörung verantwortlich? Um diese Frage zu beantworten, sollen an dieser Stelle nur die augenfälligsten Änderungen seiner Situation zusammengestellt werden:

– dauerndes Verschwundensein der Mutter;
– nur kurze, nicht einmal tägliche Besuche des Vaters;
– Verlust der gewohnten Umgebung: Wohnung, Bettchen, Spielsachen usw.;
– bisher unbekannte Erziehungsanforderungen und -maßnahmen;
– Angegriffen- und Verdrängtwerden durch die anderen Kleinkinder;
– Unruhe, Lärm, veränderter Tageslauf, Routinebehandlung;
– kein Erfüllen aufkommender Bedürfnisse, keine Linderung und kein Trost bei Nöten und Ängsten, weil die Schwestern zu wenig Zeit für das Eingehen auf einzelne Kinder hatten;
– Mißlingen aller Versuche, sich einer betreuenden Person näher anzuschließen, weil keine Schwester John fest zugeordnet war und die Schwestern ständig wechselten.

Fünfte Frage: Hat John sich von dem neuntägigen Erlebnis des Heimaufenthaltes wieder ganz erholt? Hierzu schreibt Joyce Ro-

BERTSON folgendes: Mit viereinhalb Jahren war John ein hübscher, lebhafter Junge, der seinen Eltern viel Freude machte. Aber zwei Eigentümlichkeiten beunruhigten sie: Er hatte Angst, seine Mutter zu verlieren, und war verstört, wenn sie nicht dort war, wo er sie vermutete. Alle paar Monate kam es aus heiterem Himmel zu Perioden aufreizender Aggressivität gegen sie, die einige Tage andauerten. – Aufgrund anderer entsprechender Erfahrungen hält Joyce RO-BERTSON diese Verhaltensweisen für Spätfolgen der vorübergehenden Heimunterbringung.

Hätte verständnis- und liebevolle Pflege während der Abwesenheit der Mutter eine seelische Katastrophe wie die von John abwenden können? Um diese Frage zu beantworten, führten die Beobachterin Joyce ROBERTSON und ihr Ehemann James ROBERTSON weitere Beobachtungen durch, die im nächsten Abschnitt beschrieben werden.

B 2. *Ein Familienkind kommt vorübergehend zu verständnis- und liebevollen Pflegeeltern*

Viermal haben die Eheleute ROBERTSON ein Kleinkind, während dessen Mutter zur zweiten Entbindung in der Klinik weilte, für mehrere Tage *in ihre Wohnung* aufgenommen und dort betreut, gepflegt, aufs genaueste beobachtet und gefilmt. Das jüngste dieser vier Kinder mit Namen *Jane* war genauso alt wie John (1 Jahr, 5 Monate). Auch hatte der Klinikaufenthalt der Mutter beinahe die gleiche Dauer (10 Tage). Über die Pflegezeit berichteten James und Joyce ROBERTSON, jetzt zugleich in den Rollen der Beobachter und der Pflegeeltern, folgendes:

Bevor die Eltern mitten in der Nacht zur Klinik aufbrachen, baten sie die Pflegemutter zu sich. Nach der Abfahrt der Eltern lag Jane noch eine Stunde wach in ihrem Bettchen, dann schlief sie ein. Die Pflegemutter blieb, bis Jane um 8 Uhr morgens aufwachte, führte sie durch die leere Wohnung und nahm sie dann mit in die Wohnung der Pflegeeltern. Jane ließ sich das ohne weiteres gefallen; denn sie kannte die Pflegemutter, weil diese in den vorangehenden Wochen einige Besuche in der Familie gemacht hatte. In der ganz nahegelegenen, zu Fuß erreichbaren Wohnung angekommen, stürzte sich Jane sogleich voller Freude auf die ihr angebotene Kiste mit Spielsachen.

Jane hatte bis dahin ein ruhiges Leben mit wenigen Kontakten zur Außenwelt geführt. Die Mutter widmete sich ganz der Pflege des

Kindes und bot ihm in phantasievoller Weise Möglichkeiten der Betätigung. Aber die Eltern verlangten ein hohes Maß an Gehorsam; Quengeln und Schreien war verpönt. Man verlangte von Jane, daß sie ein lächelndes Kind sei; Weinen wurde getadelt, Lächeln bedeutete, »artig« zu sein usw. Die Mutter berichtete, daß Jane immer lächelte, wenn sie unartig gewesen war und die Mutter versöhnen wollte. Die Eltern hielten Jane durch »Nein«-Sagen und Händeklatschen von verbotenem Tun ab; Jane konnte sich mit diesem Hilfsmittel auch selbst zügeln: In Reichweite des Gemüsebeetes ihres Vaters blieb sie stehen, klatschte in die Hände, schüttelte verneinend den Kopf und hielt sich so davon ab, die Pflanzen zu pflücken.

Die *ersten drei Tage* der Pflege brachten keinerlei Schwierigkeiten. Jane ließ sich sofort ganz von der Pflegemutter versorgen; sie aß allein, schlief gut, weinte nicht und spielte angeregt, ja sie zeigte sogar eine gewisse »fröhliche Überaktivität«. Gegenüber den Pflegeeltern war Jane freundlich und lächelte sie oft »herausfordernd« an; dieses Lächeln machte allerdings einen künstlichen, maskenhaften Eindruck und glich dem im vorigen Absatz erwähnten Gesichtsausdruck, den sich Jane angeeignet hatte, um ihre Mutter gut zu stimmen. Janes Vater kam täglich für eine Stunde, und seine Tochter spielte glücklich mit ihm; sie weinte aber, wenn er wegging.

Vom *vierten Tag* an wich die Fröhlichkeit allerdings mehr und mehr einer Unruhe, und die Schwelle für das Ertragen von Versagungen war herabgesetzt. Jane zeigte häufiger ein ärgerliches, gereiztes Verhalten. Das Lächeln wurde seltener, man sah es nur noch unmittelbar nach dem Schlafen, so als ob Jane sich bei jedem Aufwachen versichern müßte, sie sei an einem freundlichen und sicheren Ort. Jane spielte nicht mehr so ausgeglichen, lutschte häufig am Daumen und verlangte, gehätschelt zu werden. Keine dieser Veränderungen war sehr auffällig, aber alle zusammen ergaben das Bild eines Kindes, das unter Druck steht und manchmal verwirrt ist. Sie weinte zwar nicht, verlangte aber immer mehr Beachtung und Gesellschaft. Sie wollte öfter im Arm gehalten werden und sträubte sich gegen die routinemäßige Pflege.

Am *fünften Tag* ereignete sich folgendes: Während Jane an den ersten vier Tagen beim Spielen im Park ihr nahegelegenes elterliches Wohnhaus nicht beachtet hatte, ging sie an diesem Morgen an ihr Gartentor und versuchte, es zu öffnen. Das gelang ihr nicht. Sie schaute über die niedrige Mauer in den leeren Garten, wo sie sonst mit ihrer Mutter gespielt hatte, schüttelte den Kopf und wandte sich ab, während ein breites Lächeln auf ihrem Gesicht lag. Sie rannte ein paar Meter in den Park und blieb dann stehen, als ob sie nicht wisse, wohin sie gehen solle. Am nächsten Tag ging Jane wieder zu ihrem Gartentor, diesmal ließ es sich öffnen. Sie lief den Weg zum Haus hinunter und versuchte, die Wohnungstür zu öffnen. Dann kehrte sie um und rannte mit verzerrtem Gesichtsausdruck zurück zum Gartentor. Sie schloß das Tor sehr sorgfältig, blieb aber eine Weile in seiner Nähe stehen. Sie versuchte, über die Gartenmauer zu sehen, und spähte zwischen den Gitterstäben des Tores hindurch auf das leere Haus. Dann weigerte sie sich zum erstenmal, ins Haus der Pflegeeltern zu gehen, und zum erstenmal seit der Trennung sprach sie das Wort »Mama« aus.

Zum Ende der ersten Woche wurde Jane böse mit ihrem Vater. Mitunter hielt sie sich während seines Besuches von ihm fern und »übersah« ihn; wollte er jedoch weggehen, hängte sie sich an ihn und weinte.

Trotz allem blieb das Verhältnis zu den Pflegeeltern herzlich. In der *zweiten Woche* lernte Jane sogar ein neues Wort – »Blume« –, das sie mit den Blumen auf der Schürze der Pflegemutter in Verbindung brachte. Obwohl sie stiller war und ihr bei der geringsten Versagung die Tränen kamen, aß und schlief sie doch weiterhin gut. Bei dem Besuch einer Spielgruppe, die die Pflegemutter wöchentlich einmal leitete, war Jane ganz unbefangen und verhielt sich den anderen Kindern gegenüber adäquat.

Am zehnten, dem Rückkehrtag der Mutter, hatte Jane sich schon etwas enger an die Pflegemutter angeschlossen und nannte sie »Blume«. Als ihre Mutter kam, um sie abzuholen, erkannte Jane sie und ging nach kurzem Zögern auf sie zu. Zuerst war sie unsicher und scheu, aber dann zeigte sie ein liebes, lächelnd-schmeichelndes Verhalten – die alte Art, Aufmerksamkeit und Zustimmung der Mutter zu gewinnen. Wortlos forderte sie die Mutter auf, sich ihrer wieder anzunehmen. Erst wollte sie ihr »Töpfchen« haben, dann ergriff sie ihre Haarbürste, dann mußte ihr Kleidchen beachtet werden.

Innerhalb der ersten zwei Tage nach der Rückkehr zu den Eltern verwandelte sich das einschmeichelnde Verhalten den Eltern gegenüber in das Gegenteil: Sie tat ganz bewußt, was diese ärgern mußte. Klapse und Versagungen führten nun zu schweren Weinkrämpfen; das war neu. Sie war nicht mehr die folgsame Jane aus der Zeit vor der Trennung, die durch einen Klaps auf die Finger oder ein scharfes Wort zur Beachtung der Verbote gebracht werden konnte. Es dauerte einige Wochen, bis sie sich nicht mehr so herausfordernd gegen ihre Mutter benahm, aber der mühelose Gehorsam stellte sich nicht wieder ein. Allerdings stellten die Eltern, nachdem sich die Familie auf vier Personen vergrößert hatte, an ihre Älteste auch nicht mehr so strenge Gehorsamsforderungen.

Obwohl Jane ihre Mutter freudig wieder angenommen hatte, war doch auch eine Zuneigung zur Pflegemutter entstanden. Mehrmals kam die Pflegemutter noch zu Besuch. Anfänglich wurde sie herzlich begrüßt, und Jane trennte sich nur ungern von ihr. Als aber die Beziehung zur Mutter sich wieder festigte, schwankte Jane bekümmert zwischen den beiden Mutterfiguren. Eine Woche nach ihrer Heimkehr rannte Jane einmal auf die Pflegemutter zu; als die Mutter das sah, streckte sie ihr unbedacht einladend die Hand entgegen. Jane änderte daraufhin die Richtung ihres Laufs, erreichte aber weder Mutter noch Pflegemutter, sondern fiel zwischen beiden hin und verletzte sich am Mund – ein Geschehen, das die Tragik zweier unvereinbarer Liebesbindungen beinahe sinnbildlich zur Anschauung bringt. Zwei Wochen später verhielt sich Jane zur ehemaligen Pflegemutter zwar zutraulich und herzlich; die Beziehung zu ihr bedeutete ihr aber nicht mehr soviel.

Wie dieser Bericht zeigt, verlief Janes Trennungszeit von Mutter und Wohnung unvergleichlich viel günstiger als die von John, und dies, obwohl beide Kinder gleich alt waren, gleich lange Zeit von ihrer Mutter getrennt, beide nur in Abständen von ihrem Vater besucht und obgleich beide aus ihrer gewohnten häuslichen Umgebung herausgerissen worden waren. Während aber John keine bleibende Bezugsperson hatte, die sich auf ihn einstellte, und zudem dauernd mit fünf gleichaltrigen Kindern um die Fürsorge der Schwestern konkurrieren mußte, war Jane allein in der Pflegefamilie, und die Pflegemutter bemühte sich einfühlsam und liebevoll um ihr körperliches und seelisches Wohl. Im Unterschied zu John war Jane nie stundenlang verzweifelt oder apathisch; sie aß und schlief gut, und sie lernte bei ihren Pflegeeltern sogar ein neues Wort. Völlig anders als bei John gestaltete sich auch das Wiedersehen mit der Mutter: John lehnte seine Mutter ab, Jane nahm sofort wieder eine freundliche Beziehung zu ihr auf.

Trotz der ungleich besseren Bedingungen während der Trennungszeit (vorheriges Kennenlernen der Pflegemutter und deren Wohnung) sowie der individuellen Betreuung durch eine feste Bezugsperson, die ganztägig für Jane sorgte, waren auch für Jane die Trennung von der Mutter, das nur seltene Zusammensein mit dem Vater und der Umgebungswechsel eine schwere Belastung, die sich auch noch nach der Rückkehr in die Familie in provokativem Verhalten, Weinkrämpfen, Beziehungskonflikten und ähnlichem äußerte.

James und Joyce ROBERTSON haben drei weiteren Elternpaaren den gleichen Dienst erwiesen und deren erstes Kind zu sich genommen, während die Mutter zur Entbindung des zweiten in der Klinik war. Die Kinder waren etwas älter als John und Jane (Lucy 1 Jahr und 9 Monate; Thomas 2 Jahre und 4 Monate; Kate 2 Jahre und 5 Monate). Der Verlauf der Pflege dieser Kinder wurde ebenso ausführlich wie bei John und Jane dargestellt und im Film festgehalten. Es ist faszinierend zu lesen, wie unterschiedlich sich die Kinder verhielten. Doch ergab sich übereinstimmend folgendes:

Die Kinder schlossen sich von Tag zu Tag enger an die Pflegemutter an. Sie verlangten nach ihr, wenn sie Trost oder Schutz suchten, und sie konnten beides auch bei der Pflegemutter finden und von ihr annehmen. In den ersten Tagen lachten alle Kinder mehr als üblich und waren im Spielen besonders aktiv. Doch hatten sie an der Abwesenheit der Mutter und dem Fernsein von der häuslichen Umgebung schwer zu tragen und konnten es nur mit Mühe seelisch verarbeiten. Alle Kinder waren in dieser Zeit weniger fähig, Versagungen zu ertragen; sie waren häufiger als sonst aggressiv, und es kam zu vorübergehenden Krisen. Doch gab es keine langen Perioden des verzweifelten Weinens. Wenn die Kinder doch einmal weinten, dann vornehmlich, wenn sich die Väter nach einem Besuch wieder verabschiedeten; das Weinen währte aber nie länger als eine oder zwei Minuten.

Das gemeinsame Ergebnis dieser Studien lautet demnach: Wenn man Kindern, die ihre Mutter und ihr Zuhause vorübergehend entbehren müssen, erzieherisch kluge und liebevolle Einzelbetreuung durch eine zuvor bekannte, unablässig zur Hilfe bereite, also stets für das Kind heranzurufende Pflegemutter bietet, dann besteht die Chance, ihnen eine seelische Katastrophe zu ersparen. Auch dann aber ist die mehrtägige Trennung für die Kinder eine nur schwer tragbare Belastung. Sie sollte einem Kleinkind nur auferlegt werden, wenn es gänzlich unvermeidbar ist.

B 3. *Säuglings- und Kleinkindheime mit Altersklassenstruktur*

Manche der Kinder, die in Heimen aufwachsen, hatten zuvor zunächst in einer Familie gelebt, wurden aus ihr aber herausgenommen – beispielsweise wegen Erziehungsunfähigkeit der Eltern. Andere befinden sich seit ihrer Geburt im Heim; bei diesen handelte es sich früher in der Mehrzahl um die Kinder lediger Mütter, die nicht wußten, wie sie ohne ganztätige außerhäusliche Berufstätigkeit den Lebensunterhalt für ihr Kind und sich bestreiten sollten. War das Heim – wie früher üblich – nach Altersklassen (und nicht in Familiengruppen) gegliedert, so konnten sich von den kindheitslang dort lebenden Kindern die meisten niemals an eine bleibende betreuende Bezugsperson binden. Dies brachte für sie die bedrückende Gefahr des *psychischen Hospitalismus* (Deprivationssyndrom) mit sich.

In diesem und den folgenden Abschnitten wird die *schlimmste* Ausprägung des psychischen Hospitalismus beschrieben. Es gibt jedoch auch – je nach der Dauer der Bindungslosigkeit, dem Ausmaß der Verwahrlosung und je nach den Veranlagungen des Kindes – stärkere oder geringere Ausprägungen des Deprivationssyndroms.

Zu Ende der 60er Jahre und in den 70er Jahren begann man damit, die Altersklassenstruktur in Säuglings- und Kleinkindheimen abzuschaffen und die Familienstruktur einzuführen. Zusätzlich zu den früheren klassischen Schriften von René SPITZ[1] und John BOWLBY[2] haben einige Bücher, vor allem von J. LANGMEIER und Z. MAŤEJČEK[3], von M. MEIERHOFER und W. KELLER[4] sowie von J. PECHSTEIN[5] und vielleicht auch dieses Buch in seiner 1. Auflage (1973), zu dieser Entwicklung beigetragen.

Trotzdem sollen die Belastungen und Persönlichkeitsschäden der bindungslos aufwachsenden Kinder ausführlich dargestellt werden: Es gilt, das Bewußtsein für die verhängnisvolle Bedeutung von Heimschäden für die Verhaltensentwicklung auch in aller Zukunft wachzuhalten, damit man – auch unter geänderten sozialen oder politischen Bedingungen – niemals wieder in die verhängnisvollen Fehler des bindungslosen Aufwachsens derjenigen Säuglinge und Kleinkinder zurückfällt, für deren Gedeihen *die Gesellschaft* die gesamte Verantwortung trägt. Seinerzeit gaben Mütter ihren Säugling in ein Heim in der Annahme, in staatlicher Betreuung würde ihr Kind richtig versorgt und sie könnten es zu sich nehmen, sobald sich ihre Lebensverhältnisse gebessert hätten. Die Folgen der Massenpflege kannten zu wenige Menschen.

In allen Schriften über Heime zollte und zollt man den *Kinderschwestern und Erziehern* für ihren oft außerordentlichen Einsatz hohe Anerkennung. Wenn man an Heimen mit Altersklassenstruktur vernichtende Kritik übt, so trifft die Schwestern und Erzieher dafür keine Verantwortung. Diese lastet auf anderen Personen. Die Betreuer waren fast immer in aufopfernder Liebe für die ihnen anvertrauten Kinder tätig. Für sie lag eine schreckliche Tragik darin, daß ihr Einsatz es nicht vermochte, tiefgreifende Persönlichkeitsschäden der bindungslos aufwachsenden Heimsäuglinge und Heimkleinkinder aufzuhalten bzw. Verhaltensstörungen zu beheben, die in den Ursprungsfamilien entstanden waren. Die menschliche Natur ist so beschaffen, daß hier nur unter einer anderen Organisationsform – einer Familienstruktur, die dauernde Bindungen erlaubt – Abhilfe möglich ist (Abschnitt VIII B 4, S. 538).

Der folgende Abschnitt (B 3) schildert speziell die *Umwelt* der Säuglinge, wie sie seinerzeit in Heimen mit Altersklassenstruktur üblich war. Danach wird das *Verhalten* der Kinder dargestellt: zunächst unmittelbare Reaktionen auf Heimbedingungen (B 4, B 5), dann spätere Folgen des Heimaufenthalts (B 6). Anschließend folgt die Darstellung von Möglichkeiten und Mühen, um Heimschäden wiedergutzumachen (B 7, B 8).

In den sechziger Jahren wurden einige wirklichkeitsgetreue Darstellungen über den Alltag in Säuglings- und Kinderheimen erarbeitet[1]. Ausdrücklich wurde dazu mitgeteilt, daß die beobachteten Verhältnisse keine Besonderheiten der untersuchten Anstalten waren, sondern typisch auch für andere Heime.

Während des ersten Lebensjahres wurden Säuglinge im Heim beim Trinken aus der Flasche nur ganz ausnahmsweise im Arm gehalten. Im Normalfall erhielten sie die Flasche, ohne daß sie dabei ein menschliches Gesicht sehen konnten, im Bettchen. Entweder wurde die Flasche dabei von einem Flaschenhalter festgehalten, oder der Säugling wurde auf die Seite gelegt und die Flasche mit einem Kissen unterstützt (abgebildet in MEIERHOFER/KELLER[2]). Wenn der Säugling dabei den Flaschensauger aus dem Mund verlor, was während der Mahlzeit mehrmals geschehen konnte, half ihm die Schwester, sobald sie das bemerkte. War die Milch inzwischen zu kalt geworden, wurde sie wieder angewärmt. Bemerkte eine Schwester, daß ein Säugling schlecht trank, so versuchte sie, die Saugreaktion zu fördern, z. B. indem sie die Flasche etwas voran- und zurückbewegte, so daß der Sauger im Munde hin- und herglitt. Die reine Trinkzeit war – nach Protokollauszügen – kurz, nur 6 bis 8 Minuten; das dürfte ein Zeichen dafür sein, daß zur Erleichterung des Trinkens Flaschensauger mit großem Saugloch verwendet wurden. Besonders schlecht trinkende Säuglinge wurden am ehesten auf den Arm genommen und individuell gefüttert. Sonst war der Kontakt zwischen Säuglingen und Pflegerinnen anläßlich der Mahlzeiten auf das Geben der gefüllten und das Abnehmen der geleerten Flaschen beschränkt, wofür in verschiedenen Heimen ein durchschnittlicher Zeitaufwand von 15 bis 43 Sekunden gemessen wurde.

Innerhalb des zweiten Lebens*halb*jahres erfolgte der Übergang zu breiiger Nahrung als Hauptmahlzeit. Jetzt dauerte der Kontakt zu einer Pflegerin pro Mahlzeit länger, nämlich – im Durchschnitt der Erhebungen – jedesmal 3½ bis 7 Minuten. Beim Füttern mußte wegen der überall herrschenden Zeitnot durch geschickte Handhabung (Festhalten der Ärmchen) darauf geachtet werden, daß die Säuglinge nicht mit den Händen ins Essen griffen und sich nicht beschmierten; beispielsweise wurde der Teller dicht unter das Kinn gehalten. In manchen Heimen gab man den Kindern bis zum Alter von zwei oder sogar von drei Jahren aus Zeitmangel fast nur flüssige oder breiige Nahrung und wenig oder gar nichts Festes, das sie richtig kauen mußten (so auch Claudia, siehe Abschnitt III B 8, S. 179).

Für das erste Lebensjahr hat man mehrmals für den einzelnen Heim-Säugling die tägliche Gesamtdauer des Kontaktes zu Pflegerinnen gemessen, also die Summe der Zeiten für Flaschegeben, Wickeln und Baden. Für 0- bis 6monatige Säuglinge ergaben sich für verschiedene Heime Durchschnittswerte zwischen 22 und 55 Minuten pro Tag, für 7- bis 12monatige zwischen 37 bis 70 Minuten pro Tag. Mehrmals hat man dann einen Vergleich zu Familienkindern angestellt; man kam dabei immer wieder auf Werte von etwa 1 : 5, d. h. Heimkinder erhielten im Vergleich zu Familienkindern nur ein Fünftel des Kontakts mit ihren Betreuerinnen!

Dazu kam ein *Wechsel der Pflegepersonen* in vierfacher Hinsicht: (1) Die Säuglinge und Kleinkinder wurden tags und nachts von verschiedenen Schwestern betreut (Tag- und Nachtschwestern). – (2) Um der schnelleren Arbeit willen mußten die Schwestern vielfach eine Arbeitsteilung durchführen, so etwa beim täglichen Baden der Säuglinge: Eine Schwester bereitete und wechselte das Badewasser, seifte die Säuglinge ein und spülte sie sofort wieder ab (feuchte Arbeiten); die andere Schwester holte die Säuglinge aus dem Bettchen, zog sie aus, trocknete sie nach dem Bad ab, zog sie wieder an und brachte sie zurück (trockene Arbeiten). Ähnliches wurde vom Breifüttern von 6- bis 12monatigen Säuglingen berichtet: Eine Schwester fütterte ein Kind nach dem anderen, die andere brachte ihr die Kinder und legte sie ins Bettchen zurück. – (3) Da viele junge Mädchen nur kürzere Zeit im Beruf bleiben oder auch ihre Stelle wechseln, kam es dadurch für die Säuglinge zu einem zusätzlichen Wechsel der Betreuerinnen. Die durchschnittliche Dauer des Erhaltenbleibens einer individuellen Pflegebeziehung war in einem Fall sogar – im Zusammenhang mit dem, was gleich unter Punkt 4 zu sagen ist – nicht mehr als »1 bis 2 Monate«[1]. – (4) Besonders kennzeichnend war – als vierte Form des Betreuerinnen-Wechsels – die Verlegung der Säuglinge von einer zur anderen Pflegeeinheit und damit jeweils nicht nur zu neuen Schwestern, sondern auch in neue Zimmer. Dies geschah im typischen Fall zum ersten Mal im Alter von 3 Monaten und dann weiter zumindest beim Erreichen folgender Lebensalter: 6 Monate, 1 Jahr, vielfach aber noch häufiger. Die Kinder wurden so gut wie niemals auf die Verlegung vorbereitet, und die Schwestern der jeweils vorangehenden Periode zeigten sich ihren früheren Pfleglingen auch nicht wieder. Die Kinder protestierten weniger, wenn sie durch abrupte vollständige Trennungen vor vollendete Tatsachen gestellt wurden; das ist jedoch kein Maßstab für ihr seelisches Leiden (siehe Abschnitt VIII C 7, S. 585). – Allerdings machte schon der Zeitmangel der Schwestern, der in so gut wie allen Heimen herrschte, eine länger dauernde Kontaktpflege über die Grenzen der Pflegeeinheiten hinaus unmöglich.

In sehr seltenen Ausnahmefällen kamen in Heimen der beschriebenen Art auch längerdauernde Beziehungen zwischen einem einzelnen Kind und einer Schwester vor, beispielsweise wenn sich eine Schwester aus der Verwaltung oder der Küche eines der Kinder zu ihrem »Lieblingskind« erkor, es immer wieder einmal zu sich nahm und mit ihm spielte; in manchen Fällen war dies ein »Sorgenkind«, um das sich niemals Eltern oder andere Verwandte kümmerten. Unter diesen Umständen konnte ein Kind zu einem Erwachsenen eine längerdauernde Anhänglichkeit ausbilden, die manchmal sogar über den Heimaufenthalt hinaus bis ins Erwachsenenalter erhalten blieb.

Hinsichtlich des Spielzeugs, das man den älteren Säuglingen und Kleinkindern gab, bestanden große Unterschiede zwischen den Heimen. In manchen Fällen schien es höchst ärmlich zu sein (»nur Gummitiere und Würfel«), in anderen vielfältiger (»größere Stofftiere, Gummibälle und Klötze, manchmal auch gestrickte Hampelmänner oder Puppen«). So gut wie nirgends aber konnten die verschiedenen Kinder individuelles Spielzeug ihr eigen nennen; alles Spielzeug wurde zusammen im Schrank aufbewahrt und zum Spielen verteilt. Meist wurde darauf gesehen, daß das Spielzeug möglichst robust und unzerbrechlich war, damit es bei den (leider häufigen) Streitereien der Kinder nicht entzweiging. Trotzdem befand sich, wie berichtet wurde, viel Spielzeug in halb zerstörtem Zustand.

Zu ihrer eigenen Sicherheit, zur Vermeidung von unhygienischer Verschmutzung und zur Abwehr eines unbeherrschbaren Chaos bei vielfach über 10 Kindern pro Zimmer mußten die Säuglinge und Kleinkinder in ihrer Bewegungsmöglichkeit eingeschränkt werden, vor allem die lebhaftesten. »Sobald die Kinder tagsüber aufgenommen wurden – nämlich die älteren Säuglinge und die ein- bis zweijährigen Kinder –, verfügten sie über eine etwas größere Bewegungsfreiheit. Doch mußten sie da nun oft lange Zeit auf den Töpfen, in Schaukeln oder Stühlchen festgebunden verharren. Nur in den ›Jupalas‹, den Gehgestellen, konnten sie, frei sitzend, mit den Beinen Gehbewegungen machen und sich ein wenig vorwärts bewegen, oder in Gestellen, die an einem Gummiseil an der Decke befestigt waren, konnten sie auf- und niederhüpfen oder sich um sich selbst drehen. In die Laufgitter mußten sich ... meist zwei bis fünf Kinder miteinander teilen, so daß auch hier für das einzelne nur beschränkter Raum zur Verfügung stand. Lediglich in jenen wenigen Abteilungen, wo es den Kindern erlaubt war, frei auf dem Boden herumzurutschen, konnten sie, sofern sie die Initiative dazu aufbrachten, noch vor dem ersten Lebensjahr kriechen lernen.«[1]

B 4. *Verhalten bindungslos aufwachsender Säuglinge*

In den ersten sechs Lebensmonaten zeigten die Heimsäuglinge starkes Daumenlutschen. Sie schrien außerordentlich viel und fingen oft schon kurze Zeit nach der Mahlzeit wieder zu weinen an. Sie begannen etwa im gleichen Alter zu lächeln wie Säuglinge in Familien; aber in den folgenden Monaten, in denen sich unter anderen Lebensumständen die individuelle Bindung an eine das Lächeln anregende und erwidernde Dauerbetreuerin gebildet hätte, wurde das Lächeln seltener und erlosch vielfach völlig. Etwa vom 8. Lebensmonat an machten die Heimkinder meistens ein bitterernstes Gesicht mit weit offenen Augen und zusammengezogenen Lippen. – Auf das Verpflanztwerden in eine andere Abteilung reagierten viele der Kinder jeweils mit vermehrtem Schreien und verstärkter Unruhe.

Stereotypien. Wird die normale Verhaltensentwicklung im ersten Lebensjahr durch Vernachlässigung in der Familie oder durch die Bedingungen von Heimen mit Altersklassenstruktur beeinträchtigt, so vermehren und verstärken sich *Stereotypien* – Verhaltensweisen, die bei verhaltensgesunden Kindern nur in Spuren auftreten.

Bei kleineren Säuglingen ab drei Monaten wurde ein Hin- und Herrollen des Kopfes in Rückenlage beobachtet; es wurde oft mit erschreckender Geschwindigkeit ausgeführt. Größere Säuglinge drehten bei dieser Rollbewegung meist den Rumpf mit. Bei Säuglingen in der zweiten Hälfte des ersten Lebensjahres, die viel in der Rückenlage festgebunden wurden, kamen andere Bewegungen des Rumpfes vor: rhythmisches Heben und Senken des Bauches und Gesäßes sowie stoßende Auf- und Abbewegung von Kopf und Hals und im gleichen Rhythmus dazu Streck- und Beugebewegungen der Beine. Nicht in Rückenlage fixierte Kinder entwickelten bevorzugt ein in der Kriechstellung bzw. Stützlage vollzogenes Vor- und Zurückwiegen des Rumpfes, wobei nicht selten das Gesäß heftig auf die Waden und Fersen oder der Kopf mit Stirne oder Scheitel auf die Unterlage oder den Bettrand aufgestoßen wurde. Andere Formen von Stereotypien bei Säuglingen im Bettchen waren: dauernd wiederholtes Streicheln über die eigenen Haare, am Rumpf entlang oder über den Stoffbezug der Bettdecke, kreisende Bewegungen der Hand über oder hinter dem Ohr, bei größeren Kindern manchmal auch verbunden mit dem Drehen einer Haarlocke. Ferner kamen Dreh-, Beuge-, Spreiz- und Streckbewegungen in den Hand- und Fingergelenken vor; sie wurden mit gebeugten Ärmchen vor dem Gesicht vollzogen und in diesem Fall mit den Augen verfolgt. Die ständige Naheinstellung wurde nicht selten auch beim Fixieren von weiter entfernten Objekten als eine Art Schielen beibehalten.

Sobald die Kinder selbständig sitzen konnten, ergaben sich neue Formen: Vor- und Zurückschaukeln des Oberkörpers, seltener ein seitliches Wippen. Manche Kinder schlugen mit dem Rücken oder dem Hinterkopf rhythmisch an eine Wand oder an den Bettrand und bewirkten damit die Erschütterung des eigenen Körpers. Die häufigste Stereotypie bei Kleinkindern, die bereits stehen gelernt hatten, war seitliches Wippen im Spreizstand mit Verlagerung des Gewichts von einem Bein aufs andere.

Stereotypien bei Heimkindern waren am häufigsten im Alter zwischen 5 Monaten und 2½ Jahren. Danach nahmen sie wieder ab, zeigten sich jedoch vielfach noch lange Zeit in einer speziellen Lebenssituation: während des Einschlafens. Nahm ein in stereotypen Bewegungen befangenes Kind mit Erwachsenen Kontakt auf, so unterbrach es sie meistens; doch gab es Kinder, die auch dann mit den Bewegungen fortfuhren. Manche Kinder konnten sich inmitten von Spielsachen und Spielkameraden selbstvergessen und langdauernd ihren stereotypen Bewegungen hingeben, andere wechselten zwischen Spiel und diesen selbstversunkenen Bewegungsweisen ab. Der Gesichtsausdruck glich dabei niemals dem eines zufriedenen Kleinkindes, sondern war eher depressiv und gespannt: zusammengepreßter Mund, unbewegte Züge, manchmal zusammengezogene Augenbrauen.

Die Stereotypien der Heimkinder, wie sie hier nach den Beschreibungen von MEIERHOFER und KELLER dargestellt wurden, waren also in ihrer Form überaus vielfältig – eine eigenartige Erscheinung angesichts der Tatsache, daß die verursachenden Einflüsse für alle Kinder recht ähnlich schienen. Eine verhaltensbiologische Deutung hierfür folgt in Abschnitt VII A 1 (S. 468 ff.).

Unruhe im 1. Lebenshalbjahr. Das Schreien der Säuglinge in den ersten Lebensmonaten wurde – da jede Reaktion der Umwelt ausblieb – oft so intensiv, daß das Gesicht rotblau anlief und der Atem zeitweise nicht mehr eingezogen werden konnte (Atemkrampf). Manchmal erfolgte beim Einatmen ein Wechsel zum Blaßwerden. Dazu kamen Schweißausbrüche und heftige Bewegungen mit Armen und Beinen, wodurch oft die Decke abgestrampelt wurde. Offensichtlich wurden alle Verhaltensreserven mobilisiert, um Kontakt mit einer Betreuerin zu gewinnen. In Zimmern mit vielen Säuglingen herrschte oft ein ohrenbetäubendes, für den Ungewohnten unerträgliches Schreien. Nahm man einen dieser schreienden Säuglinge auf den Arm, so verstummte er vielfach innerhalb weniger Augenblicke – ein Zeichen dafür, daß vermutlich das Kontaktbedürfnis und nicht der Hunger die wesentliche Ursache seiner Lautäußerungen darstellte. Insgesamt waren Säuglinge in den ersten Lebensmonaten im Heim ganz besonders unruhig und erregt.

Depression vom 2. Lebensjahr an. Man sollte nun meinen, das beschriebene Verhalten wäre auch im 2. Lebenshalbjahr erhalten geblieben oder hätte gar beim Kräftigerwerden der Kinder noch zugenommen; denn das verursachende Kontaktbedürfnis wurde ja nicht befriedigt. Das Gegenteil war der Fall: Die Säuglinge wurden ruhiger. Sie blieben aber nicht auf dem Aktivitätsniveau gleichaltriger Familienkinder stehen, sondern sie sanken weit darunter. Sie wirkten passiv und waren sparsam in ihren Bewegungen. Dabei schliefen sie wenig, hatten die Augen offen und betrachteten die Menschen, die an ihr Bettchen traten, oft ohne irgendwie zu reagieren. Die Mimik war eher schlaff und unbewegt. Viele ließen mehr oder weniger alles mit sich geschehen. Sie zeigten nicht einmal irgendwelche erkennbare Reaktionen mehr auf die Verlegung in eine andere Abteilung. Unbewegt oder mit stereotypen Bewegungen verweilten sie, wo man sie hingesetzt hatte: auf dem Topf oder auf Stühlen oder Bänken, wo sie aufs Gefüttertwerden warteten. Diesen Zustand beschrieb der Schweizer Psychoanalytiker René SPITZ als *anaklitische Depression*[1].

B 5. *Kleinkindzeit in Heimen mit Altersklassenstruktur*

Im zweiten und in den folgenden Lebensjahren entfaltet sich beim Menschenkind der Verhaltensbereich Erkunden/Wißbegierde/Spielen/Nachahmen. Das Kind drängt spontan zu ausgiebigen Bewegungsspielen, zum Spielen mit Material, später zum konstruktiven Spiel, zum bildnerischen Gestalten, zum Spielen in Gesellschaft, zum Sprechen, zum Fragen und zum Auskundschaften seines Verhaltensspielraumes im Zusammensein mit seinen Mitmenschen (soziale Exploration); es ist offen für das Aufnehmen von Information im Gespräch, für das Lernen des Aufschiebens und Aufgebens der Wunscherfüllung um geliebter Menschen willen, für das Entwickeln des Begriffes für eigenen und fremden Besitz und für das Sich-Identifizieren mit Verhaltensvorbildern, deren Fähigkeiten es sich aneignet; und es beginnt selbständig zu planen und zu handeln. In fast allen diesen Aktivitäten braucht das Kind *Erwachsene* als Partner und Leitbilder.

In diese Lebensphase von sprudelnder Lebendigkeit ging aber das typische Heimkind schon mit einer schweren Hypothek hinein: Ihm fehlte der individuell bekannte Partner, dessen Anwesenheit und stete Hilfsbereitschaft ihm Angstfreiheit und Geborgenheit garantiert. Das zu einer Familie gehörige 2- bis 3jährige Kleinkind versichert sich beim Spielen immer erneut der Anwesenheit der Mutter; das Heimkind hatte keine solche Möglichkeit. Doch nur Angstfreiheit und Geborgenheit gewährleisten die inneren Bedingungen (subjektiv: die emotionale Grundlage) zum Erkunden, Spielen und Nachahmen. Fehlen diese Voraussetzungen, so ist damit *von innen her* auch all dasjenige in seiner Entwicklung beeinträchtigt, was von den kennzeichnenden Verhaltenstendenzen des Spielalters seine Impulse empfängt: Sprechen lernen, Fragen stellen, bildnerisches Gestalten, begriffliches Denken, Phantasie und selbständiges Planen und Handeln.

Aber nicht nur die emotionale Grundlage für all diese Verhaltensbereiche kann in Mitleidenschaft gezogen sein; in den meisten Heimen mangelte es auch an der notwendigen dinglichen Umwelt und an der individuellen Partnerschaft von Erwachsenen. Wo Heimkinder keine eigenen Puppen, Baukästen oder Bilderbücher hatten, konnte sich keine Erfahrung hinsichtlich eigenen und fremden Besitzes bilden. Zu undifferenziertes und auf Unzerstörbarkeit ausgelesenes Spielzeug entwickelte nicht die Fähigkeit zum konstruktiven Spielen. Dazu kam, daß es viel Streit um die Spielsachen gab; so wurde das Spielzeug oft nur einfach festgehalten und verteidigt, nicht aber sinnvoll verwendet. Was die vielen differenzierten Erziehungsaufgaben angeht: Sprechen lehren, Triebaufschub anbahnen, Nachahmungsvorbilder geben, sinnvoll reagieren auf das aggressive Auskundschaften des Verhaltensspielraums – so ist nach allen Berichten keine andere Aussage möglich als diese: Diese Aufgaben wurden kaum je erfüllt – höchstens noch, wo sich einmal eine Schwester zeitweilig eines von ihr gewählten »Lieblingskindes« besonders annehmen konnte.

Das galt auch für die Entwicklung der Bewegungsfähigkeit: Man sollte meinen, das Krabbeln und Laufen, das Treppensteigen und Klettern wäre noch am ehesten im Kollektivbetrieb zu fördern gewesen. Aber auch hier waren die Bedingungen extrem ungünstig. Das lag an den zu vielen in derselben Lernphase befindlichen Kindern; die wenigen Schwestern konnten unmöglich jedem von ihnen genügend beim Laufenlernen durch Anregung und Hilfestellung beistehen. Vielfach ließ man die Kleinkinder notgedrungen im Bettchen und gab ihnen erst viel später als Familienkindern die Möglichkeit zu freier Ortsbewegung. Dazu kam das Drosseln der aktiven Bewegungen durch häufiges, wenn auch jeweils nur vorübergehendes Anbinden auf dem Stühlchen, dem Topf oder auch im Bett; dies mußte einerseits den Bewegungsdrang steigern, andererseits aber auch eine höchst ungünstige Folge haben: Es mußte Aggressivität gegen die Hindernisse zur Befriedigung des naturgegebenen Bewegungsbedürfnisses erwecken, gegen die Befestigungsmittel, aber auch gegen die Erwachsenen, die sie handhabten.

Wie entwickelten sich die Fähigkeiten und das Verhalten von Kindern, die unter den trostlosen Bedingungen von Heimen mit Altersklassenstruktur aufwachsen mußten? Hierüber sind Untersuchungen angestellt worden. Als Beispiel sei die in München durchgeführte Arbeit von J. PECHSTEIN[1] referiert:

118 Familienkinder und 196 Heimkinder im Alter zwischen 3 und 36 Monaten wurden zur vergleichenden Untersuchung ausgewählt. Bei beiden Gruppen handelte es sich um körperlich gesunde Kinder (keine Risikofaktoren wie Zwillingsgeburt, abnorme Geburtslage, operative Entbindung, perinatale Asphyxie, zu niedriges oder zu hohes Geburtsgewicht). Als Vorbereitung zu dieser Untersuchung wurde für zahlreiche Fähigkeiten festgestellt, in welchem Lebensalter sie bei Familienkindern erstmals auftreten (Durchschnittswerte). Es folgt eine *Auswahl* dieser Fähigkeiten (samt Altersangaben in Monaten):

Die (in Klammern beigefügten Monats-)Altersangaben darf man *nicht* als *Richtwerte* auf *einzelne* Kinder anwenden, weil *Durchschnittszahlen* keine Aussagen über zeitliche *Unter- und Obergrenzen* für das einzelne verhaltensgesunde Kind machen. Auch *ändern* sich die Durchschnittswerte eigentümlicherweise seit einigen Jahrzehnten fortlaufend; wer an der Entwicklungsgeschwindigkeit von Säuglingen und Kleinkindern interessiert ist, muß also jeweils in der neuesten Literatur nachlesen.

I. Liegen, Sitzen, Stehen und Gehen

Hebt in Bauchlage den Kopf für einen Augenblick (1.); dreht sich aktiv aus der Bauchlage in die Rückenlage (5.); kriecht »auf allen vieren« (10.); erste selbständige Schritte (12.); bückt sich in die Hocke, um etwas aufzuheben (17.); geht treppauf und treppab, sich mit einer Hand am Geländer festhaltend (23.); kann auf einem Bein stehen, balanciert mit den Armen (31.); Zehenspitzengang (36.).

II. Handgebrauch

Bewegt die in die Hand gegebene Rassel (3.); reicht Spielzeug (Puppe, Würfel) dem Erwachsenen, läßt es dann aber nicht los (10.); das gleiche, läßt dann aber los (12.); stellt zwei Würfel aufeinander (13.); schiebt kleines Auto (15.); wirft einen Ball (19.); baut Turm aus fünf und mehr Würfeln (22.); malt horizontale Striche (24.); knöpft große Knöpfe (2 cm) *auf* (28.); knöpft große Knöpfe *zu* (33.); zeichnet Kreis mit Bleistift (35.).

III. Wahrnehmen und Spielen
Ein in Blickrichtung gehaltener und bewegter Gegenstand wird bis
zu 45° seitwärts mit den Augen verfolgt (1.); gibt Spielzeug (Rassel)
von einer Hand in die andere (5.); hebt den Deckel eines Plastikbe-
hälters ab, wenn Erwachsener es vormacht (10.); sucht auf Anforde-
rung einen Gegenstand und bringt ihn (14.); findet Bild im Bilder-
buch durch Umblättern (25.); sortiert Gegenstände (Würfel, Perlen
usw.) entsprechend einem Merkmal (Größe, Form) nach sprachlicher Aufforderung (30.).

IV. Lautgebung und Sprachäußerungen
Schwache Kehllaute wie ach, ech, uch (1.); spontane Lautbildung
mit Silbenwiederholung (4.); deutliche Silbenverdoppelung ma-ma,
pa-pa, ta-ta (8.); 2 bis 10 sinnvolle Worte in Kindersprache (12.); 5
bis 6 Worte mit klarem Bedeutungszusammenhang, darunter Tätigkeiten ada-ada (Spazierengehen) (15.); spricht Sätze mit 3 Worten
(24.); benennt Abbildungen von Tieren, Autos und Gegenständen
des täglichen Lebens (28.); wiederholt eine Geschichte (34.).

V. Sprachverständnis
Sucht auf dem Arm der Mutter mit den Augen Gegenstände oder
Personen, die die Mutter zuvor dreimal benannt hat, z. B. Kuckuck,
Papa (7.); auf die Aufforderung »Bring mir den Ball« (bzw. Puppe
oder andere bekannte Gegenstände) sucht, findet und holt es diesen
(12.); antwortet auf Frage »Was ist das?« (19.); stellt selbst die
Frage »Was ist das?« (32.); antwortet auf »Wann?« und »Warum?«
(36.).

VI. Mitmenschliche Beziehungen
Bewegte Gesichter lösen freudiges Lächeln aus (3.); streckt Ärmchen aus, um hochgenommen zu werden (6.); wiederholt diejenige
Aktivität, für die es gelobt wurde oder über die gelacht wurde (10.);
geht vertrauter Person mit ausgebreiteten Armen entgegen (16.);
hilft mit beim An- und Ausziehen (24.); spricht mit der Puppe und
spricht von sich selbst mit »ich« (32.).

Dies war eine Probe aus der mehr als 10mal so ausführlichen Frageliste, die man in der Münchener Untersuchung auf 118 Familienkinder und 196 Heimkinder anwandte. Dabei ergab sich beispielsweise
für *ein bestimmtes* einzelnes *Familien*kind im Alter von 12 Monaten:

Es hatte für den Bereich Liegen und Sitzen (I) den Stand eines 12monatigen, für Handgebrauch (II), für Wahrnehmen und Spielen (III), für Sprachäußerungen (IV) und für Sprachverständnis den Stand eines 13monatigen, für mitmenschliche Beziehungen den Stand eines 14monatigen und für Stehen und Gehen (I) den Stand eines 15monatigen Kindes erreicht; errechnet man daraus den Durchschnitt, so lag dieses Kind in seiner *Gesamt*entwicklung um etwa einen Monat *über* dem Bezugswert der Frageliste. Auch sonst waren die in München untersuchten Familienkinder durchschnittlich ein bis zwei Monate weiter als die Kinder, aufgrund deren die zuvor angegebenen Altersangaben festgelegt worden waren. Auf Abb. 2 sind die Untersuchungsergebnisse dargestellt.

Wie aber schnitten in diesem Test die 196 Heimkinder ab, die ihr Leben lang (oder einen großen Teil ihres bisherigen Lebens) den beschriebenen Umweltbedingungen ausgesetzt gewesen waren? Das Ergebnis war in der Sicht des Verhaltensbeobachters überaus eindrucksvoll, in der des Sozialpolitikers und des urteilenden Mitmenschen bestürzend: Sämtliche Heimkinder waren in ihrer Entwicklung gegen den Durchschnitt der Familienkinder zurückgeblieben, und zwar durchschnittlich (berechnet auf ½ Monate genau):

die bis zu   3 Monate alten um   ½ Monat;

die   3 bis   6 Monate alten um 1   Monat;

die   6 bis   9 Monate alten um 1½ Monate;

die   9 bis 12 Monate alten um 2½ Monate;

die 12 bis 18 Monate alten um 5½ Monate;

die 18 bis 24 Monate alten um 6   Monate.

Die Heimkinder blieben also von Vierteljahr zu Vierteljahr weiter gegenüber ihren in Familien aufwachsenden Altersgenossen zurück. Abb. 3 zeigt die Zusammenfassung der Untersuchungsergebnisse.

Eine in Zürich durchgeführte Untersuchung ergab ähnliche Entwicklungsrückstände: Die Anzahl der Monate für die sechs Altersgruppen war dort ½, 1, 1½, 2½, 3½, 4. Wie in der Münchener, so erwies sich auch in der Züricher Untersuchung der Rückstand im Bereich der Lautgebung und Sprache am größten; er betrug dort (für die gleichen Altersgruppen wie oben): 1, 1½, 2½, 4, 10, 12 Monate. Im einzelnen sah das Bild beispielsweise für die *einjährigen* Heimkinder folgendermaßen aus: Kein einziges der 46 geprüften Kinder war den altersgemäßen Aufgaben gewachsen; weniger als zwei Drittel lösten die Test-Aufgaben für *acht* Monate alte Kinder; erst die Stufe der 7monatigen Säuglinge war von *allen* Einjährigen erreicht worden. –

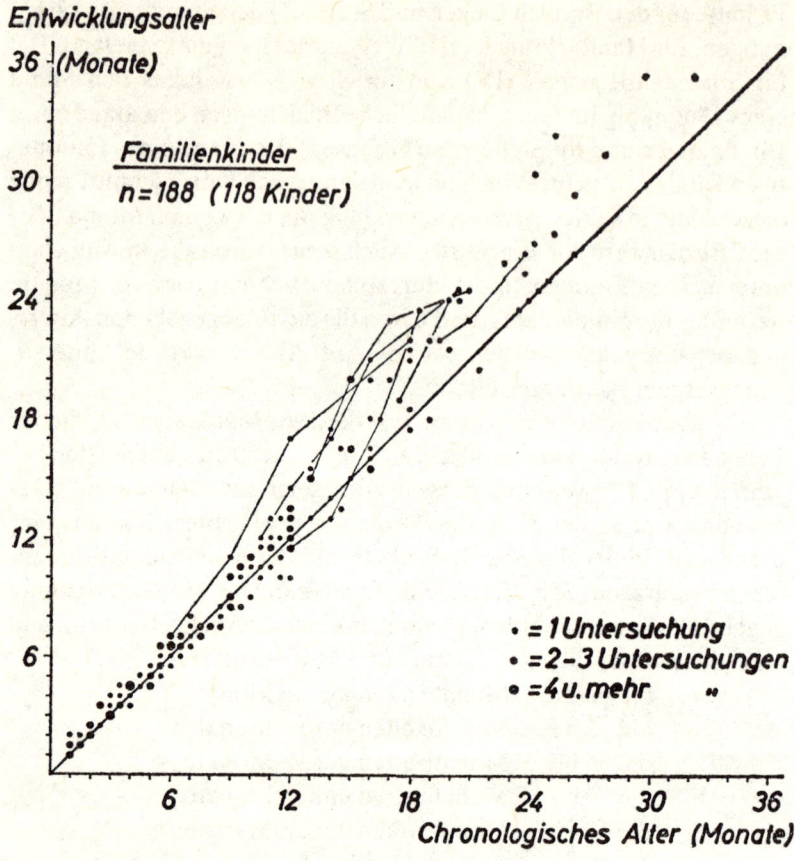

Abb. 2   Verhaltensentwicklung von Münchener Familienkindern, gleichzeitig durchgeführt mit der Heimkinder-Untersuchung.

Für jedes Kind wurde durch Verhaltenstests sein Entwicklungsalter festgestellt, d. h. das Lebensalter, dem die ermittelten *Fähigkeiten* entsprachen. Dieses »*Entwicklungsalter*« wurde dann als Punkt senkrecht über dem tatsächlichen Alter in das Diagramm eingetragen. Jeder Punkt, der *über* der schrägen 45°-Linie liegt, zeigt an, daß das betreffende Kind mit seiner Verhaltensentwicklung *über* dem Normwert lag. Einige Werte von mehrmals untersuchten Kindern wurden mit Linien verbunden. Nach PECHSTEIN[1].

In der Sprachentwicklung war der Entwicklungsrückstand am Schluß mehr als doppelt so groß wie in den anderen Bereichen.

Zwingt man sich als Verhaltensbeobachter zu einer nüchternen Betrachtung dieser Angaben, so kann man nur sagen: Angesichts der Umweltbedingungen im Heim ist die beschriebene Entwicklungshemmung nicht überraschend. Es ist auch nicht erstaunlich, daß der

Entwicklungsalter
36 (Monate)

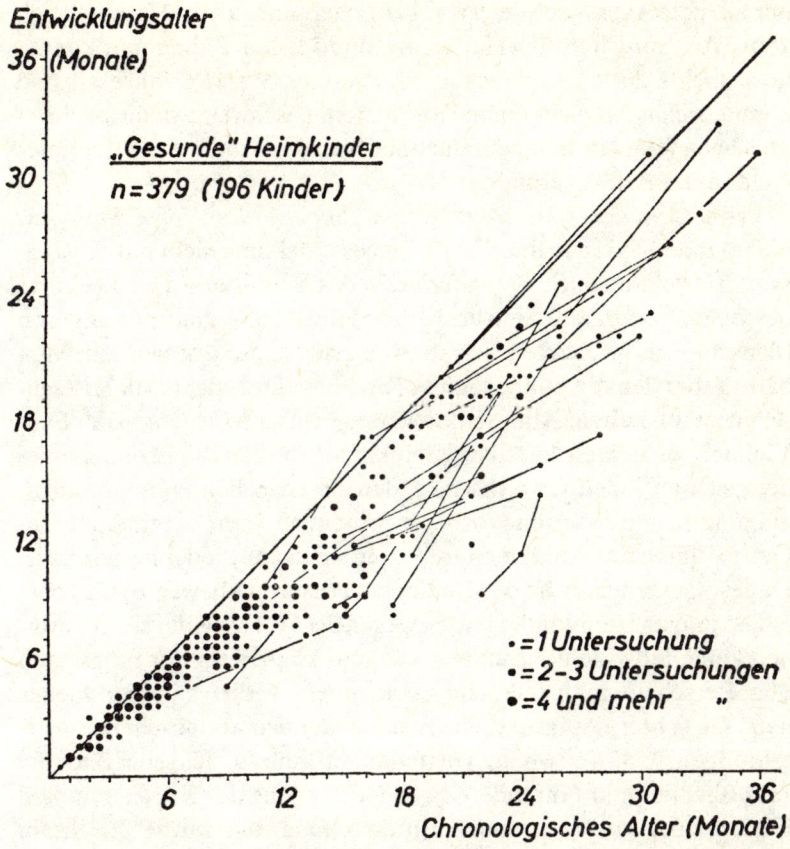

„Gesunde" Heimkinder
n = 379 (196 Kinder)

• = 1 Untersuchung
● = 2 – 3 Untersuchungen
● = 4 und mehr   „

Chronologisches Alter (Monate)

Abb. 3 Verhaltensentwicklung von Münchener Heimkindern. Erklärung siehe Legende zu Abb. 2. Jeder Punkt, der *unter* der schrägen 45°-Linie liegt, zeigt an, daß das betreffende Kind gegenüber dem von Familienkindern gewonnenen Normwert im *Rückstand* war. Nach PECHSTEIN[1].

weitestgehend *spezifisch menschliche* unter den untersuchten Bereichen, die *Sprachentwicklung*, am schwersten betroffen wurde. Wenn die Heim-Säuglinge schon mit schweren Hypotheken in die Kleinkindzeit hineingingen – keine individuelle Bindung, Resignation – und dort weitere Erschwerungen vorfanden wie Angebundenwerden, Mangel an Bewegung, Spielzeug und individuellem Eigentum, an Sprachkontakt, Nachahmungsvorbildern, an Anregung zum selbständigen Handeln und an individueller liebevoller Zuwendung, dann ist es wirklich kein Wunder, wenn hier Kümmerformen von Kleinkindern heranwuchsen. Von Frauen, die ein Kleinkind nach langdauerndem Heimaufenthalt zu sich nahmen, hörte man daher nur allzuoft Aussagen wie: »War bald zwei Jahre alt und konnte noch kein Wort sprechen« – »Hatte den Mund voller Zähne und konnte noch nichts anderes schlucken als Brei« – »War 1½ Jahre alt und konnte sich noch nicht einmal aufrichten, geschweige denn sitzen« – »Ich habe über ein Jahr gebraucht, bis sich das Kind wie ein normales Kind seines Alters verhielt.«[1]

Vermeiden des Blickkontakts und Suchen des Körperkontakts. Heimkinder waren in ihrer Verhaltensentwicklung nicht nur *verlangsamt*, sie zeigten auch *Besonderheiten* des Verhaltens. Dazu gehörte bei vielen von ihnen: Sie vermieden den Blickkontakt mit anderen Menschen und wendeten sich ab, wenn sie angeschaut wurden. Man hätte daher denken können, diese Kinder wollten nichts mit Erwachsenen zu tun haben. Aber seltsamerweise war das Gegenteil der Fall: Vielfach versuchten dieselben Kleinkinder, die den Blickkontakt mieden, sich an jeden Erwachsenen, den sie erreichen konnten, anzuklammern, und zwar ohne vorher zu prüfen, ob sie ihn bereits kannten. Gelang ihnen das Anklammern, waren sie kaum wieder loszureißen. Dabei machten manche der Kinder ein ernstes, unbewegtes Gesicht.

Die jungen Heimkinder hatten wegen des Wechsels der Betreuerinnen keine individuelle Bindung knüpfen können; in der prägsamen Phase erschienen anstelle eines bekannten Antlitzes immer wieder neue Gesichter. Aufgrund dieser nie endenden enttäuschenden Erfahrungen, so dürfen wir uns vorstellen, verknüpfte sich schließlich die zum Blickkontakt führende Zuwendebewegung des Kopfes mit dem Erlebnis der zu erwartenden Enttäuschung und wurde gleichsam Schritt für Schritt unter Hemmung gesetzt und abdressiert. Die innere Logik einer solchen »erfahrungsbedingten Aversion« wird im nächsten Kapitel beschrieben werden (Abschnitt IV B 4). – Nun blickte also das Kleinkind keine Erwachsenen mehr an; aber dadurch wurde sein Drang zum Kontakt mit ihnen nicht mit unterdrückt; im Gegenteil, er blieb mehr und mehr unbefriedigt und staute sich an. Da der Weg, ihn über den *Blickkontakt* zu befriedigen, aber verschlossen war, blieb als Ausweg nur die urtümliche biologische Reaktion des Sich-Anklammerns.

Wahllose Zutraulichkeit. Für viele Kinder, die in den ersten beiden Lebensjahren bindungslos aufwachsen mußten, war es typisch, daß sie sich später wahllos an irgendwelche, sich freundlich gebenden Erwachsenen anschlossen und mit ihnen mitliefen. Ein Beispiel: Als ein zweijähriges kleines Mädchen aus dem Heim in eine Familie aufgenommen wurde, war es zunächst völlig verstört und verängstigt, so daß es mehrere Tage lang nicht einmal seine Blase entleerte. Später, als es seine Angst verloren hatte, war es wahllos zutraulich und wäre mit beinahe jedem Erwachsenen mitgegangen. Einmal fiel die Kleine beispielsweise einem für sie wildfremden Handwerker, der in der Wohnung zu tun hatte, um den Hals und sagte: »Ich heirate dich.« Die Zuwendung zu menschlichen Partnern war bei solchen Kindern oft von starkem Gefühlsausdruck begleitet; aber sie war wenig oder überhaupt kaum an die Person gebunden. Diese Eigenschaft der bindungslos aufgewachsenen Kinder veranschaulicht ihren ungesättigten Drang zum Kontakt mit anderen Menschen; aber die Fähigkeit zur festen individuellen Bindung blieb bis dahin unterentwickelt, weil in der sensiblen Phase im ersten Lebensjahr gar keine Bindung möglich war. Falls sich dann später die allgemeine *Angst*, das Ur-Mißtrauen, verringern konnte, brach das Kontaktbedürfnis hervor, dann aber in seiner ursprünglichsten Form, in der es – wie beim ganz jungen Säugling – zunächst noch nicht mit einer individuellen Bindung verknüpft ist. Nur eine viele Jahre lange, absolut zuverlässige, liebevolle Beziehung zwischen dem Kind und den die Elternstelle einnehmenden Erwachsenen gewährt die Chance, solch ein Defizit auszugleichen.

B 6. *Spätere Folgen des bindungslosen Aufwachsens (schweres Deprivationssyndrom)*

Das Lächeln des Kindes ist ein soziales Signal: Es zeigt persönliche Zugewandtheit. Fehlt es bei Kindern, so heißt das: Sie konnten keine Beziehung des zugewandten Kontaktes begründen; ihnen fehlte der Partner dazu, sie sind bindungslos. Die Bindungslosigkeit und das oben beschriebene Vermeiden des Blickkontakts ziehen im weiteren Verlauf ganze Ketten von weiteren Behinderungen nach sich: Weil bei fehlender individueller Bindung Unsicherheit und Verlassenheitsangst nie ganz gestillt werden können, dämpfen oder unterdrükken sie beim 2jährigen und älteren Kind die Bereitschaft zum Erkunden und Spielen; denn diese Verhaltensweisen verlangen zu ihrer Verwirklichung ein von anderen Verhaltenstendenzen freies »entspanntes Feld«. Dabei ändert es nichts, daß gar keine realen Gründe für die Angst des Kindes bestehen. Wegen der Blickabwendetendenz bleibt dem bindungslosen Kind auch die mimische Sprache des menschlichen Gesichtes verschlossen: Es beobachtet nicht den Mund beim Sprechen, so daß ihm die visuellen Hilfen für das Sprachverständnis und das Sprechenlernen fehlen. Nur selten werden Erwachsene oder andere Kinder nachgeahmt; geschieht dies doch einmal, dann ist das Nachahmen weniger differenziert, und die Kinder identifizieren sich weniger oder gar nicht mit Erwachsenen.

So entging Heimkindern, die vom psychischen Hospitalismus in schwerer Form betroffen waren, eine ganze Welt von Erfahrungs- und Lernschritten. Ihnen fehlten gleichsam die emotionalen Voraussetzungen für das Aufnehmenkönnen entwicklungsnotwendiger Information. Infolgedessen waren viele dieser Kinder, sofern sie nicht die fehlenden Entwicklungsprozesse in einer heilpädagogischen Pflegestelle oder Adoptionsfamilie nachholen konnten, im Einschulungsalter noch nicht schulreif[1]. Der geistige Rückstand aufgrund der Bindungslosigkeit und unzureichenden motorischen, sensorischen und intellektuellen Anregung in Heimen mit Altersklassenstruktur konnte so extrem sein, daß man ihn als *Pseudoschwachsinn* bezeichnete (wobei der Wortteil »Pseudo-« = »Schein-« darauf hindeutet, daß es sich nicht um mangelnde Begabung, sondern um die Nicht-Entwicklung vorhandener Begabung handelt). Ein Beispiel dafür wird im Abschnitt III B 8 (S. 178 ff.) beschrieben.

Ebenso belastend wie das Zurückbleiben in der intellektuellen Entwicklung sind beim *schweren Deprivationssyndrom* die Lücken im Gefühlsbereich:

– »Das gesamte Lebensgefühl eines kleinen Kindes erhält die Tönung ängstlich-beunruhigter Erregtheit, wenn frühe Eindrücke überwiegend Angst, Unruhe und Mangelerlebnisse mit sich brachten.«[2] Dadurch nistet sich dauernde Unsicherheit in die Struktur der Persönlichkeit ein und verhindert später tiefere, auf Vertrauen gegründete Gefühlsbeziehungen zu anderen Menschen.

– Dies wieder unterbindet die auf menschlichen Bindungen basierende *Gefühlsentwicklung*. Man spricht von »Gefühlsarmut«. Appelle ans Mitgefühl finden keine Resonanz. Statt dessen dominieren Mißtrauen und Aggressivität.

– Erfolgserlebnisse in allen Bereichen, die differenzierte Leistungen, Ausgeglichenheit und Stetigkeit voraussetzen, sind selten; es entwickelt sich keine hinreichende Selbstsicherheit und keine Befriedigung an zielstrebigem Wirken.

– Der auf so vielen Gebieten erlebte Mangel (an Bewegung, Zuwendung, Besitz, Erfolg) führt oft zu Resignation, Antriebsstau, Durchbruchsreaktionen oder zu vielfältiger überstarker Aktivität, um doch noch möglichst viel des Entbehrten zu erlangen.

– Die emotionale Unausgeglichenheit, Bindungslosigkeit und

mangelnde Willenssteuerung erhöhen das Risiko für ein Mißlingen der Sozialisation und für dissoziale oder kriminelle Entwicklung.

Damit ist die drohende Fehlentwicklung der Kinder, die von Geburt an bis zum Erwachsenwerden in Heimen mit Altersklassenstruktur heranwachsen, in einigen Grundlinien angedeutet: Diese Art der Heimerziehung vermindert drastisch die Chance, daß diese Kinder ihre Begabungen entwickeln, ihre Persönlichkeit entfalten und später erwerbsfähig werden können. Dies gilt insbesondere, wenn das Kind noch mehrmals das Heim wechseln muß, wie es leider früher allzu häufig vorkam.

Ähnliche Fehlentwicklungen der Persönlichkeit drohen auch innerhalb von Familien, wenn dort ein Milieu der Verwahrlosung herrscht. Weitergehende Information hieruber, als sie dieses Buch geben kann, vermitteln eindrucksvoll u. a. folgende Schriften:

– die von Martin WALSER herausgegebene Selbstbiographie von Wolfgang WERNER: »Vom Waisenhaus zum Zuchthaus«[1]. Sie veranschaulicht an einem charakteristischen Lebenslauf die Verhaltensentwicklung und die verhaltenswirksamen Entscheidungen der Erwachsenen, wie sie sich aus dem Aufwachsen im verwahrlosenden Familienmilieu und im damaligen Heimmilieu ergaben;

– das schon mehrmals erwähnte Buch von Annemarie DÜHRSSEN »Psychogene Erkrankungen bei Kindern und Jugendlichen«, insbesondere unter den Stichworten: »Spielhemmungen, Arbeitshemmungen und Leistungsminderung« (S. 126 und 128 ff.) und »Verwahrlosungsreaktionen« (S. 127 und 151 ff.).

Geringere Schäden bei vorübergehendem Heimaufenthalt. Je kürzere Zeit ein Kind in einem Heim mit Altersklassenstruktur zubrachte, desto größer ist die Chance, daß es, wenn es rechtzeitig in eine Familie kommt, nachholend eine sichere Bindung aufbauen kann. Am tiefsten sitzen die Schäden, wenn das Kind während der ganzen ersten fünf Lebensjahre keine individuelle Bindung knüpfen konnte. Zur Heilbarkeit von Heimschäden siehe die beiden nächsten Abschnitte III B 7 und III B 8.

Gleichartige Schäden bei Vernachlässigung in der Familie. Die vorausgegangenen Abschnitte behandelten die Folgen der Erziehung in Heimen mit Altersklassenstruktur. Gleichartige Schäden entstehen im Milieu von Familien, in denen die Kinder zu wenig Zuwendung und Erziehung erhalten. Dem Grad der Vernachlässigung entsprechen dann die Schäden in der Verhaltensentwicklung der Kinder. Persönlichkeitsschäden geringeren Grades können sich in der Schulzeit der

Kinder und in der Pubertät als Leistungsschwäche verschiedenen Grades, Depressivität, Unselbständigkeit oder Erziehungsschwierigkeiten usw. auswirken, d. h. in der ganzen Skala der psychischen Entwicklungsstörungen, die die Befriedigung und den Lebenserfolg dieser Lebensphase für Kinder beeinträchtigen. Solche Schäden sind ebenso behandlungsbedürftig wie die der Heimkinder, sollen sie nicht den späteren Lebensweg des Kindes belasten.

B 7. *Sind Heimschäden heilbar? Vorüberlegung*

Daß bindungsloses Aufwachsen das Risiko schwerer Belastungen und eine drastische Verminderung der Bildungschancen und damit des Lebenserfolges bedeutet, ist heute Allgemeingut des Wissens. Aber die Behandlung der Frage, ob und wie weit solche Schäden rückgängig gemacht werden können, verlangt große Besonnenheit und Verantwortlichkeit des Denkens; denn einseitige, undurchdachte Urteile können in dieser Frage grenzenloses Leid im Gefolge haben, falls sie auf Entscheidungen von Verantwortlichen Einfluß nehmen.

Grobes Denken kann sich nämlich darauf versteifen, vor jeder Entscheidung müsse endgültig geklärt sein: Sind die Schäden irreparabel, oder kann man sie wiedergutmachen? Diese Alternative ist jedoch falsch gestellt; sie ist ebenso unentscheidbar wie die Frage: Sind Menschen, die bei stürmischer See über Bord fallen, zu retten oder nicht? Natürlich sind manche zu retten, andere – zumal unter ungünstigen Umständen – jedoch nicht. Aus diesem Grunde hat man *sowohl* Vorsorge zu treffen, daß niemand über Bord fällt, *als auch* alles Menschenmögliche zu versuchen, um Schiffbrüchige zu retten – *beides* mit *ungeschmälertem* Einsatz. Entsprechend sind bei der Heimerziehung die *Vorsorge* gegen Schäden *und* ihre *Heilung* vonnöten. Läßt man sich dagegen im voraus zu einer Ja- oder Nein-Entscheidung über die Heilbarkeit frühkindlicher Schäden verleiten (eine Entscheidung, die wegen der Vielzahl der mitwirkenden Faktoren in keinem Einzelfall mit Sicherheit zu fällen ist), dann folgt daraus – gleich wie man die Entscheidung fällt – die unverantwortbare Verführung zur Untätigkeit:

– Die Überzeugung, solche Schäden seien unheilbar, erzeugt nämlich das Gefühl, eigentlich seien schwer belastete Kinder ja doch verloren, und die Mühe ihrer Rehabilitierung lohne gar nicht. Ein solcher Determinismus kann verhindern, daß diese Kinder adoptiert oder in Pflege genommen werden; er kann auch, wenn sich die Rehabilitierung eines Kindes als schwierig erweist, die neuen Eltern entmutigen und ihnen die Zuversicht nehmen, die nötig ist, um alle menschliche Kraft zur Hilfe für solche Kinder zu mobilisieren.

– Die gegenteilige Überzeugung, alle Frühschäden seien prinzipiell zu beheben, verleitet dagegen zu der verharmlosenden Ansicht, eigentlich sei die Gefahr gar nicht so groß, daß man unbedingt der Vorsorge gegen sie eine so überragende Bedeutung beimessen müßte; denn wenn im Prinzip alle Schäden reparabel seien, könne man ihre Entstehung in Kauf nehmen, sofern ihre Vermeidung zu große Opfer kosten würde. Vertreter dieser Auffassung berufen sich sogar auf die anthropologische Grundanschauung, der Mensch sei prinzipiell willensfrei und verantwortlich und daher auch grundsätzlich dazu in der Lage, ungünstigen inneren Neigungen mit Willenskraft zu widerstehen. Bei schweren Frühschäden kann das der betroffene Mensch aber nicht allein vollbringen und bedarf eines kaum zu ermessenden Einsatzes an mitmenschlichem Engagement und fachlicher Hilfe.

In diesem Buch wird dagegen beim heutigen Stande des Wissens allein die folgende Stellungnahme für menschenwürdig gehalten: Die Vorsorge ist so intensiv zu gestalten, als wäre kein Frühschaden wiedergutzumachen; und doch muß man jedem einzelnen verhaltensgestörten Kind mit der inneren Gewißheit gegenübertreten, daß nichts an seinen Störungen unwiderruflich sei. Keine Theorie über die Natur der Verhaltensstörungen entläßt uns nach dieser Auffassung aus der Pflicht, Vorsorge *und* Heilung zu pflegen, beide mit ungeschmälertem Einsatz.

Diese sozialethischen Überlegungen sollen nun durch Anschauung ergänzt werden – allzuleicht bleiben sie sonst zu theoretisch und geraten ins Wanken, falls sie mit ideologischer Verve angegriffen oder aufgrund von organisatorischen oder wirtschaftlichen Überlegungen als unrealistisch abgetan werden. Ich möchte dazu Eindrücke wiedergeben, die ich persönlich gewonnen habe. Daß der folgende Bericht viele Einzelheiten enthält, soll ihm seine Lebendigkeit erhalten. Die Einzelzüge sind zum größten Teil als typisch anzusehen. Das Kennenlernen der damals 12jährigen *Claudia* und ihres Lebenslaufes war ein bewegender Eindruck von der Spannweite menschlicher Schicksale und Entwicklungsmöglichkeiten.

Um die nun folgende Darstellung nicht mit einer »Moral von der Geschichte« abschließen zu müssen, sei im voraus gesagt, worauf es bei ihr ankommt: Die Verhaltensentwicklung eines 3½ Jahre alten Heimkindes hatte einen kaum mehr zu unterschreitenden Tiefstand erreicht, und die künftigen seelisch-geistigen Entwicklungschancen waren nach menschlichem Ermessen hoffnungslos. Da kreuzte dieser Lebensweg denjenigen einer Frau, die sich des Kindes annahm; und diese Frau war in ihrer Liebesfähigkeit, nach ihrer beruflichen Vorbildung und Erfahrung, nach ihrem intellektuellen und menschlichen Format und schließlich auch dank ihrer äußeren Lebenssituation in der Lage, aus dem anscheinend schwachsinnigen Geschöpfchen ein fröhliches Schulkind werden zu lassen. Niemand kann sagen, wie viele Erwachsene einer solchen Aufgabe gewachsen wären und sich auch für sie bereit finden würden. Der folgende Bericht entläßt daher niemanden aus der Verantwortung der Vorsorge; aber er ermutigt diejenigen, die einem belasteten Kind Hilfe leisten wollen.

B 8. *Sind Heimschäden heilbar? Beispiel Claudia*

Nach Schluß eines Vortrags in einer süddeutschen Stadt sprach mich eine Dame an und fragte: »Kann ein Kind aufgrund von Heimschäden in seinen Sinnesempfindungen abstumpfen, zum Beispiel seine Geschmacksempfindung verlieren?« Die Fragerin (Frau G.) hatte vor rund 9 Jahren das Heimkind *Claudia* zunächst vorläufig, 2 Jahre später dann endgültig zu sich genommen. Nach ihrem Bericht hatte sich folgendes zugetragen:

Frau G. leitete ein Kleinkind-Erholungsheim an der Nordsee. In einer neu eingetroffenen Kindergruppe fiel ihr die 3½jährige Claudia schon bei der Ankunft durch tiefe dunkle Ränder unter den Augen (Halonisierung) und durch ihre Inaktivität auf: Apathisch blieb sie, wo man sie hinsetzte, und schaukelte mit dem Oberkörper nach vorn und hinten. Sie konnte kein Wort sprechen. Ihr Blick war in endlose Fernen gerichtet, das Gesicht ausdruckslos. Nur in einer Situation änderte sich das: Näherte sich ihr ein Erwachsener auf weniger als etwa 2 Meter, so starrte sie ihn mit weit aufgerissenen Augen an, begann am ganzen Körper zu zittern, hob die Ärmchen hoch, verzerrte das Gesicht und stieß einen tierisch klingenden iiih-Schrei hervor. – Wegen seines besonders schlechten Allgemeinzustandes nahm sich Frau G. dieses Kindes besonders an und versuchte, mit ihm Kontakt anzuknüpfen.

Claudia, außereheliches Kind eines Ingenieurs und einer Arbeiterin, war von Geburt an im Heim gewesen. Das Heim, in dem sie bis zum 3. Lebensjahr gelebt hatte, war überbelegt gewesen, die Pflegerinnen gänzlich überlastet. Notgedrungen ließen sie die Kinder bis zur Verlegung in andere Heime, und das hieß: während der ersten 3 Lebensjahre, auch tagsüber im Bettchen (!); Claudia konnte darum noch nicht frei laufen, sondern brauchte die Hand einer Betreuerin. Ihre Lauffähigkeit entsprach etwa der eines 10monatigen Familienkindes. Zweierlei vermochte Claudia gleichfalls nicht: Sie konnte keinen einzigen Laut außer dem erwähnten Schreckenslaut vorbringen, geschweige denn ein Wort sprechen, auch kein Kinderwort; und *sie konnte nicht kauen.* Kein Wunder: Im überbelegten Heim hatten die Pflegerinnen den Kindern bis zum 3. Lebensjahr aus Zeitmangel nur flüssige und breiige Nahrung geboten. Claudia schob feste Nahrung hinter die Zähne und ließ sie dort – wenn man nicht Obacht gab, sogar bis zum nächsten Morgen. Auch machte Claudia den Eindruck, als ob sie keinerlei Gefühle besäße. Ihr Gesichtsausdruck war nichtssagend. Ihre Augen und ihr Verhalten spiegelten weder Freude noch Trauer wider. Claudia konnte auch nicht weinen; ein Jahr lang waren niemals Tränen zu sehen. Auch zeigte sie keine Reaktionen auf Witterungseinflüsse (Kälte, Wärme) und beim Hinfallen keine Äußerung des Schmerzes. Noch 2 Jahre später reagierte sie überhaupt nicht auf den äußerst bitteren Geschmack einer Medizin, die sie wegen einer Erkrankung der Bauchspeicheldrüse nehmen mußte, und schluckte sie apathisch.

Nur eine einzige gute Eigenschaft wußte die aus dem Heim mitgekommene Pflegerin von Claudia zu berichten: Sie sei sauber, und dies so vollständig, daß man sie ruhig zu töpfen vergessen könne – sie würde niemals einnässen. Frau G. machte die Probe aufs Exempel: Das Ergebnis bestätigte sich. – Eines Tages stand nun das Kind angstvoll in der hintersten Ecke seines Bettchens und schrie auf – in der zuvor beschriebenen Weise –, als Frau G. zur Tür hereinkam. Der Grund: Erstmalig war das Bett naß. Ohne sich besinnen zu müssen, nahm Frau G. das Kind auf den Arm: »Wie fein, daß du das Bettchen naß gemacht hast…« Claudia hat das sicherlich nicht verstanden, aber vielleicht spürte sie jetzt eine neuartige Bejahung und Zuwendung. Sie wurde gebadet und in die neue Bettwäsche gelegt: »Das darfst du jetzt immer wieder naß machen!« – Eine Nachfrage beim früheren Heim bestätigte den Argwohn: Bettnässen wurde dort durch Schläge bekämpft. Frau G. hatte intuitiv das Richtige getan und das Bettnässen zunächst *unterstützt*. Nach etwa 14 Tagen verlor sich dieses ohne weiteres Zutun von selbst.

Frau G. ließ das Kind psychiatrisch untersuchen; ihr Eindruck wurde bestätigt: Das Kind sei schwachsinnig und *gänzlich bildungsunfähig.* »Wenn sie schwachsinnig sein soll, so fängst du mit einer Dressur an«, sagte sie sich; und um dem Kind wenigstens feste Nahrung zugänglich zu machen, lehrte sie es das *Kauen:* Jeden Morgen nahmen sie und Claudia je eine Erdbeere – »rot spricht an« – zwischen die Vorderzähne. Claudia sollte die Mechanik des Zubeißens auch *sehen.* Wenn sie das Zubeißen nachahmte, spürte sie vielleicht den süßen Saft. Dieses Lernen gelang. Im nächsten Schritt wurde eine Erdbeere auf ein Stück Weißbrot gequetscht; dann folgte Brot allein. Allmählich gelangte Claudia auf diesem mühsamen Weg über das einmalige Zubeißen zum richtigen Kauen.

Eines Tages, während des Essens des Kindes, läutete ein Vertreter; Frau G. gab dem Kind etwas Brot in die Hand und ging zur Tür. Es dauerte länger als erwartet. Auf einmal fühlte sie eine leichte Berührung am Bein; Claudia stand dort und sagte leise »Ham«. Mit diesem Kinderwort hatte Frau G. bisher die Eß-Übungen begleitet. Claudia hatte ein Wort gesprochen. Frau G. erfaßte sogleich die mögliche Bedeutung dieses unscheinbaren Geschehnisses: War vielleicht doch noch ein Rest von Bildungsfähigkeit vorhanden? Sofort beantragte sie die Verlängerung des Erholungsaufenthaltes für das Kind auf 12 Wochen.

In der Tat lernte Claudia in den folgenden Wochen noch etwa 20 ein- bis zweisilbige Kinderworte. Einer dieser Neugewinne war mit einem Entwicklungsfortschritt verbunden, den mehrere Anwesende bewußt wie ein Wunder erlebten. Claudia hatte ihren Pudding bisher wie die anderen Kinder von einem Plastikteller gegessen, auf dessen Grund ein Märchenmotiv zum Vorschein kam, wenn man fertig war. Einmal wollte es der Zufall, daß Claudia statt dessen – an einem Tisch mit Erwachsenen sitzend – einen Glasteller erhielt. Sie beschaute und betastete ihn lange und genau von allen Seiten, hob ihn dann ans Gesicht und – konnte hindurchschauen! Auf einmal lachte sie schelmisch. Es war das erste Mal, daß Claudia lachte. »Zum ersten Mal war Ausdruck in dem Gesichtchen.« Einer der Erwachsenen rief leise und langsam »kuck-kuck«. Claudia erwiderte »u-hu«. Von nun an sagte sie »u-hu« zu allem, durch das sie hindurchschauen konnte.

Für Frau G. stand fest, daß das Kind nun nicht mehr in ihr altes Heim zurückkehren sollte; statt dessen meldete sie es in einem psychotherapeutischen Kindersanatorium an, um es fachmännisch behandeln zu lassen. In den drei Monaten hatte sich die jetzt 3¾jährige Claudia, am Verhalten gemessen, immerhin etwa vom Stande des dreivierteljährigen zum eineinvierteljährigen Kind entwickelt. Anfangs hatte sie beispielsweise noch alles Neue, was sie betastete, in den Mund gesteckt, was sie jetzt nicht mehr tat. Zunächst aufs Händchenfassen angewiesen, konnte sie jetzt, wenn auch unsicher, frei gehen, überwand aber zunächst nicht die kleinste Unebenheit des Bodens und vermochte dann nicht einmal auf alle viere herunterzugehen, um krabbelnd das Hindernis zu überwinden. Nach den 12 Wochen konnte sie aufrecht gehend Schwellen überwinden, auch wenn sie noch die Gehweise des ganz kleinen Kindes zeigte.

Im Kindersanatorium, in das Claudia im Alter von 3¾ Jahren aufgenommen wurde, erhielt sie aufgrund der Diagnose »schwere Hospitalisierungsschäden und eine die Gesamtentwicklung des Kindes bedrohende Retardierung« eine psychotherapeutische, medikamentöse und heilpädagogische Behandlung. Sie sprach darauf sehr gut an. Nach 4 Monaten ließ sich über das gerade 4jährige Kind aussagen, daß es in großen Schritten Entwicklungsrückstände aufholte. Es hieß in einem Gutachten: »Es ist nach dem bisherigen Therapieerfolg anzunehmen, daß ... kein Schwachsinn im engeren Sinne vorliegt; Endgültiges kann darüber aber noch nicht gesagt werden. Aus den Schilderungen geht hervor, daß Claudia sowohl einer gezielten Therapie als auch einer sorgfältig gelenkten Erziehung bedarf. Die Behandlung muß zunächst ein weiteres Jahr hier stationär durchgeführt werden.« Frau G. besuchte die Kleine häufig und nahm sie in den Ferien zu sich. Claudia machte weiter zügige Fortschritte; eines Tages hatte sie beispielsweise erstmalig im Spiel etwas *gebaut*, was sie dann mit dem Namen der Stadt bezeichnete, in die man zum Einkaufen fuhr.

5½jährig wurde Claudia von Frau G. endgültig als Pflegekind aufgenommen. Sie kam damit in ein von warmer Mütterlichkeit und langjähriger erzieherischer, auch heilpädagogischer Fachkenntnis und Erfahrung geprägtes Zuhause. Und 2 Jahre später (August 1967) konnte sie 7½jährig in einer regulären Schule eingeschult werden! Wegen ihrer etwas verlangsamten körperlichen Entwicklung fiel sie unter ihren durchschnittlich ein Jahr jüngeren Klassenkameradinnen nicht auf.

Ich persönlich lernte Claudia als 12jähriges munteres Schulmädchen kennen. Zuerst schüchtern, taute sie bald auf. Sie behandelte die Besucher bald wie Familienmitglieder. Schier unersättlich wurde sie, als ich kleine Experimente wie den Fingerverwechslungsversuch und den Nickleseversuch[1] mit ihr begann. Auffällig war ihre überquellende Wißbegierde. Diese drückte sich auch in einem Brief aus, den sie etwas später – im Alter von gerade 12¼ Jahren – an mich schrieb: »Warum können die Fische atmen? Wie entsteht das Leuchten? Wie spüren die Tiere, daß sie satt sind?«

Wer seinerzeit die 12jährige Claudia kennenlernte, hätte nie gedacht, daß sie mit 3½ Jahren wegen schwerer Hospitalisierungsschäden für schwachsinnig und bildungsunfähig gehalten werden mußte. Ihr Lebensweg hätte sich ins anonyme Dunkel verloren, hätte nicht ihre spätere Pflegemutter, von Mitleid überwältigt, ihr Schicksal an das ihre gebunden, Claudias weiteren Lebensweg gesteuert und dabei ihren Reichtum an mütterlicher Liebe, fachlicher Erfahrung und schöpferischer Einfühlung ganz in ihre Förderung eingebracht. Einer solchen Leistung sollte in einer aufgeklärten Gesellschaft ein hoher Rang, nicht geringer als besonderen Verdiensten in Kunst, Wissenschaft oder Politik, zuerkannt werden.

Claudia beendete die Hauptschule, ohne eine Klasse wiederholen zu müssen, und erwarb nach einem weiteren Jahr an einer Fachschule die Mittlere Reife. Sie erlernte danach einen medizinisch-pflegerischen Beruf. Nach dem Abschluß ihrer Ausbildung für einige Zeit arbeitslos, besuchte sie aus eigener Initiative mehrere Kurse, bestand die Abschlußprüfungen und erwarb auf diese Weise zusätzliche berufliche Qualifikationen. Trotz erheblicher in ihrem Berufszweig herrschender Konkurrenz bekleidet sie jetzt als zuverlässige Fachkraft eine Dauerstelle.

B 9. *Unwillkürliche Harnentleerung: Tagnässen und Bettnässen*

Unwillkürliche Harnentleerung ist bei Kindern nur in seltenen Fällen der Ausdruck einer organischen Erkrankung; die Ursache liegt so gut wie niemals in der Blase oder in einer Abweichung des körperlichen Wasserhaushalts. Beim Tagnässen und beim (nächtlichen) »Bettnässen« (Enuresis diurna und nocturna) handelt es sich – mit ganz geringen Ausnahmen – um eine *Störung der Verhaltenssteuerung*. In den meisten Fällen verschwindet die Störung mit dem Älterwerden ohne erkennbaren Anlaß von selbst, nicht selten in der Pubertät; d. h. es besteht eine hohe Tendenz zur *irgendwann* eintretenden *Spontanheilung*. Solange aber die unbeabsichtigte Harnabgabe *andauert*, ist sie für das Kind, seine Eltern und seine sonstigen Betreuer eine unangenehme Belastung, oft eine schwere seelische Bedrückung. Die kinderärztliche Praxis steht dieser Erscheinung auch heute noch in vielen Fällen hilflos gegenüber: Immer wieder trifft man auf Kinder, die trotz jahrelanger Behandlung noch all-nächtlich einnässen.

Unwillkürliche Harnabgabe kommt bei manchen Kindern am Tage, bei einer größeren Anzahl von ihnen in der Nacht vor. Die Biologin Gabriele HAUG-SCHNABEL beobachtete den Vorgang des *Tagnässens* bei Kindern, die miteinander im Kindergarten, im Freien am Sandkasten oder auf einem Spielplatz spielten, und erkannte dabei zwei *wesensverschiedene* Formen dieser Störung[1]:

Tagnässen Form A. Die Harnabgabe erfolgt bei intensivem Spiel; das Kind war lange Zeit nicht auf der Toilette und hat nun eine volle Blase. Als Ausdruck des Harndrangs und als Vorboten baldigen Ein-nässens beobachtet man mitunter ein Zusammenpressen der Beine sowie tänzelnden Gang und Trippeln auf der Stelle zur Unterstützung des Schließmuskels der Blase. Plötzlich ist dann das Mißgeschick –»Überlaufen der Blase« – passiert. – Diese Einnäßkinder sind in anderer Hinsicht nicht verhaltensauffällig.

Tagnässen Form B. Die Harnabgabe erfolgt nicht bei intensivem Spiel, sondern in einer ganz anderen Situation: eine Zeitlang *nach* einer Enttäuschung oder *nach* einer aggressiven Auseinanderset-zung. Ein unmittelbarer Vorbote oder eine Begleiterscheinung dieser Form des Einnässens ist mitunter ein plötzliches Verharren auf der Stelle, das fast den Eindruck einer Absence macht; in anderen Fällen entleert sich die Blase, wenn gerade die Verkrampfung und Erre-gung, die der Auseinandersetzung folgte, abgeklungen ist und das Kind in eine entspannte Stimmung übertritt (ein Beispiel bringt der nächste Absatz). Die Blase *dieser* Einnäßkinder braucht nicht prall-voll, sie kann halbleer sein; hier handelt es sich offenkundig um *kein* »Überlaufen der Blase«; der Störfaktor muß von anderer Art sein. – Diese Einnäßkinder sind in der Regel verhaltensauffällige, oft aggressive Kinder und Außenseiter.

Beispiel für Tagnässen Form B. In einem Kindergarten sollten die Kinder ihre Stühle im Kreis aufstellen und sich hinsetzen – die Prakti-kantin wollte ein Märchen erzählen und die Handlung mit Fingerpup-pen darstellen. Der fünfjährige *Sami* stellte seinen Stuhl in den sich formenden Kreis, entfernte sich aber noch einmal, kehrte zurück und – fand den Stuhl besetzt durch den gleichfalls fünfjährigen *Alex*. Es kommt zu einem Wortgefecht, dann tritt und schlägt Alex nach Sami. Die Erzieherin greift schlichtend ein, erklärt Alex, daß dies Samis Stuhl sei, und veranlaßt Alex, einen anderen Stuhl zu holen. Doch nun ist *Sami* nicht mehr bereit, in den Kreis zu kommen. Er läuft in eine Zimmerecke, wirft sich auf ein Polster und vergräbt sein Gesicht in den Kissen. Die Märchenstunde beginnt, doch Sami bleibt trotz mehrerer Aufforderungen in der Puppenecke liegen. Nach einiger Zeit hebt Sami langsam den Kopf und schaut kurz zum Stuhlkreis hinüber, bleibt aber dann wieder regungslos liegen. Plötzlich springt er auf und schleudert Kissen, Polster, Puppen und andere Spielsachen in den Raum. Die Kinder beobachten ihn. Die Praktikantin und danach die Erzieherin versuchen jetzt erneut, ihn zu besänftigen und in den Stuhlkreis einzubeziehen – umsonst. Der Märchenvortrag geht weiter, Sami verharrt zusammengekauert auf dem Polster und starrt auf den Boden. Gegen Ende des Märchens kommt er leise zur Beobachterin (sie sitzt außerhalb des Stuhlkreises) und klettert auf deren Schoß. Seine Hose ist naß. Er schmiegt sich an sie, greift nach ihrem Arm und legt ihn so um sich herum, daß er eng umklammert wird. – Dieses Einzelbeispiel ist repräsentativ für zahlreiche ähnliche Begebenheiten. Das Gemeinsame ist zunächst Enttäuschung, Wut oder Angst der betroffenen Kinder, nach einer Pause dann die unwillkürliche Harnabgabe, begleitet von erhöhtem Kontakt-, Zuwendungs- und Liebesbedürfnis.

Keine Sinnesmeldung über das Harnfließen. Das Tagnässen Typ B lehrt uns noch etwas Weiteres: Obwohl das Kind wach ist, merkt es nicht, wenn sich seine Blase entleert; erst nachträglich stellt es fest, daß die Kleidung naß ist. Das Harnfließen erzeugt also keine Sinnesmeldungen für das Bewußtsein, auf Grund deren das Kind die Blasenentleerung willentlich zu unterbrechen versuchen könnte, wie das bei Sinnesmeldungen der prall gefüllten Blase der Fall ist.

Zusammenfassung über das Tagnässen. Das Tagnässen hat also kein einheitliches Erscheinungsbild. Übergänge zwischen Typ A und Typ B wurden nicht beobachtet; es handelt sich um getrennte Erscheinungen. Allgemeine Therapieempfehlungen gegen »das« Tagnässen sowie statistische Korrelationsaussagen über dessen vermutliche Entstehungsbedingungen sind daher hinfällig, sofern sie nicht zwischen den beiden Arten des Tagnässens unterscheiden, die in ihrem Ablauf, ihrer Ursache und ihrem Krankheitswert verschieden sind.

Bettnässen (Enuresis nocturna) ist die unwillkürliche Harnentleerung *im Schlaf.* Das Kind *will* nicht einnässen (mit verschwindend geringen Ausnahmen); und doch passiert es ihm manchmal Nacht für Nacht oder sogar mehrmals in der Nacht. In vielen Fällen bietet auch vorsorglicher Toilettengang ein- oder sogar mehrmals in der Nacht keine Hilfe: Vielfach nässen starke Bettnässer schon kurz, nachdem sie geweckt wurden und die Blase entleert hatten, wieder ein. *Eine prall gefüllte Blase ist also keine Vorbedingung für den unbeabsichtigten Harnabgang im Schlaf.* Wir stoßen damit auf dieselbe Erscheinung wie beim Tagnässen Form B, das gleichfalls unabhängig vom Grad der Blasenfüllung erfolgt. Daher entfallen vier seit jeher vermutete Ursachen für die Enuresis und kommen heute als Standardauslöser für das nicht organisch bedingte Bettnässen nicht mehr in Betracht:

– eine Überfüllung der Blase wegen zu vielen Trinkens am Abend;
– eine Schwäche des Schließmuskels der Blase;
– ein zu schnell ansteigender Harndruck wegen einer zu kleinen Blase (»zu geringe Blasenkapazität«);
– ausbleibende Weck-Wirkung der prall gefüllten Blase (etwa im Zusammenhang mit besonders tiefem Schlaf).

Die Ursache für das Bettnässen, das unabhängig vom Grad der Blasenfüllung erfolgt, muß also in der zentralnervösen Steuerung liegen.

Soweit nächtliches Bettnässen *nicht* auf organischer Grundlage beruht (nur diese Fälle interessieren uns hier), hat es vielfach mit *seelischem Kummer,* beispielsweise mit belastenden Betreuungsbedingungen, zu tun: Vorübergehendes Bettnässen kommt bei dreijährigen und älteren Kindern vor, wenn sie abrupt von ihrer Mutter getrennt werden, aber auch wenn sie ein Geschwisterchen bekommen haben, wodurch sich – unvermeidbar – ihre Betreuungssituation änderte. Nun verändern sich zwar in allen solchen Fällen mehrere Umstände zugleich, und man möchte zunächst nicht glauben, daß eine *organische* Fehlleistung wie die unwillkürliche Blasenentleerung ausgerechnet etwas mit dem *rein psychischen* Faktum der Mutterentbehrung zu tun haben soll.

Doch gilt diese Aussage auch mit ungekehrten Vorzeichen: Immer wieder wird nämlich davon berichtet, daß hartnäckige und auf verschiedenste Weise erfolglos behandelte Enuresis schlagartig *verschwand*, wenn sich für das Kind an der *Betreuungssituation* etwas Wichtiges *änderte.* Zur Veranschaulichung folgen zwei Beispiele: (1) Ein von einer Familie in Pflege genommenes etwa dreijähriges Heimkind näßte allnächtlich ein *und* verweigerte jede Zärtlichkeit seitens der Familienmitglieder. Als es eines Tages *zum ersten Mal* einen Gute-Nacht-Kuß zuließ, näßte es erstmalig nicht mehr ein, und das Leiden kehrte nie wieder. – (2) Ein 14jähriges geistig und körperlich zurückgebliebenes Mädchen, das bei seiner Großmutter lebte, sollte zum Helfen im Haushalt an eine Familie vermittelt werden; das Wohnen im dortigen Haus scheiterte jedoch an ihrer Enuresis. Erneut bei der Berufsberaterin vorgestellt, fragte diese intuitiv: »Wenn du abends ins Bett gehst, fühlst du dich einsam? Kommt Großmutter dann nicht noch einmal zu dir?« (Das Kind schlief in einer Dachkammer einen Stock höher als die Großmutter.) Auf diese Frage weinte das Mädchen laut auf. Die Großmutter war überrascht, änderte daraufhin ihr Verhalten, und nach vier Wochen erschienen Kind und Großmutter glückstrahlend und berichteten, daß das Übel verschwunden sei.

An Kindern, die in ihrer Familie leben und nicht allnächtlich, sondern nur ab und zu einnässen, läßt sich eine aufschlußreiche Beobachtung machen: *Seelisch belastende Erlebnisse am Vortag bedingen das Bettnässen in der folgenden Nacht!*[1] Daß dies nicht schon längst als gesichertes Wissen gilt, hängt damit zusammen, daß die entscheidenden belastenden Erlebnisse bei jedem Kind andere sind: bei dem einen Abwesenheit der Mutter, beim zweiten Streit zwischen den Eltern, beim dritten Schulsorgen, beim vierten Probleme mit gleichaltrigen Freunden usw. Wenn man das einzelne Kind *im Rahmen seiner Familie* aufsucht und beobachtet, lassen sich derartige Ursache-Wirkungs-Ketten erkennen.

Der Zusammenhang zwischen Bettnässen und seelischer Bedrückung ist seit langem bekannt und hat sich auch in einer umgangssprachlichen Wendung niedergeschlagen: »Das Kind weint mit der Blase.« Über die Häufigkeit dieses Zusammenhangs gibt eine Aussage des Kinder- und Jugendpsychiaters P. STRUNK, die er bereits 1971 in einem führenden Lehrbuch formulierte, Auskunft: »Als Ursache für den weitaus größten Teil der Enuretiker kann die gestörte Beziehung des Kindes zu seiner Umwelt gesehen werden.«[2] Wie aber kann man es sich vorstellen, daß eine so eigentümliche Assoziation – zwischen sozialem Kummer und ausgerechnet der Harnabgabe im Schlaf – überhaupt bei Kindern entsteht und zur Wirkung kommt? Dies wird mit Hilfe der theoretischen Bausteine der Verhaltensbiologie im Abschnitt VII A 2 (S. 472) untersucht werden.

Behandlungsmethoden. Die zur Zeit vielfach durchgeführte Behandlung der nicht organisch bedingten Enuresis zielt allerdings darauf, die Harnbildung und Harnabgabe direkt zu beeinflussen. Wie eine Umfrage bei praktizierenden Kinderärzten im Jahre 1984 ergab, wird zur Zeit unter anderem folgendes zur Behebung des Bettnässens verordnet[3]:

– *Verminderung der Trinkmenge*. Die Kinder dürfen in den Stunden vor dem Schlafengehen wenig oder gar nichts trinken. Da sich die Kinder selbst vor dem beschämenden Mißgeschick des Bettnässens fürchten, legen sie sich mitunter freiwillig einen geradezu rigorosen Flüssigkeitsentzug auf. Andererseits kann es ein Kind seelisch schwer belasten, wenn gerade ihm, obwohl es ohnehin unter der Enuresis leidet, auch noch das Privileg der Geschwister, vor seinen Augen nach Belieben trinken zu dürfen, versagt wird. – Schließlich ist – vor allem bei entsprechender Veranlagung – eine medizinische Komplikation in Betracht zu ziehen: Eine Reduktion der Trinkmenge könnte die Neigung zur Bildung von Nierensteinen fördern.

– *Blasendehnen* (Blasenstretching). Die Kinder sollen bei aufkommendem Harndrang so lange wie möglich das Wasserlassen zurückhalten. Häufige Komplikationen dieses Verfahrens sind Blasenerweiterung (sonographisch feststellbar), Zurückbleiben von Restharn, Harnwegsinfektionen (besonders bei Mädchen).

– *Schließmuskeltraining* (= Sphinctertraining). Die Kinder sollen den Blasen-Schließmuskel kräftigen, indem sie üben, während des Wasserlassens willkürlich den Harnabfluß zu unterbrechen. Auch diese Methode birgt das Risiko ungewollter Nebenwirkungen in sich: aufkommende Unfähigkeit, den Harn gleichmäßig fließen zu lassen, Zurückbleiben von Restharn.

– *Weckprogramme*. Die Kinder werden während der Nacht ein- oder mehrmals geweckt, um auf die Toilette zu gehen. Man nimmt bei dieser Maßnahme nachteilige gesundheitliche Folgen der Schlafunterbrechungen in Kauf.

– *Klingelmatratze*, Klingelhose. Das fehlende innere Wecksignal der »vollen Blase« soll ersetzt werden: Ein Detektor spricht auf den Austritt des ersten Harntropfens an und weckt den Schläfer mit einem Weckton. Dies soll eine Sensibilisierung oder einen Lernprozeß herbeiführen, durch den das vermutete innere Wecksignal seine Wirksamkeit wiedergewinnt.

– *Medikamente, die auf das vegetative Nervensystem wirken*, beispielsweise Noxenur, Vagantin und Priamide Eupharma. In einigen von diesen sind Atropin und Ephedrin enthalten. Sie schwächen die Aktivität des Parasympathicus, also des für Ausscheidungsvorgänge verantwortlichen Anteils des vegetativen Nervensystems, oder sie *steigern* die Aktivität des Sympathicus, des Gegenspielers des Parasympathicus. – Mit solchen Medikamenten beeinflußt man zugleich zahlreiche weitere Körperfunktionen; doch ist die Bedeutung dieser

Einflüsse zur Zeit nicht annähernd abzuschätzen. Außerdem greift man mit dem groben Mittel der bloßen Hemmung in ein fein abgestimmtes Funktionsgefüge ein, das an sich als Regelsystem für die jeweils *rechtzeitige* Harnabgabe zu sorgen hat, und man tut dies sogar vielfach chronisch für lange Zeit.

– *Psychopharmaka.* Das häufig verschriebene *Imipramin* (in Tofranil und Tryptizol) beeinflußt die Spannung der Blasenmuskulatur und ist zugleich ein Antidepressivum (= ein Mittel gegen Depressionen). – Die Gewöhnung an dauernde Tabletteneinnahme im Kindesalter, besonders im Kindesalter eingenommene Psychopharmaka, bergen Risiken für die spätere seelisch-geistige Entwicklung in sich, die zur Zcit völlig unkalkulierbar sind.

Alle genannten Therapieformen gegen das Bettnässen gründen sich, wenn man sie aufmerksam durchdenkt, auf zwei, allerdings oft unausgesprochene Grundvorstellungen über die *Ursache* des nächtlichen Bettnässens:

– die Blase könne den andrängenden Harn nicht mehr halten; dies erzwinge die Öffnung des Schließmuskels; und

– die Sinnesmeldung aus der Blasenwand »Blase gefüllt« wecke den Schläfer nicht.

Aus den ersten dieser beiden Gründe müsse man der Blase weniger Wasser zu halten zumuten (Trinkeinschränkung), die Blasenaufnahmefähigkeit vergrößern (Blasendehnen), den Schließmuskel durch Training stärken (Schließmuskeltraining), in kürzeren Abständen Harn abgeben lassen (Weckprogramme) oder das innere (parasympathische) Abflußkommando schwächen (Medikamente); und aus dem zweiten der genannten Gründe müsse man die fehlende Weckwirkung durch eine technische Lernhilfe ersetzen (Klingelmatratze).

Stellungnahme zu diesen Behandlungsmethoden. Die auf die Verringerung der Harnbildung und die Vermeidung der Harnabgabe gerichteten Behandlungsmethoden schließen so *hohe Risiken* nachteiliger, ja gefährlicher *Nebenwirkungen* ein, wie man sie in der Regel sonst erst bei weit schwereren gesundheitlichen Gefährdungen in Kauf nimmt, als sie mit dem Bettnässen einhergehen, z. B. Wasserentzug, vielfache abrupte Schlafstörungen, Psychopharmaka. Auch ist die (weithin übliche) *langzeitige* Anwendung dieser Methoden in vielen Fällen *erfolglos*. Wegen der erwähnten *Spontanheilungstendenz*, die als solche natürlich als großes Glück zu werten ist, ist es zudem beim Ausbleiben des Symptoms schwer abschätzbar, ob dafür wirklich die jeweilige Therapie die Ursache war. Schließlich ist die *behandlungsbestimmende Grundvorstellung*, auf die sich die Maßnahmen gründen – eine gefüllte Blase, deren Innendruck keine Weckwirkung entfaltet und dann den Schließmuskeltonus überwindet –, in der Regel gar nicht zutreffend. – Die genannten Methoden sind also gekennzeichnet durch gravierende Nebenwirkungen, fehlende oder unsichere Wirksamkeit und eine unzutreffende behandlungsbestimmende Grundvorstellung. Die Konsequenzen hieraus sowie aus der theoretischen Analyse (Abschnitt VII A 2, S. 472) werden in Abschnitt VIII D 1 (S. 596) gezogen.

C. Milieubedingte Störungen der Entwicklung der kindlichen Selbständigkeit

Die Lebensphase der Entwicklung der kindlichen Selbständigkeit ist gekennzeichnet durch Kriechen und Laufen, durch Erkunden, Wißbegier, Spielen und Nachahmen sowie durch kennzeichnend menschliche Verhaltenserwerbungen wie Sprechen, bildnerisches Gestalten, begriffliches Denken, Ichbewußtsein und selbständiges, geplantes Handeln (beschrieben in Abschnitt II D, S. 74). Die Entfaltungsprozesse für all diese Fähigkeiten sind empfindlich und störbar: Das Kind braucht dazu dreierlei, *innere* Freiheit, *dingliche* Möglichkeiten und die geeigneten *menschlichen* Partner. Der größte Feind der Entwicklung innerer Freiheit ist die *Angst*: Sie läßt das für alle diese Verhaltensweisen notwendige »entspannte Feld« nicht aufkommen.

Das folgende Kapitel beschreibt zwei Verhaltensstörungen, die in der Kleinkindzeit ihre Wurzeln haben und bei denen die *Angst* eine verhängnisvolle Rolle spielt: Aggressionshemmungen (C 1 und C 5) und den frühkindlichen Autismus (C 6). Die Abschnitte C 2 bis C 4 behandeln drei verbreitete *Erziehungsfehler*, die zu Aggressionshemmungen führen: Einengung, Überbehütung und Verwöhnung. Es ist wichtig, sie zu kennen und auseinanderzuhalten, um ihnen jeweils auf sinnvolle Weise begegnen zu können.

C 1. *Aggressionshemmungen*

Das Kindesalter nach Abschluß der Säuglingszeit ist, wie soeben angedeutet, reich an vielfältigen Verhaltensimpulsen und Verhaltensweisen: Bewegungsdrang, Erkunden, Wißbegierde, Spielen, Nachahmen, Sprechen, eigenständiges Handeln. Stellen sich diesen

Verhaltensimpulsen durch Maßnahmen der Erwachsenen Hemmnisse in den Weg, so reagiert das Kind mit aggressiven Versuchen, seinen Verhaltensbedürfnissen trotzdem Raum zu schaffen. Trifft die Aggressivität auf übermächtige Gegenwirkungen (Verbote, Strafen), so wird auch sie gehemmt. Als »Aggressionshemmung« bezeichnet man eine Gesamtheit (ein »Syndrom«) aus zahlreichen einzelnen Verhaltensstörungen, die aus den Hemmungen sowohl der Selbständigkeitstendenzen als auch der Aggressivität hervorgehen.

Das Erscheinungsbild der Verhaltensstörung »Aggressionshemmung« soll durch die Schilderung des Verhaltens dreier aggressionsgehemmter Jungen (Ernst, Lothar und Herbert) veranschaulicht werden. Es handelt sich um zusammenfassende Stundenprotokolle aus einer Therapie; sie wurden mir von Frau Chr. Meves zur Veröffentlichung zur Verfügung gestellt. Beschrieben wird jeweils zunächst die zweite Therapiestunde, in der sich die *umfassende Verhaltenshemmung* darstellt, und anschließend die 10. Stunde, in der die zuvor *gestaute* und jetzt entfesselte *Aggressivität* zum Ausdruck kommt. In der 10. Stunde kannten die Jungen die Therapeutin, ihren Garten und das Haus bereits sehr gut.

Die Kinder wurden in den Therapieraum geführt. Die Therapeutin sagte, sie könnten hier tun, wozu sie gerade Lust hätten; dabei wurde beiläufig auf das im Zimmer befindliche Spielzeug und auf andere Beschäftigungsmöglichkeiten hingewiesen.

»*Ernst*, 10 Jahre. Symptom: Schulversagen wegen Leistungsverlangsamung. Ernst ist der ältere von zwei Söhnen eines mittleren Beamten. Seine Mutter ist mit dringender Besorgtheit vor allem um diesen ihren Älteren bemüht. Sie wäscht ihn noch allabendlich, sitzt neben ihm bei den Schularbeiten, macht dem Jungen stündlich Vorschriften darüber, was er tun soll; und wenn er es nicht schafft, eine Handlung durchzuführen, drängt sie ihn dazu.

Ernst, 2. Stunde: Sagt mit steifem Diener ›Guten Tag‹, bleibt unschlüssig stehen, zieht die Schultern hoch und läßt den Blick verstohlen durch den Raum schweifen. Geht zur Fensterbank und betrachtet die dort stehenden Tonarbeiten. Wirft einen Blick auf die Wand, an der ein Spielzeugschießgewehr hängt, und wendet sich rasch wieder ab. Geht auf die Boxhandschuhe zu, kehrt aber, als er davor steht, abrupt wieder um. Fingert eine Weile verlegen an einem Krockettschläger, sagt: ›Ich weiß nicht, was ich machen soll.‹ Ich erwidere: ›Du *sollst* hier nicht etwas machen – du kannst tun, wozu du Lust hast.‹ Ernst: ›Hm – aber was wollen *Sie* denn, daß ich tun soll?‹ ›Ich glaube gar nicht, daß du dir in Wirklichkeit so gern etwas vorschreiben läßt.‹ Ernst guckt noch einmal fasziniert auf das Schießgewehr – reißt den Blick los, seufzt, beguckt sich die Spiele im Fach: ›Das Kartenspiel haben wir zu Hause auch, kann man das hier auch spielen?‹ Nachdem ihm das bestätigt ist, sagt er: ›Oder ist Ihnen ›Mensch ärgere dich nicht‹ lieber?‹ Deutlich kommt in diesem Anfang zum Ausdruck, wie die Initiative des Kindes eingeschränkt ist und wie auftauchende Wünsche wieder unterdrückt werden, sobald sie in Erscheinung treten.

Ernst, 10. Stunde: Ernst sagt flüchtig ›Guten Tag‹, rennt dann auf den Kasten mit den Schwertern zu: ›Zuerst gibt's einen Kampf – aber fair‹, schreit er drohend mit hochgezogenen Augenbrauen. Dann fängt er mit sich immer mehr steigernden Wutgebärden an, mit mir zu fechten. Eine kleine Weile ficht er spielgerecht, aber dann verliert er rasch die Kontrolle über sich, beginnt die Spielregeln zu mißachten und drischt wild drauflos. Ich unterbreche und sage: ›Nun ist dir die große Wut dazwischengekommen, was machen wir mit der?‹ Ernst stürzt mit einem Holzhammer in den Keller: ›Die zerhauen wir wieder an dem alten Eisen!‹ Während der ganzen Stunde frönt er dann einer wilden Zerstörungswut, indem er auf ein Ofenblech schlägt und darauf herumtrampelt, Tontöpfe mit lautem Getöse zerschmettert, trommelt, boxt und schießt.

Lothar, 9 Jahre alt. Symptome: Stottern, Nägelbeißen, Jähzorn. Sohn eines Angestellten. Im gleichen Hause leben zwei Großmütter, die Mutter und eine jüngere Schwester von Lothar. Lothar ist somit täglich von ›Weibern‹, wie er das nennt, umgeben, während er den Vater kaum sieht. Die Mutter ist von zwanghafter Korrektheit, *beide* Großmütter sind vielredend und übereifrig bei der Erziehung dieses einzigen Enkels.

Lothar, 2. Stunde: Lothar geht auf die Kinder der Gruppe zu, die bereits versammelt sind, und begrüßt sie mit einem ruckartigen Kopfbeugen. Dann zieht er sich zur Tür zurück und betrachtet distanziert und mit Widerwillen, wie die anderen Kinder den Ton hervorholen und mit ihm zu schmieren beginnen. Nach einer Weile sagt er angeekelt: ›S-s-s-s-oo-was ma-mach *ich* doch nicht. Davon wird man ja dreckig!‹ ›Was machst du denn?‹ fragt ein Junge aus der Gruppe zurück. ›Ich sammle Schmetterlinge‹, erwidert Lothar von oben herab und Bewunderung heischend. Die Kinder haben begonnen, mit ihren Tonschiffen eine Seeschlacht zu arrangieren. Lothar guckt einen Moment fasziniert zu, atmet tief ein und wendet sich ab. Nach einer

Weile sagt er indigniert: ›Was kann man hier denn eigentlich machen? Hier gibt's ja gar nichts‹, und schaut hartnäckig an den vielen Gegenständen vorbei, die im Grunde auf ihn einen auffordernden Reiz zum Aktivsein ausüben.

Lothar, 10. Stunde: Lothar klingelt stürmisch an der Tür, stößt sie auf und schreit den anderen Jungen zu, indem er einen Dolch aus Holz aus dem Gürtel zieht: ›Los, heute werden die Weiber gefangen! Wir sind die Polizei, die Weiber haben gestohlen – einen ganzen Laden haben sie ausgeraubt – die müssen hinter Schloß und Riegel! *Sie* sind die Weiber‹, brüllt er und rennt auf mich zu. ›Sie werden jetzt abgeführt!‹ Er drängt ›die Weiber‹ in eine Ecke und läßt – ohne auch nur mit einem Wort dabei zu stottern – eine wütende Schimpfkanonade auf sie los: ›Dieses Drecksvolk, diese Feiglinge, dieses ganz gemeine Pack!‹ Dazu stößt er, breitbeinig stehend, unzählige Male mit einem Holzdolch auf den Boden. Dann holt er einen Strick aus der Tasche und schreit: ›Gefesselt müssen sie auch noch werden‹, kniet auf den Boden und will die Füße zusammenbinden. ›Mehr Weiber her!‹ kräht er plötzlich, holt die Helferin aus dem Nebenzimmer und will ihr einige Fußtritte versetzen. Die Helferin setzt sich zur Wehr und sagt, daß das gegen die Spielregel sei. ›Diese Weiber sind Waschlappen‹, schreit Lothar, ›los, Jungens, laßt uns lieber einen Kampf machen‹, holt sich die Spielzeugpistole und läßt sie gegen die Zielscheibe knallen.

Herbert, 7 Jahre. Symptome: Sprachstörung – Stottern und Lispeln –, allgemeine Ängstlichkeit. Vom Schulbesuch zurückgestellt. Einziger Sohn, den die Mutter ängstlich behütet. Die Mutter spricht sehr viel und gibt dem Kind kaum Gelegenheit, eine Handlung aus eigener Initiative anzufangen und durchzuführen.

Herbert, 2. Stunde: Herbert bleibt in der Mitte des Zimmers stehen, schluckt, holt tief Luft und fängt laut und hemmungslos an zu heulen: ›Maaa-mi, Maaa-mi!‹ Die im Nebenzimmer wartende Mutter stürzt herein. Herbert krallt sich in ihren Rock, drückt sie auf einen Sitz, schmiegt sich drängend in ihren Arm: ›Maaa-mi, du sollst nicht weggehen!‹ Dann hört er plötzlich auf zu weinen und schaut mich – noch unter Tränen und Schlucken – verschmitzt und siegesgewiß an, nimmt die Legosteine, die auf dem Tisch liegen, und beginnt, sie halb verlegen, halb bestimmt ineinanderzustecken.

Herbert, 10. Stunde: Er kommt auf dem Fahrrad, ohne die Mutter. ›Heute ist kein Wind‹, ruft er schon in der Tür, ›heute mach ich ein groooßes Feuer – nicht so ein kleines wie letztes Mal mit der Kerze im

Tonofen.‹ Er rennt nach draußen, packt die dafür bereitstehende Eisenkiepe und galoppiert mit ihr in wilden Sprüngen durch den Garten. ›Tatütata, die Feuerwehr‹, tutet er dann und schleift den Wasserschlauch über den Rasen, schießt einen Strahl aus vollem Rohr in die Luft und peitscht damit über die Büsche. Dann wendet er ihn blitzartig gegen mich, und das Wasser prasselt gegen die Scheibe der Tür, die ich ebenso blitzartig geschlossen habe. Herbert johlt vor Vergnügen. ›Jetzt spritze ich durchs Schlüsselloch‹, schreit er und nähert sich mit dem Schlauch der Tür. Ich drehe von innen das Wasser ab und sage: ›Ja, es macht Spaß, wenn man stark ist und die anderen in der Tasche hat, aber wenn wir jetzt eine große Überschwemmung machen, müssen wir die ganze Zeit wischen und haben keine Zeit mehr für das Feuer. Feuerwehrleute spritzen auch keine Menschen und Zimmer naß, die gar nicht brennen!‹ ›Feuer machen, Feuer machen!‹ so schreit Herbert, holt sich Pappe und Papier, zerreißt sie, zerbricht trockene Zweige und zerteilt Holzlatten, indem er sie übers Knie legt. Dabei ist er mit wütender Inbrunst in sein Tun versunken.

Das Gemeinsame der drei beschriebenen Beispiele besteht in folgendem: Zuerst sind die Kinder ängstlich, schüchtern, gehemmt; sie stottern, lispeln oder beißen ihre Fingernägel. Nach einigen Therapiestunden jedoch offenbart sich eine überschäumende Wildheit und Aggressivität. Dieser Aggressivitätsüberschuß verliert sich jedoch später im Laufe der Therapie wieder; die Bereitschaft zur kämpferischen Selbstbehauptung wird harmonisch in das Gefüge der Persönlichkeit eingegliedert.

Ein adäquat reagierendes Kind. Zum Vergleich und um ein Richtmaß zu gewinnen, soll nun noch die zweite Stunde mit einem Kind geschildert werden, bei dem *keine* Störung vorlag: *Britta*, 8 Jahre alt, wird von den Eltern geschickt, um einen möglicherweise gefährdenden Erlebniseindruck zu verarbeiten. Sie kommt ins Zimmer und schaut erst einmal die Bilder an, die an der Wand hängen. ›Haben das Kinder gemalt?‹ fragt sie. ›Darf ich bei Ihnen auch malen? Ach nein, ich gucke erst mal. – Kann man auf dem Herd richtig kochen? – Oh, ein Kaspertheater! Die Figuren sind schön! Am liebsten spiele ich mit Prinz und Prinzessin. Manchmal verkleiden wir uns auch zu Hause.‹ Ich sage ihr, daß man das hier auch tun könne. ›Ja, wollen wir?‹ fragt sie. ›Dann bin ich Rotkäppchen; und Sie – wollen Sie die Großmutter sein oder lieber der Jäger?‹«

Das Kind nahm also zunächst eine kleine Weile eine distanzierte, abwartende Haltung ein (Bilderbetrachten) und machte dann einen

Kontaktversuch (Fragen nach Bildermalen); als dies positiv beantwortet wurde, entwickelte das Kind Vertrauen. Brittas innere Situation war ausgeglichen, weil sie von keinem Drang überrannt wurde.
Das machte es ihr möglich, sich in Ruhe umzuschauen, sich dann aber
auch zu entscheiden. Schließlich schlug sie ein gemeinsames Rollenspiel vor: eine Szene aus »Rotkäppchen und der Wolf«.

C 2. *Einengende Erziehung*

Welche Umwelteinflüsse können ein Kind jenseits des ersten Lebensjahres so bedrängen, daß seine Verhaltensentwicklung beeinträchtigt
wird? Als erste mögliche Ursache kommt die unmittelbare *motorische Einengung* in Frage. Manche orthopädische Erkrankungen machen es notwendig, daß Kinder lange Zeit in Gips liegen müssen.
Lange Liegezeiten sind erforderlich auch bei tuberkulösen Erkrankungen, Leukämie, manchen Augenkrankheiten usw. Es gehört
heute zu den selbstverständlichen Forderungen der Psychohygiene,
daß diese Kinder von Krankengymnastinnen oder Beschäftigungs-
therapeutinnen gerade in der empfindlichen Kleinkindzeit ausgiebig
zum Sich-Bewegen im Rahmen der verbliebenen Möglichkeiten angeleitet und befähigt und auch sonst intensiv betreut werden, damit
sie so viele Entwicklungsanreize wie möglich erhalten.

Übermaß an Zurechtweisungen und Strafen. Wenn Kinder in ihrem
Drang, sich zu bewegen, zu erkunden, zu spielen, zu fragen usw., zu
viel gehemmt, gestört, zurechtgewiesen oder gar bestraft werden, so
muß das ihre Aggressivität steigern und sie zu trotzigem Verhalten
und dem Versuch veranlassen, ihre Absichten gegen die verhängten
Einschränkungen durchzusetzen. Das wiederum kann verschärfte
Verbote und Strafen nach sich ziehen. Wenn schließlich in einer Familie ein dauernder Kleinkrieg und Machtkampf zwischen den Erwachsenen und den Kindern herrscht, wenn sich die Erzieher überwiegend mit Drohungen und Gewalt durchsetzen und vor allem wenn
die Kinder geschlagen werden, dann besteht für die Kinder die *Gefahr der Aggressionshemmung*, weil ihre Aggressivität zugleich ausgelöst und durch Bestrafungen unter Hemmung gesetzt wird.

Übermaß an Geboten und Forderungen. Das gleiche droht, wenn
zu viele *Forderungen* an ein Kind gestellt werden, beispielsweise hinsichtlich seiner körperlichen oder seiner schulischen Leistungen.
Dies kommt bei ehrgeizigen Eltern vor. Auch wenn das Kind sich
schließlich fügt, weil es den Kampf gegen die Übermacht der Eltern

nicht durchsteht, so tut es das doch meistens mit innerem Widerwillen, dessen Ausdruck im Verhalten dann aber nicht möglich ist. Die Aggressivität des Kindes wird also auch hier *zugleich ausgelöst* und in ihrer Ausführung *gehemmt*. Mögliche Folgen werden im Abschnitt III C 5 (S. 198) behandelt.

C 3. *Überbehütung*

Aggressionshemmungen entstehen bei Kindern nicht nur durch übermäßige Verbote und zu hohe Forderungen der Eltern, sondern sie können auch die Folge davon sein, daß Eltern ihren Kindern ein *Übermaß an Fürsorge* angedeihen lassen. Überbesorgte Eltern wollen es ihren Kindern beispielsweise ersparen, daß sie hinfallen, und sie lassen sie darum nicht schnell herumrennen und toben; sie wollen den Kindern das Leben bequemer machen: Wo Kleinkinder zu Fuß laufen könnten, fahren sie sie im Sportwagen; wenn es Treppen zu steigen gilt, tragen sie die Kinder; überhaupt nehmen sie den Kindern viele Tätigkeiten ab, die diese selbst tun oder lernen könnten, zum Beispiel damit die Arbeit schneller vorangeht und fertig wird; die Eltern versuchen, den Kindern möglichst viele Unannehmlichkeiten zu ersparen und etwaige mißliche Folgen ihrer Taten und Unterlassungen von ihnen fernzuhalten; sie neigen dazu, ihre Kinder zu wenig aus den Augen zu lassen; sie trauen ihnen zu wenig zu, mit etwaigen Schwierigkeiten *selbst* fertig zu werden. Durch all diese Einschränkungen behindern sie, ohne das bewußt anzustreben, die eigene Aktivität der Kinder bei der Entfaltung ihrer Selbständigkeit.

Die Folgen der Überbehütung bei Kindern sind: Unselbständigkeit, Gehemmtheit, Übergewissenhaftigkeit, Weinerlichkeit. Überbehütende Eltern sind bemüht, den Kindern zu gewähren, soviel sie können; aber von dem, was die Kinder *wirklich* brauchen, geben sie ihnen zu wenig: von der Möglichkeit, *selbst* die Umwelt und ihre Gefahren kennenzulernen sowie die eigenen wachsenden Fähigkeiten *selbst handelnd* zu erfahren und zu entfalten. Dadurch machen sie die Kinder auch *von sich abhängig*! Die Abhängigkeit steigert sich noch, wenn sich die Mutter vor vielen Gefahren fürchtet; denn das Kind übernimmt dann nachahmend diese Ängstlichkeit und bleibt erst recht am Rockschoß der Mutter hängen.

Die verschiedenartigen, dem Kind durch Überbehütung auferlegten Einschränkungen lösen – ebenso wie übermäßige Verbote oder übersteigerte Leistungsforderungen – Aggressivität gegen ihre Ver-

ursacher aus; diese aber wird durch die Übermacht solcher Eltern
gewöhnlich schon im Keim erstickt: Hierdurch erklären sich die durch
Überbehütung entstehenden Aggressionshemmungen.

Darum leiden nicht nur die Kinder, wenn ihnen die Eltern die Möglichkeiten zum Erweitern und Üben ihrer Fähigkeiten sowie die
Schwierigkeiten und Gefahren vorenthalten, an denen sie altersge-
mäß wachsen könnten; auch die Eltern ernten schließlich nichts Gutes: Wenn erwachsen werdende Söhne und Töchter in der Entfaltung
ihrer Eigenständigkeit gehemmt wurden und daraufhin ganz oder teilweise von der elterlichen Fürsorge abhängig blieben, entwickeln sie
vielfach gegen die Eltern anstelle der erwarteten Dankbarkeit einen
unterschwelligen oder offenen Haß. Dieser ist nicht die Reaktion auf
die uneigennützig gewährte und im Übermaß empfangene Unterstützung; die negative Emotion richtet sich gegen die Träger der Einflüsse,
die den Gewinn an Ichstärke, Selbständigkeit und Unabhängigkeit
behindert haben und womöglich noch weiterhin behindern.

C4. *Verwöhnung*

Verwöhnung ist etwas anderes als Einengung und Überbehütung.
Doch sind manche Eltern abwechselnd einengend, überbehütend und
verwöhnend. Verwöhnung heißt unbeschränkte sofortige *Wunscherfüllung*. Das *überbehütete* Kind leidet an einem *von seinen Erziehern
aufgezwungenen* Mangel an Befriedigung des Bedürfnisses zu eigener
Aktivität, während dem *verwöhnten* Kind alle geäußerten Wünsche
sogleich erfüllt werden, ohne daß es eigene Aktivität und Phantasie
entfaltet, Mühe und Anstrengung aufbringt und ohne daß es zum
Aufschieben der Wunscherfüllung fähig wird; so lernt es keine Durst-
strecke zwischen Wunsch und Erfüllung zu ertragen und bleibt auf
sofortige Bedürfnisbefriedigung angewiesen. Da ein solches Kind
daran gewöhnt ist, seine Wünsche schnell befriedigt zu erhalten, und
keine Selbstbeherrschung lernt, um selbständig verzichten zu können,
führt das fast mit Notwendigkeit zu einer *Anspruchshaltung* des Kindes: Weil es nicht verzichten *kann, fordert* es seine Wunscherfüllung.
Sofern dies – wie bei nachgiebigen Eltern zu erwarten – zum Erfolg
führt, ist dadurch der Weg zur *Herrschsucht* gebahnt, ebenso aber zu
künftigen *Enttäuschungen*; denn andere Menschen werden oft nicht
bereit sein, die geäußerten Ansprüche zu erfüllen. Daß solche Menschen später mit ihrer privaten wie beruflichen Umwelt vielfach in
Konflikt geraten, ist verständlich.

Verwöhnung schädigt ein Kind nicht nur dadurch, daß sie es auf den Weg zur Anspruchshaltung und Herrschsucht drängt; sie gibt seinem Leben auch einen angstgetönten Hintergrund. »Man kann ein Kind kaum tiefer ängstigen als dadurch, daß man ihm alles erlaubt. Es ist für das Kind eine nicht tragbare Zumutung, daß es mit dem geringen Erfahrungsschatz, über den es verfügt, bereits seine eigenen Grenzen ziehen soll.«[1] Auf Mitmenschen oder allgemein auf eine Umwelt angewiesen zu sein, die ihm alle Wünsche erfüllt, hält den Menschen zudem in einem Teil seines Wesens in einer frühkindlichen Abhängigkeit fest. Hier liegt eine mögliche Ursache für Angst; denn vielfach weist Angst auf einen nicht vollzogenen Reifungsschritt hin. Im Leben eines verwöhnten Kindes fehlen Bewährung, Wagnis, Sich-Durchbeißen in schwierigen Lagen, Vertrauen auf die eigenen Kräfte. Die Ursache liegt nicht in zu starker Liebe oder gar Bindung der Eltern an ihr Kind, sondern darin, daß sie ihm aus Unwissenheit, Bequemlichkeit, Nachgiebigkeit, aus Angst vor Protest oder auch aus Schuldbewußtsein lieber sogleich alle geäußerten Wünsche erfüllen und es verwöhnen, als es zur Selbstbeherrschung und zur Selbststeuerung des eigenen Verhaltens zu erziehen und es dadurch zum innerlich unabhängigen, selbständigen Menschen werden zu lassen.

Unterschiede zwischen Einengung, Überbehütung und Verwöhnung. Leidet ein Kind unter Erziehungsfehlern der Eltern, so muß man je nach *Art* der Erziehungsfehler *unterschiedliche* Ratschläge geben: Ein durch *einengende Erziehung*, z. B. durch Verbote, Strafen und Überforderung, belastetes Kind braucht mehr *Freiraum* zum Erkunden, Spielen und allen anderen in Abschnitt II D aufgezählten Aktivitäten; der Umfang der *Erziehungs*einflüsse sollte bei ihm *abnehmen.* Ein *überbehütetes* Kind braucht gleichfalls mehr Freiraum, mehr Unabhängigkeit und mehr Selbständigkeit; es muß einen größeren Teil seiner Freizeit als bisher außerhalb des Gesichtskreises seiner Eltern verbringen können, möglichst zusammen mit anderen Kindern. Ein *verwöhntes* Kind dagegen braucht kein *Zurücknehmen* der elterlichen Erziehungsaktivität wie das eingeengte und das überbehütete Kind, sondern *ein Mehr* an bewußter, lebensvoller Erziehung im Sinne alles dessen, was oben im Abschnitt »Hilfsbereitschaft und Selbststeuerung« (II E 4, S. 98 ff.) dargelegt worden ist.

Alle drei Erziehungsfehler beschneiden dem Kind das zur Persönlichkeitsbildung so wichtige *eigenständige Handeln*: Das eingeengte Kind *darf* es nicht, das überbehütete *kann* es nicht, und das verwöhnte *braucht* es nicht.

C 5. *Erscheinungsweisen von Aggressionshemmungen*

Wenn Aggressionshemmungen bestehen, so sind mit großer Wahrscheinlichkeit auch die kindlichen Verhaltenstendenzen zum Selbständigwerden – Bewegungsdrang, Erkunden, Spielen usw. – langfristig zurückgedrängt worden. Darum darf es nicht überraschen, wenn die Aggressionshemmung zwar dem Namen nach nur eine einzige spezielle Verhaltensbereitschaft, die zur kämpferischen Durchsetzung der eigenen Bedürfnisse, betrifft, in Wirklichkeit aber die gesamte Persönlichkeit beeinflussen kann.

Gehemmtheit, Kontaktarmut, innerliche Resignation. Aggressionsgehemmte Kinder erwecken oft den Eindruck, als verfügten sie nur über wenig Initiative. Schon ihre Bewegungen wirken steif und unlebendig. Sie können sich – wie der Schuljunge *Ernst* (Abschnitt C 1) – nur schwer zu einer selbständigen Unternehmung entschließen, sondern sie warten gleichsam auf Anordnungen von außen. Oft sind sie kontaktarm und halten sich – z. B. auf dem Schulhof – von anderen Kindern fern. Zugleich verachten sie deren Beschäftigungen – wohl um sich selbst und den anderen eine bessere Begründung für ihr Abseitsbleiben zu geben. Die Einengung des kindlichen *Handlungs*spielraums kann auch das freie Spiel der *Gedanken* beeinträchtigen und die Phantasie verarmen lassen: Die Kinder können kaum improvisieren; sie erledigen alles nach festgefügten Plänen. Wie die Verarmung der Phantasie durch einengende Erziehung entstehen kann, läßt sich an folgendem Beispiel nachempfinden:

Man hatte Schulkindern die Aufgabe gestellt, nach eigener Phantasie eine Geschichte weiterzuerzählen, die damit begann, daß sie im Walde ein vergrabenes geheimnisvolles, edelsteinbesetztes Kästchen gefunden hätten. Ein kleines Mädchen aber schrieb resigniert: Ich würde es gleich wieder eingraben; denn meine Eltern würden mir doch nicht erlauben, es zu behalten.

Fügsamkeit, übertriebene Reinlichkeit, Perfektionismus. Es gehört zum Bilde der Aggressionshemmung, daß sich diese Kinder gegenüber ihren Erziehern sehr brav verhalten. Meistens sind sie auch auffällig ordentlich angezogen; dies hängt damit zusammen, daß für einengende Erzieher oft die Sauberkeit und Ordnung eine übergroße Rolle spielen und daß sie dies auch bei ihren Kindern durchsetzen. Manche Kinder übernehmen allmählich diese Haltung selbst und können später zu Reinlichkeitsfanatikern werden, die allen Schmutz verabscheuen und überlange Zeit zur Körperpflege verwenden. – In der

Schule sind aggressionsgehemmte Kinder meistens – entsprechend den Erziehungsgrundsätzen der Eltern – überaus ordentlich und pflichtbewußt. Doch ist ihr Leistungswille in vielen Fällen mit Unsicherheit und Ängstlichkeit verbunden: Diese Kinder versuchen oft, mit übergroßer Sorgfalt auch den kleinsten Fehler zu vermeiden, z. B. in schriftlichen Arbeiten; sie verbessern immer wieder, was sie schon niedergeschrieben haben, und werden dadurch in ihren Verrichtungen *langsam*. Vor jeder Handlung denken sie allzu umständlich nach und können daher oft nicht rechtzeitig mit ihren Vorhaben fertig werden. Das Erlebnis des Versagens, das darauf folgen kann, erhöht die Ängstlichkeit. Dies kann in einen Teufelskreis aus Perfektionismus, Versagen und Ängstlichkeit einmünden, aus dem das Kind ohne Hilfe kaum wieder herausfindet. Man spricht dann von »neurotischer Leistungsminderung«[1].

Zwanghaftes Verhalten. Es ist verständlich, daß solche Kinder (und Erwachsene) Tätigkeiten bevorzugen, in denen ihr Bemühen Erfolg hat: Das sind oft solche, die ihren anerzogenen Neigungen zur Genauigkeit, zu Ordnung und Sauberkeit entsprechen. Als Erwachsene fühlen sie sich in Berufen wohl, die äußerste Genauigkeit anstelle schneller Improvisation erfordern.

Doch kann allzu genaues Ordnen und Saubermachen auch zu einer emotionalen Notwendigkeit, zu »zwanghaftem Verhalten« werden, das die Lebensgestaltung behindert.

Jähzorn. Zu den zuvor beschriebenen Symptomen der Aggressionshemmung tritt oft ein Verhalten, das dazu gar nicht zu passen scheint, nämlich Jähzornanfälle. Jähzorn ist vielleicht die elementarste Form der Aggression des Menschen; sie scheint daher auf den ersten Blick kaum als Ausdruck einer Aggressions*hemmung* gelten zu können. Überlegt man aber genauer, so wird klar: Jähzornausbrüche sind zwar im Augenblick ihres Auftretens ein Kennzeichen dafür, daß die Aggressivität gerade *keiner* Hemmung unterliegt; aber sie könnten keine derartige Intensität annehmen (sofern diese nicht durch Außenumstände begründet ist), wenn sich nicht zuvor durch eine Aggressions*hemmung* ein hohes *Verhaltenspotential* angestaut hätte. Daß es solch ein »Anstauen von Verhaltenspotential« im Prinzip geben kann, haben die im Abschnitt C 1 beschriebenen *Aggressionsausbrüche* der drei Schuljungen nach dem *Auflösen* der aggressionshemmenden Assoziationen gezeigt. Beim Jähzornausbruch müssen wir uns etwas Ähnliches vorstellen: Der »Innendruck« des Aggressionsstaues ist so groß geworden, daß er die Hemmschwelle *durchbricht*. Diese mehr bildliche Vorstellung wird in Abschnitt VII A 6 (S. 484 f.) auf funktionelle Begriffe zurückgeführt und näher begründet werden. An dieser Stelle sei lediglich festgehalten: Durchbrüche *überstarker* Aggression können durchaus Zeichen für Aggressions*hemmung* sein.

Übergefügigkeit und Hyperaggressivität. Wir haben bisher bei aggressionsgehemmten Kindern zwei Bedingungen kennengelernt, unter denen sich zuvor gestautes Verhaltenspotential in heftigem Aggressionsverhalten entladen kann: nach Auflösen der Hemmung in der Therapie und im Jähzorn. Es gibt aber noch weitere Möglichkeiten: Die Aggressivität, die durch einengende Erziehung gestaut wurde und von den Erziehern selbst durch Strenge unter Kontrolle gehalten wird, kann sich *in Abwesenheit* der Erzieher gegenüber schwächeren Partnern und in solchen Situationen entladen, wo der Widerstand geringer ist. So können Kinder, die sich im Elternhaus übergefügig und brav verhalten, in der Schule grobe Störer sein, oder sie können kleinere Kinder quälen oder Tiere mißhandeln. Noch im Erwachsenenalter können solche Menschen gegen Vorgesetzte devot, aber gegen Untergebene herrisch sein. Auch bei *sinnloser Zerstörungswut* könnte – neben mangelnder Erziehung zur Achtung vor dem Eigentum anderer – durchbrechende, zuvor gehemmte und gestaute Aggressivität eine Rolle spielen.

Nächtliche Angstanfälle, Angstträume: Die Kinder fühlen sich verfolgt von Tieren, Hexen oder Ungeheuern und erwachen schreiend. Für sie selbst, aber auch für die übrige Familie kann solcher *Pavor nocturnus* (= nächtliche Angst) eine nervenzerrüttende Belastung sein, vor allem wenn die Anfälle allnächtlich einmal oder sogar mehrmals auftreten. Angstträume können darauf beruhen, daß ein Kind tags zuvor beunruhigt wurde oder daß ihm seine derzeitige Lebenslage zu wenig Sicherheit gibt. So kommt es bei kleinen Kindern im Kibbuz (Abschnitt VIII B 5) vor, daß sie – in einem Kinderhaus schlafend – angstvoll erwachen, dann weinen und sich nur beruhigen, wenn sie in die Obhut ihrer Eltern kommen. – Angstträume sind aber auch für Kinder typisch, die einer *einengenden Erziehung* unterliegen. Man würde auf den ersten Blick kaum einen Zusammenhang zwischen diesem Leiden und der einengenden Erziehungsform vermuten; deshalb sind Eltern ohne fachliche Beratung in diesen Fällen auch gewöhnlich ratlos. Eine psychotherapeutische Behandlung der *Aggressionshemmung*, wie zuvor beschrieben, bessert jedoch gerade den Pavor nocturnus manchmal schon nach einer einzigen Therapiestunde[1]. Die Methode besteht im wesentlichen darin, das Kind durch Zuspruch und Anregung zum *Durchführen* derjenigen Tätigkeiten zu ermuntern, die durch die Erziehung *angstbesetzt* geworden waren (siehe Abschnitt VII A 4), um dadurch die Ängste und Hemmungen zum Verschwinden zu bringen.

Zusammenhänge zwischen einengenden Erziehungsmaßnahmen und Angst liegen auf der Hand: Erstens hat ja die *Strafe* als Erziehungsmittel ihren Sinn darin, das zu unterbindende Verhalten mit *Angst* zu assoziieren, um es künftig zu hemmen. Zweitens wird einengende Erziehung häufig mit dem *Ausdruck* von Angst begleitet: »Lauf nicht so schnell, sonst fällst du hin... Geh' nicht in die Kälte hinaus, sonst wirst du krank«... usw. Drittens aber wird die Aggression selbst für das Kind angstbesetzt, falls es in der kämpferischen Auseinandersetzung immer nur unterliegt und überdies noch bestraft wird. Kein Wunder also, wenn es dann im Traum übermächtigen Feinden gegenübersteht, die es in panische Angst versetzen.

Bewegungsunruhe, Selbstbeschädigung, Tics. Es gibt noch eine Anzahl von auffälligen Verhaltensweisen, die bei Aggressionshemmungen nur gelegentlich auftreten, die aber, falls sie vorliegen, stark für diese Störungsform sprechen. *Bewegungsunruhe* (»Zappelphilipp«) kann damit zusammenhängen, daß das Kind in seiner gesamten Bewegungsbilanz zu sehr eingeschränkt ist. Auch könnte die Aggressivität selbst, weil sie beim aggressionsgehemmten Kind dauernd stark aktiviert ist, wie andere aktivierte Verhaltensbereitschaften ein unspezifisches Bewegungsbedürfnis hervorrufen (ungerichtetes Appetenzverhalten, Abschnitt IV A 5). – Aber es kommen auch Bewegungen vor, die schon durch ihre Art auf den Zusammenhang mit unterdrückter Aggressivität hinweisen: Zähneknirschen im Schlaf oder im Wachen, Zerbeißen der inneren Wangenhäute, Nägelbeißen, Haarausreißen, Aufkratzen von Wunden. Es ist, als würde sich die Aggressivität hier gegen den eigenen Körper anstatt gegen einen Feind richten (Selbstbeschädigung). – Infolge von Aggressionshemmungen können schließlich auch *Tic-Erscheinungen* entstehen, d. h. unwillkürliche kurze Bewegungen, oft ohne äußeren Anlaß auftretend. Es gibt Schulter-, Schnauf-, Räusper-, Blinzeltics u. ä.[1].

Stottern kann vorübergehend bei zweieinhalb- bis dreijährigen Kindern auftreten und sich nach einiger Zeit ohne Behandlung wieder verlieren; darum sollten Eltern in diesem frühen Lebensalter hier nicht erzieherisch korrigierend einzugreifen versuchen. Stottern kann aber auch die Folge davon sein, daß ein Erwachsener den Sprechfluß und die Sprechabsichten eines Kindes zu häufig durch Verbesserungen und Zurechtweisungen durchkreuzt. So etwas passiert besonders solchen Eltern, die übermäßig schnell sprechen und ungeduldig sind. Wird ein Kind häufig beim Sprechen unterbrochen, so nimmt es mitunter die Furcht vorweg: Nachdem es gerade zum

Sprechen angesetzt hat, bekommt es Angst, ob es nicht im Begriff ist, einen Fehler zu machen, der ihm eine Zurechtweisung einträgt; und dies hemmt das Sprechen sofort nach seinem Beginn. Daraus kann ein Hin und Her zwischen Sprechimpuls und Hemmung werden, und dieses Hin und Her kann sich »einschleifen«.

Eine Lehrerin ließ ein stotterndes Mädchen stets gemeinsam mit einem nicht stotternden Kind laut lesen und Gedichte sprechen; so konnte das Kind ohne Beunruhigung am mündlichen Deutschunterricht aktiv teilnehmen. – Dem Lehrer einer Grundschulklasse gelang es, einen sechsjährigen Jungen von seinem Stottern zu befreien; er sagte ihm immer wieder in badischer Mundart: »Brauchst net hudele, Büble; ich hab Zeit.« Die Mutter bestätigte, sie »kriege Zustände«, wenn ihr Junge, ein sensibles Kind, so langsam und bedächtig spreche. – Doch waren dies günstig verlaufende Fälle. Stottern kann auch andere Ursachen haben. Bei vielen Kindern, Heranwachsenden und Erwachsenen können Logopäden durch eine Therapie das Stottern mildern oder sogar zum Verschwinden bringen. Anderenfalls können Stotterer lernen, ihr Sprachproblem zu akzeptieren und neue Gesprächspartner jeweils im voraus zu informieren.

C 6. *Milieubedingter kindlicher Autismus*

Der Autismus ist eine überaus schwere Erkrankung der Verhaltenssteuerung und setzt sich, im Kleinkindalter beginnend, über alle weiteren Entwicklungsstufen fort. Autistische Kinder weichen in ihrem Verhalten so weit von verhaltensgesunden Kindern ab, daß man sich in ihr Handeln, Fühlen und Denken so gut wie gar nicht hineinversetzen kann. Die Bezeichnung »Autismus« stammt von dem Psychiater L. KANNER[1] und bedeutet »Einschränkung auf das eigene Selbst«. In der Tat ist die Beziehung eines autistischen Kindes zu den Menschen und Dingen seiner Umwelt tief gestört, ja beinahe abgerissen, während sich in seinem Inneren ein disharmonisches und quälendes Wechselgeschehen von Gedanken und Gefühlen abzuspielen scheint. – Der Autismus war, historisch gesehen, die erste Verhaltensstörung, in der *Verhaltensbiologen* – der Nobelpreisträger Niko TINBERGEN und seine Frau Elisabeth – neuartige Beobachtungen machten, zu neuen Vorstellungen über das Wesen der Störung kamen und schließlich einer neuen Behandlungsweise den Weg bahnten[2]. Nur über diesen Ausschnitt aus dem Gesamtproblem des Autismus wird im folgenden Kapitel berichtet.

Erscheinungsweisen des kindlichen Autismus. Zum kindlichen Autismus gehören zahlreiche in ihrer Art ganz verschiedene Merkmale. Trotzdem ist das *Gesamtbild* so charakteristisch, daß man ein autistisches Kind meistens, ohne zu zweifeln, diesem Erscheinungsbild zuordnen kann. Als typische Erscheinungsweisen (Merkmale) des früh-kindlichen Autismus gelten:

1. Das Kind ist nicht ansprechbar durch andere Menschen; es ver-weigert den freundlichen Kontakt auch mit den Eltern; kein Spielen mit anderen Kindern.

2. Kein wißbegieriges Erforschen und Erkunden von Unbekann-tem. Statt dessen übermäßige, durch keine äußeren Umstände be-gründete Angst. Gegenstände der Umgebung können ängstigenden Charakter bekommen. Andererseits kann der normale Ausdruck der Angst bei tatsächlicher Gefahr im Gesicht des Kindes fehlen.

3. Kein Erwidern des Blickkontaktes; Blickabwendung oder Blick ins Leere; mitunter undurchdringliches, ausdrucksloses Gesicht (englisch »poker face«) als Antwort auf den Versuch, einen freund-lichen Kontakt anzubahnen.

4. Abnormes Reagieren auf eine oder mehrere Arten von Sinnes-reizen, z. B. Unempfindlichkeit für Temperaturen oder Schmerz, da-für aber übergroße Sensibilität manchmal für ganz ausgefallene Reize, beispielsweise fasziniertes Beobachten von Bewegungen der eigenen Finger oder Lauschen auf das Perlen von Gasblasen in einem Glas Selterswasser.

5. Eigentümlichkeiten der Haltung: verkrampfte Handhaltung, manchmal bizarre Kopf- und Körperhaltungen, mitunter Bewe-gungslosigkeit; sowie ungewöhnliche Bewegungen, z. B. Zehenspit-zengang, Sich-Drehen auf der Stelle.

6. Innere Erregung, Unausgeglichenheit, Anfälle von Jähzorn und Verzweiflung, Verweigerung der Anpassung an die Lebensformen der Familie.

7. Selbstbeschädigung: Sich-Kratzen, bis Hautwunden entstehen; wenn sich das Kind ängstigt, kann es selbst an den eigenen Kopf schlagen oder in einen Finger beißen, bis Blut kommt.

8. Körperliche Unbeholfenheit, manchmal gepaart mit erstaun-licher Geschicklichkeit in speziellen, mitunter schwierigen Handha-bungen.

9. Kein Sprechen oder kein Weiterentwickeln schon erworbener Sprache oder Nicht-Verwenden des Sprechens zur Kommunikation, vielfach aber bei erhaltenem Sprachverständnis und offenbarer Fä-higkeit zu logischem Denken.

10. Zurückbleiben der intellektuellen Entwicklung, mitunter aber mit »Inseln« von normalen, manchmal sogar erstaunlichen Fähigkei-ten.

11. Unauflösliche Bindungen an bestimmte Umgebung, bestimmtes Spielzeug, bestimmte Personen. Diese Beziehungen erscheinen oft mechanisch und inhaltsleer. Kontakte mit Gegenständen erscheinen wichtiger als mit Personen. Gegenstände werden oft anders behandelt, als es ihrer Funktion entspricht.

12. Widerstand gegen Veränderung der Umwelt, erbittertes Bemühen, vollzogene Änderungen rückgängig zu machen – bis zum Versuch, Monotonie des Lebensablaufs zu erreichen; mitunter Beschränkung auf ganz wenige Arten von Lebensmitteln.

13. Einhalten von Verhaltensritualen und heftiges Bemühen, dies auch bei anderen Personen durchzusetzen.

Das Störungsbild des Autismus erfaßt also ganz verschiedene Seiten der kindlichen Persönlichkeit: Gefühle (Ängste, Verzweiflung), Sinnesleistungen (Unempfindlichkeit oder Überempfindlichkeit), die Motorik, das Sprechen, die Intelligenzentwicklung und – in ganz verschiedener Hinsicht – die zwischenmenschlichen Beziehungen. In der Regel kommen mehrere oder fast alle Merkmale bei einem autistischen Kind nebeneinander vor. Das läßt darauf schließen, daß sie trotz ihrer Wesensverschiedenheit in einer verborgenen inneren Beziehung zueinander stehen und daß ihnen eine und dieselbe Ursache zugrunde liegt.

Der kindliche Autismus kommt zwar zum Glück selten vor. Aber die Prognose für ein erkranktes Kind, jemals die Fähigkeit zu selbständiger Lebensführung außerhalb bewahrender Anstalten zu gewinnen, ist ungünstig. Trotzdem dürfen Kriterien wie »unheilbar« oder »unerziehbar« auf keinen Fall in die *Diagnose* des Autismus aufgenommen werden, wie das bisweilen geschehen ist. Wer Erkrankungen per definitionem als unheilbar festlegt, diskreditiert diejenigen, die sich um deren Heilung bemühen, in doppelter Hinsicht: Er stempelt sie als unrealistische Verfolger eines unerreichbaren Zieles ab; im Falle gelungener Heilungen nimmt er ihnen dann auch noch den Erfolg, indem er die geheilten Fälle nachträglich anderen Krankheitsbegriffen zuordnet, denen das Merkmal »unheilbar« *nicht* zugeschrieben wurde.

Ängstigend: freundliches Anblicken. Wo könnte der Grund dafür liegen, daß sich autistische Kinder so sehr von ihren Mitmenschen abkapseln? Angeregt durch Beobachtungen an sozial lebenden Tieren lenkten E. A. und N. Tinbergen die Aufmerksamkeit auf ein Verhaltensdetail, das bisher wohl niemand einer bedrohenden Wirkung verdächtigt hatte: auf das freundliche Anblicken. Mit ihm will der Erwachsene dem Kind seine Zuwendung ausdrücken und ahnt nicht, daß er unter Umständen gerade das Gegenteil bewirkt. Daß das direkte Anblicken eine beunruhigende, aggressive Seite haben kann, ist von vielen Tieren bekannt, so von Möwen[1] und vom Wolf[2]. Es gilt aber auch für den Menschen: Man gebraucht den Ausdruck »jemanden *scharf anblicken*«. Im Mittelalter sah man im »bösen Blick« den Verursacher von Unheil. Um die Jahrhundertwende galt es in manchen Studentenkreisen als hinreichender Anlaß, um jemanden zum Duell herauszufordern, wenn man sich von ihm »fixiert«, also gerade angeblickt gefühlt hatte. – Sigmund FREUD wußte, daß sich Menschen freier fühlen und ungehemmter von ihren inneren Schwierigkeiten sprechen, wenn sie sich außerhalb des *Blick*felds des Therapeuten befinden; deshalb liegt der Proband in der psychoanalytischen Behandlungsstunde auf einer Couch, und schräg *hinter* ihm sitzt der Therapeut. All das veranschaulicht eine irritierende Wirkung des geraden Anblickens, die auch ein innerlich sicherer Mensch nicht ohne Anstrengung beliebig lange aushält, falls sein Gegenüber ihn starr fixiert. Freundlicher, gewinnender Gesichtsausdruck *überwindet* allerdings die abweisende Wirkung des geraden Anblickens durch mimische Zeichen der *Zuwendung*. Je mehr sich aber ein Kind in einem verängstigten Zustand befindet, desto weniger wird es durch die *bindenden* Signale beeinflußt, und desto empfindlicher reagiert es auf die *abschreckenden* Anteile des Angeblickt-Werdens. Es unterliegt dabei einem verhaltensbiologischen Gesetz: daß Reize um so stärker wirken, je höher die zugehörige Bereitschaft (hier: die Angst) aktiviert ist (Abschnitt IV A 3; Prinzip der doppelten Quantifizierung, S. 242).

Angst hemmt Erkunden. Solange sich autistische Kinder beobachtet fühlen, ignorieren sie alles Neue, seien es Gegenstände, Geschehnisse oder Menschen, oder ziehen sich davor zurück. Fühlen sie sich aber sicher und unbeobachtet, z. B. allein in der ihnen gehörenden Zimmerecke, dann kommt bei ihnen durchaus auch das Untersuchen von Gegenständen vor. Das Erkundungsverhalten ist beim Autisten *angelegt*, wird aber schon durch den geringsten Anflug von Unsicherheit unterdrückt.

Vermeiden angstbringender Anlässe. Autistische Kinder versuchen schon im voraus, allem aus dem Weg zu gehen, was ihre ohnehin vorhandene Angst noch steigern könnte. In diesem Sinne beruhen manche Verhaltensabweichungen des autistischen Kindes nach der hier vorgetragenen Auffassung auf Hemmungen solcher Verhaltensweisen, die mitmenschliche Kontakte, vor denen das Kind Angst hat, anbahnen könnten. Hierher gehören die Blickabwendung, das ausdruckslose Gesicht beim Angesprochenwerden, das Nicht-Sprechen trotz erhaltenen Sprachverständnisses und die Einschränkung der Umweltbeziehungen. Nach dieser Anschauung leidet das autistische Kind zwar nicht ununterbrochen an schwerer Angst, aber es ist übermäßig empfindlich und entwickelt Hemmungen, mit deren Hilfe es sich zu ersparen versucht, in ängstigende Situationen zu geraten. In diesen Zusammenhang dürfte auch die angestrebte Monotonie des Lebensablaufs (Punkt 11 bis 13) gehören: Was *bekannt* ist, erzeugt für das verängstigte Kind am wenigsten neue Angst; darum versucht es, sich auf Bekanntes zu beschränken und Neues zu vermeiden.

Kontaktbedürfnis beim autistischen Kind. Sorgfältiges Beobachten offenbart bei autistischen Kindern nicht nur Kontakt*abwehr*, sondern auch das Gegenteil: Kontakt*bedürfnis*. Hierzu sei ein Schlüsselerlebnis von Niko TINBERGEN geschildert: Er trat mit anderen Besuchern in ein Zimmer ein, in dessen Mitte Kleinkinder spielten. Unbeteiligt saß ein autistisches Kind in der gegenüberliegenden Zimmerecke; sein Blick war seitwärts gerichtet, aber nur so weit, daß es die Besucher noch im Augenwinkel beobachten konnte. Auch TINBERGEN blickte den Jungen nicht an, reagierte aber auf ihn, indem er die Bewegungen nachahmte, die der Junge ausführte. Nach einiger Zeit ging daraufhin der Junge *rückwärts* durch die spielenden Kinder hindurch zu dem ihm fremden Besucher und setzte sich, weiterhin den Blickkontakt vermeidend, auf dessen Schoß. – Das Kind offenbarte hierdurch ein starkes *Kontakt*bedürfnis, dessen Ausdruck aber sonst, so schien es, durch noch stärkere *hemmende* Emotionen unterdrückt war.

Mit der Entdeckung des Kontaktbedürfnisses war ein neuer Schritt zum Verständnis des Autismus getan. Jetzt war das Kind nicht mehr nur als sozial abweisend (sozial negativ) zu begreifen, sondern *zugleich* als kontaktbegehrend. Beide Strebungen sind jedoch einander entgegengesetzt. Je stärker beide aktiviert sind, desto mehr befindet sich das autistische Kind in einem *inneren Konflikt* (zwischen Kontaktangst und Kontaktbedürfnis).

Eine der eingangs genannten Einzelerscheinungen darf vermutlich als äußeres Anzeichen für einen inneren Konfliktzustand gelten: die oben unter Punkt 5 erwähnte verkrampfte Handhaltung. Der Unterarm wird waagerecht gehalten, die Hand nach oben scharf abgewinkelt, die Finger eingekrümmt. Man hat dieses Symptom früher durch Beeinflussen der angespannten Unterarmmuskeln zu behandeln versucht. E. TINBERGEN beobachtete jedoch die gleiche Handhaltung auch bei einem *gesunden* Kleinkind: Dieses ging auf einen maschinell

bewegten Schaukelstuhl zu, wie er mitunter in Wartezimmern ameri-
kanischer Kinderarztpraxen aufgestellt ist, und streckte dabei zunächst seinen Arm in dessen Richtung. Beim Sich-Nähern aber bekam es plötzlich ein wenig Angst vor der Bewegung des Schaukel-
stuhls und blieb zögernd stehen; dabei zog sich der Arm zurück und
nahm genau die eben beschriebene verkrampfte Haltung ein. Diese
war situationsgemäß als Ausdruck des inneren Konflikts zwischen
zwei einander ausschließenden Verhaltenstendenzen zu deuten, dem
Impuls zur Annäherung an das anziehende Spielobjekt und der aufkommenden Furcht vor ihm. Sollten *autistische* Kinder im inneren
Dauerkonflikt zwischen Kontaktbedürfnis und Kontaktangst stehen,
so könnte in Analogie zu der eben beschriebenen Beobachtung auch
deren verkrampfte Handhaltung Ausdruck dieses allgemeinen Kon-
fliktzustands sein.

Innere Konflikte neigen dazu, die *allgemeine Erregung* zu steigern.
Ein chronisch erhöhter Erregungspegel des Zentralnervensystems
kann seinerseits mehrere Folgen haben: Unausgeglichenheit und
Sprunghaftigkeit des Verhaltens, Unterdrückung bestimmter Wahrnehmungen – z. B. Schmerz –, gesteigerte Empfindlichkeit gegen bestimmte andere Wahrnehmungen sowie Verhaltensweisen, die der
Erregungsabfuhr dienen. All dies erinnert an Merkmale, die auch
beim Autisten vorkommen: Erregtheit und Unausgeglichenheit
(Punkt 6), abnorme Wahrnehmungswelt (Punkt 3) und Selbstbeschädigung (Punkt 7).

Ursachen des Autismus. Seit der kindliche Autismus als Krank-
heitsbild eigener Art erkannt und anerkannt worden ist, hat man gefragt: Welche unter den so unterschiedlichen Erscheinungen könnte
auf die eigentliche *Ursache* hinweisen, von der dann die übrigen Symptome als Folgeerscheinungen abhängen? Als primäre Grundursa-
chen des Autismus wurden unter anderem vermutet: Störungen des
Denkens oder des Sprechens, nervöse Übererregung, seelisch-geistiger Entwicklungsrückstand, bestimmte organische Fehlfunktionen,
genetische Belastung. Die verhaltensbiologische Theorie von N. und
E. A. TINBERGEN lautet dagegen: Bei jeder Begegnung mit Erwachsenen sind Kinder im Konflikt zwischen den Tendenzen zum sozial
freundlichen Kontakt einerseits und zur Ängstlichkeit oder Furcht
andererseits. Beim verhaltensgesunden Kind überwiegt die Bin-
dungstendenz. Anfällig für autistische Störungen sind solche Kinder,
die – aus Veranlagung oder infolge frühkindlicher Eindrücke – besonders empfindsam, durch feinfühlige Wahrnehmungsfähigkeit verletz-

lich und furchtsam sind. Als Folge der Sensibilität und Ängstlichkeit erweitert sich der Bereich der furchtauslösenden Sinneseindrücke und bezieht schließlich auch solche ein, die an sich bindend wirken, wie z. B. das freundliche Gesicht der Mutter. Daraus entwickelt sich die angstvolle Abkehr von den Mitmenschen, infolgedessen aber naturgemäß auch ein immer stärker werdendes Bedürfnis nach der nun mehr und mehr entbehrten mitmenschlichen Wärme und Nähe. Die beiden dauernd aktivierten gegenteiligen und unvereinbaren Verhaltenstendenzen – Kontaktwunsch und Kontaktangst – führen daraufhin zu einem inneren Dauerkonflikt und dieser wieder zur chronischen Übererregung, zu inneren Blockierungen, zu zwanghaftem Verhalten und zur Einschränkung auf eine verarmte, ganz enge Eigenwelt. Dauert dieser Zustand länger, so bleibt dem völlig in sich gekehrten Kind eine ganze Welt von seelisch-geistigen Entfaltungsbedingungen versagt, so daß sich seine gesamte Persönlichkeitsentwicklung verlangsamt (Retardation) oder zum Stillstand kommen kann.

Verhängnisvolle Selbstverstärkung. Wurde ein Kind aus irgendeinem Anlaß – vielleicht vorübergehend – in einen so angstanfälligen Zustand versetzt, daß es selbst ein *freundliches* Gesicht als *drohend* empfindet, so wird es durch die empfundene Drohwirkung *noch weiter* in Furcht versetzt, was die Wahrnehmung einer freundlichen Zuwendung noch mehr als zuvor behindert. Hier schließt sich also ein Teufelskreis von sich gegenseitig steigernden Wirkungen; er kann einem Kind den Weg zurück schließlich ganz verwehren. Eine ähnliche »verhängnisvolle Selbstverstärkung« beherrscht beim autistischen Kind auch die Beziehungen zu seinen Mitmenschen: Je mehr das Kind – bedrängt durch seine Angst – alle Bemühungen um Kontakte zurückweist, desto eher erlahmen von seiten der Eltern und anderer Bezugspersonen auch deren Initiativen. Auch in diesem Wechselgeschehen liegt, nachdem es einmal begonnen hat, eine verhängnisvolle Eigengesetzlichkeit.

Die Anfänge liegen im dunkeln. Geschehensketten mit *innerer Selbstverstärkung* haben die Eigenschaft, daß sie von unscheinbaren Ereignissen kleinsten Ausmaßes ihren Ausgang nehmen können: Ein Kaninchenbau in der Krone eines Deiches kann bei Sturmflut einen Deichbruch zur Folge haben; und der vom Fuß einer Gemse gelöste Schnee kann eine Lawine zu Tal stürzen lassen. Auch zur Vorstellung vom Autismus als einer sich selbst verstärkenden verhängnisvollen Geschehenskette würde es passen, wenn sie von kleinsten, unbemerkt bleibenden ängstigenden Ereignissen ihren Ausgang nehmen könnte. Tatsächlich lassen sich in der Rückschau von autistischen Krankengeschichten so gut wie niemals Versagungen oder seelische Verletzungen finden, deren Schwere mit der Tiefe der Verstörtheit des autistischen Kindes vergleichbar wäre. Es gibt auch kaum je eine familiäre Häufung des Autismus: Unter mehreren zusammen aufwachsenden verhaltensgesunden Geschwistern kann eines autistisch sein, obgleich es in der gleichen Erziehungsumwelt aufwuchs und ohne daß die Eltern oder andere Beobachter irgendwelche besonderen Geschehnisse oder Bedingungen nennen könnten, die als Grund für die so grundlegend abweichende Entwicklung in Frage gekommen wären. Falls es ein Ereignis gab, von dem die verhängnisvolle Geschehenskette ihren Ausgang nahm, so war es – nach der hier vorgetragenen Auffassung – so unauffällig, daß es der Aufmerksamkeit entging und in vielleicht tausend anderen Fällen auch keinerlei weiterreichende Wirkung entfaltet hätte. Der Autismus eines Kindes trifft eine Familie somit *ohne erkennbare Schuld der Eltern* oder sonstiger Betreuer. Fragende Gedanken wie »Was habe ich bei diesem Kind nur falsch gemacht?« können daher zu keiner klärenden Antwort führen. Jedes Schuldbewußtsein ist bei den Eltern eines autistischen Kindes gegenstandslos; es verzehrt nur die Kräfte, die notwendig sind, um dem Kind zu helfen.

Heilmethode des »Festhaltens«. Unter den vielfältigen Behandlungsmethoden des Autismus findet in letzter Zeit das »Festhalten« (englisch »holding«) zunehmende Beachtung[1]: Die Mutter umschlingt das autistische Kind mit ihren Armen und hält es bis zu einer Stunde lang oder noch länger an ihrer Brust fest. Autistische Kinder reagieren hierauf mit Schreien und heftigster Gegenwehr. Die Mutter beantwortet dies mit weiterem Festhalten und mit der Abwehr solcher Handlungen, die ihr weh tun, wie Stoßen und Kratzen, sonst aber mit unaufhörlichen liebevollen und beruhigenden Worten und Gesten. Das Festhalten muß so lange dauern, bis das Kind mit seiner Gegenwehr aufhört. Hiermit geschieht zugleich etwas Erstaunliches: Das Kind wird liebevoll und zärtlich, und es kommt zum freudigen Anlächeln und zum Berühren des Gesichts der Mutter. Die Angst ist vorübergehend gewichen.

Nach heutigem Wissensstand bietet sich dafür folgende Erklärung an: Die aggressive Gegenwehr des Kindes gegen das Gehaltenwerden ist ein Ausdruck seiner *Angst*. Nach den Lehren der Verhaltensbiologie ist aggressives Verhalten vielursächlich, und eine der möglichen Ursachen aggressiven Verhaltens ist die *Aktivierung der Angst bei verhinderter Flucht* (Abschnitt IV E 2, S. 349). Der Antrieb zur Flucht und der Antrieb zur Gegenwehr bei verhinderter Flucht sind *identisch* (Abb. 38, S. 350). Wenn nun im Verlauf des Festhaltens die *aggressive Gegenwehr* »spezifisch ermüdet« – es handelt sich dabei um die Ermüdung nicht des Körpers, sondern einer bestimmten Instanz der Verhaltenssteuerung –, so befreit dies das Kind zugleich vorübergehend von seiner *Angst* und damit von derjenigen inneren Befindlichkeit, die seinen Autismus einst erzeugt hat und ihn weiter aufrechterhält. Durch das Festhalten wird die Abwehr erzeugt und damit deren innere Triebfeder, die Angst, so lange höchstgradig aktiviert, bis sie *erlahmt*. Jetzt kann sich die andere Komponente der Beziehung zur Mutter, nämlich die Zuneigung, vorübergehend voll durchsetzen. Diese Phase der angstfreien zärtlichen Beziehung zwischen Kind und Mutter muß als Erfahrungs- und Lernsituation für das Kind genutzt werden, um das wohltätige Erlebnis der Entspanntheit bestmöglich in ihm zu verankern. Nachdem diese Phase einige Minuten lang von Kind und Mutter ausgekostet wurde, wird das Halten – aus der positiven Gestimmtheit heraus – beendet.

Bei oberflächlicher Betrachtung könnte man meinen, das Festhalten des autistischen Kindes sei zwar jeweils vorübergehend, aber doch täglich eine harte, ja grausame Freiheitsbeschränkung. Doch auch bei dieser naheliegenden Vermutung zeigt sich die Uneinfühlbarkeit in die Seele des autistischen Kindes: Obgleich das Festhalten ja die verzweifelte Gegenwehr hervorruft, fürchten sich die autistischen Kinder vor dieser Behandlung nicht, sondern versuchen sogar, sie herbeizuführen. Beispielsweise nehmen sie die Mutter an der Hand und führen sie an den Platz, wo sie beim Festhalten zu sitzen pflegt. Für die Mutter ist das täglich auszuführende Halten zwar eine enorme körperliche und seelische Anstrengung; doch wird dieses Bemühen von beiden Eltern vielfach als Erlösung von der quälenden Hoffnungslosigkeit erlebt, die zuvor ihr Verhältnis zum autistischen Kind beherrschte: »Endlich wissen wir, was wir zu tun haben.« Die gelöste Stimmung und Zärtlichkeit des Kindes *am Schluß* jeder »Haltesitzung« ist für die Mutter eine tiefempfundene Belohnung. Ihr zuvor enttäuschtes und zerrüttetes Verhältnis zum Kind kann sich neu beleben und verinnerlichen.

Das Festhalten muß täglich, und zwar stets von der Mutter, durchgeführt werden, allenfalls mit Hilfe des Vaters. Unbedingt sollte eine Anleitung und Begleitung durch einen erfahrenen Therapeuten erfolgen. Schon nach Tagen, manchmal nach Monaten des täglichen Festhaltens stellt sich bei einem Teil der Kinder eine Besserung der Symptome des Autismus ein. Wie groß die Aussicht auf *dauerhafte* Heilung des Autismus durch die Festhalte-Methode ist, läßt sich jedoch zur Zeit (1987) noch nicht abschätzen, weil sie erst seit wenigen Jahren und noch nicht in allzu vielen Familien praktiziert wird.

D. Besonderheiten der Sexualentwicklung

In den folgenden Abschnitten werden Besonderheiten der Sexualentwicklung beschrieben. Dabei kommen sowohl offensichtliche Störungen, z. B. Ängste und Hemmungen, zur Sprache als auch eine Verhaltensdisposition, die Homosexualität, die zwar von der Durchschnittsnorm abweicht, aber nun schon seit längerer Zeit nicht mehr strafbar ist und nicht mehr als krankhaft gilt. Der Neutralität in dem Urteil über »gesund« und »krankhaft« trägt die Überschrift des Abschnitts D dadurch Rechnung, daß in ihr das Wort »Verhaltensstörung« nicht vorkommt.

Über Besonderheiten des menschlichen Sexualverhaltens besteht eine überreiche Literatur. Nur wenige Aspekte davon lassen sich beim heutigen Wissen von verhaltensbiologischer Seite her beurteilen. Aus diesen bringt die folgende Besprechung notgedrungen nur eine kleine, wenn auch wohlerwogene Auswahl.

D 1. *Kleinkind-Onanie*

In unserem Kulturkreis hat die sexuelle Selbstbefriedigung jahrhundertelang in dem Ruf gestanden, sie sei gesundheitlich oder seelisch schädlich. Viel gravierender waren vermutlich die Schäden, die *durch dieses Vorurteil* angerichtet wurden, weil es junge Menschen in Konflikte stürzte. Andererseits ist es falsch, ins entgegengesetzte Extrem zu verfallen und in der Onanie etwas Notwendiges zu sehen, z. B. ein Mittel zum »Kennenlernen der Möglichkeiten zum Lustgewinn«. Für diese Vorstellung findet sich in der Verhaltensbiologie keine Grundlage. In deren Sicht handelt es sich um umorientiertes antriebsbedingtes Verhalten (Abschnitte IV A 12, S. 270, sowie V A 2 und A 3, S. 404 und 405).

Es ist ein Unterschied, ob die Kinder ihre Genitalzone nur beiläufig berühren, anfassen und neugierig untersuchen (Abschnitt II G 1, S. 116), oder ob sie sie reizen und die Erregung laufend steigern wollen. Man sollte nur dann von *Onanie* sprechen, wenn es sich um sexuelle Selbstreizung mit der Tendenz zur Erregungssteigerung handelt.

Heutzutage gilt es – sicher zu Recht – als unbedenklich, wenn sich *Jugendliche* nach Beginn der Pubertät durch Selbstbefriedigung von andrängenden Antriebsimpulsen befreien (falls das nicht suchtartig im Übermaß geschieht und sie selbst darunter leiden). Der erwachende Sexualtrieb kann aus mehreren Gründen noch nicht in eine umfassende Liebespartnerschaft einmünden; er bleibt unbefriedigt, staut sich an und drängt sich ins Bewußtsein. Eine Möglichkeit, die Unruhe dieses Zustandes zu mildern, ist die Selbstbefriedigung. Nach Beginn der Pubertät ist der antriebsentlastende Orgasmus schon möglich, was bei kleineren Kindern noch nicht der Fall zu sein scheint.

Bei Fällen von Onanie *vor* der Pubertät, vor allem im *Kleinkind*alter, besteht jedoch stets der Verdacht, daß sie ein Anzeiger für gestörte Entwicklung in *anderen* Verhaltensbereichen sein könnte. Hierfür ein Beispiel:

»Ein fünfjähriges Mädchen kam wegen psychogener Schlaf- und Eßstörungen zur psychotherapeutischen Behandlung. Seine Vorentwicklung hatte schwere Kontaktstörungen mit sich gebracht und eine allgemeine Minderung der Spielfähigkeit. Im Verlauf der Therapie war bald zu beobachten, daß das Kind an aufkommendes eigenes sexuelles Erleben fixiert war und es als eine Art Ersatzbefriedigung suchte. Gelegentlich war zu beobachten, wie das Mädchen sichtlich mit dem Bedürfnis, eine sexuelle Erregung zu steigern, auf dem Boden herumrutschte. Es konnte vorkommen, daß sie in solchen Situationen fast zudringlich zur Therapeutin sagte: Jetzt mußt du mich schlagen. Befragt, warum sie denn jetzt ausgerechnet und überhaupt gehauen werden wollte, meinte das Kind sichtlich bewegt und lustbetont, ›weil das schön ist‹. Es ergab sich bei genauer Überprüfung der äußeren Lebenskonstellation dieses Kindes, daß tatsächlich die einzige Form der Kontaktaufnahme, die dem Mädchen zuteil wurde, Prügel und Scheltworte waren. Die Assoziation zwischen der provozierten sexuellen Erregung mit der von der Umwelt verabfolgten Prügel war offenkundig leicht und häufig hergestellt.« – Das Schlüsselwort in diesem gekürzt wiedergegebenen Bericht von A. DÜHRSSEN[1] ist »Ersatzbefriedigung«. Die Onanie bietet einen *Ersatz* für fehlende Befriedigung in *anderen* Verhaltensbereichen. Allgemein gilt:

»Normalerweise hat das Kleinkind so viele Betätigungswünsche, daß die Freude daran es völlig ausfüllt. Selbst wenn es angenehme Gefühle bei Berührung der Genitalien entdeckt, ist es schnell durch andere fesselnde Wünsche abgelenkt. Dem intensiv onanierenden Kind fehlen diese erfüllenden Impulse. Das Kind zieht sich auf die lustvolle Betätigung am eigenen Körper zurück, weil ihm die Welt, der mitmenschliche Kontakt und die Freude verschlossen sind.«[1]

Wenn ein Kind durch Onanie sexuelle Erregung hervorruft und sie zu verstärken sucht, dann kann man es ihm meistens unmittelbar ansehen: Es macht einen zugleich erregten und geistesabwesenden Eindruck, und seine Aufmerksamkeit ist ganz auf die Selbstreizung gelenkt.

Wie diese Erörterungen zeigen, unterscheidet sich die Kleinkind-Onanie deutlich von der sexuellen Selbstbefriedigung der Jugendlichen und Erwachsenen; dies betont auch Annemarie DÜHRSSEN[2]. Wie die beschriebenen Vorgänge verhaltensbiologisch zu deuten sind, wird im Abschnitt VII A 3 (S. 476) besprochen werden.

D 2. *Fetischismus und verwandte Prägungen*

Von Fetischismus spricht man, wenn das Wahrnehmen bestimmter Gegenstände zur sexuellen Erregung führt. Was bisher an sexuell erregenden Wahrnehmungen bekannt wurde, ist von ganz unterschiedlicher Art: »Kleider- oder Wäschestücke, Schuhe und Taschentücher, aber auch bestimmte Körperteile, Gerüche und Fotos«[3]. Wegen dieser Vielfalt und weil darunter künstlich hergestellte Gegenstände sind, erscheint es undenkbar, daß die *jeweilige Ausrichtung* des Fetischismus angeboren sein könnte. Dagegen geben immer wieder einzelne Personen lebensgeschichtliche *Situationen* an, von denen die fetischistische Neigung nach ihrer Erinnerung ihren Ausgang nahm; dies deutet auf *Lernprozesse* nach Art der *erregungsbedingten Prägung* (Abschnitt II G 2, S. 119). Hierfür folgen drei Beispiele:

Ein 20jähriger berichtete im psychoanalytischen Interview, er entwende Gummitücher, um sie zum Onanieren zu benutzen. Sie hatten für ihn einen starken sexuellen Reizwert. Wie sich herausstellte, hatte er als kleines Kind gewisse mütterliche Reinigungsprozeduren als sexuellen Reiz erlebt, und damit hatten Gummitücher in engem Zusammenhang gestanden[4]. Ein ähnliches Beispiel (Zopf-Fetischismus) ist im Abschnitt II G 2 erwähnt worden. Immer wieder taucht in derartigen Berichten das Motiv auf: Ein Gegenstand wurde zum sexuellen Fetisch, nachdem er in einer Situation sexueller Erregung wahrgenommen worden war.

Die gleiche Wirkung wie Gegenstände können unter entsprechenden Umständen auch Körperteile erhalten, und zwar auch solche, die primär keine besondere sexuelle Bedeutung haben. Hierfür folgt ein Beispiel aus einem psychoanalytischen Interview-Bericht: »Ein Proband W., der den Therapeuten mit 24 Jahren aufsuchte, war mit seiner sexuellen Erregbarkeit auf den Oberkörper männlicher Partner festgelegt. Die Prägung war bei mutueller Onanie erfolgt. Die beiden Jungen zogen sich seinerzeit völlig aus, aber nicht gleich, sondern behielten zunächst ihre kurzen Unterhosen an. Schon in diesem Stadium geriet W. in heftige sexuelle Erregung, woran er sich gut erinnerte.«[1] Dies ist zugleich ein Beispiel für Homosexualität (Abschnitt III D 6, S. 220 ff.).

Nicht nur Gegenstände und Körperteile, auch bestimmte *Situationen* können durch Kindheitserlebnisse einen sexuell stimulierenden Charakter erhalten: »Ein Mädchen, das seit dem Alter von 9 Jahren die Vornahme unzüchtiger Handlungen durch den Großvater gegen Bezahlung duldete, erlebte noch als verheiratete Frau volle Orgasmusfähigkeit nur im Zusammenhang mit Geschenken oder Geschenkversprechungen.«[2]

D 3. *Erotisch getönte Kind-Eltern-Beziehungen*

Daß Kinder an einen Elternteil erotisch gebunden sein können, gehört zu den anthropologischen Entdeckungen, die wir Sigmund FREUD verdanken. Zu den Grundlehren der *Verhaltensbiologie des Kindes* gehört die Aussage, daß die kindliche Elternliebe von grundsätzlich anderer Natur ist als erotische Regungen. Für Kinder und Jugendliche ist »die *mütterliche* Liebe bergend und beruhigend, die *erotische* aber fordert und erregt«[3]. Die Wesensverschiedenheit von elterlicher Bindung und ödipaler Beziehung (Abschnitt II G 1, S. 117) zeigt sich unter anderem daran, daß frühe erotische Anregung durch Eltern enorme Einflüsse auf das Verhalten von Kindern und Jugendlichen nehmen kann. Hierfür werden dieser und der folgende Abschnitt über lügnerisches Prahlen (D 4) mehrere Beispiele bringen. Sie stammen, sofern nicht anders vermerkt, wie auch die Beispiele im Abschnitt D 5 aus der kinderpsychotherapeutischen Praxis von Frau Christa MEVES.

»Bei dem 16jährigen *Helmut* waren die früher überdurchschnitt-

lichen Schulleistungen in Leistungsversagen umgeschlagen. Der
Junge wurde durch eine innere Unruhe gequält, die ihn bei Tage ziellos umhertrieb und ihn nachts schlecht schlafen und zu langen nächtlichen Spaziergängen aufbrechen ließ. Dazu kamen zwanghaftes
Onanieren (von dem er loskommen wollte, aber nicht konnte), zunehmende Scheu vor gleichaltrigen Kameraden, nachdem er bemerkt hatte, daß sich seine sexuellen Phantasien und Träume auf sie
zu richten begannen, und die resignierte Feststellung, daß er mit den
Mädchen nichts anzufangen wisse. Helmut machte den Eindruck
eines innerlich zerrissenen, schwer gestörten jungen Menschen, was
sich auch in seinen Träumen offenbarte und in projektiven Tests bestätigte. Der Junge hatte seine Kindheit bei seiner Großmutter verbracht. Am Beginn der Pubertät zog er zu seiner leiblichen Mutter,
die als damenhaft gepflegt und jugendlich anziehend beschrieben
wird. Diese ließ ihn im Ehebett ihres verstorbenen Mannes schlafen.
Der Junge fühlte sich von ihr erotisch verzaubert, zugleich aber ›ent-
würdigt, entmannt, feminisiert‹. Seine Bezugsmöglichkeiten zum anderen Geschlecht schienen ihm ein für allemal genommen.«[1]

*Gründe für innere Zerrissenheit von Kindern und Jugendlichen bei
ödipalen Gefühlsbeziehungen.* Eigentlich mutet es eigenartig an, daß
erotische Tendenzen von Jungen gegenüber ihrer Mutter zur seelischen Verstörung der Jungen führen können; denn auf den ersten
Blick sollte man das Gegenteil erwarten: Der kleine Junge könnte es
als Beweis besonderer Stärke und Männlichkeit empfinden, für einen
Erwachsenen erotisch begehrenswert zu sein. In der Regel ist aber
das Gegenteil der Fall: Die Jungen fühlen sich (besonders in der Zeit
der Pubertät) durch die erotische Beziehung zur Mutter geängstigt
und verunsichert.

Woran liegt das? Mehrere Antworten scheinen denkbar, die durch
künftige Forschung zu überprüfen wären:

– Auf *instinktiver* Ebene könnte auch beim Menschen eine angeborene Aversion gegen sexuell getönte Beziehungen zu Familienmit-
gliedern, also gegen den Inzest, bestehen. Wurde diese Inzest-Aversion durch Reizung seitens der Erwachsenen überspielt, so könnte
der entstandene innere Konflikt zwischen gleichzeitig erweckter Anziehung und Aversion zur Quelle von Erregung und innerer Unruhe
werden.

– Erotisch getönte Gefühlsbeziehungen zur Mutter könnten
darum als erniedrigend und ängstigend empfunden werden, weil der
Junge sie als *aufgezwungen* durch einen erwachsenen Partner erlebt.

Der Junge hat in diesem Verhältnis keine Handlungsfreiheit. Womöglich gehört das Gefühl der Rangüberlegenheit oder Ranggleichheit gegenüber dem Partner zu den biologisch verankerten Voraussetzungen männlicher Liebespartnerschaft.

– Ödipale Gefühlsbeziehungen zur Mutter haben für den Jungen *keine Zukunft*, sondern müssen von ihm, soweit er sich ihrer bewußt wird, als Sackgasse in seiner Lebensbahn empfunden werden.

– Erotische ödipale Gefühlstendenzen könnten auch darum ängstigend wirken, weil sie der *gesellschaftlichen Norm* widersprechen. Die Angst wäre in diesem Fall eine Furcht davor, wegen des Verstoßes gegen eine gesellschaftliche Norm der Verachtung und dem Spott anheimzufallen.

– Sofern sich der *Vater* aktiv am Familienleben beteiligt, könnte der Sohn die Reaktion des Vaters fürchten, falls dieser etwas von seiner erotischen Gefühlsbeziehung zur Mutter merkt. Dies entspräche dem psychoanalytischen Konzept der »Kastrationsangst«.

– Den erotisch mutterfixierten Jungen könnte schließlich die Vorahnung befallen, es könnte ihm später als jungem Erwachsenen mißlingen, zu Mädchen seiner Altersklasse Liebesbeziehungen zu knüpfen, und ihm kann sich der Eindruck aufdrängen, daß sich diese Unfähigkeit von seiner erotischen Mutterbindung herleiten könnte, aus der er sich nicht zu befreien vermag.

D 4. *Geltungssucht, lügnerisches Aufschneiden*

Auch Prahlereien und lügnerisches Aufschneiden können sich als Auswirkungen früh erweckter sexueller Impulse erweisen. Dies erscheint auf den ersten Blick unerwartet; denn es ist nicht ohne weiteres einsichtig, inwiefern Wichtigtuerei und unwahre Geschichten etwas mit sexuellen Impulsen zu tun haben sollten. Zwei Beispiele sollen diesen Zusammehang veranschaulichen. Sie geben Einblick in konflikträchtige Kind-Eltern-Beziehungen, in denen erotische Gefühlsanteile enthalten sind:

»Der 10jährige *Herbert* beginnt, kaum daß wir uns gesetzt haben, zu erzählen, daß er mit einigen Kameraden täglich in den Wald ginge. Dort sei ein Fischteich, in dem es viele Hechte gäbe. Die Jungen blockierten dann den Zufluß und ließen das Wasser aus einem von ihnen gegrabenen Abfluß ablaufen. Die Hechte könnten sie dann fangen, und sie würden sie anschließend verkaufen. Während mir Herbert dieses Lügenmärchen aufbindet, schaut er mich mit einem unruhigen Flimmern in seinen hellen Augen an. Ich spüre den Zwiespalt, in den sich der Junge hineinmanövriert hat: Aber er versucht, seine innere Unsicherheit zu überspielen, indem er so dick wie möglich aufträgt. Dabei scheint er zwar sehnlichst zu wünschen, daß man ihm glaube, aber ebenso fühlt er beim Aufschneiden seine eigene Unzulänglichkeit. Dies zeigte sich, als er später einmal selbst sagte: ›Ich habe gedacht: Mensch, wenn die das glaubt, ist sie doof!‹

In solchen Situationen sollte man zum Ausdruck bringen, daß man die Seelenstimmung des Jungen versteht, aber doch leicht und wie nebenher andeuten, daß man die Sachlage durchschaut, etwa indem man sagt: ›Na, da hast du dir ja wirklich eine toll spannende Geschichte ausgedacht.‹

Herberts Vater, ein Jäger und Fischteichbesitzer, tadelte seinen Sohn oft und nannte ihn eine feige, weibische Memme. Herbert mußte zu Hause bleiben, wenn der Vater auf Jagd ging. Fuhr die Mutter in den Ferien mit Herbert in das Sommerhaus an der See, so durfte er bei ihr im Bett des Vaters schlafen, und die Abende und Morgen waren harmonisch und gemütlich. Kam der Vater am Wochenende, wurde Herbert natürlich zum Schlafen ausquartiert. Einmal, als die Eltern abends zum Baden ans Meer gegangen waren, sah der Junge einige Wäschestücke seiner Mutter auf einem Stuhl liegen. Er nahm sie mit sich ins Bett. Als er in seiner Verlassenheit den Kopf hineindrückte und den Duft einsog, bemerkte er plötzlich eine Versteifung seines Gliedes. Von diesem Tage an stahl er allabendlich Wäschestücke seiner Mutter und onanierte an ihnen. Die Entdeckung der Wäscheansammlung im Zimmer des Jungen führte die Mutter in die Erziehungsberatung.«

»Der 7jährige *Christian* erzählte bereits in der zweiten Therapiestunde von einer heldenhaften Radfahrt an die See. Er sei mehrere Tage und Nächte gefahren und habe dann abenteuerliche Wattwanderungen gemacht. Dabei sei er von der Flut überrascht worden und schließlich nur mit knapper Not davongekommen. Aber er habe seinen Wanderstock, sein Zelt und einen Schuh eingebüßt. – Diese Geschichte erwies sich, wie eine Rücksprache mit der Mutter ergab, als erfunden. Auch hier lag frühe erotische Anregung vor: Christian hatte gerade erst seinen Platz im Ehebett der Mutter räumen müssen. Die Mutter hatte ihn zwei Jahre dort schlafen lassen, seit ihr Mann ihr untreu geworden und fortgezogen war. Sie hatte die Bitternis der Enttäuschung, die Zeit der bösen Briefe und das Scheidungsverfahren dadurch leichter überstehen können, daß sie einen zunehmend engeren Kontakt mit ihrem Söhnchen pflegte. Er durfte ihr in der Badewanne den Rücken waschen, sie frottieren, und sie ging meistens früh mit ihm schlafen. Sie kam in die Erziehungsberatung, weil sie einige Male am Morgen entdeckt hatte, daß der Junge, neben ihr auf dem Bauch liegend, durch Hin- und Herrutschen Erektionen hervorgerufen und sie dabei ›ganz verglast angestarrt‹ hatte.«

Lügnerisches Aufschneiden kommt bei Kindern immer wieder vor, ist aber selten so ausgeprägt, daß es den Eindruck einer wirklichen Verhaltensstörung macht. In *diesen* Fällen ist es dann jedoch dermaßen häufig mit früh erweckten sexuellen Impulsen verknüpft, daß man einen ursächlichen Zusammenhang vermuten muß.

Wie die Beispiele dieses und des vorigen Abschnitts exemplarisch zeigen, können erotische Anteile in der Beziehung zwischen Kindern und Eltern verhängnisvolle Konsequenzen schon im Kindesalter haben. Nicht minder belastend sind, wie schon im Abschnitt II G 3 (S. 122) angedeutet, die späteren Folgen im Erwachsenenleben. Sie sind sehr vielfältig, lassen sich aber auf den folgenden Nenner bringen: Die in Tiefenschichten der Persönlichkeit wurzelnde erotische Bindung an den Elternteil hält den Platz besetzt, den sonst der neu erscheinende gleichaltrige Liebes- und Lebenspartner einnimmt. Bei vielen mutterfixierten Männern hat die junge Frau dann keine Chance, gegen die von den Müttern geprägten Lebensmaßstäbe anzukommen und zur *eigentlichen* Lebenspartnerin eines solchen Mannes zu werden. Manche dieser Männer bleiben in ihrem gesamten Lebenszuschnitt unselbständig. Sie fühlen sich als *Erwachsene* an eine Person (die Mutter) gekettet, gegen die zugleich die Kindesposition erhalten bleibt. Ähnlich ist es bei vaterfixierten Mädchen: Ihre verehrende Liebe zum Vater verwehrt es dem jungen Ehemann, den ersten Platz in ihrem Herzen zu gewinnen.

In besonderer Gefahr, ihr Kind erotisch zu beeindrucken, sind naturgemäß Mütter oder Väter im Zustand ehelicher Enttäuschungen. Dann werden Sohn oder Tochter gleichsam zum »Ersatz-Partner« des enttäuschten Elternteils. Diese »Umorientierung« ist sicherlich kaum jemals ein bewußter Prozeß, sondern eine emotionale Umsteuerung in mehreren Schritten: Untreue des Mannes → erotische Umorientierung der verlassenen Ehefrau auf den Sohn → ödipaler Konflikt bei diesem mit den oben geschilderten möglichen Folgen. Über diese Fragen gibt es ausführliche Literatur[1].

Führt man sich nach den vorangegangenen Schilderungen vor Augen, welche verhängnisvollen Folgen von erotisierenden Eltern-Einflüssen auf die Gegenwart und die Zukunft von Kindern ausgehen können, so gibt es daraus keine andere Konsequenz als diese: Mütter und Väter sollten alle Aufmerksamkeit und Selbstbeobachtung daransetzen, um die *elterlichen* Bindungen zu ihren Kindern von etwaigen *erotisch getönten* Gefühlsbeziehungen zu unterscheiden; und sie sollten erotisierende Einflüsse unter allen Umständen vermeiden.

D 5. *Sexualängste, Ohnmachtsanfälle*

Wenn ein Mensch in Ohnmacht fällt, so ist daran ein momentanes Versagen seines Kreislaufs schuld – ein Geschehen, das viele Ursachen haben kann und durch kein Merkmal andeutet, daß auch eine psychogene Störung aus dem Sexualbereich im Hintergrund stehen könnte. Daß dies aber doch vorkommt, ist vielfach nachgewiesen worden, ja es gehört zu den ältesten Befunden der Psychoanalyse. Nach den heutigen Kenntnissen scheint die unmittelbare Ursache in einem inneren Konflikt zwischen Liebesimpulsen und Hemmungen oder Angst zu liegen; doch wissen wir noch nicht, warum unter den vielen möglichen gerade diese Konfliktart eine so dramatische Folge haben kann. In der Vorgeschichte von Mädchen (aber auch von Jungen), die unter psychogenen Ohnmachtsanfällen leiden, lassen sich gewöhnlich auch die Ursachen dafür erkennen, daß sich der sexuelle Antrieb mit der Angst verknüpfte. – Zunächst sollen Sexualangst und Ohnmacht in ihrem Zusammenhang durch drei Beispiele veranschaulicht werden:

Ein junges *Mädchen* fiel ausgerechnet immer dann in Ohnmacht, wenn es mit seinem Freund allein war. Sie war vor langer Zeit das Opfer einer Vergewaltigung geworden und dabei defloriert worden. Die seitdem verdrängte sexuelle Antriebsregung geriet im Zusammensein mit ihrem Freund in einen Konflikt zwischen Wunsch und Angst, was zu den Ohnmachtsanfällen führte[1].

Ein 9jähriger *Junge* war zur psychotherapeutischen Behandlung geschickt worden, weil er seit drei Jahren an Ohnmachten und Erbrechen litt. Die neurologische Untersuchung hatte keinen pathologischen Befund geliefert. Der Junge war in übersteigerter Weise an seine Mutter gebunden, in deren Ehebett er schlief; in einem Szenotest stellte er sich selbst als Mädchen dar, seine Selbstzuordnung war also zwiespältig und konfliktbeladen.

Der 7jährige *Martin* war im Alter von fünf Jahren anläßlich eines routinemäßigen Arztbesuches ohne Vorbereitung und ohne Narkose an einer Phimose operiert worden. Er wurde wegen Bewegungsunruhe, Unkonzentriertheit bei den Schulaufgaben und nächtlicher Angstträume vorgestellt. Ein Szenotest zeigte, daß der Junge in einer angsterfüllten Weise in seiner Geschlechtsrolle verunsichert war[1].

Wenn man die Feststellung trifft, daß sich Sexual- und Liebesimpulse ganz verschiedener Art mit Ängsten und Hemmungen assoziieren können und daß eigentümlicherweise die Aktivierung gerade dieser Art von Konflikten zu Ohnmachtsanfällen führen kann, so ist damit in vielen Fällen doch nur der Vordergrund bzw. ein *auslösendes* Ursachenfeld angedeutet. Meistens liegen tiefere ursächliche Bedingungen in der Lebensgeschichte der betreffenden Menschen begründet. Dies wird eingehend in dem schon mehrmals zitierten Buch von A. Dührssen[2] geschildert.

D 6. *Homosexualität*

Die Entstehung der Homosexualität kann zur Zeit noch nicht als grundsätzlich geklärt gelten. Auch die Frage nach einer etwaigen angeborenen Disposition ist noch unbeantwortet. Homosexualität kann vermutlich verschiedene Ursachen haben. Dieses Buch behandelt nur die Frage nach ihrer *milieubedingten* Entstehung. Zur Einführung in das Gesamtproblem sei auf weiterführendes Schrifttum verwiesen[3].

Not-Homosexualität. Eine erste Ursache ist stark gestauter Sexualdrang bei Abwesenheit oder Unerreichbarkeit von Liebespartnern des anderen Geschlechts. Obwohl diese »*Not-Homosexualität*« vielfach gar nicht zum Kernbereich des Begriffes gerechnet wird, kann ihre Besprechung zum Verständnis der Erscheinungen beitragen.

Ein ehemaliger Kriegsgefangener aus einem Offizierslager, in dem freies Ermessen in der Tageseinteilung und keine Verpflichtung zur Arbeit bestand, berichtet:»Ich bemerkte eines Tages, wie ich plötzlich einige Kameraden ganz anders als sonst ansah. Ich fragte mich: Bist du denn nicht mehr normal? Von da an haben wir – auch nach vielstündiger harter körperlicher Tagesarbeit – abends immer noch Sport getrieben, bis zur völligen Ermüdung. Hierdurch haben wir verhindern können, was E. Dwinger[4] aus Gefangenenlagern des Ersten Weltkriegs beschrieben hat.« Dieser Bericht veranschaulicht folgende Gesetzmäßigkeit: Nach langer geschlechtlicher Abstinenz und entsprechend angestiegener Bedürfnisspannung kann *sich der Bereich der erregenden Wahrnehmungen* erweitern, bis er Reize einschließt, die sonst für die betreffende Person niemals sexuell anziehend wären (siehe Abschnitt VI B 3, S. 452 f.).

In diesem Bericht ging es um die unerwartet empfundene homosexuelle Ansprechbarkeit eines *Erwachsenen*. Das Geschehnis gehört damit lediglich als *Modellfall* zum Thema dieses Buches. Dieser Erwachsene war von seiner Reaktion nicht *abhängig*, sondern er änderte die *äußere* Situation derart, daß sich in Reaktion darauf seine *innere* Situation in der gewollten Weise wandelte. Bekanntlich ist die Not-Homosexualität in der Regel eine vorübergehende Erscheinung und wird, wenn sich die Verhältnisse geändert haben, wieder aufgegeben. – Im folgenden geht es jedoch um Menschen, die auf die Dauer homosexuell *festgelegt* sind (*Neigungs*-Homosexualität).

Hemmende Assoziationen zum Gegengeschlecht. Die Zugänglichkeit des anderen Geschlechts für Liebesbeziehungen kann als Folge traumatisch wirkender Erfahrungen auch durch Haßgefühle und andere hemmende Assoziationen verstellt sein. Entstehen solche Haßgefühle schon in einer prägsamen kindlichen Phase, so können sie einen Menschen sein ganzes Leben lang gleichsam vom anderen Geschlecht abschirmen. Ein solches Einzelschicksal beschreibt Charlotte BÜHLER in ihrem Buch »Psychologie im Leben unserer Zeit«[1]:

»Die 26jährige *Sally* stammte aus einem der Elendsviertel New Yorks. Ihr Vater, ein ungelernter Arbeiter, und ihre gleichfalls arbeitende Mutter waren Trinker und lebten in Zank und Streit. Die Kinder wurden geprügelt und waren verwahrlost. Sally log und stahl schon als kleines Mädchen. Als ihr Vater in ihrem neunten Lebensjahr davonging und die Mutter einen neuen Lebensgefährten ins Haus nahm, wurde Sally von diesem vergewaltigt. Ihr Haß gegen alle Männer wuchs ins Ungemessene. Es gelang ihr mit 17 Jahren, nachdem sie die Schule absolviert hatte, mit finanzieller Hilfe einer älteren Schwester in eine andere Stadt zu übersiedeln. Dort fand sie eine Stellung in einer Fabrik und konnte außerdem in eine staatliche Lehrerbildungsanstalt als Werkstudentin eintreten. Denn es war ihr glühender Wunsch, sich emporzuarbeiten und Lehrerin zu werden.

Obwohl hinreichend begabt und auch physisch kräftig genug, ihren Plan durchführen zu können, wurde sie jedoch dauernd durch ihre persönlichen Probleme zurückgeworfen. Diese bestanden einerseits in ihrer Unstetigkeit beim Lernen, zweitens in ihrer von Schuldgefühlen begleiteten lesbischen Lebensweise, drittens schließlich in einem tiefen Zweifel sich selbst gegenüber, der seine Gründe nicht nur in den genannten Verhaltensweisen hatte, sondern auch in ihrer Verachtung für die eigene Vergangenheit.

Die lesbische Beziehung hatte sich zu einer älteren Kollegin entwickelt, die der erste Mensch war, der Sally mit liebevollem Verständnis begegnete. Bei der Therapie gelang es der nunmehr 26jährigen, sich klarzumachen, daß sie in dieser sanften und zärtlichen Freundin zum erstenmal das Gefühl des Geliebt- und Beschütztseins erlebte, das sie sich von ihrer Mutter oder einer erträumten Mutter vergeblich gewünscht hatte. Gleichzeitig waren ihre jugendlichen Sexualtriebe wach genug, um auf das von der anderen eingeleitete Liebesspiel einzugehen, während der Gedanke an einen männlichen Liebhaber in ihr nur Schrecken erregte.«

Vorbedingungen für homosexuelle bzw. lesbische Entwicklung. Aus einer großen Anzahl ähnlicher Fälle aus ihrem Erfahrungsbereich hat A. DÜHRSSEN[1] Umweltbedingungen der Kindheit abgeleitet, die für eine spätere homosexuelle bzw. lesbische Entwicklung verantwortlich sein könnten:

– Erster vorbereitender Schritt: Hemmung und Verdrängung der *allgemeinen Gefühlsbezogenheit* zum anderen Geschlecht – wenn z. B. ein kleiner Junge wegen seiner Erfahrungen mit einer harten und überfordernden Mutter oder in der Auseinandersetzung mit einer eigensinnigen, verwöhnten Schwester das weibliche Geschlecht fürchten lernt. Entsprechendes kann beim kleinen Mädchen durch abstoßendes Verhalten des Vaters oder eines älteren Bruders geschehen.

– Zweiter vorbereitender Schritt: Hemmung und Verdrängung der *gegengeschlechtlich* gerichteten Sexualimpulse – wenn z. B. die ersten sexuellen Impulse oder Sexualhandlungen mit dem gegengeschlechtlichen Partner hart bestraft werden.

– Neuartige Erlebniskoppelungen, z. B.: Die auftretenden sexuellen Impulse knüpfen sich in entsprechenden Lebenssituationen dauerhaft an vertraute und liebenswerte *gleich*geschlechtliche Partner; gemeinsame sexuelle Spielereien der Knaben können, sofern vorher die Zuwendung zum anderen Geschlecht verdrängt wurde, einen *richtung*gebenden Akzent bekommen; Erlebnisse sexueller *Verführung* können eine Rolle spielen. Besonders Knaben, die im Bereich *aggressiver Selbstbehauptung* stark geschädigt wurden, können das Angebot eines älteren Homosexuellen, der Schutz und Geborgenheit bieten will, mit besonderer Dankbarkeit annehmen, wobei die allgemeine Geborgenheitssehnsucht den Preis der sexuellen Betätigung mit in Kauf nehmen läßt.

Homosexualität und Prägungserlebnisse. Im Rahmen der drei eben angedeuteten Erlebniskoppelungen könnten außer anderen Arten des Lernens auch Vorgänge der Prägung (im biologischen Sinn), also irreversible Lernvorgänge eine Rolle spielen. Dies wird durch zwei Überlegungen nahegelegt: 1. Wenn es eine sexuelle Prägung auf Gegenstände gibt – und die Existenz des Fetischismus ist unbestritten –, dann wäre es eigentümlich, wenn nicht auch eine sexuelle Prägung auf körperliche Eigenschaften von Partnern des gleichen Geschlechts möglich wäre. Abschnitt D 4 brachte hierzu das Beispiel eines Mannes, der auf den Anblick des männlichen Oberkörpers fixiert war. Viele weitere Beispiele wurden veröffentlicht, so der Bericht über ein auf das *Gesicht* ihrer Freundin geprägtes Mädchen[1]. – 2. Nach den vorliegenden Berichten sind viele homosexuelle Männer verheiratet und führen eine befriedigende Ehe. Trotzdem bleibt vielfach die Erregungswirkung homosexueller Reize lebenslang erhalten. Das »Prägungs-Engramm« (Abschnitt IV B 11, S. 320) bleibt in diesen Fällen trotz anderweitiger Erfahrung bestehen; doch läßt sich das *Verhalten* dank der menschlichen Entscheidungsfreiheit in eine andere (in diesem Fall »bisexuelle«) Richtung lenken (Abschnitt VI A 4, S. 442f.).

E. Zusammenfassung

1. Allein *milieubedingte* Veränderungen der Verhaltenssteuerung werden besprochen, keine *körperlich* (durch Geburtsschäden, Allergie usw.) verursachten (Einleitung).

2. Gestörtes Eß- und Trinkverhalten kann im Verein mit anderen Beeinträchtigungen der Verhaltenssteuerung vorkommen, insbesondere mit Leistungshemmungen (A 1, A 2).

3. Ein 17 Monate alter Junge (John), der 9 Tage lang von seinen Eltern getrennt und in einem Kleinkindheim untergebracht wurde, zeigte dort schon nach wenigen Tagen alle Anzeichen einer tiefgehenden Verzweiflung und seelischen Verstörung. Beim Wiedersehen lehnte er seine Eltern heftig ab. Erst nach Tagen überwand er danach seine Verhaltensstörungen, die jedoch auch später immer erneut auftraten (B 1).

4. Ein gleichaltriges Mädchen (Jane), das aus entsprechendem

Anlaß 10 Tage lang von einer Pflegemutter in deren Wohnung liebevoll betreut wurde, litt unter der Trennung von seiner Mutter, nach seinem Verhalten beurteilt, weniger. Auch die Verhaltensstörungen nach der Wiederaufnahme in die Familie waren weniger schwer als bei John (B 2).

5. Säuglings- und Kleinkindheime mit Altersklassenstruktur, wie sie früher üblich waren, boten den Kindern keine individuellen Bindungsmöglichkeiten wegen häufiger Wechsel der Betreuungspersonen: unterschiedliche Tag- und Nachtschwestern; »Fließbandarbeit« beim Baden und Füttern; Stellenwechsel der Betreuerinnen; Verlegung der Kinder von Abteilung zu Abteilung in bestimmten Zeitabständen (B 3).

6. Die bindungslos aufwachsenden Säuglinge in Heimen mit Altersklassenstruktur schrien viel und gerieten meistens im zweiten Lebenshalbjahr mehr und mehr in einen depressiven Zustand. Schaukelbewegungen verschiedenster Art (Stereotypien) waren häufig. Die anfänglichen Lächelreaktionen verschwanden wieder – ein Zeichen dafür, daß sich keine individuellen Bindungen knüpfen konnten (B 4).

7. Die allgemeine Verhaltensentwicklung blieb bei diesen Heimkindern gegenüber ihren Altersgenossen, die in Familien aufwuchsen, von Monat zu Monat weiter zurück (Abb. 2 und 3). Am meisten litt die Sprachentwicklung (B 5).

8. Viele dieser bindungslos aufwachsenden Heimkinder vermieden den Blickkontakt mit Erwachsenen und suchten doch zugleich mit ihnen intensiven Körperkontakt, indem sie sich an sie klammerten (B 5).

9. Konnten Kinder während ihres Aufwachsens keine individuelle Bindung knüpfen, so fehlt ihnen vielfach später die Möglichkeit, sich geborgen zu fühlen. Vermutlich ist es die nie ganz gestillte Angst, die das innere »entspannte Feld« als Voraussetzung für Erkunden, Spielen und Nachahmen nur selten aufkommen läßt. Hierdurch sowie durch das Vermeiden des Blickkontaktes und durch Betreuungsmängel (z. B. ungenügendes Spielzeug, wenig Sprechkontakt und wenig Möglichkeit zum Nachahmen) blieb die intellektuelle Entwicklung der meisten in Heimen mit Altersklassenstruktur bindungslos aufgewachsenen Kinder weit zurück – bis zur Unfähigkeit, später eine normale Schule zu besuchen (B 5).

10. Auf schwere Deprivation in der Kinderzeit können im späteren Leben folgen: Gefühlsarmut, Bindungsunfähigkeit, mangelnde

Willenssteuerung mit dem erhöhten Risiko für mißlingende Sozialisation und dissoziale oder kriminelle Entwicklung (B 6).

11. Die hier für Kinder aus Heimen mit Altersklassenstruktur angeführten Schäden der Verhaltensentwicklung treten in gleicher Weise in Familien auf, in denen die Säuglinge und Kleinkinder verwahrlosen oder zahlreiche Betreuungsabbrüche erfahren (B 6).

12. Beim Heimkind *Claudia*, das im 4. Lebensjahr nach heimbedingter Deprivation als völlig bildungsunfähig und schwachsinnig eingestuft worden war, vermochte jahrelange hingebungsvolle Pflege, anfangs im Verein mit psychotherapeutischer Betreuung, die seelischen und geistigen Behinderungen nach und nach aufzuheben. Kein Kind darf verlorengegeben werden (B 8).

13. Unwillkürlicher Harnabgang kann bei Kindern auf übervoller Harnblase beruhen (Tagnässen Typ A), kann aber auch *ohne* diese Vorbedingung durch eine auf sozialen Kummer folgende Entspannung ausgelöst werden (Tagnässen Typ B, Bettnässen). Änderungen der Betreuungssituation und die Beseitigung bedrückender Umstände in der Umwelt des Kindes können zur Heilung führen (B 9).

14. Derzeitige Behandlungsmethoden der Enuresis sind Verminderung der Trinkmenge, Blasendehnen, Schließmuskeltraining, Klingelhose, auf das vegetative Nervensystem wirkende Medikamente und Psychopharmaka. Sie alle gründen sich auf die Vorstellung der Verursachung durch eine übermäßig gefüllte Harnblase, die zwar für das Tagnässen Typ A, gerade aber nicht für das Tagnässen Typ B und für das Bettnässen zutrifft (B 9).

15. Aggressionshemmungen können nach sich ziehen: allgemeine Gehemmtheit, Kontaktarmut, Resignation, Leistungsversagen aus Perfektionismus, zwanghaftes Verhalten, Übergefügigkeit, Hyperaggressivität, Bewegungsunruhe, Selbstbeschädigung, Tics, Stottern, Neigung zu Jähzornanfällen (C 1, C 5).

16. In der Therapie wird aggressionsgehemmten Kindern zunächst die Freiheit gegeben, zu tun, wozu sie Lust haben. Nach einiger Zeit kommt daraufhin stets äußerst heftiges aggressives Gebaren zum Durchbruch: Ausdruck des zuvor gestauten aggressiven Verhaltenspotentials. Nach dessen Abklingen wird es dem Kind möglich, Regeln einzuhalten und zu verinnerlichen sowie situationsgerecht zu handeln (C 1).

17. Als *einengende Erziehung*, die zu Aggressionshemmungen führt, wirken einseitige *Gehorsamserziehung* und *Leistungsüberforderung. Überbehütung* entspricht einem *Übermaß* an Bemühungen,

den Kindern Mühen und Anstrengungen zu ersparen und Gefahren von ihnen fernzuhalten; auch sie kann Kinder in ihrem selbständigen Handeln einengen und Aggressionshemmungen hervorrufen. *Verwöhnung* besteht in allzu häufiger Wunscherfüllung und ständigem Gewähren, so daß Anspruchshaltung entsteht und keine Einübung in selbständiges Handeln, Befriedigungsaufschub und -verzicht erfolgt (C 2 bis C 4).

18. Das vielfältige Störungsbild des milieubedingten kindlichen Autismus – Kontakt- und Sprechverweigerung, Widerstand gegen Veränderungen der Umwelt usw. – ist möglicherweise die Folge eines dauernden inneren Konfliktes zwischen übermäßiger Angst und heftigem Kontaktbedürfnis. Wegen der übersteigerten Angst wirkt auf ein autistisch reagierendes Kind auch ein freundlich lächelndes Gesicht vorwiegend drohend. Deswegen nimmt es vielfach nur dann freiwillig mit Erwachsenen Kontakt auf, wenn diese den Blickkontakt mit dem Kind zunächst sorgfältig vermeiden (C 6).

19. Bei der Behandlungsmethode des »Festhaltens« löst die Mutter heftige aggressive *Gegenwehr* des Kindes aus, »ermüdet« aber damit zugleich die *Angst*, so daß das Kind vorübergehend aus dem sonst herrschenden Konflikt zwischen entgegengesetzten Antriebstendenzen befreit ist und die sonst unterdrückten zärtlichen Regungen zum Ausdruck kommen können (C 6).

20. Sexuelle Selbstreizung mit der Tendenz zur Steigerung der Erregung kommt bei *Kleinkindern* als Ersatzbefriedigung für schwere Versagungen *anderer* Bedürfnisse vor; *Kleinkind-Onanie* deutet daher gewöhnlich auf fehlende Entfaltungsmöglichkeiten in *anderen Verhaltensbereichen* (D 1).

21. Von *Fetischismus* spricht man, wenn das Wahrnehmen von bestimmten Gegenständen zur sexuellen Erregung führt oder beiträgt. Wo sich einzelne Personen an die vermutlich prägenden Situationen erinnern, berichten sie, daß damals die betreffenden Wahrnehmungen von sexueller Erregung begleitet waren. In ähnlicher Weise können sich sexuelle Fixierungen auch an den Anblick von Körperteilen oder an Situationen knüpfen (D 2).

22. Zwischen der kindlichen Bindung an die Eltern und der erotisch getönten Gefühlsbeziehung zu ihnen bestehen entscheidende Unterschiede der Erlebnisqualität: »Die mütterliche Liebe ist bergend und beruhigend; die erotische aber fordert und erregt« (D 3).

23. Ödipale Gefühlsbeziehungen zur Mutter führen bei den Söhnen vielfach zur Beunruhigung und inneren Konflikten. Mehrere

Ursachen kämen hierfür in Frage, zwischen denen jedoch noch keine Entscheidung möglich ist: angeborene Inzest-Aversion; Unvereinbarkeit von erotischer Fixierung mit der sozialen Überlegenheit des Erwachsenen; Bewußtsein der Zukunftslosigkeit einer ödipalen Bindung; Widerspruch zur gesellschaftlichen Norm; Angst gegenüber der wirklichen oder nur vorgestellten strafenden Rivalität des Vaters (D 3).

24. Die sexuell getönte Fixierung an einen Elternteil hält gleichsam im voraus den Platz besetzt, den sonst im späteren Leben der gleichaltrige Liebespartner einnimmt. Dies kann zur Unfähigkeit führen, später eine wirkliche Liebes- und Lebensgemeinschaft zu gründen (D 3).

25. Geltungssucht und lügnerisches Aufschneiden können bei Kindern als Ausdruck von vorzeitig angeregten Antriebsimpulsen des Sexualbereichs auftreten (D 4).

26. Regungen des Sexualbereichs können sich nach entsprechenden Vorerlebnissen mit Angst und Abscheu verknüpfen. Werden dann später Liebesimpulse erweckt, so kommt es manchmal zu der speziellen körperlichen Zusammenbruchsreaktion des Ohnmachtsanfalls (D 5).

27. Durch stark erhöhte sexuelle Bedürfnisspannung erweitert sich der Bereich der erregenden Wahrnehmungen. Dies kann (beispielsweise unter Gefangenschaftsbedingungen) zu einer »Not-Homosexualität« führen, die nach Änderung der Situation wieder verschwindet (D 6).

28. Ob es eine angeborene Disposition für Homosexualität gibt, ist noch offen. Gleichgeschlechtliche Neigung kann durch traumatische hemmende oder bahnende Erlebnisse entstehen (D 6).

IV. Dynamische Zusammenhänge im Verhalten: Einmaleins der allgemeinen Verhaltensbiologie

Die beiden folgenden Kapitel erfüllen im Rahmen dieses Buches eine *dienende* Funktion: Ihr Gegenstand ist, vordergründig gesehen, das Verhalten von *Tieren*, also nicht von Menschenkindern. Das Verhalten von Tieren kennenzulernen ist ein Wert an sich: Man kann und sollte den darin enthaltenen Reichtum an Erscheinungen auf sich wirken lassen und bewundern. Hier aber gilt es, durch diese Vielfalt auch *hindurchzublicken* und *grundlegende Wirkungszusammenhänge* der Verhaltenssteuerung zu erkennen. Diese Wirkungszusammenhänge lassen sich, nachdem man sie sich bewußt gemacht hat, auch in der Verhaltenssteuerung *des Menschen*, besonders *des Kindes*, feststellen. Hierdurch werden manche Züge kindlicher Verhaltensweisen und Verhaltensstörungen verständlich, die man auf andere Weise nur schwer zu deuten vermag.

Wirkungszusammenhänge innerhalb der Verhaltenssteuerung kann man auf verschiedene Weise darstellen: mit Worten, mit mathematischen Formeln oder mit Funktionsschaltbildern[1]. Das letzte dieser drei Darstellungsmittel erscheint zwar auf den ersten Blick ungewohnt, ist aber, wenn man sich mit ihm erst einmal vertraut gemacht hat, überaus nützlich: Es gibt auf die einfachste Weise nur das Wesentliche wieder und verzichtet auf alles unnötige Beiwerk. Die Funktionsschaltbilder bilden die abstrakte Zwischenstation auf dem zweistufigen Weg von der Analyse des Tierverhaltens zum tieferen Verständnis von Verhaltensweisen und Verhaltensstörungen der Kinder.

Im folgenden werden zunächst die Prinzipien, der notwendige Zeichenvorrat und einige Grundbegriffe des Gebrauchs der Funktionsschaltbilder beschrieben. Dies ist für solche Leser gedacht, die dieses gedankliche Handwerkszeug kennenlernen wollen, *bevor* sie an die Beschreibung des Tierverhaltens kommen. Wer aber lieber vom Beispiel der einzelnen beschriebenen Verhaltensweisen ausgeht (oder vielleicht auf das Hilfsmittel der Funktionsschaltbilder ganz verzichten möchte), der möge die folgenden Seiten überspringen und bei

232

Abschnitt A (Angeborenes Verhalten) auf S. 236 oder gleich bei Abschnitt A 1 (Aktivitätsperiodik, innere Uhr) auf S. 238 weiterlesen.

Funktionsschaltbilder. Von den wissenschaftlichen Begriffen der Verhaltensbiologie fußen bisher nur einzelne auf *physiologischen Prozessen*, die man bereits als Verhalten*ursachen* erkannt hat. Die meisten gründen sich heute noch lediglich auf *beobachtete regelhafte Beziehungen* zwischen Verhaltensweisen und deren auslösenden Bedingungen wie Sinnesreizen, Zuständen der Reaktionsbereitschaft und früheren Erfahrungen. Ein *Funktionsschaltbild* stellt dar, wie der betreffende Zusammenhang auf einfachste Weise (nach den Kriterien »hinreichend« und »notwendig«[1]) durch das Zusammenwirken biologischer Funktionsglieder zu verwirklichen wäre (und vielleicht auch verwirklicht *ist*).

Besonders wichtige Teilfunktionen der Verhaltenssteuerung sind der Empfang von Sinnesmeldungen (Riechen, Hören, Sehen), die Übertragung von Nervenimpulsen, die Datenverarbeitung und -speicherung (im Gehirn) sowie die Ausführung von Verhalten (z. B. durch Muskeln). Dementsprechend bestehen die *Funktionsschaltbilder* aus graphischen Symbolen für Sinneselemente, signalleitende Verbindungen, für mehrere Arten von Instanzen der Signalverarbeitung und -speicherung sowie für Ausführungsglieder. Diese Symbole werden auf Abb. 4 (S. 235) abgebildet und näher erläutert.

Funktionsschaltbilder können einige Vorteile bieten:
– Sie lassen sich leichter als sprachliche Beschreibungen auf innere *Widerspruchsfreiheit* prüfen.
– Sie sind frei von *Begleitvorstellungen*, wie sie Worten und Begriffen unbemerkt anhaften können, vor allem wenn diese aus bestimmten Theoriengebäuden stammen.
– Sie sind zugleich *Hypothesen* hinsichtlich der physiologischen Prozesse der Signalübertragung und -verarbeitung, die den Verhaltensleistungen *real* zugrunde liegen.
– Sie ermöglichen dem Theoretiker einen Test: Was er nicht als Funktionsschaltbild darstellen kann, hat er noch nicht durch und durch funktionell verstanden.
Kraft dieser Eigenschaften bilden die Funktionsschaltbilder auch eine Darstellungsebene, auf die sich die Begriffe sowohl der Ethologie wie des Neo-Behaviorismus durch Abstraktion ihrer funktionellen Inhalte projizieren lassen.
Nachdem Begriffe verschiedener Herkunft in der gleichen Sprache formuliert sind, kann man sie nach Bedeutung und Inhalt miteinander vergleichen. Auch kann man auf diese Weise feststellen, ob sie elementare Funktionen bezeichnen oder ob sie *Sammelbegriffe* für *unterschiedliche* elementare Funktionsarten sind.

Teleonomische Betrachtungsweise. Viele Eigenschaften und Fähigkeiten von Lebewesen sind so beschaffen, daß sie zum Überleben ihrer Art in deren natürlicher Umwelt beitragen; darin liegt ihre *biologische Bedeutung*. Der *teleonomische* Aspekt einer Betrachtung besteht darin, zu ermitteln und zu beschreiben, *inwiefern* die gegebenen Eigenschaften zum erfolgreichen Überleben oder zum Bestehen der Konkurrenz gegen Rivalen bei der Fortpflanzung beitragen. Dabei wird ausdrücklich *nicht* (wie bei der *teleologischen* Betrachtungsweise) vorausgesetzt, an der stammesgeschichtlichen Entstehung eines Organs oder einer Leistung müsse eine *zielgerichtete Tendenz* zur Verwirklichung der betreffenden Lebenserscheinungen mitgewirkt haben. Die Frage nach der biologischen Bedeutung eines Organs oder einer Leistung zielt also auf *physiologische*, nicht auf phylogenetische Zusammenhänge. – Von der teleonomischen Betrachtungsweise wird vor allem im Teilkapitel IV B über das *Lernen* Gebrauch gemacht werden, wo sie entscheidend zur Klärung der begrifflichen Grundlagen beiträgt[1].

Systemebenen der Verhaltenssteuerung. Die folgende Beschreibung beginnt bei *einfachsten* Verhaltenszusammenhängen und geht dann Schritt für Schritt zu *komplizierteren* über. Vielfach kehren einfachere Zusammenhänge später als Anteile von übergeordneten Funktionsbeziehungen wieder. Beispielsweise enthält *erlerntes* Verhalten (übergeordnete Steuerungsebene) viele *angeborene* Anteile (untergeordnete Steuerungsebene); denn es beruht auf *lernbedingten Neuverknüpfungen* zwischen *angeborenen* signalleitenden Bahnen. Im folgenden richtet sich die *Benennung* und *systematische Einordnung* der Verhaltensweisen nach der jeweils *obersten* Funktionsebene, in der sich bei ihrer Steuerung etwas biologisch Bedeutsames abspielt. Angeborenes Verhalten wechselt also sofort in die höhere Kategorie des erlernten Verhaltens über, sobald es durch einen noch so geringfügigen Lernprozeß abgewandelt wurde. Die Aufgabe des nun folgenden Kapitels besteht somit darin, die biologischen Prinzipien der Verhaltenssteuerung, *von Ebene zu Ebene aufsteigend*, zu erläutern.

Darstellungsmittel ist die bewußt gestaltete Umgangssprache. Durch Fachausdrücke wird sie überall dort ergänzt, wo sie für einen Tatbestand keine Bezeichnung enthält. Wo mathematische Formelschrift und Funktionsschaltbilder herangezogen werden, ist das für diejenigen Leser gedacht, denen die mathematische und die abstrakte funktionelle Darstellung das Verständnis *erleichtert*. Begriffsbestimmungen werden aber *auch sprachlich* wiedergegeben, so daß demjenigen, der im folgenden Kapitel die mathematischen Formeln und die Funktionsschaltbilder *überspringt*, keine Information entgeht.

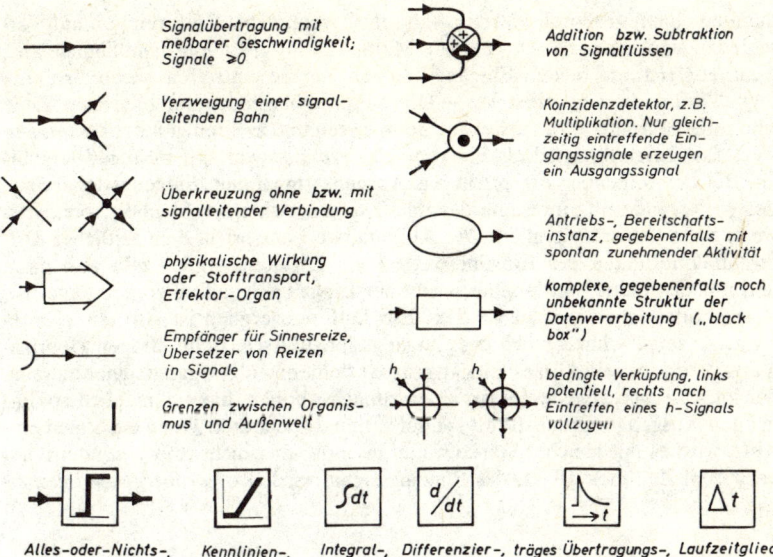

Signalübertragung mit meßbarer Geschwindigkeit; Signale ≥0

Verzweigung einer signal-leitenden Bahn

Überkreuzung ohne bzw. mit signalleitender Verbindung

physikalische Wirkung oder Stofftransport, Effektor-Organ

Empfänger für Sinnesreize, Übersetzer von Reizen in Signale

Grenzen zwischen Organismus und Außenwelt

Addition bzw. Subtraktion von Signalflüssen

Koinzidenzdetektor, z.B. Multiplikation. Nur gleichzeitig eintreffende Eingangssignale erzeugen ein Ausgangssignal

Antriebs-, Bereitschaftsinstanz, gegebenenfalls mit spontan zunehmender Aktivität

komplexe, gegebenenfalls noch unbekannte Struktur der Datenverarbeitung („black box")

bedingte Verküpfung, links potentiell, rechts nach Eintreffen eines h-Signals vollzogen

Alles-oder-Nichts-,   Kennlinien-,   Integral-,   Differenzier-,   träges Übertragungs-,   Laufzeitglied

Abb. 4.   Graphische Zeichen, aus denen sich die Funktionsschaltbilder zusammensetzen.

Graphische Symbole der Funktionsschaltbilder. In Abb. 4 sind die wichtigsten graphischen Symbole der Funktionsschaltbilder zusammengestellt. Einige Erläuterungen sind in die Abbildung eingetragen; zusätzliche Erklärungen folgen hier im Text (für viele Leser ist es jedoch vielleicht erst dann sinnvoll, diese Erläuterungen zu lesen, wenn ein graphisches Symbol später zum ersten Mal in einem der Funktionsschaltbilder auftaucht):

Den *signalübertragenden Bahnen* (Abb. 4 links oben) werden gemeinsame Eigenschaften der Nervenfasern und der Hormonwirkung zugeschrieben: Sie übertragen einzelne Signale oder längerdauernde Signalflüsse, die in ihrer Intensität (Impulsfrequenz bzw. Hormonkonzentration) variieren. *Verzweigt* sich eine Bahn (zweites Symbol links), so laufen vom Verzweigungspunkt aus genauso starke Signalflüsse auf beiden Bahnen weiter, wie auf der *einen* Bahn ankommen (diese selbe Eigenschaft haben sich verzweigende Nervenfasern). – Im Zeichen *rechts* oben sind *Verrechnungsvorgänge* der Addition und Subtraktion, die auch isoliert vorkommen können, vereinigt. Der vom *Ausgangs*signal repräsentierte Zahlenwert (= Stärke des Signalflusses) ergibt sich zu jedem Zeitpunkt aus der *Summe* der Zahlenwerte, die von den Signalflüssen des oberen und des mittleren Eingangskanals repräsentiert werden, *abzüglich* des vom dritten (unteren) Eingangssignal repräsentierten Zahlenwertes. Beispiel: Eingangswerte 2; 7; 3; Ausgangswert 6. – Hat der *Koinzidenzdetektor* (zweites Symbol rechts) die Eigenschaft eines *Multiplikationsgliedes*, so ergibt sich der Betrag des Ausgangs-Signalflusses durch *Multiplikation* der durch die beiden Eingangskanäle eintreffenden Signalfluß-Beträge, z. B. folgt aus den Eingangswerten 0,4 und 8 der Ausgangswert 3,2. Das Multiplikationsglied ist ein Beispiel für einen Koinzidenz-Detektor, weil die Multiplikation – im Unterschied zur Summation – nur dann zu einem größeren Wert als null führt, wenn *beide* Faktoren von null verschieden sind; also gehen von einem Multiplikationsglied nur dann Signale aus, wenn zugleich auf beiden Eingangskanälen Signale eintreffen, wenn also eine Signal-*Koinzidenz* gegeben ist. – Die 6 Funktionsglieder der untersten Zeile sind folgendermaßen zu verstehen: Beim ersten und zweiten gibt der *Ordinaten*wert das *Ausgangs*signal als Funktion des *Abzissen*wertes (= Eingangssignal) an. Bei den folgenden entspricht das Ausgangssignal dem Eingangssignal nach dessen Veränderung im Sinne des im Kästchen stehenden Symbols, beispielsweise beim Differenzierglied: Der Ausgangswert entspricht dem zeitlichen Differentialquotienten des Eingangswertes; ein Differenzierglied gibt also dann und nur dann eine Meldung ab, wenn der Eingangssignalfluß gerade dabei ist, stärker oder schwächer zu werden. Ein Differenzierglied ist also ein »Änderungs-Anzeiger« hinsichtlich des Eingangssignalflusses. Beim »trägen Übertragungsglied« löst ein kurzes Eingangssignal denjenigen Ausgangssignalfluß aus, der im Kästchen angedeutet ist: einen zunächst hohen, dann allmählich abklingenden Ausgangs-Signalstrom. – »Laufzeitglied« bedeutet: Wenn ein Signal eintrifft, wird es mit gleicher Stärke weitergesandt, aber nicht sofort, sondern erst nach dem Zeitintervall Δt; das Eingangssignal wird also *vorübergehend gespeichert.*

A. Angeborenes Verhalten

Die embryonale Entwicklung aller Lebewesen wird letztlich von den Erbanlagen (Genen) gesteuert. Hierdurch entsteht auch das Gehirn, ein Netzwerk aus Nervenbahnen und Schaltstellen. Viele Nervenbahnen und Schaltstellen sind nach ihrer Entwicklung sogleich voll betriebsbereit. Beispielsweise beginnt ein gesunder Säugling sofort nach der Geburt ein- und auszuatmen: Während der Entwicklung des Kindes im Mutterleib haben sich Blutgefäße, Herz und Lungen, die Atemmuskeln zum Heben und Senken des Brustkorbs, das Zwerchfell als Abschluß des Brustraums gegen den Bauchraum, ebenso aber – zur *Steuerung* der Atmung – bestimmte Sinnesorgane, Nervenbahnen und zentralnervöse Schaltstellen ausgebildet. Im Verlauf der Geburt tritt die erste »Atemnot« ein, und der vorgebildete Mechanismus reagiert darauf sofort mit funktionsreifen lebenserhaltenden Atembewegungen. Die Aussage: Die Atemreaktion »*ist angeboren*«, ist eine verkürzte Form der Feststellung, daß alle genannten Funktionsglieder für die Atemreaktion schon durch die körperliche Entwicklung ausgebildet werden und darum bei Bedarf sofort in betriebsfertigem Zustand zur Verfügung stehen.

Doch bezeichnet man in der Verhaltensbiologie nicht nur solche Verhaltensweisen als »angeboren«, die sofort nach der Geburt perfekt ablaufen, sondern auch solche, die erst später reifen – sie müssen nur von den *Erbanlagen* des Lebewesens abhängen, nicht von seinen individuellen Erfahrungen. »Angeboren« hat demnach in der Verhaltensbiologie dieselbe Bedeutung wie »genetisch bedingt«. Beispielsweise entsteht angeborenes – also genetisch bedingtes – Sexualverhalten in der Pubertät, also erst lange nach der Geburt, durch *Reifung*.

Erfahrungsbedingtes Verhalten hängt dagegen davon ab, was das Lebewesen individuell erlebt und was es dadurch *lernt*. Ein Buchfinkenpärchen fliegt zum Nest, um die Jungen zu füttern: Nestbau und Brutpflege sind ihnen angeboren: Sie können es als erwachsene Tiere »von allein«, auch wenn sie es niemals bei einem anderen Tier gesehen haben. Aber den *Ort* des Nestes und den *Weg* dorthin haben die Tiere *gelernt*.

Man kann den Unterschied zwischen angeborenem und erfahrungsbedingtem Verhalten auch mit Hilfe des *Information*sbegriffes beschreiben: Jede Verhaltensweise eines Lebewesens wird unmittelbar durch diejenigen Signale verursacht, die vom Zentralnervensystem her auf den Nervenbahnen zu den Muskeln eilen: Drückt sich in diesen Signalen – außer den auslösenden Reizen – ausschließlich *genetische* Information des Organismus aus, so handelt es sich um genetisch bedingtes = *angeborenes* Verhalten. Spielen jedoch auch *Gedächtnisspuren aus früheren Erfahrungen* eine Rolle, so nennt man das Verhalten *erfahrungsbedingt* (Abschnitt IV B, S. 274).

Spontane Aktion und Reaktion. Eine Verhaltensweise kann *ohne äußeren auslösenden Anlaß* einsetzen, also allein *von inneren Bedingungen* in Gang gesetzt werden. Ein Beispiel ist das Erwachen aus dem Schlaf: Würde man ein Lebewesen (einen Menschen oder ein Tier) in einer völlig reizlosen Umgebung, z. B. in einer schalldichten Kammer ohne Licht bei gleichbleibender Temperatur, *schlafen* lassen, so würde es doch nach einer bestimmten Zeit von selbst *erwachen* und *aktiv werden*. Dieses Erwachen würde erfolgen, ohne daß irgendein *äußerer* Weckreiz auf den Schläfer einwirken müßte; es wäre in diesem Fall *spontan*, also keine *Reaktion*, sondern eine *Aktion* (spontan = lateinisch »aus eigenem Antrieb«). – Eine Verhaltensweise kann aber auch die Antwort auf *äußere* Einflüsse sein – z. B. Menschen und Tiere streifen ein Insekt ab, das sich auf die Haut gesetzt und gestochen hat. Dies ist eine *Reaktion*.

Bei der Unterscheidung zwischen Aktionen und Reaktionen geht es also um diejenige unter den mitunter zahlreichen Ursachen des Verhaltens, die das Verhalten *auslöst*, also den *Zeitpunkt* seines Auftretens bestimmt. Befindet sich die *auslösende* Ursache – gleich wie sie beschaffen ist – im *Innern* des Organismus, so nennt man das Verhalten eine (spontane) *Aktion*; wirkt der auslösende Anlaß von *außen*, so spricht man von einer *Reaktion*. – Besonders einprägsame und einfache Beispiele für *Aktionen* sind Verhaltensweisen, die von periodischen *inneren Zeitgebern* gesteuert werden (Aktivitätsperiodik, innere Uhren, Abschnitt A 1), für *Reaktionen* die schnellen Schutzreflexe (Abschnitt A 2).

A 1. *Aktivitätsperiodik, innere Uhr*

Es gibt kaum ein höheres Lebewesen, dessen Aktivität nicht irgendwie im Zusammenhang mit dem Tageslauf gegliedert wäre: Die Tagfalter fliegen bei Tage, die Schwärmer während der Dämmerung, die Nachtfalter bei Nacht. Die Fledermäuse sind abends und nachts aktiv und schlafen am Tage; Greifvögel jagen tags, fast alle Eulen bei Nacht. Unter den Pflanzen gibt es viele, deren Blätter tags und nachts verschieden gestellt werden. – Richten sich die Organismen bei der Einteilung ihres Tageslaufs nach äußeren Zeitgebern, etwa nach Sonnenaufgang und -untergang, oder besitzen sie den Zeitmaßstab in sich? Das Experiment der Wahl, um dies zu entscheiden, besteht darin, die Organismen in *konstant bleibende Bedingungen* zu versetzen, so daß keine Zeitgeber mehr da sind, nach denen sie sich richten können, und dann zu beobachten, ob die Aktivitätsperiodik erhalten bleibt.

Einzelne *Mäuse* wurden in Käfigen gehalten. Ihnen stand stets ein Überfluß von Nahrung und Getränk zur Verfügung, so daß keine bestimmten Fütterungszeiten als Zeitgeber dienen konnten. In den Käfigen herrschten stets gleiche Beleuchtungsverhältnisse. Die Lufttemperatur wurde auf ½° konstant gehalten. Die Käfige waren schalldicht von der Umgebung abgeschirmt. So konnte keine Ab- und Zunahme der Helligkeit, der Temperatur oder des Geräuschpegels als Zeitgeber für die Mäuse dienen. Auch zeigte sich kein Mensch als Beobachter an den Käfigen: Die Aktivität der Tiere wurde automatisch – durch Messung und Aufzeichnung kleinster Schwingungen des Käfigs – registriert. Die Tiere lebten also unter dauernd ungeändert bleibenden Umweltbedingungen. Sie konnten sich ihren Tag nach Belieben einteilen, konnten wachen und schlafen, wann sie wollten. Dieses Experiment der »zeitgeberlosen Existenz« hatte folgende Ergebnisse[1]:

1. Die Mäuse offenbarten weiterhin einen ausgeprägten Rhythmus von Ruhe und Aktivität. Es war dies kein Nachklingen eines Rhythmus, der ihnen etwa früher aufgeprägt worden war, sondern er erwies sich als erblich festgelegt: Drei Generationen von Mäu-

sen wurden in der geschilderten Weise ohne Zeitgeber gezüchtet, und immer zeigte sich der gleiche Rhythmus wie zuvor. – Besitzen die Versuchstiere also einen *inneren* Zeitmaßstab, oder war trotz aller Vorsicht irgendein *äußerer* Zeitgeber nicht ausgeschaltet? Dies entschied sich im selben Experiment durch eine weitere Beobachtung:

2. Der von den Mäusen selbst gestaltete Tag war nicht mehr genau 24 Stunden lang! Von sechs Mäusen, die unter Dauerlicht gehalten wurden, verhielt sich jede etwas anders: Keine Maus zeigte eine Periodik von genau 24 Stunden. Drei Tiere bestimmten ihren Rhythmus zu 25 bis 25¼ Stunden, die drei anderen zu 25¼ bis 25½ Stunden. Die inneren Uhren aller einzelnen Mäuse hatten unterschiedliche Ganggeschwindigkeiten. Dadurch war gesichert: Es wirkte kein unbemerkt gebliebener »universeller« Zeitgeber. Denn es ist undenkbar, daß für jede Maus ein anderer derartiger Zeitgeber wirksam gewesen wäre.

3. Die innere Uhr läßt sich durch *Außenbedingungen* in ihrer Ganggeschwindigkeit beeinflussen: Im Dauer*licht* ist die Zeiteinheit der Mäuse länger; im Dauer*dunkel* geht ihre Uhr schneller. Von sieben Mäusen im Dauer*dunkel* zeigte keine eine Periodik von 24 Stunden oder mehr: Der Tagesrhythmus dreier Tiere lag zwischen 23 und 24 Stunden, der von vier Tieren zwischen 22 und 23 Stunden. Man konnte also die Ganggeschwindigkeit der Uhr durch Dunkelheit erhöhen. – Allgemein scheint die Regel zu gelten: Gibt man diejenigen Beleuchtungsverhältnisse dauernd, bei welchen ein Tier normalerweise aktiv ist, so beschleunigt dies seine Uhr; gibt man ihm die Beleuchtung, bei der es normalerweise ruht, so verlangsamt dies den Gang der »inneren Uhr«. Deswegen geht bei Mäusen die Uhr bei Dauerlicht langsamer, bei Dauerdunkel schneller; bei Eidechsen – diese sind Tagtiere – ist es umgekehrt (»ASCHOFFsche Regel«).

Die innere Uhr der Tiere offenbart ihre vom astronomischen Tageslauf unabhängige Ganggeschwindigkeit jedoch nur, wenn die Tiere ohne Zeitgeber sich selbst überlassen sind. Sonst wird der Lauf täglich durch die natürlichen Zeitgeber – wie z. B. Sonnenauf- und -untergang – *korrigiert*. Wie weit geht der Einfluß dieser äußeren Zeitgeber? Versetzt man Mäuse in eine künstliche Beleuchtungsperiodik von kürzeren oder längeren »Tagen«, so zeigt sich: Bis zum 21- und 27-Stundentag paßten sich die Mäuse den abnormen Tageslängen an; bei noch kürzerem oder noch längerem Kunsttag machten sie sich vom künstlichen Hell-Dunkel-Wechsel frei und folgten ihrem inneren Rhythmus von – unter diesen Bedingungen – rund 25 Stunden.

Wenn eine innere Uhr vorhanden ist, so können manche Organismen mit ihrer Hilfe auch lernen, zu bestimmten Tageszeiten etwas Bestimmtes zu tun (»Zeitsinn«). Hat man *Bienen* mehrfach zu einer bestimmten Tageszeit an einem bestimmten Ort gefüttert, so suchen sie dort auch weiterhin *nur zu dieser Zeit* nach Nahrung. Transportiert man sie mit dem Flugzeug unter einen anderen Längengrad, so richten sie sich zumindest am ersten Tag nicht nach den Zeitgebern des neuen Ortes, sondern folgen den Weisungen ihrer weiterlaufenden inneren Uhr.

Unterwirft man – im Experiment mit Freiwilligen – *erwachsene Menschen* einem Leben ohne alle äußeren Zeitgeber (also ohne Blick ins Freie, ohne Uhr, Radio, Telefon usw.) und überläßt es ihnen, wann sie wachen oder schlafen wollen, so halten auch sie einen Tag-Nacht-Rhythmus ein. Die Periodik liegt fast stets zwischen 24½ und 26 Stunden. Die Körpertemperatur und die Konzentration zahlreicher Stoffe im Blut (auch von Nebennierenrindenhormonen!) folgen ebenfalls einem Tagesgang, desgleichen die Empfindlichkeit gegenüber Medikamenten, Impfungen und Giften[1].

A 2. *Schnelle Schutzreflexe*

Bei der Berührung mit einem heißen Gegenstand ziehen Menschen und höhere Tiere blitzartig den berührten Körperteil zurück; wird die Hornhaut des Auges durch Berührung gereizt oder werden die Augen plötzlich durch helles Licht geblendet, so schließen sich die Augenlider; gelangt ein Fremdkörper in die Luftröhre, so wird der Hustenreflex ausgelöst. Diese »schnellen Schutzreflexe« haben eine offenkundige biologische Bedeutung: Bei Wahrnehmung einer Gefahr bringen sie den gefährdeten Körperteil aus der Gefahrenzone oder bewahren ihn auf sonstige Weise vor Schaden. Es ist einleuchtend, daß die Schutzreflexe *stets funktionsbereit* sind. Solange die beteiligten Körperstrukturen unbeschädigt sind, hängt der Reflexablauf *allein* von den auslösenden Reizen ab.

Das Urbild eines stets funktionsbereiten Reflexes kann man beim Menschen am *Lidschlagreflex* des Auges demonstrieren: Ein Partner stellt sich mit dem Rücken an eine Wand. Der andere tritt etwa 1 m vor ihn, mit dem Gesicht zu ihm gewendet, und hebt seine geöffneten Hände in Augenhöhe, die Fingerspitzen nach oben und die Handflächen dem Gesicht des Partners zugekehrt; die Daumen liegen parallel aneinander. Zunächst hält er die Hände dicht vor sein eigenes Gesicht, bewegt sie dann aber schnell in Richtung auf das Gesicht und die Augen des an der Wand stehenden Partners zu. Erst ganz kurz vor dessen Gesicht nimmt er die Hände auseinander und führt sie beidseitig am Kopf vorbei an die Wand. Der Anblick der auf ihn zukommenden Handflächen löst nun bei dem an der Wand stehenden Partner mit absoluter Sicherheit einen Schutzreflex aus: Die Lider werden geschlossen. Es ist unmöglich, diese Reaktion willentlich zu unterdrücken und die Augen offenzuhalten. – Dieser Schutzreflex hat die biologische Bedeutung, die empfindliche Hornhaut des Auges vor Verletzungen zu bewahren, wenn ein Gegenstand schnell auf das Auge zufliegt.

Ein schneller Schutzreflex bedarf zu seiner Durchführung eines Sinnesorgans, einer Übertragungsstrecke für Signale (Nervenbahn, die in der Regel über das Zentralnervensystem führt) und eines Ausführungsorgans. Dies ist in Abb. 5 schematisch dargestellt.

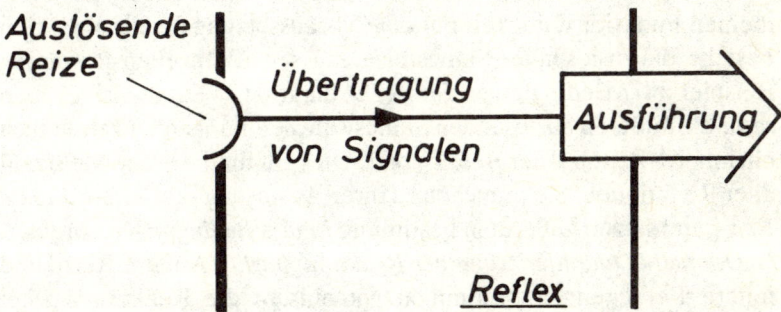

Abb. 5   Vereinfachtes, idealisiertes Funktionsschaltbild eines stets funktionsbereiten Reflexes. Die *senkrechten dicken Striche* kennzeichnen die »Grenzen zwischen dem Organismus und seiner Umwelt«. Der *Halbkreis* links bedeutet: Empfänger von Sinnesreizen, Übersetzer der empfangenen Reize in Signale, die dann auf der angeschlossenen *Übertragungsbahn* (hier: Nervenbahn) zum *Ausführungsorgan* (hier: Muskeln) geleitet werden und dessen Tätigkeit in Gang setzen. In der Darstellung wird nicht angegeben, wie viele Schaltstellen (Synapsen) in den Übertragungsweg eingefügt sind.

Der Begriff »Reflex« wird meist als Unterbegriff von »Reaktion« betrachtet. Als Reflexe bezeichnet man vor allem *einfache* und *schnell ablaufende* Reaktionen. Reflexe können auch Anteile von übergeordneten Steuersystemen sein: So ist der *Kniesehnenreflex* die Impulsantwort eines Regelkreises, der den Anspannungsgrad der Oberschenkelmuskeln (bei der Ausführung der vom Zentralnervensystem kommenden Bewegungskommandos) an den jeweils zu überwindenden mechanischen Widerstand anpaßt. Der *Schluckreflex* sowie die *Speicheldrüsen-* und *Verdauungsdrüsenreflexe* sind Teile der Endhandlung des angeborenen Ernährungsverhaltens.

A 3. *Verhaltenssteuerung durch äußere Reize*
und innere Bedingungen

Schnelle Schutzreflexe sind – vorausgesetzt, alle anatomischen Funktionsglieder sind unbeschädigt – immer betriebsbereit; das ist verständlich, denn der Körper muß sich *jederzeit* vor Gefahren schützen können. Viele andere Reaktionen werden aber von den zugehörigen äußeren Sinneswahrnehmungen *nicht immer* ausgelöst. Gibt man einem Hund eine Schüssel mit Wasser, so kann es vorkommen, daß er sofort trinkt; wir sagen: »Er hat Durst.« Es kann aber auch sein, daß er nicht trinkt, vielleicht weil er kurz zuvor, als wir ihn nicht beobachteten, schon anderweitig seinen Durst gelöscht hatte; infolgedessen nimmt er das Wasser zwar mit seinen Sinnesorganen wahr, aber er reagiert nicht darauf.

Während also bei den schnellen Schutzreflexen außer der allgemeinen Funktionsfähigkeit nur *eine* Voraussetzung für die Reaktion besteht, die auslösenden Sinnesreize, müssen in dem eben genannten Beispiel *zwei* Bedingungen für den Ablauf des Verhaltens gegeben sein: die äußeren auslösenden Sinneswahrnehmungen und zusätzlich ein innerer Zustand der Bereitschaft. Dies gilt für die große Mehrzahl aller Reaktionen: Sie brauchen zu ihrer Auslösung bestimmte *äußere Reize* und setzen außerdem bestimmte *innere Bedingungen* voraus.

Doppelte Quantifizierung der Reaktionsstärke. Äußere Reize und innere Bedingungen bestimmen gemeinsam die Reaktions*stärke*: Tier und Mensch verzehren um so mehr von verfügbarer Nahrung, je besser sie schmeckt (höherer *Reiz*wert) *und* je größer der Hunger ist (größere *Bereitschaft*). Das allgemeine Prinzip lautet: Die Reaktionsstärke ergibt sich aus zwei Bedingungen, der Reizbeschaffenheit und dem Aktivierungsgrad der Bereitschaft. Diesen Sachverhalt bezeichnet man seit den Anfängen der Verhaltensforschung als *doppelte Quantifizierung der Reaktionsstärke durch äußere Reize und innere Bedingungen*[1]. Dieses Prinzip ist in Abb. 6 als Funktionsschaltbild dargestellt.

Aus diesem Prinzip folgt: Weil sich sowohl der Reizwert als auch die Höhe der Bereitschaft auf die Reaktion auswirken, kann eine *mittlere* Reaktionsstärke herrühren von
 – mittlerer Bereitschaft und mittlerer Reizgüte;
 – hoher Bereitschaft und geringer Reizgüte;
 – geringer Bereitschaft und hoher Reizgüte.
Anders ausgedrückt: Höhere Bereitschaft kann geringere Reizgüte

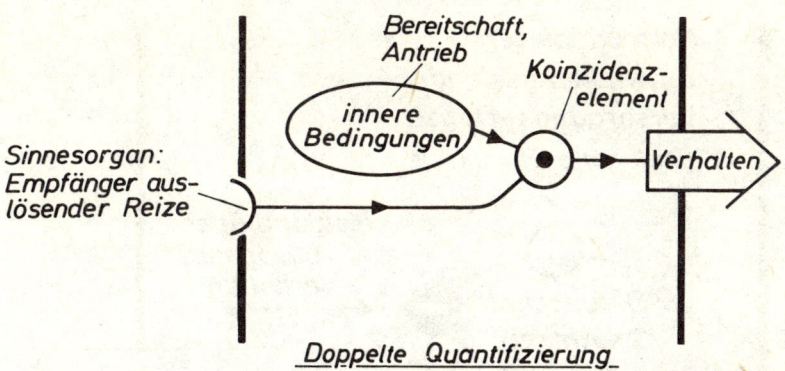

Doppelte Quantifizierung

Abb. 6 Idealisiertes Funktionsschaltbild für den Tatbestand, daß Ablauf und Intensität vieler Verhaltensweisen von *zwei* Variablen abhängen, von auslösenden Reizen und inneren Bedingungen. Die Instanz »innere Bedingungen« sendet nur Signale nach rechts ab, wenn sie erregt ist (z. B. *Durst* besteht), und zwar um so *mehr* Signale, je *stärker* sie erregt ist. Sie ist hier definiert als Träger derjenigen inneren Zustandsvariablen, die die Reaktionsstärke auf äußere Reize bestimmt; sie ist selbst von anderen Variablen abhängig (siehe Abb. 7). Koinzidenzelement = Funktionsglied mit 2 Eingängen und einem Ausgang, das nur beim *gleichzeitigen* Eintreffen von Signalen aus beiden Eingangskanälen selbst Signale aussendet; die Stärke des Signalausstroms ist von der Stärke *beider* Eingangs-Signalströme abhängig.

ausgleichen und umgekehrt. Hat beispielsweise ein Hund lange Zeit nichts gefressen und ist darum besonders hungrig (hohe Bereitschaft), so frißt er auch Nahrung, die für ihn einen sehr geringen Reizwert hat, z. B. Brot. Ist er dagegen gesättigt (geringere Bereitschaft), so läßt er das Brot liegen; aber einen Leckerbissen mit hohem Reizwert, z. B. eine Scheibe Wurst, wird er auch nach reichlicher Sättigung, also trotz geringer Bereitschaft, noch verzehren.

Ersatzbefriedigung. Je stärker eine Bereitschaft, desto geringerwertige Reize können die zugehörige Reaktion auslösen; dies folgt, wie eben gezeigt, aus dem Prinzip der doppelten Quantifizierung. Im Zustand erhöhter Bereitschaft ist daher ein Tier hinsichtlich seiner Antriebsziele *weniger wählerisch.* Damit können schließlich auch solche Reize zur Wirkung kommen, die gar nicht mehr das Erreichen des Funktionsziels gewährleisten: Mit erhöhter Antriebsstärke neigen die Lebewesen dazu, mit *Ersatzreizen* (Ersatzobjekten) und Ersatzbefriedigungen vorliebzunehmen. Diese Auswirkung des Prinzips der doppelten Quantifizierung wird in den Abschnitten IV A 12 und V A 2 (S. 270 und 404) ausführlich zur Sprache kommen.

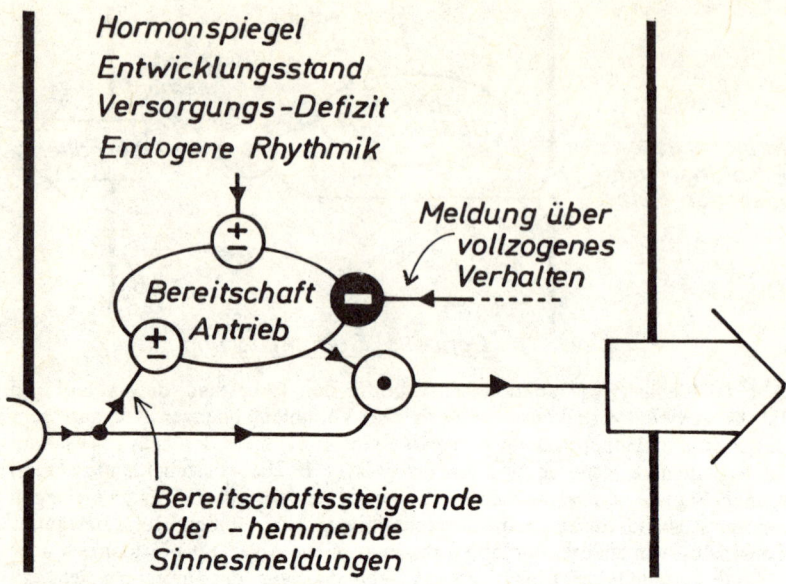

Abb. 7 Funktionsschaltbild für das Zusammenwirken von auslösenden Reizen und Bereitschaft wie Abb. 6, aber ergänzt durch die Einflüsse, die den Aktivierungsgrad der inneren Bedingungen (Bereitschaft, Antrieb) verändern können. Pluszeichen bedeuten: Der Antrieb bzw. die Bereitschaft werden durch den Signaleinstrom *gesteigert*; Minuszeichen: Sie werden *geschwächt*. Die übereinandergezeichneten Plus- und Minuszeichen bedeuten: Bei verschiedenen Funktionen kommt sowohl das eine wie das andere vor. Woher die »Meldung über vollzogenes Verhalten« kommen kann, wird auf Abb. 11 (S. 257) gezeigt.

Innere Bedingungen dafür, ob und wie stark ein Lebewesen auf bestimmte auslösende Reize reagiert, können von sehr verschiedenen Körperzuständen abhängen (Abb. 7):

– vom Versorgungszustand mit Wasser, Nahrung und Luft zum Atmen (Beispiele: trinkendes Tier, Atemdrang);

– vom Hormonspiegel, insbesondere im Fall von Sexualhormonen (Beispiel: Brunftzeit);

– vom Stand der Entwicklung (der Saugreflex ist nur beim Säugling vorhanden und verschwindet später);

– vom vorangegangenen Verhalten (beispielsweise sinkt bei vielen Tieren nach einer Paarung die Bereitschaft zu einer erneuten Paarung zunächst auf Null ab, um danach nur langsam wieder anzusteigen; siehe Abschnitt A 8, S. 255 ff.);

– von vorausgegangenen Sinnesreizen (Schreckreize lösen nicht nur sofortige Flucht aus, sondern steigern manchmal *für längere Zeit* die Fluchtbereitschaft);

– Reaktionsbereitschaften können in manchen Fällen *spontan*, d. h. ohne Einfluß von Reizen oder sonstigen äußeren Bedingungen zunehmen, z. B. die gegen Morgen wachsende Bereitschaft eines schlafenden Tieres oder Menschen, auf Weckreize zu reagieren.

Hormon- und entwicklungsbedingte Bereitschaftsänderungen. In Newark im Staate New York befaßte sich ein ganzes Institut unter der Leitung von D. LEHRMAN mit Verhaltensstudien an der *Lachtaube* (diese ähnelt zum Verwechseln der *Türkentaube*, die in den letzten Jahrzehnten aus Südosteuropa nach Deutschland eingewandert ist). Die Lachtaube zeigt ihr gesamtes Fortpflanzungsverhalten mit fast uhrwerkartiger Präzision unter einfachsten Laboratoriumsbedingungen[1]:

– Setzt man ein Weibchen und ein Männchen der Lachtaube in einem kleinen Käfig zusammen, so reagiert das Männchen sofort auf seine Partnerin: Es beginnt zu balzen: durch Verbeugungen, Rufe, Aufblasen des Kropfes usw.

– Die Wahrnehmungen, die beide Partner hierbei machen, lösen die Ausschüttung von Sexualhormonen (*Oestrogenen* beim Weibchen, *Testosteron* beim Männchen) in die Blutbahn aus. (Dies geschieht auch, wenn die Tiere in nahe benachbarten Käfigen sind, also einander nur hören und sehen, aber nicht berühren können.)

– Die genannten Sexualhormone bringen die *Nestbaubereitschaft* hervor: Das Männchen reagiert jetzt (was es vorher noch nicht tat) auf Nistmaterial, nimmt es in den Schnabel und bringt es zum Weibchen; dieses verfertigt daraus ein Nest, und es verteidigt dessen Platz (vorher ist es leicht zu verscheuchen).

– Die Oestrogene lösen ferner beim Weibchen die Ovulation (Austritt von Eizellen aus dem Eierstock) aus. Oestrogene bzw. Testosteron erwecken bei beiden Tieren die *Bereitschaft* zur Paarung. Es kommt zur Paarung, zur Befruchtung der Eizellen, zur Entwicklung der Eier und schließlich zum Eierlegen in das inzwischen fertige Nest.

– Die Wahrnehmung des entstehenden Nestes führt beim Weibchen und vermutlich auch beim Männchen (!) zur Ausschüttung von *Progesteron* ins Blut (wenn Nistmaterial fehlt, unterbleibt das). Das Progesteron ruft die *Bereitschaft* hervor, auf Eiern (eigenen oder fremden) *zu brüten.* Ohne dieses Hormon im Blut brüten die Tiere nicht. Künstlich injiziertes Progesteron veranlaßt sie zum Brüten auch auf Eiern, die sie nicht selbst gelegt haben.

– Das *Brüten* hat zur Folge, daß ein drittes Sexualhormon, *Prolak-tin*, ins Blut ausgeschüttet wird. Dieses bringt den Kropf der Tauben zur Entwicklung und läßt die *Fütterungsbereitschaft* entstehen: Von jetzt ab lösen der Anblick und die Rufe von hungrigen frischgeschlüpften Jungen angeborenermaßen die Reaktion des Futtergebens aus. Zu dieser Zeit schlüpfen auch die eigenen Jungen. Sie treffen somit auf fütterungsbereite Elternvögel.

– 10 bis 15 Tage später beginnt sich der Kropf zurückzubilden, desgleichen *schwindet die Bereitschaft* zu füttern. Nach 20 bis 25 Tagen füttern die Eltern nicht mehr, auch wenn man ihnen bettelnde Junge vorsetzt. Sie beginnen statt dessen zu balzen, und es setzt, falls Männchen und Weibchen weiter zusammenbleiben, ein neuer Fortpflanzungszyklus ein.

Wie das Studium all dieser ineinandergreifenden Prozesse lehrt, bilden Verhaltensweisen (z. B. Balzen, Nestbau, Brüten, Füttern) und Entwicklungsvorgänge (z. B. Eireifung und Kropfbildung) ein zusammenhängendes System, und zwar nicht nur beim einzelnen Individuum, sondern auch beim Zusammenwirken zwischen Männchen und Weibchen sowie zwischen den Alttieren und den Jungen. Entscheidende Bindeglieder sind dabei jeweils die neu in die Blutbahn tretenden *Hormone*, die neue *Reaktionsbereitschaften* hervorrufen. Sie veranlassen die Tiere, auf Wahrnehmungen zu reagieren, die sie sonst, wie das Experiment offenbart, unbeachtet lassen.

Durch Gehirnreizung veränderte Verhaltensbereitschaft. Auch elektrische Reizung von bestimmten Stellen innerhalb des Gehirns kann Verhaltensbereitschaften hervorrufen. Durch Untersuchungen des Nobelpreisträgers W. R. Hess ist die Katze in dieser Hinsicht besonders gut bekannt[1]. Er konnte durch elektrische Reizung beispielsweise die Reaktionsbereitschaft »*Heißhunger*« hervorrufen. Nach Einschalten des Stromes reagierte das Versuchstier auf fast sämtliche Gegenstände mit dem Versuch, sie zu verzehren, auch wenn sie dazu gänzlich ungeeignet waren. – Diese Art des Heißhungers kommt beim Menschen als Symptom von zentralnervösen Störungen vor.

Bereitschaft für mehrere Verhaltensweisen zugleich. Die Bereitschaft der *Glucke*, Junge zu führen, ist nicht immer vorhanden, sondern nur in der Zeit nach dem Brüten; zu anderen Zeiten werden Küken weggejagt. Für die Änderung der Reaktionsbereitschaft auf Küken ist ein Hormon verantwortlich, das Prolaktin, das zu dieser Zeit im Blut erscheint. Man hat nun im Experiment einem Haus*hahn*

Prolaktin injiziert, das sonst bei ihm nicht vorkommt; daraufhin begann der Hahn, Gluckenverhalten zu zeigen, was er anderenfalls sein Leben lang niemals getan hätte. Dieses Verhalten besteht aus einer ganzen Reihe von einzelnen Reaktionen, und sie alle wurden beim Hahn von dem *einen* Hormon aktiviert: Wie die Glucke blieb er bei der Nahrungssuche in der Nähe der Schar der Kleinen; er nahm sie unter sein Gefieder und huderte sie; er warnte sie, wenn er eine Gefahr bemerkte; und er verteidigte sie, wenn sie angegriffen wurden.

Bei vielen Tierarten bringen *männliche* Sexualhormone zugleich *zwei* Bereitschaften hervor, *weibliche* Artgenossen zu umwerben, *männliche* aber zu bekämpfen. Hat beispielsweise ein *Stichlings*männchen ein Nest gebaut, so ist es in einem ganz bestimmten, durch seine Sexualhormone gesteuerten Bereitschaftszustand: Allen Artgenossen, die sich seinem Nest nähern, schwimmt es entgegen. Erweist sich ein Artgenosse durch sein Aussehen und sein Verhalten als Weibchen, so vollführt das Männchen seinen Balztanz und lockt die Partnerin zum Nest; erweist er sich als Männchen, so greift er ihn an und versucht, ihn zu verjagen. Die sexuelle Bereitschaft wirkt also als innere Bedingung für zwei so verschiedene Verhaltensweisen wie die Balz vor einem Weibchen und das Kämpfen gegen ein Männchen.

Bereitschaft und Antrieb: zwei Ausdrucksformen der inneren Bedingungen. Spontanes Verhalten wird – seiner Definition gemäß – allein von *inneren* Bedingungen ausgelöst. Ein Beispiel dafür ist das Erwachen aus dem Schlaf, ein anderes der Beginn der Nahrungssuche, wenn ein Tier hungrig geworden ist. In vielen Fällen wirkt sich nun eine und dieselbe innere Verhaltensbedingung je nach der äußeren Situation *entweder* als Antrieb zu spontanem Verhalten *oder* als Bereitschaft zu Reaktionen aus: Eine und dieselbe *innere* Ursache ist beispielsweise dafür verantwortlich, daß ein Raubtier aus Hunger auf Nahrungssuche geht oder – ebenfalls aus Hunger – nach dem Fang des Beutetiers mit dem Beißen und Verschlingen beginnt. So unterschiedlich die beiden Begriffe Antrieb und Reaktionsbereitschaft auch sind – sie können also, biologisch gesehen, zwei situationsgemäß unterschiedliche Äußerungen desselben inneren Zustands sein. Auf Abb. 9 (S. 253) ist dies auch im Funktionsschaltbild dargestellt.

A 4. *Auslösende Reize, angeborener auslösender Mechanismus*

Viele angeborene Verhaltensweisen werden durch ganz einfache, ja elementare Reize ausgelöst: Bei manchen Tieren – z. B. dem *Seidenspinner* – sondern die Weibchen einen bestimmten *chemischen Stoff* ab, der für die Männchen als Lockduft und als Orientierungsmerkmal für das Auffinden des Weibchens dient. Die Männchen vieler *Mükkenarten* richten sich allein nach einem *Ton*, dem Flugton der Weibchen. Der *Truthahn* reagiert bei seinen Attacken vorwiegend auf eine *Farbe*: rot.

In anderen Fällen sind die auslösenden Reize weniger einfach: Wie der Ornithologe O. HEINROTH berichtete, zog er einen *Wanderfalken* mit mehreren Vögeln anderer Art gemeinsam auf, ohne daß der Raubvogel jemals einen von diesen angriff. In freier Natur jagen Wanderfalken ausschließlich fliegende Beute. Als nun ein Vogel plötzlich erstmalig aufflog, stürzte sich der Falke sofort auf ihn. Die *schnelle Bewegung* hatte sein Jagdverhalten ausgelöst[1]. – Wenn *nestjunge Singvögel* merken, daß ein Elterntier geflogen kommt, so betteln sie mit aufgesperrtem Rachen ihm entgegen. Sie erkennen seine Gestalt aber nur schemenhaft: Das kann man daran feststellen, daß die Jungen auch eine kleine Pappscheibe anbetteln, die man in ihr Gesichtsfeld hält[2].

Attrappenversuch. Einen Gegenstand, der eine Instinkthandlung auslöst, ohne der biologisch normale auslösende Reiz zu sein – also beispielsweise die eben genannte kleine Scheibe, mit der man das Sperren nestjunger Vögel auslöst –, nennt man eine *Attrappe*. Durch *Attrappenversuche*, bei denen man im Verhaltensversuch immer wieder abgeänderte Attrappen anbietet, bekommt man heraus, welche Reize in der Gesamtwahrnehmung die *eigentlich auslösenden* Reize (= die *Schlüsselreize*) sind.

Angeborener auslösender Mechanismus. In den zuletzt genannten Beispielen reagierten die Tiere zwar nicht auf alle Merkmale, die der Mensch erkennen kann; aber es waren auch keine elementaren Einzelreize, sondern bestimmte *Kombinationen* von Einzelreizen (wahrgenommene Bewegung, dunkle Fläche vor hellem Hintergrund). Wenn Tiere auf bestimmte Reizkonstellationen reagieren, auf andere aber nicht, dann muß das Nervensystem die Meldungen der Sinneszellen entsprechend analysieren und dann ausschließlich das betreffende Reizmuster zur Wirkung kommen lassen. Ein solches analysierendes Teilsystem des Zentralnervensystems, das die auslösende Reizkombination von den übrigen unterscheidet, bezeichnet man als *angeborenen auslösenden Mechanismus* (AAM). Eine andere Ausdrucksweise lautet: Ein Tier besitzt für die betreffende Reaktion ein *angeborenes Schema*. – Abb. 8 stellt diesen Zusammenhang auf einfachste Weise in einem Funktionsschaltbild dar.

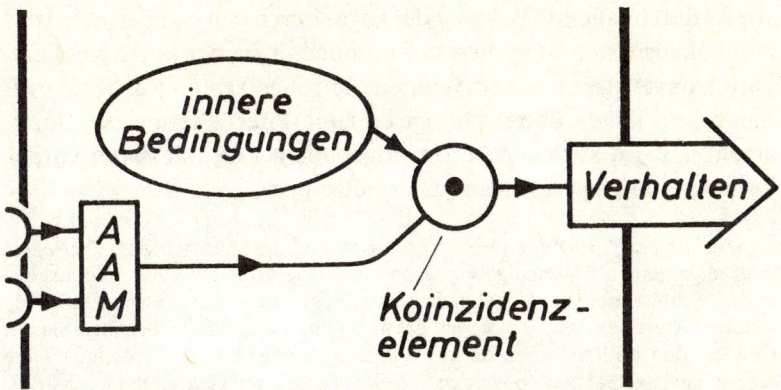

Abb. 8 Idealisiertes, vereinfachtes Funktionsschaltbild für eine Reaktion, die nicht durch elementare Einzelreize, sondern durch eine bestimmte *Reizkombination* ausgelöst wird. Die mit AAM bezeichnete Instanz hat die Aufgabe, die von vielen Sinneszellen (hier sind stellvertretend nur zwei davon eingezeichnet) eintreffenden Meldungen daraufhin zu analysieren, ob die reaktionsauslösende Reizkombination vorliegt. Nur wenn das der Fall ist, wird ein Signal erzeugt und ans Koinzidenzglied weitergegeben. Trifft dort zugleich eine Meldung von den »inneren Bedingungen« ein, so wird das »Verhalten« ausgelöst.

Ein in der Natur des *Menschen* verankertes angeborenes Schema ist das *Kindchenschema* (Abschnitt II B 1, S. 49). Wahrnehmungen, die dem Kindchenschema entsprechen, erwecken im Erwachsenen die Neigung, dem betreffenden Kind Gutes zu tun.

Überoptimale Attrappen. In manchen Fällen kann man Attrappen herstellen, die stärker wirken als die natürlichen Reize, wenn man sie mit diesen in Konkurrenz setzt. So kann man bodenbrütenden Vögeln Holzeier neben das Nest legen, die größer oder greller gefärbt sind als die eigenen; dann rollen die Vögel die künstlichen Eier ins Nest, um auf ihnen zu brüten, und beachten ihre eigenen Eier nicht mehr[1]. Man spricht in solchen Fällen von *überoptimalen oder »übernormalen« Attrappen*.

Reaktionen auf »Attrappen« in freier Natur. Gelegentlich hört man den Einwand: Reaktionen von Tieren auf Attrappen seien Kunstprodukte des Laboratoriums und kämen in freier Natur nicht vor. Jeder Tierbeobachter kann von Gegenbeispielen berichten: Die Anflug- und Nachfolgereaktion männlicher Tagfalter[2] kann ausgelöst werden nicht nur von den Weibchen der eigenen Art, sondern für eine oder ein paar Sekunden auch durch andere Schmetterlinge, durch Singvögel, durch fallende Blätter oder sogar durch den eigenen Schatten. Am bekanntesten ist in diesem Zusammenhang der junge Kuckuck: Durch das Aufsperren seines innen blutrot gefärbten Rachens sowie durch sein lautes Betteln bringt er seine Pflegeeltern dazu, ihn zu atzen; ja sogar auch andere Singvögel, die gerade mit Futter vorbeikommen, beteiligen sich an seiner Fütterung.

Spezialhunger. In Zeiten besonderen Kalkbedarfs (z. B. vor dem Eierlegen) oder allgemeinen Kalkmangels sprechen viele Tierarten auf einen überaus einfachen Schlüsselreiz an: Vögel picken und Säugetiere lecken an Substanzen mit *weißem* Aussehen und probieren davon[1]. Auf diese Weise erhöhen sie die Chance, den Kalkbedarf zu decken. Ähnlich steht es mit dem Geschmack des *Salzes*: Etwaige Salzlecken werden in freier Natur von vielen Tieren besucht. Ist ein Organismus gierig auf irgendeinen Geschmack, sei dieser salzig, süß, sauer oder bitter, so besteht der Verdacht, daß ein entsprechender Mangel bzw. Bedarf in seinem Stoffwechsel vorliegt.

A 5. *Appetenzverhalten*

Mußte ein Lebewesen lange Zeit hungern oder dursten, so steigt seine Bereitschaft, auf Nahrung oder Wasser zu reagieren. Was aber geschieht, wenn beides nicht zur Verfügung steht? Dann hat die wachsende Reaktionsbereitschaft eine ganz andere Auswirkung: Das Tier *wird unruhig* und sucht herum. Ein Raubtier etwa durchstreift sein Jagdrevier. Dadurch erhöht es die Wahrscheinlichkeit, einer Beute zu begegnen. Geschieht das, so ändert sich das Verhalten sofort: Die Beute wird angezielt und gejagt. Gelingt die Jagd, so folgt die Nahrungsaufnahme. – Der erste Teil dieser Verhaltensfolge, das Unruhigwerden und Suchen, braucht von keinem Außenreiz ausgelöst zu werden. Ein Tier beginnt bei wachsendem Hunger mit dieser Verhaltensweise, auch ohne daß irgendein Umweltereignis es dazu veranlaßt, also allein aufgrund der inneren Bedingungen.

In einem ganz ähnlichen Verhaltensablauf finden sich die Geschlechter. Beim *Kaisermantel* beispielsweise, einem unserer schönsten Tagschmetterlinge, fliegt das Männchen während der Balzzeit zunächst *ziellos* weite Strecken, ohne sich an ein bestimmtes Revier zu halten. Wird es dabei eines Lebewesens ansichtig, das seinem angeborenen Schema entspricht, so fliegt es sofort dorthin. Die Kaisermantel-Weibchen sind durch einen bestimmten Duft kenntlich; nimmt das zunächst auf den *Anblick* hin näher herangekommene Männchen diesen Duft wahr, so balzt es vor dem Weibchen und versucht, sich mit ihm zu paaren[2].

Diese Beispiele veranschaulichen eine typische Abfolge von drei Phasen im Rahmen von instinktiven Verhaltensweisen:

– Zunächst führt die Antriebsaktivierung zu *Bewegungsunruhe*, beispielsweise zum ungezielten Umherstreifen im Lebensraum: ungerichtetes Suchen = erste Phase des Appetenzverhaltens.

– Nimmt das Tier dabei den Gegenstand seines Suchens wahr, so versucht es, ihn zu erreichen: gerichtete Annäherung = zweite Phase des Appetenzverhaltens.

– Gelingt dies, so kann die Reaktion, zu der die Bereitschaft besteht, vor sich gehen: (instinktive) Endhandlung.

Die *erste Phase des Appetenzverhaltens* ist bei verschiedenen Tierarten sehr unterschiedlich ausgebildet. Sie besteht in der Regel darin, daß das Tier sich suchend über kürzere oder längere Strecken bewegt. Appetenzverhalten ist daher meist mit erheblichem Bewegungsdrang verbunden. *Lauernde* Räuber dagegen, wie z. B. der Hecht, streifen nicht in der Umgebung herum, sondern beziehen eine Warteposition. Die Kreuzspinne baut ihr Fangnetz und setzt sich in dessen Zentrum. Das Grillenmännchen sitzt still und singt und lockt dadurch paarungsbereite Weibchen zu sich heran. Der männliche Storch erobert ein Nest, bleibt auf ihm stehen, und das Weibchen fliegt hinzu[1]. Das Gemeinsame der ersten, *noch ungezielten* Phase des Appetenzverhaltens besteht somit darin, die Begegnung mit den Gegenständen (Nahrung, Nistmaterial) oder Lebewesen, auf die sich der betreffende Antrieb (= die Bereitschaft) bezieht, *wahrscheinlicher* zu machen.

Die *zweite Phase des Appetenzverhaltens* besteht in der Regel in der *gezielten Annäherung* an den Gegenstand oder das Lebewesen, auf das das Verhalten zugeschnitten ist. Dabei kann der Reiz, auf den das Tier reagiert, sehr einfach sein. Die Kreuzspinne beispielsweise nimmt die Erschütterung des Netzes wahr, ermittelt aus ihr die Richtung und steuert danach auf die gefangene Beute zu. Der oben erwähnte Kaisermantel reagiert zunächst auf die Farbe der Flügel und die Frequenz, mit der die Helligkeit wegen des Flügelschlages variiert[2], dann auf den Lockduft des Weibchens.

A 6. *Endhandlung, Erbkoordination, antriebsbedingter Ruhezustand*

Den *Abschluß* (= die dritte Phase) einer angeborenen Verhaltensweise bildet in vielen Fällen eine instinktive *Endhandlung*. Sie wird in der Regel dadurch eingeleitet, daß das Tier mit seinem Appetenzverhalten Erfolg hat und mit dem Gegenstand oder Partner, den es zu finden und zu erreichen suchte, in Berührung kommt. Beispiele für instinktive Endhandlungen sind das Trinken, das Verzehren der erlangten Nahrung sowie – aus dem Bereich der Fortpflanzung – die Paarung und das Füttern der Jungen. Manche Endhandlungen bestehen aus einer fest programmierten Folge von Einzelbewegungen

(Erbkoordination): Berühmt ist der Kokonbau der Seidenraupe, eine zusammenhängende, rund 24 Stunden dauernde Bewegungsfolge von uhrwerkartiger Präzision, wobei das Tier 3 km Seidenfaden um sich herum verlegt. – Eine instinktive Endhandlung, die man häufig beobachten kann, ist bei Hunden das Scharren mit den Hinterbeinen, nachdem sie Kot abgegeben haben. Es wird auch auf dem Straßenpflaster und auf anderem festen Untergrund durchgeführt, wo es keinerlei Effekt hat; es zeigt damit anschaulich, wie starr eine Erbkoordination festgelegt sein kann.

Wenn es noch eines unmittelbaren Beweises für die Aussage bedurft hätte, daß sich verhaltenssteuernde Instanzen des Nervensystems durch die von den Genen gesteuerte (Embryonal-)Entwicklung bilden können, dann wäre diese durch folgendes Experiment der Zoologen G. ANDRES und R. ROESSLER endgültig belegt worden[1]:

Es gelang ihnen, das Gehirnbildungsgewebe aus Larven (Kaulquappen) einer *Krallenfroschart* in die Larven einer anderen Art zu verpflanzen, wo es – wie bei Amphibien möglich – völlig einheilte. Wenn die Larven der »Spender«-Art älter werden, vollführen sie mit ihren Mund- und Kiemenorganen dauernde rhythmische Bewegungen, etwa 60 pro Minute, um Wasser durch ihre Kiemenreusen hindurch zu bewegen und Schwebestoffe als Nahrung abzufiltern. Die Empfängerart dagegen lebt räuberisch, fixiert kleine Beutetiere mit den Augen und schnappt sie mit einer schnellen Bewegung. Als nun *diese* Kaulquappen mit dem Gehirn der *anderen* Art das entsprechende Alter erreichten, vollführten sie mit den gar nicht hierfür »vorgesehenen« Mundorganen rhythmische Bewegungen von 60 Perioden pro Minute! Mit dem Nervengewebe war die Anlage übertragen worden, eine bestimmte Erbkoordination auszubilden.

Die einfachste und in vielen Fällen verwirklichte Organisation der drei Phasen des Instinktverhaltens ist auf Abb. 9 angedeutet: Gewöhnlich, wie dort angegeben, ist es dieselbe Instanz, von der *alle drei* Phasen des Instinktverhaltens funktionell abhängen. Immer wenn der spontane Drang zur ersten Phase des Appetenzverhaltens zunimmt, steigt auch die Reaktionsbereitschaft auf die auslösenden Reizsituationen für die gerichtete Annäherung ans Antriebsziel und für die Endhandlung.

Doch gibt es auch Beispiele dafür, daß einzelne Anteile des Appetenzverhaltens je ihre eigene zusätzliche Motivation besitzen, also auch nach voller Befriedigung des zugrunde liegenden Hauptbedürfnisses noch auslösbar sind. So kann eine Katze noch so satt sein: Eine in ihre Reichweite geratene Maus wird sie noch jagen und töten (wenn auch nicht mehr fressen) oder sie zumindest aufmerksam belauern[2].

Antriebsbedingte Ruhezustände. Nicht zu jedem Instinktverhalten

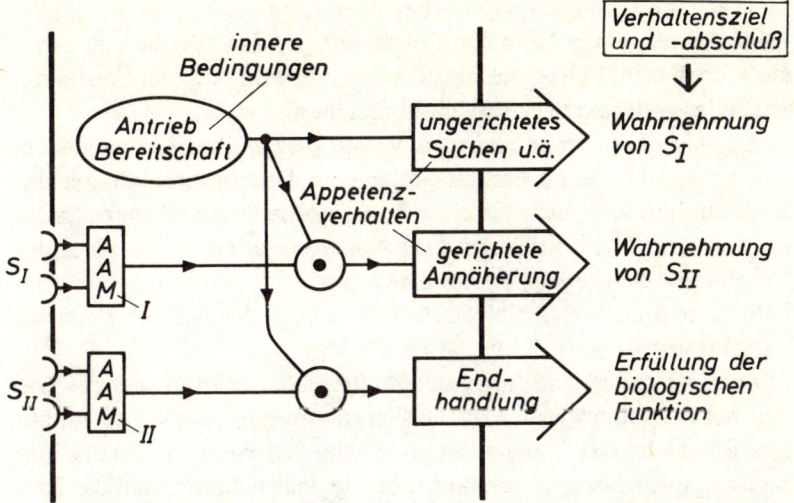

Abb. 9 Idealisiertes, vereinfachtes Funktionsschaltbild für den Zusammenhang zwischen den beiden Phasen des Appetenzverhaltens und der instinktiven Endhandlung. In der Regel sind alle drei Verhaltensweisen von derselben Bereitschaftsinstanz abhängig. Für die meist spontane erste Phase des Appetenzverhaltens spielt sie die Rolle des Antriebs, für die gezielte Annäherung und die Endhandlung die Rolle der Reaktionsbereitschaft. Der Buchstabe S bedeutet: auslösender Reiz (»Stimulus«) für die gerichtete Annäherung bzw. für die instinktive Endhandlung.

gehören alle drei Phasen: Suchen, gerichtete Annäherung und Endhandlung. Beispielsweise besitzt die Instinkthandlung des *Vogelzugs* keine Endhandlung; sie spielt sich allein auf der Ebene des gerichteten Appetenzverhaltens ab: Den Abschluß des instinktiven Ablaufs bildet kein Verhalten, sondern ein Zustand, die Anwesenheit am angestrebten Ort. Auch der *Schlaf* ist ein *antriebsbedingter Ruhezustand*[1]: Ihm geht als Appetenzverhalten die Suche bzw. das Aufsuchen eines Schlafplatzes voraus. Das Zufallen der Augen kann als instinktive Endhandlung gelten, die den Ruhezustand einleitet. Ein weiterer antriebsbedingter Ruhezustand ist das *Brüten* der Vögel.

Flüchten als angeborene Reaktion. Schließlich ist auch das Flüchten eine angeborene Reaktion ohne Endhandlung. Sie zielt auf einen *Zustand*: außer Reichweite des Feindes zu sein oder einen schützenden Ort oder Partner erreicht zu haben. Im ersten Fall tritt an die Stelle des gerichteten *Appetenz*verhaltens (Zuwendung und Annäherung) Abwendung und Sich-Entfernen; die Flucht ist gleichsam ein Appetenzverhalten mit negativem Vorzeichen. Im zweiten Fall besteht die Flucht darin, einen Hort der Geborgenheit, also ein Ziel, zu erreichen; in diesem Fall ist die Flucht ein gerichtetes Appetenzverhalten wie jedes andere: mit positivem Vorzeichen.

Empfang bestimmter Reize als Verhaltensziel. Als Ziel angeborener Verhaltensweisen kommt außer dem Durchführenkönnen der Endhandlung und dem Erreichen antriebsbedingter Ruhezustände noch etwas Drittes in Frage: Das Appetenzverhalten kann auf das *Empfangen bestimmter Sinnesreize* ausgerichtet sein; es endet, sobald diese Sinnesreize eintreffen, womit auch der Antrieb Befriedigung erfährt.

Zwei Beispiele sind folgende: Zahlreiche Tierarten suchen Orte auf, um sich aufzuwärmen – z. B. sich zu sonnen – oder sich abzukühlen. Beispielsweise ändern Tagfalter beim Sich-Sonnen so lange ihre Stellung (= Appetenzverhalten), bis sie wahrnehmen, daß die Sonnenstrahlen senkrecht auf ihre ausgebreiteten Flügel fallen. – Affen können sich einem Gruppengenossen mit dem Ziel nähern (= Appetenzverhalten), von ihm mit Fellpflege bedacht zu werden; das Verhaltensziel ist mit der Wahrnehmung erreicht, daß die Fellpflege stattfindet.

Valenz. »Abwendung und Zuwendung sind die Grundreaktionen, welche den Tieren ermöglichen, das Schädliche zu meiden und das Nützliche aufzusuchen.« Die Eigenschaft von Reizen, ein reagierendes Lebewesen entweder abzustoßen oder anzuziehen, bezeichnet man als ihre *Valenz* (negative oder positive Valenz). Welche Valenz ein Reiz hat, ist vielfach angeboren: Beispielsweise haben starke *Schmerz*reize wohl immer eine *negative* Valenz; Reize dagegen, deren Empfang als *Verhaltensziel* angestrebt wird – siehe die beiden vorangegangenen Absätze –, haben *positive* Valenz.

A 7. *Versorgungszustand und Bereitschaft (Antrieb)*

Essen, Trinken, Atmen – diese Verhaltensweisen dienen bei Menschen und Tieren der Versorgung des Körpers mit lebensnotwendigen Stoffen: Nahrung, Wasser, Sauerstoff. Die *Bereitschaft* zu den drei Verhaltensweisen ist abhängig vom jeweiligen *Versorgungszustand.* Für den Menschen ist dieser Zusammenhang selbstverständlich: Je größer beispielsweise der Wasserverlust an einem heißen Tag ist, desto mehr steigert sich auch der Antrieb, etwas zu trinken und damit den Mangel auszugleichen.

Ein Beispiel aus dem Tierreich, das für viele stellvertretend sein soll: Räuberisch lebende Tierarten greifen im Normalfall Beutetiere einer bestimmten Größe und Stärke an; größere lassen sie unbehelligt oder fliehen vor ihnen. Je hungriger die Räuber aber werden, desto mehr verschiebt sich die Grenze, und desto größere Beutetiere werden angegriffen, Zeichen eines gesteigerten Antriebs.

Können die drei Verhaltensweisen – Essen, Trinken, Atmen – regelrecht vor sich gehen, so hat das zur Folge, daß die etwaigen Mangelzustände aufgehoben werden: Nach einem reichlichen Mahl geht dann manch ein Raubtier (z. B. der Löwe) stunden- bis tagelang nicht mehr auf die Jagd: Der Versorgungszustand ist oberhalb des Solls, folglich ist der Antrieb zur Nahrungsaufnahme gleich null. Es ist also ein echter *Regelkreis* geschlossen, innerhalb dessen die Reaktionsbereitschaft als Funktionsglied wirkt: Der schlechter werdende Versorgungszustand aktiviert eine stärkere Reaktionsbereitschaft, und diese fördert den Ablauf des Verhaltens; das Verhalten seinerseits verbessert dann wieder den Versorgungszustand. Abb. 10 zeigt diesen Zusammenhang schematisch.

A 8. *Rückwirkung der Endhandlung auf die Bereitschaft (den Antrieb)*

Ist eine instinktive Endhandlung vor sich gegangen, so ist danach in der Regel die Bereitschaft (= der Antrieb), dieses Instinktverhalten erneut auszuführen, geringer. Das rührt nicht unbedingt davon her, daß die Endhandlung einen Versorgungsmangel ausgeglichen hat: Vielmehr kann der *Akt der Durchführung des Verhaltens selbst* einen abschwächenden Einfluß auf die Bereitschaft bzw. den Antrieb ausüben. Man hat bildlich von der »antriebsverzehrenden Endhandlung« gesprochen und sich vorgestellt, der Antrieb sei ein Reservoir, das mit seinem Inhalt die Endhandlung speist und seinerseits durch die Endhandlung entleert wird. Doch ist das nur ein Gleichnis; denn im Schaltwerk des Nervensystems geht das Geschehen auf der Basis von *Signalen* vor sich, nicht von Substanzen.

Abnahme sexueller Bereitschaft durch die Paarung. Ein Beispiel für das Abnehmen einer Bereitschaft nach der Durchführung des angeborenen Verhaltens ist die *Paarung*: Nach der Begattung ist der Drang zu erneutem Sexualverhalten für kürzere oder längere Zeit erst einmal abgesunken.

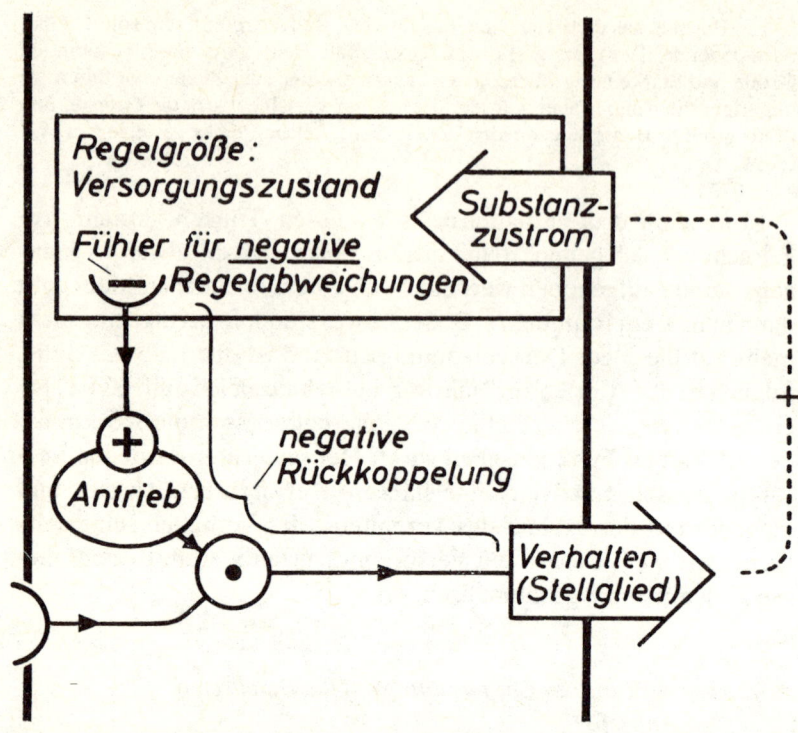

Abb. 10 Vereinfachtes, idealisiertes Funktionsschaltbild für den Zusammenhang zwischen Versorgungszustand, Verhaltensbereitschaft, Schlüsselreiz und
Verhalten. Das Rechteck stellt die »Regelgröße«, den Versorgungszustand mit
Nährstoffen, Wasser oder Sauerstoff im Organismus dar. Das Zeichen »Fühler«
symbolisiert dasjenige Organ im Sinnes- bzw. Nervensystem, das für den jeweiligen Versorgungszustand empfindlich ist und einen etwaigen Mangel an das Zentralnervensystem meldet (regeltheoretisch: der Fühler). Daß die Meldung über
den *Fehlbetrag* des Versorgungsgutes eine *Verstärkung* der Bereitschaft zur Folge
hat, ist durch das Minuszeichen im Symbol für den Fühler angedeutet. Dadurch
ist ein Regelkreis gebildet (negative Rückkoppelung). Das Verhalten (Nahrungsaufnahme, Trinken, Atmen), das zum Ausgleich des Mangels führt, entspricht
regeltheoretisch der *Stellglied*funktion des Regelkreises. – Dieses Schaltbild ist zu
ergänzen im Sinne von Abb. 12 (S. 258).

Das könnte man an beinahe jedem beliebigen Lebewesen demonstrieren. Ich
wähle die Untersuchungen des Zoologen O. Drees[1] über *Springspinnen*; diese
Tiere spinnen keine Netze, sondern laufen herum und jagen ihre Beute im
Sprung, daher der Name. Die Springspinnen-Männchen führen bei der Balz
einen regelrechten »Liebestanz« vor ihren Weibchen aus. Diesen Tanz kann
man auch künstlich hervorrufen, indem man dem Männchen ein auf weißem
Grund aufgemaltes Weibchen, also eine Weibchen-»Attrappe« zeigt. Nach

einer Weile bricht das Männchen aber die Balz vor solch einer Attrappe, die ja nicht auf seine Bemühungen reagiert, wieder ab und geht seiner Wege. O. Drees stoppte nun die Zeitdauer des Balztanzes und fand: Hat sich das Männchen lange Zeit mit keinem Weibchen paaren können, so balzt es vor einer bestimmten Attrappe etwa 3 Minuten lang. War es aber zuvor zu einer Paarung, also zur *instinktiven Endhandlung*, gekommen, so balzte das Tier zunächst vor der Attrappe überhaupt nicht; nach einer Pause von 3 Tagen tat es das rund 15 sec lang, nach einer Pause von 5 Tagen rund 60 sec lang, nach 8 Tagen rund 80 sec, nach 10 Tagen rund 155 sec lang; und erst nach einer Pause von etwa 15 Tagen war die volle Balzdauer wieder erreicht. – Falls man nun die Balzdauer als Maß für die Antriebsstärke auffassen darf – daran ist wohl kaum zu zweifeln –, dann heißt das: Die Bereitschaft zur Balz sinkt nach einer Paarung auf den Wert Null und steigt dann von selbst (spontan) allmählich wieder an.

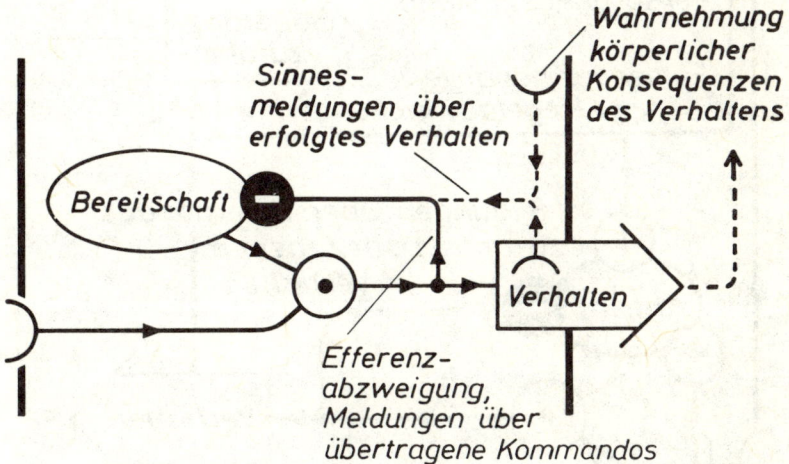

Abb. 11 Drei Möglichkeiten für die Verminderung einer Bereitschaft durch Rückmeldung über die Endhandlung. Die Rückmeldung könnte von der Kommandobahn abzweigen oder (gestrichelte Linien) von Sinnesmeldungen, die entweder den *Ablauf* oder das *Ergebnis* der Endhandlung registrieren. Vermutlich kommen alle drei Möglichkeiten vor. Eindeutig nachgewiesen ist – an Tieren – bisher nur die Möglichkeit *drei*.

Abb. 11 soll die Rückwirkung der Endhandlung auf die Bereitschaft in einem Funktionsschaltbild darstellen: Eine *Rückmeldung* von der *Endhandlung* an die Antriebsinstanz vermindert die Antriebsstärke. Mit anderen Worten: Der Betrag der Rückmeldung wird vom Betrag der Antriebsstärke *subtrahiert*. Abb. 11 zeigt drei Möglichkeiten, wie solch eine Rückmeldung denkbar ist.

Zweifache Rückwirkung auf die Bereitschaft bei der Nahrungsaufnahme und beim Trinken. Haben die instinktiven (End-)Handlungen den Versorgungszustand auf den Sollwert gebracht, so führt dies zur Antriebsverringerung. Gibt es hier noch zusätzlich eine Antriebsverminderung durch die Endhandlung als solche? Diese Frage ist für die Verhaltensdynamik im Bereich »Ernährung« von großer Bedeutung. Wie der berühmte russische Forscher I. PAWLOW gezeigt hat, ist die Frage für *Säugetiere* eindeutig *zu bejahen.*

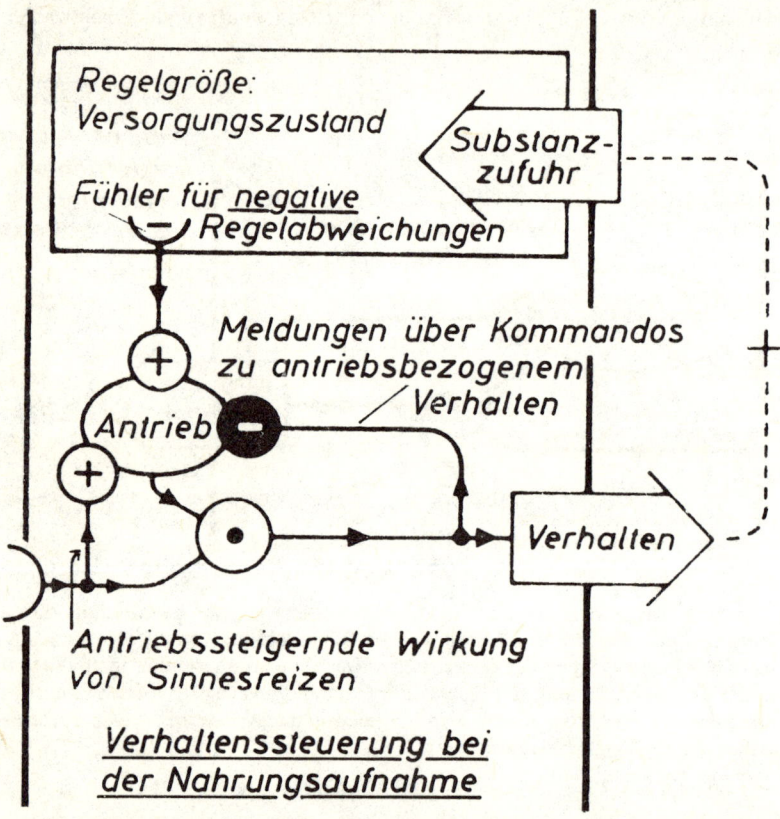

Abb. 12   Vereinfachtes, idealisiertes Funktionsschaltbild für die Verhaltenssteuerung bei der Nahrungsaufnahme z. B. eines Hundes. Zusätzlich zur Abb. 10 enthält es die Rückmeldung von der Endhandlung. Die Forschung hat noch nicht geklärt, ob die aus Abb. 11 gewählte *Art* der Rückmeldung die richtige ist oder ob diese durch Sinnesmeldungen entsteht. Ferner ist die antriebssteigernde Wirkung von Sinnesreizen eingezeichnet (siehe Abb. 17, S. 268).

Bei Versuchstieren (Hunden) wurde die Speiseröhre am Hals chirurgisch mit einer Öffnung nach außen versehen, so daß alles, was der Hund aufnahm, dort wieder herauskam und nicht in den Magen gelangte. Fraß oder trank der Hund, so hatte dies somit keinerlei Einfluß auf den Versorgungszustand seines Körpers mit Nährstoffen und Wasser. Trotzdem fraßen und tranken die so operierten Hunde nicht unaufhörlich, sondern sie hörten jeweils zu dem Zeitpunkt mit der Mahlzeit auf, zu welchem das *derzeitige* Defizit an Nährstoffen und Wasser ausgeglichen gewesen wäre, falls das Aufgenommene den Magen hätte erreichen können. Daraus folgt, daß die Nahrungsaufnahme schon als Vorgang (als Verhalten) und nicht erst durch die zugeführte Nahrung auf den Antrieb einwirkt und ihn vermindert.

PAWLOWS Hunde wurden natürlich nach ihrer Scheinmahlzeit viel schneller wieder hungrig und durstig als nach einer normalen Fütterung. (Nahrung zur Versorgung wurde mit einem Schlauch durch die künstliche Öffnung in die Speiseröhre eingeführt.)

In Abb. 12 sind beide Wege der Antriebsverminderung – durch den *Effekt*, die Normalisierung des Versorgungszustands, und durch *Verhaltens-Rückmeldung* – eingetragen. Abb. 12 kombiniert somit Abb. 10 mit einem Anteil von Abb. 11.

Biologische Bedeutung der Verhaltens-Rückmeldung bei der Nahrungsaufnahme. Hat ein Lebewesen seinen Magen gefüllt, so ist damit das Defizit des *Stoffwechsels* noch nicht ausgeglichen. Zuerst muß die Nahrung verdaut und resorbiert sein. Das dauert eine halbe Stunde oder noch länger. Die Meldung über den Ausgleich des Fehlbetrags im Stoffwechsel käme also viel zu spät, um die *Mahlzeit* (= den Vorgang der Nahrungsaufnahme) rechtzeitig zu beenden. Hier springt der zusätzliche »kurzgeschlossene« Signalweg ein und meldet den Vollzug der Nahrungsaufnahme, wodurch die Bereitschaft rechtzeitig absinkt. Diese Wirkung überbrückt den Zeitraum bis zum Abschluß der Verdauung und Resorption der Nahrung. Im Regelfall wird die »Vorwegmeldung« später durch den Ausgleich des Stoffwechselbedarfs »bestätigt«.

Biorhythmen beim Säugling. Wie in Abschnitt II A 1 (S. 33) beschrieben, steuert der *Nahrungsbedarf* des Säuglings die *Trinkmengen* während der Mahlzeiten; wann der Säugling jedoch *aufwacht* und Nahrung verlangt, wird durch einen *inneren Zeitgeber* bestimmt. Dessen (»ultradianer«) Rhythmus von annähernd 4 Stun-

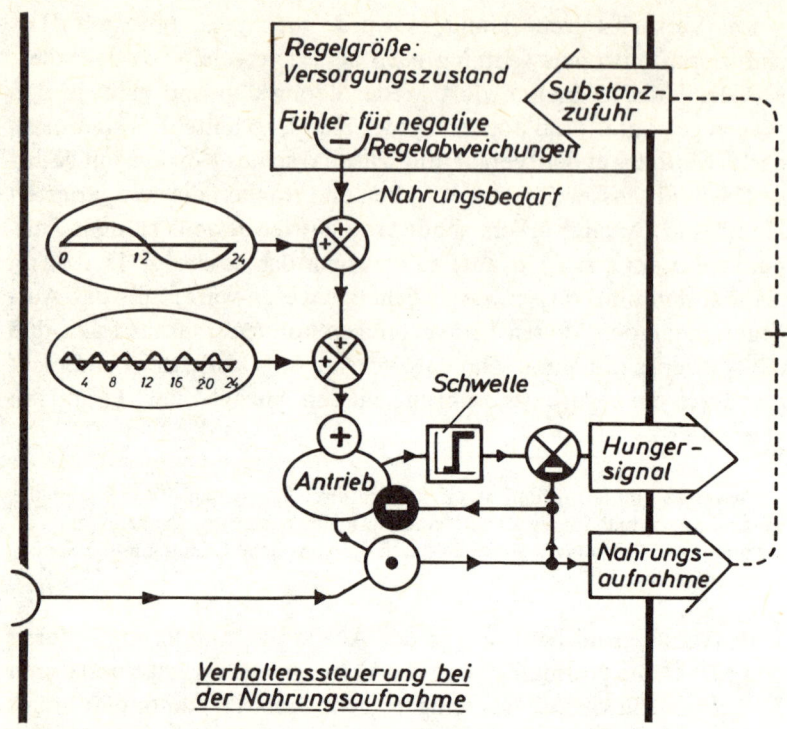

**Verhaltenssteuerung bei
der Nahrungsaufnahme**

Abb. 13   Vereinfachtes, idealisiertes Funktionsschaltbild für die Steuerung des
periodischen Nahrungsverlangens des Säuglings und das Eintreten einer Nachtpause von 8 oder 12 Stunden. Die beiden Ellipsen mit den eingezeichneten
Schwingungen im 24-Stunden-Rhythmus (oben) und im 4-Stunden-Rhythmus
(unten) geben Signale nach rechts ab, deren Betrag dem jeweils gerade bestehenden Amplitudenwert der Schwingung entspricht. – Zusätzlich ist berücksichtigt, daß der Säugling nach dem Erwachen zunächst ein Hungersignal gibt; dieses
wird aber gehemmt, sobald die Gelegenheit zum Trinken wahrgenommen ist
(Sinnesmeldung links unten) und daraufhin die Nahrungsaufnahme stattfindet.
Nach MORATH (1977), verändert.

den Periodendauer wird etwa vom 2. Lebensmonat an von dem
tagesrhythmisch arbeitenden (»circadianen«) Zeitgeber überlagert,
durch dessen Wirken die Nachtpause entsteht.

Abb. 13 zeigt im Funktionsschaltbild, wie eine verhältnismäßig
einfache Verschaltung der Signale des Nahrungsbedarfs und der beiden Zeitgeber zu der soeben geschilderten Funktionsordnung führt.
Diese ergibt sich, sofern die Zeitgeber ihren *Signalstrom* in der ihnen
eigenen Periodik zu- und abnehmen lassen und sich diese Signale

dem Nahrungsbedarfssignal *summativ überlagern*. Übersteigt die so verursachte Antriebsaktivierung einen bestimmten, in einem Kennlinien-Element repräsentierten Schwellenwert, so erwacht der Säugling und äußert sein Hungersignal. Dies führt zum Darreichen der Brust oder der Flasche und damit zu Sinnesmeldungen (im Funktionsschaltbild links unten), die nach der Verrechnung mit den Meldungen der Antriebsinstanz dreierlei bewirken: den Trinkvorgang, die Verringerung (= Befriedigung) des Antriebs und die Hemmung des Hungersignals. Der Trinkvorgang führt zur Nahrungszufuhr und damit zur Verringerung des Signals über den Nahrungsbedarf.

A 9. *Höchstwertdurchlaß*

Lebewesen führen verschiedenartige Verhaltensweisen aus: Nahrungsaufnahme, Flucht, Balz, Körperpflege, Spielen, Schlafen usw. Dabei verfolgen sie fast niemals *zwei* Antriebsziele zugleich, sondern sie sind fast stets für *eine* Verhaltenstendenz entschieden. Während sie *dieser* Verhaltenstendenz gehorchen, ruhen die anderen. Sind *zwei* Verhaltenstendenzen zugleich sehr stark aktiviert, so gibt es trotzdem in der Regel kein Mischverhalten, sondern das Lebewesen verhält sich *zuerst* im Sinne der einen Verhaltensrichtung und *danach* im Sinne der anderen (Ausnahmen siehe Abschnitt A 12, »Übersprungverhalten«, S. 271).

Dies läßt sich besonders deutlich an Tieren beobachten, die sehr hungrig und zugleich voller Angst sind. Wird beispielsweise in einem großen Aquarium ein einzelner Fisch von seinen Artgenossen bekämpft und ist ihnen weit unterlegen, so hält er sich gewöhnlich versteckt in einer Ecke des Lebensraumes auf. Erscheint nun Futter an der Wasseroberfläche, so schwimmt er immer wieder blitzschnell dorthin, holt sich einen Brocken und flüchtet dann ebenso geschwind wieder zurück in sein Versteck. Für wenige Augenblicke überwiegt also jeweils die hungerbedingte Verhaltenstendenz zum Erlangen des Futters, aber nach dem Erreichen des Ziels gibt sie die Führung sofort wieder vollständig an die (furchtbedingte) Fluchttendenz ab. Beide Verhaltensweisen sind sehr intensiv. Trotzdem gilt die Regel: Während eine der Verhaltenstendenzen am Zuge ist, ist die andere wirkungslos. – In manchen Fällen, etwa bei Zootieren, kann allerdings die Furcht so groß sein, daß sich der Hunger gegen sie niemals durchsetzt und das Tier verhungert; dies kommt besonders bei Schlangen vor.

Das gegenseitige Sich-Ausschließen zugleich aktivierter Verhaltenstendenzen ließ sich besonders eindrucksvoll an *Springspinnen* aufweisen[1]. Deren Vorteil für diese Beobachtung besteht darin, daß für Springspinnen-Männchen die Beutetiere (z. B. Fliegen) an Größe und Form nicht allzu verschieden von ihren Weibchen aussehen. Daher ließen sich im Experiment *Attrappen* herstellen, die gestaltlich in der Mitte zwischen dem Beute- und dem Weibchenschema standen. Diese lösten in der Tat bei ein und demselben Männchen in zufälligem Wechsel entweder den Beutefang-Ansprung oder Balz aus. Für die betreffenden Männchen war damit gezeigt, daß zugleich ihre Ernährungs- wie die Balzbereitschaft aktiviert waren. Trotzdem zeigte sich niemals ein Mischverhalten, sondern die Tiere waren stets eindeutig entweder für den Beutefang oder für die Balz entschieden. Das jeweils *andere* Verhalten blieb währenddessen *vollständig gehemmt*.

Manche Verhaltensweisen sind allerdings nicht in das System der gegenseitigen Hemmung eingeschlossen. So begleitet bei Landtieren das *Atmen* alle sonstigen Verhaltensweisen, ohne sie zu hemmen oder von ihnen gehemmt zu werden; und Pferde und Rinder wehren mit ihrem Schwanz Fliegen ab, ohne dabei ihr Fressen zu unterbrechen.

Höchstwertdurchlaß. Wenn erwiesenermaßen mehrere Verhaltenstendenzen aktiviert sind, aber immer nur eine im Verhalten zum Ausdruck kommt, so setzt das im Rahmen der Verhaltenssteuerung eine besondere »Entweder-Oder-Schaltung« voraus (Abb. 14): In diese treten alle physiologischen Signale ein, die eine »Verhaltenstendenz« repräsentieren; doch läßt sie jeweils nur *den stärksten* dieser Impulsströme hindurch, und zwar *ungeschwächt*, und dieser unterdrückt alle anderen. Solch ein Filtersystem trägt den Namen »Höchstwertdurchlaß« oder »Maximalwertdurchlaß«.

Eine Verknüpfung von Nervenbahnen, die diese ganz spezielle Filterleistung ausführt, kann ganz einfach sein: Abzweigungen mit *hemmender* Signalwirkung müssen von jeder Bahn zu jeder anderen führen, damit jede der Bahnen, wenn gerade sie den stärksten Impulsstrom führt, die Impulsströme aller anderen blockieren kann. Dafür gäbe es theoretisch zwei Möglichkeiten. Die eine davon, die laterale Rückwärtsinhibition (Abb. 14 unten), hat die gewünschte Eigenschaft, sie ist ein Höchstwertdurchlaß.

Die andere mögliche Variante, die laterale *Vorwärts*inhibition, wirkt *nicht* als Höchstwertdurchlaß. Sie entstände aus der Schaltung von Abb. 14 unten, wenn man auf jeder der beiden Bahnen die Subtraktionsinstanz und die Abzweigstelle miteinander vertauschte.

Der »lateralen subtraktiven Rückwärts-Inhibition« wurde einst als erstem neuentdeckten kybernetischen Prinzip die Ehre eines Nobelpreises – an H. K. HARTLINE – zuteil (er hatte sie allerdings in einem ganz anderen Zusammenhang als dem hier besprochenen entdeckt[1]). Ein Rechenbeispiel soll zeigen, warum diese Schaltung als Höchstwertdurchlaß wirkt: Die obere Signalleitung auf Abb. 14 sei A, die untere B genannt. Die Verhaltenstendenz A sei von der Stärke 0,8, die Verhaltenstendenz B von der Stärke 1. Darauf wird an der oberen Subtraktionsstelle der Signalbetrag 1 von 0,8 subtrahiert, d. h. *kein* Signal läuft weiter (Signale mit negativem Vorzeichen sind unmöglich). Folglich wird auch keine Hemmwirkung mehr von der oberen Signalleitung auf die untere ausgeübt. Somit erfolgt allein das Verhalten B, und zwar mit der ungeschwächten Intensität 1.

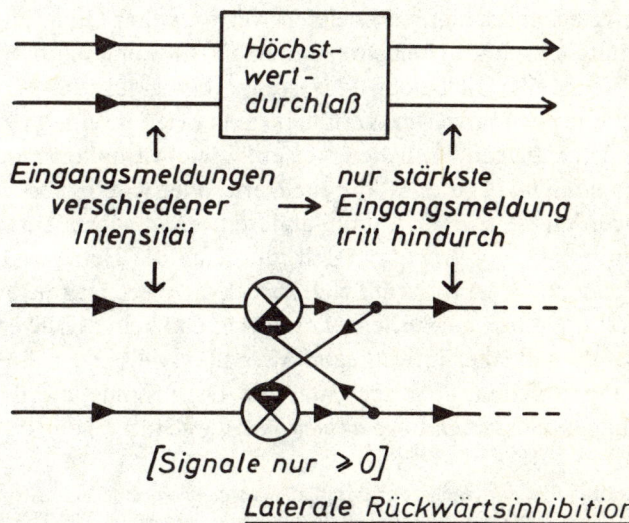

Abb. 14 Höchstwertdurchlaß, Darstellung des Funktionsprinzips und seiner einfachsten Verwirklichung. An den schwarzen Sektoren mit weißem Minuszeichen wird der Betrag des von der Nebenbahn herkommenden Signalstroms von der Eingangsmeldung *subtrahiert*, so daß nach rechts die *Differenz* beider Signalströme weitergemeldet wird. Doch kann diese Meldung nicht kleiner als null werden, weil es auf Nervenfasern keine negativen Signale gibt.

Springt der Meldungsstrom in A und B genau gleichzeitig von null auf 0,8 bzw. 1, so treten beide Meldungen im ersten Augenblick ungeschwächt durch den Höchstwertdurchlaß hindurch. Dann aber stellt sich – wie man leicht nachrechnen kann – über einige Zwischenstadien schnell der Endzustand (Durchlaß nur von B, und zwar ungeschwächt) ein.

Alle Verhaltensweisen des Organismus, die nicht gleichzeitig ablaufen können, müssen auf der Ebene ihrer Verhaltenstendenzen miteinander durch Hemmwirkungen verknüpft sein. Dieses funktionelle Teilsystem der Verhaltensorganisation gewährleistet, daß unter allen Verhaltensmöglichkeiten jeweils die am stärksten aktivierte zum Zuge kommt und dabei alle anderen unterdrückt. Wohlgemerkt: Nicht die *Bereitschaften* oder *Antriebe* werden unterdrückt, sondern die von Bereitschaft *und* Reiz abhängigen *Verhaltenstendenzen*. Darum ist, wenn ein Antrieb befriedigt ist, der nächste sogleich bereit, die Führung des Verhaltens zu übernehmen.

Im Organismus sind die Prinzipien von doppelter Quantifizierung (Abschnitt A 3) und Höchstwertdurchlaß so kombiniert, wie es Abb. 15 darstellt. Die beiden Teilsysteme verwandeln das *Neben*einander mehrerer aktivierter Verhaltenstendenzen in ein *Nach*einander der zugehörigen Verhaltensweisen. Viele Verhaltenstendenzen nehmen *allmählich* zu, z. B. die zur Harn- oder Kotabgabe. Irgendwann werden sie stärker als alle anderen; dann setzen sie sich für eine kurze Weile *vollständig* durch, um nach der Befriedigung des betreffenden Bedürfnisses auf Null zurückzugehen. Das auf Abb. 15 dargestellte System gewährleistet dreierlei: daß kein Mischverhalten vorkommt, daß alle notwendigen Verhaltensweisen zu ihrer Zeit zum Zuge kommen, aber auch, daß der Organismus jeweils das in seiner augenblicklichen Lage *aktuell Wichtigste* tut.

Auf Abb. 15 ist der Höchstwertdurchlaß als *black box* ohne Innenstruktur gezeichnet. *Jede* Verhaltenstendenz soll dort mit *jeder* anderen in der Zweierbeziehung der lateralen Rückwärtsinhibition nach Abb. 14 stehen. Wie eine solche Schaltung im Detail aussieht, ist in Abb. 19 (S. 273) dargestellt.

A 10. *Antriebssenkende und antriebssteigernde Außenreize*

Die Reaktionsbereitschaft bzw. der Antrieb kann – außer vom Versorgungszustand oder vom Ablauf von Endhandlungen – auch von Sinnesreizen abhängig sein. In einigen Fällen *senken*, in den meisten *steigern* diese Sinnesreize die zugehörige Bereitschaft (»aufladende« Reizwirkung).

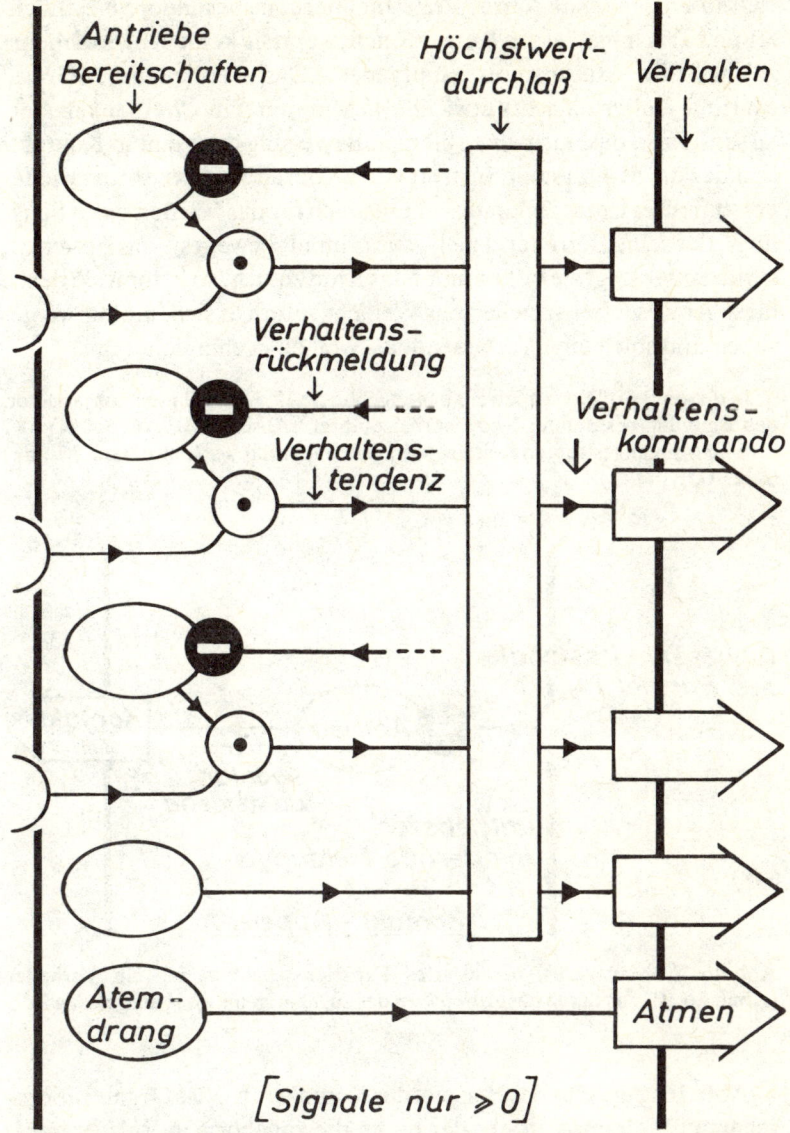

Abb. 15   Vereinfachtes, idealisiertes Funktionsschaltbild für ein Teilsystem der Verhaltenssteuerung, das aus einem *Neben*einander vieler Verhaltenstendenzen ein *Nach*einander der Verhaltensweisen je nach ihrer aktuellen Wichtigkeit macht. Einzelheiten bei Abb. 6, 7 und 14, aus denen Abb. 15 kombiniert ist.

Antriebssenkende Reize. Viele Jungtiere, insbesondere Nestflüchter und Traglinge, lassen Rufe ertönen, wenn sie keine Anwesenheitszeichen des Muttertieres empfangen. Das weltbekannte Gössel Martina[1] äußerte nachts etwa alle 45 Minuten sein »Weinen des Verlassenseins«, das nach einer kleinen Bewegung oder einem Kontaktlaut des die Mutterstelle vertretenden Konrad LORENZ sofort wieder verstummte. Entsprechendes gilt vielfach für das Weinen eines Säuglings, der seine Betreuerin nicht wahrnimmt; bewegt sie das Bettchen, spricht oder singt sie oder nimmt das Kind zu sich, so hemmt sie durch diese Anwesenheitszeichen das Weinen (sofern es sich, biologisch gesehen, um solch ein »Verlassenheits-Weinen« gehandelt hatte).

In diesen Beispielen ist jeweils das angeborene Verhalten darauf ausgerichtet, den Empfang bestimmter Reize herbeizuführen (Abschnitt IV A 6, S. 254); der *Empfang* der angestrebten Reize *befriedigt* den Antrieb, *senkt* also (bzw. hemmt) seine Aktivität.

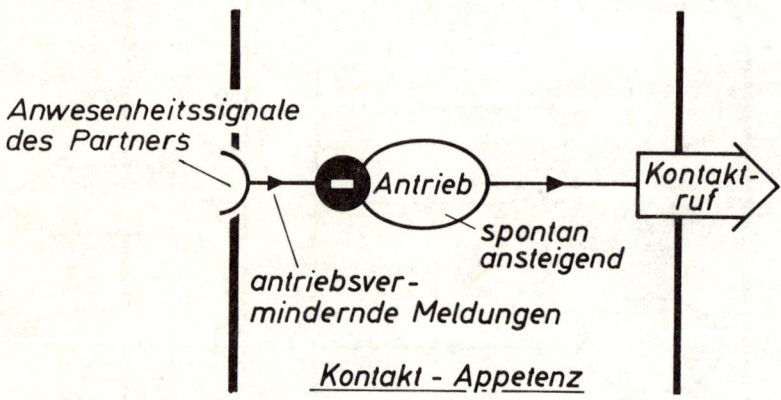

Abb. 16 Vereinfachtes, idealisiertes Funktionsschaltbild für ein Verhalten (Kontaktruf), das durch das *Ausbleiben* des zugehörigen Reizes ausgelöst wird.

Abb. 16 zeigt – für das Beispiel des Kontaktrufs – das Organisationsschema für einen Antrieb, der durch die zugehörigen Reize *gesenkt* wird. Hier ist das spontane Ansteigen des Antriebs bei fehlenden Reizen unerläßlich, weil das eigene Rufen ja gerade beim *Ausbleiben* von Antwortreizen erfolgt.

Antriebssteigernde Reize. Zunächst zwei Beispiele aus dem Bereich der Jungenfürsorge: Ein Hamster-Weibchen hatte außerhalb seines Nestes ein Junges gefunden, das der Experimentator dort hingelegt hatte. Daraufhin trug es das Junge ins Nest, begab sich danach aber gleich wieder an dieselbe Stelle und lief dort suchend hin und her. Offensichtlich hatte der Anblick des Jungen ihre *Eintragebereitschaft* so stark angeregt, daß diese nach dem Eintragen dieses einen Jungen noch nicht abgeklungen war und nochmaliges Suchen in Gang setzte[1].

Affenjunge werden von ihren Müttern aufs sorgfältigste betreut. Dabei trägt das Verhalten der Jungen entscheidend dazu bei, daß die Betreuungsbereitschaft der Muttertiere erhalten bleibt. Gibt man verwaiste Affenkinder zu erwachsenen Weibchen, die selbst gerade kein Junges nähren, so beginnen bei ihnen bald die Milchdrüsen aktiv zu werden und Milch zu bilden (nach Untersuchungen an Rhesusaffen)[2]. Weitere Beispiele bringt Abschnitt IV E 5 (S. 364).

Das Ansteigen von Bereitschaften durch Außenreize ist auch in anderen Verhaltensbereichen zu beobachten: Setzt man eine nicht brütige Henne auf Eier, so wird sie allmählich brütig. Fügt man ein sattes Küken, das im Augenblick kein Futter mehr anrührt, zu einer Schar hungriger Küken, so frißt es mit diesen zusammen wieder. Wenn Singvögel zu einem bestimmten Zeitpunkt nicht von selbst singen, so lassen sie sich doch manchmal zu einer längeren oder kürzeren Folge von Strophen anregen, wenn man ihnen ihren eigenen früheren Gesang vom Tonband vorspielt.

Eine besondere Domäne der außenreizabhängigen Reaktionsbereitschaft ist naturgemäß das *Feindverhalten*: Angriff und Flucht. Viele gesellig lebende Tierarten, z. B. in Kolonien brütende Möwen, haben einen »Alarmruf«: Wenn er ertönt, so steigert dieses Signal (ein Sinnesreiz) bei allen Tieren die Bereitschaft zum Angriff oder zur Flucht, und andere Verhaltensweisen werden unterdrückt. Ist ein Tier in einen Kampf verwickelt, so heißt das nicht nur, daß durch Sinnesreize Reflexe ausgelöst werden. Auch die »Bereitschaft zum Feindverhalten« erhöht sich. Das läßt sich besonders deutlich erkennen, falls die Kämpen durch irgendein Ereignis plötzlich voneinander getrennt werden, z. B. wenn einer von ihnen flieht: In diesem Fall greift dann der frühere Kämpfer häufig irgendein anderes Lebewesen an, das diesen Angriff keineswegs provoziert hatte – Zeichen einer vom vorangegangenen Kampf noch vorhandenen *Kampfbereitschaft*.

Alle diese Beispiele veranschaulichen die Möglichkeit, daß Außenreize die Bereitschaft zu Verhaltensweisen steigern können. Eine entsprechende funktionelle Verbindung ist in Abb. 17 eingezeichnet.

Der systemtheoretisch interessierte Leser sei darauf hingewiesen, daß das abgebildete Teilsystem die Möglichkeit zur *Instabilität* in sich

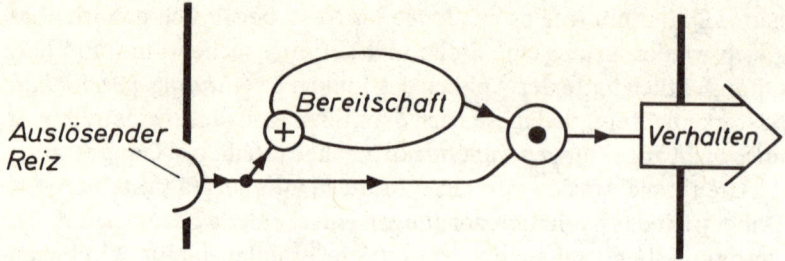

Abb. 17 Vereinfachtes Funktionsschaltbild für eine Bereitschaft, die durch *Außenreize* gesteigert wird.

trägt: Falls nämlich das ausgelöste Verhalten aus äußeren Gründen *nicht* die Außenreize mindert (Beispiel: Flucht unmöglich, ängstigende Reize bleiben also bestehen), so können Bereitschaft, Reaktion und Empfindlichkeit in einen Teufelskreis der gegenseitigen Steigerung geraten. Um beim Beispiel der Angst zu bleiben: Der ängstigende Reiz steigert die Angst; die Angst steigert die Empfindlichkeit; dadurch steigert der ängstigende Reiz die Angst stärker; das steigert wieder die Empfindlichkeit noch mehr usw. Dieses Geschehen (kybernetisch: positive *Rückkoppelung*) könnte (mit)verantwortlich sein für den frühkindlichen Autismus (siehe Abschnitte III C 6, S. 208, und VII A 7, S. 490).

A 11. *Verhalten im »Leerlauf«, Intentionsbewegungen*

Manche Reaktionen, die an sich von bestimmten auslösenden Reizen abhängen, finden unter Umständen auch bei *Abwesenheit* dieser Reize statt. Hierfür drei Beispiele:

– Wenn *Wanderratten* an einem Kadaver im Freien tätig sind, graben sie in der Nähe kleine Deckungslöcher. In diese schlüpfen sie hinein, wenn sie eine Gefahr wahrnehmen. Sie tun das aber zwischendurch auch immer wieder *ohne jeden äußeren Anlaß:* Im »Leerlauf« springen sie in Deckung, sichern einen Augenblick und kehren dann zum Ort ihrer Tätigkeit zurück[1].

– Zur Balz des *Graugans*-Männchens gehört es, vor den Augen seines Weibchens Angriffe auf irgendwelche anderen Wasservögel zu führen, diese zu verjagen und dann mit »Triumphgeschrei« zum Weibchen zurückzukehren. Ist aber ausnahmsweise absolut kein Angriffsobjekt in der Nähe, so vollführt der Ganter unter Umständen alle Angriffshandlungen im Leerlauf: Er greift einen nicht vorhandenen Gegner an, dreht sich um, kehrt zum Weibchen zurück und vollführt sein Triumphgeschrei[1].

– Die »Endhandlung« des Sexualvorgangs beim Mann, die Ejakulation des Samens, kommt nach längerer Enthaltsamkeit auch im Schlafe vor – ohne auslösenden Außenreiz (Pollution).

Fragt man sich bei diesen drei Verhaltensweisen nach den Gründen dafür, daß sie – außer als Antwort auf Reize – auch »im Leerlauf« vorkommen, so kommt man auf unterschiedliche Antworten: Das spontane Fluchtverhalten der Ratten könnte wohl eine eigene biologische Bedeutung haben: Die Strategie ungedeckt in freiem Gelände tätiger Tiere, von Zeit zu Zeit in Deckung zu laufen und von dort aus zu prüfen, ob die Luft rein ist, dürfte *als solche* in die angeborene Verhaltenssteuerung einprogrammiert sein, weil sie zur früheren Erkennung neu aufkommender Gefahren beitragen könnte. In den beiden anderen Beispielen liegt es weniger nahe, der jeweiligen Leerlaufhandlung einen *eigenen* Selektionswert zuzuschreiben.

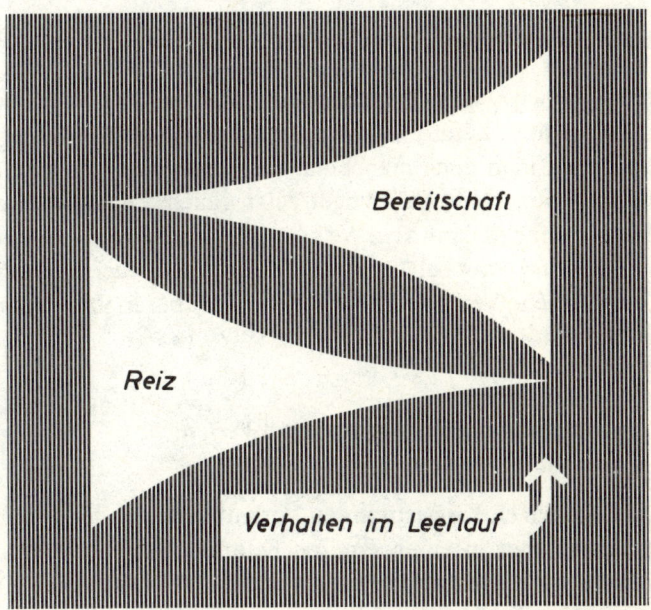

Abb. 18 Graphische Veranschaulichung: Je größer die Bereitschaft wird (von links nach rechts), desto geringere Reize genügen zum Auslösen der Reaktion. Im Extremfall der Leerlaufaktion ist überhaupt kein auslösender Reiz mehr erforderlich.

Funktionsprinzip. Die Bereitschaft steigt so weit an, daß eine Schwelle zur spontanen Aktion überschritten wird. Die Leerlaufaktion erscheint als Grenzfall des Prinzips der doppelten Quantifizierung: Bei immer weiter zunehmender Bereitschaft wird der zur Auslösung nötige Reiz immer kleiner und schließlich so geringfügig, daß er nicht mehr nachzuweisen ist. Abb. 18 veranschaulicht dies. (Um eine bestimmte Reaktionsstärke zu erreichen, muß die Bereitschaft – von links nach rechts fortschreitend – um so größer sein, je kleiner der Reiz ist. Die Kurvenform der Begrenzungslinien deutet an, daß die Reaktionsstärke eine Funktion des kooperativen, also multiplikationsähnlichen, und nicht des summativen Zusammenwirkens von Reiz und Bereitschaft ist.)

Ein Funktionsprinzip, das reaktives und spontanes Verhalten in sich vereinigt, ist auch in anderen Lebensprozessen verwirklicht: So werden z. B. die Herzmuskelzellen der Wirbeltiere und des Menschen durch bioelektrische Signale, die sie von ihren Nachbarzellen erhalten, zu ihren Kontraktionen veranlaßt. Bleiben diese Signale aus, so entsteht die Erregung (mit Kontraktion) *spontan*. Bei bestimmten Herzmuskelzellen ist dies sogar die Regel, nämlich beim Schrittmacher (im Sinusknoten): Diese Zellen haben die höchste spontane Eigenfrequenz, erhalten folglich keine Signale von schneller agierenden Nachbarzellen und führen deshalb den Herzrhythmus an (»Führung durch den schnellsten Prozeß«).

Intentionsbewegungen. Nähert man sich einem Singvogel, der auf einem Zweig sitzt, beunruhigt ihn aber nicht so stark, daß er wegfliegt, so kann man doch manchmal die *Andeutung* von Abflugbewegungen beobachten. Der Vogel zeigt gleichsam seine *Intention* abzufliegen, ohne es dann aber wirklich durchzuführen. – Intentionsbewegungen sind demnach beginnende Verhaltensweisen, die entweder ins eigentliche Verhalten übergehen oder aber in ihren Ansätzen steckenbleiben.

A 12. *Ersatzhandlungen: Umorientiertes Verhalten,*
        Übersprungverhalten

Wenn ein Tier zu einem bestimmten Verhalten neigt oder schon dazu ansetzt, dann aber in einen inneren Konflikt gerät und daraufhin etwas anderes tut, nennt man dieses andere Verhalten eine *Ersatzhandlung*[1]. Es gibt zwei Arten von Ersatzhandlungen: umorientiertes Verhalten und Übersprungverhalten.

Umorientiertes Verhalten. Läuft ein Nashorn auf einen Gegner zu, der sich beim Näherkommen als zu gefährlich erweist, so kann es im

Angriff innehalten und stehenbleiben; oft bearbeitet es dann mit seinem Horn anstelle des Gegners einen Termitenbau oder einen Strauch: Sein Angriff ist »umorientiert«. – Ähnlich verhalten sich kämpfende Blau- und Kohlmeisen. Sie fliegen miteinander hoch, um sich gegenseitig in der Luft anzugreifen, setzen sich zwischendurch aber etwas entfernt voneinander auf Zweige und picken leidenschaftlich auf die Unterlage. – In besonderen Fällen kann ein Verhalten seine Zielrichtung sogar gleichsam um 180° ändern und auf den eigenen Körper zurückwirken. Beispielsweise saugen hungrige Affenbabys an ihren Fingern, verängstigte beißen in den eigenen Arm (Abschnitt V A 3, S. 405).

Umorientiertes Verhalten ist damit gekennzeichnet als Reaktion, die ihre ursprüngliche *Richtung* nicht beibehält, sondern auf ein Ersatzziel *umgelenkt* wird. Es gehört somit zu den Reaktionen auf Ersatzobjekte (Abschnitt IV A 3, S. 243).

Übersprungverhalten. Bei vielen Vögeln lösen sich die Eltern gegenseitig beim Brüten ab, meist zu bestimmten Tageszeiten. Der Antrieb zum Brüten ist hormonell bedingt (er geht mit körperlichen Erscheinungen einher, z. B. dem Federverlust bestimmter Stellen an der Bauchhaut, den »Brutflecken«). Nun kann es vorkommen, daß eine Möwe anfliegt, um den Gemahl beim Brüten abzulösen, daß dieser aber nicht fortgeht. In diesem Fall drängt die anfliegende Möwe den Ehepartner manchmal einfach mit Gewalt vom Gelege. Das angeflogene, jedoch noch nicht zum Brüten zugelassene Tier kann aber auch etwas tun, was aus dem Rahmen fällt: Es vollführt *Nestbau*handlungen, obwohl das zur Zeit der Brut längst nicht mehr notwendig ist; es fliegt beispielsweise fort und holt Nistmaterial[1]. – Dies ist ein Beispiel für *Übersprungverhalten.* Aus allen Umständen – übliche Tageszeit für die Brutablösung, sofort nach Weggang des Ehepartners beginnendes Brüten – ist zu schließen, daß bei dem anfliegenden Tier eigentlich der Antrieb *zum Brüten* aktiviert ist, nicht etwa der zum Nestbau, schon weil die Zeit dafür längst vorbei ist; das Tier würde sich sofort auf die Eier setzen, wenn diese frei wären. Das Tier ist also in einem Konflikt zwischen dem Drang zum Brüten und einer Hemmung, dem noch brütenden Ehepartner zu nahen. Darauf vollführt das Tier eine Handlung aus *einem ganz anderen Verhaltensbereich*: weder Brüten noch Sozialkontakt zum Partner, sondern *Nestbau.*

Bei manchen *Säugetiermännchen* kann der Konflikt zwischen Angriffs- und Fluchttendenz – subjektiv: zwischen Wut und Angst – sexuelle Erregung auslösen. Ein Beispiel: Als wildlebende Schimpansen auf ihrem täglichen Weg zu einer Nahrungsquelle plötzlich einen (vom Experimentator A. KORTLANDT[1] dorthin gebrachten) ausgestopften Leoparden erblickten, gerieten sie in höchste Erregung, hielten sich aber in angemessener Entfernung; sie schrien, sprangen wild umher, rissen Zweige von Sträuchern, und bei mehreren der Männchen zeigte sich sexuelle Erregung.

Wie diese Beispiele zeigen, wird Übersprungverhalten durch den inneren Konflikt zwischen zwei unvereinbaren Verhaltenstendenzen verursacht; die Ersatzhandlung gehört keinem der Antriebe zu, die miteinander in Konflikt stehen, sondern einem dritten. Dies unterscheidet das *Übersprungverhalten* vom *umorientierten Verhalten*, das trotz der Richtungsänderung *demselben* Antrieb zugehört (umorientierte Aggression ist immer noch Aggression).

Enthemmungs-Hypothese. Läßt sich das *Übersprungverhalten, das als Konsequenz eines inneren Konfliktes* zwischen widersprechenden Verhaltenstendenzen erscheint, aus einem der zuvor beschriebenen Funktionszusammenhänge herleiten und verstehen? Dies ist der Fall: Im *Höchstwertdurchlaß* (Abschnitt A9, S. 261) sind die Übertragungskanäle für die Verhaltenstendenzen durch Bahnen miteinander verknüpft, deren Signale, wie Abb. 14 (S. 263) zeigt, am Ankunftsort an der Nachbarfaser *hemmende* Wirkung haben – mit dem Effekt, daß jeweils nur die *stärkste* von allen Verhaltenstendenzen ungeschwächt hindurchtritt und das gesamte Verhalten beherrscht. Sind nun aber einmal die beiden stärkst aktivierten Verhaltenstendenzen *genau gleich stark*, besteht also ein innerer *Konflikt* zwischen ihnen, so ist die auf Abb. 14 wiedergegebene Schaltung überfordert und wirkt nicht mehr als Höchstwertdurchlaß; statt dessen ergibt sich ein (labiles!) Gleichgewicht mit *gegenseitiger Abschwächung* (Abb. 19). Damit verringert sich aber auch eine etwaige Hemmwirkung der Ausgangssignale auf *andere* Verhaltenstendenzen. Es ist nun denkbar, daß dadurch eine zuvor gehemmte Verhaltenstendenz *enthemmt* wird und als Übersprungverhalten zum Durchbruch kommt. Dies ist der Inhalt der *Enthemmungs-Hypothese* des Übersprungverhaltens von VAN IERSEL und BOL[2]. Ihr Grundgedanke (samt Zahlenbeispiel) ist im Funktionsschaltbild Abb. 19 wiedergegeben.

Übersprung-Hypothese[3]. Die bereits aus den Anfängen der vergleichenden Verhaltensforschung stammende *Übersprung-Hypothese*, der das Übersprungverhalten auch seinen Namen verdankt, lautet anders: Nach der damaligen Vorstellung stellt der Antrieb ein Reservoir von Erregungspotential dar, das die Endhandlung speist und dadurch selbst entleert wird. Wird die Handlung verhindert, so ist der Ausstrom blockiert. Die Erregung *springt daraufhin auf eine andere Bahn über* und äußert sich in dem zu dieser Bahn gehörigen Verhalten. – Diese Vorstellung ist in Abb. 20 schematisch dargestellt.

Nach der Enthemmungs-Hypothese wäre eine Übersprunghandlung »autochthon«, d. h. von der ihr zugehörigen Erregung gespeist; nach der Übersprung-Hypothese dagegen ist das Übersprungverhalten »allochthon«, es wird von einer fremden Erregung in Gang gesetzt. – Daß der *Enthemmungs*-Mechanismus des Übersprungverhaltens in manchen Fällen verwirklicht ist, kann wohl als sicher gelten; ob in anderen Beispielen der Übersprung-Mechanismus verwirklicht ist, läßt sich zur Zeit noch nicht beurteilen.

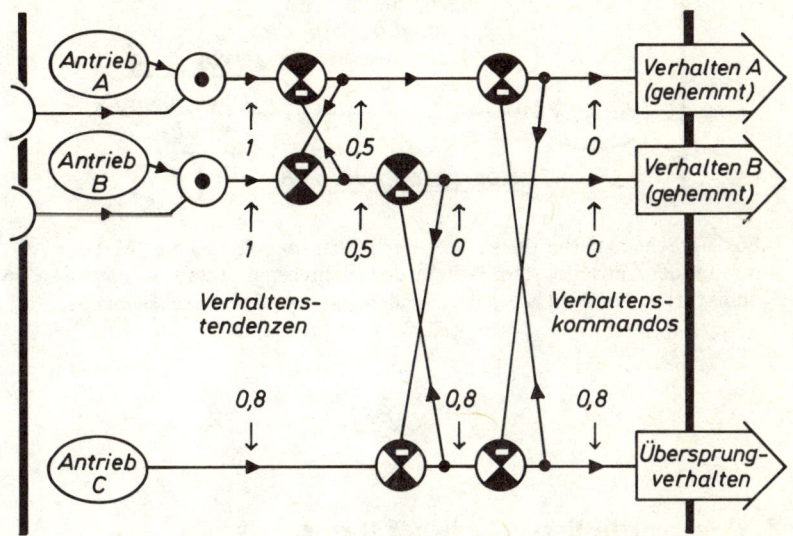

Enthemmungs-Hypothese

Abb. 19   Drei Verhaltenstendenzen A, B, C sind durch drei in Serie aufeinanderfolgende Höchstwertdurchlaß-Schaltungen (siehe Abb. 14, S. 263) wechselweise miteinander verknüpft. Das Gesamtsystem läßt jeweils den stärksten der drei Signalflüsse ungehemmt passieren und blockiert zugleich die beiden anderen vollständig.

Sind jedoch die Verhaltenstendenzen A und B am stärksten aktiviert *und genau gleich stark*, so hemmen sie einander teilweise: Hat sich in dem sie verbindenden Höchstwertdurchlaß das Gleichgewicht eingestellt, so verlassen ihn, wie man leicht nachrechnen kann, auf beiden Bahnen Signalflüsse von gerade dem *halben* Eingangswert.

Ist in diesem Fall die Verhaltenstendenz C *mehr* als halb so stark aktiviert als Verhaltenstendenz A bzw. B, so setzt sie sich gegen jeden der beiden nunmehr schwächeren Signalflüsse A und B einzeln durch, und es erfolgt Verhalten C als »Übersprungverhalten«. Ein Zahlenbeispiel (1; 1; 0,8) ist auf der Abbildung eingetragen. (Bei anderen Werteverteilungen, z. B. A = 0,8, B = 1, C = 1, ergibt sich *kein* Übersprung-Effekt.)

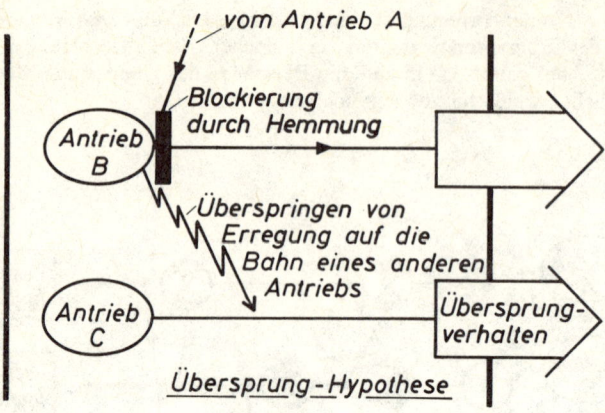

Abb. 20 Schematische Darstellung der *Übersprung-Hypothese*. Weil der Ausstrom aus der Antriebsinstanz B durch den Einfluß einer Instanz A, mit der sie im Konflikt steht, *blockiert* ist, *springt die Erregung auf eine andere Bahn über.*

B. Erfahrungsbedingtes Verhalten (Lernen)

Angenommen, ein Tier habe eine Erfahrung gemacht, z. B. ein Pferd sei an einer bestimmten Stelle des Weges *erschreckt* worden; seitdem *scheut* es jedesmal, wenn es hier vorbeikommt. Also hat sich etwas in seiner Verhaltenssteuerung geändert. Eine Gedächtnisspur des vorangegangenen Erlebens, ein *Engramm*, muß entstanden sein; und dieses veranlaßt neuartiges, nunmehr *erfahrungsbedingtes*, also durch *Lernen* entstandenes Verhalten.

Um das theoretische Fundament der Biologie des *Lernens* möglichst durchsichtig zu machen, erhalten die Abschnitte B 1 bis B 5 übereinstimmend folgende Gliederung:

– biologische Bedeutung des betreffenden Lernprozesses;
– das Lernprinzip in Worten;
– mehrere Beispiele;
– zugrunde liegende physiologische Leistung;
– Eingangs- und Ausgangsvariablen des Lernmechanismus, dargestellt in einem Blockschaltbild;
– mathematisch-logische Formulierung des Lernvorgangs;

– Funktionsschaltbild;
– ergänzende Aussagen.

Afferent/efferent. Als *afferent* (»*zu*führend«) bezeichnet man Nervenbahnen, die von Sinnesorganen zum Zentralnervensystem (ZNS) führen und in dieser Richtung Signale leiten, als *efferent* (»*weg*führend«) Bahnen vom ZNS zu Ausführungsorganen. *Afferente* Bahnen übertragen im wesentlichen Sinnesmeldungen, *efferente* Bahnen Kontraktionskommandos für Muskeln.

B 1. *Bedingte Reflexe auf der Basis schneller Schutzreflexe*

Biologische Bedeutung des Lernprozesses (= teleonomisches Prinzip). Schnelle Schutzreflexe – wie das reflektorische Zurückziehen der Hand beim schmerzhaften Berühren einer Brennessel oder das Schließen der Augenlider bei einem plötzlichen Luftstrom auf die Hornhaut des Auges – entfernen das gefährdete Organ aus dem Gefahrenbereich oder schützen es auf sonstige Weise. Werden nun Reize, die einen Schutzreflex auslösen, *regelmäßig durch bestimmte andersartige Wahrnehmungen angekündigt,* so erscheint es sinnvoll, diese Beziehung auszunutzen und *bereits auf die ankündigende Wahrnehmung* mit dem Schutzreflex zu antworten; denn in diesem Fall könnte die schützende Reaktion, z. B. das Augenschließen, schon *im voraus* stattfinden, also nicht erst dann, wenn der schädigende Einfluß bereits eingesetzt hat. – Diesem teleonomischen Prinzip entspricht die tatsächlich bestehende Lernweise des *bedingten Reflexes.* (»Bedingt« bedeutet in der Lerntheorie stets »erfahrungsbedingt«; siehe hierzu S. 278: »Fachausdrücke der Lerntheorie«.)

Das *Entstehungsprinzip* des bedingten Reflexes läßt sich demgemäß wie folgt formulieren: Geht dem auslösenden Reiz für einen Reflex, insbesondere für einen Schutzreflex, ein- oder mehrmals ein anderer Reiz unmittelbar voraus, so kann dies einen Lernvorgang verursachen mit dem Ergebnis, daß fortan schon dieser andere, zunächst nur ankündigende Reiz die Reaktion auslöst.

Beispiel: Bedingter Lidschlußreflex. Dicht vor den Augen einer Versuchsperson oder eines Versuchstieres wird eine feine Düse angebracht, aus der kurze Luftstöße austreten können, die auf die Hornhaut des offenen Auges treffen. Ein solcher Luftstrahl löst, wenn er stark genug ist, einen angeborenen Schutzreflex des Auges aus: den Lidschlußreflex. Die *Reflexzeit* (Zeitintervall zwischen Reiz und Reaktion) beträgt dabei 0,25 bis 0,4 sec. *Akustische* Reize (falls sie nicht überlaut sind), z. B. ein Summerton, lösen keinen Lidschluß aus. Folgt aber auf bestimmte akustische Reize häufig oder regelmäßig ein reflexauslösender Luftstrahl, so reagiert das Nervensystem auf diese wiederholte Erfahrung damit, daß es einen *neuen Reflexzusammenhang* entstehen läßt: Auch dem Gehörreiz, z. B. dem Summerton, wird nun die Fähigkeit zuteil, fortan den Lidschlußreflex auszulösen – selbst wenn der Luftstrahl nicht folgt. Man kann das so deuten: Das Nervensystem hat gleichsam zur Kenntnis genommen, daß der an sich neutrale akustische Reiz mehrmals einem reflexauslösenden Reiz vorausging, ihn also *ankündigte*. Es reagiert mit der Ausbildung einer *neuen* Reflexschaltung. Diese bewirkt, daß fortan bereits der *ankündigende* Reiz die Reflexantwort auslöst. Das kann vorteilhaft sein, weil dann der Organismus bereits vor dem Einsetzen der schädigenden Wirkung reagiert.

Bedingter Rückenmarksreflex. Nicht nur das Gehirn, auch das Rückenmark ist fähig zur Bildung bedingter Reflexe. Auch hier ist der *zeitliche Zusammenhang* zwischen den Reizen dafür mitverantwortlich, daß der Organismus auf sie mit der Bildung neuer funktioneller Verbindungen antwortet. Berührt man den Fuß eines Frosches, so zieht er die berührte Extremität zurück; dies ist ein Schutzreflex vom Typ der polysynaptischen Reflexe (Fremdreflexe). Berührt man nun jedesmal gleichzeitig auch irgendeine andere Hautpartie, etwa am Rumpf, so bildet sich im Laufe der Wiederholungen ein bedingter Reflex aus, der darin besteht, daß schließlich allein die Berührung der *Rumpfhaut* das Zurückziehen des Beines auslöst. Daß hieran nur das Rückenmark beteiligt zu sein braucht, ergibt sich daraus, daß sich die bedingten Reflexe im Experiment auch bei chirurgisch durchtrennter Verbindung zwischen Gehirn und Rückenmark bilden[1].

Physiologische Leistung. Das Entstehen eines bedingten Reflexes ist, im Grunde genommen, eine erstaunliche Lebenserscheinung: Ein Reiz kann einen Reflex auslösen, ein anderer, der »ankündigende«, kann es zunächst *nicht*. Ist dieser ankündigende Reiz aber ein- oder einigemal im geeigneten Zeitabstand *vor* dem eigentlich auslösenden Reiz geboten worden, so kann er es plötzlich: Es hat sich eine neue funktionelle Verbindung gebildet. Es muß also Stellen im ZNS (Zentralnervensystem) geben, die für das in kurzem Zeitabstand erfolgende Eintreffen von Signalen auf zwei Bahnen empfindlich sind und daraufhin eine bleibende signalleitende Verbindung entstehen lassen, die einen neuen Funktionszusammenhang schafft, der zuvor noch nicht bestand. (Wo das ZNS über keine solchen Stellen verfügt, kann sich auf der Basis eines angeborenen Reflexes auch kein beding-

Abb. 21 Idealisiertes, vereinfachtes Schema der *Verknüpfungsleistung* bei der Bildung eines bedingten Reflexes. S_u ist der *ursprünglich auslösende Reiz*, S_b der zunächst neutrale, nach dem Lernvorgang aber ebenfalls auslösende, dann »bedingte (= erfahrungsbedingte) Reiz«.

$\boxed{1}$ *Ausgangszustand vor dem Lernen*; noch besteht keine funktionelle Verbindung zwischen S_b und der Reflexantwort R.

$\boxed{2}$ »*Lernphase*«: Ankunft der Signale von S_u und S_b in dem für das Zusammentreffen empfindlichen Teil-System des Zentralnervensystems. Die Zahlen 1.) und 2.) geben die für den Lernerfolg erforderliche *zeitliche Reihenfolge* des Eintreffens der Signale im Lernsystem an.

$\boxed{3}$ »*Kannphase*«: Neugebildete Verbindung $S_b \rightarrow R$.

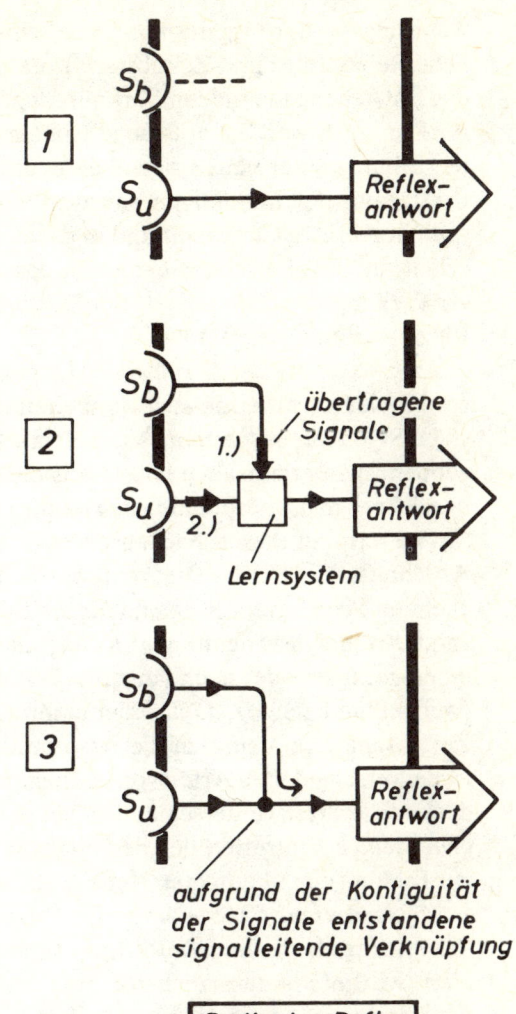

ter Reflex bilden; beispielsweise läßt sich der *Kniesehnenreflex* des Menschen auf keine Weise in einen bedingten Reflex umwandeln.)

Wenn sich, wie beschrieben, ein bedingter Reflex bildet, so sind dafür nicht nur die beiden zusammenwirkenden Reize *als solche*, sondern auch ihre *zeitliche Reihenfolge* und ihr *Zeitabstand* maßgeblich: Bei anderer Reihenfolge oder verändertem Zeitabstand ist der Lerneffekt kleiner oder bleibt ganz aus. Das ist, wie oben gezeigt, biologisch sinnvoll, weil Reiz S_b den schädlichen Reiz S_u *ankündigt*; aber wie bringt es der Organismus fertig, eine zeitliche Beziehung (zeitliche Reihenfolge und Zeitabstand) zur *unerläßlichen Mitursache* für das Entstehen einer neuen Verknüpfung, also einer *Strukturveränderung* im ZNS werden zu lassen? Ein erster Aspekt dieser Leistung, die Bildung einer neuen signalleitenden Verknüpfung aufgrund des Eintreffens der Meldungen aus zwei Sinnesorganen, wird schematisch in Abb. 21 dargestellt und in der Abbildungslegende nochmals erläutert. (Ein Funktionsschaltbild, das auch der Abhängigkeit dieser Verknüpfungsleistung von der Zeitfolge und dem Zeitabstand der Reize Rechnung trägt, folgt auf Abb. 23.)

Fachausdrücke der Lerntheorie. Der ursprünglich auslösende Reiz wird in der Lerntheorie auch »unbedingter Reiz« S_u genannt (Buchstabe S von lateinisch *stimulus* = Reiz). Den zunächst nur ankündigenden, später dann auch selbständig die Reaktion auslösenden Reiz bezeichnet man (besonders *nach* dem Lernen) als »bedingten Reiz« S_b (weiteres zu diesen Fachausdrücken siehe letzten Absatz dieses Abschnitts, S. 282). – Die *zeitliche Nachbarschaft* von ursprünglichem und bedingtem Reiz, die für die Bildung von bedingten Reflexen notwendig ist, nennt man *Kontiguität*. Es handelt sich dabei um einen geringen oder auch längeren Zeit*abstand*: *zuerst* der bedingte (weil ankündigende), *danach* der ursprünglich auslösende Reiz. Der Zeitabstand, bei dem sich die Assoziationen am schnellsten bilden, ist bei verschiedenen Arten von bedingten Reflexen und bei verschiedenen Tierarten unterschiedlich. In Einzelfällen kann auch das *gleichzeitige* Eintreffen des bedingten und des unbedingten Reizes zur Bildung eines bedingten Reflexes führen.

Mathematische Darstellung. Eine mathematische Formulierung des Prinzips des bedingten Reflexes (und später weiterer Lernprinzipien) wird hier – zusätzlich zur Beschreibung in Worten – aus dem Grunde vorgelegt, um damit – unabhängig von etwaigen Unklarheiten und Doppeldeutigkeiten der Worte – eindeutig zu definieren, was später im *Funktionsschaltbild* wiedergegeben wird.

Mathematische Vereinfachungen. Für die nachfolgende mathematische Darstellung sollen einige *Vereinfachungen* gelten. Diese könnten bei realen Lernvorgängen zutreffen, brauchen es aber nicht. Sie erlauben mathematische Formulierungen, in denen ohne entbehrliches Beiwerk allein das Wesentliche, nämlich *nur das Lernprinzip als solches*, ausgedrückt wird. Die Vereinfachungen lauten:

– Es seien nur die beiden Zustände »nicht gelernt« und »gelernt« vorgesehen.

– Bereits ein einziger Lernschritt führe vom »unerfahrenen Ausgangszustand« über die *Lern*phase zum vollen »Können« (*Kann*phase).

– Die Reiz- und Reaktionsstärken sowie sonstige Variablen sollen nur die Werte 0 und 1 (eventuell auch −1) annehmen können. (Zeitliche Übergänge von einem zu einem anderen der zugelassenen Werte sollen trotzdem nicht als sprunghaft gelten, d. h. der Verlauf der Änderungen sei mathematisch *differenzierbar*.)

– Bei den zu verknüpfenden Sinnesmeldungen handele es sich jeweils um Signale *einzelner* Sinneselemente. (Beim Übergang zu *komplexen Wahrnehmungen* vieler Sinneselemente sind Auswertungsinstanzen dazwischengeschaltet, zu denken ähnlich den AAM-Instanzen auf Abb. 8 und 9, S. 249 und 253.)

Bedingter Reflex

$$
\begin{array}{l}
S_b \text{ (bedingter Reiz)} \\
S_u \text{ (unbedingter Reiz)}
\end{array}
\quad\boxed{\begin{array}{c} \Delta't \\ \Delta t \end{array}}\longrightarrow \text{ Reflexantwort}
$$

$$
R(t) = \begin{cases}
1, \text{ falls } S_u\,(t-\Delta t) = 1 \\
1, \text{ falls } S_b\,(t-\Delta't) = 1 \;\wedge\; \exists\, t_b < t \\
\quad \text{ mit } S_u\,(t_b) = 1 \wedge S_b\,(t_b - \Delta''t) = 1 \\
0 \text{ sonst}
\end{cases}
$$

Abb. 22 »Black-box-Darstellung« (Blockschaltbild) des bedingten Reflexes; darunter: funktionelle Beziehungen beim bedingten Reflex. Δt ist die Reflexzeit des unbedingten, $\Delta't$ die des bedingten Reflexes, $\Delta''t$ das Kontiguitäts-Zeitintervall; $\wedge$ ist das Zeichen für das *logische* »und«, $\exists$ für »*es gibt*«. Als *Lernzeitpunkt* t_b ist hier formal der Augenblick des Eintreffens des unbedingten Reizes, dem der bedingte Reiz voranging, definiert, also nicht der spätere, noch unbekannte Zeitpunkt, zu dem sich im ZNS die neue signalleitende Verbindung bildet.

Eingangs- und Ausgangsvariablen des Lernmechanismus, dargestellt in einem Blockschaltbild. Abb. 22 zeigt oben das Lernsystem des bedingten Reflexes als »black box«, d. h. als System mit unbekannter Innenstruktur, sowie die Eingangs- und Ausgangsgrößen.

Mathematisch-logische Formulierung des Lernvorgangs. Die mathematischen Zeichen der Abb. 22 sagen, in Worten ausgedrückt, folgendes: Eine Reaktion R zur Zeit t ist 1 (d. h. »sie erfolgt«),

– (Zeile 1:) falls ein unbedingter Reiz S_u (und zwar zu dem um die Reflexzeit Δt früheren Zeitpunkt) gleich 1 war (d. h. im Sinnesorgan eintraf),

– (Zeile 2:) falls zuvor der bedingte Reiz S_b eintraf *und* es in der Vergangenheit einen *Lernzeitpunkt* t_b gab, an dem (Zeile 3:) der unbedingte Reiz und *kurz vor diesem* (Kontiguitäts-Zeitintervall!) der bedingte Reiz empfangen worden waren;

– (Zeile 4:) sonst (d. h. wenn die in Zeile 1 bis 3 genannten Bedingungen *nicht* zutreffen) erfolgt *keine* Reaktion, also R(t) = 0.

Elemente des Funktionsschaltbildes. Um das im 2. Absatz dieses Abschnitts (S. 275) in Worten und auf Abb. 22 in mathematischen Zeichen formulierte Bildungsprinzip des bedingten Reflexes in einem Funktionsschaltbild darzustellen, sind folgende Elemente erforderlich: zwei Sinnesorgane (für S_u und S_b); das Ausführungsorgan der *Reaktion* (Reflexantwort); Laufzeitglieder für die drei Zeitintervalle (Δt, $\Delta' t$, $\Delta'' t$); ein Element der *bedingten Verknüpfung* (ein eintreffendes Signal führt dazu, daß zwischen zwei bisher unverbundenen Leitungsbahnen eine signalübertragende Verbindung entsteht); ein Koinzidenzglied (*zwei* Signale verschiedener Herkunft sind erforderlich, um *ein* Folgesignal entstehen zu lassen). Fragt man für diese fünf Arten von funktionellen Elementen, ob nicht vielleicht eines von ihnen entbehrlich wäre, so findet man, daß sie einander in ihrer Funktion nicht ersetzen können.

Funktionsschaltbild. Um die in Abb. 22 angegebenen Eingangs-Ausgangs-Beziehungen durch Signalübertragung, Datenverarbeitung und Datenspeicherung zu verwirklichen, muß das Funktionsschaltbild des bedingten Reflexes die folgenden vier Wirkungszusammenhänge in sich vereinigen:

– den ursprünglichen (»unbedingten«) Reflexweg vom Reiz S_u zur Reflexantwort R mit der Reflexzeit Δt;

– den fertig ausgebildeten *bedingten* Reflexweg vom Reiz S_b über den Ort der bedingten Verknüpfung zur Reflexantwort mit der Reflexzeit $\Delta' t$;

– die Signalwege von S_b und S_u zum *Koinzidenzelement,* wobei im Signalweg von S_b die Kontiguitäts-Zeitverzögerung $\Delta'' t$ liegt;

– der Signalweg vom Koinzidenzelement zum Ort der bedingten

Verknüpfung, wo das Signal zum Bilden der bedingten Verknüpfung übertragen wird (siehe Abb. 4, S. 235).

Durch Kombination dieser vier Signalwege entsteht das Funktionsschaltbild eines bedingten Reflexes (Abb. 23).

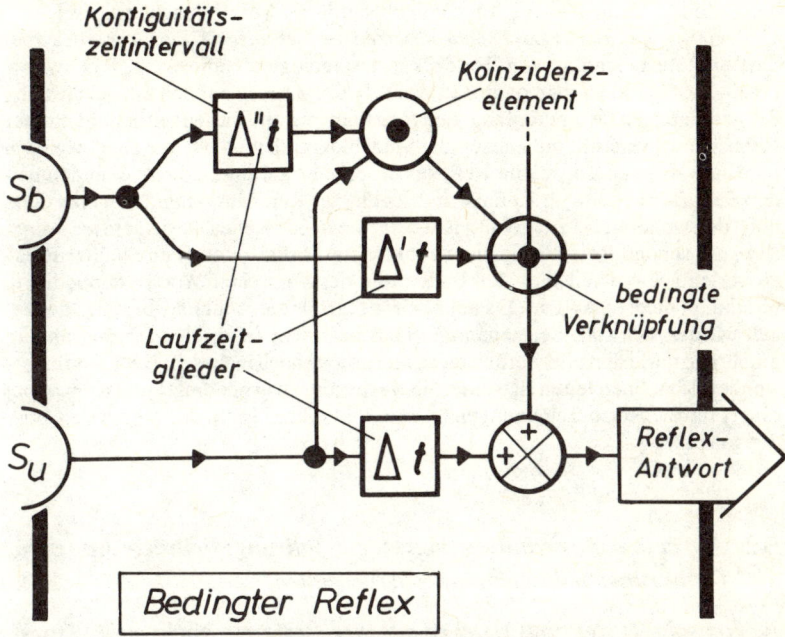

Abb. 23   Idealisiertes, vereinfachtes Funktionsschaltbild eines bedingten Reflexes nach dem Typus des bedingten Lidschlußreflexes. In diesem Bild sollen die Signal-Laufzeiten auf den *signalübertragenden Bahnen* als *sehr kurz* im Vergleich zu den Zeiten gelten, die in den drei *Laufzeitgliedern* repräsentiert sind. (»Laufzeitglied« heißt: Nach Empfang eines Signals wird nicht sofort, sondern erst nach Verstreichen des im Kästchen eingetragenen Zeitintervalls ein Signal weitergesendet.)

»*Bedingte Verknüpfung (Assoziation)*« *oder* »*Verstärkung*«? Im Absatz »Physiologische Leistung« (S. 276) und in allen nachfolgenden Überlegungen sowie in Abb. 21 bis 23 wurde stillschweigend vorausgesetzt, daß sich bei der Entstehung eines neuen bedingten Reflexes eine *neue signalleitende* Verbindung im ZNS bildet, eine »bedingte Verknüpfung«. Damit wurde das Konzept der *Verknüpfung* (Assoziation) angewandt, nicht das der »Verstärkung«, das sich – ausgehend vom Prinzip des »operant conditioning« (siehe Abschnitt IV B 7, S. 309) – in weiten Bereichen der Lernpsychologie eingebürgert hat. *Begründung:* »Verstärkung« kann – ihren Wortsinn ernst genommen – *nichts Neues hervorbringen*, sondern setzt etwas Verstärkbares, damit also etwas schon Vorhandenes voraus, in diesem Fall also eine schon im voraus vorhandene (dann durch das Lernen verstärkte) Verknüpfung. Irgendwelche empirische Hinweise auf solche *im voraus* be-

281

stehende Verknüpfungen überall dort, wo sich später durch Lernakte Assoziationen bilden können, sind jedoch in der Lernforschung noch nicht aufgetaucht.

Aus diesem Grunde wird hier (und entsprechend bei allen späteren Lernformen) die Formulierung gewählt: Bei der Bildung eines bedingten Reflexes (oder sonstigen erlernten Verhaltens) entstehen *neue Verknüpfungen*. (Die alternative Formulierung hieße: Bei der Bildung eines bedingten Reflexes wird eine zuvor bestehende – vielfach aber gar nicht beobachtbare – Verbindung *verstärkt*.)

Bemerkungen zu einigen Fachausdrücken der Lerntheorie. Der Ausdruck »bedingter Reflex« stammt vom Entdecker des bedingten Reflexes, I. P. Pawlow (1849–1936). Indem man dann das Wort »bedingt« auch auf den bei der Bildung des bedingten Reflexes empfangenen *Reiz* übertrug und diesen seither »bedingter Reiz« nennt, verstößt man gegen die Sprachlogik; denn nicht der Reiz, sondern nur seine Anknüpfung an die Reflexantwort ist erfahrungsbedingt. Von den beiden Begriffen »bedingter Reflex« und »bedingter Reiz« ausgehend, hat man dann noch den weiteren Schritt getan, dem *ursprünglichen* Reflex sowie dem *ursprünglich* auslösenden Reiz die Namen »unbedingter Reflex« und »unbedingter Reiz« zu verleihen, obwohl dies der Bedeutung des deutschen Wortes »unbedingt« überhaupt nicht entspricht. Da aber kein Anlaß für die Annahme besteht, deswegen würden sich statt der genannten Fachausdrücke in absehbarer Zeit andere einbürgern, wurden und werden diese Ausdrücke auch in diesem Buch weiterverwendet. Von ihnen leiten sich auch die Buchstaben b (= bedingt) und u (= unbedingt) für die Reizbezeichnungen S_b und S_u in Abb. 21 und den weiteren Abbildungen ab.

B 2. *Auf eine Wahrnehmung folgt gute Erfahrung: Bedingte Appetenz (erfahrungsbedingtes Appetenzverhalten)*

Biologische Bedeutung (teleonomisches Prinzip). Nicht jede Reizsituation, der ein Tier begegnet, ist es wert, in dessen Gedächtnis gespeichert zu werden. Wenn aber einer bestimmten *Reizsituation* ein- oder mehrmals eine *Antriebsbefriedigung* nachfolgt, so deutet das auf einen umweltbedingten Sachzusammenhang zwischen dieser Reizsituation und der Gelegenheit zur Antriebsbefriedigung hin. Daher scheint es für ein lernfähiges Wesen sinnvoll, diesen Zusammenhang gezielt auszunutzen, also solche Reizsituationen im Gedächtnis zu behalten, die *einer Antriebsbefriedigung vorangingen* (= sie ankündigten), und sie dann *bevorzugt zu suchen*, sobald der Antrieb wieder aktiviert ist. Diesem *teleonomischen Prinzip* entspricht eine tatsächlich vorkommende Lernweise. Sie gehört in den größeren Bereich des »Lernens aus Erfahrung« und wird in diesem Buch *bedingte Appetenz* genannt.

Das *Bildungsgesetz der bedingten Appetenz* läßt sich wie folgt formulieren: Nimmt ein Lebewesen vor oder während einer Antriebsbefriedigung ein- oder mehrmals eine bestimmte andere Reizsituation wahr, so kann das einen Lernprozeß mit dem Ergebnis hervorrufen, daß diese andere Reizsituation künftig zum *Anlaß* oder auch zum *Ziel* für das *Appetenzverhalten* des Antriebs wird, der befriedigt wurde. Durch diesen Lernvorgang erhält das Appetenzverhalten eines Antriebs neue auslösende und richtende Reize.

Beispiele: Jedes der folgenden drei Beispiele veranschaulicht sowohl das *Prinzip* als auch einen *besonderen Zug* der bedingten Appetenz.

– Nachdem eine *Biene* auf einer *blauen* Blüte keinen Nektar gefunden hatte, danach aber auf einer *gelben* Blüte Erfolg hat, fliegt sie in der Folgezeit bevorzugt *gelbe* Blüten an. Mit anderen Worten: Eine auf Nektarsammeln eingestellte Biene sucht diejenige Situation in der Zukunft bevorzugt auf, die ihr zuvor die Befriedigung ihres Bedürfnisses ankündigte. Zeigt man nun einer Biene im Rahmen eines Experimentes beim *Anflug* und *während des Saugens unterschiedliche* Farben, so richtet sie sich bei den jeweils kommenden Anflügen nach der *Anflug*farbe[1]. Sie behält, wie entsprechende Versuche zeigten, die *vor* der Antriebsbefriedigung gesehene Farbe sogar 8 sec und länger im Gedächtnis und wählt *sie* (nicht die zur Zeit des Saugens sichtbare Farbe) zum erlernten Anflugsziel. Das ist biologisch durchaus sinnvoll, erfordert aber einen entsprechenden »Kurzzeitspeicher« für die vorangegangene Wahrnehmung: Zum Zeitpunkt der Antriebs*befriedigung* muß sich die Biene daran erinnern können, welche Farbe sie beim Anflug *vor mehreren sec* gesehen hatte; sonst wäre eine Verknüpfung zwischen Antriebsbefriedigung und Anflugfarbe nicht möglich.

– *Laboratoriumsratten* erhielten an den Enden zweier Gänge, die von einer Verzweigungsstelle ausgingen, Futter oder Wasser, und zwar beispielsweise stets im rechten Gang Futter und im linken Wasser. Zum Test wurden sie entweder *satt und durstig* oder aber *hungrig und nicht durstig* ins Labyrinth gelassen. Ergebnis: Die Tiere bevorzugten jeweils den ihrer inneren Verfassung entsprechenden Gang. Sie lernten das jedoch *besser*, wenn die beiden Gänge sich nicht nur dadurch unterschieden, daß der eine der rechte und der andere der linke war, sondern wenn zusätzliche Unterscheidungsmerkmale (z. B. schwarzer und weißer Anstrich) angebracht waren[2]. – Es kam also für die erfahrungsbedingte Verknüpfung nicht nur auf die Belohnung schlechthin an; sondern die erlernten Wahrnehmungen wurden durch den Lernvorgang zum richtenden Reiz für das Appetenzverhalten *gerade desjenigen* Antriebs (Hunger *oder* Durst), der in der *Lernsituation* zur Befriedigung gekommen war (»drive discrimination«).

– In den ersten Jahrzehnten dieses Jahrhunderts diskutierte man lebhaft darüber, ob *Fische hören* können. Karl VON FRISCH, der zuvor die Dressurmethode zur Untersuchung der Sinnesleistungen von Bienen eingeführt hatte, entschied die Streitfrage auf elegante Weise mit Hilfe des *Lernvermögens* der Tiere: In einem Aquarium pflegte er einen *Zwergwels*, der am Boden in einer kleinen Röhre wohnte. Er fütterte das Tier, indem er ihm ein Stäbchen mit Futter unmittelbar vor das Maul hielt. Eines Tages begann er, diese Futtergabe stets mit einem Pfiff zu begleiten. Fünf Tage nach Beginn des Versuches aber ließ der Experimentator einen solchen Pfiff ertönen, *ohne* den

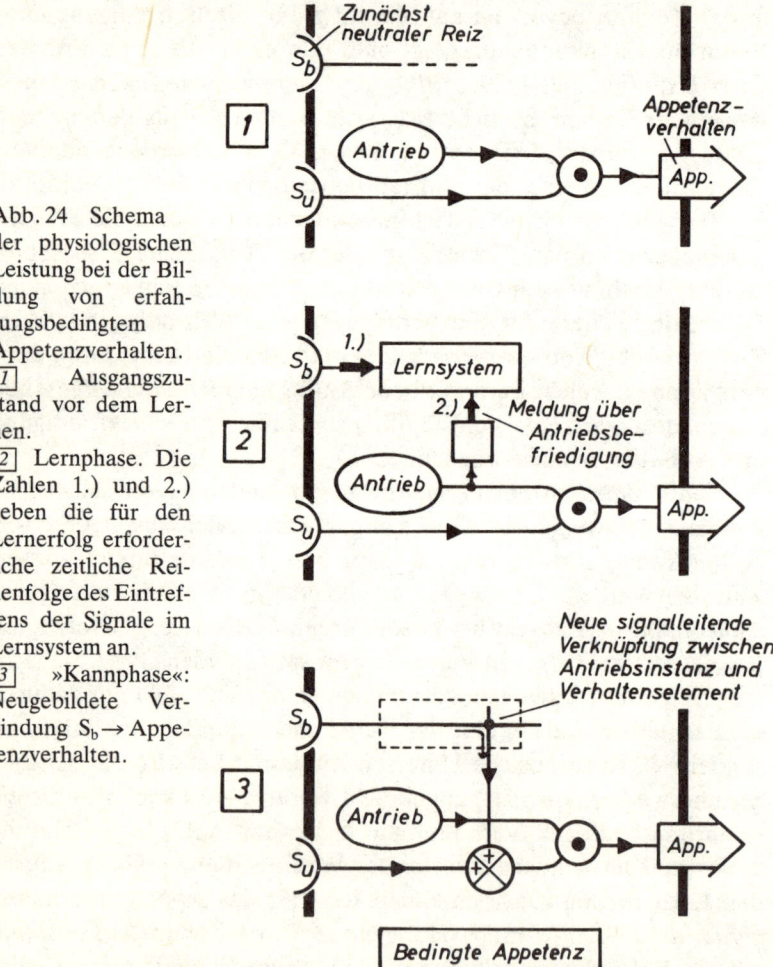

Abb. 24 Schema der physiologischen Leistung bei der Bildung von erfahrungsbedingtem Appetenzverhalten. ⟦1⟧ Ausgangszustand vor dem Lernen. ⟦2⟧ Lernphase. Die Zahlen 1.) und 2.) geben die für den Lernerfolg erforderliche zeitliche Reihenfolge des Eintreffens der Signale im Lernsystem an. ⟦3⟧ »Kannphase«: Neugebildete Verbindung $S_b \rightarrow$ Appetenzverhalten.

Zwergwels gleichzeitig zu füttern. Wie elektrisiert verließ darauf das Tier seinen Unterschlupf und schwamm suchend im freien Wasser des Beckens hin und her[1].

In der Lernsituation begleitete der Pfiff die Belohnung, und der Zwergwels wurde ihrer habhaft, ohne sich zuvor vom Fleck zu rühren. Als nun erstmalig trotz des Pfiffes die Belohnung ausblieb, hätte man erwarten können, daß der Fisch auch jetzt im Versteck bleiben und warten würde; denn *dort* war ja immer die Belohnung aufgetaucht. Statt dessen schwamm er los und suchte herum, zeigte also ein Verhalten, das in der Lernsituation überhaupt nicht vorgekommen war: ungezieltes Appetenzverhalten. Der Lernerfolg bestand also nicht, wie es den Lehren des Neobehaviorismus entsprochen hätte, in der *Verstärkung* des Verhaltens in der Lernsituation, sondern in der *Verknüpfung* eines neuen *Reizes mit dem Appetenzverhalten des durch die Belohnung befriedigten Antriebs.*

Physiologische Leistung. Abb. 24 gibt das Gemeinsame der drei Beispiele in abstrakter Form wieder: Die beteiligten Funktionsglieder (neutraler Reiz, der später zum bedingten Reiz wird; Appetenzverhalten; aktivierter Antrieb); dann die Signale, deren Kontiguität zum Lernprozeß führt (erst: neutraler Reiz, dann: Belohnung); und schließlich die im »Lernsystem« des ZNS gebildete neue Verknüpfung zwischen bedingtem Reiz und dem Appetenzverhalten gerade desjenigen Antriebs, der durch die erfolgte Belohnung befriedigt worden war.

Blockschaltbild. Die *Eingangs- und Ausgangsvariablen* des Lernsystems bei der bedingten Appetenz sind (siehe Abb. 25 oben):

1. der zunächst neutrale, später »bedingte Reiz« (der *nach* dem Lernakt zum auslösenden Reiz oder zum Ziel des Appetenzverhaltens wird): S_b;

2. der unbedingte Reiz S_u, der vor dem Lernakt das Appetenzverhalten auszulösen oder auf sich zu lenken vermochte;

3. eine innere Zustandsvariable B, Bereitschaft oder Antrieb genannt, Ursache von Appetenzverhalten, abnehmend durch Antriebsbefriedigung (siehe Abb. 7, S. 244, und Abb. 11, S. 257);

4. Appetenzverhalten A.

Die Variable »Bereitschaft« spielt bei der bedingten Appetenz eine dreifache Rolle: 1. Das Tier lernt nur dann, wenn die Bereitschaft aktiviert ist; bei Lernexperimenten mit Nahrungsbelohnung muß das Versuchstier daher hungrig sein, sonst lernt es nicht. 2. Die Belohnung, die den Lernakt veranlaßt, *reduziert* in der Regel die Be-

Bedingte Appetenz

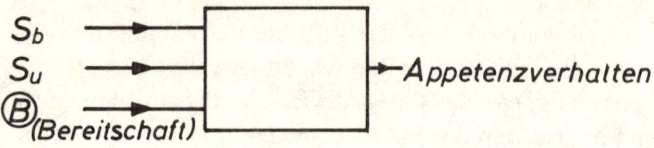

$$A(t) = \begin{cases} 1,\text{falls } S_u\,(t-\triangle t)=1 \;\wedge\; \circledB = 1 \\ 1,\text{falls } S_b\,(t-\triangle't)=1 \;\wedge\; \circledB = 1 \\ \wedge\,\exists\, t_b < t \text{ mit } \dfrac{d\circledB}{dt}\,(t_b) \neq 0 \wedge S_b(t_b - \triangle''t)=1 \\ 0 \text{ sonst} \end{cases}$$

Abb. 25 »Black-box-Darstellung« (Blockschaltbild) der bedingten Appetenz sowie funktionelle Beziehungen bei der Bildung einer *bedingten Appetenz*. Als Lernzeitpunkt ist hier der Augenblick der Belohnung definiert, nicht der spätere, noch unbekannte Zeitpunkt, zu dem sich im Zentralnervensystem die neue signalleitende Verbindung knüpft. Bedeutung der Symbole wie bei Abb. 22.

reitschaft (Abschnitt IV A 8, S. 255). 3. Die erlernte Handlung (das erfahrungsbedingte Appetenzverhalten) vollzieht sich in der Regel nur, wenn die Bereitschaft erneut aktiviert ist. – In der Praxis heißen diese drei Aussagen beispielsweise: Nur ein hungriges Tier lernt; es lernt nur dann, wenn es durch Nahrung belohnt wird, wodurch sein Hunger abnimmt; und es zeigt seine erlernte Fähigkeit nur dann, wenn es wieder hungrig ist. – Aus all diesen Gründen ist die *Bereitschaft* als unentbehrliche Eingangsvariable für das Lernsystem der bedingten Appetenz anzusehen. Dies ist beim bedingten Reflex nicht der Fall. Hier liegt denn auch ein entscheidender Unterschied zwischen dem bedingten Reflex und der bedingten Appetenz, der es rechtfertigt, in ihnen zwei *verschiedene* Lernarten zu sehen.

Mathematische Formulierung. Die erste Funktion auf Abb. 25 sagt – im Unterschied zu der entsprechenden Funktion auf Abb. 22 – folgendes: Die unbedingte (schon vor dem Lernakt existierende) Reaktion ist nicht nur von einem auslösenden Reiz, sondern dazu noch davon abhängig, daß die Bereitschaft aktiviert (also größer als null) ist (denn z. B. nimmt ein völlig gesättigtes Tier keine Nahrung an, seine Bereitschaft ist null).

Die zweite Zeile beschreibt die entsprechende Reaktion auf den *bedingten* Reiz, die dritte den Lernvorgang: Dessen Abhängigkeit von der *Belohnung* wird dadurch berücksichtigt, daß eine eben beschriebene *Konsequenz* der Belohnung, nämlich eine *Bereitschaftsänderung*, als *Lernbedingung* eingesetzt ist: Der *Differentialquotient* der Bereitschaft muß von Null verschieden sein. (Bemerkung: Damit ist offengelassen, ob außer einer Bereitschafts-*Verringerung* auch ein *Anstieg* der Bereitschaft einen Lernakt im Sinne der bedingten Appetenz veranlassen kann.)

Funktionsschaltbild (Signalfluß- und Datenverarbeitungs-Diagramm). Um die in Abb. 25 angegebenen Eingangs-Ausgangs-Beziehungen durch Signalübertragung, Datenverarbeitung und Datenspeicherung zu verwirklichen, muß man sich folgendes klarmachen:

– Maßgebend dafür, daß sich die bedingte Verknüpfung bildet, ist eine *Belohnung*; daher muß ein Signal, das *die erfolgte Belohnung meldet*, eine Rolle beim Verknüpfungsvorgang spielen.

– Zum Zeitpunkt der Belohnung gehört der Empfang des zu verknüpfenden Reizes jeweils schon der Vergangenheit an; daher muß die Meldung des Reizes bis zum Zeitpunkt der Belohnung jedesmal gespeichert werden und vom Speicher aus als Signal für die Verknüpfung wirksam werden können.

– Die Verknüpfung muß erfolgen zwischen einem afferenten Übertragungskanal für den zunächst neutralen Reiz und einem efferenten Signalweg, der zu den Ausführungsorganen des Appetenzverhaltens hinführt.

– Die Verknüpfungsregel lautet: Das Zusammentreffen zwischen einer Belohnung und einem zuvor empfangenen, gespeicherten Reiz führt zur Verknüpfung der afferenten Bahn dieses Reizes mit der efferenten Bahn für die Kommandos zur gerichteten Annäherung.

Diese Prozesse sind nicht denkbar ohne das Vorhandensein von vier Arten von Funktionselementen. Diese sind:

– eine Instanz, die das Ereignis »*Belohnung*« repräsentiert. Nach der Formel auf Abb. 25 wäre dafür ein Funktionsglied geeignet, das für Intensitätsänderungen der Bereitschaft empfindlich ist, also den *zeitlichen Differentialquotienten* der Bereitschaftsstärke gewinnt und an das Lernsystem meldet (auch andere Verfahren, den Informationswert »Belohnung« verfügbar zu machen, wären denkbar).

– *Speicherelemente*, die die Information über eingetroffene Reize so lange festhalten, bis möglicherweise eine darauffolgende Belohnung eine Verknüpfung verursacht. Die Speicherelemente – spezifisch für jede Reizart – sind also notwendig für die Überbrückung des Zeitraums zwischen Reizempfang und Belohnung. (Als Speicherelemente werden hier *träge Übertragungsglieder* eingesetzt – anstelle von Laufzeitgliedern wie beim bedingten Reflex Abb. 23, S. 281 –, weil Sinnesreize, auch wenn sie nur kurz dauern, längere Zeit gespeichert werden können, im Bienenbeispiel S. 283 mindestens 8 sec lang.)

– *Koinzidenzelemente*, für jeden Reiz-Eingangs-Kanal ein eigenes, die für die gleichzeitige Meldung eines gespeicherten Reizes und einer Belohnung empfindlich sind, d. h. nur beim Vorliegen beider Bedingungen ein Signal produzieren und weitergeben.

– *Vorgebildete Verknüpfungsstellen* zwischen den afferenten Bahnen von Reizen und einer efferenten Bahn, die in die Kommandobahn der gerichteten Annäherung einmündet.

Abb. 26 ist ein nach diesen Forderungen entworfenes Funktionsschaltbild. Die Zweizahl der Eingangselemente für potentielle bedingte Reize repräsentiert die – meist viel größere – Anzahl von unterscheidbaren, mit dem Appetenzverhalten verknüpfbaren Reizmustern. Für das obere der beiden gezeichneten Lern-Teilsysteme ist angenommen, daß das Koinzidenzelement bereits eine Meldung abgab und die Bildung einer bedingten Verknüpfung an der Überkreuzungsstelle der Leitung hervorrief. Die neben den Signal-Übertragungskanälen angezeichneten gebogenen Pfeile geben den Weg der Signale nach einer Sinnesmeldung an, nachdem der Lernvorgang abgeschlossen ist: Das Appetenzverhalten richtet sich jetzt nach dem erlernten Reiz. Geht man die in Abb. 26 eingezeichneten Funktionselemente Schritt für Schritt durch, so ist im oberen Abschnitt (Lernsystem) kein Element und kein Übertragungskanal für die Verwirklichung der bedingten Appetenz entbehrlich: Belohnungs-Melde-Instanz, Sinnesmeldungs-Speicher, Koinzidenzglieder, zur bedingten Verknüpfung vorbereitete Leitungs-Überkreuzungsstellen. Abb. 26 stellt somit ein lernendes System dar, das hinsichtlich seiner Elemente und deren Verknüpfungen *hinreichend und notwendig* ist, um die in Abb. 25 formulierten Eingangs-Ausgangs-Beziehungen durch Signalübertragung, Datenverarbeitung und Informationsspeicherung zu verwirklichen. Das dargestellte Wirkungsgefüge muß somit in irgendeiner Form in dem zur bedingten Appetenz fähigen Organismus verwirklicht sein.

Magensaftbildung nach Glockenzeichen[1]. Die von PAWLOW entdeckten erfahrungsabhängigen vegetativen Reaktionen, z. B. die Magensaftsekretion von Hunden nach nahrungsankündigendem Glockenzeichen, galten ursprünglich als Prototyp des *bedingten Re-*

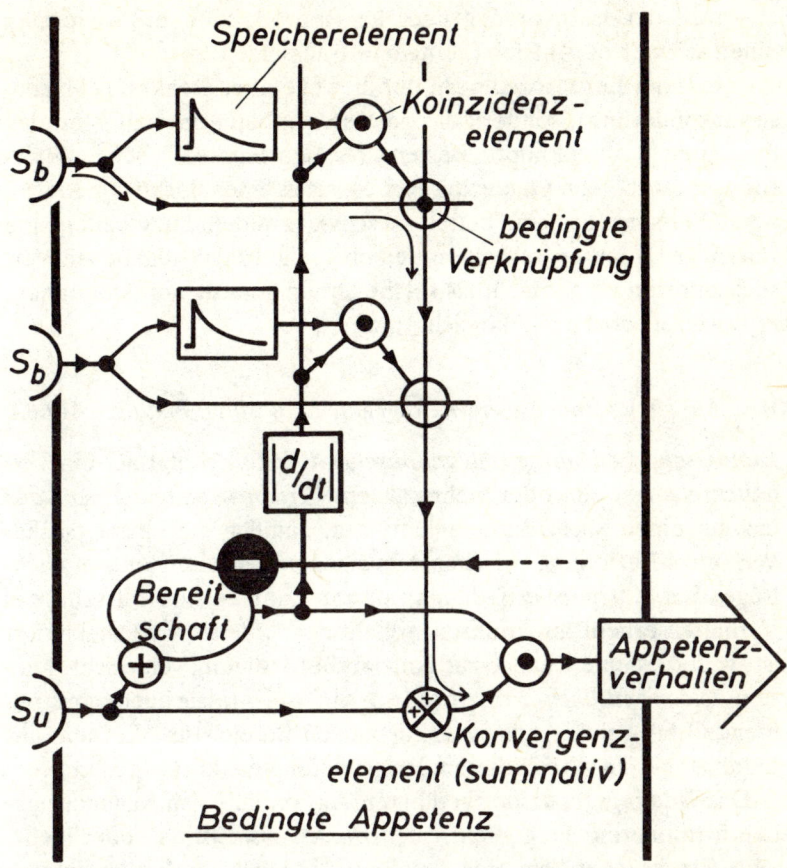

Speicherelement

Koinzidenz-
element

bedingte
Verknüpfung

S_b

S_b

$\left|\dfrac{d}{dt}\right|$

Bereit-
schaft

S_u

Appetenz-
verhalten

Konvergenz-
element (summativ)

Bedingte Appetenz

Abb. 26 Idealisiertes Funktionsschaltbild für den Lernprozeß der bedingten Appetenz. Die von rechts kommende Bahn, deren Signale die Bereitschaft absinken lassen (weißes Minuszeichen auf schwarzem Grund), meldet entweder den motorischen Ablauf der dem Appetenzverhalten zugeordneten instinktiven Endhandlung oder sonstige, als Belohnung bewertete Ereignisse. Die vom Aufnahmeorgan des unbedingten Reizes zur Bereitschaftsinstanz führende Bahn symbolisiert Sinnesmeldungen, die die Bereitschaft *ansteigen* lassen. Das mit d/dt bezeichnete Funktionsglied registriert laufend die Bereitschaftsstärke, meldet aber ins Lernsystem nur deren *Änderung* und damit das Ereignis »Belohnung« (Ausgangsmeldung = absoluter Wert des zeitlichen Differentialquotienten der Eingangsmeldung). Weitere Erläuterungen im Text.

flexes. Wenn man jedoch, wie es in diesem Buch geschieht, bedingte Reflexe und bedingtes Appetenzverhalten aus gutem Grund voneinander unterscheidet, so sind PAWLOWS erfahrungsabhängige vegetative Reaktionen dem *bedingten Appetenzverhalten* zuzuordnen, und zwar aus zwei Gründen:

– weil der Lernvorgang und die Reproduktion des Gelernten einen aktivierten Antrieb (Hunger) voraussetzen;

– weil der Lernprozeß nicht nur die vegetative Reaktion (Magensaftabsonderung), sondern das gesamte Appetenzverhalten an den bedingten Reiz anknüpft: Befreit man den Hund aus seiner Fixierung, so läuft er zur Quelle des Reizes, sei es eine Glocke, ein Metronom oder sonstiges, und bettelt sie schwanzwedelnd und bellend um Futter an[1] – lauter Verhaltenselemente, die in der gegebenen Versuchsanordnung gar nicht als solche hatten gelernt werden können, z. T. weil sie dort nicht möglich waren.

B 3. *Auf ein Verhaltenselement folgt gute Erfahrung: Bedingte Aktion*

Biologische Bedeutung (teleonomisches Prinzip). Folgt auf ein *Verhaltenselement* ein- oder mehrmals eine *Triebbefriedigung,* so weist das auf einen Sachzusammenhang hin, nämlich auf eine Ursache-Wirkungs-Beziehung zwischen dem eigenen Verhalten und der nachfolgenden Antriebsbefriedigung; darum kann es sinnvoll sein, das Verhalten erneut auszuführen, sobald der Antrieb wieder aktiviert ist, weil dies eine Chance zur Antriebsbefriedigung verspricht. Diesem *teleonomischen Prinzip* entspricht eine tatsächlich vorkommende Lernweise. Auch sie gehört in den Bereich des »Lernens aus Erfahrung«; sie wird in diesem Buch »bedingte Aktion« genannt.

Das *Bildungsgesetz* der bedingten Aktion läßt sich folgendermaßen formulieren: Folgen auf ein *Verhaltenselement* ein- oder mehrmals Erfahrungen, die eine *Belohnung* für das Lebewesen darstellen, so verknüpft sich der durch die Belohnung befriedigte Antrieb mit dem Verhaltenselement und stellt es in seinen Dienst. Antriebe können auf diese Weise neue ausführende Verhaltensweisen gewinnen.

Beispiele. Die folgenden Beispiele veranschaulichen das Lernprinzip der bedingten Aktion. (Weitere Tierbeispiele bringt Abschnitt V B 1, S. 410.)

Der Zoologe Karl VON FRISCH hielt als Student einen brasilianischen *Blumenau-Sittich,* einen größeren Vetter des Wellensittichs, in seinem Zimmer. Er ließ den Vogel immer nur dann für einige Zeit frei fliegen, wenn er beobachtet hatte, daß das Tier gerade im Käfig ein »Batzi« gemacht hatte – so blieb das Zimmer stets sauber. Der Vogel lernte nun bald um des Freifliegens willen auch ohne innere Notwendigkeit minimale Quantitäten eines »Batzi« zu produzieren. Seine

Bemühungen wirkten ungemein komisch. Ja, das Drücken wurde für ihn ganz allgemein zu einer Tat, die belohnt wird, und er begann zuweilen auch außerhalb des Käfigs in dieser originellen Weise zu »bitten«, wenn er einen Leckerbissen sah oder sonst einen lebhaften Wunsch hatte[1]. Das Verhaltenselement der Kotabgabe war durch einen Lernprozeß in den Dienst eines ganz andersartigen Antriebs getreten.

Auf ähnliche Weise kann man lernfähige Tiere zu vielfältigen – wenn auch durchaus nicht zu allen beliebigen – Verhaltensweisen abrichten, z. B. Hunde zum »Pfötchengeben«, Delphine zum »Stehen« im Wasser mit weit herausragendem Körper (mit Hilfe ganz schneller Schwanzschläge) usw. Man muß die Tiere sofort belohnen, sobald sie aus irgendeinem Grund das betreffende Verhalten ausgeführt haben. Ein weiteres Beispiel: Aus Erregung hatte in einem Zoo ein kleiner Affe, der immer von den stärkeren Tieren weggedrängt worden war, auf der Stelle zu springen angefangen. Das hatte die Aufmerksamkeit von Zoobesuchern erregt, die ihm nun über die anderen Tiere hinweg Futter zuwarfen. Daraufhin verknüpfte sich in dem Tier der Antrieb zum Nahrungserwerb mit dem »erfolgreichen« Verhalten: Je größer der Hunger, desto häufiger wurde nun sein Hüpfen auf der Stelle – ein Futterbetteln eigener Art[2]. – In einem Experiment gab man einem Hund sein Futter stets erst dann, wenn er – aufgrund eines schwachen elektrischen Reizes – unmittelbar zuvor ein Bein gehoben hatte. Der Lernerfolg bestand darin, daß der Hund fortan spontan das betreffende Bein hob, sobald er Hunger bekam[3]. – Man kann schließlich durch Belohnungen sogar Verhaltensweisen zu bedingten Aktionen werden lassen, die ursprünglich weder durch Erregung noch durch Reize ausgelöst worden waren, beispielsweise das Sich-Wenden nach rechts oder links bei einem im Käfig aktiv herumlaufenden Huhn; das durch Futtergabe dressierte Tier wendet sich dann, sobald es hungrig wird, bevorzugt nach der zuvor belohnten Seite.

Für die Theorie des *Bettnässens* (Abschnitt III B 9, S. 182, und VII A 2, S. 472) ist die Frage wichtig, ob sich so unterschiedliche Gegebenheiten wie *Betreuungsbedürfnis* und *Harnlassen* durch einen Lernprozeß der bedingten Aktion assoziieren lassen und ob dies auch bei Säugetieren, also näheren Verwandten des Menschen, möglich ist. Darüber gab folgender mehrmals durchgeführter Modellversuch Auskunft[4]: Ein *Schaflamm* wurde mit seinem Muttertier in einem Gehege gehalten, das durch einen Zaun zweigeteilt war; im Zaun befand sich eine Tür. Der Versuch begann eines Tages damit, daß die Mutter dann und wann ohne das Lamm durch die Tür in das jeweils andere Abteil gelockt wurde. Das

Lamm nahm davon zunächst keine Notiz. Wollte es aber später doch wieder einmal zur Mutter, so fand es vorerst das Tor verschlossen. Geöffnet wurde die Tür erst dann – dann aber sogleich –, wenn das Lamm *Harn ließ.* Die Versuchsleiterin beobachtete also das Lamm und machte ihm die Tür auf, sobald es Harn abgegeben hatte; darin bestand die Dressur. Bei Beginn dieser Versuchsstrategie harnte das Lämmchen zunächst zu Zeiten, die von äußeren Ereignissen wie auch der Abtrennung von der Mutter unabhängig waren. Nach einer bestimmten Frist, die für jedes Lamm eine andere Dauer hatte (1 bis 3 Tage), änderte sich das aber: Wenn jetzt das Lamm zur Mutter wollte und an der verschlossenen Tür angekommen war, *harnte es dort sofort* (woraufhin es dann auch *sogleich* zur Mutter gelassen wurde). Nachdem dem Harnen mehrmals eine Befriedigung des stark angestiegenen Mutterkontakt-Bedürfnisses unmittelbar zeitlich nachgefolgt war (Lernsituation), benutzte das Lamm das Harnen also plötzlich als *Mittel,* um diese Triebbefriedigung zu erlangen. Der Antrieb zum Mutterkontakt hatte sich demnach mit dem Verhaltenselement »Harnlassen« verknüpft und es in seinen Dienst gestellt. – Daraus folgt: Selbst zwei anatomisch so weit voneinander entfernte zentralnervöse Steuerinstanzen wie die für den Mutterkontakt und die für das Harnlassen können sich durch den Mechanismus der *bedingten Aktion* miteinander verkoppeln.

Physiologische Leistung. Abb. 27 gibt das Gemeinsame der Beispiele wieder: oben die beteiligten Funktionsglieder (Verhaltenselement mit seinem inneren Kommando, aktivierte Bereitschaft = Antrieb); in der Mitte die zu postulierenden Signale, deren Kontiguität zu dem Lernprozeß führt (*erst* Verhaltenskommando, *dann* antriebsspezifische Belohnung); und schließlich die im »Lernsystem« gebildete neue Verknüpfung.

Blockschaltbild (Abb. 28 oben): Wie bei der bedingten Appetenz ist die *Bereitschaft* (der Antrieb) eine der Eingangsvariablen des Lernsystems. Als Ausgangsvariable hat das zunächst neutrale und dann durch Lernen zur bedingten Aktion werdende *Verhaltenselement* zu gelten. Schließlich muß irgendein *zentralnervöser Repräsentant des Verhaltenselements* ins Lernsystem eingehen, entweder das nervöse Kommando (K) oder eine Rückmeldung über das abgelaufene Verhalten. Hier sei die erste Alternative gewählt. – So zeigt das Bild auf Abb. 28 oben *zwei* Eingangsvariablen: zentralnervöses Kommando und Bereitschaft; sowie *eine* Ausgangsvariable: die (zuerst neutrale, dann bedingte) Aktion.

Mathematische Formulierung (Abb. 28 unten). Zeile 1: Die Aktion erfolgt *primär* aufgrund des zugehörigen zentralnervösen Kommandos, über dessen Herkunft (angeboren oder erlernt, reizbedingt oder spontan) nichts vorausgesetzt zu werden braucht. *Nach* dem Lernakt, der in Zeile 3 formuliert ist, folgt die Aktion allein auf Wirkung der aktivierten Bereitschaft (Zeile 2).

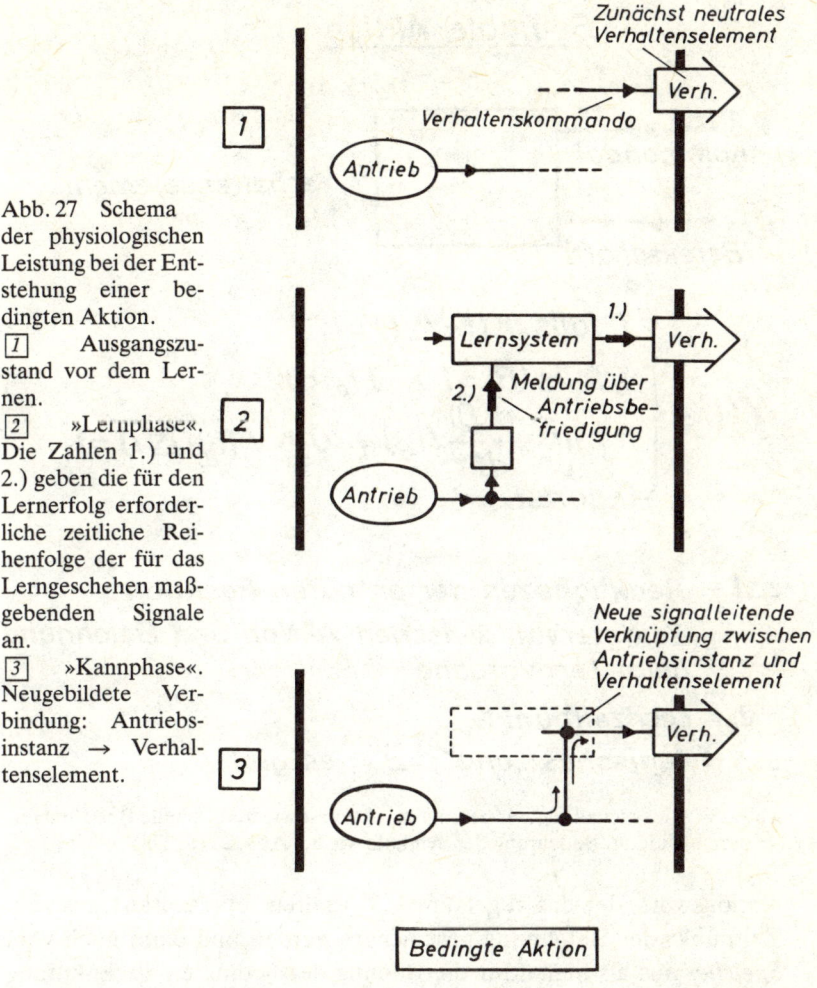

Abb. 27 Schema der physiologischen Leistung bei der Entstehung einer bedingten Aktion. ⌐1⌐ Ausgangszustand vor dem Lernen. ⌐2⌐ »Lernphase«. Die Zahlen 1.) und 2.) geben die für den Lernerfolg erforderliche zeitliche Reihenfolge der für das Lerngeschehen maßgebenden Signale an. ⌐3⌐ »Kannphase«. Neugebildete Verbindung: Antriebsinstanz → Verhaltenselement.

Funktionsschaltbild (Signalfluß- und Datenverarbeitungsdiagramm). Will man herausbekommen, wie sich die in Abb. 28 dargestellten Funktionen durch Signalübertragung, Datenverarbeitung und Datenspeicherung *verwirklichen* lassen, so muß man sich folgendes klarmachen:

– Maßgebend dafür, daß sich die bedingte Verknüpfung bildet, ist eine *Belohnung.* Daher muß ein Signal, das *die erfolgte Belohnung meldet,* eine Rolle beim Verknüpfungsvorgang spielen.

– Wenn die Belohnung erfolgt, gehört der Ablauf des zu verknüpfenden Verhaltens bereits der Vergangenheit an. Daher muß ein Infor-

Bedingte Aktion

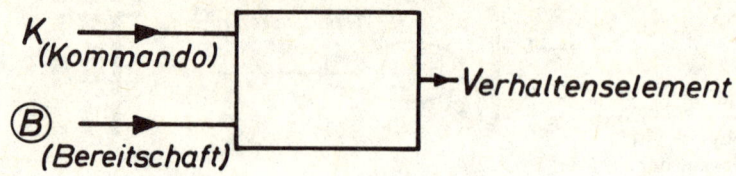

$$V(t) = \begin{cases} 1, \text{ falls } K(t - \triangle t) = 1 \\ 1, \text{ falls } \circledB = 1 \wedge \exists\, t_b < t \\ \quad mit \; \dfrac{d \circledB}{dt}\,(t_b) \neq 0 \wedge V(t_b - \triangle''t) = 1 \\ 0 \text{ sonst} \end{cases}$$

$\triangle t \equiv$ Reaktionszeit der primären Reaktion

$\triangle''t \equiv$ Zeitintervall zwischen Aktion und Belohnung beim Lernvorgang

$t_b \equiv$ Lernzeitpunkt

$\wedge \equiv$ logisches „und"; $\exists \equiv$ es gibt

Abb. 28   Blockschaltbild der bedingten Aktion sowie funktionelle Beziehungen bei deren Bildung. Bedeutung der Symbole wie bei Abb. 22 (S. 279).

mationswert, der das abgelaufene Verhalten repräsentiert, bis zum Zeitpunkt der Belohnung gespeichert werden und dann noch vom *Speicher* aus als Signal für die Bildung der bedingten Verknüpfung wirksam werden können.

– Die *Verknüpfung* erfolgt zwischen einem Übertragungskanal, der den Aktivierungsgrad der Bereitschaft meldet, und der efferenten Bahn für die bis dahin neutrale (d. h. nicht mit diesem Antrieb in Verbindung stehende) Verhaltensweise.

– Die *Verknüpfungsregel* lautet demnach: Das Zusammentreffen zwischen einer Belohnung und einem gespeicherten Informationswert über das vorangegangene Verhalten führt zur Verknüpfung der Bahn der Bereitschaftsinstanz mit der Kommando-Bahn der betreffenden Verhaltensweise.

Ein Vergleich dieser vier Aussagen mit den entsprechenden Aussagen über die bedingte Appetenz (Abschnitt B2) offenbart Übereinstimmungen, aber auch zwei Unterschiede: Vorübergehend zu speichern (zur Überbrückung des Zeitintervalls bis zum Eintreffen des Signals, das die Belohnung anzeigt) ist nicht die Information über einen empfangenen *Reiz,* sondern die Information über ein vorangegangenes *Verhalten;* und die neue, später das erfahrungsbedingte Verhalten ermöglichende Verknüpfung erfolgt nicht zwischen *Reizeingang* und Verhaltenskommando, sondern zwischen *Bereitschaftsinstanz* und Verhaltenskommando. Abgesehen von diesen Unterschieden ist aber die gleiche funktionelle Struktur des Lernsystems notwendig und hinreichend wie bei der bedingten Appetenz.

Abb. 29 stellt ein nach diesen Überlegungen entworfenes Funktionsschaltbild dar. Die *Zwei*zahl der Verhaltenselemente repräsentiert deren *Viel*zahl im Repertoire des Organismus, aus dem der Lernprozeß *eines* zur Verknüpfung auswählt. Für das obere der Lern-Teilsysteme ist angenommen, daß dort ein Lernakt bereits eine bedingte Verknüpfung hervorgerufen hat. Das »hinzugelernte« Verhalten wird fortan durch die aktivierte Bereitschaft in Gang gesetzt. Das Funktionsschaltbild Abb. 29 stellt somit ein lernendes System dar, das hinreichend und notwendig dafür ist, um die in Abb. 28 formulierten Eingangs-Ausgangs-Beziehungen der bedingten Aktion zu verwirklichen.

Am Lernvorgang der bedingten Aktion ist noch folgendes zu beachten:
Die *zeitliche* Beziehung (in der Lernphase)
zuvor: das Verhaltenselement   – *danach:* die Belohnung
führt zu einer *Kausal*beziehung (in der Kannphase)
Ursache: gesteigerte Bereitschaft – *Wirkung:* das Verhaltenselement.
In jeder Kausalbeziehung liegt auch eine Zeitbeziehung *(zuerst* die Ursache, *dann* die Wirkung). In dieser Hinsicht bewirkt also der Lernvorgang der bedingten Aktion eine *Umkehrung der Zeitbeziehung:* Das Verhaltenselement nimmt zunächst den ersten, dann den zweiten Platz ein; die bereitschaftsrelevanten Geschehnisse (Antriebsbefriedigung, Antriebssteigerung) wechseln ihre Plätze entsprechend. Teleonomisch ist das einsichtig: Wenn ein Verhalten unvorhergesehen eine Quelle der Befriedigung eröffnet, so ist das Verhalten die mögliche *Ursache;* es ist daher sinnvoll, es in den Dienst der befriedigten Bereitschaft zu stellen; das heißt aber: Diese muß, wenn sie aktiviert wird, das Verhalten *auslösen;* jetzt ist das Verhalten die *Wirkung.* Es ist bemerkenswert, daß ein so einfaches Schaltsystem wie das der Abb. 29 eine logisch so anspruchsvolle Aufgabe erfüllt.

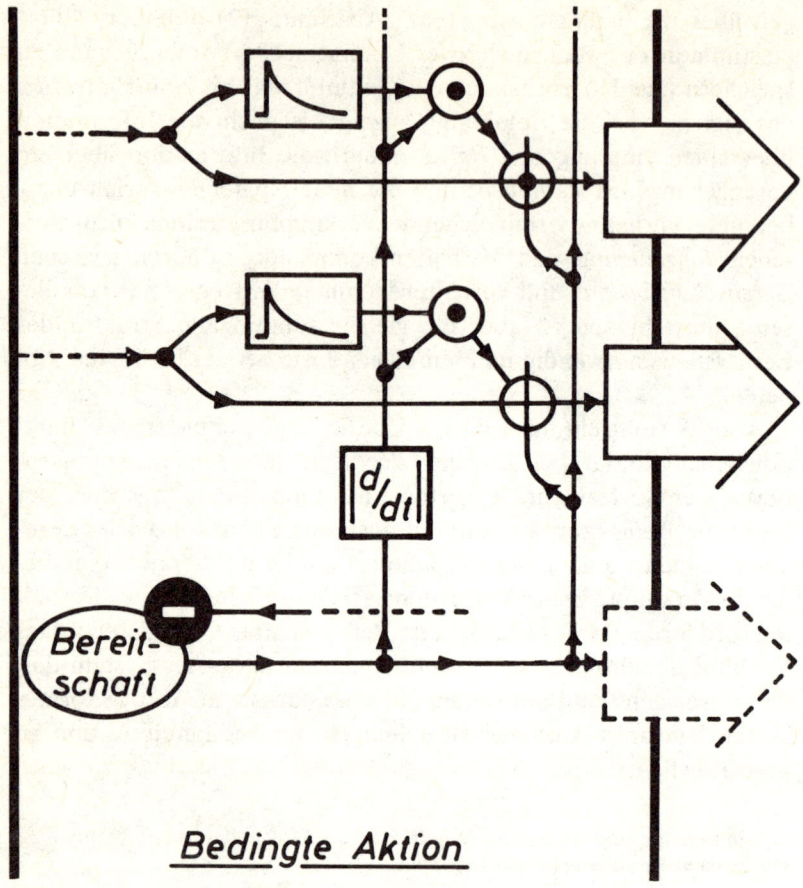

Bedingte Aktion

Abb. 29 Idealisiertes Funktionsschaltbild für den Lernprozeß der bedingten Aktion. Der gestrichelt gezeichnete Pfeil unten rechts kennzeichnet das angeborene instinktive Verhalten, das zu der Bereitschaft gehört.

B 4. *Auf eine Wahrnehmung folgt schlechte Erfahrung: Bedingte Aversion (bedingtes Vermeideverhalten)*

Biologische Bedeutung (teleonomisches Prinzip). Wenn die Wahrnehmung einer Reizsituation ein- oder mehrmals mit abschreckenden Erfahrungen einhergegangen ist oder sie angekündigt hat, so spricht das dafür, diese Reizsituation hinfort zu meiden oder zu fliehen. Diesem *teleonomischen Prinzip* entspricht ein tatsächliches Lernprinzip, das *erlernte Vermeideverhalten* (»avoidance conditioning«), hier in Parallele zu den übrigen Bezeichnungen *bedingte Aversion* genannt.

Sie ist gleichsam eine bedingte Appetenz mit umgekehrtem Vorzeichen; dies gilt allerdings nicht in *allen* Einzelheiten.

Das *Entstehungsprinzip* der bedingten Aversion läßt sich wie folgt formulieren: Folgt auf die Wahrnehmung einer neutralen oder angestrebten Reizsituation ein- oder mehrmals eine widrige Erfahrung (Schmerz, Schreck, Übelkeit), so bekommt die Reizsituation eine negative Valenz und verknüpft sich mit der Verhaltenstendenz des *Vermeidens* (Flucht, Hemmung der Annäherung).

Der *Ausdruck* Aversion bezeichnet in dieser Zusammensetzung – entsprechend seinem genauen Wortsinn – die *Verhaltenstendenz,* sich von bestimmten Reizen *abzuwenden,* also sie zu meiden oder zu fliehen, *nicht* aber das *subjektive Gefühl* der Aversion. Der Nachteil der Doppelbedeutung des Wortes Aversion wird hier hingenommen, solange sich kein geeigneterer Ausdruck anbietet.

Beispiele. Drei Beispiele sollen das Lernprinzip der bedingten Aversion erläutern (ein weiteres Tierbeispiel bringt Abschnitt IV B 8, S. 310/311):

– Ein Hund war in eine Drehtür geraten und hatte sich schmerzhaft geklemmt. Seither mied er diese Stelle oder rannte, wenn er sie unbedingt passieren mußte, in gestrecktem Galopp an ihr vorbei.

– Von drei Eiderentenjungen, die jeweils nach einiger Zeit gemeinsamen Schwimmens zusammen ans Ufer zu kommen pflegten, um sich zu putzen, wurde eines von seinem vertrauten Pfleger gefangen und allein in seinen Käfig gesetzt, wo es unruhig hin und her lief und »weinte« (Weinen des Verlassenseins). Nachdem ihm dies im Laufe von 2 Tagen elfmal so ergangen war, folgte es den beiden anderen Jungen beim 12. Mal nur bis ans Ufer, blieb dann aber im Wasser und kam nicht aufs Land. Vom Pfleger schließlich doch ans Ufer gelockt, wurde es wiederum nicht zu den Geschwistern gelassen. Beim 13. Mal blieb es weit draußen auf der Wasserfläche und ließ sich nicht mehr ans Ufer locken. Das Küken reagierte also »vorwegnehmend« auf die drohende Gefahr und konnte sie dadurch von vornherein vermeiden. Das Tier übertrug die (negative) »Tönung« oder Valenz der Situation auf deren Begleitumstände und gewann dadurch die Fähigkeit, der Gefahr auszuweichen, bevor sie tatsächlich eintrat[1].

– Läßt man bei weißen Ratten auf die Aufnahme bestimmter Nahrung experimentell eine unspezifische physiologische Schädigung folgen, z. B. durch Röntgen-Bestrahlung (»Röntgen-Kater«), dann kann dadurch der Geschmack der zuvor aufgenommenen Nahrung *rückwirkend* eine negative Valenz bekommen und fortan von dem Versuchstier gemieden (oder weniger gesucht) werden. Vergleicht man die erlernten Aversionen, die durch Röntgen-Strahlen und elektrische Strafreize erzeugt werden können, so zeigen sich Unterschiede: Vegetative Schädigung wird leichter mit Geschmackseigenschaften, elektrischer Strafreiz leichter mit nicht-geschmacklichen Eigenschaften der Nahrung, z. B. Größe der Futterbrocken, assoziiert[1].

Der Zeitabstand zwischen bedingtem Reiz und widriger Erfahrung kann im Fall der vegetativen Störung so lang sein (bis zu mehreren Stunden), daß der Begriff der *Kontiguität*, der für Sekundenbruchteile geprägt wurde, nicht mehr treffend erscheint. Doch ist bislang kein Ausdruck, der sich hier besser eignen würde, geprägt worden.

Eingangs-Ausgangs-Beziehungen. Die Ausgangsvariable ist Vermeideverhalten: Sich-Abwenden, Hemmung der Annäherung, Flucht. Als *unbedingte* Reize wirken Reize mit negativer Valenz: Angst, Schmerz, Trennung von der Artgenossengruppe, Schreck, Übelkeit usw. Das Vermeideverhalten knüpft sich an *bedingte* Reize, sofern auf diese in der Vergangenheit ein- oder mehrmals in entsprechendem Zeitabstand schlechte Erfahrungen folgten. Übersetzt man diese Aussagen in mathematische Formeln, so entsprechen diese den Formulierungen für den bedingten Reflex, (Abb. 22, S. 279).

Funktionsschaltbild. In Abb. 30 ist ein Signalfluß- und Datenverarbeitungsdiagramm angegeben, das die eben genannten Reiz-Reaktions-Zusammenhänge zu verwirklichen vermag. Das *Lern-Teilsystem* entspricht dem von Abb. 26 (S. 289). Der linke Teil des Funktionsschaltbildes entspricht dem des bedingten Reflexes (Abb. 23, S. 281). Auf der rechten Seite ist ein Teilsystem der *gegenseitigen Hemmung* zwischen Flucht und Appetenzverhalten (Höchstwertdurchlaß, Abb. 14, S. 263) eingezeichnet: Auch ein Reiz, der ursprünglich auslösender oder angezielter Reiz in einem Appetenzverhalten war, kann sich aufgrund schlechter Erfahrung mit dem Vermeideverhalten verknüpfen, und das zugehörige Appetenzverhalten wird unterdrückt.

Die neben den Übertragungskanälen eingezeichneten Pfeile geben den Weg der Signale für das Beispiel der Eiderentenjungen an. Das Appetenzverhalten wäre: Schwimmen zum Ufer; der bedingte Reiz (der zweite von oben) wäre der Anblick des Ufers. Durch den Lernprozeß hat das Ufer negative Valenz erhalten, indem sich die entsprechende bedingte Verknüpfung bildete. Damit ist die Signalverbindung entstanden, die das ursprüngliche Appetenzverhalten, die *Annäherung* an das Ufer, über den Höchstwertdurchlaß *hemmt*.

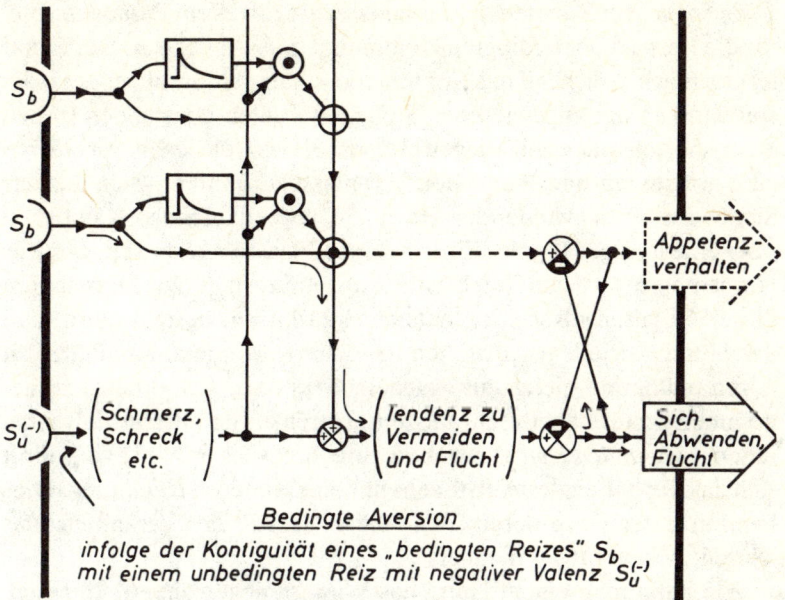

Abb. 30 Idealisiertes, vereinfachtes Funktionsschaltbild für die *bedingte Aversion.* Der gebogene Pfeil unten links soll andeuten, daß das negativ bewertete Ereignis nicht nur ein Außenreiz, sondern auch ein vegetativer Zustand (z. B. Übelkeit) sein kann. – Ein *Differenzierglied* wie bei der Belohnung einzufügen hätte im Fall der Strafe keinen funktionellen Sinn. – Der hinsichtlich der Aversion erfahrungsbedingte Reiz kann zugleich der frühere auslösende Reiz für ein zu einer anderen Bereitschaft gehöriges Appetenzverhalten sein; das ist durch die gestrichelte Linie angedeutet; die Bereitschaftsinstanz für dieses andere Verhalten ist nicht eingezeichnet.

B 5. *Auf ein Verhaltenselement folgt schlechte Erfahrung: Bedingte Hemmung*

Biologische Bedeutung (teleonomisches Prinzip). Wenn ein – wie auch immer motiviertes – Verhalten ein- oder mehrmals unangenehme Erfahrungen wie Schmerz oder Schreck nach sich zieht, so erscheint es sinnvoll, dieses Verhalten hinfort unter Hemmung zu setzen und *nicht mehr* auszuführen. Diesem teleonomischen Prinzip entspricht ein tatsächlicher Lernvorgang, die *erfahrungsbedingte Hemmung* (»suppression by punishment«): Folgt einem Verhalten ein- oder mehrmals eine Erfahrung mit negativer Valenz wie Schmerz oder Schreck, so erfolgt ein Lernvorgang mit dem Ergebnis, daß das Verhalten hinfort seltener oder gar nicht mehr ausgeführt wird.

Beispiele. Im Rahmen der *Hundedressur* gibt es ein Paradebeispiel für die Lernart der bedingten Hemmung: das »Abliegen«: Der Hund lernt zunächst, sich auf das Kommando »Platz« sofort hinzulegen. Er soll dann an der angewiesenen Stelle unter allen Umständen (bis zu einer Viertelstunde lang) liegen bleiben, gleich welche Sinnesreize ihn zum Aufstehen und Weglaufen veranlassen könnten – sein aus der Sichtweite verschwindender Herr, ein vorbeilaufendes Kaninchen oder eine läufige Hündin. Er darf seinen Platz nur verlassen, wenn er von seinem Herrn den Befehl zum Aufstehen erhält. Die Dressur, um diese Verhaltensdisposition entstehen zu lassen, besteht darin, daß der Hund bei jedem Aufstehen das scharfe Kommando »Platz« zu hören bekommt, gleich aus welchem Grunde er sich erhebt, ausgenommen wenn er auf Befehl aufsteht. Durch die Erfahrung, daß er bei jedem *eigenmächtigen* Aufstehen zurechtgewiesen wird, verknüpft sich das Verhalten des Aufstehens mit einer inneren *Hemmung*. Dies hemmt in der Folge bereits den *inneren Impuls* des Verhaltens; das Verhalten beginnt gar nicht erst.

Wie kann man einem Hund das Wildern abgewöhnen? Ihn nach dem Zurückkommen zu bestrafen führt nicht zum Erfolg; denn dann verknüpft sich für das Tier mit der Strafe nicht das Wildern, sondern das mit der Strafe Gleichzeitige, also das Vom-Wildern-Zurückkehren. Die Folge wird sein, daß das Tier immer später heimkehrt, woran auch die Schwere der Strafe nichts ändern kann. Erfolg verspricht jedoch folgende Maßnahme: den Augenblick abzupassen, in dem der Hund beim Spaziergang zum Wildern fortzulaufen pflegt, und ihn zu diesem Zeitpunkt durch *sofortige* Bestrafung daran zu hindern. Die zugleich mit der Verfehlung verabfolgte Strafe hat, auch wenn sie nur leicht ist, mehr Erfolg als eine nachträgliche, noch so schwere Bestrafung. Jetzt verknüpft sich die *Verhaltenstendenz* mit dem unangenehmen Erlebnis. Dadurch wird eine »gelernte Hemmung« aufgebaut.

Nach demselben Prinzip vermag der Mensch bei Haus- und Zirkustieren diejenigen Verhaltensweisen »abzudressieren«, die er nicht wünscht: bei Hunden beispielsweise das Zerren an der Leine mit Hilfe des Stachelhalsbandes, das jedes Anziehen automatisch durch einen Schmerzreiz bestraft. Bei Kettenhunden kann man beobachten, daß sie stets kurz vor der Situation, in der sich ihre Halskette strammziehen würde, haltmachen, auch wenn sie anscheinend in höchster Aggressivität auf den Unbekannten zulaufen wollen.

Eingangs- und Ausgangsvariablen. Als Eingangsvariablen hat man aufzufassen: erstens – wie bei der bedingten Aktion, Abb. 24 – das

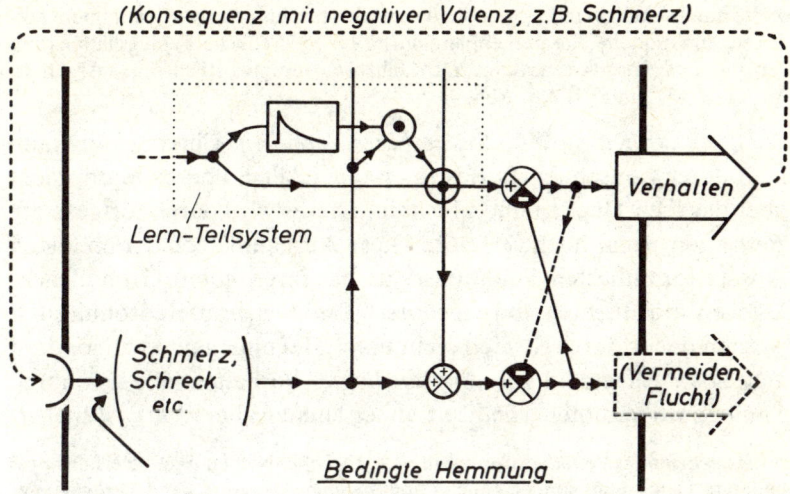

Abb. 31 Idealisiertes, vereinfachtes Funktionsschaltbild für die *bedingte Hemmung*.

zentralnervöse Kommando für die (später durch den Lernakt gehemmte) Aktion; zweitens – wie bei der bedingten Aversion – die Meldung über die schlechte Erfahrung, die dann die bedingte Hemmung als Konsequenz nach sich zieht. Ausgangsvariable ist die eben bereits genannte *Aktion,* die durch den Lernakt unterdrückt wird.

Funktionsschaltbild (Abb. 31). Der Unterschied zu Abb. 30 liegt darin, daß nicht ein Sinnesreiz, sondern ein *zentralnervöses Kommando* (über dessen Herkunft nichts vorausgesetzt wird) im Lern-Teilsystem gespeichert wird (ähnlich wie bei der bedingten Aktion, Abb. 29). Ferner ist es hier die zeitliche Beziehung zwischen einem *Verhaltens*element und einer schlechten Erfahrung, die den Lernvorgang veranlaßt. Der rechte Abschnitt des Diagramms ist analog zu Abb. 30; hier steht jedoch nicht das Vermeideverhalten, sondern die auf das andere Verhalten ausgeübte *Hemmung* im Vordergrund, weil gar keine zu vermeidende Reizsituation zu existieren braucht.

Mögliche sekundäre Folgen von bedingter Hemmung. Folgt auf ein beliebiges Verhalten ein- oder mehrmals eine schmerzhafte oder ängstigende Erfahrung, so kann die betreffende Verhaltenstendenz unter Hemmung gesetzt werden, und das Verhalten erfolgt seltener oder gar nicht mehr. Falls es sich nun bei einem derart gehemmten Verhalten um den *einzigen Ausdruck eines instinktiven Antriebs* handelt, so steigert sich dieser Antrieb unter Umständen im Laufe der Zeit, er »staut sich auf«. Dies kann so weit gehen, daß sich der angestaute Antrieb schließlich gegen die Hemmung Bahn bricht und die zuvor gehemmte Verhaltensweise nun besonders intensiv und unkontrollierbar zum Ausbruch kommen läßt. Dieser funktionelle Zusammenhang dürfte für menschliche Fehlverhaltensweisen mit *Durchbruchs*charakter, z. B. Jähzorn, verantwortlich sein (Abschnitt VI A 1, S. 437, und VII A 6, Abb. 43, S. 485).

Durch Strafen nicht abdressierbares Verhalten. Einem Hahn kann man durch konsequentes Bestrafen das Krähen abdressieren, nicht aber das Sich-Ducken und Flüchten. Dieses wird durch fortgesetzte *Bestrafung* sogar hoch *verstärkt.* Diese Ausnahme von der im ersten Absatz formulierten Funktionsregel hat ihren guten Grund: Sich-Ducken und Flüchten sind *angeborene Reaktionen* auf Bedrohung und werden daher durch Strafen nicht unter Hemmung gesetzt, sondern ausgelöst. Allgemein gilt: *Angstbedingtes* Verhalten läßt sich durch *Strafen* zwar mitunter in andere Bahnen lenken, aber *nicht auslöschen.*

Zielgehemmtes Verhalten durch bedingte Aversion. Nicht nur durch erfahrungsbedingte Hemmung, sondern auch durch *bedingte Aversion* kann *Verhalten* gehemmt werden, nämlich das *Appetenzverhalten* gegenüber dem *Ziel*, das durch die Erfahrung abstoßend geworden war. Dieses Verhalten ist dann *zielgehemmt.* Bei der »bedingten Hemmung« ist dagegen primär die *Ausübung des Verhaltens* gehemmt; dieses ist dann also *ausführungsgehemmt*, obwohl das angestrebte Ziel so lockend bleibt wie zuvor. Mitunter erfolgen aber auch beide Lernprozesse zugleich.

Unterscheidung zwischen bedingter Aversion und bedingter Hemmung. Ein *ausführungs*gehemmtes Verhalten bleibt gehemmt, gleich welche auslösenden Reize eintreffen. Ein *ziel*gehemmtes Verhalten bleibt nur in denjenigen Auslösesituationen gehemmt, die der nach den widrigen Erfahrungen mit Angst assoziierten Situation gleichen oder ähneln; unter anderen Umständen, die sich genügend von der »traumatischen« Situation unterscheiden, wird die Assoziation nicht aktiviert, und das zuvor zielgehemmte Verhalten läßt sich auslösen.

B 6. »*Erlernte Antriebe*«

Widrige Erfahrungen können nicht nur zu den beiden besprochenen erlernten Verhaltenstendenzen führen,

– Reize zu vermeiden (= bedingte Aversion) und

– eigene Verhaltenselemente zu unterdrücken (= bedingte Hemmung), sondern unter Umständen auch zu einer dritten:

– neue Verhaltensweisen in den Dienst der Gefahren- oder Angstabwehr zu stellen.

Weil dieser Vorgang nicht offen zutage liegt und darum nicht leicht durchschaubar ist, erwecken die betreffenden *Verhaltensweisen* leicht den Eindruck, als seien sie durch den Lernprozeß zum ausführenden Verhalten eines *neu entstandenen, »erlernten Antriebs«* geworden.

Biologische Bedeutung (teleonomisches Prinzip). Gegen Gefahren, die ohne Vorwarnung, aber nicht ganz regellos hereinbrechen, kann es sinnvoll sein, nach bestmöglicher Anpassung an die beobachteten Zeitregeln *aus eigener Initiative vorsorgliches Verhalten* durchzuführen.

Lernprinzip. Folgt auf das Ausführen eines bestimmten Verhaltens ein- oder mehrmals die Erleichterung von bestehender Angst oder sonstiger Belastung, so kann das einen Lernprozeß zur Folge haben mit dem Ergebnis, daß einsetzende Angst nun das betreffende Verhalten ohne äußeren Anlaß hervorruft.

Beispiel[1] (Experiment): Mäuse oder Ratten mußten auf einem Drahtgitter laufen, das ihnen in *Phase I* des Experiments in gleichmäßigen Zeitabständen leichte, aber doch unangenehme elektrische Schläge versetzte; sie konnten die Reize *verhindern,* indem sie jeweils kurz vor dem Reiz-Zeitpunkt eine bestimmte Taste bedienten. Die Tiere lernten schnell, in den notwendigen Zeitabständen die Taste zu drücken und so den schlechten Erfahrungen zuvorzukommen.

Nachdem das Verhalten perfekt eingelernt war, wurde in *Phase II* des Experiments die Strafapparatur ausgeschaltet. Trotzdem behielten die Tiere das Tastendrücken bei. Das ist verständlich; denn da sie die Reize ohnehin regelmäßig verhinderten, veränderte sich für sie gar nichts, als die Reizapparatur abgeschaltet wurde. Sie konnten es nicht einmal merken und drückten weiter vorsorglich die Taste in den durch Erfahrung eingeprägten Zeitabständen.

Auf diese Art wurden also Versuchstiere programmiert, die alle paar Minuten eine Taste drückten. Wer solche Tiere beobachtet und ihre *Vorgeschichte* nicht kennt, gewinnt den Eindruck, sie hätten *einen neuen Antrieb erworben:* den Antrieb, eine Taste zu drücken. In Wirklichkeit ist natürlich die *Furcht* (vor den elektrischen Reizen) der Antriebsmotor dieses Verhaltens. Das kann man erkennen, wenn man ein Tier am Tastendrücken hindern will: Es sucht sich zu befreien, um zur Taste zu gelangen.

Wenn das Tier in der ersten Phase des Experiments jeweils rechtzeitig die Taste drückt, so erreicht es damit zweierlei: Es vermeidet die reale Unannehmlichkeit, und es vermeidet seine Angst davor. Fällt in der zweiten Phase des Experiments der erste, objektive Grund weg (was das Tier womöglich gar nicht merkt), so bleibt doch der zweite, subjektive Grund stets wirksam: *Das Verhalten erfüllt dann noch die Funktion, die eigene Angst zu verringern.* Dann ist das Verhalten aber nicht mehr an ein Erfordernis der Umwelt angepaßt, sondern es dient allein einem Anliegen der inneren Befindlichkeit.

Nach dem beschriebenen Muster kann man sich für fast beliebige Verhaltensweisen vorstellen, daß sie sich durch einen Lernprozeß mit der Funktion der Angstbeschwichtigung verkoppeln: Sie brauchen nur irgendwann – womöglich nur zufällig – kurze Zeit *vor* einer Angstbeschwichtigung erlebt worden zu sein, um den Lernprozeß zu verursachen.

Funktionsschaltbild. Vergegenwärtigt man sich die Phasen des eben beschriebenen Lernprozesses – (1) Verhaltenselement, (2) Verringerung von Angst, (3) Verknüpfung der Instanz für Angst mit dem Verhaltenskommando –, so erkennt man, daß es sich um eine *bedingte Aktion* (Abschnitt B 3) handelt. Also ist das Funktionsschaltbild der Abb. 29 (S. 296) maßgebend.

Angst- und Schmerzlinderung als Belohnung. Angst und Schmerz – sonst die Ursachen für Flucht und Abwehr sowie für bedingte Aversionen und bedingte Hemmungen – treten hier in einer neuen Funktion in Erscheinung: Ihre *Verringerung* wirkt wie eine *Belohnung*. Angst und Schmerz sind damit unter den vielen Antriebsinstanzen dadurch ausgezeichnet, daß sie *für alle vier Formen* des »Lernens aus Erfahrung« – sowohl für Belohnungs- wie für Straflernen – verantwortlich sein können.

Scheinbare Eigenständigkeit der »erlernten Antriebe«. Wurde ein Verhalten, nachdem ihm ein- oder mehrmals eine Angstbeschwichtigung nachfolgte, nach dem Lernprinzip der bedingten Aktion *zum ausführenden Funktionsglied der Angstbeschwichtigung,* so erweckt es später leicht den äußeren Anschein, als stehe es in Wirklichkeit im Dienst *eines eigenen Antriebs* und habe mit Gefahren oder Angst gar nichts mehr zu tun. Dieser Eindruck drängt sich einem Beobachter um so stärker auf,

– je weniger das Verhalten mit der Abwehr wirklich drohender Gefahren zu tun zu haben scheint,

– je weniger Grund für Angst die betreffende äußere Situation in sich zu bergen scheint,

– je weniger Anzeichen für Angst im sonstigen Verhalten zu erkennen sind,

– je weniger Angst andererseits ausreicht, um das Verhalten auszulösen.

Im Extremfall wirkt ein solches Verhalten, falls seine Entstehungsgeschichte unbekannt ist, für den Beobachter unverständlich und, falls ohne erkennbaren äußeren Anlaß beginnend, unmotiviert (wie das Tastendrücken der Laborratte, siehe oben). Zugleich aber steht es offensichtlich unter Antriebsdruck. Das wiederum macht den Eindruck, als sei es ein eigenständiges, isoliertes Geschehen und als stehe es im Dienst eines unabhängigen, eigenen »*erlernten Antriebs*«.

Im Normalfall veranlaßt die Angst die Lebewesen zu lebenserhaltenden Verhaltensweisen wie Flucht oder bewegungslosem Verharren, wodurch sie aus der Gefahrenzone entkommen oder auf sonstige Weise der realen Gefahr entgehen. Anschließend verringert sich dann auch die Angst. Da Angstminderung aber auch einen eigenen Belohnungswert besitzt, können sich – wie beschrieben – aufgrund entsprechender Kontiguität auch andere, fast beliebige sonstige Verhaltensweisen an die Angstverminderung anknüpfen, wodurch sie einen sekundären, eigenen Antriebsdruck erwerben (oder, falls sie selbst bereits antriebsbedingt sind, dazuerwerben). Dies ist – der Möglichkeit nach – ein verhaltenspathogenes Prinzip ersten Ranges (siehe Abschnitte V B 1, S. 412, sowie VII A 3 und A 4, S. 476 ff.).

B 7. *Elementare Lernarten und deren Kombination*

Bezeichnet man als *elementar,* was nur als Ganzes seine wesentlichen Eigenschaften zeigt und diese bei weiterer Zerlegung sofort verliert, so handelt es sich beim bedingten Reflex und bei den in der Kreuzklassifikation Abb. 32 zusammengestellten Arten des *Lernens* (bedingte Appetenz, bedingte Aktion, bedingte Aversion und bedingte Hemmung) in der Tat um *elementare* Lernformen. Sie sind definiert durch je eine einzige erfahrungsbedingte neue Verknüpfung, also durch eine Konstellation von Bedingungen, die sich logisch nicht weiter reduzieren läßt. Hier folgen noch einmal die vier Kurzdefinitionen, wobei der Pfeil den Lernprozeß versinnbildlicht:

– Auf *Reiz* folgt *gute* Erfahrung (= Antriebsbefriedigung) → der Reiz wird zum Anlaß und Ziel des Appetenzverhaltens des befriedigten Antriebs: *bedingte Appetenz*;

– auf *Verhaltenselement* folgt *gute* Erfahrung (= Antriebsbefriedigung) → der befriedigte Antrieb stellt das Verhaltenselement neu in seinen Dienst: *bedingte Aktion*;

– auf *Reiz* folgt *schlechte* Erfahrung → der Reiz wird künftig gemieden: *bedingte Aversion*;

– auf *Verhaltenselement* folgt *schlechte* Erfahrung → das Verhalten wird künftig unterdrückt: *bedingte Hemmung*.

Kombination aus bedingter Appetenz und bedingter Aktion. In einer und derselben Lernsituation kann ein Tier gleichzeitig neue auslösende Reize *und* neue ausführende Verhaltensweisen für ein antriebsabhängiges Verhalten lernen. Dadurch kombinieren sich die Lernprozesse der bedingten Appetenz und der bedingten Aktion.

Art der Erfahrung: / erlernt:	auslösende Reizsituation	Verhaltens-element
Belohnung	bedingte Appetenz · 1	bedingte Aktion 2
Strafe	bedingte Aversion 3	bedingte Hemmung 4

Abb. 32 Elementare Lernprozesse aus dem Bereich der Sammelbezeichnung »Lernen aus Erfahrung«.

Beispiel. Eine Katze hatte in einem dafür hergerichteten Versuchs-raum (SKINNER-box) zufällig mit der Pfote eine Taste nach unten ge-drückt; die Konsequenz war: Futter erschien. Die Katze war hungrig und wiederholte darum die Bewegung, zunächst mit dem gleichen Erfolg. Nachdem die Handlung fest erlernt war, wurde jedoch der Apparat blockiert, so daß jetzt die Belohnung ausfiel. Daraufhin ging die Katze umher und drückte mit der Pfote auf alle möglichen ande-ren Dinge wie Futterschalen, Kästchen, andere Katzen[1]. Wie dieses Verhalten zeigte, hatte die Katze im Dienste der Ernährungs-Bereit-schaft sowohl eine *auslösende Wahrnehmung,* »etwas von oben zu Berührendes«, als auch ein *Verhaltenselement,* »mit der Vorderpfote nach unten drücken«, gelernt.

Dieses erlernte Verhalten unterscheidet sich zutiefst von der *ange-borenen Mäusejagd* der Katze (die sie durchaus noch beherrscht, wenn man ihr dazu die Gelegenheit gibt): Anstelle der lebendigen Maus, die sich bewegt, sucht die Katze nach der Taste; und anstelle des blitzschnellen Mäusesprungs bedient sie die Taste mit der Pfote. Das Orientierungsziel *und* das Verhalten, damit also alles, was man *von außen* her beobachten kann, ist bei der Katze im Versuchsraum *erlernt. Angeboren* ist jedoch nach wie vor die Bereitschaft zur Nah-rungsaufnahme, der »Hunger«, in seiner Abhängigkeit vom Versorgungszustand des Körpers; *angeboren* sind ferner die instinktiven Endhandlungen, also das Verschlingen der Nahrung und natürlich die Verdauungsvorgänge.

Auf den Funktionsschaltbildern Abb. 33 und 34 sind die bedingte Appetenz und bedingte Aktion kombiniert dargestellt. Es sind *zwei* einzelne Lernprozesse, die hier *miteinander* zu dem beschriebenen Lernergebnis der Katze führen. Als Anteil des *angeborenen* Verhaltenszusammenhangs bleibt ein Stück des Signalweges zwischen der Bereitschaftsinstanz und der ursprünglichen Ausführungsinstanz des Appetenzverhaltens in Funktion. Es gewährleistet den nach wie vor bestehenden Zusammenhang zwischen den erlernten Anteilen (Reiz-Engramm, Verhaltens-Engramm) und der Bereitschaftsinstanz.

Instinktreduktion als Voraussetzung für die Steigerung der intellektuellen Fähigkeiten? *Sowohl* Auslösung *als auch* Durchführung des Appetenzverhaltens können also *erlernt* sein. Trotzdem sind dadurch – wie Abb. 34 anschaulich macht – keine ursprünglich angeborenen Strukturen entfernt oder zerstört worden; lediglich werden einige Teile davon unter Umständen nicht mehr gebraucht, nachdem Strukturen des Lernsystems in Aktion getreten sind. Diese Aussage ist *anthropologisch* bedeutsam: Früher wurde die Vorstellung vertreten, die *Menschwerdung* müsse mit einem stammesgeschichtlichen *Instinktverlust* einhergegangen sein; anders sei es nicht zu erklären, daß die Menschen so weitgehend von ihrem Intellekt gesteuert werden können. Dieser Schluß jedoch trügt: Auch *Lernvorgänge* können zur Folge haben, daß instinktives Verhalten nicht in Erscheinung tritt. Die angeborenen Fähigkeiten brauchen dazu nicht in einem stammesgeschichtlichen Prozeß verlorengegangen zu sein, sie können latent weiterbestehen. Es ist also denkbar, daß auch der verstandesgesteuerte Mensch noch sein volles Instinktrepertoire besitzt; er *gebraucht* es nur noch teilweise. Mit der Fähigkeit, in einem instinktiven Verhaltensbereich die Lern- oder Verstandessteuerung anzuwenden, geht jedoch die *Instinktsicherheit* prinzipiell verloren. Weil Lernen und Verstand neue Verhaltensmöglichkeiten erschließen, kann sich der Mensch zwischen den instinktbetonten und den verstandesbetonten Verhaltenstendenzen *entscheiden*. Somit ist er zugleich freier und unsicherer geworden. Er vermag noch nach dem Instinkt zu handeln, ist aber nicht mehr an ihn *gebunden*. Der Instinkt ist noch da, aber er ist nicht mehr der »*sichere* Instinkt«.

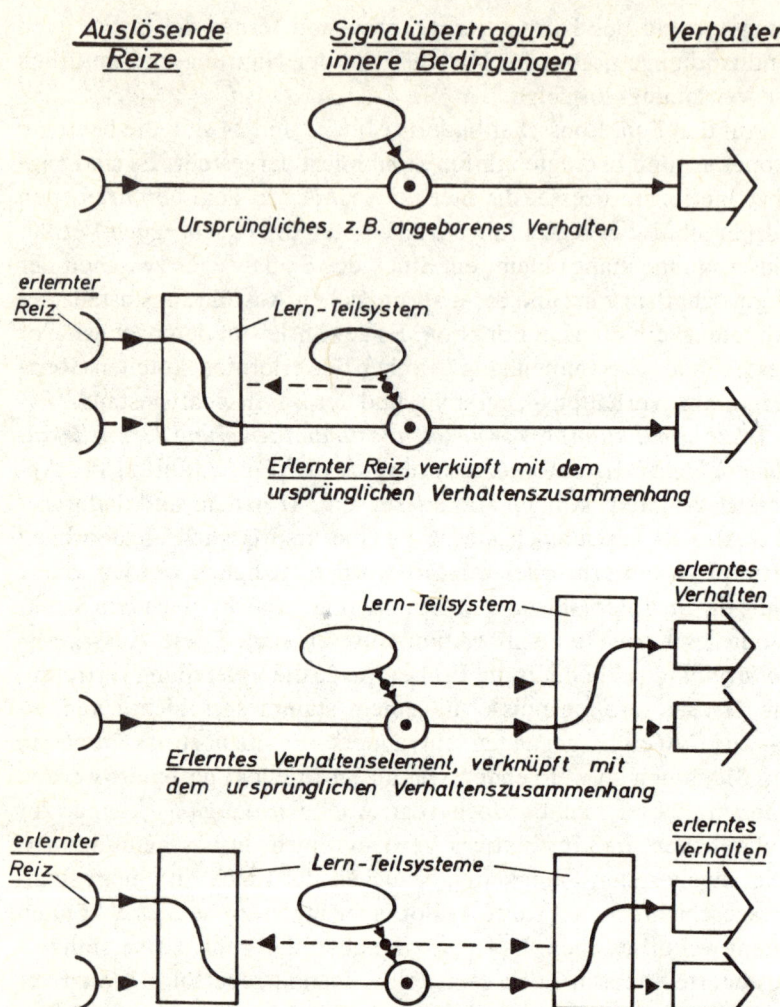

Auslösende Reize | Signalübertragung, innere Bedingungen | Verhalten

Ursprüngliches, z.B. angeborenes Verhalten

erlernter Reiz | Lern-Teilsystem

Erlernter Reiz, verküpft mit dem ursprünglichen Verhaltenszusammenhang

Lern-Teilsystem | erlerntes Verhalten

Erlerntes Verhaltenselement, verknüpft mit dem ursprünglichen Verhaltenszusammenhang

erlernter Reiz | Lern-Teilsysteme | erlerntes Verhalten

Abb. 33 Stark vereinfachte Veranschaulichung der Vorstellung, wie durch Kombination je eines Lernvorgangs der bedingten Appetenz (»erlernter Reiz«, siehe auch Abb. 26) und der bedingten Aktion (»erlerntes Verhaltenselement«, siehe auch Abb. 29) ein Verhalten entsteht, bei dem Reizsituation *und* Verhaltensablauf erlernt sind und trotzdem noch eine ursprüngliche (»ungelernte«) Komponente erhalten geblieben ist: die Bereitschaftsinstanz und deren Verbindungen zur Signalübertragungsbahn zwischen Afferenz und Efferenz sowie zu den beiden Lernteilsystemen. Ein genauer ausgeführtes Funktionsschaltbild zeigt Abb. 34.

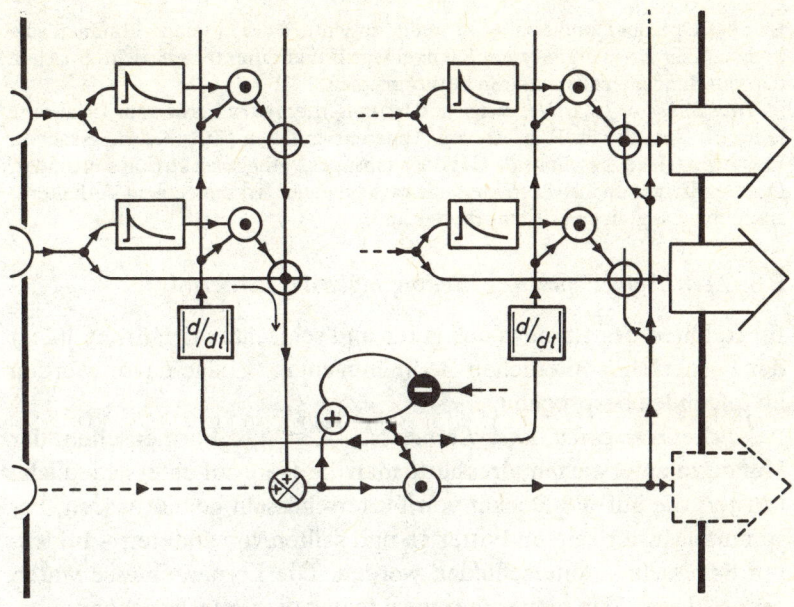

Abb. 34 Idealisiertes, vereinfachtes Funktionsschaltbild für solche Lernprozesse, die sowohl Elemente der bedingten Appetenz als auch solche der bedingten Aktion enthalten: »*Lernen am Erfolg*«. Die nach dem Lernen funktionslos
gewordenen angeborenen Übertragungskanäle sind gestrichelt dargestellt.

Begriffe der Lerntheorie. Die derzeit am häufigsten verwendeten,
aus der Lerntheorie übernommenen Einteilungsbegriffe für Lernprozesse lassen sich auf folgende Weise mit Hilfe von verhaltensbiologischen Begriffen definieren bzw. umschreiben:

Classical Conditioning ist das Verfahren, mit dem man bedingte Reflexe, bedingte Appetenz, bedingte Aktionen oder Kombinationen aus diesen Lernarten
hervorbringt, sofern der Versuchsleiter die Zeitpunkte für die bedingten und unbedingten Reize und damit für die Lernakte bestimmt. Classical Conditioning ist
also im eigentlichen Wortsinn kein Vorgang des Lernens und keine Art erlernten
Verhaltens, sondern eine *Methode, Lernprozesse von verschiedener Art zu veranlassen.*
Operant Conditioning ist ein Lernverhalten, in dessen Ablauf die lernfähigen
Wesen *von sich aus* verhaltensaktiv sind und für bestimmte ihrer Verhaltensweisen belohnt werden (in freier Natur oder durch Automaten), so daß die belohnten
Verhaltensweisen daraufhin häufiger (»verstärkt«) werden. Die *Versuchstiere* bestimmen also die Lernzeitpunkte. In verhaltensbiologischer Sicht handelt es sich
bei den hierbei entstehenden erlernten Verhaltensweisen um bedingtes Appetenzverhalten, bedingte Aktionen oder Kombinationen aus beiden. Auch der Be-

griff des Operant Conditioning ist somit hinsichtlich der in seinem Rahmen vor-
kommenden *Lernvorgänge* ein Sammelbegriff und differenziert nicht zwischen
den verschiedenen elementaren Lernprinzipien.

Trial and error-(d. h. Versuchs- und Irrtums-)*Lernen* ist Lernen aus Erfahrung
jedweder Art, das im Rahmen von Appetenzverhalten (z. B. Nahrungssuche),
Erkunden (siehe Abschnitt IV C 1) oder sonstiger Verhaltensaktivität stattfindet.
Der Begriff umfaßt also Lernvorgänge verschiedener Art samt einem Verhaltenszusammenhang, in den sie eingebettet sind.

B 8. *Lernen aus Erfahrung: Bedingungen des Lernerfolgs*

Im Rahmen des Lernens aus guter und schlechter Erfahrung hängt
der Lernerfolg von etlichen Bedingungen ab. Einige davon werden
im folgenden besprochen.

Valenzunterschied und Lernerfolg. Um das Formensehen der
Hunde zu untersuchen, dressierte man die Tiere auf unterschiedliche
Muster, die auf die Deckel von Futterschüsseln gemalt waren; bestimmte Muster zeigten Futter an und sollten von anderen – auf leeren Schüsseln – unterschieden werden. Die Lernergebnisse waren
sehr schlecht. Wie man später merkte, lag dies jedoch nicht am Formensehen der Hunde, sondern daran, daß sie einfach *alle* Schüsseln
abdeckten, weil sie auf diese Weise auch ohne Lernen alles Futter
fanden. Daraufhin änderte man die Versuchsanordnung und ließ die
Hunde über eine grabenartige Vertiefung hinüber an senkrecht hän-
gende Türen springen, welche die Muster trugen; bei den »richtigen«
Mustern öffneten sich dadurch die Türen, hinter denen das Futter
lag; die »falschen« Türen aber waren verriegelt, so daß der anspring-
ende Hund in den flachen Graben zurückfiel. In dieser Versuchsanordnung war der *Valenzunterschied* zwischen den verschieden be-
werteten Merkmalen groß genug. Jetzt waren die Hunde »lernmoti-
viert«, und sie unterschieden die Muster aufs feinste.

Antriebslage und Lernergebnis. Manchmal hat eine Erfahrung für
ein Lebewesen sowohl gute als auch schlechte Seiten. Was setzt sich
dann durch, Zuwendung oder Abwendung? Im folgenden Verhaltensversuch[1] ließ sich beides nebeneinander beobachten:

Acht *Goldammern* erhielten in einem Beobachtungskäfig *Pfauenaugen* als Beute-Insekten. Diese Schmetterlinge haben gegenüber
Feinden eine besondere Schreckreaktion: Sie öffnen schnell, begleitet von einem zischenden Laut, ihre Flügel und demonstrieren so ihre
großen bunten Augenflecke – ein Anblick, der Singvögel erschreckt
und in die Flucht schlägt. Sämtliche Goldammern machten Erfahrungen mit den Pfauenaugen. Das Ergebnis war bei sechs Tieren, daß sie

sich bald nicht mehr um die Schreckreaktionen der Schmetterlinge kümmerten und immer kürzere Zeit zögerten, sie zu fangen und zu verzehren; bei den anderen Vögeln verstärkte sich jedoch von Mal zu Mal die Furcht vor den Faltern, und sie mieden sie schließlich schon auf ihren bloßen Anblick hin, ohne daß die Schreckreaktion überhaupt noch zu erfolgen brauchte. – Tiere der gleichen Art lernten also in gleichartigen Erfahrungssituationen Gegenteiliges: Für die einen dominierten mehr und mehr die guten, für die anderen zunehmend die schlechten Erfahrungen.

Dies kann davon abhängen, ob bei der *ersten* Begegnung mit einem der Pfauenaugen die Belohnungs- oder die Schreckwirkung überwog, sei es wegen irgendwelcher zufälliger Begleitumstände oder wegen der *Antriebslage* der Tiere: Der Grad des Hungers bestimmt (neben der Reizqualität) den Belohnungscharakter eines Teilchens Nahrung, der Grad der Empfindlichkeit die Stärke des Schreckens. Das hierfür verantwortliche Prinzip der doppelten Quantifizierung (Abschnitt IV A 3, S. 242) bewirkt dann auch, daß die *weiteren* gleichartigen Erfahrungssituationen in der zu Beginn eingeschlagenen Richtung bestätigend und verstärkend weiterwirken.

Chancen für ein Umlernen. Lernprozesse aufgrund von *schlechter* Erfahrung haben mitunter nur eine geringe Chance, durch neue Erfahrungen korrigiert zu werden. Der Grund ist trivial: Weil eine Lernsituation aufgrund von schlechten Erfahrungen hinfort gemieden wird, kommt das Tier mit ihr auch kaum wieder in Kontakt. Beispielsweise dürften *allein aus diesem Grund* die beiden bevorzugt *schreckbedingt* lernenden Goldammern aus dem letztbeschriebenen Versuch auch später kaum jemals neue, bessere Erfahrungen mit den Schmetterlingen machen.

Lernen besiegt Instinktives. Bodenbrütende koloniebildende Vögel, z. B. *Möwen*, werden durch den Anblick ihrer Eier zum Brüten veranlaßt. Sie wissen aus *Erfahrung*, wo sich ihr Nest befindet. Versetzt man dann das Nest mit den Eiern um einen halben bis ganzen Meter von seiner Stelle, so kann es vorkommen, daß sich die Möwe an den alten Platz setzt und den nackten Boden bebrütet, auch wenn sie dabei ihre Eier im Auge hat: Eine erlernte Reizsituation (der Ort) setzt sich als Verhaltensziel gegen die angeborene auslösende Reizsituation (die Eier) durch. Der Vogel setzt das Brüten auf dem nackten Boden allerdings nur kurze Zeit fort, weil die Kontaktreize durch die Eier an den Brutflächen der Bauchhaut fehlen. Trotzdem zeigt dieses Beispiel: Beim Konflikt zwischen Angeborenem und Erlerntem ist es keineswegs ausgemacht, was von beidem sich durchsetzt.

Anzahl gleichzeitiger Assoziationen. Eigenartigerweise scheint es für höhere Tiere leichter zu sein, zugleich viele Merkmale einer Situation miteinander zu verknüpfen und im Gedächtnis zu behalten, als einzelne, isolierte Assoziationen zu bilden. Jedenfalls geht beim Abrichten von Hunden etwa auf das Wort »Platz« zunächst die Situation mit zahlreichen Einzelheiten – Ort, Tageszeit, Person, Tonfall usw. – in das Lernen ein; und es ist notwendig, alle unwesentlichen Züge nachträglich wieder abzudressieren, indem die Dressur an verschiedenen Orten, zu verschiedenen Tageszeiten und von verschiedenen Dresseuren wiederholt wird.

B 9. *Umgang mit Symbolen*

Den Begriff des *Symbols* kann man auf jede Assoziation zwischen irgendwelchen Gegebenheiten und damit schon auf die einfachsten assoziationsstiftenden Lernprozesse anwenden: Für die auf Apfelblüten Nektar sammelnden Honigbienen ist die weißrosa Blütenfarbe zum »Symbol« für ergiebige Futterquellen geworden. Seinen vollen Bedeutungsgehalt gewinnt der Symbolbegriff aber erst mit der Herauslösung des Symbols aus dem Zeit-, Raum- und Ähnlichkeitszusammenhang mit der bezeichneten Gegebenheit.

Nur wenige hochorganisierte Tierarten können erlernte gegenständliche Symbole zielgerichtet anwenden. Für *Schimpansen* hat es J. B. WOLFE in seinen berühmten *Futtermarkenversuchen* nachgewiesen: Den Schimpansen standen bunte runde Scheibchen von 3 cm Durchmesser zur Verfügung, sowie Automaten, die im Tausch gegen die Scheibchen Futter spendeten. Die Methode, auf diese Weise Nahrung zu erlangen, erfaßten die Tiere schnell. Danach lernten sie, verschiedene Marken für Futter, für Wasser, für Spiel mit dem Wärter, für das »Öffnen einer Tür« usw. zu unterscheiden und richtig zu verwenden. Eine typische Situation war die folgende: Blaue Marken dienten dazu, die Tür zum Nachbarkäfig zu öffnen. Ein Tier war gerade dabei, sich mit all seinen Marken zu beschäftigen. Plötzlich hörte es den Ruf eines bekannten Tieres im Nachbarkäfig. Daraufhin nahm es zielsicher eine blaue Marke aus dem gesammelten Vorrat, ging zur Tür und öffnete sie damit. – Später mußten die Schimpansen zum Erlangen von Futtermarken anstrengende Arbeit leisten (einen Hebelapparat bedienen); und das Eintauschen der Marken gegen Futter war erst nach einem bestimmten Zeitraum möglich. Trotzdem erarbeiteten sich die Schimpansen einen Vorrat an Marken. Sie behandelten die Marken, als hätten sie den *Wert* von Futter bzw. von »Sozialkontakt«. So gewannen die Schimpansen durch ein Zusammenspiel elementarer Lernvorgänge die Verfügung über den Gebrauch von Symbolen[1].

Jahrzehnte später unternahm man erstmalig den Versuch, Schimpansen den Gebrauch *sprachlicher* Symbole beizubringen. Das Ehepaar GARDNER lehrte den 1965 geborenen jungen weiblichen Schimpansen WASHOE weit über 100 Worte einer amerikanischen Taubstummensprache[2]. Das Ehepaar PREMACK unterrichtete einen etwa 1963 in freier Natur geborenen und dann in Gefangenschaft geratenen, ebenfalls weiblichen Schimpansen: SARAH; als Symbole wurden farbige Plastikzeichen verwendet, die an einer Tafel angeheftet werden konnten[3]. Inzwischen sind mehrere weitere Versuche – auch mit jungen Gorillas – im Gange[4].

Was die Schimpansen erfolgreich lernten und dann selbständig anwandten, läßt sich in Kürze am besten durch ein paar ausgewählte Einzelbeispiele veranschaulichen:

WASHOE gab durch Folgen von 2 bis 3 Gesten u. a. zu erkennen: »listen – eat« (wenn die Glocke zum Essen ertönte); »more – sweet« (als Ausdruck des entsprechenden Wunsches); »öffnen, essen, trinken« (um an den Inhalt des Kühlschrankes zu kommen). Als einer »Nachfolgerin« WASHOES mit Namen LUCY erstmalig ein Radieschen vorgeführt wurde, signalisierte sie »food« (Nahrung); dann biß sie hinein und signalisierte spontan den Drei-Zeichen-Satz »Weinen Wehtun Nahrung«, aus dem sie auch später die Bezeichnung für Radieschen beibehielt: entweder »cry food« oder »hurt food«.

Unter den Plastikzeichen, deren Bedeutung SARAH lernte, befand sich u. a. ein blaues Dreieck für »Apfel«, ein grünes Zeichen ähnlich einem russischen Buchstaben (stimmhaftes weiches sch) für Schokolade, andere Zeichen für Tätigkeiten, Personen, Relationen (unter, über, neben; gleich, verschieden), Eigenschaften (rund, viereckig) etc. Die Zeichen für die verschiedenen Farben besaßen nicht selbst die betreffende Farbe, sondern hatten eine *bestimmte Form* und eine *andere* Farbe: Das Zeichen für *Gelb* war schwarz, dasjenige für *Grün* war weiß etc. Auf die Frage an SARAH, welche Farbe der *Apfel* habe (wobei auf das erwähnte *blaue* Dreieck gewiesen wurde), zeigte sie auf die Farbe *Rot* und machte dadurch – wie auch durch ungezählte andere Leistungen – deutlich, daß sie das betreffende Zeichen wirklich als *Symbol* verstanden hatte.

B 10. *Prägung von Jungtieren auf Elterntiere*

Fast alle *Nestflüchter*jungen halten sich durch eigene Laufaktivität eng an beide oder, in den meisten Fällen, an eines der Elterntiere (meistens die Mutter), sei es als einzelnes Junges (Pferde und andere Huftiere), sei es in der Geschwisterschar (Enten, Gänse, Strauße). Auch *Traglings*junge halten während ihrer gesamten Jugendzeit, also auch wenn sie schon selbständig herumklettern können, mit ihrem Muttertier eine feste Verbindung aufrecht; alle diese Jungtiere laufen in der Regel kaum einmal »versehentlich« einem anderen erwachsenen Artgenossen zu. Zum Verwirklichen dieses Jungtier-Elterntier-Zusammenhalts, den man auch als *Bindung* bezeichnet (ohne damit etwas nur dem Menschen Zugehöriges, Seelisch-Geistiges hineindeuten zu wollen), ist zweierlei notwendig:

– daß die Jungtiere ihr Elterntier *individuell kennen,* es also von anderen Erwachsenen unterscheiden können, und

– daß sie an der einmal entstandenen Bindung *festhalten,* auch wenn sie außer ihrem Elterntier später noch anderen Erwachsenen begegnen.

Diesem teleonomischen Prinzip entspricht der Lernvorgang der *Prägung von Jungtieren auf Elterntiere.* Er stiftet während einer sensiblen Phase eine *bleibende individuelle Bindung.* Die *Stabilität* dieser Bindung wird u. a. dadurch gewährleistet, daß die zur Bindung führende Lernfähigkeit nur während der kurzen Zeit der sensiblen Phase besteht und dann erlischt. Dank dieses einfachen Mittels ist das Lernen, das die Bindung stiftet, möglich, und ein späteres Unsicherwerden und Umlernen, wie es beim *Erhaltenbleiben* dieses speziellen Lernvermögens aufgrund neuer Eindrücke denkbar wäre, ist ausgeschlossen. Allerdings birgt dieses Prinzip eine Gefahr in sich: Ist einmal während der sensiblen Phase *keine* Bindung entstanden, so ist ein Nachholen des Bindungsprozesses durch Prägung nicht mehr möglich.

Konrad LORENZ entdeckte dieses zeitgebundene Lernen, gab ihm den Namen *Prägung* und beschrieb es erstmalig am Beispiel der weltbekannt gewordenen Graugans *Martina*[1]: Er hatte beobachtet, wie der kleine Vogel aus dem (künstlich bebrüteten) Ei schlüpfte. Als er danach zufällig eine Bewegung machte, schaute ihn das Graugans-Gössel an und vollzog durch Kopf-Vorstrecken die Bewegung des *Grüßens.* Als LORENZ später das Gössel zur weiteren Betreuung einer Hausgans übergeben wollte und es in deren Bauchgefieder gesteckt hatte, arbeitete sich das Junge dort sofort wieder heraus und folgte dem Menschen, wenn dieser sich entfernte, mit flehentlich klingenden Verlassenheitslauten. Das Tierchen wurde erst wieder ruhiger, als LORENZ es zu sich nahm und aufzog. Durch einen

Prägungsvorgang in der ersten Stunde nach dem Schlüpfen, vermutlich vor allem während des Grüßens, hatte das Gössel unwiderruflich eine Bindung zu seinem menschlichen Pfleger geknüpft.

Nestflüchtende Vögel besitzen schon unmittelbar nach dem Schlüpfen die Verhaltensweise des »Zulaufens« und »Nachfolgens«. Welche Sinnesreize dieses gerichtete Appetenzverhalten auslösen, ist angeboren: Lockrufe oder andere Signale der Eltern oder einfach deren Bewegungen. Beim Zulaufen und Nachfolgen lernt dann das Gössel nach und nach die Artmerkmale und individuellen Merkmale seiner Eltern. Dadurch werden diese zum bleibenden Auslöser der Reaktionen des Kontaktbegehrens; man spricht von »Nachfolgeprägung«. Im Experiment kann man Jungtiere aber auch auf anderes als ihre Eltern prägen, z. B. auf den Menschen oder auch sogar auf *Gegenstände* – etwa auf einen Ball mit eingebautem Lautsprecher, sofern dieser während der ersten Lebenstage des Kükens die Locktöne von Elterntieren ausstrahlt.

Der Lernvorgang bei der Prägung von Jungtieren auf Elterntiere scheint auf den ersten Blick der *bedingten Appetenz* zu ähneln. In ihm sind alle Merkmale für diese Lernart verwirklicht: eine angeborene Reaktion (z. B. Zulaufen, Nachfolgen); eine zunächst neutrale Reizsituation (Anblick des Muttertieres); die Befriedigung eines Bedürfnisses (Erreichen des Kontaktes), wodurch der zunächst neutrale Reizgeber, das Muttertier, zum erlernten Orientierungsziel des Appetenzverhaltens wird. *Unterschiede* zur bedingten Appetenz sind jedoch die Begrenzung der Lernfähigkeit auf die sensible Phase und die (logisch daraus folgende) spätere Unabänderlichkeit der vollzogenen Prägung. – Ein weiterer Unterschied ergibt sich aus folgendem:

Verliert ein Junges den Kontakt zum Elterntier, an das es durch Prägung individuell gebunden ist, so versucht es, durch Verlassenheitsrufe oder auf sonstige Weise die Verbindung zu ihm wiederherzustellen (siehe Abschnitt IV F 2). Die innere Triebfeder für diese Kontaktbemühungen nennt man – vielleicht zu sehr vermenschlichend – *Verlassenheitsangst*. Nur ein durch Prägung gebundener Partner kann die Verlassenheitsangst des Jungen durch seine Anwesenheit beschwichtigen. Damit bekommt die Prägung von Jungen auf ihre Elterntiere eine zusätzliche Eigenschaft: Sie bestimmt, wer durch seine Anwesenheit die Verlassenheitsangst der Jungen zu stillen vermag.

Im Falle von Schreck und Gefahr sucht das Junge, wenn irgend möglich, das Elterntier zu erreichen, auf das es geprägt ist. Diese Schutzfunktion der Mutter (bzw. der Eltern) für das Junge entsteht in

jedem Fall, also auch ohne daß das Jungtier die *Erfahrung* macht,
daß dieser Partner es aus einer Gefahr errettet oder gegen Angreifer
verteidigt. Wenn ein Elterntier durch Prägung zum Hort der Geborgenheit für ein Jungtier wird, so liegt dem somit kein Lernen aus
Erfahrung zugrunde, sondern ein Prozeß der *Reifung*.

Daraus folgt eine Erscheinung, die man beobachtet, wenn man ein Jungtier
isoliert aufzieht, ohne daß es sich an einen bleibenden Partner oder auch an einen
geeigneten Ersatz – siehe Abschnitt IV F4 (S. 382) – binden kann. Ein solches
»Kaspar-Hauser-Jungtier« ist stets im Zustand des Nicht-Geschütztseins durch
einen Geborgenheit bietenden elterlichen Partner. Daher ist *dauernd* seine Bereitschaft zu flüchten aktiviert. Das Verhalten solcher »Kaspar-Hauser-Tiere«
wird in Abschnitt V C3 bis C 4 (S. 419–424) geschildert werden.

Am Jungenverhalten von *Spitzmäusen,* beobachtet von der Zoologin Hanna ZIPPELIUS, lassen sich weitere Eigenschaften der Prägung
von Jungen auf ihr Elterntier ablesen[1]:

Spitzmausjunge reagieren in besonderer Weise auf ihr Muttertier:
Wenn dieses sie – bei Beunruhigung am Platz des Nestes – dazu auf-
fordert, beißen sie sich im Fell der Hinterflanke der Mutter fest und
folgen ihr, wohin sie läuft. Eine richtige »Karawane« entsteht, wenn
sich mehrere Junge der Reihe nach aneinander anhängen. Bis etwa
zum 7. Lebenstag beißen sich die Jungen an *jedem* Fell fest, das ihnen
auf richtige Weise dargeboten wird. Danach aber tun sie das nur noch
an demjenigen Tier, von dem sie aufgezogen wurden, auch wenn dies
im Experiment etwa eine Hausmaus war. Sie sind unwiderruflich auf
dessen *Geruch* geprägt. Diese Prägung gilt aber nur für die Karawa-
nen-Reaktion; Spitzmausjunge lassen sich durchaus von fremden
Weibchen *säugen,* lehnen es aber ab, solchen Weibchen in der Karawane zu folgen. Doch gibt es eine Situation, in der sich die Jungen
auch nach dem 7. Lebenstag an *jedem* anderen Tier festbeißen: wenn
sie gerade zuvor mit Gewalt von ihrem Muttertier abgerissen wurden. – Diese Beobachtungen lehren:

– Prägung erfolgt nicht nur auf einen Anblick, sondern mitunter
auch auf andere Sinnesreize, z. B. Gerüche.

– Prägung braucht sich nicht auf das gesamte Verhalten zum
Elterntier zu beziehen, sondern lediglich auf einzelne Verhaltens-
aspekte.

– Bei hohem Antriebsdruck kann die Prägungskontrolle vorübergehend außer Kraft treten.

Prägung auf das Artbild und die Individualität des Partners. Man
beobachtet bei einem frisch aus dem Ei geschlüpften Gänschen, daß

es seine Gänsemutter im Laufe von Stunden und Tagen immer genauer kennenlernt und immer seltener auch einmal versehentlich zu anderen Gänsen hinläuft (die es dann wegbeißen). Das immer erneute Wahrnehmen derselben Elterntiere in der sensiblen Phase verleiht dem im Inneren des Tieres entstehenden Elternbild offenbar zunehmend deutlichere Züge, zunächst die allgemeinen der *Art,* dann mehr und mehr die speziellen des *Individuums.*

Konrad LORENZ nennt nun neuerdings nur die *erste* Phase dieses Prozesses eine Prägung und die *zweite* einen Gewöhnungsprozeß, eine, wie er sagt, »Angewöhnung«[1]. Durch diese begriffliche Scheidung würde man nun zwar ein gemeinsames Bestimmungsmerkmal für die Nachlaufprägung und die sexuelle Prägung (Abschnitt B 11) gewinnen: *Beide* »Prägungen« bezögen sich dann lediglich auf das *Artbild,* und das Einprägen der *Individualität* der Eltern wäre etwas qualitativ anderes. Doch ist es bislang ganz ungewiß, ob beim Entstehen des individuellen Zusammenhalts zwischen Jung- und Elterntieren wirklich zwei getrennte Lernprozesse verschiedener Art nacheinander ablaufen; falls nicht, würde man durch die genannte Umbenennung einem theoretischen Prinzip zuliebe einen in sich einheitlichen individuellen Lernprozeß des Jungtiers künstlich in zwei wesensmäßig unterschiedliche Phasen unterteilen.

Verwirrende Fremd-Erfahrung. Ein schlüpfjunges Gänseküken, das seine Eltern schon einigermaßen, wenn auch noch nicht ganz sicher kennengelernt hat, verliert gelegentlich durch Zufall den Kontakt mit Eltern und Geschwistern und irrt suchend umher. Dabei nähert es sich zuweilen einem anderen, Junge führenden Gänsepaar. Gerät es dabei an Gänseeltern mit etwas älteren Jungen, so wird es nicht angenommen, sondern als Fremdling gebissen und vertrieben. Man sollte nun meinen, das Gössel würde sich nach dem Wiederfinden der eigenen Eltern um so fester an diese halten, nachdem es bei den anderen Gänsen schlimme Erfahrungen machen mußte. Das stimmt jedoch nicht: Es scheint im Gegenteil, als würde ein auch noch so kurzes Nachlaufen hinter »falschen« Eltern das Bild der »richtigen« eher *verwischen.* Solch ein Gänschen ist eher unsicher geworden und neigt dazu, seine Fehlhandlung noch mehrmals zu wiederholen[1].

Wäre dies eine »Schlüsselbeobachtung«, die auf Allgemeingültiges hinweist, so ließe sich aus ihr folgern: Während das Bild der leiblichen Eltern noch nicht sicher geprägt war und das Gössel daraufhin vorübergehend einem falschen Gänsepaar nachlief, ist die noch unsichere Bindung weiter verunsichert worden. Das könnte bedeuten: Eine Prägungsphase ist gegen Störungen besonders empfindlich.

Eine unerwartete *Wirkungslosigkeit schlechter Erfahrungen beim*

Bindungsprozeß zeigt sich bei *Hunden*: Hunde durchleben zwischen ihrer 4. und 6. Lebenswoche eine kritische Periode der Entwicklung ihrer sozialen Beziehungen. Sie knüpfen in dieser Zeit ein enges soziales Band zu Artgenossen oder zu Menschen als deren Vertreter, gleich ob sie von diesen vorwiegend freundlich oder vorwiegend abweisend und strafend behandelt werden[1].

In den gleichen Zusammenhang gehört eine Beobachtung an *Rhesusaffenjungen,* die – von ihren Müttern getrennt – mit Mutterattrappen aufgezogen wurden (siehe Abschnitte IV F 4 und V C 3 bis C 5): Man ließ aus den Stoffpuppen, an die sich die Affenjungen als Mutterersatz anklammerten, einen Luftstrahl herausblasen, der die Jungen erschreckte. Man *bestrafte* also gleichsam den Kontakt mit den Puppen, anstatt ihn zu belohnen. Daraufhin flüchteten aber die Affenjungen nicht von den Attrappen weg, sondern sie klammerten sich nur um so fester an sie an[2].

Bindungsbedürfnis – stärker als böse Erfahrungen. In den drei zuletzt beschriebenen Beobachtungen, denen sich zahlreiche ähnliche anreihen ließen, deutet sich eine eigentümliche Unabhängigkeit der Jungtier-Eltern-Bindung von der *Valenz begleitender Erfahrungen* an. Wollte man das zugrunde liegende Prinzip in einen »Imperativ für Jungtiere« kleiden, so würde dieser lauten: Binde dich an dasjenige Lebewesen, das du am häufigsten wahrnimmst, gleich ob es zu dir gut oder böse ist; denn noch schlimmer wäre es, gar keine erwachsenen, die Elternstelle versehenden Partner zu haben.

Dies erinnert an Beobachtungen von Anna FREUD und Dorothy BURLINGHAM: Kleine Kinder hängen auch dann an ihren Müttern, wenn sie von diesen schlecht, ja grausam behandelt werden[3].

B 11. *Sexuelle Prägung: Partnerwahl nach dem Elternbild*

Den meisten Lebewesen ist es *angeboren,* also durch genetische Information vorgegeben, daß sie Artgenossen des anderen Geschlechts als Geschlechtspartner erkennen, sie umwerben und sich mit ihnen zu paaren versuchen. Wo das aber nicht oder nur zum Teil der Fall ist, muß das Tier rechtzeitig *lernen,* wie sein Partner auszusehen hat. Ein sexuell prägungsbedürftiges Tier braucht dafür ein Vorbild; es muß garantiert sein, daß dieses Vorbild ein erwachsener Artgenosse von ihm ist. Nach Abschluß des Lernprozesses muß gewährleistet sein, daß spätere Zufallseindrücke das gewonnene innere Auslöseschema nicht wieder beliebig ändern können; beispielsweise dürfen etwaige sexuelle Auslöser anderer Tierarten, auch wenn sie denen der eigenen Art ähneln, keine Wirksamkeit erlangen können.

Diesem teleonomischen Prinzip entspricht der Lernprozeß der *sexuellen Prägung:* In einer in der Jugendzeit liegenden sensiblen Phase, also noch vor der Auflösung der Familie, prägen sich dem Jungtier am *gegengeschlechtlichen Elternteil* bestimmte Merkmale ein, deren *Wahrnehmung* dann später nach der Geschlechtsreife sein Werbe- und sonstiges Sexualverhalten auslöst. Die Lernphase für das Partnerbild liegt damit in einer Lebensepoche, in der die Fortpflanzung selbst noch nicht möglich ist; in der Jugendzeit formt sich das Auslöseschema für ein Verhalten, das erst viel später ausreift und dann das *Erwachsenenalter* kennzeichnet. Beim Erwachsenen ist dann keine Änderung des Prägungsergebnisses mehr möglich, weil die Lern*fähigkeit* auf die Jugendphase beschränkt ist. Dadurch erhält die sexuelle Prägungsepoche den Charakter einer *sensiblen Phase.*

Daß gerade die *Eltern* zum Vorbild für die Merkmale des späteren Sexualpartners werden, ist biologisch verständlich. In der freien Natur – ohne Eingreifen des Menschen – erfüllen sie die beiden oben genannten Voraussetzungen:
– dem Jungtier mit Sicherheit häufig zu begegnen, nämlich bei der Brutpflege, und
– garantiert Erwachsene der Art des Jungtieres zu sein.
Im Unterschied zur Jungtier-Eltern-Prägung (Abschnitt IV B 10, S. 314) prägen sich dem Jungtier mit der *sexuellen* Prägung aber nicht die *individuellen,* sondern allein *arttypische* Merkmale der Prägungspartner ein. Auch dies ist biologisch verständlich: Eine Ausrichtung der sexuellen Appetenz auf die eigenen Elterntiere hätte keinen biologischen Sinn; die künftigen Sexualpartner sind in aller Regel *andere* Individuen der gleichen Art. Etwaigen Paarungen zwischen Jungen und Eltern ist sogar, wo sie durch zeitliche Überlappung der Lebensspannen der aufeinanderfolgenden Generationen überhaupt möglich wären, biologisch vielfach ein Riegel vorgeschoben (Inzesthemmung; siehe Abschnitt IV F 6, S. 388/389).

Die sexuelle Prägung unterscheidet sich auch darin von der Jungtier-Eltern-Prägung, daß der eigentliche Lernakt beim jungen Tier mit gar keinen Reaktionen (wie Nachlaufen) einhergeht und keinen erkennbaren Belohnungsaspekt aufweist. Die Prägung erfolgt einfach mit dem Wahrnehmen der Eltern, während sie anwesend sind. Bei manchen sexuell prägungsbedürftigen Arten ist zur Zeit der Prägungsvorgänge noch keinerlei Andeutung von Erregung oder sexuellem Verhalten zu beobachten; beim männlichen Tier hat vielfach noch nicht einmal die Produktion von Spermien begonnen.

Die Forschungen an einer *Prachtfinkenart* veranschaulichen besonders klar die *Unwiderruflichkeit* eines Prägungserlebnisses, dazu aber auch noch die Notwendigkeit, zwischen *Prägungsengramm* und *Prägungshandlung* zu unterscheiden:

Der Zoologe K. IMMELMANN[1] ließ Junge des *Zebrafinken* vom Ei an durch Pflegeeltern einer anderen Prachtfinkenart *(Bengalifink,* auch »Mövchen« genannt) aufziehen. Als die Zebrafinken geschlechtsreif waren, erwiesen sich deren Männchen als geprägt auf Bengalifinkenweibchen; denn wenn man ihnen Weibchen *beider* Arten – selbst im Zahlenverhältnis 10:1 zugunsten der artgleichen – anbot, so balzten sie doch nur vor Weibchen der Art der Pflegeeltern.

Hielt man ein derart geprägtes Zebrafinkenmännchen dann aber in einem Käfig *allein* mit einem Weibchen *seiner* Art, so balzte es vor diesem, paarte sich mit ihm und zog erfolgreich mit ihm Junge auf. In der nächstfolgenden Fortpflanzungsperiode erneut vor die 10:1-Wahl gestellt, entschied es sich jedoch stets wieder eindeutig für Bengalifinkenweibchen. Selbst sechs erfolgreiche Bruten mit Zebrafinkenweibchen konnten daran nichts ändern: Der durch die Prägung erworbene Auslöse-Mechanismus ließ sich nicht umstimmen.

Aus dieser Prachtfinken-Untersuchung kann man lernen: Es ist sinnvoll, zwischen *Prägungsengramm* und Prägungs*handlung* zu unterscheiden (Engramm = Gedächtnisspur). Die Prägungs*handlung* – hier die Balz, Paarung und Jungenaufzucht – konnte, falls die durch die Prägung festgelegten Reize ausblieben, auch von arteigenen Weibchen ausgelöst werden. Unwiderruflich blieb trotzdem das Prägungs*engramm* auf die Pflegeelternart bestehen; es konnte durch Erfahrungen nicht gelöscht werden, und es trat sofort auf den Plan, wenn im *Wahlversuch* die erlernten Prägungsreize in Erscheinung traten. Falls der Prägungsreiz aber ausblieb und der Antriebsdruck groß genug war, konnten auch andere als die Prägungsreize die Prägungshandlungen auslösen. – Etwas Entsprechendes war auch bei der Jungtier-Mutter-Prägung der Spitzmaus zu beobachten (Abschnitt IV B 10, S. 316).

Unter Umständen reagieren also geprägte Tiere auch auf andere Reize als die Prägungsreize. Entscheidend für den *Nachweis* der Prägung ist daher allein der *Wahlversuch* zwischen den in Frage kommenden Reizmustern unter sonst gleichen Bedingungen. – Beim Menschen könnte noch eine zweite Wissensquelle hinzukommen: die

Selbstbeobachtung unwiderruflicher Fixierungsschemata innerhalb des eigenen psychischen Erlebens (denen er je nach inneren und äußeren Bedingungen entweder folgt oder – z. B. vernunftgesteuert willentlich – widersteht).

Die Besprechung der *Jungtier-Eltern*-Prägung wird in den Abschnitten IV F 4 (S. 380) und V C 2 bis C 4 (S. 418ff.), die der *sexuellen* Prägung in Abschnitt IV F 6 (S. 388) fortgesetzt.

B 12. *Motorisches Lernen*

Wird ein Tier durch eine mehrmals wiederkehrende Folge von auslösenden Reizen oder durch äußeren Zwang immer wieder zur Ausführung der gleichen Abfolge von Einzelbewegungen veranlaßt, so kann das einen Lernprozeß bewirken mit dem Ergebnis, daß sich die inneren Kommandos der Einzelhandlungen der Reihe nach verkoppeln. Wenn dann später die erste Teilhandlung ausgelöst wird, folgen ihr die übrigen Teilhandlungen in der ursprünglichen Reihenfolge, auch wenn ihre ursprünglichen einzelnen auslösenden Reize ausbleiben.

Beispiele. In ihrem Revier bewegen sich viele Tiere weit schneller und geschickter als in fremder Umgebung. Eine beunruhigte Maus im eigenen Revier erreicht in großer Geschwindigkeit zielsicher ihr Nest; sie tut dies »blind« und folgt einer eingelernten Bewegungsfolge. Eine in unbekanntes Gelände gebrachte Maus kann sich dort nur langsam und vorsichtig bewegen. Durch häufiges Hin- und Herlaufen zwischen Nesteingang und jeweiligen Reviergrenzen lernt sie ihre Fluchtwege auswendig. Man spricht von kinästhetischem Lernen.

Im Verlauf mancher Zirkusdressuren wird das Tier durch unmittelbares Handanlegen, durch fortwährendes Locken oder durch abwechselndes Auslösen von Flucht und Angriff (abwechselndes Unter- und Überschreiten der hierfür »kritischen Distanz«) so oft zu einer Sequenz bestimmter Bewegungen veranlaßt, bis es sie auswendig gelernt hat[1].

Die Selbstdressur des Menschen zu geplanten Bewegungsweisen wie erlernten Tanzschritten oder Kraulschwimmen, Bedienen von Maschinen oder Autofahren, welche später völlig »mechanisch« ablaufen, gelingt durch motorisches Lernen.

Motorische Engramme. Auch beim motorischen Lernen spielt sich das wesentliche Geschehen, das Entstehen der (motorischen) Assoziationen, im Nervensystem ab. Das *motorische Gedächtnis* ist demnach im Gehirn, vielleicht zum kleinen Teil auch im Rückenmark gelegen (lokalisiert), nicht etwa – wie uns manchmal unser Körpergefühl vorspiegelt – in Muskeln oder Gelenken.

B 13. *Soziale Anregung und Nachahmung*

In England standen morgens vor fast jedem Haus gefüllte Milchflaschen. Etwa im Jahre 1940 beobachtete man unter den *Meisen* Englands erstmalig ein Verhalten, das sich dann im Laufe der folgenden Jahre über große Teile des Landes ausbreitete: Die Tiere pickten ein Loch in den dünnen Pappverschluß der Milchflaschen und verzehrten die Sahne an der Oberfläche der Milch. Das hörte erst auf, als festere Verschlüsse eingeführt wurden[1]. Die Ausbreitung des Milchflaschenöffnens ging wahrscheinlich so vor sich: Unerfahrene Meisen ließen sich durch erfahrene Artgenossen anlocken, wenn sie diesen ansahen, daß sie etwas Eßbares gefunden hatten. Dort angekommen, vollführten die Neulinge ihr angeborenes, zum Nahrungserwerb (Öffnen von Samen) gehörendes Verhalten: Sie pickten eine Öffnung und kamen so zu dem Leckerbissen. Fortan nutzten sie auch selbst diese Nahrungsquelle. Das Verhaltens-Bindeglied von Tier zu Tier war dabei – ohne eigentliches Nachahmen – einfach das Angelocktwerden durch eifrig pickende Artgenossen und nach Ankunft am Zielort das Durchführen des dort ausgelösten angeborenen Verhaltens.

Wie man sieht, kann eine solche *soziale Anregung,* wenn sie von Tier zu Tier weiterwirkt, sogar zur Grundlage für eine *Tradition* werden. (Als Tradition betrachtet man es, wenn sich etwas Erlerntes in einer Tier- oder Menschenbevölkerung durch Lernen ausbreitet und von Generation zu Generation weitergegeben wird.)

Akustisches Nachahmen. Viele Vogelarten sind »Spötter«: Sie ahmen Laute nach, die sie von anderen Arten, von Menschen oder Maschinen gehört haben. Viele erwerben sogar ihren eigenen Artgesang zum Teil durch Nachahmen ihrer Artgenossen. Bei solchen Vögeln kann der Gesang von Landstrich zu Landstrich etwas verschieden sein; dies gilt z. B. für den Schlag des Buchfinken. Die begabtesten »Spötter« sind Rabenvögel und Papageien. Der biologische Sinn des »Spottens« könnte in folgendem liegen: Der nachahmende Vogel signalisiert dem nachgeahmten, daß er ihn kennt und sich in seinem Verhalten auf ihn bezieht[2]. In manchen Fällen ist das »Spotten« vielleicht aber auch lediglich der Nebeneffekt einer allgemeinen Höherentwicklung der Lernfähigkeit und hat für das Tier keinen *speziellen* Wert.

Nachahmen von Gesehenem. Der Zoologe Jörg HESS[1] beobachtete an einem Gorillakind im Baseler Zoologischen Garten, wie es Tätigkeiten seiner Mutter mit den Augen verfolgte und daraufhin die gleiche Handlung ausführte: Die Mutter hatte beispielsweise wiederholt eine Handfläche in eine Flüssigkeitslache getaucht, die Handfläche dann mit der anderen Hand abgestreift und danach diese andere Hand abgeleckt; das Kind saß daneben und sah zu. Zuerst *folgten* seine Blicke den Bewegungen der Mutter, *dann gingen sie diesen voraus.* So lernte das Kind die Vorgänge »theoretisch« und vollführte sie anschließend auf genau die gleiche Weise.

Nachahmen und soziale Traditionen. Wird Nachgeahmtes erlernt und dann auf gleiche Weise immer wieder von den jungen Tieren übernommen, so wird das Nachahmen zur Grundlage von *Traditionen.* Besonders sorgfältig ist das von japanischen Forschern an einer dort lebenden Art von Makaken (Macaca fuscata) beobachtet und registriert worden[2]:

»Ein Affentrupp auf der Koshima-Insel wurde ab 1952 regelmäßig mit Süßkartoffeln gefüttert. 1953 sah man zum erstenmal, daß das anderthalbjährige Weibchen Imo die Kartoffeln am Ufer eines Süßwasserbaches wusch. Sie hielt die zu waschende Kartoffel in einer Hand und putzte den Sand mit der anderen Hand im Wasser ab. Diese ›Erfindung‹ breitete sich im Laufe der Jahre in der Gruppe aus, und zwar zunächst innerhalb der engeren Familie und innerhalb der Gruppen von Spielgefährten. Später wurde die Gewohnheit immer von der Mutter auf die Kinder übertragen. 1962 wuschen bereits ¾ aller über zwei Jahre alten Affen Kartoffeln. Zuerst wuschen die Affen ihre Kartoffeln nur im Süßwasser. Allmählich benutzten sie auch Meerwasser dazu, wobei einige offensichtlich Geschmack am Salz fanden und dazu übergingen, ihre Kartoffeln zu würzen, indem sie diese während der Mahlzeit immer wieder in Salzwasser tauchten.

Man fütterte die Tiere im gleichen Gebiet auch mit Weizen, den man am Ufer ausstreute. Die Affen lasen zunächst stets sorgfältig Korn für Korn auf, bis 1956 das mittlerweile 4 Jahre alte Weibchen Imo, das auch das Kartoffelwaschen erfunden hatte, dazu überging, das Sand-Weizen-Gemisch zusammenzuraffen und ins Wasser zu werfen, wo sich der Sand schnell vom leichteren Weizen trennte.

Bald danach hatten 19 der insgesamt 49 Affen diese Erfindung übernommen. Auch die Gewohnheit, im Meer zu baden und mit bestimmten Gebärden um Futter zu betteln, entwickelte sich bei diesen
Affen als gruppenspezifisches Verhaltensmuster, das sich nunmehr
durch Tradition erhält. Bei Kyoto lernten japanische Makaken, sich
nach dem Vorbild der Wärter am offenen Feuer zu wärmen; 1958
begann ein Weibchen damit, jetzt tun es alle. Auch in der Verwertung
von natürlicher Nahrung gibt es gruppenspezifische Gewohnheiten.
Die Affen von Mount Takasaki in Kyushu spucken die Kerne der
Früchte des Aphananthe-Baumes aus. Die Affen von Mount Arashi
bei Kyoto zerbeißen die Kerne und fressen den Keimling. Die Affen
von Mount Minoo verzehren Eier, die von Shodoshima tun das nicht.
Ja selbst gewisse Züge des Sozialverhaltens scheinen tradiert zu werden: Die ranghohen Männchen der Takasaki-Gruppe tragen kleine
Affenkinder mit sich, wenn die Weibchen sie nicht mehr betreuen
können, weil sie neue Junge haben. Das beobachtet man in anderen
Gruppen höchst selten oder gar nicht.«

B 14. *Grenzen des Lernvermögens*

Für das *Lernen aus Erfahrung* bestehen unterschiedliche Grenzen bei
verschiedenen Tierarten: Nach dem Flügelstutzen geben manche Vogelarten ihre Flugversuche sehr schnell auf (Kormorane), manche
überhaupt nicht (z. B. Krickente)[1]. Auch die Kapazität für *gleichzeitig gespeicherte erfahrungsbedingte Reiz-Reaktions-Zusammenhänge*
kann von Tierart zu Tierart unterschiedlich sein: Durch Differenz-
dressur lernen Zwerghühner im Höchstfall 5 *Musterpaare* zu *unterscheiden,* Haushühner 7, Pferd und indischer Elefant[2] 20. – Feste
Grenzen haben sich durch Forschungen von Otto KOEHLER und seinen Mitarbeitern auch für das *Behalten von Anzahlen* ergeben: Kein
Lebewesen außer dem Menschen ist bisher trotz vieler Bemühungen
dazu zu veranlassen gewesen, eine größere Anzahl als 8 zu erfassen[3],
d. h. zu lernen, aus einer gebotenen Anzahl von Futterbrocken jeweils z. B. gerade 8 Stück zu nehmen und die übrigen liegenzulassen.

Eine mit dem *Nachahmen* verwandte Fähigkeit besteht darin,
etwas Gesehenes mit der Hand nachzubilden, also etwas abzuzeich-
nen oder nach einem Vorbild zu modellieren. Für den Menschen vermittelt diese Fähigkeit die biologische Grundlage zur Entwicklung
der Schrift (die ja aus der Bilderschrift hervorging) und damit der
tradierbaren *Kultur.* Die Menschenaffen können zwar auf Papierbö-

gen Striche zeichnen und malen, und einzelne solcher Aktionen können davon abhängen, was das Tier zuvor auf dem Papier sieht: Gibt man ein Blatt in Breitformat, auf dessen linke Hälfte ein schwarzes Quadrat gemalt wurde, so setzt ein Schimpanse seine Zeichnung vorwiegend auf die rechte Seite – und umgekehrt[1]. Menschenaffen können auch Gegenstände auf Bildern *erkennen*: Ein junger Schimpanse legte sein Ohr auf die erstmals gesehene Abbildung einer Armbanduhr – offenbar in der Erwartung, deren Ticken zu hören. – Aber das Abzeichnen oder das Modellieren nach einem Vorbild können sie nicht lernen. Dieses würde erfordern: das Vergleichen des in Arbeit befindlichen »Werkstücks« mit dem Vorbild, daraufhin jeweils das Verbessern des Werkstücks nach dem Modell und das laufend wiederholte Abwechseln dieser beiden Phasen im Verlauf des Gesamtprozesses. Abbildendes Gestalten in formerhaltendem Material übersteigt jedoch nach unseren heutigen Kenntnissen die Fähigkeiten aller lebenden Wesen außer denen des Menschen (siehe Abschnitt II D 1, S. 79).

B 15. *Gedächtnis und Vergessen*

Das *Gedächtnis* ist der körperliche und psychische Träger der Fähigkeit, etwas Erlerntes oder Erfahrenes zu behalten (aufzubewahren) und nicht zu vergessen. Manche Gedächtnisinhalte (Engramme) können, auch wenn sie in einem einzigen kurzen Lernvorgang entstanden sind, lebenslang erhalten bleiben, bei langlebigen Organismen wie dem Menschen also viele Jahrzehnte überdauern. Beim Lernen gehen die aufgenommenen Informationen jedoch nicht augenblicklich in ein solches »Langzeitgedächtnis« über; sie werden zunächst in einer vorläufigen Form gespeichert. Besonders klare Beweise hierfür haben Untersuchungen der Zoologen Randolf MENZEL und J. ERBER[2] an der Honigbiene geliefert:

Wird eine Biene nur ein einziges Mal bei einer bestimmten Farbe (*Blau* von 444 nm) mit 30 %igem Zuckerwasser belohnt, so bevorzugt sie daraufhin diese Farbe gegenüber einem *Grün* von 532 nm in anschließendem Wahlversuch bereits mit dem hohen Wahlverhältnis von etwa 80:20. Unterwirft man diese Biene jedoch sofort nach dem Lernakt einem Elektroschock (der während seiner Dauer die bioelektrischen Vorgänge im Gehirn völlig verändert), so wird dadurch das Gedächtnis für die Farbe vollständig gelöscht: Die Biene entscheidet sich danach im Wahlversuch genau wie ohne vorherige Dressur, nämlich für beide Farben gleich häufig. Abkühlung auf 1 °C und vorübergehende CO_2-Narkose haben – abgesehen vom langsameren Einsetzen dieser Einflüsse – die gleiche, *das Engramm auslöschende* Wirkung. Erfolgen alle diese Maßnahmen aber erst kurze Zeit später, z. B. 1–3 min nach dem Lernakt, so geht nur ein Teil des Gedächtnisinhalts verloren; je länger der Zeitabstand, desto mehr bleibt erhalten. Etwa 7 min nach dem Lernakt ist das Gedächtnis der Biene für die erlernte Farbe durch die angewandten Störeinflüsse schon nicht mehr zu beeinträchtigen. (Die genannten Störeinflüsse haben sonst keine nachweisbaren Wirkungen – auch keine Spätwirkungen – auf das Lernvermögen und auf das sonstige Verhalten der Bienen.)

Die anfängliche Löschbarkeit und die spätere Resistenz des Lerneffekts gegen die beschriebenen Störeinflüsse lassen darauf schließen, daß sich das Engramm gleich nach seiner Entstehung in einem anderen physiologischen Zustand befindet als 7 min später und daß es *fließend* vom löschbaren in den löschresistenten Zustand übergeht. – Auch dieser zweite Zustand des Engramms ist jedoch noch nicht der endgültige: In einem längerdauernden Vorgang von etwa 15 min Dauer verbessert sich das Wahlergebnis von einem Tiefpunkt, der rund 2–3 min nach dem Lernakt erreicht ist (Wahlen etwa 68:32), allmählich zum Endwert (etwa 82:18), ohne daß das Tier dabei irgendwelche neuen Erfahrungen mit der Lernsituation machen muß; auch bei dieser zweiten Phase der »Konsolidierung« des neu erworbenen Engramms handelt es sich also um einen internen autonomen physiologischen Vorgang. Erst jetzt ist das Erlernte endgültig in den *Langzeitspeicher* aufgenommen.

Auch bei Wirbeltieren gehen *frische* Gedächtnisspuren durch Elektroschocks und andere Störungen vielfach wieder verloren, während sie sich später hierdurch nicht mehr beeinträchtigen lassen. Die Löschbarkeitszeitspannen erwiesen sich jedoch von Tierart zu Tierart als sehr unterschiedlich[1]. Unter dem Begriff »*Kurzzeitgedächtnis*« für die Vorstufe zum Langzeitgedächtnis verbirgt sich möglicherweise – wie schon bei der Biene angedeutet – eine Mehrzahl unterschiedlicher physiologischer Vorgänge. Man hat zwar bereits vor Jahrzehnten eine hierher gehörige Vorstellung entwickelt: Die erlernten Informationen würden im Gehirn zunächst in Form von bioelektrischen Signalen gespeichert werden, die in kreisförmig geschlossenen Nervenbahnen umlaufen. Die Löschbarkeit frischer Engramme durch Elektroschocks stände damit im Einklang. Doch bestehen für die Richtigkeit dieser speziellen Vorstellung auch heute noch keine konkreten Nachweise.

Für das *Langzeitgedächtnis* hat man vorübergehend »informationstragende Moleküle« als Träger der Engramme vermutet; Befunde, die dementsprechend eine Übertragung von Engrammen durch die Injektion von Peptid-, Protein- oder

RNA-Fraktionen aus dressierten in erfahrungslose Tiere anzudeuten schienen, haben jedoch der experimentellen Überprüfung bisher nicht standgehalten. – Viel eher dürften *Synapsen* als elementare physiologische Informationsspeicher in Frage kommen; denn deren Durchgängigkeit für Signale hat sich in manchen Experimenten als veränderlich durch vorangehende Erregungsvorgänge erwiesen. Doch wurde dabei noch nirgends entschieden, ob man im Sinne der Verhaltensbiologie wirklichen Lernvorgängen, also solchen, die das *Verhalten eines Tieres aufgrund von Erfahrungen* beeinflussen, auf der Spur war.

Extinktion. Hat ein Tier im Dressurexperiment etwas gelernt, unterliegt dann aber keiner auffrischenden Dressur mehr, so wird das Erlernte in vielen Fällen allmählich wieder *vergessen*. Wiederholt sich (aus irgendeinem Grunde) das erlernte Verhalten, ohne daß darauf *wiederum* die Belohnung oder Bestrafung folgt, die es zuvor hatte entstehen lassen, so geht das Erlöschen der zugrunde liegenden Assoziation meist *schneller* (als durch reines Vergessen); man spricht in diesem Fall von *Extinktion* (und meint damit *sowohl* den im Tier stattfindenden Vorgang des Erlöschens des zuvor erlernten Verhaltens als auch die dafür ursächliche Verfahrensweise im Verhaltensexperiment, also das konsequente Weglassen der Belohnung oder Bestrafung).

Das Erlöschen einer Assoziation durch Extinktion ist nur dann mit einiger Wahrscheinlichkeit zu erwarten, wenn die »Verstärkung« (Belohnung oder Bestrafung) wirklich *konsequent* fortfällt. *Gelegentliche* oder *nur seltene* Verstärkungsereignisse können sogar *besonders hohe Lern- und Behalte-Effekte* haben.

Auch beim *Umlernen* muß der frühere Lerninhalt verschwinden, um dem neuen Platz zu machen. Eine Biene kann in ihrem Leben nachweislich Dutzende von Malen von einer auf eine andere Dressurfarbe umlernen und dabei jeweils diejenige Farbe *meiden,* die sie zuvor der anderen vorgezogen hatte[1]. – Einen Konflikt zwischen alten und neuen Lerninhalten kann man als Mensch erleben, wenn man nach dem Kauf eines neuen Autos neue Bedienungshandgriffe zu lernen hat und diese sich gegen die früheren, altgewohnten Handhabungsweisen »durchsetzen« müssen.

Für das selbsttätige Vergessen, für die Extinktion und für das Unwirksamwerden früherer Engramme beim Umlernen sind mehrere physiologische Mechanismen denkbar, zwischen denen man aber empirisch noch nicht unterscheiden kann: passive Vorgänge, die den materiellen Träger der Engramme im Laufe der Zeit verblassen (seine spezifische Struktur verlieren) lassen; aktive (d. h. Stoffwechselenergie verbrauchende) Prozesse, vergleichbar dem Löschen der Aufzeichnungen auf einem Tonband; oder schließlich das Unerreichbarmachen der dem Vergessen anheimfallenden Engramme, die in diesem Fall nicht zerstört, sondern unzugänglich werden würden.

C. Erkunden, Neugierde, Spielen

Erkunden aus eigenem Antrieb, Neugierverhalten und Spielen bilden eine eigene, selbständige Gruppe von untereinander verwandten Verhaltensweisen. Bei vielen höher organisierten Säugetieren und auch beim Menschen ist ein ganzer Lebensabschnitt vorwiegend diesen Verhaltensweisen gewidmet: die Entwicklungsphase zwischen der frühen Kindheit und dem Erreichen des Erwachsenenalters.

Erkunden, Neugierverhalten und Spielen stehen zueinander in einem ähnlichen Verhältnis wie unregelmäßiges Suchen, gerichtete Annäherung und Endhandlung: *Erkunden* ist Herumstreifen und Wahrnehmen dessen, dem das Lebewesen begegnet; *Neugierverhalten* heißt *gerichtetes Aufsuchen* und Untersuchen von Gegebenheiten, die auffällig und unbekannt sind; beim *Spielen* schließlich liegt die Vielfalt im *Verhalten,* sei es beim Bewegungsspiel, beim Spiel mit Gegenständen oder mit Partnern.

Spielerisches Nachahmen wird manchmal als Spiel-Anteil behandelt, manchmal als eigene Verhaltenskategorie *neben* das Spielen gestellt.

C 1. *Erkunden*

Unregelmäßiges *Suchen* kommt als Teil des Appetenzverhaltens vor. Es kann mit dem *Kennenlernen* des beim Suchen durchstreiften Gebietes, also einem *Lernprozeß,* einhergehen und dadurch den Charakter des *Erkundens* bekommen; die Impulse zu diesem Verhalten liefern in diesem Fall die Antriebe zur Nahrungsaufnahme, zur sexuellen Partnersuche usw. (Abschnitt IV A 5, S. 250).

Doch gibt es auch ein Erkunden aus *eigenem* Antrieb, das also auch dann – ja sogar *gerade* dann – erfolgt, wenn das Tier satt, weder ängstlich noch aggressiv, auch nicht sexuell gestimmt und auch keinem sonstigen stark aktivierten Antrieb unterworfen ist.

Ein *eigener Antrieb* für das Erkunden offenbart sich auch in folgenden drei Beispielen: Versetzt man ein Säugetier, z. B. einen *Dachs,* in eine fremde Umgebung, so wird er vielfach zunächst vom Erkundungsverhalten völlig beherrscht; das Tier geht erst dann zur Nahrungsaufnahme oder zum Spielen mit seinem menschlichen Partner über, wenn es seine neue Umgebung genau kennengelernt hat[1]. – Will man *Goldhamster* dressieren, z. B. um ihre Sinnesleistungen

kennenzulernen, so ist die wirksamste Belohnung: sie gleich nach jeder »richtigen« Wahl auf einer Tischplatte zwischen den Klötzchen
eines Baukastens herumlaufen, also ihrem Drang, Unbekanntes zu
erkunden, folgen zu lassen[1]. – Haben *Ratten* ein verwickeltes Gang-
system (ein Labyrinth), ohne daß sie belohnt wurden, kennengelernt, so lernen sie später einen belohnten Weg darin schneller; sie
hatten also zuvor ohne Belohnung aus eigenem Antrieb bereits Informationen aufgenommen und gespeichert, die sie jetzt anwenden können (latentes Lernen).

Das Erkunden geht vielfach auf besondere, artgemäße Weise vor sich: Hunde
beschnuppern, Eichhörnchen benagen die Gegenstände ihrer Umgebung, um die
für sie wichtigen Merkmale kennenzulernen; junge Schimpansen berühren neue
Gegenstände bevorzugt mit den Händen und führen sie an die Lippen.

C 2. *Neugierverhalten*

Macht sich in einer an sich bekannten Umgebung etwas Neues bemerkbar, so kann es, falls es nicht abschreckend wirkt, bei den Vertretern mancher Tierarten ein *gezieltes* Erkunden auslösen, das man
in Parallele zu dem entsprechenden menschlichen Antrieb *Neugierverhalten* nennt. Hierfür drei Beispiele:

Ein junger, von Menschen aufgezogener *Wolf* fand an jedem Morgen eine Schale mit Wasser zum Trinken vor. Eines Tages war, als er
trinken wollte, zum erstenmal in seinem Leben im Wassernapf Eis,
und er betastete es mit seiner Pfote. Gleich darauf wurde Wasser zum
Trinken darübergeschüttet. Der Wolf begann aber daraufhin nicht,
wie sonst, sofort zu trinken, sondern streckte erst wieder die Pfote
hinein und untersuchte das Eis abermals. Hier setzte sich also die
Neugierde gegen eine andere, wenn auch vielleicht nur schwach aktivierte Verhaltenstendenz durch. – Eine nicht hungrige *Maus* findet
einen Nahrungsbrocken; sie untersucht ihn, prüft seinen Geschmack,
läßt ihn dann aber liegen (vielleicht um ihn bei Hunger wieder zu
suchen und zu verzehren). – Die Neugierreaktion tritt bei *Schimpansen* so zuverlässig ein, daß man darauf eine Methode gründete, ihr
visuelles Unterscheidungsvermögen zu untersuchen: Erkennen
Schimpansen an einem ihnen vorgelegten Gegenstand, der einem
schon bekannten ähnelt, einen Unterschied, so untersuchen sie ihn
neugierig; bemerken sie keinen Unterschied, so bleiben sie gleichgültig (»oddity method«).

C 3. *Spielen*

Erkunden und Neugierverhalten gehen fließend ins Spielen über, vor allem sofern ein neugiererregender Gegenstand oder ein Partner irgend etwas mit sich machen läßt oder wenn auf ein eigenes Verhaltenselement irgendwelche Reaktionen aus der Umwelt folgen. Das Spielen umschließt angeborenes und erlerntes Verhalten. Es umfaßt so viele Handlungsvariationen wie sonst keine Verhaltensweise, und es kann Elemente aus allen übrigen Verhaltensbereichen enthalten. Manche angeborene Verhaltensweisen erscheinen, wenn sie im Spiel vorkommen, in etwas abgewandelter Form; diese Änderungen sind dann von der Art, daß sie das betreffende Verhalten zu einem geeigneten Bestandteil des Spielens machen.

Daß das Spielen den Schwerpunkt einer Phase der Jugendentwicklung ausmacht, wird in Abschnitt IV F 5 ausführlich beschrieben, vor allem am Beispiel junger Löwen. Die folgende Zusammenstellung von Verhaltenselementen des Spielens ist darauf angelegt zu zeigen, inwiefern die innere Organisation des Spielverhaltens dem biologischen Ziel dient, anwendbare Erfahrung zu gewinnen. Dabei folge ich im wesentlichen der Schweizer Verhaltensforscherin M. MEYER-HOLZAPFEL[1]. Mehrere Beispiele stammen von jungen *Wölfen*, die von dem amerikanischen Ehepaar L. und F. CRISLER[2] in der Tundra Alaskas, dem natürlichen Lebensraum der Wölfe, aufgezogen und beobachtet wurden; diese Tiere hatten zuvor niemals erwachsene Wölfe gesehen.

Spiel-Appetenz. Es gibt ein speziell auf Spielen gerichtetes *Appetenzverhalten* sowie besondere Gesten der *Spielaufforderung* (manche angeboren, andere erlernt). Zootiere betteln um Spiel mit dem Wärter. Jeder Hundekenner weiß von seinem Hund, welche Gebärden bei ihm der Spielaufforderung dienen. Tiermütter, z. B. die Löwin, fordern ihre Jungen zum Spielen auf (und umgekehrt).

Angeborene Anteile des Spielens. Als angeboren lassen sich bei spielenden jungen *Löwen Anschleichen* und *gezieltes Anspringen* des Beutetiers (= Spielpartners) erkennen; beides entwickelt sich schon zu Zeiten, wo es noch nicht bei den Erwachsenen beobachtet und durch Nachahmen erlernt werden kann. Im Verfolgungsspiel jagen sich junge *Eichhörnchen* gegenseitig wie bei »ernster« Flucht derart, daß das fliehende Tier stets die Sicht-Deckung vor dem Verfolger, z. B. hinter einem Baumstamm, zu erlangen sucht[3]. Junge *Robben* verfügen über Spielelemente, die sonst nur bei Landraubtieren vorkommen[4]. Das hängt sicherlich damit zusammen, daß die Robben stammesgeschichtlich aus Landraubtieren hervorgegangen sind; von ihnen dürften auch die Spielhandlungen noch herstammen. Sie sind mit Sicherheit genetisch bedingt: Nachahmung ist hier ausgeschlossen, weil die erwachsenen Tiere keinerlei Vorbild für diese Spiele liefern.

Angeborene Verhaltenselemente im Spiel vor dem Reifen der zugehörigen Bereitschaft. Im Spiel von Tierjungen kommen Teilhandlungen aus Verhaltensbereichen vor (z. B. aus dem Beutefang- und Sexualverhalten), für welche die inneren Bedingungen erst im Erwachsenenalter voll ausreifen. Ein Beispiel: Ein älteres *Löwenjunges,* das im Spiel schon Beutefanghandlungen ausführte, fand zufällig eine neugeborene Gazelle, die nicht flüchtete. Der kleine Löwe faßte sie am Nacken und schüttelte sie, zeigte damit also das angeborene Verhaltenselement »Totschütteln«. Hatte er »Blut geleckt«? Würde er zum Ernstverhalten übergehen und die Beute zerreißen? Nein, er trug sie zu den anderen Jungtieren und forderte diese mit Schwanzschlagen zu einem Verfolgungsspiel auf[1]! Das Tier hatte also zwar »Beutefang« am passenden Gegenstand ausgeführt, aber die zum Ernstfall gehörigen weiteren Verhaltensweisen wie Töten, Zerreißen und Nahrungsaufnahme blieben aus. Die beim erwachsenen Tier für den Beutefang zuständige Bereitschaft war also nicht aktiviert, und zwar sicherlich darum, weil sie noch gar nicht ausgereift war. Die kleine Gazelle wurde nicht als Beute, sondern als Spielobjekt behandelt.

Im Spiel abgewandelte angeborene Verhaltenselemente. Angeborenes Verhalten offenbart sich im Rahmen des Spielens bisweilen in abgewandelter Form: Angriffs- und Kampfverhalten ist dahingehend abgeändert, daß die Spielpartner einander *nicht verletzen.* Hierher gehören die »Beißhemmung« des spielenden *Hundes* und die eingezogenen Krallen beim Prankenschlag spielender *Löwen.* Durch die Abwandlung der verletzenden angeborenen Verhaltenselemente werden die Verhaltensweisen des Beutefangs im sozialen Spiel durchführbar; denn jetzt können Spielpartner die Rolle von Beutetieren übernehmen, ohne dabei gefährdet zu sein. Nur das *Töten* der Beute kann durch spielerische Erfahrung mit Artgenossen nicht vervollkommnet werden.

Im Spiel abgewandelte innere Faktoren (Valenz, Dynamik). Wenn angeborenes Verhalten im Spiel vorkommt, so können seine inneren verhaltenssteuernden Bedingungen andere funktionelle Eigenschaften aufweisen. Das ist beim *Verfolgungsspiel* augenfällig: Im Ernstfall versucht der Verfolgte, dem Gegner zu entkommen; wenn das gelungen ist, erlischt die Fluchtbereitschaft mehr oder weniger bald. Im

Spiel dagegen läuft der Flüchtende zwar mit aller Kraft; wenn aber der Partner von der Verfolgung abläßt, so versucht er ihn zu erneuter Verfolgung anzureizen. Der Verfolger wird also nicht gemieden, sondern geradezu gesucht. Seine *Valenz* hat im Ernstfall und im Spiel das »umgekehrte Vorzeichen«. Durch die spielbedingte Umkehrung des Vorzeichens der Valenz des Verfolgers wandelt sich das Fluchtverhalten zum *Spiel zwischen Partnern,* die trotz des Fliehens räumlich zusammenbleiben und das Spiel beliebig lange fortsetzen können. Dazu kommt, daß die Rollen des Verfolgers und des Fliehenden oft sprunghaft wechseln; hierin liegt eine für das Spielen kennzeichnende Dynamik, die dem Ernstverhalten in der Regel nicht zukommt.

Offenheit des Spiels für Anreize jeder Art. Bei besonders spielbegabten Tierarten kann fast jedweder Sinneseindruck, insbesondere wenn er auffällig und für das Lebewesen neu ist, spielerisches Verhalten anregen: Einer der von den CRISLERS aufgezogenen jungen *Wölfe* blieb während eines Spaziergangs lange bei einer frisch aufgeblühten roten Blüte stehen, streifte mit der Nase darüber und berührte sie mit der Pfote. Die von dem Zoologen Gustav KRAMER freifliegend gehaltenen *Kolkraben* »beschäftigten sich« mit den verschiedensten Dingen: Sie jagten einer Bachstelze nach, hoben blaue Papierschnitzel auf, stahlen eine Pfeife aus dem Zimmer oder zerrissen Windeln, die zum Trocknen aufgehängt waren. Vielleicht kommen sogar alle Wahrnehmungen, die überhaupt von Sinnesorganen gemacht werden können, als Anreize für das Spielen in Frage, einschließlich der Rückmeldungen aus dem eigenen Körper über besondere Haltungen und Bewegungen, z. B. bei Bewegungsspielen.

Umweltreaktionen veranlassen Wiederholen von Spielhandlungen. Spielverhalten neigt schon von sich aus zur Wiederholung von Einzelhandlungen (»Funktionslust«). Das steigert sich noch, sobald die Gegenstände oder Partner auf eine Spielhandlung in irgendeiner Weise *reagieren,* wenn also ein besonderer Laut entsteht, das Spielobjekt einen besonderen Anblick bietet oder der Spielpartner etwas Auffälliges tut. Reaktionen der Umwelt wirken gleichsam als »Belohnung«. So gefiel sich eine Großstadt-*Taube* darin, Nägel aus einem Kasten auf einer Baustelle zu nehmen und sie in ein metallenes Regen-Fallrohr fallen zu lassen, wo sie klirrende Töne verursachten. Hiermit hängt auch zusammen, daß das Spielen eines Partners seine Altersgenossen zum Mitspielen anregt; Spielen ist »ansteckend«. – Das spielbedingte Reagieren auf jedwedes Geschehen, das auf irgendeine eigene Aktivität folgt, und die Art dieses Reagierens, nämlich das

Wiederholen des soeben durchgeführten eigenen Verhaltens, lassen die Lebewesen gesetzmäßige Konsequenzen ihres Verhaltens kennenlernen. In diesem angeborenen Funktionsprinzip ist eine Verfahrensregel des naturwissenschaftlichen Experimentierens vorweggenommen: Allein das *Wiederholen* von Experimenten befähigt dazu, zufälliges Zusammentreffen von gesetzmäßigen Beziehungen zu unterscheiden.

Spielbedingte Tendenz zum Abwechseln und zum Abwandeln von Spielhandlungen. Zugleich neigt Spielverhalten aber auch zum häufigen Wechseln und zum Abwandeln des Verhaltens gegenüber Gegenständen oder Spielpartnern. Dabei geht der Übergang von einer Verhaltensweise zu einer anderen, vielleicht sogar entgegengesetzten, z. B. von Flucht zur Verfolgung und umgekehrt, im Spiel anders, und zwar viel schneller vor sich als im Ernstfall. Körperbewegungen werden, vor allem bei *Affen* und *Menschenaffen,* in so vielfältiger Weise abgewandelt, wie das motorisch nur irgend möglich ist (Klettern, Purzelbäume). Auch die uns schon bekannten jungen *Wölfe* zeigten besonders vielfältige *Bewegungsspiele:* Abhänge hinauf- und hinunterlaufen; Purzelbäume vornüber, rückwärts und seitlich; ein Jungtier faßte ein anderes mit dem Fang am Hinterbein, legte sich auf die Flanke und ließ sich einige Meter weit mitschleifen. Kennzeichnend für das Spielen der *Schimpansen* ist es, daß sie mit einem neu in ihren Bereich gelangten Gegenstand zunächst alles tun, was ihnen motorisch möglich ist, vom Prüfen mit den Zähnen bis zum Reiben an der eigenen Haut oder am Untergrund. Ein Schimpanse, der einen Malstift erhielt, fand auf diese Weise, daß dieser beim Reiben Farbe abgab. Dieser unerwartete Effekt führte ihn zu einer neuen Richtung seines Spiels: Er bemalte die ganze Umgebung und versuchte, auch sich selbst schwarz zu färben.

Erlernte und erfundene Spiele, Spielmoden. Als *erlernt* offenbaren sich vor allem solche Spielhandlungen, die ein Tier nachahmt oder neu »erfindet« und dann lange Zeit als »Mode« beibehält. Bei *Gemsen* und *Fischottern* wurde beobachtet, daß sie in dauernder Wiederholung steile Abhänge im Schnee herunterrutschten. Ein *Dachs* geriet ganz zufällig auf einer vereisten und abschüssigen Straße ins Schlittern; nachdem ihm dies einmal widerfahren war, wiederholte er es unermüdlich[1]. *Seelöwen* warfen (in freier Natur!) Steinchen in die Luft und fingen sie wieder auf. Von den beiden zusammen aufgezogenen jungen Wölfen begann oft der eine zu graben, blickte zum Spielgefährten, ob er zusähe, wühlte dann betont heftig weiter, hielt inne und schnüffelte, als ob er einer Maus auf der Spur wäre; er tat dies so lange, bis der andere herbeikam, um zu sehen, was er habe. Dieses Spiel – einmal »erfunden« – wurde in der Folge lange Zeit häufig wiederholt.

Nachahmen im Rahmen des Spielens. Im Rahmen des Spielens besteht bei höheren Säugetieren auch die Tendenz, Wahrgenommenes (Gehörtes und Gesehenes) *nachzuahmen,* vor allem das Verhalten der Elterntiere. Grundsätzlich gilt: Das Verhalten von Artgenossen *nachzuahmen,* dabei also Wahrgenommenes in eigenes Verhalten zu übersetzen und es dabei zugleich zu lernen, gesellt der Weitergabe von *genetischer* Information die biologische Basis für das Tradieren *erworbener* Information hinzu.

Schwache Durchsetzungsfähigkeit gegen andere Verhaltenstendenzen. Die drei zusammengehörenden Verhaltensweisen Erkunden, Neugierverhalten und Spielen besitzen wie sonstiges Verhalten die Fähigkeit, sich gegen andere Verhaltenstendenzen durchzusetzen; doch ist diese Durchsetzungsfähigkeit im allgemeinen nur schwach im Vergleich zu allen anderen Bereitschaften, die ja in der Regel *aktuellen* biologischen Bedürfnissen dienen. Ein Beispiel, in dem sich eine Spielhandlung gegen wenn auch geringfügige Angst durchsetzte, stammt wieder von einem der jungen Wölfe: Er trat zufällig auf einen stäubenden Bovist, sprang zunächst erschreckt zurück, ging aber vorsichtig gleich wieder heran und patschte mit der Pfote noch einmal darauf. – Wenn aber wirklich Furcht aufkommt, wird jedes Erkunden, Spielen und spielerische Nachahmen sofort unterdrückt.

C 4. *Verhaltensweisen des Spielbereichs: Zusammenfassende Betrachtung*

Wollte jemand den Lehrsatz aufstellen, alle Verhaltensweisen der Tiere dienten unmittelbar biologischen Notwendigkeiten – die Existenz der Verhaltensweisen des Spielbereichs würde ihn widerlegen. Das Spielen scheint sogar den grundlegenden Lebensbedürfnissen eher zu widersprechen: Es *verbraucht Stoffwechselenergie;* und Spielen ist für ein Jungtier sicherlich *gefährlicher,* als wenn es die nicht vom Nahrungserwerb beanspruchten Zeiten ruhend in einem Versteck verbrächte. Spielerisches Verhalten scheint auf den ersten Blick nur um seiner selbst willen dazusein; im Haushalt der Natur erscheint es wie ein Luxus. Trotzdem bildet es gerade bei höchststehenden Tieren den wesentlichen Inhalt einer ganzen Entwicklungsphase. Wir fragen: Welchen biologischen Sinn haben die Verhaltensweisen des Spielbereichs?

Vielfalt der spielerischen Verhaltenssteuerung. Im Bereich des spielerischen Verhaltens kommen dermaßen unterschiedliche Prinzipien der Verhaltenssteuerung nebeneinander vor, daß man darin zunächst gar keine gemeinsamen Gesichtspunkte findet. Das zeigt sich besonders deutlich, wenn man einige der Kurzformulierungen, die die einzelnen Absätze des vorangegangenen Abschnitts IV D 3 einleiteten, nebeneinanderstellt:

– angeborene Anteile des Spielens;

– im Spiel abgewandelte innere Faktoren;

– Offenheit des Spiels für Anreize jeder Art;

– Umweltreaktionen veranlassen das Wiederholen von Spielhandlungen;

– Tendenz zum Abwechseln und Abwandeln von Spielhandlungen;

– erlernte und erfundene Spiele, Spielmoden;

– spielerisches Nachahmen;

– schwaches Durchsetzungsvermögen gegen andere Verhaltenstendenzen.

Man könnte in dieser Zusammenstellung sogar gewisse Widersprüche sehen: zwischen den angeborenen Anteilen des Spiels und der Offenheit für Anreize jeder Art sowie zwischen der Wiederholungstendenz (im Fall von Umweltreaktionen) und der Tendenz zum Abwechseln. Durch bloßes Vergleichen der Funktionsprinzipien kommen wir dem Verständnis des Spielbereichs nicht näher.

Aktionsprogramm zum Gewinnen von Erfahrung. Die auf den ersten Blick zusammenhanglose Vielfalt bekommt jedoch sofort einen Sinn, wenn man sie als naturgegebenes Aktionsprogramm zum Kennenlernen der Umwelt, zum Entwickeln und Erhalten der motorischen Geschicklichkeit und zum Aneignen von Fähigkeiten älterer Artgenossen auffaßt. Unter Verwendung des Informationsbegriffs läßt sich das auch so ausdrücken: Alle genannten funktionellen Spielaspekte tragen unmittelbar oder mittelbar dazu bei, daß die Lebewesen aktiv Information gewinnen und speichern. Man kann diese Aspekte, einen nach dem anderen, durchgehen und wird diese Aussage bei jedem einzelnen bestätigt finden.

Faßt man das Spielverhalten als *aktiven Informationserwerb* auf, so paßt dazu u. a. die *Offenheit* gegenüber Sinneseindrücken und Verhaltensweisen *aller* Art, auch solchen, die gewiß keinen Überlebenswert für die betreffenden Tiere gewinnen können: Die beste Strategie, um *anwendbare* Information zu gewinnen, besteht darin, *möglichst unbeschränkt* Information aufzunehmen; denn unter dieser Voraussetzung ist darin mit der größten Wahrscheinlichkeit auch die *nützliche* Information enthalten. Dies erklärt in den Augen des Biologen, warum die Selektion (natürliche Auslese) die Entwicklung eines Verhaltenssystems zum Gewinnen von Information zugelassen hat, das keine Auswahl zwischen »voraussichtlich nützlich« und »biologisch wertfrei« trifft.

Daraus folgt etwas besonders Wichtiges: Das biologische *Funktionsziel*, um dessentwillen sich das Spielverhalten im Daseinskampf erhält, kann in der Verhaltenssteuerung gar nicht *selbst repräsentiert* oder *programmiert sein*. Die Aussicht auf möglichen Nutzen oder künftige Anwendbarkeit kann bei Tieren nicht als unmittelbare Verhaltens-Triebfeder wirken (allein der Mensch hat eine beschränkte Voraussicht in die Zukunft und leitet daraus Verhaltensmotive her). Die Verhaltensweisen zum aktiven Erfahrungsgewinn finden deshalb ihre Anregung nicht in gegenwärtigen physiologischen Mangelzuständen, sondern sie besitzen einen *eigenen Antrieb;* und dieser ist *von sich aus* (spontan) aktiv. Daher liegt die Befriedigung für das Erkunden, Neugierverhalten, Spielen und Nachahmen für das Tier im *Durchführen dieser Verhaltensweisen selbst*.

Die Verhaltensweisen des Spielbereichs sind – nach der hier vorgetragenen Auffassung – auf *möglichen zukünftigen* Nutzen zugeschnitten; ihr biologischer Wert liegt nicht im jeweiligen Augenblick. Hiernach ist es auch verständlich, warum im Ernstfall alle sonstigen biologischen Triebbefriedigungen Vorrang haben (was in der nur schwachen Hemmwirkung der Verhaltenstendenzen des Spielbereichs gegenüber allen anderen Verhaltenstendenzen zum Ausdruck kommt). Zukunftsbezogenes Verhalten füllt – in der Regel – sinnvollerweise nur die Pausen zwischen den Handlungen aus, die der aktuellen Lebensbewältigung dienen.

Die in den letzten beiden Absätzen dargelegten Eigenschaften der Verhaltenssteuerung im Bereich »aktiver Informationserwerb« gelten nicht nur hier, sondern sind weit verbreitet: Auch Füchse oder Eichhörnchen, die *Vorräte anlegen*, handeln für ihre *Zukunft;* und eine Grabwespe, die Raupen zur Ernährung ihrer Larven einträgt, oder ein Vogel, der sein Nest baut, handeln nicht einmal für die *eigene* Zukunft, sondern für die ihrer Nachkommen. Auch hier ist die innere Antriebsinstanz nicht an die Gegenwart von physiologischen Mangelzuständen

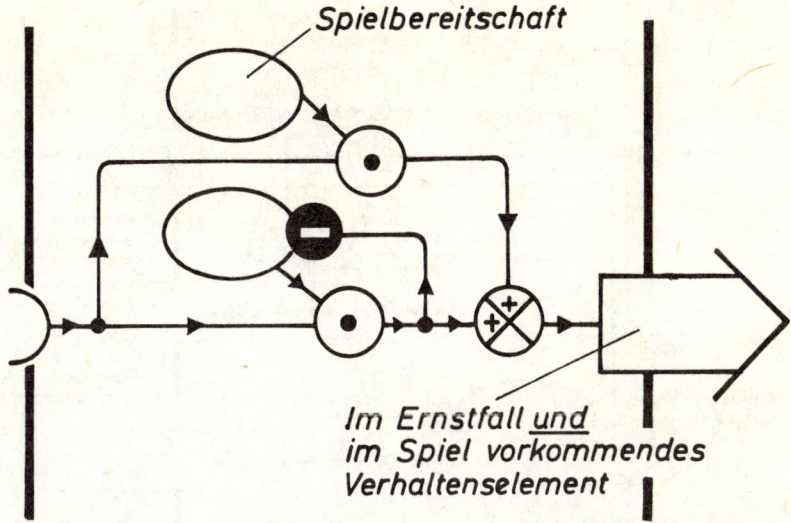

Abb. 35   Stark vereinfachtes, idealisiertes Funktionsschaltbild für die Einbindung einer *eigenen Bereitschaftsinstanz für das Spielen* in das Wirkungsgefüge der instinktiven Verhaltenssteuerung. Der neue Funktionsweg »umgeht« gleichsam die der Verhaltensweise *eigentlich* (d. h. für den Ernstbezug) zugehörige Bereitschaftsinstanz.

gebunden, und für das nicht in die Zukunft blickende Lebewesen liegt die Befriedigung im *Ausführen der Handlung selbst.* Es weiß nicht, daß die Antriebe gleichsam Stellvertreter für biologische Notwendigkeiten sind, die sich aus den gegenwärtigen Gegebenheiten nicht ablesen lassen.

Funktionsschaltbilder für das Spielverhalten. Das *Grundprinzip* der Spielsteuerung ist ohne funktionelles Beiwerk in Abb. 35 dargestellt: Ein *eigener Antrieb,* Spielbereitschaft genannt, liefert *im Spiel* die Impulse für Verhaltensweisen, die sonst (im »Ernstfall«) von ihrer *eigenen* Bereitschaft abhängen. Diese ist nicht in Funktion und nicht beteiligt, wenn das zu ihr gehörige Verhalten *im Spiel* auftritt; sie braucht noch nicht einmal gereift zu sein (siehe das Beispiel vom Löwenjungen, das eine neugeborene Gazelle findet, S. 331).

In Abb. 36 wurden zum Grundprinzip der Spielsteuerung einige weitere Teilfunktionen hinzugefügt:

– die Zweizahl der Teilsysteme für angeborene Verhaltensweisen repräsentiert die weit größere Anzahl von unterschiedlichen angeborenen Verhaltensweisen, die auch innerhalb des Spielverhaltens durchgeführt werden;

– die über die Außenwelt wirksame positive Rückkoppelung,

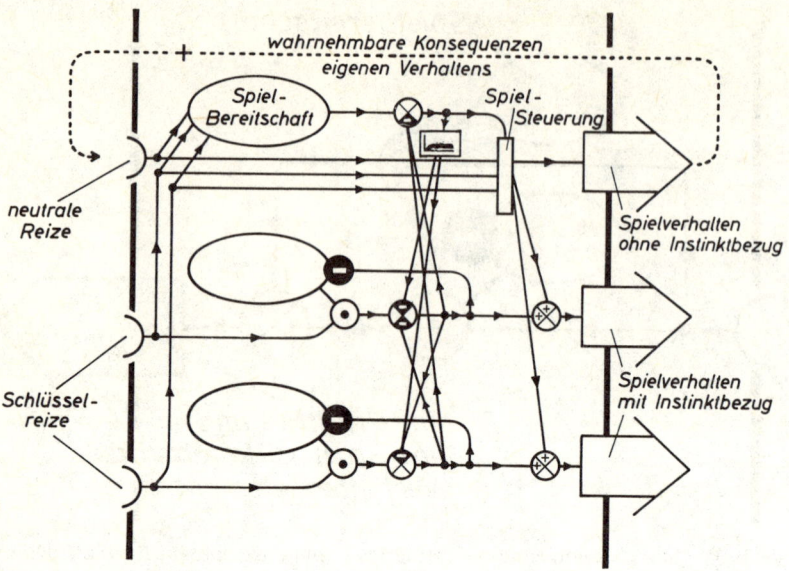

Abb. 36 Idealisierte, stark vereinfachte Darstellung einiger Funktionselemente des Spielverhaltens. In dem Teilsystem »Spielsteuerung« sind mehrere nicht eigens formulierte Steuerfunktionen repräsentiert, z. B. das Abwechseln zwischen verschiedenen Spielhandlungen. – Dieses Schaltbild ist mit den *Lern*schaltbildern (Abb. 26, 29 usw.) kombiniert zu denken.

durch die sich etwaige wahrgenommene Konsequenzen von Spielhandlungen *anregend* auf die Spielbereitschaft und damit auf die Spielintensität auswirken;

– eine *black box* für die »Spielsteuerung«, in der u. a. die Tendenz zum Abwechseln zwischen Spielrichtungen und Spielhandlungen repräsentiert ist;

– der Höchstwertdurchlaß zwischen Spiel- und Ernstverhaltenstendenzen: Ein Kennlinien-Element mit nur ganz niedrigem Maximal-Ausgangswert trägt der Tatsache Rechnung, daß eine noch so starke Spieltendenz kaum in der Lage ist, stark aktiviertes anderes Verhalten zu hemmen.

Im Schaltbild blieb jedoch unberücksichtigt, daß die als Spielbereitschaft gekennzeichnete Instanz auch Erkunden, Neugierverhalten und Nachahmen aktiviert und daß instinktive Verhaltensweisen im Spiel *verändert* auftreten können; auch wurden die Teilsysteme für das mit dem Spielen verbundene *Lernen* nicht eingezeichnet. Die Gesamtstruktur des Spielverhaltens muß man sich also noch weit vielfältiger vorstellen, als es auf Abb. 36 angedeutet ist.

D. Zielbedingte Umkombination von Engrammen, einsichtiges Verhalten

Einige hochorganisierte Lebewesen übertragen Engramme, die sich durch Lernen und Erfahrung gebildet haben, in andere Zusammenhänge. Wenn dadurch neue Verhaltensmuster zum *Erreichen von Zielen* entstehen, sprechen wir von *einsichtigem Verhalten* oder von *Einsicht*.

D 1. *Anwendung von Orts- und Geländekenntnis*

Manche Tiere können Ortskenntnisse, die sie innerhalb eines bestimmten Verhaltenszusammenhangs gewonnen haben, in einen anderen Zusammenhang übertragen und dort anwenden. Hierzu ein Beispiel:

Im Herbst verstecken *Tannenhäher* Hunderte von Nüssen an verschiedenen Plätzen. Im Frühjahr darauf ziehen sie fast allein mit diesem Vorrat ihre Jungen auf. Dabei finden sie die Verstecke auch dann wieder, wenn sie sich, um zu den Nüssen zu gelangen, durch mehrere Dezimeter Schnee hindurcharbeiten müssen. – Hier werden also die Ortserfahrungen, die im Rahmen des *Versteckens* gemacht werden, später in einem anderen instinktiven Zusammenhang, dem des *Suchens* und Junge-Fütterns, wieder angewandt.

Anzeichen dafür, ob ein Tier eine frei verfügbare Gelände- oder (bei Fischen, Vögeln u. a.) Raumkenntnis besitzt, liefert der *Umwegversuch*: Befindet sich ein Vogel oder ein Säugetier in bekannter Umgebung vor einem Zaun oder einem Käfiggitter, das es auf einem Umweg umgehen kann, und sieht es jenseits des Hindernisses Futter liegen, so versucht das Tier zunächst oft in sinnloser Wiederholung, durch das Gitter hindurch an das Lockmittel zu gelangen, so als ob es von dem Umweg keine Ahnung hätte. Entfernt man das Lockmittel jedoch weiter vom Gitter, so schlägt das Verhalten bei einer bestimmten Entfernung um: Das Versuchstier macht kehrt, entfernt sich von seinem Platz und erreicht sein Ziel zügig auf dem Umweg, ohne noch suchen zu müssen – also unter Einsatz seiner früher erworbenen Ortskenntnis[1]. – Daß eine bestimmte Entfernung vom Lockmittel dafür notwendig ist, daß sich das Tier von dessen Anziehungswirkung befreit und seine Ortskenntnis einsetzt, zeigt, daß die beiden Handlungstendenzen, direkt zum Futter zu gelangen und den Umweg zu benutzen, verschiedene Intensität besitzen können. Das hier offenbar wer-

dende »Durchsetzungsvermögen« der erfahrungsbedingten gegenüber der instinktiven Verhaltenstendenz ist vielleicht ein formales Gegenstück zur menschlichen »Willenskraft«[1].

D 2. Vergleich von Engramm und Wahrnehmung

Gelegentlich kann man aus dem Verhalten eines Tieres erschließen,
daß es eine *Wahrnehmung* mit einem *Gedächtnisbild* verglichen hat.

Vor den Augen eines Rhesusaffen wurde unter einem umgekehrten
Becher eine Banane versteckt, dann aber unbemerkt gegen ein Salatblatt ausgetauscht. Nun wurde der Affe an den Becher gelassen. Er
hob den Becher hoch und verhielt sich gegenüber seinem Fund völlig
anders, als wenn er das Salatblatt statt der Banane auch *erwartet* hätte.
Er nahm es nicht wie sonst ohne weiteres an, sondern gebärdete sich
zuerst erstaunt und dann ärgerlich und ließ das Salatblatt liegen[2]. Der
Grund für dieses außergewöhnliche Verhalten muß in dem Nicht-
Übereinstimmen zwischen dem Engramm (Banane) und der Wahrnehmung (Salatblatt) gelegen haben.

D 3. Zielbedingt neukombiniertes Verhalten

Manche Tiere können, zumindest in Ansätzen, angeborene oder erlernte Handlungsbruchstücke bzw. deren zentralnervöse Determi-
nanten zur Erreichung eines Zieles *neu kombinieren,* ohne die betreff-
fende Kombination vorher gelernt zu haben. Beim Menschen führt
man dieses »Neukombinieren« auf *Denken* oder – falls das Denken die
Zusammenhänge zwischen Ursachen und Folgen *zutreffend* wiedergibt – auf *Einsicht* zurück. Bei Tieren sollte man diese Ausdrücke eher
vermeiden, da sie sich vorwiegend auf *Bewußtseinsvorgänge* beziehen, von denen wir ja bei den Tieren nichts Sicheres wissen. Der
Ausdruck »zielbedingt neukombiniertes Verhalten« bezieht sich demgegenüber allein auf das durch neue Engrammkombinationen gesteuerte *Verhalten;* dieses läßt sich bei Tieren objektiv beobachten.

Angenommen, man habe bei einem Tier ein *neues* Verhalten *erstmalig* beobachtet. Wie kann man entscheiden, ob dem die *Neukombination von Engrammen* zugrunde lag? Zunächst müssen drei Möglichkeiten mit Sicherheit ausgeschlossen sein:

– daß die beobachtete Verhaltensweise eine angeborene Reaktion
war, die nach ihrer Reifung gerade zum erstenmal auftrat;

– daß die Verhaltensweise zuvor gelernt worden war (vielleicht in

einer früheren, dem Beobachter unbekannten Lebensphase); und
– daß sie durch Zufall zustande kam.

Falls diese drei Möglichkeiten so gut wie ausgeschlossen sind, gibt es gewisse Verhaltensbruchstücke, die – falls sie auftreten – zusätzliche (wenn auch nicht zwingende) Argumente für die zielbedingte Neukombination von Gedächtnisinhalten liefern, insbesondere:

– wenn das Tier in der Vorbereitungsphase der Handlung Gesten oder Intentionsbewegungen vollführt, an denen man ablesen kann, was »in ihm vorgeht«;

– wenn das Tier vor Beginn einer entsprechenden Handlung zögert oder Unruhe zeigt, dann aber das Verhalten wie nach einem Plan zügig und ohne Unterbrechung durchführt;

– wenn ein Tier sich von dem Ort seiner augenblicklichen Bemühungen abwendet und neue Hilfsmittel zum Erreichen seines Ziels heranholt.

Nun folgen drei Beispiele für Verhaltensbeobachtungen, aus denen man mit großer Wahrscheinlichkeit auf einen Akt der Neukombination von Engrammen schließen kann:

In einer der bekannten Untersuchungen Otto KOEHLERS über das Zählvermögen verschiedener Tiere hatte eine *Dohle* durch Dressur gelernt, daß sie 5 Mehlwürmer fressen durfte, nachdem sie in einen Versuchskäfig eingelassen wurde. Die Mehlwürmer lagen in bedeckten Schalen. Bei der hier zu beschreibenden Einzelbeobachtung[1] fand die Dohle in der ersten Schale einen, in der zweiten Schale zwei, in der dritten Schale einen Mehlwurm. Obwohl sie auf die Zahl 5 dressiert war, machte sie sich diesmal schon nach den vier Funden auf den Rückweg; doch stutzte sie, bevor sie den Ausgang erreicht hatte, machte kehrt und begab sich noch einmal auf den Weg. Sie näherte sich der Schale 1 und machte eine kurze, unvollkommene Pickbewegung, eine »Verbeugung«, davor; danach ging sie zur Schale 2, machte *zwei* Verbeugungen, dann zur Schale 3 und machte *eine* Verbeugung. Hiernach öffnete sie Schale 4, fand *keinen* Mehlwurm, dann Schale 5 und fand *einen* Mehlwurm. Nachdem sie diesen fünften Mehlwurm verzehrt hatte, verließ sie den Versuchskäfig. – Daß die vier Pickbewegungen in der Folge eins-zwei-eins vor den drei geleerten Schalen ein Spiel des Zufalls gewesen sein sollten, ist äußerst unwahrscheinlich. Vielmehr waren die Verbeugungen während des zweiten Ganges ohne Zweifel der Ausdruck von Erinnerungen (Engrammen) an die unmittelbar vorangegangenen Verhaltensweisen. Das Tier muß gleichsam in seinem Gedächtnis noch einmal 1–2–1 gezählt haben.

Im Augenblick der Kehrtwendung vor dem zweiten Lauf muß eine Neukombination von Gedächtnisinhalten vor sich gegangen sein: Das Engramm, daß sie soeben 4 Mehlwürmer verzehrt hatte, wurde in Beziehung gesetzt zu dem älteren Engramm, daß 5 Mehlwürmer erlaubt waren; das Ergebnis – als solches weder erlernt noch auf sonstige Weise vorprogrammiert – war ein Verhaltenskommando: Kehrtwendung und Wiederholung des Weges.

Das nächste Beispiel stammt aus den bekannten Menschenaffen-Versuchen von Wolfgang KÖHLER auf Teneriffa im Jahre 1917[1]:

In einem Käfig, in dem sich sechs *Schimpansen* befanden, wurde in 2 m Höhe eine Banane befestigt und nahe dabei eine 50 cm hohe Kiste auf den Boden gestellt. Die Tiere versuchten, das Lockmittel durch Springen zu erreichen, was ihnen jedoch nicht glückte. Ein bestimmter Schimpanse aber hörte früher als seine Genossen damit auf und ging unruhig hin und her. Er blieb dann – etwa fünf Minuten nach Beginn des Versuchs – plötzlich vor der Kiste stehen. Hastig schob er sie unter die Frucht, stieg darauf, sprang ab und erreichte die Banane. – Wahrscheinlich hatten sich die Engramme von Kiste, Banane und von den räumlichen Verhältnissen so kombiniert, daß sie die Handlung zunächst »theoretisch« vorwegnahmen und dann ihre Ausführung steuerten.

Ein *Schimpansenkind* war darauf dressiert, eine Tür zu öffnen, indem es einen Stuhl zum Draufsteigen heranholte. Einmal gelang ihm das Öffnen nicht, weil die Tür verschlossen war. Nach einigen erfolglosen Versuchen wandte es sich von der Tür ab und *holte andere Stühle,* um es mit diesen zu versuchen[2]. – Verhaltensweisen wie diese, die auf der zielbedingten Neukombination von Engrammen beruhen, jedoch nicht zum Erfolg führen, nennt man zuweilen *gute Fehler*; zwar haben sich Neu-Assoziationen aus handlungsbeeinflussenden Elementen gebildet, aber nicht die sachgerechten.

D 4. *Durch Erfahrung erworbenes Engramm vom eigenen Körper*

Alle Tiere, die ihr *Spiegelbild* zum erstenmal sehen, begegnen ihm wie einem fremden Artgenossen, den sie – je nach den Umständen – bedrohen, angreifen oder als sozialen Partner behandeln. Ein Beispiel: Vor Jahren besuchte ein *Buchfinkenmännchen* mehrere Tage nacheinander die blankpolierte Stoßstange eines vor unserem Hause parkenden Autos und pickte anhaltend an ein spiegelndes Stück Blech, das dieser Stoßstange senkrecht aufsitzt: Das Tier bekämpfte dort sein Spiegelbild, als sei es ein Rivale im eigenen Revier. – Manche Tierarten geben diese Reaktionsweise niemals auf, beispielsweise kampflustige *Winkerkrabben*-Männchen; andere lernen bald, daß das Spiegelbild anders reagiert als richtige Artgenossen, und verlieren das Interesse (z. B. Hunde und Affen). Doch *Schimpansen* vermögen ihr Spiegelbild als das aufzufassen, was es ist. Dies hat in geistreich geplanten Versuchen der amerikanische Zoologe G. G. Gallup als erster nachgewiesen[1]:

Einigen Schimpansen wurden große Spiegel ringsherum an die Wände ihres Käfigs gestellt. Zuerst behandelten sie ihr Spiegelbild wie einen fremden Artgenossen und bedrohten es. Wenig später aber gingen sie zu auffälligen Verhaltensweisen über, die nach meinem Wissen nie zuvor an einem nicht-menschlichen Lebewesen beobachtet worden waren: Sie sahen in den Spiegel, während sie sich mit Händen und Fingern an Körperstellen betätigten, die sie nicht direkt sehen konnten; und sie schienen dabei ihre Bewegungen durch das Beobachten des Spiegelbildes zu lenken. Beispielsweise kratzten sie sich – in den Spiegel blickend – am Rücken oder Gesäß; oder sie versuchten, Nahrungsreste, die sich zwischen den Zähnen eingeklemmt hatten, mit den Fingern zu fassen. – Aber diese Beobachtungen hätten sich vielleicht noch als reine Dressurergebnisse deuten lassen. Den Beweis für das sachgerechte Beurteilen des eigenen Spiegelbilds lieferte folgendes Experiment:

Den Schimpansen wurden in Narkose eine kleine Fellpartie über der linken Augenbraue sowie der untere Teil des rechten Ohrläppchens mit roter Farbe bemalt. Diese Farbe war durch sorgfältige Vorversuche danach ausgesucht worden, daß sie weder durch ein Hautgefühl noch durch einen Geruch für die Schimpansen bemerkbar war; und die bemalten Körperstellen waren für deren eigenen Blick unzugänglich. Nach der Narkose wieder vor die Spiegel gelassen, faßten die Schimpansen sofort genau an die bemalten Stellen und besahen und berochen danach ihre Finger.

Dieses Verhalten konnte nicht angeboren sein; denn Schimpansen, die vor der Bemalung ihr Spiegelbild *nicht* kennengelernt hatten, betasteten vor dem Spiegel ihre bemalten Stellen *nicht*. Das Verhalten konnte auch nicht als erlernt gelten, denn die Tiere hatten nie zuvor das Fell über der linken Augenbraue und das rechte Ohrläppchen bevorzugt berührt. Auch der Zufall war ausgeschlossen, soweit das prinzipiell möglich ist; denn die Stellen der Bemalung waren so ausgewählt worden – beispielsweise hinsichtlich ihrer asymmetrischen Verteilung –, daß die Wahrscheinlichkeit für ihr zufälliges Berührtwerden vor dem Spiegel extrem gering war. Kein Zweifel: Die Schimpansen hatten die Veränderung ihres wahrgenommenen Spiegelbildes sofort als Information über die Veränderung an ihrem eigenen Körper gedeutet.

Nun könnte man glauben, eigentlich sei das gar keine aufsehenerregende Leistung, sondern das Selbstverständlichste von der Welt; denn jedes Kind begreift ja sein Spiegelbild ohne Schwierigkeit als das Abbild seiner selbst. Dem steht entgegen, daß zwar auch die beiden anderen *Menschenaffen* Gorilla und Orang Utan, nicht aber die bisher auf entsprechende Weise geprüften *Affen*arten zu diesem »Erkenntnisakt« fähig waren. Sie verwerteten das Spiegelbild niemals als Abbild ihres eigenen Körpers. Dieser Tatbestand regt zum Nachdenken über die Frage an, was für eine Fähigkeit eigentlich der richtigen Auswertung des eigenen Spiegelbildes zugrunde liegen muß.

Die Antwort lautet: Das informationsspeichernde System des betreffenden Organismus muß dazu in der Lage sein, aufgrund von Erfahrungen (hier: Erfahrungen mit dem Spiegelbild) ein Gefüge von Engrammen entstehen zu lassen, das den eigenen Körper repräsentiert; und dieses Engrammgefüge muß von der Art sein, daß es mit einem visuellen Wahrnehmungsbild, hier dem gesehenen Spiegelbild, in Beziehung gesetzt werden kann; denn das Tier zielt ja eine *auf dem Spiegelbild* gesehene Körperstelle *direkt am eigenen Körper* an. Hierdurch unterscheidet sich dieses sekundäre, erfahrungsbedingt gebildete »Körperschema« von dem primären, das auch einfacher organisierte Tiere besitzen: Ein *Frosch* berührt beispielsweise gezielt eine gereizte Hautstelle auf dem Rücken mit seinem Hinterfuß, und zwar dank der Wirksamkeit angeborener nervöser Schaltungen im Rückenmark. Bei den beschriebenen *Schimpansen*versuchen entsteht aber – wie gesagt – ein *neues* Körperschema. Es ist durch den *Gesichtssinn* vermittelt und trägt den Charakter eines *durch Erfahrung erworbenen Engramms des eigenen Körpers.*

D.5. *Grenze der Fähigkeit zur Problemlösung*

Daß Tiere nur in engen Grenzen dazu fähig sind, durch zielbedingte Umkombination von Engrammen Probleme zu lösen, ist zwar eine Binsenweisheit, und man kann leicht Beispiele dafür finden. An dem folgenden von dem Verhaltensforscher J. B. SCHALLER beobachteten

Einzelereignis[1] läßt sich aber besonders anschaulich dartun, wo die Grenzen der tierischen Fähigkeiten liegen und welche Errungenschaften nötig wären, um sie zu überwinden:

Eine *Löwin* hatte ein Gnu erjagt, sättigte sich und ging dann etwa 2 km weit zu ihren beiden eine Woche alten Jungen. Indessen fraß ein *Leopard* an der Beute. Die Löwin kam zurück und trug eines der Jungen. Der Leopard stieg in einen Baum nahe der Beute. Die Löwin setzte das Junge bei der Beute ab und machte Anstalten, auch das zweite zu holen: Sie ging ein paar Schritte, zögerte, kehrte zum Jungen zurück, sah nach oben zum Leopard, ging wieder ein paar Schritte, kehrte wieder zurück usw. Nach halbstündigem (!) Schwanken ging sie fort. Als sie etwa 100 m entfernt war, stieg der Leopard ab und packte das Junge, das laut schrie. Die Löwin rannte zurück, der Leopard ließ das Junge fallen, aber es war zu spät. Das Junge war tot.

Die Löwin hatte durch ihr Zögern und das Hinschauen zum Leoparden unzweifelhaft deutlich gemacht, daß sie die Gefahr für ihr Junges bemerkt hatte. Wir können ferner mit Sicherheit unterstellen, daß eines der Ziele ihres Verhaltens darin bestand, das Leben des Jungen nicht aufs Spiel zu setzen; denn sie hatte es hergeholt und damit gezeigt, daß sie sich um sein Wohl kümmerte und daß sie nicht – aus irgendeinem Grunde – darauf hinzielte, es seinem Schicksal zu überlassen. In ihrer Vorstellung hätte sich daher vorwegnehmend das folgende Geschehen konstruieren können: Der Leopard wird absteigen und das Junge töten. Die einzige sinnvolle Konsequenz hätte darin bestanden, das Junge nicht allein zu lassen, sondern wieder mitzunehmen. Eine entsprechende Kombination der Engramme »Junges, Leopard, Gefahr, Junges mitnehmen« gelang der Löwin aber nicht; oder sie gelang ihr zwar, aber das Ergebnis konnte sich nicht gegen die konkurrierende Verhaltenstendenz, das andere Junge zu holen, durchsetzen. Alle Engramme, die zur Problemlösung nötig gewesen wären, standen dem »verhaltenssteuernden System« der Löwin jedenfalls zur Verfügung; doch vermochte sie nicht, die notwendigen Schlüsse daraus zu ziehen, und überließ darum das Kind gegen ihre eigene Intention dem sicheren Tod.

E. Verhaltensbeziehungen zwischen Artgenossen (Tiersoziologie)

Fast alle höher organisierten Lebewesen treten zeitweise mit Artgenossen in Beziehung: als Geschlechtspartner, als Rivalen, als Eltern und Junge; oder sie halten sogar dauernd zusammen, beispielsweise in lebenslanger Ehe oder im Rahmen beständiger Gemeinschaften. Die zuvor behandelten Verhaltensweisen der *Individuen* erscheinen dabei vielfach in besonderer Form und in neuen Zusammenhängen.

E 1. *Soziale Auslöser, Ritualisierung*

Im einfachsten Fall ist dasjenige, was ein Tier *ohnehin* tut, zugleich ein Signal für den Partner: Wenn beispielsweise ein *Gnu* innerhalb einer Herde plötzlich fortläuft, werten die Gruppengenossen das als Signal und laufen mit. Flucht ist bei vielen Herdentieren ansteckend; dies stabilisiert den Zusammenhang der Gruppe bei Gefahr. Raubtiere versuchen denn auch zu Beginn ihrer Jagd, einzelne Beutetiere von der Gruppe abzusprengen.

Soziale Auslöser. Für das *Zusammenfinden der Geschlechter* ist es notwendig, daß der aktive Partner (meist das Männchen) innerhalb seiner Artgenossen Männchen und Weibchen unterscheiden kann. Auch dazu können »ohnehin vorhandene« Merkmale dienen: Beim *Stichlings*-Weibchen ist der Bauch mit Eiern prall gefüllt und daher dicker als beim Männchen; an dieser Formeigenschaft erkennt das revierbesitzende Männchen, daß es ein laichreifes Weibchen vor sich hat. Doch kommt hier noch etwas Neues hinzu: Das Weibchen stellt sich durch Schwimmbewegungen so gegenüber dem Partner ein, daß es ihm seinen Bauch zukehrt und besonders deutlich vor*weist*. Diese »Demonstrationshaltung« ist *angeboren*. Das Männchen seinerseits hat ebenfalls ein besonderes Signal »Ich bin ein Männchen«: Während der Fortpflanzungsperiode färbt sich die Bauchhaut des Männchens tiefrot. Treffen sich zwei derart gefärbte Männchen, so löst der Anblick der roten Färbung einen heftigen *Kampf* zwischen ihnen aus.

Der Ausdruck *soziale Auslöser* (oder auch einfach »Auslöser«) ist ein Sammelbegriff für jede Art von Signalen, die ein Artgenosse einem anderen übermittelt. *Körperliche Merkmale* von Signalcharakter sind auch die tiefroten oder gelben Rachenfärbungen von bettelnden Jungvögeln – soziale Auslöser für die Fütterungsreaktion der Eltern. Zu den *Verhaltensweisen* mit Signalcharakter gehören Kontaktrufe, Warnlaute, Drohstellungen, Balz- und Begrüßungsgebärden sowie Signale der sozialen Überlegenheit und Unterordnung.

Kontaktlaute, Stimmfühlung. Manche Vögel oder Säugetiere halten ohne Sichtkontakt im dichten Wald oder im hohen Gras paarweise oder in kleinen Gruppen miteinander »Stimmfühlung«, indem sie in bestimmten Zeitabständen Kontaktlaute ertönen lassen. Sie bewahren – beispielsweise bei der Nahrungssuche – einen Mindestabstand, indem sie sich einem *zu leise* gehörten Laut so lange annähern, bis sie ihn wieder in der angestrebten Lautstärke wahrnehmen.

Ritualisierung. Viele als Auslöser wirksame Verhaltensweisen tragen Merkmale ihrer stammesgeschichtlichen Herkunft: Sie geben sich zu erkennen als betonte oder anderweitig abgeänderte Verhaltensweisen von ursprünglich anderer Funktion. Den stammesgeschichtlichen Vorgang, in dem ein Verhalten Signalcharakter erwirbt, nennt man *Ritualisierung.* In vielen Fällen liegt es klar vor Augen, welch ein Verhalten die stammesgeschichtliche Grundlage für ein soziales Signal gebildet haben muß, so daß der Schluß vom gegenwärtigen Zustand auf den stammesgeschichtlichen Vorgang, der zu diesem Zustand führte, offensichtlich ist. Hierzu einige Beispiele:

Ritualisierte Anteile des *Balzverhaltens* sind in manchen Fällen offensichtlich vom Verhalten der *Jungenfürsorge* hergeleitet. So bietet das Männchen der *Seeschwalben* dem Weibchen einen gefangenen Fisch an. Das Weibchen der *Silbermöwe* – sie ist der aktive Teil bei der Paarbildung – bettelt das Männchen, genau wie die Jungen, um Futter an, welches dieses dann auch bereitwillig hergibt. Andere Balzhandlungen entstammen dem *Nestbauverhalten* – so bringen die Männchen vieler Vogelarten zur Balz Nistmaterial im Schnabel mit –, wieder andere dem *Angriff*: Bei der *Graugans* gehört es zur Balz des Ganters, in der Nähe befindliche Wasservögel zu verjagen und dann »triumphierend« zum Weibchen zurückzukehren.

Ritualisierte Anteile des *Grüßens,* d. h. der Gebärden beim Begegnen von Artgenossen, stammen eigentümlicherweise häufig von umorientierten *Angriffs*- und *Droh*gebärden ab. Das Klappern des *Storches* beispielsweise ist an sich eine Drohgebärde; aber mit über den Rücken zurückgelegtem Kopf, also »umorientiert«, spielt es die Rolle der *Begrüßung.* Bei der *Graugans* ist die Umorientiertheit für den menschlichen Beobachter nur undeutlich zu erkennen: Ihr *Halsvorstrecken* kann *sowohl* Angriffsbewegung (dann bei starker Intensität mit Zischen verbunden) *als auch* Begrüßung sein; im letzteren

Fall sind Hals und Kopf nicht genau auf den Partner gerichtet, sondern *zeigen* mehr oder weniger *an ihm vorbei*.

Auch von den Gebärden und Verhaltensweisen, die *soziale Überlegenheit* oder *Unterlegenheit* ausdrücken, stammen viele aus anderen Verhaltensbereichen. Beim *Wolf* leiten sich die *Unter*legenheitsgebärden vom Verhalten des Jungtiers gegenüber den Eltern ab. *Paviane, Rhesusaffen* und andere verwenden als Manifestation der *Über*legenheit das Aufreiten, also einen Bestandteil des männlichen Sexualverhaltens; die soziale *Unter*legenheitsgebärde ist dagegen *Präsentieren,* d. h. ein ritualisierter Bestandteil des weiblichen Sexualverhaltens. Beide Arten von sozialen Gebärden werden je nach Situation von Männchen *und* Weibchen ausgeübt, sie sind also nicht geschlechtsspezifisch gebunden. Sie sind nur selten mit sexueller Erregung verknüpft und münden meist nicht in Sexualverhalten ein. In ihrer Rolle als Rangstufenanzeiger haben sie gleichsam ihren früheren Verhaltensbereich verlassen und ihre Bindung an die Sexualbereitschaft verloren. (Zum Thema der sozialen Rangstufen siehe Abschnitt IV E 7, S. 367–370.)

E 2. *Kampf, Drohung, Tötungshemmung*

Den Ausdruck *Aggression* verwendet man in der Verhaltensbiologie für gegnerische Auseinandersetzungen zwischen Artgenossen oder auch zwischen den Vertretern verschiedener Tierarten. *Aggressivität* heißt *Bereitschaft* zur gegnerischen Auseinandersetzung. Aggressives Verhalten kann als Ausdruck von ganz unterschiedlichen inneren Bedingungen bzw. Verhaltensbereitschaften auftreten, es ist *vielursächlich* (Abb. 37):

– *Selbst- und Jungenverteidigung.* Zum Zwecke der *Selbstverteidigung* wehren sich Tiere aggressiv gegen Feinde und Verursacher von Schmerz und Schreck. Beispielsweise kann ein Pferd ausschlagen, weil es erschreckt wurde. Die Aggressivität kann sich außerordentlich verstärken, wenn ein Tier Junge führt (Abschnitt IV E 5, S. 363). Ein Muttertier wehrt sich nicht nur gegen einen Raubfeind, wenn dieser sie selbst angreift, sondern sie greift den Raubfeind an, wenn dieser gezielt ihr Junges zu erbeuten versucht.

– *Hunger bei Raubtieren.* Raubtiere greifen *Beutetiere* an; dabei wagen sie sich an um so größere und stärkere Feinde, je hungriger sie sind. Das Angriffsverhalten der Raubtiere ist ein Appetenzverhalten

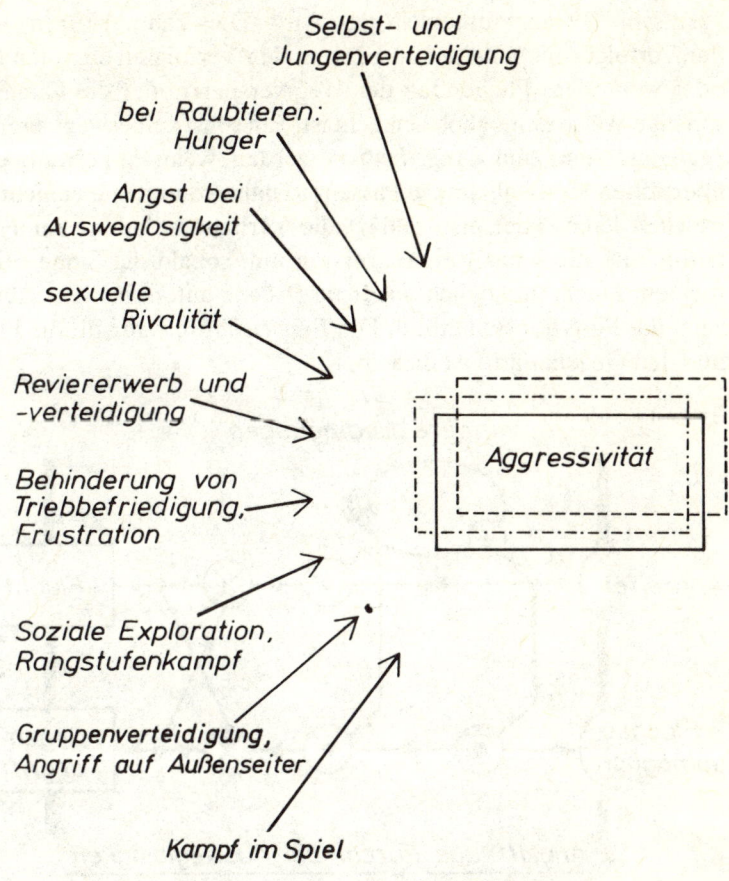

Abb. 37 Neun *allgemeine* Bedingungen (Situationen, aktivierte Antriebe) für aggressives Verhalten, dazu drei, die allein *für den Menschen* gelten. Der Ausdruck »Aggressivität« ist dreifach unterschiedlich eingerahmt; das soll andeuten, daß die Verhaltensmuster bei verschiedener Verursachung in Einzelheiten voneinander abweichen können.

für die Nahrungsaufnahme; demgemäß ist es von der *Ernährungsbereitschaft* abhängig.

– *Angst bei Ausweglosigkeit.* Vor dem Verfolger *flüchtende* Tiere gehen in vielen Fällen zum *Gegenangriff* über, sobald eine bestimmte

»kritische Distanz« unterschritten wird. Dies kann erfolgen, wenn der Verfolger schneller ist und darum den Verfolgten einholen kann oder wenn dem Fliehenden der Weg versperrt oder die Flucht auf sonstige Weise unmöglich gemacht ist. Ein sonst keineswegs aggressiver Hund kann zum »Angstbeißer« werden, wenn ihm etwa in einer überfüllten Straßenbahn ein Passant zu nahe kommt und er nicht ausweichen kann. Hier also schlägt die Verhaltenstendenz zur *Flucht* (subjektiv: die Angst) in Aggression um, sobald die Sinnesorgane melden: Flucht unmöglich, *kritische Distanz* unterschritten. Abb. 38 zeigt das Funktionsschaltbild: Die *Bereitschaftsinstanz* für die Flucht und den Gegenangriff ist dieselbe!

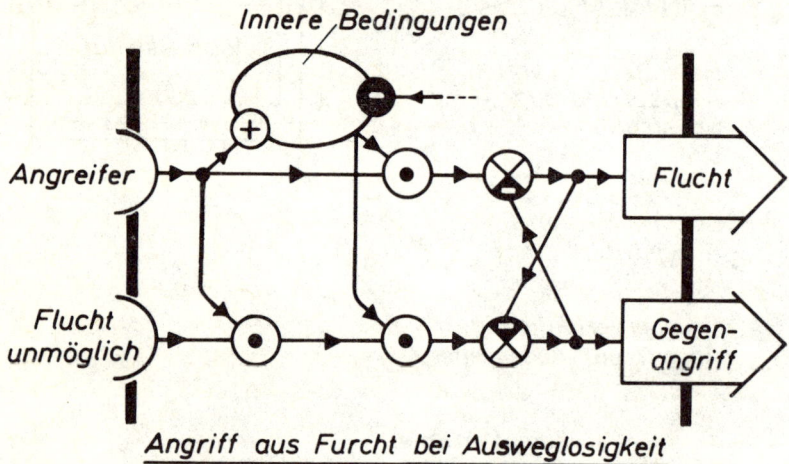

Abb. 38 Vereinfachte und idealisierte Darstellung des Funktionsgefüges der *Aggressivität aus Angst bei Ausweglosigkeit:* Die Wahrnehmung des Feindes löst Flucht aus. Die *zusätzliche* Wahrnehmung »Flucht unmöglich bzw. aussichtslos« löst – aktiviert durch dieselbe Bereitschaft – den Gegenangriff aus und hemmt die Flucht.

– *Sexuelle Rivalität.* In der Brunft befindliche männliche Tiere können extrem angriffslustig gegen Rivalen sein. Das männliche Sexualhormon Testosteron steigert zugleich mit der sexuellen Appetenz auch die Aggressivität gegen andere Männchen. Hier ist, wie in Abschnitt IV A 3 (S. 247) schon für den Stichling beschrieben, die *sexuelle* Bereitschaft zugleich eine der *aggressiven* Bereitschaften. – Vielfach gehören zum Rivalenkampf andere Verhaltensweisen als zur Selbstverteidigung: *Giraffen* kämpfen gegen *Rivalen* mit den Hörnern, gegen *Raubfeinde* mit den Hufen.

– *Reviererwerb und -verteidigung.* Viele höhere Tiere verteidigen einen bestimmten *räumlichen Bereich* gleichsam als Eigentum und greifen Eindringlinge an, um sie zu vertreiben. Ihre Aggressivität ist an den ihnen bekannten Raum gebunden: Je näher sie dem Zentrum ihres Reviers sind, mit desto größerer Vehemenz greifen sie an (siehe nächsten Abschnitt E 3). Hier ist die Aggressivität also gebunden an die *Revierbehauptung* und damit an das Kennen (= Gelernthaben) eines bestimmten Geländebereichs.

– *Frustration.* Stößt die Verwirklichung *irgendeiner* Verhaltenstendenz auf ein *Hindernis,* so kann dies einen Angriff gegen das Hindernis veranlassen; dies ist *Aggression aus Frustration.* Wie jedermann weiß, soll man z. B. einem *Hund* nicht den Knochen wegnehmen, an dem er gerade nagt, weil er dann bisweilen beißt. Auch der *Futterneid,* den man bei Singvögeln am Futterhäuschen beobachtet, gehört hierher. Wird ein Tier bei Lernversuchen überfordert, so kann es sehr aggressiv werden (Abschnitt V B 3, S. 414).

– *Rangstufenkampf, aggressive soziale Exploration.* Bei den meisten in Gruppen lebenden Säugetieren und Vögeln entsteht eine *soziale Rangordnung* durch die Ergebnisse von Auseinandersetzungen zwischen den Individuen (siehe Abschnitt E 7). Dieser *Rangstufenkampf* ist ein normaler Bestandteil des gruppeninternen Sozialverhaltens. Bei Jungtieren hat diese Aggressionsform den Charakter der *aggressiven sozialen Exploration:* Durch Angriffe auf Gruppenmitglieder, stärkere wie schwächere, provozieren sie ein *Kräftemessen* und loten dadurch den Bereich ihrer sozialen Handlungsmöglichkeiten aus.

– *Gruppenaggression.* Bei manchen in Sozialverbänden lebenden Säugetieren und Vögeln löst der Angstschrei eines Tieres den *kollektiven Angriff* auf den Gruppenfeind aus. Diese *Gruppenaggression* ist ansteckend, d. h. es greifen auch diejenigen Tiere an, die den auslösenden Angstschrei nicht gehört haben; sie machen mit, wenn sie den Angriff der anderen Tiere bemerken. (Dies ist keine Nachahmung, sondern soziale Anregung – siehe Abschnitt IV B 13, S. 322 – und zugleich die angeborene Reaktion auf soziale Auslöser – siehe Abschnitt IV E 1, S. 346.) – Zur Gruppenaggression gehört auch die *Aggression gegen Außenseiter:* Manche Säugetiere und viele Vögel (vor allem gesellig lebende) greifen Artgenossen feindlich an, wenn diese abnorm gefärbt oder gestaltet sind oder sich abnorm bewegen[1].

– *Spielerische Aggression.* Auch das *Spielen* enthält überall dort, wo es vorkommt, Angriffs- und Kampfhandlungen (siehe Abschnitt IV C 3); diese sind so beschaffen, daß der Spielkampfgegner nicht verletzt wird. Hier ist die *Spielbereitschaft* der Motor der Angriffs-handlungen.

Schlußfolgerung. Die vorangegangene Übersicht zeigt: In die »gemeinsame Endstrecke« des Aggressionsverhaltens münden die steuernden Signale von einer ganzen Reihe verschiedener Verhaltens-bereitschaften. In dieser Hinsicht ist Aggression also – wie die Fort-bewegung – ein *Mehrzweckverhalten*[1] (Abb. 39).

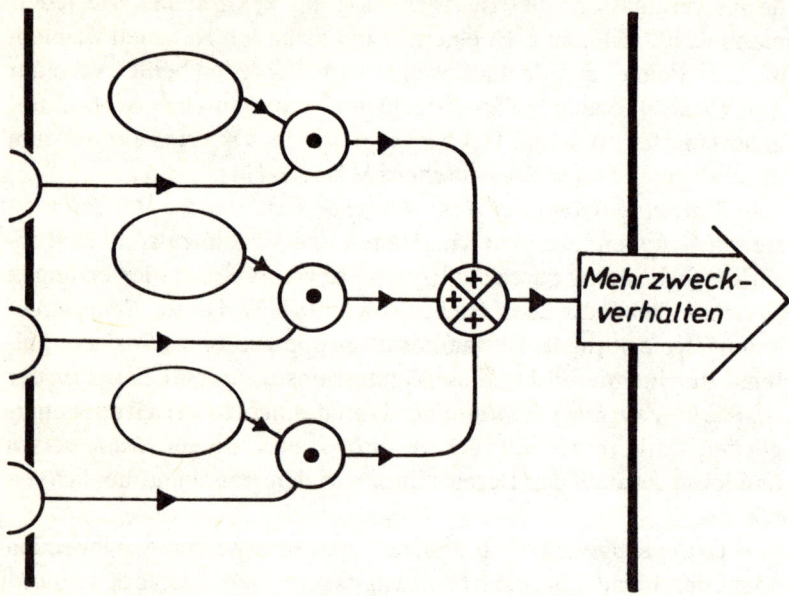

Abb. 39 Idealisiertes Funktionsschaltbild für ein Verhaltensmuster, z. B. Fort-bewegung oder Aggression, das im Dienste verschiedener Antriebe ausgeführt werden kann, also *vielursächlich* ist.

Unterschiede im Verlauf verschieden motivierten Aggressions-verhaltens: Bei der *Selbstverteidigung* kann der Feind verletzt werden; der *sexuelle Rivalenkampf* aber ist fast stets unblutig, doch gibt es Sieger und Besiegte; und beim *spielerischen Kampf* wird kein Sieg, sondern allein das Kämpfen angestrebt. – Besonders interessant ist der Vergleich zwischen den beiden sozial bedingten Kampfarten *Rang-stufenkampf* und *Gruppenaggression:* Beide spielen sich zwischen Artgenossen ab; beim Rangstufenkampf gehören diese *demselben*

Sozialverband (z. B. Rudel) an, bei der Gruppenaggression *verschiedenen* Verbänden. Die Unterschiede sind:

– Der *Rangstufenkampf* ist in der Regel unblutig; er wird durch Unterlegenheitssignale beendet; die Aggressivität greift selten auf andere Gruppenmitglieder über; und die Gegner leben in der Regel nach dem Kampf weiter in derselben Gruppe zusammen (siehe Abschnitt IV E 7, S. 367 f.).

– Der *Kampf gegen Gruppenfeinde,* auch wenn sie Artgenossen sind, wird dagegen *nicht* durch soziale Signale beendet, sondern durch Vertreiben oder Töten der Unterlegenen; die Motivation ist anstekkend durch die ganze Gruppe hindurch; und ein Einbeziehen des Gegners nach dem Kampf in die eigene Sozialstruktur ist undenkbar.

Gibt es einen allgemeinen *Aggressionstrieb,* dessen Intensität von selbst ansteigt und der von Zeit zu Zeit zu einer Befriedigung durch Kämpfen drängt? Diese anthropologisch (z. B. für die Friedens- und Konfliktforschung) bedeutsame Frage ist für den Bereich der Tiere nach dem heutigen Wissen folgendermaßen zu beantworten: Bei einigen der zuvor beschriebenen Aggressionsformen gibt es eindeutig einen *Drang zum Kämpfen.* Er äußert sich in Angriffshandlungen gegen Artgenossen, auch wenn diese den Angriff durch kein eigenes aggressives Verhalten provozieren. So etwas kommt vor bei sexueller Rivalität, bei Auseinandersetzungen an Reviergrenzen, beim Kampf zum Erreichen einer höheren Rangstufe im Sozialverband sowie beim spielerischen Angriff. In diesem Sinne gibt es also sogar mehrere »Aggressionstriebe«. Fragt man darüber hinaus nach einem *allgemeinen* Aggressionstrieb, der von allen genannten Bereitschaften *unabhängig* bestehen soll, so wird man zumindest beim heutigen Kenntnisstand schwerlich eine Antwort finden. Man müßte bei jedem in Frage kommenden Kampfverhalten nachprüfen, ob alle *speziellen* aggressionsauslösenden Motivationen ausgeschlossen sind. So etwas ist nach meiner Kenntnis nie versucht worden; es wäre auch bei der Vielzahl der zur Aggression disponierenden Bereitschaften ziemlich aussichtslos. Auch erhebt sich die Frage: Welchen Anpassungswert sollte ein *allgemeiner* innerartlicher Aggressionstrieb ohne Koppelung an die zuvor genannten Motivationen überhaupt besitzen? Die meisten Probleme der biologischen Aggressionsforschung lassen sich denn auch anhand der *bekannten* Verhaltensbereitschaften behandeln. Als Ergebnis kann man daher festhalten: Die derzeitigen Kenntnisse der Verhaltensbiologie geben der Vorstellung eines *unabhängigen* Aggressionstriebes keine Stütze.

Außerhalb der oben zusammengestellten Aggressionsmotivationen gibt es noch weitere aggressive Verhaltensweisen, die aber nur unvollkommen erforscht sind. Hierfür folgen vier Beispiele: Raubkatzen-Mütter töten bisweilen kranke oder schwache eigene Junge[1]. – Wenn sich innerhalb einer Gruppe zwei niederrangige Mitglieder streiten, so fährt vielfach ein höherrangiges Tier dazwischen und trennt die Gegner. – Wenn sich zwei Tiere in Anwesenheit von Artgenossen paaren, werden sie bisweilen von diesen angegriffen (»Anstoßnehmen«). – Manche Singvögel »hassen« auf Eulen; falls eine Eule täglich am selben Ort ihre Tagesruhe verbringt, besuchen manche Vögel sie regelmäßig, um eine Zeitlang Drohlaute gegen sie auszustoßen; ja sie besuchen den Eulenplatz manchmal sogar noch und hassen auf ihn, nachdem die Eule ihn schon gar nicht mehr benutzt.

Drohen. Im Prinzip ist das Drohen das Einnehmen der Haltung des Angriffs, ohne doch in diesem Augenblick wirklich anzugreifen. Bei manchen Vogelarten nehmen drohende Tiere den Flügelbug, mit dem sie Schläge austeilen können, aus dem Brustgefieder; Raubtiere und andere Säuger ziehen beim Drohen die Lippen hoch und entblößen die Zähne (»Zähne-Zeigen«). Zur Vorbereitung eines Angriffs gehört es auch, den Gegner *ins Auge zu fassen.* Demgemäß hat vielfach das *gerade Ansehen* eine Drohwirkung. Bei vielen Tieren ist das Drohverhalten stark ritualisiert. Oft hat es dann den Charakter eines »Imponierverhaltens«: Die Tiere vergrößern ihren Umriß durch Aufrichten von Haaren, Abspreizen von Federn oder Flossen, Aufblasen von Körperanhängen, Sich-Aufrichten oder ähnliches. Zu dem optischen Drohen kann akustisches Drohen treten wie Zischen bei Schlangen und Gänsen, Knurren und Fauchen bei Raubtieren. Vielfach wird eine Auseinandersetzung schon auf dieser Stufe entschieden, indem einer der Partner das Feld räumt, eingeschüchtert durch das wirkungsvollere Imponieren des Gegners. Beim Drohen sind vielfach (oder stets?) zwei Verhaltenstendenzen zugleich aktiviert, Angriff und Flucht. Manche Gebärden des Drohens – z. B. der Buckel der Katzen und die Drohhaltung des Stichling-Männchens – zeigen das Tier in einer Position quer zur Angriffsrichtung und damit in Bereitschaft sowohl zur Flucht als auch zum Angriff.

Beschädigungskampf und ritualisierter Kampf. Kommt es zwischen Artgenossen zum körperlichen Kampf, so wird dieser manchmal mit denselben Waffen geführt, mit denen sich das Tier auch gegen artfremde Feinde verteidigt; so bestehen Kämpfe zwischen *Wölfen* vielfach in einer regelrechten Beißerei (»Beschädigungskampf«). In anderen Fällen wird der Kampf gegen Artgenossen auf besondere, ungefährliche Art als »Turnierkampf« durchgefochten: So kämpft die *Galápagos-Meerechse* gegen artfremde Feinde durch Beißen; rivalisierende Männchen dagegen versuchen den Gegner mit der Stirn aus dem Revier hinaus oder in Steinspalten zu drängen.

Demutshaltung, Tötungshemmung. Den Abschluß eines Kampfes zwischen Rivalen bildet manchmal eine *Demutshaltung* des unterlegenen Tieres, auf welche der Sieger mit sofortigem Einstellen des Kampfes reagiert. Die Unterlegenheitsgebärde ist häufig das gestaltliche Gegenteil der Drohgeste: Das Männchen der Galápagos-Meerechse, das beim Drohen und beim Kampf seinen Leib vom Boden abhebt und den Rückenkamm hochstellt, legt sich zur Demonstration seiner Unterlegenheit mit abgespreizten Beinen platt auf den Boden. – Demutshaltungen *fehlen* im Verhalten von Tieren mit gutem Fluchtvermögen oder geringer Bewaffnung (z. B. Tauben). Wenn diesen Tieren durch einen engen Käfig die Fluchtmöglichkeit genommen ist, so kommt es bei ihnen eher zum Verletzen und sogar Töten von Artgenossen als bei wehrhaften Tieren, deren instinktgegebene Tötungshemmung sich auch in solchen Ausnahmefällen bewährt[1].

Keine Tötungshemmung gegen gruppenfremde Artgenossen bei starken Raubtieren. Beim *Löwen,* also einem in Rudeln lebenden, sehr wehrhaften Raubtier, aber auch bei der *Wanderratte* gibt es beim Kampf zwischen Angehörigen *verschiedener* Rudel keine Tötungshemmung[2]. Das innerartliche Töten übt dort vermutlich sogar die biologische Funktion der Kontrolle der Bevölkerungsdichte aus. Daß wehrhafte Tiere sich gegenseitig nicht töten, weil sie daran durch die Demutshaltung des Unterlegenen gehindert werden, ist somit keine allgemeingültige Gesetzmäßigkeit. Dies ist anthropologisch von Bedeutung, weil man nicht mehr, wie man vorübergehend glaubte, mit einer biologisch bedingten *generellen* Tötungshemmung gegenüber dem Mitmenschen rechnen kann.

Besondere Aggressionsursachen beim Menschen[3]. Aus der im Tierreich feststellbaren *Vielursächlichkeit* der Aggressivität läßt sich für den Menschen eine Hypothese herleiten: daß er auf der Ebene der aggressiven Verhaltenstendenzen kaum einfacher angelegt sein dürfte. Beim Menschen (siehe Abb. 37) kommen überdies noch mindestens drei weitere Aggressionsursachen zu denen der Tiere hinzu:

– das Ausführen befohlenen Aggressionsverhaltens aus Gehorsam[4];

– das Nachahmen von aggressivem Verhalten, dessen Zeuge oder Opfer (z. B. als mißhandeltes Kind) man war;
– das bewußt kalkulierte Planen und Durchführen von aggressiven Aktionen.

E 3. *Revierverhalten und Bevölkerungsdichte*

Daß Schwalben, die auf einem Leitungsdraht sitzen, häufig genau gleiche Abstände voneinander halten, liegt daran, daß die Tiere eine für sie erträgliche »Individualdistanz« nicht unterschreiten.

Viele Tiere verteidigen ein bestimmtes *Gebiet* als ihr Eigentum. Meist liegt in dessen Zentrum das Nest bzw. die Höhle, wo die Jungen aufgezogen werden. Artgenossen, gelegentlich auch artfremde Tiere, werden angegriffen und vertrieben, wenn der Revierbesitzer sie in seinem Territorium antrifft. Dabei hilft ihm die schon genannte Gesetzmäßigkeit, daß die Kampfkraft durch die Anwesenheit im *eigenen* Revier zunimmt, im fremden Revier abnimmt. Dies hat zur Folge, daß einmal besetzte Reviere (z. B. von Singvögeln im Frühling) meist nicht mehr ihren Besitzer wechseln; die Aufzucht der Brut ist nicht von Störungen durch Artgenossen bedroht, die kein Territorium erobern konnten. – Das innere verhaltensbestimmende Prinzip für jedes Einzeltier läßt sich so formulieren: Das Wahrnehmen der bekannten (= erlernten) Umgebung vermindert etwaige Fluchtbereitschaft und stärkt die Bereitschaft zur Verteidigung. Das erhöht auf *tiersoziologischer* Ebene die *Stabilität* der Revierverhältnisse.

Säugetier-Reviere können außer dem Schlafplatz bestimmte Eß-, Trink-, Vorrats-, Kotstellen, Bade-, Suhlplätze, Scheuerstellen (zur Fellpflege) und noch andere durch Gewohnheiten festgelegte Plätze enthalten, die meist auch durch feste Wechsel miteinander verbunden sind[1].

Singvögel, Löwen und Seelöwen *markieren* ihr Revier durch stimmliche Äußerungen: Das Revier reicht so weit, wie die eigene Stimme andere Artgenossen zur Flucht oder zum Kampf reizt. Versuchen zwei Tiere – oder beim Löwen: zwei Rudel – die Mittelpunkte ihrer Reviere näher aneinander festzulegen, als es der kritischen Lautstärke des gegenseitigen Hörens entspricht, so löst dies so lange Kämpfe zwischen ihnen aus, bis die Partner auf größeren Abstand ausweichen.

Wo bei einer Tierart die Reviergründung zum artgemäßen Fortpflanzungsverhalten gehört, kommen Individuen, die kein Revier zu erobern vermögen, auch nicht zur Fortpflanzung. Besonders eindrucksvoll zeigt sich das beim *Stichling*:

Bringt man in ein Aquarium, das der Minimalgröße eines Stichlingsreviers entspricht, mehrere Männchen, die sich alle durch den rot gefärbten Bauch, das Signal für den Rivalenkampf, auszeichnen, so behauptet nach schweren Kämpfen schließlich doch nur eines dieses Revier. Die anderen Männchen halten sich danach nur noch am Rande und in den Ecken des Aquariums auf und verlieren binnen Tagen sogar ihren roten Bauch – Zeichen einer hormonellen Umstellung.

Sozialer Streß bei Tupajas. Auch bei Säugetieren finden sich tiefgreifende Einflüsse auf körperliche Vorgänge und auf das Verhalten, sofern sie kein genügendes Lebensareal als Revier zur Verfügung haben, in dem sich *keine* anderen Artgenossen befinden. Der Zoologe Dietrich VON HOLST hat dies an einem dafür besonders geeigneten Säugetier, dem südostasiatischen Spitzhörnchen (*Tupaja*), sorgfältig studiert[1]. Wenn diese einem Eichhörnchen entfernt ähnlichen (mit ihm aber nicht näher verwandten) Tiere fortwährend Artgenossen in ihrer Nähe wahrnehmen, denen sie nicht ausweichen können, so verschlechtert sich ihr Gesundheitszustand bis zum Tode durch Nierenversagen; die Weibchen tragen ihre Jungen nicht aus, sie stillen geborene Jungen zu wenig oder verzehren sie sogar. Bei den Männchen entwickeln sich die Hoden nicht zur Funktionsreife, oder sie bilden sich zurück. In Folge aller dieser – und weiterer – Vorgänge nimmt die Fortpflanzungsgeschwindigkeit ab, und die Bevölkerungsdichte hält sich auf einem Wert, der sich aus der für das Einzeltier erforderlichen Reviergröße herleitet.

Revierverhalten der Löwen. Beim Löwen müssen Einzelgänger, die keinem Rudel angehören und somit keine Mitbesitzer eines Revieres sind, sogar damit rechnen, von den Artgenossen getötet zu werden, in deren Revier sie eindringen. Dabei wird besonders deutlich, welche biologische Rolle der Revierbesitz spielt. Wenn jedes Rudel ein Areal bestimmter Größe gegen jeden fremden Löwen verteidigt, wird eine obere Grenze der Bevölkerungsdichte festgelegt. Solange Beute in Hülle und Fülle vorhanden ist, scheint wegen dieses Revierverhaltens das gegebene Nahrungspotential nicht voll genutzt zu werden. Da aber die Menge des Jagdwildes durch Wanderungen sehr stark schwankt, würde auf eine hemmungslose Vermehrung der Löwen »in guten Zeiten« leicht ein Raubbau an den Nahrungsreserven für schlechte Zeiten folgen: Zu starke Dezimierung der Beutetiere würde Hungerkatastrophen bringen, denen das Absterben vieler Löwen folgen würde. Das Revierverhalten wirkt jedoch der Überbevölkerung gleichsam durch ein Opfer an Fortpflanzungspotential entgegen und verhindert dadurch instabile Schwankungen der Bevölkerungsdichte.

Pendelflucht. Bei manchen Vogelarten, z. B. Rebhühnern, kommt es vor, daß zwei Männchen ihre Reviere zu nahe aneinander zu begründen versuchen. Vertreibt dann ein Männchen das andere aus der zu großen Nähe seines Revierzentrums, so verfolgt es den Gegner bis in die Nähe von dessen Reviermittelpunkt. Dort dreht sich der Verfolgte um, kräht und vertreibt den Eindringling, den er dann seinerseits bis in dessen Revier hinein verfolgt, wonach das Ganze von vorne beginnt und sich lange Zeit als Pendeln zwischen Flucht und Angriff fortsetzen kann. Aufgrund des Zusammenhangs zwischen der Nähe zum Revierzentrum einerseits und der Verfolgungs- sowie Fluchttendenz andererseits bilden die Kampfpartner hier ein instabiles System, das regelmäßige Schwingungen erzeugt.

Tödlich endende Storchenkämpfe um Nistplätze kommen gewöhnlich nur in einem bestimmten, kennzeichnenden Sonderfall vor: wenn ein junges Storchenpaar einen Nistplatz in Besitz genommen hat, später aber ein älteres Storchenpaar vom Winterzug zurückkehrt, das diesen Platz im Vorjahr innehatte. Dann kämpfen in tragischer Verstrickung zwei Storchenpaare gegeneinander, für die *derselbe* Ort das Zentrum des eigenen Reviers bildet. Beide Paare greifen daher einander mit dem größtmöglichen Kampfeinsatz an. Das führt meist zu Verletzungen oder zu Todesfällen[1].

E 4. *Balz, Paarbildung, Ehe*

Die urtümlichste Verhaltensbeziehung zwischen Artgenossen ist die Vereinigung der Geschlechter zum Zwecke der Zusammenführung von Ei- und Samenzelle. Die Signale, mit deren Hilfe die Männchen zu den Weibchen finden, sind vielfach chemischer Art (Sexual-Lockstoffe). Die Stoffe werden nur während der Brunftzeit abgegeben; allgemein bekannt ist die stimulierende Wirkung des Geruchs einer läufigen Hündin auf alle Rüden der Nachbarschaft.

Werbung, Balz. Ist ein sexuell gestimmtes Männchen auf ein Weibchen seiner Art getroffen, so erfolgt vielfach nicht gleich die Paarung, sondern zunächst eine Phase der Werbung; dabei kann auch das Weibchen aktiv sein. Zur Balz können gehören:

– *Lautäußerungen*, z. B. der Männchen-Gesang vieler Singvögel (der meist zugleich der Revierabgrenzung dient, siehe Abschnitt IV E 3) und mancher Insekten (z. B. Grillen, Zikaden);

– *Schaustellungen* wie der Schwanzfächer des Pfauenhahnes oder die »Scheibenstellung« des balzenden Eichhörnchens[2];

– Balz*bewegungen* wie der Balzflug des Baumpiepers und das Imponierlaufen mancher Gazellen;

– ritualisierte *Nestbauhandlungen* wie das Herstellen vieler Nestmulden beim männlichen Sandregenpfeifer (wovon dann das Weibchen eine zum endgültigen Nestbau auswählt);

– ritualisiertes *aggressives* Verhalten wie die gegenseitigen Angriffe beim Turnier der männlichen Kampfläufer;

– ritualisierte *Flucht* wie das »Sprödigkeitsverhalten« vieler Säugetierweibchen, ein spielerisch anmutender Wechsel zwischen betontem Flüchten vor dem werbenden Männchen und Abwarten, um es zum weiteren Verfolgen zu animieren;

– ritualisiertes *Jungenverhalten* wie das Futterbetteln bei der Balz der weiblichen Silbermöwe sowie Jungenrufe beim männlichen Eichhörnchen;

– ritualisiertes Jungen*füttern* wie bei der Werbung der männlichen Seeschwalben, die dabei dem Weibchen stets einen Fisch anbieten (»Fischflug«);

– *körperliche Zärtlichkeit* wie das Berühren und Belecken verschiedener Körperteile bei Säugetieren, z. B. »Schnauzenzärtlichkeit« der Wölfe.

All diese und noch viele weitere Verhaltenselemente kommen bei verschiedenen Tierarten in den unterschiedlichsten Kombinationen vor. In dem Prachtwerk »Die Vögel Mitteleuropas« von O. und M. HEINROTH findet sich am Beispiel der *Graugans* folgende berühmt gewordene Beschreibung eines besonders differenzierten Werbeverhaltens[1]: »Wenn die Geschlechter sonst äußerlich oft recht schwer zu unterscheiden sind, so ist es um diese Zeit sehr leicht, Männchen und Weibchen schon auf große Entfernung hin... zu erkennen. Der Gansert hat dann die eigenartig gespannten oder, wie man beim Menschen sagt, gezierten und stolzen Bewegungen, die man in der Tierreihe unter solchen Umständen so oft antrifft... Im Gehen, Schwimmen und Fliegen wird ein unnötiger Kraftaufwand zur Schau getragen und fast dauernd die Zärtlichkeitshaltung angenommen. Die Gatten entfernen sich kaum meterweit voneinander, und das Männchen sucht etwas darin, seinem Weibchen jeden Schritt schon vorher abzusehen: Es ist bewundernswert, mit welcher Genauigkeit es jede Wendung, jedes Rascher- und Langsamerwerden berücksichtigt. Dabei wird natürlich jedes schwächere in den Weg kommende Geschöpf vertrieben, und zwar eilt der Gansert dann häufig fliegend darauf zu, auch wenn die Entfernung nur wenige Meter beträgt. Ist der Scheingegner verjagt, so wird die kleine Strecke zur Gattin ebenfalls in der Luft durchmessen, und der sich Brüstende fällt dann mit Geräusch und hocherhobenen Flügeln vor seinem in das Triumphgeschrei mit einstimmenden Weib ein.«

Biologische Bedeutung der Balz. Im einfachsten Fall hat die Balz des Männchens die Wirkung, beim Weibchen die Bereitschaft zur Paarung zu erwecken. Je höher organisiert das Verhalten von Tieren ist, desto mehr Funktionen treten hinzu: Wo die Weibchen ein *Revier* besitzen, müssen die Männchen in dieses eindringen, also die aggressive Revierverteidigung der Weibchen überwinden; den Hamster-Männchen gelingt das durch ritualisierte Jungenlaute. Vielfach stiftet das Werben des Männchens die *individuelle Bekanntschaft*, die dafür notwendig ist, daß das Weibchen überhaupt einen Artgenossen in seiner Nähe duldet. Wo das Weibchen oder beide Gatten vor dem Eierlegen oder der Jungengeburt langwierige Vorbereitungen treffen, z. B. einen Nistplatz suchen und ein Nest bauen, kann die *Balz* die *Bereitschaft* hierzu herstellen, zum Teil – wie bei der Lachtaube in Abschnitt IV A 3 (S. 245) beschrieben – durch Anregen der Erzeugung von Sexualhormonen. Die Partner werden durch die wechselseitig ausgetauschten Signale aufeinander abgestimmt (»synchronisiert«). Bei manchen Tieren ist die Balz jedoch viel komplizierter, als daß man ihren Ablauf nach einem oder mehreren der eben genannten Prinzipien verstehen könnte. So etwa kommen die Männchen mancher Vogelarten zu einer »Gesellschaftsbalz« zusammen; bei unserer häufigsten Wildentenart, der Stockente, ist diese Gesellschaftsbalz von fast exotischer Schönheit und Merkwürdigkeit.

Begattung. Bei fast allen Tierarten kommt die Begattung nur zustande, wenn *beide* Partner sie anstreben. Ausnahmen von dieser Regel sind verschwindend selten; ein Beispiel: Bei Entenarten versuchen die Männchen nach der Fortpflanzungszeit, fremde Weibchen zu vergewaltigen, und fliegen ihnen oft lange Zeit nach; doch bleiben sie fast stets erfolglos. Bei einigen Tierarten haben die Weibchen bestimmte Gesten der Paarungsaufforderung. Manche davon machen den Eindruck symbolischer Handlungen: Paarungswillige Weibchen mancher Säugetiere, z. B. Hunde, versuchen bei den Männchen aufzureiten, um sie zur Begattung aufzufordern. Ob Männchen oder Weibchen bei der Einleitung der Paarung der aktivere Teil sind, ist von Art zu Art verschieden. Bei einigen Arten bilden Männchen und Weibchen lange Zeit ein Paar, ohne daß es schon zur Paarung kommt (»Verlobungszeit«, z. B. bei der Graugans). Bei dem ersten von EIBL-EIBESFELDT (1951) aufgezogenen Eichhörnchen-Pärchen ging die erste Brunftperiode mit intensiver Werbung vorüber, ohne daß es zu einer Paarung kam[1].

Paarungshaltung. Bei vielen Tierarten, darunter auch bei fast allen Säugetieren (außer den Walen und den Zwergschimpansen), ist das »Aufreiten« die normale Paarungshaltung; auch der Igel macht – entgegen früheren Vermutungen – keine Ausnahme. Bei den meisten *Menschenrassen* dagegen hat als bevorzugte Stellung bei der geschlechtlichen Vereinigung diejenige zu gelten, bei der die Partner mit den Gesichtern einander zugekehrt sind. Hierfür sind anatomische Verhältnisse mitbestimmend, die mit dem aufrechten Gang des Menschen zu tun haben. Der Mensch bildet hier also eine Ausnahme.

Einflüsse von Erfahrung auf das Paarungsverhalten. Bei den meisten Tierarten ist das gesamte Paarungsverhalten angeboren. Jedoch sind die Männchen mancher Säugetierarten, *falls sie ohne Kontakt mit Artgenossen aufgezogen wurden*, bei den ersten Paarungsversuchen vielfach ungeschickt und orientieren sich nicht richtig am Körper des Weibchens. Die Frage, ob diesen Tieren nur *spezielle Erfahrungen* fehlen, die sie sonst, im Freileben aufwachsend, beim *Spielen* gemacht hätten, in dem ja spielerisches »Aufreiten« vorkommt, oder ob die Art und Weise ihres Aufwachsens ihr gesamtes soziales Verhaltensgefüge so tief gestört hat, daß auch das männliche Sexualverhalten mitbetroffen wurde, muß zur Zeit wohl noch als unentschieden gelten. – Auf die Wirkung von *schlechten* Erfahrungen auf die Bereitschaft zur Paarung wird im Zusammenhang mit der Verhaltens-Pathologie eingegangen werden (Abschnitt V B 2, S. 413).

Steuerung der sexuellen Aktivität. Bei vielen Tierarten ist die sexuelle Aktivität an bestimmte Jahreszeiten gebunden. In Mitteleuropa liegt die Balzzeit des Auerhahns im März/April, die »Ranzzeit« des Fuchses im Februar, die »Brunft« des Rothirsches im September/Oktober, die des Rehes im Juli/August und die »Rammelzeit« des Feldhasen im Februar/März. Zu anderen als diesen Zeiten ist, auch wenn Männchen und Weibchen beieinander sind, bei diesen Tierarten keine sexuelle Aktivität zu beobachten. Auch das Brutverhalten unterdrückt die sexuelle Aktivität (mittels Hormonwirkungen, siehe Abschnitt IV A 3 am Beispiel der Lachtaube). Werden die Nester und Gelege von Vögeln wie dem Sandregenpfeifer zerstört – etwa durch Sandsturm oder Sturmflut –, dann erfolgt bei den brütenden Tieren eine hormonelle Umstellung, und sie beginnen erneut mit Balz, Nestbau und Eierlegen – viel früher, als es sonst geschehen wäre[1].

Säugetiere ohne jahreszeitlich festgelegte Fortpflanzungszeit zeigen ein ähnliches Verhalten: Während der Trag- und Stillzeit sind die Weibchen der meisten Arten nicht sexuell ansprechbar; ihre sexuelle Bereitschaft steigt wieder, wenn die letzten Jungen erwachsen sind. Erfolgt keine Befruchtung, so bleibt die sexuelle Aktivität aber nicht dauernd erhalten, sondern zeigt eine Periodik, vielfach im Zusammenhang mit einem Menstruationszyklus. Bei Affen und Menschenaffen sind die Weibchen vorwiegend während weniger Tage in der Mitte des Zyklus aktiv und für die Männchen sexuell attraktiv; dies sind zugleich die Tage, an denen eine Befruchtung möglich ist. Während dieser Tage verstärken sich beispielsweise am Gesäß des Pavian-Weibchens die auffallend gefärbten Genitalschwellungen als *soziale (sexuelle) Auslöser.* Bei vielen Affenarten und bei Schimpansen sind jedoch unfruchtbar bleibende Begattungen auch außerhalb der »fruchtbaren Tage« die Regel.

Geschlechtsbedingte Verhaltensausrichtung. Bei mehreren Säugetieren, die man daraufhin untersucht hat, entsteht die *männliche* Verhaltensausrichtung des erwachsenen Tieres dadurch, daß die Keimdrüsen in der späteren Embryonalzeit oder (bei der Maus) in den ersten Tagen nach der Geburt das männliche Geschlechtshormon Testosteron ausscheiden; dieses wirkt auf einen Gehirnteil, den Hypothalamus, und bestimmt ihn so, daß der Organismus sich später männlich verhält, sofern dann auch weiterhin die männlichen Sexualhormone vorhanden sind. Die *weibliche* Verhaltensausrichtung entsteht, wenn im Embryo *kein* Testosteron auftritt und wenn dann beim *erwachsenen* Tier die weiblichen Geschlechtshormone wirken. Im Normalfall entspricht die damit eingeleitete männliche oder weibliche *Verhaltens*ausrichtung auch der schon zuvor in der Frühentwicklung angelegten *Geschlechtsorgan*entwicklung; sie kann aber im Experiment (bei künstlicher Hormongabe) davon abweichen.

Trotz der hormonell bedingten *Entscheidung* zwischen männlicher und weiblicher Verhaltensausrichtung verfügen viele Säugetiere auch über Verhaltenselemente des Gegengeschlechts – die Weibchen über das Aufreiten, die Männchen über »Präsentieren« (= weibliche Paarungsaufforderung). Dies gilt vor allem dort, wo geschlechtliche Verhaltenselemente durch *Ritualisierung* zu sozialen Signalen geworden sind, z. B. für soziale Überlegenheit oder soziale Unterordnung (siehe Abschnitt IV E 1, S. 348).

Ehe. Bei zahlreichen, vor allem höherorganisierten Tieren gehen die Geschlechtspartner nach der Paarung nicht sofort wieder auseinander, sondern sie bleiben für längere Zeit, z. B. für die Dauer der Aufzucht der nächsten Generation der Jungen, oder sogar lebenslang zusammen. Letzteres gilt beispielsweise für die Graugans, über deren Ehe in den Abschnitten IV F 7 und V A 4 weiteres mitgeteilt wird. In der Ehe von Tieren können auf ein Männchen mehrere Weibchen (»Harem«; Robben, Hirsche) oder ein Weibchen (viele Vogelarten, Gibbon) kommen.

E 5. *Betreuen von Jungen*

Die Angehörigen der meisten Tierarten kommen in ihrem ganzen Leben niemals mit ihren Abkömmlingen in Berührung; wenn die Jungen die Eihülle verlassen, sind die Eltern längst tot oder an anderem Ort. Innerhalb der Wirbeltiere gilt das für die meisten Fische, Lurche und Kriechtiere. – Wo Elterntiere zu ihren Jungen Kontakt haben, können sie ihnen Nahrung bieten (Abschnitt IV F 2), Schutz gewähren und auch Informationen übermitteln, die ihnen später im Erwachsenenalter dienlich sind. Falls sich Elterntiere um die Jungen kümmern, können es sein:

– allein das Muttertier: bei vielen Vögeln, z. B. Enten, und den meisten Säugetieren, z. B. Löwen, Affen und Menschenaffen;

– allein die Väter: beim Stichling, beim Vogel Strauß, aber bei keinem Säugetier;

– beide Eltern: bei vielen Vögeln, z. B. Gänsen, und manchen Säugetieren, z. B. beim Wolf;

– zuerst die Mutter, später der Vater: bei Krallenäffchen[1].

Jungenverteidigung. Wird ein *Haushuhn* von einem *Habicht* angegriffen, so versucht es lautlos – möglichst nach unten hin – in eine
Deckung zu flüchten. Eine Glucke, die Junge führt, verhält sich in
dieser Situation völlig anders: Durch Ausbreiten der Flügel sucht sie
die Jungen zu decken und selbst möglichst groß zu erscheinen; sie
trippelt dabei am Ort und äußert ein gellendes Schreien. – Auch viele
andere Tiereltern sind, wenn sie Junge führen, angriffslustiger als
sonst. Man gehe auf einer Weide niemals versehentlich zwischen
einer Stute und ihrem Fohlen hindurch, auch wenn beide anscheinend friedlich auf beiden Seiten des Weges grasen; man riskiert einen
plötzlichen Angriff der Stute: Herangaloppieren, seitliches Abdre-
hen und Hufschlag. – Im Freiland ist die »Fluchtdistanz« bei weiblichen Tieren vielfach größer, wenn sie Junge führen: Sie beginnen
mit der Flucht schon bei einer größeren Entfernung des Feindes, als
wenn sie kein Junges bei sich hätten.

Warnen. Durch Verteidigung und frühzeitige Flucht schützt das
Muttertier seine Jungen vor aktuellen Fährnissen; durch sein *Warnen*
behütet es sie zusätzlich vor Gefahren: Hat ein Muttertier etwas als
gefahrvoll erlebt – z. B. in der afrikanischen Steppe den zu Fuß ge-
henden Menschen –, so warnt es das Jungtier bei dessen Anblick.
Dadurch verknüpft sich für das Jungtier der betreffende Eindruck
mit dem Warnruf der Mutter und erhält so eine »negative Valenz«,
ohne daß das Jungtier selbst die zugehörige – vielleicht lebensgefähr-
liche – Erfahrung machen mußte. Das Warnen der Mutter liefert also
dem Jungen »Instruktionen« (gespeicherte Information) und erspart
ihm dadurch zukünftige Gefahren.

Locken. Viele Tiermütter äußern Lautsignale oder Gebärden, auf
deren Wahrnehmung ihre Jungen zu ihnen kommen. Die *Rhesusaf-
fenmutter* verfügt über einen Gesichtsausdruck (Lock-Gesicht), mit
dem sie ihr Junges zu sich locken kann.

Pflegeverhalten. Beinahe bei allen Tiereltern, die ihre Jungen betreuen, ist das *gesamte* Pflegeverhalten angeboren und geht auch
ohne Vorerfahrungen perfekt vor sich. Ausnahmen werden immer
wieder von in Zoos lebenden Affen und Menschenaffen berichtet:
Muttertiere halten ihre neugeborenen Jungen nicht richtig, ermöglichen ihnen nicht das Trinken an der Brust und sind in der Pflege so
unvollkommen, daß man ihnen die Jungen fortnehmen und sie künstlich aufziehen muß. Zwar wird dies oft als Zeichen dafür gedeutet,
die Jungenpflege müsse bei diesen hochstehenden Tierarten von den
eigenen Eltern, wenn sie jüngere Geschwister aufziehen, oder von

anderen Elterntieren durch Beobachten und Nachahmen *gelernt* werden, und dies sei bei den betreffenden Muttertieren, während sie im Zoo aufwuchsen, nicht möglich gewesen. Man hat aber zu bedenken: Die Gefangenschaft unterscheidet sich auch beim größten Bemühen der Verantwortlichen immer noch fundamental vom Leben im Freiland, und daher könnten auch *störende Umweltbedingungen* (z. B. fehlende Fluchtmöglichkeit) dafür verantwortlich sein, daß bestimmte *angeborene Fähigkeiten unterdrückt bleiben* – und dies um so mehr, je höherstehend und damit empfindlicher die Tiere sind. Die Frage, wieweit das Pflegeverhalten bei den Menschenaffen angeboren ist oder von Vorbildern gelernt werden *muß*, ist daher wohl heute trotz der zahlreichen Zoo-Beobachtungen noch als *offen* anzusehen.

Pflegebereitschaft. Die meisten Säugetiere sind keineswegs jederzeit pflegebereit: Wenn man ihnen neugeborene oder ältere Junge anderer Herkunft zuführt, lehnen sie diese in der Regel ab und treiben sie fort. Bei *Schafen* läßt sich die Bereitschaft, Junge zu betreuen, durch künstliche mechanische Reizung der Geburtswege, wie sie auch bei der Geburt erfolgt, experimentell hervorrufen[1]. Auch die Injektion von Hormonen, etwa *Prolaktin*, in anderen Fällen *Oestrogenen*, kann das Verhalten so umsteuern, daß die zuvor abgelehnten fremden Jungen nun plötzlich angenommen und gepflegt werden.

Hormone können dafür entscheidend sein, daß Säugetierweibchen überhaupt ihre neugeborenen eigenen Jungen annehmen. Bei einem bestimmten Stamm der weißen Laborratte ist dies in jahrzehntelanger Arbeit von dem Team des amerikanischen Verhaltensbiologen Jay S. ROSENBLATT genauer verfolgt worden[2]: Etwa einen Tag vor der Geburt der eigenen Jungen beginnt das Muttertier auch fremde, ihm vorgelegte Jungtiere, die sonst unbeachtet bleiben würden, zu betreuen, d. h. sie zu lecken, ins Nest einzutragen und zu wärmen. Dies ist durch eine Erhöhung des *Oestrogen*-Spiegels bedingt: Blutübertragung von einem Muttertier am Tag der Geburt auf ein jungfräuliches Weibchen stimmt auch dieses andere Weibchen dazu um, ihm vorgelegte Junge zu pflegen.

Werden einem Weibchen die Jungen gleich nach der Geburt weggenommen, so geht die hormonbedingte Bereitschaft zur Jungenbetreuung in drei bis sechs Tagen auf null zurück. Nach diesen Tagen werden auch die eigengeborenen, inzwischen allerdings ja nicht gesehenen Jungen abgelehnt, falls man sie der Mutter wieder anbietet.

Jungenbedingte Pflegebereitschaft. Wenn, wie im Normalfall, die Jungen beim Muttertier bleiben, so hält sich die Pflegebereitschaft rund 16 Tage lang, also viel länger als die ebengenannte *hormonbedingte* Zeitspanne. Die Ursache sind *Signale, die von den Jungen ausgehen.*

Ursprünglich hatte man gemeint, die Sinnesreize von den Jungen würden dabei ihrerseits den *Hormonspiegel* beeinflussen, und dieser würde die Pflegebereitschaft hervorbringen. Die voll aktivierte Pflegebereitschaft z. B. am 6. Tag nach der Geburt läßt sich aber *nicht* mit dem Blut dieses Muttertieres auf andere Weibchen übertragen. Dieser und eine Fülle weiterer Befunde beweisen zweifelsfrei: Die durch *Reize von den Jungen* ausgelöste Betreuungsbereitschaft ist ein *auf das ZNS beschränkter* Funktionszustand. Er ist übrigens auch bei *Männchen* auszulösen, obwohl dort ganz andere hormonelle Verhältnisse herrschen.

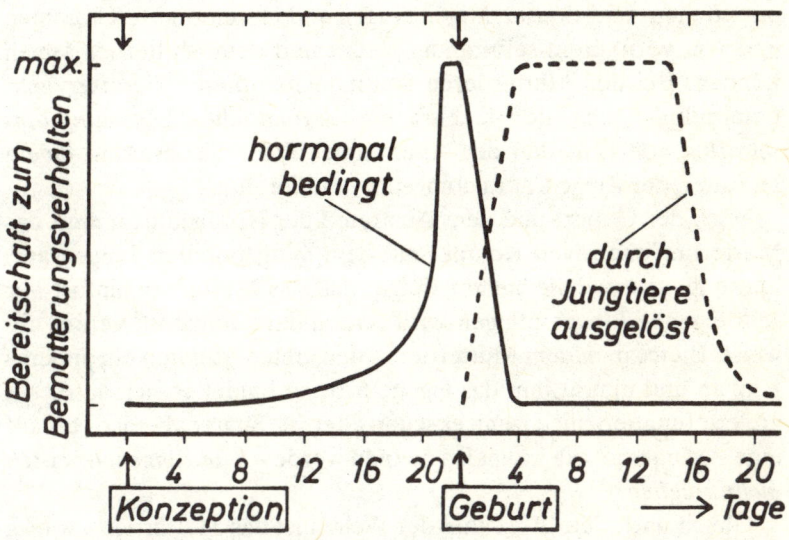

Abb. 40 Veranschaulichendes Schema der Forschungsergebnisse von J. S. RO-SENBLATT über den Zeitablauf der Komponenten der Betreuungsbereitschaft bei den Weibchen eines Stammes der weißen Ratte von der Konzeption über die Geburt bis zum Selbständigwerden der Jungen.

Komponenten der Pflegebereitschaft. In der Sicht dieser Experimente hängt die Normalentwicklung der Betreuungsbereitschaft somit von zwei steuernden Einflüssen ab, die in Abb. 40 dargestellt sind: Die Pflegebereitschaft wird – beginnend kurz vor der Geburt – durch *Hormone in Gang gesetzt.* Die neugeborenen Jungen bewirken

365

durch *Sinnesreize das Beibehalten* dieses Status, obwohl dessen *Hormonbedingtheit* nach der Geburt schnell abnimmt. Zwischen beiden liegt eine *Übergangsphase*, in der die *Hormonbedingtheit* der Pflegebereitschaft abnimmt und die *Jungenbedingtheit* deren Rolle übernimmt. – Der jungenbedingte Status der Pflegebereitschaft ist durch keine mit dem Blut übertragbaren Hormone bedingt, ist also ein rein zentralnervöser Zustand, dessen Natur noch unbekannt ist.

Wieweit die an der Laborratte gefundenen Zusammenhänge zu verallgemeinern sind, ist noch offen.

E 6. *Bindung an das selbstgeborene eigene Junge*

Hauptversuchstiere waren hier *Huftiere*, deren Junge im Unterschied zu den Rattenjungen Nest*flüchter* (Abschnitt II C 1, S. 67) sind, d. h. mit offenen, funktionstüchtigen Augen und Ohren zur Welt kommen und von vornherein selbständig laufen und dem Muttertier folgen können. Bei den Muttertieren von manchen dieser Tierarten geht unmittelbar nach der Geburt ein *dramatischer Stimmungsumschwung* vor sich, den der Amerikaner P. H. KLOPFER an einem Haustier, der Ziege Capra domestica, studiert hat[1]:

Nach der Geburt und dem Austreten der Nachgeburt nimmt das Muttertier intensiven Kontakt mit dem neugeborenen Jungen auf. Diese *Kontaktnahme* hat zur Folge, daß das Muttertier hinfort nur sein eigenes Junges pflegen wird und andere Junge intolerant abweist. Bietet man dem Muttertier in den ersten Minuten ein anderes Kitz an und nimmt ihm das eigene fort, so bindet es sich an dieses andere Jungtier, auch wenn es schon älter ist. Später aber ist – bis auf eine Ausnahme, die ich gleich nennen werde – *kein Jungenaustausch mehr möglich.*

Gleich nach dem Abschluß der Wehen ist das Muttertier – wie es auch von anderen Säugetieren bekannt ist – in einer außergewöhnlichen Verhaltensdisposition innerer Erregung und Stimmung. Das Muttertier projiziert eine fast leidenschaftlich anmutende Pflege- und Annahmebereitschaft auf sein Junges; ist es tot oder reagiert nicht, so richtet sich diese Pflegebereitschaft auf etwa anwesende fremde, selbst auf ältere Junge, und wenn diese fehlen, sogar auf einen anwesenden Menschen.

Sensible Periode des Bindungsverhaltens. Hat das Muttertier jedoch in der Stunde nach der Geburt *gar keinen* Kontakt mit *irgendeinem* reagierenden Jungtier, so ist das für sein verhaltenssteuerndes

System ein ganz anderes Signal mit dem Inhalt: Ich habe kein lebendes Junges. Auf dieses Signal folgt ein totales Abschalten der Möglichkeit für Bemutterungsverhalten: Selbst das eigene Kitz, sogleich nach der Geburt von seiner Mutter getrennt, wird schon nach einstündiger Trennung von ihr nicht mehr angenommen.

Hatte das Muttertier aber gleich nach der Geburt für nur fünf Minuten Kontakt mit ihrem eigenen oder mit einem anderen Kitz, dann ist das Bemutterungsverhalten erst einmal gestartet. Jetzt können ruhig eine oder zwei Stunden der Trennung vergehen: Das fünf Minuten lang nach der Geburt kennengelernte Junge wird nach einer oder zwei Stunden wieder akzeptiert. Interessanterweise wird das selbstgeborene Kind nach einer oder zwei Stunden auch dann akzeptiert, falls ein fremdes Kitz das Bemutterungsverhalten in den ersten fünf Minuten in Gang gesetzt hatte; der Grund dafür ist unbekannt.

Schlußfolgerung. Die ersten fünf Minuten nach der Geburt sind bei dieser Tierart Phasen einer dramatischen verhaltensbiologischen Weichenstellung:

1. An- oder Abschalten des Dranges und der Fähigkeit zum Bemutterungsverhalten und

2. Begrenzung (Fokussierung) der Pflegebereitschaft auf das anwesende Junge, unabhängig davon, ob es das eigene Junge ist.

Das *geruchliche Erkennen* der eigenen Jungen hat man seither an zahlreichen Säugetierarten studiert und dabei das für die Ziege beschriebene bestätigt gefunden: Als entscheidend erwies sich stets das *Erlernen* des Geruchs der Jungen. Sofern in einem Wahlversuch die Auswirkung eines Verwandtschaftsgeruchs (»kin-Geruch«), also eine *angeborene* Komponente, für das Mutter-Kind-Verhältnis erkennbar zu sein schien, erwies sie sich als zusätzlicher Faktor, dessen Fehlen aber niemals das Entstehen einer Bindung zwischen Nicht-Verwandten unterband oder auch nur beeinträchtigte.

E 7. *Rangordnung*

Wenn Vögel oder Säugetiere auf engem Raum zusammenleben, so bildet sich in der Regel zwischen je zweien von ihnen ein Verhältnis der Über- und Unterordnung aus: Die Tiere geraten etwa um eine Nahrungsquelle oder um einen Platz in Streit. Eines der Tiere bleibt Sieger. Das Ergebnis des Kampfes wirkt als Dressur-Situation und wird erlernt. Das hat zur Folge, daß der Unterlegene den Sieger nun für längere Zeit nicht mehr bekämpft, ihm überall den Vortritt läßt, kurz, ihn als Überlegenen anerkennt. Durch solche Rangstufenkämpfe lernen innerhalb einer zusammenlebenden Gruppe allmählich alle Tiere einander individuell kennen, und es entsteht eine Rangordnung. Das stärkste Tier nennt man Alpha-Tier, das schwächste Omega-Tier.

Rangordnungen bilden sich auch zwischen Tieren ganz verschiedener Arten aus, ein Zeichen dafür, wie allgemein die Voraussetzungen dafür sind: Zur Bildung einer Rangordnung ist es notwendig, die Erfahrungen von Siegen und Niederlagen mit dem Aussehen der jeweiligen Gegner zu verknüpfen und dann gegen Überlegene nichts mehr zu unternehmen (bedingte Aversion; siehe Abschnitt IV B 4, S. 296).

Alpha-Position und Geschlecht. Bei Tieren, die in freier Natur in Gruppen zusammenleben, ist das Leittier entweder das stärkste Männchen (Wildpferde, Löwen, Paviane) oder ein Weibchen (Zwergmungo, Rothirsch außerhalb der Brunftzeit, Wildesel). Beim Wolfsrudel (beobachtet in Gefangenschaft) bildet sich je eine Rangordnung innerhalb der Weibchen und der Männchen aus, und das Alpha-Weibchen und das Alpha-Männchen bilden ein Paar. Bei Schimpansen in der Gefangenschaft hängen die Dominanz-Verhältnisse von der Phase des Brunstzyklus des Weibchens ab: Im Zustand größter Empfängnisbereitschaft und Anziehungskraft auf die Männchen ist die soziale Stellung der Weibchen höher als sonst und übertrifft manchmal die der Männchen.

Stammesgeschichtliche Herkunft von Rangstufen-Signalen. Bei den Wölfen stammen manche Unterlegenheits-Signale aus dem Verhalten der Jungtiere, beispielsweise die Rückenlage mit abgespreizten »allen Vieren«. Bei Affen und Menschenaffen sind die Überlegenheitsgesten meist ritualisierte männliche Sexualgebärden, z. B. Aufreiten; die Unterlegenheit wird durch weibliche Sexualgesten, durch Präsentieren des Gesäßes, kundgetan – beides von Tieren beiderlei Geschlechts (siehe Abschnitt IV E 1, S. 348).

Sozialer Gradient. Die Schärfe der Dominanz-Verhältnisse zwischen verschiedenrangigen Tieren drückt sich darin aus, wie viele Handlungsmöglichkeiten die unterlegenen Tiere den überlegenen gegenüber behaupten. Der soziale Gradient ist einerseits von Art zu Art verschieden (z. B. beim Rhesusaffen steiler als bei den Brüllaffen); andererseits aber hängt er von der Möglichkeit zur Befriedigung der Lebensbedürfnisse ab. So verschärfen Nahrungsmangel und Raumnot die Dominanz-Verhältnisse und bringen auch dort Rangstufenkämpfe und soziale Rangordnungen mit der Unterdrückung

schwächerer Tiere hervor, wo sie bis dahin nicht ausgeprägt waren.
Rangordnungskämpfe. Rangordnungen sind nicht starr, sie werden in immer neuen Auseinandersetzungen neu festgelegt. Ein heranwachsender Wolf entwickelt ohne äußeres Zutun die Tendenz, sich gegen seine Kumpane durchzusetzen. Da er dies auch gegenüber menschlichen Pflegern tut, ist es unmöglich, einen Wolf wie einen Haushund zu halten, ohne sich ihm immer wieder im offenen Rangstufenkampf zu stellen und Sieger zu bleiben. Rangordnungskämpfe gehen meist nicht bis zum Verletzen oder Töten von Artgenossen, sondern werden durch soziale Unterlegenheits-Signale des schwächeren Tieres beendet. Vielfach gehen aber die Auseinandersetzungen gar nicht in der Form von Kämpfen vor sich, sondern es bleibt bei »Auftritten«, in denen lediglich *gedroht* wird. Bei Wölfen spielt hierbei der *Blick* eine besondere Rolle. Wenn ein Gruppenmitglied das andere fest anblickt, so wird das als Drohung empfunden: Beim Ranghöheren löst es eine Gegendrohung aus, den Rangniederen schüchtert es ein[1], er blickt weg (siehe Abschnitt IV E 2, S. 354).

Individuelle Eigenschaften und sozialer Status. Die Stellung eines Tieres in einer Rangordnung ist abhängig von seiner Größe, seiner Körperkraft, seiner Geschicklichkeit, aber auch von seiner Kampfbereitschaft. Beispielsweise erkämpften *Tauben* innerhalb einer Kolonie einen höheren Rang und ein größeres Revier, nachdem man sie mit dem männlichen Sexualhormon *Testosteron*, das die Kampfbereitschaft erhöht, behandelt hatte. Auch niederrangigen Tieren, die eine Zeitlang aus dem Käfig herausgenommen und während dieser Zeit daran gewöhnt worden waren, über eine ausgestopfte Taube, d. h. also über eine Rivalen-Attrappe, zu »siegen«, gelang eine Verbesserung ihrer Rangstufe – allerdings nur vorübergehend.

Bei *Hirschen* und bei *Menschenaffen* haben bisweilen ausgesprochen *alte* Tiere die Alpha-Stellung in der Gruppe inne, obwohl sie sich an Körperkraft mit den jüngeren nicht mehr messen können. Hier muß also etwas anderes eine Rolle spielen: die größere Erfahrung der älteren Gruppenmitglieder, aber, wie man vermutet[2], auch besondere körperliche *Altersmerkmale*, so die Grau- oder Weißfärbung von Teilen der Behaarung. Vielleicht hat dieses »Alters-Prachtkleid« als sozialer Auslöser sogar die *biologische Bedeutung*, alten und erfahrenen Gruppenmitgliedern trotz ihrer körperlichen Unterlegenheit einen höheren Rang in der Gemeinschaft zu sichern.

Körperliche Auswirkungen des sozialen Status. So eigentümlich es klingen mag: Ob ein Tier in seiner Gruppe die Alpha-Stellung innehat oder nicht, kann sich auf seinen *körperlichen Zustand* auswirken. Beim männlichen *Orang Utan* bildet ausschließlich das Alpha-Tier die breiten Backenwülste aus, die für das Gesicht dieser Menschenaffen so kennzeichnend sind. Beim *Zwerg-Mungo* paart sich nur das Alpha-Weibchen und gebiert Junge, während alle anderen Weibchen der Gruppe auf dem sexuellen Reifestadium von Jungtieren verharren (juvenil bleiben) und bei der Jungenaufzucht helfen[1]; dies erinnert an die Verhältnisse in Insektenstaaten, wo beispielsweise die Bienenkönigin durch die Abgabe »sozialer Hormone« verhindert, daß sich die Eierstöcke der Arbeiterinnen voll ausbilden. In den Gruppen von Krallenäffchen (Callithriciden) gebiert immer nur das ranghöchste Weibchen Junge, obwohl Paarungen zwischen allen Gruppenmitgliedern zu beobachten sind[2].

Abgeleiteter sozialer Status. Außer den im Kampf erworbenen gibt es »abgeleitete« soziale Stellungen: Bei der Dohle und bei Affen rücken Weibchen in die Stellung desjenigen Männchens auf, mit dem sie eine Verbindung eingehen.

Sozial tiefstehende Gruppenmitglieder. Das Verhalten von sozial tiefstehenden Gruppenmitgliedern ist von dem Schweizer Zoologen Rudolf SCHENKEL bei Wölfen im Baseler Zoo besonders sorgfältig beobachtet worden[3]. Die Körperhaltung ist geduckt, der Blick unsicher, die Mundwinkel sind nach hinten gezogen. Trotz ihrer Unterlegenheit sind die Tiere aggressiver als die Überlegenen, aber im Sinn des »Angstbeißens« (siehe Abschnitt IV E 2, S. 349). Durch ihre »Verteidigungs-Angriffe« richten sie selten etwas aus und verbessern ihre Rangstufe nicht.

E 8. *Sozialverbände aus miteinander individuell bekannten Mitgliedern*

Gruppen aus Artgenossen, die einander individuell kennen, gibt es bei Säugetieren als »Großfamilien«, die durch das Zusammenbleiben von Elterntieren und erwachsenen Jungen entstehen. Hierzu muß eine angeborene Bereitschaft vorliegen; denn versucht man, Junge von *nicht* sozialen Säugetieren (z. B. Hamster) in einer Gemeinschaft zu halten, so werden sie unverträglich und können im Extremfall einander töten. Die Grundlage für die Gruppenbildung und -erhaltung unter Vögeln und Säugetieren ist die angeborene Tendenz der Einzeltiere zum Zusammensein mit Artgenossen.

Dabei besteht bei vielen Arten ein Unterschied, wie er schärfer gar nicht gedacht werden kann, zwischen dem Verhalten gegenüber individuell *bekannten* und *unbekannten* Artgenossen: Die ersteren werden gut behandelt; nach einer Trennung werden sie freudig begrüßt. Die letzteren aber sind Feinde und werden bei vielen Tierarten sofort angegriffen und vertrieben oder – bei Löwen – auch getötet. Nur das Sexualverhalten macht dort eine Ausnahme: Männliche Löwen werben bisweilen um paarungsbereite Weibchen aus einem benachbarten Rudel, falls sie diese alleine treffen.

Neben der gegenseitigen Anziehung zwischen individuell bekannten Artgenossen gibt es einige *angeborene soziale Reaktionsweisen* der Einzeltiere, die zum Wohl und zum Zusammenhalt der Gruppe beitragen:

– Das Leittier (in den Familiengruppen der Zwergmungos[1] das Alpha-Weibchen) bestimmt nach der Ruhezeit den gemeinsamen Aufbruch der Gruppe und die Richtung und Schnelligkeit ihrer Fortbewegung.

– Die Gruppenmitglieder folgen dem Leittier.

– Ältere Gruppenmitglieder hindern jüngere Tiere daran, sich von der Gruppe zu weit zu entfernen, und treiben sie zur Gruppe zurück (Paviane).

– Streit zwischen Gruppenmitgliedern veranlaßt höherrangige Tiere, dazwischenzufahren und Frieden zu stiften. Bei den Dohlen ist das mit einem bestimmten Laut (»jüp«) verbunden.

– Ein Gruppenmitglied übernimmt für einige Zeit, solange bis es von einem anderen abgelöst wird, die soziale Rolle des Wächters: Beim Zwergmungo beobachtet es von einer erhöhten Warte aus die Umgebung und warnt die Gruppe bei Gefahr[1].

– Individuelle Hilfeleistung für kranke oder verletzte Artgenossen ist bei nur ganz wenigen Tierarten, z. B. beim *Elefanten*[2] und beim *Zwergmungo*[3], beobachtet worden; *Delphine* heben geschwächte Artgenossen zum Atemholen an die Oberfläche.

– Bei manchen in Gemeinschaft lebenden Tieren, z. B. bei Dohlen und Affen, wird durch das Signal »Artgenosse in Gefahr« ein sofortiger gemeinsamer Angriff gegen den Störer ausgelöst. Hierbei spielt der soziale Rang des gefährdeten Artgenossen keine Rolle. Dieser *Angriff auf den Gruppenfeind* ist von Individuum zu Individuum ansteckend und erfaßt dadurch die ganze Gruppe (Abschnitt IV E 2, S. 351, 352).

Individuelle Beziehungen zwischen Gruppenmitgliedern. Über die *angeborenen* sozialen Reaktionen hinaus erhalten die Gemeinschaften der Säugetiere ihre innere Struktur durch *individuelles* gegenseitiges *Kennen*. Dazu gehört einerseits das Verhältnis der Über- und Unterordnung im Sinne der Rangstufen (Abschnitt E 7), andererseits aber eine Fülle von Beziehungen, von denen durch die folgenden Begriffe nur ein Ausschnitt angedeutet wird: sexuelle Anziehung; Freundschaft; gegenseitige »Beachtung«: Die Gruppenmitglieder richten ihr Verhalten danach ein, was *bestimmte* (und nicht *beliebige*) andere Gruppenmitglieder tun[1].

Zusammensetzung der Gruppen. Bei vielen sozial lebenden Säugetierarten haben die Gruppen eine typische Zusammensetzung aus erwachsenen Männchen (M), erwachsenen Weibchen (W), Heranwachsenden (= Adoleszenten, A) und Jungen bzw. Säuglingen (J) (»Gruppierungstendenz«):

- Löwe[2] (Einzelbeispiel)   2M/13W/20A + J
- Spinnenaffen[3] (Durchschnitt)   2M/ 4W/ 2A/2J
- Pavian[4] (Einzelbeispiel)   8M/18W/54A + J
- Gibbon[5] (Durchschnitt)   1M/ 1W/ 3A/1J

Dabei fällt auf, daß in den Gruppen – mit Ausnahme des Gibbon – weniger erwachsene Männchen als Weibchen leben. Unter den Neugeborenen besteht aber ein Geschlechterverhältnis von annähernd 1:1. Wo bleiben die überzähligen Männchen? Beim Löwen scheinen sie kurz nach der Geschlechtsreife durch Revierkämpfe ums Leben zu kommen[6]. Bei vielen Affenarten – und auch beim Impala, einer Gazelle – sind sie zu reinen Männchen-Gruppen zusammengeschlossen. Bei diesen Arten gibt es also zwei Arten von Sozialverbänden: die gemischten Gruppen, in denen die Fortpflanzung stattfindet, und die reinen Männchen-Gruppen. Beim indischen Tempel-Affen (grauer Langur, Presbytis entellus) lebten nach einer Zählung des Anthropologen Christian VOGEL[7] in einem überschaubaren Gebiet nur 26 % der Männchen in den gemischten, dagegen 74 % in reinen Männchen-Gruppen. Bei fast allen in Gruppen lebenden Säugetieren kommen in freier Natur zusätzlich noch *Einzelgänger* vor; zum Teil sind dies nur Männchen (z. B. Brüllaffe), zum Teil Tiere beider Geschlechter (Gibbon). Bei wieder anderen Arten sind die Einzelgänger vorwiegend sehr alte Tiere. – Beim Rhesusaffen gibt es neben den regulären Gruppen eine Art von Sondergruppen aus Heranwachsenden beider Geschlechter.

Soziale Gruppierungstendenz und Bevölkerungsstruktur. Die Struktur der Gruppen entspricht also bei keiner der eben genannten Arten der Geschlechter-Verteilung und Alters-Schichtung. Bei allen Arten gibt es Tiere, die nicht im gemischten sozialen Verband, sondern entweder als Einzelgänger oder in anders zusammengesetzten Verbänden leben; sie sind als Heranwachsende aus den gemischten Gruppen ausgestoßen worden. – Bei Überlegungen über biologische Grundlagen der Soziologie des *Menschen* können wir deshalb nicht von der Vorstellung ausgehen, seine biologisch bedingte *Bevölke-*

rungs-Zusammensetzung müsse mit seiner ebenfalls naturgegebenen (aber noch unbekannten), aus *Verhaltens*tendenzen hervorgehenden *Gruppierungstendenz* übereinstimmen.

E 9. *Anonyme Scharen und kollektive Staaten*

In den Schwärmen von Wanderheuschrecken und Fischen, in den Wanderscharen von Zugvögeln, in den Rudeln von Wanderratten, aber auch in den Staaten von Termiten, Ameisen und Bienen sind die Individuen einander nicht individuell bekannt; die Einzeltiere sind vielmehr durch Signale und angeborene Reaktionen lediglich an das *Kollektiv als Ganzes* gebunden. Durch diese Organisationsform ist eine neue Möglichkeit erschlossen: Die Sozialverbände können viel mehr Mitglieder in sich vereinigen, bei Bienen über 10 000, bei Termiten über 1 000 000.

In den *Brutkolonien der Vögel*, z. B. der Möwen, kennt jedes Einzeltier seine Nachbarn individuell, nicht aber die übrigen Mitglieder der Kolonie. Insofern vereinigt die Brutkolonie in sich die Merkmale der beiden Grundformen der Sozialverbände, der durch individuelles Kennen zusammengehaltenen und der anonymen Scharen. Bei der Verteidigung kann jedoch die ganze Kolonie gemeinsam agieren (Gruppenaggression).

Insektenstaaten. Im Unterschied zu »anonymen Scharen« (Fischschwärme usw.) ist bei den Insektenstaaten eine Arbeitsteilung entwickelt, zum Teil auf der Basis von körperlich bedingten Verhaltens-Reifungs-Stadien, zum Teil durch Kastenbildung. So sind im *Bienenstaat*[1] die einzelnen Arbeiter *nach*einander Amme (zum Füttern der Larven), Baubiene, Wächter (Soldat mit der Bereitschaft zum Angriff auf jedes unbekannte Lebewesen, das sich dem Stock nähert) und Sammelbiene; bei den Termiten und Ameisen[2] übernehmen verschiedene *Größenklassen* von Arbeitern oder gar abgegrenzte *Kasten* aus unterschiedlich gebauten Individuen die verschiedenen Rollen der Aufzucht, der Nahrungsbeschaffung und der Verteidigung. Die Fortpflanzungsfunktion ist dabei stets auf ganz wenige Individuen: Königinnen und Drohnen (oder »Könige«), beschränkt; bei den übrigen Mitgliedern des Staatswesens sind die Geschlechtsorgane und -instinkte verkümmert; sie werden durch »Soziohormon«-Wirkung seitens der Königin niedergehalten. Alle Mitglieder eines Volkes erkennen einander an einem bestimmten »Nestgeruch«. Grundsätzlich besteht Todfeindschaft gegen die Mitglieder anderer Völker.

Im Rahmen verschiedener Insektenstaaten haben sich Verhaltensweisen entwickelt, die man mit Erscheinungen des menschlichen Soziallebens vergleichen kann, so
– Pflege und Zucht von Nutztieren, deren Produkte verwertet werden (Blattläuse bei Ameisen);
– Aussaat, Düngung und Monokultur einer Nutzpflanzenart als Hauptnahrungsmittel (Pilzzucht der Blattschneiderameisen);
– organisierte Kriegszüge zum Puppenraub und Haltung von Sklaven im Staatsverband (Amazonenameisen);

– gezielte Informationssuche, Informationsaustausch und abstimmungsartige Entscheidungsstrategie (Entscheidung des Bienenschwarms für die bestgeeignete neue Nisthöhle[1]);

– Führung eines Kollektivs von rund 10000 Tieren durch eine Minderheit ($\approx 1\%$) von informierten Individuen (Leitung des Bienenschwarms, kilometerweit, beim Umzug zur ausgewählten neuen Nisthöhle[1]).

Diese Verhaltensstrukturen beruhen jedoch ausnahmslos auf instinktiver Basis. Wo Lerninhalte eine Rolle spielen, beziehen sie sich auf Maße und Daten wie Himmelsrichtungen und Entfernungen, nicht auf die Verhaltensstrukturen selbst. Die Ursachen der Verhaltensweisen sind also völlig andere als bei den funktionell entsprechenden menschlichen Errungenschaften; deren Entwicklung beruht vorwiegend auf dem menschlichen Intellekt, also auf Lernen und zielbedingtem Neukombinieren von Erlerntem.

Infolge des starren Versorgungssystems sind alle Insektenstaaten anfällig gegen Sozialparasiten. Diese kommen aus verschiedenen Insektengruppen (Käfer, Fliegen), aber auch aus der eigenen nächsten Verwandtschaft (parasitische Ameisen). Auch die Sozialparasiten folgen ausnahmslos *angeborenen* Verhaltensweisen. Sie nutzen die sozialen Reaktionsnormen ihrer Wirte, die unter allen Umständen als feste Programme ablaufen, zu ihren Gunsten aus. Beispielsweise betteln sie wie hungrige Larven um Futter, oder sie nähren sich von Eiern und Larven und vermeiden die Angriffe der geschädigten Wirtstiere durch chemische Signale, die den Signalen der Königinnen der Wirtsart entsprechen.

Rudel der Wanderratte. Die Rudel der Wanderratte, die mehrere hundert Tiere umfassen können, ähneln in ihrer Struktur mehr den Insektenstaaten als den übrigen Säugetiergruppen. In ihnen herrscht keine Rangordnung. Wanderratten erkennen einander am *Geruch* als zum selben Rudel gehörig. Es bildet sich keine Ehe aus, und die einzelnen Weibchen verteidigen kein eigenes Revier für sich und die Jungen. Die Jungen von mehreren Weibchen werden zusammen in derselben Wohnkammer des Baues versorgt. Ein brünstiges Weibchen wird von vielen Männchen des Rudels gedeckt, die unter sich keine Rivalenkämpfe ausfechten[2].

Die Individuen eines Rudels können einander darüber informieren, von welchen Nahrungsmitteln Gefahr droht. Verschiedene Rattenrudel können daraufhin unterschiedliche Nahrung bevorzugen oder ablehnen. So hatten alle Ratten, die im Jahre 1946 plötzlich eine Hallig der Nordseeküste besiedelten, die Eigenheit, keinen Räucherfisch zu verzehren, während dies sonst eine Lieblingsspeise für Ratten ist. Dafür hatten sie eine ausgefeilte Taktik entwickelt, sich unauffällig Strandvögeln anzunähern und diese dann in blitzschnellem Angriff zu überwältigen[3] (Traditionsbildung, siehe auch Abschnitt IV B 13, S. 323).

F. Verhaltensentwicklung der Tierjungen

F 1. *Geburt und erstes Betreutwerden*

Im Mutterleib ist das Säugetierjunge durch die Nabelschnur und den Mutterkuchen (Placenta) mit dem mütterlichen Körper verbunden. Durch die Nabelschnur empfängt es alles, was es zur Entwicklung braucht: Aufbau- und Nährstoffe sowie Sauerstoff zum Atmen; und durch die Nabelschnur gibt es die Endprodukte seines Stoffwechsels an den mütterlichen Körper zurück. Bei der Geburt ist das Jungtier noch durch die Nabelschnur mit der Placenta verbunden, die als Nachgeburt erscheint; auch ist es bei manchen Arten noch von Embryonalhüllen umgeben. Die erste Betreuung, die das Muttertier dem Neugeborenen angedeihen läßt, besteht demgemäß vielfach darin, die Nabelschnur durchzubeißen und die Embryonalhüllen zu entfernen. Das ist jedoch nicht allgemein so: Bei Schweinen beispielsweise bleibt die Mutter passiv, und die Kleinen zerreißen selbst die Nabelschnur und strampeln sich aus den Hüllen frei[1]. An Schimpansenmüttern in freier Natur wurde beobachtet, daß sie die Nachgeburt mitunter (aber nicht immer) am Jungen hängen ließen und sie nicht beachteten, bis sie von selbst abfiel[2].

Eigentümlicherweise bleibt es bei den meisten Säugetieren nicht beim Durchbeißen der Nabelschnur und beim Befreien der Jungen aus den Embryonalhüllen: Das Muttertier verzehrt anschließend die gesamte Nachgeburt gierig. Dies tun auch reine Pflanzenfresser, die sonst keine tierische Kost anrühren. Welche Bedeutung dieses Verhalten hat, wissen wir noch nicht. Würde das Muttertier mit der Nachgeburt irgendwelche lebenswichtigen Stoffe in sich aufnehmen, so müßte man Mangelerscheinungen beobachten, wenn man das Verzehren der Nachgeburt verhindert; so etwas ist aber bisher nicht bekannt geworden. – Sollte daher die biologische Bedeutung dieses Verhaltens im *Beseitigen* der Nachgeburt liegen? Das könnte ein Akt der *mittelbaren* Betreuung des Neugeborenen sein oder seinem Schutz dienen: Durch das restlose Verzehren der Nachgeburt wird das Neugeborene mit Sicherheit ganz von dieser befreit. Auch werden etwaige Raubtiere dann durch die Nachgeburt nicht auf die Fährte des Jungtiers gelockt. Schließlich verbessert sich – bei »Nesthockern« – die Hygiene des Nestes. Falls eine – oder mehrere – dieser drei denkmöglichen Hypothesen über die biologische Bedeutung des Verzehrens der Nachgeburt den Tatsachen entsprechen sollte, so wäre dies doch nur schwer durch Experimente oder Beobachtungen nachzuweisen. Man wird sich daher wohl noch längere Zeit damit abfinden müssen, daß dieser Fragenkreis ungeklärt bleibt.

Zur ersten Betreuung des Neugeborenen gehört es weiterhin, daß es von der Mutter immer wieder gründlich geleckt wird. Dadurch werden auch das Harnen und die Kotabgabe ausgelöst und gefördert.

F 2. *Nahrungsaufnahme*

Die Jungen aller Warmblüter werden zu Beginn des Lebens von ihren Eltern mit Nahrung versorgt: durch Erzeugnisse des mütterlichen Körpers (Kropfmilch der Tauben, Milch der Säugetiere) oder durch gesammelte und herangeschaffte Nahrung. Außerhalb der Säugetiere und Vögel füttern nur in wenigen Tiergruppen die Eltern ihre Jungen bzw. Larven: Bienen, Ameisen und andere Hautflügler, Termiten und manche Käfer, z. B. die Totengräber[1]. Eigentümlicherweise gibt es kein Jungenfüttern bei Amphibien und Reptilien.

Bei einigen Säugetieren werden die Jungen von ihrer Mutter nur genährt und erfahren sonst so gut wie keinerlei Betreuung. Die europäische Häsin beispielsweise »setzt« ihre Jungen einzeln an geschützten Stellen, bleibt dann aber nicht dort, wärmt sie nicht, schläft nicht bei ihnen, sondern besucht sie nur zum Säugen. Das geschieht zum erstenmal unmittelbar nach der Geburt, danach aber erst wieder nach einer Pause von mehreren Tagen[2].

Wie finden die neugeborenen Säugetiere die Stelle am mütterlichen Körper, die ihnen Nahrung spendet? Einerseits macht das Muttertier ihnen dies leicht, z. B. indem es sich neben die Jungen auf die Seite legt und ihnen das Gesäuge darbietet (Hunde, Katzen) oder indem es das sich anklammernde Junge mit einer Hand unterstützt und zur Saugwarze hinführt (Affen, Menschenaffen). Andererseits suchen die neugeborenen Jungen selbst nach der Zitze, indem sie sich langsam voranschieben und dabei den Kopf unregelmäßig suchend nach beiden Seiten hin und her bewegen. Berühren sie dabei die Zitze mit den Lippen, so saugen sie sie sofort ein. Auch neugeborene Huftiere suchen – sicherlich angeborenermaßen – am Körper des (stehenden!) Muttertiers nach dem Gesäuge. Sie tun das aber anfangs oft an der falschen Stelle; denn sie suchen zunächst in den »dunklen Winkeln« zwischen dem Körper und den Beinen *sowohl vorne als hinten*. Doch lernen sie es dann binnen kurzer Zeit, *sogleich* die richtige Stelle zu finden[3].

Hier ist in die Entwicklung von Tieren im Rahmen der Reifung des instinktiven Verhaltens schon ganz früh ein echter Lernprozeß einprogrammiert (bedingte Appetenz; Abschnitt IV B 2, S. 282 ff.).

Die erste Milch, die das neugeborene Säugetier vorfindet, hat meist – vielleicht sogar immer – eine andere Konsistenz und Zusammensetzung als die später gebildete. Bei vielen Säugetieren, z. B. Pferd und Rind, enthält sie in großen Mengen Immun-Globuline. Diese hochwirksamen Stoffe zur Abwehr von Infektionskrankheiten werden von der Darmwand des Jungtiers resorbiert, ohne zuvor von Verdauungsfermenten in Aminosäuren gespalten worden zu sein. Sie gelangen ins Blut und bilden – zusammen mit Antikörpern, die über die Placenta in den Kreislauf des Embryos übergetreten sind – die erste Immunstoff-Ausstattung des Jungtiers (zu den Verhältnissen beim Menschen siehe Abschnitt II A 2, S. 36).

Die Milchbildung kommt durch die geburtsbedingte hormonelle Umstellung im mütterlichen Körper – den Wegfall des Hormons *Progesteron* – in Gang. Ob und wie stark die Produktion der Milch später weitergeht, hängt in einem von Tag zu Tag zunehmenden Maße davon ab, ob die Milch auch abgenommen wird. Die Milchbildung geschieht somit zu Beginn weitgehend eigengesetzlich, wird dann aber im Laufe der Zeit mehr und mehr von der Milchentnahme abhängig; dies läuft darauf hinaus, daß der mütterliche Körper jeweils gerade etwa so viel Milch produziert, wie die Jungen benötigen.

Die Anpassung der Milchproduktion an den Bedarf ist besonders für solche Tiermütter wichtig, die von Wurf zu Wurf verschieden viele Junge haben; beim Löwen schwankt die Zahl der Jungen eines Wurfes zwischen 1 und 6. Wenn es einmal besonders wenige Junge sind oder wenn mehrere Junge umkommen, würde der mütterliche Organismus *ohne* diese Anpassung dauernd zuviel Milch produzieren, die nicht abgenommen wird. – Viele Jungtiere fördern ihrerseits auch die Abgabe der Milch: Junge Hunde »massieren« beim Trinken das Gesäuge mit den Pfoten (»Milchtritt«); junge Ziegen, Kälber u. a. machen – mit ähnlichem Effekt – ruckartige Kopfbewegungen nach oben.

Wenn man Rhesusaffen-Muttern ihr Junges gleich nach der Geburt wegnimmt, so bildet sich bald keine Milch mehr. Zwei so behandelte Tiere erhielten 4 bzw. 9 Monate später je ein neugeborenes Jungtier einer anderen Mutter[1]. Daraufhin bildete sich im Laufe weniger Tage genügend Milch, um die Jungen zu ernähren. Damit ist nachgewiesen: Sinnesreize, die von den Jungtieren ausgehen, können unter Umständen die versiegte Milchbildung wieder in Gang bringen.

Obgleich Jungtiere selbst noch keine »Erfahrung« haben, wieviel für sie bekömmlich ist, nehmen sie normalerweise die für sie zuträgliche Nahrungsmenge und nicht etwa zuviel zu sich. Junge Vögel lassen sich nicht beliebig viel in den aufgesperrten Rachen stopfen; wenn sie genug erhalten haben, halten sie ihren Schnabel geschlossen und betteln nicht mehr. Auch bei den Säugetieren bestimmt es das Junge selbst, wieviel es trinkt. Das Junge trinkt jeweils so viel, wie es braucht, und hört selbständig auf. Wie zuvor dargetan, wird dann durch die Trinkmenge die Milchproduktion des mütterlichen Organismus gesteuert. So bilden Tiermütter und Junge zusammen ein sich selbst steuerndes System, das die gedeihliche Ernährung der Jungtiere garantiert.

Viele Jungvögel »sperren«, d. h. sie öffnen den Schnabel weit und erhalten von den Altvögeln das Futter hineingesteckt. Im Laufe des Älterwerdens müssen sie dann irgendwann zur endgültigen Form der Nahrungsaufnahme übergehen, zum selbständigen Aufpicken der mit den Augen wahrgenommenen Nahrung. Auch die Säugetiere wechseln während ihres Aufwachsens von einer kindlichen Form der Nahrungsaufnahme, dem Saugen der Milch, zur Ernährungsweise der Erwachsenen über: dem Rupfen von Gras oder Blättern, dem

Fangen und Zerreißen von Beute oder anderem. Es erhebt sich die Frage: Wie vollzieht sich der Übergang vom kindlichen Ernährungsverhalten zu dem der Erwachsenen?

Die Antwort ist durch Beobachtungen und Analysen hauptsächlich an Singvogeljungen gewonnen worden; sie gilt aber mit entsprechenden Abänderungen auch für andere Vögel und für Säugetiere: Der Übergang vollzieht sich nicht abrupt – etwa von einem Tag zum anderen –, sondern fließend. Vorübergehend sind heranwachsende Singvogeljunge zu beiden Arten der Nahrungsaufnahme fähig: Ist ein Elternvogel zugegen, so betteln sie diesen an und lassen sich in den geöffneten Schnabel hinein füttern; finden sie – bei Abwesenheit der Eltern – Nahrung, so vermögen sie diese bereits selbst vom Boden aufzupicken. In dieser Entwicklungsphase *hemmt* die Anwesenheit eines Elternvogels eigentümlicherweise das selbständige Aufpicken, auch wenn die Jungen hungrig sind und ihnen die Nahrung offen vor Augen liegt.

Konrad LORENZ entdeckte diese Hemmung an ein paar handaufgezogenen Sperlingsvögeln, die sich während einer mehrtägigen Abwesenheit ihres Pflegers selbständig ernährt hatten. Nach seiner Rückkehr bettelten sie ihn wieder an; er hielt es aber nicht für nötig, sie zu füttern, weil sie ja an den Vortagen selbständig gefressen hatten. Nach ein paar Stunden merkte er aber zu seiner Überraschung, daß die Jungen in seiner Gegenwart einfach nicht vom Betteln zum selbständigen Picken überzugehen vermochten und schon matt wurden; sie wären vermutlich verhungert, wenn er sie nicht doch wieder geatzt hätte.

Merkwürdigerweise zeigt sich die gegenseitige Hemmung von Sperren und Picken in einer späteren Phase – wenn die Bereitschaft zu sperren schon fast erloschen ist – gleichsam mit umgekehrtem Vorzeichen: Das Sperren läßt sich dann bei starkem Hunger gar nicht mehr auslösen, wohl aber bei geringem. – An sich ist es nicht ungewöhnlich, daß sich zwei unterschiedliche Verhaltensweisen gegenseitig hemmen; ja, es entspricht sogar jener häufig verwirklichten Regel, daß sich von zwei oder mehr aktivierten Verhaltenstendenzen jeweils die stärkste durchsetzt und derweil die anderen unterdrückt (Höchstwertdurchlaß; Abschnitt IV A 9, S. 261). Es mutet aber doch eigentümlich an, daß hier zwei *zu demselben Funktionskreis* – Nahrungsaufnahme – gehörende Durchführungs-Verhaltensweisen zueinander im Verhältnis der gegenseitigen Hemmung stehen.

Die Jungen von Affen (z. B. Rhesus) und Menschenaffen trinken manchmal nicht aus Hunger: Wenn ältere Jungtiere ein wenig von der Mutter entfernt sind und dort einen Schreck bekommen, eilen sie zur Mutter, nehmen die Brustwarze in den Mund und trinken ein paar Schlucke. Das Erfassen der Mamilla mit den Lippen scheint auch ohne Trinken beruhigend zu wirken: Affenjunge behalten sie oft ununterbrochen im Mundwinkel, auch wenn sie nicht saugen, ja sogar während sie neugierig umhergucken. Die mit den Lippen gefühlte Mamilla ist hier möglicherweise für das Tierkind zu einem körperlichen Anwesenheitszeichen der Mutter geworden, hat also neben der Funktion als Nahrungsquelle eine zusätzliche Rolle im Bereich der Bindung an das Muttertier erhalten: Sie beschwichtigt die Angst und befriedigt das Bedürfnis nach Sicherheit.

Bei manchen Säugetieren hat die Saugwarze (Zitze, Mamilla) einen noch weitergehenden Funktionswandel durchgemacht: Sie ist zur »Haftzitze« geworden, also zu einem Organ, an dem sich das Jungtier festhält. Bei Kängeruhs schließen sich die Lippen des neugeborenen Jungen während seiner ersten Lebenszeit ganz fest um die im Beutel befindlichen Zitzen. Manche Fledermaus-Weibchen tragen ihre Jungen zeitweise an ihren Haftzitzen mit sich.

F 3. *Verhalten gegenüber Elterntieren*

Reagieren auf soziale Signale der Eltern. Manche Tierjungen, die von Elterntieren geführt werden, kennen ihre Elterntiere nicht *individuell*. Sie haben lediglich einen *allgemeinen* Drang zum Kontakt mit einem schützenden erwachsenen Artgenossen (juveniles bzw. *frühkindliches Kontaktbedürfnis*). So kann man bei jungeführenden *Fischen*, z. B. Buntbarschen, die Elterntiere eines Jungenschwarmes austauschen, ohne daß sich am Verhalten der Jungfische etwas ändert. Im Rahmen des nicht-individuell geprägten Sozialkontaktes sind alle Signale angeboren – sowohl das Aussenden als auch das sinnvolle Reagieren beim Empfänger.

Lautäußerungen der Jungen, auf die die Eltern reagieren. Die meisten Vogel- und Säugetierjungen verfügen über bestimmte Lautsignale, mit denen sie ihren Eltern ihre Bedürfnisse kundtun. Besonders auffällig sind die Futterbettellaute mancher Singvogel-Nestlinge. Als ein *Kohlmeisen*-Weibchen beim Füttern der Brut sein Männchen verlor, gaben die nunmehr besonders hungrigen Jungen so intensive Laute von sich, daß ein *Zaunkönig* sich am Füttern zu beteiligen begann; da dies in der Nähe der Vogelwarte Möggingen geschah, wurde es sorgfältig beobachtet und protokolliert. – Sind *Mäuse*junge außerhalb ihres Nestes, so stoßen sie, falls sie von den Eltern nicht wieder eingetragen werden, bis zur völligen Erschöpfung ihre im Ultraschallbereich liegenden Alarmrufe aus.

So gut wie alle Säugetierjungen, sofern sie sich selbständig fortbewegen können, sind auch fähig, von sich aus mit ihrem Elterntier Kontakt zu halten. Doch gibt es eine *Ausnahme*: Neugeborene *Seehunde* können schwimmen, sich aber nicht zum Muttertier hin orientieren; infolgedessen muß die Mutter hinter dem Jungen herschwimmen. Das ist aber nur bei *einem* Jungen möglich. Werden ausnahmsweise Zwillinge geboren, so kann die Mutter doch nur einem von ihnen nachfolgen; der andere wird verlassen und kommt um, falls er nicht auf einer Sandbank als »Heuler« von Menschen gefunden und künstlich aufgezogen wird. – Daß bei Seehunden überhaupt bisweilen Zwillinge geboren werden, muß man als naturbedingte Disharmonie auffassen: Die Anzahl der geborenen Jungen ist nicht vollständig an die Fähigkeit der Mutter zur Aufzucht angepaßt.

F 4. *Individuelle Bindung an Elterntiere*

Individuelle Bindungen von Jungtieren an Elterntiere sind bisher nur von Vögeln und Säugetieren bekannt geworden. Nach den Untersuchungen des Schweizer Zoologen Beat TSCHANZ lernen die Jungen einer in Kolonien brütenden Seevogelart, der Trottellumme, die individuellen Lockrufe ihrer Elterntiere schon vor dem Schlüpfen aus dem Ei[1]. Welche Laute von *ihren* Eltern stammen, erlernen sie einfach daran, daß sie diese häufiger und lauter hören als Rufe anderer Elterntiere. Sind die Jungen dann geschlüpft, so reagieren sie weitaus stärker auf die ihnen schon »im Ei« bekannt gewordenen Laute als auf fremde.

Bei den meisten Arten sind jedoch nach dem Schlüpfen aus dem Ei oder nach der Geburt die *ersten* Reaktionen auf das Muttertier oder die Elterntiere noch rein instinktiv, angeboren und daher »unpersönlich«; nicht nur das Muttertier, auch jeder andere Artgenosse kann die *ersten* Reaktionen der Jungen auf sich ziehen. Beispielsweise reagieren frischgeschlüpfte *Gänseküken angeborenermaßen* auf die Lockrufe von Gänsemüttern durch Zulaufen, auch wenn die Laute aus einem Lautsprecher kommen oder von einem Menschen nachgeahmt werden. Bei Jungtieren, die sich erst nach dem Schlüpfen bzw. nach der Geburt an ein individuelles Muttertier binden, besteht somit zunächst ein rein instinktives, noch nicht individuell geprägtes Kontaktbegehren.

Bei den meisten *Nestflüchtern* und, soweit bekannt, bei *Traglingen* bindet sich dann aber das Junge früher oder später durch *Prägung* an einen *bestimmten* individuellen betreuenden Artgenossen, in freier Natur gewöhnlich an sein leibliches Muttertier, im Experiment aber auch an artfremde Lebewesen (Abschnitt IV B 10, S. 314 ff.).

Mit der *Prägung* beginnt die Phase der *individuellen Bindung* zwischen Jungtier und Muttertier. Das Tierjunge unterscheidet danach zwischen verschiedenen Individuen seiner Art: zwischen seiner Betreuerin und »den anderen«. Während das Junge stets Kontakt mit seiner Mutter zu halten versucht, verweigert es von nun an vielfach den Kontakt mit anderen Lebewesen: Das auf Konrad LORENZ geprägte Gössel Martina lehnte es strikt ab, sich von einer Gänsemutter betreuen zu lassen, und flüchtete vor ihr mit intensivem Verlassenheitsruf (S. 314).

An welchen Partner bindet sich ein Jungtier, wenn ihm dafür verschiedene Individuen zur Verfügung stehen? Hierüber ist ausgiebig geforscht worden. Das wichtigste allgemeine Ergebnis dürfte das folgende sein: Jungtiere lassen Kontaktrufe ertönen, vor allem wenn sie sich alleingelassen fühlen; beim Gänschen bezeichnet man diese Kontaktrufe oft als »Weinen des Verlassenseins«. Zum bevorzugten Bindungspartner für ein Jungtier wird dann dasjenige Lebewesen, das auf seine Kontaktrufe antwortet und dem es dann zuläuft. Man kann sagen: Die Jungtiere sind besonders bindungsbereit in den Augenblicken nach eigenen Kontaktrufen, wenn also ihr entsprechender Antrieb gerade besonders aktiviert ist.

Bei mehreren in Herden lebenden Huftierarten (Zebras, Elche, Wapitis) hat man ein Verhalten beobachtet, das vermutlich die Bindung des Jungtiers an seine leibliche Mutter unterstützt: Schon vor der Geburt werden die Weibchen feindlich gegen andere Herdenmitglieder, ja, sie sondern sich von ihnen ab. Während und nach der Geburt halten sie sich entweder mit dem Jungen fern von der Herde, oder sie lassen – innerhalb der Herde – die übrigen Herdenmitglieder mehrere Tage lang nicht an das Junge herankommen. Ob sich dieses Verhalten um der Sicherung der Bindung willen entwickelt hat oder ob es sich bei der (vermuteten) Unterstützung der Bindung um den Nebeneffekt eines Verhaltens handelt, das um anderer Selektionsvorteile willen entstanden ist, weiß man noch nicht.

Wirksamkeit angeborener sozialer Signale bei zugleich bestehender individueller Bindung. Hat sich ein Jungtier an ein erwachsenes Tier individuell angeschlossen, so können trotzdem solche sozialen Signale wirksam bleiben, die *angeboren* und somit *nicht-individueller* Natur sind. Hierfür ein Beispiel: Man trennte ein *Rhesusaffen-Junges* von seiner Mutter, an die es individuell gebunden war, und teilte es einem anderen Weibchen zu, das es annahm; das Junge hielt sich an dessen Fell fest. Nun wurden alle drei Tiere in einen Käfig gebracht, der durch eine Glasscheibe in zwei Teile geteilt war: In einem Abteil war die Mutter, im anderen ihr Junges, angeklammert an das andere Weibchen. Die Mutter versuchte nun, das Junge mit ihrer diesbezüglichen Mimik zu locken. Sobald das Junge dies sah, verließ es das andere Weibchen, um zur Mutter zu gelangen, wurde aber von der Glasscheibe gehindert und flüchtete zum anderen Weibchen zurück. Dabei zeigte es heftige Aufregung als Anzeichen eines inneren Konflikts. Die Aufregung schwand jedoch, solange das Kleine sich ans Fell des anderen Weibchens anklammerte und dabei *nicht* zu seiner Mutter hinschaute[1]. – Sicherlich trifft man das Richtige, wenn man diese Beobachtung folgendermaßen deutet: Der fellige warme Körper, an dem sich das Jungtier anklammern konnte, gab ihm eine gewisse Geborgenheit; hier wirkten Wahrnehmungen zur Befriedigung des *allgemeinen* Kontaktbegehrens (siehe Abschnitt IV A 10, S. 266). Lockgesicht und *Anblick* des Muttertiers dagegen vermittelten die zur *individuellen Bindung* gehörigen Wahrnehmungen. Die experimentelle Anordnung gewährleistete, daß sich beide Wahrnehmungen ausnahmsweise auf verschiedene Partner bezogen, wodurch die allgemeine, nicht individuell gebundene Wirksamkeit des Fellkontakts gesondert erkennbar wurde.

Prägung oder Belohnungsdressur als Grundlage der Bindung an das Muttertier? In allen bisher beschriebenen Beispielen entstand eine individuelle Bindung des Jungtiers zu seinem betreuenden Muttertier durch Prägung oder prägungsähnliche Lernvorgänge, und dabei spielten soziale Signale wie Kontaktrufe die führende Rolle. Für eine solche Bindung wäre aber auch eine andere Entstehungsursache denkbar: eine reine Belohnungsdressur; denn das Muttertier wärmt die Jungen, versorgt sie mit Nahrung, reinigt sie und schützt sie gegen Feinde – lauter Wohltaten, die ebenso zur Bindung von Tierjungen an ihre Mutter führen könnten, wie sie im Zoo die Bindung zwischen Tieren und deren Wärter hervorbringen und aufrechterhalten. Diese Vorstellung ist von besonderem Interesse, weil Sigmund FREUD sowie manche amerikanische Lerntheoretiker auf diese Weise die Entstehung der kindlichen Anhänglichkeit an die Mutter erklären wollten. Es ist also zu fragen: Ist die Tatsache, daß die Jungen der Vögel und Säugetiere von ihren Eltern ernährt werden, auch die Grundlage für ihre Bindung an die Eltern, oder handelt es sich beim Ernährungsverhalten und der Kind-Eltern-Bindung um zwei biologisch selbständige Verhaltensbereiche?

Zur Klärung dieser Frage haben die amerikanischen Psychologen H. F. und M. K. HARLOW Forschungen an *Rhesusaffen* durchgeführt: Neugeborene Junge wurden von ihrer Mutter getrennt und isoliert aufgezogen. Als Mutterersatz wurden ihnen Puppen geboten, die schräg an einem Gestell befestigt waren. Diese Puppen waren im Sinne der Verhaltensforschung »Attrappen«. Alle hatten einen grob aus Holz gefertigten »Kopf«; der »Körper« war bei der einen Attrappe aus grobem Drahtgeflecht geformt, bei der anderen mit rauhem Tuch überzogen. Stellte man neugeborenen erfahrungslosen Affenkindern die beiden Mutterattrappen zur Wahl, so klammerten sie sich stets an die »Stoffmutter« an, niemals an die Drahtmutter – und zwar auch dann nicht, wenn die einzige Milchquelle, von der sie Nahrung erhielten, an der Drahtmutter angebracht war. Die Bindung an die Mutterattrappe entstand demnach bei diesen jungen Rhesusaffen, ohne daß ihr Kontakt mit der Mutter durch Nahrung belohnt wurde; es waren andere auslösende Reize, zum Beispiel das weiche Tuch, welche zur Bindung des Jungtiers an sie führten[1].

Leider enthalten die frühen Attrappenversuche von HARLOW einen Versuchsfehler: Da man an den Attrappen die Wirksamkeit der Oberflächenbeschaffenheit und der Nahrungsquelle erforschen wollte, hätten *alle anderen* Versuchsbedingungen *übereinstimmen* müssen. Tatsächlich gab man der stoffbezogenen Attrappe einen Rundkopf mit nicht unfreundlichem Gesichtsausdruck, während der Kopf der »Drahtmutter« große herausragende Eckzähne hatte. Darum ist nicht auszuschließen, daß auch die unterschiedlichen *Köpfe* das Wahlverhalten der kleinen Rhesusaffen beeinflußten. – Ferner könnte die Beschaffenheit des *Drahtgitters* an der Drahtmutter so unangenehm für die Versuchstiere gewesen sein, daß dies eine Bindung an den Ort der Milchquelle von vorneherein ausschloß. – Trotz dieser Einwände gilt es jedoch wohl mit Recht allgemein als sicheres Ergebnis der HARLOW-Versuche: Zur Entstehung der Bindung eines Jungtiers an sein Muttertier ist eine Belohnung durch Nahrung nicht unbedingt erforderlich.

Adoption. In freier Natur – ohne das Eingreifen des Menschen – könnte es zufällig zu einer Adoption kommen, wenn ein Muttertier bei der Geburt stirbt und gerade ein anderes weibliches Tier zugegen ist und das Waisenkind annimmt. Wechselt man *im Experiment* die neugeborenen Jungen verschiedener Muttertiere aus – beispielsweise beim Rhesusaffen –, so werden die fremden Jungen angenommen und genauso gepflegt und aufgezogen wie die eigenen. Dies gilt sogar, wenn die Adoptivjungen anderen Arten angehören, sofern sie sich in ihrem Verhalten nicht allzu sehr von den arteigenen Jungen unterscheiden. Beispielsweise werden junge Katzen von Hundemüttern aufgezogen. Als ein Bernhardiner-Muttertier seine eigenen drei Jungen durch einen Unfall verloren hatte, raubte es ein junges Kätzchen und zog es auf. Die Jungtiere ihrerseits schließen sich durch Prägung vielfach ganz verschiedenen, ja fast beliebigen Partnern an, wie das Beispiel von menschengeprägten Gänsen, Hühnern, Dohlen, aber auch Rehen zeigt.

Die biologische Möglichkeit der Adoption wird von unserem *Kuckuck* systematisch ausgenutzt: Die Adoptiveltern atzen den jungen Kuckuck sogar erheblich länger, als dies bei den eigenen Jungen nötig ist.

Schlußgedanke. Trotz aller Vielfalt der Jungtier-Eltern-Bindungen im Tierreich lassen sich einige allgemeine Gesetzlichkeiten herausschälen: Allgemeines Kontaktbegehren von Jungtieren gegenüber Erwachsenen beruht durchweg auf *angeborenen* sozialen Signalen; *individuelle* Bindungen beruhen stets auf *Lernprozessen.* Der Geburtsakt oder gar die Zeugung tragen auf biologischer Ebene zur Knüpfung eines individuellen Bandes von den Jungen an ihre Eltern in keinem Fall bei. Die Alternative »selbst geboren« oder »adoptiert« existiert für kein Jungtier, sie ist gar nicht im Zentralnervensystem repräsentiert. Entscheidend ist der Bindungsprozeß nach der Geburt, in dessen Verlauf das *nicht-individuelle* Kontaktbedürfnis die *individuelle* Bindung anbahnt.

F 5. *Selbständigwerden durch Erkunden, Neugierde, Spielen, Nachahmen*

Singvogeljunge lassen sich warmhalten, füttern und genießen Schutz. Allmählich wachsen die Flügel. Eines Tages fliegen die Jungvögel aus, werden noch wenige Stunden oder Tage von den Eltern zusätzlich gefüttert und gehen zum selbständigen Leben über. Die ganze Entwicklung ist ein geradliniges, übersichtliches Geschehen.

Je höher jedoch die Tierarten entwickelt sind, desto deutlicher schiebt sich ein ganz andersartiger Lebensabschnitt in die Tierjungen-Entwicklung ein: das *Spielalter*, oder genauer: eine Zeitspanne, in der Erkunden, Neugierverhalten, Spielen und Nachahmen den wesentlichen Lebensinhalt darstellen. Ein solches Spielalter ist bei vielen Säugetieren wie Eichhörnchen, Raubtieren, Affen und Menschenaffen ausgeprägt. Im folgenden sollen die Verhaltensweisen des Spielalters am Beispiel junger Löwen veranschaulicht werden[1].

Erkunden, Neugierverhalten und Spielen junger Löwen. Löwenmütter werfen ihre Jungen fernab vom Rudel an einem versteckten Ort. Dort bleiben sie etwa 10 Wochen lang. Solange die Löwin jeweils auf der Jagd ist, bleiben die Jungen ganz ruhig liegen. Kommt die Löwin zurück, so säugt sie die Jungen. Wenn die Jungen satt sind, so ist mit Sicherheit weder ihr Nahrungsantrieb noch irgendein anderer Antrieb, etwa aus dem Bereich der Selbsterhaltung oder der Fortpflanzung, aktiviert. Trotzdem bleiben die Jungen nicht inaktiv liegen, sondern sie laufen in der näheren Umgebung herum und untersuchen dort alles, was ihnen begegnet: Beispielsweise wird das Junge plötzlich aufmerksam auf einen Stock, einen kleinen Busch oder ein Grasbüschel, langt danach mit den Pfoten, rollt dabei auf den Rücken. Oft ziehen solche spielerische Bewegungen ein anderes Junges an, das dann mitmacht. Zwei Löwenjunge, die man sorgfältig beobachtete, spielten zwei Stunden lang mit einem verlassenen Straußenei, das sie entdeckt hatten; andere patschten mit ihren Pfoten ins Wasser eines Baches und versuchten, am Ufer mit dem strömenden Wasser mitzulaufen.

Dann wieder nimmt ein Junges eine Körperhaltung an, die *Spielbereitschaft* anzeigt, und läuft auf ein anderes Junges zu, wirft sich über dessen Körper, bearbeitet den Spielgefährten mit den Pfoten, packt ihn mit dem Maul an der Backe, den Ohren oder im Nacken, leckt ihn, wirft sich auf den Rücken und kugelt mit ihm über den Boden. Oder die Mutter regt ein Junges an, mit ihrem Schwanz zu spielen, indem sie diesen mehrfach hin und her bewegt. Oder sie stupst eines der Kleinen mit der Nase oder einer Pranke; sie leckt es, wenn es dann mit allen vieren strampelt.

Ältere Löwenjunge spielen mit ihren Spielgefährten alle Phasen des angeborenen Jagdverhaltens durch: Anschleichen; vorbereitende Haltung zum schnellen Angriff; Angriff und Ansprung; Jagen des Partners, falls dieser flieht; oder Kampf mit ihm, wenn er nicht flieht. Die Prankenschläge – stets mit eingezogenen Krallen – sind dabei weich und freundlich, aber wohlgezielt. Die spielerischen Bisse richten sich eindeutig auf die Kehle oder den Nacken des Spielpartners, so als wäre dieser ein »Modell« für ein Beutetier; niemals aber wird so fest zugebissen, daß ein Spielpartner verletzt wird.

Rolle der Elterntiere im Spielalter. Schon etwa vom 3. Lebenstag an kommt bei jungen *Rhesusaffen* ein erstes Interesse für die Außenwelt zum Ausdruck: Noch an das Fell des Muttertieres angeklammert, lassen sie bereits ihre Blicke neugierig in die Runde schweifen. Später lösen sich die Jungen dann auch körperlich von der Mutter, um selbständig zu untersuchen, was ihre Neugier erregt. Aber die Bindung an die Mutter bleibt in dieser Zeit erhalten; denn das Junge kehrt zwischendurch immer wieder zu ihr zurück. Entfernt man in einer nicht bekannten Umgebung die Mutter von dem Jungen, so kommt gar kein Erkundungsverhalten mehr zustande, sondern das Junge bleibt am Ort oder versucht nichts anderes, als die Mutter wiederzufinden. Sie allein gibt ihm die Sicherheit, *die für das Erkunden notwendig ist.*

Aus diesem Grunde zeigen *Kaspar-Hauser-Tiere* (Abschnitt V C 3, S. 419) auch viel weniger oder gar kein Erkundungsverhalten; dieses setzt wie das Spielen die Abwesenheit anderer stark aktivierter Antriebe voraus, auch die Abwesenheit von Unsicherheit und Angst. Erkunden und Spielen erfolgen nur »im entspannten Feld«. Die dazu notwendige Geborgenheit (= Angstfreiheit) aber gewährleistet nur das anwesende Muttertier. Daher kann sich das Erkundungs- und Spielverhalten gerade beim mutterlosen Tierkind nicht normal entwickeln.

Weiterhin sind die Elterntiere für die Jungen auch Vorbilder für das *Nachahmen*. Was eine Affenmutter auch unternimmt – das Junge, das sich an ihr festhält, nimmt aufmerksam daran teil; wenn die Mutter Nahrung in den Mund nimmt, tut das Kind das gleiche; wenn die Mutter ein Objekt untersucht, beschäftigt sich auch das Junge damit. Durch all dies gewinnt das Junge vermutlich Erfahrungen, die es im Erwachsenenleben verwerten kann.

Spielerische Aktivität in der Gruppe umfaßt auch *soziales Erkunden*: Das Jungtier »wendet sich mit den verschiedenartigsten spielerischen Handlungen an die Gruppenmitglieder und versucht, Effekte bei ihnen auszulösen. Je nachdem, ob diese Effekte ermunternd oder abweisend sind, entfaltet das Jungtier seine weitere Aktivität und macht neue Erfahrungen. Allmählich stimmt es seine eigenen Rollen auf die Tradition seiner Gruppe und auf die individuellen Gruppenmitglieder ab. Das Junge entwickelt ein Netz individueller Beziehungen und erringt den ihm zukommenden sozialen Status. Reifen dann später die primären Triebe (Sexualität, Kampf), so bleiben sie kontrolliert und relativiert durch das Gefüge der bereits entfalteten sozialen Beziehungen.«[1]

Während bei vielen Säugetierarten die Initiative zum Erkunden und Spielen hauptsächlich von den Jungen ausgeht, sind bei den *Menschenaffen* die älteren Individuen auch »bestrebt, das Verhalten der Jüngeren formend zu beeinflussen. Insbesondere die Mutter versucht durch geduldige Hilfe, das Kind zu sicherem Greifen, zum Kriechen, Klettern und Gehen zu bringen und später durch ihr Vorbild zur Nachahmung anzuregen. Es kommt schließlich zum Vorzeigen als Aufforderung zur Nachahmung.« Ferner lehrt die Mutter ihr Junges, »auf einfache Signale hin z. B. ein Ding liegenzulassen, einen Kontakt abzubrechen, der Mutter zu folgen, an ihr hochzuklettern oder von ihr abzusteigen«[1].

F 6. *Sexualentwicklung*

Ein Lebewesen ist erwachsen, wenn es geschlechtsreif ist, wenn es also die Fähigkeit zur Fortpflanzung und damit zur Werbung (Balz), zur Paarbildung und zur Jungenaufzucht besitzt. Doch sind bereits in der Kindheit und Jugend von Tieren einzelne Andeutungen von sexuellem Verhalten festzustellen. Hierher gehören drei Erscheinungen bei Tierjungen von Wirbeltieren:

– die *frühzeitige Teilreifung* sexueller Verhaltensweisen bereits in der Kindheit;

– die *sexuelle Prägung* vor Auflösung des Familienverbandes;

– die in der Jugendzeit angelegte, beim erwachsenen Tier manifest werdende *Inzesthemmung*.

Frühzeitige Teilreifung kommt in vielen, nicht nur in sexuellen Verhaltensbereichen vor. Instinkthandlungen, die aus mehreren oder vielen Einzelbewegungen bestehen, reifen nicht in allen Fällen als ein in sich verbundenes Ganzes. Einzelne Handlungsbruchstücke können schon eher auftreten. Diese frühzeitig entwickelten Teilverhaltensweisen können ihre spätere Funktion in der Regel noch nicht erfüllen. In manchen Fällen ist zu dieser Zeit das zugehörige Ausführungsorgan noch gar nicht ausgebildet.

Beispiele: Junge Möwen führen die Bewegungen des Startens zum Flug aus, auch wenn sie noch gänzlich unausgebildete Flügelstummel besitzen, und sie lassen dabei bisweilen die später fast unausbleibliche »Visitenkarte« fallen. Wenige Tage alte Wiederkäuer kauen oft an Halmen herum, und Frischlinge des gleichen Lebensalters wühlen den Boden auf, auch wenn sie sich noch allein von Muttermilch ernähren. Entenvögel, die als Erwachsene ihre Rivalen durch Schlagen mit dem Flügelbug bekämpfen, beginnen mit dieser Handlung schon, wenn sie erst ganz kurze Flügelstummel besitzen, mit denen sie keinerlei Effekt erreichen können.

Frühzeitige Teilreifung kommt auch im Bereich des *Fortpflanzungsverhaltens* vor: Beispielsweise hat man bei Vogeljungen verschiedener Verwandtschaftskreise (Schwalben, Enten) Paarungsversuche beobachtet, obwohl die Keimdrüsen noch längst nicht funktionsfähig waren. Auch bei jungen Säugetieren, z. B. Jungfüchsen, kommen spielerisches Aufreiten, »Stoßen« und andere sexuelle Verhaltensbruchstücke im Spiel vor. – Ein knapp erwachsener Fischreiher im Berner Tierpark half seinen Eltern beim Nisten und brütete später eifrig auf den von seiner Mutter gelegten Eiern. Jungvögel, z. B. Fliegenschnäpper, füttern manchmal, bevor sie selbst

ordentlich fressen können, schon jüngere bettelnde Nestlinge. Es
gehört zum regulären Verhaltensinventar mancher Vogelarten, daß
ältere Junge ihre Eltern beim Füttern von Jungen nachfolgender
Bruten unterstützen; man nennt diese älteren Jungen dann »Helfer«[1]. – Ein weiteres Beispiel für frühzeitige Teilreifung im Rahmem
des Fortpflanzungsverhaltens bringt Abschnitt V D 1 (S. 425).

Sexuelle Prägung. Die sexuelle Prägung der Tiere ist ausführlich im
Rahmen der Lernprozesse besprochen worden (Abschnitt IV B 11,
S. 318). In Ergänzung wird im folgenden einiges nachgetragen, was
an unserer einheimischen Wildente (Stockente) von dem Zoologen
F. SCHUTZ erarbeitet wurde[2].

Man hatte nach der Entdeckung der *Prägung* zunächst gemeint,
ein und derselbe Lernakt zu Beginn des Lebens bestimme nicht nur
den individuellen »Elternkumpan«, sondern auch zugleich das Erscheinungsbild des künftigen möglichen Geschlechtspartners. Diese
Anschauung hat sich als unrichtig erwiesen: Wo man genauere Untersuchungen darüber anstellte, fand man, daß die sexuelle Prägung
ein eigenständiges Geschehen ist, das später erfolgt als die Nachlaufprägung und eine eigene sensible Phase besitzt.

Beispiel: Die Wildenten-*Erpel* besitzen sowohl Nachlaufprägung
als auch sexuelle Prägung; man kennt für beide die zeitlichen Voraussetzungen: Die *sensible Phase* für die *Nachlaufprägung* beginnt
und klingt ab mit dem ersten Lebenstag nach dem Schlüpfen; die
sensible Phase für die *sexuelle Prägung* beginnt mit der dritten und
klingt ab mit der achten Lebens*woche*. Durch das Zusammensein
mit ihrem Muttertier lernen sie also am *ersten Lebenstag*, wer bei
ihnen Mutterstelle einnimmt, und *einige Wochen später*, wie ihr
künftiger Geschlechtspartner aussehen wird. Läßt man sie in der Familie einer anderen Enten- oder gar einer Gänseart aufwachsen, so
balzen viele von ihnen später vor Weibchen von der Art der Pflegemutter.

Die erwachsenen Wildenten-*Weibchen* reagieren dagegen auf das Prachtkleid
der Männchen aufgrund eines *angeborenen Auslösemechanismus*; d. h. sie erkennen die Männchen ihrer Art, ohne daß sie es lernen müßten und ohne daß sie
durch künstlich im Experiment abgewandelte Lernvorgänge irregeführt werden
könnten.

Inzesthemmung. Fragt man nach der biologischen Bedeutung
(nach dem Selektionswert) der Sexualität im allgemeinen, so lautet

die Antwort: Sie sorgt für die Umkombination und für die rasche Verbreitung von (vorteilhaften) Varianten der genetischen Anlagen und fördert dadurch die Anpassungsfähigkeit der Arten an wechselnde Umweltbedingungen. Dies wird beeinträchtigt durch Inzucht. Darum überrascht es nicht, daß sich im Pflanzen- und Tierreich vielfältige Funktionen entwickelt haben, um die Möglichkeiten zur Inzucht und damit zum Inzest einzuschränken oder ganz zu unterbinden. Besonders deutlich ist das bei denjenigen Tierarten, bei denen Eltern und Geschwister lange Zeit fest in einem Familienverband zusammenhalten, einander genau individuell kennen und miteinander im besten Einvernehmen leben. Man könnte meinen, die früheren familiären Bindungen zwischen Geschwistern verschiedenen Geschlechts könnten später, wenn sie herangewachsen sind, eine Paarung zwischen ihnen nur erleichtern. Aber das Gegenteil ist der Fall: Individuelles Kennen innerhalb einer Geschwisterschar verhindert in der Regel eine spätere gegenseitige sexuelle Anziehung (*Inzesthemmung*[1]). Beispielsweise bringt bei der Graugans das gemeinsame familiäre Aufwachsen von verschiedengeschlechtlichen Artgenossen desselben Jahrgangs eine so gut wie unüberwindliche Hemmung hervor, nach dem Heranwachsen miteinander in Balz und Paarbildung einzutreten[2].

Verhältnis zum Sexualverhalten Erwachsener. Im Lebenslauf der meisten Tierjungen ist es nicht die Regel, daß sie das Sexualverhalten erwachsener Artgenossen beobachten. Wo es zufällig doch einmal vorkommt, sind meist keine besonderen Reaktionen darauf zu erkennen. Doch wurde bei Schimpansen in deren natürlichem Lebensraum mehrmals folgendes beobachtet: Ein nahezu erwachsenes Jungtier war zugegen, als sich seine Mutter mit einem Schimpansen-Männchen paarte. Das heranwachsende Schimpansenkind reagierte darauf mit furchtbarer Aufregung, und es griff das Männchen an, um seine Mutter zu verteidigen[3]. Das Jungtier verstand also die Situation nicht, sein Verhalten war eigentlich ganz inadäquat.

Für ein »*angeborenes* Verstehen visuell wahrgenommenen Paarungsverhaltens« wäre kaum ein Selektionswert ersichtlich. Eher wäre denkbar, das Beobachten des Sexualaktes Erwachsener könnte bei Tierarten mit nur teilweise angeborenem Sexualverhalten seinen biologischen Sinn darin haben, daß das Jungtier dieses Verhalten durch Nachahmen *erlernen* kann. In der geschilderten Schimpansen-Beobachtung ist das aber kaum zu vermuten.

F7. *Übergang zum Erwachsensein*

Sind junge Singvögel, z. B. Amseln, flügge geworden und haben ihr Nest verlassen, so werden sie bisweilen noch eine Zeitlang von ihren Eltern weiter gefüttert, gegebenenfalls besonders das Nesthäkchen. Bald aber machen sich die Jungen selbständig, und mit dem Erlöschen ihres Sperrens (Bettelns) ist auch die Bindung an die Elterntiere völlig gelöst.

Anders ist es bei manchen Säugetieren. Bei ihnen ergreift das Muttertier die Initiative und vertreibt die Jungen, sobald diese ein bestimmtes Alter erreicht haben. Bei *Goldhamstern* erfolgt der erste Angriff des Muttertieres gegen die Jungen um deren 35. Lebenstag; zu dieser Zeit werden auch die Jungen untereinander unverträglich und beginnen, sich zu zerstreuen[1]. Beim *Löwen* werden die männlichen Heranwachsenden im Alter von eineinhalb bis zwei Jahren von den alten Männchen des Rudels nicht mehr geduldet und dann wie fremde Eindringlinge ins Revier behandelt[2]. Bei den *Languren* (indischen Tempelaffen) entwöhnt und verstößt die Mutter ihr Junges, wenn dieses etwa ein Jahr alt ist. Das Junge darf allmählich nicht nur nicht mehr saugen, sondern die Mutter verwehrt ihm auch ihren Schutz, wenn es bedroht wird und zu ihr flieht. Der Bruch ist vollkommen, sobald ein neues Junges geboren wird[3].

Ist das Junge, wenn es von seiner Mutter nicht mehr angenommen wird, stets selbst schon so weit erwachsen, daß es die mütterliche Fürsorge nicht mehr ernstlich nötig hat? Sicherlich besteht vielfach eine vorgegebene Harmonie zwischen der von der Mutter angestrebten und der durch die Entwicklung des Jungen vorbereiteten Selbständigkeit; aber mehrfach ist auch Gegenteiliges berichtet worden: Von ihrer Mutter verstoßene ältere Junge von Affen und Menschenaffen schienen noch sehr betreuungsbedürftig zu sein. Sie ließen sich eine Zeitlang von *erwachsenen Männchen* geradezu adoptieren, wurden von diesen herumgetragen und gegen Artgenossen verteidigt[4].

Bei einigen Säugetierarten brauchen sich jedoch Mutter und ältere Junge nicht unbedingt zu trennen, wenn ein jüngeres Geschwister geboren wird. Bei freilebenden *Schimpansen* wurde beispielsweise eine Mutter mit einem Säugling und einer älteren Tochter beobachtet: Die Tochter lebte in voller Eintracht mit der Mutter; aber sie drängte sich immer wieder dazu, den Säugling anfassen und betreuen zu dürfen. Doch die Mutter erlaubte es ihr nur selten und dann nur so lange, bis das Kleine das geringfügigste Signal der Unzufriedenheit von sich gab. Die ältere Tochter zeigte, wenn sie das Junge nicht berühren durfte, eine für den Beobachter höchst eindrucksvolle Mimik der inneren Spannung zwischen Wunsch und versagter Erfüllung[1].

Bei der *Graugans* bleibt die Familie, bestehend aus beiden Eltern und den Jungen der letzten Brut, fast bis zum Erwachsensein der Jungtiere beisammen. Die jungen Ganter trennen sich als erste von der Familie und werben aus einiger Entfernung um eine junge Gans, die noch mit ihren Eltern zusammen schwimmt. Nähert sich der werbende junge Ganter zu sehr der Familie, so wird er vom Vater verjagt. Wenn alles gutgeht, folgt aber schließlich die junge Gans dem werbenden Ganter und verläßt die Familie. Zwischen den Gatten bildet sich ein zwiefaches Band: Das eine, sexuelle, bezieht sich auf die Paarung, das andere, die »Triumphgeschrei-Bindung«, auf den dauernden individuellen Zusammenhalt. Die Doppelnatur der individuellen Bindung in der Ehe der Graugans hat sich daraus erschließen lassen, daß in Ausnahmefällen die beiden unterschiedlichen Bindungen von einem und demselben Ganter aus mit zwei verschiedenen Gänsen geknüpft sein können. Im Normalfall erhält sich die eheliche Bindung bei den Graugänsen lebenslang[2].

F 8. *Beziehungen der Jungen zu den Erwachsenen*

Die Jungen mancher höherer Tierarten haben ein angeborenes Verständnis für den mimischen Ausdruck im Gesicht der Artgenossen. Um das beim *Rhesusaffen* experimentell zu überprüfen, zog man einige Jungtiere auf, ohne daß sie ihre Mutter, sonstige Artgenossen oder ihr eigenes Spiegelbild sehen konnten. Man gab ihnen jedoch die Möglichkeit, Bilder, die man ihnen gezeigt hatte, selbst durch Hebeldruck erneut in ihren Käfig zu projizieren. In den ersten Lebensmonaten bevorzugten die Äffchen dabei jedes Bild von Artgenossen, ganz gleich mit welchem Gesichtsausdruck. Im Alter von 2½ Monaten, in dem die Tiere sonst von sich aus mit anderen Gruppenmitgliedern in Kontakt treten, begannen die isoliert aufgezogenen Jungen die Bilder *drohender* Artgenossen mit Angstlauten und Sich-selbst-Umklammern zu beantworten, und sie projizierten diese Bilder von nun an weitaus seltener. Sie hatten niemals lernen können, daß die betreffende Mimik mit Drohlauten und Angriffen der Gruppengenossen einhergeht. Sie mußten die Information über die Bedeutung dieses Gesichtsausdrucks also aus einer anderen Quelle haben: Die Kenntnis mußte angeboren sein[3].

Bei den meisten Säugetieren, die in Scharen, Gruppen oder Rudeln zusammenleben, beruht der soziale Gruppenzusammenhalt auf gegenseitiger individueller Bekanntschaft. Dagegen besteht Feindschaft gegen gruppenfremde Artgenossen. Wo sich nun die Weibchen, wie oben beschrieben, für die Geburt von der sozialen Gruppe absondern, muß das Muttertier bei seiner Rückkehr seine Jungen gleichsam als neue Mitglieder in die Gemeinschaft einführen und dabei die Intoleranz ihrer Gruppengenossen gegen Gruppenfremde zugunsten ihrer Jungen überwinden. Eine solche Szene ist in einem *Schimpansen*film aus freier Natur festgehalten worden: Die Mutter ist zugleich bemüht, ihr Junges den Gruppenmitgliedern zu zeigen, aber auch, es vor deren eventuell feindlichen Zugriffen zu schützen. Allmählich erreicht sie es, daß ihr Junges in der Gruppe akzeptiert wird[1]. – Hat eine *Löwin* ihre Jungen ins Rudel eingeführt, so ändert sich dort geradezu das »soziale Klima«: Besondere Freundlichkeit und Friedlichkeit werden nicht nur von allen Seiten den Jungen entgegengebracht, sie gewinnen auch im Verhalten der Alttiere zueinander mehr als sonst die Oberhand[2].

Abgeleiteter Rang. Bei vielen in Sozialverbänden lebenden Tierarten genießen die Jungtiere den sozialen Rang ihrer Mutter, beispielsweise bei Pavianen und Rhesusaffen; die Rangstufe ist also – während der Jugendzeit – gleichsam »erblich«. Wo mehrere sich gegenseitig kennende Graugansfamilien nachbarschaftlich leben und unter den Erwachsenen eine Rangordnung entstanden ist, kann man mitunter beobachten, wie ein winziges Gössel einen erwachsenen Ganter von der Futterschüssel vertreibt: Es hat einen einflußreichen Vater!

Sonderstatus von Jungtieren. Bei vielen gesellig lebenden Arten genießen die Jungtiere einen Sonderstatus in der Rangordnung und dürfen sich auch gegen hochrangige Gruppenangehörige beinahe alles erlauben: In einem Film über das Sozialleben von Totenkopfäffchen (in Gefangenschaft) konnte man beobachten, wie die Jungen von den Erwachsenen an das Futter herangelassen wurden und eines von ihnen sogar dem stärksten Männchen (Alpha-Tier) ungestraft einen Bissen entreißen durfte[3].

G. Zusammenfassung

1. Als angeboren, genetisch bedingt oder instinktiv bezeichnet man Verhaltensweisen, für deren Durchführung alle körperlichen Voraussetzungen einschließlich der notwendigen Nervenbahnen und zentralnervösen steuernden Schaltungen durch die körperliche Entwicklung zum Zeitpunkt der Geburt oder später durch Reifung funktionsfähig bereitgestellt werden.

2. Wachen, Schlafen und viele andere Körperfunktionen werden

von einer »inneren Uhr« gesteuert, deren Gang nur bis zu einer gewissen Grenze von Außenbedingungen abhängt bzw. zu beeinflussen ist (A 1).

3. Bei schnellen Schutzreflexen hängt der Ablauf der Reaktion – sofern die beteiligten Organe unbeschädigt sind – allein von den auslösenden Reizen ab. Angeborene Reflexe setzen ein Sinnesorgan, eine Übertragungsstrecke für Signale (Nervenbahn) und ein Ausführungsorgan voraus (A 2).

4. Ob ein Organismus auf bestimmte äußere Reize mit Reaktionen antwortet, hängt vielfach von einer veränderlichen Bereitschaft bzw. vom Aktivierungsgrad eines Antriebs ab. Auf diese *inneren Bedingungen* können sich auswirken: der Entwicklungsstand (jugendlich oder erwachsen), bestimmte Hormone, der Versorgungszustand des Organismus (z. B. mit Nahrung), die Zeitspanne seit der letzten gleichartigen Reaktion sowie bestimmte Reize. Reaktionsbereitschaften können auch spontan, d. h. ohne die genannten Einflüsse zunehmen. Im Experiment lassen sie sich durch elektrische Gehirnreizung hervorrufen. Die inneren Bedingungen können sich als *Reaktionsbereitschaften* oder als *Antrieb* (Drang) *zu spontanem Verhalten* äußern (A 3, A 7, A 8, A 10).

5. Sofern Reaktionen von inneren Bedingungen abhängig sind, ergibt sich ihre Stärke im Sinne einer »doppelten Quantifizierung« aus Reizintensität und Aktivierungsgrad der inneren Bedingungen. Je stärker ein Drang, desto schwächere Reize genügen zur Auslösung des Verhaltens, desto weniger wählerisch ist der Organismus, und desto näher liegt die Ersatzbefriedigung (A 3).

6. Auslösende Reize für instinktives Verhalten (= Schlüsselreize) sind oft sehr einfach und lassen sich daher im Experiment künstlich durch »Attrappen« nachahmen. Gelegentlich kann man »überoptimale« Attrappen herstellen, auf die ein Tier, z. B. im Wahlversuch, besser reagiert als auf die natürliche Situation (A 4).

7. Drei typische Phasen instinktiven Verhaltens sind:
– unregelmäßiges Suchen und sonstige Vorkehrungen, um dem Antriebsziel zu begegnen (Appetenzverhalten Phase I);
– gerichtete Annäherung an das wahrgenommene Antriebsziel (Appetenzverhalten Phase II);
– instinktive Endhandlung (A 5 und A 6).

8. Manche Instinkthandlungen zielen nicht auf eine Endhandlung, sondern auf einen Ruhezustand, andere auf das Wahrnehmen bestimmter Reizmuster. Flucht vor einer Gefahr ist formal ein

gerichtetes Appetenzverhalten mit umgekehrtem Vorzeichen (A 6, A 10).

9. Die Bereitschaft zur Nahrungsaufnahme hängt nicht nur vom jeweiligen Versorgungszustand ab, sondern auch von einer schnellwirkenden Rückmeldung über den Vorgang der Nahrungsaufnahme. Diese Rückmeldung begrenzt die Mahlzeit und wird nach der Verdauung durch die Meldung über den Ausgleich des Nährstoffdefizits des Stoffwechsels gleichsam bestätigt (A 7, A 8).

10. Fast alle Verhaltenstendenzen stehen zueinander im Verhältnis gegenseitiger Hemmung: Die jeweils stärkste Tendenz bestimmt das Verhalten und blockiert solange alle anderen. Das Teilsystem »Höchstwertdurchlaß« verwandelt das Nebeneinander von aktivierten Verhaltenstendenzen in ein Nacheinander der zugehörigen Handlungen, wobei wegen der »doppelten Quantifizierung« (siehe Punkt 5) jeweils das *aktuell wichtigste* Verhalten zum Zuge kommt (A 9).

11. Sonderformen instinktiven Verhaltens sind: bei fehlenden Reizen und überstarkem Antriebsstau: Leerlaufaktionen; bei zu schwachen Verhaltenstendenzen, die sich schließlich nicht durchsetzen: Intentionsbewegungen (A 11); bei »zielgehemmter« Appetenz: umorientiertes Verhalten; bei Antriebskonflikten: Übersprungverhalten (A 12).

12. Ursprünglich neutrale Reize können die Fähigkeit erwerben, einen Reflex auszulösen, sofern sie mehrmals kurz vor dessen auslösendem Reiz eintreffen, diesen also »ankündigen«. Auf die zeitliche Nachbarschaft (Kontiguität) von ankündigendem und auslösendem Reiz reagiert der Organismus mit der Bildung einer relativ beständigen »bedingten Verknüpfung« zwischen dem ursprünglich neutralen Reiz und der Reaktion. Dies ist zugleich die Bildung eines *bedingten Reflexes* (B 1).

13. Hat ein Lebewesen ein- oder mehrmals eine zunächst neutrale Reizsituation vor oder während einer Antriebsbefriedigung wahrgenommen, so kann dies einen Lernprozeß mit dem Ergebnis hervorrufen, daß diese Reizsituation künftig zum Anlaß oder angestrebten Ziel des Appetenzverhaltens des zugehörigen Antriebs wird. Auf diese Weise kann ein Appetenzverhalten neue erfahrungsbedingte auslösende und richtende Reize erhalten und zur *bedingten Appetenz* werden (B 2).

14. Folgen auf ein *Verhaltenselement* ein- oder mehrmals Erfahrungen, die eine Belohnung für das Lebewesen darstellen, so verknüpft

sich der durch die Belohnung befriedigte Antrieb mit dem Verhaltenselement und stellt es in seinen Dienst. Antriebe können auf diese Weise durch Erfahrung neue ausführende Verhaltensweisen gewinnen. Das durch diesen Prozeß entstehende Verhalten wird sinngemäß als *bedingte Aktion* bezeichnet (B 3).

15. Folgt auf die *Wahrnehmung* einer neutralen oder einer angestrebten Reizsituation ein- oder mehrmals eine schmerzhafte oder ängstigende Erfahrung, so kann sich die Reizsituation mit der Reaktion des *Vermeidens* verknüpfen, was je nach den sonstigen Umständen zur Flucht oder zur Hemmung der Annäherung führt: *bedingte Aversion* (B 4).

16. Folgt einem *Verhalten* ein- oder mehrmals eine Erfahrung mit negativer Valenz wie Schmerz oder Schreck, so kann das einen Lernvorgang verursachen mit dem Ergebnis, daß das Verhalten hinfort seltener oder gar nicht mehr ausgeführt wird: *bedingte Hemmung* (B 5).

17. Die Furcht kann zum Antriebsmotor für solche Verhaltensweisen werden, die *drohende Gefahren abwenden* können. Solche furchtbedingten Verhaltensweisen können länger erhalten bleiben, als die reale Gefahr besteht. Werden sie an ihrer Ausführung gehindert, so steigert sich die Furcht; das Ausführen des Verhaltens vermindert die Furcht. Der zugrunde liegende Lernprozeß entspricht den Prinzipien der bedingten Appetenz und bedingten Aktion. Anscheinend entstehen auf diese Weise »sekundäre Antriebe«, die das Tier zu bestimmten *erlernten* Verhaltensweisen veranlassen (B 6).

18. Die Veränderlichkeit von angeborenem Verhalten durch Erfahrung hat keinen stammesgeschichtlichen Instinktverlust zur Voraussetzung. Die Vorstellung, in der Menschwerdung müsse – beispielsweise im Zusammenhang mit einer Selbstdomestikation oder Neotenie – die Zunahme der Intelligenz mit einer Reduktion angeborenen Verhaltens einhergegangen sein, ist unbegründet. Es gehört bereits zu den Eigenschaften des *Lernens*, sowohl die auslösenden Reize als auch die Ausführung instinktiver Verhaltensweisen abzuändern (B 7).

19. Was ein Tier in einer Erfahrungssituation lernt, kann abhängen von deren Belohnungs- oder Strafcharakter, von der inneren Antriebslage (hungrig, verängstigt) und von der Anzahl gleichzeitig merkbarer Kennzeichen der Lernsituation. Unter Umständen kann sich erlerntes Verhalten – zumindest kurzzeitig – gegen angeborene Verhaltenstendenzen durchsetzen (B 8).

20. Menschenaffen können lernen, echte Symbole zu verstehen und sinngerecht zu verwenden, sogar solche für Relationen wie: unter, über, neben; gleich, verschieden; wenn, dann (B 9).

21. Bindet sich ein Jungtier durch *Prägung* an ein betreuendes erwachsenes Tier, so wird dieses damit zugleich zum Ziel jeder Flucht und zum »Hort der Geborgenheit« (B 10).

22. Der Bindungsprozeß von Jungtieren an betreuende erwachsene Partner zeigt eine unerwartete Unabhängigkeit von der Valenz der Erfahrungen mit dem Bindungspartner (B 10).

23. In einer in der Jugendzeit liegenden sensiblen Phase prägen sich dem sexuell prägungsbedürftigen Jungtier am gegengeschlechtlichen Elternteil bestimmte arttypische (keine individuellen) Merkmale ein, deren Wahrnehmung dann später nach der Geschlechtsreife sein Werbe- und sonstiges Sexualverhalten auslöst (B 11).

24. Beim *motorischen Lernen* verknüpfen sich die zentralnervösen Repräsentanten von aufeinanderfolgenden Verhaltensweisen, die primär durch Außenreize (oder beim Menschen: durch bewußte Planung) verursacht worden waren; danach vermag der Organismus die betreffenden Verhaltensketten auch ohne die ursprünglichen Hilfen ablaufen zu lassen (B 12).

25. *Nachahmung* ist Reproduktion von Gehörtem oder Gesehenem durch eigenes Verhalten. Hierdurch (aber auch durch »soziale Anregung«) können sich Traditionen bilden, die von Generation zu Generation weiterwirken (B 13).

26. Keine Lebewesen außer dem Menschen, nicht einmal Menschenaffen, können, soweit wir wissen, die Fähigkeit zum *abbildenden Gestalten in formerhaltendem Material* (Abzeichnen, Modellieren nach Vorbild) entwickeln oder erwerben (B 14).

27. Aus dem Verhalten von Tieren in bestimmten Lernsituationen kann man erschließen, daß frische Lerneindrücke im Laufe von Minuten entweder erlöschen oder, falls sie länger erhalten bleiben, in eine andere Existenzform (d. h. vom »Kurzzeitgedächtnis« ins »Langzeitgedächtnis«) übergehen (B 15).

28. Erkunden, Neugierverhalten, Spielen und spielerisches Nachahmen sind vermutlich von einer gemeinsamen Bereitschaftsinstanz abhängig. Sie bilden ein Verhaltensprogramm zum aktiven Erfahrungserwerb abseits von Ernstfällen. Wichtige Anteile davon sind: Offenheit für anregende Sinneseindrücke jedweder Art; freies Abwandeln motorischer Verhaltensweisen; Veränderung einzelner Elemente des Beutefangs und des Flüchtens dergestalt, daß sich diese

Verhaltensweisen zum Spiel zwischen Partnern eignen; Wiederholungstendenz für Verhaltenselemente, auf die irgendeine Antwort (Reaktion) aus der Umwelt folgte; sehr geringe Durchsetzungsfähigkeit gegen andere Verhaltenstendenzen (C 1 bis C 4).

29. Bei höchstentwickelten Organismen können durch frühere Erfahrungen gewonnene Gedächtnisinhalte auch in anderen als den zuvor gelernten Zusammenhängen wirksam werden. Für einige beobachtete Verhaltensweisen von Tieren ist es so gut wie sicher, daß sie nicht angeboren, nicht erlernt, nicht durch Zufall entstanden, sondern durch zielbedingte Neukombination von Engrammen zustande gekommen sind (D 1 bis D 3).

30. Schimpansen können es lernen, ihr Spiegelbild als Abbild des eigenen Körpers aufzufassen (D 4).

31. Sozial lebende Organismen tauschen Signale untereinander aus (soziale Auslöser), durch welche sie ihr Verhalten aufeinander und auf die Gruppe abstimmen. Fast alle sozialen Signale sind stammesgeschichtlich nicht völlig neu entstanden, sondern durch Ritualisierung aus ursprünglich andersartigen Verhaltenszusammenhängen hervorgegangen (E 1).

32. Aggressives Verhalten ist vielursächlich. Es kann Ausdruck von mindestens zehn unterscheidbaren biologischen Motivationen sein. Aggressives Verhalten kann motiviert sein: durch Selbst- und Jungenverteidigung; bei Raubtieren durch *Hunger*; im Fall von Gefahr und Ausweglosigkeit durch *Angst*; bei sexueller Rivalität durch den *Sexualtrieb*; bei territorial lebenden Tieren durch *Revierbehauptung*; bei sozial lebenden Tieren *innerhalb der Gruppe* durch *Rangstufenrivalität, nach außen* durch *Feindschaft gegen Gruppenfremde*; aggressives Verhalten kann ferner motiviert sein durch *behinderte Triebbefriedigung*, also Frustration, sowie durch den *Spieltrieb* (E 2).

33. Für den *Menschen* sind darüber hinaus mindestens drei weitere innere Dispositionen für aggressives Verhalten kennzeichnend: Gehorsam, Nachahmen, kalte Berechnung (E 2).

34. Auf die »gemeinsame Endstrecke« des Aggressionsverhaltens konvergieren also die physiologischen Signale einer ganzen Reihe von motivierenden Instanzen. Der Ablauf des Verhaltens und seine Begleiterscheinungen sind je nach Aggressionsart etwas verschieden. Ob es darüber hinaus eine unabhängige, spontan zunehmende und nach Entladung drängende Bereitschaft zum Feindverhalten (»Aggressionstrieb«) gibt, wird für unentschieden gehalten (E 2).

35. Beim Kampf zwischen Artgenossen – zwischen Rivalen z. B. um ein Revier, um ein Weibchen oder um einen Rang in der Gruppenhierarchie – kommen nur selten Verletzungen oder Todesfälle vor; denn die »Demutsgebärden« der Unterlegenen hemmen die Sieger. Diese Schonung gilt jedoch bei manchen Tierarten *nicht* für Angehörige einer anderen Gruppe: Ratten und Löwen töten rudelfremde Artgenossen, mit denen sie in Revierkämpfe verwickelt sind (E 2).

36. Für viele höhere Organismen gehört es zur normalen Existenz, ein Revier zu besitzen und es gegen Eindringlinge zu verteidigen. Der kämpferische Einsatz des Revierbesitzers nimmt zu, je näher er sich der Mitte des eigenen Reviers befindet; dies sichert und stabilisiert jeden einmal erworbenen Revierbesitz (E 3).

37. Eine der biologischen Bedeutungen des Revierverhaltens besteht darin, die Bevölkerungsdichte der betreffenden Art nicht über eine bestimmte Grenze hinaus wachsen zu lassen. Überzählige Tiere finden keine Möglichkeit zur Fortpflanzung; manche kommen ums Leben: durch körperliche Folgen von »sozialem Streß« (Tupaja) oder in Revierkämpfen (Löwe) (E 3).

38. Soziale Signale der Werbung und Balz, die zwischen Männchen und Weibchen ausgetauscht werden, lösen beim Partner sowohl hormonale Vorgänge (A 3) als auch instinktive sexuelle Reaktionen aus, z. B. die Begattung. Es gibt Hinweise, daß männliche Menschenaffen Anteile ihres Paarungsverhaltens *erlernen* müssen (E 4).

39. Die Bereitschaft, Junge zu betreuen, ist bei Säugetieren nicht jederzeit vorhanden, sondern entsteht kurz vor der Geburt durch *Hormone*. Später wird die *Hormon*-Abhängigkeit der Betreuungsbereitschaft durch die Abhängigkeit von der Anregung durch anwesende betreute *Junge* ersetzt (E 5).

40. Bei manchen Säugetierarten wird das nach der Geburt anwesende Junge – nicht aber ein erst später dargebotenes – von der Mutter angenommen. Ist nach der Geburt kein betreubares Junges vorhanden, so schwindet die Jungen-Annahmebereitschaft des Muttertieres unter Umständen sehr rasch (E 6).

41. In den Gruppen vieler Tierarten bilden sich in gegnerischen Auseinandersetzungen Rangstufenverhältnisse aus. Der soziale Gradient ist dabei um so steiler, je beschränkter der Raum und die Nahrung für die Gruppe sind. Bei Schimpansen und manchen anderen Arten nehmen bisweilen besonders alte Tiere die Alpha-Stellung ein; zwar können sich ihre Körperkräfte nicht mit denen jüngerer Grup-

penangehöriger messen, doch sind sie ihnen an Erfahrung überlegen. Ihrer höheren Rangstellung entspricht ihr »Alters-Prachtkleid«: silbergraue oder weiße Behaarung (E 7).

42. In Gruppen, deren Mitglieder einander individuell kennen, bestehen überaus differenzierte gegenseitige Beziehungen: Rangordnungsverhältnisse, sexuelle Anziehung, Freundschaft und gegenseitige Beachtung (E 8).

43. Bei manchen sozial lebenden Säugetierarten entspricht die Gruppierungstendenz innerhalb der sozialen Gemeinschaften, d. h. das Zahlenverhältnis zwischen Männchen, Weibchen, Heranwachsenden und Jungen, *nicht* der Geschlechtsverteilung und Altersschichtung; es gibt daher »Ausgestoßene« als Einzelgänger oder in Verbänden besonderer Zusammensetzung, vor allem reine Männchengruppen (E 8).

44. In den kollektiven Staaten der Insekten (ohne individuelles Kennen zwischen einzelnen Mitgliedern) haben sich auf instinktiver Basis eine differenzierte Arbeitsteilung, ein Kastenwesen sowie Nutztierzucht, Monokultur von Nahrungspflanzen, Sklaverei und abstimmungsartige Entscheidungsstrategien entwickelt. Es gibt Sozialparasiten, die die Starrheit des staatlichen Gefüges zu ihren Gunsten ausnutzen (E 9).

45. Säugetier-Junge trinken jeweils so viel Milch, bis ihr Antrieb abgesättigt ist, und hören dann von sich aus auf. Der mütterliche Organismus stellt sich selbsttätig auf die benötigte Milchmenge ein. Mutter und Junges bilden ein sich selbst steuerndes System, das die hinreichende und zuträgliche Ernährung des Jungtieres gewährleistet (F 2).

46. Bei den Jungen vieler Säugetiere gibt es ein *allgemeines Kontaktbedürfnis*, das nicht auf bestimmte individuelle Partner gemünzt ist, und eine *individuelle Bindung* an das Muttertier.

47. In Versuchen mit jungen Rhesusaffen, die mit Mutterattrappen aufgezogen wurden, erwies sich die Möglichkeit zum Anklammern, nicht aber das Spenden von Milch als notwendige Bedingung für das Entstehen einer Dauerbeziehung des Jungen zu einer Mutterattrappe (F 3).

48. Nicht die Zeugung oder der Geburtsakt knüpfen das individuelle Band von Tierjungen an ihre Eltern; die individuelle Bindung der Tierjungen an ihre Elterntiere (bzw. ihr Muttertier) entsteht vielmehr durch Prägung, d. h. einen Lernakt, der später kaum oder gar nicht mehr rückgängig zu machen ist. Auch Adoption – selbst eines artfremden Jungtiers – ist möglich (F 4).

49. Etwas älter geworden, treten die Jungen der höheren Säugetiere in einen Lebensabschnitt zunehmender Selbständigkeit ein, der durch Erkunden, Neugierde, Spielen und Nachahmen gekennzeichnet ist. Die Lernbereitschaft und -fähigkeit ist in diesem Lebensabschnitt besonders hoch. Die Jungen sozial lebender Tiere lernen in dieser Zeit auch die Formen des Zusammenlebens in der Gruppe (F 5).

50. In mehreren Verhaltensbereichen (einschließlich des sexuellen) kommt bei Tieren »frühzeitige Teilreifung« vor, d. h. manche Teilhandlungen zeigen sich bereits zu einer Zeit, in der das betreffende Gesamtverhalten einschließlich seiner hormonellen Grundlagen noch gar nicht gereift ist (F 6).

51. Die Sexualentwicklung schließt bei manchen Vögeln und Säugetieren eine sexuelle Prägung ein; diese geht z. B. bei den Männchen der Stockenten in einem Lebensabschnitt vor sich, in dem sich noch keinerlei Sexualverhalten abspielt und das Jungtier noch im Familienverband lebt (F 6).

52. Bei manchen Tierarten (z. B. Graugans) besteht eine Hemmung für Balz und Paarung zwischen Tieren derselben Familie (Inzesthemmung) (F 6).

53. Es gibt vermutlich bei Jungtieren kein »angeborenes Verstehen« des Paarungsverhaltens von erwachsenen Tieren (F 6).

54. Mit der Geburt von weiteren Jungen endet in der Regel spätestens die enge Beziehung des Muttertiers zu den früher geborenen Jungen, und diese werden danach vom Muttertier abgewiesen. In manchen Fällen sind die älteren Jungen zu diesem Zeitpunkt noch nicht ganz selbständig und werden dann bisweilen vorübergehend noch von anderen Erwachsenen betreut. Bei Menschenaffen bleibt die Verbindung zwischen der Mutter und den älteren Jungen aber auch beim Erscheinen eines Neugeborenen noch längere Zeit bestehen (F 7).

V. Verhaltensstörungen bei Tieren (Verhaltens-Pathologie)

Je höher organisiert ein Lebewesen ist, desto verwickelter können auch krankhafte Vorgänge in seinem Inneren sein und desto schwieriger sind diese meist zu durchschauen. Durchschauen muß man aber ein Krankheitsgeschehen, will man nicht nur durch Probieren, sondern mit Hilfe von Einsicht, also gezielt, heilen und vorsorgen. Um ein verwickeltes Krankheitsgeschehen beim Menschen besser zu verstehen, gibt es nun nicht nur den Weg der unmittelbaren Analyse: Gelegentlich lohnt es sich auch, *Modellbeispiele* zu untersuchen, innerhalb deren *ähnliche* Elemente auf *einfachere* Weise zusammenwirken. Hat man einen Zusammenhang an einem Modellbeispiel aufgeklärt, so bleibt natürlich zu prüfen, inwieweit sich die gewonnene Erkenntnis auf das eigentlich zu erforschende System übertragen läßt. Diesen Prüfungsschritt darf man nicht auslassen. Beachtet man dies aber, so kommt man auf dem Weg über die *Analyse des Modellbeispiels und die Prüfung der Übertragbarkeit auf den Forschungsgegenstand* mitunter schneller zum Ziel als durch die *unmittelbare* Untersuchung. Dieser Gedanke der »Forschung am Modellbeispiel« liefert die Begründung dafür, warum im folgenden Kapitel Verhaltensstörungen *von Tieren* beschrieben werden und dies in der Hoffnung geschieht, dadurch Verhaltensstörungen *von Menschenkindern* besser zu verstehen. Im übrigen gilt an dieser Stelle all das, was oben im Abschnitt I C (S. 19) über die Möglichkeit für die Verhaltensbiologie, zum Verständnis des Verhaltens des Menschen beizutragen, dargelegt wurde.

Die *Grenzen zwischen gesund und krank* wie zwischen normal und pathologisch sind fließend. Die folgende Darstellung hält sich aus praktischen Gründen an folgende Begriffsbestimmung: Ein Verhalten gilt so weit als gestört oder als krankhaft, als es das Individuum selbst, seinen Sozialverband oder seine Art schädigt oder aber sofern es aufgrund von äußeren Schädigungen oder nachteiligen Einflüssen auftritt, aber keinen Schutz gegen diese Einflüsse ausübt und keine Heilung entstandener Schäden bewirkt.

A. Nachteilige Umwelteinflüsse auf das Antriebsgeschehen

A 1. *Einengung des Bewegungsspielraums, Stereotypien*

Im Leben der verschiedenen Tierarten spielt die aktive Fortbewegung eine sehr unterschiedliche Rolle: Manche Raubtiere, z. B. der Löwe, suchen ihre Beutetiere und schleichen sich an, verfolgen aber ein flüchtendes Tier nur über kurze Strecken; andere, so der Wolf, verfolgen ihre Beutetiere über lange Strecken, um sie zu ermüden und dadurch schließlich zur Strecke zu bringen. Wie mancher Zoobesucher aus eigener Anschauung weiß, verhalten sich diese Tiere in ihren Käfigen unterschiedlich: Die ersteren ruhen viel, die letzteren laufen unentwegt hin und her.

Erleiden bewegungsbedürftige Tiere eine weitgehende Einschränkung ihrer Bewegungsmöglichkeiten, z. B. durch Fußfesseln (Elefanten) oder in zu engen Boxen (Pferde), so treten oft *monotone periodische Ersatzbewegungen* auf, sog. *Stereotypien*[1]: unaufhörliches Hin- und Herbewegen des Kopfes, Umtreten von einem Bein auf das andere, Sich-Drehen auf der Stelle u. ä.; können die Tiere im engen Käfig wenigstens ein wenig herumlaufen, so tun sie das gewöhnlich in einer bis auf Einzelheiten der Bewegungen festgelegten (stereotypen) Art und Weise. Dieser Gleichmäßigkeit der Bewegungen halber bezeichnet man ein solches Verhalten auch als »Weben«.

Pferde, die den größten Teil des Tages zu arbeiten haben, »weben« fast niemals; bei Reit- und Kutschpferden, die die meiste Zeit im Stall stehen, kommt es viel häufiger vor. Bei ihnen vermindern sich die Stereotypien, sobald sie sich mehr bewegen können, z. B. aus Einzel- in Gemeinschaftsboxen umquartiert werden. – Ein jugendliches Panzernashorn ließ von seinen Stereotypien (Kopfpendeln und Abschleifen seines Hornes) ab, nachdem es einen schweren Gummiball erhalten hatte, mit dem es spielen konnte[2].

Im Zoo laufen *Löwen* vielfach nur dann am Gitter hin und her, wenn die Zeit der Fütterung naht oder sie bereits den Wärter hören oder sehen. Verängstigte gefangene Tiere entfernen sich weitestmöglich von einer Gefahrenquelle und vollführen dort Bewegungsstereotypien. Diese Verhaltensweisen sind Ersatzhandlungen für gerichtete Fortbewegung im Rahmen von Appetenz- oder Fluchtverhalten.

Beziehung zum Normalverhalten. Wo die Umwelt einem bewegungsbedürftigen Tier nur eingeschränkte Bewegung erlaubt, können umorientierte Ersatzhandlungen (Abschnitt IV A 12, S. 270) in Form von Stereotypien auftreten. Als Quelle des Bewegungsdrangs kommen allgemeines Bewegungsbedürfnis sowie Appetenz- oder Fluchtverhalten (Abschnitt IV A 5, S. 250, 251) in Frage.

Stereotypien bindungslos aufgewachsener Säuglinge wurden in Abschnitt III B 4 (S. 163) beschrieben und werden in Abschnitt VII A 1 (S. 468) verhaltensbiologisch analysiert; dort wird – außer der Quelle für den Bewegungsdrang – auch der *Lern-Anteil* monotoner Bewegungen herausgearbeitet.

A 2. *Aktionen am Ersatzobjekt*

Kälber, die aus dem Eimer getränkt werden, saugen an den Ohren oder am Nabel ihrer Stallgenossen sowie an allen möglichen Gegenständen im Stall, an denen man saugen kann[1]. Rhesusaffen-Kinder, die ohne Mutter aufwachsen, umklammern als Ersatz eine Attrappe, die mit rauhem Tuch oder Fell bespannt ist[2]. Ein Stelzvogel in einer Voliere eines Zoos war von einem Stärkeren von seinem Platz vertrieben worden; daraufhin griff er einen anderen Vogel an, der mit dem Streit nichts zu tun hatte. Ein in Gefangenschaft lebendes Hyänenmännchen versuchte, seinen Wasserteller als Begattungsobjekt zu benutzen[3]. Ein Bernhardiner-Weibchen hatte drei Junge, die bald nach der Geburt starben; daraufhin raubte es ein junges Kätzchen, verteidigte es, ließ es auf sich klettern und trug es mit sich.

Diese Beispiele aus fünf verschiedenen Verhaltensbereichen (Ernährung, Kontaktbedürfnis, Aggression, Paarungsverhalten und Jungenfürsorge) beruhen sämtlich auf folgender Konstellation von Ursachen: Ein spezieller Antrieb ist aktiviert, aber das zugehörige Antriebsziel (Triebobjekt) ist nicht vorhanden oder nicht erreichbar; in den fünf Beispielen wären dies: das mütterliche Euter für die Kälber; das Muttertier mit seinem Fell für das Affenbaby; der überlegene, aber darum nicht angreifbare Käfiggenosse für den Stelzvogel; der Geschlechtspartner für das Hyänenmännchen; und die eigenen Jungen für die Hundemutter. In allen Fällen war jedoch ein Gegenstand von ähnlicher Art, wenn auch mit z. T. ungleich geringerem Auslösewert zur Stelle. An ihm konnte die Triebhandlung ersatzweise ablaufen. Das jeweilige Ersatzobjekt hätte in der Konkurrenz zu dem normalen Triebobjekt keine Chance gehabt, angenommen zu werden; ohne diese Konkurrenz aber und unter der Voraussetzung eines stark aktivierten Antriebs genügt in diesen Fällen der Auslösewert des Ersatzobjekts, und die instinktive Verhaltensweise spielt sich an ihm ab.

Gleichartige Ergebnisse lieferte ein Experiment an *Hunden*: Von 6 Wurfgeschwistern wurden zwei vom Muttertier gesäugt; zwei wurden aus einer Flasche mit *kleinem* Loch im Sauger ernährt; die letzten zwei erhielten die Flasche mit einem *großen* Loch im Sauger, so daß sie die Flasche mit einer geringen Anzahl von Schlucken leerten. Ergebnis: Die drei Gruppen zeigten *zwischen* den Mahlzeiten verschieden starkes Saugen (gegenseitig an ihren Körpern oder an den eigenen Pfoten): Die ersten saugten gar nicht, die zweiten wenig, die dritten aber fast die ganze Zeit[1]. – Für die genannten Tiere bestehen also im Zusammenhang mit der Ernährung *zweierlei* Notwendigkeiten: erstens die Zufuhr von Nahrung als Substanz- und Energiequelle; zweitens aber eine bestimmte Quantität an Sauganstrengung. Wird diese nicht abgeleistet, so offenbart sich hierfür ein eigener Antrieb, der sich beim Fehlen biologisch adäquater Antriebsziele an Ersatzobjekten abreagiert und dadurch für den Beobachter erkennbar wird.

Beziehung zum Normalverhalten. Dem beschriebenen Geschehen liegt die Gesetzmäßigkeit der *doppelten Quantifizierung* bei der Auslösung instinktiven Verhaltens zugrunde: Ob eine instinktive Handlung stattfindet, hängt von den inneren und äußeren Bedingungen, also von der Stärke der Bereitschaft und der Intensität oder Eignung der auslösenden Reize (Schlüsselreize) ab. Ein *stark aktivierter Antrieb täuscht über etwaige Mängel der Reizsituation hinweg* (Abschnitt IV A 3, Absatz »Ersatzbefriedigung«, S. 243, Abb. 6).

A 3. *Ersatzbefriedigung am eigenen Körper; Retrojektion*

Wenn bei aktiviertem Antrieb weder ein adäquater Partner vorhanden ist noch geeignete Ersatzobjekte zur Verfügung stehen, dann bleibt in manchen Fällen eine letzte Möglichkeit: *Teile des eigenen Körpers* dienen als Ersatzobjekt: Die ursprünglich auf den Partner gemünzten Aktivitäten werden auf den eigenen Körper gerichtet; ich nenne dies *Retrojektion* (»Rückwärts-Lenkung«). Einen fließenden Übergang von fremden zu eigenkörperlichen Ersatzobjekten zeigte das letzte Beispiel von Abschnitt A 2: Die jungen Hunde, die im Experiment einen starken Saugdrang entwickelten, saugten in den Pausen zwischen den Mahlzeiten unterschiedslos an Körperteilen ihrer Wurfgeschwister *oder* an den eigenen Pfoten.

Für Retrojektionen liefert die vergleichende Verhaltensforschung Beispiele aus mehreren Bereichen: Nahrungsaufnahme, Geborgenheit beim Elternkumpan, Selbstverteidigung, Fortpflanzung, Nestbauverhalten:

– Kätzchen, die von ihrer Mutter getrennt wurden, saugten an eigenen Körperteilen. Kleine Rhesusaffen, die nur Attrappen als Mutterersatz hatten, lutschten mehr am eigenen Daumen als die von einem Muttertier aufgezogenen[2].

– Rhesusaffen-Säuglinge, die vorübergehend von ihrer Mutter getrennt oder ohne Mutter und ohne (mit Stoff oder Fell bespannte)

Mutterattrappe aufgezogen wurden, umschlangen den eigenen Kopf und Körper mit ihren Armen und drängten sich in dieser Haltung in eine Ecke des Käfigs; ihnen diente gleichsam der eigene Körper als Ersatzobjekt für den Leib des Muttertiers, an den sie sich sonst angeklammert hätten[1].

– Mutterlos aufgewachsene Rhesusaffen sind höchstgradig ängstlich; sie richten auch dasjenige Verhalten gegen sich selbst, mit dem sie sich *verteidigen*, die Aggression: Sie beißen in eigene Körperteile, und zwar um so stärker, je größer die äußere Bedrohung ist. Ähnliche »Selbst-Aggressionen« finden sich bei Zoo-Tieren häufig, z. B. Beißen in den eigenen Fuß in der Situation heftiger Angst[2].

– Retrojektionen im Bereich des *Sexual*verhaltens sind sexuelle Selbstbefriedigung bzw. autoerotisches Verhalten: Erwachsene sexuell erregte Bärinnen können mit den Tatzen an ihren Geschlechtsteilen reiben; männliche Säugetiere onanieren je nach den anatomischen Möglichkeiten mit dem Maul oder den Vorderextremitäten.

– Bevor Ratten sich schlafen legen, sammeln sie trockenes Gras, Holzwolle oder ähnliches für ein Schlafnest. Gibt man einer Ratte in dieser speziellen Antriebssituation keinerlei entsprechende Stoffe, so trägt sie manchmal ihren eigenen Schwanz ein, d. h. sie nimmt ihn beim Weg zu dem gewählten Nestplatz ins Maul, legt ihn dort ab, läuft zurück und wiederholt dann das gleiche immer wieder. Bei diesem retrojizierten Nestbauverhalten tritt also der eigene Schwanz als Ersatzobjekt an die Stelle passenden Nistmaterials[3].

Sinnesreize an den manipulierten Körperteilen. Die Empfindungen an den Fingern, an denen gesaugt wird, und ebenso die Empfindungen am Kopf und Körper bei denjenigen kleinen Affen, die sich selbst mit den Armen umschlingen, dürften neutral oder positiv getönt sein. Die durch *Selbstaggression* erzeugten Schmerzempfindungen dagegen müßten primär eine negative Valenz haben. Warum wird unter diesen Bedingungen selbstaggressives Verhalten überhaupt ausgeübt (der »Lohn« dafür ist Schmerz!)? Und wie ist es zu verstehen, daß die anderen Retrojektions-Verhaltensweisen, vor allem die autoerotischen, nicht auch beim Normaltier durch den ihnen eigenen Belohnungscharakter dauernd stärker werden? Vermutlich ist hierauf folgendes zu antworten: 1. Schmerz kann – vermutlich über den Höchstwertdurchlaß – Angst unterdrücken; hier könnte eine Belohnung für selbsterzeugten Schmerz liegen. 2. Ein etwaiger Belohnungscharakter der übrigen retrojizierten Verhaltensweisen dürfte so gering sein, daß er in der Verhaltenssteuerung nur unter der Voraussetzung führend werden kann, daß aufgrund der widrigen Umweltbedingungen anderes, stärker belohnendes Verhalten unmöglich ist.

Abschließend sei die Frage aufgeworfen: Wie sicher ist eigentlich die Aussage, retrojiziertes Verhalten sei instinktives Verhalten an *Ersatz*objekten, also an *sekundären* Objekten? Liegt nicht Sigmund FREUDs Auffassung näher, daß die Organe des *eigenen* Körpers die *primären* Objekte für die Antriebe darstellen und daß die äußeren Objekte erst sekundär deren Rolle übernehmen? Folgende Argumente sprechen jedoch *gegen* diese Annahme: Im Freileben, also ohne Störungen seitens des Menschen, treten retrojizierte Verhaltensweisen, wenn überhaupt, nur in seltenen Ausnahmefällen auf. Wir kennen auch keinerlei anatomische Anpassungen, die darauf hinzielen, retrojiziertes Verhalten zu ermöglichen oder zu erleichtern (wenn eine biologische Funktion irgendeine positive Rolle im Leben von Tieren spielt, so finden sich dafür in der Regel auch irgendwelche anatomische Anpassungen, zumindest bei einzelnen Tierarten). Tritt retrojiziertes Verhalten bei Tieren in der Gefangenschaft auf, so ist es stets als Anzeiger für *gestörte* Lebensverhältnisse zu deuten; in der Regel nimmt auch seine Intensität mit der Schwere der Störungen zu. – Die vergleichende Verhaltensbiologie liefert also keinen Hinweis für die Richtigkeit der These, Teile des eigenen Körpers könnten als *primäre* Antriebsziele für Verhaltensweisen gelten, die sich erst später auf den endgültigen Partner richten. Lediglich im Rahmen des Putz- und sonstigen »Komfort«-Verhaltens sind Organe des eigenen Körpers das primäre Ziel von angeborenem Verhalten.

A 4. *Versiegen von Bereitschaften; Partnerverlust*

Mitunter kann langdauerndes Fehlen bestimmter anregender Umweltbedingungen einen Antrieb abschwächen und schließlich versiegen lassen. Dieser Vorgang wurde bei einer Buntbarsch-(Cichliden)-Art, Pelmatochromis subocellatus, genauer untersucht: Sind diese aus Mittelafrika stammenden Fische erwachsen, so bekämpfen sie sich gegenseitig, sobald sie einander wahrnehmen; dies hängt mit ihrem Revierverhalten zusammen. Gibt man nun einem solchen Buntbarsch viele Wochen lang keine Gelegenheit zum Kämpfen, indem man ihn in einem Aquarium ohne Artgenossen streng isoliert – er darf auch keine Artgenossen durch die Glasscheibe *sehen* –, dann schwindet seine Kampfbereitschaft. Setzt man ihn danach mit einem gleich behandelten Fisch zusammen, so schwimmen die Tiere achtlos aneinander vorbei. Bei manchen Individuen kann sich die Kampfbereitschaft wieder erholen: Sie kämpfen von Tag zu Tag etwas intensiver und erreichen bald wieder die normale Kampfbereitschaft. Bei manchen Individuen aber belebte sich in dem genannten Verfahren die Kampfbereitschaft *nicht* wieder (der Versuch wurde 5 Tage lang fortgeführt)[1].

Das Versiegen von Bereitschaften nach langdauernder Nicht-Betätigung scheint im Widerspruch zum *Ansteigen* von Bereitschaften bei Nichtauslösung des zugehörigen Verhaltens zu stehen, das in den Abschnitten IV A 7, IV A 10 und IV A 11 behandelt wurde. Die beiden Vorgänge unterscheiden sich jedoch in ihrer *Schnelligkeit*: Die *Zunahme* der Aktivierung eines Antriebs bedarf weniger Stunden oder Tage; das *Versiegen* des Antriebs erfolgt später und vollzieht sich viel langsamer, in der Regel im Verlauf von Wochen oder Monaten.

Einen solchen zuerst ansteigenden und *danach* abklingenden Verlauf, insgesamt also eine Optimum-Kurve (»umgekehrte U-Funktion«), beobachtete man auch in Experimenten[1], in denen Versuchstiere Arbeit leisten mußten, um Futter zu bekommen (Abschnitt IV B 9, S. 312). Je größer das Nahrungsdefizit, desto schneller arbeiteten die Tiere – aber nur bis zu einem bestimmten Grade des Hungers. Dann nahm die Arbeitsgeschwindigkeit wieder ab. Der Umkehrpunkt lag weit vor dem Beginn körperlicher Schwäche, die das Arbeitstempo natürlich ebenso gemindert hätte. Es handelte sich also um eine *zentralnervös bedingte* Abnahme der hungerabhängigen »inneren Bedingungen« für das Arbeitsverhalten.

Im Bereich des *Betreuungs*verhaltens kann das *Ausbleiben von Antwortreizen seitens des Verhaltenspartners* einen Antrieb schwächen und ihn schwinden lassen. Eine Rhesusaffen-Mutter, die ihr eigenes neugeborenes Junges verloren hatte, adoptierte ein junges Kätzchen, das man ihr gab. Das Kätzchen konnte sich aber im Fell der Pflegemutter nicht festhalten und fiel jedesmal herunter, wenn die Mutter es losließ. Ein paar Tage lang holte die Mutter es zurück; dann aber verlor sie das Interesse an dem Kätzchen. – Das gleiche spielt sich gegenüber Jungen der *eigenen* Art ab, wenn diese *abnorm reagieren*: Man tauschte das Junge einer Rhesusaffen-Mutter gegen ein fremdes gleichaltriges Junges aus, das bis zu diesem Zeitpunkt *isoliert aufgezogen* worden war. Dieses Tierchen reagierte auf jede Berührung durch die Adoptivmutter nur mit Angst und Schrecken und kauerte sich auf dem Boden des Käfigs in eine Ecke. Vier Tage lang bemühte sich das Muttertier vergebens um das Kleine; dann aber erlosch ihre Betreuungsbereitschaft, und sie überließ das nicht kontaktfähige Jungtier seinem Schicksal[2].

Das Gemeinsame an den Beispielen dieses Abschnitts ist die Abnahme und das Versiegen einer Verhaltensbereitschaft, wenn das zugehörige Verhalten lange Zeit unzureichend oder gar nicht ausgelöst wird. Welche Prozesse im Inneren des Tieres diesem Vorgang zugrunde liegen, ist unbekannt; wir wissen noch nicht, ob das Ausbleiben der Sinnesreize oder das Nicht-Ausführen der Handlungen entscheidend ist. Auch könnten die inneren Abläufe beim Versiegen der Aggressivität der Buntbarsche, bei der mit zunehmendem Nahrungsmangel sinkenden Arbeitsintensität und beim Erlöschen der Betreuungsbereitschaft der Rhesusaffen-Mutter ganz unterschiedlicher Art sein.

Partnerverlust. Besonders umfassend ist der Rückgang der Antriebs-Intensität bei höheren Tieren, wenn sie eines Partners beraubt werden, an den sie individuell eng gebunden waren – vor allem, wenn Tierkinder ihre Mutter oder wenn erwachsene Tiere, soweit sie in Einehe leben, ihren Ehepartner verlieren. Die Verminderung der Antriebe kann damit zusammenhängen, daß das alleingebliebene Tier unablässig nach dem verlorenen Partner sucht und daß dieses Verhalten alles andere verdrängt.

Hat eine Graugans-Ehe jahrelang bestanden und geht einer der Ehepartner zugrunde, so ändert sich das Verhalten des überlebenden Tieres von Grund auf: Es fliegt und schwimmt rufend und suchend umher, nimmt keine Körperhaltung mit straff angelegtem Gefieder mehr ein und hat die Augen oft halb geschlossen. Sein Ernährungs- und Gesundheitszustand verschlechtert sich. Die Farbe der Beine und Füße wird blasser, wohl als Symptom eines abnehmenden Sympathikotonus, und das Tier verliert seine frühere Stellung in der Rangordnung der Schar, zu der das Paar gehörte[1].

Ein spezieller Aspekt des Antriebsverlustes bei Tierkindern, die ihre gewohnten Betreuer entbehren müssen oder in eine ungewohnte Umgebung kommen, besteht darin, daß sie ihre andressierte Zimmerreinlichkeit verlieren[2].

Beziehung zum Normalverhalten. Im Versiegen von Bereitschaften offenbart sich eine Erscheinung im Rahmen der Verhaltenssteuerung, für die im Kapitel über das Normalverhalten (IV) keine Parallele beschrieben wurde. Allem Anschein nach spielt sich hierbei im verhaltenssteuernden System ein im eigentlichen Sinn *pathologischer* Vorgang ab.

Ethische Fragestellung. Bei zahlreichen Verhaltensexperimenten, die auf den vorangegangenen und den folgenden Seiten beschrieben werden, erhebt sich die Frage: Darf der Mensch um der Erkenntnis willen den Tieren so etwas antun? Dies wird in einer »Nachschrift zu Kapitel V« auf Seite 433 erörtert.

B. Nachteilige Auswirkungen von Lernprozessen

B 1. *Irrwege bedingter Aktionen*

Der Lernprozeß der bedingten Aktion (Abschnitt IV B 3, S. 290) ist in freier Natur für die Lebewesen wohltätig: Wenn Verhaltenselemente eine Antriebsbefriedigung nach sich ziehen, so werden sie in Zukunft gerade dann wiederholt, wenn der betreffende Antrieb erneut aktiviert ist und der Befriedigung bedarf. – Man kann aber im Experiment künstliche Umweltbedingungen für Tiere schaffen, in denen sich diese Fähigkeit pervertiert und die Tiere zu sinnlosen oder gar für sie verhängnisvollen erlernten Verhaltensweisen veranlaßt. *Ohne* zu lernen, würden sie diese Situationen besser bestehen. – Es folgen vier Beispiele für solche künstlich hervorgerufenen »Irrwege bedingter Aktionen«; die ersten beiden enthalten zusätzlich das Lernelement der bedingten Appetenz (= Lernen neuer auslösender und richtender Reize):

Überhöhtes Belohnen schnellerer Tätigkeit. Zu den beststudierten bedingten Aktionen gehören die Lernvorgänge aufgrund von unterschiedlichen »Belohnungsfolgen«[1]. Unter Verwendung automatischer Steuerungsapparaturen gibt man beispielsweise einer Taube jeweils ein Korn, nachdem sie dreimal an einen Auslöseknopf gepickt hat (»fixed ratio« = feste Verhältnis-Folge); oder sie bekommt Belohnungen für Picken jeweils frühestens 10 sec nach der letzten Belohnung (»fixed interval«); oder immer nur dann, wenn sie nach dem letzten Picken eine Pick-Pause von einer bestimmten Mindestdauer, z. B. 60 sec, eingelegt hat (»differential reinforcement of low rates« = Belohnung langer Tätigkeitspausen). Die Tauben erfassen die gegebenen Verhältnisse gewöhnlich recht bald und lernen es, kürzere oder längere Verhaltenspausen einzulegen, wodurch sie jeweils zum Maximum an Belohnungen kommen. Ganz ähnlich reagieren Affen, Menschenaffen und sogar Bienen[2]. Man kann nun die Belohnungssteuerung auch so einrichten, daß *schnellere* Tätigkeit in *überhöhter* Weise, d. h. mehr als proportional, belohnt wird (»differential reinforcement of high rates«). In der Tat beschleunigen die Tiere daraufhin ihr Arbeitstempo bis zur Grenze ihrer körperlichen Leistungsfähigkeit. Dieser Lernprozeß ist unausweichlich; er spielt sich nämlich auch dann ab, wenn die Belohnungen, die sich die Tiere auf diese Weise erarbeiten, weniger einbringen als den Energieaufwand für diese Tätigkeit – wenn also die Tiere *wegen* ihrer Anstrengungen trotz der Belohnung schneller ins Defizit geraten, als wenn sie gar nichts täten. Diese Tiere wären also verloren, wenn sie nicht außerhalb der Versuchsanordnung noch zusätzlich Futter bekämen. Die Reaktions-Strategie ihrer Umwelt – überhöhtes Belohnen schnellerer Tätigkeit – verführt sie also dazu, mit selbstzerstörerischer Geschwindigkeit zu arbeiten.

Selbstbelohnung durch Gehirnreizung. In freier Natur trägt in der Regel das Verhalten der Lebewesen dazu bei, ihre Existenz zu sichern. Voraussetzung dafür ist, daß die Erfüllung der Lebensnotwendigkeiten (z. B. Nahrungsaufnahme) positive Valenz hat und dadurch zur Wiederholung dieses Verhaltens drängt. Für die Verhaltenssteuerung bedeutet das: Erfüllen der Lebensnotwendigkeiten und individuelle Befriedigung (= positive Valenz der Signale) müssen miteinander ge koppelt sein. – Das Experiment der *elektrischen Gehirnreizung* ist aber fähig, diese Koppelung aufzuheben. Man kann die Elektroden an solche Stellen des Gehirns versenken, wo die künstlichen elektrischen Impulse gerade denjenigen Signalen entsprechen, die sonst die Erfüllung von Lebensbedürfnissen melden. Damit läßt sich den Tieren die entsprechende Befriedigung vermitteln, ohne daß den zugehörigen wirklichen Erfordernissen genügt wird. Die Tiere werden also experimentell getäuscht. Der amerikanische Forscher J. OLDS[1] kam nun als erster auf die Idee, den Versuchstieren die Möglichkeit zu geben, *selbst* die Bedienungstaste für ihre eigene Gehirnreizung zu betätigen. Damit war ein verhängnisvoller Wirkungskreis geschlossen: Die Tiere konnten lernen, Befriedigung zu erlangen, ohne die sonst dazu notwendigen Handlungen auszuführen. Das Erwartete trat ein: Die Tiere konzentrierten sich mehr und mehr auf das Bedienen der Taste, vernachlässigten ihre tatsächlichen Lebensnotwendigkeiten und wären verloren gewesen, hätte man sie nicht durch künstliche Hilfen am Leben erhalten. Das Entkoppeln von lebensnotwendigem Verhalten und resultierender Befriedigung konnte die Tiere gleichsam süchtig machen.

Bedingte Aktionen durch vorgespiegelte Belohnung. Das folgende berühmt gewordene Experiment stammt vom Entdecker des »operant conditioning«, B. F. SKINNER; es ist zugleich ein besonders gutes Beispiel für das Lernprinzip der bedingten Aktion: Je eine Taube wird in eine Kiste gesetzt, in der genügend Wasser und Körnerfutter zum Überleben zur Verfügung stehen. Die Körner fallen jedoch in gleichmäßigen Zeitabständen von ein paar Sekunden in den Käfig hinein. Nach dem Einsetzen in die Kisten vollführen die Tauben irgendwelche Tätigkeiten; sie laufen herum, erkunden die Wände, picken da und dort oder putzen sich. Wenn das erste Korn fällt, haben sie gerade irgendeine dieser Körperbewegungen hinter sich, die nun scheinbar durch das Korn belohnt wird. Wenn das Tier daraufhin nach dem Prinzip der bedingten Aktion diese belohnte Körperbewegung erneut durchführt, so wiederholt sich auch die »Belohnung« – wenn auch nur, weil die Körner regelmäßig in festen Zeitabständen in den Käfig fallen. Auch weiterhin belohnt sich auf diese Weise für die Taube das stete Wiederholen ihrer ersten Bewegungen. Für die Tiere führt das auf die Dauer zur festen Koppelung zwischen irgendeiner ihrer Bewegungen und dem Antrieb zur Nahrungsaufnahme. In der Tat lernt in diesem Versuch jede der Tauben ein anderes Verhaltenselement – Kopfbeugen, Rechts- oder Linkswendung, eine Putzbewegung –, das sie dann pausenlos wiederholt, obwohl das sinnlos ist, weil keines dieser Verhaltenselemente in Wirklichkeit etwas mit dem Erscheinen der Nahrung zu tun hat. Aber das erfassen die Tauben ja nicht. Würden sie darüber sprechen können und ihr Verhalten begründen (»ich wurde doch tatsächlich regelmäßig für mein Verhalten belohnt!«), so würde man sie »abergläubisch« nennen. Doch handelt es sich in Wirklichkeit um einen durch die Umwelt der Tiere hervorgerufenen zwangsläufigen Lernprozeß der bedingten Aktion.

Erlernte Manipulation am eigenen Körper. An weiblichen Affen im Zoo, z. B. Javamakaken, beobachtet man gelegentlich folgendes: Mit zwei Fingern melken sie ihre eigenen Saugwarzen ab und richten den entstehenden Milchstrahl geschickt in ihren geöffneten Mund hinein. Falls sie das häufig tun, ziehen sie dadurch die Laktationszeit in die Länge und verhindern damit indirekt (über Hormonwirkungen) den erneuten Eintritt in den Brunstzyklus. Daß dieses erlernte Verhalten längere Zeit aufrechterhalten bleibt, liegt an dem Belohnungscharakter des Genusses der Milch aus den eigenen Milchdrüsen. Wie dieses Beispiel lehrt, kann die Manipulation am eigenen Körper (Retrojektion) zu einer erlernten und häufig wiederholten Verhaltensweise werden, falls sie eine Empfindung mit positiver Valenz hervorruft.

Beziehung zum Normalverhalten. Wie die Beispiele dieses Abschnitts (sowie die Aussagen über »erlernte Antriebe«, Abschnitt IV B 6, S. 302 ff.) zeigen, liefert das Lernprinzip der bedingten Aktion (Funktionsschaltbild Abb. 29, S. 296) nicht nur Beiträge zur Lebenserhaltung, sondern kann bei besonderen Umweltgegebenheiten auch pathologisches Verhalten verursachen. Beim Kind werden wir auf den gleichen Tatbestand stoßen (Abschnitt VII A 1 bis A 4, S. 468 ff.).

B 2. *Traumatische Wirkung einzelner Vorfälle, bedingte Hemmung*

Bisweilen kann die Wirkung eines einzelnen Vorfalls im Dasein eines Tieres so schwerwiegend sein, daß sich die Spuren davon während des ganzen späteren Lebens nicht mehr verwischen.

Ein Hund war auf der Jagd am Bein angeschossen worden; seitdem zog er, sobald er einen Schuß hörte, dieses Bein an den Körper heran und lief eine Zeitlang auf drei Beinen[1]. Widrige Erfahrungen beim ersten Versuch eines Sexualaktes können die spätere partielle oder vollständige Impotenz des betreffenden Tieres nach sich ziehen. Diese Gefahr ist Tierzüchtern wohlbekannt; deswegen achten sie bei zur Zucht bestimmten männlichen Tieren darauf, daß der erste Deckversuch mit einem Weibchen erfolgt, das den Versuch nicht durch Abwehr mißlingen läßt.

In Südamerika wachsen die künftigen Arbeits- und Reitpferde in so gut wie wildem Zustand in der Herde auf. Die »Zähmung« dieser Tiere, die sie zum Dienst für den Menschen geeignet machen soll, geht in *einem* Schritt vor sich. In einer vom Mitteleuropäer als beispiellos roh empfundenen Weise wird das Pferd im Kampf gegen einen Reiter, den es abzuwerfen versucht, so lange immer wieder erneut zum Widerstand aufgestachelt und dann niedergezwungen, bis es sich schließlich ohne Gegenwehr das Zaumzeug anlegen läßt. Die Erfahrung, trotz Aufbietung aller verfügbaren Kräfte völlig unterlegen zu sein, hat zur Folge, daß das Tier sich sein ganzes weiteres Leben hindurch nie mehr gegen seine Bezwinger auflehnt. Dieses sogenannte »Brechen« der Pferde ist, vom Standpunkt der Tiere aus gesehen, ein Trauma, das sie für immer der Selbständigkeit des Verhaltens, vor allem jedes Kampfverhaltens, beraubt und sie zu einem gefügigen Werkzeug des Menschen macht.

Beziehung zum Normalverhalten. Das wirksame Lernprinzip in den drei geschilderten Beispielen ist das der *bedingten Hemmung* (Abschnitt IV A 5, Funktionsschaltbild S. 301). Hier gilt das gleiche wie bei der bedingten Aktion: Unter bestimmten Außenumständen kann sich die an sich lebenserhaltende Funktion dieses Lernprinzips zum Nachteil verkehren.

B 3. *Überforderungskrisen*

Von PAWLOW stammt das folgende wohlbekannte Beispiel: Ein Hund hatte gelernt, daß ein Kreis »Futter« anzeigte, eine Ellipse (Achsenverhältnis 2 : 1) »kein Futter«. Dem so trainierten und hungrigen Tier wurde dann eine kreisähnliche Ellipse (Achsenverhältnis 9 : 8) geboten, die gestaltlich *zwischen* dem Kreis und der erlernten Ellipse lag. Hierdurch wurde bei dem Hund ein Verhalten ausgelöst, das nie zuvor zu beobachten gewesen war: Er jaulte und winselte, versuchte zu entkommen und biß in alle Gummischläuche, die er von seinem Platz aus erreichen konnte. Tags darauf bellte er aufgeregt, als er in den Versuchsraum geführt wurde, und er konnte nicht mehr ausführen, was er früher erlernt hatte und zuvor sicher hatte reproduzieren können.

Derartige *Überforderungskrisen* werden auch als »experimentelle Neurosen« bezeichnet. Als Ursache nimmt man einen Konflikt zwischen zwei Verhaltenstendenzen an – hier zwischen den beiden einander entgegengesetzten Impulsen, zum Futter zu gehen und dies zu unterlassen, welche durch die ambivalente Versuchsanordnung zugleich ausgelöst wurden[1].

Unter den Ausdrucksformen der Überforderungskrisen dominieren Verhaltensweisen aus dem Bereich der Aggressivität und der Angst: Ein Elefant war ein Vierteljahr lang auf visuelle Musterunterscheidung dressiert worden, wobei ihm stets ein positiv (Futter) und ein negativ bewertetes Muster vorlagen. Wurde ihm dann aber nach Tausenden solcher *Zwei-Muster-Wahlen* ein *Negativ*muster neben einer *musterlosen* Scheibe geboten (fehlendes Positivmuster), so daß er keine Wahl nach dem bisherigen Schema treffen konnte, so geriet er angesichts dieser für ihn konfliktträchtigen Situation in Aufregung und begann wütend, die Versuchsanordnung zu zertrümmern[2].

Dieses Beispiel zeigt eine durch Konflikt ausgelöste *Aggression*; das folgende zeigt eher die Tendenz zum Vermeiden, also wohl *Angst*, und zwar in diesem Fall aufgrund einer Überforderung der Leistungsfähigkeit der Versuchstiere: Schafe bekamen einen elektrischen Strafreiz in eines ihrer Vorderbeine, wenn sie dieses auf ein akustisches Signal hin nicht anhoben. Unterwarf man die Tiere dieser Prozedur nur wenige Male nacheinander, so blieben sie ruhig, hoben jeweils das Bein und vermieden so die elektrischen Schläge. Überforderte man die Tiere jedoch durch zu langdauernde Tests, so wurden sie unruhig, bewegten das Bein regellos und hastig, blökten und gaben Kot und Urin ab[1].

B 4. *Auswirkung chronischer Konfliktsituationen: Rituale, Fehlreaktionen und körperliche Symptome*

Ratten wurden darauf dressiert, gegen aufrechtstehende Karten zu springen. »Positiv« zu bewertende Karten klappten dabei um, und die Ratte landete auf einem Futterplatz; die »negativen« Karten waren befestigt, so daß sich die Ratte daran stieß und herunterfiel. Die beiden Karten hatten verschiedene Muster. Wurde die Belohnung stets bei demselben Muster oder stets auf der gleichen Seite (rechts oder links) gegeben, so lernten die Ratten dies schnell. Wurde die Belohnung aber regellos zwischen den Mustern und zwischen rechts und links vertauscht, so weigerten sich die Ratten bald, überhaupt zu springen. Wurden sie durch einen elektrischen Strafreiz dann doch zum Springen gezwungen, so legten sie sich auf eine der beiden Seiten oder auf eines der beiden Muster fest – unabhängig davon, ob von nun an eine Korrelation zwischen den Seiten oder Mustern und den Belohnungen eingehalten wurde oder nicht[2]. – Hier erfolgte also in der dauernd wiederholten Konfliktsituation eine Fixierung des Verhaltens, die nicht durch äußere Umstände bedingt war (z. B. nicht durch Belohnung). Hierin könnte man den Beginn einer Erstarrung von Verhaltensweisen im Rahmen chronischer Konfliktsituationen sehen.

Katzen wurden darauf dressiert, durch einen Knopfdruck Nahrung zu erhalten. Nachdem sie mehrere Monate daran gewöhnt waren, wurde mit der Belohnung ein an sich ungefährlicher, aber störender Reiz gekoppelt: z. B. ein plötzlicher Luftstrahl gegen die Schnauze oder ein schwacher elektrischer Schlag durch den Körper über die Füße. Das Tier sprang zurück, kam zögernd wieder. Einige Male wurde es nicht gestört, dann aber wieder einmal usf. Nach ein paar Tagen entstanden daraufhin allgemeine Fehlverhaltensweisen: Furcht vor Gegenständen, die mit der Schocksituation gar nichts zu tun hatten, Erschrecken bei harmlosen Reizen, reaktive Aggression bei jeder Versagung, Verlust der Rangstellung in der Gruppe. Auch körperliche Symptome ließen sich beobachten: beschleunigter Herzschlag, gefüllter Puls, erhöhter Blutdruck, Aufrichten der Haare, Schwitzen, Zittern, Verdauungsstörungen, Speichelfluß, Harnabgang, Asthma, sexuelle Impotenz u. a.[3]. Hier entwickelten sich bisweilen auch *Rituale*: Ein Hund, der wie oben beschrieben behandelt worden war, steuerte sein Fressen nie an, ohne sich zuvor dreimal linksherum zu drehen und den Kopf zu beugen[1].

Auch *Schafe*, die man chronisch neurotisierenden experimentellen Einflüssen – ähnlich wie im vorigen Abschnitt beschrieben – unterworfen hatte, zeigten das Phänomen: Von der speziellen belastenden und störenden Situation ausgehend, wurde allmählich das ganze Verhalten von anomalen Verhaltensfaktoren durchsetzt. Die Tiere reagierten auf normale Geräusche der Nacht, welche die übrigen Schafe nicht störten, mit Schreck, Erwachen und beschleunigtem Puls; wurde die Herde von Hunden angegriffen, so liefen die verhaltensgeschädigten Tiere nicht mit der Herde fort, sondern einzeln in andere Richtungen, oder sie waren unfähig zu fliehen. Als eines dieser Schafe ein Junges gebar, konnte es dieses nicht säugen[2].

Auch organische Leiden wurden bei Tieren als Folgen von chronischer Belastung durch Konflikte festgestellt: Ekzeme bei Hunden[3], Magengeschwüre bei Affen und Ratten[4], Hypertrophie der Nebenniere mit Todesfolge bei Ratten[5].

Beziehung zum Normalverhalten. In den Beispielen der beiden vorangehenden Abschnitte B 3 und B 4 offenbarte sich eine Erscheinung, für die im Kapitel über das Normalverhalten (IV) *keine* Parallele zur Sprache kam: Innere Konflikte zwischen widersprüchlichen Verhaltenstendenzen können ein Tier in Aufregung, Aggression oder Angst versetzen. Eine funktionelle Vorstellung über die Verursachung dieser Erscheinung, die sich in einem Funktionsschaltbild darstellen ließe, liegt noch nicht vor. Bei Kindern ist der in diesem Abschnitt zur Sprache gekommene Mechanismus möglicherweise mit- (oder sogar haupt-)verantwortlich für bestimmte Anteile der schweren Verhaltensstörung des frühkindlichen Autismus (Abschnitt III C 6, S. 206, 207).

C. Beeinträchtigte Verhaltensentwicklung

C 1. *Entwicklungsverlangsamung und Entwicklungsrückschritte: Retardation und Regression*

Es gibt Bedingungen, unter denen sich die Verhaltensentwicklung eines Tieres verlangsamt (Retardation), zum Stillstand kommt oder sogar rückwärtsgeht (Regression).

Erhaltenbleiben kindlichen (infantilen) Verhaltens bei Unmöglich-

keit des entsprechenden Erwachsenenverhaltens. Ein in einem Zoo gehaltener weiblicher *Häher* hatte durch einen Unfall seinen Schnabel verloren und war gänzlich auf die Fütterung durch andere Vögel angewiesen. Dieser Vogel behielt zwei Jahre lang das Betteln, also das Ernährungsverhalten des Jungvogels, bei und wurde daraufhin auch von seinem Käfiggenossen, einem Haubenstärling, gefüttert[1]. Entsprechendes ist auch in freier Natur, z. B. in Vogelkolonien, beobachtet worden. Infantiles Verhalten kann also länger überdauern, falls es unter besonderen Umständen lebensnotwendig ist.

Verzögerte Verhaltensentwicklung durch verlängertes Auslösen von Jugendverhalten. Nicht nur durch die Unmöglichkeit des Erwachsenenverhaltens, sondern auch durch verlängertes Auslösen des Jungenverhaltens kann sich die Verhaltensentwicklung verzögern. Ein Beispiel: In einem Experiment wurden zwei Gruppen von jungen Staren gebildet, denen dauernd genügend Futter zum Selbstfressen zur Verfügung stand. Die eine Gruppe wurde im Alter von dreieinhalb bis vier Wochen fast ganz sich selbst überlassen und nur noch einmal täglich geatzt; diese Tiere waren also gezwungen, sich selbst den größten Teil ihres Futters zu suchen. Die zweite Gruppe wurde vom menschlichen Pfleger durchschnittlich alle ein bis zwei Stunden in den geöffneten Schnabel hinein gefüttert. Das Ergebnis war folgendes: Bei den täglich nur einmal geatzten Vögeln, die sonst immer allein waren und selbständig fressen mußten, erlosch das Betteln viel früher als bei den anderen, die das Sperren mehrere Wochen länger beibehielten. Die Dauer der Wirksamkeit des kindlichen Antriebs zum Betteln erwies sich also als abhängig von der Dauer der elterlichen Fürsorge. Je länger diese andauerte, um so stärker wurde die Verselbständigung hintangehalten[2]. Die Schweizer Zoologin Monika MEYER-HOLZAPFEL, die diese und ähnliche Experimente durchführte, bemerkte im Anschluß an die Schilderung ihrer Versuche: »Ein Vergleich mit verwöhnten, lange behüteten Menschenkindern drängt sich auf... Die Triebe, die auf Verselbständigung hintendieren, werden bei ihnen nicht aktiviert.«

Rückschritte der Verhaltensentwicklung durch vorübergehendes Verlassensein. Ein 36 Tage altes Rhesusaffen-Kind mußte von seiner Mutter getrennt werden. Nach drei Tagen wurde es zurückgegeben. Daraufhin zeigte das Jungtier ein viel ausdauernderes Anklammern an die Mutter, als dieser Altersstufe gemäß ist, und dieses übersteigerte Kontaktverhalten hielt einen weiteren Monat an. Erfolgen solche Trennungen von Mutter und Kind *sechs Monate* nach der Geburt, so führt das zu erneutem *frühkindlichem* Kontaktverhalten[1]. Hier wird also der Prozeß des Selbständigwerdens dadurch *zurückgeworfen*, daß das Tierkind in einer Entwicklungsphase allein gelassen wird, in der es noch auf den schützenden Mutterkontakt angewiesen ist. Dieser Zusammenhang ist in vielen Versuchen gründlich untersucht und immer wieder bestätigt worden[2].

Beziehung zum Normalverhalten. Entwicklungsverlangsamung und Entwicklungsrückschritte sind Abweichungen vom normalen Fortschritt der *Reifung*. An sich ist die Reifung ein von der Umwelt unabhängiges, durch innere Entwicklungsprozesse verursachtes Geschehen. Umweltbedingte Einflüsse auf die Reifungs-*Geschwindigkeit* sind im Kapitel über das Normalverhalten nicht besprochen worden. Es muß an dieser Stelle offenbleiben, ob hier umweltbedingte pathologische Konsequenzen normaler Steuerungsprinzipien oder eigentlich pathologische Vorgänge vorliegen.

C 2. *Fehlprägung*

Vorgänge der Prägung (Abschnitt IV B 10 und B 11, S. 314–321) sind am besten bei Vögeln und Säugetieren bekannt. Für viele Jungtiere der genannten Tierklassen wird durch Prägung festgelegt: 1. wer als Elternkumpan und 2. wer als Geschlechtskumpan angenommen wird. Da bei diesem Vorgang Information von außen her aufgenommen und dann gespeichert wird, ist hier auch die Möglichkeit für abweichende Information und deren Wirksamkeit gegeben. In freier Natur hat man so etwas kaum jemals beobachtet. Jedoch hat man Tieren im Experiment abweichende Information geboten und das Ergebnis ausgewertet. Dabei entwickelten sich Tiere mit fehlgerichtetem Verhalten, das sie in freier Natur unfähig zum Überleben oder zur normalen Paarbildung gemacht hätte.

Das junge Gänschen *Martina*, das kurz nach dem Schlüpfen als erstem lebendem Wesen Konrad LORENZ begegnete und daraufhin sein ganzes Leben lang an ihn gebunden blieb, hat weltweiten literarischen Ruhm erlangt[3]. Eine ähnliche *Eltern-* oder *Nachlaufprägung* auf den Menschen oder auf Tiere einer anderen Art hat sich bei vielen (besonders nestflüchtenden) Vögeln und auch bei Säugetieren, z. B. bei Schafen, Pferden, Hunden und Eisbären, erzielen lassen[4].

Auch die *sexuelle Prägung*, die wohl meist in einem späteren Alter als die Elternprägung erfolgt, läßt sich künstlich auf andere als die natürlichen Partner lenken. Von Vertretern zahlreicher Tierarten wurde berichtet, daß sie nach isolierter Aufzucht durch den Menschen später nur diesen (oder einen Teil von ihm, z. B. die Hand) anbalzten oder zu begatten versuchten, z. B. Haushuhn, Dohle, Rohrdommel, Purpurreiher, Gimpel[1]. Zu einem eigentümlichen Auseinanderfallen des Sexualverhaltens im Hinblick auf die Antriebsziele kann es kommen, wenn unter den auslösenden Reizen einige den Charakter von *Schlüssel*reizen haben, die zu einem *angeborenen* auslösenden Mechanismus passen, andere aber auf *geprägte* Reizkombinationen ansprechen. So richtete ein menschengeprägter Truthahn seine *Balz* allein auf den Menschen, während er weibliche Tiere der eigenen Art oder ähnlich gestaltete Attrappen *zu begatten* versuchte[2].

Rehböcke, die in der Brunftzeit Menschen angreifen und sie dabei eventuell schwer verletzen können, sind vermutlich in der Regel handaufgezogene Tiere, die nach ihrer Kindheit in die Freiheit entlassen wurden. Sie sind sexuell fehlgeprägt und sehen zur Brunftzeit im Menschen einen sexuellen Rivalen, den sie nach Rehbockart mit gesenktem Gehörn angreifen.

Tiere, deren Geschlechtspartner durch Prägung festgelegt wird, kann man im Experiment auch auf *gleichgeschlechtliche Artgenossen* prägen. Dies ist besonders eingehend an der Stockente untersucht worden: Werden männliche Küken der Stockente in gleichgeschlechtlichen Gruppen aufgezogen und dabei bis zu einem Alter von 75, besser von 100 Tagen von anderen Enten abgeschirmt gehalten, so sind diese Tiere hierdurch auf Männchen der eigenen Art geprägt. Sie bilden dann bei freier Wahl trotz zahlreich verfügbarer Weibchen nur Paare mit anderen Männchen. Dabei übernimmt keiner der Partner die Rolle des Weibchens: Bei der Balz und der Einleitung der Paarung zeigen beide männliches Verhalten; zur eigentlichen Paarung kommt es dann nicht, weil das Zusammenspiel jeweils in dem Augenblick abbricht, in dem eines der Tiere die weibliche Rolle übernehmen müßte[3].

C 3. »Kaspar-Hauser«-Experiment

»Kaspar-Hauser«-Experiment nennt man den Versuch, Jungtiere mit genügend Nahrung und Wasser, aber ohne Kontakt mit Artgenossen aufzuziehen. Je enger innerhalb einer Tierart die sozialen Be-

ziehungen sind, desto schwerer sind die – oft unheilbaren – Schädigungen, die ein Tier durch isoliertes Aufwachsen auch bei Erfüllung aller sonstigen Bedürfnisse erleidet. »Kein Kontakt mit einem Muttertier, auf das die Prägung erfolgte«, bedeutet ja beispielsweise für eine junge Graugans oder einen jungen Rhesusaffen, daß es dann für diese Tiere keinen Ort der Geborgenheit, kein Ziel einer Flucht bei Gefahr geben *kann*. Als Folge davon ist die Bereitschaft zur Flucht dauernd gesteigert, sonstiges Verhalten aber gedämpft oder gehemmt. Junge Kaspar-Hauser-Rhesusaffen sitzen zusammengekauert in einer Käfigecke, umklammern den eigenen Leib mit ihren Armen und geraten bei allen Geschehnissen um sie herum in Panik. Sie verweigern sogar den Kontakt mit mütterlichen Weibchen, die sie aufzunehmen und zu betreuen versuchen. Werden sie später zu anderen Artgenossen gebracht, so können sie kein normales Sozialverhalten entwickeln und bleiben im allgemeinen Außenseiter bis ans Ende ihres Daseins[1].

Man kann *Graugans*-Junge als Kaspar-Hauser-Tiere in einer Kiste aufziehen, in der sie stets genug Nahrung und Wasser finden und in der durch eine Wärmelampe für geeignete Temperatur gesorgt ist. Diese Tiere sind – im Vergleich zu den gemeinschaftlich aufgezogenen – schweigsamer. In fast allen Lebenssituationen sind sie weniger aktiv – *außer im Fluchtverhalten*: Schon auf geringste fluchtauslösende Reize reagieren sie mit heftiger Flucht und intensivem Verlassenheitslaut. Als erwachsene Tiere in eine Schar normal aufgezogener Gänse entlassen, bleiben sie stets scheu und sind unfähig, durch Obsiegen in einer sozialen Auseinandersetzung einen höheren Platz in der Rangordnung zu erreichen. Sie nehmen stets die Unterwürfigkeitshaltung ein[2].

Im Verhalten aller betreuungsbedürftigen, aber mutterlos aufwachsenden Tiere dominieren *übersteigerte Angstreaktionen*. Ein Beispiel hierfür liefert das wochenlang isoliert aufgezogene Rhesusaffenbaby, von dem bereits in Abschnitt V A 4 (S. 408) die Rede war. Es wurde einem Muttertier zur Betreuung gegeben, das bis dahin ein eigenes Junges aufgezogen hatte. Das Kaspar-Hauser-Tier ließ sich von der Pflegemutter nicht zur Kontaktaufnahme bewegen, obwohl sich diese vier Tage lang intensiv darum bemühte. Das Jungtier rollte sich zusammen und schrie, wenn es berührt wurde; es war zu keinem Verhalten außer den Angstreaktionen fähig[3].

Ursache für das Überwiegen der Angst bei bindungslos aufwachsenden Jungtieren. Es gibt zwei Arten von Fluchtverhalten:

– Sich-Abwenden und Wegstreben von der Gefahrenquelle (eine »negative Taxis«);

– Sich-Zuwenden und Hinstreben zu einem schützenden Ort, z. B. zur eigenen Höhle (»positive Taxis«).

Im ersten Fall hat das flüchtende Tier sein Antriebsziel erreicht, wenn der Verfolger abgeschüttelt ist; im zweiten Fall, sobald es zum schützenden Ort gelangte. Für *Jungtiere* ist die angestrebte, die Bedürfnisspannung lösende Situation die *Anwesenheit beim schützenden Muttertier*. Diese Situation ist für *nicht* geprägte Lebewesen *nirgendwo erreichbar*, weil für sie kein individuell bekannter schützender Kumpan existiert. Für das nicht geprägte Tierjunge oder Kind gibt es bei Angst nur die Flucht »weg von der Gefahrenquelle«, nicht mehr »hin zum Ort der Geborgenheit«.

Die *angestrebten Endsituationen* unterscheiden sich bei den beiden Arten der Flucht grundsätzlich. Sie heißen

– bei der Flucht weg von der Gefahrenquelle: »Zur Zeit keine Gefahr mehr«;

– bei der Flucht zum Ort der Geborgenheit: »Vor Gefahren nunmehr geschützt«.

Bei der *ersten* Fluchtart ist *nach* der Flucht weiterhin Flucht*bereitschaft* vorhanden, weil das Auftauchen erneuter Gefahr sofortige weitere Flucht erfordert. Bei der *zweiten* Fluchtart ist nach Erreichen des schützenden Ortes *keine* weitere Fluchtbereitschaft mehr vorhanden. Dies ist biologisch verständlich; denn weitere Flucht würde ja vom schützenden Partner wegführen. Das wäre verhängnisvoll und ist gar nicht in die Verhaltenssteuerung eingeplant. Hieraus erklären sich zwei gegensätzliche Erscheinungen: die dauernd (chronisch) aktivierte Fluchtbereitschaft (subjektiv: Angst) der nicht-gebundenen (Kaspar-Hauser-)Tierkinder und das Schwinden der Fluchttendenz der gebundenen Tierkinder am Ort der Geborgenheit im Kontakt mit dem Bindungspartner.

An *älteren Kaspar-Hauser-Rhesusaffen-Kindern* beobachtet man folgende Verhaltenseigentümlichkeiten: monotones periodisches Zucken und Schaukeln (Stereotypien), keine oder wenig Aufmerksamkeit gegenüber anderen Lebewesen, Ins-Leere-Starren, Lutschen an Händen (Daumen) und Füßen, Beißen in den eigenen Arm etc., und dies alles verstärkt bei angstauslösenden Ereignissen. Werden sie älter, so machen sie einen depressiven Eindruck, interessieren sich nicht für die Umwelt, bewegen sich kaum, und wenn, dann langsam wie in Zeitlupe. Vor gleichaltrigen Gefährten, die man zu ihnen

setzt, haben sie lange Zeit Angst. Haben sie diese Angst schließlich
verloren, so reagieren sie doch kaum je auf deren Aufforderung zum
Spielen[1]. Auf diese Weise gehen ihnen zusätzlich auch noch alle diejenigen Entwicklungsmöglichkeiten des Verhaltens verloren, die bei
normalem Aufwachsen durch das Spielen mit Gleichaltrigen und mit
Erwachsenen gewonnen werden.

C 4. *Spätere Folgen isolierter Aufzucht*

Werden erwachsene Graugänse, die als Kaspar-Hauser-Tiere hatten
aufwachsen müssen, zu einer Schar von Graugänsen mit normalem
Verhalten gesellt, so benehmen sie sich auf eigenartige Weise »takt-
los«; sie beachten nicht die »ungeschriebenen Gesetze« des sozialen
Zusammenspiels und erfahren daher fortwährende Zurückweisung:
Graugänse werben mit einer angeborenen Gebärde (»Winkelhals«)
um sozialen Anschluß. Diese Verhaltensweise besitzen auch die Kaspar-Hauser-Tiere; sie üben sie sogar häufiger aus als sonstige Graugänse. Aber sie gehen damit immer wieder an Scharmitglieder heran,
die in ihrer gerade ausgeübten sozialen Rolle gar nicht auf solche
Annäherungsversuche reagieren können, z. B. an solche, die sich gerade inmitten ihrer Schar aufhalten, oder an solche, die sich in der
Phase der Werbung befinden. Das Verhalten der isoliert aufgezogenen Vögel ist also nicht an die soziale Situation angepaßt, und die
Tiere sind nur unzureichend in der Lage, diese Anpassung nachzuholen[2].

Beeinträchtigtes Lernen. Vom 1. bis 8. Lebensmonat isoliert gehaltene junge
Hunde vermieden im Durchschnitt erst nach 25 schlechten Erfahrungen ein Spielauto, bei dessen Berührung sie einen elektrischen Schock erhielten, während normal aufgewachsene dazu nur 6 Erfahrungen brauchten. Das hing damit zusammen, daß die zuvor isoliert gehaltenen Tiere nach einem solchen elektrischen
Reiz in panische Angst gerieten, wild herumliefen und dabei leicht wieder das
Spielauto berührten; die normal aufgewachsenen Tiere blieben viel ruhiger. Dies
begünstigte das Lernen[3].

Gestörtes Sexualverhalten. Rhesusaffen, die von der Geburt an
mutterlos oder nur mit Mutterattrappen aufwuchsen, sind in ihrer
Sexualentwicklung gestört. Bei normalen Tieren kommen einzelne
sexuelle Verhaltensbruchstücke in den Sozialspielen vor. Nach den
Berichten von H. F. HARLOW und Mitarbeitern kam es bei isoliert
aufgewachsenen Tieren kaum einmal zu solchen sexuellen Verhal-

tensansätzen, selbst wenn sie nach der Isolierungszeit jahrelang bis zur Geschlechtsreife mit Partnern zusammenlebten. Sie zeigten keinerlei Interesse am anderen Geschlecht und wurden in sieben Beobachtungsjahren niemals bei normalem Paarungsverhalten beobachtet. Auch wenn die Weibchen läufig waren, warben die Männchen um sie nicht in normaler Weise: Sie attackierten vielmehr die Weibchen, und zwar so heftig, daß diese von ihnen getrennt werden mußten, um Verletzungen zu vermeiden. Unter den an Drahtmüttern aufgezogenen Tieren, die dabei am ungestümsten waren, gehörten mitunter auch Weibchen zu den Aggressoren.

Große Schwierigkeiten ergaben sich, als man die isoliert gewesenen geschlechtsreifen Affen mit wild aufgewachsenen Artgenossen zusammenbrachte. Die normalen Tiere stießen auf Unverständnis, wenn sie als Männchen die Paarungsposition einnehmen wollten oder als Weibchen Paarungsbereitschaft signalisierten. Die unerfahrenen isolierten Tiere zeigten sich über die Annäherung der anderen erstaunt und manchmal bestürzt, entzogen sich ihnen und brachten dann allenfalls Kümmerformen ihrer Geschlechtsrolle zustande. Sie benahmen sich so ungeschickt, daß es oft Mißverständnisse gab und schließlich sogar die geduldigsten normalen Tiere die ungeschickten angriffen.

Die an Stoffmüttern aufgezogenen Tiere verhielten sich nur wenig erfolgreicher: Anfangs wurden 18 von ihnen, drei bis fünf Jahre alt, in einen Zoo gebracht, wo sie auf einer Affeninsel unter Artgenossen lebten. Zwar entwickelten die Tiere nach einer gewissen Zeit der Mißverständnisse einige positive soziale Verhaltensmuster, aber das Sexualverhalten war minimal und absolut erfolglos. Die Weibchen blieben unbeweglich, teilnahmslos, starrten ins Leere oder teilten sogar Abwehrbisse aus. Wenn die Männchen ihre Versuche trotzdem fortsetzten, fielen manche Weibchen buchstäblich in Ohnmacht und legten sich flach auf den Boden. Jedenfalls sah keiner der Beobachter je eine echte Paarung (Bericht, etwas verändert, von E. Schmalohr[1]).

Unfähigkeit zum normalen Umgang mit den Jungen. Nach langen Bemühungen gelang es, Paarungen zwischen isoliert aufgezogenen Rhesus-Weibchen und erfahrenen Männchen zu erzielen. Als die Weibchen ein Junges gebaren, offenbarten sich neue Störungen. Die Mütter waren unfähig zum normalen Umgang mit den eigenen Jungen. Sie wehrten die Jungen ab, wenn diese sich, wie sonst üblich, an ihrem Leib festhalten wollten; das Kleine klammerte sich dann bisweilen am Rücken des Muttertiers fest. Die verhaltensgestörten Muttertiere behandelten die Kleinen ohne Sorgfalt und Geschick, ja bisweilen sogar grausam, und reagierten dann auch nicht auf deren Schmerzensschreie. Sie machten – anthropomorph gesprochen – einen gemütlosen Eindruck, vor allem wenn man sie mit den normalen Affenmüttern verglich, die ihre Jungen überaus zart und vorsichtig behandeln. – Beim zweiten und dritten Kind kann sich das Verhalten der zuerst grausamen Muttertiere dem normalen Verhalten mehr und mehr annähern[1].

C 5. *Aggressives Muttertier anstelle von Spielgefährten*

Den in Isolierung aufgezogenen Tieren fehlt der Verhaltenskontakt zum Elternkumpan; zusätzlich entbehren sie aber auch die Gemeinsamkeit und Spielerfahrung mit gleichaltrigen Artgenossen (Geschwistern oder Kindern anderer Eltern). Bei den späteren Folgen isolierter Aufzucht kann man daher nicht ohne weiteres wissen, wieweit sie auf dem Fehlen der Mutter oder auf dem Fehlen der Spielgefährten beruhen. Eindrucksvolle Hinweise in dieser Frage stammen wiederum aus Untersuchungen des amerikanischen Psychologen HARLOW über die Verhaltensentwicklung von Rhesusaffen in Gefangenschaft[1].

Junge Rhesusaffen wurden von ihrer Mutter aufgezogen, konnten aber vom 3. bis 7. Lebensmonat keine Spielgefährten kennenlernen; statt dessen blieb jedes Jungtier mit seiner Mutter allein. Gegen Junge dieses Alters sind Muttertiere in der Gefangenschaft jedoch ausgesprochen aggressiv. Die so aufgewachsenen Rhesusaffen erwiesen sich später als schwer gestört in ihrem Verhältnis zu Artgenossen und kamen zu keinem Sexualverhalten; der entsprechende Antrieb war zwar vorhanden, aber die darauf hinzielenden Situationen führten zu keinem Zusammenspiel der Partner, sondern allein zu gegenseitiger Aggression. Das partnerschaftliche Verhalten der nur mit dem aggressiv reagierenden Muttertier aufgewachsenen Rhesusaffen war beinahe so unzulänglich wie das der völlig isoliert gehaltenen Tiere.

In Vergleichsversuchen wurden Rhesusaffen-Kinder ohne Mutter, dagegen mit *drei gleichaltrigen Jungen* zusammen aufgezogen. Die Jungtiere klammerten sich fortwährend aneinander an; ein Tier diente dem anderen als lebendiger Mutterersatz. Die Verhaltensentwicklung dieser Tiere war verlangsamt: Beispielsweise spielten sie weniger als gleichaltrige, von Muttertieren aufgezogene Junge. Später als Erwachsene verhielten sie sich jedoch nicht anders, als wenn sie im Rahmen einer größeren Gruppe im Familienverband mit Mutter und Geschwistern aufgewachsen wären.

Die Untersuchungen des Ehepaares HARLOW an Rhesusaffen haben seinerzeit erstmalig die schweren Störungen der Verhaltensentwicklung aufgezeigt, die ein hochdifferenziertes Tier durch isoliertes Aufwachsen erleiden kann. Will man die zahlreichen Beobachtungen im einzelnen ausdeuten, so muß man u. a. beachten: Den in Gefangenschaft aufgewachsenen Tieren wurde vermutlich ein großer Teil derjenigen Fähigkeiten, die sie in ihrer natürlichen Umwelt zum Überleben benötigen, in ihrer gesicherten Umwelt gar nicht abverlangt. Daher können feinere Verhaltensstörungen, die sich erst bei höheren Anforderungen an das Verhalten offenbaren würden, leicht der Beobachtung entgehen. Um so ernster sind daher jedoch die Verhaltensschäden zu werten, die sogar unter Gefangenschaftsbedingungen zutage treten. Die starke Beachtung, die die HARLOWschen Untersuchungen gefunden haben, ist daher berechtigt.

D. Gestörte Verhaltensbeziehungen zwischen Artgenossen

Gestörte Verhaltensbeziehungen zwischen Artgenossen können, wie die folgenden vier Abschnitte zeigen sollen, überaus unterschiedliche Ursachen haben.

D 1. *Krisen aufgrund von frühzeitiger Teilreifung*

Frühzeitige Teilreifung einzelner Anteile instinktiven Verhaltens, noch bevor das Gesamtverhalten gereift ist, kann, wo sie vorkommt, als normales Entwicklungsgeschehen gelten (Abschnitt IV F 6, Absatz 2–4, S. 387/388). In Einzelfällen belastet sie jedoch das Sozialverhalten. Ein eindrucksvolles Beispiel dafür ist folgendes:
    Der *Weiße Storch* ist gewöhnlich erst mit 4 Jahren erwachsen und fähig, Junge aufzuziehen. Zwar kommen schon ein Jahr früher Bruten vor; doch geht ein verhältnismäßig hoher Prozentsatz dieser Jungen vor dem Flüggewerden zugrunde, weil das Brutpflegeverhalten so junger Elternvögel in vielen Fällen noch nicht voll ausgereift ist.
    Zum Bereich des Fortpflanzungsverhaltens gehört bei männlichen Störchen das Besetzen und das Verteidigen eines Nistplatzes, und zwar *bevor* das Weibchen vom Zug aus dem Winterquartier zurückkehrt. Ein Weibchen gesellt sich dann jeweils einem Männchen zu, das bereits einen Nistplatz im Besitz hat. Jungstörche im Alter von 2 oder 3 Jahren kommen oft später vom Winterzug zurück als die erwachsenen

Tiere. In Einzelfällen ist bei männlichen Jungstörchen jedoch ein bestimmter Anteil des Fortpflanzungsverhaltens bereits entwickelt: das Kämpfen um einen zukünftigen Nistplatz. Dieses Einzelverhalten ist aber noch nicht harmonisch in das Gesamtgeschehen eingeführt. So kommt es immer wieder vor, daß einzelne männliche Jungstörche zu *Brutstörenfrieden* werden: Sie greifen bereits brütende oder Junge aufziehende Paare an, so als ob sie deren Nest erobern wollten. Bei den Kämpfen kommen bisweilen Eier und Jungvögel zu Schaden. Mit einem womöglich erfolgreich besetzten Nistplatz kann ein solcher noch unreifer Vogel dann aber gar nichts anfangen; es kommt weder zur Paarbildung noch zur Brut. – Störche, die sich in dieser Weise abnorm benehmen, sind regelmäßig ein Jahr später normal veranlagte, zur Paarbildung und Jungenaufzucht fähige Erwachsene; die zuvor noch fehlenden Anteile des Fortpflanzungsverhaltens sind dann nachgereift, und der aggressive Reviererwerb ist sinnvoller Anteil des Gesamtsystems der Verhaltensweisen geworden[1].

D 2. *Disharmonie zwischen angeborener Verhaltensstruktur und individueller Verhaltensanpassung*

Hochentwickeltes Lernvermögen muß in der Regel als lebensfördernde Errungenschaft gelten. Doch kann es auch für Krisen im Sozialleben verantwortlich sein. Zwei Beispiele dafür sind folgende:

In den Kolonien der *Silbermöwe* leben erwachsene Vögel, jugendliche unreife Tiere und ganz junge Küken auf engem Raum beieinander. Die halbwüchsigen Vögel sind an ihrem noch bräunlich gefleckten Jugendkleid zu erkennen. An Körpergröße und -kraft gleichen sie schon den Altvögeln. Doch stehen sie in der Rangordnung der Kolonie weit unter den Erwachsenen, zumal sie kein Brutrevier besitzen. Dementsprechend nehmen sie dauernd eine geduckte Haltung ein, wobei sie den Kopf auf gleicher Höhe mit dem Körper tragen, den Hals einziehen und den Schnabel waagerecht nach vorn halten. Diese Haltung ist das »negative Gegenstück« zur Drohhaltung; sie drückt Unterwerfung aus und ist darauf angelegt, keinen Auslöser für einen Angriff seitens eines Artgenossen zu bieten.

Von diesen jugendlichen Möwen spezialisiert sich nun dann und wann ein einzelnes Tier auf eine besondere Nahrung: auf Eier und Küken der eigenen Kolonie. Es nähert sich in Demutshaltung einer Familie mit Jungen und raubt eines von diesen, ohne daß die Eltern es verhindern, in blitzschnellem Vorstoß[2]. Würde ein älterer Vogel einen Jungenraub in der Kolonie versuchen, so würde er infolge seiner andersartigen Körperhaltung schon bei seiner Annäherung die Gegenwehr der schützenden Eltern herausfordern und in einen aussichtslosen Kampf verwickelt werden – aussichtslos, weil die Kampfkraft von Vögeln im eigenen Revier und bei der Verteidigung der eigenen Familie stets größer ist als die eines Eindringlings (siehe Abschnitt IV E 3, S. 356). Die Halberwachsenen aber lösen wegen ihrer Unterwerfungshaltung keine Verteidigung bei den Eltern aus; diese sind gleichsam die Betrogenen. Hier besteht somit ein soziologisches Ungleichgewicht.

Die Fähigkeit der Silbermöwen, neue Nahrungsquellen zu erschließen, ist so groß, daß sie das kraß sozialparasitische Verhalten möglich macht; im Kontrast dazu sind die Beziehungen zwischen *den Angehörigen der verschiedenen Generationen* so starr festgelegt und so wenig anpassungsfähig, daß die Elterntiere das antisoziale Verhalten der Jungmöwen ohne wirksame Gegenwehr geschehen lassen.

Es mutet unheimlich an, daß neuerdings bei *Schimpansen* in freier Natur etwas Ähnliches beobachtet wurde[1]: Ein erwachsenes Weibchen und zwei ihrer Söhne raubten im Laufe von etwa 2 Jahren mindestens 3 Säuglinge aus der Obhut ihrer Mütter, töteten sie und verzehrten sie gemeinsam. Auch der Schimpanse ist ein Tier mit ungewöhnlich anpassungsfähigem Nahrungserwerb.

D 3. *Disharmonisches Sozialverhalten von Artbastarden*

Nur in seltenen Fällen gelingt es, im Experiment Bastarde aus verschiedenen Arten zu züchten; noch seltener aber hat man das Verhalten solcher Bastarde studieren und es mit dem Verhalten der beiden Ursprungsarten vergleichen können. Wenn es darüber hinaus noch gelingt, die Bastarde der F_1-Generation unter sich zu kreuzen und eine F_2-Generation zu erhalten, so kann man an dieser nach der Merkmalsverteilung die Frage beantworten: Wird das System der Verhaltenssteuerung als Ganzes (als »Block«) vererbt, oder erscheinen bei den Nachkommen die angeborenen Anteile der Verhaltenssteuerung *beider* Herkunftsarten in unterschiedlichen Kombinationen? In den bisherigen Untersuchungen bewahrheitete sich die *zweite* Denkmöglichkeit: Unter den Abkömmlingen aus der Kreuzung zweier verwandter, aber unterschiedlich stridulierender *Heuschrecken*arten kamen Tiere vor, die das angeborene Gesangsmuster der *einen* Elternart, aber die Reaktionsfähigkeit auf das Ge-

sangsmuster nur der *anderen* Elternart besitzen[1]. Die Verhaltenssteuerung dieser Bastarde war also in sich äußerst unharmonisch.

Welche Folgen sich daraus für das Sozialleben ergeben können,
geht aus Untersuchungen über *Bastarde zwischen Zwergpudeln* (also
Abkömmlingen des Wolfes) und *Goldschakalen* hervor[2]: Jeder
Mischling aus der F_2-Generation ist in seinen sozialen Signalen und
seinem Reagieren anders geartet; kaum einer versteht die Gesten
eines anderen oder kann sich ihm »verständlich machen«. Als Folge
ständig wiederholter sozialer Mißverständnisse steigert sich die gegenseitige Aggressivität, und es bildet sich, wenn mehrere Tiere zusammen gehalten werden, keinerlei geordnetes Sozialgefüge, etwa in
Form einer Rangordnung, aus. In der Regel macht sich dann das
stärkste Tier durch Aggression gegen alle anderen zum unum-
schränkten Despoten und unterdrückt die anderen dermaßen, daß
sie nicht einmal zur Nahrungsaufnahme kommen. Diese Tiere sind
zum Sozialleben unfähig und können nur, wenn man sie einzeln hält,
überleben. In freier Natur wären sie nicht existenzfähig.

D 4. *Soziale Krisen bei Übervölkerung*

Im Tierreich gibt es nach heutigem Wissen zwei Mittel, um die Bevölkerungsdichte auch bei Nahrungsüberschuß zu begrenzen:
– die Bindung der Fortpflanzung an den Besitz eines Reviers
(Nicht-Revierinhaber kommen nicht zur Paarbildung oder werden
sogar getötet); und
– die Drosselung der Nachkommenzahl bei zu häufigen Begegnungen mit Artgenossen, sei es durch Unterdrückung des Sexualverhaltens, durch Einschmelzen schon gebildeter Embryonen,
durch geringere Wurfgröße oder sogar (bei Tupajas) durch das Töten von Jungen (Abschnitt IV E 3, S. 357).

Bei den meisten Tierarten bleibt die Bevölkerungsdichte von Jahr
zu Jahr etwa gleich. Einige Tierarten machen hiervon jedoch Ausnahmen und neigen zu Massenvermehrungen. Besonders bekannt
hierfür ist unter den Säugetieren der *Lemming*, eine in den Tundren
von Nordeuropa und Nordasien heimische Wühlmaus. Alle paar
Jahre erfolgen Massenvermehrungen und daraufhin Massenauswan-
derungen, die für fast alle Tiere mit dem Tode durch Hunger oder
durch Ertrinken enden.

Zu den »soziologisch instabilen« Arten gehört auch die *Feldmaus*.
Während sie in nahrungsarmen Gebieten eine etwa gleichbleibende

Bevölkerungsdichte einhält, reagiert sie in Getreidefeldern auf das überreichliche Nahrungsangebot mit unbeschränkter Vermehrung. Jedes Weibchen kann alle 20 Tage Junge werfen, und die Wurfgröße steigt an. Wenn sich die Anzahl der Tiere vermehrt, verlassen die Weibchen das Prinzip der Eigenreviere: Bis zu vier von ihnen ziehen ihre Jungen in gemeinsamen Nestern auf (Beispiel: ein 10er-, ein 9er-, ein 8er- und ein 6er-Wurf zusammen in einem Nest!). Eigentümlicherweise behalten die Männchen ihr territoriales Verhalten bei, und da ihre Rivalenkämpfe durch Bisse in den Rücken tödlich ausgehen können, bleibt ihre Dichte geringer und beträgt im Extrem nur ein Drittel von derjenigen der Weibchen.

Wenn durch die Massenvermehrung die Bevölkerungsdichte zu groß wird und Nahrungsmangel eintritt, beginnt zwar eine Verlangsamung der Fortpflanzung (beispielsweise gehen einzelne Embryonen in der Gebärmutter zugrunde und werden resorbiert). Trotzdem treten Erscheinungen auf, wie sie folgende Schilderung wiedergibt: »Nur wer die Erregung, die in übervölkerten Feldmauspopulationen herrscht, selbst gesehen hat, vermag sich ihr Ausmaß vorzustellen. Dann huschen die Tiere durch die Gänge, einzeln und zu mehreren, begegnen sich, weichen aus, stürzen hintereinander aus den Bauen, drängen sich an den Eingängen, um wieder hineinzugelangen, fahren zurück, weil andere gerade herauswollen oder ein Baubewohner sich entgegenstellt, und das alles vollzieht sich am hellen Tage vor den Augen des Zuschauers. Offenbar ist der Rhythmus zwischen Nahrungsaufnahme und Ruhe gänzlich gestört« (F. FRANK[1]).

Ist es so weit gekommen, so nimmt der Zusammenbruch der Bevölkerung einen beinahe gesetzlichen Verlauf: Ein Tier nach dem anderen verfällt aus der Übererregung in Erschöpfung. Zunächst tritt an die Stelle zügigen Laufens eine Art Trippeln mit verkürzter Schrittlänge. Gleichzeitig neigen die Tiere zum Buckelmachen, zum Haaresträuben und Augenschließen. Viele kriechen zu großen Klumpen zusammen. Danach folgen Gleichgewichtsstörungen, Lähmungen des Hinterkörpers, Wegstrecken der Hintergliedmaßen beim sitzenden Tier, Zittern, Krämpfe und Abnahme der Körpertemperatur – wahrscheinlich lauter Folgen fortschreitenden Nierenversagens. Dieses wieder ist Bestandteil des allgemeinen Streß-Syndroms. Auf diese Erscheinungen am Einzeltier folgt als soziales Phänomen ein massiver Kannibalismus: Die aktiveren Tiere fressen die erschöpften bereits an, während diese noch leben, und sie verzehren sehr schnell alle Kadaver so vollständig, daß davon nur Fellreste übrigbleiben. Das Ergebnis all dieser Vorgänge ist eine fast völlige Vernichtung der gesamten Bevölkerung, so daß die Feldmäuse in dem betreffenden Landstrich im darauffolgenden Jahr extrem selten sind und erst innerhalb des übernächsten Jahres wieder eine mittlere Bestandsdichte erreichen. Oft folgt innerhalb von zwei weiteren Jahren wiederum eine Massenvermehrung, die dann auf die gleiche Weise zusammenbricht. – Parasiten und Seuchen spielen beim Zusammenbruch von Feldmaus-Bevölkerungen erwiesenermaßen keine ursächliche Rolle.

Nach den Lehren der Kybernetik[1] hält ein Regelprozeß bei zu hoher »innerer Verstärkung« keinen Sollwert mehr ein, sondern produziert *eigengesetzliche Schwingungen* zwischen den möglichen Extremlagen. Dem entspricht die häufig beobachtete *Periodizität* von Massenvermehrung und Bevölkerungszusammenbruch der Feldmäuse, deren Wiederkehrzeitspanne etwa 4 Jahre beträgt. Die Ursache für die Anfälligkeit gegen Massenvermehrungen liegt hiernach nicht im völligen Fehlen von dichtestabilisierenden Reaktionsweisen, sondern darin, daß diese zwar vorhanden, aber nicht auf ein derart großes Nahrungsangebot eingestellt sind, wie es ein Getreidefeld darbietet. Dieser Überfluß bewirkt eine so schnelle Bevölkerungs*vermehrung*, daß die in der Fortpflanzungssteuerung vorgebildeten Stabilisierungsmechanismen überspielt werden. Als Resultat entsteht eine so hohe Bevölkerungsdichte, daß der plötzliche *soziale Zusammenbruch* erfolgt, wiederum ein extrem *schneller* Vorgang. Wegen der hohen Geschwindigkeit von Wirkung (Bevölkerungsvermehren) und Gegenwirkung (Bevölkerungszusammenbruch) ist die *innere Verstärkung* des Systems so groß, daß sich kein Gleichgewichtszustand einstellen *kann*. Das Wechseln zwischen Überbevölkerung und Zusammenbruch ist danach ein Beispiel für eine tiersoziologische Systemeigenschaft, die durch eine *Umweltbedingung*: zuviel Nahrung pro Flächeneinheit, zur Erscheinung gebracht wird.

E. Zusammenfassung

1. Als Reaktion auf die Einengung des Bewegungsspielraums entlädt sich das aufgestaute Bewegungsbedürfnis von Tieren vielfach in periodischen Schaukel- oder Laufbewegungen (Stereotypien) (A 1).

2. In fast allen Antriebsbereichen – Ernährung, Mutterkontakt, Aggression, Sexualität, Jungenbetreuung – kennt man Ersatzbefrie-

digungen, vor allem bei gefangengehaltenen Tieren, wenn die Antriebsbefriedigung nicht genügt (A 2).

3. Falls sonstige Befriedigung nicht möglich ist, können unter Umständen Teile des eigenen Körpers zum Ersatzobjekt der Antriebsbetätigung werden (Retrojektion). Für die entgegengesetzte Deutung, der eigene Körper sei jeweils das biologisch *primäre* Antriebsobjekt, liefert die Verhaltensbiologie keine Stütze (A 3).

4. Werden die Verhaltensweisen eines Antriebsbereichs über längere Zeit nicht ausgelöst, so kann die zugehörige Bereitschaft versiegen (atrophieren) und ist in bestimmten Fällen später nicht mehr neu zu beleben (A 4).

5. Wenn Tiere einen Partner verlieren, an den sie individuell eng gebunden waren (Muttertier, Ehepartner), so kann darauf eine allgemeine Depression folgen: Die gesamte Antriebsintensität kann sinken, und der Ernährungs- und Gesundheitszustand können sich verschlechtern (A 4).

6. Man kann Tiere in künstliche Umweltsituationen bringen, in denen sie durch ihr eigenes zwangsläufiges Lernverhalten zu sinnlosen oder sogar verhängnisvollen Verhaltensweisen veranlaßt werden: zu Tätigkeiten, in denen sie mehr Energie verbrauchen, als sie gewinnen; zur fortwährenden »suchtartigen« elektrischen Selbstreizung ihres Gehirns, die ihnen die Befriedigung ihrer körperlichen Bedürfnisse vorspiegelt; und zu sinnlosen Bewegungen, die nur scheinbar zu einer Bedürfnisbefriedigung beitragen. Verantwortlich ist der Lernprozeß der bedingten Aktion (B 1).

7. Tiefgreifende Einzelerlebnisse können bei Tieren traumatisch wirken und ihr künftiges Verhalten beeinflussen; so können negative Erfahrungen beim ersten Deckakt im Einzelfall sogar ein männliches Säugetier (durch den Lernprozeß der bedingten Appetenz oder der bedingten Hemmung) für sein ganzes Leben impotent machen (B 2).

8. In Situationen, die mit angeborenen und erlernten Mitteln der Verhaltenssteuerung nicht zu bewältigen sind, geraten manche Tiere in eine *Überforderungskrise*. Je nach Tierart überwiegen dabei überschießende Aggressivität, Unruhe oder Angst (B 3).

9. Geraten Tiere immer erneut in Situationen, die sie mit Hilfe ihrer angeborenen oder erlernten Verhaltensprinzipien nicht meistern können – erhalten sie beispielsweise regellose Strafreize, die durch erfahrungsabhängiges Lernen nicht vermeidbar sind –, so können chronische innere Konfliktsituationen die Folge sein. Diese haben die Tendenz, über den unmittelbar gestörten Antriebsbereich

hinaus das gesamte Verhalten zu beeinträchtigen. Einzelne Symptome sind: erstarrte Verhaltensformen bis zu »Ritualen«, Schreckhaftigkeit, vegetative Störungen, sexuelle Impotenz, »psychosomatische« Erkrankungen (B 4).

10. Reifungsschritte des Verhaltens können sich verzögern, wenn über zu lange Zeiträume vorwiegend Jugendverhalten ausgelöst wird (C 1).

11. Die Entwicklung zur Selbständigkeit kann sich *verlangsamen*, wenn das Jungtier ungenügenden Bezug zu erwachsenen Partnern hat. Die Selbständigkeitsentwicklung kann erhebliche *Rückschritte* machen, wenn das Jungtier Phasen des Verlassenseins erlebt (C 1).

12. Auf den Menschen geprägte Tiere behandeln den Menschen je nach der Prägungsart als Elterntiere, als Geschlechtspartner oder als sexuelle Rivalen (C 2).

13. Im Verhalten von prägungsbedürftigen, aber künstlich isoliert aufgezogenen Jungtieren (Kaspar-Hauser-Experiment) dominieren übersteigerte Angstreaktionen (C 3).

14. Sind isoliert aufgewachsene Tiere erwachsen, so können sie ihr Sozial- und ihr Sexualverhalten nicht auf das der anderen Tiere abstimmen (Taktlosigkeit), und sie werden dauernd abgewiesen. Als Kaspar-Hauser-Tiere aufgezogene Rhesusaffen-Mütter ziehen ihre eigenen Jungen zunächst nicht normal auf und behandeln sie sogar grausam (C 4).

15. Beim Weißen Storch reifen gewisse Anteile des Fortpflanzungsverhaltens, vor allem der *aggressive Reviererwerb*, gelegentlich früher als der Gesamtbereich des Verhaltens. Diese frühzeitige Teilreifung hat Störungen in den sozialen Beziehungen zur Folge, falls Brutpaare angegriffen und gestört und deren Aufzuchterfolge aufs Spiel gesetzt werden (D 1).

16. Halberwachsene Silbermöwen, die noch ihr Jugendkleid tragen und die (in dieser Lebensphase übliche) Unterlegenheitshaltung einnehmen, werden gelegentlich zu Eier- und Jungenräubern. Die Elterntiere können das nicht verhindern, weil sie durch die Unterlegenheitsgebärde der Jungen gehemmt sind, sie anzugreifen. Die besondere Fähigkeit der Silbermöwe, neue Nahrungsquellen zu erschließen, steht hier im Ungleichgewicht mit dem Unvermögen, die instinktiv festgelegten Formen der Sozialbeziehungen zwischen Jungtieren und Erwachsenen aufgrund von Erfahrungen zu verändern; dies erlaubt die Entwicklung des kraß sozialparasitischen Verhaltensmusters (D 2).

17. Das Sozialverhalten von Bastarden aus verschiedenen Tierarten kann derart unharmonisch sein, daß zwischen zusammenlebenden Individuen keine soziale Verständigung mehr möglich ist und allein aggressives Verhalten übrigbleibt (D 3).

18. Bei manchen Tierarten versagt die Regelung der Bevölkerungsdichte im Fall von überreichem Nahrungsangebot. Die Folge sind – z. B. bei der Feldmaus – instabile Schwankungen zwischen Massenvermehrung und vollständigem Zusammenbruch der Bevölkerung als Konsequenz von sozialem Streß (D 4).

Nachschrift zu Kapitel V

Menschlichkeit ist auch gegenüber Tieren eine ethische Pflicht. Ist es dem Menschen dann erlaubt, Tiere um der wissenschaftlichen Erkenntnis willen Bedingungen zu unterwerfen, unter denen sie erheblichen Leiden ausgesetzt sind? Es ist fraglich, ob die Güterabwägung »Erkenntnisfortschritt gegen Leiden von Tieren« vor oder während der in diesem Kapitel beschriebenen Versuche überhaupt durchgeführt wurde, da die meisten von ihnen 30 Jahre oder länger zurückliegen. Die Sensibilität für diese Frage hat aber erst im letzten Jahrzehnt so weit zugenommen, daß in der Öffentlichkeit gefordert wird, auf Verhaltensexperimente mit Tieren, in denen diesen Schlimmes oder sogar Grausames angetan wird, aus ethischen Gründen zu verzichten.

Trotzdem sollte man derartige Experimente, wenn sie *früher* durchgeführt wurden und bestimmte Erkenntnisse lieferten, nicht verschweigen, sondern weiterhin über sie berichten – unabhängig davon, ob man sie heutzutage in ähnlicher Form durchführen würde; denn weil man sie nicht mehr ungeschehen machen kann, hat das damalige Leiden der Tiere dann wenigstens noch zweierlei Sinn für die Zukunft:

– daß die Aussagen, die aus den Experimenten zum Wohl der *Menschenkinder* hergeleitet wurden, weiterhin zusammen mit dem sie indirekt stützenden experimentellen Beweismaterial im wissenschaftlichen Bewußtsein gegenwärtig sein werden;

– daß weniger wahrscheinlich die Forderung erhoben werden wird, diese Versuche erneut durchzuführen und erneut Tiere dazu zu verwenden, wenn bekannt ist, daß dies schon einmal geschehen war.

Um dieser beiden Gründe willen wurden die betreffenden Versuche im vorangegangenen Kapitel beschrieben.

VI. Der Mensch in Gebundenheit und Entscheidungsfreiheit: Verhaltensbiologisches aus dem menschlichen Alltag

Gegenstand der beiden vorangegangenen Kapitel waren *allgemeine* Prinzipien der *biologischen* Verhaltenssteuerung. Jetzt soll dargelegt werden, wie sich solche Prinzipien im Handeln und im Bewußtsein *des Menschen* widerspiegeln, aber auch, inwieweit sich der Mensch von ihnen *freimachen* kann. Damit soll die Brücke geschlagen werden zu dem späteren Versuch (Kapitel VII), verhaltensbiologische Überlegungen zum besseren Verständnis von Verhaltensstörungen der Kinder anzuwenden. Die Aufgabe des folgenden Kapitels ist hierdurch *begrenzt*. Keinesfalls soll es *umfassend* untersuchen, wie menschliches Handeln zustande kommt.

Über die Natur der Beziehungen zwischen *Reiz* und *Empfindung*, zwischen *Reaktionsbereitschaft* und *Gefühl* usw. wird hier nicht mehr vorausgesetzt, als daß jeweils »Informationsbeziehungen« zwischen physischer Welt und Bewußtsein bestehen. Die Fragestellung des *psychophysischen Problems* bleibt also unberührt.

Als *menschliche Entscheidungsfreiheit* gilt in diesem Buch die Freiheit, verschiedene Möglichkeiten des eigenen Handelns im voraus zu *bedenken*, sie mit *Zielvorstellungen* und *Werten* in Beziehung zu setzen, dann nach dem *Abwägen* zwischen den Denkergebnissen sich zu *entscheiden* und nach den gewonnenen Entscheidungen zu *handeln*[1]. (Die weitergehende Frage, wieweit die beteiligten *Denkvorgänge* frei oder determiniert sind, also die Frage nach der eigentlichen *Willens*freiheit des Menschen, wird in diesem Buch *nicht* besprochen.)

Eine Schlüsselrolle spielt folgender Gesichtspunkt: Vernunft und Wille haben im Entscheiden und Handeln des Menschen keine unbeschränkte Macht. Diese Macht ist um so geringer, je stärkere Gegenkräfte in Form von Antrieben oder Verhaltenstendenzen ihnen entgegengerichtet sind. Verhaltensstörungen von Kindern beruhen nun in verhaltensbiologischer Sicht – wie in Kapitel VII deutlich werden wird – vorwiegend auf überstark aktivierten Antrieben und Verhaltenstendenzen. Das folgende Kapitel soll die Grenzen für die Möglichkeit deutlich machen, verhaltensgestörten Kindern mit Appellen an ihre Einsicht und Willenskraft aus ihren Schwierigkeiten herauszuhelfen.

A. Willentliche Antriebskontrolle und Entscheidungsfreiheit

Unsere Beobachtungen beginnen beim *Jähzorn* und bei der *Panik*. Beide Erscheinungen sind zwar nicht zentral wichtig oder besonders kennzeichnend für das Wesen des Menschen; Jähzorn und Panik kommen über den Menschen nur in Grenzsituationen seines Daseins, sie sind »Randerscheinungen« des menschlichen Verhaltens. Für unser Vorhaben sind sie aber trotzdem von besonderem Wert. Denn sie können uns gleichsam als Modelle dienen, um bestimmte Seiten des Wesens des Menschen besser zu verstehen. Am Beispiel des Jähzorns und der Panik läßt sich die Auswirkung übermächtiger Antriebe, die bei Verhaltensschwierigkeiten von Kindern eine große Rolle spielen, beispielhaft darstellen. Hat man gewisse gesetzmäßige Zusammenhänge erst einmal am einfachen Beispiel anschaulich erfaßt, so ist der Blick geschärft; man kann dann diese Gesetzmäßigkeiten auch dort wiedererkennen, wo sie nicht so leicht ins Auge fallen.

A 1. *Übermächtige Antriebe: Jähzorn und panische Angst*

Jähzorn und panische Angst scheinen auf den ersten Blick so verschieden voneinander zu sein, wie es für zwei menschliche Impulse nur möglich ist: Der vom *Jähzorn* erfaßte Mensch ist besinnungslos vor Wut; er kann seine Widersacher mit Worten oder tätlich angreifen, oder er läßt seine Raserei an Dingen aus, die gar nichts mit dem Streit zu tun haben. Wir nennen einen Streitenden jähzornig, wenn er seine Beherrschung verliert.

Der von *panischer Angst* besessene Mensch ist dagegen kein Angreifer, sondern im Gegenteil: Er versucht um jeden Preis, einer Gefahr zu entgehen. Nicht nur ein einzelner Mensch kann in Panik geraten; gefördert wird dieser Zustand, wenn viele Menschen beisammen sind und gleichzeitig in Lebensgefahr geraten oder zu geraten meinen. Dann streben z. B. alle dem Ausgang eines Saales zu, oder sie versuchen – auf einem gefährdeten Schiff – in die Rettungsboote zu gelangen. Der von Panik besessene Mensch kennt nur den *direkten*

Weg zum rettenden Ziel; er sucht dieses Ziel unter Einsatz aller Körperkraft zu erreichen, ohne zu überlegen und ohne das Recht anderer zu achten. Gerade diese Besinnungslosigkeit kann dann eine Rettung vereiteln. Eine Menschenmenge durch kaltblütige und geschickte Aktionen vor einer drohenden Panik zu bewahren und sie bei Besinnung zu halten, gehört zu den schwierigsten Unterfangen im helfenden Einsatz für gefährdete Mitmenschen.

Obwohl Jähzorn und panische Angst in ihren Tendenzen in entgegengesetzte Richtungen streben, haben sie doch eines gemeinsam: ihre Ausschließlichkeit und die Besinnungslosigkeit der agierenden Menschen. Im Jähzorn und in der panischen Angst ist der Mensch jeweils nur von einem einzigen Impuls beherrscht: rücksichtslos anzugreifen beziehungsweise sich um jeden Preis zu retten. Kennzeichnend für *beide* Stimmungslagen ist es: Wenn sie einmal über einen Menschen hereingebrochen sind, ist kein sonstiges Motiv, vor allem kein Vernunftgrund, mehr in der Lage, den Besessenen zu beeinflussen. Diese Menschen sind ihrem Antrieb *ausgeliefert*. Häufig bereut der Jähzornige später zutiefst, was er angerichtet hat; und die Panik verhindert oft eine Rettung, die bei besonnenem Verhalten nach den äußeren Umständen noch möglich gewesen wäre.

Die Erscheinungen des Jähzorns und der Panik machen somit einen einfachen, aber wichtigen Zug der menschlichen Natur deutlich: Starke Impulse können alle anderen Regungen vorübergehend unterdrücken und deren Einfluß auf das Handeln unterbinden. Beim Jähzorn und bei der Panik erfolgt dies mit unbeschränkter Gewalt; es ist ja sogar das definierende Kennzeichen beider Erscheinungen, daß sie andere Strebungen überhaupt nicht zum Ausdruck kommen lassen; andernfalls spricht man nicht von *Jähzorn* oder *Panik*, sondern nur von *Wut* oder *Angst*.

Der Jähzornanfall wird als *Durchbruchsreaktion* und als Beispiel für die Wirksamkeit des *Höchstwertdurchlasses* (Abschnitt IV A 9, S. 261) im Abschnitt VII A 6 (S. 485) noch näher besprochen werden.

A 2. *In Grenzen kontrollierbar: Der Atemdrang*

Von den hundert Millionen bis zu einer Milliarde Atemzügen, die ein Mensch während eines langen Lebens ausführt, verlaufen fast alle unbewußt. Das gilt für das Atmen im Schlaf ebenso wie für das Atmen im Wachen. Gleichwohl können wir, wenn wir wollen, eine bewußte Kontrolle über unser Atmen ausüben: Der Arzt verlangt »tiefes Atmen« von dem Patienten, dessen Lunge er abhorcht. Der Sänger sowie der Rekord-Schwimmer müssen ihren »Atem führen« lernen. Auch kann man vorübergehend den »Atem *anhalten*«, z. B. damit ein wertvoller Photoschnappschuß gelingt oder um beim Tauchen den Grund eines Gewässers zu erreichen.

Diese Kontrolle gelingt jedoch nur bis zu einer gewissen Grenze und wird schon bei der Annäherung an diese Grenze zunehmend anstrengender. Wer seinen Atem bewußt anhält, spürt etwa nach Verlauf einer halben Minute, wie ein Drang zum Atemholen ins Bewußtsein tritt. Will man aus irgendeinem Grunde auch dann noch nicht atmen, so muß man seinen Willen zunehmend aktivieren. Schließlich siegt aber doch der Drang zum Atemholen. Diesem Einfluß zu widerstehen ist für den Menschen absolut unmöglich. Kein Selbstmörder kann durch Atemanhalten sein Leben beenden.

Beim Atemanhalten kann man an sich selbst beobachten, wie zwei Verhaltensimpulse gegeneinander wirken: Der eine von ihnen, der Atemdrang, wächst als unanschauliches Etwas während des Atemanhaltens an, drängend und unangenehm. Dieses Etwas verschwindet erst wieder, wenn man geatmet hat. Der entgegenwirkende Einfluß steht im Dienste eines *Gedankens*: daß man den Atem anhalten will; er unterdrückt die Atembewegungen. Dieses zweite handlungsbestimmende Element, der »Willensimpuls«, unterliegt aber schließlich dem ersten: Das Atemanhalten hört auf, das Atmen beginnt.

Der innere Impuls zum Atmen eignet sich aus mehreren Gründen besonders gut zur Selbsterfahrung grundlegender Eigenschaften menschlicher angeborener Antriebe: 1. Er verändert seine Intensität – beim Atemanhalten – von der Stärke »null« bis zum Maximum in kurzer Zeit, etwa in einer Minute. 2. Er zeigt dabei den Übergang von der kontrollier- und beherrschbaren Intensität bis zu einer solchen Stärke, daß er nicht mehr mit dem Willen zu steuern ist. 3. Es ist unschädlich und ungefährlich, den wachsenden Atemantrieb an sich selbst zu beobachten, weil der Zwang zum Atmen schon so früh einsetzt, daß der Sauerstoffmangel noch keinen Schaden anrichtet. 4. Der Atemantrieb ist gleichsam ein isolierter Bestandteil innerhalb der handlungsbestimmenden Elemente im Menschen; er steht mit anderen Antrieben wenig in Beziehung. Darum ist das dynamische Geschehen an ihm besonders klar erkennbar.

Demgegenüber entstehen andere Antriebe wie Hunger, Durst und der Drang zum Schlafen zu langsam, um ihr Anwachsen bequem beobachten zu können; es wäre auch gesundheitlich bedenklich, sie bis zum Stadium des unüberwindlichen Zwanges anwachsen zu lassen. – Wut und Angst wiederum wären kaum willentlich hervorzurufen und behindern außerdem, wenn sie ungewollt auftreten, die Fähigkeit zur Selbstbeobachtung. Andere Antriebe schließlich – z. B. aus dem Sexualbereich – sind in ihren Erscheinungsformen individuell so unterschiedlich, daß man nicht viel davon als allgemeine Erfahrungsgrundlage voraussetzen kann. Kurz – der Impuls zum Atmen eignet sich wie kein anderer zum Gewinnen von Erfahrungen über das Phänomen »Antrieb« im Rahmen der menschlichen Natur.

Weil der Atemantrieb »mit offenen Karten spielt«, läßt sich auch sein Gegenspieler beim Atemanhalten, die *willentliche Kontrolle*, besonders gut beobachten. Man hat das Empfinden, daß es bei ansteigendem Atemdrang immer mehr »Anstrengung kostet«, sich gegen den Atemdrang zu behaupten. Das ist insofern merkwürdig, als bei dieser inneren »Auseinandersetzung« ja gar keine Muskeln beteiligt sind, die gegeneinander wirken. Alles spielt sich im Rahmen des zentralen Nervensystems (Gehirn) ab. – Bei geringerer Willensanspannung kapituliert man früher gegen den steigenden Atemdrang als bei stärkerer. Wir können daraus ablesen, daß die Willensanspannung, ähnlich wie Antriebe, verschiedene Stärke annehmen kann.

Willensimpulse können Antriebe nicht nur hemmen, sondern auch fördern. Ein Patient, zwecks Lungenuntersuchung zum Atmen aufgefordert, kann sogar willentlich des Guten zu viel tun und wegen zu starker Sauerstoff-Aufnahme bzw. Kohlensäure-Abgabe einen Schwindelanfall erleiden; deshalb wird eine solche Untersuchung, zumindest bei kränklichen Patienten, im Sitzen oder Liegen ausgeführt.

Der Drang zum Atmen hat für unser Erleben einen zugleich drängenden und begehrenden Charakter: Beim Anhalten des Atems verspürt man einerseits einen Verhaltens-*Impuls* zur Ausführung der Atembewegung; andererseits empfindet man ein *Verlangen: nach Luft*. Dieses Doppelgesicht gleichzeitigen »Antriebs und Verlangens« findet sich auch in anderen Bereichen. Durst ist zugleich Antrieb zu trinken und Verlangen nach Wasser; panische Angst ist Antrieb zur Flucht und Verlangen nach Sicherheit. Das Stärkeverhältnis zwischem dem erlebten, »aktiven«, zur Aktion drängenden und dem »begehrenden« Anteil ist bei verschiedenen Antrieben unterschiedlich: Bei der Wut dominiert die Antriebsseite (für Angriff und Kampf), beim Drang zum Schlafen die Seite des Verlangens (nach Ruhe).

Die Isoliertheit des Atemantriebs, von der oben die Rede war, ist an einer kennzeichnenden Stelle durchbrochen: *Starke* Atemnot geht mit einem Bewußtseinsinhalt aus einem ganz anderen Bereich einher: mit *Angst.* Diese Angst kann sich zur Panik ausweiten. Wie man die gefürchtete Panik bei Atemnot *vermeidet,* gehört zu den Ausbildungsinhalten für *Taucher.* Denn die Panik bei Atemnot verhindert ein überlegtes Beherrschen von Krisensituationen und verleitet zu lebensbedrohenden Kurzschlußhandlungen. – Hier werden also Besonnenheit und Willenskraft gegen den Eintritt der panischen Angst mobilisiert.

Hat man eine Minute lang den Atem angehalten und wird nun von innen her zum Atmen gezwungen, so fühlt man sich in diesem Augenblick *unfrei.* Zu anderer Zeit, wenn man hinsichtlich des Atmens tun oder lassen kann, was man will, fühlt man sich in dieser begrenzten Hinsicht »entscheidungsfrei«.

A 3. *Entscheidungsfreiheit als Voraussetzung der Verantwortlichkeit*

Ertrinkende neigen in der Panik der Atemnot dazu, ihren Retter in Todesangst zu umklammern, ihn am Schwimmen zu hindern und ihn mit sich in die Tiefe zu ziehen; zur Rettungsschwimmer-Ausbildung gehören deshalb die Griffe, um sich aus einer solchen Umklammerung mit Gewalt zu befreien. Die Panikstimmung des Ertrinkenden verhindert die Distanzierung vom übermächtig gewordenen Antrieb und damit den Einsatz des Denkens und des Willens.

Man sieht an diesem Beispiel, wie eng die *Entscheidungsfreiheit* und die *Verantwortlichkeit* des Menschen zusammenhängen; denn so schrecklich das Geschehen ist, wenn ein Ertrinkender den Tod seines Retters verursacht (obwohl er durch eine nur ganz wenig abweichende Handlungsweise sowohl ihn verschonen als auch sich selbst hätte retten können) – eigentlich *verantwortlich machen* kann man ihn dafür nicht: Er wird ja durch einen Impuls beherrscht, der ihm keinen Entscheidungsspielraum läßt. Wo kein Entscheidungsspielraum ist, da läßt sich ein Mensch aber schlechterdings auch nicht für sein Handeln verantwortlich machen.

An diesem Beispiel wird das Gewicht der Unterscheidung zwischen den bestimmenden Lenkern des menschlichen Verhaltens deutlich: übermächtige Antriebe auf der einen, Entscheidung nach gedanklicher Erwägung auf der anderen Seite. An diesen Unterschied lehnt sich eine grundsätzliche Beurteilung an: Wenn ein Mensch bei einer Handlung keine Wahl hat, sondern durch innere oder äußere Bedingungen eindeutig festgelegt ist, so betrachtet man ihn hinsichtlich der betreffenden Handlung als »nicht verantwortlich«. Nur wenn einem Menschen unterschiedliche Möglichkeiten des Verhaltens bewußt sind und wenn sein Handeln durch die Ergebnisse seines Denkens bestimmt wird, kann man ihn gleichsam als den Lenker seines Verhaltens betrachten und ihn als verantwortlich dafür ansehen. Die *Verantwortlichkeit* des Menschen reicht so weit wie seine *Entscheidungsfreiheit*.

Dieses Prinzip, so sehr es von den verschiedensten Positionen her bestritten wird, beherrscht auch unsere Rechtsprechung: Wenn jemand für die Situation, in der er eine Tat verübt hat, nachträglich als nicht zurechnungsfähig erklärt wird, so wird er für diese Tat auch nicht bestraft. Im Einzelfall streitet man natürlich darüber, ob jeweils der einschlägige Paragraph (§ 20) des Strafgesetzbuches anzuwenden ist oder nicht. Das rührt aber nicht an die Grundvorstellung: Hat jemand etwas in einem Zustand getan, in dem er nach dem Urteil des Gerichts bzw. des sachverständigen Psychiaters die Möglichkeit hatte, den Willen gegen seinen Antrieb zu mobilisieren, dann gilt er als verantwortlich (zurechnungsfähig, schuldfähig).

Zusammenfassend läßt sich sagen, daß jeweils folgende Begriffe zusammengehören:

– übermächtiger, nicht beherrschbarer Antrieb / nicht entscheidungsfrei / nicht für das eigene Tun verantwortlich / nicht zurechnungsfähig im Sinne des Gesetzes;

– Ergebnisse des Nachdenkens steuern das Verhalten / im Handeln so frei wie im Denken / für das eigene Tun als Mensch verantwortlich / zurechnungsfähig im Sinne des Gesetzes.

A 4. *Starke Antriebe als Gegenspieler der Entscheidungsfreiheit*

Der Zustand der Entscheidungsfreiheit ist dadurch gekennzeichnet, daß der Mensch nachdenkt, zwischen verschiedenen Alternativen abwägt und daß seine Handlungen dann vom Ergebnis der Überlegungen gesteuert werden. Wenn nun aber ein starker Antrieb und ein vom Nachdenken hervorgebrachtes Verhaltensmotiv in Konkurrenz treten, welche der beiden Triebfedern gewinnt die Oberhand? Eine triviale Teilantwort lautet: Je stärker ein Antrieb ist, desto wahrscheinlicher ist es, daß *er* sich durchsetzt. Doch hat auch der Bereich der Entscheidungsfreiheit eine bestimmte »Macht«, sich gegen andere Impulse zu behaupten. Je stärker diese Macht bei einem Menschen ist, desto größer ist die Chance, daß bei der Steuerung des Verhaltens die Überlegung die Oberhand gewinnt.

Jeder Mensch kann an anderen und an sich selbst beobachten, wie manchmal Ärger und Wut durch Anhäufung entsprechender Reize allmählich ansteigen, ohne daß zunächst die Schwelle zum offenen

Ausbruch überschritten wird. Zunächst behält noch der klare Kopf die Oberhand. Schließlich aber kann ein an sich geringfügiger Anlaß den Umschlag bewirken. Für dieses Geschehen hat die Alltagssprache sinnfällige, bildhafte Ausdrücke geprägt: Der Geduldsfaden reißt – das Faß läuft über – es hakt aus – er gerät außer sich – er verliert die Beherrschung – er läßt sich hinreißen. Alle diese Ausdrücke beschreiben den Übergang von der Besonnenheit zur reinen Antriebssteuerung. Je mehr ein Antrieb an Stärke zunimmt, desto mehr nähert sich der Punkt, an dem *er* das Steuer übernimmt.

Über welche Machtmittel verfügt nun der andere Bereich, der Zustand der Entscheidungsfreiheit, um gegen die drängenden Antriebe die Oberhand zu behalten? Auch hier gibt die Alltagssprache anschauliche Hinweise. Sie bezeichnet es z. B. als *Kaltblütigkeit*, wenn jemand in einer gefährlichen Situation, in der andere »kopflos« werden, weil sie in Aufregung oder Angst geraten, ruhig nachdenkt und entschlossen handelt. Dabei ist »kalt« das Sinnbild für verstandesgesteuert (»kühler Kopf«) im Gegensatz zu Gefühlen und Trieben (Hitzkopf, »glühender Haß«). Die Ausdrücke »Besonnenheit« und »klaren Kopf behalten« sagen das gleiche. »Sich beherrschen« oder »seine Angst beherrschen« deutet auf die Kräfte der Besonnenheit hin, die die andrängenden Triebe in Schach halten. Als *Willenskraft* bezeichnet man die Fähigkeit, Antriebe, Schmerz, Müdigkeit u. a. zu überwinden, um ein bestimmtes Ziel zu verfolgen. Kurz, die Gegenkräfte gegen das Überrolltwerden durch drängende Antriebe sind Kaltblütigkeit, Besonnenheit, Selbstbeherrschung und Willenskraft.

Ein Mittel, um in schwierigen Situationen nicht kopflos zu werden, besteht darin, Gefahren im voraus zu bedenken und sich mit den Möglichkeiten, ihnen zu begegnen, vertraut zu machen. Ein Beispiel sind *Taucher*, die aus beruflichen Gründen größere Wassertiefen aufsuchen müssen. Wenn im Atemluftgerät Störungen auftreten, müssen sie vor einer Panik besonders auf der Hut sein, weil diese zu einer für den Luftatmer Mensch besonders naheliegenden Handlung führen kann: die Atemmaske abzureißen, was aber tief unter Wasser den sicheren Tod bedeutet. Hier kann nur Kaltblütigkeit retten: alle denkbaren Fehlermöglichkeiten nacheinander zu überprüfen. Dann ist die Chance am größten, in hinreichender Zeit den rettenden Handgriff zu tun.

Das Gegeneinanderwirken der Tendenzen zum unüberlegten und zum überlegten Verhalten kann man sich funktionell so vorstellen, wie es auf Abb. 41 skizziert ist: Die Kontrollinstanz, die die Ergebnisse der gedanklichen Erwägungen ins Verhalten umsetzt, entspricht dem oberen, von der Instanz der »gedanklichen Erwägung« zur »überlegten Handlung« führenden Signalweg. Von ihm zweigt eine Bahn ab, deren Signale sich hemmend auf etwaige konkurrierende Antriebshandlungen auswirken können. Diese Hemmwirkung entspricht derjenigen Triebkraft, die subjektiv – beispielsweise bei der Kontrolle des Atemdrangs (Abschnitt A 2) – als *Willenseinfluß* in Erscheinung tritt.

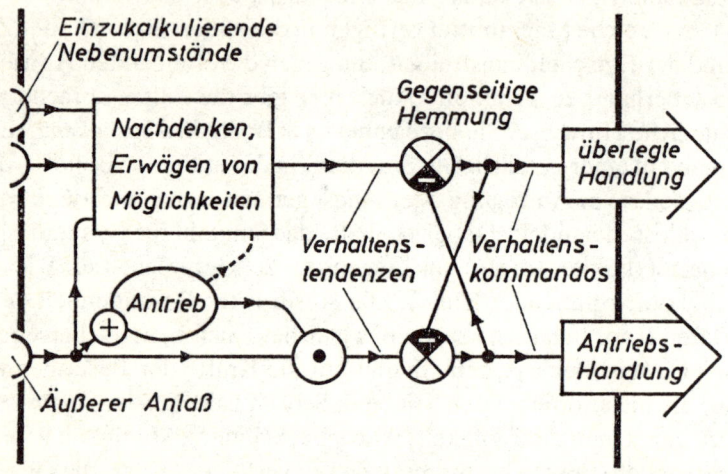

Abb. 41 Stark vereinfachte, idealisierte Darstellung der funktionellen Zusammenhänge bei der Entscheidung zwischen unmittelbar antriebsbedingtem und überlegtem Handeln. Der gestrichelte Pfeil soll andeuten, daß ein stark aktivierter Antrieb auch auf das »Erwägen von Möglichkeiten« einwirkt (Abschnitt B 3). – Dies ist ein außerordentlich vereinfachtes Schema. Es soll nicht mehr veranschaulichen als das beim Menschen vorkommende *Gegeneinander von Antrieb und Überlegung;* dieses ist für das Verständnis des mangelhaften Willenseinflusses bei Verhaltensstörungen überaus wichtig. Die beiden hemmenden Bahnen (»starker Antrieb unterdrückt Vernunft« und »Vernunft kontrolliert Antrieb«) bilden gemeinsam einen Höchstwertdurchlaß.

Angstbedingte Denkhemmung. Ein stark aktivierter biologischer Antrieb, beispielsweise große Angst, kann seinerseits den Einfluß des Denkens auf das Handeln blockieren. Die entsprechende Bahn führt auf Abb. 41 vom unteren waagerecht gezeichneten Signalweg zum oberen. Beide hemmende Bahnen bilden gemeinsam einen *Höchstwertdurchlaß* (Abschnitt IV A 9, S. 261). Angst kann das

Nachdenken so stark unterdrücken, daß beispielsweise einem Prüfling im Examen auch solche erfragte Kenntnisse nicht einfallen, die ihm sonst jederzeit sicher verfügbar sind, und daß er die einfachsten logischen Schlüsse nicht zu ziehen vermag. Sogar die *Wahrnehmung* kann durch Angst gestört sein: Ein Biologiestudent erkannte im Examen nicht, daß ein ihm vorgelegtes Insekt eine Küchenschabe war.

A 5. *Angst als Denkhemmnis für Schlußfolgerungen aus Erfahrungen und vorangegangenen Überlegungen*

Der Mensch scheut vor einem Gedanken zurück, der ihn, wenn er ihn dächte, vor eine Situation stellte, der er sich nicht gewachsen fühlt. Die Angst wirkt hier als *spezielles* Denkhemmnis für *Schlußfolgerungen aus Erfahrungen* und *vorangegangenen Überlegungen*. Aus Angst kann ein Mensch »nicht wahrhaben wollen«, was ihm sein Nachdenken eigentlich klar vor Augen führen müßte[1].

Sigmund FREUD hat eine Variante dieser Denkhemmung als psychopathologisches Geschehen entdeckt – er sprach von »Verdrängung«. Er gründete darauf die psychoanalytische Therapie: Verdrängtes mache seelisch krank; es ins Licht des Bewußtseins zu heben, führe zur seelischen Gesundung.

Das Nicht-Denken von Gedanken, obwohl sie sich aufdrängen, ist auch zum literarischen Thema geworden. In MAX FRISCHS »Biedermann und die Brandstifter« läßt sich der Held des Stückes, obgleich er sich schrecklich vor Feuer fürchtet, durch die immer deutlicher werdenden Hinweise darauf, daß er selbst zwei Brandstifter in sein Haus aufgenommen hat, nicht beeindrucken – so lange, bis schließlich das Dach seines Hauses in Flammen aufgeht.

Auch durchaus intelligente Menschen machen mitunter gerade in entscheidenden Situationen jämmerliche und verhängnisvolle Denkfehler, die gar nicht zu ihrem sonstigen Wesen passen. Ohne daß es ihnen bewußt wird, ist ein an sich logisch zwingender Gedanke blockiert, weil die Konsequenzen dieses Gedankens unerträglich wären; das Denken produziert daraufhin – gerade bei intelligenten Menschen – ganze Gerüste aus scheinlogischen Argumenten, um den tatsächlichen Konsequenzen nicht ins Auge blicken zu müssen. Erst wenn man diese Auswirkung auf das logische Denken erfaßt hat, begreift man, warum zum folgerichtigen Denken *Mut und Unerschrockenheit* notwendig sein können (HORAZ: Sapere aude – wage es, deinen Verstand zu gebrauchen)[2].

Für die spezielle angstbedingte Denkhemmung wäre, sofern man das Denken als Anteil der Verhaltenssteuerung auffassen darf, der spezielle Lernmechanismus der *erfahrungsbedingten Hemmung* verantwortlich (Abschnitt IV B 5, S. 300): Folgt einem Verhalten ein- oder mehrmals eine widrige Erfahrung wie Schmerz oder Schreck, so verknüpft sich die zuständige *Verhaltenstendenz* mit einer *Hemmung*; von nun an löst die Verhaltenstendenz, sobald sie auftaucht, sogleich die Hemmung des ihr selbst zugehörigen Verhaltens aus. In dieser Formulierung braucht man nur *Verhalten* durch *Denkvorgang* und *Hemmung* durch *Angst* zu ersetzen, dann erkennt man den Mechanismus auch bei der *angstbedingten Denkhemmung* wieder: Ist ein Gedanke aufgrund bestehender Assoziationen mit Angst verknüpft, so verursacht bereits seine innere Ankündigung die angstbedingte Selbst-Hemmung, und der Gedanke bleibt ungedacht.

Nach dem in diesem Buch verwendeten Konzept der Entscheidungsfreiheit (S. 436) bedeutet die Beeinträchtigung des *Nachdenkens* zugleich eine Verminderung der menschlichen *Entscheidungsfreiheit*. Verhaltensbiologisch gesehen hemmt hier die Angst nicht wie im vorigen Abschnitt (VI A 4) das Denken überhaupt, sondern es beeinflußt *nur bestimmte* Gedanken aufgrund von deren Assoziationsgehalt. – Eine *Notlüge* mag aus bewußter Kalkulation entspringen, kann aber auch auf angstbedingter Denkhemmung beruhen; dann ist es dem Kind *nicht* bewußt, wenn es lügt. – Unterdrückt die Denkhemmung *entscheidende Gegebenheiten* des Lebens eines Menschen aus seinem Bewußtsein, so nennen wir das »Lebenslüge«.

A 6. *Die Kurzschlußhandlung*

Im Abschnitt A 4 wurde das Gegeneinander von Antrieb und Besonnenheit an Situationen geschildert, in denen ein ansteigender Antrieb, z. B. Wut, plötzlich die Gegenkräfte überwindet und die Alleinherrschaft über das Verhalten übernimmt. Weniger dramatisch, aber ebenso verhängnisvoll geht diese Machtübernahme eines Antriebs bei solchen Handlungen vor sich, die die Alltagssprache treffend *Kurzschlußhandlungen* nennt: Hier ist es nicht in erster Linie die *Stärke* eines Antriebs, die es ihm erlaubt, sich durchzusetzen, sondern es kommt ein *Zeitmoment* hinzu: Ein besonders *schnell* ansteigender Antriebsimpuls, der gar nicht allzu stark sein muß, überrumpelt gleichsam die Besonnenheit; er läßt keine Zeit, das Nachdenken einsetzen zu lassen, und schon ist die Tat geschehen. Eine

Kurzschlußhandlung ist hiernach eine schnelle, unüberlegte Handlung, die bei sorgfältigerem Nachdenken über die möglichen Folgen sicherlich unterblieben wäre.

Ein Beispiel: Ein kleiner Hund fiel von der Bahnsteigkante auf die Eisenbahnschienen und versuchte jaulend, aber vergeblich, auf den Bahnsteig zurückzuspringen. Ein Mädchen sprang sofort hinterher, um den Hund zu holen, ohne sich vorher zu vergewissern, ob der Zug nicht schon einfuhr. Hätte sie sich einen Augenblick Zeit genommen zu überlegen, so hätte sie sich dieser Lebensgefahr sicherlich nicht ausgesetzt und auf andere Weise versucht, den Hund zu retten.

Kurzschlußhandlungen sind um so wahrscheinlicher, je *stärker* die entsprechenden Verhaltensimpulse sind. Im eben beschriebenen Beispiel war es der das Mädchen überwältigende Eindruck des hilfsbedürftigen Tieres, der ein Bedenken möglicher Folgen nicht aufkommen ließ. Gegen derartige Kurzschlußreaktionen ist wohl kein Mensch gefeit. Die Handlungsimpulse hängen von den äußeren *und den inneren* Bedingungen ab. Also muß die Wahrscheinlichkeit von Kurzschlußhandlungen mit *erhöhter Antriebsstärke* zunehmen (siehe Abschnitt VI B 3, S. 454).

Das ist bedeutungsvoll für die Beurteilung mancher dissozialer und krimineller Verhaltensweisen; denn ein erheblicher Anteil von triebhaft bedingten Delikten – vom Diebstahl über Gewaltverbrechen bis zum Sexualdelikt – geht ohne vorherige Überlegung in Form von Kurzschlußhandlungen vor sich. Wir können also auch hier mit einem Gegeneinander von Verhaltensimpulsen und besonnenem Entscheiden rechnen. Der allzu starke Handlungsimpuls läßt denjenigen Bewußtseinszustand, der ein verantwortliches Entscheiden ermöglicht, gar nicht erst aufkommen, sondern überrumpelt ihn. Im Rückblick auf eine vergangene Kurzschlußhandlung entsteht denn auch gelegentlich der zwingende Eindruck, daß sie der Persönlichkeit des Handelnden eigentlich ganz fremd war.

Der Ausdruck »Kurzschlußhandlung« ist treffend; denn er deutet an: Der Weg zur Entscheidung ist verkürzt. Er führt nicht über umsichtiges Nachdenken, sondern vom äußeren Eindruck oder vom Antrieb *unmittelbar* zur Handlung. Dies läßt sich an Abb. 41 gut veranschaulichen.

Nicht alle Kurzschlußhandlungen sind Ausdruck eines aktivierten Antriebs; manchmal können auch beinahe triebneutrale Assoziationen die Handlung bestimmen. Dies wird deutlich, wenn eine Assoziation nicht den Kern der Sache trifft, sondern an einer Äußerlichkeit anknüpft. Ein Beispiel: Kurz bevor geladene Gäste zum Abendessen eintrafen, fühlte die Gastgeberin etwas Sodbrennen. Aufgrund einer blitzschnell ablaufenden Assoziation »zu viel Magensäure → Alkali« ergriff sie eine vor ihren Augen stehende Kunststoffflasche mit einem alkalischen Geschirrspülmittel und nahm einen Schluck daraus. Sekunden später tat sie natürlich alles, um den gefährlichen Stoff wieder loszuwerden.

A 7. *Überwinden des Gegensatzes zwischen Antrieb und Intellekt*

Biologisch begründete Antriebe und vernunftgesteuerter Wille sind *in ihrem Ursprung* voneinander unabhängig; sie zeigen ihre Selbständigkeit am deutlichsten, wenn sie einander *entgegengesetzt* sind – wenn beispielsweise der Wille befiehlt, wachzubleiben, aber der Antrieb (die Schläfrigkeit) übermächtig wird und den Menschen trotzdem in Schlaf sinken läßt. Antrieb und vernunftgesteuerter Wille brauchen aber einander nicht zu bekämpfen; sie können auch in die gleiche Richtung weisen. Dann ist der Mensch »mit sich im Einklang«: Antriebe und Vernunft stützen sich gegenseitig und bilden eine höhere Einheit.

Als eine solche »höhere Einheit« kann es *nicht* gelten, wenn bei einem Menschen eine starke Antriebswelt die schwache Vernunft- und Willensseite ins Schlepptau nimmt oder wenn der Intellekt über eine gering entwickelte Antriebs- und Gefühlsseite herrscht. Eine ausgeglichene Persönlichkeit entsteht, wenn beide Seiten ihre volle Entfaltung erreichen: Die Vernunft- und Willensseite nimmt dann die Impulse der Antriebs- und Gefühlsseite in sich auf, und je nach der Lebenssituation gibt sie sie frei oder kontrolliert sie; doch auch die Kontrollinstanz ist nicht allein intellektuell gesteuert, sondern sie wird von Antriebs- oder Gefühlsanteilen mitgetragen: von »Idealen« oder »Werten«. Wenn ein Mensch dieses Gleichgewicht erreicht hat, so gefährden auch starke Antriebe nicht mehr seine Entscheidungsfreiheit. Ein solcher Mensch kann zugleich temperamentvoll, warmherzig, mutig *und* vernunftgesteuert sein, ohne daß eine dieser Seiten leidet.

B. Dynamik menschlicher Antriebe

Die vorangegangenen Abschnitte befaßten sich mit dem Gegen- und dem Miteinander von Antrieb und Intellekt bei der menschlichen Verhaltenssteuerung. Dabei spielte der *Stärkegrad* der Antriebe eine besondere Rolle; denn je höher er ist, desto eher setzt sich der betreffende Antrieb gegen andere Verhaltenstendenzen durch. Demgemäß wird im folgenden die Frage behandelt: Wovon hängt die Stärke von Antrieben ab? Wir werden dabei in Beispielen aus dem Alltagsverhalten Einflüssen begegnen, die sich später auch in der Dynamik kindlicher Verhaltensstörungen (Kapitel VII) wiederfinden.

B 1. *Was beeinflußt Antriebsstärken?*

Menschliche Antriebe unterliegen nebst den zugehörigen Gefühlen den gleichen Einflüssen, wie sie auch von anderen Organismen bekannt sind (Abschnitt IV A 3, S. 244). Einige Beispiele:

– Vom *Versorgungszustand* mit bestimmten Substanzen hängen Hunger, Durst und Atemdrang ab.

– Eine Abhängigkeit vom *Hormonspiegel* beobachten manche Frauen an Änderungen ihrer allgemeinen Stimmung oder auch speziell der Libido im Laufe des monatlichen Zyklus.

– *Entwicklungsabhängig* ist die Erlebniswelt des Bereiches »Sexualität und Liebesbindung« (Pubertät).

– Von *vorausgegangenen Wahrnehmungen* hängt der Stärkegrad von Angst und Aggressivität in hohem Maße ab.

Die genannten vier Abhängigkeiten sind allbekannt. Fremder ist vielen Menschen jedoch die Abhängigkeit der Antriebsstärke von *vorausgegangenem Verhalten* – wohl weil man sie gemeinhin an solchen Beispielen beobachtet, wo man sie auch auf den Ausgleich eines Mangelzustandes beziehen kann. Deshalb soll dies etwas ausführlicher besprochen werden:

Legt man es – z. B. bei einem sportlichen Wettkampf im Tauchen – darauf an, möglichst lange, ohne zu atmen, unter Wasser zu bleiben, so kommt schließlich der Augenblick, in dem man sich unwiderstehlich zum Atmen gezwungen fühlt. Es gibt aber eine Möglichkeit, doch noch ein paar Sekunden zu gewinnen: Man beginnt in dem Augenblick, in dem man den Atem nicht mehr länger anhalten kann, noch unter Wasser langsam *aus*zuatmen. Obwohl hierdurch der CO_2-Spiegel im Blut, also der eigentliche *Anreiz*, bestimmt nicht abnimmt, ermöglicht es die Ausatmungs-*Tätigkeit*, daß man es noch einige Augenblicke, ohne einzuatmen, aushält. In der Ausübung des antriebseigenen Verhaltens liegt hier also eine – wenn auch ganz vorübergehende – Antriebs*verringerung* oder Antriebs*entlastung*; und dies gilt trotz des Umstandes, daß keine Verminderung des tatsächlichen Versorgungsmangels und damit des körperlichen Antriebs*anreizes* erreicht wird.

Eine wichtige Rolle spielt die Abnahme der Antriebsstärke (und des Verlangens) durch die Ausführung des antriebsbezogenen Verhaltens im Bereich des Essens und Trinkens: Daß wir im Normalfall auch beim Überfluß an Speisen und Getränken bei jeder Mahlzeit nur ein begrenztes Quantum zu uns nehmen, beruht auf der *schnellen*, von der Eß- und Trink*tätigkeit* herrührenden Befriedigung (siehe Abschnitt IV A 8, S. 258).

Den Ausdruck »Ich nage nicht am Hungertuch« benutzt man heutzutage scherzhaft, um auszudrücken, daß man genug zu essen hat. Früher aber, als Hungersnöte auch in unseren Landen vorkamen, kaute man tatsächlich an einem Tuch; denn dadurch ließ sich das quälende Hungergefühl etwas zurückdrängen. Auch dies ist ein Beispiel dafür, daß die Durchführung des Antriebsverhaltens – auch wenn das Antriebsziel nicht erreicht wird – beim Menschen die Antriebsstärke absinken lassen kann.

Bewußte Vorstellungen erwecken und steigern Antriebe. Die *allgemeinen* verhaltensbiologischen Zusammenhänge über die Steigerung und Abschwächung von Antrieben gelten in vielen Fällen auch für den Menschen. Doch besteht bei ihm noch eine zusätzliche Möglichkeit: Nicht nur die Wahrnehmung, sondern schon das (bewußte) *Sich-Vorstellen von Zielen des Verlangens* kann Antriebe wecken und steigern. Aufgrund von reinen Phantasien, die hungrigen Menschen ihr Lieblingsessen vorgaukeln, kann ihnen das Wasser im Munde zusammenlaufen, d. h. ihre Speicheldrüsen beginnen zu arbeiten. Wohl jeder Mensch kann sich durch willentlich erzeugte Vorstellungen in Angst, in Wut oder in sexuelle Erregung versetzen und dabei die entsprechenden objektiven Reaktionen an seinem Organismus beobachten, z. B. Beschleunigung des Herzschlags.

Auch mit Hilfe der *Sprache* lassen sich Antriebe bzw. Gefühle erwecken: Man kann einem Menschen »Angst machen«, man kann ihn reizen oder aufhetzen, ihn begehrlich machen, ihm etwas verekeln usw. Wie weiter unten besprochen wird, gilt auch das umgekehrte Verhältnis: Starke Antriebe lassen ihrerseits entsprechende Phantasiebilder ins Bewußtsein treten.

Unterdrückung von Verhaltenstendenzen. Jähzorn und panische Angst unterdrücken alle anderen Verhaltenstendenzen, z. B. eine etwaige Zuneigung zu dem im Zorn angegriffenen Mitmenschen. Auch starke *Empfindungen* wie Schmerz oder große Freude können Antriebe vorübergehend unterdrücken: Uns vergeht während der leckersten Mahlzeit der Appetit, wenn eine unangenehme Nachricht eintrifft oder wenn einer der am Tisch Sitzenden, sei es mit Recht oder Unrecht, ärgerlich oder aggressiv wird. Für kluge Eltern ist daher am Mittagstisch ein Gespräch über unangenehme Schulerlebnisse der Kinder (z. B. schlechte Noten) absolut tabu, weil gesundheitsschädlich; denn die Unterdrückung der Verhaltenstendenz zum Essen bringt auch die Verdauungsvorgänge aus dem Gleichgewicht, und das kann bei häufiger Wiederholung zu Erkrankungen im Magen-Darm-Bereich führen. – Man kann sogar bewußt unerwünschte Verhaltenstendenzen bei sich selbst unterdrücken, indem man sich Schmerz zufügt, z. B. indem man sich durch Beißen auf die Lippen vom unerwünschten Drang zum Lachen befreit.

Körperlicher Zustand beeinflußt Antriebslage. Eine und dieselbe Wahrnehmung kann bei verschiedener Antriebslage unterschiedliche Gefühle erwecken und körperliche Reaktionen auslösen: Der leckere Duft von Gebratenem erweckt beim Hungrigen Appetit, und ihm läuft das Wasser im Munde zusammen; bei einer akuten Magenverstimmung kann der gleiche Geruch, der sonst Behagen auslöst, abstoßend empfunden werden, ja er kann sogar als Brechreiz wirken.

B 2. *Auswirkungen erhöhter Antriebsstärke*

Nach den Regeln der allgemeinen Verhaltensbiologie sind bei erhöhter Antriebsstärke zu erwarten:

– gesteigerter Bewegungsdrang (erste Phase des Appetenzverhaltens, siehe Abschnitt IV A 5, S. 251);

– verstärkte oder länger dauernde Endhandlung (Abschnitt IV A 3, S. 244);

– schwächere Reize genügen zum Auslösen des Verhaltens, d. h. größere Empfindlichkeit gegenüber antriebsspezifischen Reizen (Abschnitt IV A 3, S. 243);

– Reize geringerer *Qualität*, damit auch Ersatzobjekte, genügen zum Auslösen des Verhaltens (Abschnitt IV A 3, S. 243);

– Verhalten kann im Leerlauf erfolgen (Abschnitt IV A 11, S. 268);

– nach sehr langem Nicht-Auslösen des Antriebsverhaltens kann ein Antrieb versiegen (atrophieren, Abschnitt V A 4, S. 407).

Diese sechs verhaltensbiologischen Zusammenhänge lassen sich auch beim Menschen beobachten:

Gesteigerter Bewegungsdrang. Findet ein stark aktivierter Antrieb keine Möglichkeit zur Erfüllung des mit ihm verbundenen Verlangens, so entstehen vielfach Bewegungsdrang und Unruhe. Ein Kind, dem die Erfüllung eines leidenschaftlichen Wunsches versagt wurde oder das voll überquellender Freude ist, springt wild auf der Stelle. Erwachsene, die eine schwere Sorge drückt oder die von Verzweiflung gepackt sind, wandern mitunter stundenlang ziellos über Straßen und Wege. Hinter dem Zusammenhang zwischen aktivierten Antrieben und Bewegungsbedürfnis steckt an sich ein biologisch sinnvolles Prinzip: Wenn ein Verlangen nicht an Ort und Stelle erfüllt wird, so bieten körperliche Bewegung, Ortswechsel und Suchen womöglich bessere Chancen zum Erreichen des Zieles als das Ausharren auf der Stelle.

Verstärkte oder länger dauernde Antriebshandlung. Ausgehungerte Menschen können eine solche Gier nach Speisen entwickeln (Heißhunger), daß sie, sobald diese ihnen zur Verfügung stehen, viel mehr davon zu sich nehmen, als sie vertragen können; Kriegsgefangene, die nach langer Hungerzeit wäßrige Suppe erhielten, aßen davon so viel, daß starke Schmerzen die Folge waren und ihnen der Magen ausgepumpt werden mußte. – Nach mehrtägigem Schlafmangel schlafen manche Menschen ohne Unterbrechung doppelt so lange wie sonst oder noch länger, um danach erholt zu erwachen.

Größere Empfindlichkeit gegen antriebsbezogene Reize. Aggressive Menschen (auch Kinder), die sich zu anderen uneinfühlsam, schroff und grob verhalten, sind in der Regel überaus empfindsam, wenn ihnen selbst auf gleiche Weise begegnet wird. Diese Diskrepanz erscheint auf den ersten Blick überraschend. Sie erklärt sich jedoch, wenn man beide anscheinend nicht zueinander passenden Verhaltenstendenzen nach den angegebenen Regeln (und dem Funktionsschaltbild Abb. 6, S. 243) als Konsequenz der hohen Antriebsaktivierung versteht. Hohe *sexuelle* Antriebsspannung kann zur Folge haben, daß viel geringere Reize als sonst zur Erregung führen. Hierauf nimmt die Zeile aus dem »Faust« Bezug: »Du siehst mit diesem Trank im Leibe bald Helenen in jedem Weibe.« Ein weiteres Beispiel ist die »Not-Homosexualität« (Abschnitt III D 6, S. 220).

Vorliebnehmen mit weniger attraktiven Anreizen oder Ersatzobjekten. Bei erhöhter Antriebsstärke ist der Mensch hinsichtlich seiner Antriebsziele *weniger wählerisch.* Bei zehrendem Hunger essen wir, was wir sonst nicht anrühren würden. Wer sich in einer Zeit der Sattheit an Kriegs- und Hungerzeiten erinnert, wundert sich, mit welchen Speisen man damals vorliebgenommen hat. Das Sprichwort »Hunger ist der beste Koch« drückt diesen Zusammenhang aus. Kein Wunder auch, daß man als *Nachtisch* besondere Leckerbissen anbietet: Der

Hunger ist dann schon reduziert; darum können nur stärkere Reize das antriebsbezogene Verhalten weiter in Gang halten. Wer aggressiv gestimmt ist, den »ärgert die Fliege an der Wand«. Bei größter Müdigkeit schläft man in den unbequemsten Stellungen ein.

Verhalten im Leerlauf. Bei hohem Antriebsdruck kann antriebsbezogenes Verhalten, das im Normalfall durch bestimmte Außenbedingungen ausgelöst wird, »im Leerlauf« erfolgen. Ein Beispiel aus dem menschlichen Leben stellen geschlechtliche Erregungen im Schlaf dar. Sie können sich beim Mann bis zum unwillkürlichen Samenerguß, bei der Frau bis zum Erregungshöhepunkt im Orgasmus steigern. Beides kann, braucht aber nicht von Träumen begleitet zu sein.

Versiegen (Atrophieren) von Antrieben. Bleibt die Befriedigung eines Bedürfnisses sehr lange Zeit aus oder überschreitet ein Mangel eine bestimmte Schwelle, so kann der Aktivierungsgrad des zunächst angestiegenen Antriebes wieder abnehmen (vgl. Abschnitt V A 4, S. 407). So gibt es einen Zustand der Übermüdung, in dem man nicht mehr einschlafen kann; und ein Kleinkind, das lange Zeit von seinen geliebten Eltern getrennt war, kann sich beim Wiedersehen völlig teilnahmslos verhalten. Bei einer Hungerkur leiden die Patienten zunächst einige Tage lang heftig an Hunger; danach schwindet das Hungergefühl, und die erneute Nahrungsaufnahme muß willentlich gesteuert werden. Aus diesem Grunde sollte man eine Hungerkur nur unter ärztlicher Aufsicht durchführen. – Die hier zusammengestellten Beispiele für das *Versiegen* von Antrieben dürften auf *sehr unterschiedlichen Vorgängen* beruhen.

B 3. *Wirkung starker Antriebe auf das Bewußtsein*

Je stärker ein Antrieb aktiviert ist, desto mehr wirkt er auf das menschliche Bewußtsein. Das kann auf zweierlei Weise geschehen: Entweder tritt das mit dem Antrieb verknüpfte Gefühl immer wieder ins Bewußtsein und verdrängt die anderen Gedanken; oder das Bewußtsein produziert gegen den Willen des Menschen Erinnerungs- und Phantasiebilder, die die Ziele des Verlangens oder – im Falle von Furcht und Sorge – die drohenden Gefahren immer wieder vergegenwärtigen. Wer – etwa in der Kriegsgefangenschaft – mit anderen lange Zeit unter Hunger zu leiden hatte, erinnert sich daran, wie die Gedanken, die mit dem Essen zu tun hatten, immer mehr Einfluß auf das Denken gewannen und schließlich kaum mehr für andere Vorstellungen Raum ließen[1]. Überstark aktivierter *sexueller* Antrieb führt zur Invasion von entsprechenden Phantasien ins Bewußtsein. Wer von einer quälenden *Sorge* erfaßt wurde, dem drängt sich diese immer erneut ins Bewußtsein hinein, so sehr er dies auch mit Willenskraft zu verhindern sucht. Will man sich selbst oder ein Kind, das im Zustand der Furcht oder der Trauer ist oder Schmerz empfindet, *ablenken*, so versucht man es durch die Mobilisierung möglichst starker *anderer* Empfindungen; denn man weiß, daß man nur auf diese Weise bestimmte Inhalte aus dem Bewußtsein verdrängen oder von ihm fernhalten kann. Man verläßt sich also, ohne es sich klarzumachen, darauf, daß die jeweils am stärksten aktivierten Bereitschaften das Bewußtsein einnehmen und die anderen verdrängen können.

Die sonst erlebte Freiheit im Spiel der Gedanken wird durch drängende Empfindungen eingeschränkt. Wer ein Erlebnis hatte, das Sorge, Ärger oder Empörung in ihm weckte – seien es die vermeintlichen Anzeichen einer schweren Krankheit, die Nachricht über eine von einem Freund begangene Fehlhandlung oder eine der Wahrheit hohnsprechende öffentliche Anschuldigung –, der versuche, über den Zeitraum von Stunden oder Tagen zu zählen, wie oft das betreffende Bild, ohne daß er es will, in sein Bewußtsein tritt: Er wird es Dutzende von Malen registrieren. Meist hilft es so gut wie gar nicht, den Willen dagegen zu mobilisieren – etwa aus dem Gedanken heraus, daß ein Wiederholen gleicher Empfindungen unfruchtbar und sinnlos sei. Das Eintreten der unerwünschten Vorstellungen ins Bewußtsein kann man kaum jemals völlig unterbinden; man vermag höchstens die Zeit zu verkürzen, während deren man sich den betreffenden Gedanken hingibt. – Man kann in einer solchen Gefühlslage oft schlecht oder gar nicht einschlafen; kein Wunder, denn der Schlaf zeigt seinen Charakter als Antriebsgeschehen gerade auch darin, daß er mit den übrigen Bedürfnisspannungen im Verhältnis gegenseitiger Hemmung steht. Gegen einen stark aktivierten anderen Antrieb kann sich der Drang zum Schlafen erst dann durchsetzen, wenn er selbst infolge überlangen Wachseins besonders stark geworden ist.

Tendenz zur Kurzschlußhandlung. Hat ein Antrieb eine hohe, wenn auch eigentlich noch kontrollierbare Intensität erreicht, so ist doch schon die Gefahr für *Kurzschlußhandlungen* erhöht. Ein Beispiel: Ein junger Lehrer, der sich den Idealen der demokratischen Schüler-Lehrer-Gemeinschaft verpflichtet fühlte, war durch eine belastende Situation sehr aufgeregt und mußte in dieser angespannten Gefühlslage eine sachlich schwierige Unterrichtsstunde abhalten.

Kaum hatte er zu unterrichten begonnen, da provozierten ihn zwei Schüler der letzten Bankreihe, indem sie zu singen anfingen; andere Schüler lachten. Dem Lehrer gingen blitzartig einige Gedanken im Kopf herum: Was ist jetzt zu tun? Aber er fand keine Lösung. Daraufhin sprang er im Affekt zu den störenden Schülern und ohrfeigte sie. – Wie an diesem Beispiel deutlich wird, kann höherer Triebdruck unter Umständen eine Kurzschlußhandlung auslösen, die sich *gegen* Ideale richtet, die der Betreffende selbst vertritt.

Neigung zur Unausgeglichenheit. Angenommen, ein einzelner Antrieb bzw. eine Verhaltenstendenz sei dauernd stark aktiviert, so müßte im Höchstwertdurchlaß jeder andere Antrieb erst einen noch höheren Grad der Aktivität erreichen, um sich gegen den verstärkten Antrieb durchzusetzen. Alle Verhaltenstendenzen, die jeweils vorübergehend die Führung des Verhaltens übernehmen, wären unter diesen Umständen besonders stark aktiviert; anderenfalls hätten sie sich gegen den fraglichen Antrieb nicht durchgesetzt. Ein *einzelner*, chronisch hochaktivierter Antrieb könnte es demnach bewirken, daß sich die *gesamte* Verhaltenssteuerung – auch in den nicht direkt betroffenen anderen Antriebsbereichen – auf einem *Niveau höherer Aktivierung* abspielt. Alle Übergänge von einer zur anderen Gestimmtheit wären dann besonders abrupt. Insgesamt hätte auch der *Intellekt* wegen der stärkeren Emotionalität geringere Chancen, in die Steuerung des Verhaltens einzugreifen. All das würde sich als »Unausgeglichenheit« im Wesen eines Menschen ausdrücken. Kurz: Sofern das eben Gesagte zutrifft, könnte schon ein einziger überstark aktivierter Antrieb einem Menschen die innere Ausgeglichenheit nehmen. Dies wäre eine bemerkenswerte funktionale Konsequenz des verhaltenssteuernden Teilsystems des Höchstwertdurchlasses (Abschnitt IV A 9, S. 261).

»Intolerantes Werturteil«. Die Redensart »Himmelhoch jauchzend – zu Tode betrübt« kennzeichnet den Tatbestand, daß heftige Emotionen mitunter zu jähen Wechseln neigen. Starke Emotionen bewerten gleitende Skalen von Unterschieden (z. B. zwischen gutem und schlechtem Wetter oder zwischen sympathisch und unsympathisch) mit einem Entweder-Oder der gefühlsmäßigen Einstellungen. Konrad LORENZ[1] prägte hierfür den Ausdruck »intolerantes Werturteil«. Auch diese Erscheinung steht im Einklang mit dem Prinzip des Höchstwertdurchlasses.

B 4. *Verhängnisvolle Wechselwirkungen zwischen*
Verhaltenspartnern

Das Verhalten des neugeborenen Kindes und das seiner Mutter sind
von Natur aus aufeinander abgestimmt: Den Verhaltensweisen auf
der einen Seite entspricht die Empfänglichkeit für deren Auswirkungen auf der anderen Seite und umgekehrt. Kind und Mutter bilden dadurch gleichsam ein in sich harmonisches Wirkungsgefüge.
Das gleiche gilt – im Verhaltensbereich der Partnerbindung – für
Liebende.

Aus bestimmten Zügen der Natur des Menschen ergibt sich aber
auch die Möglichkeit für das Gegenteil: für ein Wechselgeschehen
zwischen Menschen, das nicht zur Stillung von Lebensbedürfnissen
führt, sondern beide Partner aus dem Gleichgewicht bringt und ihnen zum Nachteil gereicht. Die Alltagssprache verwendet hierfür
den Ausdruck »Teufelskreis«. Vielfach liegt die Ursache darin, daß
Maßnahmen gegenüber Mitmenschen unbeabsichtigt, aber natur-
notwendig nicht die bezweckte Wirkung, sondern deren Gegenteil
zur Folge haben; das führt dann zu Gegenreaktionen, dies wieder
zur Verstärkung des unerwünschten Geneneffektes und so fort (Eskalation).

Ein erstes »Teufelskreis«-Beispiel stammt aus der Wechselwirkung zwischen Eltern und Kindern. Manche Eltern trauen sich die
Fähigkeit zu, die notwendige Nahrungsmenge sicherer bestimmen
zu können, als es der Hunger des Kindes, also die vom Stoffwechsel-
Bedürfnis abhängige Antriebsstärke, vermag. Falls sie hierbei fordern, bei fehlendem Hunger oder sogar trotz einer durch Übersätti-
gung entstandenen Abneigung weiter zu essen, und wenn dann sogar Strafen angedroht oder verhängt werden, so ist aufgrund der bisher beschriebenen Gesetzmäßigkeiten folgendes zu erwarten: Die
Situation der Mahlzeit verknüpft sich bei dem Kind mit den unangenehmen Erinnerungen von Drohung und Strafe sowie mit Angst
oder Aggressivität (Trotz) oder beidem. Je stärker diese Antriebe
sind, desto eher werden sie den während des Essens ohnehin abnehmenden Hunger unterdrücken, desto eher wird also das Kind von
sich aus mit dem Essen aufhören wollen. Dies kann die Bemühungen der Eltern ansteigen lassen, das Kind zum Essen zu zwingen,
was zur weiteren Verringerung der Eßlust führen muß usw. Einmal
in Gang gekommen, hat somit dieses Geschehen in sich die Tendenz
zur fortlaufenden gegenseitigen Steigerung: Stärkere elterliche Be-

mühungen → größerer Trotz des Kindes → geringerer Hunger → noch stärkere elterliche Bemühungen → . . . usw.

Chronisch *aggressiv* gestimmte Menschen tragen durch ihr Verhalten fast unweigerlich dazu bei, daß sich die Mitmenschen zu ihnen aggressiver verhalten als zu anderen, wodurch sich die äußeren Anlässe für ihre eigene Aggressivität weiter vermehren; dies kann wieder im gleichen Sinne auf die Umwelt wirken, neue Rückwirkungen zeitigen und schließlich im Extremfall – wie es in GOETHES Gedicht »Harzreise im Winter« allegorisch beschrieben wird – den allseits verfeindeten Menschen schaffen und ihn von der Gesellschaft isolieren.

Im einzelnen erklärt sich dieses Geschehen auf folgende Weise: In beinahe jeder Handlung, mit der sich ein Mensch einem anderen zuwendet, kann man, wenn man dafür empfindlich ist, auch Aspekte der Gegnerschaft erblicken: in Hilfeleistungen die Absicht, den anderen in Abhängigkeit zu bringen; in Geschenken, ihn zu Gegenleistungen zu verpflichten; in Ratschlägen, ihn zu bevormunden; in lobender Anerkennung, Mißachtung auszudrücken gegen das, was unerwähnt blieb usw. Da der aggressiv Gestimmte gerade für Anzeichen der Gegnerschaft empfindlich ist, reagiert er stärker auf diese als auf die anderen Aspekte. Deshalb wird er selbst weniger mit Dankbarkeit, Anerkennung, mit der Erwiderung von Hilfeleistungen und mit Geschenken reagieren, sondern eher mit Mißtrauen und Gegnerschaft. Hierdurch erfährt aber die Zuwendung des Mitmenschen keine belohnende Bekräftigung, im Gegenteil: Enttäuschung über die Undankbarkeit des Angesprochenen greift Platz, und Abkühlung und Feindschaft können die Folge sein. So wird derjenige, der in der Umwelt vorwiegend das ihm Feindliche sieht, seitens der Umwelt im Laufe der Zeit diese Feindschaft wirklich erfahren; die menschliche Umgebung handelt zunehmend so, wie es der Aggressive zunächst aufgrund seiner Empfindlichkeit *nur annahm.* Hier wäre der »Teufelskreis« folgendermaßen zu skizzieren: Freundliche oder neutrale Zuwendung → Empfindlichkeit für gegnerische Aspekte → unfreundliches Reagieren → Eindruck der Undankbarkeit → Verminderung der freundlichen Zuwendung → verstärkte unfreundliche Reaktionen → . . . usw.

Zum Glück besteht neben dieser Eskalation im Bösen (Teufelskreis) auch ihr Gegenstück: die wechselseitige Steigerung von Zugewandtheit und Vertrauen. Hierdurch bilden sich krisenfeste menschliche Bindungen, beispielsweise zwischen Liebespartnern, zwischen Eltern und Kindern und zwischen Arbeitspartnern im Beruf. Stetiges

Bejahen und Anerkennen des anderen und seines guten Willens stärken Vertrauen und Einvernehmen. Zwar unterlaufen allen Menschen gedankenlose Unfreundlichkeiten gegen ihre Mitmenschen. Es ist ein Ausdruck zuverlässiger menschlicher Beziehungen, wenn die Partner solche Äußerungen des anderen entweder gar nicht zur Kenntnis nehmen oder ihnen ganz bewußt wenig Wert beimessen und auf diese Weise verhüten, daß der prinzipielle gute Wille des Partners bezweifelt wird und sich Mißtrauen einschleicht. Weiterhin gehört es zu einer stabilen Vertrauensbildung, auf aggressive und angstgetönte *schnelle* Reaktionen aus Einsicht in deren verhängnisvolle Wirksamkeit zu verzichten, etwaige Richtigstellungen auf später zu verschieben (»einmal darüber schlafen«) und die Probleme dann, sofern sie noch als bedrückend empfunden werden, sorgfältig vorbereitet in gemeinsamer Bemühung aufzuarbeiten.

Sind zwei oder mehrere Menschen aber erst einmal in einen Teufelskreis der gegnerischen Eskalation hineingeraten, so gilt es zunächst, die Antriebsaktivierung wieder zu vermindern: dadurch, daß beide Partner das strittige Thema oder belastende Verhalten vorübergehend vermeiden; hiernach läßt sich am ehesten ein neuer Weg finden. Handelt es sich um Konflikte mit Kindern, so ist es ratsam, die Probleme mit möglichst erfahrenen Freunden oder mit Fachleuten zu besprechen und ein grundsätzlich verändertes Verhalten zu planen und vorzubereiten. Einen Teufelskreis, der sich eigengesetzlich fortlaufend verstärkt, aufzubrechen fordert in aller Regel besonnenes, zugleich aber gezieltes und entschiedenes Handeln.

C. Unbeabsichtigtes Lernen

Der Erwachsene muß sich klarmachen, daß das kindliche Nervensystem genauso wie sein eigenes jederzeit bereit ist, unterschiedliche Eindrücke miteinander zu verknüpfen. Das geschieht vielfach *ohne bewußtes Zutun*, aber es geschieht *nach bestimmten Regeln*. Dem Kind wie dem Erwachsenen kann das zum Nutzen oder zum Schaden gereichen. Besonders wichtige Ursachen für solche unbeabsichtigten Lernvorgänge sind bloße Raum-Zeit-Beziehungen (Abschnitt C 1) sowie schlechte Erfahrungen (Abschnitt C 2).

C 1. *Zugleich Empfundenes verknüpft sich*

Bedingte Verknüpfung von Sinneseindrücken. Auf freiem Gelände ist ein Flugzeug abgestürzt; beide Insassen sind umgekommen. Ein junger Mann bewacht die Unglücksstelle, bis die Polizei eintrifft. Starker Benzingeruch geht vom Flugzeugwrack aus. Aufgrund dieser Erfahrung drängte sich dem jungen Mann noch monate- und jahrelang die Erinnerung an diese Totenwache wieder auf, sobald er den Geruch von Benzin wahrnahm. Er empfand das Eintreten dieses Gedächtnisbildes in sein Bewußtsein wie einen von außen ausgeübten Zwang. Gleichzeitig aufgenommene Eindrücke hatten sich hier – aufgrund von nichts anderem als der *Gleichzeitigkeit* des Auftretens – miteinander *verknüpft*; wenn später einer der Eindrücke wiederkehrte, aktivierte er auch den anderen. Auf Gleichzeitigkeit kann also auch der menschliche Organismus mit erfahrungsbedingten Verknüpfungen (Assoziationen) reagieren. Dies kann – wie beim bedingten Reflex (Abschnitt IV B 1) – ein zwangsläufiges Geschehen sein, auf das der Wille keinen Einfluß hat. Beim bedingten Reflex löst infolge zeitlicher Beziehungen ein früher neutraler Reiz eine *Reaktion* aus; beim Menschen kann statt dessen ein *Gedächtnisbild* ins Bewußtsein treten.

Motorisches Lernen. Wiederholt durchgeführtes Verhalten kann »sich einschleifen« und spätere Veränderungen des Verhaltens erschweren. An einem Wohnhaus veränderten Handwerker den Zugang: Beim Verlegen neuer Steinplatten verschwand eine Stufe zwischen Hauseingang und Fußweg. Tagelang setzten alle Hausbewohner daraufhin noch unwillkürlich zum nicht mehr erforderlichen Stufenschritt an. Dieser Schritt war also vorher, ohne daß man sich dessen bewußt war, *gelernt* worden. Das Gelernte drängte nun dazu, sich auch weiterhin zu wiederholen. Dies entspricht dem Prinzip des *motorischen Lernens* (Abschnitt IV B 12, S. 321).

Wie fest die Ergebnisse motorischen Lernens beim Menschen eingeprägt sein können, zeigt folgendes Beispiel: Ein 42jähriger begann nach einer Unterbrechung von 25 Jahren wieder Ski zu laufen. Während die derzeitigen Skibindungen vorne vor der Fußspitze festzustellen und zu lösen sind, geschah dies bei den in seiner Jugend gebräuchlichen an der Außenseite der Ferse. Trotz der langen Pause, in der das »motorische Engramm« niemals aktiviert worden war, faßte der Skiläufer wochenlang unbelehrbar an die früher eingeprägte Stelle, bis er endlich umgelernt hatte.

Unabsichtliches Nachahmen kennt jeder an seinen Mitmenschen und an sich selbst. Ohne es zu wollen, übernimmt man Wörter in seinen Sprachschatz, die zu Modewörtern geworden sind. Hat man eine ansprechende Melodie gehört, so wiederholt sich diese bisweilen unablässig in unserem Bewußtsein, sogar gegen unseren Willen. Dies ist zunächst ein »inneres« Nachahmen; mancher kann die Melodie dann auch nachsingen oder nachpfeifen.

In Sonderfällen kann das Nachahmen für höchst ungewöhnliche Verhaltensweisen verantwortlich werden. Das gilt z. B. für die lange Reihe von Selbstverbrennungen in Europa in den Jahren seit 1969. Eine Zeitungsmeldung vom 29. 1. 1970 lautete: »Zum achten Male binnen elf Tagen hat sich in Frankreich ein Mensch selbst verbrannt. Am Mittwoch übergoß sich in der nordfranzösischen Stadt Lens der 20 Jahre alte städtische Angestellte Albert Rouseau auf dem Weg zu seiner Arbeitsstätte mit Benzin und zündete sich an. Das Motiv für die Tat ist nicht bekannt.« Es ist unter diesen Umständen wahrscheinlich, daß die Kenntnisnahme der vorangegangenen Fälle nur die *Art und Weise* mitbestimmte, in der die sonst unterschiedlich motivierten Selbstmorde verübt wurden. Formal handelt es sich dabei um ein Verhalten nach wahrgenommenen oder auf sonstige Weise erfahrenen Vorbildern, also um Nachahmung (Abschnitt IV B 13, S. 322f.).

C2. *Erfahrungsbedingte Abneigungen und Hemmungen*

Aufgrund von schlechten Erfahrungen können bei allen lernfähigen Lebewesen ursprünglich anziehende oder neutrale Wahrnehmungen einen abstoßenden Charakter erhalten (bedingte Aversion, Abschnitt IV B 4). Das beobachtete Verhalten ist daraufhin *Abkehr* von den betreffenden Reizen oder *Vermeiden*, sich ihnen anzunähern. Ferner können *Verhaltensweisen*, die schlechte Erfahrungen nach sich ziehen, einer *Hemmung* unterworfen werden (bedingte Hemmung, Abschnitt IV B 5). All dies ist auch beim Menschen zu beobachten; er kann sich seiner Aversionen und Hemmungen auch *bewußt werden* und mit Hilfe der Sprache darüber berichten.

Eine Wahrnehmung hat sich für manche Menschen aufgrund ihrer Erlebnisse im Zweiten Weltkrieg unwiderruflich mit den Empfindungen der *Angst* und der inneren Abwehr verknüpft: der Heulton der Alarmsirene. Noch nach Jahrzehnten wecken diese akustischen Reize schreckliche Erinnerungen. Bisweilen sind auch körperliche Begleiterscheinungen des Schreckens und der Aufregung zu beobachten. Ähnlich reagieren auch Kinder: Ein Feuerwerk hatte ein knapp einjähriges Mädchen durch ohrenbetäubendes Knallen um 22 Uhr aus dem Schlaf gerissen und schrecklich geängstigt. Tags darauf wurde deutlich, daß sich dieses Erlebnis für das Kind mit dem Im-

Bett-Liegen verknüpft hatte; denn es wehrte sich – was zuvor nie geschehen war – sowohl mittags als auch abends angstvoll dagegen, ins Bett gelegt zu werden, und behielt diese Abwehrreaktion einige Tage lang bei.

Ein junges Paar wurde beim Geschlechtsverkehr im Walde durch Dritte gestört. Für den jungen Mann verknüpfte sich das sexuelle Geschehen mit der schlechten Erfahrung. Seither litt er bei jedem Versuch eines Sexualaktes an Erektionsstörungen aufgrund von Assoziationen, die hierbei in ihm lebendig wurden und ihn an das diesbezügliche Erlebnis erinnerten (veröffentlichter Bericht[1] aus einer ärztlichen Sexualberatungspraxis).

Wem durch einen Menschen, der ein besonders ausgeprägtes Gesicht hat, Unrecht angetan wurde, so daß eine heftige Abneigung gegen ihn entstand, der leidet später manchmal darunter, daß er diese gefühlsmäßige Abneigung auch gegenüber ähnlich aussehenden anderen Menschen empfindet. Mitunter gelingt es nur mit Mühe, die damit verbundenen Hemmungen zu überwinden, um dem unschuldigen Doppelgänger unbefangen und zugewandt gegenüberzutreten zu können.

Manche Kinder beginnen zu weinen, sobald ein Arzt im weißen Kittel erscheint. Dies beruht vielfach auf einem vorangegangenen Erlebnis: Ein Arzt hatte dem Kind z. B. beim Impfen einen Schrecken versetzt oder Schmerz bereitet. Für das Kind hat sich daraufhin der ursprünglich neutrale Eindruck des weißen Mantels mit dem unangenehmen Erlebnis verknüpft. Die Reaktionen des Weinens und der Angst werden nun – vielleicht für lange Zeit – vom Anblick des weißen Mantels ausgelöst.

Auf eindrucksvolle Weise erlebte ich gegen jede Absicht und trotz der verstandesmäßigen Einsicht in die Zusammenhänge eine erfahrungsbedingte Hemmung, als ich als Biologe in Brasilien tätig war. Die dortigen stacheltragenden Wespen sind nicht schwarz-gelb geringelt, sondern ihr Körper ist gleichmäßig schwarz mit stahlblauem Schimmer. Eines Tages sah ich eine ebenso gefärbte Heuschrecke. Diese besitzt natürlich keinen Stachel; ich erkannte das Tier sofort an seinen unverwechselbaren, eigentümlich geformten Fühlern, von denen ich gelesen hatte, und wollte es fangen, um es zu fotografieren. Aber beim Versuch, dies zu tun, zuckte meine Hand wegen der wespenähnlichen Färbung des Tieres zweimal zur eigenen Überraschung unwillkürlich zurück; und erst beim dritten Mal überwand ich durch bewußte Willensanspannung die erlernte Aversion und konnte das Tier ergreifen.

D. »Prägungsähnliches Lernen«

Der Bindungsprozeß des Säuglings an seine elterlichen Betreuer wird an mehreren Stellen dieses Buches ausführlich behandelt, vor allem in Abschnitt II B 2 (S. 52 ff.), Abschnitt III B 4 bis B 8 (S. 162 ff.) und Abschnitt VIII C 3 (S. 569). An dieser Stelle soll ein zusätzlicher Aspekt dieses Vorgangs zur Sprache kommen, der mit der menschlichen *Entscheidungsfreiheit* zu tun hat: die Einordnung des Bindungsvorgangs in das System der Lernvorgänge und damit seine *Benennung*.

Die besondere Offenheit des Säuglings für das Knüpfen der Bindung liegt, wie es die Abb. 1 (S. 27) graphisch veranschaulicht, in einer bestimmten Lebensphase; und einmal geknüpfte und jahrelang gesicherte und gefestigte Bindungen erweisen sich später vielfach als beständig und lebenslang unvergeßlich. Dies entspricht formal dem Vorgang der Prägung mit der Begrenztheit der Lernfähigkeit auf eine sensible Phase und der Unabänderlichkeit des einmal gebildeten Engramms (siehe Abschnitt IV B 10, S. 314 ff.). Darf oder soll man daraufhin das Entstehen der individuellen Bindung des Säuglings an seine Eltern als »Prägung« bezeichnen? Manche bejahen es wegen der Übereinstimmung der Merkmale[1]. Gegen diesen Wortgebrauch läßt sich jedoch einwenden:

– Eine Prägung im strengen Sinn des Wortes wäre *nach* dem Verstreichen der sensiblen Phase nicht mehr möglich, also auch keine Um- oder Neuprägung. Beim Kind aber kann in besonderen Lebenslagen und bei besonderen Persönlichkeitsstrukturen doch eine neue Bindung auch in späterem Lebensalter entstehen. Sie kann als ebenso tief und unverbrüchlich wie die erste erlebt werden und ebenso verhaltenslenkend sein. (Ob ihre verhaltensbiologische Basis von der gleichen oder anderer Natur ist als die der ersten Bindung, wird sich allerdings wohl weder allgemein noch im Einzelfall klären lassen.)

– Der Begriff »Prägung« wurde ursprünglich für Tiere eingeführt, für den Menschen der Begriff »Fixierung«.

– Zur Begriffsbestimmung der Prägung gehört ausdrücklich das Merkmal der *Unwiderruflichkeit*; diese aber widerspräche der prinzipiellen Bejahung der (wenn auch nicht immer verwirklichten) Offenheit und Entscheidungsfreiheit des Menschen (siehe Abschnitt I A, S. 16).

Dem eben genannten *zustimmenden* und den drei *ablehnenden* Argumenten wird man am ehesten dadurch gerecht, daß man bei der

Entstehung der individuellen Bindung des Kindes an die Eltern nicht von Prägung, sondern von *prägungsähnlichem Lernen* spricht.

Lernprozesse mit in der Tat unwiderruflichem Ergebnis wurden übrigens früher beim Menschen als an Tieren entdeckt, und zwar von Sigmund FREUD, der dann von *Fixierung* sprach: »Eine besonders innige Bindung des Triebes an einen Partner wird als *Fixierung* desselben hervorgehoben. Sie vollzieht sich oft in sehr frühen Perioden der Triebentwicklung und macht der Beweglichkeit des Triebes ein Ende, indem sie der Lösung intensiv widerstrebt.«[1] (In diesem Zitat wurde der psychoanalytische Fachausdruck »Objekt« durch die umgangssprachlich gebräuchliche Bezeichnung »Partner« ersetzt.)

Bindungsprozesse mit unwiderstehlicher Macht. Ebenso wie es die Liebesehe und die Vernunftehe gibt, können *Mütter und Väter zu ihren Kindern* sowohl eine wesenhaft-elementare Elternbindung entwickeln wie auch emotionslose, rein verstandesmäßige Beziehungen. Eine elementare Bindung von Eltern an ihr leibliches Kind oder auch an ihr Adoptiv- oder Pflegekind kann mit überströmender Naturgewalt über sie kommen. Dies kann ein ebenso unausweichliches Geschehen sein wie der unwiderstehliche Einbruch einer Liebesbeziehung, der die Liebenden mit schicksalsmäßiger Unbedingtheit überfällt. Wie elementar und irrational eine solche Bindung sein kann, zeigt folgendes Beispiel:

Pflegeeltern hatten von einer ledigen Mutter ein armseliges behindertes Geschöpfchen, eine Mangelgeburt, zur Betreuung erhalten. Nach zwei Jahren will die leibliche Mutter das Kind wiederhaben. Rational gesehen, sollte man annehmen, die Pflegeeltern wären froh, die lebenslange, ihnen unabsehbare Opfer abverlangende Verantwortung für dieses gebrechliche Wesen abgeben zu dürfen, ohne daß ihnen jemand daraus einen Vorwurf hätte machen können. In Wirklichkeit aber hat der in den Eltern vor sich gegangene *Bindungsprozeß* sie beide unzerreißbar an das hilfsbedürftige Kind gekettet. Sie kämpfen nun mit dem Mut der Verzweiflung darum, das Kind behalten zu dürfen; und wir stehen staunend vor der elementaren, in der Natur des Menschen gründenden Gewalt, die eine Mutter und hier auch einen Vater an ein Kind binden kann, das nicht ihr leibliches Kind ist.

In der Sicht der Verhaltensbiologie liegt es nahe zu vermuten: Auch hier geht ein *prägungsähnlicher Lernprozeß* vor sich, der so tiefe Schichten der Persönlichkeit einbezieht, daß bei drohender Trennung alle Kräfte mobilisiert werden, um die Gefahr abzuwenden. Nur wissen wir noch allzuwenig von den Bedingungen, unter denen sich diese elementare Bindung vollzieht.

Dieser Bindungsprozeß, der Erwachsene an ein Kind binden kann, ist von größter Bedeutung für das Schicksal des Kindes: Er sorgt dafür, daß ihm die schutzgebenden Elternpersonen erhalten bleiben. Weiter unten wird dies noch einmal unter dem Gesichtspunkt »Menschliches Verständnis für Pflegeeltern, die um den Verbleib ihres Pflegekindes in ihrer Obhut kämpfen« zur Sprache kommen (Abschnitt VIII C 5, S. 578).

E. Zusammenfassung

1. Jähzorn und panische Angst sind Beispiele für Verfassungen des Menschen, in denen er einem Antrieb völlig aufgeliefert ist. Andere Bestrebungen, z. B. vernünftige Überlegungen, können sich nicht durchsetzen (A 1).

2. Am Beispiel des Atemdrangs kann es jeder Mensch an sich selbst erleben, wie – nach willentlichem Atemanhalten – die Beherrschbarkeit eines Antriebs mehr und mehr abnimmt und sich schließlich der Antrieb durchsetzt, mag ihm ein noch so starker Wille entgegenstehen (A 2).

3. Nur wenn einem Menschen unterschiedliche Handlungsmöglichkeiten bewußt sind und wenn sein Handeln durch Ergebnisse seines Nachdenkens bestimmt ist, kann man ihn als entscheidungsfrei und als verantwortlich für sein Handeln ansehen (A 3).

4. Stark aktivierte Antriebe wirken als Gegenspieler der Entscheidungsfreiheit (A 4).

5. Der Mensch scheut vor einem Gedanken zurück, der ihn, wenn er ihn dächte, vor eine Situation stellen würde, der er sich nicht gewachsen fühlt (A 5).

6. *Kurzschlußhandlungen* entstehen dadurch, daß eine schnell zunehmende Verhaltenstendenz die »Kontrollinstanz« des Überlegens und Nachdenkens nicht zur Wirkung kommen läßt, sondern unmittelbar – im »Kurzschluß« – das Verhalten bestimmt. Kurzschlußhandlungen im Sinne eines bestimmten Antriebs sind um so wahrscheinlicher, je stärker dieser Antrieb zuvor aktiviert ist (A 6, B 3).

7. Antrieb und Wille brauchen einander nicht zu bekämpfen; sie können auch in die gleiche Richtung weisen. Dann ist der Mensch »mit sich im Einklang«. Antriebe und Vernunft stützen sich dann gegenseitig und bilden eine höhere Einheit. Dies setzt eine lebensvolle Entwicklung sowohl der Antriebs- und Gefühlsseite als auch der Verstandes- und Willensseite voraus (A 7).

8. Der Stärkegrad verschiedener menschlicher Antriebe ergibt sich aus dem körperlichen Versorgungszustand, dem Spiegel be-

stimmter Hormone, dem Entwicklungszustand, den vorangegangenen Wahrnehmungen und dem vorangegangenen eigenen Verhalten. Kennzeichnend für den Menschen ist zusätzlich, daß bewußte Vorstellungen und Phantasien die Rolle von Anreizen übernehmen und Antriebe erwecken und steigern können (B 1).

9. Überstark aktivierte Antriebe können beim Menschen bewirken: Bewegungsunruhe, verstärkte oder länger dauernde Antriebshandlungen, höhere antriebsspezifische Empfindlichkeit und Vorliebnehmen mit Ersatzbefriedigungen (B 2).

10. Bei überstark aktiviertem Antrieb können sich Phantasiebilder aus dem Bereich des gesteigerten Antriebs ins Bewußtsein drängen und die Wahrnehmung für entsprechende Anreize überempfindlich machen; dies engt das Spiel der Gedanken und die Offenheit für Sinneseindrücke ein (B 3).

11. Zwischen heftigen Emotionen erfolgen mitunter besonders jähe Wechsel. Schon ein einzelner überstark aktivierter Antrieb kann einem Menschen die emotionale Ausgeglichenheit nehmen (B 3).

12. Im Verhältnis zwischen Menschen kommt es bisweilen vor, daß jede unfreundliche Reaktion des einen jeweils zu einer verstärkten Reaktion des anderen führt. Sofern dies mit einer Steigerung der beteiligten Antriebe einhergeht, kann eine fortlaufende Eskalation des Verhaltens folgen (»Teufelskreis«). Doch gibt es auch eine wechselseitige Steigerung von Zugewandtheit und Vertrauen, wenn die Partner alles Bindende verstärken und Trennendes sorgsam bereinigen (B 4).

13. Dem Menschen drängen sich vielfältige unbeabsichtigte Lernvorgänge auf: Gleichzeitig Empfundenes verknüpft sich, wiederholte Verhaltensfolgen »schleifen sich ein«, Wahrgenommenes wird nachgeahmt (C 1).

13. Aufgrund schlechter Erfahrungen können sich in einem Menschen auch gegen seinen Willen Aversionen gegen bestimmte Eindrücke oder Partner ausbilden sowie Hemmungen für bestimmtes Verhalten entwickeln (C 2).

15. Wo beim Menschen besondere Lebensphasen der Offenheit für bestimmte Lernvorgänge bestehen – insbesondere im ersten Lebensjahr für die individuelle Kind-Eltern-Bindung –, wird anstelle von »Prägung« der Ausdruck »prägungsähnliches Lernen« vorgeschlagen; denn unter besonderen Voraussetzungen kann auch durch spätere Erfahrung eine neue Bindung entstehen, was der strengen Begriffsbestimmung der Prägung widersprechen würde (D).

VII. Verhaltensbiologische Theorie milieubedingter Verhaltensstörungen des Kindesalters, ihrer Ursachen, Erkennung und Heilung

Kapitel III beschrieb eine Reihe von Verhaltensstörungen des Kindesalters und legte dar, unter welchen Umweltbedingungen sie entstehen. Aber warum haben die betreffenden *Milieueinflüsse* gerade die beschriebenen *Folgen*? Das nun folgende Kapitel soll untersuchen, inwieweit diese Zusammenhänge mit *verhaltensbiologischen Prinzipien* im Einklang stehen. Zur Vorbereitung hierfür behandelte Kapitel IV allgemeine funktionelle Zusammenhänge in der biologischen Verhaltenssteuerung, Kapitel V Verhaltensstörungen bei Tieren (als »Modellbeispiele«) und Kapitel VI einige für den *Menschen* typische Prinzipien der Verhaltenslenkung, insbesondere das Gegeneinanderwirken von Antrieben und Willenskontrolle.

Im nun folgenden Kapitel wird in Abschnitt A nach den *Ursachen* für milieubedingte Verhaltensstörungen gefragt. In Abschnitt B und C folgen Darlegungen über Möglichkeiten der *Erkennung* (Diagnose) und der *Heilung* (Therapie) – ebenfalls mit dem Versuch der verhaltensbiologischen Deutung. Das vierte zugehörige – und zugleich wichtigste – Thema, die *Vorsorge* gegen Verhaltensstörungen, ist dem letzten Kapitel (VIII) vorbehalten.

Für das nun folgende erste Teilkapitel sind solche Verhaltensstörungen zur Besprechung ausgewählt, bei denen die Anwendung verhaltensbiologischer Prinzipien Kenntnisse und Einsichten vermittelt, die über das schon in Kapitel III Dargestellte *hinausgehen*.

A. Ursachen von Verhaltensstörungen bei Kindern

A 1. *Stereotypien bindungslos aufwachsender Säuglinge*

Stereotypien, also über längere Zeit fortdauernd gleichförmig wiederholte Körperbewegungen, kommen zwar auch bei manchem verhaltens*gesunden* Kind zeitweilig in der einen oder anderen Lebenslage vor, beispielsweise vor dem Einschlafen. Wo sie aber häufig mit Kopfanschlagen oder sonstiger schmerzhafter Selbstreizung verbunden sind, am Tage einen Teil der Zeit des Spielens oder »Sich-Be-schäftigens« in Anspruch nehmen oder wenn sie mit unbeweglichem, in die Ferne gerichtetem Blick ausgeführt werden, handelt es sich um *gestörtes* Verhalten.

Wie in Abschnitt III B 4 (S. 163) geschildert, traten bei Säuglingen und Kleinkindern, die in Heimen mit Altersklassenstruktur aufwach-sen mußten, heftige, von Kind zu Kind unterschiedliche Stereotypien auf: Schaukeln, Hin- und Herrollen, Kopfanschlagen usf. Als Aus-wirkung von fehlender Bindungsmöglichkeit und sonstigen Mängeln der individuellen Umwelt kam es also zu Verhaltensweisen, wie sie, zumindest in dieser Ausprägung, bei anderen Kindern kaum vorkommen. In verhaltensbiologischer Sicht wirft dies *zwei* Fragen auf:

– Woher rührt der enorme *Bewegungsdrang*, der sich in den Ste-reotypien solcher Kinder äußert?

– Worin könnte bei der für alle betroffenen Kinder sehr *ähnlichen* Heimumwelt der Grund dafür liegen, daß sie unter solchen Umwelt-bedingungen so *verschiedenartige* Ausführungsweisen der Stereo-typien entwickeln?

In dem eigentümlichen, durch Einfühlung nur schwer verständ-lichen Ursache-Wirkungs-Zusammenhang zwischen der Bindungslo-sigkeit beim Aufwachsen einerseits und heftigen, von Kind zu Kind verschiedenartigen Stereotypien andererseits manifestiert sich in ver-haltensbiologischer Sicht das Zusammenwirken von *vier* im Kapitel IV beschriebenen funktionellen Zusammenhängen. Diese sind:

– Das Aktiviertsein eines Antriebs kann, solange die erste Phase des Appetenzverhaltens (unregelmäßiges Suchen) währt, solange also das Antriebsziel nicht wahrnehmbar ist, *Bewegungsdrang* her-vorrufen (Abschnitt IV A 5, S. 251).

– Gewisse Antriebe sind darauf gerichtet, bestimmte *Sinnesreize* zu empfangen, und werden durch deren Empfang befriedigt (Ab-schnitt IV A 6, S. 254, und A 10, S. 266).

– Je stärker ein Antrieb aktiviert ist, desto geringere und desto weniger spezifische Reize lösen die Antriebshandlung aus, und desto höher ist dadurch die Bereitschaft, mit *Ersatzbefriedigungen* vorlieb-zunehmen (Prinzip der doppelten Quantifizierung, Abschnitt IV A 3, S. 243).

– Folgt auf ein Verhaltenselement ein- oder mehrmals eine Beloh-nung in Form einer Antriebsbefriedigung, so verknüpft sich die An-triebsinstanz mit dem Verhaltenselement und stellt es in seinen

Dienst. Der Antrieb löst dann dieses neue Verhalten aus, wenn er aktiviert ist (Prinzip der bedingten Aktion, Abschnitt IV B 3, S. 290 ff.).

Diesen vier Funktionsprinzipien entsprechend stellt sich der Ursache-Wirkungs-Zusammenhang zwischen der Bindungslosigkeit und der Vielfalt der Stereotypien bei deprivierten Säuglingen folgendermaßen dar:

– Als Quelle des enormen *Bewegungsdranges*, der den beschriebenen Säuglings-Stereotypien zugrunde liegt, kommt das *unbefriedigte Kontakt- und Bindungsbedürfnis* in Betracht. Wie extrem diese Antriebsinstanz aktiviert ist, zeigt sich im langdauernden Weinen der deprivierten Kinder.

– Das biologische Ziel dieses Weinens ist es, den Kontakt mit einer Betreuungsperson zu gewinnen, d. h. *deren Anwesenheitssignale zu empfangen*. Die hierfür wirksamen Reize sind nicht allzu spezifisch (informationsreich): Schon eine Berührung oder eine Bewegung des Bettchens kann vorübergehend ausreichen, einen Säugling zu beruhigen; denn diese Wahrnehmungen entsprechen dem Signal für den Tragling, im Kontakt mit der Mutter zu sein. Genau diese Sinnesempfindungen entstehen nun für den deprivierten Säugling auch durch seine *Eigenbewegungen*: Die Säuglinge spüren, wenn auch verursacht durch ihre Eigenaktivität, rhythmisch berührt und bewegt zu werden. Die Säuglinge verschaffen sich so durch ihre eigene Aktivität eine Selbstreizung, die ihnen eine wenn auch oberflächliche Ersatzbefriedigung für den unzureichenden Kontakt mit Betreuungspersonen gewährt. Die Kinder schaukeln sich selbst und vermitteln sich so die Reizsignale der Anwesenheit der Mutter und des Getragenwerdens.

– Die hohe Aktivierung des Kontakt- und Bindungsbedürfnisses verringert die ohnehin geringe Spezifität des angeborenen Auswertungsmechanismus für mütterliche Anwesenheitssignale und erhöht damit die Ansprechbereitschaft auf die selbsterzeugten Ersatzreize.

– Auch wenn die dadurch gewonnene Befriedigung nur flüchtig sein sollte – die angenehmen Erfahrungen folgen jeweils *unmittelbar* auf die aktiven Eigenbewegungen. Das ist die gegebene Lernsituation für *bedingte Aktionen*. Die guten Erfahrungen in Form einer vielleicht auch nur ganz geringen Verminderung der Verlassenheitsangst würden nach der hier vorgetragenen Vorstellung dazu führen, die verursachende Eigenbewegung mit dem gesteigerten, nun jedesmal ein wenig entlasteten Antrieb *zu verknüpfen*. Dabei würde sich die Assoziation jeweils mit dem inneren Kommando derjenigen aktiven

Eigenbewegung bilden, die zufällig *als erste* den Effekt der vielleicht nur flüchtigen Befriedigung nach sich zog. Diese könnte von Kind zu Kind eine *andere* Eigenbewegung sein. Hierdurch würde sich erklären, warum die *Formen* der Stereotypien von Säugling zu Säugling so verschieden sind. Die jeweilige Verknüpfung könnte sich im weiteren Fortgang dadurch *verstärken*, daß aus *derselben* aktiven Bewegung *immer wieder* die innere Entlastung folgt, also nach dem in Abschnitt V B 1 (S. 410 f.) beschriebenen Prinzip. Hierdurch würde sich erklären, warum die verschiedenen Säuglinge nicht nur unterschiedliche stereotype Bewegungsformen durchführen, sondern auch auf Kosten der sonstigen Bewegungsmöglichkeiten langfristig an ihnen festhalten. Hier also läge die Tendenz zur *Monotonie* der Bewegungen. Für das subjektive Erleben der Säuglinge würde all dies bedeuten: Die Stereotypien *verringern* durch das Vermitteln von Ersatzreizen für Mutterkontakt die *Verlassenheitsangst*.

Zusammenfassung. Nach der beschriebenen Hypothese entsprechen die Lernprozesse, die zu den unterschiedlichen Formen der Stereotypien führen, dem Prinzip der *bedingten Aktion* (Abschnitt IV B 3 und V B 1): Auf Verhaltenselemente (die rhythmischen Körperbewegungen) folgen gute Erfahrungen (Belohnungen), nämlich die beruhigenden Sinnesreize. Daraufhin verknüpft sich der durch die Belohnung befriedigte Antrieb, das frühkindliche Kontaktbedürfnis, mit dem Verhaltenselement. Dieses wird dadurch zu einer ausführenden Handlung des Antriebs. Das Verhaltenselement, das rhythmische Sich-Bewegen, tritt in der Folge um so häufiger in Erscheinung, je stärker der Antrieb (das Kontaktbedürfnis) aktiviert ist.

Falls diese Hypothese stimmt, die im Grunde besagt: Der Säugling *lernt*, wie er zu seiner Ersatzbefriedigung kommt, so erhebt sich die Frage: Warum lernt dann nicht *jeder* Säugling, sich solche zusätzliche Befriedigung zu verschaffen? Die Antwort lautet: Die Voraussetzung für dieses Geschehen ist nach der vorgetragenen Auffassung die *mangelnde* Befriedigung des Bedürfnisses nach Mutterkontakt. Erst die damit verbundene Antriebs*steigerung* senkt die Schwelle für die zu empfangenden Reize so weit, daß die bei den Stereotypien entstehenden Sinnesmeldungen als Ersatzbefriedigung zur *Selbstbeschwichtigung* wirksam sein können und gesucht werden.

Ein zufriedener Säugling braucht keine Ersatzbefriedigung. Seine Antriebe sind nicht chronisch gesteigert. Er sucht keine zusätzlichen Befriedigungserlebnisse außer denen, die ihm seine Mutter gewährt. Das schließt allerdings nicht aus, daß dann und wann auch ein zufriedener Säugling die beruhigende Wirkung des

Schaukelns oder einer anderen Stereotypie zufällig erfährt und dann beibehält. Beispielsweise kann sich ein stärker zum Erregtsein neigendes Kind, um besser einzuschlafen, durch rhythmisches Streicheln der Wange mit dem Bettzipfel oder einem Schmusetüchlein Beschwichtigung verschaffen. Dies liegt im Bereich des Normalen. Eltern, deren Kind beim Einschlafen schaukelt, brauchen also nicht erschreckt zum Therapeuten zu gehen. Wenn Stereotypien dagegen häufiger im Tageslauf auftreten, insbesondere wenn sie zum Teil an die Stelle des Spielens treten, dann bedürfen diese Kinder dringend der Hilfestellung ihrer Eltern, um frühere und gegenwärtige Versagungen auszugleichen: mehr Herzlichkeit, mehr gemeinsames Tun und Erleben, mehr Anteilnehmen an den Interessen des Kindes, mehr Anregung zu Spielen, besonders zu lustvollen Bewegungsspielen, kurz mehr ausgeübte Elternschaft, wie sie in den Abschnitten II D 3 und D 4 (S. 84 ff.) dargestellt worden ist.

A 2. *Unwillkürlicher Harnabgang (Enuresis)*

Bewußte Blasenkontrolle setzt voraus:
- im Wachen: Starker Harndrang tritt ins Bewußtsein;
- im Schlaf: Starke Blasenwanddehnung weckt den Schläfer.

Der Harn wird danach noch so lange willkürlich zurückgehalten, bis ihm am vorgesehenen Ort freier Lauf gelassen wird. Welche Veränderungen der Verhaltenssteuerung kommen bei der *Enuresis* als Ursache dafür in Frage, daß die willentliche Blasenkontrolle im Wachzustand oder im Schlaf nicht funktioniert? Die Antwort muß für die drei Formen der Enuresis – Tagnässen Typ A, Typ B und nächtliches Bettnässen (Abschnitt III B 9, S. 183 ff.) – naturgemäß verschieden ausfallen[1].

Beim *Tagnässen Typ A* ist wegen prall gefüllter Blase der Harndrang groß; trotzdem geht das Kind nicht zur Toilette (z. B. weil es weiterspielen will), sondern versucht, den Harnfluß willentlich zu hemmen. Doch reicht die erreichbare Höchststärke der Hemmung schließlich nicht aus, um den Harndrang zu kompensieren, und die Kontrolle versagt. Hier ist die bildliche Vorstellung »Die Blase läuft über« in Grenzen anwendbar; allerdings fällt die Entscheidung hierüber nicht an der Blase, sondern in der Ebene der Signalverarbeitung des Nervensystems, wo auslösende Signale aus der Blasenwand und hemmende Signale aus dem Befehlszentrum des Gehirns miteinander verrechnet werden und sich der von der Blasenwand ausgehende Entleerungsreflex gegen die willentlichen Hemmsignale durchsetzt.

Beim *Tagnässen Typ B* und beim *Bettnässen* braucht die Blase jedoch *nicht* prall gefüllt zu sein. Daher ist die soeben für Typ A entwickelte Vorstellung hier nicht anwendbar: Die Auslösung des Harnlassens kann hier nicht daraus folgen, daß die *Harndrangmeldung* stärker als die maximalen Hemmsignale wird; sondern *aus anderer Quelle* muß ein Signal kommen, das als *Kommando für die Blasenentleerung* wirkt. Über dieses Signal läßt sich aus der Erörterung des Tag- und Bettnässens (Abschnitt III B 9) entnehmen, daß es etwas mit »sozialem Kummer« zu tun hat und daß es um so häufiger und stärker auftritt, je größer der soziale Kummer ist. Setzt man dies als gesichert voraus, so sind das Tagnässen Typ B und das nächtliche Bettnässen, wie sogleich gezeigt werden soll, durch das Zusammenwirken von *zwei* im Kapitel IV beschriebenen funktionellen Zusammenhängen zu verstehen:

– dem Lernprinzip der bedingten Aktion;

– dem Höchstwertdurchlaß, und zwar einer speziellen Systemerscheinung, die aus dem Funktionsprinzip des Höchstwertdurchlasses folgt: Ein *plötzlicher* Wechsel von einem zu einem anderen Verhalten kann dadurch zustande kommen, daß sich die Unterschiede im Aktivierungsgrad der Verhaltenstendenzen zwar *fließend* ändern, daß aber hierbei zu einem bestimmten Zeitpunkt der Aktivierungsgrad der stärksten Verhaltenstendenz unter den der zweitstärksten sinkt, woraufhin *deren* Verhalten das der bisher stärksten Verhaltenstendenz *abrupt* ablöst (siehe Abschnitt A 9, S. 264).

Zugrunde liegender Lernprozeß. Was für ein *Lernprozeß* könnte dafür verantwortlich sein, daß sich bei einem Säugling oder Kleinkind das Betreuungsbedürfnis mit dem Harnlassen verknüpft? Die Antwort lautet: In vielen Fällen folgt beim Säugling auf das *Harnlassen* ein Akt *mütterlicher Betreuung*, nämlich das *Trockenlegen*. Man braucht nur vorauszusetzen:

– einen Säugling, dessen Bedürfnis, betreut zu werden, gesteigert ist (vielleicht infolge mehr als durchschnittlichen Bedürfnisses nach Betreuung infolge besonderer Sensibilität), so daß es für ihn nichts Begehrteres gibt, als die Gegenwart der Mutter zu spüren, die sich mit ihm beschäftigt; und

– eine Mutter mit folgendem Verhalten beim Überprüfen der Windeln: Sind diese trocken, dann verläßt die Mutter den Säugling gleich wieder, und sein Kontaktbedürfnis bleibt ungestillt. Sind aber die Windeln naß, dann erfährt der betreuungshungrige Säugling die beglückende mütterliche Pflegehandlung (»Welch eine Belohnung für das Naßmachen!«).

Unter diesen Umständen – zu wenig Zuwendung für den Säugling, und diese zu stark auf das Trockenlegen konzentriert – ist die Lernsituation der *bedingten Aktion* klassisch verwirklicht (und zwar um so eindeutiger, je kürzer jeweils gerade der Zeitabstand zwischen dem Harnlassen und dem Wickeln ausfällt): Die Befriedigung eines stark aktivierten Antriebs (Betreuung zu erlangen) folgt zeitlich auf ein Verhaltenselement (Harnlassen); dies führt zwangsläufig zu einer Assoziation zwischen dem befriedigten Antrieb (Betreuungsbedürfnis) und dem vorangegangenen Verhaltenselement (Harnlassen), wodurch dieses als neues Ausführungsverhalten in den Dienst des Antriebs tritt. Von nun an kann die Aktivierung des Antriebs »Betreuungsbedürfnis« das Verhaltenselement »Harnabgabe« auslösen.

Daß die erfahrungsbedingte Verknüpfung zweier anatomisch so weit voneinander entfernter Steuerinstanzen wie derjenigen für den Mutterkontakt und für das Harnlassen physiologisch möglich ist, wurde durch die im Abschnitt IV B 3 (S. 291 f.) beschriebene Dressur von Schaflämmern nachgewiesen, die es lernten, das Harnlassen wie ein Instrument zu benutzen, um zum Muttertier gelangen zu können.

Was aber bestimmt – nachdem die Assoziation zwischen dem Betreuungsbedürfnis und dem Harnlassen einmal entstanden ist – den jeweiligen *Zeitpunkt* des Harnabgangs (beim Tagnässen Typ B eine Zeitlang *nach* einem störenden Erlebnis, beim Bettnässen im Schlaf)? In beiden Fällen ist kein den Harnabgang unmittelbar auslösender Außenreiz zu erkennen.

Eine *Schlüsselbeobachtung* für die Beantwortung dieser Frage wurde auf Seite 183 f. beschrieben: Der 5jährige *Sami* näßte in dem Augenblick ein, als er seinen Schmollwinkel verließ und auf den Schoß der Beobachterin kam – also beim Umschlag der aggressiven Erregung in Betreuungsbedürfnis. Dies war zugleich ein Augenblick der *Entspannung.* Sofern diese Einzelbeobachtung etwas Allgemeingültiges ausdrückt, ist es dieses: Solange Wut, Enttäuschung, Sorge oder Angst vorwiegen, unterdrücken sie (im Höchstwertdurchlaß) alle anderen Verhaltenstendenzen. Wenn aber die belastende Verhaltenstendenz abklingt – sei es durch Beruhigung wie beim 5jährigen *Sami* im Kindergarten oder durch Entspannung im Schlaf –, so ist sie von einem bestimmten Augenblick an nicht mehr unter allen die stärkste, und die vormals zweitstärkste Verhaltenstendenz übernimmt im Höchstwertdurchlaß die Führung. Ist die zweitstärkste Verhaltenstendenz das Betreuungsbedürfnis und hatte sich mit ihr zuvor, wie beschrieben, das Harnlassen assoziiert, so erfolgt *in diesem Augenblick der Entspannung* das ungewollte Einnässen.

Warum aber merkt das tagnässende Kind seinen Harnabgang erst, wenn das Malheur schon passiert ist, und warum wacht das schlafende Kind nicht *vor* der Blasenentleerung auf? Der Grund ist nach der hier vorgetragenen Auffassung darin zu suchen, daß der Blasenentleerungs*reflex*, der durch *Blasenwanddehnung* ausgelöst wird – wobei der Harndrang auch *bewußt* wird –, beim Tagnässen Typ B und beim Bettnässen im Normalfall der *nicht* überfüllten Blase *gar nicht in Funktion tritt*: Das Blasenentleerungskommando leitet sich daher hier gar nicht aus der Reizung der Sinneszellen der Blasenwand her. *Deswegen* entsteht *vor* dem Harnlassen auch weder ein Blasenwand-Spannungssignal noch ein Harnddrang, der ins Bewußtsein treten und den Tagnässer aufmerksam machen bzw. den Schläfer wecken könnte.

Die verhaltensbiologische Analyse unseres Wissensgutes über die Enuresis führt somit zu einer in sich geschlossenen Hypothese über deren Entstehung und Wirkungsmechanismus[1]: Am Beginn stände wie bei den Säuglings-Stereotypien ein *Lernvorgang* nach dem Prinzip der bedingten Aktion. Als *Ursache* für den unbewußten Harnabgang hat, nachdem die Assoziation einmal besteht, jeweils *seelischer Kummer* zu gelten, als *zeitlicher Auslöser* der Durchbruch des mit ihm verschwisterten *Betreuungsbedürfnisses* beim Eintritt von *innerer Entspannung*.

Ursache der Unwirksamkeit der Klingelmethode. Wenn dem Tagnässen Typ B und dem Bettnässen, den vorangegangenen Überlegungen zufolge, ein *Lernprozeß* zugrunde liegt, so könnte man daraus folgern: Ein funktionsgerecht geplanter *gegenläufiger* Lernprozeß, etwa nach dem Muster der Klingelmatratze oder Klingelhose (Abschnitt III B 9, S. 187), müßte eigentlich den für die *Fehlsteuerung* verantwortlichen Lernprozeß rückgängig oder zumindest wirkungslos machen. Wenn aber die Blasenentleerung, wie mehrfach betont, gar nicht durch Sinnesreize (aus der Blasenwand) ausgelöst wird, ist auch kein Sinnesreiz verfügbar, der durch eine Verknüpfung zum *bedingten Weckreiz* werden könnte. (Auch die Blasenkontraktion und der Urinfluß durch die Harnröhre scheinen keine verknüpfbaren Sinnesmeldungen zu liefern.) Zufolge dieser Überlegung scheitert die Klingelmethode daran, daß das Bettnässen (und Tagnässen Typ B) gar nicht durch die Blasendehnung, sondern, wie beschrieben, durch ein auf ganz andere Weise entstandenes inneres Signal ausgelöst wird.

Nach den vorangegangenen Erörterungen gehört die Enuresis, sofern keine organischen Ursachen zugrunde liegen, zu den *psychosomatischen Störungen*. Soweit die vorgetragene verhaltensbiologische Hypothese zutrifft, folgt aus ihr für die Behandlung der Enuresis: Das Entscheidende ist das Beheben des seelischen Leidens, also der *Lebensschwierigkeiten* des Kindes. Sämtliche andere im Abschnitt III B 9 (S. 186 ff.) genannten Behandlungsmethoden würden hiernach an Funktionsorten ansetzen, die für die Fehlsteuerung, die der Enuresis zugrunde liegt, gar nicht verantwortlich sind *und gar nicht fehlerhaft arbeiten*. Folgerungen hieraus werden in Abschnitt VIII D 2 (S. 598 f.) gezogen.

Das Bettnässen macht auch den Eindruck einer *Regression* des Verhaltens auf frühere Entwicklungsstadien, in denen noch keine bewußte Blasenkontrolle erfolgt; es wäre dann in diesem Sinne als erhalten gebliebenes babyhaftes Verhalten zu deuten (siehe Abschnitt V C 1, S. 416). Es könnte sich auch um einen *Atavismus* handeln: Bei Nesthockerjungen (Vögeln und Säugern) entfernen die Alttiere die Ausscheidungsprodukte; die Harnabgabe der Jungen löst also Betreuungsverhalten aus. Wäre das Bettnässen eine (entwicklungsgeschichtliche) Regression oder ein (stammesgeschichtlicher) Atavismus, so würden die Erfahrungen des Kindes – Betreuung durch die Mutter nach Harnabgabe – keine *ganz neue* Verknüpfung entstehen lassen, sondern eine entwicklungs- oder stammesgeschichtliche Verknüpfung, die normalerweise mit dem Ende der frühen Kindheit erlischt, weiter aufrechterhalten oder wiederbeleben. – Wegen seines »Spontancharakters« (keine Auslösung durch einen Außenreiz) wäre das psychogene Bettnässen schließlich formal auch als »Leerlaufaktion« aufzufassen.

A 3. *Kleinkind-Onanie, Zwangshandlungen*

Die *Kleinkind-Onanie* wurde im Abschnitt III D 1 (S. 211) beschrieben. Sollte ein *Lernprozeß* zu ihren Ursachen gehören, so käme auch hier die *bedingte Aktion* in Betracht: Sexuelle Selbstreizung führt zu Empfindungen, die eine angenehme Konsequenz dieses Verhaltens darstellen. Daraufhin verknüpft sich der dadurch angesprochene Antrieb mit dem Verhaltenselement, hier der Tätigkeit der Selbstreizung, und stellt es in seinen Dienst (siehe Abschnitt IV B 3, S. 290). Hiernach könnte der Weg zur Onanie *jedem* Kleinkind offenstehen. Trotzdem ist andauernde Kleinkind-Onanie für verhaltens*gesunde* Kinder *un*typisch; ihr Auftreten weist auf Beeinträchtigungen der Verhaltensentwicklung in *anderen* Bereichen hin. Daher gilt die Kleinkind-Onanie ausdrücklich als *Ersatzbefriedigung* (siehe S. 212). Wie wäre dies verhaltensbiologisch zu deuten? Und warum ist fortgesetzte sexuelle Selbstreizung nicht auch bei verhaltens*gesunden* Kleinkindern als Möglichkeit zum Lustgewinn an der Tagesordnung?

Wie groß der lernwirksame Belohnungscharakter einer Empfindung ist, hängt in hohem Maße von der gesamten Lebenslage ab. Je trostloser eine Situation ist, desto größere Bedeutung können einzelne kleine Freuden erlangen, die im normalen Leben kaum auffallen: für den Gefangenen in der Zelle ein sichtbares Stück Himmel oder das Schilpen der Spatzen, ein schmerzfreier Augenblick für den Schwerkranken. Empfängt ein Kleinkind dauernd zu wenig Zuwendung und

Anregung, so können auch bei ihm bereits solche Empfindungen als Belohnung wirken, die für ein normalversorgtes Kind keine markante Bedeutung haben.

Für ein Kind mit vielen Möglichkeiten der Beschäftigung ist die sexuelle Selbstreizung eine Möglichkeit zur Befriedigung unter vielen anderen und daher ohne herausgehobene Bedeutung; im Gesamthaushalt der Lebenserfüllung macht sie einen geringen Bruchteil aus, so daß ihr Auftreten ohne Bedeutung ist und sie ohne Nachteil auch fehlen kann. Viel größer aber ist ihr Belohnungswert, wenn die Umwelt dem Kleinkind weitgehend die Möglichkeiten zur eigenen Aktivität und zum befriedigenden Kontakt mit seinen Eltern und anderen Mitmenschen vorenthält; dann gewinnt die Möglichkeit zur sexuellen Selbstbefriedigung indirekt ihren überhöhten Belohnungswert und führt zum Erlernen und Wiederholen dieses Verhaltens. Auf diesem Umweg wird der Belohnungswert eines Verhaltens zum Gradmesser für die Erlebnistönung der gesamten Lebenssituation.

Doch könnte noch eine zweite Art der inneren Belohnung hinzutreten: Das Versunkensein in eine Beschäftigung kann *andere* Empfindungen oder Affekte aus dem Bewußtsein *verdrängen* (»Enge des Bewußtseins«), darunter auch die Angst. Falls ein Kleinkind aus inneren oder äußeren Gründen fortdauernd unter Verlassenheitsangst oder unter der Angst vor Verlusten oder Strafen leidet, kann die Möglichkeit, diese quälenden Bewußtseinsinhalte zu verdrängen, einen eigenen zusätzlichen Belohnungswert erhalten.

Für den Umstand, daß in der Kleinkind-Onanie eine an sich Lust spendende Verhaltensweise als Anzeiger für Versagungen auf anderen Verhaltensbereichen gelten muß, bieten sich also zur Deutung *zwei* verhaltensbiologische Zusammenhänge an: erstens das Prinzip, daß jede auch sehr spärliche Quelle der Befriedigung ihren Belohnungsgehalt in dem Maße erhöht, in dem die sonstigen Quellen versiegt sind; und zweitens, daß die sexuelle Selbstbefriedigung etwaige Verlassenheitsangst und sonstige bedrückende Gefühle verdrängt. Ob eines dieser beiden Prinzipien in seiner Wirkung überwiegt oder ob beide gleich stark wirken, muß bei dem gegenwärtigen Stand der Überlegungen offenbleiben.

Bei der Kleinkind-Onanie tritt zum *unmittelbaren* Lustgewinn als denkmögliche *zusätzliche* innere Belohnung die *Verdrängung von Angst* oder anderen bedrückenden Empfindungen *aus dem Bewußtsein*. Bei *Zwangshandlungen* tritt dieses zweite Motiv in den *Vordergrund*: Je mehr bei lernfähigen Lebewesen *alles Unbekannte* Angst erregt, desto stärker wird die Tendenz zur Verengung des Verhaltens auf *Bekanntes*, und ein um so höherer Belohnungswert liegt im Wiederholen von gewohnten Verhaltensweisen. Das Verlassen der eingefahrenen Bahnen erregt Angst. Die *Zwangshandlungen* ihrerseits dienen jetzt der *Angstabwehr*; darin liegt auch ihr Motor. Wie angstbedingte »erlernte Antriebe« bei Tieren entstehen können, beschrieb Abschnitt IV B 6 (S. 303). Beispiele für den Menschen bilden die Zwangshandlungen und Rituale, die zum Erscheinungsbild des kindlichen *Autismus* (Abschnitt III C 6, S. 203, 204) gehören.

Auch bei *selbsterzeugtem Schmerz* liegt der Belohnungsgehalt vielfach darin, daß er die Angst verdrängt (Höchstwertdurchlaß). Sich-Schmerz-Zufügen kann in *Selbstbeschädigung* übergehen. Hierbei kann eine zusätzliche Befriedigung darin liegen, daß das Sich-Verletzen, z. B. durch Beißen in die Wangenhaut, in seinem Ablauf ein *aggressives* Verhalten ist, dessen *Durchführung* womöglich – nach dem in Abschnitt IV A 8 (S. 255) beschriebenen Prinzip – eine *eigene* belohnende Antriebsverminderung hervorruft.

A 4. *Suchterscheinungen und Vorbeugung*

Die Besprechung von Suchterscheinungen ist insofern ein Thema dieses Buches, als zur Zeit bereits *Schüler* der Gefahr des Drogenkonsums ausgesetzt sind. Der Vorgang des Süchtigwerdens, rein als »*Verhaltens*änderung« betrachtet, besteht im Übernehmen einzelner neuer Verhaltensweisen: des Beschaffens und des Einnehmens des Suchtmittels. Die darauf folgenden angenehmen Empfindungen wirken als Belohnung. Das Bedürfnis nach solchen Empfindungen drängt daraufhin den Menschen zum Wiederholen des Verhaltens (= dem Beschaffen und Einnehmen des Mittels). Insoweit entspricht das Entstehen des Suchtverhaltens formal dem Lernprozeß der *bedingten Aktion*: Ein Verhalten zieht eine Belohnung nach sich; das hierdurch befriedigte Bedürfnis verknüpft sich daraufhin mit dem Verhalten und veranlaßt es erneut, sobald es wieder aktiviert ist.

Das Verhalten eines Süchtigen müßte sich durch den Lernprozeß der *bedingten Appetenz* um so enger an eine Droge knüpfen,

– je stärker die sofortige oder baldige Belohnungskonsequenz des suchtbezogenen Verhaltens (Einnehmen der Droge) ist, so daß ein belohnungsabhängiger Lernprozeß beginnt, und

– je intensiver dasselbe Suchtmittel *nach* dem Abklingen der Wirkung einen ängstigenden oder auf sonstige Weise unerträglichen Zustand (Entzugserscheinungen) erzeugt, den jedoch die *erneute* Einnahme des Suchtmittels durch seine belohnende Phase wieder beheben oder von vornherein vermeiden kann.

Durch diese *Doppeleigenschaft* muß sich der Belohnungscharakter des Suchtmittels zwangsläufig mehr und mehr *erhöhen*, während sonstige Genüsse durch Wiederholung eher an Anziehungskraft einbüßen; denn zur ursprünglichen Belohnung kommt die Befreiung vom Übel der schlechten Nachwirkungen hinzu. Die *belohnungsbedingte*

Appetenz (Abschnitt IV B 2, S. 282) erhält Unterstützung durch die *furchtbedingte* Appetenz (Abschnitt IV B 6, S. 304).

In verhaltensbiologischer Sicht ist somit das Verhalten des Drogensüchtigen eine Kombination aus *zweifach* motivierter *bedingter Appetenz* und (siehe 1. Absatz dieses Abschnitts A 4) *bedingter Aktion*; dies entspricht dem in Abschnitt IV B 7 (S. 306 ff.) beschriebenen und auf Abb. 33 (S. 308) dargestellten Kombinationsprinzip aus beiden Lernarten. – Hier sind vermutlich die Gründe für die besonderen Schwierigkeiten der Therapie zu suchen.

Wie diese Darlegung zeigt, ist das Anwachsen einer Sucht ein sich selbst steigernder Prozeß (positive Rückkoppelung, »reverberating circle«); hat er einmal begonnen, so liegt es in seiner Natur, daß sich sein Tempo erhöht und daß er fortschreitend schwerer aufzuhalten ist. Aus diesem Grunde sind die *Einstiegsbedingungen* von besonderer Bedeutung. Hier kommen beim Jugendlichen in Frage: der Drang, Gefahren zu bestehen (Abenteuerlust); die Tendenz, andere Jugendliche nachzuahmen, und dementsprechender sozialer Druck unter Jugendlichen; die verführerische Wirkung von sachlich irreführenden Modewörtern wie »Bewußtseinserweiterung« sowie von verharmlosenden Berichten in Massenmedien; die Suche nach neuen Reizen und Erlebnissen; bedrückende Lebensumstände (z. B. fortgesetztes Schulversagen ohne kompensierende Erfolgserlebnisse); Gewöhnung an Sofortbefriedigung; starkes Rauchen; und die Verführung durch Drogenhändler.

Was die Sucht*anfälligkeit* angeht, so müßte sie nach der verhaltensbiologischen *Theorie* um so größer sein,

– je weniger Befriedigung dem betreffenden Menschen aus anderen Quellen zufließt,

– je bedrückender sein sonstiges Leben ist und

– je belohnender sich daher ein vorübergehendes *Vergessen* dieses Lebens auswirkt.

Es gilt daher, vorausschauend und vorbeugend die Triebfedern junger Menschen in günstige Bahnen zu lenken und die nachteiligen Lebensbedingungen abzuändern: Gelegenheit zu geben zu hochengagierter handwerklicher, sportlicher oder künstlerischer Tätigkeit, sei es in der Schule, in kirchlichen Gruppen oder in Vereinen, möglichst unter Einschluß von Abenteuern, z. B. Zeltfahrten, Bergsteigen, Theaterspielen, Feste veranstalten, Aufspüren von Umweltsünde(r)n, ferner ökologischer Einsatz (Feuchtgebiete anlegen, »Waldputzete«) und sozialer Einsatz für sehr hilfsbedürftige Mitbürger.

Überblickt man die in verschiedenen Kapiteln dieses Buches zur Sprache gekommenen Auswirkungen des Lernprinzips der *bedingten Aktion*, so ist man über die Spannweite von lebensfördernden bis zu verhängnisvollen Konsequenzen überrascht: Ein und dasselbe an sich den Erfolg belohnende und steigernde Prinzip wird – unter ungünstigen Umweltumständen – verantwortlich für Lebenskatastrophen wie das Entstehen von Drogenabhängigkeit. Wenn sowohl anspornende als auch zerstörerische Konsequenzen aus ein und demselben Teilprinzip der Verhaltenssteuerung hervorgehen, so müßte sich das damit in Worten skizzierte Wirkungsgefüge auch in einem Funktionsschaltbild zur Darstellung bringen lassen. Ein solches wird in Abb. 42 wiedergegeben.

A 5. *Bedingte Aversion*

Bedingte Aversionen (Abschnitt IV B 4, S. 296) verhelfen dem Lebewesen dazu, bekannte Gefahren zu meiden. Dieses hilfreiche und lebenserhaltende Lernprinzip kann einem Kind jedoch unter Umständen auch *Wohltätiges verleiden*. Ein Beispiel ist die *Arztphobie*: Der weiße Kittel hat sich mit dem Erlebnis von Angst und Schmerz verknüpft – etwa anläßlich einer schmerzhaften Injektion –, und das Kind läßt sich seither vom Arzt nicht mehr ohne panische Angst untersuchen und behandeln. Dies kann unter Umständen ungünstige Konsequenzen haben. Daher sollte die *Angst* der Kinder als *Assoziationsstifter* erkannt werden: Angstgetönte Erinnerungen lassen sich vielfach nur durch *sehr viel* gute Erfahrungen löschen; einmal eingeprägte erfahrungsbedingte Aversionen können im Extremfall so gut wie unabänderlich sein.

Vermeiden des Blickkontaktes. In Heimen mit Altersklassenstruktur aufwachsende Kinder und autistische Kinder vermeiden in der Regel den Blickkontakt mit Erwachsenen. Zwei Arten von Erfahrungen können hierfür verantwortlich sein:

– Im 2. und 3. Lebenshalbjahr, in dem sich die dauerhafte Bindung zur Hauptbezugsperson, im Regelfall zur Mutter, bildet, wirken unbekannte Gesichter furchterregend (Abschnitt II B 2, S. 56). Wenn nun Kinder dieses Alters keine Gelegenheit zur Bindung haben, weil sie immer wieder neue Betreuerinnen erhalten (Abschnitt III B 5, S. 172), so erleben sie immer erneut, wenn sie ein menschliches Gesicht anblicken, die Enttäuschung, daß es kein bekanntes ist, und die Furcht, die mit dem Eindruck »fremd« verknüpft ist. Auf die gehäuften negativen Erfahrungen folgt der Lernprozeß der erfahrungsbedingten Aversion: Das Anschauen menschlicher Gesichter wird durch »Wegsehen« vermieden (»Blickflucht«).

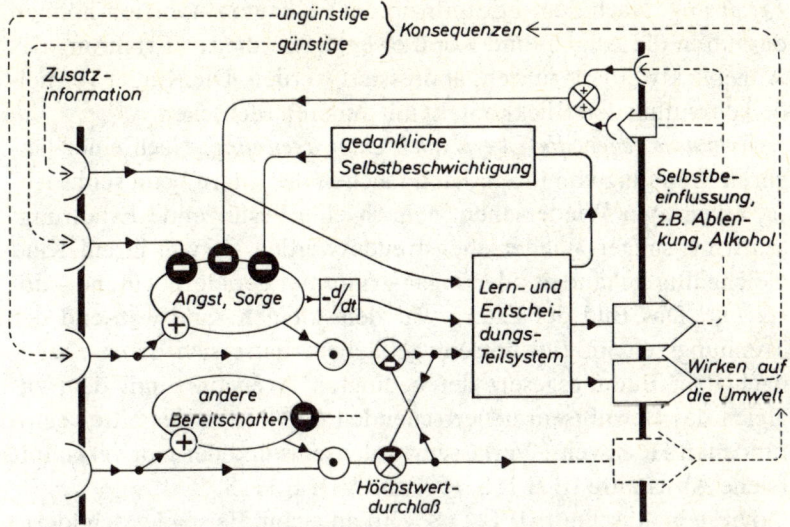

Abb. 42 Vereinfachtes und idealisiertes Funktionsschaltbild für mögliche Auswirkungen des Lernprinzips der bedingten Aktion im Rahmen der Verhaltenssteuerung eines Kindes: Bestimmtes Verhalten (z. B. Erkunden, gestrichelter Verhaltenspfeil) hat ungünstige Konsequenzen (z. B. negative Elternreaktion). Die Folge sind Angst und Sorgen, die über den Höchstwertdurchlaß (unten Mitte) das ursprüngliche Verhalten hemmen und zugleich selbst zur führenden Verhaltenstendenz werden. Das »Lern- und Entscheidungs-Teilsystem« hat die Innenstruktur des Funktionsschaltbildes der bedingten Aktion (Abb. 29, S. 296). Unter seinen drei Ausgangs-Funktionswegen – Wirken auf die Umwelt, Selbstbeeinflussung und rein psychische Selbstbeschwichtigung – bildet derjenige die dauerhafteste bedingte Verknüpfung mit dem Eingangssignal, über den die wirksamste Augenblicks-Entlastung (Angstverminderung) erfolgt; diese wird über das Differenzierglied (-d/dt) an das Lern-Teilsystem gemeldet. – Die Funktionswege der Selbstbeeinflussung und der Selbstbeschwichtigung führen zu einer *Isolierung von der Umwelt*. Zur Rettung führt – im Rahmen dieses Funktionsschaltbildes – nur der Funktionsweg über das Wirken auf die Umwelt und deren *günstige*, d. h. stabilisierende Antwort (»günstige Konsequenzen«). Nach HEMMINGER[1], verändert und ergänzt.

– Der Blick eines Menschen kann, wie in Abschnitt III C 6 ausgeführt, eine *Drohwirkung* entfalten. Ist ein Kind nicht besonders ängstlich, so kann diese Wirkung durch Lächeln, freundliches Sprechen und wohlwollende Handlungen der Erwachsenen weit mehr als ausgeglichen werden; ein übermäßig sensibles Kind kann aber für die Drohwirkung des Angeblicktwerdens so empfindlich sein, daß die bindenden Gesten unwirksam bleiben. Angeblickt zu werden – vor allem mit ernster Miene – ist für solche Kinder eine *schlechte*

Erfahrung. Nach dem Lernprinzip der bedingten Aversion können daraufhin die Augen- und Kopfbewegungen, die zur Erfahrung des Angeblicktwerdens führen, abdressiert werden. Die Kinder vermeiden daraufhin den Blickkontakt mit anderen Menschen.

Aversion gegen die Eltern nach einer Trennung. Nach einer längeren Trennung von ihrem Kind machen die Eltern beim sehnsüchtig erwarteten Wiedersehen vielfach eine bestürzende Erfahrung: Statt mit seliger Wiedersehensfreude werden sie von ihrem Kind gleichgültig behandelt oder sogar – mitunter geradezu wütend – *abgelehnt.* Das Bild der Eltern war dem kleinen Kind während der Trennungszeit im Bewußtsein geblieben, hatte sich dabei aber – nach dem Bildungsgesetz der bedingten Aversion – mit dem zugleich das Bewußtsein beherrschenden Gefühlston des bitter empfundenen Heimwehs, Verlassenwordenseins und der Not verknüpft (siehe Abschnitte III B 1, S. 150, und VIII B 11, S. 558).

Diese in Abschnitt III B 1 (S. 150) an einem Beispiel geschilderte Reaktion lernten H. und M. PAPOUŠEK in ähnlicher Form schon bei 4 Monate alten Säuglingen kennen[1]: Eigentlich sollte die damalige Untersuchung ermitteln, wieweit ein Kind dieses Alters schon bei seiner Mutter etwaige Ankündigungen künftigen Verhaltens sinnvoll auffassen kann (siehe Abschnitt II B 1, S. 51), beispielsweise die Ankündigung kurzdauernder Abwesenheit und baldiger Wiederkehr. Hatten sich Mütter aber mehrmals *unbemerkt, also ohne* die sonst üblichen Zeichen, von ihren Babys entfernt und waren sie nach etwa einer Viertelminute genauso unbemerkt plötzlich wieder da, so antworteten die Säuglinge darauf vielfach nicht wie bei sonstiger Wiederkehr mit Anschauen und Lächeln, sondern mit Kopfabwenden oder sogar mit verdrießlicher oder weinerlicher Ablehnung. Die Ablehnung verstärkte sich sogar, je mehr sich die Mütter daraufhin um liebevollen Kontakt bemühten.

Diese Erfahrungen überraschten und erschreckten sowohl die Mütter als auch die Beobachter. Sie gewahrten, daß sie unbeabsichtigt eine Belastung für diese Mutter-Kind-Beziehungen heraufbeschworen hatten, und wiederholten derartige Experimente nicht mehr. Sie stellten mit Erleichterung fest, daß sich die Beziehungen dieser Kinder zu ihren Müttern dann doch bald wieder erholten. Aber sie hatten nun – vielleicht zum Segen vieler künftiger Kinder und Mütter – den Erfahrungshintergrund, um folgendes auszusprechen: Geringfügige Beziehungsstörungen zwischen Kind und Mutter, anfänglich noch leicht zu beheben, könnten sich, falls dann auch die

Mutter enttäuscht reagieren sollte, in eine verhängnisvolle *gegenseitige Steigerung* der Reaktionen fortsetzen.

Diese Überlegung läßt sich verallgemeinern: Veranlaßt in einer Zweierbeziehung ein Partner durch sein Verhalten den anderen zur Bildung einer bedingten Aversion und reagiert dieser seinerseits darauf mit einem Verhalten, das wiederum beim *ersten* Partner Aversion auslöst oder verstärkt, dann kann sich daraus ein sich selbsttätig verstärkendes Wechselgeschehen entwickeln, dem keine selbstregulierende Tendenz entgegenwirkt. So segensreich und biologisch sinnvoll das Lernprinzip der bedingten Aversion auch für das Individuum ist (Abschnitt IV B 4), so steckt in ihm, wenn es auf *beiden* Seiten einer *Partnerbeziehung* zur Wirkung kommt, die Systemeigenschaft der möglichen Instabilität mit der Tendenz zur Zerstörung der Beziehung. Es wäre dies ein Mechanismus, der aus unscheinbaren Anfängen durch Selbstverstärkung schwerste Konsequenzen entwickeln könnte (Teufelskreis, englisch »reverberating circle« oder »downward spiral«; siehe auch Abschnitt VI B 4, S. 456).

Erfahrungsbedingter Haß gegen das andere Geschlecht. Außergewöhnlich schlimme Erfahrungen mit Vertretern des anderen Geschlechts verallgemeinern sich unter Umständen, falls sie nicht durch intensive, gute Erlebnisse ausgeglichen werden, und können dann für einen Menschen lebenslang den Weg zu einer erfüllten Liebespartnerschaft versperren. Ein Beispiel für eine derartige traumatische Wirkung von Kindheits- und Jugenderlebnissen gab die Geschichte des Mädchens Sally in Abschnitt III D 6. Solche erlebnisbedingten Aversionen können sich im schlimmsten Fall als unwiderruflich erweisen. Trotzdem betrachtet man sie nicht als Prägung; denn ihre Unwiderruflichkeit beruht nach heutiger (vielleicht nur vorläufiger?) Kenntnis nicht auf einer besonderen Art der Speicherung der Engramme, sondern darauf, daß das einmal gebildete Vermeideverhalten seinen Träger von vornherein gegen Erfahrungen abschirmt, die die früheren Eindrücke korrigieren könnten.

A 6. *Erfahrungsbedingte Verhaltenshemmungen,*
Durchbruchshandlungen

Aggressionshemmung. Bei der Aggressionshemmung deutet schon
der Name darauf hin, daß sie zur Kategorie der erfahrungsbedingten
Verhaltenshemmungen gehört. Aus der großen Anzahl der Merkmale dieser Verhaltensstörung, die in den Abschnitten III C 1 und C 5
(S. 184 und 198) dargestellt wurden, sollen drei ausgewählt und mit
verhaltensbiologischen Begriffen in Beziehung gebracht werden:

– der *Mangel an Initiative*, wie er bei den Schülern Ernst und Lothar in den ersten (in Abschnitt III C 1, S. 190, geschilderten) Therapiestunden zum Ausdruck kam;

– die *überschäumende Aggressivität*, die jeweils nach der Auflok-
kerung der Hemmungen zu beobachten ist;

– die *Neigung zu Jähzornanfällen*, die für aggressionsgehemmte
Kinder typisch ist, obwohl sich der Jähzornanfall – als Gipfel *ungehemmter* Aggressivität – auf den ersten Blick gar nicht mit einer
erfahrungsbedingten *Hemmung* zusammenzureimen scheint.

Mangel an Initiative. Die Kinder fühlen sich zwar durch die angebotenen Gegenstände angezogen; kaum haben sie dies geäußert, tritt
die Hemmung auf den Plan. Dies entspricht dem im Abschnitt IV B 5
(S. 300) und im dortigen Funktionsschaltbild Abb. 31 dargestellten
Prinzip, daß sich durch abschreckende Erfahrung eine bedingte Verknüpfung zwischen Verhaltensimpuls und Hemmung bildet und daß
daraufhin dann später der Verhaltensimpuls *selbst* auch seine eigene
Hemmung in Gang setzt: Zuerst erfolgt womöglich sogar ein kurzer
Handlungsansatz (Intentionshandlung, Abschnitt IV A 11, S. 270),
dann die Hemmung.

Überschäumende Aggressivität nach Abbau der Hemmung. Diese
Erscheinung deutet auf eine *Erhöhung der Antriebsaktivierung* hin,
die aber, solange die Hemmung besteht, gar nicht in Erscheinung
tritt, sondern erst nach dem Wegfall der Hemmung zum Ausdruck
kommt. Dies entspricht folgendem verhaltensbiologischem Wirkungszusammenhang:

Der Aktivierungsgrad von Antrieben *sinkt* in der Regel durch das
Ausführen des *antriebsbedingten Verhaltens* (Abschnitt IV A 8,
S. 255); im Funktionsschaltbild geschieht dies durch Subtraktion des
Signalbetrags der Vollzugsmeldungen vom Aktivierungsgrad des An-
triebs (Abb. 11, S. 257). Findet jedoch das Verhalten wegen Hem-
mung nicht statt, so fehlt die antriebsvermindernde Vollzugsmeldung:

Der Antrieb behält seinen Aktivierungsgrad bei, oder er steigert ihn noch aus einem der Gründe, die in Abb. 7 (S. 244) zusammengestellt sind. Bei dem einer einengenden, strafenden Erziehung unterworfenen Kind wären hierfür aggressivitätssteigernde *Erlebnisse* (Reize) zu vermuten. Was man bildlich als »Aufstauen« von Aggressivität bezeichnet, wäre hiernach *Steigerung* der Aggressionsbereitschaft durch *Außen*bedingungen in Verbindung mit dem Ausbleiben antriebsvermindernder Vollzugsmeldungen wegen *Hemmung* des zugehörigen *Verhaltens*. Dieser Zusammenhang ist im Funktionsschaltbild Abb. 43 dargestellt. Es ist nunmehr verständlich, daß nach dem Aufheben der hemmenden Assoziation zunächst überstarkes Aggressionsverhalten auftritt.

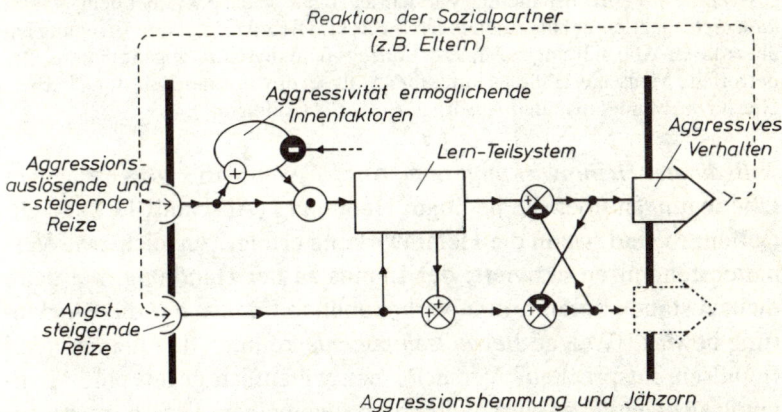

Abb. 43 Vereinfachtes und idealisiertes Funktionsschaltbild der *bedingten Hemmung* (Abb. 31, S. 301), ergänzt durch die für aggressives Verhalten verantwortlichen inneren Bedingungen (nach dem Prinzip von Abb. 7, S. 244). Die »Konsequenz mit negativer Valenz« (Abb. 31) ist hier die strafende Reaktion der Eltern oder anderer Sozialpartner. Dieses Funktionsschaltbild wird vier Erscheinungen gerecht: dem Aufstau aggressiven Verhaltenspotentials durch einengende Erziehung, dem Erscheinungsbild der Aggressionshemmung, dem Jähzornanfall und der Katharsis. Näheres siehe Text.

Jähzorn als Symptom von Aggressionshemmungen entspricht dem eben beschriebenen Wirkungszusammenhang unter der besonderen Bedingung eines so starken aggressionsauslösenden Reizes, daß die resultierende Verhaltenstendenz stärker als die Hemmung wird. Es entspricht dann dem Prinzip vom Höchstwertdurchlaß, daß die *sich durchsetzende* Verhaltenstendenz *ungeschwächt*, in diesem Fall also extrem und hemmungslos zum Ausdruck kommt. Der hier gebräuchliche bildliche Ausdruck »Durchbruchsreaktion« entspricht demnach folgenden drei Voraussetzungen:

– durch Außenreize verstärkter, wegen gehemmten Verhaltens und darum fehlenden Vollzugsmeldungen nicht verminderter und dadurch höchstaktivierter »gestauter« Antrieb;

– besonders starker Reiz, der zusammen mit dem gestauten Antrieb eine besonders hohe Verhaltenstendenz erzeugt;

– Sich-Durchsetzen dieser Verhaltenstendenz gegen die Hemmung, und zwar nach dem Alles-oder-Nichts-Prinzip des Höchstwertdurchlasses ungehemmt, in größtmöglicher Intensität und unkontrollierbar durch den Willen.

Ist eine Durchbruchshandlung vor sich gegangen, so hat das außer dem, was sie *äußerlich* angerichtet hat, einen *inneren* Effekt: Die zuvor gestaute Erregung hat über die in Abb. 43 eingezeichnete Vollzugsmeldungsbahn abgenommen. Der betroffene Mensch erlebt dies mitunter so, als sei er von einer Belastung befreit. Hierfür verwendet man den Ausdruck *Katharsis* (Reinigung).

Bedingte Hemmwirkung und Angst. Wenn die vorgetragenen Überlegungen über die bedingte Hemmung (Abschnitt IV B 5) zutreffen, so sind, wenn die Hemmwirkung erfolgt, zugleich *zwei* Verhaltenstendenzen aktiviert: der Impuls zu der Handlung, die dann nicht zustande kommt, und der hemmende Impuls, der die Blockierung bewirkt. Welche *Bewußtseinssignale* könnten den hemmenden Impulsen entsprechen? Versucht man willentlich gegen eine Hemmung anzugehen, so wird dadurch im allgemeinen *Angst* hervorgerufen, die man bei der Selbstbeobachtung unmittelbar verspürt. Diese Angst ist dann subjektiv der Gegenspieler des Willens, sie »vertritt« (repräsentiert) die Hemmung im Bewußtsein.

Hysterische Ängste. Falls hiernach Hemmungen und Angst die objektive und die subjektive Seite derselben Gegebenheit sind, so liefern auch die *hysterischen Ängste* ein klares Beispiel für das Prinzip der erfahrungsbedingten Hemmung. Wie im Abschnitt III D 5 (S. 219) geschildert, treten hier mit aktiven Liebesimpulsen zugleich die Empfindungen von Hemmung und Angst auf. Dies würde auch der im Abschnitt IV B 5 beschriebenen Eigenschaft der erfahrungsbedingten Hemmungen entsprechen, daß jeweils der entstehende Verhaltensimpuls *selbst* den hemmenden Impuls hervorruft, der dann seine eigene Ausführung blockiert. Darum trifft der tiefenpsychologische Ausdruck *Angstbesetzung von Verhaltensimpulsen* den Kern der Sache. Als *Konsequenzen* des inneren Konfliktes wiegen hier vegetative Erregungssymptome vor: Herzjagen, Zittern, Schwitzen, Erröten, im Extremfall Erbrechen und Ohnmacht.

Angstbesetzung der Impulse zur handelnden Selbstentfaltung. Besonders verhängnisvoll muß es sich für ein Kind auswirken, wenn sich nicht nur einzelne seiner Verhaltenstendenzen mit ängstigenden Impulsen verknüpfen, sondern sein gesamter Drang zum Selbständigwerden und zur Entfaltung seiner Fähigkeiten. Anhand dieses Zusammenhangs hat A. DÜHRSSEN das Prinzip der bedingten Hemmung und seine Anwendbarkeit auf kindliche Verhaltensstörungen bereits vor Jahrzehnten klar formuliert. Das folgende (gekürzt wiedergegebene) Zitat beschreibt darüber hinaus die Tatsache, daß gehemmte Impulse schließlich nicht nur an ihrer Verwirklichung gehindert werden, sondern unter Umständen gar nicht mehr im Bewußtsein auftauchen, also von vornherein verdrängt werden (an die Stelle des im Zitat verwendeten Ausdrucks »bedingter Reflex« würde man heute »hemmende Assoziation« setzen): »Es ist leicht einzusehen, daß bedingte Reflexe, wie sie sich an den Anblick eines Gegenstandes knüpfen, auch bei der Betätigung von Handlungswünschen entstehen können. Ja, es liegt auf der Hand, daß solche bedingten Reflexe bei der handelnden Selbstentfaltung und bei der Betätigung eigener Antriebe und Impulse besonders leicht entstehen, da das Kind auf diesem Wege in Konflikte mit der Umwelt gebracht wird und der Gefahr ausgesetzt ist, ängstigende Erlebnisse zu erleiden. Ein so erworbener bedingter Reflex wird das Kind blitzhaft daran hindern, den geplanten Impuls zu betätigen. Statt dessen wird die erworbene Angstassoziation die Verdrängung des aufkeimenden Impulses mit sich bringen, und dieser Impuls bleibt damit ›unbewußt‹.«[1]

Resignation: Ausdruck umfassender bedingter Hemmungen. Verfolgt man das eben beschriebene Prinzip theoretisch weiter, so trifft man auch auf den folgenden denkbaren Zusammenhang: Falls beim Kind oder Erwachsenen besonders viele Lebensbetätigungen zum Mißerfolg führen oder auf Ablehnung und Strafen treffen, so könnte dies zu *vielfachen* bedingten Hemmungen und damit auch zum Verdrängen einer *großen* Zahl von Verhaltensimpulsen aus dem Bewußtsein führen. Darin läge eine Verarmung der Antriebswelt. Es ist nicht auszuschließen, daß bei Kindern und Jugendlichen auf diesem Wege eine allgemeine *Antriebsschwäche* und *Mangel an Initiative* entstehen können; auf der subjektiven Seite entspräche dem eine *resignierte Grundhaltung.* Nachträglich werden oft verstandesmäßige Gründe gesucht und dann als Begründung für die Resignation angegeben.

Schon 1954 hat Annemarie DÜHRSSEN[1] anhand zahlreicher eindrucksvoll und ausführlich geschilderter kindlicher Entwicklungswege dargelegt, welche hemmenden Erziehungseinflüsse zur Willens- und Leistungsminderung bei Kindern führen können und wie Kinder dies dann entweder durch *Leistungen auf anderen Gebieten* auszugleichen suchen (»Kompensationsversuche«) oder in *Ersatzbefriedigungen* ausweichen, beispielsweise in Tagträumereien oder übermäßiges Rauchen.

Überblickt man die in verschiedenen Kapiteln dieses Buches zur Sprache gekommenen Auswirkungen der beiden *hemmenden* Lernprinzipien »bedingte Aversion« und »bedingte Hemmung«, so formt sich ein ähnlich vielgestaltiger Eindruck wie beim Lernprinzip der bedingten Aktion (Abschnitt VII A 4, Schlußabsatz, S. 480). Erfahrungsbedingte Aversionen und Hemmungen sind einerseits lebensfreundlich: Sie schützen vor bekannten Gefahren, und sie setzen den biologisch begründeten Antrieben die für ein soziales Miteinanderleben notwendigen Grenzen (Selbstkontrolle, willentlicher Befriedigungsaufschub und -verzicht). Andererseits können Aversionen und Hemmungen, wenn sie überhandnehmen, dem Kind und Erwachsenen auch wichtige Lebensbereiche unzugänglich machen; sie können dadurch die Persönlichkeitsentwicklung einengen und die spätere Lebenserfüllung beeinträchtigen oder zunichte machen.

A 7. *Antriebssteigerung*

Viele der im Kapitel III erwähnten krankhaften Verhaltensdetails haben allem Anschein nach ihre Wurzel in einem *chronisch verstärkten Antrieb.* Hierüber soll der folgende Abschnitt eine kurze Übersicht liefern.

Gesteigertes Kontaktbegehren. Konnte ein Kind in dem biologisch dazu prädestinierten Lebensalter und auch später keine feste individuelle Bindung zu bleibenden, liebevollen, die Elternstelle einnehmenden Erwachsenen knüpfen, so bleibt der zugrunde liegende *Antrieb* als unablässiges Kontaktbegehren mit hohem Aktivierungsgrad bestehen. Das dauernde *Weinen* bindungslos aufwachsender Säuglinge (Abschnitt III B 4) ist *verstärktes und verlängertes Antriebsverhalten* (Verlassenheitsruf). Wie Abschnitt VII A 1 zeigte, kommt derselbe überaktivierte Antrieb auch als der Motor für die Bewegungsunruhe und die Stereotypien dieser Säuglinge in Frage. In der

Kleinkindzeit offenbart sich der überstarke Kontaktwunsch depri-
vierter Kinder in triebhaftem Suchen nach Körperkontakt und dem
Sich-Anklammern auch an unbekannte Besucher: Als eine Gruppe
von etwa 4jährigen Heimkindern an einer Bank vorbeiging, auf der
eine alte Dame saß, setzte sich ein Kind, unbemerkt von der begleitenden Schwester, schnell neben sie und bat: »Bitte umarmen...«,
ohne daß das Kind die alte Dame je zuvor kennengelernt hatte. Vom
Kind aus gesehen und in verhaltensbiologischer Sicht ist das Kontakt-
suchen bei *unbekannten* Menschen, auch das wahllose Mitlaufen mit
Erwachsenen, eine *Ersatzbefriedigung* für den entbehrten Kontakt
mit individuell zugehörigen Menschen.

Gesteigerte Angst. Je schwächer die Bindung eines Kleinkindes an
seine Betreuerin ist, mit desto größerer *Verlustangst* hängt es an ihr
und läßt sie nicht aus den Augen. Dies entspricht der Erscheinung, daß
bei isoliert aufgezogenen (»Kaspar-Hauser«-)Tieren die *Angst* außerordentlich gesteigert ist (Abschnitt V C 3, S. 419). Daß bindungslos
aufgewachsene Kinder im Spielen gehemmt sind, ist vermutlich ebenfalls auf ihren chronisch erhöhten *Angstpegel* zurückzuführen; die
Spieltendenz ist auch bei Tieren besonders leicht durch Angst zu unterdrücken (Abschnitt IV C 3 und C 4, S. 330 ff.). In der gesteigerten
Angst wegen Bindungslosigkeit und in der durch diese Angst bedingten Unterdrückung der zur Selbständigkeit führenden Verhaltensweisen Erkunden, Spielen, Nachahmen etc. liegen vermutlich sogar die
beiden entscheidenden Glieder der Ursache-Wirkungs-Kette zwischen bindungslosem Aufwachsen und den daraus folgenden schweren Beeinträchtigungen der Persönlichkeitsentwicklung, die in den
Abschnitten III B 5 und B 6 (S. 165 ff.) beschrieben wurden.

Gesteigerte Aggressivität. Wo sich kindliche Aggressivität übernor-
mal steigert, geschieht dies in der Regel (siehe Abschnitt III C 1 bis
C 5, S. 189 ff.) in *Reaktion auf äußere Bedingungen*, so vor allem auf
die Einengung des Verhaltensspielraums, auf ungerechte Strafen und
auf Überbehütung (Aggression auf Frustration, siehe Abschnitt
IV E 2, S. 351), und sie staut sich wegen der (erfahrungsbedingten)
Hemmung des aggressiven Verhaltens. Als Ausdruck der hohen Antriebsspannung sind aggressionsgehemmte Kinder vielfach besonders *unruhig* und bewegungsbedürftig. Manche an einem Ort, z. B.
zu Hause, zur Bravheit dressierte Kinder sind an anderen Orten,
z. B. in übergroßen Schulklassen, streitsüchtig und zerstörerisch
(*umorientierte* Aggressivität). Ein äußerst hart erzogener kleiner
Junge tötete – scheinbar grundlos – mehrere Hühnerküken, die die

Freude der anderen Kinder waren; er hatte sich an *Ersatzobjekten* vergriffen und abreagiert. Andere Ersatzobjekte für überstarke Aggressivität können Teile des eigenen Körpers sein (*Retrojektionen*, Abschnitt V A 3), z. B. wenn die Kinder ihre Fingernägel oder inneren Wangenschleimhäute zerbeißen. Auch hier ist also ein überstark aktivierter Antrieb die Ursache für Verhaltensstörungen.

Gesteigerter Sexualdrang. Die Abschnitte III D 3 und D 4 (S. 214 ff.) berichten über Verhaltensstörungen von Kindern, die auf durch erotische Anregung früh erweckten *Sexualdrang* zurückzuführen sind.

Denkbare Ursache des milieubedingten frühkindlichen Autismus. Die in Abschnitt III C 6 (S. 207) beschriebene, von N. und E. A. Tinbergen in Erwägung gezogene Hypothese über die Entstehung des milieubedingten frühkindlichen Autismus lautet: Unbeachtete, vielleicht ganz geringe Enttäuschungen des Säuglings und Kleinkindes lösen Angst aus, und diese Angst steigert sich im Laufe der Zeit durch einen selbsttätigen Prozeß der »positiven Rückkoppelung«. Hierfür bestehen in verhaltensbiologischer Sicht zwei Möglichkeiten:

– In der Verhaltenssteuerung des Aggressions- und Fluchtverhaltens steckt grundsätzlich der Keim für die funktionelle Möglichkeit der Selbstverstärkung (siehe Abschnitt IV A 10, S. 267, letzter Absatz), weil die Außenreize über die von ihnen bewirkte Bereitschaftssteigerung auch die Empfindlichkeit und damit ihre eigene Wirksamkeit erhöhen (nach dem Prinzip der doppelten Quantifizierung, Abschnitt IV A 3, S. 242).

– Falls die Mutter auf das enttäuschte oder angstbedingte Verhalten ihres Kindes – vielleicht unbewußt – selbst enttäuscht reagiert und ihr liebevolles Verhalten verringert und falls darauf wieder das Kind mit weiterem »Rückzug« reagiert, könnte sich durch Fortsetzung dieses Wechselgeschehens zwischen den Partnern eine zunehmende Entfremdung entwickeln (siehe Abschnitte VI B 4, S. 456, und VII A 5, S. 482). In beiden Fällen würde also die Angst ansteigen, *zugleich* aber auch *wegen* des angstbedingten *abweisenden Verhaltens* das immer weniger befriedigte *Kontaktbedürfnis*. Durch die Daueraktivierung der beiden unvereinbaren hoch erregten Antriebe entstände die hohe innere Konfliktspannung, unter der sich das autistische Kind – nach Tinbergens Vermutung – pausenlos befindet und die für einen Großteil der schweren Verhaltensstörungen des Autismus verantwortlich ist. Dies könnte – zumindest formal – mit den Verhaltensstörungen von Tieren vergleichbar sein, die durch innere Antriebskonflikte entstehen (Abschnitt V B 4, S. 415).

Ursachen der Antriebssteigerung. Das Gemeinsame an den Antriebssteigerungen, von denen die vorangegangenen Absätze berichteten, ist deren *störende Wirkung* auf die Verhaltenssteuerung. Die *Ursachen* waren jedoch verschieden, zum Teil die *Nicht-Befriedigung eigengesetzlich ansteigender Antriebe* (Kontaktbegehren des Säuglings und älteren Kindes, Angst bei Bindungslosigkeit), zum Teil die *Stimulation seitens der Umwelt* (Aggressivität, vorpubertäre Sexualität), zum Teil – vermutlich – Teufelskreise der positiven Rückwirkung (frühkindlicher Autismus).

»Schwacher Wille«. Wenn ein Kind sein Verhalten kaum oder gar nicht willentlich steuern kann, so heißt das: Sein Wille kann sich zu wenig gegen widerstrebende Antriebe durchsetzen. Das kann zwei ganz verschiedene Ursachen haben: Der Wille könnte zu schwach oder aber die Antriebe könnten zu stark sein. Man kann sogar folgern: *Erhöhter Antriebsdruck* muß bei *gleichbleibender Willensstärke* das *äußere* Erscheinungsbild des *»schwachen Willens«* hervorbringen. Wie im Kapitel VI an zahlreichen Beispielen beschrieben (z. B. am Atemdrang, Abschnitt VI A 2, S. 439), ist aber die Willenskraft des Menschen aus natürlicher Bedingtheit *begrenzt* und nicht beliebig zu steigern. Soweit *verstärkte Antriebe* bei Kindern der Grund für *mangelnde Willenssteuerung* sind, *können* daher Appelle an *Einsicht* und *Selbstbeherrschung* aus Gründen, die in der menschlichen Natur liegen, keinen Erfolg haben, auch »beim besten Willen« nicht.

Folgerungen. In den Ursachenketten, die zu Verhaltensstörungen von Kindern führen, sind – wie dieser Abschnitt zeigte – *übermäßig aktivierte Antriebe* besonders häufig. Hierdurch wird es zu einem Leitmotiv für die Heilung vieler Verhaltensstörungen, dem Kind Umweltbedingungen und -einflüsse zu bieten, in denen chronisch übererregte Antriebe auf das normale Maß ihrer Aktivierung zurückgehen können; Beispiele hierfür behandelt Abschnitt VII C (S. 496).

Das entsprechende Leitmotiv für die *Vorsorge* gegen das Entstehen von Verhaltensstörungen lautet sinngemäß: Alles ist daranzusetzen, um bei den Kindern eine chronische Steigerung von Antrieben zu verhüten. Diesem Anliegen ist Abschnitt VIII A 1 (S. 509 ff.) gewidmet.

B. Diagnose von Antriebsstörungen

Angenommen, ein Kind zeige gestörtes Verhalten wie Bettnässen, nächtliche Angstanfälle, mangelnde Ausdauer in der Schule oder überstarke Aggressivität und diese Störung sei milieubedingt, so wird sie sich nur dann wieder rückgängig machen lassen, wenn die Ursachen der Störung wegfallen. Beispielsweise könnte es nötig sein, daß bestimmte Bezugspersonen ihr Verhalten zu dem Kind ändern. Voraussetzung für sinnvollen Rat ist allerdings die Kenntnis, wo die Ursachen liegen. Man kann diese dadurch zu ermitteln suchen, daß eine fachkundige Beobachterin das Kind in seiner täglichen Lebensumgebung – zu Hause, auf dem Spielplatz, im Kindergarten – aufsucht. Dort kann sie die mit ihm lebenden Erwachsenen und die anderen Kinder kennenlernen und dabei feststellen, was das Kind belastet. Eine Fehlerquelle bei solchen Besuchen besteht allerdings darin, daß sich Kinder und Eltern in Anwesenheit einer Beobachterin womöglich anders als sonst verhalten. Dieser Fehler verringert sich, je mehr die Beobachterin als Familienmitglied behandelt wird und Vertrauen gewinnt.

Muß sich die Untersuchung in der *Sprechstunde* vollziehen, so erfolgt vorher die sorgfältige und gezielte Befragung desjenigen, der das Kind betreut, nach allen möglicherweise wichtigen Details aus dem bisherigen und dem derzeitigen Leben des Kindes (Anamnese); dies geschieht ohne Anwesenheit des Kindes. Wenn das Kind anwesend ist, beobachtet der Untersucher sein Verhalten und führt *Tests* durch, beispielsweise projektive Tests, Spieltests sowie Zeichentests. Welche verhaltensbiologischen Prinzipien könnten dafür verantwortlich sein, daß solche Tests tatsächlich etwas über den inneren Zustand eines Kindes aussagen?

Projektive Tests. Dem Kind werden bestimmte Abbildungen vorgelegt, entweder – je nach dem verwendeten Test – mehr naturalistische oder eher abstrakte. Besonders bekannt ist der *Rorschach-Test*. Er besteht aus einer Reihe von »Klecksographien«, die ursprünglich durch Zerdrücken und Verschmieren von Klecksen schwarzer oder farbiger Tinte in einem gefalteten Blatt Papier hergestellt worden waren. Die Rorschach-Figuren wirken auf verschiedene Menschen völlig unterschiedlich, z. B. entdecken manche in ihnen besonders viele Motive des Kampfes, andere solche der Sexualität usw. Dem Kind wird eine Tafel nach der anderen in bestimmter Reihenfolge vorgezeigt. Es wird gebeten, sich zu dem zu äußern, was es vor sich sieht. Dies wird ausführlich protokolliert. – Es hat sich nun herausgestellt, daß bestimmte Arten von Antworten auf bestimmte innere Zustände, insbesondere auf gehemmte und dadurch aufgestaute Antriebe hinweisen; und zwar projiziert der befragte Mensch unbewußt seine eigene Antriebslage in die gesehenen Figuren hinein und deutet sie entsprechend. Hierauf weist auch der Ausdruck »projektiver Test« hin.

Zur Erklärung für diesen Tatbestand, der empirisch als gesichert gelten darf, kann die Verhaltensbiologie das Prinzip der *doppelten Quantifizierung* heranziehen: Höhere Antriebsstärke hat größere Empfindlichkeit (= Schwellensenkung) für die zugehörigen auslösenden Reize zur Folge. Dieses Prinzip wurde in Abschnitt IV A 3 (S. 242) für den Stärkegrad von Reaktionen eingeführt und in Abschnitt VI B 2 (S. 452) auch im Zusammenhang mit der Empfindlichkeit für antriebsbezogene Wahrnehmungen besprochen. Beim projektiven Test ist die Schlußweise umgekehrt: An der erhöhten Empfindlichkeit für antriebsbezogene Wahrnehmungen vermag man abzulesen, welche Antriebe (Bereitschaften) übermäßig aktiviert sind.

Bei projektiven Tests spricht die Aufmerksamkeit des Probanden nicht nur auf Formen an, die seiner *Antriebslage entsprechen*, sondern verständlicherweise auch auf solche, die ihn an etwas *Bekanntes erinnern*. Daher bedarf es einer sorgfältigen Ausbildung und langer, gut verarbeiteter Erfahrung, um beim Auswerten projektiver Tests Fehler zu vermeiden. Auch führt man möglichst mehrere verschiedene Tests durch (»Testbatterie«) und verwertet aus den *unabhängig gewonnenen* Test-Ergebnissen die inhaltlich *übereinstimmenden* Aussagen.

Spieltests. Das *Spielen* kann sich nur verwirklichen, wenn die übrigen Antriebe, die ja zugleich die Antriebe des Ernstverhaltens sind, nicht aktiviert sind (oder so wenig, daß sie sich nicht gegen die Spielbereitschaft durchsetzen). Das Spielen der Kinder ist gleichsam ein Abbild allen möglichen Ernstverhaltens, aber in einer vom Ernstbezug befreiten, in dieser Hinsicht also abgewandelten Form. Im Spielen übernehmen die Kinder gern die Rollen von Menschen, die sie beobachten – z. B. spielen sie gern Vater oder Mutter; und sie übertragen solche Rollen auch auf Puppen, Spielzeugmännchen oder Kasperlefiguren (siehe Abschnitt II D 1, S. 77 ff.).

Ein methodisch ausgereifter Spieltest ist der *Sceno-Test*[1]: In den Fächern eines großen flachen Kastens liegt gut sichtbar nebeneinander vielerlei Spielzeug: Puppen in Gestalt von Erwachsenen und Kindern, Tiere, Bäume, Autos, Möbel wie Tisch und Stuhl, Bett, Liegestuhl, aber auch Babyflasche sowie Töpfchen und Klosett, ferner einfache Bauklötze verschiedener Formen und Farben sowie ein Stück Fell und vieles andere. Die Puppen, die die Erwachsenen darstellen, sind deutlich als Vater, Mutter, Großmutter, Arzt usw. zu erkennen; die Kinder sind Jungen, Mädchen und ein Baby. Zu den Tieren gehören Fuchs, Krokodil und Kuh. Insgesamt sind also unter den Test-Gegenständen einerseits Personen und Dinge repräsentiert, die im Leben eines Kindes meist eine besondere Rolle spielen (Vater, Mutter usw., Flasche, Töpfchen usw.), andererseits aber auch Figuren und Gegenstände, die verschiedene Antriebe versinnbildlichen: Zum Antriebsbereich Nahrung gehört die Flasche, zu dem der Geborgenheit und Bindung die Mutter und das Fell, zu dem der Aggressivität das Krokodil und der Fuchs.

Im Sceno-Test wird dem Kind die Möglichkeit geboten, mit den im Kasten vor ihm liegenden Spielsachen zu spielen und auf dem dazugehörigen tablettähnlichen, umrandeten Feld von etwa 30 mal 40 cm Größe etwas aufzubauen. Die Vielfalt des Angebots soll eine möglichst freie Wahl solcher Gegenstände möglich machen, die das Kind ansprechen. Durch entsprechende Maßnahmen (Eltern nicht anwesend, vertrauensvoller Kontakt zum Untersucher geschaffen, freundliches Eingehen auf alle Wünsche des Kindes) wird eine entspannte Situation hergestellt. Diese Stimmung muß während des Spiels weiter gefestigt werden, denn anfangs deutet das Kind seine Probleme oft nur kurz an und beobachtet die Reaktion des Untersuchers genau. Erfolgt keine Ablehnung, so geht das Kind in der Regel bald dazu über,

– solche Gegenstände zu wählen und aufzubauen, die seinen – sonst unterdrückten – Antrieben und Sehnsüchten entsprechen;

– den Gegenständen und Puppen solche Rollen zu übertragen, die die entsprechenden wirklichen Dinge und Personen für das Empfinden des Kindes in seinem Leben spielen;

– auch sich selbst in Gestalt einer Jungen- oder Mädchenfigur auf dem Spielfeld so darzustellen, wie es sich in seiner eigenen Lebenssituation versteht;

– seine Art, mit dem Leben fertig zu werden, im Test-Spiel zu offenbaren, z. B. indem es schnell ärgerlich wird, wenn etwas nicht gelingt, oder indem es vor lauter Selbstkritik mit keinem Aufbau fertig wird, weil es das schon Hingestellte immer wieder als nicht gut genug wieder wegnimmt und neu anfängt.

Während des Spiels mit den Sceno-Figuren werden alle Äußerungen des Kindes, die Handhabung der einzelnen Figuren und die einzelnen Spielschritte sorgfältig protokolliert. Erst unter Berücksichtigung auch aller sonstigen Informationen und nach langjähriger Erfahrung kann ein Untersucher Aussagen über tieferliegende Prozesse im Seelenleben des Kindes gewinnen. Bei unsachgemäßer Anwendung kann sich ein Kind in seinem Vertrauen getäuscht fühlen und sich weiteren Untersuchungen oder Behandlungsversuchen verschließen.

Neben dem Sceno-Test ist – vor allem für ältere Kinder – auch das *Kasperlespiel* ein Mittel, Lebensprobleme bildlich und in Handlungsabläufen zu gestalten. Hierüber wird im nächsten Abschnitt (VII C) noch zu sprechen sein.

Wie ist es *verhaltensbiologisch* zu verstehen, daß ein Kind seine *Ernst*-Problematik im *Spiel* ausdrückt? Stehen Spielen und Ernstverhalten nicht im *Gegensatz* zueinander? Die Antwort lautet: Zwar ist es richtig, daß die Spielhandlungen einem *eigenen* Antrieb folgen und daß die sonstigen Antriebe, sofern sie aktiviert sind, das Spielen eher *hemmen*. Einen wichtigen Anteil des Spielens bildet jedoch das *Nachahmen*, also das Übernehmen von Beobachtetem und Erlebtem nicht nur aus sonstigem Spiel-, sondern auch aus dem Ernstverhalten. Darum spiegelt der frei gewählte Spiel-Inhalt – obwohl nicht die Ernst-Antriebe, sondern der Spielantrieb die Steuerung innehat – auch die Erlebnisse, Wünsche, Befürchtungen und Wertungen des Ernstverhaltens wider.

Zeichentests. Das *Zeichnen und Malen* ist eine weitere Aktivität von Kindern, in der sich ihr Inneres offenbaren kann[1]. Im *Baumtest*[2] wird das Kind aufgefordert, einen Baum zu malen. Diese Aufgabe wird von verschiedenen Kindern ganz unterschiedlich gelöst. Manche zeichnen Blätter und Früchte, manche vorwiegend kahle Äste; die Äste können als Striche gezeichnet werden, oder sie können dikker sein; dann können sie spitz auslaufen, oder die Enden der Äste können geschlossen oder offen gelassen werden; der Stamm kann eine breitere Basis haben oder nicht usw. In all diesen Unterschieden können sich innere Probleme des Kindes offenbaren. Doch kann auch dies nur der Fachmann auswerten.

C. Therapie von Verhaltensstörungen

Wenn Verhaltensstörungen wie Stereotypien, Autismus, Bettnässen und Aggressionshemmungen aufgrund von Milieueinflüssen entstehen, so ist es denkbar, daß die Störungen durch *gegenteilige* Erfahrungen auch wieder beseitigt werden könnten. In der Tat läßt man verhaltensgeschädigte Kinder in der Therapie *bestimmte Erfahrungen machen*, um sie dadurch von ihren Störungen zu befreien und zu heilen. Hierüber soll im folgenden berichtet werden. Allerdings kann dieser Bericht den Leser nicht befähigen, selbst eine Therapie von Verhaltensstörungen zu versuchen – dies muß dem Fachmann vorbehalten bleiben. Doch soll deutlich werden, welche *Möglichkeiten* in der Therapie von Verhaltensstörungen liegen.

Das Kapitel III enthielt bereits drei Abschnitte, die sich mit der Heilung von Verhaltensstörungen befaßten: den Bericht über das Heimkind Claudia, dessen Heimschäden durch eine heilpädagogische Therapie und durch die zuverlässige liebevolle familiäre Betreuung in der Pflegefamilie weitgehend aufgehoben werden konnten (Abschnitt III B 8, S. 178); die Therapie des »Festhaltens« beim frühkindlichen Autismus (Abschnitt III C 6, S. 209); sowie die Beschreibung der zweiten und zehnten Therapiestunde von drei aggressionsgehemmten Jungen (Abschnitt III C 1, S. 190). In diesen Schilderungen kamen wichtige Gesichtspunkte heilender Therapieformen zum Ausdruck. – Im folgenden sollen für mehrere weitere Arten von Verhaltensstörungen einzelne Prinzipien der Behandlung skizziert werden. Die gesamte Behandlung ist vielfach eine langwierige, entsagungsvolle Arbeit, in der mitunter immer wieder Rückschläge auftreten. Eine eindrucksvolle, ungemein inhaltsreiche Einführung in dieses Gebiet gibt das Buch von Annemarie DÜHRSSEN: »Psychotherapie bei Kindern und Jugendlichen«[1].

Versagungen ausgleichen. Für die Verhaltensstörungen der *Heimkinder* in Heimen mit Altersklassenstruktur waren, wie in Abschnitt III B dargestellt, vorwiegend Versagungen, d. h. die mangelnde Befriedigung naturgegebener Bedürfnisse, verantwortlich: Das Weinen der Säuglinge blieb ohne Antwort; die Bereitschaft, sich an eine Betreuungsperson individuell zu binden, traf auf keinen bleibenden Partner; für das Spielen fehlten geeignetes Spielzeug, Lob und Mitfreude durch eine wichtige Bezugsperson und konstruktive Herausforderung; und für das nachahmende Handeln und Sich-Identifizieren fehlten die Partner und Vorbilder. All diese Versagungen führten zu Verhaltensstörungen, von denen manche, z. B. die anaklitische Depression oder das Vermeiden des Blickkontakts, die Beziehungen zur Außenwelt noch weiter einschränkten. Man braucht nicht lange nachzudenken, um daraus zu folgen: Die erste Maßnahme in der

Therapie von Heimschäden muß darin bestehen, die unbefriedigten Bedürfnisse *nachholend abzusättigen*. Ehemalige Heimkinder bedürfen daher zum Ausgleich ihrer früheren Entbehrungen eines *Übermaßes* an liebevoller stetiger Fürsorge und Anregung, getragen vom Gefühl sicherer, fester Zusammengehörigkeit und beständiger Vertrauensbindung. Welchen persönlichen Einsatz und welche Opferbereitschaft das erfordert, ist am Beispiel Claudias im Abschnitt III B 8 (S. 178 ff.) dargestellt worden.

Das Befriedigen ungestillter naturgegebener Bedürfnisse kann aber auch bei all denjenigen Verhaltensstörungen ausschlaggebend sein, die als *bedingte Aktionen* zu deuten sind (Bettnässen, Kleinkindonanie): Die krankhaften Verhaltenssymptome sind bei ihnen ja unmittelbar oder mittelbar von ungestillten naturgegebenen Bedürfnissen (Antrieben) abhängig. Werden diese abgesättigt, so können sich dadurch die Symptome verlieren, und es kann eine Heilung eintreten. (Es kommt jedoch auch vor, daß die Symptome motorisch eingelernt sind und nach dem Beheben der Hauptursachen der Störung weiter andauern. Dies wird am Schluß dieses Abschnitts unter dem Stichwort »*Adressieren überdauernder Symptome*« auf S. 500 abgehandelt werden.)

Angst abbauen. Eine verhaltenstherapeutische Methode, um bei *Erwachsenen* Ängste (Phobien) abzubauen, ist die von WOLPE begründete *Desensibilisierung*: In kontrollierten Therapie-Sitzungen wird die zu behandelnde ängstigende Situation in Anwesenheit des Therapeuten absichtlich künstlich erzeugt. Daraufhin tritt zunächst die unerträgliche Angst, dann aber im Laufe der Zeit so etwas wie eine *Gewöhnung* ein. Mit jeder Sitzung werden dann die Ängste geringer. Etwas Ähnliches könnte der am Schluß von Abschnitt III C 6 (frühkindlicher Autismus) beschriebenen Therapie des »Festhaltens« zugrunde liegen. Ob die dabei beobachtete »Antriebsermüdung durch Ablauf der Antriebshandlung« von gleicher Natur ist wie die in Abschnitt IV A 8 (S. 255 ff.) beschriebenen »Rückwirkungen der Handlung auf die Bereitschaft (den Antrieb)«, läßt sich zur Zeit nicht entscheiden. Ebenso unentschieden ist es, welcher Lernvorgang der längerfristigen »Desensibilisierung« zugrunde liegt.

Angstbedingte Hemmungen abbauen. Einige Verhaltensstörungen beruhen auf angst- bzw. erfahrungsbedingten *Hemmungen*, z. B. die Aggressionshemmungen. Hierfür ist das entscheidende therapeutische Prinzip aus der Schilderung der sechs Therapiestunden (Abschnitt III C 1) herauszulesen: Man regt die Kinder dazu an – und man gibt ihnen die äußeren Möglichkeiten dazu –, das sonst gehemmte Verhalten in der Therapiestunde durchzuführen, wo es ohne schlimme Folgen (Angriff auf Menschen, Zerstörung öffentlichen

Eigentums) bleibt. Geschieht dies oft genug und voll Geduld und Konsequenz, so werden die Hemmungen allmählich abgebaut. Voraussetzung für das Gelingen ist es, daß der Therapeut das Vertrauen des Kindes gewinnt. Hat das Kind zu dem Therapeuten Vertrauen gefaßt, so bedeutet es ihm viel, wenn der Therapeut ihm eine Tätigkeit erlaubt, die ihm daheim versagt war. Waren die Eltern für die Hemmungen verantwortlich, so müssen sie ihr Verhalten zum Kind ändern; deswegen ist jede therapeutische Arbeit an Kindern darauf angewiesen, daß sie in engem Kontakt mit den Erziehungspersonen des Kindes durchgeführt und von ihnen nicht blockiert, sondern unterstützt wird.

Das ist bei aggressionsgehemmten Kindern besonders wichtig, wenn nach den ersten Therapiestunden ein wahrer Sturzbach an Aggressionen hervorbricht, wie das im Abschnitt III C 1 geschildert wurde. Hier muß der Therapeut die Eltern davon überzeugen, daß es sich um eine vorübergehende Erscheinung handelt. Zunächst muß die chronische Überaktivierung der Aggressivität ausgelebt werden. Erst nachdem der normale Aktivierungsgrad erreicht ist, kann sich der gehemmt gewesene Antrieb in das ausgeglichene Gefüge der übrigen Verhaltenstendenzen einordnen.

Wenn das Kind die Gelegenheit erhält, einen bisher ungesättigten Antrieb nachholend zu befriedigen, so liegt darin nur dann eine wirkliche Gesundung, wenn die dem Kind wesentlichen Mitmenschen dieses Verhalten weiterhin ablehnen würden. Anderenfalls wäre es sehr einfach, aggressionsgehemmten Kindern zu helfen; man brauchte ihnen nur einen Platz zur Verfügung zu stellen, wo sie sich nach Herzenslust austoben könnten. Manche aggressionsgehemmte Kinder verschaffen sich selbst solche Freiräume, aber sie befreien sich dadurch nicht von ihrer Unausgeglichenheit; denn die Hemmungen der Kinder sind personengebunden und müssen daher auch im Zusammenspiel mit denjenigen Personen abgebaut werden, die für das Kind die entscheidenden Partner sind. Eine wirkliche Befreiung von Hemmungen ist also keine bloße Dressur; der Lernvorgang des »Enthemmens« ist zwar ein unentbehrlicher Baustein der Therapie, aber ebenso entscheidend ist die Haltung der Menschen, die das Schicksal des Kindes gestalten. Von ihnen muß sich das Kind gerade in der Zeit der Therapie rückhaltlos anerkannt und angenommen wissen.

Einordnen lernen. »Die Freiheit habe da ihre Grenzen, wo sie der Freiheit anderer zu schaden beginnt!«[1] Die Erkenntnis, daß man die eigenen Ansprüche zugunsten einzelner Mitmenschen und zugunsten der Gemeinschaft zu begrenzen hat, kann in der Verhaltensentwicklung eines Kindes erst fruchtbar werden, nachdem die Bedürfnisse aus dem Spannungsfeld zwischen angstbesetzter Hemmung und Antriebsdruck befreit wurden. Erst die nicht mehr gehemmten und nicht mehr gestauten Antriebe können in ein sinnvolles Zusammenspiel mit den übrigen verhaltensbestimmenden Elementen eintreten. Es gehört zu den erregendsten Eindrücken bei der Kinderpsychotherapie, daß dieses Einordnen eigener Ansprüche sowie das Regelnaufstellen und -befolgen manchmal ohne Einwirkung des Therapeuten *aus eigener Initiative des Kindes* erfolgt. Es beginnt bevorzugt im Rahmen des *Spielens*, und zwar sowohl beim sportlichen Wettspiel als auch beim Spielen von Rollen.

> Beim sportlichen Wettspiel, z. B. beim Tischtennis, ist das Kind von einem zweifachen Verlangen erfüllt: erstens, zu siegen, und zweitens, die Spielregeln beachtet zu wissen, weil diese die Fortsetzung des Spiels gewährleisten. Beide Wünsche geraten in Konflikt miteinander, sobald eine Niederlage in Sicht ist, die nur durch Verstöße gegen die Spielregeln abzuwenden wäre (z. B. durch den Abbruch des Spiels, bevor der Therapeut als Spielgegner 21 Punkte erreicht hat). Der Therapeut wird sich hier nicht vorschnell zum Vertreter der Spielregeln aufwerfen, vielmehr wartet er, bis das Kind selbst die Einhaltung der Spielregeln über die Erfüllung des augenblicklichen Triebwunsches zu stellen vermag. Ist dem Kind eine solche Einordnung seines antriebsbezogenen Verhaltens erst einmal aus eigenem Antrieb und im Rahmen des Spielens gelungen, so ist diese Verhaltensnorm in ihm vorgeformt; sie kann nun weitergeübt und gefestigt werden, um sich zur Möglichkeit für eigenes Verhalten auch im Rahmen des täglichen Lebens zu entwickeln.

Ein weiteres Hilfsmittel, einem Kind die Weiterentwicklung seiner Persönlichkeit aus eigener Kraft zu ermöglichen, ist das selbstgestaltete Rollenspiel etwa in Form des Kasperlespiels. Was die Kinder dabei erfinden, ist zunächst meist eine bloße Auseinandersetzung zwischen guten und bösen Kräften. Dabei überträgt das Kind oft seine eigenen Konflikte in das Kasperlespiel. Dies ist ihm selbst nicht bewußt; aber es deutet sich bisweilen unmißverständlich an, wenn ein Kind unabsichtlich einer Figur des Spiels die Bezeichnung eines seiner Mitmenschen gibt und etwa den *König* auf einmal *»mein Vater«* nennt[1]. Die Aufgabe des Therapeuten ist es auch hier, mitzuspielen und dabei die eigene Führung so weit zurückzunehmen, daß das Kind seine Entwicklung, soweit möglich, aus eigener Initiative vollzieht. Der Schritt vom bloßen Durchsetzenwollen eigener Ansprüche zu deren Einordnung in die mitmenschliche Gemeinschaft deutet sich im Kasperlespiel an, wenn eine Ordnungsmacht auftritt, die für Gerechtigkeit sorgt und dabei über den Parteien steht, beispielsweise ein weiser mächtiger König oder der Polizist. In diesem schöpferischen Akt des Kindes drückt sich eine allgemeine menschliche Triebfeder aus, die die Menschheit trotz aller Rückfälle in Gewalttat und Chaos bisher immer wieder zur Gerechtigkeit, zur Toleranz und zur Humanität geführt hat.

Abdressieren überdauernder Symptome. Ein vierjähriger Junge hatte aus seiner Kleinkindzeit eine Angewohnheit beibehalten: Er steckte die Finger in den Mund, wann immer ihn etwas fesselte oder erregte, Angenehmes oder Unangenehmes. Die Eltern sprachen mit ihm über die Möglichkeit, von dieser Angewohnheit loszukommen, wollten aber nicht versuchen, den Jungen gegen seinen Willen zu beeinflussen. Eines Tages bat jedoch der Junge selbst darum, daß er sich das Mittel kaufen dürfe, mit dem man dem Finger einen schlechten Geschmack gibt; denn nun wollte er selbst von seiner Angewohnheit frei werden. Was er bisher durch reine Willensanstrengung nicht erreichen konnte, gelang ihm binnen weniger Tage. Er hatte freiwillig einen Lernprozeß der *bedingten Aversion* in Gang gesetzt, um sich von einer eingeschliffenen Verhaltensweise zu befreien.

Dieses Beispiel liefert den untrüglichen Beweis dafür, daß sich unter Umständen auch eine reine *Abdressur* zur Befreiung von einer Verhaltensstörung eignet. Doch ist dies nur unter ganz bestimmten Umständen ungefährlich: wenn das Kind selbst mit der Hilfsmaßnahme einverstanden ist und wenn keine tieferen Ursachen für die Verhaltensstörung mehr vorhanden sind (wenn also der Satz gilt: Das Symptom selbst *ist* die vollständige Störung). Anderenfalls kann die Abdressur zwar ein Symptom abschaffen, damit aber den schon gestauten Antrieb noch stärker blockieren und dafür ein neues Symptom hervorbringen (Symptomverschiebung).

Begrenztheit der Möglichkeiten der Therapie. Bisher lassen sich nicht alle Verhaltensstörungen von Kindern mit Hilfe einer *Therapie* beheben. Einerseits gilt das natürlich für solche Verhaltensstörungen, die ihre Ursache gar nicht in äußeren Einflüssen auf die verhaltensbestimmenden Faktoren, sondern in organischen Krankheiten haben. Andererseits sind vermutlich manche Entwicklungsschritte nur schwer nachholbar oder korrigierbar. Trotzdem darf kein Versuch unterlassen werden, einem heranwachsenden Menschen mit denjenigen Mitteln beizustehen, die ihm vielleicht noch helfen könnten. – Schließlich soll hier noch einmal betont werden: Keine Therapie kann zum Erfolg führen, wenn nicht die Erwachsenen, bei denen das Kind lebt, ihr eigenes Verhalten in all den Hinsichten abändern, zu denen ihnen der Therapeut dringend rät; *gegen* die wichtigsten Bezugspersonen kann eine Therapie meist nur sehr wenig erreichen.

Das Ziel jeder Therapie muß darin bestehen, das Kind zur Selbstbestimmung zu führen, es zum Lenker des eigenen Verhaltens zu machen. Die innere Gespanntheit wegen überstarker Antriebe und Hemmungen muß so weit verringert werden, daß sich das Bewußtsein von andrängenden Affekten befreien kann und daß die Steuerung des Verhaltens im gewöhnlichen Tageslauf in innerer Ausgeglichenheit erfolgt.

D. Zur Deutung von Verhaltensstörungen herangezogene verhaltensbiologische Prinzipien (Übersicht)

Stellt man die verhaltensbiologischen Prinzipien zusammen, die in den vorangegangenen Darlegungen zur Deutung von Verhaltensstörungen, diagnostischen Verfahren oder therapeutischen Methoden herangezogen wurden, so kommt man zu der folgenden Übersicht (in ihr kommen manche Verhaltensstörungen, an deren Entstehung mehrere Prinzipien mitwirken, mehrmals vor):

Als (mit)verantwortlich erwiesen sich:

– das *Prinzip der doppelten Quantifizierung*: für die Empfindlichkeitssteigerung (Schwellensenkung) gegenüber Ersatzreizen bei Stereotypien, für den erhöhten Belohnungswert des Betreutwerdens in der Entstehungsgeschichte des Bettnässens und für das Ansprechen auf antriebsrelevante Wahrnehmungen bei projektiven Tests.

– das *Prinzip vom Höchstwertdurchlaß*: für die ungeschwächte Intensität von Reaktionen mit Durchbruchscharakter (z. B. Jähzorn), für die Spielhemmung beim Deprivationssyndrom, für die Unterdrückung von Angst durch selbsterzeugten Schmerz, für alle Hemmungen durch Angst sowie für die mangelnde Durchsetzungsfähigkeit des Willens gegenüber chronisch verstärkten Antrieben (scheinbare »Willensschwäche«).

– das *Prinzip der Antriebssteigerung wegen fehlender Bedürfnisbefriedigung*: für das verstärkte Weinen bindungslos aufwachsender Säuglinge im ersten Lebens-Halbjahr und für spätere Tendenzen dieser Kinder, sich an Fremde anzuklammern oder wahllos mit Unbekannten mitzugehen.

– das *Prinzip der Antriebssteigerung durch Sinneseindrücke*: für verstärkte Aggressivität durch einengende Erziehung sowie für sexuelle Anregung von Kindern mit der möglichen Folge früher Fixierungen.

– das *Prinzip des Bewegungsbedürfnisses als Ausdruck erhöhter*

Antriebsstärke (erste Phase des Appetenzverhaltens): als Triebfeder für die Stereotypien bindungslos aufwachsender Säuglinge und die motorische Überaktivität in Fällen von Aggressionshemmungen.

– das *Prinzip der Ersatzhandlungen* bei verstärktem Antrieb und unerreichbarem Antriebsziel: für überstarkes Daumenlutschen und Stereotypien bei Säuglingen, Mitlaufen mit Fremden bei bindungslos aufgewachsenen Kindern, Störertum in der Schule und mutwilliges Zerstören, für Selbstbeschädigung und Kleinkind-Onanie.

– das *Lernprinzip der bedingten Aktion*: für die Verschiedenartigkeit der Ausführung von Stereotypien bei bindungslos aufwachsenden Säuglingen, für das Bettnässen, die Kleinkind-Onanie, Zwangshandlungen, Selbstbeschädigung und für die Rauschgiftsucht.

– das *Lernprinzip der bedingten Aversion*: für das Vermeiden des Blickkontakts bei bindungslos aufwachsenden Kindern und beim Autismus, für spezielle Aversionen (z. B. gegen Ärzte im weißen Kittel), für die Abneigung gegen das andere Geschlecht als eine der denkbaren Grundlagen für Abweichungen von der heterosexuellen Liebesbindung sowie für das Beispiel der (freiwilligen) Abdressur des Daumenlutschens.

– die *Lernprinzipien der erfahrungsbedingten Verhaltenshemmungen* (ohne Unterscheidung zwischen zugrunde liegender bedingter Aversion und bedingter Hemmung): für die Verhaltenshemmungen beim kindlichen Autismus, für Aggressionshemmungen, für Stottern, für erlebnisbedingte Sexualstörungen und hysterische Ängste sowie allgemein für die Behinderung der Impulse zur aktiven Selbstentfaltung, z. B. Antriebsschwäche, Mangel an Initiative und Resignation.

– das *Prinzip der Antriebssteigerung infolge erfahrungsbedingter Hemmung*: für Überaggressivität, Jähzorn und andere Symptome der Aggressionshemmung sowie sonstige Reaktionen mit Durchbruchcharakter.

– das *Prinzip des motorischen Lernens*: für überdauernde Verhaltenssymptome, Stottern und Tic-Erscheinungen.

– das *Prinzip der sensiblen Phase bei prägungsähnlichem Lernen*: für die versäumte individuelle Bindung an bleibende Betreuungspersonen in Heimen mit Altersklassenstruktur.

– das *Prinzip der Fixierung an ungeeignete Antriebsziele*: bei erotisch getönter Bindung an einen Elternteil und beim Fetischismus.

E. Zusammenfassung

1. Den Stereotypien bindungslos aufwachsender Säuglinge und Kleinkinder liegt ein gesteigerter Bewegungsdrang zugrunde, der vermutlich vorwiegend dem unbefriedigten frühkindlichen *Kontaktbedürfnis* entstammt und der ersten Phase dessen Appetenzverhaltens zugehört (A 1).

2. Die stereotypen Bewegungen der Säuglinge und Kleinkinder führen zu Sinnesreizen, die möglicherweise zum Teil als Ersatzreize für Anwesenheitssignale betreuender Personen wirken und so die Verlassenheitsangst verringern. Diese Ersatzbefriedigung könnte nach dem Lernprinzip der bedingten Aktion dafür verantwortlich sein, daß von Kind zu Kind andere stereotype Bewegungen bevorzugt werden (A 1).

3. Beim Tagnässen Typ A überwinden Sinnesmeldungen aus der Wand der prall gefüllten Blase die hemmenden Signale aus den höheren nervösen Steuerinstanzen, so daß sich der Entleerungsreflex durchsetzt (A 2).

4. Zur Grundlage des Tagnässens Typ B und nächtlichen Einnässens könnte eine nach dem Prinzip der bedingten Aktion in der Säuglingszeit gebildete Verknüpfung zwischen dem Kontaktwunsch und der Harnabgabe werden: Der Säugling wird durch längerdauernden Kontakt belohnt – er wird trockengelegt –, falls er zuvor Harn abgegeben hat. Dadurch verknüpft sich das Verhaltenselement (Harnabgabe) mit dem befriedigten Antrieb (Kontaktwunsch). Voraussetzung wäre ein so starkes Kontaktbedürfnis des Säuglings, daß dadurch die Betreuung beim Trockenlegen einen überhöhten Belohnungswert erlangt. Wenn die Verknüpfung einmal festgelegt ist, dann bleibt sie verhaltenssteuernd auch in späteren Lebensjahren (A 2).

5. Beim Tagnässen Typ B und beim nächtlichen Einnässen entsteht das innere Harnabgabe-Kommando nicht durch Sinnesmeldungen aus der Blasenwand, sondern vermutlich beim Umschlag von Wut, Enttäuschung, Sorge oder Angst in durch belastende Lebensverhältnisse aktiviertes Betreuungsbedürfnis, damit also im Augenblick einer gewissen, aber nur partiellen Entspannung (A 2).

6. Die Onanie hat bei Kleinkindern nur dann einen Belohnungswert, der zur häufigen Wiederholung veranlaßt, wenn ihnen in *anderen* Verhaltensbereichen die Befriedigung weitgehend versagt ist. Sie verschafft ihnen eine Art von Ersatzbefriedigung (A 3).

7. *Süchtiges* Verhalten entsteht durch kombinierte Lernvorgänge aus bedingter Appetenz und bedingter Aktion. Ein Teufelskreis ist vorprogrammiert, wenn ein Suchtmittel *baldige* Befriedigung und *spätere* widrige Empfindungen hervorruft, die aber durch *neue* Einnahme des Suchtmittels aufgehoben werden (A 4).

8. Dem Lernprinzip der *bedingten Aversion* entsprechen u. a. drei Verhaltensstörungen: das Vermeiden des Blickkontakts mit Erwachsenen bei bindungslos aufwachsenden Heimkindern, das Ablehnen der Eltern durch ältere Säuglinge und Kleinkinder nach längerdauernder Trennung sowie die erfahrungsbedingte Unfähigkeit zum Kontakt mit Menschen des anderen Geschlechts: Nach derzeitigen Vorstellungen ist dies eine unter mehreren möglichen Bedingungen für die Entstehung der Homosexualität (A 5).

9. Erfahrungsbedingte Hemmungen können einen Antriebsstau hervorrufen und auf diesem Wege für Reaktionen mit Durchbruchscharakter, z. B. Jähzorn, verantwortlich werden. Es ist kennzeichnend für das Teilsystem »Höchstwertdurchlaß«, daß die Durchbruchsreaktionen trotz der Hemmung, auf die ihr Entstehen zurückzuführen ist, maximale Stärke besitzen (A 6).

10. Die Angstbesetzung von Verhaltensimpulsen dürfte die subjektive Seite von bedingten Hemmungen darstellen. Die Angstbesetzung kann bestimmte (z. B. sexuelle) Verhaltenstendenzen betreffen (hysterische Ängste) oder auch – beim Kleinkind – den gesamten Bereich der handelnden Selbstentfaltung hemmen. Umfassende Resignation kann die Folge sein (A 6).

11. Viele Symptome von Verhaltensstörungen sind als Ausdruck von übermäßiger Antriebsaktivierung zu verstehen: Die Persönlichkeitsdiagnose »schwacher Wille« ist zweifelhaft, solange die Stärke der entgegengerichteten Antriebe nicht in Betracht gezogen wird. Da stärkere Antriebe nur durch einen stärkeren Willen kontrollierbar wären, dieser aber bei Kindern vielfach nicht vorausgesetzt werden kann, ergibt sich als eines der wesentlichen Prinzipien der Vorsorge gegen Verhaltensstörungen: die chronische Steigerung einzelner Antriebe zu verhüten, damit sie beherrschbar bleiben (A 7).

12. Eine Aufgabe der *Diagnose* bei verhaltensgestörten Kindern besteht darin, gesteigerte, aber in ihrem Ausdruck gehemmte Antriebe aufzudecken. Zu diesem Zweck lassen sich projektive Tests anwenden; sie gründen sich auf die erhöhte Empfindlichkeit für Wahrnehmungen, die mit einem gesteigerten Antrieb in Verbindung stehen (B).

13. Kinder reproduzieren ihre Erlebnisse vielfach im Rahmen des Spielens. Mit Hilfe geeigneter Spieltests (z. B. Sceno-Test) kann man daher auch erfahren, wie ein Kind seine Mitmenschen und sich selbst erlebt und beurteilt. Das Ausdeuten von Spieltests bedarf jedoch sorgfältiger Ausbildung und Erfahrung und muß daher dem Fachmann vorbehalten bleiben (B).

14. Bei der Heilung (Therapie) von Verhaltensstörungen bestehen die wichtigsten Schritte darin, erlittene Versagungen des Kindes auszugleichen und Hemmungen durch positive Erfahrungen abzubauen. Beides gelingt nur, wenn der Therapeut und die wichtigsten Bezugspersonen ein Vertrauensverhältnis zu dem Kind begründen können und es fühlen lassen, daß es als Person anerkannt und angenommen ist (C).

15. Ist ein Kind von übermächtigen Bedürfnissen und Hemmungen frei geworden, so entwickelt es, oft z. T. aus eigenem Antrieb, in sich eine Instanz, die Gerechtigkeit anstrebt und die eigenen Bedürfnisse kontrolliert (C).

16. Versuche, unerwünschtes Verhalten durch *Abdressieren* zum Verschwinden zu bringen, sind nur angezeigt, wo nach seelischer Gesundung noch motorische Angewohnheiten überdauern, obgleich etwaige tieferliegende Störungen bereits überwunden sind. In diesen Fällen wünscht gelegentlich auch das Kind selbst die Hilfe einer solchen Therapie (C).

17. In kindlichen Verhaltensstörungen (A), in den diagnostischen (B) und den therapeutischen Methoden (C) läßt sich das Wirken von dreizehn unterschiedlichen, in Kapitel IV besprochenen verhaltensbiologischen Funktionsprinzipien erkennen, die in Abschnitt D listenmäßig zusammengestellt sind.

Bemerkung. Wie in Kapitel III blieben auch in diesem Kapitel mehrere sehr wichtige Verhaltensstörungen unbesprochen, weil sie noch nicht in verhaltensbiologischer Sicht analysiert wurden, z. B. Enkopresis, Anorexie und Asthma.

VIII. Was Kindern zusteht: Vorsorge gegen Verhaltensschäden, Pflicht jedes einzelnen und der Gesellschaft

Das folgende letzte Kapitel zieht das Fazit aus allen vorangegangenen Teilen des Buches: Nach der Skizzierung des Menschenbildes der Verhaltensbiologie in Kapitel I war zunächst die normale Verhaltensentwicklung des Kindes dargestellt worden (Kap. II); dann wurden Verhaltensstörungen beschrieben (Kap. III). Darauf folgte die Einführung in Funktionsweisen der normalen und der pathologischen Verhaltenssteuerung bei Tieren und die allgemeine Formulierung von Funktionszusammenhängen (Kap. IV und V). Im Kapitel VI wurde deren Wirkung im Alltagsverhalten der Erwachsenen, in Kapitel VII in Verhaltensstörungen von Kindern beschrieben. Nun, im Kapitel VIII, läßt sich die Frage stellen und beantworten: Welche Maßnahmen der *Vorsorge* sind – in verhaltensbiologischer Sicht – erforderlich, um das *Entstehen von kindlichen Verhaltensstörungen zu vermeiden?*

A. Kinderbetreuung in der Familie

A 1. *Vorsorge gegen Verhaltensstörungen*

Legt man die Überlegungen der vorangegangenen Kapitel zugrunde, so sind beinahe sämtliche Verhaltensstörungen von Kindern auf drei Ursachen zurückzuführen: auf die *chronische Steigerung von Antrieben*, auf *fehlende* und auf *nachteilige Lernprozesse*. Daraus kann man *drei* umfassende Vorsorge-Prinzipien gegen Verhaltensstörungen herleiten:

– kein naturgegebenes Bedürfnis so weit *unbefriedigt lassen*, daß es chronisch ansteigt;

– den Kindern keine Bedingungen für entwicklungsnotwendige (= phasenspezifische) *Lernprozesse vorenthalten*;

– die Kinder vor seelisch krankmachenden, ihre spätere Lebenserfüllung beeinträchtigenden milieubedingten *Hemmungen und Fixierungen bewahren.*

Diesen drei Anliegen der Vorsorge dienen zahlreiche Betreuungs- und Erziehungsgrundsätze, die im Kapitel II ausführlich behandelt wurden. Eine *Auswahl* von ihnen soll jetzt noch einmal genannt und den verschiedenen *Entwicklungsstufen* zugeordnet werden. Dabei handelt es sich zugleich um solche Empfehlungen für eine Betreuung und Erziehung, die – im Sinne der Darstellung der Verhaltensentwicklung in Kapitel II – der *Natur des Kindes* gerecht werden.

Säuglingszeit. Um einer ungestörten seelischen Entwicklung willen steht dem Kind in der *Säuglingszeit*, also im 1. Lebensjahr, vor allem folgendes zu:

– Stillen und Füttern in Anpassung an den (bzw. nicht im Widerspruch zum) Rhythmus des Nahrungsverlangens; keine Nachtpause, bis der Säugling sie von sich aus einhält; bei Flaschenernährung ein günstiges Maß an Sauganstrengung durch Wahl einer geeigneten Saugeröffnung und eine Stillsituation möglichst ähnlich wie bei der Brusternährung;

– seitens der Mutter und des Vaters so viel und so liebevolle Betreuung und Anwesenheitsbestätigung, daß anhaltende Verlassenheitsangst (Schreiperioden) möglichst selten vorkommt;

– Möglichkeit der sicheren Bindung an eine liebevolle, zuverlässige, stets verfügbare *bleibende* Betreuerin, möglichst an Mutter und Vater, dazu an Geschwister und Großeltern, und *nach und nach* das Kennenlernen des einen oder anderen weiteren Erwachsenen;

– genügend Zeit der Eltern für heiteres Zärtlichsein, Ansprechen des Säuglings, Reagieren auf sein Lächeln und seine Laute sowie für sonstiges soziales Verhalten und kleine Spiele;

– Vermeiden des Wechsels und Verlustes von Bezugspersonen, der Krippenpflege und sonstiger Fremdbetreuung.

Für das *zweite bis fünfte Lebensjahr* kann man *vierzehn* Notwendigkeiten formulieren, damit den drei genannten Grundforderungen zur Verhütung von Verhaltensstörungen Genüge getan werde:

– weiterhin liebevolles, heiteres Miteinander von Eltern und Kind;

– höchstens im Notfall längere Trennungen zwischen Eltern und Kind; bei Krankenhausaufenthalt des Kindes tägliche elterliche Zuwendung;

– Vermeiden des Wechsels und des Verlustes von Hauptbezugspersonen, an die das Kind innerlich fest und sicher gebunden ist und die darum seinen Hort der Geborgenheit bilden;

– falls tägliche Fremdbetreuung unvermeidlich, dann nur in jeweils altersgerechten Zeitspannen;

– Bewegungsdrang befriedigen und Entwicklung der körperlichen Kraft und Geschicklichkeit fördern;

– Erkunden, Spielen, Nachahmen sowie Mittun bei Tätigkeiten der Erwachsenen ermöglichen und fördern;

– Kennenlernen, Zusammensein und Spielen mit anderen Kindern ermöglichen;

– Sprechenlernen sinnvoll unterstützen;

– auf Fragen eingehen und sie ernst und interessiert beantworten;

– die Selbständigkeit des Kindes anstreben, d. h. die Fehler der *einengenden Erziehung* und der *Überbehütung* vermeiden;

– Aufschub der Wuncherfüllung und damit die Fähigkeit zur Selbstbeherrschung einüben, d. h. den Fehler der dauernden Sofortbefriedigung und der *Verwöhnung* vermeiden;

– ein sinnvolles Gehorsamsverhältnis entstehen lassen;

– auf kindliche Aggressivität, den verschiedenen Aggressionsarten entsprechend, sinnvoll reagieren;

– Nachahmungsvorbilder für wertorientiertes Handeln bieten, also selbst Vorbild sein, und Wertvorstellungen durch Gespräche vermitteln.

Für das *vierte bis siebente Lebensjahr* kann man zusätzlich zu den vorgenannten drei weitere Erziehungsziele angeben, um die einleitenden *drei* Forderungen zu erfüllen:

– Nachahmungsvorbilder für ein partnerschaftliches Miteinander bieten, in der Familie wie unter Freunden und Nachbarn;

– erotische Anregung vermeiden;

– Aufklärung mit dem Ziel der Vorbereitung zu umfassender Liebespartnerschaft.

A 2. *Fördern des Kindeswohls durch Unterstützung der Familie*

Die im vorigen Abschnitt zusammengestellten Betreuungs- und Erziehungsprinzipien lassen sich nur im erhalten bleibenden, sicheren Familienverband verwirklichen. Hieraus ergibt sich die folgende Auffassung vom Wesen der Familie:

In einer Familie, in der Kinder aufwachsen, steht das Sorgen um deren Wohl im Mittelpunkt der Lebensgestaltung. Die Kinder sind die abhängigsten und *schwächsten* Mitglieder der Familie: Ihre seelisch-geistige Entwicklung bedarf der Erfüllung vieler Bedürfnisse, von denen die wichtigsten im vorausgegangenen Abschnitt genannt und zusammengefaßt wurden. Das Erfüllen dieser Bedürfnisse erfordert die Liebe und Fürsorge der Eltern. Solange die Kinder klein sind, *bindet* diese Aufgabe zumindest bei *einem* der Partner, in der Regel bei der Mutter, den *überwiegenden Zeit- und Tätigkeitsanteil des persönlichen täglichen Daseins*. Den Bedürfnissen des Säuglings und Kleinkinds gerecht zu werden, läßt sich mit ganztägiger außerhäuslicher Berufstätigkeit *beider* Eltern nicht verbinden. Mit dem *Älterwerden* geben dann die Kinder einen wachsenden Anteil des verfügbaren elterlichen Einsatzes wieder frei; dies geschieht in dem Maße, in dem ihr Dasein mehr und mehr durch die Schule und sonstige Lebenskreise bestimmt wird. Es vollzieht sich von Kind zu Kind, je nach dessen Persönlichkeit, in *unterschiedlichem Zeitverlauf und Ausmaß*.

Weil das Kindeswohl so weitgehend vom Verhalten der Eltern in der Familie abhängt, gehört zur Unterstützung des Kindeswohls die *gesellschaftliche und öffentliche Anerkennung* der Bedeutung der Familie (der Eltern bzw. der Mutter) für die Betreuung des Kindes; denn die jeweils in der Gesellschaft herrschenden entscheidungswirksamen Wertmaßstäbe bestimmen es bei Müttern und Vätern in ungezählten Einzelfällen, *wie große Anteile ihres Lebenseinsatzes* sie den Kindern und wieviel sie anderen Belangen widmen. Heute stehen Frauen, die sich voll und ganz ihren Mutter- und Familienaufgaben widmen, gelegentlich noch unter dem Prestigedruck einer Umwelt, die sie als »Nur-Hausfrau« herabsetzt und das Wirken in der Familie nicht als Möglichkeit zur *Selbstverwirklichung* gelten läßt. Damit wird das Selbstwertgefühl aller innerlich nicht ganz unabhängigen Mütter angegriffen. Die Medien sollten daher nicht nur Leistungen im Beruf würdigen, sondern auch immer wieder verdeutlichen, wie wertvoll der Einsatz der Mutter und ebenso des Vaters für die Betreuung und Erziehung der Kinder ist. Dies gilt von der Geburt an bis zum Beginn des Erwachsenenalters. Die Kinderbetreuung darf nicht auf das Besorgen des Allernötigsten beschränkt bleiben, sondern muß auf eine Lebendigkeit und Vielfalt der Partnerschaft zwischen Eltern und Kindern hinzielen, wie sie sowohl die Kindheit und Jugend als auch die Elternschaft trotz der unausbleiblichen Sorgen und Lasten beglückend und reich werden läßt.

Die Lebenserfüllung in der Familie und im Beruf müssen darum, jede für sich betrachtet, gleich hoch geschätzt werden; es sollte als intolerant und inhuman gelten, die eine gegen die andere herabzusetzen oder gar lächerlich zu machen. Es gilt für beide Geschlechter, daß mancher seinen Lebensschwerpunkt mehr in der Familie, der andere mehr im Beruf sucht und findet. Wenn jedoch Kinder vorhanden sind und falls die berufliche Selbstverwirklichung und die Sorge für Kinder *in Konkurrenz miteinander treten*, so ist es eine Forderung der Menschlichkeit und der Vernunft (d. h. der zukunftsbezogenen Weitsicht), den Belangen des abhängigen und *schwächeren* Partners, also des Kindes, *Vorrang* zu geben, anstatt – als selbst Stärkerer – seine Ziele auf Kosten des Schwächeren zu verwirklichen.

Die staatliche *wirtschaftliche Unterstützung der Kinder in der Familie* erfolgt auf zwei Weisen: *finanziell* durch Kindergeld, Steuerfreibeträge, beitragsfreie Mitversicherung der Kinder in der gesetzlichen Krankenversicherung, Sozialhilfeanteile usw., *funktionsgebunden* durch die Einrichtung von Spielplätzen, den Großteil der Finanzierung von Kindergärten, durch freien Schul- und Hochschulbesuch, Lernmittelfreiheit, Erziehungsberatungsstellen, Ermäßigungen in Verkehrsmitteln und Museen usw. Für familienbezogene Maßnahmen der Politik und der öffentlichen Verwaltung gilt ein allgemeiner Maßstab: Jede von außen kommende ideelle oder wirtschaftliche Unterstützung der Familie dient (nur) insoweit dem Kindeswohl, als sie der *Erfüllung der Betreuungs- und Erziehungsanliegen der Kinder durch die Eltern nicht entgegenwirkt.*

Leider steht der *Finanzaufwand* für die Belange der Kinder in Konkurrenz mit den Anforderungen anderer Ressorts und rangiert in der Rangstufenleiter der gesellschaftlichen Wertung tief unter anderen Ansprüchen, z. B. sogar unter denen der Verkehrspolitik. (Würden 10 % der Züge der Bundesbahn ausfallen, würde dies als öffentlicher Skandal gelten; der Ausfall von 10 % oder mehr an Schulstunden wird dagegen von Politikern, Verwaltung *und Bevölkerung* seit Jahrzehnten ohne vergleichbare Reaktion hingenommen. Dies ist ein *Indikator* für die in der *Gesamtbevölkerung* geltenden entscheidungswirksamen Wertmaßstäbe.)

Halbtagsarbeit. Eine wirksame Maßnahme zur besseren Förderung des Kindeswohls in den Familien wäre die weitere Schaffung von organisatorischen Voraussetzungen für *Halbtagsarbeit* (mit Entrichtung von Arbeitslosen- und Sozialversicherung) für Mütter mit Kindern von drei Jahren an anstelle von Ganztagsarbeit. Halbtagsarbeit ermöglicht für Mutter und Kind die bedeutsame Kontakt- und Spielzeit. Das *Kleinkind* kann nachmittags an vielen Tätigkeiten der Mutter teilnehmen. Das *Schulkind* kommt beim Heimkehren von der Schule nicht in eine leere Wohnung, sondern findet dort seine Mutter, die ihm Geborgenheit und menschliche Wärme bietet und Interesse für seine Schulprobleme zeigt. Die *Frauen* behalten so den Kontakt mit dem Beruf, ohne durch das Nebeneinander von außerhäuslicher Erwerbstätigkeit und Familienaufgaben körperlich und seelisch überfordert zu werden. Je älter die Kinder sind, desto besser lassen sich die Arbeiten im Beruf und in der Familie miteinander verbinden.

Mütter-Urlaub bei Krankheit des Kindes. Weiterhin dient es dem Kindeswohl, wenn außerhäuslich berufstätigen Müttern eine ausreichende Anzahl von arbeitsfreien Tagen im Erkrankungsfall ihres Kindes zustehen. Dadurch wird es dem Kind erspart, gerade im Zustand der Hilfsbedürftigkeit allein bleiben zu müssen oder fremdbetreut zu werden.

Hilfe in Familienkrisen. Beim Tod, bei schweren körperlichen oder seelischen Erkrankungen der Mutter oder in vergleichbaren Notfällen springen vielfach Verwandte, Nachbarn oder Freunde ein, um das häusliche Familienleben aufrechtzuerhalten. Wo dies nicht möglich ist, droht die Einweisung einzelner oder aller Kinder in Heime. Um dies, wenn irgend möglich, zu verhindern, besteht ein Bedarf an Frauen, die vorübergehend – für Tage, Wochen oder länger, stundenweise oder ganztägig – helfend in solchen Familien einspringen können. Mancherorts bestehen solche Einrichtungen bereits. Deren Erhaltung, Vermehrung und Weiterentwicklung wäre von großer Bedeutung für die Stützung von Familien in Not und – was die Kinder betrifft – ein entscheidender Beitrag zur Erhaltung ihrer gewachsenen Bindungen.

Beratung in Betreuungs- und Erziehungsnotfällen. Andersartig muß die Hilfe beschaffen sein, wo *menschliche Problemsituationen* nicht ohne äußere Stützung gemeistert werden können. Zwei Beispiele aus vielen möglichen sind folgende:

– Eine Mutter nimmt nach ihrer Eheschließung ihr vorehelich geborenes, nicht von ihrem jetzigen Ehemann stammendes Kind, das inzwischen mehrere Heimaufenthalte und Betreuungsabbrüche hinter sich hat, in ihre inzwischen gegründete Familie auf. Die Erziehungsschwierigkeiten dieses Kindes im Gegensatz zu den nachgeborenen Geschwistern, die von Geburt an in der Familie aufwuchsen, führen immer wieder zu der falschen Vorstellung, das Kind habe vom leiblichen Vater schlechte Charaktereigenschaften geerbt. Enttäuschungen und die Schuld an Eheschwierigkeiten werden auf dieses Kind abgeladen; es wird daraufhin sogar von seiner eigenen Mutter benachteiligt. Hier sind erforderlich: aufklärende Gespräche über die Folgen mehrmaligen Bezugspersonenverlustes mit der Mutter und dem Ehemann *bereits vor* der Aufnahme des Kindes, danach weiterhin ständige Beratung und eventuell Therapie des Kindes.

– Eine Lehrerin bemerkte bei einem Schulanfänger Mißhandlungsspuren und meldet dies dem Jugendamt. Bei der Überprüfung der kinderreichen Familie wurde ähnliches bei einem zweiten Kind gefunden. Daraufhin wurden, um von vornherein jedes weitere Risiko auszuschließen, sofort sämtliche Kinder durch Gerichtsbeschluß aus der Familie herausgenommen und an für die Eltern unbekannten Orten in Pflege gegeben, also der Trennungsschock und die Entwurzelung aller Kinder in Kauf genommen. Hier hätte man möglicherweise eine *sozialpädagogische Familien-* und *Erziehungshilfe* versuchen können, beispielsweise um mögliche Anlässe der Mißhandlungen – wie Überlastung, nächtliches Schreien des Kindes, Arbeitslosigkeit oder Überschuldung – zu besprechen und für die Lösung des jeweils anstehenden, für die Mißhandlungen ursächlichen Problems Hilfen zu finden, beispielsweise durch Einsatz einer Familienhelferin.

A 3. *Unterstützung alleinerziehender Elternteile*

Wird ein Kind allein von seiner Mutter oder allein vom Vater aufgezogen, so kann dieser Elternteil den Lebensunterhalt für sich und das Kind entweder 3 Jahre lang in Form von Sozialhilfe erhalten oder ihn durch ganztägige außerhäusliche Erwerbstätigkeit bestreiten. Letzteres macht – falls keine Großeltern verfügbar sind (siehe Abschnitt VIII B 1, S. 526) – die Fremdbetreuung des Kindes während der täglichen Abwesenheit der Mutter bzw. des Vaters notwendig: in einer Krippe oder in Tagespflege. Darin liegt für das Kind – und damit indirekt aber auch für den betreuenden Elternteil – eine schwere Last: Schon wenn ein Kind statt seiner beiden Eltern nur einen Elternteil hat, ist das in der Regel ein Verlust. Wenn der Elternteil dem Kind nur einen Bruchteil des Tages zur Verfügung steht, und zwar erst am Spätnachmittag oder abends, womöglich ermüdet durch einen vorangehenden anstrengenden Arbeitstag, dann ist dadurch – und zusätzlich noch durch die möglichen Probleme im Zusammenhang mit der Fremdbetreuung – der Nachteil vervielfacht. Zwar gibt es dennoch eine gewisse Anzahl alleinerziehender Elternteile, die trotz ganztägiger außerhäuslicher Berufstätigkeit ihre Betreuungs- und Erziehungsaufgabe meistern, so daß eine sichere Kind-Eltern-

Bindung entstehen kann; aber niemand kann die dazu notwendigen äußeren Umstände – z. B. das Erhaltenbleiben der Pflegemutter über mehrere Jahre – sowie günstige Wesenseigenschaften des Kindes und des Elternteils (Vitalität, Belastbarkeit) als normalerweise gegeben voraussetzen. Aus diesem Grunde ist das Allein-Erziehen-Müssen eines *Säuglings* oder *Kleinkindes* durch eine alleinstehende Mutter (verwitwet, geschieden oder unverheiratet) als *Notlage* anzusehen; sie fordert das Angebot der Hilfe durch die Gemeinschaft. – Im folgenden wird ein Hilfsangebot für die alleinerziehende Mutter und ihr Kind beschrieben, das erste, 1975 bis 1978 in Baden-Württemberg durchgeführte *»Modellprojekt Mutter und Kind«*[1], dem bis heute zahlreiche weitere in diesem Bundesland folgten.

Federführend war das Ministerium für Arbeit, Gesundheit und Sozialordnung unter Frau Minister A. GRIESINGER. Als erster Landrat gab Dr. N. NOTHELFER die Zustimmung zur Durchführung des Modellprojekts in seinem Landkreis. Die organisatorische Abwicklung oblag dem Jugendamt und dem Sozialamt der Stadt *Waldshut*.
Das »Modellprojekt Mutter und Kind« ist nicht zu verwechseln mit der 1984 begründeten »Bundesstiftung Mutter und Kind« des Bundes-Familienministeriums, die lediglich eine einmalige Geldgabe nach der Geburt des Kindes gewährt.

Personelle Zusammensetzung. Neun unverheiratete junge Mütter bildeten für drei Jahre zusammen mit ihren Kindern eine Gruppe. Sie wohnten im Landgebiet des Kreises Waldshut am Oberrhein verstreut in verschiedenen Dörfern oder kleinen Städten. Sie hatten – bis auf eine Ausnahme – die Hauptschule und zum Teil auch eine Berufsausbildung abgeschlossen. Die Betreuerinnen waren Helma HASSENSTEIN (ehrenamtlich) und Rita BURGER (Hebamme mit zusätzlicher Qualifikation in Geburtsvorbereitung und Säuglingspflege; Mitarbeiterin in einer Sozialstation; zeitlicher Einsatz etwa ein Viertel ihrer Gesamt-Arbeitszeit).
Wirtschaftliche Unterstützung. Die neun Mütter empfingen die in der Bundesrepublik durch Rechtsanspruch gesicherten finanziellen Hilfen (»Sozialhilfe«-Regelsätze für die alleinerziehende Mutter und ihr Kind, Mietzahlung, Beiträge zur Kranken- und Sozialversicherung), dazu aus Landesmitteln einen »Erziehungsbeitrag« von seinerzeit DM 300,–. Die Gesamteinkünfte der Frauen waren damit vergleichbar mit dem durchschnittlichen (Netto-)Monatsverdienst aus einem Arbeitsverhältnis.

Voraussetzungen für die Aufnahme in das Projekt »Mutter und Kind«: die Teilnahme an den Vorsorgeuntersuchungen und, wenn möglich, die Teilnahme an einem Kursus für Geburtsvorbereitung und an einem Säuglingspflegekursus, ferner die Bereitschaft zur Teilnahme an den *Veranstaltungen* des Modells »Mutter und Kind«, schließlich das Aufgeben der außerhäuslichen Erwerbstätigkeit, um selbst die Betreuung und Erziehung des eigenen Kindes zu übernehmen.

Durchführung des Modellprojekts. In festen zeitlichen Abständen trafen sich die Mütter und ihre Kinder mit den Betreuerinnen zu *gemeinsamen Veranstaltungen*: Etwa im Abstand von 3 Monaten fanden die Wochenendfreizeiten statt. Während dieser Zusammenkünfte wurden allgemeine Fragen der Betreuung und Erziehung besprochen (teils auf der Basis von Elternbriefen[1]), es wurde Mutter-Kind-Turnen durchgeführt, mit ORFF-Instrumenten musiziert, gesungen, Finger- und Kreisspiele durchgeführt, Kinderverse gelernt, Kasperle-Theater gespielt, die jahreszeitlichen Feste gefeiert usw. Hierbei halfen ehrenamtlich eine Fachkraft für Mutter-Kind-Turnen, eine Musikstudentin, zwei junge Erzieherinnen und deren Mutter. Da alle Mütter in ähnlicher Lebenslage waren, bildeten sich bei den Treffen engere Bekanntschaften und Freundschaften zwischen den Frauen und nach und nach auch zwischen den Kindern. Dies wirkte den Gefühlen des Verlassenseins, der Einsamkeit und der sozialen Isolierung entgegen. Das wiederholte Zusammensein der Kinder miteinander in Gegenwart ihrer Mütter förderte die Fähigkeit der Kinder, zunehmend länger in einer Kindergruppe zu sein, und erleichterte später den Übergang in den Kindergarten.

Kontaktbesuche. Einen weiteren Bestandteil des Modellprojekts »Mutter und Kind« bildeten regelmäßige *Kontaktbesuche* der Betreuerinnen bei den Müttern mit Gelegenheit zum Gespräch über Ernährungsfragen, gesundheitliche und pädagogische Probleme, Spielen mit dem Kind und, soweit erwünscht und notwendig, über persönliche Fragen, rechtliche Informationen usw. Besonders angesprochen wurden Probleme, die speziell mit der Betreuung eines Kindes durch seine alleinerziehende Mutter zu tun haben, beispielsweise:

– Erziehung zur Selbständigkeit, z. B. Allein-Essen, selbständiges An- und Ausziehen (Vermeiden der Überbehütung);

– gemeinsame Besuche bei Großeltern, Verwandten, Freunden mit Kindern (Vermeiden von Isolation und Fixierung von Mutter und Kind aufeinander);

– Aufbau einer Mutter-Kind-Beziehung auf breiter Basis: gemeinsame Unternehmungen wie Wandern, Schwimmen, Spiele, Gespräche, Bilderbücher-Anschauen, Vorlesen, Naturbetrachtungen, Zoo-Besuch, also vielfältige Anregung des Kindes (Stimulation) durch die Mutter.

Unterstützung in Einzelfällen. Mitunter setzten sich die Betreuerinnen mit sofortigen Maßnahmen für Kind und Mutter ein, beispielsweise durch die Vorsprache bei Behörden oder durch die Aufnahme der Verbindung zu Ärzten, z. B. um den damals noch nicht üblichen täglichen Besuch der Mutter beim Kind im Krankenhaus zu ermöglichen oder um deren Anleitung als Cotherapeuten, z. B. bei Schielen oder Haltungsanomalien des Kindes, in die Wege zu leiten.

Entwicklung der Kinder. Die Kinder wurden zweimal körperlich und entwicklungsdiagnostisch durch Mitarbeiterinnen des Kinderzentrums München untersucht. Besonders auf den Gebieten Sozialentwicklung, Selbständigkeit, Sprachentwicklung und Sprachverständnis erwiesen sie sich nicht nur als altersgerecht, sondern als besser entwickelt; beispielsweise zeigten sich auf dem Gebiet der *Selbständigkeit* Ergebnisse, die zwei bis zehn Monate oberhalb des Lebensalters lagen. – Es wurden auch dokumentarische Schmalfilme aufgenommen.

Zusammenfassende Wertung. Das Projekt »Mutter und Kind« gewährt erstmalig der alleinerziehenden Mutter und ihrem Kind *drei Jahre* des Zusammenseins miteinander bis zum sicheren Abschluß der Bindungs- und ersten Kleinkindphase. Statt daß der Staat seine Geldmittel für Institutionen der Fremdbetreuung wie Krippen, Tagesmütter und sonstige Pflegestellen einsetzt, bietet er hier die Mittel direkt der in Not befindlichen Mutter und ihrem Kind an. Damit erhält die Mutter eine echte *Wahlmöglichkeit* zwischen entweder

– außerhäuslicher Ausbildungs- oder Erwerbstätigkeit, kombiniert mit Fremdbetreuung ihres Kindes, oder

– eigener Übernahme der Betreuung und Erziehung ihres Kindes in der gesamten Bindungsphase von Geburt an bis zur Kindergartenreife, kombiniert mit der Unterbrechung der Ausbildung bzw. der Berufstätigkeit. Bei der Suche bzw. Sicherung eines Ausbildungs- bzw. Arbeitsplatzes *nach* dieser Unterbrechung leisten die Betreuerinnen und das Arbeitsamt, soweit gewünscht, Beistand.

Den Kindern gewährt das beschriebene Projekt

– den Aufbau und das Erhaltenbleiben der sicheren Bindung an die leibliche Mutter; Erfahrung von Liebe, Geborgenheit und Kontinuität auch in der Familie mit nur einem Elternteil (Urvertrauen);

– den Erwerb des Gefühls, ein geliebtes, geschätztes, an erster Stelle der Werteskala der Mutter stehendes Familienmitglied zu sein (Basis des Selbstwertgefühls);

– intensive, vielfältige Partnerschaft mit der Mutter in den ersten drei Lebensjahren (Spielen, Spracherwerb, Gewinn von Selbständigkeit und sozialem Verhalten, erste Wertvorstellungen).

Den Kindern erspart das Projekt »Mutter und Kind«

– die tägliche Fremdbetreuung in Tagespflege (Abschnitte VIII B 6, S. 544, und B 7, S. 548);

– Wechsel der Tagespflegestellen, d. h. Verluste wichtiger, manchmal der wichtigsten Bezugspersonen, z. B. wegen Kündigung, Umzug oder Streit;

– Konflikte und Orientierungsschwierigkeiten wegen unterschiedlicher Betreuungs- und Erziehungsmethoden und -ziele;

– Gefühle des Zurückgesetztseins hinter Kindern der Pflegemutter (Eifersucht);

– Belastungen durch Unstimmigkeiten und Auseinandersetzungen zwischen Mutter und Pflegemutter;

– zu geringe individuelle Zuwendung und Ansprache infolge zu geringer Anzahl von Betreuerinnen in Krippen und Krabbelstuben;

– allgemeine Unruhe und Streß in diesen Institutionen;

– den erhöhten Krankenstand in Krippe und Krabbelstube.

Den Müttern gewährt das Projekt »Mutter und Kind«

– den zur *leiblichen* Mutterschaft gehörenden *seelisch-geistigen* Anteil der Mutterschaft und damit die sichere Bindung des Kindes vorrangig an sich als Mutter;

– das Miterleben der Entwicklung des Kindes; die feine Abstimmung mit ihm durch das Kennenlernen seiner Wesensart;

– Zeit für die Pflege sozialer Beziehungen, zusammen mit dem Kind, zu Verwandten und zu befreundeten Familien mit Kindern;

– die Erziehung des Kindes *nach den eigenen Vorstellungen*;

– den Gewinn an Selbstvertrauen und Selbstwertgefühl durch die Übernahme und Bewältigung der Aufgaben als Mutter und Hausfrau.

Den Müttern erspart das Projekt »Mutter und Kind«

– die Dreifachbelastung durch die Betreuung des Kindes, die Berufstätigkeit und die Hausarbeit;

– die Abhängigkeit von einer Pflegemutter aus Sorge vor der Kündigung des Betreuungsverhältnisses und vor dem damit verbundenen Bezugspersonenverlust und -wechsel für das Kind;

– das Hinnehmenmüssen nicht von ihr gutgeheißener Erziehungsmethoden der Pflegemutter;

– die Sorge um das Wohlergehen des Kindes während täglicher langer Trennungszeiten.

Nachträgliche Beurteilung durch die Teilnehmerinnen. Die Mütter des Waldshuter Modells »Mutter und Kind« empfanden dieses als so wertvoll, daß sie, obwohl sie auf Berufstätigkeit verzichteten, ihre Teilnahme an diesem Projekt auch nach dessen Abschluß damals und auf Rückfrage nach 8 Jahren voll bejahten und versicherten, sie würden unter entsprechenden Umständen dieselbe Entscheidung noch einmal fällen. Einige nannten diese Jahre eine besonders glückliche Epoche ihres Lebens, obwohl manche Schwierigkeiten überwunden werden mußten. Sie seien zur »richtigen Mutter« ihres Kindes geworden, und sie seien stolz auf ihr Kind und auf ihre eigene Leistung.

Allgemeine Gesichtspunkte. Wenn die öffentliche Hand alleinerziehende Elternteile und ihre Kinder unterstützt, so dient sie dem Wohl *des Kindes*, indem sie ihm in den ersten drei Lebensjahren das Aufwachsen bei seiner leiblichen Mutter gewährt (feste Hauptbezugsperson = Dauerbezugsperson); und sie hilft der *alleinerziehenden Frau*, indem sie ihr die ungeschmälerte Selbstverwirklichung als Mutter ihres Kindes durch das Gestalten und Erleben dieser besonderen Phase ihres Lebens ermöglicht. Dies für möglichst viele der beteiligten Mütter und Kinder zu verwirklichen, gelingt um so eher, je besser folgende elf Bedingungen des Modell-Projekts beachtet werden und gewährleistet bleiben:

– Als geistiger Hintergrund für die gewährte geldliche, organisatorische und persönliche Unterstützung muß von Anfang an gelten und immer wieder bewußtgemacht werden: Sie dient vornehmlich dem *Kindeswohl*, indem sie dem Kind ermöglicht – auch im Rahmen der unvollständigen Familie –, sich im Schutze von Liebe und sicherer Zugehörigkeit warm bejaht und ungestört zu entwickeln.

– Nicht das Interesse von *Erwachsenen*, sondern die gute Versorgung und Erziehung des *Kindes* muß bei Interessenkonflikten als maßgebender Bezugs- und Gesichtspunkt für alle Entscheidungen und Maßnahmen im Vordergrund stehen.

– Weil der Staat ihren Lebensunterhalt bestreitet, kann die Mutter selbst ihren Beitrag zum Wohle ihres Kindes leisten. Diese Aufgabe erfüllt die Mutter einerseits in Verantwortung für ihr Kind und andererseits gegenüber der Gemeinschaft, die ihr diese Möglichkeit gewährt. Sich selbst beweist sie damit, daß sie die gestellten Aufgaben in dieser schwierigen Lebensphase meistern kann.

– Das Hauptgewicht darf für die Teilnehmerinnen nicht auf dem Geldempfang liegen, sondern es liegt auf der eigenständigen verantwortlichen Betreuung des Kindes und der Teilnahme und dem Mitwirken an den gemeinsamen pädagogischen und geselligen Veranstaltungen des Mutter-Kind-Modellprojekts.

– Sowohl die wirtschaftliche Unterstützung der Mütter als auch die organisatorische und pädagogische Tätigkeit der Betreuerinnen sind unentbehrlich; höhere *geldliche* Zuwendungen an die Mütter können eine etwa verringerte *persönliche* Betreuung nicht aufwiegen.

– Die Teilnehmerzahl pro Gruppe darf die Richtzahl 10 nur ganz ausnahmsweise überschreiten.

– Die *Zwei*zahl der Betreuerinnen ist anzustreben: Sie können über Probleme und Hilfen für die Mütter miteinander beraten. Die Mitarbeit einer Hebamme mit Kenntnissen in der Kinderpflege hat sich als besonders günstig erwiesen. Die Teilnehmerinnen am Projekt können sich für ihre individuellen Nöte an die ihnen vertrautere Betreuerin wenden.

– Im Regelfall sollte eine der beiden Betreuerinnen keine Amtsperson sein.

– Die beschriebene Organisationsform hat den Charakter der »Hilfe zur Selbsthilfe«. Sie bewährt sich bei Elternteilen, die von sich aus zur selbständigen Lebensführung und zur Kinderbetreuung und -erziehung imstande und willens sind; wo der Erwerb dieser Fähigkeit und dieser Wille jedoch in weiter Ferne liegen, sind zur Hilfe für Mutter und Kind andersartige Unterstützungsmaßnahmen erforderlich, nicht solche im zuvor beschriebenen organisatorischen Rahmen, der auf Selbständigkeit und Zusammenarbeit zugeschnitten ist.

– Als recht zuverlässige Nachweise für die Fähigkeit und Bereitschaft der Mutter zur selbständigen verantwortlichen Lebensgestaltung und Betreuung ihres Kindes können gelten: das Wahrnehmen der Vorsorgeuntersuchungen während der Schwangerschaft, die freiwillige Teilnahme an Kursen für Geburtsvorbereitung und Babypflege, der erfolgreiche Fortschritt bzw. Abschluß in einer Berufsausbildung sowie zufriedenstellende Arbeit im Beruf.

– An den Grundprinzipien der inneren Organisation des Projektes sollte nicht gerüttelt werden. Vor allem sollte festgehalten werden an den fünf Prinzipien: ganztägige Betreuung des Kindes durch den alleinerziehenden Elternteil, *Unterbrechen der Ausbildungs-* oder *Berufstätigkeit*, *wirtschaftliche* Hilfen, gemeinsame *Veranstaltungen* zusammen mit den Kindern und *individuelle Betreuung* und Beratung über pädagogische und allgemeine Fragen.

A 4. *Selbständigkeit gegenüber herrschenden Meinungen*

Leider sind viele Menschen leichtgläubig gegenüber Schlagworten und herrschenden Meinungen, wenn diese mit genügender Überzeugungskraft vorgetragen werden. Im Bereich der Betreuung und Erziehung von Säuglingen und kleinen sowie größeren Kindern können zwar manche allgemein verbreitete und von Mund zu Mund weitergetragene Ansichten sinnvoll und wohltätig, manche aber auch irreführend und schädlich sein.

Man sollte sie prüfen, mit mehreren jüngeren und älteren Menschen besprechen und sich dann ein selbständiges Urteil zu bilden versuchen.

Es folgt nun eine kleine Auswahl von *trügerischen Schlagworten* und *verbreiteten Irrlehren* speziell für den Bereich der Betreuung des Säuglings; Eltern sollten die Gegenargumente gegen irreführende Volksmeinungen kennen, um all denen antworten zu können, die sie ungeprüft weitertragen:

(1) »Schreien schadet einem Säugling nicht; ein Kind, das schreit, bekommt eine gesunde Lunge.« *Antwort:* Es ist Unsinn zu glauben, es tue der Lunge gut, wenn ein Kind viel schreit. Noch niemand hat bei einem Kind, das wenig geschrien hat, *deswegen* eine schwache Lunge festgestellt. In manchen Völkerschaften schreien die Babys so gut wie nie, haben aber nicht die geringsten Schwierigkeiten mit der Entwicklung der Lunge. Die ursprüngliche Aufgabe der Lunge und der Atemmuskeln ist das *Atmen*; die Luft für die *Stimme* zu liefern sowie das Husten zum Entfernen von Fremdkörpern sind *Neben*aufgaben, deren Durchführung für die Lunge zu deren Erhaltung und Stärkung keineswegs notwendig ist. Dagegen ist langdauerndes Schreien, auf das niemand reagiert, mit Sicherheit insofern *ungesund*, als dabei alle Kräfte des Organismus auf die Alarmreaktion umgeschaltet sind: den vermeintlich verlorenen schützenden Partner wiederzugewinnen. In dieser Zeit werden alle übrigen Körperfunktionen an die zweite Stelle verwiesen oder sogar vorübergehend abgeschaltet. Das Schreien gehört biologisch zum »Notprogramm«, nicht zum »Entwicklungsprogramm«.

(2) »Nachts darf man ein Kind, auch wenn es schreit, nicht aufnehmen. Sonst gewöhnt es sich daran und macht sich zum Tyrannen der Familie.« *Antwort:* Diese Aussage ist grundfalsch. Das Baby weint im 1. Lebensjahr aus Hunger, Schmerz, Schreck oder Verlassenheitsangst und folgt dabei dem biologischen Antrieb, Nahrung, Hilfe oder

Anwesenheitszeichen der Betreuerin zu erhalten. Antriebe wie diese erlöschen nicht, wenn man sie unbefriedigt läßt (oder verliert sich Durst, wenn man nichts trinkt?). Die Mutter, die vom Kind *tyrannisiert* wird, ist diejenige, die mit ihrer Reaktion *so lange wartet,* bis das Kind mit allen ihm verfügbaren Kräften seine Bedürfnisse anmeldet. Hat das Kind die Erfahrung gemacht, daß nur auf überstarkes Schreien jemand zu ihm kommt, gewöhnt es sich dieses heftige Schreien an. Mit dieser ihm andressierten Methode kann der Säugling dann allerdings tatsächlich seine Betreuer tyrannisieren. Will man solche sich aufschaukelnden Prozesse vermeiden, so sollte man die naturgegebenen Bedürfnisse des Säuglings nach Nahrung und Nähe *alsbald* befriedigen, *bevor* es zu überstarkem Schreien mit womöglich kurzzeitigem Atemstillstand (»Wegbleiben«) mit bläulicher Verfärbung der Gesichtshaut und *bevor* es schließlich zum Einstellen des Schreiens durch Resignation kommt.

(3) »Wenn ein Baby tags ohne Grund schreit, aber aufhört, wenn man sich blicken läßt, dann darf man ihm nicht zu Willen sein. Es will dann nur Gesellschaft, weiter gar nichts. Das ist reine Bettelei.« *Antwort:* Das Leiden der Einsamkeit ist für Erwachsene eine der schlimmsten und am schwersten zu ertragenden Nöte. Einem sich zutiefst ängstigenden Menschen in seiner Not die leicht mögliche Hilfe zu versagen, gilt unter Erwachsenen als seelische Grausamkeit. Warum bagatellisiert man dies beim Kind?

Wenn man dem Baby seine Bitte um Anwesenheitsbestätigung häufig unerfüllt läßt, weint es stärker und häufiger; hierdurch wird das Weinen des Babys zur unerwünschten Störung: Der Hilfeschrei wird zum Ärgernis. Damit beginnt ein Teufelskreis der gegenseitigen Quälerei; denn das Baby wird immer stärker schreien, und Vater und Mutter werden immer nervöser und aggressiver. Hier hilft die Aufklärung über die Natur des Weinens: Es ist die Kundgabe eines naturgegebenen Antriebs des Säuglings, und es drückt das *berechtigte Interesse* dieser kleinen Persönlichkeit nach einem Lebensrecht aus: von seinen Partnern nicht einfach in eine Situation verbannt zu werden, die er als »im Stich gelassen werden« erleben muß; er will die sichtbare Gegenwart der Eltern oder Familienmitglieder, ihren Schutz und den Ausdruck ihrer sicheren Zuneigung. All das soll man ihm gewähren!

(4) »Was ist für den Säugling das Wichtigste? Die drei ›R‹: Ruhe, Regelmäßigkeit, Reinlichkeit!« *Antwort:* Gewiß braucht der Säugling die drei »R«, aber sie bewahren ihn nicht vor den Gefahren der

Bindungslosigkeit. Säuglinge und Kleinkinder benötigen *auch* die drei »L«: Liebe, Lob und Lustigkeit, und die drei »Z«: Zuwendung, Zeit und Zärtlichkeit.

Auch heute ist es noch kein selbstverständliches Bildungsgut, daß der *Ausdruck von Liebe durch die anwesende Mutter* zu den Lebensbedürfnissen des Säuglings gehört. Diese Unkenntnis drückt sich beispielsweise in folgender Notiz im Fragekasten einer Zeitung aus: *Frage:* »Mein Baby schreit manchmal ganz ohne Grund. Wenn ich es ausgewickelt habe, um nachzuschauen, ob es vielleicht am Windelinhalt liegen könnte, dann ist es ganz zufrieden.« Die *Antwort* der Zeitung lautete: »Sie sind auf der richtigen Fährte. Entweder Sie wickeln Ihr Kind zu stramm, oder es ist zu warm angezogen. Beides ist nicht gut für Säuglinge. Am besten wäre, Sie würden Plastikhöschen mit Einlegewindeln verwenden: Das ganze Problem bestünde nicht!« Besser hätte der Berater so geantwortet: »Ihr Baby schrie nicht, wie Sie meinten, ›ohne Grund‹. Sie suchten den Grund für das Schreien des Säuglings im Inhalt der Windeln; aber *Sie selbst* waren das, was ihm fehlte und wonach er schrie. *Ihre mütterliche Anwesenheit* hat ihn dann ja auch, wie Sie sagten, ›ganz zufrieden‹ gemacht. Natürlich müssen Sie *auch* darauf achten, daß er sauber und trocken liegt und daß Sie ihn nicht zu stramm wickeln oder zu warm anziehen. Womöglich aber leidet Ihr Kind unter einem Mangel an Ihrer *mütterlichen Anwesenheit*? Sie und Ihr Mann sollten daher viel liebevolle und heitere Zwiesprache mit Ihrem Kindchen pflegen, es möglichst oft mit sich tragen und es häufig so betten, daß es Sie auch dann in Ihrer Tätigkeit beobachtet, wenn Sie sich gerade nicht mit ihm beschäftigen können. Wenn Ihr Baby daraufhin weniger weint, wissen Sie: Sie gewähren ihm das, worum es Sie weinend anflehte.«

(5) »Wer sein Kind liebt, der züchtigt es (Bibelwort[1]). Mir hat das auch nichts geschadet.« *Antwort:* Richtig muß es heißen: Wer sein Kind liebt, der gibt ihm die bestmögliche Erziehung. Die körperliche Strafe ist eines aus Dutzenden von Erziehungsmitteln, und dazu ein höchst zweischneidiges. Viel mehr Wahrheit steckt in dem Satz von Jean PAUL: »Für Kinder gibt es keine andere Sittenlehre als das Beispiel.« Man setze diesen Satz mit dem eben genannten Bibelwort in Beziehung, dann folgt daraus logisch: Wenn ein Kind geschlagen wird, lernt es, daß Erwachsene Kinder schlagen dürfen und daß man mit Hilfe körperlicher Gewalt Einfluß auf andere Menschen nehmen kann und darf. Leider bestätigt es sich denn auch immer wieder: Wer

heute seine Kinder mißhandelt, wurde einst als Kind selbst mißhandelt. – Und schließlich: »Mir hat das auch nichts geschadet...« zeigt, daß der Betreffende unter einer solchen Erziehung so hart geworden ist, daß er sich nicht mehr in ein kleines Kind einfühlen kann, das der körperlichen Übermacht eines so viel stärkeren Erwachsenen ausgeliefert ist (zum Thema »Strafen« siehe Abschnitt II F 3, S. 109–113).

(6) »Man soll in Betreuungs- und Erziehungsfragen nicht verstandesmäßig (intellektuell) handeln, sondern nach dem Herzen, dem Gefühl und dem gesunden Menschenverstand.« *Antwort:* Beides ist nötig: Liebe *und* Verstand. Ohne Liebe kann man sich nicht mitempfindend in ein Kind und seine besondere Situation einfühlen und wird ihm kaum gerecht werden. Aber auch der Verstand ist erforderlich, beispielsweise

– um über die Reaktionen und das Verhalten der Kinder nachzudenken und für jedes Kind herauszufinden, was zu seiner speziellen Wesensart paßt, und

– um die gerade in der Öffentlichkeit herrschenden Moden und Theorien der Kinderbetreuung und -erziehung nicht undurchdacht zu übernehmen, sondern, wie schon eingangs gesagt, im Gedankenaustausch mit gleichaltrigen Eltern anderer Kinder und mit Vertretern der älteren Generation eine eigene, gut begründete Meinung zu entwickeln und sie immer wieder zu überprüfen.

B. Kinderbetreuung außerhalb der Herkunftsfamilie

Wegen zwingender menschlicher Schicksale, wegen Erziehungsunfähigkeit der Eltern oder auch aufgrund von selbstverantworteten Entschlüssen der Eltern kommt es vor, daß ein Kind nicht in seiner Herkunftsfamilie aufwächst. In solchen Fällen können entweder Verwandte einspringen, oder die Öffentlichkeit (Gesellschaft, Staat) leistet Hilfe: Sie ermöglicht die Adoption, vermittelt Pflegeeltern und unterhält öffentliche Erziehungsstätten. Diese Möglichkeiten und Einrichtungen werden im folgenden besprochen.

Bis vor kurzem hielt man für die Entwicklung des Säuglings vor allem das Stillen des Hungers, die Abwehr von Krankheiten und das körperliche Wohl für bedeutungsvoll. Die neuen Erkenntnisse über die Wichtigkeit der individuellen, nicht wechselnden Betreuung schon im ersten Lebensjahr bedeuten für die private und für die öffentliche Fürsorge eine *wirkliche Revolution*, vergleichbar mit den tiefgreifenden Umstellungen der Krankheitsvorsorge nach der Entdeckung der Infektionswege und Erreger der gefährlichen Infektionskrankheiten (Kindbettfieber 1861, Tuberkulose 1882, Cholera 1884, Pest 1896) und nach der Erfindung der Impfung (gesetzlicher Pockenimpfzwang erstmalig 1807). Die Aufgabe der allernächsten Zukunft ist die Sicherung der Betreuung jedes Kindes durch eine nicht wechselnde, auf die Dauer ihm zugeordnete mütterliche Bezugsperson und (außer bei offenbar werdender Erziehungsunfähigkeit der elterlichen Betreuer) das Vermeiden von Betreuungswechseln mit der gleichen Konsequenz, mit der man einst durch Hygiene das Kindbettfieber und durch die Schluckimpfung die Kinderlähmung besiegte.

B 1. *Betreuung durch die Großeltern*

Viele Kinder wachsen heutzutage bei den Großeltern auf. Manche schlafen dort auch, andere sind nur während des Tages in der Pflege und Obhut der Großeltern und werden abends und morgens von der Mutter betreut. Viele junge Eltern würden andere Entschlüsse fassen, kennten sie die oft unvermeidlichen Konsequenzen dieser Art von Betreuung: Falls das Kind *als Kleinkind* mehr Betreuung von der Großmutter als von der Mutter erfährt, bindet es sich in vielen Fällen auch mehr an die Großmutter. Dabei handelt es sich um den biologisch bedingten frühkindlichen Bindungsvorgang, der gesetzmäßig abläuft und selten durch gutes Zureden, erst recht aber nicht durch Strafen zu korrigieren ist. Was in der sensiblen Phase der individuellen Bindung, die nun einmal im ersten und zweiten Lebensjahr liegt, festgelegt wird, beruht auf den *Wahrnehmungen* und dem *Erleben* des Kindes. Wer das Kind in *dieser* Zeit *vorwiegend betreut*, wird zu seiner *eigentlichen* Mutter, ganz gleich, ob ein Verwandtschaftsverhältnis besteht und wer vom Kind »Mutter« genannt wird.

Junge Mütter, die ihren Säugling bei den Großeltern aufwachsen ließen, empfinden es oft als kränkend, wenn das Kind sich ihnen weniger zuneigt und ihnen gegenüber weniger folgsam ist als gegenüber der Großmutter. Mit Strenge versuchen sie dann allabendlich ihr Kind zum »Gehorsam« zu erziehen und vermuten, die Großmutter sei zu wenig streng. Hier verfallen sie einem Irrtum: Gehorsam läßt sich niemals von einem Menschen auf den anderen übertragen, sondern ist vom Kind aus immer nur auf den einzelnen Erzieher bezogen. Bei jedem neuen Erzieher erprobt das Kind neu, wie weit es gehen kann, ganz gleich, wie es von seinen anderen Erziehern behandelt wird. Es ist natürliches *soziales Erkunden*, wenn das Kind bei der Mutter erst wieder versucht, bis an die Grenze zu kommen. Das ist unabhängig davon, ob die Großmutter verwöhnend oder streng ist und ob das Kind bei ihr gehorsam ist oder nicht.

Dabei ist zu bedenken, daß die Mütter abends, wenn sie von ihrer Berufsarbeit kommen, oft müde und nervös sind und aus dieser Stimmung heraus gar nicht die liebevolle Zuwendung und Geduld aufbringen *können*, die nun einmal für die Erziehung eines kleinen Kindes notwendig ist. Wenn es dann zum Streit mit dem Kind kommt, besteht die Versuchung, insgeheim oder offen der erziehenden Großmutter die Schuld zu geben und zu meinen, sie sei zu milde oder verwöhne das Kind. Vielfach gelten die Großeltern als verwöhnende Erzieher. Um diesem Vorwurf zu entgehen, sind manche Großmütter zu den ihnen anvertrauten Kindern absichtlich besonders streng, und es kommt zu Erziehungsproblemen durch zu harte, verkrampfte Erziehung.

Erfährt die Großmutter von Schwierigkeiten, die die Mutter mit dem Kind hat, so kann sie ihrerseits das Kind entweder strenger oder aber auch aus Mitgefühl liebevoller behandeln als zuvor; Mißverständnisse und Auseinandersetzungen können die Folge sein, unter denen vor allem die Kinder leiden. Solche Kinder stehen mitunter jeden Tag erneut unter der Wechseldusche von unterschiedlichen Erziehungsprinzipien seitens der Großeltern und der Eltern. Unwahrhaftigkeit und unruhig-gespannte Orientierungslosigkeit der Kinder können die Folge sein.

Angenommen, ein Kind habe sein Säuglingsjahr ganz bei den Großeltern verlebt, ohne daß es täglich ausgiebig die Mutter sah; jetzt aber könnte die junge Mutter (vielleicht nachdem sie erst einmal ihre Ausbildung abgeschlossen hat) das Kind zu Beginn der Kleinkindzeit zu sich nehmen – so birgt die Entscheidung über die Pflege des Kindes, wie man sie auch trifft, Risiken für das Kind:

– Um dem Kind den Abbruch seines bisherigen Betreuungsverhältnisses und seiner Bindung an die Großeltern ausgerechnet in der dagegen überaus empfindlichen ersten Kleinkindzeit zu ersparen, wäre es um der Erhaltung der entstandenen Bindung und der Kontinuität der Betreuung willen an sich günstig, das Kind weiter bei den Großeltern aufwachsen zu lassen. Aber gerade in der Phase des Selbständigwerdens erfahren Kinder bei den Großeltern oft Einschränkungen; denn diese sind körperlich nicht mehr so widerstandsfähig, oft auch geräuschempfindlicher als die Eltern, und sie sind den Eltern gegenüber vielfach von einem Verantwortungsgefühl voll ängstlicher Besorgtheit bestimmt. Aus diesen Gründen halten sie die Kinder bisweilen viel mehr zum Stillsein und Bravsein an, als es einem Kind in dieser Lebensphase ohne Schaden zugemutet werden sollte.

– Übernimmt aber die Mutter das Kind, das im ersten Jahr bei der Großmutter aufwuchs, so wird sie meist durch unerwartete Verhaltensstörungen aufgrund des »Mutterverlustes« des Kindes überrascht, auf die sie gar nicht vorbereitet ist und die sie vielfach – vor allem falls sie sich auch jetzt nicht *vollständig* dem Kind widmen kann – zum Schaden des Kindes nicht zu bewältigen vermag.

Welcher Weg birgt nach menschlichem Ermessen das geringste Risiko für ein Kind in sich, wenn dieses bei den Großeltern lebte und nun zu seiner Mutter überwechseln soll? Das Kind sollte während einer *möglichst wochenlangen Übergangszeit* zusammen mit der Großmutter *und* Mutter in einem Haushalt leben, um die Umstellungsschritte möglichst langsam und unmerklich vollziehen zu können. Dabei sollte jedes Gegeneinander und jede Eifersucht zwischen Großmutter und Mutter vermieden werden. Das Kind muß während der Umstellungszeit mit ganz besonderem Liebes- und Zeitaufwand, Geduld und Großzügigkeit betreut werden. In ganz kleinen Schritten muß die Mutter mehr und mehr die Betreuung des Kindes übernehmen, zuerst in Gegenwart der Großmutter, sodann manchmal allein zunächst bei kürzerer, später bei längerer Abwesenheit der Großmutter.

Nach dem Abschied von den Großeltern sollte das Kind mit den Eltern so oft wie möglich (nicht etwa so selten wie möglich) die Großeltern besuchen, um das Heimweh geringzuhalten und um darauf hinzuwirken, daß das Kind sich in *beiden* Familien zu Hause fühlt. Unbedingt sollte die Mutter genügend Zeit bereithalten, dem Kind über seine Anfangsschwierigkeiten hinwegzuhelfen. Sie darf zu dieser Zeit keinesfalls außerhäuslich berufstätig sein, weil dann ja noch eine dritte Betreuungsperson eingeschaltet werden müßte. Immer wieder müssen sich alle Beteiligten vor Augen halten: In der Regel hat ein Kind, das zwei unterschiedlichen Erziehungssituationen ausgesetzt war, mehr Probleme, als wenn es in nur einer Familie aufwuchs.

Alles in allem liegt also ein durchaus nicht zu übersehendes Risiko für Kinder und Eltern darin, wenn die Kinder vorübergehend nicht von den Eltern erzogen werden. Wer ein Kind in den ersten Lebensjahren ganz oder zum größeren Teil in andere Hände gibt, nimmt in Kauf, daß dann die entscheidende Bindung nicht an die leibliche Mutter erfolgt und nur langsam während eines längeren Zeitraums durch ständiges frohes Miteinander auf sie übergehen kann.

Aber auch ein *Nebeneinander* von Großeltern- und Elternerziehung, ganz gleich in welchem Alter des Kindes, kann Probleme für das Kind und seine Erzieher mit sich bringen. Sie ohne Schaden für ein Kind zu meistern verlangt Besonnenheit, Liebe und Geduld für das Kind und gegenseitige Verbundenheit, Offenheit und gutes Einvernehmen zwischen den Eltern und Großeltern. Auch verlangt es große physische und psychische Kräfte bei beiden Großeltern. Den Großeltern, sich selbst und dem Kind all dies aufzubürden, sollten sich alle jungen Eltern reiflich überlegen.

Sollten junge Eltern aber wirklich keinen Weg finden, die Betreuung ihres Kindes zu übernehmen, dann sind Großeltern oder andere Verwandte immer noch die günstigsten Partner für das Kind; denn sie sind ihm im Bewußtsein der Blutsverwandtschaft besonders zugetan, und als Verwandte bleiben sie im Gesichtskreis des Kindes, auch wenn die Eltern zu einem späteren Zeitpunkt die Betreuung wieder übernehmen. Nicht verwandte Betreuer dagegen gehen einem Kinde eher verloren, z. B. durch Kündigung des Arbeitsverhältnisses; und es ist auch weniger gut gewährleistet, daß die Eltern später den Kontakt zu ihnen aufrechterhalten.

B 2. *Adoption*

Ursprünglich diente die Adoption in erster Linie dazu, kinderlosen Ehepaaren einen Erben zu verschaffen. Heutzutage erfüllt sie dagegen vorwiegend die Aufgabe, Kindern, die dessen bedürfen, ein neues Elternhaus zu geben. Das Adoptionsrecht hat sich in vieler Hinsicht geändert, um seiner neuen Rolle gerecht zu werden. So erhält das angenommene Kind in der Bundesrepublik seit 1977 den vollen Status eines ehelichen Kindes mit allen hiermit verbundenen Rechten und Pflichten; die Adoption beendet sämtliche Rechtsbeziehungen zur leiblichen Familie (Volladoption).

Bei der Adoptionsvermittlung geht es darum, für ein Kind passende Eltern zu finden. Das Adoptivkind braucht in seiner künftigen Familie nicht allein die körperliche Versorgung, sondern seine Bedürfnisse nach sicherer Zugehörigkeit und Zärtlichkeit müssen befriedigt werden, und die Adoptiveltern müssen es in seiner

Individualität und mit seinem Vorschicksal annehmen können. Im Interesse des Kindes müssen die Motivation und die Belastungsfähigkeit der Annehmenden genau überprüft werden; denn im Rahmen der Volladoption sind die Adoptiveltern ihrem Kinde wie leibliche Eltern lebenslang verbunden und erleben alle Freuden und Leiden, alle Rechte und Pflichten der Elternschaft.

Wird durch die Adoption ein Verhältnis zwischen Kindern und Eltern geschaffen, das – von der menschlichen Natur her gesehen – als *vollwertig* gelten kann, obgleich keine Blutsverwandtschaft besteht? Wie in Abschnitt II B 2 (S. 57) über die kindliche Bindung dargelegt, ist bei einer Adoption (vor allem einer frühzeitigen) die Bindung des Kindes an seine Adoptiveltern von gleicher Art, und sie kann genauso fest sein wie an leibliche Eltern. Der Säugling ist offen für die individuelle Bindung an seine künftigen Betreuer, seien sie die leiblichen Eltern, Adoptiveltern oder Pflegeeltern. Der Bindungsvorgang ist ein naturhaft-biologisches und zugleich ein zum Wesen des Menschen gehörendes Geschehen. Aus diesem Grunde hat die Beziehung der Adoptiveltern zu ihren Kindern gerade auch in der Sicht der Verhaltensbiologie die gleiche Würde wie die leibliche Elternschaft.

Dieser hohen Einschätzung sollte man auch im *Sprachgebrauch* Rechnung tragen. So sollten Adoptivkinder wie leibliche Kinder als *eigene* Kinder der Adoptiveltern gelten. Wer beispielsweise sowohl leibliche wie adoptierte Kinder hat, sollte nicht die leiblichen Kinder »eigene Kinder« nennen, die adoptierten aber nicht. Der Unterschied wird durch das Wortpaar »leiblich« und »adoptiert« erschöpfend gekennzeichnet; alle Begriffe, die einen wertenden oder einen seelischen Aspekt haben, z. B. »eigene«, »richtige«, »natürliche« Kinder, sollten auf *beide* Kategorien von Kindern in *gleicher* Weise angewendet werden. Auch sollte ein Adoptivkind, wenn es von seiner Mutter spricht, niemals sagen, sie sei »nur« seine Adoptivmutter.

Natürliche Zwei-Monats-Frist. Die individuelle Bindung des Säuglings an seine Betreuerin beginnt mit dem 2. oder 3. Lebensmonat. Das Sich-Binden ist, wie Abb. 1 (S. 27) veranschaulicht, ein *fließender* Prozeß. Solange im Normalfall der Bindungsprozeß voranschreitet und die Bindung immer fester wird, wird bei *fehlendem* Bindungspartner die Bindungs*fähigkeit* des Kindes nach und nach immer *schwächer*. Dieser naturgegebene Zeitverlauf ist nicht manipulierbar. Auch später geknüpfte Bindungen können unter glücklichen Umständen und hohem Einsatz der Betreuer volle Festigkeit erlangen; doch ist dies mit dem Älterwerden des Kindes immer schwieriger, und das Risiko des Scheiterns wird immer größer. Am günstigsten, um künftigen Belastungen und seelischen Schäden vorzubeugen, ist daher eine gute, bleibende Elternbeziehung spätestens vom 3. Lebensmonat an.

Notlage des verlassenen Säuglings. Wenn ein 2 bis 3 Monate alter Säugling noch nicht beginnen konnte, eine *bleibende* Elternbeziehung zu knüpfen, so ist er in einer Notlage. Denn je länger er der Betreuung durch wechselnde Bezugspersonen ausgesetzt ist, desto mehr Hilfe braucht er später, um die Folgen auszugleichen. Dauert dieser Zustand allzulange oder findet er keine lieben Eltern, die zugleich begnadete Erzieher sind, dann wächst die Gefahr für seine seelisch-geistige Persönlichkeitsentwicklung, seine künftige intellektuelle Bildungsfähigkeit und seine innere Widerstandsfähigkeit gegen Belastungen im späteren Leben.

Adoption eines Säuglings. Wenn Ehepaare die Absicht haben, einen Säugling in Adoptionspflege zu nehmen und zu adoptieren, so sollten sie ihn so bald wie möglich nach seiner Geburt zu sich nehmen können. Die Chance, daß sich ein Kind vollständig an seine neuen Eltern bindet und sich ihnen ein Leben lang zugehörig fühlt, ist bei der Übernahme des Kindes in den ersten Lebensmonaten nicht geringer als bei leiblichen Kindern. Bei bindungslosem Aufwachsen in einem Heim droht jedoch etwa vom 3. Lebensmonat an eine Schädigung des Kindes, die von Monat zu Monat und von Jahr zu Jahr stärker wird. Bei der Größe des Risikos, um das es hier geht, ist daher mit Nachdruck zu fordern: Alles muß getan werden, um künftige Adoptivkinder *vor dem Ende ihres ersten Lebens-Vierteljahres* in die Obhut der neuen Eltern gelangen zu lassen. Wir können es als einen glücklichen Umstand ansehen, daß uns überhaupt eine so lange Zeitspanne zur Verfügung steht, um das notwendige Verfahren durchzuführen; diese zwei bis drei Monate müssen aber genutzt werden.

Mit den Vorarbeiten kann schon vor der Geburt des Kindes etwa im 7. Schwangerschaftsmonat begonnen werden. Für das Kind ist nicht der juristische Abschluß der Adoption wesentlich, sondern die Aufnahme bei den neuen Eltern. Während der amtlichen Abwicklung sollte das Kind also schon in seiner vorgesehenen Familie sein; andernfalls wird es *durch* diese Phase im Heim benachteiligt – und dies ist nicht der Sinn des vorgeschriebenen Verfahrens. Die juristische Besiegelung der Adoption soll dann baldmöglichst folgen, um die seelisch belastende Zeit der Unsicherheit abzukürzen.

Die *Frühadoption* ist dadurch gekennzeichnet, daß der Säugling innerhalb der ersten drei Lebensmonate in die Pflege seiner neuen Eltern kommt. Sie ist nach dem Gesetz möglich[1], und zu den nötigen administrativen Maßnahmen für ihre jeweils schnellstmögliche Durchführung sollten sich die Verantwortlichen verpflichtet fühlen.

Es muß zur seltenen Ausnahme werden, daß Kinder erst, wenn sie älter als 3 Monate sind, aus einem Heim zur Adoption gegeben werden; denn dann sind sie entweder eine zu lange Zeit bindungslos geblieben, oder sie haben begonnen, sich an eine Schwester im Heim anzuschließen, und müssen den Abbruch dieser Beziehung in einer womöglich besonders empfindlichen Phase erleiden.

Adoptionsrechtliche Fristen. Im Rahmen des Adoptionsrechts spielen – wie in manchen anderen Rechtsgebieten – bestimmte *Fristen* eine wichtige Rolle. Beispielsweise muß nach dem Gesetz ein bestimmtes Zeitintervall nach der Geburt des Kindes verstrichen sein, damit seine Eltern bzw. seine Mutter rechtskräftig in seine Adoption einwilligen dürfen. Eine andere Frist wurde festgelegt für den Fall, daß eine Mutter ihr Kind verläßt und ihren Aufenthalt ohne Hinterlassung einer neuen Anschrift wechselt; dann steht dem Jugendamt für die Suche nach der Mutter ein bestimmter Zeitraum zu, und weitere Maßnahmen wie die vormundschaftliche Ersetzung der elterlichen Einwilligung zur Adoption dürfen erst erfolgen, falls in dieser Zeit die Mutter nicht aufzufinden war. Zur Zeit sind diese Fristen so bemessen, daß – bei entsprechendem Einsatz der verantwortlichen amtlichen Instanzen – die Adoptionspflege durch das vorgesehene adoptionswillige Ehepaar bei einem neugeborenen Kind rechtzeitig vor Ablauf der ersten drei Lebensmonate beginnen kann. Dies ist notwendig, weil es hier um *naturgegebene* Fristen geht, die einzuhalten sind, falls das zu schützende Rechtsgut – die ungefährdete Persönlichkeitsentwicklung – nicht durch die Verspätung von erforderlichen hoheitsrechtlichen Maßnahmen preisgegeben werden soll.

In der administrativen Durchführung muß daher jede Adoptionssache, z. B. die Entscheidungsfindung, um die elterliche Einwilligung zu ersetzen, als *Eilsache* abgestempelt sein und ausdrücklich sofortige Eilbearbeitung einschließlich der (im voraus vorzubereitenden) Amtshilfe durch andere Verwaltungsstellen zur Pflicht machen (z. B. Nachforschungen nach der mit unbekanntem Wohnort verzogenen Mutter per Eilpost usw.).

Moralische Bewertung der Freigabe zur Adoption. Wenn die Mutter nach der Geburt eines Kindes die Pflege nicht übernehmen kann und das Kind daraufhin zur Adoption freigibt, um ihm eine ungestörte Entwicklung zu ermöglichen, dann muß diese Entscheidung zum Wohle des Kindes als pflichtbewußt und verantwortlich anerkannt werden. Diese Wertung sollten auch die Adoptiveltern vertreten und sie dem Kind vermitteln. Die *leibliche Mutter* kann dann ihr weiteres Leben in dem Bewußtsein gestalten: Ich habe einen großen persönlichen Verzicht zum Wohle des Kindes geleistet. Wenn später das Kind, erwachsen geworden, die leibliche Mutter kennenlernt, kann diese mit gutem Gewissen sagen: »Damit du ungestört aufwachsen konntest, habe ich dir zuliebe dieses Opfer gebracht.« Da das Kind ja seine *Adoptiveltern* liebt, wird es das nicht beanstanden, sondern vielleicht von nun an auch zu seiner *leiblichen Mutter* Beziehungen pflegen; diese sind ja nicht getrübt durch das Gefühl, als kleines hilfloses Kind verlassen worden zu sein.

Gibt eine Mutter ihr Kind sofort nach der Geburt zur Adoption frei, ohne es vorher sehen zu wollen, so gehört es zum selbstverständlichen Takt der Klinikleitung, diese Mutter in die Frauenabteilung der Klinik und nicht in dasselbe Zimmer mit Müttern zu legen, die ihre Kinder behalten und pflegen. Dies ansehen zu müssen ist für eine solche Mutter eine Quälerei, die sie nach dem entsagungsvollen, zum Wohle ihres Kindes gefaßten Entschluß nicht verdient; überdies besteht die Gefahr von Kurzschlußreaktionen.

Es gibt Menschen, die es für richtig halten, einer zur Freigabe ihres Kindes entschlossenen Mutter ihr Neugeborenes zu zeigen und es ihr zum Stillen zu bringen, um sie auf diese Weise zur Rücknahme ihres Entschlusses zu bewegen. Der gute Wille, der einer solchen Handlung zugrunde liegt, soll zwar nicht bestritten werden; aber der Respekt vor dem Entschluß der Mutter, den sie nach eingehender fachlicher Beratung gefaßt hat – mit dem Ziel, ihrem Kind ein familiär gesichertes Aufwachsen zu gewährleisten –, verpflichtet hier zu einer ganz besonders sorgfältigen Einfühlung und Güterabwägung.

Adoption älterer Kinder. Leider müssen immer wieder Säuglinge, Kleinkinder und ältere Kinder aus der Familie ihrer leiblichen Eltern herausgenommen werden, weil sie dort vernachlässigt oder mißhandelt wurden. Manche dieser Kinder werden, nachdem sie einige Zeit im Heim gelebt haben, zur Adoption freigegeben. Adoptiveltern, die solch ein *älteres* Heimkind übernehmen wollen, müssen zuvor darüber aufgeklärt werden, welch einer schweren, aber, wenn sie gelingt, um so schöneren Heilungs-Aufgabe für ein Kind sie sich damit verschreiben. Sie sollten es nicht tun, wenn sie nicht genügend Kenntnisse, Geduld und Liebe dazu in sich verspüren. Wenn sie es aber wagen und erfolgreich durchhalten, erfüllen sie eine größere Aufgabe, als sie den meisten Menschen in ihrem ganzen Leben zufällt.

Während der ganzen Kindheit und Jugend von adoptierten älteren

Kindern sollten die Adoptiveltern mit fachkundigen Beratern Kontakt halten, damit sie sich auf die möglicherweise zu erwartenden Schwierigkeiten im voraus einstellen und den Kindern durch angemessene Betreuung darüber hinweghelfen können. Die Erziehungsberatungsstellen sollten eine solche *Adoptiveltern-Beratung* anbieten, und Adoptiveltern-Gruppen können durch gegenseitige Aussprache und Hilfe die aufkommenden Probleme meistern. Es gibt Pilotprojekte dieser Art.

B 3. *Pflegekinder*

Die Jugendämter dürfen Kinder, die wegen der Gefahr der Verwahrlosung oder aus anderen Gründen nicht bei ihren Eltern aufwachsen können, in Familienpflege[1] geben. Die Pflegeeltern übernehmen dabei oft eine besonders schwierige, verantwortungsvolle Aufgabe; denn vielfach hatten die Kinder in ihrer Bindungsfähigkeit oder durch die bisherige Erziehung Mangel gelitten. Die Pflegeeltern müssen dann geduldig und liebevoll versuchen, den Kindern Vertrauen einzuflößen, ein inneres Band zwischen ihnen und sich zu knüpfen und eventuelle Verhaltensstörungen zu lindern oder zu beheben.

Sollen Pflegeeltern innere Bindungen zu ihren Pflegekindern knüpfen oder absichtlich vermeiden? Pflegekinder können in sehr verschiedenen Lebenslagen sein. Werden sie beispielsweise in Pflege genommen, weil ihre Mutter nach einem schweren Unfall einen zwar langen, aber vorübergehenden Krankenhausaufenthalt vor sich hat, so haben die Pflegeeltern *diese* Bindung zu stützen und zu pflegen, und sie sollten dem Kind immer wieder vor Augen führen, daß sie selbst in ihrer Fürsorge und Betreuung nur die Stellvertreter der leiblichen Eltern für das Kind sein wollen und sein dürfen. Dies entspricht dem einen der Konzepte der Familienpflege: Betreuung auf Zeit.

Wenn aber ein Pflegekind leibliche Eltern hat, von denen es selten oder niemals besucht oder abgeholt wird und zu denen keine Eltern-Kind-Bindung besteht, und wenn diesem Pflegekind darum kein Mensch auf dieser Welt näher steht als die Pflegeeltern, dann würde man einem solchen Kind durch absichtliches Vermeiden einer liebevollen Eltern-Kind-Bindung einen inneren Halt verweigern, der für die Entwicklung einer in sich ruhenden Persönlichkeit unentbehrlich ist. Kinder, die noch nicht durch schwere Schicksale innerlich abgestumpft wurden, sind feinfühlig und spüren, auch wenn man es ihnen zu verbergen trachtet, woran sie bei ihren Betreuern sind. Erst die volle intensive Übernahme der Elternschaft durch die Pflegeeltern gibt dem Kind dann die so lebens- und entwicklungsnotwendige Empfindung, ein geliebtes, geschätztes und geachtetes Familienmitglied zu sein und ganz zur Familie zu gehören. Nichts ist für die Selbstfindung eines Kindes schlimmer, als nur auf Abruf angenommen zu sein und in dem Gefühl zu leben, die Erwachsenen würden sich unter Umständen von ihm trennen und nicht für ein Beieinanderbleiben und damit für das Erhaltenbleiben der gewachsenen Bindungen kämpfen.

Hier widerspräche es also dem Kindeswohl, die Familienpflege nur als eine Institution *auf Zeit* aufzufassen; man spricht dementsprechend von *Dauerpflegestellen*. Manche Dauerpflegeeltern würden ihr Pflegekind gern adoptieren; doch können sie auf das gewährte staatliche Pflegegeld nicht verzichten, oder die leiblichen Eltern verweigern die Einwilligung.

Besondere Erziehungsaufgaben. Gegenüber Pflegeeltern, die ein zuvor vernachlässigtes oder mißhandeltes Familienkind oder ein *älteres Heimkind* aufzunehmen bereit sind, haben die Jugendämter eine besondere Aufgabe: die *vorherige* Information über die möglichen Schwierigkeiten des Kindes sowie Beratungen, durch welche Art der Betreuung und Erziehung die Pflegeeltern dem Kinde beim Überwinden seiner Antriebsspannungen helfen können. Beispielsweise sollten die Pflegeeltern *im voraus* darüber orientiert werden, daß Bettnässen und Stereotypien der Kleinkinder keine Unart, sondern Erkrankungen der Verhaltenssteuerung sind. In immer neuen Formulierungen und an Beispielen sollten den Pflegeeltern frühbelasteter Kinder die folgenden Aussagen von Annemarie DÜHRSSEN[1] nahegebracht werden: »Wird ein Kind in früher Entwicklungsepoche übertrieben geängstigt, beunruhigt oder allein gelassen, so schieben sich notgedrungen noch lange Zeit immer wieder die alten beunruhigenden Affektwallungen in den Vordergrund, selbst dann, wenn die Gegenwart inzwischen heiter, wohlwollend und freundlich geworden ist. Das Lebensgefühl eines in den frühen Entwicklungsphasen nachhaltig geängstigten Kindes bleibt lange und hartnäckig getönt von allgemeiner Ängstlichkeit und Unruhe.« Den Pflegeeltern sollte außer der Beratung für eigene Erziehungsarbeit therapeutische Hilfe für das Kind angeboten werden, aber auch Mitgefühl, Trost, Lob und Anerkennung.

In den Beratungsgesprächen sollte immer wieder besonders eindringlich davor gewarnt werden, Pflegekindern mit einer Rückgabe ins Heim zu drohen. Das dürfen die Pflegeeltern selbst dann nicht tun, wenn dieser Gedanke aufgrund des Verhaltens des Kindes ernstlich aufkommt. Die Erziehbarkeit eines Kindes hängt in hohem Maße von seiner Verwurzelung und sicheren Geborgenheit ab, die ihm seine neue Familie gibt. Die Androhung der Rückgabe ins Heim kann ein Kind in seiner Vertrauensentwicklung weit zurückwerfen, und sein daraufhin schwieriger werdendes Verhalten belastet seinerseits die Pflegeeltern. So kann ein Teufelskreis entstehen mit der Gefahr des Abbruchs des Pflegeverhältnisses und der Verpflanzung des Kindes in eine andere Pflegestelle oder in ein Heim. Hier sind Hilfen durch die Jugendämter und durch Vereinigungen von Pflegeeltern dringend geboten, um Pflegeeltern und Pflegekindern *rechtzeitig* zu raten und beizustehen, *bevor* es aus Überlastung zu schwerwiegenden Drohungen und Betreuungsabbrüchen kommt.

Bewußtes Unterbinden kindlicher Bindungen. Leider müssen die Jugendämter immer wieder mit folgendem rechnen: Manche Mütter, die ihr Kind nicht selbst versorgen, aber das Recht zur Bestimmung des Aufenthaltes des Kindes besitzen, verhindern systematisch eine engere Bindung an eine Pflegemutter. Aus Furcht, daß eine solche Bindung eine Konkurrenz zur Beziehung des Kindes zu ihnen selbst werden könnte, nehmen sie kurzerhand das Kind immer dann aus einer Pflegestelle heraus, wenn sie merken, daß es dort Wurzeln zu schlagen beginnt[1]. Was dieser wiederholte Heimatverlust für ein Kind bedeutet, kann man sich kaum ausmalen: Ein Kind von Pflegestelle zu Pflegestelle zu geben, damit es sich nirgends fest bindet, ist seelische Mißhandlung. In rechtlicher Hinsicht ist es ein Mißbrauch des Aufenthaltsbestimmungsrechtes der leiblichen Mutter zum Schaden des Kindes.

Gesetzlicher Schutz für Dauerpflegeverhältnisse. Manchen Kindern in Pflegefamilien und damit deren Pflegeeltern droht eine weitere Gefahr: daß Eltern ihre leiblichen Kinder, die in einer Pflegefamilie fest verwurzelt sind, dort herauslösen und zu sich nehmen wollen. Früher konnten sich weder die Pflegeeltern im Namen des Kindes noch das Kind selbst zum Schutze der gewachsenen Bindung gegen die Herausnahme wehren. Seit der ersten Auflage dieses Buches (1973), in der die Forderung des Schutzes des Pflegekindes in der gewachsenen Bindung erhoben wurde, ist dieser Schutz inzwischen (seit 1980) im Bürgerlichen Gesetzbuch verankert:

»§ 1632 (4). Lebt das Kind seit längerer Zeit in Familienpflege und wollen die Eltern das Kind von der Pflegeperson wegnehmen, so kann das Vormundschaftsgericht von Amts wegen oder auf Antrag der Pflegeperson anordnen, daß das Kind bei der Pflegeperson verbleibt, wenn und solange für eine solche Anordnung die Voraussetzungen des § 1666 Abs. 1 Satz 1 insbesondere im Hinblick auf Anlaß oder Dauer der Familienpflege gegeben sind.«

»§ 1666 (1) Satz 1. Wird das körperliche, geistige oder seelische Wohl des Kindes durch mißbräuchliche Ausübung der elterlichen Sorge, durch Vernachlässigung des Kindes, durch unverschuldetes Versagen der Eltern oder durch das Verhalten eines Dritten gefährdet, so hat das Vormundschaftsgericht, wenn die Eltern nicht gewillt oder nicht in der Lage sind, die Gefahr abzuwenden, die zur Abwendung der Gefahr erforderlichen Maßnahmen zu treffen.«

Ein Briefausschnitt. Wie an einigen anderen Brennpunkten dieses Buches soll auch hier ein Dokument unmittelbaren Erlebens Platz finden. Bewegt durch den Zeitungsbericht über den Antrag von leiblichen Eltern an die Pflegeeltern auf Herausgabe deren Pflegekindes schrieb eine Frau im Juli 1974 in einem handschriftlichen Brief an den ihr persönlich unbekannten zuständigen Vormundschaftsrichter u. a. folgendes:

»Auch ich war ein Pflegekind, und meine Mutter holte mich zurück, obwohl ich viel lieber bei meinen Pflegeeltern geblieben wäre. Doch ich wurde nicht gefragt...

Heute noch nach vielen Jahren meine ich, es wäre besser gewesen, mich bei meinen Pflegeeltern zu lassen. Einen herzlichen Kontakt, wie er zwischen Mutter und Kind sein müßte, bekam ich zu meiner Mutter nie! Seitdem sind fast vierzig Jahre ins Land gezogen, und es schmerzt mich heute noch. Mein ganzes Leben habe ich darunter gelitten.

Da unsere Ehe kinderlos blieb, entschieden mein Mann und ich uns für ein Adoptivkind. Wir haben seit zehn Jahren sogar zwei.

Unsinn, wie manche behaupten, das Blut spiele eine Rolle. Ich liebe meine Adoptivkinder so, als hätte ich sie jeden Tag ihres Hierseins (10 Jahre) unter dem Herzen getragen und nicht nur neun Monate. Unsere Kinder sind über alles informiert, und sie möchten nie zu ihren Eltern.

Lassen Sie dieses Kind bei den Pflegeeltern! Es würde sein Leben lang unter einem falschen Urteil leiden. Hier muß das Herz, nicht das Blut sprechen.«

Die Besprechung von Pflegeverhältnissen wird weiter unten in den Abschnitten VIII C 3 (S. 569) und C 9 (S. 590) fortgesetzt.

B 4. *Heime*

Für *gesunde* Säuglinge und Kinder sollten Heime möglichst nicht mehr als *Dauer*heimat dienen, sondern nur als Auffang- und Durchgangsstation. Weil das Adoptivwesen verbessert, die Pflegefamilie wirksamer gesetzlich geschützt und soweit alleinerziehenden Müttern die Pflege ihres Säuglings und Kleinkindes erleichtert wird, kann die Anzahl der Heimplätze für *gesunde* Kinder weiter absinken. Dagegen erfüllen *heilpädagogische Einrichtungen* für körperlich oder geistig *schwer behinderte* und für schwer verhaltensauffällige Kinder *Daueraufgaben*, die eine Familie nicht erfüllen kann.

Säuglings- und Kleinkindheime mit Altersklassenstruktur, wie sie in Abschnitt III B 3 (S. 158 ff.) geschildert wurden, werden hoffentlich bald, wie in unserem Land, auch außerhalb von dessen Grenzen der Vergangenheit angehören. Jedenfalls ist die Einführung der Familienstruktur in Heimen in der Zeit nach dem Erscheinen der 1. Auflage dieses Buches (1973) voll in Gang gekommen. Im folgenden werden *sechzehn Voraussetzungen* dafür genannt, daß die Umweltbedingungen für Heimkinder nicht mehr wie früher drastisch schlechter sind als für Familienkinder. Keine dieser sechzehn Voraussetzungen wird als übertrieben oder unwichtig angesehen werden können. Ein Überblick über ihre Gesamtheit macht deutlich, was alles von *Eltern* (und Pflegeeltern) »wie selbstverständlich« aus Liebe und für die Zukunft ihrer Kinder geleistet wird und daß wirklich allein die *Familienstruktur* der Heime mit kindheitslang erhalten bleibenden Hauptbezugspersonen für nicht in ihrer Ursprungsfamilie aufwachsende Kinder die Grundlagen für eine seelisch-geistige Entwicklung gewährleistet, die den Bedingungen in der Familie entspricht.

Die sechzehn Forderungen, die sowohl verhaltensbiologisch wie sozialethisch begründbar sind, lauten:

– Bewahrung der Kinder vor dem Verlust ihrer Bezugspersonen; kindheitslange Kontinuität der Beziehungen der Kinder zu ihren Betreuern.

– Erhaltenbleiben des heimatlichen Zimmers und Hauses mindestens in den ersten drei Lebensjahren, möglichst aber über das dritte Lebensjahr hinaus bis ins Schulalter hinein. Kein Heimwechsel.

– Höchstens 4 Kinder schlafen und wohnen in einem Zimmer, so daß sich Gruppen-Zusammengehörigkeit ausbilden kann und das Kind nicht den ganzen Tag einem Massenbetrieb ausgesetzt ist.

– Zusammensetzung der zu je einer Hauptbetreuerin gehörenden

Kleinstgruppen nicht aus Gleichaltrigen, sondern aus Kindern verschiedenen Alters.

– Füttern der Säuglinge nicht mit dem Flaschenhalter oder auf dem Kissen, sondern *nur* durch die Pflegerin mit Blickkontakt und mit genügend Zeit zum Ansprechen, Scherzen und Kosen.

– Für die Kleinkinder viel Spielanregung, Kinderliedersingen, Märchenerzählen, auffordernde Umweltreize durch die Pflegerinnen, viel Sprechen mit dem einzelnen Kind, z. B. beim Bilderbuchanschauen.

– Eigenes Spielzeug und eigene Kleidung, ferner ein kleines eigenes »Revier« für jedes Kind, das von den anderen Kindern geachtet wird; Möglichkeit zum ungestörten Allein-Spielen, z. B. zur Konstruktion eines Turmes, einer Brücke aus *seinen* Klötzen, und zwar wo sein Werk auch einige Zeit stehen bleiben kann, ohne daß es immer wieder weggeräumt werden muß.

– Mithelfen bei Verrichtungen der Erwachsenen (z. B. beim Bereiten kleiner Mahlzeiten, Einkaufen, Pflege und Verschönerung der Wohnung).

– Mehrere Gruppen können gelegentlich in einem größeren Raum vereinigt werden zum gemeinsamen Singen, Vorlesen, Kasperlespiel und Turnen. Einzelspiel, Spiel in der kleinen und größeren Gruppe können so miteinander abwechseln.

– Feiern vieler Feste, sowohl Jahresfeste als auch Geburtstage oder Namenstage, in verschiedenem Rahmen mit sorgfältiger Vorbereitung, Basteln von Geschenken. Fotografieren der Kinder auf den Festen, damit sie später wie Familienkinder Aufnahmen aus ihrer Kindheit besitzen.

– Zahlreiche gemeinsame Unternehmungen und Erlebnisse der Familiengruppe, z. B. Besuch im Zoo, auf geeigneten Sport- und Dorffesten usw. In freier Natur Kennenlernen von Pflanzen, Tieren, Steinen, Sternhimmel.

– Lernen möglichst vieler Sportarten im passenden Alter zur passenden Jahreszeit wie Schwimmen, Rodeln, Ski- und Schlittschuhlaufen, Dreirad- und Zweiradfahren, Seilspringen, Stelzenlaufen, Drachensteigen-Lassen usw.

– Handwerkliche und technische Freizeitangebote unter Anleitung von Fachleuten.

– Angebot künstlerischer Betätigung wie Zeichnen, Malen, Modellieren, Musizieren, Chorgesang, Laienspiel.

– Lernen und Spielen mehrerer Arten von Gesellschaftsspielen.

– Reserve an Kraft und Zeit der Betreuerinnen für das individuelle Betreuen einzelner Kinder im Fall von Krankheiten und seelischen Krisen.

Heime mit familienähnlicher Struktur können sich auch für solche Kinder bewähren, die in ihren Familien durch schwere Erziehungsmängel in Fehlhaltungen geraten sind und Verhaltensstörungen entwickelt haben. Eine günstige Organisationsform für solche Heime ist die Gliederung in einen Zentralbereich und eine größere Anzahl von Außenwohngruppen.

Der *Zentralbereich* umfaßt personelle und räumliche Möglichkeiten für Diagnostik und Therapie sowie eine Schule für verhaltensauffällige Kinder mit Möglichkeiten für Sport, handwerklich-technische, künstlerische Tätigkeit usw. Ferner befinden sich dort die gemeinsamen technischen Hilfsdienste (Hausmeisterei, Fahrdienst), die Direktion und Verwaltung sowie ein spezieller Beratungsdienst zur Entlastung der Außenwohngruppen von der Sorge um die wirtschaftliche Sicherung ihrer Arbeit und vom Schriftverkehr mit den Behörden. Der Zentralbereich verfügt über Räume für fachlichen und persönlichen Erfahrungsaustausch bei gemeinsamen Treffen der Erzieher und für Fortbildungsveranstaltungen.

Die *Außenwohngruppen* werden von je zwei Erziehern geleitet, meist einem Ehepaar – vielfach ausgebildete Sozialpädagogen. Sie bewohnen Einfamilienhäuser im Stadt- oder Landgebiet, die in der näheren oder weiteren Umgebung des Heim-Zentrums verstreut sind. Dort betreuen sie eine Gruppe von beispielsweise 5 Kindern verschiedenen Alters. Die Kinder besuchen die dem Ort oder Stadtteil zugeordnete öffentliche Schule oder die Schule für Verhaltensgestörte im Zentralbereich. Für alle besonderen Fragen haben die Erzieher den Rückhalt der Hilfseinrichtungen und Mitarbeiter, z. B. Therapeuten, des Zentralbereichs. Zugleich aber kommen die Außenwohngruppen mit der übrigen Bevölkerung in guten Kontakt und werden, wie die Erfahrung zeigt, in die Gemeinschaft der Mitbürger und Nachbarn voll aufgenommen; diese besprechen ihrerseits ihre häuslichen Erziehungsprobleme mit den in dieser Richtung gut ausgebildeten Erziehern. Ein Beispiel für die beschriebene Organisationsform ist die *Sophienpflege*, Evangelische Einrichtung für Jugendhilfe, D-7400 Tübingen-Pfrondorf.

Kinder, die kurz nach der Geburt oder als Kleinkind in ein Heim eingewiesen wurden, weil die Eltern trotz angebotener Hilfen die Pflege nicht übernehmen konnten oder wollten, sollten je nach Situation binnen *kürzester* Frist zu Adoptiveltern oder Pflegeeltern kommen. Eine *monatliche* Überprüfung der Verhältnisse aller in Heimen untergebrachten Kinder unter 3 Jahren muß von seiten der Jugendämter oder des Vormunds erfolgen: 1. um die Übernahme in eine Pflegestelle oder die Adoption frühestmöglich einzuleiten oder zu beschleunigen, damit kein Kind, z. B. wegen Arbeitsüberlastung der zuständigen Mitarbeiter oder weil das Verhalten der leiblichen Eltern die gerichtliche Ersetzung der Einwilligung zur Adoption erforderlich macht, unverantwortlich lange im Heim und damit ohne Familie bleiben muß; 2. um zu gewährleisten, daß dieses Kind, solange es unvermeidlicherweise im Heim bleiben muß, in einer Familiengruppe aus verschiedenaltrigen Kindern betreut wird; 3. um zu gewahrleisten, daß diese Kinder so lange bei *dieser* Betreuerin bleiben, bis sie – so schnell wie möglich – zu ihrer neuen Familie kommen; 4. sollte monatlich eine gesonderte ärztliche und psychologische Überwachung, ferner gezielte Anregung und, falls nötig, Spieltherapie erfolgen, um etwa auftretende Deprivationsschäden sofort zu behandeln.

Nachteile für Heimkinder können auch heute noch daraus erwachsen, daß jedes von ihnen zwar als Rechtsvertreter einen Amtsvormund hat, daß dieser jedoch wegen der großen Anzahl seiner Mündel aus Zeitgründen unmöglich zu jedem Kind eine persönliche Beziehung knüpfen kann; das aber sollte eigentlich selbstverständlich sein. Aus diesem Grunde sollte eine Obergrenze für die Anzahl der von einer einzelnen Person zu übernehmenden Vormundschaften eingeführt werden, vielleicht fünf. Sollte die Anzahl der hierfür verfügbaren Mitarbeiter der zuständigen Behörden dann nicht ausreichen, sollten – wie dies auch heute vielerorts geschieht – mehr Privatpersonen als Vormund herangezogen werden (Abschnitt C 10, S. 595).

Ein anderer Strukturmangel unseres Betreuungssystems für Heimkinder liegt darin, daß manche Heime in ihrer finanziellen Zuwendung von der genauen Anzahl der betreuten Kinder abhängig sind. Davon sind auch die Arbeitsplätze der Mitarbeiter der Heime betroffen. Diese organisatorische Bedingung verhindert oder vermindert zwangsläufig die eigentlich gebotene unablässige Bemühung *für jedes einzelne Kind*, es aus dem Heim herauszubringen und seine Adoption zu erreichen oder es in gute Familienpflege zu geben.

B 5. *Kinderdorf, Kibbuz*

Im deutschen Sprachbereich sind Kinderdörfer aus verschiedenen Initiativen hervorgegangen: Es gibt u. a. SOS-, Pestalozzi-, Albert-Schweitzer-Kinderdörfer sowie die Kinderdörfer der holländischen Dominikanerinnen und des Christlichen Jugenddorfwerkes Deutschland. In den Kinderdörfern wohnen jeweils mehrere Kinder verschiedenen Alters in einem Einfamilienhaus, kindheitslang betreut von einer Kinderdorfmutter bzw. Kinderdorfeltern.

Hier können alle im vorigen Abschnitt erhobenen Forderungen der Betreuung und Erziehung von Kindern erfüllt werden. Entscheidende Werte der Kinderdorf-Erziehung sind:

– das Füreinander-Da-Sein zu erleben am Vorbild der Mutter, zu der, wie sich zeigt, vielfach lebenslange Bindungen entstehen;

– die Geborgenheit im Einfamilienhaus mit der Möglichkeit, es individuell auszugestalten, und das Erleben des Einwurzelns in einen Heimatbereich;

– das Miteinander der »Geschwister« verschiedenen Alters, mit denen man spielen oder auch sich »raufen« kann (kindliche Rangstufenkämpfe);

– Feiern familiärer, jahreszeitlicher und kirchlicher Feste im Familienverband;

– das Erleben eines Familienlebens als Erfahrungshintergrund für spätere eigene Familiengründung und Haushaltsführung;

– wegen der verhältnismäßig großen Kinderzahl pro Familie (SOS-Kinderdorf bis 8) die Mithilfe und Einsatzbereitschaft der älteren Kinder bei der Erfüllung der Familienaufgaben;

– für die Kinder bestehen im Dorf Werkstätten, Gelegenheiten zum Musizieren und zum Sport. Ferner kommen die Kinder in Beziehung zu Spiel- und Schulkameraden außerhalb des Kinderdorfes; sie besuchen die öffentlichen Schulen;

– die Kinderdorfmutter erhält in ihrer Ausbildung Kenntnisse in Pädagogik und Psychologie und wird vorbereitet auf die Bewältigung von Problemen, die daraus erwachsen, daß die zu betreuenden und zu erziehenden Kinder nicht in ihren Ursprungsfamilien verbleiben konnten;

– für die Beratung in Problemfällen steht eine Fachkraft zur Verfügung.

Zusammenfassend darf man urteilen: Die Idee der Kinderdörfer und ihre Verwirklichung stellen einen außerordentlichen, gar nicht zu überschätzenden Fortschritt gegenüber der früher verbreiteten Pflege ohne individuelle Bindung dar. Dies muß als Leistung allerhöchsten Ranges anerkannt werden.

Kibbuz. In Israel leben knapp 4 % der Bevölkerung in dörflichen Gemeinschaften aus 500 bis 2000 Mitgliedern, in denen die Kinder zum Teil von ihren Eltern, zum Teil von einer – im Idealfall beruflich ausgebildeten – Frau, der Metapelet, in Kinderhäusern betreut werden[1]. Jede Mutter stillt bzw. füttert ihren *Säugling* zu jeder Mahlzeit selbst; sie wird dazu von der Arbeit freigestellt. Wegen der kurzen Wege im Kibbuz ist das leicht möglich. Nachmittags nach Arbeitsschluß kommen Eltern und Kinder in der elterlichen Wohnung zusammen und sind für etwa 2 Stunden vereint zu Spiel und sonstigem Tun. Die Mutter hat nur wenige Haushaltpflichten, denn der Kibbuz unterhält Gemeinschaftseinrichtungen für Verpflegung sowie für Waschen und Ausbessern der Wäsche. Die elterliche Küche gestattet es, kleine Mahlzeiten selbst zuzubereiten. Nach dem Abendessen im Gemeinschaftsraum zusammen mit allen Kibbuzmitgliedern bringt die Mutter ihr Kind im Kinderhaus zu Bett. Eltern und Verwandte können die Kinder zu jeder Zeit im Kinderhaus besuchen (z. B. zum Stillen und Füttern). Die Kinder können den Arbeitsplatz der Eltern zu Fuß erreichen. Aufgrund aller dieser häufigen Kontakte im Tagesverlauf sind die Kinder individuell an ihre Eltern gebunden. Zusätzlich haben sie noch eine weitere Bezugsperson, die Metapelet; diese nimmt jedoch bewußt und prinzipiell für das Kind eine Stellung ein, die den Eltern *nachgeordnet* ist. Die von einer Metapelet im Kinderhaus versorgte Gruppe umfaßt vier, höchstens fünf Kinder.

In einem Kinderhaus wohnen in der Regel zwei Kindergruppen; jede Vierergruppe hat einen Schlafraum und einen Spiel- bzw. Eßraum. Das Aufwachsen der Kinder im Kibbuz ist wegen der gesicherten Mutterbindung, der Beteiligung des Vaters am Familienleben (kurzer Fußweg zum Arbeitsplatz, kaum Abendverpflichtungen) und wegen der geringen Gruppengröße in den Kinderhäusern *keine Kollektiverziehung.* Die Mindestanforderungen des Kindes an individueller Betreuung sind gewahrt. Die kleine Kindergruppe ermöglicht zusätzlich besonders enge soziale Kontakte mit Gleichaltrigen. Hospitalisierung und Verwahrlosung sind durch all dies vollständig vermieden. Für die Kinder des Kibbuz scheint die Welt nicht in einen Eltern- und einen Kinderhausbereich gespalten zu sein, sondern beide Bereiche sind Bestandteile einer in sich geschlossenen gemeinsamen Umwelt. Die Kinder übernehmen alsbald auch kleine Pflichten, arbeiten also wie die Eltern für die Gemeinschaft.

Das Kinderhaus war zu Beginn der Kibbuzbewegung unter lauter Holzhäusern der Siedlung das einzige Steinhaus. Daß die Kinder aller Altersklassen dort auch schliefen, geschah zur Sicherung ihrer Gesundheit bei Feuerüberfällen, mit denen man damals rechnen mußte. Das Schlafen der Kinder im Kinderhaus behielt man zunächst noch bei, als diese Vorsichtsmaßnahme schon nicht mehr erforderlich war. Doch belastete diese Art der nächtlichen Unterbringung viele Kinder sehr; sie weinten viel. Manche Eltern verstießen deshalb gegen die Regel und behielten ihr kleines Kind für die Nacht bei sich. Inzwischen sind manche Kibbuzim dazu übergegangen, *alle* Kinder in den ersten Lebensjahren bei den Eltern schlafen zu lassen.

Das Organisationsprinzip des Kibbuz dürfte sich kaum auf die derzeitigen Verhältnisse in unserer Region übertragen lassen. Ebensowenig lassen sich die Kibbuz-Erfahrungen auf hiesige Organisationsformen der Kinderbetreuung wie Kinderkrippe oder Tagespflege anwenden. Die Unterschiede sind zu zahlreich und zu tiefgreifend: die Freistellung der Eltern von den meisten Haushaltspflichten und Existenzsorgen; die Versorgung der Kinder zu den Mahlzeiten durch die Mütter (Stillen, Füttern); die dörfliche Organisationsform (in Städten erwiesen sich Kibbuzim als nicht lebensfähig); die gegenseitige räumliche Nähe von Wohnstätte, Arbeitsplatz und Kinderhaus in Fußgängerentfernung; die Besuchsmöglichkeiten für Eltern, Großeltern, Nachbarn und Verwandte im Kinderhaus; und schließlich die (hier nicht beschriebene) Identifizierung der Erwachsenen-Bevölkerung mit ihrem Kibbuz, seinen Idealen und seinen Traditionen, in die auch die Kinder durch das Miterleben und ihre aktive Teilnahme am Leben hineinwachsen.

B 6. *Ganztägige Tagespflege; »Tagesmütter«*

Sind beide Eltern eines kleinen Kindes *ganztägig* außerhäuslich berufstätig und lassen ihr Kind an den Wochentagen tagsüber von einer Pflegemutter (»Tagesmutter«) in deren Privatwohnung betreuen[1], so gilt für ihr in Tagespflege befindliches Kind folgendes: Es ist acht oder mehr Stunden des Tages bei einer Frau, die nicht seine Mutter ist, erhält von ihr alle mütterliche Fürsorge und wird sich an sie womöglich fester binden als an die Eltern; denn es ist für den Säugling nicht festgelegt, daß er sich an seine leiblichen Eltern bindet. Er schließt sich vornehmlich an diejenige Person an, die ihn *hauptsächlich betreut* (siehe Abschnitt II B 2, S. 55).

Das durch ganztägige Tagespflege betreute kleine Kind erlebt seine außerhäuslich berufstätigen Eltern nicht nur *kürzere Zeit* als seine Tagespflegemutter, sondern vielfach auch in einer ganz *anderen inneren Ausrichtung*: morgens zumeist eilig bestrebt, die Zeit einzuhalten, um das Kind bei der Tagesmutter abzugeben und rechtzeitig den Dienst zu erreichen; abends abgespannt von Ausbildungs- oder Berufstätigkeit, dazu mit Haushaltspflichten, auch Einkäufen, belastet. Zudem sind kleine Kinder bekanntlich in den Abendstunden vielfach müde, quengelig und wenig kontaktbereit. So ist die Möglichkeit nicht zu leugnen, daß sich das Kind stärker an die Tagesmutter als an die Eltern bindet und daß darum die Tagespflegemutter zur *faktischen Mutter* für das Tageskind wird; diese Gefahr ist sogar um so größer, je *mehr* die Tagesmutter ihrem Auftrag gerecht wird, mütterlich und anregend für das Kind zu sein und seine Entwicklung zu fördern.

Wenn aber die Tagespflegemutter für einen Säugling oder ein Kleinkind zur entscheidenden oder auch nur zu einer wichtigen Bezugsperson geworden ist, dann ist es für seine Entwicklung von größter Bedeutung, daß diese Bindung auch auf die Dauer erhalten bleibt. Soll die Kontinuität der Betreuung gewährleistet sein, dann muß jedoch eine Anzahl von Voraussetzungen zusammentreffen, z. B. Übereinstimmung in Erziehungsmethoden und -zielen sowie gutes Einvernehmen und Vertrauen zwischen Eltern und Tagespflegemutter; persönliche Eignung und inneres Engagement der Tagespflegemutter (sie sollte ihr Tun nicht als »Job« ansehen); langjähriges Erhaltenbleiben der Tagespflegemutter für das Kind (also kein Wegzug, kein Berufswechsel, kein Abbrechen der Pflegemuttertätigkeit aus persönlichen Gründen). Solche günstigen Bedingungen kommen vor; aber man kann dies keinesfalls als Regel voraussetzen.

Wenn sich aber die obigen Bedingungen nicht aufgrund der Wesensart und der Lebenssituation der Beteiligten von selbst ergeben, so sind sie durch guten Willen oder durch organisatorische Maßnahmen kaum herbeizuführen. Je mehr von den oben genannten Voraussetzungen wegfallen, desto eher droht dem Kind dann der Abbruch des Pflegeverhältnisses (oder gar mehrmaliger Abbruch, falls sich auch das nächste und weitere Pflegeverhältnisse nicht aufrechterhalten lassen). Diese Gefahr liegt im System der Fremdbetreuung begründet: Es handelt sich um ein *Arbeitsverhältnis*, das von beiden

Seiten aufgekündigt werden kann. Es trägt für das Kind also ein hohes Risiko in sich.

Doch ergeben sich beim Tagespflege-(Tagesmutter-)System noch weitere Risiken für die Kinder:

– falls Tagesmutter und Eltern unterschiedlichen Betreuungs- und Erziehungsauffassungen und Erziehungsmethoden folgen und damit die Orientierung des Kindes erschweren;

– falls die Tagesmutter die schwierigen Probleme nicht meistert, die vielfach durch das Nebeneinander eigener und fremder Kinder auftreten; dann kann bei beiden das Gefühl entstehen, gegenüber den anderen Kindern zurückgesetzt zu werden und immer zu kurz zu kommen;

– falls empfindsame Kinder die tägliche Unruhe, das frühe Herausgerissenwerden aus dem Schlaf, den täglichen Wechsel zugleich von Bezugspersonen und Lebensumgebung nicht vertragen (vielleicht wegen eines unerkannten Risikos, das sich unter normalen Umständen gar nicht offenbart hätte oder dessen Symptome sich bei einer Pflege ohne Belastungen wieder verloren hätten);

– falls die Tagesmutter erkrankt oder ein Kind schwer erkrankt, ohne daß die Mutter wegen ihrer ganztägigen Berufstätigkeit das Kind übernehmen kann, so daß das Kind nun an einer dritten Stelle weiterbetreut werden muß;

– falls sich die Eltern innerlich aus der Erziehungsaufgabe zu weit zurückziehen, weil sie in der Tagesmutter die besser ausgebildete, womöglich einer anderen Bevölkerungsgruppe angehörende Fachkraft sehen, die ihnen in der Kinderbetreuung haushoch überlegen ist[1], und darunter ihr Selbstwertgefühl leidet.

Alle diese Risikofälle *brauchen* nicht einzutreten. Sie liegen aber doch so nahe, daß man sie in Betracht ziehen muß; und *wenn* sie eintreten, dann bilden sie reale Belastungen für das Pflegekind und gefährden das Entstehen einer tragfähigen Bindung des Pflegekindes an seine leiblichen Eltern.

Das Tagesmütterprojekt der Bundesregierung (1974) suchte das Interesse von Eltern an ganztägiger außerhäuslicher Erwerbstätigkeit mit den Bedürfnissen des Säuglings und Kleinkindes nach individueller Betreuung in Einklang zu bringen. Es wurde wissenschaftlich begleitet, und zahlreiche Beobachtungen wurden veröffentlicht[2]. Unter diesen ist folgende in unserem Zusammenhang besonders bedeutsam: Kinder, die im 1. Lebensjahr von ihrer Mutter betreut wurden und im 2. Lebensjahr in Tagespflege kamen, reagierten mit Verhaltensstörungen, die noch 2 Jahre später zu bemerken waren. Dies ist Ausdruck einer auch sonst bekannten Erfahrung: In der zweiten Hälfte des ersten und im zweiten Lebensjahr reagieren Kleinkinder besonders empfindlich auf Trennungen. In dieser Lebensepoche festigen sich die Bindungen der Kinder an ihre Eltern; wird dieser Prozeß beeinträchtigt, so können die Störungen besonders tief wurzeln. Ein ein- bis zweijähriges Kind ganztägig in Tagespflege zu geben ist daher nicht anzuraten.

Um dazu beizutragen, daß die beschriebenen und andere Risiken beim Tagesmütterprojekt 1974 des Bundes-Familienministeriums von vornherein möglichst gering gehalten wurden, haben wir vor Beginn der Durchführung dieses Projekts gemeinsam mit Vertretern der kinderärztlichen Gesellschaften der Bundesrepublik zwölf Forderungen erarbeitet. Sie lauten in der von diesen Gesellschaften verabschiedeten Fassung:

a) Grundsätzlich keine Aufnahme von Kindern unter 2 Jahren in das »Projekt Tagesmütter« in seiner jetzigen Form.

b) Wegfall einer jeden Altersbegrenzung des Kindes nach oben.

c) Der Altersabstand zwischen fremdversorgten und eigenen Kindern der Tagespflegemütter soll grundsätzlich nicht weniger als 1½ Jahre betragen. Keinesfalls dürfen – einschließlich der eigenen Kinder – mehr als 2 Kinder unter 3 Jahren betreut werden.

d) Die Einführung der Kinder in die Tagespflege-Familie soll nur allmählich im Verlauf längerer Zeit und unter sorgfältiger interdisziplinärer Beobachtung des Verhaltens erfolgen sowie durch regelmäßige Untersuchungen der psychosozialen Entwicklung begleitet werden.

e) Die Kontaktzeit des Kindes mit einem Elternteil darf nicht wesentlich geringer sein als die mit der Tagespflegemutter, damit das Kind ausreichend Gelegenheit hat, sich auch an seine eigenen Eltern bzw. einen Elternteil zu binden. Daher ist für einen Elternteil nur halbtägige außerhäusliche Erwerbstätigkeit vorzusehen.

f) Die leiblichen Mütter sollten an denselben Ausbildungskursen wie die Tagesmütter teilnehmen, damit sie die gleichen Kenntnisse über die Bedürfnisse des Kleinkindes und die Probleme besitzen, die durch die Fremdbetreuung ihres Kindes entstehen könnten.

g) Es muß sichergestellt werden, daß bei Ausfall der Tagesmütter die leiblichen Mütter wirtschaftlich und arbeitsrechtlich in die Lage versetzt werden, ihre eigenen Kinder zu versorgen: Wegfall des Konzepts der Ersatz-Tagesmütter (»Springer«).

h) Vor der Entscheidung über die eventuelle Tagespflege ihres Kindes müssen die Mütter aufgeklärt werden, welche psychologischen Probleme für ihr Kind und für sie selbst aus der Fremdbetreuung erwachsen können.

i) Das Geld, das für ihr Kind staatlicherseits für die Fremdbetreuung aufgewendet werden würde, muß auch der Mutter selbst angeboten werden, damit sie frei entscheiden kann, welche Art der Betreuung sie für ihr Kind wählen möchte. Entsprechendes muß für die Bereitstellung der pädagogischen Kurse, Erziehungsberatung, Sozialversicherung etc. und sonstigen Hilfen gelten.

k) Falls sich erweist, daß ein Kind den gleichzeitigen Wechsel von Bezugspersonen und Umgebung im Rahmen des Tagesmütterprojekts nicht verkraften kann, muß sichergestellt werden, daß die Mutter die notwendige geldliche Unterstützung erhält, um ihr Kind selbst zu versorgen.

l) Gefordert wird weiterhin die Aufklärung der Eltern und Tagesmütter über die möglichen Folgen des Abbruchs bestehender Pflegeverhältnisse sowie deren sorgfältige Absicherung durch langfristige, auch die Tagesmütter bindende Verträge, um dadurch das leichtfertige Aufnehmen und Beenden von Pflegeverhältnissen zu vermeiden.

m) Die Kinderärzte fordern eine fachärztliche Untersuchung der für das Projekt vorgesehenen Kinder, um Risiko-Kinder und verhaltensgestörte Kinder im voraus zu erkennen, so daß für sie von vornherein geeignete Maßnahmen vorgesehen werden können.

Mehreren unter diesen zwölf im voraus aufgrund allgemeiner verhaltensbiologischer Kenntnisse erhobenen Forderungen wurde im Verlauf des Tagesmütterprojekts aufgrund von Erfahrungen entsprochen. – Die zwölf Forderungen gelten nicht nur für den gegebenen Anlaß; sie sind auch als allgemeiner Wegweiser für die Wahrung der berechtigten Ansprüche unserer Kinder in einer Zivilisation anzusehen, in der verschiedene Personen und Personengruppen ihre Selbstentfaltungsansprüche offensiv vertreten.

Abschließende Beurteilung. Ganztägige Tagespflege von Säuglingen und Kleinkindern ist allerhöchstens als vorübergehende *Notmaßnahme* zu vertreten, solange eine Familie ihrem Kind die notwendige Betreuung nicht angedeihen lassen kann und *alle* anderen Hilfsmöglichkeiten wie beispielsweise nur *halb*tägige Fremdbetreuung ausscheiden. *Als »familienergänzendes« System ist die Tagespflege für Kinder von 0 bis 3 Jahren jedoch ungeeignet,* weil sie für die betroffenen Säuglinge und Kleinkinder viel zu große Belastungen und Risiken mit sich bringt. Wo Säuglings- und Kleinkindmütter aus wirtschaftlichen Gründen zur außerhäuslichen Berufstätigkeit gezwungen sind, sollte man staatliche Gelder daher nicht zur Fremdbetreuung ihrer Kinder aufwenden; man sollte vielmehr solche Mütter, die ihre Kinder gerne selbst betreuen möchten und dies auch können oder lernen können, mit Hilfe dieser Gelder halb- oder ganztägig von der außerhäuslichen Berufstätigkeit befreien und so die Eltern-Kind-Bindung stärken, anstatt sie aufs Spiel zu setzen (siehe Abschnitt VIII A 3, S. 515).

B 7. *Krippen, Krabbelstuben*

Krippen sind von freien Trägern mit staatlicher Unterstützung eingerichtete und unterhaltene Institutionen für die Betreuung von Säuglingen und von Kleinkindern unter 3 Jahren. *Krabbelstuben, Kindertagesstätten* und ähnliche Institutionen für die Betreuung von Kleinkindern im 2. und 3. Lebensjahr gehen zum Teil auf Eltern-Initiativen zurück und erhalten vielfach staatliche Zuschüsse; die Eltern sind stärker als bei Krippen an der praktischen und pädagogischen Betreuung der Kinder beteiligt.

Bei allen diesen Institutionen besteht zur Zeit in der Bundesrepublik das Risiko einer zu geringen oder sogar *viel* zu geringen Anzahl von Erzieherinnen; d. h. zu viele Säuglinge bzw. Kleinkinder bilden eine Gruppe: Bis zu 12 Kinder werden zur Zeit (1987) von einer Erzieherin mit Unterstützung durch eine Praktikantin betreut. Das *individuelle* Reagieren auf Initiativen des Kindes, das im Säuglings- und Kleinkindalter entscheidend entwicklungsfördernd ist (siehe Abschnitte II B 1, S. 51, B 3, S. 59, und D 4, S. 89), findet daher in solchen Institutionen viel zu selten statt.

Wie weit die Bedürfnisse der Kinder der jeweiligen Altersstufe in Krippen und Krabbelstuben erfüllt werden können, hängt u. a. von folgenden Bedingungen ab:

– Größe und Altersstruktur der Kindergruppen;
– pädagogische Grundsätze (Konzeption);
– Anzahl und Qualifikation der Betreuerinnen;
– Verweildauer des Kindes pro Tag;
– Raum- und Spielangebot;
– Häufigkeit des Bezugspersonenwechsels für die Kinder (nach Dienstplan und durch Fluktuation);
– Zusammenarbeit der Fachkräfte untereinander und mit den Eltern.

Für jedes einzelne Kind kommt es ferner auf die Wesensart und auf das Engagement seiner Eltern in der gemeinsamen Zeit sowie auf seine eigene Persönlichkeitsstruktur an. Insgesamt kann man urteilen: Je ungünstiger die aufgezählten sieben Bedingungen ausfallen, desto enger sind die Leistungen dieser Institutionen lediglich auf die Ernährung und Pflege der Kinder beschränkt, und desto ärmer ist die Umwelt der Kinder an entwicklungsfördernder individueller Ansprache.

Um Entwicklungsrückstände von Krippenkindern auszugleichen bzw. nicht erst aufkommen zu lassen, legt man in der DDR besonderen Wert auf Übungsprogramme zur Entwicklung der körperlichen Kraft und Geschicklichkeit, der Wahrnehmungs- und Sprachfähigkeit. Die Eltern werden aufgefordert, sich ihren Kindern intensiv zu widmen. Einzelne Kinder erweisen sich jedoch von vornherein als nicht krippenfähig; sie weinen viel, verweigern die Nahrung oder sind dauernd krank. In diesem Fall wird anerkannt, daß die Pflege durch die Mutter notwendig ist. Sie wird für maximal 3 Jahre beurlaubt – mit Garantie ihres Arbeitsplatzes.

Wegen der verschiedenen Schwierigkeiten und Risiken, die für die Kinder mit der Krippenerziehung verbunden sein können, wurde inzwischen auch in Ländern mit stark ausgebautem Krippensystem die Möglichkeit für Mütter geschaffen, sich zur Betreuung ihrer Säuglinge und Kleinkinder ein oder mehrere Jahre lang beurlauben zu lassen.

Es erweist sich jedoch als ungünstig, wenn die Beurlaubungszeit der Mutter nur 10 oder 12 Monate dauert: Wenn das Kind im Alter von etwa einem Jahr aus der häuslichen Pflege in die Krippe oder Krabbelstube übergeht, geschieht dies mitten in der kritischen Zeit seiner Bindungsphase. Die Entwicklung der Bindung zu seinen Eltern wird gestört. Das plötzliche Hereinbrechen der langen täglichen Trennungszeit, das Wahrnehmen von lauter neuen Gesichtern – Pflegerinnen und anderen Kindern – in einer Entwicklungsphase, in der sich das Kind gerade in seiner häuslichen und familiären Umgebung einigermaßen orientiert hat, verstört die Kinder tief. Deswegen gelten hier dieselben Empfehlungen wie beim Projekt Tagesmütter (Abschnitt VIII B 6, S. 547): Übergang in Fremdbetreuung frühestens nach 2 Lebensjahren, und auch dann höchstens halbtägig und nur unter günstigen Betreuungsbedingungen.

Trotz vorgeschriebener hygienischer Maßnahmen ist der *Krankenstand* in den Krippen überdurchschnittlich hoch[1]. Drei Gründe dafür sind: die vermehrte Gelegenheit für gegenseitige Ansteckung; der tägliche, vielfach sehr frühe Wechsel von der Wohnung zur Krippe; sowie die seelische Belastung der kleinen Kinder durch die ganztägige Trennung von den Eltern, die auf dem Weg über das Immunsystem die Widerstandskraft gegen Infektionen mindert. Eine Gegenmaßnahme besteht in häufiger Behandlung mit Antibiotika zur schnellen Beseitigung der Symptome, da sonst die Mütter das Kind zu Hause pflegen und dafür längere Zeit die Arbeit versäumen müssen. Doch trägt die häufige Gabe derartiger Medikamente ihre eigenen Risiken in sich.

B 8. *Kindergärten*

Vom 4. Lebensjahr an können *Kindergärten* das Angebot an Spielgefährten, Spielgelegenheiten, Erlebnissen, Erfahrungen und erwachsenen Gesprächspartnern erweitern. Die Leistungen und Hilfen, die hierdurch die Kindergärten für die Kinder bieten können, sind hoch zu veranschlagen. Leider verkehrt sich der Gewinn in Schaden, wenn eine in nüchternen Zahlen anzugebende Voraussetzung fehlt: wenn zu wenige Erzieherinnen eingestellt werden und darum jede einzelne von ihnen zu viele Kinder betreuen muß. Die Grenze ist dann erreicht, wenn das einzelne Kind zu wenig persönlich angesprochen wird und statt dessen entweder der Druck zu gruppenkonformem Verhalten, d. h. die Disziplin, zu sehr überwiegt oder die Erzieherinnen die Übersicht verlieren und sich Zank und Streit ausbreiten, wobei sich die stärkeren Kinder durchsetzen und die schwächeren ängstigen und an die Wand drücken. Auch ist der Lärmpegel und damit ein Streßfaktor für Kinder und Erzieherinnen um so höher, je mehr Kinder in einer Gruppe zusammen sind. All diese Nachteile verschärfen sich für solche Kinder, die nicht nur halb-, sondern ganztägig den Kindergarten (Ganztagskindergarten) besuchen müssen. Die kritische Gruppengröße, bei der die Erzieherinnen noch genügend Zeit zum Eingehen auf das einzelne Kind haben, ist je nach der Ausbildung und Erfahrung etwas verschieden, liegt aber durchschnittlich etwa bei 8 Kindern; bei 10 Kindern ist sie meistens eindeutig überschritten. Man kann Eltern, die ihren Kindern nützen und nicht schaden wollen, nur abraten, sie in Kindergärten zu schicken, in denen die Kinder nicht individuell gefördert werden und statt dessen in einem Massenbetrieb sind. Die Eltern sollten bei Politikern und den Trägern der Kindergärten mit allem Nachdruck darum kämpfen, daß genug Erzieherinnen eingestellt werden. Das Kindeswohl erfordert es, eine breite Öffentlichkeit für die Bedürfnisse der Kinder zu sensibilisieren.

Die Spielgruppen in Kindergärten sollten so klein sein, daß die Erzieherin genug Zeit hat, außer der Gruppenarbeit jedes Kind individuell zu kennen und zu betreuen. Besondere Vorsicht ist bei Einzelkindern oder bei schüchternen Kindern geboten, die man durch den Besuch des Kindergartens an die Gemeinschaft gewöhnen möchte. Für sie kann die Forderung zur Anpassung an die Masse in einem Kindergarten mit zu großen Gruppen als Schock wirken. Sie reagieren möglicherweise mit Angst, Bauchschmerzen und Erbrechen, wenn sie morgens in den Kindergarten gehen sollen. Es ist nicht ratsam, die Sozialisierung des Kleinkindes gegen dessen Willen mit einem derartigen »Sprung ins kalte Wasser« zwangsweise zu vollziehen. Man riskiert, das Gegenteil des Gewünschten zu erreichen.

Kindergärten werden ihrem eigentlichen Zweck auch nicht gerecht, wenn ihre Aufgabe hauptsächlich in einem *vorschulartigen Training des Verstandes* gesehen wird anstatt in dem Angebot an die Kinder, den fröhlichen Kontakt mit anderen Kindern zu genießen, zu spielen, zu singen, zu malen, zu basteln, ihren Erfahrungsbereich zu erweitern und ihre Entwicklung zur Selbständigkeit zu fördern[1]. Ein wichtiges, unabdingbares Prinzip für Kindergärten, das zugleich für alle 3 bis 5 Jahre alten Kinder gilt, lautet: Freiheit von festgelegten Leistungsnormen; *Spielatmosphäre* und *Heiterkeit* müssen dominieren.

Erkennen von Verhaltensschwierigkeiten. Von den Kindergärten kann eine wertvolle Hilfe ausgehen, wenn die Erzieherinnen etwaige Verhaltensschwierigkeiten von Kindern erkennen, die von den Eltern übersehen wurden, z. B. Störungen der *Feinmotorik*, und daraufhin früh genug fachliche Hilfe eingeleitet wird. Im Fall von *Sprachstörungen* können die Kinder rechtzeitig vor der Einschulung einer logopädischen Heilbehandlung zugeführt werden.

Öffnungszeiten. Die Öffnungszeiten von Kindergärten im Laufe der Woche sollten *um der Kinder willen* der Berufstätigkeit der Mütter angepaßt werden. Bei unvermeidbar sehr frühem Arbeitsbeginn der Mutter muß der Kindergarten so früh offen sein, daß die Mutter ihr Kind dorthin begleiten bzw. bringen kann. Wird auch dies noch von einer anderen, nicht zur Familie gehörenden Person besorgt, so ist die Unruhe des Tageslaufs für das Kind noch größer.

Betriebliche Kindergärten. Ist die Mutter eines Kleinkindes im Alter von 3 bis 5 Jahren zu ganztägiger Berufsarbeit gezwungen, so gehört zu den bindungserhaltenden und damit den Familien zugute kommenden Maßnahmen auch – wo es möglich ist – die Einrichtung von *betrieblichen Kindergärten* am Arbeitsplatz mit der Organisation der Arbeit der Mütter derart, daß sie in Arbeitspausen, z. B. mittags, ihr Kind besuchen können[1]. Die Kinder leben dann nicht ganztägig innerlich getrennt von der Mutter. Auch besteht Gelegenheit zu pädagogischen Gesprächen mit der Erzieherin, und die Mütter erhalten Einblick in die Kindergartenarbeit und den Tagesablauf ihres Kindes. Sie können mit Interesse und Lob am Tun ihrer Kinder Anteil nehmen. Der für Mutter und Kind gemeinschaftliche *Weg* spart beiden nicht nur Zeit, sondern ist ein Beitrag zur Gemeinsamkeit. Für die Anpassung der Öffnungszeiten des Kindergartens an die Arbeitszeit der Mütter sorgt der Betrieb.

Betriebskindergärten sind vornehmlich unter dem Gesichtspunkt des Wohles des Kleinkindes zu betrachten. Deswegen können und sollten etwaige entgegenstehende, von der Gewerkschaft vertretene Anliegen der Arbeitnehmer (Vermeiden größerer Abhängigkeit der arbeitenden Mütter vom Betrieb) zurückgestellt werden – schon wegen der jeweils nur vorübergehenden, auf 3 Jahre begrenzten Beanspruchung dieser Einrichtung durch das einzelne Kind.

Schließlich muß die gesellschaftliche Wertschätzung derjenigen, die im Kindergarten tätig sind, entsprechend der Bedeutung dieses Lebensbereiches zunehmen. Die Einflüsse auf ein Kind im Kindergartenalter sind weitreichend. Das Sozialprestige von Erzieherinnen entspricht der Wichtigkeit ihrer Aufgabe aber immer noch keineswegs. Das macht sich besonders ungünstig bemerkbar, wenn es um die Beratung der Politiker und der Verwaltung hinsichtlich der Gestaltung der Kindergärten geht: Man befragt gewöhnlich beinahe ausschließlich Professoren, nicht die im Kindergarten Tätigen, die über die praktische Erfahrung verfügen. Die am grünen Tisch getroffenen Entscheidungen gehen daher oft an den unmittelbaren Notwendigkeiten vorbei. Hier sollte Wandel geschaffen werden.

B 9. *Schulen für verhaltensgestörte Kinder*

Aus verschiedenen Gründen können Kinder in der Schule versagen: aufgrund von Mängeln ihrer Sinnesorgane (Hör- und Sehschwäche), aufgrund von unterentwickelten intellektuellen Fähigkeiten, aber auch aufgrund von *Verhaltensstörungen* wie unbeherrschbarer Bewegungsunruhe, Depressionen, unberechenbarer Aggressivität, der Unfähigkeit, sich zu konzentrieren usw., also wegen dauernder »innerer« Hemmnisse, die vorhandenen Fähigkeiten zu gebrauchen und anzuwenden. Gleich ob diese Störungen in der Wesensart des Kindes oder in seinen Erfahrungen mit Erwachsenen begründet sind, bedürfen diese Kinder zumindest vorübergehend einer schulischen Betreuung eigener Art. In Frage kommen heilpädagogische Sonderschulen oder auch kleinere Schulen (möglicherweise privater Trägerschaft) mit besonders auf solche Aufgaben ausgerichteter Lehrerschaft.

Bei den *verhaltensgestörten* Kindern geht es nicht vorwiegend darum, durch geduldiges Training die vorhandenen intellektuellen Fähigkeiten zu entwickeln, sondern auch darum, die inneren Spannungen (Ängste, Unruhe, Depression, Aggressivität, Mißtrauen) abzubauen, durch die sich die Kinder selbst im Wege stehen. Hierzu sind notwendig:

– kleine Gruppen, damit die Lehrer auf die Besonderheiten der einzelnen Schüler eingehen können;

– Zeit und Gelegenheit für Einzelgespräche zwischen Schüler und Lehrer;

– Kenntnis der Verhaltensschwierigkeiten und der häuslichen Situation jedes Kindes;

– psychologische und ärztliche Fachleute, soweit nötig und erwünscht, um die Untersuchungen und notwendigen Einzelbetreuungen zu veranlassen sowie zur Beratung der Eltern, der Lehrer und der Schulbehörde;

– Einzelunterricht für besonders schwer gestörte Kinder (das erste freudige Lernen gelingt meistens dem Lehrer zuliebe, an den sie sich persönlich gebunden fühlen!) mit dem Ziel, sie möglichst bald wieder einer Klasse oder Gruppe zuordnen zu können;

– Einschaltung *spielerischer* Lernphasen, um bei verängstigten oder gehemmten Kindern erst einmal den Erkundungs- und Wissensdrang sowie die Spielfreudigkeit zu aktivieren;

– Betonung von nicht-intellektuellen Betätigungen, so täglich eine Rhythmikstunde oder Trampolinübungen, um über die Freude an Bewegungen die inneren Spannungen zu lockern; ferner Gymnastik, viel Sport verschiedener Art, erstens um überschüssige Erregung abzuleiten, zweitens um das Erlebnis sportlicher Fairneß zu vermitteln, und drittens um auf dem Umweg über das Einhalten sportlicher Regeln die Kontrolle über zuvor ungesteuerte Impulse anzubahnen;

– im Rahmen von Arbeitsgemeinschaften vielseitige handwerkliche und künstlerische Betätigung (Basteln, technische Arbeiten, Zeichnen und Malen, Musik, Laienspiel), um möglichst für alle Kinder Bereiche zu finden, in denen sie Erfolge ihres Tuns erleben und Selbstsicherheit finden können;

– Pflege enger Beziehungen zwischen Lehrern, psychologischen Fachleuten und Eltern. Verpflichtende regelmäßige Besprechungen über die Entwicklung der Kinder. Abbau verhängnisvoller Erziehungsfehler, z. B. Ehrgeizhaltung der Eltern;

– Anpassung der Unterrichtsdauer an die Belastungsfähigkeit der einzelnen Schüler;

– Möglichkeit zur vorübergehenden Ausschulung für besonders schwer verhaltensgestörte Kinder, um durch diese Atempause für eine Übergangszeit jedes Erlebnis eigenen Versagens zu vermeiden und so den Teufelskreis der »Fixierung der Lernstörung« zu durchbrechen; zugleich läßt sich durch psychotherapeutische Bemühungen die Basis für einen neuen Anfang schaffen;

– Möglichkeit, in Einzelfällen Maßnahmen vorübergehend entfallen zu lassen, die bei regulären Schulen Vorschrift sind, durch welche aber verhaltensgestörte Kinder noch mehr aus dem Gleichgewicht kommen können, z. B. Zensuren, charakterliche Beurteilungen, Hausaufgaben (diese sollten besser nachmittags in der Schule durchgeführt werden);

– Vermeiden restriktiver Erziehung, aber Begegnung mit echter Autorität, damit die Kinder Sicherheit gewinnen und Wertnormen übernehmen können.

Beispiel Olaf. Als Kleinkind fiel er im Kindergarten durch aggressives und unsoziales Verhalten auf. Das erste Schuljahr mußte er wiederholen, weil er sich nicht auf das jeweilig Geforderte einstellte. Doch zeigte er eine ausgezeichnete Beobachtungsgabe, vor allem für technische Vorgänge. Viermal wechselte er bis zu seinem 12. Lebensjahr die Schule, dreimal wegen untragbaren Verhaltens, einmal – nachdem er ein Jahr lang in einer Sonderschule für Lernbehinderte (!) unterrichtet worden war – wegen *Unter*forderung. Auch aus einer Musikschule, die ihn zunächst aufgenommen hatte, wurde er wieder ausgewiesen. In einer psychiatrischen Klinik, in die er zwei Monate lang zur Beobachtung eingewiesen und durch Medikamente ruhiggestellt wurde, fand man bei ihm einen hohen Intelligenzquotienten (größer als 130); doch war die Messung ungenau, weil sich der Junge während des Tests weigerte, weiterzuarbeiten.

Vom 11. Lebensjahr an besuchte Olaf eine private Schule, die auch verhaltensauffällige Schüler aufnimmt. Im kleinen Klassenverband wurde er geduldig, aber streng geführt; seinen Versuchen, Konflikte vom Zaun zu brechen und, wo immer er konnte, die Oberhand zu gewinnen, wurde mit Verständnis, aber mit Festigkeit begegnet. Nach und nach richteten sich nunmehr seine überstarken Verhaltensimpulse auf für ihn und andere fruchtbare Vorhaben: Er schloß sich einer sozialen Hilfsorganisation an und beschäftigte sich eingehend mit chemischen Experimenten. Vom 14. Lebensjahr an suchte er Kontakte mit wissenschaftlichen Einrichungen, führte eine »Jugendforscht«-Arbeit durch und gewann einen »Sonderpreis«. Ferner begann er, Japanisch zu lernen. Die Hauptschul-Abschlußprüfung und die Prüfung zur Mittleren Reife bestand er mit den Noten 1,0 und 1,1 und ging daraufhin auf das Gymnasium über, wo er inzwischen die Reifeprüfung abgelegt hat.

Olafs Persönlichkeit und sein Werdegang stellen zwar etwas Außergewöhnliches dar, liefern aber folgenden Hinweis: Schwere Verhaltensstörungen können die der Begabung entsprechenden Schulerfolge weitgehend vereiteln. Schulen, die sich auf das Betreuen und Erziehen von verhaltensgestörten Kindern spezialisieren, haben die Chance, die *Schul*laufbahn und damit vielleicht auch den späteren *Lebens*lauf eines gestörten Kindes aus verhängnisvollen Bahnen in günstige Richtungen umzulenken.

Kostenregelung. Weil *Schulpflicht* besteht, muß die Gesellschaft (der Staat) die entsprechenden Einrichtungen schaffen bzw. die freien Träger, die diese Aufgabe übernehmen, hinreichend finanziell unterstützen. Das Grundgesetz begründet indirekt, aber zwingend, das Recht auf Sonderbeschulung. Die Kosten für Einzelbeschulung, »freie« Nachhilfe- und Förderstunden sind, sofern nicht die Schulbehörde dafür eintritt, durch genau begründete Anträge an Jugend- und Sozialämter zu erhalten, desgleichen die Vergütung für die Lehrkräfte der Rhythmik-, Heilgymnastik-, Musikstunden usw. Besondere Aktivität und Ideenreichtum sind notwendig (und zahlen sich aus!), wenn es gilt, die notwendigen Lehrkräfte zu finden und dabei »stille Reserven« in der Bevölkerung zu entdecken und zu nutzen.

B 10. *Entbindungsstationen, Mutter-Kind-Zimmer*

Schon vor mehr als 50 Jahren erprobte die amerikanische Kinderärztin Edith JACKSON die Möglichkeit, in der Entbindungsstation der Klinik die Säuglinge bei ihren Müttern zu lassen (Mutter-Kind-Zimmer, *rooming-in*). Trotzdem verbrachten in den 70er Jahren noch alljährlich Hunderttausende von Müttern der hochzivilisierten Länder die Klinikzeit getrennt von ihrem Baby. Sie wußten nicht, wie es ihrem Säugling ging – ob er schlief oder ob er weinte; sie konnten nicht beobachten, wie ihn die erfahrenen Säuglingsschwestern versorgten, lernten also nicht, mit dem Säugling umzugehen. Sie kamen mit ihrem erstgeborenen Kind ungeschickt, unsicher und ängstlich nach Hause. Erst dort konnten sie eine richtige Bindung zu ihrem Kind entwickeln, seine Eigenart kennenlernen und die Säuglingspflege ausüben.

Veranlaßt durch die wachsenden Kenntnisse über die Mutter-Kind-Beziehungen wurden mehr und mehr Mutter-Kind-Zimmer in den Kliniken bereitgestellt, als Einzel- wie auch als Mehrbettzimmer. Auch die zurückgehende Geburtenzahl trug dazu bei, den Wünschen der Mütter Rechnung zu tragen. Die Mütter können ihre Neugeborenen tagsüber und nachts bei sich im Zimmer haben und nach Bedarf stillen oder auf Wunsch für die Nachtzeit im Säuglingszimmer betreuen und nur zur Nachtmahlzeit bringen lassen (siehe auch Abschnitt II A 3, S. 38). Die Klinik hat ihre Aufgabe erfaßt, mit der tätigen Hilfe der Kinderschwestern die Unsicherheit der Mütter durch

Anleitung und Aufklärung zu mindern und die Partnerschaft Säugling-Mutter (= Symbiose, Dyade) zu stiften und zu befestigen.

Werden Säuglinge fern von der Mutter in Säuglingszimmern untergebracht – dies geschieht in vielen Fällen *zur Nachtzeit* –, so gehört es zu den Pflichten der betreuenden Schwestern, weinende Säuglinge zu beruhigen, ihnen freundlich zuzusprechen und sie – auch wenn sie gerade keine nassen Windeln haben – ihre fürsorgliche Nähe spüren zu lassen. Diese Aufgabe ist in der Wöchnerinnenstation als *sehr wichtig* zu klassifizieren. Das Weinen des Säuglings in der Nachtzeit kann außer dem Wunsch nach einem Anwesenheitszeichen der Betreuerin insbesondere das Signal sein, daß die in etwa vierstündigem Rhythmus auch nächtlich notwendige Mahlzeit gewünscht wird (Abschnitt II A 3, S. 38). Der Säugling muß dann unbedingt der Mutter zum Stillen gebracht werden. Nächtliche Flaschenfütterung mit Tee ist abzulehnen, weil dieser keinen Nährwert hat und die Saugtechnik an der Flasche ganz anders ist als an der Brust.

B 11. *Säugling und Kleinkind im Krankenhaus*

Schulkinder oder Erwachsene leiden im Krankenhaus im günstigen Fall nur an ihrer Krankheit; sonst fühlen sie sich umsorgt und gesichert in der Obhut von Schwestern und Ärzten. *Säuglingen* und *Kleinkindern* geht es anders: Sie verloren den Kontakt mit ihrer Hauptbezugsperson, sind jäh in eine unbekannte Umgebung mit fremden Menschen versetzt und werden vielfach unheimlichen und unverständlichen Prozeduren unterzogen. Sie leiden daher außer an der Krankheit auch an einer umfassenden Verlassenheits- und Umweltangst. Eine typische Stimmungsänderung »des von seiner Mutter verlassenen, im Krankenhaus isolierten Kleinkindes läuft in charakteristischen Stadien ab: Einem panikartigen, lang anhaltenden Schreien folgt eine längere stille, depressive Phase ... ein Zustand, in welchem das Kind äußerlich angepaßt erscheint. Dieser vom Pflegepersonal meist als angenehm empfundene, weil leicht lenkbare Zustand des Kindes täuscht leider über dessen tiefere Störung hinweg. Diese äußert sich in relativ oberflächlichen Kontaktaufnahmen zu Dritten und einer Abwehr und Verleugnung der besuchenden Mutter«[1] (siehe Abschnitt III B 1, S. 150, und VII A 5, S. 482).

Als ein 6jähriges Mädchen im Krankenhaus von seinen Eltern besucht wurde, verweigerte es jede Reaktion auf deren Worte und zeigte statt dessen die Mienen völliger Verzweiflung und innerer Erregung sowie motorische Unruhe. Die Eltern fanden überhaupt keinen Zugang zu dem Kind, ja sie waren nicht einmal sicher, ob sie nicht durch ihre Tröstungsversuche ungewollt das Kind noch unglücklicher machten. (Das Mädchen hatte zwei Jahre zuvor zwei Krisen durchmachen müssen, den Umzug in ein fremdsprachiges Land und – anläßlich eines Krankenhausaufenthaltes der Mutter – eine mehrwöchige Pflege in fremdem Hause; vielleicht war das mitverantwortlich für ihre heftige Krankenhausreaktion.)

Besonders unheimlich mutet es an, wenn ein Kleinkind seine Mutter bei der Heimkehr vom Krankenhaus nicht etwa mit herzlicher Freude begrüßt, sondern todernst bleibt, zurückweicht und wegschaut. Vielfach »berichten die Mütter entlassener Kleinkinder von katastrophalen Folgen des Trennungstraumas infolge eines stationären Krankenhausaufenthaltes. Die in die Familie zurückgekehrten Kinder bekunden heftige Affekte und Aggressionen gegenüber der oft tief enttäuschten und verletzten Mutter und werden noch lange, nachts aufschreiend, von qualvollen Träumen geplagt. Es dauert oft Monate, bis die Kinder diesen Zustand überwinden.«[1]

Jahrzehntelang ließ man in Kinderkrankenhäusern keine täglichen Besuche zu, sondern nur ein- oder zweimal wöchentlich. Aber »nur der tägliche Besuch der Mutter vermittelt dem Kind das Gefühl der Verläßlichkeit in die mütterliche Beziehung... Besuche in größeren Zeitabständen sind für das Kind nicht real faßbar und somit auch nicht emotional zu verarbeiten. Ein Besuch ein- oder zweimal wöchentlich könnte für das noch ganz unmittelbar dem Tagesgeschehen verhaftete Kleinkind genauso heißen: ›Im nächsten Jahr‹.«

Gegen die tägliche Besuchszeit in Kinderkliniken wird mitunter die Ansicht ins Feld geführt: »Am schlimmsten ist für jedes Kind der Trennungsschmerz, wenn die Mutter wieder fortgeht. Je häufiger die Mutter kommt, desto häufiger wiederholt sich also der Trennungsschmerz. Glauben Sie mir: Das Kind leidet weniger, wenn es seltener besucht wird.«[2] So gut gemeint diese Aussage ist – sie beruht auf einem Trugschluß: Zwar *weint* das Kind vielleicht insgesamt mehr, wenn die Mutter es täglich besucht und dann täglich wieder Abschied nimmt; aber der oben beschriebene Zustand der Resignation, in den das Kind bei länger dauernder Mutterentbehrung gerät, ist – obwohl mit weniger Schmerz*ausdruck* verknüpft – eine ungleich tiefergehende Störung, von der allerdings die Schwestern nicht so viel merken. Wie sehr diese Krise aber an den Kern der Persönlichkeit des

Kindes rührt, erkennt man aus der beschriebenen tiefen und langdauernden Störung des Verhältnisses zur Mutter.

Folgerungen. Aus dem Gesagten ergeben sich klare Forderungen für die bestmögliche Versorgung des Kleinkindes im Krankenhaus (ihre Verwirklichung ist in der Bundesrepublik unter anderem dank der intensiven jahrelangen Wirksamkeit des »Aktionskomitees Kind im Krankenhaus«[1] und des Kinderarztes und Psychotherapeuten G. BIERMANN schon nahezu selbstverständlich geworden):

– falls Krankenhausaufenthalt unvermeidbar, möglichst die Mutter mit aufnehmen;

– falls das nicht geht, den Übergang von der Mutterpflege zur Pflege durch die Schwestern fließend gestalten: Zuerst soll die Mutter das Kind ausziehen, waschen, ins Bett legen und füttern, dann die Schwester im Beisein der Mutter usw.;

– tägliche Besuchsmöglichkeit des kranken Kindes durch seine Eltern;

– das Kind im Krankenhaus möglichst viel von derselben Schwester betreuen lassen;

– in schweren Situationen, z. B. vor einer Operation und zum Aufwachen aus der Narkose, die Mutter ans Bett holen;

– mit eingreifenden diagnostischen bzw. therapeutischen Maßnahmen sollte erst begonnen werden, wenn sich das Kind eingewöhnt hat;

– sind sofortige Maßnahmen aus vitaler Indikation unerläßlich, dann sollte die Mutter weitgehend, d. h. bis in den Operations(vor)-raum, das Kind begleiten dürfen;

– die psychische Betreuung insbesondere des chronisch-kranken Kindes im Krankenhaus besteht in Heilpädagogik und Spieltherapie, welche notfalls am Krankenbett, möglichst aber in geeigneten Spielräumen unter Anleitung von Fachkräften wie Heilpädagogin, Kindergärtnerin, Beschäftigungstherapeutin u. a. abläuft;

– bei dem echten Bedarf älterer Kinder an Schulunterricht ist die Anstellung einer Lehrkraft an jeder größeren Kinderklinik ein dringendes Erfordernis[2];

– vor dem Beginn eines Krankenhausaufenthaltes sollten die Eltern das Kind früh genug durch Spiele, besonders Rollenspiele, sorgfältig darauf vorbereiten, so daß es dort nicht von völlig Unbekanntem überrascht wird;

– auf Operationen sind Kinder gegebenenfalls von einem erfahrenen Psychotherapeuten vorzubereiten, weil z. B. die Mandel- und die

Vorhautentfernung »von starkem Symbolgehalt für das Kind sind und hochgradig angstbesetzt erlebt werden können«[1].

Schattenseiten. Das Mitwirkenlassen von Müttern und anderen Verwandten im Krankenhaus hat auch Schattenseiten. Nicht alle Mütter sind bereit, sich an die medizinisch notwendigen Anordnungen zu halten. Manche bringen in ihrer Tasche Süßigkeiten für ihr magen- oder darmkrankes Kind mit und geben sie ihm in einem unbewachten Augenblick.

Zwei Briefe als Abschluß. Der Abschnitt »Kind im Krankenhaus« sei mit zwei ins Deutsche übertragenen englisch geschriebenen Briefen abgeschlossen. Vielleicht ist ihr Abdruck im Jahre 1987 eigentlich nicht mehr aktuell notwendig, weil die darin geforderten Reformen wohl inzwischen durchgeführt sind. Aber viele Reformen münden später – unter anderem, weil die Reform*gründe* im Gedächtnis verblassen – in Gegenbewegungen, und dem gilt es vorzubeugen.

Der *erste der beiden Briefe* sollte sich unauslöschlich ins Bewußtsein aller Menschen einprägen, die für das Wohl von Kindern verantwortlich sind. Er fordert eine ganze Welt von psychologischen und medizinischen Überlegungen, Vermutungen, Urteilen sowie Mitgefühl heraus und verlangt zwingend das Sich-Hineindenken in die beteiligten Personen – Kind, Mutter, Schwestern und Ärzte. Eine Mutter schildert mit sparsamen sprachlichen Mitteln, konsequent auf *ihr* Erleben und *ihre* Sicht begrenzt, die 50 Stunden, die, solange sie leben wird, einen Schatten in ihr Bewußtsein werfen werden; sie stellt am Schluß *ihre* Fragen und spricht *ihre* Überzeugung aus. Der Brief wurde in England 1965 veröffentlicht[2] und ist dort vor kurzem, 20 Jahre danach, erneut erschienen[3]:

»Meine kleine Tochter Dawn wurde zu einer Mandeloperation ins Krankenhaus gebracht. Sie war 3 Jahre und 3 Wochen alt, war zuvor nie von mir getrennt gewesen, war schüchtern und kam mit Fremden nicht gut aus. Wie vorgesehen brachte ich sie um 14.15 Uhr dorthin, zog sie aus und legte sie ins Bett. Bis 15 Uhr durfte ich bei ihr bleiben und zur Besuchszeit von 17 bis 18 Uhr wiederkommen. Als ich um 17 Uhr eintraf, sagte mir ein kleiner Junge im Nachbarbett, Dawn hätte fortwährend nach mir geschrien, seit ich sie verließ; ihr Gesichtchen war ganz verquollen vom Weinen, als ich um 18 Uhr wieder von ihr ging. Am Tage darauf, so sagte man mir, werde sie operiert werden; ich könne sie zwar nicht besuchen, solle aber um 12 Uhr anrufen.

Mittwoch. Als ich um 12 Uhr anrief, erfuhr ich, die Operation habe stattgefunden und sei gut verlaufen. Auf meine Frage sagte man mir, nach einer Operation seien Besuche nicht sogleich möglich, aber wenn ich wollte, könnte ich um 18 Uhr anrufen. Um 18 Uhr erfuhr ich, Dawn blute stark; doch solle ich nicht unruhig sein und wieder um 20 Uhr anrufen. Zu dieser Zeit sagte man mir, sie sei wieder im Operationssaal; die Chirurgen seien dabei, die Blutung zu stillen, und ich könne um 21.30 Uhr erneut anrufen. Ich rief an und erfuhr, sie sei noch dort, aber die Blutung sei gestillt; ich könne um Mitternacht anrufen. Ich rief an und erfuhr, Dawn habe es hinter sich und schlafe friedlich. Ich solle keine Sorgen haben, heimgehen, schlafen und das Krankenhaus am Morgen um 10.30 Uhr wieder anrufen. Bei jedem dieser Anrufe bat ich, mein Kind sehen zu dürfen, erhielt aber zur Antwort, ich brauche mich nicht zu sorgen, könne aber nicht zu ihr.

Donnerstag, 10.30 Uhr. Ich rief an, sprach mit der Stationsschwester: Dawn gehe es etwas besser, ich dürfe sie um 16 Uhr besuchen. Ich kam um 15.50 Uhr und wurde gebeten zu warten, der Arzt sei bei ihr. Einige Minuten später sagte man mir, Dawn sei ohnmächtig geworden, doch brauche ich mich nicht zu sorgen, denn der Doktor tue, was in seiner Macht stehe. Ich bat wieder, sie sehen zu dürfen, aber ich sollte weiter warten. Beim Warten betete ich zu Gott, doch meinem kleinen Kind zu helfen; nach einigen Minuten kam die Stationsschwester und sagte, meine liebe Dawn sei um 16.15 Uhr eingeschlafen. Ich war da und hatte nicht bei ihr sein dürfen, obwohl sie im Sterben lag. Man führte mich zu ihr, aber meine Liebe zu ihr konnte nichts mehr ausrichten, weil sie zur Ruhe gegangen war.

Es mußte eine Sektion bei meinem kleinen Kind vorgenommen werden; der Befund war, daß sie an einer beiderseitigen Lungenentzündung gestorben war. Man sagte mir, die Lungenentzündung hätte wohl von vornherein bestanden, aber der Doktor hätte es vor der Operation nicht sagen können.

Andere Mütter von Kindern in der Station, in der Dawn gelegen hatte, die ihre Kinder besuchen durften, weil sie nicht operiert wurden, sagten, Dawn habe nach der Operation dauernd nach mir geschrien, und ich vermute, deswegen hat sie geblutet.

Ich glaube, daß sie wirklich an der Lungenentzündung gestorben ist, aber ich bin überzeugt: Wäre ich bei ihr gewesen, wären ihre letzten Stunden anders verlaufen; sie hätte nicht ihr Herz herausschluchzen müssen, wenn ich an ihrer Seite gewesen wäre, und ohne das Schreien hätte sie nicht soviel Blut verloren, und ohne den Blutverlust hätte sie mehr Widerstandskraft gegen die Lungenentzündung gehabt.

Auch wenn ich bei ihr gewesen wäre, hätte ich vielleicht ihr Leben nicht retten können, aber ich hätte sie wenigstens trösten können.

Heute früh habe ich das Letzte für meine kleine Tochter getan: ihr Begräbnis vorbereitet. Wenn Ihnen dieser Brief irgendwie helfen könnte, daß anderen Kindern nach einer solchen Operation die Fürsorge ihrer Mutter gewährt wird, so verwenden Sie ihn bitte; denn keine noch so gute Krankenschwester kann das gebrochene Herz eines Kindes heilen, nur eine Mutter kann das, weil es nichts auf der Welt als die Liebe der Mutter gibt, wenn ein Kind krank und außer Fassung ist.«

Der *zweite Brief* ist von einem schwedischen Kinderarzt[1] geschrieben. Er vermittelt den Blick auf die Möglichkeit, Krankenhäuser so einzurichten, daß sie Mutter und Kind zusammen aufnehmen können:

»Nachdem ich mehrere Jahre in Kliniken tätig war, die für einen oder mehrere Tage oder auch für die gesamte Krankheitszeit des Kindes die Mutter mit aufnehmen, kann ich aus Erfahrung bestätigen: In vielen Fällen, insbesondere bei sensiblen Kleinkindern und bei sehr schwer kranken Kindern, war dies günstig sowohl für das Kind wie für die Mutter. Nur selten gab es Probleme wegen der Anwesenheit der Mutter auf der Station. Anfangs waren manche Schwestern skeptisch, aber nach kurzer Erfahrungszeit änderten sie ihren Sinn. Die meisten Mütter – wenn auch nicht alle – erwiesen sich auf der Station als große Hilfe bei der Pflege des eigenen, zum Teil aber auch anderer Kinder. – In der Regel werden neue Kinderkrankenhäuser in Schweden so gebaut, daß ein Teil der Kinder mit den Müttern aufgenommen werden kann. Beispielsweise planen wir zur Zeit eine neue Kinderklinik mit 130 Betten. Dabei werden 34 Zweibett-Zimmer speziell für Kind und Mutter eingerichtet. Dazu kommt nahe der Station für Neugeborene eine spezielle Wohneinheit aus 6 Einbett-Zimmern, einem Tagesraum und einer kleinen Küche für Mütter, die ihren Säugling stillen.«

C. Rechtliche Fragen: Das Kindeswohl

Wenn über rechtliche Fragen aus der Sicht der Verhaltensbiologie des Kindes referiert wird, so steht naturgemäß das Schicksal der jeweils betroffenen *Kinder* im Mittelpunkt: Wie wird das Schicksal eines Kindes durch mögliche gerichtliche Entscheidungen beeinflußt? Dem entspricht eine Entwicklungsrichtung in der Gesetzgebung des letzten Jahrzehnts: Dem Wohl des Kindes wird zunehmend mehr Aufmerksamkeit geschenkt, und man wird sich immer deutlicher dessen bewußt: Das Elternrecht ist ein *fremdnütziges* Recht, nicht zum Schutz von Ansprüchen der Eltern *auf Kosten* der Kinder, sondern *zu deren Gunsten*.

Diesem Anliegen hat 1974 auch der damalige Bundesminister der Justiz Ausdruck gegeben: »Die Rechte der Eltern finden ihre Rechtfertigung nicht in einem Machtanspruch, sondern im Bedürfnis des Kindes nach Schutz und Hilfe, um sich zu einer eigenverantwortlichen Persönlichkeit innerhalb der sozialen Gemeinschaft zu entwickeln.« Die geplante Neuregelung der elterlichen Sorge will »das Kindeswohl stärker als bisher zur Richtschnur vormundschaftsgerichtlicher Schutzmaßnahmen zugunsten des Kindes machen. Nach dem geltenden Recht sind vormundschaftsgerichtliche Maßnahmen nur zulässig, wenn die Gefährdung des Kindes auf ein schuldhaftes Verhalten der Eltern zurückzuführen ist. Der Bundesrat hat schon vor längerer Zeit zutreffend darauf hingewiesen, daß es für die Situation des Kindes keinen Unterschied macht, ob die Gefährdung oder gar Schädigung schuldhaft oder ohne Verschulden verursacht worden ist« (Verlautbarung vom 8. 11. 1974).

Der Begriff des *Kindeswohls* gilt seit Jahrzehnten als entscheidender Bezugspunkt für Gerichtsentscheidungen, die Kinder betreffen. Er umfaßt die körperliche Unversehrtheit, die gute Erziehung, die Vermögensverhältnisse und in einem zunehmenden Maße auch die seelisch-geistige Befindlichkeit und Entfaltung. Im Rahmen der seelisch-geistigen Entwicklung spielt das *Erhaltenbleiben von gewachsenen Bindungen* eine entscheidende Rolle. Seit 1980 ist dem auch ausdrücklich in einem Paragraphen des Bürgerlichen Gesetzbuchs Rechnung getragen, und zwar im Zusammenhang mit einem speziellen Gesichtspunkt, der elterlichen Sorge nach einer Scheidung der Eltern:

»§ 1671 (2). Das Gericht trifft die Regelung, die dem Wohle des Kindes am besten entspricht. Hierbei sind die Bindungen des Kindes, insbesondere an seine Eltern und Geschwister, zu berücksichtigen.«

Durch diese Formulierung ist die kindliche Bindung, ein hoher *menschlicher* Wert, zusätzlich auch – zumindest für den speziellen Zusammenhang, in dem der Begriff hier auftritt – zu einem zu schützenden *Rechtsgut* geworden.

Die folgenden Abschnitte behandeln rechtliche Probleme, die mit der kindlichen Bindung zu tun haben: die rechtliche Begründung des Anspruchs auf Bindung während der Kindheit (Abschnitt C 1) und den Schutz dieser Bindung gegen vermeidbaren Abbruch (Abschnitte C 3 bis C 7). Dazwischen erörtert Abschnitt C 2 die Bedeutung der Blutsverwandtschaft und deren Beziehung zur kindlichen Bindung. Die Abschnitte C 8 und C 9 sind dem *Umgangsrecht* für Eltern mit ihren nicht in ihrem Haushalt lebenden leiblichen Kindern gewidmet. Den Abschluß bilden Anregungen für den Gesetzgeber, die das Kindeswohl betreffen (Abschnitt C 10).

C 1. *Anspruch des Kindes auf eine bleibende betreuende Bezugsperson*

Heute kann kein Zweifel mehr daran bestehen: Persönlichkeitsschäden, wie sie durch das Fehlen einer bleibenden Betreuerin in früher Kindheit sowie durch mehrmaligen Abbruch von Betreuungsverhältnissen entstehen, beeinträchtigen die Chancen im späteren Leben mitunter ebenso stark oder stärker als die schlimmsten sozialen und psychischen Benachteiligungen des späteren Lebens. Hieraus leitet sich ein *Anspruch* eines jeden Kindes auf eine bleibende betreuende Person her, ein *Recht auf Familie*.

Herleitung des Anspruchs. Befragt man das derzeit gültige (»positive«) Recht, so findet sich dort wohl noch in keinem Lande eine *unmittelbare* Verankerung des Anspruchs des Säuglings auf die Betreuung durch eine bleibende Bezugsperson. Doch ergibt sich dieser Anspruch zwingend aus mehreren Grundsätzen der Verfassung und der Gesetze im Verein mit den neu bekanntgewordenen Tatbeständen über die Rolle der menschlichen Umwelt vom Lebensbeginn an. Dies sei am Beispiel der Bundesrepublik aufgezeigt.

Erste Herleitung: »Jeder hat das Recht auf die freie Entfaltung seiner Persönlichkeit, soweit er nicht die Rechte anderer verletzt und nicht gegen die verfassungsmäßige Ordnung oder das Sittengesetz verstößt« (Grundgesetz Artikel 2,1). Einem Säugling und Kleinkind die individuelle Bindung zu versagen, bedeutet nach den inzwischen gewonnenen Kenntnissen, ihm die spätere freie Entfaltung seiner Persönlichkeit zu beschneiden. Die Pflicht, ihm bleibende persönliche Betreuung zu gewähren, folgt demnach aus einem der wichtigsten Artikel des Grundgesetzes.

Zweite Herleitung: Jedes Kind hat in allen zivilisierten Staaten ein verbrieftes *Recht auf Erziehung.* Die Pflege und Erziehung der Kinder ist in der Bundesrepublik nach dem Artikel 6 (2) des Grundgesetzes nicht nur elterliches, natürliches Recht, sondern auch elterliche *Pflicht.* Das Gesetz für Jugendwohlfahrt formuliert dies in § 1 (1) und § 1 (3) auch als Recht und Anspruch des *Kindes:* »Jedes deutsche Kind hat ein Recht auf Erziehung zur leiblichen, seelischen und gesellschaftlichen Tüchtigkeit.« »Insoweit der Anspruch des Kindes auf Erziehung von der Familie nicht erfüllt wird, tritt, unbeschadet der Mitarbeit freiwilliger Tätigkeit, öffentliche Jugendhilfe ein.« Auch aus diesem Prinzip leitet sich nach der neu erworbenen Kenntnis von der Bedeutung der ersten Lebensjahre für die spätere Bildungsfähigkeit eindeutig das Recht des Kindes auf bleibende elterliche Betreuung her; denn im Widerspruch zu diesem Prinzip stehen alle Betreuungs- und Erziehungsbedingungen, welche die späteren Bildungs- und Erfolgschancen einzelner Menschen radikal absenken. Dies ist – neben Verwahrlosung und Mißhandlung – auch der Fall bei allen Betreuungsbedingungen, die einen mehrmaligen Wechsel der Betreuungspersonen in der Säuglings- und Kleinkindzeit zulassen. Solche Bedingungen verstoßen daher gegen den Grundsatz des *Anspruchs auf Erziehung.*

Dritte Herleitung: Verpflichtung zur »Lebensgemeinschaft«: Das Gesetz schützt ausdrücklich den Anspruch jedes Ehegatten, daß der andere ihn nicht verläßt. »Die Ehegatten sind einander zur ehelichen Lebensgemeinschaft verpflichtet« (§ 1353 BGB). Verläßt ein Ehegatte die häusliche Gemeinschaft, so kann der andere auf deren Wiederherstellung klagen. Verweigert der Ehegatte die Rückkehr, so kann dies ein Scheidungsgrund sein. Für das Kind leitet sich aus dem Gleichheitsgrundsatz (»Alle Menschen sind vor dem Gesetz gleich«, GG 3,1) unter Anwendung der neu gewonnenen Kenntnisse ein gleiches Schutzbedürfnis der Lebensgemeinschaft mit den Eltern (zumindest mit der Mutter als Hauptbezugsperson) her wie für die

Ehegatten; d. h. es gehört zum Schutz seiner Persönlichkeit, daß es sich gegen das Verlassenwerden zur Wehr setzen und im Fall der Nichtbefolgung das hier der Ehe äquivalente Sorgerechtsverhältnis auflösen kann. So katastrophal es für einen – z. B. schwerkranken – Erwachsenen sein kann, von seinem Ehepartner verlassen zu werden, so schwerwiegend ist es auch für den Säugling, seine Hauptbezugsperson zu verlieren, falls nicht alsbald eine neue *bleibende* Betreuung den zeitweiligen Mangel ausgleicht. Ja, ich stelle die Frage, ob die Hilflosigkeit des Säuglings und das Risiko einer schweren Beeinträchtigung seiner freien Persönlichkeitsentfaltung im Fall eines bindungslosen Aufwachsens oder mehrmaligen Betreuungsabbruchs nicht noch *stärker* ins Gewicht fällt. Wie man dies auch bewerten mag – aus den Prinzipien der Verpflichtung zur Gemeinschaft mit dem Ehegatten, der Gleichheit aller Personen vor dem Gesetz und dem Tatbestand des Angewiesenseins des Kindes auf eine bleibende Bezugsperson läßt sich die gleiche Konsequenz herleiten wie aus den vorangegangenen Rechtsgrundsätzen: Das Kind *besitzt* bereits heute unausgesprochen, aber lückenlos herleitbar (implizite) das Recht auf eine bleibende betreuende Bezugsperson.

Tod oder unverschuldetes Versagen der Bezugsperson. Von Laien auf dem Gebiet der Gesetzgebung wird bisweilen eingewandt: Wenn eine Mutter stirbt oder schwer erkrankt, ist ein Kind ja auch ohne seine Hauptbezugsperson. Deswegen sei die Forderung nach einem gesetzlichen Schutz kindlicher Bindungen unbegründet. Solche und ähnliche Argumente gehen daran vorbei, daß Gesetze *stets nur* den *Verantwortlichkeits- und Verfügungsbereich des Menschen* betreffen können.

Daß der Blitz ein Haus in Brand setzt, liefert keinen Grund dafür, *absichtliche* und auch nur *fahrlässige* Brandstiftung zuzulassen. Der obige Einwand ist also gegenstandslos – nicht nur für Tod und Krankheit, sondern auch für viele andere Schicksalsfügungen, über die der Mensch keine Macht hat.

Ein tragischer Konflikt entsteht, wenn eine Mutter ihr Kind *ohne eigene Schuld* nicht selbst betreuen konnte und es in Pflege gab, wo es sich fest verwurzelte, und wenn sie es nun unter Anrufung des *Elternrechtes*, das eigene leibliche Kind erziehen zu dürfen, herauslösen und zu sich nehmen will. Im Zusammenhang mit einem solchen Rechtsfall hat das Bundesverfassungsgericht am 17. Oktober 1984 einen richtunggebenden Beschluß gefaßt, der das *Kindeswohl* und damit in diesem Fall den Anspruch des Kindes auf das Erhaltenblei-

ben seiner gewachsenen Bindungen als das *höhere* Rechtsgut ein-
stuft. Dessen Leitsatz (mit Einfügung von zwei Gedankenstrichen
zur besseren Lesbarkeit) lautet:

»Es ist mit dem Grundgesetz vereinbar, daß – ohne Vorliegen der
Voraussetzungen des § 1666 Abs. 1 Satz 1 BGB bei der Weggabe des
Kindes in Familienpflege – allein die Dauer des Pflegeverhältnisses
zu einer Verbleibensanordnung nach § 1632 Abs. 4 BGB führen
kann, wenn eine schwere und nachhaltige Schädigung des körperlichen oder seelischen Wohlbefindens des Kindes bei seiner Herausgabe an die Eltern zu erwarten ist.«

Die beiden in diesem Leitsatz zitierten Gesetzestexte sind weiter oben in Abschnitt VIII B 3 (S. 537) wiedergegeben, sind aber zum Verständnis der Aussage
dieses Leitsatzes nicht erforderlich.

C 2. *Bedeutung der Blutsverwandtschaft*

Beim Säugling und beim kleinen Kind ist – wie schon besprochen – die
Art und Stärke seiner Bindung unabhängig von der Blutsverwandtschaft zu den die Elternstelle innehabenden Erwachsenen. Daß die
Blutsverwandtschaft keinen unmittelbaren Einfluß auf das Bindungsgeschehen hat, läßt sich an mehreren Tatbeständen veranschaulichen:

Zunächst zur *Vaterschaft*: In einem maßgeblichen Entscheidungs-
fall, nämlich wenn mehrere Männer, die als Vater eines Kindes in
Frage kommen, diesem anläßlich der Vaterschaftsfeststellung gegenübertreten, offenbart sich kein Kriterium, das sich unmittelbar im
Denken, Fühlen oder Wollen des leiblichen Vaters oder des Kindes
ausdrückt: Bei keinem der Männer meldet sich beim Anblick des
Kindes eine verläßlich urteilende innere Stimme, die sagt: »Das ist
mein Kind.« Und kein Kind läuft auf einen der in Frage kommenden
Männer, falls es ihn zuvor noch nicht kennengelernt hatte, zu und
schließt ihn als seinen Vater in die Arme.

Bekanntlich muß statt dessen ein auf *wissenschaftlicher* Methodik basierendes
Vergleichsverfahren zur Vaterschaftsfeststellung herangezogen werden.

Entsprechendes gilt für die *Mutter* – beispielsweise wenn Kinder
versehentlich als Säuglinge vertauscht wurden. Oder: Falls eine Mutter, die in Kriegswirren von ihrem neugeborenen Kind getrennt wurde
und keine Ahnung hat, ob es lebt und wo es geblieben ist, viele Jahre
später nichtsahnend auf der Straße an ihm vorbeiginge, so hätte dies

keine Auswirkung auf ihrer beider Handeln oder Bewußtsein: Die Mutter würde ihr Kind nicht erkennen und das Kind nicht seine Mutter. Es geschähe einfach nichts, was vergleichbar wäre mit dem freudigen, mitunter überschwenglichen Gefühl beim überraschenden Wiedertreffen eines guten Bekannten, dem man jahre- oder jahrzehntelang nicht begegnet war.

Der Tatbestand der leiblichen Verwandtschaft hat also *ohne das bewußte Wissen um diese Beziehung* keine *direkten* Auswirkungen auf das Bindungsgeschehen zwischen Eltern und Kind. Dies gilt jedoch nicht für das *Bewußtsein*, die *Kenntnis* einer bestehenden Blutsverwandtschaft. Das *Bewußtsein*, ein Kind erzeugt und geboren zu haben, durchdringt viele *Eltern* tief. Sie sind fähig, ihre eigenen Wünsche und Bedürfnisse zurücktreten zu lassen, um sich selbstlos für ihr Kind einzusetzen, es im Notfall unter Einsatz des Lebens zu verteidigen. Einen Stammhalter zu haben erfüllt manchen Vater mit besonderem Stolz (obwohl er wissen müßte, daß eine Tochter die elterlichen Erbanlagen genauso weiterträgt). Diese Gefühlslage und seelisch-geistige Einstellung der Eltern zu ihrem Kind ist für dieses in seiner anfänglichen Hilflosigkeit ein Garant seines Schutzes gegen äußere Gefahren und gegen Verlassenwerden.

Für die *Kinder* ist ihre Beziehung zu den Eltern jedoch *um so weniger* auf die *Blutsverwandtschaft* bezogen und begründet, je *jünger* sie sind; existentiell bewußt und *entscheidend* ist die durch das *Zusammenleben* entstehende *gewachsene menschliche* Bindung. Das kann man am Verhalten von *Adoptivkindern* ablesen, denen ihr Adoptiertsein bekanntgemacht wird[1]: Kleinkinder ändern daraufhin nichts an ihrer Liebe zu den Eltern und benehmen sich ihnen gegenüber weiterhin wie zuvor. Bei älteren Kindern, vor allem anläßlich der in der Pubertät auch bei leiblichen Kindern auftretenden Spannungen mit den Eltern, kommt es manchmal zum Vergleich der Adoptiveltern mit einem idealisierten *Vorstellungsbild* der leiblichen Eltern, auch wenn die letzteren bisher in der Gedankenwelt der Kinder kaum eine Rolle gespielt hatten. Im Falle einer tatsächlichen Gegenüberstellung empfinden die Kinder dann ihre leiblichen Eltern jedoch als Fremde.

Bei *Erwachsenen* kann sich das Bewußtsein der Blutsverwandtschaft, also der leiblichen Elternschaft, aber auch ganz anders auf das Verhältnis zu ihren Kindern auswirken: In der Regel *verstärkt* es zwar das Zugehörigkeitsgefühl. Wo dagegen Enttäuschung oder Kritik am Verhalten der Kinder vorwiegen, entfaltet das Gefühl der Blutsverwandtschaft oft *keine* segensreiche Wirkung, sondern es *intensiviert feindliche* Gefühle wie Haß und Geringschätzung. Väter und Mütter können mit unglaublich gesteigerter Empfindlichkeit auf Kränkungen reagieren, wenn »das eigene Fleisch und Blut« sie ihnen antut (»narzißtische Kränkung«); und Geschwisterrivalität kann bis ins Erwachsenenalter nachwirken und etwaige Auseinandersetzungen in lebenslange Unversöhnlichkeit ausmünden lassen.

Die Blutsverwandtschaft beeinflußt also das Verhältnis zwischen Menschen nicht unmittelbar, sondern als *Bewußtsein* der Blutsverwandtschaft. Dies wirkt nicht in einer festgelegten Richtung, sondern es *verstärkt* eher diejenigen Beziehungen (Zuneigung *oder* Ablehnung), die *zuvor auf andere Weise* entstanden waren. Deswegen ist es nicht haltbar, der Blutsverwandtschaft die Priorität gegenüber der gewachsenen Bindung zuzuschreiben. Gerade die Naturwissenschaft Biologie liefert dafür *kein* Argument. Zwar ist die Blutsverwandtschaft ein *biologisch* naturhafter Tatbestand, aber nicht der einzige und nicht der entscheidende: Auch die durch das *Kind-Eltern-Zusammenleben* entstehende Bindung ist – als Ergebnis eines prägungsähnlichen Lernvorgangs – etwas Naturhaft-Biologisches; zugleich ist sie jedoch durch die Integration des seelisch-geistigen Bereichs etwas *Spezifisch-Menschliches*.

Die meisten Kinder wachsen bei ihren *leiblichen* Eltern auf; zur Verwandtschaftsbeziehung tritt dort durch prägungsähnliches Lernen auch die gewachsene Bindung. Falls ein Kind aber aufgrund von Schicksalsfügungen nicht bei seiner leiblichen Mutter aufwächst, verteilen sich die beiden Anteile der Elternschaft auf zwei Frauen: Zu seiner *leiblichen* Mutter besteht die naturhafte Beziehung der *Blutsverwandtschaft*, zu der anderen, *die Mutterstelle einnehmenden* Frau die ebenfalls naturhafte, zugleich aber seelisch-geistige Beziehung der *gewachsenen Bindung*. Beide Beziehungen sind von Natur aus *biologischer* Art, wenn auch auf verschiedenen Ebenen (hier Vererbung, dort prägungsähnliches Lernen). Die *gewachsene Bindung* aber hat *zusätzlich* ihre *seelisch-geistige* Seite, in die das naturhafte Bindungsgeschehen hineinverwoben ist. Der Abbruch *dieser* Bindung wäre für das Kind ein unvergleichlich viel schlimmerer Verlust und ein so schweres existentielles Unglück – eingeschlossen die beschriebenen Zukunftsgefahren –, daß die Erhaltung *dieser* Bindung das höhere Gebot zugunsten des Kindeswohls darstellt. Daher verdient die *gewachsene Bindung* den Vorrang und den Schutz des Gesetzes.

C3. *Faktische Elternschaft – neuer Begriff der Familiendynamik*

Wenn das Erhaltenbleiben der gewachsenen Bindungen eines Säuglings, Kleinkindes oder älteren Kindes zu seinen die Elternstelle vertretenden Betreuern ein schützenswertes Rechtsgut darstellt, so muß dies – wie in zahlreichen ähnlichen Fällen der Vergangenheit und Gegenwart – den Anstoß für die Überlegung liefern: Wird das fragliche Rechtsgut durch die derzeitige Rechtsprechung, durch die gültigen Gesetze und durch die Verfassung hinreichend geschützt? Und falls nicht, welche Veränderungen im Rechtswesen wären hierzu erforderlich?

Diese Frage ist in der Vergangenheit von den Vertretern sehr unterschiedlicher fachlicher Herkunft behandelt worden. Von besonderer Bedeutung ist das Buch[1] einer Arbeitsgemeinschaft, die aus einem Juristen, Joseph GOLDSTEIN, einer Tiefenpsychologin, Anna FREUD (der Tochter Sigmund FREUDs), und einem Kinderpsychiater, Albert J. SOLNIT, bestand. Der Titel der deutschen Ausgabe, 1974 erschienen[2], lautet: »Jenseits des Kindeswohls«. Diese Autoren haben einen kompletten Gesetzestext entworfen, der dem Schutze des Kindeswohls nach unseren heutigen Kenntnissen gerecht werden würde. Außerdem prägten sie für die gewachsene Bindung zwischen Kind und nicht-leiblichen Eltern den auch in juristischen Zusammenhängen verwendbaren Begriff der *faktischen Elternschaft* (siehe Abschnitt II B 2, S. 57).

Die Prägung des Begriffs der faktischen Elternschaft ist als bedeutungsvoller Schritt in der geistigen Entwicklung dieses Bereichs zu werten; denn der neue Begriff verleiht den Bemühungen um jenen bisher vernachlässigten Aspekt des Kindeswohls schärfere Konturen und größere geistige Durchschlagskraft. In allen Wissenschaften ist das Prägen überzeugender Begriffe als Symbol und geistige Handhabe für neue gedankliche Konzepte ein wichtiger Schritt[3].

Auf zwei Weisen kann sich das Rechtswesen weiterentwickeln, wenn neue gesellschaftliche, soziale oder anthropologische Verhältnisse dies erfordern. Der erste Weg besteht darin, daß *vorhandene* Begriffe, wie z. B. der des Kindeswohls, auf *neue Weise ausgelegt* und mit einem neuen Inhalt versehen werden, wodurch sich die Rechtsprechung ändert und anpaßt, ohne daß neue Gesetze nötig wären. Der zweite Weg besteht in der Änderung vorhandener oder der Schaffung neuer Gesetze.

Zum Glück für viele gefährdete Kinderschicksale ist der erste, leichtere Weg auf weite Strecken gangbar: Die Rechtsprechung kann sich wie bisher an dem Begriff des Kindeswohls orientieren, dabei aber neue inhaltliche Bestimmungen dieses Begriffs berücksichtigen: Das Bestehenbleiben der faktischen Elternschaft ist ein konstitutiver Bestandteil des Kindeswohls.

Zum Thema »Schutz der Kinder vor dem Abbruch lange bestehender Betreuungsverhältnisse bei Pflegeeltern« wurden bisher besprochen: die Gesetzeslage (Abschnitt VIII B 3, S. 536), die rechtliche Begründung (Abschnitt VIII C 1, S. 563) und – soeben – der grundlegende Begriff der faktischen Elternschaft. In den folgenden Abschnitten geht es um die Anwendung dieser gedanklichen Konzepte auf die Entscheidung einschlägiger Streitfälle, die vor Gericht ausgetragen werden. Zur Einleitung dafür sei ein Beispiel skizziert:

Ein achtjähriges Kind lebte seit seiner Geburt bei einem Pflegeelternpaar. Leider faßte sein Vormund den Beschluß, das Kind aus seinen gewachsenen Bindungen herauszulösen. In früherer Zeit, als der Abbruch einer Betreuung noch nicht als schwere Beeinträchtigung des Kindeswohls erkannt worden war, wäre ein Einspruch gegen diesen Akt der Ausübung des Aufenthaltsbestimmungsrechtes des Vormunds zur Erfolglosigkeit verurteilt gewesen. In dem an dieser Stelle erwähnten Fall aber erkannte das Gericht aufgrund der ihm bekannten Bedeutung der faktischen Elternschaft, daß der Betreuungsabbruch dem Kindeswohl schwer schaden würde, ohne daß auf der anderen Seite für das Kind etwas Vergleichbares gewonnen werden könnte. Daraufhin verbot das Gericht durch seinen Spruch die Herausnahme des Kindes mit der Begründung: »Eine Herausnahme des Kindes aus der Familie der Pflegeeltern und seine Überführung in ein Heim oder in eine andere Pflegestelle, nur um es... in der Familie der Pflegeeltern nicht einwurzeln zu lassen, hätte nach Meinung des Landgerichts eine Pflichtwidrigkeit des Vormunds bedeutet.«[1]

C4. Sieben Fragen zur Ermittlung der »am wenigsten schädlichen Alternative« für die Unterbringung eines Kindes

Immer wieder entsteht Streit zwischen Beziehungspersonen eines Kindes über dessen Unterbringung. Das Familiengericht wird angerufen, um zu entscheiden, ob das Kind in seiner derzeitigen Betreuungsfamilie bleiben oder in eine andere überwechseln soll[2]. Die Gründe für solche Notlagen können sein: Sorgerechtsentzug wegen Erziehungsunfähigkeit, Scheidung der Eltern, Herausgabeverlangen eines Pflegekindes durch seine leiblichen Eltern. Einen umfassenden Einblick in diese Probleme geben das Buch »Das Kind im Rechtsstreit der Erwachsenen« von R. W. Klussmann[1] und die interdisziplinäre Untersuchung über die Verwirklichung des Kindeswohls in der vormundschaftsgerichtlichen Praxis vor 1979 mit dem Titel »Kindeswohl«[2] von S. Simitis und weiteren sieben Autoren.

Zu den wichtigsten Voraussetzungen für eine Entscheidungsfindung, die dem Kindeswohl entspricht, gehört es, daß auch – je nach seinem Alter und seiner Reife – das *betroffene Kind* darüber befragt wird und mitentscheiden kann, bei wem es bleiben und wohnen möchte. Dies wird ausführlich in dem eben genannten Buch von R. W. Klussmann besprochen.

In den folgenden Erörterungen wird ein *jüngeres* Kind vorausgesetzt, das noch nicht befragt werden kann. Zu den *Vorarbeiten* für die Entscheidung über die Unterbringung eines solchen Kindes gehört es, sich klarzumachen, welche Konsequenzen die verschiedenen denkbaren Alternativen für das Kind nach sich ziehen würden. Da man hierbei eine Vielzahl von Gesichtspunkten zu berücksichtigen hat, ist eine gewisse Systematik zu empfehlen, damit man nichts vergißt. Hierzu seien in Anlehnung an Goldstein, Anna Freud und Solnit sieben Fragen formuliert, deren letzte das Fazit aus den Antworten der sechs vorangegangenen Fragen ziehen soll:

1. Für welche Erwachsenen ist das Kind »ein erwünschtes und geschätztes Kind«?

2. An wen ist seinerseits das Kind gebunden? Wo also besteht durch *beiderseitige* Bindung *faktische* Elternschaft?

3. Besteht bei dem Kind das Bedürfnis nach einer Veränderung seiner gegenwärtigen Lebenslage (persönliche Bindungen, Wohnstätte)?

4. Welche Entscheidung garantiert am ehesten die Kontinuität in der künftigen Betreuung des Kindes?

5. Welche Bedeutung haben für das Kind die zurückliegenden Ereignisse?

6. In welchem Grade bestünde im Falle der Umsetzung des Kindes die Aussicht, seine *bestehenden* faktischen Bindungen zu *ändern*?

7. Welche Lösungsmöglichkeit des jeweiligen Konfliktes stellt für das Kind die *am wenigsten schädliche Alternative* dar?

Zu jeder dieser Fragen folgen jetzt einzelne Bemerkungen:

Frage 1: Für welche Erwachsenen ist das Kind ein »erwünschtes und geschätztes Kind«? Meist ist zumindest ein Teil der Antwort selbstverständlich: Das Kind ist denjenigen Erwachsenen »lieb und wert«, die bei ihm die Elternstelle wahrnehmen, seien es die leiblichen Eltern, seien es Adoptiv- oder Pflegeeltern. Ausnahmen sind selten, aber es kommt vor, daß ein Kind den leiblichen Eltern unerwünscht ist, ja daß sie es ablehnen.

Frage 2: An wen ist das Kind gebunden? Wo besteht durch beiderseitige Bindung faktische Elternschaft? Für die Beantwortung dieser Fragen läßt sich folgender Grundsatz aufstellen: Nach mehrjährigem Betreutsein in einer Familie – insbesondere von früher Kindheit an – ist *davon auszugehen*, daß sich das Kind an seine Betreuer gebunden hat, daß also faktische Elternschaft entstanden ist. Falls dies bestritten wird, ist ein Gegenbeweis zu führen.

Frage 3: Besteht bei dem Kind das Bedürfnis nach einer Veränderung seiner Lebenslage (persönliche Beziehungen, Wohnstätte)? Zwar ist diese Frage selten zu bejahen; trotzdem sollte sie ausdrücklich gestellt und beantwortet werden. Wenn das Kind *nicht selbst* seine Bindungen lösen und seinen Aufenthalt ändern möchte, müssen die erhofften Vorteile des von einer der Parteien angestrebten Unterbringungswechsels gegen die außerordentlichen Belastungen eines gegen den Willen des Kindes durchgesetzten Betreuungsabbruchs und Heimatverlustes *abgewogen werden*.

Frage 4: Welche Entscheidung gewährleistet am ehesten die Kontinuität in der Betreuung des Kindes? Jeder Abbruch in der Betreuung ist für ein Kind ein Schicksalsschlag. Mehr noch als Erwachsene gewinnt ein Kind seinen Halt in seinen bleibenden mitmenschlichen Bindungen; mehr noch als Erwachsene ist es ein *soziales* Wesen. Die Trennung von einem geliebten Betreuer unterscheidet sich für ein Kind, je jünger es ist, um so weniger von dessen Tod; denn Zeit- und Raumverhältnisse kann ein kleines Kind noch nicht anschaulich erfassen, vor allem, wenn es in eine ihm fremde Umgebung verbracht wurde. Wie stark der Tod eines nahestehenden Menschen auf die eigene Existenz wirken kann, weiß jeder Erwachsene; einem Kind wird dies bereits durch einen Betreuungsabbruch aufgebürdet.

Noch gefährlicher für das Kindeswohl sind Entscheidungen, die nicht nur einen, sondern womöglich *mehrere* Wechsel der Betreuungssituation zur Folge haben. Dieses Risiko ist immer dann gegeben, wenn schon *vorläufige* Gerichtsentscheidungen einen *tatsächlichen* Wechsel nach sich ziehen, weil *spätere* Entscheidungen dann wieder anders lauten könnten. Ein zweiter Wechsel der Betreuungssituation, womöglich gerade nach einer gewissen Stabilisierung nach dem ersten Wechsel, kann als »Zweitschlag« eine Katastrophe für das Kind bedeuten. Hieraus folgt, daß nur endgültig rechtskräftige Milieuwechsel-Urteile vollstreckt werden dürften.

Frage 5: Welche Bedeutung haben für das Kind die zurückliegenden Ereignisse? Hierzu ein Beispiel[1]:

Ein Kind war von Geburt an ein Jahr bei seiner leiblichen Mutter gewesen und von da an kontinuierlich bis zum 7. Lebensjahr bei den Pflegeeltern (die Mutter konnte während dieser Zeit ihr Kind weder betreuen noch sehen, weil sie jahrelang in stationärer psychiatrischer Behandlung war). Hier war zu prüfen, zu welcher der Frauen eine Bindung und damit eine faktische Elternbeziehung bestand. Das Ergebnis war eindeutig: Aus dem ersten Lebensjahr war keine Erinnerung nachweisbar; das Kind verhielt sich zu seiner leiblichen Mutter wie zu einem fremden Menschen. Die Verwurzelung in der Pflegefamilie erwies sich dagegen als fest gegründet.

Für die Beantwortung der Frage nach der Wirkung früherer Ereignisse ist – wie in diesem Beispiel – die innere Beziehung des Kindes zu den in Frage kommenden Bezugspersonen maßgeblich. Sie wird sich vielfach anders darstellen, als es bei Erwachsenen zu erwarten wäre; ein Erwachsener würde eine einjährige enge Partnerbindung sicherlich nicht innerhalb von 6 Jahren völlig vergessen. Man darf nicht von den Verhältnissen bei Erwachsenen auf die Vorgänge beim kleinen Kind schließen und muß sich dessen bewußt sein, daß der Säugling und das Kleinkind andere Beziehungen zum Zeitablauf haben als Erwachsene.

Frage 6: In welchem Grade bestünde Aussicht, die bestehenden faktischen Bindungen des Kindes zu *ändern?* Diese Frage verlangt die sorgfältige Vergegenwärtigung aller gegenwärtigen Lebensumstände des Kindes, seines Lebensalters, seines früheren Schicksals sowie der menschlichen und sonstigen Verhältnisse in der bisherigen und in der die Herausnahme fordernden Familie: Persönlichkeiten der Familienmitglieder, Denkart, Lebensformen, Umgangsweisen, Erziehungsfähigkeit, schulische Betreuung, Wohnform und Sprache.

Häufig wird – außer bei sehr jungen Kindern – nur geringe oder gar keine Aussicht auf eine Änderung der faktischen Bindungen bestehen. Trotzdem – oder gerade deshalb – sollte die Frage 6 zur Klärung der Sachlage doch immer ausdrücklich gestellt werden.

Eine Einstellungsänderung *gewaltsam* bei einem Kinde durchsetzen zu wollen dürfte sich wohl aus tiefenpsychologischen Erwägungen – u. a. wegen der Gefahr einer neurotischen Konfliktbewältigung – verbieten. Zu den gewaltsamen Verfahren zählt es auch, ein Kind aus der bisherigen Familie herauszunehmen, es vorübergehend in eine andere Pflegestelle oder ein Heim zu geben (wo sich seine bisherigen Bindungen abschwächen sollen) und es erst dann seinen neuen Betreuern zu übergeben. Dieses zweistufige Verfahren des Unterbringungswechsels wird im Abschnitt VIII C 7 (S. 585) besprochen werden.

Frage 7: Welche Lösungsmöglichkeit stellt für das Kind die *am wenigsten schädliche Alternative* dar? Wenn man statt nach dem Kindeswohl nach der »am wenigsten schädlichen Alternative« fragt, so soll dies zum Ausdruck bringen, daß es sich bei fast allen gerichtlichen Aktionen um Streitfälle, also um bedrückende, seelisch schädigende Ereignisse handelt; meistens sind die Kinder durch sie schon vorbelastet, bevor es zum gerichtlichen Austrag der Auseinandersetzung kommt. Wer sich dessen bewußt ist, daß *ideale* Verhältnisse in der Regel nicht herbeizuführen sind, und demgemäß lediglich nach der *am wenigsten schädlichen Alternative* sucht, der ringt sich womöglich schneller zu der notwendigen Entscheidung durch. Baldiges Entschließen und Handeln auf der Grundlage guter Beweisaufnahme sind aber für das betroffene Kind in dieser Lage besonders wichtig.

In der Regel verdienen Lösungsmöglichkeiten den Vorrang, bei denen die Kontinuität der bestehenden Betreuung gesichert wird und durch die das Kind am ehesten vor künftigen Abbrüchen von Betreuungsverhältnissen bewahrt bleibt (siehe Frage 4). Doch kann es in *Einzelfällen* geboten sein, *einen einzigen* Betreuungswechsel zu riskieren, um *später* drohenden Katastrophen vorzubeugen, z. B. wenn sich eine zunächst unerkannt gebliebene Schizophrenie des sorgeberechtigten Elternteils verschlimmert.

C 5. *Entscheidungshilfen in Vormundschaftsgerichtsverfahren*

Wo Vormundschaftsgerichtsverfahren anhängig sind, ist gewöhnlich zwischen verschiedenen Möglichkeiten der Unterbringung zu entscheiden. Dabei erheben sich immer wieder bestimmte mit dem Kindeswohl zusammenhängende Einzelfragen, von denen einige im folgenden abgehandelt werden[1]. Im Rahmen dieser Erörterungen sollen auch Konsequenzen aus den Kenntnissen gezogen werden, die in den vorausgegangenen Kapiteln zusammengestellt worden sind.

1. *Zusammenlassen oder Trennen von Geschwistern?* Kleinkinder und ältere Kinder sind außer an ihre Eltern gewöhnlich auch an ihre Geschwister gebunden. Kinder mit Geschwistern sind daher etwas besser gegen Bezugspersonenverlust geschützt, weil sie zusätzliche Bindungen knüpfen konnten.

Für ein Vormundschaftsgericht liegt darin eine Chance: Durch Zusammenlassen von Geschwistern vermögen sie für jeden einzelnen von ihnen einen Teil des inneren Haltes zu bewahren, während sie durch Auseinanderreißen von Geschwistern oder von Adoptiv- oder Pflegegeschwistern jedem von ihnen ein zusätzliches Beraubungserlebnis mit all seinen Folgen auferlegen.

Es ist in der Regel ein verhängnisvoller Kunstfehler und führt zur seelischen Verstörung der Kinder, wenn man etwa nach der Scheidung jedem Elternteil ein Kind zuordnet, zwei Geschwister also auseinanderreißt.

In Ausnahmefällen bestehen allerdings zwischen Geschwistern schwere Rivalitätskonflikte. Manchmal werden diese durch elterliche Streitigkeiten noch verstärkt. Mitunter fordern die Eltern die Kinder zur Parteinahme auf, und es gelingt jedem Elternteil, ein Kind auf seine Seite zu ziehen. Auch kann es von vornherein stärkere Bindungen an einen bevorzugten Elternteil (»Mama-Kind, Papa-Kind«) geben. In Fällen wie diesen kann eine Trennung der Geschwister angezeigt sein, insbesondere wenn sie es selbst wünschen.

2. *Riskieren eines zweiten Betreuungsabbruchs?* War bereits ein Betreuungsabbruch erfolgt, so wäre als Konsequenz eines erneuten Abbruchs zu fürchten, daß das Kind nun nicht mehr genug seelische Kraft und Zuversicht hat, um eine neue Bindung einzugehen. Durch mehrmalige Abbrüche von Betreuungsverhältnissen wird ein Kind zunehmend seelisch entwurzelt und entwickelt das Lebensgefühl, es »gehöre nirgends hin«. Die Furcht vor erneuten seelischen Verletzungen durch ähnliche Enttäuschungen kann fortan ein Grund-Mißtrauen dieses jungen Menschen gegen seine Mitmenschen hervorrufen, aber auch Haß auf die Erwachsenen allgemein, die ihm solches Leid zufügten. Aus dem Gesagten ergibt sich: Hier ist *besondere* Vorsorge nötig, um das nur langsam wachsende neue Vertrauens- und Bindungsverhältnis keinesfalls zu stören. Ein Kind ist in dieser Situation äußerst gefährdet.

3. *Aus der Pflegestelle zu Adoptiveltern?* Ist ein Säugling seit seiner Geburt nur *einige Monate* in einer Pflegestelle und wird dann zur Adoption freigegeben, so würde die zukünftige voll gesicherte Kontinuität in der Betreuung den Vorrang haben vor der Erhaltung eines

erst kurze Zeit dauernden Pflegeverhältnisses, falls die bisherigen Pflegeeltern das Kind nicht selbst adoptieren wollen. Wird dagegen ein Kind zur Adoption freigegeben, das *seit vielen Jahren* gut in einer Pflegestelle betreut wird, dessen Pflegeeltern es aber aus für sie bedeutsamen und triftigen Gründen nicht adoptieren können, so würde die Verbringung des Kindes in die andere Lebenssituation und die damit verbundene Zerstörung der gewachsenen Bindung dem Kinde zum unverhältnismäßigen Nachteil gereichen, selbst wenn die neue Betreuungssituation als solche diesen oder jenen Vorzug hätte. Trotz gewichtiger allgemeiner Vorteile der Volladoption hätte in einem solchen Falle die Erhaltung der das Kind und seine faktischen Eltern verbindenden gewachsenen Bindung – die Kontinuität der Betreuung – den Vorrang (siehe Abschnitt VIII C 7, S. 585).

4. *Aus langjähriger Pflege zur leiblichen Mutter?* Ein Kind lebt von seiner Geburt an seit 4 Jahren in einer Pflegefamilie. Der Bindungsprozeß ist gut verlaufen. Es liegt ein Herausgabeverlangen der Mutter vor. Beide Erwachsenenparteien fordern das Kind für sich. Beide geben an, das Beste für das Kind zu wollen. Nehmen wir an, die Persönlichkeit und Lebensumstände der leiblichen Mutter würden eine gute Entwicklung des Kindes in gleichem Maße wie die der faktischen Eltern gewährleisten. Trotzdem muß versucht werden, der um das Kind ringenden Mutter die Einsicht zu vermitteln, daß das Kind durch das Hin und Her eines *Streites* der Erwachsenen und durch das *Herausreißen aus seinen gewachsenen Bindungen* mit dem Verlust vertrauter geliebter Menschen und der Zerstörung aller seiner derzeitigen mitmenschlichen Beziehungen tief verunsichert und geschädigt werden würde. Sein *Verbleiben bei den faktischen Eltern* wäre daher die am wenigsten schädliche Alternative.

5. *Können Kinder zur Lösung von Problemen Erwachsener beitragen?* In manchen Streitfällen um die Unterbringung eines Kindes geht es nicht in erster Linie um das Kindeswohl, sondern um die Anliegen Erwachsener. Offen ausgesprochen wurde dies vor einigen Jahren anläßlich zweier Anträge auf die Herausgabe von Kindern aus langjährigen Pflegeverhältnissen, um deren Aufnahme in die Familien ihrer inzwischen verheirateten leiblichen Mütter zu erreichen. Zur Begründung hieß es, die Kinder sollten dazu beitragen, im einen Fall die gefährdete Ehe der leiblichen Mutter zu stabilisieren, im anderen Fall die Drogenabhängigkeit des Ehemannes zu heilen.

Diese Anträge widersprachen dem ethischen Gebot, einen Menschen niemals vorrangig als Mittel zum Zweck zu verwenden[1]. In den eben genannten Problemfällen gilt es, dem *Wohl des Kindes* die Priorität zuzusprechen und die Anliegen der Erwachsenen zurückzustellen. Zudem ist die Aussicht, daß ein Kind die erwartete Rolle überhaupt spielen kann und wird, überaus gering: Ein kurz zuvor aus seinen gewachsenen Bindungen gerissenes Kind ist bei den neuen Bezugspersonen mit an Sicherheit grenzender Wahrscheinlichkeit selbst ein der Hilfe bedürftiges Problemkind; *ihm* muß dann geholfen werden: Es bringt neue Probleme mit sich und kann darum gar nicht die Hoffnung erfüllen, in seinem Zustand zur Problemlösung der Erwachsenen beizutragen; vielmehr ist zu fürchten, daß sich deren Lage durch die Aufnahme des Kindes noch weiter verschlimmert und dann auch das Kind weiteren Schaden nimmt.

In vielen anderen Fällen ist es aber den beteiligten Erwachsenen *gar nicht bewußt*, daß sie – im guten Glauben, dem *Kindeswohl* zu dienen – doch in Wirklichkeit vornehmlich ihr *eigenes* Leid zu mindern suchen und dabei das Kindeswohl *gefährden*. Ein leider häufiges Vorkommnis dieser Art ist das folgende: Eine Mutter hat einst aus Not ihr Kind im Säuglingsalter in Pflege gegeben. Sie konnte nicht für sein Wohl sorgen. Obwohl sie hierzu durch äußere und innere Umstände gezwungen war, wächst in ihr nach und nach das Gefühl einer Schuld. Später, nach der Konsolidierung ihrer Lebensverhältnisse, möchte sie es wiedergutmachen, daß sie ihr Kind einst nicht selbst betreute. So betreibt sie die Herausnahme des Kindes aus der Pflegestelle, in der das Kind durch gewachsene Bindungen verwurzelt ist. Sie möchte ihre eigene Schuld tilgen, ist allerdings auch überzeugt, dem Kind Gutes zu tun, wenn sie es zu sich nimmt und ihm damit seine leibliche Mutter wiedergibt. Aber sie bedenkt nicht, daß in einem Konfliktfall wie diesem die *gewachsene Eltern-Kind-Bindung* für das Kind das einzige real Erlebte und Bedeutsame ist. Sie selbst kann für das Kind, mit dem sie in den Jahren seines Aufwachsens keine engen vielfältigen und liebevollen Kontakte hatte, nur eine fremde Frau sein. Würde es der leiblichen Mutter gelingen, das Kind aus der Pflegestelle zu nehmen, so würde sie ihm jetzt tatsächlich Schaden zufügen: Ihre damalige aus Not geborene, *nur vermeintliche* Schuld würde dadurch zur *wirklichen* Schuld werden, weil das Glück des Kindes durch Zerreißen seiner familiären Bande zerstört und seine Persönlichkeitsentwicklung geschädigt würde.

Würde ein Gericht hier die Herausnahme anordnen, so würde es nicht die für das Kind am wenigsten schädliche, sondern geradezu die schädlichste mögliche Alternative wählen. Die Antworten auf alle im Abschnitt VIII C 4 (S. 571) formulierten Fragen zielen in dieselbe Richtung: das Kind bei seinen faktischen Eltern zu belassen, in deren Liebe und Schutz es sich geborgen fühlt.

6. *Bewußtes In-Kauf-Nehmen seelischer Schäden.* Wer die Herausnahme eines Kindes aus seinen gewachsenen Bindungen betreibt, obwohl ihm die daraus folgenden Belastungen des Kindes bekannt sind, begründet dies mitunter mit der Ansicht: Man könne nach der Herausnahme des Kindes aus der Pflegefamilie und der Übernahme in die eigene Ehe eine seelische Schädigung in Kauf nehmen, weil sich etwaige Störungen später durch psychotherapeutische Behandlung beheben lassen würden. Man soll jemandem, der so etwas ernstlich anstrebt, nicht ohne weiteres den guten Willen und den subjektiven Wunsch absprechen, dem Kindeswohl zu dienen. Niemand kann jedoch mit Sicherheit davon ausgehen, daß sich seelische Schäden, einmal entstanden, auch wirklich beheben lassen. Manche sind irreversibel und schwächen lebenslang die Widerstandskraft bei der Bewältigung von Krisen. Auch ist bei Jugendlichen und Heranwachsenden nicht unbedingt mit der Bereitschaft zu rechnen, sich behandeln zu lassen; und ebensowenig ist es bei der derzeitigen Belastung der Psychotherapeuten sicher zu gewährleisten, daß zur notwendigen Zeit eine gewünschte Behandlung auch wirklich durchgeführt werden kann. Schließlich ist der Erfolg einer psychotherapeutischen Behandlung auch von der mitmenschlichen Umwelt des Klienten abhängig, die womöglich vom behandelnden Therapeuten nicht zu beeinflussen ist. Aus all diesen Gründen darf sich die Rechtsprechung niemals auf eine solche Hoffnung stützen. Einen psychischen Milieuschaden in Kauf zu nehmen, um ihn nachträglich durch Psychotherapie heilen zu wollen, ist nicht zu verantworten. Unabhängig von womöglich anerkennenswerten Motiven richtet sich so etwas in Wirklichkeit stets gegen das Kindeswohl.

7. *Menschliches Verständnis für Pflegeeltern, die um den Verbleib ihres Pflegekindes in ihrer Obhut kämpfen.* Früher wurden mitunter Pflegeeltern, die um den Verbleib eines Kindes in ihrer Familie kämpften, wegen der scheinbar darin zum Ausdruck gebrachten egoistischen Haltung mit Vorwürfen überhäuft. Ein Beispiel liefert folgender Text aus einem Gerichtsbeschluß, durch den eine Großmutter verurteilt wurde, ihr Enkelkind (das sie in Pflege hatte) an dessen nunmehr allein sorgeberechtigte leibliche Mutter herauszugeben:

»Die... Großmutter väterlicherseits hat (das Kind) zunächst mit dem Willen der (leiblichen) Eltern versorgt und betreut... Nach der Trennung der Eltern und ihrer Scheidung konnte sie die Loslösung des Kindes von sich nicht mehr verwirklichen. Starrsinnig hält sie das Kind bei sich fest... Im Mittelpunkt ihrer Entscheidung steht nicht das Wohl des Kindes, sondern ihr eigener Stolz... Das selbstgerechte und egozentrische Verhalten der Großmutter beweist daneben ein großes Maß an Rechtsfeindlichkeit, weil sie sich... starrsinnig weigert, das Kind dorthin zu geben, wo es sich zu einem lebenstüchtigen Menschen entwickeln kann...«

Diese Beurteilung ist anthropologisch nicht zu vertreten: Wenn eine Frau (wie hier die Großmutter) im Bewußtsein der faktischen Mutterschaft jeden Kampf aufnimmt, um das als eigen empfundene Kind zu behalten und die gewachsene Bindung zu schützen, so ist das nicht als Einstellungsfehler oder gar als verwerflich zu charakterisieren. Im Gegenteil: Die Gewißheit, daß die Erwachsenen für das Erhaltenbleiben einer gewachsenen Bindung bedingungslos kämpfen würden, ist für jedes Kind ein entscheidendes Grundgefühl und bestärkt sein Vertrauen, daß es ein geliebtes Familienmitglied ist, sich auf seine Eltern verlassen kann und um keinen Preis von ihnen hergegeben werden würde. – Leider wurde die bedingungslose Hingabe von Erwachsenen für ein Kind bisher viel seltener in der Dichtung besungen als die Liebe zwischen Mann und Frau. Bert BRECHTS »Kaukasischer Kreidekreis« ist eine rühmliche Ausnahme.

C 6. Unvermeidliche Herausnahme eines Kindes aus seinem bisherigen Betreuungsverhältnis

Unter Umständen ist es unvermeidlich, daß ein Kind aus einer Familie, an deren Mitglieder es gebunden ist, herausgenommen und einer anderen Familie zur Betreuung übergeben werden muß. Die Gründe, die zu einer solchen Herausnahme-Anordnung führen könnten, sollen hier nicht besprochen werden. Als Modellfall soll gelten, daß zwischen dem Kind und seinen bisherigen Betreuern eine gewachsene Bindung – faktische Elternschaft – besteht und von beiden Seiten an sich das Beibehalten dieser Beziehung gewünscht wird. Die Frage lautet: Wie läßt sich in solchen Zwangslagen ein rechtskräftiges Herausgabe-Urteil (das hier als solches nicht in Frage gestellt wird) *vollstrecken*, wenn dabei dem Kindeswohl so wenig wie möglich Abbruch getan werden soll?

Die *zwangsweise* Wegnahme eines Kindes – etwa durch einen Gerichtsvollzieher, oft mit Hilfe der Polizei – wird bisweilen von Gerichten als das einzige Mittel oder wegen der Schnelligkeit des Vorgangs als das am wenigsten belastende Verfahren angesehen. Ein gerichtliches Urteil von 1976 enthält folgende Passage: »Wenngleich der Kammer verwehrt ist, über die Auswirkungen der Herausgabe auf die Entwicklung des Kindes zu befinden, so ist doch dem Wohl des Kindes insofern Rechnung zu tragen, als zu besorgen ist, daß der gegenwärtige Spannungszustand zwischen den Parteien, der sich aus dem schwebenden Rechtsstreit zwangsläufig ergibt, auf eine nicht abzuschätzende Zeit hin andauert und geeignet ist, das Kind zu schädigen... Es ist allgemein bekannt, daß Kinder von 3 Jahren nicht in der Lage sind, das Für und Wider der vorhandenen oder möglichen Bezugspersonen abzuwägen. Ist ein Wechsel der Bezugspersonen – wie hier von den Verfügungsbeklagten zum Verfügungskläger und seiner 2. Frau – unvermeidlich, so lassen sich zusätzliche Nachteile für das Kind dadurch abwenden, daß sich der Wechsel möglichst rasch und *spannungsfrei* vollzieht. Ein Zuwarten von einigen Wochen kann bereits, *wie dem Gericht aufgrund eigener Sachkunde bekannt ist*, zu folgenschweren Veränderungen in der Psyche des Kindes führen. Daß die Verfügungsbeklagten sich dieser Einsicht verschließen, begründet die Dringlichkeit, den Herausgabeanspruch noch vor Rechtskraft des Urteils in der Hauptsache durchzusetzen.«

Der Text der Entscheidung läßt erkennen, daß das Gericht sich nicht leichtfertig verhalten hat, sondern wirklich im Interesse des Kindes entscheiden wollte. Dabei heißt der zentrale Gedanke etwa so: »Falls der Wechsel der Bezugspersonen unvermeidlich ist, soll er so schnell erfolgen, daß die quälenden und unvermeidlichen Spannungen möglichst abgekürzt werden.« Eine solche Vorstellungsweise ist in der Tat für manche menschliche Konflikte zutreffend; sie wird durch das Sprichwort ausgedrückt: »Lieber ein Ende mit Schrecken als ein Schrecken ohne Ende.«

Im Falle von Kindern ist das schnelle gewaltsame Verfahren aber mit besonderen Risiken beladen, die in der eben zitierten gerichtlichen Entscheidung nicht zur Sprache kamen:

Wird ein Kind gegen seinen Willen aus einer Familie, in der es seelisch verwurzelt ist, herausgerissen, so erlebt es dies sogar auch, wenn dadurch existentielle Gefahren (z. B. der Mißhandlung) von ihm abgewendet werden, als Geraubtwerden, als eine Art von gewaltsamer Deportation. Der neue Lebensabschnitt beginnt daher mit einer tiefen seelischen Verletzung. Diese könnte selbst in einem vertrauten Milieu nur schwer ausheilen. Aber zusätzlich bleiben seine bisherigen faktischen Eltern – und damit sein emotionaler Hort der Sicherheit – verschwunden, desgleichen die ehemalige Lebensumgebung. Eine blitzartig durchgeführte Wegnahme eines Kindes aus seinen gewachsenen Bindungen entzieht ihm die bisherige seelische Lebensgrundlage. Eine psychische Katastrophe, oft dem Laien gar nicht erkennbar, kann die Folge sein. Bei jedem Kindheitstrauma muß man mit der Möglichkeit rechnen, es könnte lebenslang wirksam bleiben und bestimmten seelisch-geistigen Entwicklungen den Weg verlegen; denn günstige, ausgleichende Lebenssituationen sind nicht mit Sicherheit zu erwarten und weitere Belastungen nicht auszuschließen.

Die dem Kindeswohl drohende Gefahr des Beraubungstraumas muß in Betracht gezogen werden, wenn ein Gericht über die Art und Weise sowie über den Zeitpunkt des Umgebungswechsels eines Kindes zu entscheiden hat. Da ein *übergangsloser Wechsel* hinsichtlich seines Risikos einer radikalen Operation vergleichbar ist, muß man wie bei dieser auch andere Möglichkeiten erwägen, die das Kindeswohl weniger dramatisch gefährden würden. Im folgenden seien *drei* dieser Alternativen geschildert:

– ein kooperativer, spannungsarmer Übergang;
– der Beistand durch einen Begleiter des Kindes beim Übergang;
– falls sich dies nicht vereinbaren und verwirklichen läßt, die Begutachtung der »Milieuwechsel-Fähigkeit« des Kindes.

Kooperativer, spannungsarmer Übergang. Falls ein Wechsel der Unterbringung eines Kindes ganz unvermeidbar ist, dann kann dem Verlust der bisherigen elterlichen Partner für das Kind noch am ehesten ein Teil seines Schreckens genommen werden, wenn es gelingt, seinen Übergang von der einen zur anderen Familie einigermaßen *spannungsarm* zu gestalten. Dies ist unmöglich, falls die bisherigen und die neuen Bezugspersonen einem blinden und unversöhnlichen Haß gegeneinander verfallen sind. Wenn dann jedoch eine *fachkundige Vertrauensperson* mit den streitenden Parteien über die Möglichkeit spricht, den rechtskräftig angeordneten Übergang *um des Kindes willen* erträglich zu gestalten, so beginnen die bisher vom Rechtsstreit und dessen Ergebnis ganz Gefangengenommenen mitunter überhaupt zum ersten Mal wirklich das Wohl des Kindes ins Auge zu fassen und darüber nachzudenken. Bis dahin hatten sie das Kind in ihrer verständlichen Not und Verbitterung womöglich lediglich im Zusammenhang mit ihren eigenen Ansprüchen zu sehen vermocht. Da in der Regel alle Beteiligten, wenn sie darauf angesprochen werden, versichern, dem Kindeswohl dienen zu wollen (wenn auch auf verschiedene Weise), so läßt sich im Gespräch an diese Gemeinsamkeit anknüpfen. Danach ist die Kenntnis zu vermitteln:

Ein Abbruch der Beziehung zu Betreuern, in deren Familie ein Kind verwurzelt ist, ist ohne dessen seelische Gefährdung nicht denkbar. Beiden Parteien muß der Fachmann dies so nahebringen, daß sie es sich zu eigen machen können und selbst darüber nachzudenken beginnen, wie man dem Kind den schweren Schritt erleichtern könnte.

Es gilt also, eine fachkundige Vertrauensperson damit zu betrauen, mit beiden Parteien das Thema des Kindeswohls beim Übergang geduldig und mehrmals zu besprechen. Zwar wird eine Verständigung der Erwachsenen auch auf der Basis des gemeinsamen Wunsches, dem Kindeswohl zu dienen, vielfach nicht erreichbar sein. Doch steht beim Kind dermaßen viel auf dem Spiel, daß auf einen solchen *Versuch* mit Hilfe fachkundiger Beratung keinesfalls verzichtet werden sollte.

Erfahrungsgemäß wird hierbei selbst im Falle des Scheiterns auf allen Seiten zumindest das Problembewußtsein gefördert, und es werden notwendige Kenntnisse erworben, die dem Kind später vielleicht sein Schicksal erleichtern können. Wenn beispielsweise die vorausgesagten seelischen Spannungen beim Kind auftreten, so wissen die neuen Betreuer, daß diese mit der Umstellung zusammenhängen, daß sie keine Unarten sind, die bestraft werden müssen, daß sie auch nicht die Folgen falscher vorhergehender Erziehung, sondern Zeichen seelischer Not des Kindes sind.

Beistand beim Übergang. Muß ein Kind wegen eines *unerwarteten* Geschehnisses *plötzlich* in einer ihm unbekannten Pflegefamilie aufgenommen werden oder konnten sich – nach einem rechtskräftigen Gerichtsurteil – die abgebenden und annehmenden Betreuer nicht auf einen kooperativen, spannungsarmen Übergang des Kindes einigen, so sollte dem Kind ein *Beistand* beim Eingang in die neue Familie zur Seite stehen, beispielsweise eine Patin oder die Mutter eines Spielkameraden oder Schulfreundes. Dieser Beistand muß das Vertrauen des Kindes besitzen. Er sollte beim Kennenlernen der neuen Bezugspersonen dabei sein. Spiele oder ein Ausflug könnten die gespannte Situation lockern. Nach der Übersiedlung sollte die Vertrauensperson noch für einige Zeit zusammen mit dem Kind bei den neuen Betreuern bleiben; danach sollte sie das Kind dort noch oft besuchen, weil ein vertrauter Mensch vielleicht einen Schock verhüten kann. Für beide Seiten – für das Kind und ebenso für die neuen Betreuer – ist in diesen Situationen ein vertrauter Mensch als Helfer, Vermittler und Beantworter von Fragen von größter Wichtigkeit.

Überprüfung der »Milieuwechsel-Fähigkeit« des Kindes. Sind alle Versuche zu einer Übereinkunft gescheitert, die einen spannungsarmen Übergang des Kindes zu den neuen Betreuern hätten ermöglichen können, so fordert das Kindeswohl noch vor der Anordnung der sofortigen Vollstreckung folgende Vorsorge: Die für das Kind zu erwartende seelische Gefährdung muß durch eine Fachkraft so gut wie möglich im voraus beurteilt werden, um sie mit den anderen etwa drohenden Gefahren vergleichen zu können. Die Gefahr durch abrupte seelische Entwurzelung kann als so schwer und so unkalkulierbar einzuschätzen sein, daß man im Hinblick auf das Kindeswohl erwägen muß, von einem Milieuwechsel im gegenwärtigen Entwicklungsalter des Kindes abzusehen.

Ein derartiger *Aufschub* wäre rechtlich nichts Ungewöhnliches: Es gibt ja beispielsweise die Begriffe der Haftunfähigkeit, der Transportunfähigkeit und der Verhandlungsunfähigkeit. Diese Zustände legitimieren das Aussetzen von juristisch anberaumten Vorgängen wie Verbüßen einer Strafe oder Durchführen einer Verhandlung; sie haben den Charakter eines Schutzes des betroffenen Menschen vor unverhältnismäßigen Folgen einer gerichtlich beschlossenen Maßnahme. Für ein Kind kann ein solcher Schutz vor verletzenden Maßnahmen ebenso notwendig sein. Insbesondere ein vorgeschädigtes Kind, das vielleicht schon einen oder gar mehrere Betreuungswechsel hinter sich hatte, kann in seiner derzeitigen Verfassung tatsächlich *»Milieuwechsel-unfähig«* sein. Um einen persönlichkeitszerstörenden Schock zu vermeiden, sollte somit gegebenenfalls die zwangsweise Herausnahme aus der gegenwärtigen Betreuung ausgesetzt werden können.

Durch das Gesagte könnte der Eindruck entstehen, es handele sich um eine einseitige Benachteiligung der neuen Sorgeberechtigten, weil ihnen ein rechtmäßig erlangtes Gut, die Sorge über das Kind, nicht durch sofortige Vollstreckung in die Hand gegeben wird, während die früheren Betreuer das Kind noch behalten dürfen. In Wirklichkeit ist es jedoch einzig und allein eine Maßnahme zur Vermeidung der Gefahr eines schweren Traumas für das Kind.

Vorteile und Nachteile für die alten und die neuen Bezugspersonen sind hier durchaus sekundär.

Doch sind die neuen Sorgeberechtigten durch das Hinausschieben *gar nicht wirklich benachteiligt*, sondern, auf die Dauer gesehen, vor unvorhersehbaren Leiden und Schwierigkeiten bewahrt. Denn ein durch gewaltsame Vollstreckung zugewiesenes verstörtes und verzweifeltes Kind wird ihnen in den seltensten Fällen die Freude bereiten, die sie ersehnen. Sie sind ja von seiten des Kindes mit dem Vorwurf beladen, ihm seine geliebten faktischen Eltern geraubt zu haben, und solch ein Haßmotiv erlischt in den seltensten Fällen; es kann nur *verdrängt* werden und ist dann, wie die Tiefenpsychologen wissen, um so gefährlicher.

Die Überprüfung der Milieuwechselfähigkeit eines Kindes muß natürlich durchaus nicht immer zu dem Ergebnis führen, die Übergabe sei auszusetzen. So wird ein Wechsel beispielsweise dann zu verantworten sein, wenn das Kind nicht durch früheren Milieuwechsel vorgeschädigt ist *und* wenn dazukommt, daß die neuen Sorgeberechtigten für das Kind keine fremden Menschen sind, sondern bereits durch vielfaches Beisammensein sein Vertrauen erworben haben. Andererseits muß dem Kind das Risiko eines abrupten Übergangs zugemutet werden, wenn in der alten Bindung akute Gefahr für seine körperliche oder seelisch-geistige Unversehrtheit im Verzuge ist. Hier wie an anderen Stellen müssen jedoch die verschiedenen Gefahren für das Kindeswohl und die möglichen Hilfen zum Bewußtsein gebracht und verantwortlich gegeneinander abgewogen werden, bevor man einen so schwerwiegenden Eingriff mit womöglich katastrophalen Folgen einleitet und vollzieht.

Zusammenfassung. Das abrupte, übergangslose Herausreißen eines Kindes aus gewachsenen Bindungen stellt ein gefährliches Risiko für das gegenwärtige und künftige Wohl des Kindes dar. Ist die Herausnahme eines Kindes rechtskräftig beschlossen, so muß ein spannungsarmer Übergang versucht werden – zunächst mit Hilfe eines Fachmanns, der beide streitende Parteien über die Situation und die Gefährdung des Kindes aufklärt, und dann durch Einschalten eines Begleiters des Kindes beim Übergang. Falls sich beides nicht verwirklichen läßt, muß die Gefährlichkeit für das betreffende Kind – seine »Milieuwechsel-Fähigkeit« – beurteilt werden, bevor man ihm das schwerwiegende Risiko des Herausreißens aus seinen gewachsenen Bindungen zumutet.

Die Empfehlungen des Abschnitts C 6 sollen, auch wo sie auf unüberwindliche Hemmnisse stoßen und nicht in die Tat umgesetzt werden können, eine Aufgabe erfüllen: allen Beteiligten – leiblichen Eltern und Pflegeeltern, Jugendamtsmitarbeitern und psychologischen Gutachtern, Richtern und Anwälten – schon beim Durchdenken und Besprechen der aufgeworfenen Fragen bewußt werden zu lassen, was bei Unterbringungswechseln auf dem Spiel steht. Sie werden hellhörig dafür werden, daß erhebliche Maßnahmen nötig sind, um einen solchen Eingriff für ein Kind erträglich zu gestalten. Gutachter und Richter werden daraufhin den Annehmenden Hilfen geben und entsprechende Auflagen machen, beispielsweise sich dem Kind bis zur vollen Eingewöhnung wirklich ganz zu widmen und zuzuwenden. Auch die Abgebenden benötigen Hilfe. Der gesamte Abschnitt C 6 soll unser Problembewußtsein schärfen, er soll aufmerksam machen, er ist ein mahnender Appell.

C7. Warnung vor Unterbringungswechseln in zwei Schritten

Wenn in früheren Zeiten ein Kind seine bisherige Familie verlassen und in eine neue Familie übersiedeln sollte – beispielsweise aus einer Pflegestelle zu Adoptiveltern –, vollzog man diesen Wechsel der Unterbringung mitunter in zwei Schritten: Zuerst wurde das Kind aus seinen bisherigen Bindungen herausgenommen und in ein Heim eingewiesen, wo die früheren Bezugspersonen es nicht besuchen durften. Nach einiger Zeit kam es von dort in die neue Familie. Im Heim sollten die Kinder ihre alten Bezugspersonen vergessen und dadurch bereit werden, später die neuen, ihnen noch fremden anzunehmen. Die unmittelbare Überstellung von Kindern von einer in die andere Familie galt als zu schwierig, weil das Kind am neuen Ort dermaßen protestierte und sich verzweifelt wehrte, daß dies die Kraft der Annehmenden übersteigen konnte. Durch die Zweistufigkeit des Übergangs wurde dagegen die Annahme möglich.

Nach allem, was wir heute wissen, vollzieht sich jedoch bei den Kindern, die man dem zweistufigen Unterbringungswechsel unterwirft, völlig anderes, als was man »Vergessen« oder »Abgewöhnen der bisherigen Bezugspersonen« nennen könnte: Alles, woran die Kinder bisher gebunden waren, ist ihnen auf einen Schlag genommen. Eine unerklärliche und unerbittliche Macht hat sie in eine *fremde* und damit nach dem für Kinder gültigen Gesetz zutiefst *ängstigende* Welt versetzt. Keine Anstrengung des Kindes, seine Lage zu beeinflussen, hat den mindesten Erfolg.

Ähnlich wie bei *John* beschrieben (Abschnitt III B 1, S. 147), geraten die Kinder in der Heimatmosphäre notwendigerweise von Tag zu Tag in tiefere Verzweiflung, und das Vorstellungsbild der vertrauten und schützenden, nun aber plötzlich verschwundenen und nie mehr auftauchenden Eltern wird aus tiefer Enttäuschung *verdrängt*. Das schließlich resignierte Kind gelangt nach dem Heimaufenthalt zu den vorgesehenen Bezugspersonen, zu denen es eine neue Bindung aufbauen soll. Das Kind ergreift nach gewisser Zeit die rettende Hand; aber es ist durch die ihm angetane seelische Verletzung tief getroffen. Ihm ist ein Trauma versetzt worden, das ihm womöglich lebenslang angstfreies Vertrauenkönnen verwehren wird. Geschieht etwas Entsprechendes mit Erwachsenen, so nennt man das Grausamkeit; bei Kindern ist derselbe Ausdruck angebracht.

Bericht über ein Kind, das einem zweistufigen Wechsel der beschriebenen Art unterworfen werden sollte. Der Bericht stammt von einem Jugendamt in Norddeutschland, 1977. Er ist so verändert, daß die Identität der beteiligten Personen nicht mehr festzustellen ist.

Das vierjährige Kind »wurde vor zirka 5 Wochen von Amts wegen in einem Kinderheim untergebracht, mit dem Ziel der Loslösung von den Pflegeeltern. Das Jugendamt erkennt an, daß bisher die Pflege des Kindes gut war und auch erzieherische Mängel nicht festzustellen sind. Wegen der weiteren Förderung des Kindes sei aber zwecks späterer Adoption ein Pflegestellenwechsel erforderlich. Die Pflegeeltern hatten bei den Besuchen des Kindes eine Wesensveränderung festgestellt, und auf ihren Wunsch wurde an einem Besuch teilgenommen. Die Veränderung des Kindes ist offensichtlich. Das zuvor recht lebhafte Kind verhielt sich vollkommen apathisch, war körperlich abgefallen und hatte glanzlose Augen. Es klammerte sich an die Pflegemutter und sprach nur die Sätze: ›Ich will nach Hause, ich will in mein Bettchen.‹ Die angebotenen Süßigkeiten wurden ohne Freude gegessen, es lachte gar nicht mehr und weinte zwischendurch laut. Nach längerer Zeit konnte der Pflegevater das Kind nehmen. Meines Erachtens hat das Kind durch den Umgebungswechsel einen seelischen Schock erlitten, der so schnell nicht mehr gutgemacht werden kann.« Der Bericht der Mitarbeiterin des Jugendamtes schließt mit der Empfehlung: »Meines Erachtens sollte das Kind wieder in der alten Pflegestelle untergebracht werden.«

Aus diesen Erörterungen ist zu folgern: Das zweistufige Verfahren der Verpflanzung eines Kindes mag äußerlich den Anschein erwecken, es sei logisch begründet und führe zu einer schnelleren *Anpassung* des Kindes an die neuen Betreuer. In der Sicht des Kindes dagegen ist es ein Akt seelischer Vergewaltigung und führt zur Resignation. Wie man einem Kind, dem es aus zwingenden Gründen bestimmt ist, verpflanzt zu werden, das schreckliche Erleben der *zweistufigen* Verpflanzung ersparen kann, ist im vorhergehenden Abschnitt C 6 besprochen worden. Als Modellvorstellung für die Vorbereitung und die ersten Tage eines Unterbringungswechsels kann in mancher Hinsicht die Betreuungsgeschichte von *Jane* (Abschnitt III B 2, S. 153) gelten.

C 8. *Umgangsrecht mit Kindern für Eltern nach der Scheidung oder Trennung*

Wird ein Kind – nach der Scheidung oder Trennung der Eltern[1] – der *Mutter* zugesprochen, so hat der *Vater* kraft Gesetzes das Recht darauf, mit dem Kind in angemessenen Zeitabständen zusammenzutreffen; ist der *Vater* sorgeberechtigt, so steht dieses Umgangsrecht der *Mutter* zu. Das gleiche Gesetz erlaubt auch, diesen Umgang zeitlich einzuschränken oder auf begrenzte Zeit oder sogar auf Dauer auszuschließen, falls es zum Schutze des Kindeswohls erforderlich ist. Die Zusammenkünfte dienen nach heutigem Rechtsverständnis *drei* Zielen[2]:

– Der nicht sorgeberechtigte, somit umgangsberechtigte Elternteil soll sich vom Wohlbefinden des Kindes überzeugen können;

– die Liebesbande zwischen ihm und seinem leiblichen Kind sollen erhalten bleiben, also einer Entfremdung soll vorgebeugt werden;

– dem von gegenseitiger Liebe getragenen Wunsch zum Zusammensein soll Rechnung getragen werden.

Im Sinne der in diesem Buch vertretenen Anliegen ist diesen drei Zielen ein *viertes* hinzuzufügen, das eigentlich selbstverständlich ist, das aber in Konflikt mit den ersten drei geraten kann:

– Die Zusammenkünfte mit dem umgangsberechtigten Elternteil sollen dem Kind keinen Schaden zufügen (= nicht gegen das Kindeswohl verstoßen).

In den meisten Fällen einigen sich die drei Partner – Kind, Mutter und Vater – gütlich darüber, wie sich die Zusammenkünfte abspielen sollen. Bei jeder zehnten bis zwanzigsten Ehescheidung entstehen jedoch Konflikte, die dann an ein Familiengericht herangetragen werden. Der häufigste Grund dafür ist die *Weigerung eines Kindes*, die Besuche auszuführen. Viele Erwachsene und mitunter auch Gerichte neigen in dieser Lage zur Forderung an den Erzieher – meistens die Mutter –, den Gegenwillen des Kindes zu überwinden; Gerichte drohen sogar mit der Erhebung von Zwangsgeld oder mit der Entziehung des Sorgerechts und dessen Übertragung auf den anderen Elternteil, falls das Kind die Besuche nicht wieder aufnimmt.

Man spricht damit dem Anspruch des Erwachsenen, sein Umgangs-recht durchsetzen zu wollen, Vorrang zu vor den Beweggründen des Kindes, den Umgang zu verweigern.

Der Unwille des Kindes zum Besuch bei dem geschiedenen Eltern-teil ist aber so gut wie niemals grundlos, sondern wird in den meisten Fällen durch tiefe, existentielle Angst hervorgerufen. Diese Angst kann, wie R. W. Klussmann in seinem Buch »Das Kind im Rechts-streit der Erwachsenen« überzeugend schildert, ganz verschiedene Wurzeln haben. Hier sei – als Beispiel und in aller Kürze – nur eine einzelne, aber in ähnlicher Form immer wieder vorkommende, be-sonders tragische Entwicklung skizziert:

Das Kind liebt beide Eltern herzlich und ist an beide innerlich ge-bunden; doch ist die Mutter, bei der es nach der Scheidung lebt, seine Hauptbezugsperson. Des Kindes höchster Wunsch wäre es, die El-tern würden wieder zusammenkommen. Doch sind sie im Streit aus-einandergegangen und nach wie vor unversöhnt, tief verletzt und ge-geneinander haßerfüllt. – Das Kind ist glücklich bei der Mutter, trifft aber auch gerne und freudig mit seinem Vater zusammen. Die Mutter leidet darunter in ihrer Verletztheit tief; sie will dies zwar nicht zei-gen, aber das feinfühlige Kind bemerkt ihren Gram, vor allem wenn es nach der Rückkehr vom freudigen Erleben beim Vater spricht, aber auch wenn es zu ihm fortgeht. Das Kind beginnt sich daraufhin zu quälen und sich schuldig zu fühlen, wenn es der Mutter durch seine Besuche beim Vater so weh tut. Als das Kind diesen Zwiespalt nicht mehr erträgt, entsteht in ihm eine unüberwindliche *Hemmung*, den Weg zum Vater anzutreten, weil das am Ende zur Kränkung seiner Mutter führt; das Kind weigert sich nun, den Vater zu besuchen.

Das Nicht-Besuchen-Wollen des Vaters ist also hier – ohne daß irgendein Zwang auf das Kind ausgeübt worden wäre – für das Kind die teuer erkaufte Lösung eines unerträglichen inneren Konflikts. Aber ein Kind ist selten in der Lage, die Gründe für sein Verhalten in Worte zu kleiden; darum wird seine Weigerung von niemandem verstanden, und man findet sie unvernünftig. Bald drängen es alle Beteiligten, die Besuche wieder aufzunehmen. Dem seelischen Druck, der dadurch entsteht, ist das Kind schließlich nicht mehr ge-wachsen: Um die Mutter nicht immer wieder zu kränken, ver-schweigt es jetzt mehr und mehr von dem, was die Mutter verletzen könnte, und verheimlicht ihr die erfreuenden Erlebnisse beim Vater und die Geschenke, die es von ihm erhielt. Das Kind ist also unauf-richtig und verliert dadurch die Unbefangenheit und das gute Gewissen, und zwar *beiden* Elternteilen gegenüber. Für die Mutter wird es zum vernichtenden Schlag und unbegreiflich, wenn sie eines Tages die Heimlichkeiten ihres Kindes entdeckt und als Unwahrhaftigkeit und Vertrauensbruch empfindet.

Das Kind aber bewies durch sein Verhalten keinen schlechten Charakter, sondern es versagte in einem inneren Konflikt, dem es in seinem Alter nicht gewachsen sein *konnte*; auch für Erwachsene sind liebesbedingte Loyalitätskonflikte nur mit größter seelischer Anstrengung, Überlegung und Willensanspannung, oft aber gar nicht lösbar. Der seelische Schock beim Offenbarwerden seiner Unwahrhaftigkeit ist aber für ein feinfühliges Kind etwas Schreckliches und kann es seelisch noch zusätzlich schwer belasten.

Das beschriebene Beispiel soll zeigen, was für ein Unglück man anrichten kann, wenn man ein Kind gegen seine Weigerung zum Besuch bei dem nicht sorgeberechtigten Elternteil zwingt. Aus diesen und zahlreichen weiteren, hier nicht behandelten Gründen folgt für die gerichtliche Praxis die Konsequenz: Ein ernstlicher, durch Vernunftgründe oder gutes Zureden nicht zu behebender Besuchswiderstand beruht bei einem Kind fast mit Sicherheit auf tiefer Angst oder unerträglichen inneren Konflikten und darf wegen des Risikos schwerer Persönlichkeitsbelastungen auf gar keinen Fall durch moralisch-seelischen Druck oder gar durch Gerichtsbeschluß gebrochen werden.

Die gegenteilige Empfehlung, die mancherorts noch heute vertreten wird, zielt auf eine *Gewöhnung* des Kindes an die zunächst als störend empfundenen unangenehmen Begleitumstände. Eine solche »heilsame Abstumpfung« setze, so heißt es[1], natürlich voraus, daß die Besuche – auch gegen den Widerstand des Kindes – *durchgesetzt* werden. Niemand aber kann bei einem Kind voraussagen, was beim etwaigen schließlichen Aufgeben seines Widerstandes in seinem Inneren vor sich geht: bloße Gewöhnung wie an den schlechten Geschmack einer Arznei oder aber von nun an – notgedrungen – Opportunismus anstelle von Liebe und Gewissen als Wegweiser für das Verhalten zum Mitmenschen.

Das hier zugrunde liegende verhaltenssteuernde Geschehen spielt sich nicht auf der Ebene der Vernunft ab – die Bezeichnung vom »unvernünftigen Willen des Kindes« trifft daher nicht den Kern der Sache –, sondern im Bereich der existentiellen Naturtriebe Liebe, Bindung und Angst, und diese haben ihre eigene Logik. Daher empfiehlt es sich, bei Besuchsverweigerungen der Kinder nicht erst (womöglich mit tiefen- oder testpsychologischen Methoden) die Ursachen der Weigerung des Kindes zu erkunden[1]. Der beste Weg besteht darin, daß der Richter mit beiden Eltern einzeln spricht und mit großem Ernst die schlichte Frage stellt: Wollen Sie wirklich das Kind zwingen? Macht man beiden Eltern die seelische Lage des Kindes klar, so ist eine günstige Regelung häufiger zu erreichen, als man glaubt.

Eine weitere Möglichkeit für den Richter, um die Aufmerksamkeit der Erwachsenen vom Rechtsstreit abzulenken und auf das Kindeswohl hinzuwenden, liegt darin[1], dem umgangsberechtigten Elternteil sein Umgangsrecht ausdrücklich zu belassen oder zu bestätigen, aber ebenso ausdrücklich den Besuchszwang auf das Kind auszuschließen. Wie die Erfahrung zeigt, kann sich nach einem solchen Urteil die Situation sowohl für das Kind als auch für die beteiligten Erwachsenen nachhaltig entspannen, schon weil der *gute Wille* zum leitenden Gesichtspunkt wird; der Umgangsberechtigte wird auf eigene menschliche Aktivität verwiesen: Durch kleine, aber wohlbedachte Geschenke, z. B. ein Zeitschriften-Abonnement oder Bildkalender aus Anlaß von Feiertagen (allgemeinen wie Weihnachten, persönlichen wie Geburtstag) sowie durch Postkartengrüße mit besonderen Ansichten oder Briefmarken und ähnliches, kann er etwas dafür tun, um beim Kind den Wunsch nach einem Wiedersehen neu entstehen zu lassen.

Nachdem die Gesetzgebung und die Rechtsprechung die *gewachsene kindliche Bindung* in den Schutzbereich des Kindeswohl-Begriffes aufgenommen haben, ist zu hoffen, daß sie sich bald auch der *Bewahrung der Kinder vor seelisch krankmachenden, für die Persönlichkeitsbildung verhängnisvollen Besuchsrechtsregelungen* annehmen und dadurch den Kindeswohlverletzungen auf diesem Gebiet wirksamer entgegentreten werden.

C 9. *Umgangsrecht mit Pflegekindern*[1]

Bisweilen verlangen leibliche Eltern das Umgangsrecht mit einem Kind, das sie vor langen Jahren in Pflege gegeben haben und das in der Pflegefamilie so fest verwurzelt ist, daß seine Pflegeeltern zu seinen faktischen Eltern wurden. Hierbei handelt es sich für das jeweils betroffene Kind um etwas *grundsätzlich anderes* als der Umgang mit einem nach der Scheidung aus der Familie ausgeschiedenen Elternteil (Abschnitt C 8). Das hat zwei Gründe:

– Die Zusammenkünfte dienen in der Regel nicht wie dort der *Aufrechterhaltung* einer *bestehenden* Bindung, sondern der *Stärkung* einer schwachen oder der *Begründung* einer zuvor noch nicht aufgenommenen Beziehung (zu den leiblichen Eltern).

– Das Kind führt die Besuche nicht von einem Zuhause aus durch, das als Basis für seine weitere Existenz *zweifelsfrei gesichert ist*; sondern die Zusammenkünfte sollen in der Regel die Möglichkeit eines späteren Übergangs des Kindes in die Obhut der leiblichen Eltern überprüfen, meist mit der (dem Kind gegenüber nicht ausgesprochenen) Absicht, damit den *Abschied* von seinem Zuhause bei den Pflegeeltern anzubahnen.

Zu versuchen, ein Kind über den beabsichtigten *Verlust seiner faktischen Eltern zu täuschen*, ist aber so gut wie immer aussichtslos: Kinder sind vor dem Abschluß der Pubertät zwar im logischen Denken noch nicht so geschult wie Erwachsene; aber im Erspüren gefühlsmäßiger Zusammenhänge und im Beobachten auch unscheinbarer Anzeichen für bevorstehende Änderungen sind sie vielen Erwachsenen überlegen. Aus diesem Grunde sind die pflichtmäßigen Zusammenkünfte mit den leiblichen Eltern für Kinder, denen ihre Pflegeeltern schon zu den *faktischen Eltern* geworden sind, fast zwangsläufig mit *existentieller Trennungsangst* verknüpft. Solche Ängste entstehen *ohne jede Beeinflussung* des Kindes, ja sogar *entgegen* verpflanzungs*freundlicher* Beeinflussung seitens der Pflegeeltern. Trotz aller Bemühungen pflegen die Ängste eines Kindes von Besuch zu Besuch zu wachsen, statt abzuflauen.

In verhaltensbiologischer Sicht ist diese Reaktion jedoch *in der Natur des Kindes verankert*: Ein Kind wäre seelisch nicht gesund, wenn es auf den sich anbahnenden Verlust seiner faktischen Eltern und damit seines Hortes der Geborgenheit *nicht* mit existentieller Angst reagieren würde. Was dies für ein Kind bedeutet, ist für Erwachsene, die als Kinder in stets gesicherten Verhältnissen aufwuchsen, beinahe uneinfühlbar – es sei denn, sie hätten die Leiden solcher Kinder unmittelbar miterlebt und mitempfunden. Nach einem derartigen Besuch – und allgemein unter dem Einfluß von Trennungsangst – können Kinder an Schlaflosigkeit, Eßunlust und Erbrechen leiden; sie können zu Bettnässern werden, allgemein gesundheitlich abfallen, zu Unfällen und Infektionen neigen. Sie können wie geistesabwesend oder aggressiv sein und in der Schule versagen. Ein 9jähriges Mädchen schrieb in zwei Diktaten, zwischen denen nur 10 Tage lagen, einen halben Fehler und 25 Fehler; dazwischen hatte es erfahren, daß sein Verbleib bei den Pflegeeltern (in diesem Fall der Großmutter) gefährdet war. Es konnte sich daraufhin nicht mehr auf die Schularbeit konzentrieren[1] (die Gefahr war echt; das Kind wurde wenige Tage später von seinem leiblichen Vater entführt und über die Landesgrenze gebracht, von wo es dann nicht mehr zurückgeführt werden konnte). – Vergleichbare psychosomatische und psychische Erscheinungen kennt man von Erwachsenen nur als Folge schwerer Lebenskatastrophen wie dem Verlust des Ehepartners, eines Kindes oder der Heimat.

Wenn sich erzwungene Besuche bei den leiblichen Eltern dermaßen folgenschwer auf die gesundheitliche und seelische Befindlichkeit eines Pflegekindes auswirken, erscheint es als selbstverständliches Gebot der Menschlichkeit und der Wahrung des Kindeswohls, solche Besuche ab sofort ruhenzulassen. Leider aber hat man jahrzehntelang zwar die beschriebenen Leiden der Kinder wahrgenommen, doch ist es tief tragisch, daß man als deren Ursache nicht die *Trennungsängste* erkannte. Statt dessen hat man, falls kindliche Verhaltensstörungen der beschriebenen Art auftraten, die *Pflegeeltern* dafür verantwortlich gemacht und ihnen unter anderem zur Last gelegt:

– Mißlingen des erzieherischen Auftrags für Pflegeeltern, bei den Pflegekindern nicht als Eltern, sondern nur als Eltern-*Stellvertreter auf Zeit* zu wirken;

– Versagen bei der erzieherischen Aufgabe, die künftige Aufnahme des Kindes bei den leiblichen Eltern vorzubereiten;

– Abneigung der Pflegeeltern gegen die leiblichen Eltern und Beeinflussung des Pflegekindes in diesem Sinne;

– eigennütziges Bemühen der Pflegeeltern, das Kind an sich zu binden, um es auf die Dauer bei sich behalten zu können;

– eigene Trennungsängste der Pflegeeltern aus Furcht vor dem Verlust des Kindes und Übertragung der eigenen Trennungsängste auf das Kind.

Den Hintergrund für alle diese Vorwürfe bildete die auch heute noch vorkommende *Unkenntnis* darüber, daß kindliche Bindungen durch prägungsähnliche Lernvorgänge bei langdauerndem Zusammenleben entstehen und nicht beliebig durch Umlernen zu verändern sind, sowie die allgemeine Vorstellung, daß kindliche Bindungen beim Bestehen von Blutsverwandtschaft selbstverständlich seien. Darum meinte man: Wenn Kinder sich nicht elementar zu ihren leiblichen Eltern hingezogen fühlen und keine Liebesbande entwickeln, so müsse dies in ihrer gegenwärtigen Lebenssituation begründet sein, also auf *Erziehungseinflüssen durch die Pflegeeltern* beruhen.

Die Wirklichkeit sieht aber anders aus: Wenn Pflegeeltern ihre Aufgabe erfüllen, den Kindern Fürsorge und Geborgenheit zu gewährend, dann fliegt ihnen im Laufe der Zeit das Herz der Kinder zu, ob sie es wollen oder nicht; und die nicht oder selten anwesenden leiblichen Eltern sind und bleiben für die Kinder dasselbe wie alle sonstigen Menschen: nähere oder fernere Bekannte oder Fremde. Die Pflegekinder verspüren unter diesen Umständen ebensowenig den Drang, zu den leiblichen Eltern umzusiedeln, wie zu irgendwelchen anderen Bekannten oder Fremden, ja sie haben davor, wenn man es ihnen auferlegen will, die tiefste Angst; ein anderes Verhalten oder Empfinden *widerspräche* der menschlichen Natur. Die Kinder hängen vielmehr mit allen Fasern ihres Wesens an ihren faktischen Eltern und wollen dort bleiben.

Die Unkenntnis über diese Zusammenhänge und die falsche Zuschreibung der Verhaltensstörungen von Pflegekindern anläßlich des ihnen auferlegten Umgangs mit den leiblichen Eltern (Pflegeeltern-Versäumnisse statt Trennungsangst) hat im Laufe der vergangenen Jahrzehnte unermeßliches Leid und Unglück der Kinder und auch der beteiligten Erwachsenen zur Folge gehabt. Es ist zu hoffen, daß die Einsicht in das Wesen der kindlichen Bindung und in die Erscheinungsformen und bis zur psychischen Erkrankung reichenden Folgen kindlicher Verlustängste bald allgemein in die Rechtsprechung über Umgangsrechte mit Kindern, die sich in Pflege befinden, Eingang findet. Den Ansprüchen von Erwachsenen den Vorrang vor entgegengerichteten Beweggründen und Verlustängsten von Kindern zuzusprechen, steht im krassen Gegensatz zum Kindeswohl und wird hoffentlich bald der Vergangenheit angehören.

C 10. *Angestrebte Gesetzesänderungen*

Der Begriff des Kindeswohls ist im Rahmen der Rechtsprechung ein »unbestimmter Rechtsbegriff«; das heißt, er wird in jedem Anwendungsfall vom Gericht durch eigene Sachkenntnis oder durch Gutachter mit Inhalt gefüllt. In solchen Zusammenhängen kann sich ohne neue Gesetze die Rechtsprechung ändern, wenn sich durch neue Erkenntnisse der sachliche Inhalt »unbestimmter Rechtsbegriffe« gewandelt hat. Beim Begriff des Kindeswohls ergibt sich so etwas beispielsweise durch die inzwischen gewonnene Erkenntnis, daß das Abbrechen einer faktischen Eltern-Kind-Beziehung das Kindeswohl nachhaltig gefährdet. Ein wichtiger Schritt zum besseren gesetzlichen Schutz des Kindeswohls war hiernach die Einführung des neuen § 1632 Absatz 4 ins Bürgerliche Gesetzbuch am 1.1.1980 (siehe Abschnitt VIII B 3, S. 537).

Auch nach diesem außerordentlichen, beim ersten Erscheinen dieses Buches 1973 noch kaum erhofften Fortschritt bestehen noch Möglichkeiten und das dringende Bedürfnis zur weiteren Verbesserung des Schutzes des Kindeswohls. Sechs diesbezügliche Forderungen an die künftige Gesetzgebung sollen im folgenden genannt, wenn auch nicht näher begründet werden:

– Die volle *Parteifähigkeit* des Kindes von Geburt an, also seine Vertretbarkeit durch einen Rechtsanwalt, wäre ein wichtiger Garant für eine bessere Vertretung seiner Rechte und Ansprüche, als dies heute möglich ist[1].

– Änderungen der Unterbringung eines Kindes sowie Änderungen früherer gerichtlicher Entscheidungen sollten künftig nur um des Kindeswohls willen, nicht wegen sonstiger Änderungen, z. B. Personenstandsänderungen bestimmter Erwachsener, möglich sein, d. h. nur wenn die Weiterführung der bisherigen Unterbringung das Kind gesundheitlich oder seelisch-geistig gefährden würde; wenn auch das Kind den Wechsel bejaht; und (bei jüngeren Kindern, die noch nicht mitentscheiden dürfen) wenn die zu erwartenden Vorteile eines Unterbringungswechsels gegen die zu befürchtenden Nachteile und Spätfolgen eines Bindungsabbruchs sorgfältig abgewogen wurden.

– In rechtlichen Auseinandersetzungen um die Unterbringung von Kindern soll die Herausnahme aus einer familiären Betreuung, in der sich ein Kind seit längerer Zeit befindet, nur aufgrund von *nicht mehr anfechtbaren, rechtskräftigen* Urteilen möglich sein. Diese Vorschrift soll der Gefahr vorbeugen, daß einem Kind im Verlauf eines über *mehrere Instanzen* geführten Rechtsstreites wegen abweichender Urteile mehrere Betreuungsabbrüche nacheinander auferlegt werden.

– Drastisch *verkürzte Rechtsmittelfristen* sind bei allen Adoptivsachen und Beschlüssen über den Wechsel von Bezugspersonen zu fordern, um schnell die *Endgültigkeit* aller Entscheidungen zu erreichen.

– Weil neben der sorgfältigen Abklärung des Sachstandes die *schnelle Erledigung* bei den meisten Vormundschaftsverfahren von unvergleichlich viel höherer, oft schicksalsentscheidender Bedeutung für das Kindeswohl ist als die Zeitabläufe in sonstigen zivilrechtlichen Verfahren[1], sollten den zuständigen Verantwortlichen hierfür die nötigen Stellen, Mitarbeiter, Handhaben und verwaltungstechnischen Vollmachten gegeben werden.

– Einzelpersonen, auch Mitarbeiter in Jugendämtern, sollten *Vormundschaften* für Kinder aus *drei Familien* übernehmen dürfen; diese Zahl sollte niemals überschritten werden, damit jeder Vormund auch wirklich die persönliche Verantwortung für das Schicksal der ihm anvertrauten Kinder tragen und hinreichenden Umgang mit seinen Mündeln pflegen kann.

D. Information, Unterstützung und Ausbildung der Verantwortlichen

Das folgende letzte Teilkapitel des Buches wendet sich an Ärzte, Lehrer, Juristen und weitere Verantwortliche. Es enthält Hinweise, wie sie in ihrem Bereich die ihnen jeweils vorübergehend anvertrauten Kinder vor vermeidbaren Verhaltensstörungen bewahren können.

Die ersten drei Abschnitte sind an die Kinderärzte gerichtet. Den Anfang macht eine Erörterung über eine Verhaltensstörung, der Kinderärzte erfahrungsgemäß besonders häufig begegnen, der Enuresis. An ihr läßt sich die Vielschichtigkeit der Probleme der Behandlung einer Verhaltensstörung beispielhaft aufzeigen (D1, D2). Die Adressaten der weiteren Abschnitte sind Lehrer (D4, D5), Juristen (D6), Verantwortliche der beruflichen Ausbildung (D7) sowie Architekten und Städteplaner (D8). Den Abschluß (D9) bildet ein politischer Appell zur Verbesserung der Lage der Kinder.

D 1. *Bettnässen: Therapie*

Welche praktischen Folgerungen für die Therapie lassen sich aus der Erörterung des Tag- und Bettnässens in den Kapiteln III und VII dieses Buches ziehen? Im Abschnitt III B 9 (S. 184/185) war zweierlei als wichtig für die Therapieplanung herausgearbeitet worden:

– Die pralle Füllung der Blase, die eigentlich den Schläfer wecken sollte, gehört gar nicht zu den *Voraussetzungen* des nächtlichen Harnabgangs bei den Enuresis; im Gegenteil: Das nächtliche Bettnässen (wie auch das Tagnässen Typ B) erfolgt sogar *in der Regel* bei normal oder gering gefüllter Blase.

– Dagegen wirkt nachweislich *sozialer Kummer* des betroffenen

Kindes als Ursache für die unwillkürliche Harnabgabe, und zwar jeweils mit einer Zeitverzögerung: beim Bettnässen in der folgenden Nacht, beim Tagnässen Typ B nach Abklingen der größten Erregung.

Im Abschnitt VII A 2 (S. 474) war durch Anwendung der theoretischen Bausteine der Verhaltensbiologie zusätzlich deutlich geworden:

– Als innerer Auslöser der Blasenentleerung kommt eine *innere Entspannung* mit der Folge des Durchbruchs des an sich starken Betreuungsbedürfnisses gegenüber den zuvor dominierenden, aber abklingenden Verhaltenstendenzen der Angst oder Wut in Frage.

– Zwischen Betreuungsbedürfnis und Harnlassen besteht eine Assoziation, für deren Entstehung durch einen Lernvorgang in früher Kindheit eine plausible Denkmöglichkeit vorliegt (S. 473/474).

Was aus der ersten unter diesen vier Aussagen für die Therapie unmittelbar folgt, ist bereits am Schluß des Abschnitts III B 9 formuliert worden: Soweit das Harnlassen bei der Enuresis gar nicht durch das Auslösen des *Blasenentleerungsreflexes* erfolgt, kann es durch Mittel, die auf die *Harnmenge*, die *Blase* oder die *Weckfunktion der vollen Blase* wirken, auch nicht beeinflußt werden (S. 188).

Aus der zweiten Aussage (Ursache: sozialer Kummer) ergibt sich: Eine Therapie müßte Aussicht auf Erfolg haben, sofern sie am *sozialen Kummer* des Kindes ansetzt und diesen vermindert oder aus der Welt schafft.

Praktische Folgerungen für die Behandlung des Bettnässens. Aus dem Gesagten ergeben sich in verhaltensbiologischer Sicht zwei Gesichtspunkte für den Kinderarzt, der Enuresiskindern helfen will: Der Kinderarzt sollte

– dem Kind alle Behandlungen ersparen, die sich auf geringere Harnproduktion (Flüssigkeitsentzug), auf die Blasenwand (Blasendehnung), auf den Blasenschließmuskel (Blasentraining), auf die Ausbildung eines bedingten Aufwachreflexes (Klingelmethode) oder medikamentös auf das vegetative Nervensystem richten;

– den Erwachsenen dringend nahelegen, die Ursachen des *sozialen Kummers* des Kindes – bedrückende und ängstigende Bedingungen in Familie, Schule oder Freundeskreis – zu beheben. Die Eltern sollten sich bemühen, an Freuden der Kinder fröhlich und an ihrem Kummer mitfühlend teilzunehmen, und beim Kind sollten die Gefühle des Angenommenseins und der Geborgenheit im Vordergrund stehen können. Wichtig ist auch der Tagesabschluß: eine Viertelstunde des völlig entspannten, gemütlichen Zusammenseins mit Mutter oder Vater, gemeinsames Essen eines Apfels, Erzählen einer Geschichte, Anzünden einer Kerze, Halten des Händchens des Kindes, Streicheln seiner Haare; dieses Geborgenheitserlebnis kann dann bis in den Schlaf des Kindes hineinwirken. Auch sollte man alles tun, um dem Kind jede *Beschämung* im Zusammenhang mit der Enuresis zu ersparen, vor allem durch Vermeiden von Familiengesprächen darüber – es sei denn, das Kind beginnt damit von selbst. Die Wäscheprobleme (Bett- und Leibwäsche) müssen ohne Strafen und Kommentare unauffällig im Rahmen der üblichen Haushaltsarbeiten erledigt werden. Das Kind ist sicherlich in größerer Not als die Eltern.

Warnung vor Psychopharmaka. Der in mehreren gegen Bettnässen weithin verordneten Medikamenten enthaltene Wirkstoff *Imipramin* ist ein *Psychopharmakon.* Für Erwachsene gilt es als langbewährtes Medikament gegen Depressionen und »wirkt vorwiegend aktivierend-stimmungsaufhellend«[1]. Als »wichtigste Nebenwirkungen« werden angegeben: »Mundtrockenheit, Herzklopfen, Sehstörungen, Augenschäden, Verstopfung, Störungen beim Harnlassen. Sorgfältige Kontrolle bei Patienten mit Grünem Star und Prostatavergrößerung ist notwendig.« Das Spektrum *dieser Nebenwirkungen* lehrt:

– Imipramin gelangt in die *verschiedensten Organe* und wirkt dort überall, vom Auge bis zum Darmkanal, vom Herzen bis zur Prostata, vom Hirnbezirk der antidepressiven Wirkung bis zur Harnblase.

– Die bei Erwachsenen als unerwünschte Nebenwirkung aufgetretene »Störung beim Harnlassen« wurde bei der Anwendung auf Kinder zur angestrebten Hauptwirkung.

– Die für Erwachsene angestrebte antidepressive aktivierend-stimmungsaufhellende Wirkung würde, falls sie, was nicht auszuschließen, sondern sogar zu vermuten ist, auch bei Kindern aufträte, deren »*sozialen Kummer*« abschwächen, damit also ein *zentrales* Glied in der psychosomatischen Ursachenkette beeinflussen.

– Wäre dies der Fall, so würde die Imipramingabe als psychisch wirkende Droge eine *Scheinlösung* für die der Enuresis zugrunde liegende seelische Krise liefern, in der sich das Kind befindet. Zugleich mit dem sozialen Kummer schwächte die Droge auch den Leidensdruck ab und betäubte damit die – falls noch vorhandene – seelische Triebfeder des Kindes zum *echten* Bewältigen seines derzeitigen Lebensproblems.

– Das Imipramin gehörte damit also in die Reihe der Medikamente, die, falls sie wirken, ein *Symptom* beseitigen, aber die Ursache unangetastet lassen und diese noch dazu *unerkennbar machen.*

Bei der *psychotropen Wirkung des Imipramin* handelt es sich um nichts anderes, als wenn ein Mensch einer sorgenschweren Situation mit Alkohol- oder Drogeneinnahmen begegnet – nur daß sich hier das Kind die Droge nicht selbst beschafft, sondern sie von den Verantwortlichen (Arzt und Eltern) entgegennimmt. (Der Prozeß der Scheinlösung von Lebensproblemen durch Drogen u. a. ist im Abschnitt VII A 6 beschrieben und in Abb. 43, S. 485, als Funktionsschaltbild dargestellt.)

Aus diesem Dilemma gibt es im Rahmen der verhaltensbiologischen Denk- und Schlußweise nur einen Ausweg: den bedingungslosen Verzicht auf das Psychopharmakon Imipramin und seine Verwandten (Tryptizol etc.) für die Behandlung der Enuresis. Solange sich dieser Verzicht noch nicht durchgesetzt hat, muß wenigstens folgende Regel gelten: Imipramin und seine Verwandten allerhöchstens 14 Tage lang zu geben und auch dann nur als Unterstützung einer gleichzeitigen psychotherapeutischen Behandlung des Kindes *und* einer eingehenden Familienberatung.

D 2. *Bettnässen: Diagnostik*

Unterscheidung zwischen Enuresis und Inkontinenz. Wenn die unwillkürliche Harnabgabe eines Kindes zu bestimmten Zeiten, z. B. nur nachts erfolgt und wenn sie überdies von der äußeren und inneren Situation des Kindes, vor allem von offenbarem sozialem Kummer abhängig ist, dann ist die Diagnose »Enuresis« so gut wie sicher. Der Arzt steht trotzdem vor der Frage: Soll er durch eine *urologische Untersuchung* absichern lassen, daß keine anatomische Anomalie der Harnwege, also keine versteckte Inkontinenz (Unsicherheit der Harnkontrolle aufgrund anatomischer oder auch physiologischer Bedingungen) vorliegt?

Bei einer solchen Entscheidung geht es darum, den vermutlichen Vorteil für das Kind gegen die möglichen Nachteile abzuwägen: Ein zu erwartender *Vorteil* ist die Sicherheit, daß keine erkennbare anatomische oder sonstige Komplikation vorliegt. *Nachteile* sind dagegen:

– Urologische Untersuchungen sind für ein Kind ängstigend und schmerzhaft und haben im Falle der überaus wahrscheinlichen Diagnose »Enuresis« alle Aussicht, deren Ursache, den sozialen Kummer, noch zu verstärken, womöglich bis zu einem psychischen Trauma.

– Wenn, wie derzeit die Regel, solche Kinder zur urologischen

Untersuchung kommen, die bereits ein »Training« der Blasenfunktion (siehe Abschnitt III B 9, S. 187) hinter sich haben, so finden sich bei ihnen in der Tat manchmal Anomalien wie eine vergrößerte Blase oder Restharn; solche Symptome sind darum in vielen Fällen gar keine primären Mängel, sondern – in unklarer Weise – durch die fruchtlos gebliebenen Therapiemaßnahmen hervorgerufen. Sie sagen also nichts über die *Ursache* der Enuresis aus und lenken die Aufmerksamkeit von der Möglichkeit oder sogar hohen Wahrscheinlichkeit der psychogenen Verursachung ab.

Aus diesen Erwägungen ergibt sich eine vergleichsweise ungewöhnliche, aber speziell für die Enuresis (als fast stets *psycho*somatische Störung) gültige Forderung: Falls *keine besonderen Hinweise* auf *urologische Komplikationen*, sondern lediglich die üblichen Erscheinungen einer Enuresis nocturna vorliegen, der Übernahme der Behandlung *keine* urologische Untersuchung vorauszuschicken, sondern die *psychosomatische* Verursachung *als erste* Vermutung für die Behandlung *richtungsbestimmend* sein zu lassen.

D 3. *Information für Kinderärzte*

Aus verhaltensbiologischen Erwägungen ergeben sich einige allgemeine Gesichtspunkte für die kinderärztliche Praxis, vom *Erstkontakt* und weiterer Umgang mit dem kranken Kind und seinen Eltern über die *Diagnose* bis zur Auswahl der geeigneten *Therapie*. Fast alle diese Gesichtspunkte lassen sich jedoch auch ohne verhaltensbiologische Erwägungen rein aus der aufmerksamen Beobachtung von Kindern ableiten und sind daher auch weithin bekannt.

Kindliches Mißtrauen abbauen. Kinderärzte suchen so schnell wie möglich guten Kontakt mit einem bisher fremden Kleinkind herzustellen. Jeder hat Mittel, die ihm persönlich besonders liegen. Aus verhaltensbiologischer Sicht ergeben sich einige Empfehlungen:

– das Kleinkind bei der Kontaktnahme auf dem Schoß der Mutter sitzen zu lassen und dort auch die ersten Untersuchungen vorzunehmen;

– sich »kleinzumachen« und niederzuhocken, so daß man mit den eigenen Augen etwa in Augenhöhe des Kindes ist und der ängstigende Größenunterschied sich verringert;

– solange das Kind ängstlich ist, zu vermeiden, ihm beobachtend voll ins Gesicht zu sehen, weil dies als Drohung wirkt; statt dessen immer nur ganz kurz und freundlich lächelnd zu ihm hinzublicken;

– Spielzeug und kleine Geschenke bereitzuhalten, vielleicht eine kleine »Spielwand« im ärztlichen Sprechzimmer zu installieren.

Beachtung von Kinderangst und Elternsorge. Eine überängstliche junge Mutter – nach ihren Worten von ihrer Umgebung fortwährend noch weiter verunsichert – brachte ihr etwa einjähriges Kind zur neurologischen Untersuchung. Ärzte und Therapeuten waren überaus nett zu der jungen Frau: Das Kleinkind wurde vor ihren Augen von verschiedenen Personen mehrmals auf seine Reflexe untersucht. Das Kind schrie dabei fortwährend aus Leibeskräften in panischer Angst. Die Schlußbemerkung der letzten Untersucherin lautete wörtlich: »Ich muß sagen, ich finde nichts.« – Hierzu ist anzumerken: Kindliches Angstschreien ist ein *Assoziationsstifter*; niemand kann voraussagen, *womit* das Kind in einer solchen Situation eine bedingte Aversion verknüpft: mit dem weißen Arztkittel, dem Angefaßtwerden, einem Gesicht mit Brille, mit dem ängstlichen Gesicht der Mutter? So lästig es für den Arzt sein mag: An einem panisch schreienden Kind sollte man höchstens im äußersten Notfall irgendwelche Manipulationen vornehmen, und auch dann möglichst nur, während es im Körperkontakt mit seiner Mutter ist.

Ferner war die Diagnose »Ich muß sagen, ich finde nichts« zwar sachlich und wissenschaftlich untadelig; doch wäre einer so verängstigten Frau gegenüber eine herzhaft aufmunternde Formulierung vielleicht günstiger gewesen, etwa: »Jetzt bin ich aber froh: Alle Reflexe sind in Ordnung – Sie brauchen sich nicht die geringste Sorge zu machen – seien Sie glücklich und erleichtert, und drücken Sie jetzt Ihr Kind einmal gleich ganz fest an sich!« Viele Ärzte sind Meister in dieser Kunst der »kleinen psychosomatischen Therapie«. Wer aber zum Beispiel einmal die monatelange Belastung eines Eltern-Kind-Verhältnisses durch die gleich nach der Geburt gefallene Bemerkung eines Arztes über die Möglichkeit eines geburtsbedingten Hirnschadens des Neugeborenen (die sich später nicht bestätigte) miterlebt hat, würde es gar nicht hoch genug einschätzen können, wenn aus Erwartungsangst hervorgehende seelische Belastungen vermieden werden könnten. Ärzte sind für das sichere emotionale Verhältnis zwischen Mutter und Kind mitverantwortlich.

Verhaltensbiologische Gesichtspunkte verschiedener ärztlicher Maßnahmen. Bei einer Vielzahl kinderärztlicher Diagnose- und Behandlungssituationen können verhaltensbiologische Erwägungen sinnvoll und hilfreich sein. Hier folgen – ohne nähere Erklärungen – sieben Beispiele, die als *Anregungen* formuliert werden:

– Das Stillegen von Kindern in Gipsbetten oder -verbänden sollte von kinderpsychotherapeutischen Maßnahmen zur Prophylaxe gegen Aggressionshemmungen und ähnliche seelische Störungen begleitet werden.

– Phimose-Operationen sollten nur im Notfall in einem Lebensalter durchgeführt werden, das für die Entstehung sexueller Traumata anfällig ist, also möglichst nicht in der ödipalen Phase (4. bis 7. Lebensjahr).

– Stottern, Tic-Erscheinungen, Stereotypien und sonstige Verhaltensbesonderheiten sollten, wenn der Kinderarzt sie beobachtet, mit den betreuenden Personen besprochen werden; falls die (psychogenen) Ursachen offen zutage liegen, z. B. Belastungen in der häuslichen oder schulischen Situation, so sollte der Kinderarzt auf Möglichkeiten der Hilfe hinweisen. Gespräche über das Kind sollten aber keinesfalls in dessen Gegenwart geführt werden.

– Der Grad der *Notwendigkeit* von Krankenhauseinweisungen, diagnostischen oder therapeutischen Eingriffen sollte bei verhaltensgesunden, ganz besonders aber bei verhaltensauffälligen Kindern gegen das *Risiko* begleitender oder nachfolgender *seelischer Belastungen* abgewogen und ambulante Behandlung erwogen werden.

– Bei unausweichlicher stationärer Aufnahme bzw. Operation sollte der Arzt der Mutter die belastende Wirkung der Trennungsangst erklären und ihr empfehlen, beim kranken Kind im Krankenhaus zu bleiben, falls dies die Familiensituation zuläßt, sonst aber täglich einen Besuch zu machen.

– Alle gegen Verhaltensschwierigkeiten verordneten, auf die Verhaltenssteuerung wirkenden *Medikamente* wie Schlaftabletten und -zäpfchen, Beruhigungsmittel (z. B. gegen »Nervosität«) und Psychopharmaka sind *bei Kindern* nur unter zwei Voraussetzungen angezeigt: wenn sie *vorübergehend* zwingend erforderlich sind, um das Kind erst einmal für mitmenschliche hilfreiche Einflüsse zugänglich zu machen; *und* wenn das Kind überhaupt auf die Darreichung im Laufe von absehbarer Zeit, z. B. in 10 Tagen, deutlich erkennbar reagiert.

– Es ist zu erwägen, ob man ärztlicherseits *bei Kindern* nicht auf die *Dauer*behandlung mit Psychopharmaka und allen anderen auf die Verhaltenssteuerung wirkenden Medikamenten *prinzipiell verzichten* sollte; denn im Fall der Wirksamkeit tilgen diese Medikamente ja das *Symptom einer vielleicht in den Lebensbedingungen* des Kindes liegenden Störung und verringern oder ersticken damit von vornher-

ein die Bemühungen des Kindes und seiner Mitmenschen, diese
(z. B. schulischen) Bedingungen zu ändern. Außerdem sind verhängnisvolle Spätwirkungen nicht auszuschließen, wenn eine *medikamentöse* Lösung *seelischer Lebensprobleme* in einer Lebensperiode angebahnt wird, in der die *Persönlichkeitsentwicklung* noch im Gange ist
(siehe Abschnitt VII A 6 und Abb. 43, S. 485).

Reihenfolge der diagnostischen Ansätze. Sofern ein Symptom seelisch *oder* körperlich (psychogen *oder* somatisch) bedingt sein kann,
erhebt sich die Frage, mit welcher diagnostischen Methode und mit
welcher Therapie man jeweils *beginnt.* Entscheidungshilfen ergeben
sich in jedem Einzelfall aus den Antworten auf folgende sehr unterschiedliche Fragen:

– Wie häufig kommt bei dem fraglichen Symptom die seelische,
wie häufig die körperliche Verursachung vor?

– Wie belastend sind (seelisch und körperlich) die diagnostischen
und therapeutischen Methoden?

– Wie groß ist das Risiko für eine Verschlimmerung etwaiger fort-
schreitender körperlicher Krankheitsprozesse, falls durch etwaige
vorangestellte, fälschlich auf Seelisches ausgerichtete Therapieversu-
che wertvolle Zeit verlorengeht?

– Könnte im Fall *seelischer* Ursachen eine aufs *Körperliche* gerichtete Diagnostik oder Therapie die *seelische* Lage und damit womöglich auch das Symptom noch verschlechtern?

Aus einer Güterabwägung zwischen diesen Gesichtspunkten geht
hervor, welcher Diagnostik und damit verbundenen Behandlungs-
richtung der Vorzug zu geben ist.

D 4. *Information für Lehrer*

Zahlreichen Berichten zufolge vergrößert sich zur Zeit die Anzahl
verhaltensschwieriger Schulkinder. Dies stellt viele Lehrer vor neue
Aufgaben, zu deren Bewältigung die Verhaltensbiologie des Kindes
einige Beiträge leisten kann.

Erfassen der verhaltensgestörten Kinder. Zum Zeitpunkt der Einschulung sollte man bei allen Kindern, die durch Schulreifetests als
nicht schulreif ausgelesen wurden, die Gründe des Entwicklungs-
rückstandes ermitteln. Im Fall von Verhaltensstörungen sollten die
Kinder besondere Betreuung im Schulkindergarten und in therapeu-
tischer Gruppenarbeit erhalten oder notfalls durch Einzeltherapie
auf die Schule vorbereitet werden; denn je früher man eine Behand-

lung einleitet, desto größer ist die Aussicht auf Erfolg. – Verhaltensgestörte *Schulkinder* sollten untersucht und gegebenenfalls betreut werden. Wo noch nicht geschehen, sollten hierfür dringend die äußeren Voraussetzungen geschaffen werden. Es erleichtert die Kinderpsychotherapie, wenn Therapeut und Lehrer vertrauensvoll zusammenarbeiten.

Schulunterricht als Vorsorge gegen Verhaltensstörungen. Es mag ungewohnt klingen, wenn man den Schulunterricht unter dem Gesichtspunkt der Vorsorge gegen Verhaltensstörungen betrachtet und ihm darüber hinaus sogar die Möglichkeit zuerkennt, vorhandene Verhaltensstörungen zu bessern. Aber schon immer wurden in der Schule viele leichtere Verhaltensstörungen der Schulkinder sichtbar, Konzentrationsschwäche, Antriebsschwäche, Leistungsversagen aus Übergewissenhaftigkeit, mangelndes Selbstvertrauen, schnelles Verzweifeln bei Mißerfolgen usw. Von jeher haben Lehrer nicht nur Lernstoff vorgetragen, sondern gerade diesen Kindern durch besondere pädagogische Betreuung Hilfe zu leisten versucht. Ein verhaltensgestörtes Kind kann durchaus gefördert werden durch eine Umwelt, die auch für ein verhaltensgesundes Schulkind anregend und beglückend ist. Eine Schulatmosphäre dagegen, die ein Kind belastet, kann Verhaltensstörungen verschlimmern oder zum Ausbruch kommen lassen.

Schulfreudigkeit in Abhängigkeit von Anerkennung und Erfolgserlebnissen. Man ist sich heute wohl allgemein darin einig, daß man die Schulkinder zu selbständigem Interesse und zu eigener Aktivität führen möchte. Dies leitet man bei Grundschülern in die Wege durch überschaubare, sinnvolle Aufgaben, wobei die innere Beteiligung der Kinder durch Wettspiele, Rätsel, Reime usw. angeregt werden kann. Wichtig sind das *Ermöglichen* und das *Anerkennen* von Leistungen. Dies bewährt sich am besten, wenn der Lehrer sowohl durch Güte und zugewandtes, heiteres Wesen in einem guten persönlichen Verhältnis zu den Kindern steht, als auch deren Achtung als Vorbild besitzt, also für sie eine Autorität im guten Sinne ist. Der *Lernstoff* ist in einer solchen Form (nach Menge und Geschwindigkeit) vorzutragen, daß den Kindern immer erneut *Erfolgserlebnisse* in ihrer Arbeit vermittelt werden. Antriebsschwächere Schüler müssen die Erfahrung machen: Es lohnt, sich anzustrengen. Musische, sportliche und handwerklich-technische Fächer dürfen nicht reduziert werden. Viele Kinder haben gerade auf diesen Gebieten Fähigkeiten und damit die Möglichkeit zu Erfolgserlebnissen. Da viele Schulkinder heute antriebsschwach sind, heißt das Gebot der Stunde: *kleine* Lernschritte bevorzugen sowie *abwechslungsreiche Wiederholung*, um dem Kind das häufige Erlebnis zu vermitteln: Ich kann es. Man sollte auch nur solche Hausaufgaben aufgeben, die die Kinder ohne Mithilfe der Eltern anfertigen können. Die Eltern sollten die Arbeit ihrer Kinder mit Interesse und Stolz verfolgen und überall Ermutigung und Lob spenden, wo es berechtigt ist.

Tadel und Strafen. Ein Mensch, dessen Leistungen anerkannt werden, arbeitet besser als einer, den man viel tadelt. Am schlechtesten ist das Arbeitsergebnis, wenn zu allen Leistungen geschwiegen wird. Bei der Anwendung von Strafen steigen Lernbereitschaft und Lernerfolg höchstens bis zu dem Punkt an, wo die Angst vor der möglichen Strafe die Lernsituation als Ganzes furchterregend werden läßt; mit dem Auftreten von »übertönender Spannung« nehmen die Lernergebnisse rapide ab (angstbedingte Hemmung des Nachdenkens, siehe Abschnitt VI A 4, S. 444). Darum sollten Lehrer nur mit viel Selbstkontrolle, Behutsamkeit und Verantwortungsgefühl tadeln oder strafen. Durch das Überwiegen negativer Erziehungsmittel beeinträchtigt der Pädagoge seine eigene Arbeit und deren Erfolg.

Herabsetzen der Person des Schülers. Ein wichtiger Unterschied besteht zwischen dem Mißbilligen einer *einzelnen Handlung* und dem Herabsetzen des anderen Menschen *als Person*. Ohne Tadel einzelner Leistungen kommt kein Lehrer aus: »Hier hast du einen Fehler gemacht.« Bemerkungen aber wie »Dich brauche ich gar nicht zu fragen, von dir bekommt man ja doch keine richtige Antwort!« schockieren ein Kind, treiben es in die Opposition oder – noch schlimmer – in Unsicherheit und Resignation. Eine derartige Bemerkung würde in einer *Kindertherapie* den Kontakt zum Kind völlig zerstören können. Einen Schüler *als Person* herabzusetzen hat prinzipiell als pädagogischer Fehler zu gelten.

Pädagogisches Reagieren auf Verhaltensauffälligkeiten von Schulkindern. Ein Lehrer, der auf der Basis von Grundkenntnissen der Verhaltensbiologie etwas von den Verknüpfungsmöglichkeiten zwischen Antrieben und Straferlebnissen versteht, wird bei Fehlverhaltensweisen der Schulkinder vorsichtiger und konstruktiver vorgehen. Drei Beispiele sollen das veranschaulichen:

– Es wäre widersinnig, ein Kind, das *nicht stillsitzen* kann, zur Strafe *nachsitzen* zu lassen. Der informierte Lehrer wird mit der Mutter sprechen und der Frage nachgehen, ob das Kind genug Möglichkeiten zu motorischer Betätigung hat, ob seine Schularbeiten zu lange dauern oder ob die Mutter die spontanen Handlungen des Kindes zu oft tadelt. Er kann Vorschläge machen, um dem abzuhelfen: Das Schulkind könnte an einem Schwimm- oder Judokurs teilnehmen, in einen Sportverein eintreten, in Jugendgruppen tätig werden usw.

– Es ist pädagogisch unwirksam, einem Kind, das häufig seine *Schularbeiten nicht zu Ende führt*, weil ihm die Antriebskraft zum Durchhalten fehlt, *Strafarbeiten* aufzugeben; denn dadurch erhöht sich die Arbeitsmenge und folglich die Mutlosigkeit. Besser ist es, bei solchen Kindern sorgfältig zu suchen, wo etwas anzuerkennen ist, und dies dann erfreut und ermunternd zu loben. So lassen sich diese Kinder nach und nach von ihrer resignierten Einstellung befreien.

– Es wäre pädagogisch bedenklich, ein Kind, das oft andere Kinder *tätlich angreift*, lediglich zurechtzuweisen und zu *bestrafen*. Wer die verschiedenen möglichen Bedingungen und Ursachen für das Auftreten von aggressivem Verhalten kennt (Abschnitte II F 1, S. 102, und IV E 2, S. 348), wird sich auch bei dem Schüler zunächst fragen, aus welchen Quellen bei ihm die Aggressivität stammen könnte[1]. Er wird Kontakt mit ihm aufnehmen und versuchen, dies bei ihm herauszufinden: Reagiert dieser Schüler an schwächeren Kindern die Aggressivität ab, die sich bei ihm infolge von gehäuften schulischen Mißerfolgen oder einengender häuslicher Erziehung anstaut (umorientierte Aggression aus Frustration)? Oder rührt seine Aggressivität davon her, daß er innerlich besonders unsicher und ängstlich ist und sich deswegen leicht angegriffen und in die Enge getrieben fühlt (Aggression aus Angst bei Ausweglosigkeit)? In beiden Fällen wäre das aggressive Verhalten als *Notruf* und als Symptom von Lebensproblemen des Kindes zu verstehen, zu deren Lösung es der Hilfe seiner Mitmenschen bedarf. – Andererseits könnte das aggressive Kind auch lediglich einen besonders starken Drang zum Kräftemessen (mit etwa gleichstarken Partnern) besitzen (aggressive soziale Exploration), also einfach ein in dieser Richtung kräftig entwickeltes Normalverhalten äußern; dies geschähe allerdings besser bei *sportlicher* Betätigung als in der Schule. Hierzu sollte man die Möglichkeit schaffen. – Wieder eine andere Empfehlung wäre zu geben, falls sich in einer Schulklasse Aggressivität gegen einen oder mehrere Außenseiterkinder entwickelt, die aus Gründen ihrer Herkunft, ihrer Erscheinung oder ihres Verhaltens nicht oder noch nicht in die Gemeinschaft der anderen eingegliedert sind (Aggression gegen Außenseiter). Hier ist bewußte und energische Erziehung jeweils an Ort und Stelle zur Begründung und Stärkung der Achtung vor allen Mitmenschen gefordert.

Je nach Art und Ursache der Aggressivität sind also bei aggressiven Schülern *ganz unterschiedliche Hilfsmaßnahmen angezeigt*.

Zahlenrelation Schüler : Lehrer. Leider gibt es *materielle* Voraussetzungen für die Verwirklichung von Zielen, die *im Geistigen* liegen. Dazu gehören geringe Schülerzahlen in Schulklassen. Nur dann können die Kinder im Unterricht oft genug aktiv sein (»drankommen«), und nur dann hat der Lehrer die *Zeit* dazu, sich hinreichend mit dem Einzelkind zu befassen. Bei großen Klassen ergeben sich besondere psychologische Systemeigenschaften der »Masse«, und überdies treten oft *Disziplinprobleme* in den Vordergrund, vor allem wenn verhaltensgestörte und deshalb schwer ansprechbare Kinder in der Gruppe sind. Das hat verhängnisvolle Nachteile: Alle Kinder gewöhnen sich an ein autoritär geleitetes Sozialgefüge; und den verhaltensgestörten Kindern wird nicht mit Geduld, genügendem Zeitaufwand und Verständnis begegnet. Fast alles auf den letzten Seiten Gesagte steht und fällt sowohl mit der Einsatzbereitschaft des Lehrers als auch mit der Anzahl der Schüler, für die er verantwortlich ist.

Natürlich gibt es Lehrer, die schon bei 15 oder 20 Kindern pro Klasse überfordert sind. Das ändert aber nichts daran, daß der pädagogische Erfolg und damit die Hilfe für die Kinder mit wachsender Klassengröße von einem bestimmten Grenzwert an steil abnimmt.

Information über kindliche Verhaltensstörungen in der Lehrerausbildung. Problemkinder bedürfen der pädagogischen Zuwendung ganz besonders, und ihnen gegenüber genügt der gesunde Menschenverstand durchaus nicht immer. Man kann zwar nicht alle Lehrer in psychologischer Diagnostik und Therapie ausbilden, aber jeder Lehrer sollte fähig sein,

– bei Schulkindern zu unterscheiden zwischen vorübergehenden Unarten und solchen Verhaltensweisen, die den Verdacht auf seelische Störungen zulassen;

– sich gegenüber Schulkindern mit leichten seelischen Störungen vorsichtig zu verhalten, damit er die Erkrankung nicht verschlimmert;

– beim Verdacht auf seelische Störungen mit den Eltern zu sprechen und Hilfe für das Kind durch Erziehungsberatung oder Psychotherapeuten zu vermitteln.

Um die Lehrer hierzu zu befähigen, sollte ein auf die Schulpraxis bezogenes Seminar über Verhaltensstörungen in ihre Ausbildung einbezogen werden. Auch sollten Fortbildungskurse die schon im Amt befindlichen Lehrer informieren. Ihnen sollte auch schriftliches Informationsmaterial zur Verfügung gestellt werden.

Denjenigen, die dagegen einwenden, man sollte die Kinderpsychotherapie *entweder ganz oder gar nicht* lehren, weil der auf diesem Gebiet nur oberflächlich informierte Lehrer mehr Schaden als Nutzen stifte, sei geantwortet: Die Lehrer sind entscheidende Bezugspersonen für jedes Kind und damit auch für jedes verhaltensgestörte Kind. Sie treten dem verhaltensgestörten Kind notwendigerweise besonders aktiv als Erzieher gegenüber. Sie sollten über alle Informationen verfügen, die ihnen die *Chance* bieten, den Kindern besser zu helfen.

Schulpolitische Fehlentwicklungen aus Mangel an kinderpsychologischem Wissen. Manche Fehlentwicklungen der Schulpolitik und Schulwirklichkeit, die sich in den letzten Jahrzehnten vollzogen haben und die nur mühsam und langsam rückgängig gemacht werden können, wären nicht eingetreten, wenn die Reformer und sonstige Verantwortliche über genügend Kenntnisse der Kinderpsychologie und Verhaltenslehre des Kindes verfügt hätten; denn die schönsten Theorien gehen in die Irre, wenn sie grundlegenden psychologischen und verhaltensbiologischen Gegebenheiten widersprechen. Beispielsweise ist es problematisch besonders für Schulanfänger und Grundschüler, sich wegen des Fachunterrichts zugleich an mehrere Lehrerpersönlichkeiten mit unterschiedlichem Unterrichtsstil anpassen zu müssen. Die Kinder sind dadurch weniger menschlich gebunden. Ferner ist es zwar richtig, den Schülern das Gefühl eines *bedrängenden* Leistungsdruckes zu nehmen: Leistung sollte jedoch gefordert werden. Dies bedarf einer Stütze durch ein enges Lehrer-Schüler-Verhältnis und intensive individuelle Betreuung. Die Schüler auf verschiedene *Leistungsgruppen* zu verteilen, hat auf schwächere Schüler vielfach einen noch quälenderen Einfluß als schlechte Zeugnisse und verstärkt oft den psychischen Druck auf sie, anstatt ihn zu mildern.

Auf derselben Linie wie die vorstehenden Anregungen für Lehrer liegt eine große Anzahl weiterer Empfehlungen – erarbeitet und verabschiedet von der Kommission »Anwalt des Kindes« des Kultusministeriums Baden-Württemberg 1974 bis 1981 – als Wegweiser für die Verwirklichung von Schulverhältnissen, die der *Gesamtpersönlichkeit der Schulkinder* gerecht werden[1].

D 5. *Vorbereitung von Lehrern auf den Schulunterricht*
in Sexualkunde

Die Einführung der Sexualkunde in den Schulunterricht geschah vielfach mit dem Enthusiasmus, der das Durchbrechen eines Tabus zu
begleiten pflegt. Von seiten der Verhaltensbiologie ist jedoch mit großem Ernst zu fordern, daß auch die Lehrer selbst aufgeklärt werden,
und zwar über bestimmte *Gefahren*, die mit einem Sexualkunde-Unterricht *ungeeigneter* Form für die Schüler verbunden sein können.
Wer solche Gefahren prinzipiell für unbeachtlich hält, weil es sich
ja um reine Wissensvermittlung handele, sei daran erinnert: Die
Sexualkunde wurde in erster Linie eingeführt, um junge Menschen
für ihre spätere persönliche Lebensgestaltung von überkommenen
unbegründeten Hemmungen zu befreien, die in der Vergangenheit
viel Not und Leiden verursacht haben. Dieses Anliegen entspricht
einem *sozialethischen*, also *erzieherischen* Motiv. Die damit verbundene Wissensvermittlung hat demnach *dienende Funktion*. Die Lehrer haben in der Sexualkunde nicht allein Wissen zu vermitteln, sondern tragen auch die Verantwortung des Erziehers. Hieraus folgt:

In der *Lehrerausbildung* ist das *Problembewußtsein* dafür zu
erwecken, welche Züge und Merkmale eines Sexualkunde-Unterrichts neben der reinen Wissensvermittlung *begleitende Auswirkun-*
gen auf die Schüler haben können. Hierüber muß ein Lehrer Bescheid wissen, möglichst *bevor* er vor eine Klasse tritt, um diesen
Unterricht zu geben. Daher sollte die *Lehrerausbildung* ein auf die
Praxis des Unterrichts ausgerichtetes Seminar über die Vermittlung
der Sexualkunde enthalten, und zwar nicht nur im Fach Biologie,
sondern in allen Fächern, in denen heute – zum Teil um des innewoh-
nenden Motivationsgehaltes willen – sexuelle Fragen besprochen
werden, z. B. in Deutsch, Sozialkunde und Religionslehre. – Die folgenden Erörterungen befassen sich in diesem Sinne nicht mit den
Sachinhalten des Sexualkunde-Unterrichts, sondern allein mit dessen sozialethischer bzw. erzieherischer Seite.

Risiken ungewollter Auswirkungen des Sexualkunde-Unterrichts.
Der besondere Inhalt des sexualkundlichen Unterrichts bringt es mit
sich, daß ein Lehrer – mag er versuchen, noch so sachlich zu sein –
junge Menschen mit dem, was er sagt und wie er es sagt, seelisch und
sexuell heftig erregen kann, und zwar in Abhängigkeit von deren
Wesensart, Alter, Vorwissen und seelisch-geistiger Familienatmo-
sphäre. Aus diesem Grunde *können* folgende Gegebenheiten unter

Umständen in unvorhersehbarer Weise auf Schülerinnen und Schüler wirken:

Einseitige Betrachtungsweisen, die den Blick für die Gesamtwirklichkeit der Liebe zwischen Mann und Frau einengen können:
- rein biologisch-medizinische Betrachtungsweise;
- rein psychoanalytische Betrachtungsweise;
- rein geistige Betrachtungsweise.

Verunsichernder Assoziationsgehalt des sexualkundlichen Vokabulars verschiedener Herkunft:
- anatomische und medizinische Fachausdrücke, die für manches Kind, je nach Alter, verfremdend und lebensfern klingen können;
- an pathologischen Vorgängen und Vorstellungsbildern orientierte Fachausdrücke für normales Geschehen, vor allem in der psychoanalytischen Terminologie, an die sich die Erwachsenen längst gewöhnt haben und keine inhaltsbezogenen Assoziationen mehr knüpfen;
- Vulgär-Ausdrücke von der Straße, wodurch das Sexuelle für das Empfinden auf eine niedere Ebene gezogen wird.

Erzeugen hemmender Assoziationen durch das Nebeneinander von sexuellen und sonstigen Inhalten sowie durch unkontrollierte »atmosphärische« Wirkung des Unterrichts auf Schulkinder:
- Verknüpfung sexueller Inhalte mit Ängsten, Abneigung, Ekel, beispielsweise durch bildliche Veranschaulichung der Symptome von Geschlechtskrankheiten;
- im Falle sexueller Erregung unabsichtlich entstehende Fixierungen, beispielsweise auf Gegenstände (Fetischismus); auch die kaum sicher ausschließbare Möglichkeit einer ungewollten Auswirkung auf Kinder, falls Sexualkunde von einem homosexuellen Lehrer erteilt wird;
- Sich-Identifizieren von Schülern mit Lehrern, die selbst unter sexuellen Traumata, Verklemmungen oder Fixierungen leiden, und bewußtes oder unbewußtes Übernehmen von deren Beziehung zur Sexualität.

Entprivatisierung des Sexuellen, d. h. dessen Herausnahme aus dem privaten Bereich (Intimbereich) und sein Einführen als Wirkungsglied in die Gruppendynamik des schulischen Lebens:
- Verknüpfung sexuellen Verhaltens mit gruppeninternem Sozialprestige, mit den Folgen der Degradierung des Partners zum Werkzeug zugunsten egoistischer Interessen sowie mit der Konsequenz des Gruppendrucks (Konformitätsdruck) auch auf diejenigen, die auf

diesem Gebiet sensibler oder weniger vital sind und hierdurch in Minderwertigkeitsgefühle oder in Depressionen gedrängt werden können;

– Distanzierung durch Versachlichung: Entzauberung durch Umwandlung in Schulbuchwissen; ungewollte Förderung der Auffassung »sexueller Betätigung« als Konsumgut oder als psychohygienisches Mittel zur eigenen Spannungsabfuhr – mit der Gefahr, diesen Bereich später nicht mehr als integrierenden Bestandteil in eine den ganzen Menschen umfassende Liebespartnerschaft einfügen zu können.

Die vorstehenden Gesichtspunkte weisen auf *Probleme* hin und sollten allen Lehrern bewußt sein, die Unterricht in Sexualkunde erteilen. Zwar ist das *Wissen* über solche Gefahren kein Garant dafür, daß man sie wirklich zu *vermeiden* vermag; aber die Wahrscheinlichkeit, daß man Fehler begeht, wird geringer.

Sozialethische Zielsetzungen. Der Sexualkunde-Unterricht sollte nicht nur biologische Fakten vermitteln, sondern auch die ethische Haltung, sich für den Partner verantwortlich zu fühlen. Wenn jeder vor allem sein eigenes Glück und Vergnügen sucht, ohne sich auf den anderen in Liebe, Einfühlung und Verantwortung einzustellen, dann ist die körperliche Liebe durch Selbstsucht bestimmt, also das Gegenteil von Liebe und Partnerschaft. Hierzu kommt die Verantwortung für das Kind, das möglicherweise ins Leben gerufen wird, dann die Frage der möglichen Beendigung der Liebesbeziehung, ohne daß der Partner seelisch zerstört wird. Auch erhebt sich die Frage des Mißbrauchs der körperlichen Liebe, der Schattenseiten wie Prostitution, Vergewaltigung etc. Die Vermittlung von Wertmaßstäben durch den Lehrer erfordert auch das Gespräch mit den Eltern, um Einigkeit in den Erziehungszielen zu gewinnen.

Zugrunde liegendes Menschenbild. Die Besprechung von Sexualität und Liebe gewinnt an Eindringlichkeit, je umfassender innerhalb dieses Bereichs sowohl die *Natur* des Menschen als auch seine *seelisch-geistige* Seite erfaßt wird. Hierzu trägt die *Verhaltensbiologie* auf dreierlei Weise bei:

– Sie bringt die Vielfalt an biologischen Triebfedern und sonstigen Wirkungsgliedern, die in diesen Bereich hineinspielen, zum Bewußtsein (Antriebe, Schlüsselreize, Ersatzbefriedigung, Vorgänge der Reifung und der Prägung, Neugierde, Schamgefühl etc.);

– sie gibt Aufschluß über die Gefahrenträchtigkeit bestimmter Umweltwirkungen (sexuelles Trauma, Fixierungen anläßlich sexueller Anregung von Kindern);

– sie erläutert die Wirksamkeit und auch die Grenzen seelisch-
geistiger und kultureller Einflüsse auf das Verhalten und die Entscheidungen des Menschen (Grundgesetz der menschlichen Verhaltenssteuerung, S. 16; Entscheidungsfreiheit, S. 436–445).

Gerade im Bereich von Sexualität und Liebe sind die eben genannten *drei* Aspekte erforderlich – keiner darf fehlen –, um vor
den nach Orientierung suchenden Jugendlichen ein Menschenbild
zu entwickeln und zu vertreten, das der Wirklichkeit, auch wo
sie deprimierend ist, gerecht wird, zugleich aber auch die einzig-
artigen Möglichkeiten des Menschen zum Ausdruck bringt, das
Natürliche und das Seelisch-Geistige zu einer höheren Einheit zu
verbinden.

D 6. *Information für Juristen*

Richter, Anwälte und Rechtspfleger haben beruflich vorwiegend mit
Menschen zu tun, die sich in Ausnahmesituationen befinden: im
Konflikt miteinander oder im Konflikt mit dem Gesetz. Um Gerechtigkeit üben zu können, müssen die Gerichte alle für den zu beurtei-
lenden Tatbestand bedeutsamen Umstände berücksichtigen; dazu
gehören in besonderem Maße die inneren Ursachen menschlichen
Verhaltens. Zwar sind die Gerichte in ihren Entscheidungen an das
jeweils gültige Gesetz gebunden; aber das Gesetz determiniert kaum
jemals ihre Entscheidungen völlig: Im gegebenen Rahmen des Gesetzes entscheiden die Richter eigenverantwortlich. In diesem Spielraum des Ermessens werden ihre Kenntnisse über die Verhaltenssteuerung des Menschen wirksam (siehe z. B. die Abschnitte VIII C 8
und C 9, S. 587 ff.). Das anthropologische Wissen von Richtern und
Anwälten entscheidet also mit über das künftige Schicksal von Menschen oder Menschengruppen.

*Gerichtliche Entscheidungen im Zusammenhang mit Kindesmiß-
handlungen.* Die Wichtigkeit von vielseitigen anthropologischen
Kenntnissen sei an einem Beispiel veranschaulicht: Über *Kindesmiß-
handlungen* müssen Vormundschafts- und Strafrichter u. a. folgendes
wissen:

– Kindesmißhandlung ist ein typisches Wiederholungs-Delikt.

– Besonders gefährdet sind Kinder mit organischen und seelischen
Störungen, die ein zusätzliches Maß an Geduld erfordern.

– Besonders gefährdet sind ferner unerwünscht geborene Kinder
sowie solche Kinder, die aus einem Heim oder einer Pflegestelle nach

langer Trennung zur leiblichen Mutter zurückkehren; denn sie haben naturgemäß erhebliche Eingewöhnungsschwierigkeiten, die die Eltern belasten und ihnen pädagogische Fähigkeiten abfordern, die sie womöglich nicht besitzen.

– Besonders gefährdet sind auch Kinder in Familien mit Partnerschaftsproblemen auf Grund von Arbeitslosigkeit, Alkoholmißbrauch u. ä.

– Werden mißhandelte Kinder vor Gericht gefragt, ob sie wieder nach Hause wollen, so bejahen sie dies in der Regel auch dann, wenn sie dadurch nach den bisherigen Vorkommnissen in Lebensgefahr kämen. Daher ist es besser, diese Frage im Falle *schwerer* Kindesmißhandlung *nicht* zu stellen. Dies ist einer der ganz wenigen Ausnahmefälle, in denen der Schutz einer bestehenden Kind-Eltern-Bindung – wegen der Lebensgefahr für das Kind – *nicht* vorrangig ist.

Die Durchsicht dieser fünf Aussagen zeigt deutlich, was jeweils im Einzelfall beachtenswert ist – weniger für die Bemessung des Strafmaßes für die Eltern als zur Einleitung von Hilfsmaßnahmen zum Schutze des Kindes: Therapie für die Eltern, Verbesserung ihrer Lebenssituation, freiwillige Erziehungshilfe, Familienhelferin zur Entlastung der Mutter, sozialpädagogische Erziehungshilfe, nur im äußersten Fall Herausnahme des Kindes.

Jugendgerichtsbarkeit. Gegen einen Rechtsbrecher kann die Gesellschaft aus sechs verschiedenen Gründen tätig werden:

– um ein Vergehen zu sühnen (*Vergeltung*);

– um den Rechtsbrecher zu erziehen (*»Besserung«, Resozialisierung*);

– um ihn und andere abzuschrecken, Verbrechen zu begehen (*Abschreckung*);

– um die Gesellschaft vor Wiederholungsdelikten zu schützen (*Schutz der Gesellschaft*);

– um den angerichteten Schaden von ihm wiedergutmachen zu lassen (*Wiedergutmachung*);

– um das *Vertrauen in die allgemeine Rechtssicherheit* zu erhalten. Von diesen sechs Motiven stehen manche im engen Zusammenhang miteinander. Beispielsweise wäre eine erfolgreiche Abschreckung (3. Motiv) zugleich ein Schutz der Öffentlichkeit (4. Motiv). Andererseits widersprechen sich manche Motive in ihrer *Wirkung*: Eine zu späte Sühne (1. Motiv) – und Gerichtsverfahren erfolgen fast immer in diesem Sinne viel zu spät – wird erlebnismäßig nicht mehr mit dem im Gedächtnis verblaßten Vergehen verknüpft; die in der Regel bei Jugendlichen noch vorhandene Sühnebereitschaft ist abgeklungen, und die späte Sühne führt deshalb zu keinem Lernerfolg (siehe Abschnitt II F 3, S. 110), also auch zu keiner Besserung (2. Motiv), sondern eher zum Haß auf die Gesellschaft und damit zur Erhöhung der Wahrscheinlichkeit für weitere Straftaten. Verhaltensbiologisch günstig wäre *schnelle* Verurteilung mit Schwerpunkt auf *Wiedergutmachung*.

Jugendliche Rechtsbrecher im Strafverfahren. Jugendliche, die die Ordnung verletzt haben, können sich bei Vernehmungen und Verhandlungen sehr unterschiedlich verhalten. Zwei extreme Möglichkeiten: Sie reagieren mit Resignation oder Depression und sagen kein Wort während der Verhandlungen; oder sie provozieren ihr Gegenüber durch Flegelhaftigkeit und zur Schau getragene Reuelosigkeit. Diese letzteren Jugendlichen sind indessen keineswegs unempfindlich; denn sie fühlen sich selbst tief verletzt, wenn man sie ähnlich grob behandelt. Sie leiden nicht selten unter einer extremen Ich-Schwäche, die sie hinter Gebärden oder Äußerungen von Macht und Kraft verstecken oder in Haß, Racheimpulse und Aggressivität ummünzen, so daß es ihnen ohne Hilfe nicht gelingt, in ein sinnvolles Gleichgewicht mit sich selbst und ihrer Umwelt zu kommen. Oft stören angestaute Antriebe ihr inneres Gleichgewicht und fördern kriminelles Verhalten. Hier kommt es darauf an, daß die Partner der Jugendlichen, z. B. die Ermittlungsbeamten und Jugendrichter, einen Zugang zum Kern der Persönlichkeit der Jugendlichen finden. Gerade solche Beamten sollten für ihre Aufgabe durch ihre Persönlichkeit und ihre Ausbildung hoch qualifiziert sein; es geht auch hier um menschliche Schicksale.

Nach erster Verurteilung: Strafaussetzung und Versuch einer Resozialisierung. Ein Strafvollzug, wie er heute noch vielfach gehandhabt wird, führt kaum jemals zur Resozialisierung und macht damit den Rückfall wahrscheinlicher. Das soll nicht heißen, daß man es dem jugendlichen Delinquenten ersparen sollte zu erfahren, daß die Gesellschaft nicht bereit ist, sein Verhalten hinzunehmen. Deshalb sollten durchaus Strafen ausgesprochen werden. Doch ist es bei Jugendlichen angebracht, Haftstrafen zur Bewährung auszusetzen – sofern der Jugendliche nicht vorsätzlich Menschenleben gefährdet oder ausgelöscht hat. Die gewonnene Zeit sollte zum Abschluß einer Schul- oder Berufsausbildung genutzt werden; unbedingt notwendig wäre die Bereitstellung einer Lehrstelle oder eines Arbeitsplatzes. Die

Jugendlichen sollten in der Bewährungszeit lernen, stetige Arbeit zu leisten. Die Arbeit sollte, wenn irgend möglich, direkt oder indirekt auch zum Wiedergutmachen des angerichteten Schadens beitragen. Nach § 15 des Jugendgerichtsgesetzes kann der Richter dies dem Jugendlichen als besondere Pflicht auferlegen.

Es ist eine zwar schwere, aber keineswegs aussichtslose Aufgabe, bei jugendlichen Straftätern die Resozialisierung zu versuchen. Führend auf diesem Gebiet ist das Jugendhilfswerk Freiburg (D-78 Freiburg, Fürstenbergstraße 21). Die Anzahl der Bewährungshelfer müßte so weit vergrößert werden, daß jeder von ihnen nicht mehr als 6 junge Menschen zur Betreuung hat (zur Zeit sind es mancherorts mehr als 50!). Er sollte sich in der Regel jedem mehrmals in der Woche widmen können und jederzeit bereit sein, Kontakt zu pflegen, wenn es notwendig ist.

Freilich ist es oft unumgänglich, Jugendliche von ihrem bisherigen Milieu fernzuhalten. Besonders wer *in der Bewährungszeit rückfällig* wird, sollte später in einem therapeutisch-pädagogischen Heim oder einer entsprechenden Wohngruppe weiter betreut werden. Institutionen, in denen eine langzeitige fachgerechte Betreuung möglich wäre, könnten manchen gefährdeten Jugendlichen davor bewahren, zum Gewohnheitsverbrecher zu werden

Strafvollzug bei Jugendlichen. Ist der Vollzug einer Freiheitsstrafe nicht mehr zu umgehen, so sollte auch die Zeit der Gefangenschaft unter dem Zeichen der Therapie und der Einübung in das spätere Leben in der Gemeinschaft stehen. Dabei sollte u. a. dreierlei angestrebt werden:

– psychotherapeutische Maßnahmen innerhalb des Strafvollzugs in Gruppen und in Einzelgesprächen mit dem Ziel der Selbstfindung, Einsicht in die eigene Problematik, Veränderung des Mißtrauens und der negativen Gestimmtheit; und Aufbau positiver sozialer Kontakte, sei es mit einem Meister der Werkstatt, einem Sozialarbeiter oder einem Mitglied freiwilliger Sozialdienste;

– Nutzung des Freiheitsentzugs zu einer modernen, praxisnahen Berufsausbildung, die eine Existenzgründung unmittelbar nach der Entlassung ermöglicht; mit Unterstützung durch einen Bewährungshelfer Suche nach Arbeitsplatz und Wohnung, so daß sogleich nach der Entlassung ein geregeltes Leben beginnen kann;

– Bezahlung nach Tarif, damit der Gefangene durch die selbstverdienten Geldmittel seinen finanziellen Verpflichtungen, die aus seiner Straftat stammen, schon zum Teil nachkommen und nach der

Entlassung, schon bevor der erste eigene Verdienst einkommt, Möbel u. ä. anschaffen kann.

Trennung verschiedener Kategorien von jugendlichen Gefangenen. Wie mehrfach in diesem Buch angedeutet, gibt es Verhaltensstörungen von Kindern und Jugendlichen, die als besonders schwer beeinflußbar gelten müssen. Es würde die eben gekennzeichnete Therapie gefährden, wenn zu den Therapiegruppen *unansprechbare* Mitglieder gehörten, die allein durch ihre Anwesenheit eine Art »Anti-Therapie« betreiben und die Resozialisierung der übrigen Jugendlichen gefährden würden. Die Trennung zwischen »Kategorien verschiedener Prognose« setzt eine sorgfältige Psychodiagnose aller Jugendlichen voraus, die mit dem Gesetz in Konflikt geraten sind. Ferner sollten Jugendliche, die *erstmals* eine Freiheitsstrafe verbüßen, unbedingt von Wiederholungstätern streng getrennt bleiben.

Schwerste Verbrechen. Bei Mord, Totschlag, bei Gewalt- und Sexualverbrechen Jugendlicher, die zu schweren körperlichen oder seelischen Verletzungen des Opfers geführt haben, tritt das vierte der oben genannten Motive für die Reaktion auf Verbrechen in den Vordergrund: der Schutz der Gesellschaft. Hier bleibt in der Regel keine andere Wahl als die langfristige Abtrennung des Täters von der Öffentlichkeit. Denn die Fähigkeit zu solchen Taten zeigt – außer in Ausnahmefällen – die besondere Schwere einer psychischen Störung oder Erkrankung an. Kein Fachmann wird hier garantieren können, daß sich die Verbrechen eines psychisch belasteten (Trieb)-Täters nicht wiederholen. Nach einer solchen Tat wird der Schutz möglicher künftiger Opfer vor Wiederholungstaten, aber damit auch der Schutz des Täters vor sich selbst zur vorrangigen gesellschaftlichen Pflicht. Eine besondere Aufgabe wird darin bestehen, den abgeschirmten Lebensraum solcher früheren Straftäter so zu gestalten, daß sie auch in diesem begrenzten Rahmen ein befriedigendes Leben führen, soweit das möglich ist.

D 7. *Verhaltenslehre des Kindes in Berufsausbildung und Studium*

Milieubedingte Verhaltensstörungen des Kindesalters und Kinderpsychotherapie als Universitätsfach. In sehr verschiedenen Fachgebieten der Universitäten und der Pädagogischen Hochschulen sind Aspekte kindlicher Verhaltensstörungen von Bedeutung; diese Fächer sind insbesondere: Kinderheilkunde; Psychiatrie, vor allem

Kinder- und Jugendpsychiatrie; Erziehungswissenschaften; Psychologie, Tiefenpsychologie; Bürgerliches Recht, Strafrecht sowie Kriminologie; Biologie, Anthropologie, vergleichende Verhaltensforschung.

Gemeinsame Pflege von Diagnose und Therapie. Die künftigen Forschungs- und Ausbildungsstellen der Universitäten für milieubedingte Verhaltensstörungen im Kindesalter und für Kinderpsychotherapie sollten gleiches Gewicht auf die *Diagnose* und die *Therapie* von Verhaltensstörungen legen. Die Diagnostik und die Therapie der Verhaltensstörungen gehören ebenso in eine Hand wie beim Arzt die Diagnostik und Therapie körperlicher Krankheiten. Dies läßt sich aus dem üblichen Verlauf einer Therapie ablesen:

Die Mutter oder eine andere Bezugsperson stellt das Kind vor und schildert die Verhaltensstörung. Durch Befragung des Erwachsenen wird die Anamnese erhoben. Durch Gespräch und Tests wird das Kind untersucht. In den nächsten Tagen oder Wochen kommt das Kind zunächst mit seiner Bezugsperson, später allein in die Therapiestunde. Im Verlauf der Therapie klärt und vertieft sich die Diagnose durch die Reaktionen des Kindes. Daraufhin modifiziert der Therapeut, wenn nötig, seine Behandlung. Während dieser Zeit holt er auch Berichte der Eltern über die Veränderungen im Verhalten des Kindes ein; er rät den Erziehern, wie sie sich gegenüber dem Kind verhalten sollen, und er studiert dieses Verhalten ein. An den Verhaltensänderungen des Kindes im Verlauf der Therapie liest der Therapeut den Heilungsvorgang ab. Hier sind Diagnose und Therapie eng miteinander verknüpft, beide bedingen sich gegenseitig. Würde die Erst-Diagnose von einem »Nur-Diagnostiker« durchgeführt werden, so müßte er doch dem Therapeuten *alles* genau berichten; dieser wiederum müßte dem Diagnostiker alle *seine* Beobachtungen mitteilen, damit die Diagnose vertieft werden kann. Insgesamt müßten beide jeweils so genau die Arbeit und die Arbeitsergebnisse des anderen kennen, daß von einer *zeitsparenden Arbeitsteilung* keine Rede mehr sein kann. Hier sollte man daher von vornherein *eine nur historisch bedingte Spezialisierung aufheben*, weil sie sachlich nicht zu begründen ist, und die bisherigen Spezialeinrichtungen zusammenführen.

Schlußgedanken. Alle vorstehend genannten Bemühungen sollen den in Verhaltensschwierigkeiten geratenen Kindern zu späterem harmonischem Erwachsenenleben, zu Arbeitsfähigkeit und erfülltem Dasein verhelfen. Dem Staat ersparen sie zugleich die ungleich höheren Kosten für die Unterbringung und für die Therapie von verhaltensauffälligen oder dissozialen Kindern und Jugendlichen in Erziehungsheimen, heilpädagogischen Heimen oder klinischen Abteilungen sowie für die verschiedenen Arten der Fürsorge und Nachsorge der Gefangenen und ihrer Familien. Hier verlangen humanitäre und ökonomische Anliegen zum Glück dieselben Maßnahmen.

D 8. *Gestaltung der menschlichen Umwelt*

Die Städteplaner und Architekten sind mitverantwortlich dafür, wie weit die Menschen in der Zukunft dazu fähig sein werden, ihre Kinder vor Belastungen zu bewahren. Die Architektur eines Wohnhauses und die innere Struktur eines Stadtteils oder einer Siedlung können den Bemühungen, Kinder kindgemäß aufwachsen zu lassen, feindlich oder freundlich sein. Was einmal gebaut ist, kann von den späteren Bewohnern nur in ganz geringen Grenzen abgeändert werden, und nur ein Teil der Menschen kann unangenehmen Bedingungen ausweichen und umziehen.

Die Städteplaner und Architekten müssen daher in besonderem Maße über die Bedingungen für das Wohlbefinden von Kindern aller Altersstufen, von Jugendlichen, Heranwachsenden und auch von Erwachsenen Bescheid wissen, die ja als Eltern wieder auf ihre Kinder Einfluß nehmen. Dabei stehen die im Einzelfall unauffälligen und schwer erkennbaren, aber langfristig wirksamen Bedingungen im Vordergrund.

Einige Beispiele sollen veranschaulichen, welche Zusammenhänge zwischen der Vorsorge gegen Verhaltensstörungen und der Architektur bzw. Städteplanung bestehen und welche Art von Gedankengängen den Architekten und Städteplanern in Fleisch und Blut übergehen muß (künstlerische und planerische Originalität kann sich *innerhalb* dieses Rahmens entfalten):

– Zu *Kinderzimmern* sollten *geräumige* und nicht die kleinsten Zimmer der Wohnung dienen; Einbau von Kletterwänden u. a.

– Entweder sollte die Küche groß genug sein, um einen Eßplatz zu bieten, wo die Kinder auch malen und basteln können; oder der Eßplatz sollte durch eine Tür mit der Küche verbunden sein, so daß Kind und Mutter genügend Kontakt halten können.

– Auf die *Schallisolierung* zwischen den Wohnungen, den Stockwerken und gegen den Umweltlärm ist immer mehr Wert zu legen;

nur so ist den Eltern und Kindern die Notwendigkeit zu ersparen, die Lebendigkeit des Daseins, die nun einmal mit Geräusch verbunden ist, immer wieder ängstlich oder mit Hilfe von Ermahnungen und Strafen zu dämpfen.

– Die Wohnungen im Parterre und 1. Obergeschoß sollten Familien mit Kindern vorbehalten sein, damit auch ein *Kleinkind* selbständig und ohne Lift-Benutzung zum nahen Spielplatz gelangen und die Mutter in Notfällen schnell zu Hilfe kommen kann.

– Wohnen in Hochhäusern ist aus den verschiedensten Gründen für Kinder aller Altersstufen belastend. Der Platzbedarf für schmale Reihenhäuser mit kleinen Gärten ist nicht größer als der für Hochhäuser mit umgebenden Rasenflächen.

– Die Spielplätze für die Kleinsten und die Küchen in den Wohnungen sollen derart aufeinander bezogen werden, daß die Mütter die Kinder vom Küchenfenster aus sehen können; anderenfalls neigen ängstliche Mütter dazu, die Kinder mehr daheim zu behalten.

– Im Falle von Wohnblöcken oder Hochhäusern sollen Spielplätze genügender Anzahl und Größe und vielseitig genug angelegt werden; der Bewegungsdrang muß ausgelebt werden können. Möglichkeiten zum Hindurchkriechen, zum schnellen Rennen, zum Klettern, zum Ballspielen und zum Bauen müssen gegeben sein, ein asphaltierter Platz für das Rollerfahren und Rollschuhlaufen, ein mit quadratischen Platten belegter Platz für »Hinke-Pinke«, Kreiselspiele etc. Ein Bolzplatz (Fußball) für größere Kinder sollte in weiterer Entfernung vom Spielplatz der Kleinen liegen.

– Alle Spielplätze sollen von vornherein so liegen, daß die Lebensäußerungen der Kinder (Bewegung, Lärm) und die Wünsche der Erwachsenen (nach Ruhe) nicht fortwährend in Konflikt geraten.

– Die Rasenflächen im Rahmen der Spielplätze müssen weit genug sein und größere Bäume und Büsche zum Versteckspielen und als Schattenspender für heiße Tage besitzen. Viele gut konstruierte Papierkörbe (nebst der gewissenhaften elterlichen Anleitung der Kinder, sie zu benutzen) sind wichtig, um die Gebiete sauberhalten zu können.

– Reihenhäuser (auch schmale) sind familienfreundlicher als Etagenwohnungen: Der Garten läßt sich mit Sandkasten und Planschwanne für die Kleinsten ausstatten. Die Nähe zur Mutter ist gesichert. Das durch Mahlzeiten oder Schlafen unterbrochene Spiel kann fortgesetzt werden, ohne daß zuvor – wie im Sandkasten öffentlicher Spielplätze, wo zwischendurch andere Kinder spielen –

alles Eigentum eingesammelt werden müßte. Keller und Speicher von Reihenhäusern sind phantasievoll zu nutzen. Öffentliche Spielflächen und Spielplätze erübrigen sich in dem Maße, in dem Reihenhäuser mit kleinen Gärten oder Schrebergärten in das Wohngebiet eingefügt sind.

– Um ihre Freunde und deren Familien besuchen zu können und um ihre Wohnheimat selbständig zu erforschen und zu begreifen, müssen die Kinder sich auf den Straßen in Wohngebieten ohne dauernde Lebensgefahr bewegen können; hierauf sind die Verkehrsplanung und die Verkehrsgesetzgebung auszurichten. Beispielsweise ist die Höchstgeschwindigkeit für Autos auf Straßen, die keine Fernstraßen sind, drastisch zu senken, um die derzeitig unverantwortlich hohe Unfallgefahr für Kinder herabzusetzen. Radwege und Ampeln sorgen für Verkehrssicherheit, und der Autoverkehr auf den Straßen läßt sich durch die Verbesserung des öffentlichen Nahverkehrs verringern.

– In neu zu errichtende Siedlungen sind von vornherein genügend *Kleingartengebiete* einzuplanen, und zwar möglichst *zwischen* die Wohnblocks, so daß sie die Siedlungen auflockern. Sie geben dem menschlichen Bedürfnis für das eigene Revier Raum, fördern aber zugleich das freundschaftliche Miteinander mit den Gartennachbarn sowie Geselligkeit in Gartenfesten etc. Die Gartenhäuschen sollen individuell gestaltet sein anstelle genormter Eintönigkeit. Kinder können dort spielen, Pflanzen wachsen sehen, ein eigenes Beet pflegen, eine Höhle bauen, die in Büschen brütenden Singvögel beobachten. In der künftig vielleicht noch weiter zunehmenden Freizeit haben Familien dort eine gesunde Beschäftigungsmöglichkeit (Gegengewicht zur sitzenden Lebensweise im Beruf!), ohne durch Autofahrten die Straßen verstopfen zu müssen. Wer aus ästhetischen oder standesbedingten Gründen Kleingärten ablehnt, muß sich sagen lassen: Autogaragen, die überall als strukturlose Klötze zwischen den Häusern stehen, verdienen die Ablehnung viel mehr; denn sie sind häßlich und dienen dem Auto. Kleingärten dienen nicht nur den Erwachsenen, sondern auch den *Kindern*. Dies gilt um so mehr, je näher sie den Wohnungen liegen.

– Zu jeder neuen Siedlung gehören nicht nur Einkaufszentren und Schulen, sondern auch Kindergärten, Jugendzentren und ein Seniorenheim. Der ältere Mensch muß nahe der Familie und den Kindern wohnen können, zum Pflegen lebendiger Familienbeziehungen, zum gemeinsamen Feiern und zu gegenseitiger Hilfe. Der Entschluß, in ein Seniorenheim zu ziehen, fällt leichter, wenn die Nähe und Verbindung zur Familie erhalten bleibt. Auch in schon bestehende Stadtteile läßt sich bei Gelegenheit einer Stadtteil-Sanierung nachträglich ein kleineres Senioren-Wohnheim einfügen. Altersheime sollten Pflegemöglichkeit bieten, damit auch bei schweren Alterserkrankungen die bekannte räumliche und menschliche Nachbarschaft erhalten bleibt. Die Kinder sollen nicht in eine Welt hineinwachsen, in der vor ihren Augen die alten Menschen aus ihrer Nähe verschwinden.

D 9. *Politischer Schlußgedanke*

Entscheidungen, die unsere Lebensbedingungen gestalten oder verändern – z. B. die Entscheidung zum Bau einer Schule oder einer Straße –, richten sich nach bestimmten *Wertmaßstäben*. Diese Wertmaßstäbe sind uns meist nicht bewußt – sie offenbaren sich oft erst durch die Entscheidungen selbst. Bei vielen Entscheidungen nimmt man etwas in Kauf. Der Wert, dessen Minderung man in Kauf nimmt, wurde in der betreffenden Entscheidung an die zweite Stelle der Werteskala gesetzt.

Betrachtet man, mit Blick auf die entscheidungswirksamen Wertmaßstäbe, die heutige Situation der *Kinder*, so rangiert deren Wohl und Wehe weit hinter einer langen Reihe von anderen Werten. Man nimmt Nachteile für Kinder leicht in Kauf, wenn es um Interessen von Erwachsenen geht. Eine junge Frau sagte in einem vom Fernsehen aufgezeichneten Gespräch: »Aus emanzipatorischen Gründen war ich genötigt, mein Kind in ein Heim zu geben.« Sie setzte ihre eigene Selbstverwirklichung an die erste Stelle der Werteskala, und sie nahm den Nachteil für das Kind in Kauf. Sie lieferte damit ein Beispiel für die Aussage: Die *Entscheidungen selbst* offenbaren unsere *entscheidungswirksamen Wertmaßstäbe*.

Dieses Beispiel liegt lange Jahre zurück. Viele Familien betreuen ihre Kinder vorbildlich; und es bestehen zahlreiche Einrichtungen und Initiativen, die den Kindern dienen. Die letzten Jahrzehnte haben große Fortschritte gebracht. Aber noch heute geschieht es Tag für Tag sowohl im privaten Rahmen wie auf politischer Ebene, daß Erwachsene ihre Anliegen den Bedürfnissen von Kindern vorziehen: Wenn etwa junge Paare Kindern zwar das Leben schenken, diese aber bald um ihres *eigenen* Fortkommens willen anderweitig betreuen lassen, wobei ihnen die Bedürfnisse des Kindes vielfach gar nicht zum Bewußtsein kommen; oder wenn es die Generation der Erwachsenen einerseits hinnimmt – und nicht unablässig auf Abhilfe dringt –, daß die Anzahl von Erziehern (Kindergarten), Lehrern und von Bewährungshelfern zu Lasten der betreuten Kinder, Jugendlichen oder Heranwachsenden auf unverantwortlich niedrigem Niveau bleibt; daß sie andererseits aber – Jahr für Jahr – durch ihre Repräsentanten Milliardensummen etwa an pauschalen Lohn- und Gehaltsverbesserungen *verlangt und bewilligt*, obwohl erhebliche Anteile dieser Mittel gar keine bestehende Not mildern, sondern für breite Bevölkerungsschichten nur die Wohlhabenheit mehren und die Bequemlichkeit des Lebens steigern. So ordnet die heutige Bevölkerung durch ihr Verhalten und Entscheiden, wie wenn das selbstverständlich wäre, die Anliegen der Kinder denjenigen der Erwachsenen unter.

Dieses Buch vertritt *im Ernst* das Anliegen und will dazu beitragen, daß in der Bevölkerung, die ja nach tragfähigen Werten sucht, andere als die zur Zeit herrschenden entscheidungswirksamen Wertmaßstäbe führend werden. Wir können uns eine Gesellschaft vorstellen und vertreten das Ziel, sie herbeizuführen,

– in der vor allen Entscheidungen zuerst danach gefragt wird: Wie wirkt sich das Kommende auf das Wohl von Kindern aus?, und

– in der für diejenigen, die dann die Entscheidung fällen, das Wohl der Kinder die entscheidende Rolle spielt.

Wir glauben, daß eine solche innere Haltung der Mitglieder einer Gesellschaft keine speziell darauf zugeschnittene Sozialstruktur voraussetzt, sondern mit jeder politischen Ausrichtung vereinbar ist.

In den Umweltkrisen der letzten Jahre, z. B. anläßlich der radioaktiven Wolke aus Tschernobyl (April/Mai 1986), war man sich einer Belastung vieler Nahrungsmittel bewußt. Hierbei hätten sich in der Öffentlichkeit und bei den Verantwortlichen die Sorge und das Bedürfnis regen können, Säuglinge, Kleinkinder und Kinder *vordringlich* vor den aufgetretenen Gefahren zu schützen, so z. B. für unbelastete Nahrung für werdende und stillende Mütter, Säuglinge und Kinder zu sorgen. Daß eine solche Haltung kaum in Ansätzen bemerkbar war, wirft ein Schlaglicht darauf, wie gering heute noch bei den Verantwortlichen der Wichtigkeitsrang des Anliegens ist, *besonders unsere Kinder* vor Gefahren zu bewahren. Vorwiegend *Eltern*gruppen wurden aktiv.

Vielfältige Kenntnisse über den Menschen gestatten uns heute, Prioritäten besser als früher zu erkennen und humanere Entscheidungen zu fällen. Der Wandel der Einstellungen und der Einsatz von Geldmitteln, um Belastungen und Fehlentwicklungen abzuwenden, müssen folgen, um den Kindern zu geben, was ihnen zusteht.

E. Zusammenfassung

1. Drei Prinzipien der Vorsorge gegen Verhaltensstörungen lauten:
– kein naturgegebenes Bedürfnis so weit unbefriedigt lassen, daß es chronisch ansteigt;
– den Kindern keine Bedingungen für entwicklungsnotwendige (phasenspezifische) Lernprozesse vorenthalten;
– die Kinder vor seelisch krankmachenden, ihre spätere Lebenserfüllung beeinträchtigenden Hemmungen und Fixierungen bewahren.

Hieraus ergeben sich zahlreiche Einzelgrundsätze der Betreuung und Erziehung, von denen 22 in Abschnitt A 1 (S. 510/511) zusammengestellt sind.

2. In einer Familie, in der Kinder aufwachsen, steht das Sorgen um deren Wohl im Mittelpunkt der Lebensgestaltung. Darum ist die gesellschaftliche und öffentliche Anerkennung der Bedeutung der Familie eine wichtige allgemeine Bedingung für die Förderung des Kindeswohls; denn die in der Gesellschaft herrschenden entscheidungswirksamen Wertmaßstäbe bestimmen es in ungezählten Einzelfällen, wieviel Zeit und wie große Anteile ihres Lebenseinsatzes die Eltern ihren Kindern widmen (A 2).

3. Staatliche und wirtschaftliche Maßnahmen von direkter oder indirekter Wirksamkeit zugunsten von Kindern sind u. a. Steuerfreibeträge, Kindergeld, beitragsfreie Mitversicherung von Kindern in der gesetzlichen Krankenversicherung, freier Schulbesuch, Erziehungsberatungsstellen, Hilfsmaßnahmen in Familienkrisen, aber auch – für Mütter älterer Kleinkinder und Schulkinder – die Bereitstellung von Halbtagsarbeitsplätzen (A 2).

4. Um es alleinerziehenden Elternteilen zu ermöglichen, ihr Kind von dessen Geburt an bis zum dritten Lebensjahr ganztätig selbst zu betreuen, wurde in Baden-Württemberg das Modellprojekt »Mutter und Kind« ins Leben gerufen – eine Kombination von wirtschaftlicher Hilfe, Gruppenveranstaltungen und persönlicher Beratung (A 3).

5. Zur Unterstützung von Familien und Kindern gehört auch die

öffentliche Aufklärung zur Stärkung der geistigen Selbständigkeit gegenüber irreführenden Schlagworten und herrschenden Meinungen (A 4).

6. Wenn junge Eltern ihr Kind ganztägig von den Großeltern betreuen lassen, so müssen sie mit der Möglichkeit rechnen, daß sich das Kind durch individuelle Bindung vorwiegend an die Großmutter anschließt. Eltern und Großeltern sollten wissen, welche Probleme daraus erwachsen können. Diese Kenntnis, verbunden mit Liebe, Besonnenheit und gegenseitiger Achtung, kann das Zusammenwirken zum Wohl des Kindes erleichtern (B 1).

7. Der Bindungsvorgang von Adoptivkindern an ihre neuen Eltern ist von gleicher Art wie bei leiblichen Kindern; er ist ein naturhaft-biologisches und zugleich ein seelisch-geistiges, zum Wesen des Menschen gehörendes Geschehen. Aus diesem Grund hat die Beziehung der Adoptiveltern zu ihren Kindern gerade auch in der Sicht der Verhaltensbiologie die gleiche Würde wie die leibliche Elternschaft. Wenn irgend möglich, sollten alle adoptionsfähigen Kinder bis zu ihrem 3. Lebensmonat zu ihren vorgesehenen neuen Eltern übersiedeln (Frühadoption) (B 2).

8. Wenn eine Mutter nach der Geburt ihres Kindes dessen Pflege nicht übernehmen kann und das Kind daraufhin zur Adoption freigibt, um ihm eine ungestörte Entwicklung zu ermöglichen, dann sollte diese Entscheidung zum Wohle des Kindes als pflichtbewußt und verantwortlich anerkannt werden (B 2).

9. Pflegeeltern von Kindern, deren Eltern *vorübergehend* (z. B. krankheitshalber) ausfallen, sind für das Kind die *Stellvertreter* der leiblichen Eltern und haben die Aufgabe, die Bindung des Kindes zu den Eltern zu stützen und zu pflegen (B 3).

10. Konnte ein in Dauerpflege betreutes Kind keine Kind-Eltern-Bindung zu seinen *leiblichen* Eltern knüpfen bzw. aufrechterhalten, so würden ihm seine *Pflege*eltern durch absichtliches *Vermeiden* einer gegenseitigen liebevollen und sicheren Bindung einen inneren Halt verweigern, der für die kindliche Persönlichkeitsentwicklung unentbehrlich ist; nichts ist für die Selbstfindung eines Kindes schlimmer, als für die Dauer lediglich auf Abruf angenommen zu sein, also keine wirkliche menschliche Heimat zu besitzen (B 3).

11. Heime für den Daueraufenthalt von Kindern entsprechen nur dann den Anforderungen für eine kindgemäße seelisch-geistige Persönlichkeitsentwicklung, wenn sie *Familienstruktur* besitzen, jedes Kind also eine *bleibende* Hauptbetreuerin besitzt, an die es eine

sichere Dauer-Bindung knüpfen kann; dem trägt auch die weit verbreitete Einführung der Betreuung der Kinder in Außenstellen (z. B. Einfamilienhäusern) Rechnung (B 4).

12. Die Kinderdörfer der verschiedenen Trägerorganisationen erfüllen bestmöglich die Forderungen, die an die Betreuung und Erziehung von Kindern außerhalb ihrer Herkunftsfamilie zu stellen sind (B 5).

13. Die Kibbuz-Erziehung vereinigt in sich die sichere Bindung der Kinder an beide Eltern und das Aufwachsen in kleinen Gruppen von vier Kindern unter der Obhut einer (im Idealfall entsprechend ausgebildeten) Metapelet, d. h. Kinderfrau. Diese Betreuungsform ist nicht auf städtische Verhältnisse übertragbar (B 5).

14. Die Tagespflege von Säuglingen und ein- bis zweijährigen Kleinkindern durch Tagespflegemütter und in Tageskrippen birgt unter unseren jetzigen gesellschaftlichen Verhältnissen das Risiko in sich, daß das kindliche Bedürfnis nach sicherer Zugehörigkeit, Bindung und Kontinuität der Betreuung nicht genug befriedigt wird, beispielsweise weil die ganztätig berufstätigen Mütter nicht die für das Sich-Binden erforderliche gemeinsame Zeit mit dem Kind verbringen können oder weil zu wenige und noch dazu wechselnde Betreuerinnen für die Kinder zur Verfügung stehen (B 6, B 7).

15. Kindergärten sind nur sinnvoll, wenn sie für das Kind die Gelegenheit zum Spielen, zum Zusammensein mit Spielgefährten und zum Sprechen mit Erwachsenen *erweitern*. Wenn wegen zu großer Kindergruppen das Gehorchenmüssen dominiert und Lärm und Streit als *bedrängend* empfunden werden, können vor allem schüchterne Kinder Schaden erleiden. Intellektuelle Lernleistungen dürfen nicht gefordert werden (B 8).

16. Manche schwer verhaltensgestörte Schulkinder bedürfen zumindest vorübergehend einer heilpädagogischen Sonderbeschulung. In Abschnitt B 9 sind dreizehn pädagogische Prinzipien hierfür zusammengestellt worden.

17. Viele Säuglinge und Kleinkinder erleiden im Krankenhaus zusätzlich zu ihrer Erkrankung einen Trennungsschock, dessen tiefgehende Folgen sich oft erst nach der Rückkehr ins Elternhaus offenbaren. Für Kinder dieses Alters ist die Krankenhausaufnahme zusammen mit ihren Müttern dringend zu empfehlen. Zehn weitere Empfehlungen sind listenmäßig aufgeführt (B 11).

18. Setzt man die entwicklungsstörende Wirkung der Mutterentbehrung mit derzeitig gültigen Rechtsnormen in Beziehung, so folgt

daraus der Rechtsanspruch eines jeden Kindes auf eine bleibende betreuende Bezugsperson. Ansatzpunkte für die Herleitung sind: das Recht auf freie Entfaltung der Persönlichkeit (GG 2,1), das Recht auf Erziehung (GG 6,2 sowie JWG 1,1 und 1,3) und die Verpflichtung zur »Lebensgemeinschaft« in der Ehe (BGB § 1353, 1) (C 1).

19. Durch Zeugung, Schwangerschaft und Geburt entsteht leibliche Elternschaft. Blutsverwandtschaft allein ist ein biologisches Faktum, erzeugt aber von sich aus noch keine Kind-Eltern-Bindung. Diese entsteht – mit oder ohne leibliche Verwandtschaft – im Verlauf des *Zusammenlebens* durch *prägungsähnliches Lernen*: ein sowohl biologisch-naturhaftes als auch seelisch-geistiges, damit also spezifisch menschliches Geschehen (C 2).

20. Der Tatbestand *leiblicher* Verwandtschaft (Blutsverwandtschaft) ist – z. B. bei ungewisser Vaterschaft – gar nicht wahrnehmbar (er bedarf zu seiner Feststellung wissenschaftlicher Verfahren), und er ist als bloßer biologischer Tatbestand nicht bindungswirksam. Sofern Blutsverwandtschaft trotzdem menschliche Bindungen stiftet oder verstärkt, gründet sich das auf das *bewußte Kennen* der Verwandtschaftsbeziehungen und auf deren *Bewertung*, also – trotz des biologischen Hintergrunds – auf *geistige* Vorgänge (C 2).

21. Ist bei einem Kind durch einen prägungsähnlichen Lernprozeß eine Kind-Eltern-Bindung entstanden, so steht die Erhaltung dieser Bindung unter dem Schutz des Gesetzes, unabhängig davon, ob es sich um die *leiblichen* Eltern oder um Pflegeeltern handelt, an die sich das Kind gebunden hat (C 2).

22. Für die ohne leibliche Elternschaft entstandene Kind-Eltern-Bindung wurde der Ausdruck *faktische Elternschaft* geprägt. Das Bestehenbleiben faktischer Elternschaft ist ein konstitutiver Bestandteil des Kindeswohls (C 3).

23. Falls die Unterbringung eines Kindes umstritten ist und von einem Gericht entschieden werden soll, muß dieses die für das Kind *am wenigsten schädliche Alternative* ermitteln. Hierfür sind entscheidungserheblich: die derzeitigen Liebesbindungen des Kindes und der Erwachsenen; die künftig zu garantierende Kontinuität der Betreuung; die bisherigen Schicksale des Kindes; sowie weitere drei auf Seite 571 formulierte Gesichtspunkte (C 4).

24. Das Sorgerecht für ein Kind an bestimmte Erwachsene zu übertragen, damit das Kind *deren* Probleme lösen helfe (Elternschwierigkeiten, Drogenabhängigkeit), verstößt gegen den Grundsatz, keine Menschen als Mittel zum Zweck zu verwenden. Auch ist

ein aus seinen Bindungen herausgerissenes Kind selbst hilfebedürftig und keineswegs in der Lage, anderen aus ihren Schwierigkeiten herauszuhelfen (C 5).

25. Falls für ein Kind ein Unterbringungswechsel unumgänglich ist, sollte versucht werden, den Übergang spannungsarm zu gestalten. Ist das wegen gegenseitiger Feindschaft zwischen den abgebenden und den annehmenden Betreuern unmöglich, so sollte ein Beistand für das Kind beim Übergang gewonnen werden. Im Zweifelsfall sollte – analog zur »Verhandlungsfähigkeit vor Gericht« – die »Milieuwechsel-Fähigkeit« des Kindes überprüft und nach negativem Ergebnis der Unterbringungswechsel ausgesetzt werden (C 6).

26. *Zweistufige* Unterbringungswechsel von Kindern – von der Familie in ein Heim und vom Heim in eine andere Familie – sind als seelische Vergewaltigung abzulehnen (C 7).

27. Wenn Kinder geschiedener Elternpaare das Treffen mit dem anderen (»umgangsberechtigten«) Elternteil nachhaltig ablehnen, so geschieht dies niemals ohne einen für dieses Kind existentiell wichtigen Grund, vielfach aus tiefer Angst. Die Bezugspersonen des Kindes und Familiengerichte sollten diese Entscheidung des Kindes achten und keinen direkten oder indirekten Zwang auf das Kind ausüben, weil dies nachhaltige Persönlichkeitsschäden zur Folge haben kann (C 8).

28. Wenn Pflegeeltern für ein Pflegekind zu dessen faktischen Eltern geworden sind und das Kind auf Besuche bei seinen leiblichen Eltern mit Angst und Verhaltensstörungen reagiert, verstößt eine zwangsweise Fortsetzung solcher Besuche gegen das Kindeswohl; die Besuche sollten ausgesetzt werden (C 9).

29. Zur besseren Wahrung des Kindeswohls würden beitragen: volle gerichtliche Parteifähigkeit des Kindes von Geburt an; Zulässigkeit von Unterbringungswechseln nur, um Gefahren vom Kind abzuwenden, und nur nach rechtskräftigen, nicht mehr anfechtbaren Urteilen; kurze Rechtsmittelfristen und durchgreifende Maßnahmen zur schnellen Erledigung in allen Vormundschaftsfragen; obere Grenzen für die Anzahl der Vormundschaften, die eine Einzelperson übernehmen darf (C 10).

30. Soweit Behandlungsmethoden der Enuresis auf die *Harnblase* und *deren zentralnervöse Steuerung* zielen, ist von ihnen nachdrücklich abzuraten, weil sie nicht an dem für das Leiden verantwortlichen Funktionsort angreifen und erhebliche Nebenwirkungen nicht auszuschließen sind (D 1).

31. Die Eltern sollten alles tun, um das Kind von seinem Kummer, der die aktuelle Ursache seines Bettnässens ist, zu befreien, und ihm das Gefühl vermitteln, angenommen und geborgen zu sein. Die Wäscheprobleme sollten unauffällig und ohne Beschämung für das Kind gelöst werden (D 1).

32. Bei der üblichen Form der Enuresis sollte in der Regel *zuerst* die psychologische Untersuchung erfolgen und erst nach *Ausschluß* psychogener Verursachung die urologische. Dies gilt besonders, wenn die körperliche Untersuchung mit einer psychischen oder seelischen Belastung von Kindern und Eltern einhergeht (D 2).

33. Anläßlich mancher Therapiemaßnahmen bedürfen Kinder der seelischen Unterstützung durch fachkundige Berater, z. B. beim Stillegen in Gipsbetten sowie vor und nach Phimoseoperationen (D 3).

34. Solange Säuglinge und Kleinkinder *weinen*, sollten an ihnen wegen der Gefahr nachteiliger Assoziationsbildung nur im Notfall ärztliche Maßnahmen durchgeführt werden (D 3).

35. Sofern die Behandlung von Schulkindern mit Beruhigungsmitteln, Psychopharmaka und anderen auf die Psyche wirkenden Drogen darauf hinausläuft, seelische Lebensprobleme auf medikamentösem Weg aus der Welt zu schaffen, sollte man die darin liegende Gefahr für die Persönlichkeitsentwicklung einkalkulieren; man sollte erwägen, auf diese Art der Behandlung bei Kindern grundsätzlich zu verzichten, vielleicht mit der einzigen Ausnahme einer auf wenige Tage beschränkten Verabreichung zu Beginn einer psychotherapeutischen Behandlung (D 3).

36. Anerkennung und Lob wirken anregend auf Schüler; Strafe, Gleichgültigkeit und Tadel haben oft schwer zu übersehende Folgen und sind unsicher in der Wirkung. Herabsetzendes Ansprechen der Person des Schülers ist prinzipiell ein pädagogischer Fehler (D 4).

37. Wegen der Verknüpfung zwischen Antrieben und Straferlebnissen soll man ein unruhiges Schulkind nicht nachsitzen lassen, ein aggressives nicht nur zurechtweisen und strafen, einem antriebsschwachen keine Strafarbeiten aufgeben, denn all dies hilft dem Kind kaum. Die Ausbildung der Lehrer sollte Lehrveranstaltungen über Verhaltensstörungen enthalten, um sie über die Möglichkeiten der Hilfe für verhaltensgestörte Kinder aufzuklären (D 4).

38. Im Rahmen der Lehrerausbildung für den *Sexualkunde-Unterricht* in der Schule ist die Aufmerksamkeit auch auf mögliche unbeabsichtigte begleitende Auswirkungen dieses Unterrichts auf Schüler

und Schülerinnen verschiedener Altersstufen zu lenken und hierfür ein entsprechendes Problembewußtsein zu wecken (D 5).

39. Nach einer erstmaligen Verurteilung sollte bei jugendlichen Rechtsbrechern alles Menschenmögliche getan werden, um ein Abgleiten ins Gewohnheitsverbrechertum zu verhindern: Die Strafe sollte ausgesetzt und die Bewährungszeit mit Begleitung durch einen Bewährungshelfer zum Abschluß von Ausbildungen, zur psychotherapeutischen Behandlung und, soweit möglich, zur Wiedergutmachung des angerichteten Schadens genutzt werden (D 6).

40. Ein für Jugendliche eingesetzter Bewährungshelfer sollte nicht mehr als sechs junge Menschen zu betreuen haben, um sich jedem einzelnen wirklich eingehend zuwenden zu können. Die derzeitige Anzahl an verfügbaren Bewährungshelfern muß dieser Forderung entsprechend drastisch erhöht werden (D 6).

41. In der Haft (auch Untersuchungshaft) sollten Jugendliche, vor allem wenn sie erstmals dort sind, von älteren Kriminellen und von Wiederholungstätern streng getrennt bleiben (D 6).

42. Es ist davon abzuraten, die Diagnose und die Therapie von Verhaltensstörungen in die Hände zweier verschiedener Berufsgruppen zu legen. Auch in der Ausbildung sollte beides jeweils mit gleichem Gewicht gelehrt und gelernt werden (D 7).

43. Die Architektur der Wohnhäuser und die Struktur neu zu planender oder zu sanierender älterer Stadtteile müssen so beschaffen sein, daß sie den unterschiedlichen Bedürfnissen der Generationen gerecht werden. Künstlerische und planerische Originalität muß sich innerhalb des damit gegebenen Rahmens entfalten. Der Abschnitt enthält eine Liste von Forderungen, die sich u. a. auf Wohnungen, Spielplätze und (Klein-)Gärten beziehen (D 8).

44. Dieses Buch will zu einem Wandel der politischen und sozialethischen Gesinnung beitragen: Wenn verschiedene Anliegen, die (direkt oder indirekt) das Dasein von Kindern berühren, gegeneinander in Konkurrenz treten, soll das *Wohl der Kinder* für die Mehrzahl der Wähler und der maßgebenden Politiker aller Ebenen den obersten Rang in der Stufenleiter der entscheidungswirksamen Werte einnehmen (D 9).

Nachwort zur Neubearbeitung 1987

Im Verlauf der Arbeiten zur Vorbereitung der neuen Auflage hat sich die Stellung dieses Buches im Rahmen des übrigen einschlägigen Schrifttums verdeutlicht: Es ist kein wissenschaftliches Handbuch. Es zielt nicht darauf ab, den aktuellen Forschungsstand auf allen behandelten Teilgebieten vollständig zu erfassen. Dies läßt sich bereits am Literaturverzeichnis erkennen. Das Anliegen dieses Buches besteht vielmehr darin, aus der Fülle der heutigen Kenntnisse solche Aussagen auszuwählen, anschaulich darzustellen und wissenschaftlich bestmöglich zu begründen, die für das Verständnis der Verhaltensentwicklung von Kindern und für ihre Betreuung und Erziehung bedeutsam sind.

Der zweite Hauptteil dieses Buches, die Verhaltensbiologie der Tiere (Kap. IV und V), arbeitet, wo dies möglich ist, Wirkungszusammenhänge der Verhaltenssteuerung heraus, die in abstrakten Schaltbildern, zum Teil auch in mathematischen Formeln, dargestellt werden. Dadurch sind die Wirkungszusammenhänge losgelöst vom Einzelfall, an dem sie erarbeitet wurden, und es läßt sich herausfinden, ob sie auch im menschlichen Verhalten vorkommen und sich daraus Erklärungen für Verhaltensstörungen bei Kindern ableiten lassen. Hierdurch sind die drei Teile des Buches, so unterschiedlich sie sind, miteinander verbunden.

Zusätzlich zur 1. Auflage (1973), die zweimal unverändert nachgedruckt wurde (1978 und 1980), ist die Behandlung unter anderem folgender elf Themen neu eingefügt worden:

– Muttermilch (Abschnitt II A 2);
– Wechselbeziehungen zwischen Säugling und Eltern (nach H. und M. Papoušek, Abschnitt II B 1);
– Kleinkind-Verhalten bei vorübergehender Trennung von der Mutter (nach J. und J. Robertson, Abschnitte III B 1 und B 2);
– Tag- und Bettnässen (nach G. Haug-Schnabel, Abschnitte III B 9, VII A 2 sowie VIII D 1 und D 2);

– »Festhalte«-Therapie beim frühkindlichen Autismus (nach N. und E. A. TINBERGEN und M. WELCH, Abschnitt III C 6);

– anatomische Hinweise auf die Traglingsnatur des menschlichen Säuglings (nach H. BÜSCHELBERGER, Abschnitt II C 2);

– Angst als Denkhemmnis für Schlußfolgerungen aus Erfahrungen und vorausgegangenen Überlegungen (Abschnitt VI A 5);

– Hilfen für nichteheliche Kinder und ihre Mütter (nach H. HASSENSTEIN, Abschnitt VIII A 3);

– Tagespflege, »Tagesmütter« (Abschnitt VIII B 6);

– Begriff der faktischen Elternschaft und Entscheidungshilfen in Vormundschaftsgerichtsverfahren (nach Anna FREUD, J. SOLNIT und A. J. GOLDSTEIN, Abschnitte VIII C 3 bis C 5);

– Umgangsrecht mit Kindern aus geschiedenen Ehen und mit Pflegekindern (nach R. W. KLUSSMANN, Abschnitte VIII C 8 und C 9).

In fünf Bereichen hat sich in den Jahren nach dem Erscheinen der ersten Auflage dieses Buches (1973) die Situation von Kindern außerordentlich verbessert. Diese Bereiche sind:

– Adoptionsrecht: Einführung der Volladoption und der Möglichkeit der Frühadoption;

– gesetzlicher Schutz der gewachsenen Eltern-Kind-Bindung (faktische Elternschaft);

– Familienstruktur in Heimen;

– Mutter-Kind-Zimmer (rooming in) in Entbindungsstationen;

– elterliche Mitbetreuung kranker Kinder im Krankenhaus.

Der bessere Schutz des Kindeswohls in diesen und anderen Bereichen wurde zum Teil durch einzelne Frauen und Männer sowie durch Zusammenschlüsse engagierter Bürger eingeleitet und nach deren vielfach langdauerndem Einsatz auch von öffentlichen Institutionen übernommen und abgesichert. Mehrere derjenigen, denen wichtige Fortschritte zu verdanken sind, wurden im Text verschiedener Kapitel dieses Buches genannt. Stellvertretend für die vielen anderen folgt nun eine Anzahl weiterer Namen von Einzelpersonen und Initiativen, die sich um das Kindeswohl besonders verdient gemacht haben; auch sie hatten jeweils Helfer, die ihre Aktivität mittrugen:

– Prof . Dr. W. METZGER: Erstellung eines wegweisenden Gerichtsgutachtens 1971 zum Schutz gewachsener Kind-Eltern-Bindung (faktische Elternschaft), abgedruckt in KLUSSMANN 1981 → 11 (1 p);

– Frau B. LÜDEMANN MdB: Eintreten für den Schutz der Kinder in der Pflegefamilie; Initiative zur Einführung des § 1632 (4) ins BGB → S. 531;

– Dr. H. D. WOLFF und Frau G. WOLFF mit Dr. C. L. WAGNER, Dr. med. PIEMONT, Frau EIDEN, Dr. H. NEDELMANN und Pater H. WACHENDORF: Initiativen zur Frühadoption, zur weiteren Verbesserung des Vormundschaftsrechts und – gemeinsam mit Dr. K. CONRAD und Prof. Dr. H. SCHÄFER – Gründung der Liga für das Kind in Familie und Gesellschaft;

– Dr. A. MEHRINGER: Verbesserung der Heimstruktur;

– H. D. SCHINK: überregionale Adoptionsvermittlung, Einsatz für Heimkinder;

– Frau L. SCHÖFFEL: Einsatz für einen Bewußtseinswandel bezüglich der Stellung alleinstehender Mütter; Initiative für die Gründung des Verbandes alleinstehender Mütter und Väter; in dessen Rahmen gemeinsam mit Frau B. GILBRIN und Frau Dr. H. STÖDTER Initiative für die Einrichtung der Unterhaltsvorschußkasse sowie eines Service-Hauses; Einsatz für das Erlangen der Vormundschaft der Mütter für ihr nichtehelich geborenes Kind;

– Frau I. FOLKERTS: Übernahme und Durchsetzung der Forderung nach täglichen Besuchen und nach Mithilfe der Mutter bei der Betreuung ihres Kindes im Krankenhaus; »Aktion Kind im Krankenhaus« → S. 553;

– Dr. med. H. VON LÜPKE: Verwirklichung der Forderung nach täglichen Besuchen und Mithilfe der Mutter bei der Betreuung ihres frühgeborenen Kindes im Inkubator: »Offenbacher Modell«;

– Frauengruppe Aktion »Muttermilch – ein Menschenrecht«: Einsatz für die Änderung aller Bedingungen, die zur Belastung der Muttermilch mit Schadstoffen beitragen.

Alle diese Namen stehen stellvertretend für zahlreiche weitere Initiativen, die – zum Teil unabhängig und ohne Wissen voneinander – an gleichen Zielsetzungen arbeiteten. Das gilt unter anderem für die Begründung und Durchführung von Kursen für Geburtsvorbereitung, besonders durch Hebammen, und für Stillgruppen.

Weiterführung des Modells »Mutter und Kind«. Das Modell »Mutter und Kind« (Abschnitt VIII A 3, S. 515–521) wurde 1974 nach verhaltensbiologischen Gesichtspunkten erarbeitet als Alternative zur Tagesfremdbetreuung von Säuglingen und Kleinkindern alleinerziehender Mütter (ledig, verwitwet, geschieden). Erstmalig wurden Geldmittel statt an Institutionen zur Fremdbetreuung von Kindern direkt an die in Not befindliche Mutter gegeben, so daß sie keine außerhäusliche Berufstätigkeit aufnehmen muß, sondern ihr kleines Kind bis zur Vollendung seines dritten Lebensjahres selbst betreuen kann. Das Modell »Mutter und Kind« ist geeignet für Mütter, die selbständig oder auch mit gewisser Unterstützung die Betreuung und Erziehung ihres Kindes zu leiten vermögen und die bereit und fähig sind zur Kooperation mit den Betreuerinnen. Sie sollten einen Beruf erlernt haben bzw. sich als Auszubildende bewähren. Für Mütter, die Probleme in ihrer Lebenssituation und Wesensart haben, sind um der Kinder willen andere Hilfen notwendig.

Das erste Modell »Mutter und Kind« wurde 1975–1978 durchgeführt. Es wird seitdem erfreulicherweise in Baden-Württemberg *weitergeführt:* Zur Zeit nehmen etwa 2500 Mütter mit ihren Kindern daran teil. Insgesamt waren es seit 1975 mehrere tausend Mütter und ihre Kinder. Das ist eine beeindruckende Zahl. Sie zeugt von einer großen staatlichen Hilfeleistung zum Wohle der Kinder. Mit der Durchführung des Modells »Mutter und Kind« und weiterer Hilfsmaßnahmen hat das Land Baden-Württemberg in Zusammenarbeit mit den Kommunen einen erheblichen Beitrag dazu geleistet, die Lebensbedingungen von Kindern alleinerziehender Mütter in den ersten drei Lebensjahren des Kindes zu verbessern, und zwar in einer Weise, die den Bedürfnissen des Kindes nach Bindung und fester Zugehörigkeit entspricht.

Bei der Konzeption des Modells »Mutter und Kind« spielten 1974 nicht Gesichtspunkte wie Arbeitsmarktlage, Schwangerschaftsabbruch, Selbstverwirklichung der Frau vorrangig im Beruf oder Lebenserfüllung als Hausfrau und Mutter eine Rolle, sondern vornehmlich das Kindeswohl von der Geburt des Kindes an.

Einige Bedingungen des Modells »Mutter und Kind«, das jetzt »Programm Mutter und Kind« heißt, wurden neuerdings geändert[1]: Der *Erziehungsbeitrag* wurde erhöht; eine *Zusage zur Teilnahme* kann bereits die werdende Mutter kurz nach Beginn der Schwangerschaft erhalten. Die *Anzahl der Betreuerinnen* pro Gruppe wurde auf eine verringert. Hinsichtlich der *Wohnformen* wurden gewisse Zugeständnisse gemacht. Während der Teilnahme am Modell sind *Ausbildung* (das bedeutet täglich 8 Stunden Ausbildungszeit plus Wegezeit) oder Teilzeitarbeit (täglich 4 Stunden plus Wegezeit) gestattet. Die hierfür in der amtlichen Broschüre genannte Vorbedingung »wenn der Mutter daneben ausreichend Zeit für die Erziehung des Kindes bleibt« muß dabei jedoch unerfüllt bleiben, weil die Mutter den größten oder einen großen Teil des Tages während der Wachzeit des Kindes abwesend ist und während dieser Zeit *Fremd*betreuung erforderlich wird. Die letztgenannten Bedingungen *widersprechen* daher der ursprünglichen Zielsetzung, zu deren Erreichung das Modell »Mutter und Kind« ins Leben gerufen worden war.

In den folgenden Abschnitten werden einige diskussionswürdige Teilfragen besprochen, die manchmal im Laufe der Durchführung des Modells »Mutter und Kind« erörtert wurden: *Heirat, Wohnformen, Aufgeben der Berufstätigkeit* sowie eine *Nebeneinanderstellung verschiedener Hilfen für alleinerziehende Mütter.*

Heirat einer Teilnehmerin. Hier ist die im Waldshuter Modellprojekt »Mutter und Kind« angewandte Regelung anzuraten: Die junge Frau nimmt, wenn sie es wünscht, weiterhin an den Veranstaltungen des Projekts teil und erhält auch die Kontaktbesuche wie bisher. Ferner wird der »Erziehungsbeitrag« bis zum Ende der Laufzeit des Projekts weiterbezahlt. Den Unterhalt für das Kind bilden weiterhin die Alimente oder – falls der Kindesvater nicht zahlt – die Sozialhilfe für das Kind. Beim Unterschreiten der Grenzen des Einkommens des Ehemanns werden die üblichen staatlichen Hilfen gewährt wie Wohngeld usw.

Würden mit der Eheschließung alle Beziehungen zur Gruppe, pädagogische und sonstige Hilfen der Betreuerinnen und die wirtschaftliche Unterstützung wegfallen, so könnte dieser Einschnitt doch so groß sein, daß deswegen die Eheschließung hinausgeschoben wird. Das läge nicht im Interesse des Kindes, da durch das tägliche Zusammenleben mit dem neuen Vater das Zusammengehörigkeitsgefühl wächst und damit die Bildung des Vater-Kind-Verhältnisses erleichtert wird. Ein Hinausschieben der Eheschließung läge auch nicht im Interesse der jungen Frau. Selbstverständlich kann die Teilnahme am Modellprojekt »Mutter und Kind« auf Wunsch der Mutter mit der Heirat beendet werden.

Konsequenzen verschiedener Formen des Zusammenlebens für die Mutter und insbesondere für das Kind. Eine alleinerziehende Mutter hat mancherlei Probleme zu bewältigen. Neben der Liebe zu ihrem Kind und Freude und Stolz über seine Entwicklung bringen sein Weinen und mögliche Krankheiten, die Pflichten als Mutter, Veränderung der eigenen Lebenspläne und Kritik der Mitmenschen mancherlei Belastungen, Sorgen und Verunsicherungen mit sich. Besonders der Kummer und die Enttäuschung über den Verlust des Partners sind schwer zu tragen. So sind einerseits der Wunsch nach Zuneigung und Zugehörigkeit sowie die Kontinuität der mitmenschlichen Beziehungen für Mutter und Kind wichtig; andererseits möchte die alleinerziehende Mutter nach eigenen Plänen unabhängig und selbständig die Aufgaben in dieser Lebenssituation meistern. Welche Vorzüge und Nachteile bieten verschiedene *Wohnformen* unter diesem Aspekt, insbesondere für das Kind?

Wohnen im Elternhaus. Die Frau, die während der Schwangerschaft bei den Eltern wohnte, wird unter folgenden Bedingungen dort auch nach der Geburt des Kindes bleiben: gutes familiäres Verhältnis, ausreichende Wohnungsgröße, d. h. ein eigenes Zimmer mit Kochgelegenheit für sich und ihr Kind, sowie die Möglichkeit, die Erziehung des Kindes allein und selbständig leiten zu können. Unter dieser Wohn- und Lebensbedingung ist für das Bedürfnis der Mutter nach Zugehörigkeit, Ansprache, Hilfe bei Problemen und verläßlicher Versorgung ihres Kindes bei Krankheit oder kurzzeitiger Abwesenheit gesorgt. Das Kind wächst in die größere Familiengemeinschaft und in vielfältige soziale Bezüge hinein. Die für die Mutter wie gleichermaßen für das Kind notwendigen Grundbedingungen Zuneigung, Verläßlichkeit und Kontinuität sind im mitmenschlichen Bereich erfüllt. Aber das Zusammenleben erfordert die Bewältigung der folgenden Aufgabe: Es muß ein gutes Gleichgewicht gefunden werden zwischen der Mitfreude der Familie an dem Baby und der Respektierung der Notwendigkeit, daß die Mutter als Hauptbezugsperson vornehmlich die Betreuung ihres Kindes in eigener Verantwortung durchführen kann. Die Betreuungsaufgabe darf weder von der Großmutter angestrebt noch an sie delegiert werden.

Herrscht jedoch kein einvernehmliches Verhältnis zwischen der werdenden Mutter und ihren Eltern, so ist es angeraten, daß die junge Frau eine eigene Wohnung bezieht, damit das Kind nicht durch verschiedene Erziehungsweisen und Familienstreitigkeiten verunsichert wird.

Eigene Wohnung. Der Wunsch, aus dem Elternhaus auszuziehen und in einer eigenen Wohnung zu leben, ist in der Regel begründet durch den Wunsch der alleinerziehenden Mutter nach selbständiger Lebensgestaltung und Erziehung ihres Kindes. Die verwitwete oder die geschiedene Mutter und die Mutter, die vormals bis zum Verlassenwerden mit ihrem Partner zusammenwohnte, leben ja in der Regel mit ihrem Kind in einer eigenen Wohnung. Günstig ist, daß das Alleinwohnen die selbständige Betreuung des Kindes in eigener Verantwortung, nach eigenen Vorstellungen ermöglicht. Aber mit dem Alleinwohnen können Einsamkeit, zu wenig Ansprache, zu wenig Rat und Hilfe in Lebens- und Erziehungsfragen und in Notlagen verbunden sein. Es erfordert Kräfte, die aus dem Alleinwohnen erwachsenden Probleme zu bewältigen.

Die Zugehörigkeit zum Modellprojekt »Mutter und Kind« für die Dauer von 3 Jahren ist bezüglich dieser Probleme sehr hilfreich. Die zur Gruppe gehörigen Frauen sind in gleicher bzw. ähnlicher Lebenslage, sie sind Ansprechpartner; Gedankenaustausch und gegenseitige Hilfe sind möglich. Auch die Betreuerinnen können in vielerlei Problembereichen helfen. Die alleinwohnende Mutter hat weiterhin – da sie nicht erwerbstätig sein muß – genug Zeit, um neben den Familienbeziehungen zusätzliche Kontakte nach freier Wahl zu knüpfen und diese zu pflegen, z. B. mit denjenigen Müttern, die mit ihr an den Geburtsvorbereitungs- und Säuglingspflegekursen teilgenommen hatten; sie kann sich auch einer Stillgruppe oder einer Selbsthilfegruppe Alleinerziehender, z. B. im »Verband alleinerziehender Mütter und Väter«, anschließen. Sie kann Besuche machen und empfangen und gemeinsame Unternehmungen mit anderen Müttern und deren Kindern organisieren bzw. daran teilnehmen. Nach dem Verlassenwordensein durch den Kindesvater fehlen oft die seelischen Kräfte zur Kontaktaufnahme; daher können Hilfen oder Ermutigungen durch die Betreuerinnen notwendig werden, um der Isolation von Mutter und Kind entgegenzuwirken.

Die eben genannten sozialen Kontakte der Mütter sind auch für die Kinder ein Gewinn. Das Zusammensein der Mütter mit ihren Kindern gibt den Kindern die Möglichkeit zum Einanderkennenlernen und zum Spielen miteinander in Gegenwart der Sicherheit gebenden Mutter.

Zusammenwohnen zweier befreundeter Mütter mit ihren Kindern. Im Falle der Freundschaft zweier Mütter ist das Problem der Isolation nicht akut, da Kontakte gepflegt und gegenseitig Rat und Hilfe gegeben werden können. Häufig wird nun die Ansicht vertreten, ein Zusammenwohnen könnte für jede der alleinerziehenden Mütter weitere Erleichterungen bringen. Möglicherweise müssen aber statt dessen beim engeren Zusammenleben zweier Frauen in einer Wohnung zusätzliche Probleme bewältigt werden, z. B. Meinungsverschiedenheiten über die Kindererziehung, über die Verteilung der Hausarbeitslasten und bezüglich der Lebensführung und sonstige Anpassungsschwierigkeiten. Auch können Probleme durch neue Partnerbeziehungen entstehen. Im Falle einer deswegen erfolgenden Trennung würden schwerwiegende Belastungen insbesondere für die Kinder durch den Verlust der anderen erwachsenen Bezugsperson und des Spielgefährten entstehen. Diese und weitere zu erwartende Schwierigkeiten lassen ein Zusammenwohnen in der Regel nicht angezeigt sein. Anzustreben ist, daß eine alleinerziehende Mutter lernt, ihr Leben unabhängig und selbständig zu gestalten.

Wohnen in der Wohngemeinschaft. Das Leben in einer Wohngemeinschaft bietet zwar die Möglichkeit zu sozialen Kontakten. Doch sind es in der Regel nur kurzzeitige Beziehungen, die Kontinuität ist nicht gesichert; denn die Fluktuation ist hoch, selten bleibt eine Gruppe mehrere Jahre beieinander[1]. Jedes Wegziehen eines einzelnen Erwachsenen oder eines Erwachsenen mit Kind würde den beteiligten Kleinkindern, die die Beweggründe für den Wegzug nicht nachvollziehen können, den Verlust vertrauter, oft auch geliebter Bezugspersonen bringen. Dadurch entsteht im Kinde ein Gefühl der Unsicherheit und der Unbeständigkeit der eigenen mitmenschlichen Lebenssituation sowie das Erlebnis mangelnder Verläßlichkeit der Erwachsenen, die aus unbegreiflichen Gründen kommen und gehen. Das gilt auch für den Fall, daß die Mutter selbst beschließt, aus der Wohngemeinschaft auszuziehen. Problematisch ist weiterhin die wechselnde Betreuung des Kindes durch die jeweils verfügbaren, hilfsbereiten Erwachsenen während zeitweiliger Abwesenheit der Mutter sowie die im System liegende leichtere Möglichkeit zu häufigerem Delegieren der Betreuung des Kindes.

Manchmal wird die Ansicht geäußert, das Wohnen in einer Wohngemeinschaft ermögliche oder erleichtere es einer alleinerziehenden Mutter, alsbald zu einem ihr erwünschten Zeitpunkt ihre Ausbildung zu beenden oder eine Arbeit aufzunehmen; durch die Verfügbarkeit von Mitgliedern der Wohngemeinschaft zur Mithilfe bei der Betreuung des Kindes wäre dies leichter zu verwirklichen. Dabei werden jedoch im Interessenkonflikt zwischen Mutter und Kind die Bedürfnisse des Kindes nach einer konstanten Bezugsperson außer acht gelassen: Einfühlsames, differenziertes gegenseitiges Kennenlernen und adäquates Reagieren von Mutter und Kind aufeinander, das Wachsen der festen Bindung, die durch die unvorhersehbaren Fährnisse des weiteren Lebens trägt, wären durch die Betreuungswechsel gestört. Argumente wie: das Kind würde viele Menschen kennenlernen und mit ihnen Freundschaft schließen, eine zu starke Bindung an die Mutter würde vermieden werden, das Kind würde sich anzupassen und durchzusetzen lernen usw., könnten für das spätere Leben eines Kindes gelten, nicht jedoch für den Säugling und das Kleinkind im Alter von 0–3 Jahren.

Ein so junges Kind wäre also durch das Aufwachsen in einer Wohngemeinschaft nicht in Lebensverhältnissen, die seinen Bedürfnissen entsprächen – es sei denn, die Mutter sähe die genannten Gefahren sehr deutlich und wäre imstande, ihnen mit festem Willen und mit durchgehender Konsequenz zu begegnen.

Zusammenleben in eheähnlicher Gemeinschaft. Es ist verständlich, daß die alleinerziehende Mutter mit dem Kindesvater oder nach dem Kennenlernen und Lieben eines neuen Partners den Wunsch hat, mit ihm zusammenzuwohnen. Ebenso wie zwei Mütter den Entschluß, zusammenzuziehen, reiflich bedenken müssen, muß eine alleinerziehende Mutter bedenken, ob es ratsam ist, ihre Selbständigkeit aufzugeben und mit einem Partner zusammenzuziehen, um in einer eheähnlichen Gemeinschaft zu wohnen. Um sich selbst und ihrem Kinde ein schweres Verlusterlebnis durch eine etwaige Trennung zu ersparen, müßte im voraus in einem sorgfältigen Entscheidungsprozeß abgeklärt werden, ob vom Partner eine Dauerbeziehung geplant ist, ob er dem Kinde herzlich zugeneigt ist und ob seine Ansichten über Erziehung mit denen der Mutter übereinstimmen. Ein äußeres Zeichen für die Bereitschaft zu eigener Verpflichtung und Verantwortung in bezug auf die eheähnliche Gemeinschaft ist unter anderem die Übernahme der anteiligen Kosten für den gemeinschaftlichen Haushalt durch den Partner.

Im voraus müßte so weit wie möglich sichergestellt werden, daß die alleinerziehende Mutter vor dem Risiko möglicher Ausbeutung durch einen nicht verantwortungsbereiten Mann geschützt wird, der die geregelten wirtschaftlichen Verhältnisse der Mutter ausnutzen will. Die Lebensrealität zeigt, daß eine solche Gefahr nicht von der Hand zu weisen ist. Ein erstaunlich hoher Anteil der leiblichen Väter zeigt keine Bereitschaft, ihren Teil der Verantwortung für ihr Kind und dessen Mutter zu übernehmen: Zahlt doch nur etwa die Hälfte der nichtehelichen Väter den gesetzlich festgelegten Unterhalt für ihr Kind. Sie überlassen damit der Mutter allein, zusätzlich zur Betreuung und Erziehung des Kindes bis zu dessen Erwachsenwerden, auch in wirtschaftlicher Hinsicht die Versorgung des Kindes.

Wenn eine alleinerziehende Mutter ihre Selbständigkeit aufzugeben beabsichtigt und in vorbehaltlosem Vertrauen mit einem Partner in einer Wohnung zusammenleben will, macht sie damit ihr eigenes Schicksal und das ihres Kindes von einem anderen Menschen abhängig. Im Falle einer Trennung käme es für das Kind zum Bezugspersonenverlust durch den Weggang eines möglicherweise sehr geschätzten Partners und zum enttäuschten Vertrauen sowie durch Auflösen der häuslichen Gemeinschaft auch zu einer großen Veränderung im täglichen Leben von Mutter und Kind. Das neuerliche Erleben des Verlassenwerdens und einer Enttäuschung in der Liebe wäre für die gutgläubige, oft noch unerfahrene junge Mutter ein schwerwiegendes Erlebnis, das auch das Kind durch den Kummer der Mutter belasten würde.

Das Zusammenwohnen kann also im günstigen Fall in seelischer Hinsicht und für das praktische Leben hilfreich sein; im ungünstigen Fall aber sind die Schwierigkeiten im Vergleich zum Alleinwohnen vervielfacht. Daher sollte das Zusammenwohnen einer alleinerziehenden Mutter und ihres Kindes mit einem Partner nur im Ausnahmefall und erst nach längerer Bedenkzeit erwogen werden. Auf alle Fälle muß zumindest gesichert sein, daß die Mutter selbst die *alleinige Mieterin der Wohnung* ist, damit sie im Konfliktfall in der Wohnung verbleiben kann.

Zum Problem des zeitweiligen Aufgebens der Berufstätigkeit der alleinerziehenden Mutter. Die Konzeption des Modellprojekts »Mutter und Kind« ist so gestaltet, daß sie dem Kind einer alleinerziehenden Mutter möglichst günstige Lebens- und Entwicklungsbedingungen schafft. Das Kind bedarf alle 3 bis 4 Stunden der einfühlsamen Betreuung vor, während und nach der Mahlzeit und des wechselseitigen Aufeinander-Eingehens mit der Mutter. Diese muß auch zwischendurch bei einer auftretenden Notlage zur Hilfeleistung verfügbar sein. Dadurch, daß die Mutter keine Existenzsorgen hat, unabhängig ist und Zeit genug für ihr Kind hat, kann sie seine Betreuung voll übernehmen, so daß sich die notwendige Bindung zwischen Mutter und Kind entwickeln kann, wie dies in Kapitel II B 2 (S. 52 ff.) beschrieben wurde. Damit kann die Befriedigung der Grundbedürfnisse des Kindes nach Bindung und Liebe, nach sicherer Zugehörigkeit, Wertschätzung, Kontinuität der Betreuung und individueller Anregung durch die Mutter als Haupt- und Dauerbezugsperson gewährleistet werden. – So wie das Kind ein Recht auf die Befriedigung der zu dieser Lebensphase gehörigen Bedürfnisse, hat auch die Mutter das Recht, denjenigen seelisch-geistigen Anteil ihrer Persönlichkeit, der durch die Mutterschaft begründet wird, zu entfalten und weiterhin die Kompetenz in Erziehung und Haushaltsführung zu erwerben, die in dieser Lebenslage notwendig ist. Ebenso wie es wünschenswert ist, daß Frauen im Berufsleben eine verantwortliche Leitung übernehmen, sollten sie auch in voller Kompetenz die Leitung der Erziehung ihres Kindes ausüben im Sinne ihrer Selbstvervollkommnung.

Als Erwachsene ist die Mutter imstande bzw. sollte sie in sich die Fähigkeit entwickeln und stärken, zielbedingt und zukunftsorientiert ihr Leben mit ihrem Kind und ihre spätere Berufstätigkeit zu planen und vorzubereiten. Nach der Betreuung ihres Kindes in dessen Kleinkindzeit hat sie in den dann kommenden 30 bis 40 Berufsjahren die Zeit, die Verwirklichung der ersehnten eigenen Gestaltung des persönlichen Lebens und der Berufstätigkeit anzustreben, soweit die Lebensumstände dies ermöglichen, und dabei durch die Zahlung der Rentenversicherungsbeiträge ihren Rentenanspruch zu sichern. Dagegen ist ein Kleinkind völlig gegenwartsbezogen: Es kann sich Zukünftiges nicht vorstellen, da es das Leben noch nicht kennt; geschweige denn kann es sein künftiges Leben planen. Es kann sich nicht einmal seine gegenwärtigen Bedürfnisse selbst erfüllen. Das Kind ist völlig abhängig. Es ist in Gegenwart und Zukunft darauf angewiesen, daß es eine feste Bezugsperson hat, die sich seiner annimmt. Da sich die Betreuung des Säuglings und Kleinkinds nicht mit ganztägiger außerhäuslicher Erwerbstätigkeit der Mutter vereinbaren läßt, muß entweder sie selbst für drei Jahre auf ihre Berufsausübung verzichten, oder sie muß dem völlig von ihr abhängigen und auf sie angewiesenen kleinen Kind die Fremdbetreuung zumuten. Die wirtschaftlichen und sonstigen Hilfen des Modells »Mutter und Kind« geben der Mutter die Möglichkeit, eine Entscheidung zugunsten ihres Kindes, ihres eigenen Erlebens der Mutterschaft, der allein verantwortlichen Leitung der Erziehung ihres Kindes und ihrer beider Gemeinsamkeit zu fällen.

Bezüglich ihrer künftigen beruflichen Situation bedarf die Mutter jedoch häufig einer Hilfe. Daraus ergibt sich zwingend: Es müssen Hilfen gewährt werden zur späteren Wiedereingliederung der alleinerziehenden Mutter in das Berufsleben. Der öffentliche Dienst, die Gewerkschaften, kirchliche und weitere Institutionen müssen durch *übereinstimmende Willensbildung* und *entsprechende Maßnahmen* Arbeitsplätze bereitstellen und mit Müttern besetzen, die um der Betreuung ihres Kindes willen zeitweilig ihre Berufstätigkeit unterbrochen hatten. Bei Halbtagsarbeit sollte es sich um versicherungspflichtige Arbeitsverhältnisse handeln.

So bedeutsam die entwicklungsfördernde Ausgestaltung der *ersten* Lebensjahre des Kindes ist, so beruht auch die *weitere* erfolgreiche Lebensentwicklung des Kindes auf dem Fortbestehen der guten Beziehung zur Mutter, deren aktivem Einsatz im Berufsleben und damit auf dem Vermeiden existentieller wirtschaftlicher Bedrohung und Abhängigkeit von der Sozialhilfe. Eine möglichst günstige Arbeitssituation ist für die Sicherung sowohl der wirtschaftlichen Bedingungen wie auch der Selbstachtung von Mutter und Kind für alle folgenden Jahre wichtig.

Nebeneinanderstellung einiger Hilfen für die alleinerziehende Mutter und ihr Kind und Verbesserungsvorschläge. Die Betreuung eines Kindes erfordert fast zwei Jahrzehnte lang einen großen Einsatz der Eltern. Das ist eine verantwortliche, überaus wichtige Aufgabe und Leistung, gilt es doch, einem Kinde durch die Art seiner Betreuung und Erziehung zu einer Entfaltung der angelegten Fähigkeiten zu verhelfen, so daß es später im Sinne der Selbstvervollkommnung sein Leben selbst zu gestalten vermag. Muß eine Mutter jedoch *allein* ihr Kind erziehen, steht sie vor einer schweren Aufgabe. Sie wird daher die verschiedenen Hilfsangebote in allen Konsequenzen prüfen müssen im Hinblick auf das Kindeswohl, ihre eigene Leistungsfähigkeit und Lebenssituation. Im Falle eines Interessenkonflikts zwischen den Bedürfnissen ihres Kindes und den eigenen ist eine Güterabwägung notwendig. Dabei ist die Kenntnis der in Kapitel II dargestellten Entwicklungsbedingungen des Kindes wichtig. Auch der Zeitfaktor spielt eine Rolle: Zeit haben für einen Menschen, Zeit haben für die Ausgestaltung des gemeinsamen Lebens, Zeit haben für die notwendigen Tätigkeiten oder aber überlastet sein durch zu viele Aufgaben und zu wenig Zeit. Weiterhin hat eine Zeitspanne von 3 Jahren in der ersten Lebenszeit eines Kindes eine ungleich größere Bedeutung und Wichtigkeit als ein 3-Jahres-Zeitraum innerhalb des 30- bis 40jährigen Berufslebens eines Erwachsenen.

1. *Wahrnehmen der Möglichkeit der Sozialhilfe.* Die Solidargemeinschaft ermöglicht einer alleinerziehenden Mutter, ihr Kind selbst aufzuziehen – allerdings in wirtschaftlich eingeschränktem Rahmen: Die Mutter erhält nach dem Bundessozialhilfegesetz 3 Jahre lang Hilfe zum Lebensunterhalt für das Kind und sich selbst, die Zahlung von Krankenversicherungsbeiträgen, Wohngeld, Heizkostenzuschuß, einmalige Leistungen und Hilfe in besonderen Lebenslagen. Sie darf etwas Geld hinzuverdienen (die Höhe des Betrages wurde jeweils an die Kostenentwicklung angepaßt), ohne daß dieser kleine Verdienst von der Sozialhilfe abgezogen wird. Hinzu kommt für die festgesetzte Dauer das Bundeserziehungsgeld, dazu in Baden-Württemberg anschließend ein Landeserziehungsgeld. Auch

manche andere Bundesländer gewähren für bestimmte Zeiträume zusätzlich zur Sozialhilfe materielle Hilfen für Mutter und Kind in Not. Durch diese Hilfen ist der Mutter die Möglichkeit gegeben, bei ihrem Kind zu bleiben und es selbst zu betreuen, so daß sich zwischen beiden ein Zusammengehörigkeitsgefühl entwickeln kann. Unter der Voraussetzung einer liebevollen, zuverlässigen und konsequenten Betreuung werden die Bedürfnisse des Kindes erfüllt. Die wirtschaftliche Unterstützung der kleinen Familie ist zwar knapp bemessen, aber gesichert. Mütterzentren und der »Verband alleinstehender Mütter und Väter« können Beratung in Notlagen und pädagogische Hilfen geben, wenn die junge Mutter Interesse und Kraft hat, sich an diese zu wenden.

2. »*Programm Mutter und Kind*«. Als Hilfe für die alleinerziehende Mutter und ihr Kind gewährt es zusätzlich zu den Leistungen der Sozialhilfe im Anschluß an das Bundeserziehungsgeld einen Erziehungsbeitrag, so daß für 3 Jahre die wirtschaftliche Lage gut und gesichert ist. Hinzu kommen die sozialpädagogische Beratung und der Anschluß an eine Gruppe. Die Mutter verpflichtet sich zur Teilnahme an Veranstaltungen, auf denen pädagogische Fragen besprochen werden, und an anderen Gruppentreffen zusammen mit ihrem Kind; sie verzichtet auf ganztägige außerhäusliche Erwerbstätigkeit. Nach den Richtlinien des ursprünglichen Konzepts war gelegentlich bzw. stundenweise berufliche Tätigkeit möglich sowie die Übernahme ehrenamtlicher Aufgaben (Weitergabe der empfangenen Hilfe an andere Hilfsbedürftige z. B. wie in Bad Krozingen: Hilfeleistung für alte Mitbürger; oder wie in Freiburg: Bazar zugunsten des Förderkreises für krebskranke Kinder im Krankenhaus) und die Teilnahme an Fortbildungskursen. Das Modell »Mutter und Kind« gibt dem Kinde einer alleinerziehenden Mutter so günstige Lebensbedingungen für die ersten drei Lebensjahre, wie es in dieser Lebenslage möglich ist. Es ermöglicht dem Kind, sich im Schutze von konstanter mütterlicher Liebe und Fürsorge warm bejaht und ungestört zu entwickeln.

Diesem Anliegen widerspricht allerdings die erwähnte neue Regelung, die eine Ausbildung oder eine Teilzeitarbeit gestattet: wegen der daraufhin notwendigen Fremdbetreuung, insbesondere auch wegen der nun gegebenen Möglichkeit, mit der Ausbildung (ganztägige Abwesenheit!) oder der Teilzeitarbeit (4 – 5stündige Abwesenheit!) *im zweiten Lebensjahr des Kindes* zu beginnen. Wie ungünstig ein solcher Zeitpunkt ist, wurde auch durch die Begleitforschung des

Deutschen Jugendinstituts zum Tagesmutter-Projekt bestätigt[1]: »Ein Beginn der Fremdbetreuung im zweiten Lebensjahr stellt eine Belastung für die kindliche Entwicklung dar und sollte nach Möglichkeit vermieden werden. Kinder in dieser Altersstufe gewöhnen sich nur schwer an den Betreuungswechsel und neigen in der Folge vermehrt zu Verhaltensstörungen.« Dies sollten auch Eltern beachten, wenn nach dem Ende des Babyjahres die Zahlung des Erziehungsgeldes aufhört. Die Hauptbezugsperson (Mutter oder Vater) sollte danach nicht sogleich, sondern *wenn irgend möglich* frühestens erst nach dem 2. Geburtstag des Kleinkindes wieder berufstätig werden. Auch die bisherige mit der Gewährung des Erziehungsgeldes verknüpfte Regelung, die Erhaltung des Arbeitsplatzes nur für ein Jahr zu gewährleisten, ist weder im Sinne des Kindeswohls noch im Interesse der Mutter.

3. *Ganztägige Berufstätigkeit mit Fremdbetreuung des Kindes.* Will die Mutter eines Säuglings und Kleinkindes jedoch Mutterschaft und Berufstätigkeit kombinieren, so ergeben sich für sie selbst, aber insbesondere für ihr Kind die besonderen Probleme der Großmutterbetreuung, der Tagespflege oder des Krippen- und Krabbelstubenaufenthalts (Abschnitte VIII B 1, B 6, B 7). Diese Sachverhalte muß sie kennen, um nicht von den möglichen Problemen überrascht zu werden, sondern vorausschauend sich entsprechend einzustellen und sie durch Planung so weit als möglich zu mildern.

Bei der Kombination von mütterlicher Berufstätigkeit mit der dann unvermeidlichen Fremdbetreuung des Kindes sind von allen Beteiligten Belastungen zu tragen. Es werden jeweils spezifische Anforderungen an das Kind, die Mutter sowie die zusätzliche Pflegeperson gestellt. Dabei spielen mehrere Gegebenheiten eine wichtige Rolle: die Persönlichkeiten der Mutter und der mithelfenden weiteren Bezugsperson (Großmutter, Pflegemutter): Reife, Wärme, Selbstsicherheit, Erziehungskompetenz, die Fähigkeit zur Zusammenarbeit; die Veranlagung des Kindes und seine bisherigen Erfahrungen; die Kontinuität und Qualität der Betreuung; der Zeitpunkt des Beginns der Fremdbetreuung; die Dauer der Abwesenheit der Mutter durch Berufstätigkeit. Sie müssen im voraus bedacht und berücksichtigt werden.

Da das Kind im Rahmen der Fremdbetreuung in einer schwierigen Situation leben muß, ist es um seinetwillen wichtig, daß zusätzlich zu den durch verhaltensbiologische Kenntnisse gestützten Forderungen an die Lebenssituation des Kindes (siehe S. 65) folgende Forderungen an Eltern, Miterziehende und staatliche Stellen erfüllt werden: Teilzeitarbeit mit Kranken- und Rentenversicherung; langzeitige Konstanz der Fremdbetreuung; Verbesserung des Personenschlüssels in der Krippe; Weiterbildung der Fachkräfte. – Weiterhin ist eine wichtige Änderung notwendig, nämlich die im Vergleich zur derzeitigen Regelung erweiterte Freistellung der Mutter von Berufsarbeit für die Dauer der Erkrankung ihres kleinen Kindes, damit es in seiner geschwächten Verfassung und Hilfsbedürftigkeit nicht noch in eine zusätzliche Notlage – Betreuung durch eine die Krankenpflege durchführende dritte Bezugsperson – gerät. – Für das Kind eines berufstätigen Elternteils wäre es außerdem wünschenswert, daß der Arbeitsbeginn nicht vor 8 Uhr liegt und die Öffnungszeit von Krippe und später Kindergarten daran angepaßt ist. – Wenn Krippenplätze bereitgestellt und genutzt werden, müssen sie *fortlaufend* zur Verfügung stehen; eine Schließung zwischen Festtagen oder ferienhalber – obwohl der Elternteil arbeiten muß – ist nicht angemessen, da das Kind zwischenzeitlich anderweitig versorgt werden müßte, die Konstanz der Betreuung also nicht gewährleistet wäre.

Mutter-und-Kind-Heime. Für Mütter und Kinder in besonders schwieriger Lage gibt es Mutter-und-Kind-Heime. Einige der alleinerziehenden Mütter, für die solche Heime hilfreich sein können, haben z. B. keinen Halt in ihrer eigenen Familie, andere haben Probleme in ihrer Persönlichkeit. Viele sind noch sehr jung und haben keine Berufsausbildung. Doch möchten die jungen Mütter trotz ihrer schwierigen Lage und der hinzukommenden weiteren Aufgaben durch die alleinige Sorge für ihr Kind dieses nicht zur Adoption freigeben. Die Mutter-und-Kind-Heime können in dieser Lebenssituation Schutz und Hilfe bieten.

In der Regel wohnen Mutter und Kind im Heim in einem kleinen Appartement. Die Mutter verdient durch *ganztägige außerhäusliche Erwerbstätigkeit* den Lebensunterhalt; ihr kleines Kind wird während ihrer Abwesenheit durch Pflegerinnen im Heim betreut. Mutter und Kind sind also tagsüber getrennt. Sie können daher nicht in dem notwendigen Maße eine innere Beziehung zueinander aufbauen. Das Kind kann sich nicht an seine Mutter als Haupt- und Dauerbezugsperson binden, und die junge Mutter gewinnt keine Erziehungskompetenz. Das Erleben einer befriedigenden Mutter-Kind-Beziehung ist sehr eingeschränkt. Die Mutter-Kind-Heime bedürfen daher einer entscheidenden Umgestaltung, wenn sie den Bedürfnissen des Kindes, aber auch denen der Mutter gerecht werden sollen:

Es ist anzustreben, daß nicht wie bisher viele Mütter mit ihren Kindern in einem Heim wohnen und ganztägig berufstätig sind. Statt dessen sollten je etwa 4 bis 5 Mütter mit ihren Kindern in einer großen Wohnung oder einem Einfamilienhaus zusammenwohnen, betreut und angeleitet von einer Fachkraft (Familienhelferin, Dorfhelferin, Wirtschaftsleiterin, Hauswirtschaftslehrerin o. ä.). Sie sollten nicht ganztägig außerhäuslich erwerbstätig sein, sondern jede Mutter betreut ihr Kind selbst. Die Mütter übernehmen auch selbst die hauswirtschaftlichen Aufgaben im Hause. Je nach Lebenssituation der Mutter sollte der Aufenthalt im Mutter-Kind-Heim auch für länger als (wie bisher) ein Jahr möglich sein, z. B. für 3 Jahre und mehr. Die Mütter werden von der Betreuerin angeleitet bei der Säuglingspflege. Sie erhalten weiterhin Anleitung bei der altersgemäßen Förderung ihres Kindes: miteinander spielen, Kinderverse sprechen, Bilder betrachten, Lieder singen, nachahmen und mithelfen lassen, Selbständigkeit fördern, Umgang mit dem kindlichen Trotz und weitere pädagogische Kenntnisse. Weiterhin erlernen die Mütter Kochen, Wirtschaften, Haushaltsführung usw. Sie können diese Kenntnisse bei der täglichen Betreuung ihres Kindes, bei der Erledigung der Hausarbeiten, beim Kochen für die Gruppe und bei der Bereitung von Speisen für ihr Kind und sich oder für ihre Gäste anwenden und üben, sei es unter Anleitung oder später selbständig, also Lernen durch Tun.

Die dadurch in den 3 Jahren erworbene Qualifikation der Mütter kann durch eine Prüfung und ein Abschlußzeugnis dokumentiert werden. Die junge Mutter hat damit nicht nur wichtige Kenntnisse für das gemeinsame Familienleben mit ihrem Kind erworben. Sie erhält damit die Qualifikation einer Hauswirtschafterin. Diese kann, falls erwünscht, die Grundlage bilden für eine weitere berufliche Qualifizierung, z. B. als Wirtschaftsleiterin, Familienhelferin, Altenpflegerin, Krankenschwester, Säuglingsschwester usw. Auf diese Weise ließe sich die Betreuung des Kindes durch seine eigene Mutter mit einer Berufsausbildung verbinden. Mit Hilfe späterer Fortbildung oder Umschulung könnten weitere Qualifikationen erworben werden. Die bisherigen Mutter-Kind-Heime würden durch diese neue Organisationsform zu »Wohn- und Ausbildungsstätten für Mutter und Kind«.

Freigabe zur Adoption. Sind die Schwierigkeiten für eine Mutter derart, daß sie die Betreuung ihres Kindes nicht übernehmen kann, so dient eine *Adoption* dem Wohle des Kindes, das dann hineinwächst in seine neue Familie.

Verbindlichkeit. Auf bestimmte der geschilderten verschiedenen Hilfsangebote für alleinerziehende Mütter und ihre Kinder sollte weder ein Rechtsanspruch noch eine Pflicht zur Teilnahme bestehen. Sie sind vielfältige *Angebote*, aus denen jede Mutter dasjenige auswählen kann, das sie für ihr Kind und sich als geeignet ansieht oder dem sie nach fachlicher Beratung als Hilfsmöglichkeit für ihr Kind und sich zustimmt.

Mütterzentrum-Initiativen. Ihrem heutigen Selbstverständnis entsprechend begründeten Frauen an vielen Orten der Bundesrepublik aus eigener Initiative »Mütterzentren«. Diese Einrichtungen laden zum zwanglosen Zusammensein von Müttern gemeinsam mit ihren Säuglingen und Kleinkindern ein. Die Mütter besuchen den Treffpunkt, so oft sie wollen. Sie schließen hier neue Kontakte und beraten sich hinsichtlich Pflege, Ernährung und Erziehung der Kinder, ihrer persönlichen Lebensgestaltung und Partnerschaftsproblemen.

Mütter, die Freude daran haben, können aufgrund eigener Fähigkeiten und Kenntnisse Kurse anbieten und leiten (z. B. Diätkochen, ausländische Gerichte, Nähen, Töpfern, Säuglingspflege, Festgestaltung, Fremdsprachen, politische Bildung usw.). Die den Kurs leitende Mutter erhält dafür ein Honorar, so daß ein gewisser Geldverdienst möglich wird.

Die Gestaltung der Treffen, die Inhalte der Gespräche und Kurse werden von den Müttern selbst bestimmt und nicht durch professionelle Kräfte von außen. Jedoch wird fachliche Beratung angebahnt, wo dies erforderlich ist.

Die Mütterzentren sollen Orte der Entspannung und Freude für Mütter und Kinder sein. Den Kindern wird ermöglicht, mit anderen Kindern zu spielen. Die Mütter gewinnen durch gemeinsames Spielen mit den Kindern und das Besprechen der Erfahrungen ein besseres Verständnis für ihr Kind. Sie lernen, eventuelle Fehlentwicklungen und Fehlverhalten zu erkennen. Ihre Selbstsicherheit und Eigeninitiative werden gefördert.

Die Kosten der Mütterzentren werden zum Teil vom Diakonischen Werk, vom Hausfrauenbund, von der Kommune, vom Land oder von anderen Institutionen getragen, zum Teil von den Müttern selbst.

Literaturverzeichnis

Erklärung: Die erste Zahl gibt die Seite an, auf der der Literaturhinweis steht, die zweite Zahl (in Klammern) die Ordnungszahl des Hinweises. Gehören zu *einem* Hinweis *mehrere* Literaturstellen, so sind sie mit Buchstaben abc... gekennzeichnet. *Beispiel:* 158 (5b) bedeutet: 5. Hinweis von Seite 158, zweite Literaturstelle.

Seite:

11 (1a) BIERMANN, G.: Die psychosoziale Entwicklung des Kindes in unserer Zeit. München (Reinhardt-Verlag) 1972

(1b) BOWLBY, J.: Bindung. Eine Analyse der Mutter-Kind-Beziehung (1967). München (Kindler) 1975

(1c) –: Trennung. Psychische Schäden als Folge der Trennung von Mutter und Kind. München (Kindler) 1976

(1d) –: Verlust. Trauer und Depression. Frankfurt (Fischer TB) 1983

(1e) Deutscher Verein der sozialen Arbeit (Hrsg.): Fachlexikon der sozialen Arbeit. Frankfurt (Eigenverlag) [2] 1986

(1f) DÜHRSSEN, A.: Psychogene Erkrankungen bei Kindern und Jugendlichen (1954). Göttingen (Verlag für mediz. Psychologie) [13] 1982

(1g) EIBL-EIBESFELDT, I.: Die Biologie des menschlichen Verhaltens. Grundriß der Humanethologie. München (Piper) 1984

(1h) GOLDSTEIN, J., FREUD, A., SOLNIT, A. J.: Jenseits des Kindeswohls. Frankfurt (Suhrkamp TB) 1974

(1i) –: Diesseits des Kindeswohls. Frankfurt (Suhrkamp TB) 1982

(1j) HARBAUER, H., LEMPP, R., NISSEN, G., STRUNK, P.: Lehrbuch der speziellen Kinder- und Jugendpsychiatrie. Berlin / Heidelberg (Springer) 1971

(1k) HASSENSTEIN, B. (Hrsg.): Schulkinderhilfen. Das Empfehlungswerk der Komission »Anwalt des Kindes« Baden-Württemberg. Lübeck (Hansisches Verlagskontor) 1981

(1l) HELLBRÜGGE, TH. (Hrsg.): Klinische Sozialpädiatrie. Ein Lehrbuch der Entwicklungsrehabilitation im Kindesalter. Berlin / Heidelberg / New York (Springer) 1981

(1m) – und von WIMPFFEN, J. H.: Die ersten 365 Tage im Leben eines Kindes. München, Zürich (Droemer/Knaur) 1976

(1n) HOFMEIER, K., SCHWIDDER, W., MÜLLER, F.: Alles über Dein Kind. Auskunfts- und Nachschlagewerk nach Altersstufen. Reinbek bei Hamburg (Rowohlt TB) 1971

(1p) KLUSSMANN, R. W.: Das Kind im Rechtsstreit der Erwachsenen. München Basel (Reinhardt) 1981

(1q) LAUSCH, E.: Mutter, wo bist du? Auch kleine Kinder haben Rechte. Hamburg (Hoffmann und Campe) 1974

(1r) LEMPP, R.: Lernerfolg und Schulversagen. Eine Kinder- und Jugendpsychiatrie für Pädagogen. München (Kösel) [3] 1978

(1s) METZGER, W.: Psychologie in der Erziehung. Bochum (Verlag F. Kamp) 1971

11 (1t) MEVES, CHR.: Erziehen lernen aus tiefenpsychologischer Sicht. Ein Kursbuch für Eltern und Erzieher. Freiburg (Herder TB) ³1985

(1u) NEIDHARDT, F. (Hrsg.): Frühkindliche Sozialisation. Theorien und Analysen. Stuttgart (Enke) ²1979

(1v) NIEMITZ, C. (Hrsg.): Erbe und Umwelt. Zur Natur von Anlage und Selbstbestimmung des Menschen. Frankfurt (Suhrkamp TB) 1987

(1w) SCHMIDT, H.-D.: Entwicklungspsychologie. Berlin (VEB Deutscher Verlag der Wissenschaften) 1978

(1x) – und SCHNEEWEISS, B.: Schritt um Schritt. Die Entwicklung des Kindes bis ins 7. Lebensjahr. Berlin (VEB Verlag Volk und Gesundheit) 1985

(1y) SCHINK, H. D.: Jugend- und Familienrecht für die soziale Praxis. München (Reinhardt) 1983

(2a) EIBL-EIBESFELDT, I.: Grundriß der vergleichenden Verhaltensforschung. München (Piper) ⁷1987

(2b) LORENZ, K.: Über tierisches und menschliches Verhalten (Gesammelte Abhandlungen Band I und II). München (Piper) 1965

(2c) –: Vergleichende Verhaltensforschung. Wien / New York (Springer) 1978

(2d) IMMELMANN, K. (Hrsg.): Verhaltensforschung. Sonderband aus »Grzimeks Tierleben«. Zürich (Kindler) 1974

(2e) STAMM, R. A. und ZEIER, H. (Hrsg.): Lorenz und die Folgen. Band IV der »Psychologie des 20. Jahrhunderts«. Zürich (Kindler) 1978

(2f) TEMBROCK, G.: Spezielle Verhaltensbiologie der Tiere. Jena (VEB Gustav Fischer Verlag) 1982 (Band I), 1983 (Band II)

(2g) TINBERGEN, N.: Instinktlehre. Berlin (Parey) ⁵1972

(2h) WICKLER, W. und SEIBT, U. (Hrsg.): Vergleichende Verhaltensforschung (ein Reader). Hamburg (Hoffmann & Campe) 1973

12 (1a) MEVES, CHR.: Vergleichbare Strukturen von Verhaltensstörungen bei Kindern und Tieren. Praxis der Kinderpsychologie *16*, 273–281, 1967

(1b) –: Zur Ätiologie der Hysterie aus der Sicht kinderpsychotherapeutischer Praxis. Wege zum Menschen *3*, 74–84, 1967

(1c) –: Die Schulnöte unserer Kinder. Hamburg (Furche) 1969, ⁴1973

(1d) –: Vergleichbare Verhaltensstörungen bei Kindern und Tieren. Z. f. praktische Psychologie 1969, 31–42

(1e) –: Aggression als Not und Notwendigkeit. In: LORENZ, F. (Hrsg.): Stuttgart (Kreuz Verlag) 1969

(1f) –: Mut zum Erziehen. Erfahrungen aus der psychagogischen Praxis. Hamburg (Furche) 1970, ⁵1973

(1g) –: Tiefenpsychologische Aspekte des Kindesalters, dargestellt an Beispielen kindlichen Gestaltens. Und: Seelisch bedingte Verhaltensstörungen bei Kindern. In: BEHLER, W. (Hrsg.): Das Kind. Freiburg (Herder) 1971

(1h) –: Erziehen lernen aus tiefenpsychologischer Sicht. → 11 (1t)

(1i) –: Verhaltensstörungen bei Kindern. München (Piper) 1971, ⁷1979

(1j) –: Manipulierte Maßlosigkeit. Freiburg (Herder TB) 1972, ²³1982

(1k) –: Wunschtraum und Wirklichkeit. Lernen an Irrwegen und Illusionen. Freiburg (Herder TB) 1972, ¹¹1982

(1l) –: Kinderschicksal in unserer Hand. Freiburg (Herder TB) 1974

(1m)–: Freiheit will gelernt sein. Freiburg (Herder TB) 1975

(1p) –: Der Weg zum sinnerfüllten Leben. Freiburg (Herder TB) 1982

(1q) –: Tiefenpsychologische Aspekte der kindlichen Sexualität. In: HELLBRÜGGE → 118 (1b)

(1r) –: Lebensrat von A bis Z. Ehepartner Kinder Großeltern. Freiburg (Herder TB) 1985

28 (1) MEVES → 11 (1t)

30 (1a) Lothrop, H.: Das Stillbuch. München (Kösel) [10] 1986

(1b) Peters, J.: Ich werde Mutter. Schwangerschaft – Geburt – Stillzeit. Bergisch Gladbach (Bastei-Lübbe TB) 1982

(1c) Kitzinger, S.: Alles über das Stillen. München (Kösel) [2] 1986

(1d) –: Sheila Kitzingers Geburtsbuch. Ein Begleiter für die Schwangerschaft und die ersten Monate nach der Geburt. München (Kösel) [2] 1986

32 (1) Peiper, A.: Die Eigenart der kindlichen Hirntätigkeit. Leipzig (Thieme) 1961

(2) Hellbrügge, Th.: Chronophysiologie des Kindes. Verh. d. dtsch. Ges. f. innere Medizin *73*, 895–921, 1967

33 (1a) Morath, M.: Endogener Rhythmus des Nahrungsverlangens beim Säugling im 4-h-Bereich. In: Scharf, J. H. (Hrsg.): Die Zeit und das Leben (Chronobiologie). Halle (Deutsche Akademie der Naturforscher Leopoldina) 1977

(1b) –: Fragen zur Betreuung von Neugeborenen in verhaltensbiologischer Sicht, Abschnitt IV. In: Hillemanns, H.-G., Steiner, H. und Richter, D.: Die humane, familienorientierte und sichere Geburt. Stuttgart (Thieme) 1983

34 (1) –: The four-hour feeding rhythm of the baby as a free running endogenously regulated rhythm. Int. J. Chronobiol. *21*, 39–45, 1974

(2a) Sudhaus, K.: Verhaltensbeobachtungen am Säugling während der ersten 3 Monate mit besonderer Berücksichtigung des Saugverhaltens und der Rhythmik. Staatsexamensarbeit Freiburg 1974. Referiert (mit Abb.) in 34 (2b)

(2b) Hassenstein, B.: Verhaltensentwicklung und Verhaltensstörungen des Kindes aus der Sicht der Verhaltensbiologie. Wiss. Information d. Milupa AG. *2*, Heft 4, 1976

37 (1) Stickl, H. A.: Die Immunität des Darmes. In: Weizel, A. (Hrsg.): Durchfallerkrankungen. Erlangen (perimed Verlag) 1986

43 (1) Hellbrügge, Th.: Die Bedeutung von Umweltfaktoren für Schlafen und Wachen im Säuglingsalter. Monatsschrift f. Kinderheilkunde *108*, 100–102, 1960

48 (1a) Morath, M.: Differences in the non-crying vocalisations of infants in the first four months of life. Neuropädiatrie (Suppl.) *8*, 543–545, 1977. Referiert (mit Abb.) in 48 (1b)

(1b) Hassenstein, B.: Biologisch bedeutsame Vorgänge in den ersten Lebenswochen. In: Hövels u. a. → 48 (1c)

(1c) Hövels, O., Halberstadt, E., von Loewenich, V. und Eckert, I. (Hrsg.): Geburtshilfe und Kinderheilkunde. Stuttgart (Thieme) 1981

(2) Brose, U.: Lautäußerungen des menschlichen Säuglings in den ersten vier Lebensmonaten. (Eine Nachuntersuchung.) Staatsexamensarbeit Freiburg 1977

50 (1) Charakteristischer Satz aus einem Brief junger Eltern.

(2) Koehler, O.: Vorbedingungen und Vorstufen unserer Sprache bei Tieren. Verh. der deutschen Zoolog. Gesellsch. 1954, 327–341.

(3) Eibl-Eibesfeldt → 11 (2a) S. 679–682

(4) Bowlby → 11 (1b) S. 259–266

51 (1a) Papoušek, H. und M.: Die Entwicklung früher Lernprozesse im Säuglingsalter. Der Kinderarzt *6*, 1077–1081; 1205–1207; 1331–1334, 1975

(1b) –: Die Entwicklung kognitiver Prozesse im Säuglingsalter. Der Kinderarzt *8*, 1071–1077; 1187–1189, 1977

(1c) –: Entwicklung der Lernfähigkeit im Säuglingsalter. In: Nissen, G. (Hrsg.): Intelligenz, Lernen und Lernstörungen. Berlin / Heidelberg (Springer) 1977

51 (1d) –: Lernen im ersten Lebensjahr. In: MONTADA, L. (Hrsg.): Brennpunkte der Entwicklungspsychologie. Stuttgart / Berlin (Kohlhammer) 1979

(1e) –: Die frühe Eltern-Kind-Beziehung und ihre Störungen aus psychobiologischer Sicht. In: *Hövels* u. a. → 48 (1c)

(1f) –: Soziale Interaktion als Grundlage der kognitiven Frühentwicklung. In: HELLBRÜGGE, TH. (Hrsg.) → 138 (1), S. 117 – 141

53 (1a) KENNELL, J. H., TRAUSE, A. M., KLAUS, M. H.: Evidence for a sensitive period in the human mother. In 53 (1b)

(1b) CIBA Foundation (Ed.): Parent-Infant-Interaction. Amsterdam (Associated Scientific Publishers) 1975

(1c) KLAUS, M. H. und KENNEL, J. H.: Bonding. The Beginnings of Parent-Infant-Attachment. Saint Louis (Mosby) 1983

(1d) HASSENSTEIN, B. → 48 (1b)

57 (1) CYPRIAN, G. und WURZBACHER, G.: Strukturbedingungen frühkindlicher Sozialisation in Wohnkollektiven. In: NEIDHARDT (Hrsg.) → 11 (1u)

58 (1) SPENCE, M. J. und DECASPER, A. J.: Human Fetuses Perseive Maternal Speech. Paper presented at the International Conference on Infant Studies, Austin TX, März 1982

67 (1) WICKLER, W.: Sind wir Sünder? Naturgesetze der Ehe. München / Zürich (Droemer–Knaur) 1969

(2) HASSENSTEIN, B.: Tierjunges und Menschenkind im Blick der vergleichenden Verhaltensforschung. Stuttgart (A. W. Gentner) 1970

68 (1) PORTMANN, A.: Biologische Fragmente zu einer Lehre vom Menschen. Basel / Stuttgart (Schwabe) ³1969, S. 41

71 (1) PORTMANN → 68 (1), S. 65

72 (1) BÜSCHELBERGER, H.: Ätiologie, Prophylaxe und Frühbehandlung der Luxationshüfte. Beiträge zur Orthopädie und Traumatologie *11*, 535–548, 1964

(2a) SCHOLBACH, M.: Zur physiologischen Streckhemmung der Hüfte Neugeborener. Zeitschr. f. Orthopädie 1968, 89–95

(2b) BECKER, F.: Die konservative Behandlung der Hüftdysplasie und Hüftverrenkung. Z. f. Orthopädie *106*, 173–201, 1969

73 (1a) PRECHTL, M. F. R. (Hrsg.): Continuity of Neural Functions from Prenatal to Postnatal Life. London (Spastics International Medical Publications) 1984

(1b) –: Wie entwickelt sich das Verhalten vor der Geburt? In: NIEMITZ → 11 (1v)

(2) LANGREDER, W.: Über Fötalreflexe und deren intrauterine Bedeutung. Z. f. Geburtshilfe und Gynäkologie *131*, 236–252, 1949

74 (1) HUXLEY, J.: The Evolution as a Process. London (Allen & Unwin) 1954

75 (1) TINBERGEN, N.: Das Tier in seiner Welt. München (Piper) 1978, S. 235

82 (1) BOWLBY → 11 (1b), S. 283

84 (1) KLUSSMANN → 11 (1p)

89 (1) HELLBRÜGGE und VON WIMPFFEN → 11 (1m)

92 (1) Persönliche Mitteilung

116 (1) MEVES → 12 (1i)

118 (1a) HUBER, R.: Sexualität und Bewußtsein. Frankfurt (Klostermann) 1971. TB München (dtv) 1977. Referiert in 118 (1b), S. 104–107

(1b) HELLBRÜGGE, TH. (Hrsg.): Die Entwicklung der kindlichen Sexualität. München (Urban & Schwarzenberg) 1982

(2) MEVES, CHR. → 12 (1b, 1j, 1p, 1q)

119 (1a) LEONHARD, K.: Instinkte und Urinstinkte in der menschlichen Sexualität. Stuttgart (Thieme) 1964

(1b) –: Über die Entstehung einer Form von Homosexualität durch ein Prägungserlebnis. LEOPOLDINA *12*, 144–152, 1966

121 (1) BROCHER, T.: Psychosexuelle Grundlagen der Entwicklung. Opladen (Leske) 1971

(2) SCHWIDDER, W.: Neopsychoanalyse (Harald-Schultz-Hencke). In: FRANKL, V. E., VON GEBSATTEL, E. und SCHULTZ, J. H. (Hrsg.): Handbuch der Neurosenlehre und Psychotherapie, 3. Band, S. 171–220. München / Berlin (Urban & Schwarzenberg) 1959

(3) BROCHER → 121 (1)

123 (1) DÜHRSSEN → 11 (1f)

124 (1) GÖPPERT, H.: Sexuelle Partnerschaftskonflikte im Erwachsenenalter. Therapiewoche *19*, 1339–1342, 1969

138 (1) HELLBRÜGGE, TH. (Hrsg.): Kindliche Sozialisation und Sozialentwicklung. München / Berlin (Urban & Schwarzenberg) 1975, S. VII und 47 ff.

(2) MEVES, CHR. → 11 (1t) und 12 (1c)

146 (1)· DÜHRSSEN → 11 (1f)

147 (1) ROBERTSON, J. und J.: Reaktionen kleiner Kinder auf kurzfristige Trennung im Lichte neuer Beobachtungen. Psyche *29*, 626–664, 1975

151 (1) ROBERTSON-Film.

152 (1a) BOWLBY, J.: Die Trennungsangst. Psyche *15*, 411–464, 1961. Referiert in: SCHMALOHR → 383 (1c), S. 55

(1b) –: → 11 (1d)

158 (1) SPITZ, R.: Die anaklitische Depression (1946). Neudruck in: BITTNER, G. und SCHMID-CORDS, E. (Hrsg.): Erziehung in früher Kindheit. München (Piper) 1968, [4]1971

(2) BOWLBY, J.: Mütterliche Zuwendung und geistige Gesundheit (1951). Deutsche Ausgabe München (Kindler TB) 1973

(3) LANGMEIER, J. und MATĚJČEK, Z.: Psychische Deprivation im Kindesalter (1963). München (Urban & Schwarzenberg) 1977

(4) MEIERHOFER, M. und KELLER, W.: Frustration im frühen Kindesalter (1966). Bern (Huber) [2]1970

(5a) PECHSTEIN, J., SIEBENMORGEN, E. und WAITSCH, D.: Verlorene Kinder? Massenpflege in Säuglingsheimen. München (Kösel) 1972

(5b) PECHSTEIN, J.: Umwelt-Abhängigkeit der frühen zentralnervösen Entwicklung. Stuttgart (Thieme) 1974

159 (1a) DÜHRSSEN, A.: Heimkinder und Pflegekinder in ihrer Entwicklung. Göttingen (Verlag f. med. Psychologie) 1958

(1b) MEIERHOFER und KELLER → 158 (4)

(1c) GÖDEN-WIPPERMANN, A.: Vergleichende Untersuchungen zur Sozialentwicklung von Heim- und Krippenkindern in den ersten beiden Lebensjahren. Diss. Med. Fakultät Univ. München 1970

(1d) PECHSTEIN, J.: Säuglingsheime gestern und heute; und: Deprivierte Kinder in Säuglingsheimen und Krippen. Eindrücke und Untersuchungen. In: PECHSTEIN u. a. 1972 → 158 (5a)

(2) MEIERHOFER und KELLER → 158 (4)

161 (1) GÖDEN-WIPPERMANN → 159 (1c)

162 (1) MEIERHOFER und KELLER → 158 (4)

164 (1) wie vor

165 (1) SPITZ → 158 (1)

167 (1) PECHSTEIN → 158 (5b)

170 (1) wie vor

171 (1) wie vor

172 (1) DÜHRSSEN → 159 (1a)

174 (1,2) DÜHRSSEN → 11 (1f)

175 (1) WERNER, W.: Vom Waisenhaus ins Zuchthaus. Frankfurt (Suhrkamp) 1969

181 (1) HASSENSTEIN → 430 (1)

183 (1a) HAUG-SCHNABEL, G.: Enuresis in langfristiger Familienbeobachtung. Praxis d. Kinderpsychol. u. Kinderpsychiat. *29*, 90–94, 1980

(1b) –: Zwei Formen des Tagnässens. Der Kinderarzt *12*, 1784–1792, 1981

186 (1a) HAUG-SCHNABEL → 183 (1a)

(1b) HAUG-SCHNABEL, G.: Alltagsverhalten und Einnäßverhalten. Der Kinderarzt *11*, 1607–1618, 1981

(2) STRUNK, P. → 11 (1j)

(3) HAUG-SCHNABEL, G.: Zur Enuresis-Therapie. Widersprüche und Unsicherheit in der kinderärztlichen Behandlung. Der Kinderarzt *16*, 1105–1114, 1985

197 (1) DÜHRSSEN → 11 (1f)

199 (1) WIE VOR

201 (1) MEVES → 12 (1i)

202 (1a) KANNER, L.: Autistic disturbances of affective contact. Nerv. Child *2*, 217–250, 1943

(1b) ASPERGER, H.: Die »autistischen Psychopathen« im Kindesalter. Arch. f. Psychiat. *117*, 1, 1944

(1c) –: Heilpädagogik. Wien (Springer) 1952

(2a) TINBERGEN, E. A. und N.: Early Childhood Autism – an Ethological Approach. Berlin / Hamburg (Parey) 1972

(2b) –: Autismus bei Kindern. Berlin / Hamburg (Parey) 1984

205 (1) wie vor; Tafel 9 Abb. 35

(2) SCHENKEL, R.: Ausdrucksstudien an Wölfen. Behaviour *1*, 81–129, 1947

209 (1a) WELCH, M. G.: Heilung vom Autismus durch die Mutter-und-Kind-Haltetherapie. In: TINBERGEN → 202 (2b), S. 297–310

(1b) PREKOP, I.: Zur Festhalte-Therapie bei autistischen Kindern. Der Kinderarzt *15*, 798–802; 952–953; 1043–1052; 1170–1176, 1984

212 (1) DÜHRSSEN → 11 (1f)

213 (1) HOFMEIER / SCHWIDDER / MÜLLER → 11 (1n)

(2) DÜHRSSEN → 11 (1f)

(3) NISSEN → 11 (1j)

(4) GÖPPERT → 124(1)

214 (1) LEONHARD → 119 (1b)

(2) NISSEN → 11 (1j)

(3) GÖPPERT → 124 (1)

215 (1) MEVES → 12 (1i)

218 (1) RICHTER, H. E.: Eltern, Kind und Neurose. Reinbek bei Hamburg (Rowohlt TB) [6]1972

219 (1) MEVES → 12 (1i)

220 (1) wie vor

(2) DÜHRSSEN → 11 (1f)

(3) BRÄUTIGAM, W.: Formen der Homosexualität. Stuttgart (Enke) 1967

(4) DWINGER, E. E.: Armee hinter Stacheldraht. 1929

221 (1) BÜHLER, CH.: Psychologie im Leben unserer Zeit. München / Zürich (Droemer–Knaur) 1962

222 (1) DÜHRSSEN → 11 (1f)

223 (1) LEONHARD → 119 (1b)

232 (1) HASSENSTEIN, B.: Funktionsschaltbilder als Hilfsmittel zur Darstellung theoretischer Konzepte in der Verhaltensbiologie. Zool. Jb. *Physiol. 87*, 181–187, 1983

233 (1) HASSENSTEIN, B. und REICHARDT, W.: Der Schluß von Reiz-Reaktions-Funktionen auf Systemstrukturen. Z. f. Naturforschung *8b*, 518–524, 1953

234 (1) Hassenstein, B.: Bedingungen für Lernprozesse – teleonomisch gesehen. In: Scharf, J. H. (Hrsg.): Informatik. Leipzig (Joh. Ambr. Barth) 1972

238 (1) Aschoff, J.: Tierische Periodik unter dem Einfluß von Zeitgebern. Z. f. Tierpsychol. *15*, 1–30, 1958

240 (1) Aschoff, J., Daan, S. und Groos, G. A. (Hrsg.): Vertebrate Circadian Systems – Structure and Physiology. Berlin/Heidelberg/New York (Springer) 1982

242 (1) Seitz, A.: Paarbildung bei einigen Cichliden. Z. f. Tierpsychol. *4*, 40–84, 1940

245 (1) Lehrmann, D. S.: Das Fortpflanzungsverhalten der Lachtaube. In: Wickler / Seibt → 11 (2h)

246 (1) Hess, W. R.: Das Diencephalon. Zürich (Benno Schwabe) 1949

248 (1) Heinroth, O. nach Tinbergen → 11 (2g)

(2) Tinbergen, N. und Kuenen, D. J.: Über die auslösenden und die richtungsgebenden Reizsituationen der Sperrbewegung von jungen Drosseln. Z. f. Tierpsychol. *3*, 37–60, 1939, Neudruck in: Tinbergen, N.: Das Tier in seiner Welt. Band 2. München (Piper) 1978

249 (1) Tinbergen → 11 (2g)

(2) Tinbergen, N.: Tiere untereinander. Berlin (Parey) 1955

250 (1) Lorenz, K.: Evolution and Modification of Behavior. Chicago (The Univ. of Chicago Press) 1965

(2) Magnus, D.: Beobachtungen zur Balz und Eiablage des Kaisermantels Argynnis paphia L. Z. f. Tierpsychol. *7*, 435–449, 1950

251 (1) Schüz, E.: Nesterwerb und Nestbesitz beim Weißen Storch. Z. f. Tierpsychol. *6*, 1–25, 1944

252 (1) Andres, G. und Roessler, E.: Übertragung von artspezifischen Verhaltenskomponenten durch xenoplastische Transplantation von Gehirnanlagen zwischen Xenophus laevis und Hymenochirus boettgeri (Amphibia, Anura). Revue Suisse de Zoologie *77*, 959–962, 1970

(2) Leyhausen, P.: Verhaltensstudien an Katzen. Berlin / Hamburg (Parey) ⁴1974

253 (1) Holzapfel, M.: Triebbedingte Ruhezustände als Ziel von Appetenzhandlungen. Die Naturwissensch. *28*, 273–280, 1940

256 (1) Drees, O.: Untersuchungen über die angeborenen Verhaltensweisen bei Springspinnen. Z. f. Tierpsychol. *9*, 169–207, 1952

262 (1) wie vor

263 (1) Hartline, H. K., Wagner, H. G. und Rattliff, F.: Inhibition in the eye of Limulus. J. of General Physiology *39*, 651–673, 1956

266 (1) Lorenz, K.: Er redete mit dem Vieh, den Vögeln und den Fischen. München (Deutscher Taschenbuch Verlag) 1949

267 (1) Eibl-Eibesfeldt, I.: Zur Ethologie des Hamsters (Cricetus cricetus L.). Z. f. Tierpsychol. *10*, 204–254, 1953

(2) Hansen, E. W.: The development of maternal and infant behavior in the Rhesus monkey. Behaviour *27*, 107–149, 1966

268 (1) Steiniger, F.: Beiträge zur Soziologie und sonstigen Biologie der Wanderratte. Z. f. Tierpsychol. *7*, 356–379, 1950

269 (1) Fischer, H.: Das Triumphgeschrei der Graugans (Anser anser L.). Z. f. Tierpsychol. *22*, 247–304, 1965

270 (1) Krieg, H.: Beobachtungen am Gartenschläfer. Z. f. Säugetierkunde *6*, 137–142, 1931

271 (1) Bastock, M., Morris, D. und Moynihan, M.: Some Comments on Conflict and Thwarthing in Animals. Behaviour *6*, 66–84, 1954

272 (1) Kortlandt, A.: Handgebrauch bei freilebenden Schimpansen. In:

272 RENSCH, B. (Hrsg.): Handgebrauch und Verständigung bei Affen und Frühmenschen. Bern (Huber) 1968

(2) IERSEL, J. J. A. VAN und BOL, A. A. C.: Preening in two tern species. A study on displacement activities. Behaviour *13*, 1–88, 1958

(3a) TINBERGEN, N.: Die Übersprungbewegung. Z. f. Tierpsychol. *4*, 1–40, 1940

(3b) KORTLANDT, A.: Wechselwirkung zwischen Instinkten. Arch. neerl. Zool. *4*, 442–520, 1940

276 (1) FRANZISKET, L.: Gewohnheitsbildung und bedingte Reflexe bei Rückenmarksfröschen. Z. vergl. Physiol. *33*, 142–178, 1951

283 (1a) FRISCH, K. VON: Aus dem Leben der Bienen. Heidelberg (Springer) 1969

(1b) OPFINGER, E.: Über die Orientierung der Biene an der Futterquelle. Z. vergl. Physiol. *15*, 431–487, 1931

(1c) GROSSMANN, K. E.: Erlernen von Farbreizen an der Futterquelle durch Honigbienen während des Anflugs und während des Saugens. Z. f. Tierpsychol. *27*, 553–562, 1970

(1d) –: Belohnungsverzögerung beim Erlernen einer Farbe an einer künstlichen Futterquelle durch Honigbienen. Z. f. Tierpsychol. *29*, 28–41, 1971

(2a) KENDLER, H. H.: The influence of simultaneous hunger and thirst drives upon the learning of two opposed spatial responses of the white rat. J. exp. Psychol. *36*, 212–220, 1946

(2b) SEEMANN, W. und WILLIAMS, H.: An experimental note on a Hull-Leeper-difference. J. exp. Psychiat. *44*, 40–43, 1952

(2c) YOUNG, P. T.: Motivation and Emotion. New York / London (Wiley) 1961

285 (1) FRISCH, K. VON: Ein Zwergwels, der kommt, wenn man ihm pfeift. Biolog. Zbl. *43*, 439–446, 1923

288 (1a) PAWLOW, I. P.: Die höchste Nerventätigkeit (das Verhalten) von Tieren. München (Bergmann) ³1926

(1b) –: Conditioned Reflexes. New York (Dover Publications) 1960

(1c) FOPPA, K.: Lernen, Gedächtnis, Verhalten. Köln / Berlin (Kiepenheuer & Witsch) 1965

290 (1) LIDDELL, H.: Persönliche Mitteilung nach K. Lorenz. In: PRIBRAM, K. H. (Ed.): On the Biology of Learning. New York (Harcourt, Brace & World) 1969

291 (1) FRISCH, K. VON: Erinnerungen eines Biologen. Berlin (Springer) 1957, ³1973

(2) WINKELSTRÄTER, K. H.: Das Betteln der Zootiere. Bern / Stuttgart (Huber) 1960

(3) SKINNER, B. F.: Cumulative record. New York (Appleton-Century-Croffts) 1961 (Bericht über Experimente von KONORSKI und MILLER)

(4) SCHLEICHER, U.: Harnlassen als Ausdruck des Mutterkontaktbedürfnisses. Ein Verhaltensexperiment bei Schafen. Staatsexamensarbeit, Fak. f. Biologie, Univ. Freiburg 1983

297 (1) FABRICIUS, E.: Zur Ethologie junger Anatiden. Acta Zool. Fennica *68*, 1–178, 1951

298 (1) GARCIA, J. u. a.: Cues: Their relative effectiveness as a function of the reinforcer. Science *160*, 794–795, 1968

303 (1a) MILLER, N. E.: Learnable drives and rewards. In: STEVENS, S. S.: Handbook of Experimental Psychology. New York (Wiley) 1951

(1b) BLOUGH, S. S. und P. M.: Psychologische Experimente mit Tieren. Frankfurt (Suhrkamp) 1970

(1c) GROSSMANN, K. E.: Psychologie des Verhaltens. Bild der Wissenschaft *5*, 1051–1061, 1968

303 (1d) FOPPA → 288 (1c)

306 (1a) MASSERMAN, J. H.: Experimental Neuroses. In: COOPERSMITH (Ed.) → 306 (1b)

(1b) COOPERSMITH, ST. (Ed.): Frontiers of Psychological Research. Readings from Scientific American. San Francisco / London (Freeman) o. J.

310 (1) BLEST, A. D.: The function of eyespot patterns in the Lepidoptera. Behaviour *11*, 209–255, 1957

313 (1a) WOLFE, J. B.: Effectiveness of token rewards in chimpanzees. Comp. psych. monogr. *12*, Nr. 5, 1936

(1b) FISCHEL, W.: Vom Leben zum Erleben. München (Joh. A. Barth) 1967

(2) GARDNER, R. A. und GARDNER, B. T.: Ein Schimpanse lernt die Zeichensprache. In: LEUNINGER, H., MILLER, M. H. und MÜLLER, F. (Hrsg.): Linguistik und Psychologie Bd. II: Zur Psychologie der Sprachentwicklung. Frankfurt/M. (Athenäum Fischer Taschenbuchverlag) o. J., S. 3–29

(3a) PREMACK, D.: Sprache bei Schimpansen? In: SCHWIDETZKY, I. (Hrsg.): Über die Evolution der Sprache. Frankfurt/M. (Fischer) 1973, S. 91–131

(3b) PREMACK, A. J. und D.: Sprachunterricht für einen Affen. In: WICKLER / SEIBT → 11 (2h)

(4) PATTERSON, F.: Conversations with a Gorilla. National Geographic Magazine *154*, 438–465, 1978

314 (1) LORENZ → 263 (1)

316 (1) ZIPPELIUS, H.: Die Karawanenbildung bei Feld- und Hausspitzmaus. Z. f. Tierpsychol. *30*, 305–320, 1972

317 (1) LORENZ → 11 (2c)

318 (1) SCOTT, J. P. und FULLER, J. L.: Genetics and social behavior of the dog. Chicago (Univ. Press) 1965, nach EIBL-EIBESFELDT → 11 (2a)

(2) HARLOW nach SCHMALOHR → 383 (1c)

(3) FREUD, A. und BURLINGHAM, D.: Heimatlose Kinder (1949). Frankfurt (S. Fischer) 1971, S. 35

320 (1) IMMELMANN, K.: Zur Irreversibilität der Prägung. Naturwiss. *53*, 209, 1966

321 (1) HEDIGER, H.: Skizzen zu einer Tierpsychologie im Zoo und im Zirkus. Zürich (Büchergilde Gutenberg) 1954

322 (1) FISCHER, J. und HINDE, R.: The opening of milk bottles by birds. Brit. Birds *42*, 347–358, 1949

(2) GWINNER, E. und KNEUTINGEN, J.: Über die biologische Bedeutung der »zweckdienlichen« Anwendung erlernter Laute bei Vögeln. Z. f. Tierpsychol. *19*, 692–696, 1962

323 (1) HESS, J.: Persönliche Mitteilung.

(2) Zusammenfassender Bericht (aus zahlreichen japanischen Veröffentlichungen): EIBL-EIBESFELDT → 11 (2a), gekürzt

324 (1) THORPE, W. H.: Learning and Instinct in Animals. London (Methuen) 1956, ²1969

(2) RENSCH, B.: Die höchsten Hirnleistungen der Tiere. Naturwiss. Rundschau *18*, 91–101, 1965

(3) KOEHLER, O.: »Zähl«-Versuche an einem Kolkraben und Vergleichsversuche am Menschen. Z. f. Tierpsychol. *5*, 575–712, 1943

325 (1) RENSCH, B.: Malversuche mit Affen, Z. f. Tierpsychol. *18*, 347–364, 1961

(2) MENZEL, R., ERBER, J. und MASUHR, T.: Learning and Memory in the Honeybee. In: BROWNE, B. (Ed.): Experimental Analysis of Insect Behaviour. Berlin / Heidelberg / New York (Springer) 1974

326 (1) LAUDIAN, H.: Physiologie des Gedächtnisses. Heidelberg (Quelle & Meyer UNI-Taschenbuch) 1977

327 (1) MEINEKE, H.: Umlernen einer Honigbiene zwischen Gelb- und Blau-Belohnung im Dauerversuch. J. Insect Physiol. *24*, 155–163, 1978

329 (1) KNOOP, J.: Untersuchungen über das Farben- und Formensehen bei Goldhamstern. Zool. Beiträge *1*, 219–239, 1954

330 (1) MEYER-HOLZAPFEL, M.: Über die Bereitschaft zu Spiel- und Instinkthandlungen. Z. f. Tierpsychol. *13*, 442–462, 1956

(2) CRISLER, L.: Wir heulten mit den Wölfen. Wiesbaden (Brockhaus) 1960; TB dtv Nr. 74 (gekürzt)

(3) EIBL-EIBESFELDT, I.: Beobachtungen zur Fortpflanzungsbiologie und Jugendentwicklung des Eichhörnchens (Sciurus vulgaris L.). Z. f. Tierpsychol. *8*, 370–400, 1951

(4) SCHNEIDER, K. M.: Vom südafrikanischen Seebären. Der Zool. Garten NF *14*, 69, 1942

331 (1) SCHENKEL, R.: Play, exploration and territoriality in the wild lion. In: JEWELL, P. A. und LOIZOS, C.: Play, Exploration and Territory in Mammals. London / New York (Academic Press) 1966

333 (1) EIBL-EIBESFELDT → 11 (2a)

339 (1) KÖHLER, W.: Intelligenzprüfungen an Menschenaffen. Berlin / Heidelberg (Springer) 1921, ³1973

340 (1) HASSENSTEIN, B.: Das Spezifisch-Menschliche in der Sicht der Verhaltensbiologie. In: GADAMER, H. und VOGLER, P. (Hrsg.): Neue Anthropologie Band II. Stuttgart (Thieme) 1972

(2) TINKLEPAUGH, O. L.: An experimental study of representative factors in monkeys. J. comp. psychol. *8*, 197–236, 1928

341 (1) KOEHLER, O.: Vom Erlernen unbenannter Anzahlen bei Vögeln. Naturwiss. *29*, 201–218, 1941

342 (1) KÖHLER → 339 (1)

(2) GRZIMEK, B.: Beobachtungen an einem kleinen Schimpansenmädchen. Z. f. Tierpsychol. *4*, 295–306, 1941

343 (1) GALLUP, G. G.: Schimpanzees: Self-Recognition. Science *167*, 86–87, 1970

345 (1a) SCHALLER, G. G.: Life with the King of Beasts. National Geographic Magazine *135*, 494–519, 1969

(1b) SCHALLER, G. B.: The Serengeti Lion. Chicago (The Univ. of Chicago Press) 1972

351 (1a) GOETHE, F.: Über das »Anstoß-Nehmen« bei Vögeln. Z. f. Tierpsychol. *3*, 371–374, 1939

(1b) NEUMANN, G.-H.: Aggressive Außenseiterreaktionen bei gesellig lebenden Tieren. In: NEUMANN → 605 (1a)

352 (1) LORENZ → 11 (2c)

354 (1) LORENZ 1949 → 263 (1)

355 (1) LORENZ, K.: Das sogenannte Böse. Eine Naturgeschichte der Aggression. Wien (Borotha-Schöler) 1963: TB München (Deutscher Taschenbuch Verlag)

(2) SCHENKEL, R.: Töten Löwen ihre Artgenossen? Umschau *68*, 172–174, 1968

(3a) HASSENSTEIN, B.: Aggression und Information. Neue Sammlung *8*, 399–421, 1968

(3b) HASSENSTEIN, B.: Wesensverschiedene Formen menschlicher Aggressivität. Universitas *28*, 287–295, 1973

(4) MILGRAM, ST.: Einige Bedingungen von Autoritätsgehorsam und seiner Verweigerung. Z. exp. und angew. Psychol. *13*, 433–463, 1966; ausführlich referiert in EIBL-EIBESFELDT → 11 (2a)

356 (1) HEDIGER → 321 (1)

357 (1a) HOLST, D. VON: Sozialer Straße bei Tupajas (Tupaia belangeri). Z. vergl. Physiol. *63*, 1–58, 1969

(1b) HOLST, D. VON: Social stress in tree-shrews: Problems, results, and goals. J. comp. Physiol. *120*, 71–86, 1977

(1c) HOLST, D. VON: Sozialer Stress bei Säugetieren. In: ELSTER, H. J. (Hrsg.): Einflüsse der Zivilisation auf die Psyche des Menschen. Stuttgart (Schweizerbartsche Verlagsbuchhandlung) 1986

358 (1) SCHÜZ → 251 (1)

359 (1) HEINROTH, O. und M.: Die Vögel Mitteleuropas Bd. III. Berlin (Verlag Bermühler) 1928

360 (1) EIBL-EIBESFELDT → 330 (3)

361 (1) KOEHLER, O.: Instinkt und Erfahrung im Brutverhalten des Sandregenpfeifers. Sitzungsber. Ges. f. Morph. u. Physiol. München *49*, 1–31, 1940

362 (1) JOLLY, A.: The Evolution of Primate Behavior. New York / London (MacMillan) 1972

364 (1) KEVERNE, E. B. u. a.: Vaginal stimulation: An important determinant of maternal bonding in sheep. Science *219*, 81–83, 1983

(2) ROSENBLATT, J. S.: Prepartum and postpartum regulation of maternal behaviour in the rat. In: CIBA-Foundation (Ed.): Parent-Infant-Interaction. Amsterdam (Associated Scientific Publishers) 1975

366 (1) KLOPFER, P. H. und M. S.: Maternal »imprinting« in goats: fostering of alien young. Z. f. Tierpsychol. *25*, 862–866, 1968

369 (1) SCHENKEL → 205 (2)

(2) EIBL-EIBESFELDT → 11 (2a)

370 (1a) RASA, A. E.: Aspects of social organisation in captive dwarf mongooses. J. Mammol. *53*, 181–185, 1972

(1b) –: Die perfekte Familie. Leben und Sozialverhalten der afrikanischen Zwergmungos. Stuttgart (Deutsche Verlags-Anstalt) 1984

(2) ROTHE, H.: Beobachtungen zur Geburt beim Weißbüscheläffchen. Folia primat. *19*, 257–285, 1973

(3) SCHENKEL → 205 (2)

371 (1) RASA → 370 (1b)

(2) DOUGLAS-HAMILTON, I. und O.: Unter Elefanten. München (Piper) 1976

(3) RASA → 370 (1b)

372 (1) KUMMER, H.: Primate Societies. Chicago / New York (Aldine Atherton) 1971

(2) SCHALLER → 345 (1)

(3) CARPENTER, C. R.: Social Behavior of Non-human Primates. In: GRASSÉ, P. P. (Ed.): Structure et Physiologie des Sociétés Animales. Paris (Centre National de la Recherche scientifique) 1952

(4) DEVORE, I.: Primate Bevahior. New York / London (Holt, Rinehart and Winston) 1965

(5) CARPENTER → 372 (3)

(6) SCHENKEL → 355 (2)

(7) VOGEL, CHR.: Persönliche Mitteilung.

373 (1) FRISCH, K. VON → 283 (1a)

(2) WILSON, E. O.: The Insect Societies. Cambridge / Mass. (Havard Univ. Press) 1971

374 (1a) LINDAUER, M.: Schwarmbienen auf Wohnungssuche. Z. vergl. Physiol. *37*, 263–324, 1955

(1b) –: Verständigung im Bienenstaat. Stuttgart (G. Fischer) 1975

(2) STEINIGER → 268 (1)

374 (3) STEINIGER, F.: Ratten-Überfall auf die Hamburger Hallig. Natur und Volk *80*, 94–99, 1950

375 (1) HEDIGER → 321 (1)

(2) LAWICK-GOODALL, J. VAN: Mother Offspring Relationship in Freeranging Chimpanzees. In: MORRIS, D. (Ed.): Primate Ethology. London (Weidenfeld and Nicolson) 1967

376 (1) PUKOWSKI, E.: Untersuchungen an Necrophorus. Z. f. Morph. u. Oekol. d. Tiere *27*, 518–586, 1933

(2) KOENEN, F.: Der Feldhase. (Neue Brehm-Bücherei Nr. 169). Wittenberg-Lutherstadt (A. Ziemsen) 1956

(3) HEDIGER → 321 (1)

377 (1) HANSEN → 267 (2)

380 (1) TSCHANZ, B.: Trottellummen. Berlin / Hamburg (Parey) 1968

382 (1) HANSEN → 267 (2)

383 (1a) HARLOW, H. F.: Love in Infant Monkeys. Scient. Amer. *200*, 68, 1959. Abdruck in COOPERSMITH → 306 (1b)

(1b) –: The Development of Affectional Patterns in Infant Monkeys. In: FOSS, B. M. (Ed.): Determinants of Infant Behaviour. London (Methuen) 1961, 1966; ausführlich referiert in:

(1c) SCHMALOHR, E.: Frühe Mutterentbehrung bei Mensch und Tier. München / Basel (Reinhardt) 1968; TB München (Kindler) o. J. und:

(1d) REYER, H.-U.: Mutter-Kind-Beziehungen bei Primaten. In: HELLBRÜGGE, TH. (Hrsg.) → 138 (1)

384 (1) SCHENKEL → 331 (1)

386 (1) SCHENKEL, R.: Verständigungsmöglichkeiten zwischen Mensch und Tieren. Universitas *23*, 1045–1054, 1968

388 (1) REYER, H.-U.: Breeder-Helper-Interactions in the pied kingfisher reflect the coasts and benefits of cooperative breeding. Behaviour *96*, 277–303, 1986

(2a) SCHUTZ, F.: Sexuelle Prägung bei Anatiden. Z. f. Tierpsychol. *22*, 50–103, 1965

(2b) –: Homosexualität und Prägung. Psychol. Forsch. *28*, 439–463, 1965

(2c) –: Sexuelle Prägungserscheinungen bei Tieren. In: GIESE, H. (Hrsg.): Die Sexualität des Menschen. Handb. d. med. Sexualforsch., Stuttgart (Enke) 1968

389 (1a) BISCHOF, N.: Die biologischen Grundlagen des Inzesttabus. In: WICKLER / SEIBT → 11 (2h)

(1b) –: Das Rätsel Oedipus. München (Piper) 1986

(2) LORENZ, K.: (Buch über die Graugans, in Vorbereitung)

(3) LAWICK-GOODALL → 375 (2)

390 (1) DIETERLEN, F.: Das Verhalten des syrischen Goldhamsters (Mesocricetus auratus). Z. f. Tierpsychol. *16*, 47–103, 1959

(2) SCHENKEL → 355 (2)

(3) JAY, PH: Mother-Infant-Relations in Langurs. In: RHEINGOLD, H. (Ed.): Maternal Behavior in Mammals. New York (Wiley) 1963

(4) JOLLY → 363 (1)

391 (1) LAWICK-GOODALL, J. VAN: My Friends the Wild Chimpanzees. Washington D.C. (National Geographic Society) 1967

(2) LORENZ → 389 (2)

(3) SACKETT, G. P.: Monkeys Reared in Isolation with Pictures as Visual Input. Science *154*, 1468–1473, 1966

392 (1) LAWICK-GOODALL → 391 (1)

392 (2) SCHENKEL → 331 (1)
   (3) PLOOG, D., HOPF, S. und WINTER, P.: Ontogenese des Verhaltens von Totenkopf-Affen (Saimiri sciureus). Psychol. Forsch. *31*, 1–41, 1967

403 (1a) HOLZAPFEL, M.: Über Bewegungsstereotypien bei gehaltenen Säugern. Z. f. Tierpsychol. *2*, 46–71, 1939
  (1b) MEYER-HOLZAPFEL, M.: Abnormal Behavior in Zoo Animals. In: Fox, M. W. (Ed.): Abnormal Behavior in Animals. Philadelphia (W. B. Saunders) 1968
   (2) INHELDER, E.: Zur Psychologie einiger Verhaltensweisen – besonders des Spiels – von Zootieren. Z. f. Tierpsychol. *12*, 88–144, 1955

404 (1) THORPE, W. H.: Learning an Instinct in Animals. London (Methuen) 1956
   (2) HARLOW → 383 (1)
   (3) INHELDER, E.: Skizzen zu einer Verhaltenspathologie reaktiver Störungen bei Tieren. Schweiz. Arch. Neurol. Psychiat. *89*, 276–326, 1962

405 (1) LEVY, M.: Experiments on the sucking reflex and social behavior of dogs. Amer. J. Orthopsychiat. *4*, 203–224, 1934
   (2) HARLOW → 383 (1)

406 (1,2) wie vor
   (3) EIBL-EIBESFELDT, I.: Angeborenes und Erworbenes im Nestbauverhalten der Wanderratte. Naturwiss. *42*, 633–634, 1955

407 (1) HEILIGENBERG, W.: Ein Versuch zur ganzheitsbezogenen Analyse des Instinktverhaltens eines Fisches (Pelmatochromis subocellatus). Z. f. Tierpsychol. *21*, 1–52, 1964

408 (1) WOLFE → 313 (1a)
   (2) HARLOW → 383 (1)

409 (1) LORENZ, K.: Das Jahr der Graugans. München (Piper) 1979. TB München (dtv)
   (2) MEYER-HOLZAPFEL, M.: Verhaltensstörungen bei Hunden. Schweizer Hunde-Sport *74*, 121–127, 1958

410 (1a) FESTER, C. B. und SKINNER, B. F.: Schedules of Reinforcement. New York (Appleton-Century-Crofts) 1957
  (1b) FOPPA → 288 (1c)
   (2) GROSSMANN, J. E.: Bienen in der Dressur. Bild der Wiss. *8*, 21–27, 1971

411 (1a) OLDS, J.: Self-Stimulation of the Brain. Science *127*, 315–324, 1958
  (1b) –: Pleasure Centers in the Brain. In: THOMPSON, R. F.: Physiological Psychology. San Francisco (Freeman) o. J.
  (1c) SKINNER, B. F.: »Superstition« in the pigeon. J. exp. psychol. *38*, 166–172, 1948. Ausführlich referiert in GROSSMANN → 303 (1c)

413 (1) LORENZ, K.: Die angeborenen Formen möglicher Erfahrung. Z. f. Tierpsychol. *5*, 235–409, 1943

414 (1) ASTRUP, C.: Pavlovian concepts of abnormal behaviour in man and animals. In: Fox, M. W. (Ed.): Abnormal Behavior in Animals. Philadelphia / London (Saunders) 1968
   (2) RENSCH, B. und ALTEVOGT, R.: Visuelles Lernvermögen eines indischen Elefanten. Z. f. Tierpsychol. *10*, 119–134, 1953

415 (1) MASSERMAN → 306 (1a)
   (2) MAIER, N. R. F.: Frustration: The study of behaviour without a goal. New York (Mc Graw-Hill) 1949
   (3) MASSERMAN → 306 (1a)

416 (1) wie vor
   (2) LIDDELL, H. S.: Conditioning and emotions. In: COOPERSMITH, S. (Ed.): → 306 (1b)

416 (3) SCHMIDT, J. P.: Psychomatics in Veterinary Medicine. In: Fox, M. W.: Abnormal Behavior in Animals. Philadelphia (Saunders) 1968

(4) BRADY, J. V.: Ulcers in »executive« monkeys. Scientific American *199*, 95–100, 1958

(5) ADER, R.: Social factors affecting emotionality and resistance to disease in animals (III). Early weaning and susceptibility to gastric ulcers in the rat. A control for nutritional factors. J. comp. phys. Psychol. *55*, 600–602, 1962

417 (1) MEYER-HOLZAPFEL, M.: Die Beziehungen zwischen den Trieben junger und erwachsener Tiere. Schweiz. Z. f. Psychol. *8*, 32–60, 1949

(2) HOLZAPFEL, M.: Analyse des Sperrens und Pickens in der Entwicklung des Stars. J. Orn. *87*, 525–553, 1939

418 (1) HARLOW → 383 (1)

(2a) HINDE, R. A. und SPENCER-BOOTH, Y.: Untersuchung der Mutter-Kind-Beziehung an gefangenen in Gruppen gehaltenen Rhesusaffen. In: WICKLER / SEIBT → 11 (2h)

(2b) HINDE, R. A. und SPENCER-BOOTH, Y.: Effects of Brief Separation from Mother on Rhesus Monkeys. Science *171*, 11–118, 1971

(2c) HINDE, R. A. und DAVIES, L.: Removing Infant Rhesus from Mother for 13 Days compared with Removing Mather from Infant. J. Child Psychol. Psychiat. *13*, 227–237, 1972

(3) LORENZ → 266 (1)

(4a) GRABOWSKI, U.: Prägung eines Jungschafs auf den Menschen. Z. f. Tierpsychol. *4*, 326–329, 1941

(4b) SCOTT, J. P.: Critical periods in behavioral development. Science *138*, 949–958, 1962

(4c) FAUST, R. und J.: Bericht über Aufzucht und Entwicklung eines isolierten Eisbären. Der Zool. Garten *25*, 143, 1959

419 (1a) LORENZ, K.: Der Kumpan in der Umwelt des Vogels. In: LORENZ → 11 (2b)

(1b) FRISCH, O. VON: Mit einem Purpurreiher verheiratet. Z. f. Tierpsychol. *14*, 233–237, 1957

(2) RÄBER, H.: Analyse des Balzverhaltens eines domestizierten Truthahns (Meleagris). Behaviour *1*, 237–266, 1948

(3) SCHUTZ → 388 (2)

420 (1) HARLOW → 383 (1)

(2) FISCHER → 269 (1)

(3) HARLOW → 383 (1)

422 (1) wie vor

(2) LORENZ → 389 (2)

(3) HEBB, D. O.: The Mammal and his invironment. Am. J. Psychiat. *111*, 1955

423 (1) HARLOW → 383 (1)

424 (1) wie vor

426 (1) SCHÜZ → 251 (1)

(2) TINBERGEN, N.: Die Welt der Silbermöwe. Göttingen (Musterschmidt) 1958

427 (1) GOODALL, J.: Life and Death at Gombe. National Geographic Magazine *155*, 592–621, 1979

428 (1) HELVERSEN, D. und O. VON: Verhaltensgenetische Untersuchungen am akustischen Kommunikationssystem der Feldheuschrecken (Orthoptera, Acrididae). J. comp. Physiol. *104*, 273–299, 1975

429 (1a) FEDDERSEN, D.: Über das Ausdrucksverhalten und dessen Sozialfunktion bei Goldschakalen, Zwerpudeln und deren Bastarden. Schweizer Hundesport (Beilage: Z. f. wiss. Kynologie) *95*, 967–970, 1979; *96*, 123–125, 1980 und *96*, Beilage zu Heft 20, 1–5, 1980

659

429 (1b) –:Vergleichende Verhaltensstudien an Pudel-Wolf- und Pudel-Schakal-Ba-
        starden. Wie vor *100*, Beilage zu Heft 17, 1–6, 1984

   (2a) STEIN, G. H. W.: Über Massenvermehrung und Massenzusammenbruch
        bei der Feldmaus. Zool. Jb. Abt. Syst. *81*, 1–26, 1952/53

   (2b) –: Über Umweltabhängigkeit bei der Vermehrung der Feldmaus Microtus
        arvalis. Zool. Jb. Abt. Syst. *81*, 527–547, 1952/53

   (2c) –: Über das Zahlenverhältnis der Geschlechter bei der Feldmaus Microtus
        arvalis. Zool. Jb. Abt. Syst. *82*, 137–156, 1953/54

   (2d) FRANK, F.: Zur Entstehung übernormaler Populationsdichten im Massen-
        wechsel der Feldmaus Microtus arvalis. Zool. Jb. Abt. Syst. *81*, 610–624,
        1952/53

   (2e) –: Untersuchungen über den Zusammenbruch von Feldmausplagen. Zool.
        Jb. Abt. Syst. *82*, 95–136, 1953/54

   (2f) –: Beiträge zur Biologie der Feldmaus. Zool. Jb. Abt. Syst. *82*, 354–404,
        1953/54 und *84*, 32–74, 1956

   (2g) STEIN, G. H. W.: Die Feldmaus. (Neue Brehm-Bücherei Nr. 225). Witten-
        berg-Lutherstadt (A. Ziemsen) 1958

430 (1) HASSENSTEIN, B.: Biologische Kybernetik. Eine elementare Einführung.
        Heidelberg (Quelle & Meyer) 1965, [5]1977

436 (1) –:Willensfreiheit und Verantwortlichkeit. Naturwissenschaftliche und juri-
        stische Aspekte. In: Freiburger Vorlesungen zur Biologie des Menschen.
        Heidelberg (Quelle & Meyer) 1979

445 (1) –: Widersacher der Vernunft und der Humanität in der menschlichen Natur.
        Jb. d. Heidelberger Akademie der Wiss. *1985*, 72–89, 1986

   (2) KANT, I.: Beantwortung der Frage »Was ist Aufklärung?«; 1784

453 (1) HASSENSTEIN, F.: Der Mensch in der Gefangenschaft. Studium Generale *3*,
        5–8, 1950

456 (1) LORENZ → 413 (1)

461 (1) KOKOTT, G. und DITTMAR, F.: Diagnostik von Kohabitationsstörungen. Se-
        xualmedizin *7*, 340–343, 1972

462 (1a) GRAY, P. H.: Theory and evidence of imprinting in human infants. J. of
        Psychology *46*, 155–166, 1958

   (1b) BOWLBY → 11 (1b), S. 211

463 (1) FREUD, S.: Triebe und Triebschicksale; 1915

472 (1) HAUG-SCHNABEL, G.: Entwicklung des Funktionsschaltbildes für eine
        psychosomatische Fehlreaktion von Kindern, die Enuresis. In: DOERR, W.
        und SCHIPPERGES, H. (Hrsg.): Modelle pathologischer Physiologie. Heidel-
        berg / Berlin (Springer) 1987

475 (1) wie vor

481 (1) HEMMINGER, H.: Kindheit als Schicksal? Reinbek bei Hamburg (Rowohlt)
        1982

482 (1) PAPOUŠEK → 51 (1e)

487 (1) DÜHRSSEN → 11 (1f)

489 (1) wie vor

493 (1) STAABS, G. VON: Der Scenotest. Bern / Stuttgart (Huber) [6]1985

495 (1) KOS, M. und BIERMANN, G.: Die verzauberte Familie. Ein tiefenpsycholo-
        gischer Zeichentest. München (Reinhardt) [2]1984

   (2) KOCH, K.: Der Baumtest. Bern / Stuttgart (Huber) [8]1986

496 (1) DÜHRSSEN, A.: Psychotherapie bei Kindern und Jugendlichen. Göttingen
        (Verlag f. mediz. Psychologie) [3]1968

498 (1) SIEYÈS, E. J. (1748–1836).

499 (1) MEVES, CHR.: Tonbandmitschnitt aus einer Therapiestunde.

516 (1a) HASSENSTEIN, H.: Das Modell-Projekt »Mutter und Kind«. Eine Hilfe für

516   die alleinerziehende Mutter und ihr Kind. Sozialpädiatrie in Praxis und Klinik *3*, 537–540, 1981

  (1b) –: Rahmenplan für das Projekt »Mutter und Kind«. In: HASSENSTEIN, B. und H.: Was Kindern zusteht. München (Piper TB) [2]1978

517 (1) Elternbriefe des Arbeitskreises Neue Erziehung e. V. Kurfürstendamm 67, 1000 Berlin 15

524 (1) Sprüche Salomos *13*, 24

531 (1) SCHINK → 11 (1y)

534 (1a) BLANDOW, J.: Rollendiskrepanzen in der Pflegefamilie – Analyse einer sozialpädagogischen Institution. München (Juventa) 1972

  (1b) ZENZ, G.: Soziale und psychologische Aspekte der Familienpflege und Konsequenzen für die Jugendhilfe. In: Ständige Deputation des Juristentages (Hrsg.): Verhandlungen des 54. deutschen Juristentages, Band I. München (Beck) 1982

535 (1) DÜHRSSEN → 11 (1f)

543 (1) LIEGLE, L. (Hrsg.): Kollektiverziehung im Kibbutz. München (Piper) 1971

544 (1) SCHULZ, W., RUELCKER, T. und RHEINLÄNDER, A. (Hrsg.): Tagesmütter. Weinheim / Basel (Beltz) 1975

546 (1a) HASSENSTEIN, B.: Das Projekt »Tagesmütter«. Z. f. Pädagogik *20*, 415–426, 1974

  (1b) –: Kritik an der wissenschaftlichen Begründung des Tagesmutterprojekts. Z. f. Pädagogik *20*, 929–945, 1974

  (1c) SCHINK, H. D.: Dokumentation zum Thema »Tagesmütter«. In: Wohin mit meinem Kind? Stuttgart (Quell-Verlag) 1974

  (2a) Deutsches Jugendinstitut, Arbeitsgruppe »Tagesmütter«: Abschlußbericht. DJI-Information. München (DJI) 1979

  (2b) GUDAT, U.: Kinder bei der Tagesmutter: Frühkindliche Fremdbetreuung und sozial-emotionale Entwicklung. München (DJI) 1982

550 (1a) GROSCH, CH. und NIEBSCH, G.: Das Krankheitsgeschehen in Kinderkrippen. Schriftenreihe »Hygiene in Kinderkollektiven«, Band 1. Berlin (VEB Verlag Volk und Gesundheit) 1974. Referiert in 550 (1b)

  (1b) HASSENSTEIN, B.: Beiträge der Biologie zum Verständnis der Verhaltensentwicklung des Kindes. In: ZIEGLER, W. (Hrsg.): Biologie für den Menschen. Frankfurt (Verlag Waldemar Kramer) 1982

551 (1) DEISSLER, H. H.: Der neue Kindergarten. Die erzieherische Gestaltung. Freiburg (Hyperion) 1974

552 (1a) MORATH, M. und WILLWACHER, G.: Vorschlag zur Organisation einer Betriebskindertagesstätte auf der Grundlage der Verhaltensforschung. Soziale Arbeit *22*, Heft 12, 1973

  (1b) –: Betriebskindertagesstätten auf der Grundlage der Verhaltensforschung. Umfrage bei Arbeitnehmern im Raum Freiburg. Soziale Arbeit *24*, Heft 5, 1975

557 (1a) BIERMANN, G.: Kind und Krankenhaus. Praxis d. Kinderpsychol. u. Kinderpsychiat. *14*, 282–297, 1965

  (1b) BIERMANN, G. und R.: Das kranke Kind und seine Umwelt. München / Basel (Reinhardt UTB TB) 1982

558 (1) BIERMANN → 557 (1)

559 (1) BIERMANN, G.: Psychohygienische Reformen in Kinderkliniken. Ein Erfahrungsbericht. In: BIERMANN, G. (Hrsg.): Handbuch der Kinderpsychotherapie, Bd. IV, 484. München (Reinhardt) 1981

560 (1) BIERMANN → 557 (1)

  (2) MacCARTHY, D. und MacKeith, R.: A parent's voice. LANCET *XX*, 1289–1291, 1965

560 (3) dgl. Archives of Disease in Childhood *60*, 179–181, 1985

561 (1) SJÖTIN: Persönliche Mitteilung.

567 (1) GOLDSTEIN u. a. → 11 (1h)

569 (1) GOLDSTEIN, G., FREUD, A. und SOLNIT, A. J.: Beyond the Best Interest of the Child. New York (The Free Press Macmillan) 1973

(2) → 11 (1h)

(3) HASSENSTEIN, B.: Faktische Elternschaft: Ein neuer Begriff der Familiendynamik und seine Bedeutung. Familiendynamik *2*, 104–125, 1977

570 (1) Gerichtsentscheidung Nr. 198. Z. f. d. gesamte Familienrecht *23*, 234–241, 1976, S. 237

(2) KLUSSMANN, R. W.: Herausnahme eines Pflegekindes aus seinem bisherigen Lebenskreis. Die psychologische Bedeutung der »Dauer der Familienpflege« für die Bindungs- und Abtrennungsprobleme von Pflegekindern. Der Amtsvormund *58*, 169–218, 1985

571 (1) KLUSSMANN → 11 (1p)

(2) SIMITIS, S. u. a.: Kindeswohl. Eine interdisziplinäre Untersuchung über seine Verwirklichung in der vormundschaftsgerichtlichen Praxis. Frankfurt (Suhrkamp TB) 1979

573 (1) GOLDSTEIN / FREUD / SOLNIT → 11 (1h)

574 (1a) HASSENSTEIN, B. und UHLMANN, W.: Entscheidungshilfen im Vormundschaftsgerichtsverfahren. AFET-Mitgliederrundbrief Nr. 3, 1977

(1b) –: Unterbringung von Kindern (Entscheidungshilfen für Jugendämter und Familienrichter). Unsere Jugend *30*, 146–156 und 201–215, 1978

576 (1) KANT, I.: Grundlegung zur Metaphysik der Sitten IV, 429

587 (1a) LEMPP, R.: Die Ehescheidung und das Kind. Ein Ratgeber für Eltern. München (Kösel) ³1978

(1b) ZENZ, G.: Kindeswohl und Selbstbestimmung. In: KÜHN, E. → 587 (1c)

(1c) KÜHN, E. und TOURNEAU, I. (Hrsg.): Familienrechtsreform – Chance einer besseren Wirklichkeit? Bielefeld (Gieseking) 1938

(1d) SCHINK → 11 (1y)

(1e) KLUSSMANN → 11 (1p)

(2) wie vor

589 (1) ARNTZEN, F.: Elterliche Sorge und persönlicher Umgang mit Kindern aus gerichtspsychologischer Sicht. München (Beck) 1980

590 (1) KLUSSMANN, R. W.: Briefliche Mitteilung.

592 (1) HASSENSTEIN → 34 (2b)

594 (1) GOLDSTEIN / FREUD / SOLNIT → 11 (1h)

595 (1) wie vor

597 (1) Gebrauchsinformation »Tofranil« der CIBA Geigy GmbH, zitiert nach LANGBEIN, K. u. a.: Bittere Pillen. Nutzen und Risiken der Arzneimittel. Ein kritischer Ratgeber. Köln (Kiepenheuer & Witsch) 1983

605 (1a) NEUMANN, G.-H.: Aggressionen in der Schule. Düsseldorf (Schwann) 1982

(1b) HASSENSTEIN, B.: Verhaltensbiologie des Kindes – Hinweise für Jugend- und Schulärzte zum Verständnis und zur Hilfe für Kinder und Jugendliche. Das öffentl. Gesundheitswesen *44*, 551–557. 1982

607 (1) HASSENSTEIN → 11 (1k)

632 (1) Ministerium für Arbeit, Gesundheit, Familie und Sozialordnung (Hrsg.): Fortentwicklung des Programms »Mutter und Kind«. In: Landesprogramm: Hilfen für werdende Mütter. Stuttgart 1985

636 (1) CYPRIAN → 57 (1)

642 (1) Deutsches Jugendinstitut → 546 (2a)

Register

Zusammengesetzte Ausdrücke suche bei dem Wort mit der speziellsten Bedeutung, z. B. »sexuelle Prägung« bei »Prägung«.
Ein *Punkt auf halber Höhe* · bedeutet: *Vor* ihm stehen die wichtigsten Bezugsstellen (z. B. Begriffserklärungen), hinter ihm die anderen.
Das Register enthält *keine* Hinweise auf die Zusammenfassungen der Kapitel und auf das Literaturverzeichnis.

Pädagogik und Psychologie bei Piper

Einführung in pädagogisches Sehen und Denken
Herausgegeben von Andreas Flitner und Hans Scheuerl.
2. Aufl., 9. Tsd. 1985. 248 Seiten. Serie Piper 322

Erziehung in früher Kindheit
Pädagogische, psychologische und psychoanalytische Texte.
Herausgegeben von Günther Bittner und Edda Harms.
Überarbeitete Neuausgabe 1985. 343 Seiten. Serie Piper 426

Andreas Flitner · Konrad, sprach die Frau Mama...
Über Erziehung und Nicht-Erziehung. 2. Aufl., 13. Tsd. 1986.
173 Seiten. Serie Piper 357

Andreas Flitner · Spielen – Lernen
Praxis und Deutung des Kinderspiels. 8. Aufl., 47. Tsd. 1986.
137 Seiten. Serie Piper 22

Viktor E. Frankl · Der Mensch vor der Frage nach dem Sinn
Eine Auswahl aus dem Gesamtwerk.
Mit einem Vorwort von Konrad Lorenz.
2. Aufl., 17. Tsd. 1986. 292 Seiten. Serie Piper 289

Viktor E. Frankl · Die Sinnfrage in der Psychotherapie
2. Aufl., 12. Tsd. 1985. 200 Seiten. Serie Piper 214

Dr. med. Monika Gerlinghoff · Magersüchtig
Eine Therapeutin und Betroffene berichten.
Vorwort von Detlev Ploog. 2. Aufl., 10. Tsd. 1986. 173 Seiten. Kt.

Carol Gilligan · Die andere Stimme
Lebenskonflikte und Moral der Frau. Aus dem Amerik. von Brigitte Stein.
2. Aufl., 11. Tsd. 1985. 222 Seiten. Kt.

Albert Görres · Kennt die Psychologie den Menschen?
Fragen zwischen Psychotherapie, Anthropologie und Christentum.
1986. 270 Seiten. Serie Piper 490

PIPER

Pädagogik und Psychologie bei Piper

Albert Görres · Kennt die Religion den Menschen?
Erfahrungen zwischen Psychologie und Glauben.
3. Aufl., 13. Tsd. 1986. 140 Seiten. Serie Piper 318

Silvia Görres · Leben mit einem behinderten Kind
Überarb. Neuausgabe 1987. 115 Seiten. Serie Piper 644

Erving Goffman · Wir alle spielen Theater
Die Selbstdarstellung im Alltag.
5. Aufl., 20. Tsd. 1985. 251 Seiten. Serie Piper 312

Bernhard und Helma Hassenstein · Was Kindern zusteht
2. Aufl., 14. Tsd. 1978. 188 Seiten. Serie Piper 169

Elfriede Höhn · Der schlechte Schüler
Sozialpsychologische Untersuchungen über das Bild des Schulversagers.
Neuausgabe 1980. 268 Seiten. Serie Piper 206

Eva Jaeggi · Psychologie und Alltag
1987. 141 Seiten. Serie Piper 689

Eva Jaeggi / Walter Hollstein · Wenn Ehen älter werden
Liebe, Krise, Neubeginn. 4. Aufl., 27. Tsd. 1986. 311 Seiten. Kt.

Jerome Kagan · Die Natur des Kindes
Aus dem Amerik. von Friedrich Griese.
2. Aufl., 8. Tsd. 1987. 408 Seiten. Geb.

Louise J. Kaplan · Die zweite Geburt
Dein Kind wird zur Persönlichkeit.
Mit einem Vorwort von Margaret S. Mahler.
Hrsg. von Reinhard Fatke. Aus dem Amerik. von Hainer Kober.
4. Aufl., 21. Tsd. 1985. 258 Seiten. Serie Piper 324

Lust und Liebe
Wandlungen der Sexualität. Herausgegeben von Christoph Wulf.
1985. 416 Seiten. Serie Piper 383

PIPER

Pädagogik und Psychologie bei Piper

Silvano Arieti · Schizophrenie
Ursachen, Verlauf, Therapie, Hilfen für Betroffene.
Vorwort von Asmus Finzen. 2. Aufl., 8. Tsd. 1986. 252 Seiten. Kt.

Thea Bauriedl · Die Wiederkehr des Verdrängten
Psychoanalyse, Politik und der Einzelne. 1986. 250 Seiten. Kt.

Elisabeth Badinter · Die Mutterliebe
Geschichte eines Gefühls vom 17. Jahrhundert bis heute.
Aus dem Franz. von Friedrich Griese.
2. Aufl., 19. Tsd. 1982. 336 Seiten. Geb.

Bruno Bettelheim · Gespräche mit Müttern
Aus dem Amerik. von Friedrich Griese.
7. Aufl., 32. Tsd. 1985. 234 Seiten. Serie Piper 155

Bruno Bettelheim / Daniel Karlin
Liebe als Therapie
Gespräche über das Seelenleben des Kindes.
Aus dem Franz. von Friedrich Griese.
3. Aufl., 19. Tsd. 1986. 256 Seiten. Serie Piper 257

Norbert Bischof · Das Rätsel Ödipus
Die biologischen Wurzeln des Urkonfliktes von Intimität und Autonomie.
1985. 624 Seiten mit 400 Abb. Leinen

Willi Butollo ·Die Angst ist eine Kraft
Über die konstruktive Bewältigung von Alltagsängsten.
3. Aufl., 22. Tsd. 1986. 201 Seiten. Serie Piper 636

Felix von Cube / Dietger Alshuth
Fordern statt verwöhnen
Die Erkenntnisse der Verhaltensbiologie in Erziehung und Führung.
2. Aufl., 13. Tsd. 1987. 299 Seiten. Kt.

Irenäus Eibl-Eibesfeldt · Liebe und Haß
Zur Naturgeschichte elementarer Verhaltensweisen.
13. Aufl., 93. Tsd. 1987. 293 Seiten. Serie Piper 113

PIPER

Pädagogik und Psychologie bei Piper

Paul Matussek · Kreativität als Chance
Der schöpferische Mensch in psychodynamischer Sicht.
3., erw. Aufl., 1979. 337 Seiten. Kt.

Alexander Mitscherlich
Auf dem Weg zur vaterlosen Gesellschaft
Ideen zur Sozialpsychologie. 16. Aufl., 116. Tsd. 1986. 400 Seiten.
Serie Piper 45

Alexander Mitscherlich · Das Ich und die Vielen
Parteinahme eines Psychoanalytikers. Ein Lesebuch.
Ausgewählt und eingeleitet von Gert Kalow.
Neuausgabe 1987. 336 Seiten. Serie Piper 647

Alexander Mitscherlich · Der Kampf um die Erinnerung
Psychoanalyse für fortgeschrittene Anfänger.
2. Aufl., 27. Tsd. 1984. 259 Seiten. Serie Piper 303

Alexander Mitscherlich / Margarete Mitscherlich
Die Unfähigkeit zu trauern
Grundlagen kollektiven Verhaltens.
18. Aufl., 161. Tsd. 1986. 383 Seiten. Serie Piper 168

Margarete Mitscherlich · Das Ende der Vorbilder
Vom Nutzen und Nachteil der Idealisierung.
3. Aufl., 14. Tsd. 1986. 218 Seiten. Serie Piper 183

Fritz Redl / David Wineman · Kinder, die hassen
Auflösung und Zusammenbruch der Selbstkontrolle.
Herausgegeben von Reinhard Fatke.
Aus dem Amerik. von Gudrun Iheusner-Stampa.
2. Aufl., 9. Tsd. 1986. 264 Seiten. Serie Piper 333

Fritz Redl / David Wineman
Steuerung des aggressiven Verhaltens beim Kind
Herausgegeben von Reinhard Fatke.
Aus dem Amerik. von Norbert Wölfl und Reinhard Fatke.
4. Aufl., 15. Tsd. 1986. 127 Seiten. Serie Piper 129

PIPER

Pädagogik und Psychologie bei Piper

Jörg Kaspar Roth · Hilfe für Helfer: Balint-Gruppen
2. Aufl., 8. Tsd. 1985. 179 Seiten. Serie Piper 389

Brian und Shirley Sutton-Smith
Hoppe, hoppe, Reiter
Die Bedeutung von Kinder-Eltern-Spielen. Bearbeitet, übersetzt und
herausgegeben von Reinhard Fatke. 1986. 242 Seiten. Kt.

Paul Watzlawick · Wie wirklich ist die Wirklichkeit?
Wahn – Täuschung – Verstehen. 15. Aufl., 120. Tsd. 1987.
252 Seiten mit 17 Abbildungen. Serie Piper 174

Wolfgang Wickler · Die Biologie der Zehn Gebote
Warum die Natur für uns kein Vorbild ist.
6. Aufl., 31. Tsd. 1985. 181 Seiten. Serie Piper 296

Wolfgang Wickler / Uta Seibt · männlich weiblich
Der große Unterschied und seine Folgen. 2. Aufl., 9. Tsd. 1984. 182 Seiten. Serie Piper 285

Daniel Widlöcher · Die Depression
Logik eines Leidens – psychoanalytisch, biologisch, historisch, sozial.
Aus dem Franz. von Hainer Kober. 1986. 236 Seiten. Kt.

Die erfundene Wirklichkeit
Wie wissen wir, was wir zu wissen glauben?
Beiträge zum Konstruktivismus.
Herausgegeben von Paul Watzlawick. 4. Aufl., 31. Tsd. 1986.
326 Seiten mit 31 Abbildungen. Serie Piper 373

Wörterbuch der Erziehung
Herausgegeben von Christian Wulf. 1984. 677 Seiten. Serie Piper 345

Dieter E. Zimmer · Die Vernunft der Gefühle
Ursprung, Natur und Sinn der menschlichen Emotion.
2. Aufl., 10. Tsd. 1984. 272 Seiten. Serie Piper 227

PIPER